黄河下游山东灌区
泥沙系统治理研究

尚梦平　卞玉山　等编著

黄河水利出版社

·郑州·

内 容 提 要

本书总结了半个世纪以来山东引黄灌区泥沙系统治理研究的理论创新和实践创新,对灌区水沙监测站网系统、新型渠首橡胶坝引水防沙工程系统、灌区渠系输水输沙系统、灌区新型沉沙池系统建设,黄河小浪底水库运用后对山东引黄供水影响及对策,灌区总体灌排工程模式及灌区机械清淤产品质量监测系统建设等进行了全面、系统、创新的研究与实践。

本书可供多沙河流灌溉管理人员、从事河流灌溉泥沙治理的科研人员、大专院校教学人员学习参考。

图书在版编目(CIP)数据

黄河下游山东灌区泥沙系统治理研究/尚梦平等编著.
郑州:黄河水利出版社,2017.11
ISBN 978 - 7 - 5509 - 1323 - 3

Ⅰ.①黄… Ⅱ.①尚… Ⅲ.①黄河 - 下游 - 灌区 - 河流泥沙 - 治理 - 研究 Ⅳ.①TV152

中国版本图书馆 CIP 数据核字(2017)第 318088 号

组稿编辑:王路平 电话:0371 - 66022212 E - mail:hhslwlp@ 126. com

出 版 社:黄河水利出版社　　　　　　　　　　　　网址:www.yrcp.com
　　　　地址:河南省郑州市顺河路黄委会综合楼 14 层　　邮政编码:450003
发行单位:黄河水利出版社
　　　　发行部电话:0371 - 66026940、66020550、66028024、66022620(传真)
　　　　E-mail:hhslcbs@ 126. com
承印单位:河南瑞之光印刷股份有限公司
开本:787 mm × 1 092 mm　1/16
印张:41.5　　　　　　　　　　　　　　　　插页:16
字数:1 000 千字　　　　　　　　　　　　　　印数:1—1 000
版次:2017 年 11 月第 1 版　　　　　　　　　　印次:2017 年 11 月第 1 次印刷

定价:130.00 元

由山东省水利厅领导、科研专家、灌溉基层管理人员组成的
生机勃勃的科研团队

▲ 《引黄灌区沉沙池覆淤还耕技术研究与示范》鉴定会场（2006 年 12 月 28 日）

◀ 山东省水利厅副
厅长尚梦平（右排中）
与本书编写人员在位
山灌区讨论本书编辑
工作（2011 年 5 月）

◀ 山东省水利厅、冠县、位山灌区领导检查泵站（2007 年 6 月）

▲ 山东省水利厅厅长宋继峰（左二）、副厅长尚梦平（左三）听取冠县县委、县政府关于灌区发展汇报（2008 年 11 月）

▲ 山东省水利厅厅长宋继峰（左三）与水利厅工作人员在灌区万亩梨园合影（2007 年 4 月）

▶ 山东省水利厅副厅长尚梦平（前排左一）带领厅有关处室负责人到灌区检查工作（2007 年 6 月）

◄ 山东省水利厅副厅长尚梦平（左）
在灌区与冠县县委书记洪玉振（右）
研究水利建设规划（2009 年 5 月）

► 位山灌区管理处主任马爱忠（左）
在沉沙池向山东省水利厅副厅长尚梦
平（右）介绍工作情况（2008 年 7 月）

◄ 山东省水利厅副厅长尚梦平
（左）、厅财务处处长赵振林（右）
听取灌区工作汇报（2011 年 5 月）

◀ 山东省水利厅副厅长尚梦平（中）、位山灌区管理处主任马爱忠（左）在沉沙池区研究水利建设规划（2008 年 7 月）

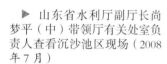

▶ 山东省水利厅副厅长尚梦平（中）带领厅有关处室负责人查看沉沙池区现场（2008 年 7 月）

▲ 山东省水利厅副厅长尚梦平（前）查看沉沙池区还耕后新建蔬菜大棚（2008 年 7 月）

▲ 山东省水利厅副厅长尚梦平（中）在灌区引黄
干渠研究工作（2009 年 7 月）

▲ 山东省水利厅副厅长
尚梦平查看沉沙池覆淤还耕
后种植的西瓜（2009 年 7 月）

▲ 山东省水利厅副厅长尚梦平（前左二）与地方领导和水利部门负责人在
沉沙池现场研究规划（2009 年 7 月）

▲ 山东省水利厅副厅长尚梦平（中）在沉沙池区与工作人员合影（2009 年 7 月）

◀ 山东省水利厅副厅长尚梦平在灌区召开座谈会（2009年 5 月）

▶《引黄灌区沉沙池覆淤还耕技术研究与示范》项目获山东省 2010 年度科技进步一等奖，卞玉山代表课题组参加山东省科学技术授奖大会领奖后在主席台留影（2011年 2 月）

◀ 作者卞玉山（左）和引黄灌溉老专家吕振东（右）在全省引黄灌区分级计量供水、节水扩浇技术鉴定会上（1995年 8 月）

◀ 山东省水利厅农水处处长孙世科（右四）等陪同水利部农水司司长冯广志（左四）来山东章丘引黄灌区检查工作时留影（1994年10月）

▼ 水利部农水司司长姜开鹏（左二）到山东检查指导工作（2003年9月）

▲ 尚梦平副厅长（右二）陪水利部农水司司长冯广志（前左一）到位山灌区检查工作（1998年6月）

▶ 李新华副厅长（左）到位山灌区调研工作（2003年8月）

◀ 山东省水利厅厅长王玉柱（右三）、副书记傅静亭（左三）等到金水湖察看工程（2006年4月）

▶ 赵青副巡视员（左四）到位山渠首沉沙池调研（2012年8月）

◀ 马承新副厅长（右二）到位山灌区调研（2006年5月）

▼ 曹金萍副厅长（前右四）到位山灌区调研（2012年4月）

▲ 马承新副厅长（右三）检查位山灌区U形渠制作（2011年3月）

▶ 梁振洋纪检组长（前右二）到冠县指导抗旱工作（2010年3月）

▲ 刘勇毅副厅长（前左二）到
位山灌区视察（2010 年 11 月）

▲ 马承新副厅长（右二）到位山灌区指导抗旱工作（2011 年 3 月）

◀ 水利部农水司司长冯广志（右
一）到位山灌区视察（1998 年 6 月）

▲ 王玉柱厅长（右一）到位山灌区视察（2002 年 6 月）

赴中国香港参加第七届国际河流泥沙及第二届国际环境水力
学术讨论会

◀ 作者卞玉山随中国河流泥沙代
表团参加在中国香港举办的第七届国
际河流泥沙及第二届国际环境水力学
术讨论会并发表论文《中国黄河下游
山东引黄灌区的泥沙治理及对策研
究》（1998 年 12 月 16 日）

▶ 作者参加第七
届国际河流泥沙会议
期间，在中国香港会
展中心前留影（1998
年 12 月 16 日）

赴新疆、甘肃考察多沙河流灌溉

▲ 作者卞玉山在新疆玛纳斯河灌区总干渠旋沙漏斗式沉沙池旁留影（2000年10月13日）

◀ 作者卞玉山参观新疆大学泥沙系水沙实验室旋沙漏斗实验（2000年10月14日）

▶ 作者卞玉山考察新疆坎儿井地下河灌溉时在新疆坎儿井博物馆前留影（2000年10月14日）

◀ 作者卞玉山考察甘肃省酒泉市疏勒河灌溉时在其南岸的汉长城遗址留影（2000年10月16日）

◀ 作者卞玉山考察甘肃省党河灌溉时在其河畔的月牙泉鸣沙山上留影（2000 年 10 月 16 日）

赴陕北考察黄土高原水土流失情况

▲ 作者卞玉山在陕北洛川黄土高原上拍摄的水土流失的情况（2015 年 9 月）

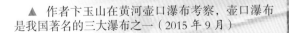

▲ 作者卞玉山在黄河壶口瀑布考察，壶口瀑布是我国著名的三大瀑布之一（2015 年 9 月）

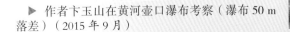

▶ 作者卞玉山在黄河壶口瀑布考察（瀑布 50 m落差）（2015 年 9 月）

随中国山东水利灌溉考察团赴英国考察河流灌溉

▲ 作者卞玉山（右二）、梁山县人民政府县长王佑明（左二）等与英国泥沙专家赛尔（Sal）博士（右一）交流河流灌溉及泥沙治理问题（1995年12月1日）

▲ 作者卞玉山（右二）、济宁市水利局教授级高工张少康（右三）、梁山县人民政府县长王佑明（左一）等与英国灌溉专家斯库茨（Sgus）博士（右一）交流农业灌溉问题（1995年12月1日）

▲ 作者卞玉山在英国泰晤士河乘船考察河流灌溉（1995年12月3日）

随中国泥沙科学研究考察团赴美参加中美国际合作泥沙输送
会议，并考察多沙河流引水灌溉

▲ 作者卞玉山（中）与中国政协常委、清华大学教授、博导王光谦（右一）和北京大学教授、博导倪晋仁（左一）在美国密西西比河（Mississippi River）乘船考察河流引水灌溉时合影（2002 年 7 月）

▲ 作者卞玉山参加中美国际合作泥沙输送会议时在马凯特大学（Marquette University）做学术报告（2002 年 7 月 25 日）

▲ 作者卞玉山在美国马凯特大学（Marquette University）做"水沙测验中测不到层临底悬沙量化分析"学术报告（2002 年 7 月 25 日）

◀ 作者卞玉山在美国科罗拉多河（Colonado River）大峡谷（谷深 360m）考察多沙河流治理时留影（2002 年 7 月 3 日）

▼ 作者卞玉山在美国科罗拉多河胡佛大坝考察河流灌溉时留影（2002 年 7 月 31 日）

▲ 作者卞玉山在美国科罗拉多河胡佛大坝考察时与大坝管理人员合影（2002 年 7 月 31 日）

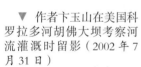

随中国山东农业考察团赴埃及考察灌溉农业

▲ 作者卞玉山乘船考察尼罗河治理及灌溉情景（2004 年 8 月 14 日）

▲ 中国山东农业考察团在省农业综合开发办公室张殿德处长（右二）的带领下，访问埃及。埃及水利部总工穆罕默德（右三）介绍埃及水利及尼罗河灌溉情况，作者卞玉山（左二）、董维温（左一）等听取介绍（2004 年 8 月 16 日）

▲ 埃及尼罗河阿斯旺（Aswan）大坝

赴中国湖北宜昌参加"第九次河流泥沙国际学术讨论会"，并考察长江三峡大坝枢纽

▼ 作者卞玉山在湖北宜昌三峡大坝枢纽前留影（2004年10月18日）

▲ 作者卞玉山赴中国湖北宜昌参加"第九次河流泥沙国际学术讨论会"，并发表论文《多沙河流灌区新型渠首橡胶坝引水防沙工程模式研究》（2004年10月18日）

随中国山东农业考察团赴南非考察灌溉农业

◀ 作者卞玉山在南非好望角南山角顶考察水生态环境修复。背后白水花线为大西洋与印度洋在好望角的汇流线（2004年8月20日）

▶ 作者卞玉山在南非约堡农场考察大型转臂式喷灌机灌溉时留影（2004年8月21日）

随中国水利代表团赴俄罗斯考察并参加"第十次国际河流泥沙大会"

◀ 作者卞玉山随团赴俄罗斯参加在莫斯科大学举办的"第十次国际河流泥沙大会"（2007 年 8 月 1 日）

▶ 作者卞玉山在莫斯科大学会议厅大会会标前留影，撰写了《黄河下游山东灌区的泥沙系统治理》一文，收录在《第十次国际河流泥沙大会论文集》中（2007 年 8 月 1 日）

◀ 作者卞玉山考察伏尔加河农业灌溉时留影（2007 年 8 月 3 日）

中国首创的多沙河流灌区渠首橡胶坝引水防沙工程新模式

世界多沙河流灌区首座渠首橡胶坝引水防沙工程在黄河下游山东邹平张桥诞生！

▲ 作者卞玉山（左）陪同山东省水利工会主席丰绍德（右）在邹平县张桥引黄灌区渠首调研时留影（1991 年 2 月 26 日）

▼ 山东邹平县张桥引黄闸前橡胶坝引水防沙工程施工时情景（设计流量 15 m³/s，坝长 28 m）（1991 年 4 月 27 日）

▼ 邹平县张桥引黄渠首橡胶坝引水防沙工程通水运用期间，山东省水文泥沙工作者在橡胶潜坝前进行水沙观测时的情景（1999 年 5 月 15 日）

▶ 多沙河流灌区渠首橡胶坝引水防沙工程成果鉴定会在山东邹平县召开，水利部农水司、国际灌排委员会、黄河水利委员会、中国水电科学研究院、山东水利系统等领导和专家参加会议（1993 年 12 月 18 日）

▼ 国际灌排委员会副主席、武汉大学教授、博导许志芳先生在邹平张桥橡胶坝引水防沙工程前视察（1993 年 12 月 20 日）

▲ 作者卜玉山（左一）陪武汉大学教授、博导许志芳（右二），武汉大学教授、博导周素真（左二），黄委水科院高工张永昌（右一）等察看邹平张桥橡胶坝引水防沙工程时合影（1993 年 12 月 20 日）

世界多沙河流灌区规模最大的渠首橡胶坝引水防沙工程在黄河下游山东菏泽刘庄建成！

◄ 刘庄引黄闸口门未修橡胶坝前口门形状及泥沙淤积情况（1992 年 5 月 14 日）

► 刘庄引黄渠首橡胶坝引水防沙工程施工及橡胶坝袋安装景象（设计流量 90 m³/s，坝长 82 m）（1993 年 2 月 28 日）

▶ 刘庄引黄渠首橡胶坝引水防沙工程竣工破围堰放水时景象（1993 年 3 月 15 日）

▲ 引黄灌区新型渠首防沙渠系减淤工程试验研究成果鉴定会（1997 年 12 月 26 日）

▲ 鉴定会上，国际灌排委员会副主席、亚洲区主席、中国水电科学研究院院长张启舜（前右二）讲话（1997 年 12 月 26 日）

◀ 山东省水利系统第二届合理化建议经验交流和成果发布会在菏泽市举行（1994 年 11 月 19 日）

▲ 山东省总工会副主席张含盈（左三）、中共菏泽地委书记林延生（左一）、山东省水利厅副厅长胡广连（左二）在成果发布会主席台就座（1994 年 11 月 19 日）

▶ 在山东省水利系统第二届合理化建议经验交流和成果发布会期间，作者卞玉山（前中）陪同山东省水利厅副厅长胡广连（前左）、山东水利工会主席丰绍德（右一）视察刘庄引黄渠首橡胶坝引水防沙工程时留影（1994 年 11 月 19 日）

◀ 山东省水利厅副厅长胡广连（中）、山东水利工会主席丰绍德（左一）、菏泽地区水利局局长马文选（右二）、中共菏泽市市委副书记祝传收（左二）、菏泽市政府副市长吴连印（右一）等在刘庄渠首橡胶坝志碑前合影（1994 年 11 月 19 日）

世界多沙河流灌区第三座渠首橡胶坝引水防沙工程在黄河下游山东高青刘春家建成！

▲ 高青县刘春家引黄渠首未建橡胶坝前口门淤积的情景（设计流量37.5 m³/s）（2000年12月16日）

▲ 高青县刘春家引黄渠首橡胶坝引水防沙工程围堰施工情景（2001年6月10日）

▲ 高青县刘春家引黄渠首橡胶坝引水防沙工程橡胶坝袋安装情景（坝长38 m）（2001年6月24日）

▶ 高青县刘春家引黄渠首橡胶坝引水防沙工程通水运用情景（2001年11月4日）

▲ 刘春家引黄渠首橡胶坝和引水闸联合运用情景（2010 年）

中国首创的多沙河流灌区沉沙池无泄沙出口条件下沉沙筑高覆淤还耕的新模式！

世界多沙河流灌区无泄沙出口条件下沉沙筑高覆淤还耕新型沉沙池在黄河下游山东多口门连片灌区诞生

▲ 山东聊城位山灌区引黄大闸及总干渠

▲ 位山灌区沉沙池铲运车机械化清淤情景（2003 年 11 月）

▲ 位山灌区沉沙池泥浆泵清淤（2003 年 11 月）

▲ 位山灌区沉沙池周店覆淤还耕试验区建立的标准化气象站（2003 年 8 月）

◄ 位山灌区沉沙池周店覆淤还耕试验区建立的标准有底测坑渗漏试验（2003 年 8 月）

◀ 位山灌区沉沙池人造覆淤还耕高地大平原（2004 年 3 月）

▲ 位山灌区沉沙池半坡荷花半坡粮（2004 年 8 月）

▲ 山东德州潘庄引黄灌区运行中的沉沙池（1991 年春）

▶ 潘庄灌区沉沙池荒漠化（1991 年春）

▲ 潘庄灌区在覆淤还耕后的沉沙池上建立的学校
（2003 年春）

▲ 潘庄灌区覆淤还耕后西屯、王堂村建立的功德碑（2003 年春）

山东省水利厅、水利技师学院和引黄灌区相结合，建立山东省水力清淤机械性能测试中心，为全省引黄灌区清淤服务，这在水利疏浚领域尚属首创

▲ 山东水利技师学院校园景况
（2015 年春）

▲ 赵希全高级讲师在山东水利技师学院水工实验室用微机进行泥浆泵不同造浆浓度的全自动性能测试（1992 年 4 月 7 日）

《黄河下游山东灌区泥沙系统治理研究》
编委会

主　　编　尚梦平

执行主编　卞玉山　李其超

副 主 编　宫永波　卞俊威　刁希全

参编人员　宋志强　席广平　甘志升　赵希全

　　　　　姜海波　许生原　杨永峰　王保革

　　　　　易莎白　谭媛媛　李　莹　李瑞青

　　　　　于　明　孙　凯　赵兴银　周　雷

　　　　　李晓光

　　谨以此书献给半个世纪以来辛勤耕耘在黄河灌溉供水管理和灌区泥沙治理研究岗位上的战友们！并献给未来从事黄河灌溉供水管理和灌区泥沙治理研究的接班人们！

序 言

　　我和山东省水利厅尚梦平副厅长、卞玉山研究员是多年从事河流灌溉泥沙研究工作的老同事、老朋友，彼此之间在工作中建立了深厚的友谊。至今回忆起来，仍然记忆犹新。

　　2002年，在中美两国国家自然科学基金委的资助下，以中国自然科学基金委和水利部联合支持的重大课题"江河泥沙灾害形成机理及防治研究"项目组负责人、国际泥沙研究培训中心副秘书长、清华大学教授王兆印为团长，组成"中国泥沙科学研究赴美会议考察团"，赴美参加了中美合作泥沙与环境学术讨论会，并实地考察了美国的大江大河等水利工程。卞玉山研究员是团员之一。会议共宣讲交流了37篇论文，其中，中方论文19篇，中方还在会场展示了22块彩色展板，展示了中国在河流泥沙和环境修复研究领域的实力和最新研究成果，其中卞玉山研究员撰写的"引黄渠首工程水沙测验中漏测底沙定量分析"彩色展板引人注目，其成果对于修正测量水流泥沙的真实数值及河流灌区泥沙输送的平衡计算具有重要创新意义，引起了中外专家的关注，被专家们赞誉为"河流水沙观测数值计算研究的前沿性成果"。

　　学术讨论会后，中方代表实地进行了考察。其间，我和卞研究员进行了广泛深入的交谈，他介绍说他在山东省水利厅从事引黄灌溉管理和灌区泥沙治理研究工作，是带着中国黄河下游山东灌区渠首引水工程如何防沙和灌区沉沙池工程如何持续运用这两大难题来美国考察的。他根据中国黄河下游灌区与美国科罗拉多河和密西西比河泥沙治理的特点，得出结论：中国黄河下游灌区适用的泥沙处理模式，在美国及世界其他国家是找不到的，中国必须走自己的路，用自己的智慧创造出适合中国黄河国情的、领先于世界的灌区泥沙处理的新模式。作为泥沙研究的同行，他的这一观点与见解，我是非常赞同的。

　　在续谈中，卞研究员讲述了他们立足本职工作，经过十余年的艰辛探索，最终于1991年、1993年、2001年分别在黄河下游山东邹平县张桥、菏泽市牡丹区刘庄、高青县刘春家灌区建成了引黄渠首新型橡胶坝引水防沙工程，达到了引表层水避底沙的目的，取得了灌区运行不用沉沙池、土渠输水基本不淤的效果。经山东省科技厅组织专家鉴定，认为研究提出的多沙河流灌区渠首新型橡胶坝引水防沙工程模式为国际首创，总体研究达到国际领先水平。听了他的讲述，我深为他的敬业精神所打动，在他身上洋溢着中国河流灌溉泥沙研究工作者那种默默奉献、勇于探索、开拓进取、敢争人先的坚韧气质。

　　2006年底，山东省科技厅邀请国内专家在聊城市召开"黄河下游山东引黄灌区沉沙池覆淤还耕技术研究与示范"成果技术鉴定会，由水利部总工朱尔明教授担任主任委员，我作为副主任委员参加鉴定。鉴定会首先播放项目工程现场录相，画面气势宏大，展现了项目实施带来的根本变化，生动感人。项目负责人、山东省水利厅尚梦平副厅长作了项目工作报告，接着是项目技术负责人、山东省水利厅卞玉山研究员作了项目技术工作总结报告。卞研究员非常感慨地说，这个项目历时很长，遇到的困难很多，没有尚厅长的支持和协调，是不可能完成的。最后，项目鉴定委员会通过鉴定意见，认为该项目研究提出的沉沙池无泄沙出口条件下沉沙筑高覆淤还耕的新模式为国际首创，并在沉沙池系统优化运用及系统优化评判要素、沉沙池覆淤土层优化结构及沉沙池运行管理机制改革等方面有诸多创新，总体研究达到国际领先水平。这次鉴定会上我与尚梦平副厅长初次见面，他给我留下了深刻印象，以后在工作中又多次见面，感觉他是一个工作热情、敢于担当、思路清晰、办事严谨的人。这次鉴定会，我还看到这个科研团队从领导层、科研人员，到基层管理人员那种团结精神、奉献精神、创新精神，正是有了这种精神，才铸造了能够解决中国黄河下游灌溉泥沙难题的领军人和战斗集体。

以上是我与尚梦平副厅长和卞玉山研究员昔日工作交往的回忆。

2015年夏天，尚梦平副厅长邀请我为《黄河下游山东灌区泥沙系统治理研究》一书作序，我欣然接受。阅读此书，我觉得这是一部很难得的河流灌溉泥沙治理专著，有如下几个特点。

一、专著系统性强。专著名为"系统研究"，果然名不虚传。全书总结了自上世纪60年代引黄复灌至本世纪初半个世纪以来，黄河山东灌区泥沙治理的创新成果，时间跨度大，内容涉及河流泥沙、国土整治、农村水利等多种学科；全书视黄河山东灌区泥沙治理为系统整体，下分黄河山东灌区分级水沙监测站网系统、渠首橡胶坝引水防沙系统、引黄灌区新型沉沙池系统、引黄灌区渠系输水输沙系统、黄河小浪底水库运用后对山东引黄供水的影响以及引黄灌区总体灌溉工程模式等研究。在此之前，看到的河流灌溉泥沙专著中，从来没有如此系统的。

二、技术创新点多。本书在黄河灌区泥沙治理研究上有诸多理论创新和实践创新。一是在研究引黄灌区渠首防沙和灌区渠系泥沙治理这对矛盾中，紧紧抓住引黄渠首防沙这个主要矛盾方面开展研究，理论上提出了"引水口门前不同坝高条件下表、底层分流宽度计算公式""渠首活动潜坝取表避底引水防沙机制"。实践上建立了渠首新型橡胶坝引水防沙工程模式，将黄河水含沙量小细的水体漫坝引入灌区，而将含沙量大粗的水体沿坝侧排向下游，工程运用后达到不用建沉沙池、土渠运行基本不清淤的效果。二是在研究灌区内沉沙池沉沙运用与渠系输沙、清淤这对矛盾中，以沉沙池沉沙运用这个主要矛盾方面开展研究，实践上建立了沉沙池无泄沙出口条件下沉沙筑高覆淤还耕新的工程模式，使灌区沉沙池建设从昔日的沉沙占地危机中解脱出来，走通了沉沙池可持续运用的路子。三是在解决灌区淤积泥沙是人工清淤还是机械化清淤这对矛盾中，紧紧抓住以推广机械化清淤为主导方向，坚持"政府倡导、政策支持、行业示范、技术培训"的办法，使山东引黄灌区在上世纪80年代末就实现了由人工清淤向机械化清淤的全面战略转移；并研究出"泥浆泵长距离高爬坡管道接力输浆技术""水力清淤机械高浓度造浆、输浆技术"，在山东水利技师学院（淄博）研制成功"水力清淤机械浑水性能测试台"，建立了"山东省引黄灌区水力清淤机械性能测试中心"，这在国内外河流灌溉渠系疏浚研究领域尚属首创。

三、为国争先志气高。黄河是世界上含沙量最高的河流，黄河下游山东灌区是世界上河流灌溉泥沙最难治理的灌区。山东引黄灌区管理和泥沙治理研究人员，在前无古人工程实践记载，近无国外现成工程模式借鉴的条件下，树立为国争先、敢为世界先的决心，经过数十年的探索与拼搏，走出了一条适合中国黄河特点的灌溉泥沙治理可持续发展的路子,证明了中国人是有能力解决黄河灌溉泥沙问题的。以往国内外多沙河流灌区泥沙治理的成功经验和范例,如美国科罗拉多河的胡佛坝灌区,埃及尼罗河的阿斯旺坝灌区,中国黄河的三门峡、小浪底枢纽灌区,皆为山丘区大比降河道灌溉泥沙治理类型。该类型以修拦河大坝形成水库沉淀泥沙代替灌区渠首引水工程防沙,沿河两岸多为山丘区大比降的灌区,宜修建可泄沙于下游河道的沉沙池解决灌区的沉沙问题。这种单一的河流灌溉泥沙类型,作为世界多沙河流灌区泥沙治理宝库来讲,是不完整的。而中国黄河山东灌区泥沙治理的贡献在于破解了平原型缓比降河道灌溉泥沙治理的难题,以修建渠首橡胶坝实现了引水防沙,以建无泄沙出口沉沙池解决了灌区沉沙问题。正是由于中国黄河山东灌区解决了平原型缓比降河道灌区泥沙治理的难题,世界多沙河流灌区泥沙治理宝库才更加完善,这是一个了不起的贡献,我为中国黄河山东灌区对国际河流灌区泥沙治理宝库做出的贡献而骄傲!

最后,愿这本专著在我国当前和今后的多沙河流灌区管理和泥沙治理中发挥重要作用,同时也希望今后有更多更好的同类专著问世。

2015 年 9 月

(序言作者为全国政协常务委员、中国科学院院士、清华大学博导教授、青海大学校长)

前 言

《黄河下游山东灌区泥沙系统治理研究》一书付梓出版了。这是一部综合反映半个世纪以来山东引黄灌区泥沙系统治理研究理论创新和实践创新的专著。

此书的撰写,一是为了表达对半个世纪以来从事山东引黄灌溉管理和灌区泥沙治理研究的同事们的敬意,把共同取得的科研成果荟萃成册。二是作为老一代引黄灌溉管理和泥沙治理研究工作者,有责任、有义务将半个世纪的理论创新和实践创新成果进行汇集、整理,让这些宝贵的智慧结晶和实践成果不流失、不蒸发、无断层地传递下去,让新一代从业者能够踏着我们的肩膀,向更高层次攀登! 为此,谨以此书献给半个世纪以来辛勤耕耘在黄河灌溉供水管理和灌区泥沙研究治理岗位上的战友们! 并献给未来从事黄河灌溉供水管理和灌区泥沙治理的接班人们!

忆往昔,山东引黄灌溉经历了试办、盲目发展、停灌、复灌积极慎重发展和稳步发展的曲折过程。1950 年首建利津县綦家嘴引黄闸,拉开了中华人民共和国引黄灌溉的序幕。1958 年在灌区仅修了简陋干渠的条件下即大引、大蓄、大灌、忽视排水,造成大面积土地盐碱化,加之从 1961 年起连续 4 年的大涝,涝碱相随,土地盐碱化急剧发展。1962 年国务院召开范县会议,引黄被迫暂停。1965 ~ 1979 年沿黄地区因干旱相继复灌,本着积极慎重的方针,对山东沿黄地区徒骇、马颊等大型骨干河道进行整治,并控制大水漫灌,引黄灌溉得到巩固发展。自 1980 年以来,山东引黄灌溉进入稳步发展的阶段,1981 年 3 月 31 日,时任水利部部长的钱正英在总结引黄灌溉的形势时,高度概括为:"形势很好,但潜伏着危险。""潜伏着危险,主要概括为两句话:一句话是排水渠系泥沙淤积严重,第二句是涝碱威胁的加重。"问题的总根源还出在引黄带来的泥沙上。到 20 世纪 90 年代初,山东引黄灌区已经历了 30 年,在取得巨大经济效益的同时,灌区的泥沙治理也面临着诸多挑战。

(1)大量泥沙通过引水口引入灌区内,泥沙处理压力大。引黄灌区渠首工程是防沙于灌区外的重要关口,而以往引水口门防沙工程是零,致使过量的黄河底沙毫无阻挡地进入灌区,灌区陷入被动处理泥沙的局面。黄河是世界上泥沙含量最多的河流,黄河的水量是美国密西西比河的 1/10,年输沙量为其 5 倍,年平均含沙量为其 60 余倍。黄河山东灌区 20 世纪 80 年代年均引水 76 亿 m^3,引沙 6 400 万 m^3;90 年代年均引水 83 亿 m^3,引沙 7 900 万 m^3。这些引进的泥沙 60% ~ 70% 以上需清淤和处理,代价高昂。

(2)引黄灌区泥沙大部分淤积在渠系和沉沙池,影响当地生产生活。一是泥沙占用渠系和沉沙池面积。至 20 世纪 90 年代,占用沉沙池面积 83 余万亩,已达到原沉沙池规划面积的 80% ~ 90%,新沉沙池开辟用地已出现危机! 二是渠系两侧和沉沙池占用的土地已经沙化,不能耕种,风吹沙移,给当地生态环境带来极其不利影响。三是池区和非池区的经济收入差距不断扩大,池区已成为新的贫困区。池区内党群关系和干群关系出现紧张,直接影响社会安全秩序。

(3)传统的灌溉工程模式和泥沙处理模式需要不断探索、优化。引黄复灌以来,灌区已运行了30年,国家、社会、集体都投入了大量资金和物力,修建了引黄灌区的各类工程设施,但此传统的灌区泥沙治理工程模式是否真正是最优化的工程模式? 是否是以最小的经济投入换取最大的效益产出? 也有待进一步研究。

(4)机械清淤替代传统人海战术后,如何更好地发挥其潜力和提升效率? 随着社会经济的发展,引黄灌区传统的人海战术人力清淤受到了挑战。随着沉沙池构筑高度和运距的增大及河道清淤运距增大,以机械清淤代替人工清淤的新技术也有待研究。

据此,相关研究人员,立足黄河灌区管理本职工作,开展河流灌区泥沙治理的攻关研究。先后考察了国内外多沙河流灌区的泥沙治理,如我国新疆玛纳斯河、英国泰晤士河、美国密西西比河和科罗拉多河、埃及尼罗河、南非奥兰治河、俄罗斯伏尔加河等河流灌区的泥沙治理。自1998年起至2007年先后撰写英文论文6篇,参加了第七次(1998年中国香港)、第八次(2001年埃及开罗)、第九次(2004年中国宜昌)、第十次(2007年俄罗斯莫斯科)国际河流泥沙学术研讨会及中美合作国际河流泥沙输送会议(2003年美国马凯特大学),进行了国际学术交流,所写相关论文被同行专家称为前沿性研究。先后立项进行了多专题的攻关研究,并获省、部级多个科技进步奖。其中:《多沙河流新型橡胶坝引水防沙工程研究》,获水利部1994年科技进步二等奖;《引黄灌区机械化清淤新技术试论研究》,获山东省水利1997年科技进步二等奖;《多泥沙河流灌区新型渠首橡胶坝防沙减淤工程研究》,获山东省1998年科技进步二等奖,并获山东省职工技协优秀技术一等奖;《黄河下游山东引黄灌区沉沙池覆淤还耕技术研究和示范》,获山东省2011年科学技术一等奖。经水利部、中国水电科学研究院、国际灌排委员会、清华大学、北京大学、黄河水利委员会、山东省水利系统的专家对多个课题鉴定,认为研究提出的多沙河流灌区渠首橡胶坝引水防沙工程模式和多沙河流灌区无泄沙出口条件下沉沙筑高覆淤还耕模式,属国际首创,总体研究达到国际领先水平。

基于以上诸多研究成果,我们撰写了这部《黄河下游山东灌区泥沙系统治理研究》一书。这部书的内容涉及多沙河流灌区泥沙治理的理论创新和实践创新的诸多领域和关键环节,主要有:

一、建设水沙监测站网,通过原型观测和数据分析,为研究创新提供支撑

在黄河下游3 000万亩多口门、连片灌区建成了世界最大的市、县、乡、村四级水沙监测站网,观测了大量数据,为灌区的科学运用和泥沙治理提供支持。通过对灌区引水口门及口门前河道立体的水沙观测,在水沙观测理论和实践上有所创新。如研究提出了"黄河引水口水沙观测中测不到底层的含沙量值""引水口前不同坝高条件下表、底层分流宽度计算公式""引水口以黄河流量为变量的分流比与含沙量比关系线组",从而首次提出了评价"引水口门综合引水防沙效果关系线组"的新概念。

二、研究提出了多个多沙河流灌区泥沙处理工程的新模式

(1)研究创立了多沙河流灌区新型渠首橡胶坝防沙减淤工程新模式。在黄河下游山

东建立了邹平县张桥、菏泽市刘庄、高青县刘春家等三处渠首防沙渠系减淤工程。该工程以橡胶坝置于黄河凹岸喇叭形引水口门前沿,利用弯道环流"正面引水、侧向排沙"的原理,将黄河表层含沙量小细的水体沿潜坝上引入口门内,而将底层含沙量大粗的水体沿潜坝侧向排往河道下游,从而达到"最大限度地引取表层含沙量小细的水体,最有效地防止河道底层粗沙进入灌区,同步解决工程引水与防沙的矛盾"等三大工程技术难点。张桥、刘庄两工程的防沙效果达25%,其中泥沙粒径 $d \geqslant 0.025$ mm 有害泥沙减少30% ~ 37%。

(2)研究创立了多沙河流灌区沉沙池无泄沙出口条件下沉沙筑高覆淤还耕的新模式。针对黄河下游缓坡降平原灌区沉沙池无泄沙出口,泥沙不能排入内河的特点,通过"自流沉沙、以挖待沉、构筑高地、覆淤还耕"的方法,解除了灌区沉沙占地危机,传统的"沉沙池规划面积""沉沙池设计库容""沉沙池使用年限"等概念重新定义,创立了新型沉沙工程模式,使黄河下游山东灌区的沉沙处理走上了可持续发展的路子。

(3)研究提出了适应黄河水沙特征的灌区整体泥沙处理优化工程的新模式。这个新模式由以下四个工程环节构成:①在传统引黄闸口门前沿建橡胶潜坝,以拦截河流过量的底沙。②砍掉传统的沉沙池,实行零沉沙池工程。③原生态土渠输送浑水入田。除干渠弯曲段和渐变段外,一般渠段不需作防冲护砌。在有条件的地方,可以把渠系防冲护砌节省下来的资金,用在土渠塑膜防渗上。关于无沉沙池条件下土渠输水不冲不淤的研究与实践,张桥、刘庄两灌区的运用,已给出肯定答案。张桥灌区渠首橡胶坝1991年建成,无沉沙池土渠输送浑水入田,运用6年有4年没有清淤。刘庄灌区渠首橡胶坝1993年建成,此前,年年清淤,运用后5年中有2年没用沉沙池,部分土渠输送浑水入田,5年中有3年没清淤,其余2年清淤量甚小。④鉴于黄河小浪底水库运用后河底刷深,灌区引水出现困难,为此,在保证引黄灌区内原有地面灌排工程不改变的前提下,需对引黄渠首工程进行技术改造。一是在引黄闸侧面建一定规模的泵站提水工程,高水位时从引黄闸自流引水,低水位时由泵站提水进灌区。二是在引水口门前建橡胶潜坝并防止黄河底沙吸入灌区,这项工程措施非常重要,否则泵站会把黄河底沙大量吸入灌区,带来比引黄闸自流引水更严重的沙害。通过以上四项工程环节,可以实现用最小的经济投入换取最大的工程效益。目前,该泥沙处理优化工程的新模式在黄河山东灌区尚未建立,期盼新的灌区建设者和泥沙治理研究工作者们面向未来实践探索!

三、建设"山东省水力清淤机械性能测试中心",提供专业的测试手段

山东省水利厅征得山东省技术监督局同意,批复山东水利技术学院与引黄灌区合作共同建立"山东省水力清淤机械性能测试中心",专门服务于引黄灌区的机械清淤。研制的"水力清淤机械浑水性能测试台"采用了偏置射流拌和装置、防干扰工业用微机,测试精度达到国家规定 B 级标准(GB 3216—2015)。专家鉴定,这在多泥沙河流灌区渠系疏浚领域属于首创。利用该装置对国产的几种典型泥浆泵浑水性能曲线进行了全自动测试。为泥浆泵性能的公正评价、质量改进、合理选型及沉沙池高爬坡、远距离输沙技术的研究提供测试手段。

愿以上技术创新的星星之火,在未来的引黄灌区泥沙治理和灌区工程建设的大地上能够燎原!

在本书撰写、出版过程中，得到水利部国科司、山东省科学技术厅、武汉大学、山东农业大学、山东水利技术学院，山东省水文水资源勘测局、山东省水利科学研究院、聊城市位山灌区管理处、德州市潘庄灌区管理处、东营市灌溉处、菏泽市刘庄引黄灌区管理处、滨州市簸箕李引黄灌区管理局、滨州市韩墩引黄灌区管理局等单位的大力支持，在此谨表诚挚的谢意！

尚梦平

2015 年 9 月

目　录

第一篇　黄河山东灌区建设与发展的历史回顾

第一章　黄河山东灌区情况及社会经济地位分析

第一节　中国的灌溉农业、黄河流域的灌溉农业及黄河山东的灌溉农业

水是人类生存的要素,河流是人类文明的发源地。

世界上引水工程随着灌溉农业的发展,已有 3 000 年以上的历史,如埃及尼罗河流域、中国黄河流域与长江流域、南亚印度河流域与恒河流域等,它们既是人类文明的摇篮,又是古代水利发达、农业繁荣的地区。近代苏联的阿姆河与伏尔加河流域、美国的密西西比河和科罗拉多河流域、德国的莱茵河流域,既是近代和现代文明发达的地区,又是水利、农业、工业及国民经济高速发展的基地。

我国的灌溉农业具有悠久的历史,近代和现代又获得了快速发展。中华人民共和国成立以来,到 20 世纪 80 年代末期全国灌溉面积已增加到 7.25 亿亩,据联合国粮农组织(FAO)通报,我国灌溉面积多于印度、美国等国,跃居世界第 1 位。

在我国灌溉农业发展中,共建有灌溉引水工程 9 万余座,其是获取灌溉水源最主要的设施。

黄河流域是我国的主要灌溉农业区。20 世纪 80 年代,年均引黄河水 291.7 亿 m^3,灌溉面积 9 898.8 万亩(含井灌面积),约占全国总灌溉面积的 1/7。其中,上游引水 122.5 亿 m^3,占全河的 42%,灌溉面积 1 533.0 万亩,占全河的 15.5%;中游引水 59.4 亿 m^3,占全河的 20.4%,灌溉面积 3 327.2 万亩,占全河的 33.6%;下游引水 109.8 亿 m^3,占全河的 37.6%,灌溉面积 5 038.6 万亩,占全河的 50.9%。中华人民共和国成立以来,黄河水资源的开发利用大大地促进了黄河流域及灌区农业的增产,约占粮田总面积 1/2 的灌溉面积,生产了 2/3 的粮食总产量,并缓解了部分地区工业、城市生产生活用水问题。

山东省位居黄河最下游,黄河流经山东省 9 个地市 25 个县(市、区),能用上黄河水

的有 64 个县(市、区)。目前(截至 2002 年),已建引水涵闸 47 座,虹吸管 49 条,渠首扬水站(船)28 处,设计引水能力 2 133 m³/s,20 世纪 80 年代年平均引水 76 亿 m³。有万亩以上引黄灌区 70 余处,设计灌溉面积 2 700 万亩,近年实灌面积 2 500 万亩。无论是引水面积还是灌溉面积,山东都是黄河流域最大的省(区)。

第二节　黄河山东灌区概况

一、引黄灌区自然地理概况

黄河流经山东省菏泽、济宁、泰安、聊城、德州、济南、淄博、惠民、东营 9 个地级市的 25 个县(市、区),总长 628 km。灌区范围内及毗邻灌区的 55 个县(市、区)用黄河水灌溉,耕地面积 9 244.5 万亩。引黄济湖、引黄济青工程的运用还使沿线的济宁市郊区、嘉祥、金乡、鱼台、潍坊市的寿光、昌邑、高密、寒亭及青岛市的平度、胶州、崂山等 24 个县(市、区)能引用黄河水灌溉和解决部分高氟、缺水区群众生活用水,面积 2 721.6 万亩。至 2002 年年底,引黄供水覆盖范围已达 11 个地级市 79 个县(市、区),总面积 11 966.1万亩,占全省总面积的 51%,见图 1-1-1。

引黄灌区大部分为黄泛冲积平原,东南部有部分山前平原,地面高程一般在 50 m 以下,地势西高东低,大范围地形平坦,地面坡降万分之一左右,局面地形起伏不平,岗、坡、洼相间,土壤和地下水中都含有一定的盐分。气候属暖温带半湿润季风气候,多年平均降水量 580 ~ 670 mm,70% ~ 80% 的水量集中在汛期,形成了春旱、夏涝,晚秋又旱的自然特点,造成灌区范围内涝碱并存,交互为害。

灌区内的主要河流,属海河流域的有漳卫新河、徒骇河、马颊河、德惠新河,属淮河流域的有洙赵新河、万福河、东鱼河、梁流运河,独流入海的有小清河。20 世纪 60 年代以来,对上述河流(小清河除外)按一定的除涝、防洪标准进行了疏浚治理。

二、灌溉工程及工程基本模式

截至 2002 年,有引黄涵闸 47 座,虹吸管 49 条,扬水站(船)28 处,设计引水能力 2 133 m³/s。一般引水 500 ~ 600 m³/s,高峰引水曾达到 950 m³/s。

现有万亩以上灌区 68 处,2000 年设计灌溉面积 3 983.86 万亩,包括补源面积 763 万亩,20 世纪 90 年代实灌面积 2 560 万亩左右。全省引黄灌区中有位山、潘庄两处 500 万亩以上的特大型灌区,设计灌溉面积小于 500 万亩大于 100 万亩的灌区有 4 处,30 万 ~ 100 万亩的有 13 处,10 万 ~ 30 万亩的灌区有 14 处,1 万 ~ 10 万亩的有 35 处。2000 年山东省引黄灌区规模概况见表 1-1-1。

引黄灌溉工程的基本模式是渠系、河网、补源三结合的工程模式。灌区上游为渠系灌区,灌排分设,中游利用骨干河道及排水沟输水提灌,下游边远井灌贫水区以井灌为主,通过引黄补充水源。

表 1-1-1　2000 年山东省引黄灌区规模概况

灌区名称	渠首工程			灌区名称	渠首工程			灌区名称	渠首工程		
	设计灌溉面积（万亩）	引水方式	设计流量（m³/s）		设计灌溉面积（万亩）	引水方式	设计流量（m³/s）		设计灌溉面积（万亩）	引水方式	设计流量（m³/s）
山东省	3 983.86		2 321.4	宫家	39	引水闸	30	兰家	30	涵闸	25
济南市	342.3		241.2	双河	54	引水闸	100	白龙湾	35	涵闸	20
邢家渡	156.19	涵闸	50	五七	8	扬水船	8	道旭	16.4	涵闸	15
田山	31.7	提水	24	垦利一号	5	扬水船	10	张肖堂	15	涵闸	15
葛店	16.4	涵闸	15	路庄	4.5	引水闸	30	张桥	10.5	涵闸	15
沟杨	10.1	涵闸	15	红旗	1.5	扬水船	2	大道王	0.5	涵闸	10
张辛	15.4	涵闸	15	纪冯	1.5	扬水船	4	大崔	9	涵闸	6
东风	6	提水	6	济宁市	86.18		75	归仁	4	涵闸	10
胡家岸	34.6	涵闸	20	陈垓	55.18	涵闸	30	聊城市	891.2		342.7
土城子	10	涵闸	10	东平湖	31	涵闸	45	位山	540	涵闸	240
吴家堡	3	提水	40	泰安市	37.08		52.2	陶城铺	114	涵闸	50
大王庙	18	涵闸	15	丁庄	5.5	扬水站	6.6	郭口	37.2	涵闸	22.7
陈孟圈	30.72	涵闸	15	黄庄	1.58	扬水站	5.6	彭楼	200	涵闸	30
龙桥	1	提水	1.1	戚垓	1	涵闸	2	菏泽市	771.1		415
望口山	1.0	提水	4	引黄济湖	9	涵闸	30	刘庄	127.8	涵闸	80
柳山头	1.2	提水	1.4	小店引黄	20	扬水站	8	苏泗庄	70	涵闸	50
外山	2.2	提水	2.8	德州市	852		230	旧城	38.8	涵闸	50
姜沟	3.8	提水	2.1	潘庄	500	涵闸	100	苏阁	46.5	涵闸	30
桃园	1	提水	4.8	李家岸	322	涵闸	100	杨集	41.6	涵闸	30
淄博市	65.4		65.3	韩刘	15	涵闸	15	东明	45.0	涵闸	80
刘春家	32.7	涵闸	37.5	豆腐窝	15	涵闸	15	高村	31.4	涵闸	15
马扎子	32.7	涵闸	27.8	滨州市	626.1		466	谢寨	90	涵闸	50
东营市	357.5		434	簸箕李	163.5	涵闸	75	闫潭	280	涵闸	80
麻湾	74	引水闸	60	小开河	110	涵闸	60				
曹店	37	引水闸	50	韩墩	96	涵闸	60				
胜利	35	引水闸	40	胡楼	72.5	涵闸	35				
王庄	98	引水闸	100	打渔张	54.74	涵闸	120				

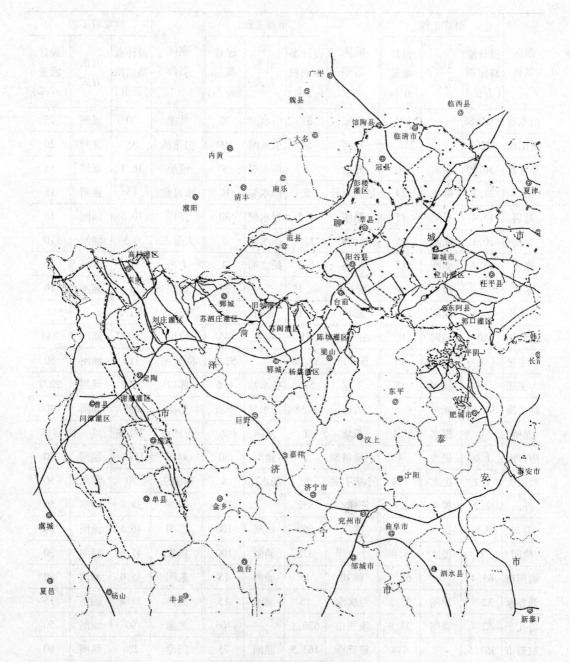

图 1-1-1　山东省引黄灌区工程位置图

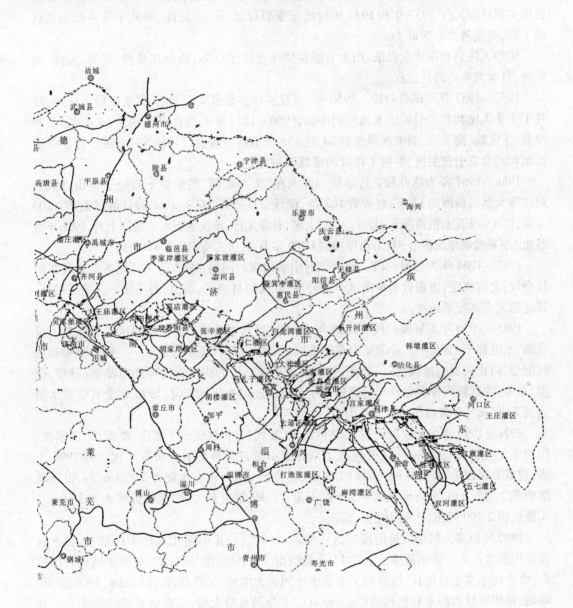

续图 1-1-1

第三节　山东引黄灌区发展历程回顾

山东省引黄灌溉始于 1933 年,当时民国政府山东省建设厅拟订《山东黄河沿岸虹吸淤田工程计划》,于 1933 年和 1934 年建成王家梨行、红庙、王旺庄、马扎子等 4 处引黄虹吸工程,流量各为 0.5 m³/s。

中华人民共和国成立以来,山东省引黄供水经历了试办、热办和受挫、停灌、复灌、大发展、科学发展的曲折过程。

1950 ~ 1957 年为试办阶段。1950 年,兴建利津县綦家嘴引黄闸,引水流量 1 m³/s,拉开了中华人民共和国引黄供水建设的序幕,1950 ~ 1957 年相继在济南杨庄、王家梨行、利津县、王家院、窝头寺、刘夹河等修建 24 处 135 条引黄虹吸管。1956 年,兴建了打渔张引黄闸和刘春家引黄灌区,取得了较好的灌溉改碱效益。

1958 ~ 1961 年为热办和受挫阶段。此间在“大办水利”的形势下兴建了位山、韩墩、刘庄等大型引黄涵闸 12 座,虹吸管 162 条,设计引水能力 1 600 m³/s,设计灌溉面积 4 800 万亩,在灌区未配套的情况下,大引、大蓄、大灌,有灌无排,导致地下水位急剧上升,1961 年鲁西北四区的盐碱地面积由 500 万亩增加到 1 100 多万亩,涝灾面积达 2 000 万亩。

1962 ~ 1964 年为停灌阶段。针对当时引黄出现的问题,1962 年 3 月国务院召开了范县会议,会议决定:山东省引黄灌区全部停灌,除保留打渔张、位山、刘庄北干渠等工程外,其他灌区全部废渠还耕。

1965 ~ 1970 年为复灌阶段。1965 年,沿黄地区严重干旱。打渔张灌区首先恢复引黄灌溉,水电部于 1966 年 3 月函复山东省委同意复灌,指出“要积极慎重……做好灌排和田间配套,防止再发生盐碱化”。此间,鲁西北地区按一定的防洪除涝标准对徒骇、马颊、德惠、东鱼、洙赵新河等大型骨干河道进行了治理。经过 5 年的恢复,1970 年全省引黄水量达到 23 亿 m³,灌溉面积达到 586 万亩。

1971 ~ 1990 年为大发展阶段。20 世纪 70 年代初,相继建成了潘庄、李家岸、邢家渡、田山等大型引黄工程,80 年代又建成了刘春家引黄过青补源引黄济青工程。到 1990 年底,建成万亩以上灌区 70 处,涵闸 47 座,虹吸管 59 条,设计引水能力 2 133 m³/s,设计灌溉面积 2 712 万亩,实际灌溉面积 2 500 万亩。1989 年山东大旱,年引黄河水 123 亿 m³,实灌面积 2 700 万亩,达到历史最高纪录。

1990 年以来为科学发展阶段。这一阶段的特点:一是引黄总水量不再增加,供水覆盖面积继续扩大。供水范围扩大到 11 个地级市、79 个县(市、区)。二是供水结构开始整合,农业用水实现负增长,城乡和工业供水比例大大增加,如青岛、济南、淄博、东营、滨州、聊城、德州等城市用水和德州电厂、菏泽电厂工业供水量大增,引黄效益持续提高。三是重视调蓄工程建设,增建了许多河道拦河闸和平原蓄水工程,以丰蓄枯用,科学利用黄河水。四是引黄灌溉工程的模式向优化建设方向发展。20 世纪 70 年代及以前,山东引黄灌溉工程属简陋型工程模式,仅修建了抗旱送水干渠,缺少交叉及控制建筑物,浑水入河严重。80 年代,山东引黄灌溉工程晋升到功能型工程模式,灌区工程中的沉沙、输水输沙及用水系统的建设及功能逐步健全。进入 90 年代,山东引黄灌溉工程模式开始向优化组合方向发展,如1991年、1993年、2001年在邹平县张桥、菏泽市刘庄、高青县刘春家灌区渠首兴建了三处橡胶坝引水防沙工程,大大提高了渠首的引水防沙效能,特别是大大提高了防止黄河底部粗沙入渠的能力,从而砍掉了渠首沉沙池,干渠工程不用再清淤,在引黄灌溉工程模式的优化组合运用上迈出了一大步。德州潘庄灌区和聊城位山灌区的渠首沉沙高地的优化覆淤还耕的试验、示范、推广也把山东省引黄灌区沉沙池科学治理提升到一个新的科学水平。

第四节　山东引黄供水的社会经济地位

一、引黄灌溉促进了鲁西北地区农业连年持久高产

引黄灌溉的发展,改善了鲁西北地区农业生产条件,促进了粮棉连年丰收,由复灌以来沿黄五地市(东营、惠民、德州、聊城、菏泽)与其他地市总产发展情况对比(见表1-1-2)可看出,自1965~1975年复灌初期的11年,沿黄地区农业生产基础较差,全省亦未出现较大旱情,粮食总产占全省粮食总产的24.5%~27.3%,总产增长幅度与其他地区基本持平;棉花总产虽然占全省的60%~78%,但产量增长幅度一直低于其他地区。

自1976~1989年的14年,山东省连续干旱,特别是1982年以后,沿黄地区虽然农业基础设施没有多大改善,但粮棉总产占全省总产的比例及增长幅度都高于其他地区。粮食总产占全省的比例由1982年的28.1%提高到1989年的34.8%,增长幅度由1982年的1.84倍(以1965年为基数)提高到1989年的3.11倍;棉花总产占全省总产的比例由1982年的81%提高到1989年的90%,增长幅度由1982年的5.04倍(以1965年为基数)提高到1989年的5.94倍。

1989年全省特大干旱,沿黄五地市粮食总产较1988年增产141万t,其他地市却较1988年减产116万t,沿黄五地市弥补了其他地市的减产,全省总产仍比1988年增加25万t;棉花总产沿黄五地市较1988年基本持平,而其他地市减产10万t,全省产量下降9.85%。沿黄地区产量大幅度提高,在诸多因素中,引黄灌溉是重要因素。

沿黄地区成为山东省重要的商品粮棉基地。20世纪80年代,仅沿黄五地市粮食总产8 597.8万t,占全省总产的29.1%,棉花总产863.2万t,占全省总产的80.4%。向全国交售商品粮850万t,棉花850万t。

表1-1-2　复灌以来至1989年沿黄五地市与其他地市粮棉总产对比

| 年份 | 粮食(万t) | | | | | | | |
| | 全省 | | 沿黄五地市 | | | 其他地市 | | |
	总产	增长(%)	总产	增长(%)	占全省(%)	总产	增长(%)	占全省(%)
1965	1 331.8	100	363.5	100	27.3	968.3	100	72.7
1970	1 465	110	387.0	106.5	26.4	1 078	111.3	73.6

续表 1-1-2

| 年份 | 粮食(万 t) | | | | | | | |
| | 全省 | | 沿黄五地市 | | | 其他地市 | | |
	总产	增长(%)	总产	增长(%)	占全省(%)	总产	增长(%)	占全省(%)
1975	2 171	163.0	351.7	146.3	24.5	1 639	169.3	75.7
1976	2 250	168.9	538.8	148.2	23.9	1 711	176.7	76.1
1977	2 099	157.6	534.8	147.1	25.5	1 564	159.7	74.5
1978	2 287	171.8	593.4	163.2	25.9	1 964	174.9	74.1
1979	2 472	185.6	614.8	169.1	24.9	1 857	191.8	75.1
1980	2 385	179.1	534.6	147.1	22.4	1 850	191.1	77.6
1981	2 313	173.6	615.6	169.4	26.6	1 697	175.3	73.4
1982	2 375	178.3	667.2	183.5	28.1	1 708	176.4	71.9
1983	3 049	228.9	822.0	226.1	27.0	2 227	230.0	73.0
1984	3 143	236.0	847.5	233.1	27.0	2 295	237.0	73.0
1985	3 138	235.6	955.9	263.0	30.5	2 182	225.3	69.5
1986	3 301	247.9	1 019	280.3	30.9	2 282	235.7	69.1
1987	3 394	254.8	1 013	278.7	29.8	2 381	245.9	70.2
1988	3 225	242.2	991	272.6	30.7	2 234	230.7	69.3
1989	3 250	244.0	1 132	311.4	34.8	2 118	218.7	65.2

| 年份 | 棉花(万 t) | | | | | | | |
| | 全省 | | 沿黄五地市 | | | 其他地市 | | |
	总产	增长(%)	总产	增长(%)	占全省(%)	总产	增长(%)	占全省(%)
1965	19.9	100	15.5	100	78	4.40	100	22
1970	27.37	138	17.6	113.5	64	9.77	222.0	36
1975	24.15	121	14.5	93.5	60	9.65	219.3	40
1976	15.83	80	9.24	59.9	58	6.59	149.8	42
1977	14.88	75	8.43	54.4	57	6.45	146.6	43
1978	15.41	77	9.46	61.0	61	5.95	135.2	39
1979	16.65	84	11.4	73.5	68	5.25	119.3	32
1980	53.8	270	41.1	265.2	76	12.7	288.6	24
1981	67.5	339	54.9	354.2	81	12.6	286.4	19
1982	96.0	482	78.1	503.9	81	17.9	406.8	19
1983	136.0	683	106.2	685.2	78	29.8	677.3	22
1984	178.8	898	137.6	887.7	77	41.2	936.4	23
1985	106.2	534	82.6	532.9	78	23.6	536.4	22
1986	94.1	473	75.9	489.7	81	18.2	413.6	19
1987	124.4	625	101.4	654.2	82	23.0	522.7	18
1988	113.7	571	93.3	601.9	82	20.4	463.6	18
1989	102.5	515	92.1	594.2	90	10.4	236.4	10

目前,经过农业结构调整,菜、林、果、畜牧、水产等面积和产量显著增长。2000 年鲁西北粮食总产仍达 1 525 万 t,粮食单产约为 1970 年的 6 倍;棉总产 56 万 t,单产约为1970 年的 4 倍。

山东省德州地区与河北省沧州、衡水地区相邻,地理位置、自然条件、种植习惯基本相同,所不同的是一个有引黄灌溉条件,一个无引黄灌溉条件。1969～1971 年德州地区引黄灌溉面积年均 72 万亩,三地区(德州、衡水、沧州)粮食单产都在 110 kg 左右,棉花单产20 kg 左右。1972～1985 年的 13 年间,德州地区引黄灌溉面积发展到 507 万亩,粮食单产270 kg,棉花单产 36 kg,分别是衡水、沧州地区的 1.5～1.9 倍、1.57～1.71 倍。1986～1989 年连续大旱,德州地区引黄灌溉面积发展到 777 万亩,粮食单产为 560 kg、棉花单产为 67 kg,分别为衡水、沧州地区的 3.16～4.06 倍、1.60～1.61 倍,见表 1-1-3。

表 1-1-3　德州、衡水、沧州三地区粮棉单产对比　　　　　　(单位:kg/亩)

时段	粮食			棉花		
	德州	衡水	沧州	德州	衡水	沧州
1969～1971 年	127	119	104	21	21	18
1972～1985 年	270	181	143	36	23	21
1986～1989 年	560	177	138	67	41.5	42

二、引黄灌溉改善了沿黄地带和黄河三角洲的生态环境

截至 1993 年底引黄放淤改土 200 万亩,种稻洗碱土地 200 万亩,通过灌排、放淤改土等综合措施,全省沿黄地区盐碱地面积由原来的 1 198 万亩下降到 399 万亩;引黄灌区渠道绿化 57 100 km,骨干河道堤防绿化 3 037 km,林木覆盖面积40.7 万亩,已成为鲁西北的十大防护林带;引黄还补充了内河、库、塘水源,扩大了水体,上粮、下渔改造涝洼地 300万亩,沿黄地区已发展了 189 万亩的水产养殖面积,占全省淡水渔业养殖面积的 54.7%,沿海地区还开发滩涂养殖 20 多万亩,依靠黄河水,滨海地区畜牧业和林业也得到大的发展。

三、引黄供给城镇工业和居民生活用水,支撑了社会和经济的发展

1980 年以来,引黄工程每年向胜利油田和滨海缺水区供水 3 亿～6 亿 m³,解决了滨海的沾化、无棣、垦利、河口等咸水区 200 万人吃水问题;1981～1982 年、2001 年、2002 年引黄工程济津供水 10 亿 m³,解决了天津市的水荒;1988～1989 年引黄工程给济宁市送水7.2 亿 m³,解决了济宁市的供水及南四湖区的水产和工农业用水危机,1989 年以来刘春家引黄过清济淄每年送水 1.0 亿 m³ 以上,1989 年 11 月至今引黄济青工程已向市区送水9.86 亿 m³,从根本上缓解了淄博、青岛两市的供水危机局面,引黄保泉和引黄向沾化电厂送水都收到较好的效果。

第二章 黄河山东灌区历年引水、灌溉面积及灌排工程模式的演变

第一节 山东引黄灌区历年引水及灌溉面积概况

山东省引黄灌溉及供水历年引水、灌溉面积情况见表 1-2-1。

由表 1-2-1 可知,20 世纪 50 年代后期,年均引水 16.6 亿 m^3,灌溉面积 243.7 万亩;60 年代,除 1962~1965 年 4 年停灌外,年均引水 22.13 亿 m^3,灌溉面积 464.7 万亩;70 年代,年均引水 47.93 亿 m^3,灌溉面积 1 072.2 万亩;80 年代,年均引水灌区统计数为 77.89 亿 m^3(山东黄河河务局统计数为 76.38 亿 m^3),灌溉面积 2 034.3 万亩;90 年代,年均引水灌区统计数为 83.34 亿 m^3(山东黄河河务局统计数为 71.6 亿 m^3),灌溉面积 2 634.2 万亩;2000~2002 年,年均引水灌区统计数为 72.8 亿 m^3(山东黄河河务局统计数为 57.8 亿 m^3),灌溉面积 3 094.46 万亩。

表 1-2-1 山东省引黄灌溉及供水历年引水、灌溉面积情况

年份	引水量（亿 m^3）	灌溉面积（万亩）	年份	引水量（亿 m^3）	灌溉面积（万亩）	年份	引水量（亿 m^3）	灌溉面积（万亩）
1957	2.84	187	1975	37.814	1 023	80 年代平均	77.89（76.38）	2 034.3
1958	14.2	135	1976	58.581	923	1990	77.773（71.759）	2 408
1959	32.76	409	1977	64.362	1 713	1991	78.23（72.67）	2 476
50 年代平均	16.6	243.7	1978	52.26	1 235	1992	93.94（85）	2 534.4
1960	40.24	649	1979	64.24	1 066	1993	91.604（82.0）	2 899.4
1961	27.7	515	70 年代平均	47.93	1 072.2	1994	77.89（69.16）	2 486
1966	25.15	628	1980	59.18	1 351	1995	75.42（68.10）	2 520
1967	13.95	398	1981	63.762	1 382	1996	83.002（62）	2 645.7
1968	19.10	546	1982	80.97	1 988	1997	86.315（69.7）	2 859

续表 1-2-1

年份	引水量 （亿 m³）	灌溉面积 （万亩）	年份	引水量 （亿 m³）	灌溉面积 （万亩）	年份	引水量 （亿 m³）	灌溉面积 （万亩）
1969	6.66	52.12	1983	75.10	1 895	1998	84.069 (65.4)	2 724
60 年 代平均	22.13	464.7	1984	61.57 (63.662)	2 093	1999	85.169 (71)	2 789
1970	23.176	587	1985	51.864 (51.896)	1 912	90 年代 平均	83.34 (71.6)	2 634.2
1971	30.481	703	1986	80.03 (82.659)	2 255	2000	70.738 (52)	2 773.38
1972	56.67	849	1987	79.238 (75.706)	2 249	2001	67.978 (52.5)	3 079
1973	49.832	1 386	1988	95.458 (87.4)	2 480	2002	79.679 (68.9)	3 431
1974	41.886	1 237	1989	131.685 (123.45)	2 738	2000 ~ 2002 年年均	72.798 2 (57.8)	3 094.46

注：括号内数据为山东黄河河务局统计数。

第二节　山东引黄灌区灌排工程模式演变分析

一、引黄灌区的几种灌排工程模式

（一）灌排分设，自流灌溉

典型灌区是打渔张灌区，所以又称打渔张模式。该灌区 1956 年建成，灌溉系统干、支、斗、农渠为地上渠，排水系统干、支、斗、农沟为地下沟，排水经广利河、支脉河流入渤海，灌水和排水均为自流。

（二）灌排分设，深沟深渠，提水灌溉

典型灌区是滨州市小开河灌区。该灌区 1972 年建成，灌水系统干、支、斗为地下渠，干渠深 2.5 ~ 3.0 m，支渠深 2.0 ~ 2.5 m，均为提水灌溉。排水系统干、支、斗为更深的地下沟，干沟深 4.0 ~ 4.5 m，支沟深 3.0 ~ 3.5 m，斗沟深 2.5 ~ 3.0 m，自流排入徒骇河。

（三）渠系、河网、机井补源三结合灌溉

典型灌区是德州市潘庄灌区。该灌区 1972 年建成，设计总灌溉面积 33.33 万 hm²，其中，渠系灌溉 4.43 万 hm²，河网灌溉 19.69 万 hm²，井灌补源 9.21 万 hm²。上游为渠系灌区，灌水系统干、支、斗、农四级为地上渠，自流灌溉，排水系统干、支级为地下沟；中游为河沟网灌区，将水放入徒骇河、马颊河、赵牛河、土马河、赵王河等排水河道和排水沟，再由排水河道和排水沟提到田间，河道和排水沟既提水灌溉，又排水，一沟两用，灌排合一，一级沟深 4 ~ 5 m，二级沟深 3 m 左右，三级沟深 2 m 左右；下游为井灌补源区，马颊河以北的地区，引黄供水保证率不高，地下水资源不够好，井沟并存，黄河水与地下水并用。地下

水由于多年超采,水位不断下降,出水量减少很多。对黄河水采用深沟远引、灌排合一的办法,小机群分散从沟内提水到田间,同时,一部分黄河水由沟内渗透蓄存到地下,补充了地下水源,改善了井灌条件。

(四)井渠结合灌排

典型灌区是茌平县丁块试区。该试区1983年建成,位于位山灌区的中上部—干渠供水范围内。区内属临黄地带,地下水资源较丰富,引黄供水的保证率也较高。试区的主要目的是优先发展井灌,而将黄河水送给灌区下游远离黄河的贫水区。当井灌提取地下水超量时,再引提黄河水。引黄灌水和排水系统为地下渠沟,一沟两用,灌排合一,逐级提水到田间,机井平行于支沟线排列,井沟相间。

二、灌排模式的背景及评价

(一)打渔张灌溉模式

打渔张灌溉模式是中华人民共和国成立后在苏联专家的帮助下,根据其在中亚地区的经验,以土壤改良为目的的灌排系统布置。主要措施是,首先利用黄河水发展灌溉,并结合农业技术措施、水利土壤改良措施、森林土壤改良措施,彻底地改造土壤,变盐碱地为良田。该模式着眼于土壤改良,灌排分设,降低地下水位,能源消耗最低,方向是正确的,但也有不足,主要是对粉沙壤土防治盐碱化的特点认识不足,排水沟建成后坍坡严重,起不到应有的作用,而这类土壤在灌区的全部面积中又占很大比例。此外,管理、耕作技术跟不上,单位面积的工程投资高,不能大面积推广。

(二)小开河灌溉模式

引黄复灌期间,主要着眼于治涝改碱,引黄灌溉究竟以何种模式发展为宜,存有不同的看法。一种是发展打渔张灌溉模式,另一种认为打渔张模式对治涝改碱不够得力,并从滨州杨柳雪大队1 330 hm² 土地采用深沟台田、提水灌溉连年丰收的经验中得到启示,认为应当搞地下渠、提水灌。1966年2月山东省委负责同志对引黄复灌提出了4条原则:①处理好泥沙;②地下渠;③提水灌;④排水有出路。1970年位山灌区复灌改建时,除保留上游约33.3万 hm² 渠系自流外,中下游全部由地上渠改为地下渠。由此,地下渠被人们作为治涝改碱的关键措施。1972年,小开河灌区建成了"灌排分设,深沟深渠,提水灌溉,速灌速排"的灌溉工程。

小开河灌溉模式以治涝、治碱为本,具有节水、泥沙不淤积排水系统、便于管理等优点,但因整个灌区不论能否自流全部改为地下渠提水灌溉,很难为群众接受,故难以推广。该模式只适宜特定的滨海地区,有大片盐碱地、涝洼地、土壤难以改良的情况下才可以兴建。

(三)潘庄灌溉模式

20世纪70年代遇到的问题是投资少、水资源紧缺、管理粗放等。上游渠系自流灌区一方面受资金限制不能大发展,另一方面,因管理粗放,大水漫灌现象严重,灌溉定额高,粮食产量反比提水区低。中下游的支沟和骨干河道已经得到整治。在当时的技术经济条件下,为防止大水漫灌,利用其作为输水沟道发展提水灌溉,并借以弥补财力的不足。下游的机井灌溉发展较快,但地下水资源不足,需要与引黄结合,联合运用。为此形成了一个因地制宜、快速发展、灌溉效益高的"渠系、河网、机井补源三结合"的灌溉模式。

对于三结合的灌溉模式,1983 年水电部潘庄灌区规划工作调查研究组的意见书,1985 年 12 月水电部、黄委会和山东省水利厅组成的调查组所写的报告都曾给予肯定,认为自流引黄、低渠(地下渠)输水、河沟调蓄、分散提灌有其可取之处。主要优点是:投资少、发展快、灌溉效益高;具有灌、蓄、排 3 种功能,黄河水、地表水、地下水联合运用;渠系自流与沟网提水相结合,使黄河水资源多次利用,水的利用率较高。不足之处是:有的工程不配套;部分有自流灌溉条件的农田变成提水,能耗多;利用河网输水,淤积河道,如不及时清淤,会降低河道的行洪能力。

(四)丁块灌溉模式

20 世纪 80 年代提倡地上水、地下水联合运用。1983~1985 年进行引黄灌溉、井渠结合、综合治理旱涝碱的试验研究。实践证明,在工程技术上是可行的,但在当时的情况下,推广较差,主要原因是,试区处于引黄方便、地下水也比较丰富的地区,受益单位在认识上存在"黄水地边过,何必再打井"的想法,经济上井灌建设的能源消耗较大,费用高,政策上也没有解决对井灌的优惠、补贴问题,管理上也未研究出行之有效的措施,因此仍造成靠渠弃井的局面,使地下水资源得不到合理利用。现在看来,丁块灌溉模式提出的地上水、地下水联合运用,以及在地下水资源丰富的地方优先发展井灌,而把黄河水送到下游贫水区,方向是正确的。特别是近几年来,黄河水资源愈来愈紧张,黄河断流概率增加,即使灌区的上中游,原来引黄供水有保障的地带,现在在春灌用水紧张期也无黄河水可引。现实又使人们有了新的认识,正在多打机井,走"积极引黄,井渠结合,以井保丰"的路子。

第二篇　黄河山东灌区分级水沙监测站网系统建设及水沙监测技术研究

第一章　黄河山东灌区分级水沙监测站网系统建设

第一节　山东引黄灌区水沙监测站网布设

2000 年山东省共有万亩以上引黄灌区 68 处,设计灌溉面积 3 983 万亩,包括补源面积 763 万亩。1965 年引黄复灌至今,各灌区坚持布设水沙监测站点,目前山东省引黄灌区已成功地建成县(市)、乡(镇)、村(庄)三级水沙监测站网,测水站点 1 702 处,测沙站点 210 处,其中县级测水站点 295 处,测沙站点 151 处,乡级测水站点 699 处,测沙站点 59 处,村级测水站点 708 处,见表 2-1-1。目前全省 68 处引黄灌区全部实现了测沙到渠首,引黄灌区涉及的 55 个县(市、区)全部实现了计量按方供水,并有 298 个乡(镇、场)和 633 个村庄实现了计量按方供水。山东引黄灌区水沙监测站网是目前全国最大的连片灌区水沙监测网络。

表 2-1-1　引黄灌区 2000 年测水、测沙站网布设情况　　　　　　　(单位:处)

灌区名称	量水到县(市、区)			量水到乡(镇、场)			量水到村	
	测水站点数	其中测沙站点数	计量到县(市、区)数	测水站点数	其中测沙站点数	计量到乡(镇)数	测水站点数	计量到村庄数
山东省	295	151	55	699	59	298	708	633
济南市	23	19	7	84	3	53	312	299
邢家渡	5	3	3	16	1	10		
田山	4	2	2	19		16	219	198

续表2-1-1

灌区名称	量水到县(市、区)			量水到乡(镇、场)			量水到村	
	测水站点数	其中测沙站点数	计量到县(市、区)数	测水站点数	其中测沙站点数	计量到乡(镇)数	测水站点数	计量到村庄数
葛店	1	1	1	5		4		
沟杨	1	1	1	3		2		
张辛	1	1	1	5		3		
东风	1	1	1	9		1	14	32
胡家岸	1	1	1	6	2	6		
土城子	1	1	1	1		1		
吴家堡	1	1	1	10		1	36	30
大王庙	1	1	1	11		3		
陈孟圈	1	1	1	3			26	4
龙桥	1	1	1	1		1	8	8
望口山	1	1	1	1		1	5	5
柳山头	1	1	1	1		1	3	3
外山	1	1	1	1		1	6	6
姜沟	1	1	1	1		1	1	13
淄博市	4	3	2	39	8	7	0	13
刘春家	3	2	2	38	8	6		0
马扎子	1	1	1	1				
东营市	26	18	6	83	11	50	92	80
麻湾	7	3	2	12		7		
曹店	5	4	2	45	8	17	60	44
胜利	3	3	1	23	3	23	26	26
王庄	3	1	2					
宫家	1	1	1					
双河	1	1	1					
五七	1	1	1					
垦利一号	1	1	1	1		1		

续表 2-1-1

灌区名称	量水到县（市、区）			量水到乡（镇、场）			量水到村	
	测水站点数	其中测沙站点数	计量到县（市、区）数	测水站点数	其中测沙站点数	计量到乡（镇）数	测水站点数	计量到村庄数
路庄	2	1	1	1		1	6	10
红旗	1	1	1					
纪冯	1	1	1	1		1		
济宁	3	4	2	71	5	24	27	10
陈垓	1	3	1	63	5	16	27	10
东平湖	2	1	2	8		8		
泰安市	4	4	1	11	0	6	48	24
丁庄	1	1	1	6		1		
黄庄	1	1	1			1		
戚垓	1	1	1	1				
肖店	1	1	1	4		3	48	24
德州市	35	16	11	15	1	7	0	0
潘庄	19	8	8					
李家岸	14	6	6	9		4		
韩刘	1	1	1	4	1	3		
豆腐窝	1	1	1					
滨州市	60	28	8	58	9	26	0	0
簸箕李	14	14	3	13	5	10		
小开河	5	1	5					
韩墩	28	7	3	5		1		
胡楼	1		1	12	4	3		
打渔张	6		1	24		8		
道旭	3	1	2					
白龙湾	1	1	1	3		4		
大崔	1	1	1	1				

续表 2-1-1

灌区名称	量水到县(市、区)			量水到乡(镇、场)			量水到村	
	测水站点数	其中测沙站点数	计量到县(市、区)数	测水站点数	其中测沙站点数	计量到乡(镇)数	测水站点数	计量到村庄数
张肖堂	1	1						
聊城	92	26	8	318	15	105	229	220
位山	46	23	8	281	5	90	217	218
陶城铺	44	1	1	15		7		
郭口	1	1	1	22	10	8	12	2
彭楼	1	1	1					
菏泽	48	33	9	20	7	20	0	0
刘庄	15	15	1	8		8		
苏泗庄	16	6	1	5	2	5		
旧城	2	2	1	7	5	7		
苏阁	1	1	1					
杨集	1	1	1					
谢寨	4	4	4					
闫潭	70	3	1					
高村	2	1						

第二节　典型引黄灌区水沙监测站网布设

一、位山引黄灌区测水测沙站网建设

该灌区设计灌溉面积 540 万亩,属特大型灌区。灌区非常重视测水、测沙及分级计量供水等基础工作,自 1980 年以来,已经建立起地(市)、县(市)、乡(镇)、村(庄)四级水沙监测站网,测水站点 544 处,测沙站点 28 处,测水人员 784 人,见表 2-1-2。其中地(市)级站网测水、测沙点 1 处,测水人员 3 人;县(市)级站网测水站点 46 处,测沙站点 23 处,测水人员 135 人;乡(镇)级站网测水站点 281 处,测沙站点 5 处,测水人员 416 人;村级站网217 处,测水人员 230 人。位山灌区是国内外灌区最大的水沙监测站网之一,监测站网布设见图 2-1-1。1996 年以来,灌区采用遥测自记水位计,通过中心遥测站对 35 处测水站点实行全天候水位、流量监测。1991 年以来,水沙资料的整编采用微机软件处理,速度快,精

表 2-1-2 位山灌区市、县级测水、测沙站点统计

序号	测站名称	建站年份	站址	桩号	测验形式	测验内容
1	位山	1981	位山闸后	0+150	缆道	水位、流量、含沙量
2	关山(东)	1984	东输沙渠	1+350	缆道	水位、流量、含沙量
3	旧城分干	1987	东输沙渠	2+860	测桥	流量
4	张广	1984	东输沙渠	5+400	缆道	水位、流量、含沙量
5	大林崔支渠	1988	东输沙渠	8+550	测桥	流量
6	陈店支渠	1988	东输沙渠	10+120	测桥	流量
7	王小楼	1984	东输沙渠	14+800	缆道	水位、流量、含沙量
8	兴隆村支渠	1988	一干渠	21+200	测桥	流量
9	兴隆村	1984	一干渠	21+400	缆道	水位、流量、含沙量
10	赵潘支渠	1984	一干渠	31+300	测桥	流量
11	三十里铺分干	1984	一干渠	32+000	测桥	水位、流量
12	固堆王	1984	一干渠	32+400	缆道	水位、流量、含沙量
13	王鄂支渠	1984	一干渠	35+055	测桥	流量
14	任庄支渠	1987	一干渠	36+825	测桥	流量
15	厂平分干	1987	一干渠	40+850	测桥	流量
16	城关分干	1984	一干渠	43+780	测桥	流量
17	纪庄	1984	一干渠	46+000	缆道	水位、流量、含沙量
18	二刘	1984	一干渠	56+800	缆道	水位、流量、含沙量
19	小高	1984	一干渠	75+000	测桥	水位、流量、含沙量
20	关山(西)	1984	西输沙渠	1+350	缆道	水位、流量,含沙量
21	高村	1984	西输沙渠	6+850	缆道	水位、流量,含沙量
22	七级分干	1984	西输沙渠	11+340	测桥	水位、流量
23	苇铺	1987	西输沙渠	14+200	缆道	水位、流量、含沙量
24	孙堂分干	1988	总干渠	23+600	缆道	水位、流量
25	牛王支渠	1984	总干渠	23+830	测桥	流量
26	周店(二)	1984	二干渠	25+900	缆道	水位、流量、含沙量
27	陈口	1984	二干渠	46+100	缆道	水位、流量、含沙量
28	碱刘	1988	二干渠	58+800	缆道	水位、流量、含沙量
29	博平分干	1988	二干渠	60+750	测桥	流量

续表2-1-2

序号	测站名称	建站年份	站址	桩号	测验形式	测验内容
30	贾寨分干	1988	二干渠	66 + 560	测桥	流量
31	肖庄分干	1988	二干渠	70 + 000	测桥	流量
32	韩集分干	1988	二干渠	70 + 000	测桥	流量
33	尹庄	1984	二干渠	77 + 550	缆道	水位、流量、含沙量
34	周店(三)	1984	三干渠	26 + 100	缆道	水位、流量、含沙量
35	耿庄	1984	三干渠	29 + 900	缆道	水位、流量、含沙量
36	后夏支渠	1981	三干渠	32 + 150	测桥	流量
37	四甲李支渠	1984	三干渠	33 + 550	测桥	流量
38	韩庄扬水站	1984	三干渠	36 + 860	缆道	流量
39	王堤口	1984	三干渠	38 + 700	缆道	水位、流量、含沙量
40	扈庄扬水站	1988	三干渠	41 + 210	测桥	流量
41	前程扬水站	1988	三干渠	55 + 800	测桥	流量
42	张炉集	1984	三干渠	56 + 600	缆道	水位、流量、含沙量
43	乔庄扬水站	1987	三干渠	65 + 580	测桥	流量
44	王铺	1984	三干渠	66 + 100	缆道	水位、流量、含沙量
45	王铺扬水站	1984	三干渠	66 + 700	测桥	流量
46	郭庄	1984	三干渠	82 + 500	缆道	水位、流量、含沙量

度高,质量好。位山灌区已能对全灌区的8个县(市、区)测水与测沙到县、按方收费到县,对全灌区的90个乡(镇)计量供水、按方收费,占全市乡镇数的100%。计量供水、按方收费218个村,占全灌区村庄总数3 903的5.6%。位山灌区是山东省乃至全国分级水沙监测站网规模最大、站点最多、监测设施最好的灌区,也是国内引黄灌区分级计量供水、按方收费发展延伸最深、实施最好的灌区之一。

二、潘庄引黄灌区测水测沙站网建设

潘庄灌区设计灌溉面积500万亩,属特大型灌区。潘庄灌区从1981年开始在引黄总干渠上布设了8处水沙观测站进行观测,1985年后,根据引黄供水按方计费到县的需要,又在灌区下游各县界增设了11处水位流量观测站。目前,全灌区共有水沙观测站19处,灌区各测站位置见表2-1-3。

这批水沙观测站网的建立,不仅实现了灌区总引水量、引沙量及灌区内部8个县(市)及各干渠的水量监测,为分级计量供水按方收费到8县(市)提供水、量数据,而且实现了总干沿程、沉沙池进出口和总干尾水入河的泥沙监测,为计算灌区的泥沙淤积分布和各县(市)清淤任务量的分配提供了科学依据。

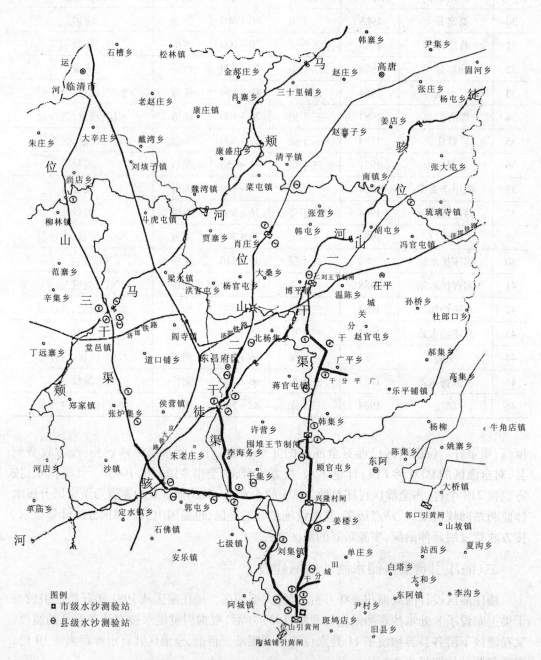

图 2-1-1 聊城市位山灌区水沙监测站网布置图

表 2-1-3 潘庄灌区各水沙观测站点统计

序号	测站名称	建站年份	性质	站址	桩号	测验内容
1	潘庄闸	1972	引水闸	总干渠首闸	赵庄闸0桩号前12 km	水位、流量、含沙量
2	赵庄闸	1972	节制闸	总干进水闸(一级池进、出口)	0+000	水位、流量、含沙量
3	王堂	1981	节制闸	总干站(齐河、禹城县界)	17+949	水位、流量、含沙量
4	台楼闸	1981		总干二级池进口或出口	29+650	水位、流量、含沙量
5	武庄渡槽	1972		总干渠过徒骇河渡槽	46+686	水位、流量、含沙量
6	辛章	1981		总干渠(禹城、平原县界)	58+694	水位、流量、含沙量
7	崔庄闸	1981	节制闸	总干渠三级池进口	68+167	水位、流量、含沙量
8	尚庙闸	1981	节制闸	总干渠尾水闸(入马颊河)		水位、流量、含沙量
9	南营闸	1985	节制闸	徒骇河(禹城县)		水位、流量
10	藏庄闸	1985	节制闸	徒骇河(禹城县)		水位、流量
11	油房闸	1985	节制闸	徒骇河(禹城县)		水位、流量
12	津期店闸	1985	节制闸	马颊河(夏津县)		水位、流量
13	津期店南小闸	1985	分水闸	马颊河(夏津县)		水位、流量
14	津期店北小闸	1985	分水闸	马颊河(夏津县)		水位、流量
15	李桥闸	1985	节制闸	马颊河(平原县)		水位、流量
16	三刘闸	1985	节制闸	马颊河(陵县)		水位、流量
17	程官屯闸	1985	节制闸	漳卫新河(平原、德市县界)		水位、流量
18	马言闸	1985	节制闸	王庄杨水站(平原、武城县界)		水位、流量
19	穆庄闸	1985	节制闸	陵宁输水渠(陵县、宁津县界)		水位、流量

三、簸箕李灌区测水测沙站网建设

簸箕李灌区设计灌溉面积163.5万亩,是百万亩以上的大型灌区,涉及3县(市)。1972年以来,共建县级水沙测站14处,实现了全灌区3县(市)的计量供水按方收费,乡级测水点13处,测沙点5处,计量供水到10个乡(镇),见表2-1-4、图2-1-2。

表2-1-4 簸箕李灌区水、沙监测站点布置

站点名称	建设年份	性质	站址	桩号	测验内容
渠首站	1972	建筑物	惠民县大年陈乡	0+000	水位、流量、含沙量
崔寨所	1993	建筑物	惠民县姜楼镇	10+629	水位、流量、含沙量
周家桥	1984	建筑物	惠民县姜楼镇	20+555	水位、流量、含沙量
夹河所	1984	建筑物	惠民县姜楼与淄角交界处	22+100	水位、流量、含沙量
大湾桥	1984	建筑物	惠民县淄角镇	23+300	水位、流量、含沙量
后赵桥	1993	建筑物	惠民县皂户李乡	34+295	水位、流量、含沙量
菜刘桥	1984	建筑物	惠民县皂户李乡	35+950	水位、流量、含沙量
沙河所	1984	建筑物	惠民县皂户李乡与城关镇交界	37+000	水位、流量、含沙量
陈谢站	1972	缆道	惠民县与阳信县交界	54+030	水位、流量、含沙量
刘庙所	1980	建筑物	阳信县	56+650	水位、流量、含沙量
白杨站	1972	建筑物	阳信县与无棣县交界	69+050	水位、流量、含沙量
一干渠进水闸	1980	建筑物	惠民县城关镇	0+000	水位、流量、含沙量
一干渠于王桥	1984	建筑物	惠民县石庙镇	17+713	水位、流量、含沙量
一干渠石皮站	1972	缆道	惠民县与阳信县交界	19+750	水位、流量、含沙量

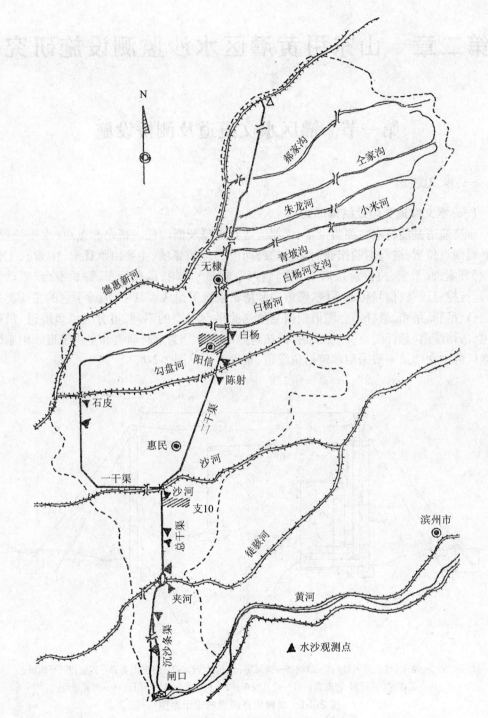

图 2-1-2　簸箕李灌区水沙监测站网布置图

第二章　山东引黄灌区水沙监测设施研究

第一节　灌区水文缆道及测桥设施

一、水文缆道

（一）水文缆道类型及结构形式

水文缆道是能将水文测验设备、仪器运送到测验断面内任一指定起点距（水平位置）和垂线测点位置,进行测验作业而架设的跨河(渠)索道系统,主要由承载索(主索)、工作索(循环索、起重索、拉偏索)、塔架(柱)、拉线、锚碇、滑轮、运载行车、测验平台、驱动绞车、运行控制设备、信号传输系统、缆道房和防雷系统等组成。其中,测验平台的主要类型有铅鱼、吊船、吊箱、悬杆等。缆道根据悬吊测验平台类型的不同,可分为铅鱼缆道、吊船缆道、吊箱缆道、悬杆缆道、浮标缆道等;按跨数的多少分为单跨缆道和多跨缆道。山东引黄灌区的水文缆道一般采用单跨铅鱼缆道,布设方式见图2-2-1。

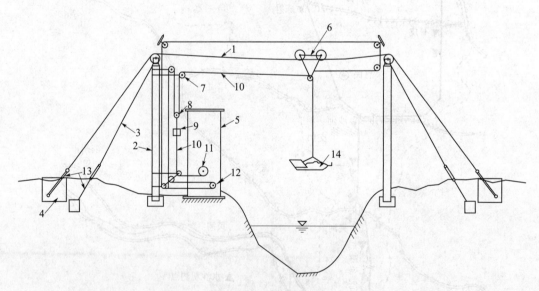

1—主索;2—塔架(柱);3—拉线;4—锚碇;5—缆道房;6—运载行车;7—导向滑轮;8—游轮;9—平衡锤;
10—工作索(循环索、起重索);11—垂直绞车;12—水平绞车;13—锚杆;14—测验平台

图2-2-1　单跨铅鱼缆道布设示意图

（二）铅鱼缆道布设使用要求

（1）铅鱼缆道按循环索绕线方式分为开口游轮和闭口游轮两种。断面水深变幅较大的测站宜采用开口式缆道;断面水深变幅较小且两岸地势较高的测站宜采用闭口式缆道。

(2)铅鱼缆道分拉偏和不拉偏两种形式,采用何种形式应根据测流断面流速大小及悬吊铅鱼设计重量选定。

(3)铅鱼缆道跨度一般应小于 500 m。

(4)新建缆道在使用前,应进行起点距、水深的率定和比测工作,目的是寻求缆道测验记录值与真值之间的关系和误差。缆道使用后每年也应进行 1~2 次的率定和比测工作。当主索垂度调整,更换铅鱼、循环索、起重索、传感轮及改变信号装置时,应及时重新率定、比测。

(5)经比测,缆道各项测验精度应满足下列要求:①起点距:垂线定位误差不应大于河(渠)宽的 0.5% 或绝对误差不超过 1.0 m,累计误差不应大于水面宽的 1% ;②水深:累计频率为 75% 的误差不应大于水深的 1% ~3% ,水深在 3.0 m 以下及河(渠)底不平时不应大于水深的 3% ~5% ,系统误差不应大于 1% ,水深小于 1.0 m 时绝对误差不应大于 0.05 m。

(三)缆道测流

(1)缆道及测验仪器使用前应进行全面检查,测验过程中发现问题要及时查明原因并予以处理。

(2)铅鱼宜采用单点悬吊或"八字"型悬吊,用"八字"型悬吊时,悬吊点不宜用固定方式联结,以保证铅鱼重心能够自由调整。铅鱼入水后,应能保持前后平衡和迎合水流,其轴线与水平线(水流方向)的夹角不大于 3°。

(3)测流信号装置由水下流速、水面、河底等信号组成,信号传输包括有线和无线方式,其参数应满足相应的测验精度要求。水面与河底信号应在铅鱼上安装水阻、磁浮开关和托板式磁簧开关,两者配合使用。水面信号安装在铅鱼或采样器与流速仪水平轴线高度相同的位置。

(4)起点距测量采用测定循环索运行长度法。测距计数器要具有自动或手动计数修正和复位功能。测距前行车开至测验起始位置,将计数器复位;测量完毕后行车开回测验起始位置处,检查计数器是否回位,回位误差不应大于河(渠)宽的 2% 。

(5)铅鱼测深应在铅鱼入水后偏角小于 5° 时进行。偏角大于 5° 或流速大于 3 m/s 时不宜使用铅鱼测全水深。入水后偏角大于 5° 时,施测相对测点深应加入偏角改正值作为参考水深。

二、水文测桥

(一)测桥结构形式

水文测桥是架设在河(渠)道上,专门用于水文测验的工作桥。普通测桥两岸基础多采用砖、石砌筑或现浇钢筋混凝土结构,桥面采用钢结构或现浇 T 形梁结构。其特点是结构简单,维护方便,投资少。当河(渠)口宽小于 15 m 时,宜架设单孔测桥,中间没有桥柱,能够改善测验质量。测桥实例见图 2-2-2。

(二)测桥测流方式

(1)测验人员在测桥上,利用测杆或通过测绳悬吊铅鱼在垂线位置进行测流,适用于桥面到河底的高度小于 3 m 且流速小于 1.0 m/s 的测流任务。

(2)使用测桥专用测流架。桥用测流架可沿测桥栏杆滑动,通过测绳悬吊铅鱼在垂线位置进行测量。最大吊重 30 kg,适用于流速小于 2.0 m/s 的测流任务。

图2-2-2　灌区支渠简易测桥

第二节　测水测沙仪器

一、灌区流量测验

(一)主要量水方法

根据量水设施的不同,灌区常用的量水方法有流速仪量水、水工建筑物量水、特设量水设备量水、标准断面水位流量关系量水以及浮标法量水等五种。流速仪测流法是灌区量水最基本的方法。用流速仪测流可率定堰闸量水系数、水位－流量关系曲线、渠道有效利用系数等资料。山东引黄灌区由于渠道比降小,引水含沙量大,导致渠道易淤积,渠底变化频繁,因此多采用流速仪测验流量的方式。

(二)流速仪的结构与工作原理

LJ20系列旋桨式流速仪由旋桨、旋转支承部件、身架部件、干簧管部件、尾翼部件等组成,见图2-2-3。

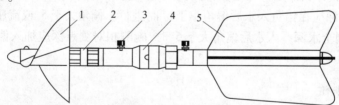

1—旋桨;2—旋转支承部件;3—干簧管部件;4—身架部件;5—尾翼部件

图2-2-3　旋桨式流速仪总体结构示意图

旋桨用于被动感受水流,在水流驱动作用力下,绕水平支承轴旋转。其回转直径为125 mm,理论水力螺距(机械导程)为200 mm。

旋转支承部件由轴承座、转子系统、密封系统、磁激式信号发生系统等组成。用于在旋桨推动作用力下,产生一定的角速度,并激励干簧管产生通断信号。

身架部件用于流速仪工作时的安装和固定,其安装孔径为20 mm。

干簧管部件安装在身架上,用于接收来自转子系统的磁激励,对外提供流速仪信号。

尾翼部件用于流速仪工作时的定向和平衡。

流速仪测速,是靠其旋转部分(转子)的转动而实现的。当仪器没入水中之后,转子

受水流冲击而转动起来,水流速度越快,转子的转速也越快,它们是成正比例关系的。这个关系可以用数学表达式表示

$$V = KN + C \qquad (2-1)$$

式中　　V——流速,m/s;

　　　　N——转子转率,即转子总转数与相应的测速历时之比,$N = n/t$;

　　　　K——系数,由厂家率定;

　　　　C——仪器的摩阻系数或称启动流速,m/s。

通过这个关系式,流速仪以其转子的转速快慢,来反映水流流速的快慢。

由于每架仪器的转动部分及零配件的几何形状、光洁度、尺寸公差等都不是绝对相同的,因此每架仪器转子转动的灵敏度不完全一样,这就使得每架仪器转子的转速与水流速度之间的函数关系也不完全相同,即公式中 K 或 C 的数值不同。故每一架仪器都有它自己特有的流速计算公式,使用哪一架仪器,就要用该仪器自己的计算公式。流速计算公式是厂家或水文仪检部门检定出来的。

流速仪转子的转速,是通过电路传导、电铃记数、秒表计时,经计算而得到的。旋杯(或旋桨)式流速仪转子转动 5 转(或 20 转),电路接通一次,即电铃响一次。统计一段时间内(100 s 以上)电铃的响次,乘以 5(或 20)即为旋杯(或旋桨)式流速仪转子的总转数 n,进而利用公式求出水流速度。

(三)流速仪测流操作技术

流速仪测量河渠流量主要利用面积 – 流速法,即用流速仪分别测出若干部分面积的垂直于过水断面的部分平均流速,然后乘以部分过水面积,求得部分流量,再计算其代数和,得出断面流量。流速仪测流工作内容主要包括选择断面、布设测线、测量断面、施测流速、计算流量等。

1.选择测流渠段及断面

为保证测流成果的准确性,测流渠段及断面应满足下列条件:

(1)测流渠段应平直,水流要均匀(水中无漩涡或回流,不翻花,水面平稳);

(2)测流渠段的纵横断面应比较规则、稳定;

(3)测流断面的设置应与水流的方向垂直;

(4)测流断面附近不应有影响水流的建筑物和树木杂草等,若测流断面在建筑物下游,应不受建筑物泄出水流不稳定的影响。

为了满足上述要求,对于不规则的土渠可以采用衬砌加以整治,把测流渠段做成标准断面(如梯形断面),衬砌材料可选用片石、混凝土、碎石等。标准断面长度不小于渠道正常水深的 30 倍;对于输水流量在 100 m³/s 以上的大型渠道,其标准断面长度应适当加长,一般大于渠道正常水深的 50 倍。

2.测线布设

测流断面上测深、测速垂线的数目和位置,直接影响过水断面面积和部分平均流速测量精度。因此,在拟订测线布设方案时要进行周密的调查研究。

在比较规则整齐的渠床断面上,任意两条测深垂线的间距,一般不大于渠宽的 1/5;在形状不规则的断面上,其间距不大于渠宽的 1/20。测深垂线应分布均匀,能控制渠床变化的主要转折点,一般渠岸坡脚处、水深最大点、渠底起伏转折点等都应设置测深垂线。

由于灌溉渠道的断面一般比较规则,故可将测深垂线与测速垂线合并起来,即在测线处既测深又测速。根据实际情况垂线可等距离或不等距离地布设。若过水断面对称、水流对称,则垂线应尽量对称布设。表 2-2-1 给出了平整断面上测线布设标准。

表 2-2-1　平整断面上不同水面宽的垂线布设

水面宽(m)	测线间距(m)	测线数目
20 ~ 50	2.0 ~ 5.0	10 ~ 20
5 ~ 20	1.0 ~ 2.5	5 ~ 8
1.5 ~ 5	0.25 ~ 0.6	3 ~ 7

3. 断面测量

断面测量包括测线间距测量和水深测量。在测桥上测流时测线间距一般在布置测线时设置固定标志,其间距均事先测出,测流时只需测量水边宽度。缆道测流时,测线间距由循环索控制的水文绞车计数器显示,因此计数器的读数与循环索的行进距离之间的比例应率定准确。

水深测量多用悬索或测杆直接读数。用悬索测深时,由于水流的冲击作用,入水后悬索向下游偏斜,一般偏角不大时,将湿绳长度视为水深;若偏角 >5°,则需修正湿绳长度后才得水深值。

4. 流速测量

流速测量方法有一点法、二点法、三点法和五点法。

(1)一点法:施测垂线上一个点的流速,代表垂线的平均流速。测点设在自水面向下计算垂线水深的 6/10 处(0.6D)。将流速仪悬吊在该点,实测的流速就是这条垂线的平均流速。

(2)二点法:测速点设在水面向下 0.2 及 0.8 相对水深处,两个测点的流速的平均值即为垂线平均流速。

(3)三点法:测速点设在水面向下 0.2、0.6、0.8 相对水深处,三个测点的流速平均值或加权平均值即为垂线平均流速。

(4)五点法:测点设在 0.0(在水面以下 5 cm 左右处施测,以不露仪器的旋转部件为准)、0.2、0.6、0.8 及 1.0(离开渠底 2 ~ 5 cm)相对水深处。各测点流速的加权平均值即为垂线平均流速。

施测中,具体采用几点法,要根据垂线水深来确定。一般地说,多点法较少点法更精确一些,但垂线上流速测点的间距,不宜小于流速仪旋桨或旋杯的直径。为了克服流速脉动的影响,每个测点的测速历时均应在 100 s 以上。表 2-2-2 给出了不同水深测速方法的选择参考标准。

表 2-2-2　不同水深的测速方法

总干、干、分干渠	水深(m)	>3.0	1.0 ~ 3.0	0.8 ~ 1.0	<0.8
	测速方法	五点法	三点法	二点法	一点法
支、斗、农渠	水深(m)	>1.5	0.5 ~ 1.5	0.3 ~ 0.5	<0.3
	测速方法	五点法	三点法	二点法	一点法

5.断面流量计算

断面流量计算一般采用平均分割法。计算步骤如下：

第一步：测点流速计算。根据施测记录的转数和历时,按流速公式 $V = KN + C$,计算测点流速。

第二步：垂线平均流速计算。根据实测情况,按垂线平均流速的计算方法,求出各测线的垂线平均流速 V_1、V_2、$\cdots$、V_n。

第三步：部分平均流速计算。部分平均流速就是相邻两条测线的垂线平均流速的平均值：

$$V_{1,2} = (V_1 + V_2)/2 \tag{2-2}$$
$$V_{2,3} = (V_2 + V_3)/2 \tag{2-3}$$
$$\cdots$$

水边部分平均流速($V_{0,1}$ 或 $V_{n,n+1}$),等于近岸测线的垂线平均流速(V_1 或 V_n)乘以岸边流速系数 a：

$$V_{0,1} = aV_1 \tag{2-4}$$
$$V_{n,n+1} = aV_n \tag{2-5}$$

式中　　n——垂线序号,$n = 1,2,3,\cdots,n$,如图 2-2-4 所示；

　　　　$V_{n,n+1}$——第 n 和 $n+1$ 条垂线间部分断面平均流速, m/s；

　　　　V_n——第 n 条垂线平均流速, m/s。

　　　　a——岸边流速系数。

岸边流速系数 a 与渠道的断面形状、渠岸的糙率、水流条件等有关。合理地选取 a 值,对提高流量施测精度有显著影响。a 值可以通过实测确定。若无实测资料,可采用以下参考值：规则土渠的斜坡岸边 $a = 0.67 \sim 0.75$,梯形断面混凝土衬砌渠段 $a = 0.8 \sim 0.95$,不平整的陡岸边 $a = 0.8$,光滑的陡岸边 $a = 0.9$,死水边 $a = 0.6$。

第四步：部分面积计算。部分面积由相邻的两条测线处的水深平均值乘以测线间距而得,如图 2-2-4 所示。

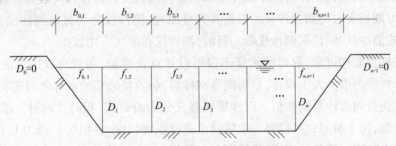

图 2-2-4　测流断面面积划分示意图

$$f_{n-1,n} = \frac{1}{2}(D_{n-1} + D_n)b_{n-1,n} \tag{2-6}$$

式中　　$f_{n-1,n}$——第 $n-1$ 和 n 条垂线间的部分面积, m^2；

D_n——第 n 条垂线的实际水深，m；

$b_{n-1,n}$——第 $n-1$ 和 n 条垂线之间的部分断面宽，m。

两水边部分面积为

$$f_{0,1} = 0.5 D_1 b_{0,1} \tag{2-7}$$

$$f_{n,n+1} = 0.5 D_n b_{n,n+1} \tag{2-8}$$

第五步：部分流量计算。由每块部分面积乘以该面积上对应的部分平均流速即得部分流量。

$$q_{n-1,n} = V_{n-1,n} f_{n-1,n} \tag{2-9}$$

式中　$q_{n-1,n}$——第 $n-1$ 和 n 条垂线间的部分流量，m^3/s；

　　　$V_{n-1,n}$——第 $n-1$ 和 n 条垂线间的部分流速，m/s；

　　　$f_{n-1,n}$——第 $n-1$ 和 n 条垂线间的部分面积，m^2。

第六步：断面流量计算，各个部分流量之和即为断面流量（Q）：

$$Q = q_{0,1} + q_{1,2} + q_{2,3} + \cdots + q_{n,n+1} \tag{2-10}$$

二、悬移质泥沙测验

（一）灌区泥沙测验主要内容和方法

泥沙测验包括施测悬移质、推移质的数量和颗粒级配等。灌区施测悬移质的目的是要取得各个时期的输沙量和含沙量及其特征值，为各应用部门提供基本资料。由于输沙率随时间变化，要直接测获连续变化过程是非常困难的。通常是利用输沙率（或断面平均含沙量，简称断沙）和断面上有代表性的某垂线或测点含沙量（单位含沙量，简称单沙）建立的单沙断沙关系，由单沙的过程资料推求断沙过程资料，进而计算悬移质的各种统计特征值。因此，悬移质测验的主要内容除测定流量外，还必须测定水流含沙量。悬移质泥沙测验包括断面输沙率测验和单沙测验。

（二）悬移质泥沙测验仪器

悬移质泥沙测验仪器分为泥沙采样器和测沙仪两大类。测沙仪一般具有直接测量和自记功能，可现场实时得到含沙量。根据其测量原理，测沙仪分为光电测沙仪、超声波测沙仪、振动式测沙仪、同位素测沙仪等。目前，测沙仪在灌区应用较少。

泥沙采样器取样可靠，取得的水样不仅可以计算含沙量，而且可以用于泥沙颗粒分析。泥沙采样器一般由人工操作，取得泥沙水样后，必须将采集的水样带回实验室进行处理计算后才能得到含沙量的数值。泥沙采样器又分为瞬时式、积时式两种。灌区常用的是横式采样器，属于瞬时式采样器。取样筒由薄壁钢管制成，容积0.5~2.0 L，两端有盖，盖缘装有拉力弹簧。筒盖关闭后，仪器密封。采样时，张开筒盖，将采样器下放到测点位置，水流从筒中流过，然后操纵开关，借弹簧拉力将筒盖关闭，采集水样。锤击式横式采样器结构如图 2-2-5 所示，采样器实物如图 2-2-6 所示。

横式采样器在使用时要求仪器内壁应光洁和无锈迹；仪器两端筒盖应保持瞬时同时关闭，关闭后不漏水；仪器的容积应准确；若仪器挂装在铅鱼上，仪器筒身纵轴应与铅鱼纵

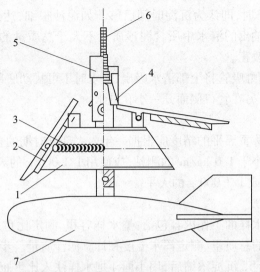

1—取样筒;2—筒盖;3—弹簧;4—控制开关的撑爪;5—铁锤;6—钢索;7—铅鱼

图2-2-5　锤击式横式采样器结构示意图

图2-2-6　横式采样器实物图

轴平行,且不受铅鱼阻水影响。

(三)悬移质水样处理

水样处理方法有过滤法、焙干法、置换法三种,其中过滤法、置换法适用于大含沙量时期,焙干法适用于含沙量较小的时期。水样处理的主要工序有:水样量积、水样沉淀、称重、干沙处理、沙重计算等。

1.水样量积

量取水样容积,应在取样后及时进行,条件许可时应在现场量积,量积的读数误差不得大于水样容积的1%。所得水样应全部参加处理,不得仅取其中部分。在量积过程中,应注意不得使水样容积和泥沙有所减少或增加。

2.水样沉淀

水样沉淀时间根据试验确定。一般经过24 h或36 h、48 h…后,抽出清水中所含泥沙重小于总沙重的2.0%时,即认为沉淀时间已够。如泥沙很细,达到上述要求有困难,允许将沉淀时间缩短到抽出的清水中所含泥沙质量不大于总质量的5.0%为止,但要根据试验结果作细沙损失改正。

水样沉淀后,可用虹吸管将上部清水吸出,吸水时不可扰动底部的泥沙。虹吸管的进口端最好用小塞塞住,另在管口侧面开一小孔进水。

3. 称重

使用天平称重。称重天平的精度应根据一年内大部分时期的含沙量确定。在一年内大部分时间的含沙量小于 1.0 kg/m³ 的测站,应使用 1/1 000 g 的天平;大于 1.0 kg/m³ 的测站,应使用 1/100 g 或 1/1 000 g 的天平。

4. 置换法干沙处理

使用置换法处理水样的工作内容包括:量水样容积、测定比重瓶盛满清水的总质量、测定比重瓶盛满浑水的总质量、测定浑水温度和计算泥沙质量。步骤如下:

第一步:水样经量积、沉淀浓缩后,用小漏斗把水样注入比重瓶中,并用澄清的河水将残余泥沙一并冲入比重瓶内。注入水样时,不能太急,应使浑水沿瓶壁徐徐流下,当浑水注入后(浑水容积应大致相当于瓶容积的4/5),可用手指轻击比重瓶的四周,以助气外逸,然后注入少量清水至刻度,使弯曲液面底部恰与刻度相切。

第二步:用干毛巾擦干瓶外水分(不要用毛巾擦塞顶,以免吸水)。

第三步:称瓶加浑水重,并用水温计迅速测定其温度。

第四步:将水样倒出,用压力水流将比重瓶冲洗干净,以备再用。

5. 沙重计算

泥沙的质量用下式计算:

$$W_沙 = K(W_浑 - W_清) \tag{2-11}$$

$$K = y_沙 / (y_沙 - y_水) \tag{2-12}$$

式中　$W_沙$——泥沙质量,g;

　　　$W_浑$——瓶加浑水重,g;

　　　$W_清$——同温度下瓶加清水重,g;

　　　$y_沙$——泥沙密度,g/cm³,由试验确定,无试验资料时,可采用 2.65;

　　　$y_水$——水的密度,g/cm³,根据当时瓶中浑水温度查读;

　　　K——置换系数,按公式计算,也可采用 1.61。

此法的实质在于利用瓶加浑水重与瓶加清水重之差,将泥沙质量转换出来。

6. 实测含沙量的计算

经过水样的处理、计算,进行检查、校核之后,即可按下式计算实测含沙量:

$$P = W_沙 / V \times 1\ 000 \tag{2-13}$$

式中　P——实测含沙量,kg/m³;

　　　$W_沙$——水样中干沙重,g;

　　　V——水样容积,cm³。

第三篇 黄河山东灌区新型渠首橡胶坝引水防沙工程系统研究

第一章 黄河的河道特征研究

第一节 黄河是世界上泥沙含量最高的河流

黄河水以高含沙量著称于世界。国内,黄河水量比长江、珠江、松花江少,在全国 7 大江河中居第 4 位,沙量居第 1 位;国外,黄河水量居世界著名大河的 10 多位,沙量仍居第 1 位。

黄河的水量是美国密西西比河的 1/10,年输沙量是密西西比河的 5 倍左右,年平均含沙量是密西西比河的 60 余倍。

表 3-1-1、表 3-1-2 分别列出了国内外主要河流水沙特征值。

表 3-1-1 我国主要河流水沙特征值比较

河流名称	水量		沙量	
	流量（m^3/s）	径流量（亿 m^3）	年输沙量（万 t）	平均含沙量（kg/m^3）
长江	29 200	9 282	51 400	1.14
珠江		3 360	8 662	0.34
松花松	1 210	762	751	0.156
黄河	1 530	580	160 000	37.0
淮河	855	269.6	1 410	0.456
雅鲁藏布江	2 010	634.6	1 820	0.318
澜沧江	1 840	580.0	7 730	1.30

表 3-1-2　国外主要河流水沙特征值比较

国别	河流名称	年径流量（亿 m³）	年输沙量（万 t）	平均含沙量（kg/m³）
美国	科罗拉多河	206	16 300	7.9
印度、孟加拉国	恒河	3 710	145 100	3.92
巴基斯坦	印度河	1 750	435 000	2.49
苏联	阿姆河	420	9 700	2.30
孟加拉国、印度	布拉马普特拉河	3 840	72 600	1.89
埃及、苏丹	尼罗河	892	13 400	1.62
越南	红河	1 230	13 000	1.06
缅甸	伊洛瓦底河	4 270	29 900	0.70
美国	密西西比河	5 800	31 200	0.54
苏联	伏尔加河	2 500	2 500	0.10
南美	亚马孙河	63 000	36 300	0.06
非洲	刚果河	14 140	7 000	0.05
德国	莱茵河	800	300	0.04

第二节　黄河中下游河道的水沙特征

黄河中下游各主要测站历年来水、来沙情况见表 3-1-3。

黄河中下游悬移质泥沙组成级配见表 3-1-4。

黄河中下游床沙质泥沙组成级配见表 3-1-5。

表 3-1-3　黄河中下游历年平均水、沙量统计

项目	站名	时段	1~6 月	7~10 月	11~12 月	全年
水量 （亿 m³）	河口镇	1952~1979 年	70.7	144	22.3	237.0
	花园口	1951~1980 年	130	263	56.4	449.4
	高村	1951~1980 年	123	255	58.7	436.7
	孙口	1952~1980 年	120	254	57.3	431.3
	艾山	1951~1980 年	118	261	58.6	437.6
	泺口	1951~1980 年	113	258	58.3	429.3
	利津	1951~1980 年	107	254	58.2	419.2

续表 3-1-3

项目	站名	时段	1~6月	7~10月	11~12月	全年
输沙量（亿 t）	河口镇	1952~1979 年	0.207	1.21	0.083	1.5
	花园口	1951~1980 年	1.38	10.5	0.767	12.6
	高村	1951~1980 年	1.42	9.5	0.817	11.7
	孙口	1952~1980 年	1.37	9.09	0.805	11.3
	艾山	1951~1980 年	1.36	8.87	0.804	11.0
	泺口	1951~1980 年	1.21	8.72	0.734	10.7
	利津	1951~1980 年	1.04	8.97	0.678	10.7
含沙量（kg/m³）	河口镇	1952~1979 年	3.0	8.4	3.7	6.3
	花园口	1951~1980 年	9.44	39.1	12.6	28.9
	高村	1951~1980 年	9.67	35.2	13.2	27.5
	孙口	1952~1980 年	9.37	34.3	11.6	26.6
	艾山	1951~1980 年	9.14	32.3	11.3	25.7
	泺口	1951~1980 年	8.22	32.1	9.87	25.4
	利津	1951~1980 年	7.15	33.1	8.68	26.0

表 3-1-4　黄河中下游悬移质泥沙组成级配

测站	小于某粒径(mm)的沙重百分数(%)						中值粒径（mm）	平均粒径（mm）
	0.007	0.010	0.025	0.050	0.10	0.25		
河口镇	20.5	26.2	44.7	69.8	96.1	99.8	0.03	0.037
花园口	20.4	25.7	42.9	69.1	95.0	100	0.013	0.037 7
高村	22.6	29.1	50.0	75.9	97.4	100	0.025 0	0.032 4
孙口	22.5	28.0	44.6	70.2	96.2	100	0.030 0	0.036 4
艾山	26.4	32.7	52.4	77.1	98.2	100	0.022 5	0.030 3
泺口	28.1	33.9	53.0	77.6	97.4	100	0.022 0	0.030 6
利津	26.3	32.1	52.9	78.5	98.5	100	0.022 5	0.029 6

表 3-1-5　黄河中下游床沙质泥沙组成级配

测站	时期	小于某粒径(mm)的沙重百分数(%)								中值粒径(mm)	平均粒径(mm)
		0.005	0.01	0.025	0.05	0.10	0.25	0.50	1.00		
河口镇		1.4	2.8	5.9	15.6	47.1	92.8	99.5	100	0.138	0.155
花园口	枯水	0.4	0.8	2.4	8.6	47.0	89.5	99.4	100	0.109	0.136
	汛期		0.3	3.9	12.7	48.8	88.0	99.5	100	0.109	0.136
高村	枯水	0.6	1.1	4.5	15.2	49.9	93.6	99.3	100	0.096 8	0.111
	汛期	1.2	2.2	7.2	19.1	56.9	96.5	99.8	100	0.088 0	0.974
利津	枯水	0.6	0.9	2.2	9.7	67.4	99.7	100	100	0.097 2	0.093 1
	汛期	0.6	1.1	3.0	10.9	66.2	99.9	100	100	0.089 3	0.093 3

　　从表 3-1-3 可看出,各测站多年平均含沙量在 6.3 ~ 28.9 kg/m³。根据土壤分类标准,粒径 0.05 ~ 0.005 mm 的为粉粒(其中 0.025 mm 以上的粉粒为入田有害泥沙),0.005 mm 以下为黏粒、胶粒。由表 3-1-4 可知,悬移质中小于 0.025 mm 的无害泥沙占 42.9% ~ 53.0%,粒径小于 0.05 mm 的占 69.1% ~ 78.5%,悬移质中大部分为细粒,易悬浮,增加了防沙的难度。在表 3-1-5 床沙质中,粒径小于 0.025 mm 的无害泥沙占 2.2% ~ 7.2%,等于或大于 0.025 mm 的有害泥沙占 92.8% ~ 97.8%,为必须防止入田的泥沙。

第三节　黄河中下游河道形态特征

　　黄河中下游河道形态特征见表 3-1-6。

表 3-1-6　黄河中下游河道形态特性

河段名称	河型	宽度(km)			平均比降(‰)	弯曲率
		堤距	河槽	主槽		
河口镇—禹门口	峡谷	0.03 ~ 0.6				
禹门口—三门峡	游荡	5 ~ 11				
三门峡—桃花峪	过渡					
孟津—郑州铁路桥	游荡		1 ~ 3	1.44	2.65	1.16
郑州铁路桥—东坝头	游荡	5 ~ 14	1 ~ 3	1.44	2.03	1.10
东坝头—高村	游荡	5 ~ 20	1.6 ~ 3.5	1.30	1.72	1.07
高村—陶城铺	过渡	1 ~ 5.5	0.5 ~ 1.6	0.73	1.48	1.28
陶城铺—前左	弯曲	0.46 ~ 5	0.4 ~ 1.2	0.65	1.01	1.20

　　由表 3-1-6 可看出,黄河中下游河道形态主要有峡谷型、游荡型、过渡型、弯曲型四种。由河口镇至下游河道比降逐渐减小,高村以下为 1.01‰ ~ 1.48‰,与国外典型河流相比较小,美国的河流河道比降多在 45‰ ~ 190‰;黄河临背差较大,开封段临背差为十余米,济南段临背差为 5.0 m。

第二章　黄河山东段引水口门水沙动态观测及研究

第一节　黄河山东段引水口门观测研究概况

山东省自 1950 年在利津县綦家嘴首建引黄闸,开创了中华人民共和国利用黄河水资源的新篇章起,至 2002 年已建引黄涵闸 47 座。

黄河以多泥沙著称于世,引黄必引沙。山东引黄灌溉带来的泥沙问题,从引黄灌溉开始不久就引起了各级政府及科技工作者的关注。1957～1958 年,山东省水科所就在打渔张渠首进行了水位、流量、含沙量、河床演变、拦沙潜堰引水防沙效果等项目的观测研究工作。虽然受当时认知水平及条件的限制,观测比较简单,研究得比较浅显,但不少研究结论却为以后改善渠首引水措施,减少引黄泥沙,提高引水防沙能力,为渠首工程的科学运行管理及灌区的规划设计起到了一定的借鉴作用。

随着山东引黄事业的发展及黄河床面的不断淤积抬高,引黄泥沙对灌溉效益及环境带来的负面效应越来越引起各级政府的关注。自 1986 年开始,山东省水利厅农水处组织山东省水文总站,进一步开展了引黄渠首引水防沙专项的观测研究,在黄河山东段选择了有代表性的潘庄、刘庄、陈垓、韩刘、张桥等 5 处引水口门进行了 110 多次水沙动态专项观测及研究,以探索引水口门各种黄河水沙条件下水流泥沙的变化规律,寻求解决渠首引水防沙、灌区渠系减淤的途径。该项观测研究工作持续开展了 15 年,基本摸清了博兴打渔张渠首"上长下短非对称喇叭"形、德州潘庄渠首"基本对称喇叭"形和菏泽刘庄渠首"勺"形等不同形状的引水口门,在不同的黄河水沙条件下的水沙变化规律及水下引水口的床面变化形态,对引水口观测中的技术问题,如无坝引水分流表底层的宽度计算问题、测不到底层的泥沙量化问题,以及渠首工程引水防沙综合效能曲线等问题作了创新性的研究。

第二节　选择典型引水口门作观测研究的原则

一、根据引黄渠首工程位置选择

黄河山东段的引黄渠首全属无坝引水防沙工程,按渠首所在位置与河道类型的关系大体可分为弯道凹岸引水、弯道凸岸引水、主流不定汊流引水三种类型,如表 3-2-1 所示。

表 3-2-1　黄河山东段 32 处渠首引水防沙工程位置类型表

弯道凹岸			弯道凸岸	主流不定汊流引水
顶点以上	顶点附近	顶点以下		
旧城、李家岸、土城子、五七(4 处)	苏泗庄、陈垛、苏阁、谢寨、位山、小豆腐窝、葛店、邢家渡、北店子、马扎子、刘春家、道旭、韩墩、小开河、张肖堂、王庄、簸箕李、宫家、胜利(19 处)	刘庄、打渔张、东平湖、韩刘、潘庄、张桥(6 处)	大崔(1 处)	大闫潭、小闫潭(2 处)

由表 3-2-1 可见,利用弯道环流"正面引水、侧面排沙",在弯道凹岸设置引水口是山东引黄渠首工程的主要类型。因此,选择在弯道凹岸设置引水口的刘庄、潘庄、韩刘、张桥、陈垛、打渔张作为观测研究的对象。

二、根据口门的形状选择

根据河流动力学原理,水流泥沙的运动无不受河床边界条件的影响,不同的引水口门必然有不同的水流泥沙动态。纵观山东的引水口门,大体有以下几种:

(1)口门轴线与岸线夹角较小的非对称喇叭形引水口门,是指上唇长、下唇短,非对称的喇叭形口门,如打渔张,其口门的形式如图 3-2-1 所示。

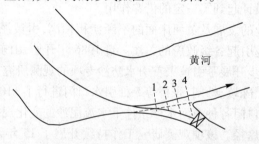

图 3-2-1　打渔张引水口门形式及观测断面布设

(2)口门轴线垂直岸线的基本对称喇叭形引水口门,引水口门在两险工丁坝之间。这种形式虽然也是上唇长、下唇短,但基本对称于闸轴线,如潘庄、韩刘、张桥等引水口门,形式如图 3-2-2 所示。

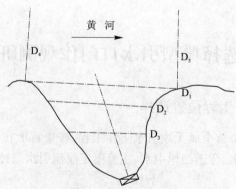

图 3-2-2　张桥引水口门形式及观测断面布设

（3）口门轴线基本垂直岸线的"勺"形引水口门。刘庄引水口门在两险工坝之间，上唇长、下唇短，又因在口门下唇处有一坝头伸出，占据了部分下唇面积，使口门形成"勺"形，基本对称于坝轴线，见图3-2-3。

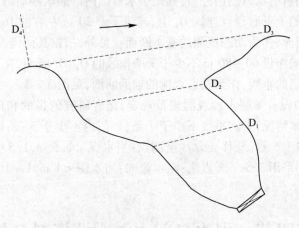

图3-2-3　刘庄"勺"形引水口门

三、根据口门的流势选择

刘庄引水口门处在弯道顶点以下约900 m，20世纪90年代因黄河流势的变化，经常处于顶主流引水，是全省引水含沙量最多、沙害最重的引水口门。观测表明，引水含沙量一般为大河的1~2倍；陈垓引水口虽处弯道顶点区，原属顶主流引水，但1984年黄河流势改变，主流外移后，弯道被淤积成滩地，引水口下移远离闸门300多m，改顶主流引水为回流边溜引水，引水含沙量低于大河含沙量约30%，成为全省引水含沙最少、沙害最微的引水口门。

第三节　引水口门观测断面的布设及观测方法

一、国内外引水口门观测断面的布设及观测方法

国内：1957年黄河下游打渔张引水口门拦沙潜堰的防沙效果观测，采用堰内、外主流分水线含沙量非同步观测方法。垂直于潜堰外河道主流线与堰内主流分水线布置4个断面，与主流线和主流分水线形成4个交点，在交点处设垂线，相应4对垂线上仅测取含沙量一个水沙因素，且非同步观测，参见图3-2-1。

国外：未见多泥沙河流引水口门水沙动态观测的报道。

二、水沙动态观测断面布设及观测方法

"多泥沙河流灌区新型渠首橡胶坝防沙减淤工程研究"项目自20世纪80年代以来，采用了多水沙因素、多断面、多垂线、同步观测的方法。

（1）根据研究目的确定观测项目有水位、流量、含沙量、颗粒级配、流向（表层、深水）、河床形态、水面纵横比降、河床质等8项。

（2）断面布置。在大河内和引水口门内均布置多个断面，形成引水口门内外区域的平面观测网络，以剖析引水口门内外，特别是引水口门内部的水沙动态变化。具体布置是在大河内引水口门的上下唇顶点连线 D_1 上、连线下游 20 m 左右的 D_2、闸门前 30～50 m 的 D_3 各布设一个断面，作为动态观测的基本断面。另外，根据具体情况，在引水口门的上下唇垂直于大河流向布设 60～80 m 不少于 3 条垂线的 D_4、D_5 断面，在上下唇间的口门外漩涡区布设一定数量的垂线，作为动态观测的辅助断面，见图 3-2-2。

（3）垂线测点布设。参照水沙观测规范规定，结合研究的目的和口门附近的水流情势及测验设施等具体情况，大河垂线不少于 7 条，口门内不少于 5 条；测点布设视水深的大小而定，最多不多于 5 点；悬移质含沙量测点：当水深 <1.5 m，1.5～2.5 m，2.5～3.0 m，>3.0 m 时，分别采用 3、5、7、8 点法；深水流向：当水深 <1 m，1～1.5 m，>1.5 m 时，分别采用 1、2、3 点法。

第四节　引水口门水沙观测资料分析

一、引水口门前大河断面测点水沙要素垂线变化分析

其变化特征见图 3-2-4。从图 3-2-4 可以看出，引水口门前的大河断面测点水沙要素的垂线分布特点是：流速表大底小，含沙量表小底大，泥沙粒径表细底粗。

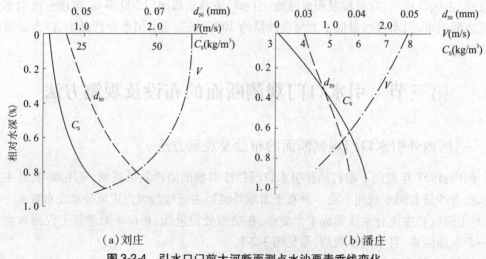

(a) 刘庄　　　　　　　　　　　　(b) 潘庄

图 3-2-4　引水口门前大河断面测点水沙要素垂线变化

各典型引水口门前大河断面测点水沙要素的变化见表 3-2-2。

表3-2-2 典型引水口门前大河断面测点水沙变化特征

（单位：V，m/s；C_s，kg/m³；d_{50}，mm；Q，m³/s；h，m）

刘庄 / 潘庄

施测日期	大河流量/含沙量	水沙因素	1	2	3	4	5	6	7	施测日期	大河流量/含沙量	水沙因素	1	2	3	4	5	6	7
1990年4月24日	1100/16.7	$V_表$	1.48	1.7	2.08	2.02	1.24	1.08	1.08	1986年5月10日	330/2.10	$V_表$							
		$V_底$	1.18	0.91	1.06	1.07	0.82	0.54	0.64			$V_底$							
		水深	5.50	2.40	2.60	2.35	1.70	1.10	1.20			水深	2.17	3.35	3.40	2.80	1.95	1.25	
		$V_表/V_底$	1.25	1.88	1.96	1.89	1.51	2.00	1.69			$V_表/V_底$							
		$C_{s底}$	13.2	11.6	13.2	8.39	11.3	9.27	7.27			$C_{s底}$	2.00	2.70	2.60	3.10	3.25		
		$C_{s表}$	2.76	3.43	2.38	2.03	4.24	3.90	4.12			$C_{s表}$	1.00	1.30	1.50	1.50	1.40		
		$C_{s底}/C_{s表}$	4.78	3.38	5.55	4.13	2.67	2.38	1.76			$C_{s底}/C_{s表}$	2.0	2.08	1.73	2.07	2.32		
		$d_{50表}$	0.048	0.054	0.052	0.054	0.046	0.084	0.072			$d_{50表}$	0.021	0.017	0.018	0.013	0.010	0.018	
		$d_{50底}$	0.077	0.071	0.070	0.072	0.085	0.095	0.074			$d_{50底}$	0.030	0.032	0.030	0.026	0.030	0.023	
1990年6月8日	1100/7.37	$V_表$	1.67	2.23	1.76	1.60	0.67		0.84	1986年5月21日	628/7.67	$V_表$							
		$V_底$	1.49	1.14	1.71	1.20	0.62		0.61			$V_底$							
		水深	6.00	3.00	2.25	1.40	0.69	0.8	1.50			水深	2.30	3.40	1.88	1.70	1.22	0.90	0.85
		$V_表/V_底$	1.12	1.96	1.03	1.33	1.08		1.38			$V_表/V_底$							
		$C_{s底}$	12.5	13.2	17.3	14.5	17.81	6.8	4.5			$C_{s底}$	13.0	14.8	12.4	13.0	8.00	6.80	
		$C_{s表}$	7.09	6.62	4.74	6.20	10.1	4.2	1.9			$C_{s表}$	5.50	3.70	4.00	3.70	3.00	3.00	
		$C_{s底}/C_{s表}$	1.76	1.96	3.65	2.13	1.76	1.62	2.37			$C_{s底}/C_{s表}$	2.36	4.0	3.1	3.51	2.67	2.77	
		$d_{50表}$	0.031	0.036	0.038							$d_{50表}$	0.04	0.039	0.029	0.029	0.044	0.029	
		$d_{50底}$	0.59	0.056	0.072							$d_{50底}$	0.042	0.041	0.049	0.051	0.055	0.041	

陈垓 / 韩刘

施测日期	大河流量/含沙量	水沙因素	1	2	3	4	5	6	7	施测日期	大河流量/含沙量	水沙因素	1	2	3	4	5	6	7
1988年4月8日	837/6.87	$V_表$	0.63	0.79	1.17	2.12	2.00	2.38	2.26	1991年4月3日	576/7.4S	$V_表$	1.44	1.60	1.63	1.63	1.36	1.02	0.53
		$V_底$	0.35	0.37	0.99	1.38	1.38	1.52	1.45			$V_底$	0.96	0.75	0.89	0.85	0.88	0.70	0.40
		水深	1.20	3.02	2.10	1.46	1.50	1.76	1.52			水深	6.40	4.00	3.20	2.25	1.86	2.56	0.70
		$V_表/V_底$	1.80	2.14	1.18	1.54	1.45	1.57	1.56			$V_表/V_底$	1.50	2.13	1.83	1.92	1.55	1.44	1.33
		$C_{s底}$	3.1	5.50	10.3	11.3	11.2	14.0				$C_{s底}$	10.10	17.1	15.5	16.3	16.9	17.0	7.94
		$C_{s表}$	2.0	2.25	2.10	3.80	3.70	5.40				$C_{s表}$	3.44	3.26	2.89	3.37	5.07	4.18	3.19
		$C_{s底}/C_{s表}$	1.55	2.44	4.90	2.97	3.03	2.59				$C_{s底}/C_{s表}$	2.94	5.25	5.36	4.84	3.33	4.07	2.49
		$d_{50表}$										$d_{50表}$	0.019	0.016	0.02				
		$d_{50底}$										$d_{50底}$	0.043	0.064	0.068				
1988年4月11日	963/10.6	$V_表$	1.17	2.28	2.32	2.60	2.57	2.50		1991年4月9日	388/11.1	$V_表$	1.45	1.33	1.23	1.01	0.86	0.62	0.59
		$V_底$	1.03	2.02	1.46	1.45	1.40	1.60				$V_底$	0.20	0.53	0.43	0.51	0.46	0.30	0.32
		水深	1.50	1.00	1.47	1.68	1.95	2.00				水深	6.35	5.75	3.20	2.00	1.20	1.00	1.25
		$V_表/V_底$	1.14	1.13	1.59	1.79	1.84	1.56				$V_表/V_底$	7.25	2.51	2.86	1.98	1.87	2.07	1.84
		$C_{s底}$	27.0	22.5	14.5	26.5	16.5	16.2				$C_{s底}$	34.1	32.1	18.3	15.5	12.5	9.68	10.7
		$C_{s表}$	3.0	6.0	6.0	4.5	3.0	3.7				$C_{s表}$	6.38	3.34	2.83	2.05	2.05	5.85	2.37
		$C_{s底}/C_{s表}$	9.00	3.75	2.42	5.89	5.50	4.38				$C_{s底}/C_{s表}$	5.34	9.61	6.47	7.56	6.10	1.65	4.51
		$d_{50表}$	0.023	0.029	0.034	0.025	0.036	0.019				$d_{50表}$	0.049	0.022	0.022				
		$d_{50底}$	0.074	0.095	0.062	0.054	0.059	0.060				$d_{50底}$	0.089	0.051	0.047				

从表 3-2-2 即可看出：

（1）表底流速比一般都在 1.5 ~ 2.0，最大 7.25，最小 1.03。

（2）底层含沙量和表层含沙量之比一般在 2 ~ 4，最大可达 5 以上，最小也有 1.55。

（3）泥沙粒径组成：表层泥沙中值粒径 d_{50} 一般在 0.02 ~ 0.04 mm，个别大于 0.08 mm。底部 d_{50} 一般 0.05 ~ 0.07 mm，最大、最小分别为 0.095 mm、0.023 mm。泥沙粒径的变化范围一般为 0.005 ~ 0.20 mm。

二、引水口门内水沙要素的变化及其特点

引水口门的范围是指上下唇顶点连线（如图 3-2-2 所示的 D_1）断面至进水闸区间，在所研究的口门中，区间长一般都在 100 m 左右。上唇区、下唇区没有明确的划分标准，在研究中是按进水口的断面形态来划分的，以横断面河道上游段浅滩部分为上唇区，河道下游段深槽部分为下唇区。

（一）引水口门的水流平面流向

引水口门的形状决定水流平面流向。

按进口水流的平面流势可分为上唇长、下唇短的非对称喇叭形，上、下唇均匀进流；基本对称喇叭形，上唇均匀进流、下唇分流分沙或回流翻沙形；"勺"形，上唇淤滩、下唇回流翻沙。

1. 上唇长、下唇短的非对称喇叭形，上、下唇均匀进流

最典型的是打渔张引水口门。该口门 1956 年建成。口门的位置在弯道顶点以下约 700 m，为上唇长、下唇短的非对称喇叭形，引水角度即闸轴线与岸线的交角为 40°，上下唇的连线和大河水流的方向基本一致，见图 3-2-5。该口门的形状决定了口门水流畅顺，造成上、下唇均匀进流的水沙流态，使口门内横断面流进均匀，上、下唇无明显的冲淤发生。20 世纪六七十年代该口门曾发挥了较好的引水防沙作用。

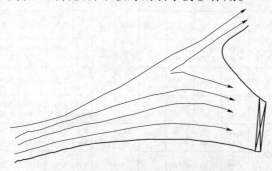

图 3-2-5　打渔张引水口门入流形势图

1957 年 5 月用深水浮标施测的引水口流向如图 3-2-5 所示。由于引水口内均匀进流，各部位水流紊动强度较小，悬移质泥沙在垂线上变化梯度较大。根据 1957 年 4 ~ 5 月实测资料分析，口门附近表层含沙量 3 ~ 5 kg/m³，而底部含沙量 7 ~ 10 kg/m³，底表比一般为 2 ~ 3。同时泥沙粒径在垂线分布上也是上细下粗，表层 d_{50} 一般为 0.02 mm，而底层可达 0.05 mm 左右，其分布形式见图 3-2-6。

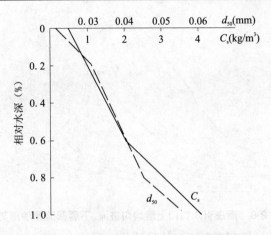

图 3-2-6　打渔张引水口含沙量 d_{50} 垂线变化图

2. 基本对称喇叭形,上唇均匀进流、下唇分流分沙或回流翻沙

最典型的口门是潘庄。潘庄引水口位于弯道顶点下游,口门形状呈基本对称的喇叭形,闸轴线与岸线约成 75° 交角,口门的水沙动态受这三种固定因素和弯道流势上提下挫及分流比的影响,根据 1986 年 5 月的观测资料分析,引水口门流势有以下两种方式:

一是黄河流量偏小时,如 1986 年 5 月 10 日,黄河流量 330 m^3/s,弯道流势上提,引水流量 110 m^3/s,分流比 0.33,进水口断面平均流速 0.64 m/s,上唇流速 0.79 ~ 0.90 m/s,最大测点流速 1.31 m/s,下唇流速 0.19 ~ 0.58 m/s,引水口出现"上唇均匀进流、下唇分流分沙"的情况,如图 3-2-7 所示。

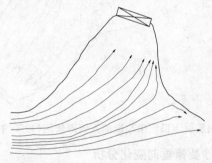

图 3-2-7　潘庄引水口门上唇均匀进流、下唇分流分沙形势图

二是黄河流量比较大时,如 1986 年 5 月 21 日,黄河流量 628 m^3/s,弯道流势下挫,引水流量 106 m^3/s,分流比 0.17。断面平均流速 0.83 m/s,下唇流速 0.90 ~ 1.10 m/s,最大测点流速可达 1.49 m/s,上唇流速 0.23 ~ 0.88 m/s,出现"上唇均匀进流、下唇回流翻沙"的情况,如图 3-2-8 所示。

3. "勺"形,上唇淤滩、中间均匀进流、下唇回流翻沙

最典型的口门是刘庄。刘庄引水口门位于弯道顶点下游约 900 m,为"勺"形口门,闸轴线与岸线的交角在 60° 左右,口门形状特点是下唇有坝头突入其内形成乳状。自 1982 年黄河流势改变以后(1982 年以前黄河主流远离口门 300 m,口门前为淤积浅滩),下唇一直回流翻沙,即在下唇突出部位的临河面形成漩涡,漩涡强度大小随分流比和大河流势

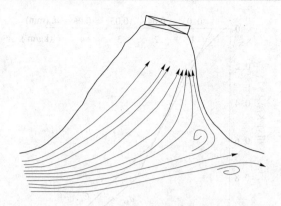

图3-2-8　潘庄引水口门上唇均匀进流、下唇回流翻沙形势图

上提下挫的变化而变化。如1990年6月8日黄河流量1 100 m³/s,引水流量64.3 m³/s,引水口的断面平均流速0.89 m/s,上唇进水流速小,一般为0.5～0.7 m/s;下唇进水流速最大,达1.5 m/s,下唇漩涡区范围可达约20 m×40 m,漩涡区的水流呈灰褐色,直接影响着该口门的引水防沙效果。该口门的水流平面流势如图3-2-9所示。

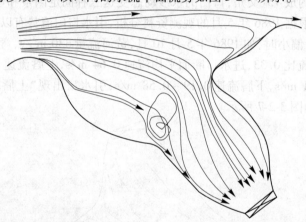

图3-2-9　刘庄引水口门未改造前入流形势图(1990年6月8日)

(二)引水口内测点水沙要素垂向变化分析

综合以上分析,口门入流大致可分为两类,一类是均匀入流,一类是非均匀入流。前者主要出现在上唇区,后者主要出现在下唇区,潘庄虽在黄河流量较小时,有产生分流分沙的较好流势(相对于回流翻沙),但水流顶冲下唇而分入渠首大河时,流线突然改变,流向弯曲而形成竖轴环流,仍有大尺度的紊动,亦属于非均匀进流。

1. 上唇均匀流区

(1)流速的垂线分布基本符合巴森流速分布模式,即

$$V_y = V_m + [8 - 24(Y/D)^2](DI)^{0.5} \tag{3-1}$$

由曼宁公式 $C = 1/nR^{1/6} \approx 1/nD^{1/6}$ 和谢才公式 $V_m = C(RI)^{0.5} \approx C(DI)^{0.5}$,得,$(DI)^{0.5} = V_m n/D^{1/6}$,代入巴森模式整理得

$$V_y/V_m = 1 + n/D^{1/6}[8 - 24(Y/D)^2] \tag{3-2}$$

式中　V_y/V_m——相对流速,即测点流速与垂线平均流速之比。

　　Y/D——相对水深。

　　分布特点是表层流速大,底部流速小。以 D_2 断面为例,表底流速之比一般在 2 左右(实际比值可能要大,受仪器条件限制,底部流速无法测得),详见表 3-2-3。

　　(2)含沙量的垂线分布亦基本符合理论扩散公式,即 $S/S_a = [(h-y)/(ha)^{a/y}]^2$,呈表小底大的分布规律。经对实测资料的分析,底部含沙量和表层含沙量之比基本都在 2.0～2.82。

　　(3)泥沙颗粒的垂向分布,由于受重力的作用,底部的泥沙颗粒粗,表层的泥沙颗粒细。表层泥沙的中值粒径一般在 0.03～0.05 mm,近底部一般在 0.055～0.091 mm。由于泥沙颗粒的分选作用,近上游的刘庄引水口和近下游的打渔张引水口悬沙的垂线分布虽均有表细底粗的分布规律,但泥沙粒径的大小却不同。表层中值粒径刘庄为 0.03～0.05 mm,而打渔张却为0.022～0.03 mm;底部中值粒径刘庄为 0.06～0.09 mm,打渔张却为 0.05～0.6 mm。

　　上述水沙要素的垂向变化见表 3-2-3 和图 3-2-10。

2. 下唇非均匀流区

　　在大尺度的紊动作用下,水流流向紊乱多变,水沙要素的垂向变化与上唇均匀流区有显著的不同。流速有中小,表、底大;表大,中、底小,多呈"S"形,无明显的分布规律。就表底的流速大小对比来看,表底比一般在 0.94～1.32。

　　含沙量及粒径的垂向变化不大,上下分布比较均匀。底表含沙量比一般都在 1.0 左右,泥沙粒径大小相差不超过 0.01 mm。

　　下唇区的水沙分布特征,是影响工程引水防沙效果的重要原因。下唇水沙要素的垂向分布见表 3-2-3 和图 3-2-10。

　　但在汛期,如对潘庄 7 月 6 日、13 日的水沙资料分析得出,流速的垂向分布亦同上述分析结果,而含沙量的垂向分布不论上唇区还是下唇区,都比较均匀,无明显的梯度变化。这是因为,时值黄河上游降水,三门峡水库泄水含沙量达 296 kg/m³,据艾山站资料分析,d_{50} 在 0.01 mm 以下,小于 0.007 mm 的百分含量可达 30%～70%,这样的泥沙颗粒重力作用小,极易悬浮水中而不下沉。

　　(三)引水口门测点水沙要素的横向及纵向变化分析

1. 口门测点横向变化分析

　　位于引水口前沿(D_3)、引水口中前部(D_2)、闸前(D_1)3 个断面水沙要素的横向变化趋势由表 3-2-3 可以看出,D_1 断面受闸门进水部位影响,流速有时上唇侧大于下唇侧,有时下唇侧大于上唇侧,变化不定。含沙量的变化亦如此。D_2 断面随大河流量及进水流势的不同有所不同,在上下唇均匀进流时,如潘庄 1986 年 5 月 10 日和韩刘 1991 年 4 月 3 日,大河流量比较小,黄河弯道水流上提,横向上上唇流速大于下唇流速,上唇均匀进流,下唇分流分沙为 Ⅰ 型。当大河流量较大时,黄河弯道水流下挫,在潘庄,下唇的垂线平均流速往往大于上唇平均流速,上唇均匀进流,下唇回流翻沙为 Ⅱ 型。不论黄河弯道水流上提下挫,刘庄始终为 Ⅱ 型。D_3 断面受上、下唇边壁影响,垂线平均流速两端小,中间大,垂线平均含沙量及泥沙中值粒径横向变化不大,表底流速比、底表含沙量比,d_{50} 表底对照横

表 3-2-3 典型引水口门内横断面水沙要素变化表

引水口门	施测日期	流量组合 引水/黄河 (m³/s)	引水含沙量 引水/黄河 (kg/m³)	引沙粒径 (mm)	施测断面	V表/V底 或 Cs底/Cs表	V(m/s) 下唇区 1	2	3	上唇区 4	5	6	Cs(kg/m³) 下唇区 1	2	上唇区 3	4	5	6
	1990年4月24日	77.3/1100	19.1	0.054	D1	实测值				1.12/0.75	1.03/0.88					24.3/11.3	23.4/14.4	
						比值				1.49	1.11					1.40	1.63	
						水深(m)	5.50	2.40	2.60	2.35	1.70	1.10	5.50	2.40	2.60	2.35	1.70	1.10
						d50表/d50底							0.046/0.049	0.072/0.080	0.052/0.054	0.054/0.063	0.052/0.061	
					D2	实测值	2.28/2.07	1.74/1.73	1.19/0.90	1.14/0.48	1.73/1.24		18.8/16.6	21.8/18.7	22.2/17.7	27.9/13.1	20.2/11.2	
						比值	1.12	1.01	1.32	2.38	1.40		1.13	1.17	1.25	2.13	1.25	
						水深(m)	0.85	0.86	1.05	3.11	2.35		0.85	0.83	1.05	3.11	2.35	
						d50表/d50底												
					D3	实测值	2.06/0.96		2.87/1.34		2.26/1.26		28.5/6.1		30.4/8.7		25.9/11.6	
						比值	1.79		2.14		1.79		4.67		3.49		2.23	
						水深(m)	2.35		2.30		1.05		2.35		2.30		1.55	
						d50表/d50底							0.053/0.068		0.054/0.051	0.053/0.068	0.053/0.068	
刘庄	1990年6月8日	64.3/1100	7.38	0.053	D1	实测值	1.55/1.26	0.77/0.48	1.03/0.53	1.01/0.95	0.90/0.99		6.31/6.11	6.65/6.16	11.1/9.07	13.6/5.20	8.0/5.20	
						比值	1.23	1.60	1.94	1.06	0.91		1.11	1.08	1.22	2.62	1.54	
						水深(m)	1.30	3.00	2.25	1.40	0.69	0.8	6.00	3.90	2.40	1.40	0.69	0.8
						d50表/d50底							0.054/0.061	0.056/0.059	0.046/0.062	0.055/0.065	0.053/0.068	
					D2	实测值		0.92/0.98	0.81/0.75	0.77/0.20	0.73/0.50							
						比值		0.94	1.08	3.85	1.46							
						水深(m)		3.90	2.40	0.68	0.30			3.90	2.40	0.68	0.30	
						d50表/d50底							0.054/0.061	0.060/0.055	0.060/0.055	0.054/0.061	0.055/0.075	
					D3	实测值	1.19/0.36		2.04/1.00		1.71/0.49		6.13/2.74		9.99/6.16		10.6/4.46	
						比值	3.31		2.04		3.49		2.24		1.62		2.28	
						水深(m)	3.70		1.70		1.40		3.70		1.70		1.40	
						d50表/d50底							0.069/0.074		0.05/0.052		0.062/0.050	

续表3-2-3

引水口门	施测日期	流量组合引水/黄河(m³/s)	引水含沙量(kg/m³)	引沙粒径(mm)	施测断面	$V_表/V_底$ 或 $C_{s底}/C_{s表}$	V(m/s) 下唇区 1	2	3	4	上唇区 5	6	C_s(kg/m³) 下唇区 1	2	3	4	上唇区 5	6
潘庄	1986年5月10日	110／330	2.01	0.01～0.03	D₁ 实测值		0.64/0.68	0.73/0.36	1.06/0.53	1.13/0.70	0.98/0.75	1.10/1.00	1.55/1.70	1.50/1.70	1.60/1.30	2.00/1.20	3.10/1.60	2.10/1.80
					比值		0.94	2.03	2.00	1.61	1.31	1.10	0.78	0.88	1.23	1.67	1.94	1.17
					水深(m)		2.47	3.35	3.40	2.80	1.59	1.25	2.47	3.30	3.40	2.80	1.59	1.25
					$d_{50表}/d_{50底}$													
					D₂ 实测值		0.76/0.45	0.82/0.58	1.20/0.40	1.38/1.00	0.75/0.49	1.25/0.78	2.00/2.10	2.41/2.06	2.30/1.00	1.83/1.55	2.80/1.10	3.10/1.10
					比值		1.69	1.41	3.00	1.38	1.53	1.60	0.95	1.17	2.30	1.16	2.55	2.82
					水深(m)		3.37	2.00	1.75	1.00	2.15	2.00	3.37	2.00	1.75	1.50	2.15	2.00
					$d_{50表}/d_{50底}$								0.071/0.085	0.074/0.075	0.078/0.086	0.067/0.076	0.058/0.078	0.060/0.087
					D₃ 实测值								2.00/1.10	2.70/1.30	2.60/1.50	3.10/1.50	3.25/1.40	
					比值								1.82	2.08	1.73	2.07	2.32	
					水深(m)		2.47	3.35	3.40	2.80	1.95	1.25	2.47	3.35	3.40	2.80	1.95	1.25
					$d_{50表}/d_{50底}$													
	1986年5月21日	106／628	7.67	0.03～0.05	D₁ 实测值		1.08/0.94	1.01/0.56	1.12/0.50	1.30/1.05	1.18/1.10	1.57/0.80	3.00/4.50	1.07/2.20	7.00/3.40	8.00/4.00	4.70/3.10	9.80/6.50
					比值		1.15	1.80	2.24	1.24	1.07	1.96	0.70	0.49	2.06	2.00	1.02	1.51
					水深(m)		2.26	3.10	3.02	1.27	0.60	0.90	2.26	3.10	3.02	1.27	0.60	0.90
					$d_{50表}/d_{50底}$													
					D₂ 实测值		1.02/0.90	1.25/1.05	1.45/0.70	1.73/1.30	1.65/0.90		4.70/8.20	8.40/8.7	7.08/3.85	11.3/4.14	11.50/5.0	
					比值		1.13	1.19	2.07	1.33	1.83		0.57	0.97	1.84	2.73	2.30	
					水深(m)		2.30	3.40	1.88	1.70	1.22		2.70	3.40	1.88	1.70	1.22	
					$d_{50表}/d_{50底}$								0.088/0.081	0.083/0.085	0.083/0.088	0.070/0.091	0.088/0.096	0.073/0.087
					D₃ 实测值								13.0/5.50	12.8/3.20	12.4/4.00	13.0/3.70	8.00/3.00	6.80/3.00
					比值								2.4	4.00	3.1	3.51	2.67	2.27
					水深(m)													
					$d_{50表}/d_{50底}$													

续表3-2-3

引水口门	施测日期	流量组合 引水/黄河 (m³/s)	引水含沙量 (kg/m³)	引沙粒径 (mm)	施测断面	V表/V底 或 C_s底/C_s表	V(m/s) 下唇区 1	2	3	上唇区 4	5	6	C_s(kg/m³) 下唇区 1	2	3	上唇区 4	5	6
灌庄	1986年 5月 29日	101 / 250	3.40	0.02 ~ 0.035	D_1	实测值	0.57/0.84	0.75/0.51	1.06/0.53	1.21/0.94	0.94/0.83	1.20/0.88	1.94/2.38	3.59/3.81	2.70/1.78	3.30/1.50	3.47/1.95	3.00/1.50
						比值	0.68	1.47	2.00	1.29	1.07	1.36	0.82	0.94	1.52	2.33	1.78	2.00
						水深(m)	2.70	1.75	2.50	1.00	0.70	1.00						
						$d_{50表}/d_{50底}$												
					D_2	实测值	0.68/0.44						3.06/2.30					
						比值	1.55						1.33					
						水深(m)	1.50											
						$d_{50表}/d_{50底}$												
					D_3	实测值							5.80/3.10	5.30/2.40		5.60/2.50		5.10/2.80
						比值							1.87	2.21		2.24		1.82
						水深(m)					1.37	1.00	1.40	1.45		1.50		1.53
						$d_{50表}/d_{50底}$												
	1986年 7月 6日	105 / 1450	50	0.007 ~ 0.01	D_1	实测值	1.30/0.88	1.20/0.74	0.50/0.30	0.80/0.50	1.30/0.62	1.10/0.50	53.0/47.0	57.0/49.0	53.0/48.0	52.0/49.0	53.0/41.0	56.0/50.0
						比值	1.48	1.62	1.67	1.6	2.10	2.20	1.13	1.16	1.10	1.06	1.29	1.12
						水深(m)	4.00	4.50	4.30	1.80	3.20	2.80	4.00	4.00	4.30	1.80	3.20	2.80
						$d_{50表}/d_{50底}$												
					D_2	实测值	0.45/0.25	1.60/0.80	1.48/0.74	1.40/1.20			52.0/48.0	50.0/48.0	50.0/45.0	55.0/39.0	56.0/35.0	
						比值	1.8	2.0	2.00	1.17			1.08	1.04	1.11	1.41	1.60	
						水深(m)	2.70	2.32	3.10	2.40			2.70	2.32	3.10	2.40		
						$d_{50表}/d_{50底}$												
					D_3	实测值							51.0/40.0	58.0/44.0	53.0/35.0	58.0/46.0		62.0/35.0
						比值							1.28	1.32	1.51	1.36		1.77
						水深(m)												
						$d_{50表}/d_{50底}$												

续表 3-2-3

引水口门	施测日期	流量组合引水/黄河(m³/s)	引水含沙量(kg/m³)	引沙粒径(mm)	施测断面	$V_表/V_底$ 或 $C_{s底}/C_{s表}$	V(m/s) 下唇区 1	2	3	上唇区 4	5	6	C_s(kg/m³) 下唇区 1	2	3	上唇区 4	5	6
潘庄	1986年7月8日	53/1810	48.0	0.007~0.01	D₁ 实测值		1.07/1.10	1.00/0.34	1.00/0.46	0.95/0.60			51.0/44.0	50.0/45.0	50.0/46.0	58.0/41.0		
					D₁ 比值		0.97	2.94	2.17	1.58			1.16	1.13	1.09	1.41		
					D₁ 水深(m)		4.00	4.50	3.50	2.40			4.00	4.50	3.50	2.40		
					D₁ $d_{50表}/d_{50底}$													
					D₂ 实测值		0.54/0.40	1.70/0.84	1.90/1.10	1.60/1.06	1.40/0.84		44.0/44.0	48.0/46.0	54.0/43.0	56.0/49.0	48.0/47.0	
					D₂ 比值		1.35	2.02	1.73	1.51	1.67		1.00	1.04	1.26	1.14	1.02	
					D₂ 水深(m)		2.90	2.70	2.50	2.50	2.00		2.90	2.70	2.50	2.50	2.50	
					D₂ $d_{50表}/d_{50底}$													
					D₃ 实测值								49.0/39.0	56.0/42.0	52.0/34.0	56.0/44.0	53.0/34.0	59.0/34.0
					D₃ 比值								1.26	1.33	1.53	1.27	1.56	1.74
					D₃ 水深(m)								5.0	4.50	3.50	2.90	3.00	3.00
					D₃ $d_{50表}/d_{50底}$													
	1986年7月13日	106/1620	24.0	0.007~0.01	D₁ 实测值		0.90/0.98	1.10/0.60	1.20/0.40	1.20/0.90	1.20/0.97		17.0/22.0	20.0/24.0	27.0/22.0	28.0/24.0	26.0/26.0	
					D₁ 比值		0.92	1.83	3.00	1.33	1.24		0.77	0.83	1.23	1.17	1.00	
					D₁ 水深(m)		2.60	4.80	4.80	2.00	1.60		2.60	4.80	4.80	2.00	1.60	
					D₁ $d_{50表}/d_{50底}$													
					D₂ 实测值		0.97/0.40	1.30/0.52	1.16/0.59	1.40/1.00	1.23/0.50	0.86/0.64	20.0/22.0	23.0/24.0	30.0/24.0	30.0/24.0	25.0/24.0	29.0/24.0
					D₂ 比值		2.43	2.50	1.97	1.27	2.46	1.34	0.91	0.96	1.25	1.25	1.04	1.21
					D₂ 水深(m)		3.00	3.60	2.80	2.70	2.80	2.50	3.00	3.60	2.80	2.70	2.80	2.50
					D₂ $d_{50表}/d_{50底}$													
					D₃ 实测值								49.0/39.0	56.0/42.0	52.0/34.0	56.0/44.0	53.0/34.0	59.0/34.0
					D₃ 比值								1.26	1.33	1.53	1.27	1.56	1.74
					D₃ 水深(m)								5.00	4.00	3.50	3.00	3.00	2.00
					D₃ $d_{50表}/d_{50底}$													

续表 3-2-3

引水口门	施测日期	流量组合引水/黄河 (m³/s)	引水含沙量 (kg/m³)	引沙粒径 (mm)	施测断面	$V_{表}/V_{底}$ 或 $C_{s底}/C_{s表}$	V(m/s) 下唇区 1	下唇区 2	下唇区 3	上唇区 4	上唇区 5	上唇区 6	C_s(kg/m³) 下唇区 1	下唇区 2	下唇区 3	上唇区 4	上唇区 5	上唇区 6
	1991年4月3日	8.9/576	11.8	0.043	D_1	实测值			0.84/0.76	0.69/0.56	0.72/0.56		17.2/6.60	24.6/4.23	25.0/5.87	15.1/4.84	24.2/3.84	
						比值			1.11	1.23	1.29		2.62	5.82	4.26	3.12	6.30	
						水深(m)	6.40		3.20	2.25	1.86	2.56	6.40	4.00	3.20	2.25	1.83	2.56
						$d_{50表}/d_{50底}$							0.024/0.040		0.024/0.031	0.020/0.042	0.023/0.042	
					D_2	实测值				0.44/0.18	0.24/0.22		17.2/6.25	18.8/5.00	15.8/4.55	13.9/3.88	11.4/3.33	
						比值				2.44	1.09		2.75	3.76	3.47	3.58	3.42	
						水深(m)				1.07	1.00					1.07	1.00	
						$d_{50表}/d_{50底}$							0.029/0.046	0.024/0.048	0.025/0.059	0.020/0.050	0.019/0.047	
					D_3	实测值		0.04/0.02	0.21/0.16	0.38/0.19	0.14/0.21		10.2/4.55	8.67/5.13	9.37/6.59	16.9/7.37	13.8/4.00	
						比值		2.00	1.31	2.00	0.67		2.24	1.69	1.42	2.29	3.40	
						水深(m)	1.70	1.10	0.80	0.80	0.80							
						$d_{50表}/d_{50底}$												
韩刘	1990年6月8日	64.3/1100	7.38	0.053	D_1	实测值							5.85/5.12	5.60/4.94	6.95/6.12	5.82/5.24	6.66/6.02	
						比值							1.14	1.13	1.14	1.11	1.11	
						水深(m)												
						$d_{50表}/d_{50底}$							0.024/0.038	0.033/0.043	0.038/0.064	0.034/0.058	0.024/0.038	
					D_2	实测值					0.41/0.21		7.35/6.25	8.42/5.37	8.00/5.05	9.50/4.61	9.80/4.08	
						比值					1.90		1.18	1.57	1.58	2.06	2.14	
						水深(m)												
						$d_{50表}/d_{50底}$							0.041/0.058	0.040/0.056	0.033/0.043	0.041/0.043	0.035/0.038	
					D_3	实测值							9.40/5.17	13.2/7.17	10.2/6.51	10.41/5.17	9.43/4.43	
						比值							1.82	1.84	1.56	2.01	2.13	
						水深(m)												
						$d_{50表}/d_{50底}$							0.041/0.058	0.053/0.095	0.046/0.071	0.036/0.051	0.041/0.051	

注：刘庄：D_1—近闸门断面；D_2—堤岸线与近闸门之间断面；D_3—近闸门断面。韩刘：D_1—黄河堤岸连线断面；D_2—堤岸线与近闸门之间断面；D_3—近闸门断面。

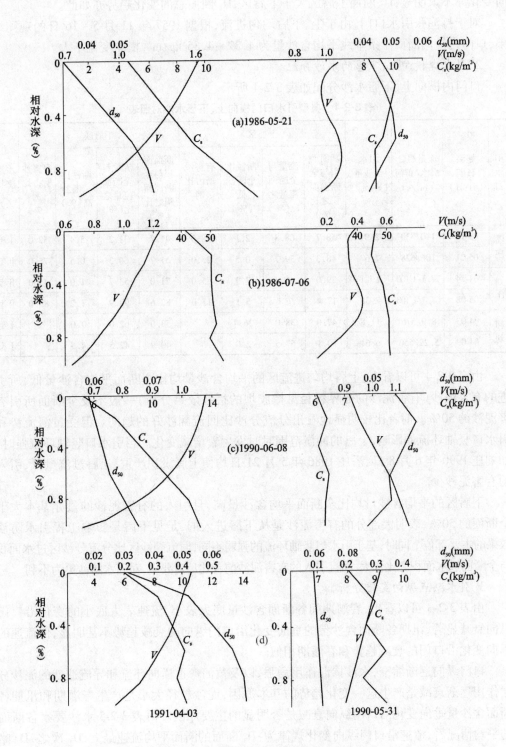

（a）（b）潘庄；（c）刘庄；（d）韩刘

图 3-2-10　典型口门下唇（右）、上唇（左）水沙要素垂向变化图

向变化亦不太明显;D_2 断面上唇区大于下唇区,D_1 断面总的变化趋势亦如此。

对于打渔张引水口门,由于上、下唇均匀进流,根据 1957 年 11 月 5~16 日的观测结果,口门内横向断面 4 条垂线平均含沙量为 4.37~4.85 kg/m³,横向变化不大。

2. 引水口横向上、下唇的水沙分配

口门内横向上、下唇水沙分配如表 3-2-4 所示。

表 3-2-4　典型引水口门横向上、下唇水沙对照表

引水口	施测日期(月-日)	流量组合引水/黄河(m³/s)	引水含沙量(kg/m³)	上唇区				下唇区				水沙流状
				断面面积与全断面面积之比(%)	流量与全断面流量之比(%)	断沙比全断沙低(%)	有害沙所占比例(%)	断面面积与全断面面积之比(%)	流量与全断面流量之比(%)	断沙比全断沙高(%)	有害沙所占比例(%)	
潘庄	05-10	110/330	2.01	58.7	68.8	2.1	48.0	41.3	31.2	5.4	52.0	Ⅰ型
	05-21	106/628	7.67	48.3	39.7	0.5	25.0	51.7	60.3	0.5	75.0	Ⅱ型
刘庄	04-24	77.3/1 100	19.1	29.0	46.3	7.9	55.0	71.0	53.7	1.0	45.0	Ⅱ型
	06-08	64.3/1 100	7.38	17.4	7.1	5.1	15.0	82.6	92.9	1.2	85.0	Ⅱ型
韩刘	04-03	8.9/576	11.8	47.0	38.0	26.4		53.0	62.0	7.0		Ⅰ型
	04-09	5.22/550	6.61	59.1	57.5	2.0		40.9	42.5	4.5		Ⅰ型

由表 3-2-4 可以看出,上唇均匀进流区的平均含沙量均比全断面平均含沙量低,所引进的有害泥沙(有害泥沙的分界粒径见橡胶坝的拦沙效果分析)一般不及全断面所引有害泥沙的 50%。前者比较明显地看出分流分沙比回流翻沙好的趋向。但受黄河流势和引水口竖轴环流的影响,上唇的冲淤范围时时发生着增减变化。当引水口竖轴环流强时,如刘庄 1990 年 6 月 8 日、潘庄 1986 年 5 月 21 日均使上唇淤积严重,上唇过流量低,引入的有害泥沙少。

下唇区的平均含沙量均比全断面平均含沙量高,且引入的有害泥沙的量亦基本大于全断面的 50%,表明大部分的有害泥沙是从下唇进入的,足见下唇是影响工程引水防沙效果的主要部位。同时,基于引水口竖轴环流的强弱不同,回流翻沙区比分流分沙区过水面积与全断面过水面积之比皆大,而且引入的有害泥沙前者比后者要多,对引水防沙更为不利。

3. 引水测点纵向变化分析

由表 3-2-3 可以看出,春灌期间各断面含沙量底大表小、流速表大底小的变化沿口门纵向衰减显著,汛期各断面含沙量的垂向变化沿口门纵向的衰减趋势不甚明显,但流速的垂向变化沿口门的衰减趋势和春灌期相似。

口门纵向逐渐缩窄,水沙掺混作用增强,以及黄河弯道横向环流和导流造就的泥沙分层作用逐渐衰减是产生这一变化趋势的基本原因,泥沙粒径大小是产生春灌期和汛期各断面含沙量垂向变化沿口门纵向衰减是否明显的主要原因。由表 3-2-5 水沙要素各断面的平均情况看,流速沿口门纵向变化规律为:D_3 断面的断面平均流速最大,D_1 次之,D_2 略小。断面平均表层流速与断面平均底部流速之比纵向变化趋势是由大变小,说明自口门至进水闸水流的紊动作用逐渐增强。断面平均含沙量受口门形式的影响,产生不同的纵向变化。潘庄自口门至进水闸含沙量是递减趋势,而刘庄则是递增趋势。但断面平均底表含沙量比却都是沿纵向递减的。从 d_{50} 的垂线分布上可看出表层口门前沿细、底部口门前沿粗的特征,但断面平均 d_{50} 纵向变化不明显。这为增建引水防沙设施的位置选择提供了依据。

表 3-2-5　典型引水口门水沙要素纵向变化表

(单位:V, m/s;C_s, kg/m³;d_{50},mm)

口门	施测日期(年-月-日)	断面平均水沙因素	D₃ 断面	V表/V底 或 Cs表/Cs底	D₂ 断面	V表/V底 或 Cs表/Cs底	D₁ 断面	V表/V底 或 Cs表/Cs底
潘庄	1986-07-13	V			0.50		0.90	
		C_s	26.0		24.5		24.0	
		d_{50}						
	1986-05-21	V			0.83	1.26	1.05	1.50
		C_s	7.02	2.99	7.67	1.63	4.19	1.35
		d_{50}			0.041			
	1986-05-10	V			0.64	1.77	0.76	1.50
		C_s	2.02	2.00	2.01	1.79	1.66	1.28
		d_{50}			0.024			
	1986-07-06	V			0.45	1.88	0.80	1.59
		C_s	48.4	1.46	49.2	1.18	50.0	1.13
		d_{50}						
	1986-05-29	V				1.42		1.25
		C_s			2.7	1.25	3.04	1.37
		d_{50}						
	1986-07-08	V			1.13	1.68	0.80	1.92
		C_s	48.4	1.45	47.0	1.09	45.4	1.20
		d_{50}						
刘庄	1990-04-24	V	1.63	1.91	1.15	1.44	0.88	1.30
		C_s	16.9		19.1	1.39	21.6	1.52
		d_{50}	0.055	3.46	0.052		0.058	
	1990-06-08	V	1.29	2.95	0.091	1.71	0.92	1.38
		C_s	7.23	2.05	7.42	1.51	11.1	1.48
		d_{50}	0.060		0.060		0.057	
	1990-04-09	V	0.46		0.46		0.61	
		C_s	7.67	1.89	6.61	1.71	6.92	1.14
		d_{50}	0.061		0.058		0.040	
	1990-05-31	V	0.61	2.41	0.40	1.73	0.61	1.69
		C_s	9.7	1.86	8.09	1.42	7.77	1.59
		d_{50}	0.062		0.087		0.081	
打渔张	1957-05-11	C_s	5.22		4.76		4.17	

(四)引水口门前河道床面水下形状分析

引水口门受黄河流势和引水横向环流的作用,形式不同,作用的大小也不同,所形成的引水口的横断面及其附近的水下床面形态也不尽相同。

(1)非对称的喇叭形口门,如打渔张引水口门。根据 1957 年、1958 年的观测资料和水工模型试验结果分析,分流点基本在上唇附近,分水角度由水工试验确定为 40°最佳。

虽然侧面引水流向改变,但由于分水角较小,水流改向的曲率半径较大,因此所形成的竖轴环流强度较弱,使引水口没有明显的凹冲凸淤的弯道特点。根据 1957 年、1958 年山东省水科所对打渔张引黄渠首观测资料的分析,在黄河枯季主流顶点上提时,分水流向呈一抛物线形冲向引水闸,在流向弯曲顶点处产生环流将泥沙推向凸岸,形成约 300 m² 的淤积浅滩,而黄河弯曲顶点下延时,入渠水流刚过潜堰就产生环流,下唇落淤呈三角形。而上唇的淤积浅滩消失,在黄河弯道流势上提下挫的交替变化下,引水口门保持良好的断面形态。口门前的大河床面形态纯系受黄河弯道横向环流的作用,呈现出凹岸冲刷形成深槽,凸岸淤积而形成浅滩的床面特征。由图 3-2-11 可以看出,口门前的河槽深约 6 m,低于当时潜堰顶约 4.8 m。

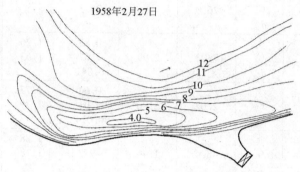

图 3-2-11　打渔张引水口门河床变化图

(2)基本对称的喇叭形口门和"勺"形口门,如潘庄和刘庄引水口门。前面的分析已表明,两口门虽存在分流分沙和回流翻沙的区别,但从弯道横向环流理论上看,这只反映出环流强度的不同而并没有实质性的区别,都是下唇集中过流,入流速度大,造成下唇冲刷而成深槽,上唇淤积而形成浅滩,如图 3-2-12 所示。

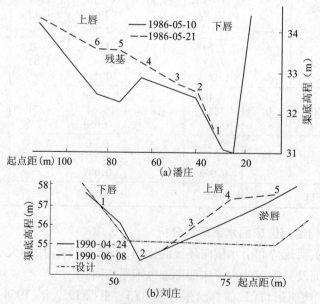

图 3-2-12　潘庄、刘庄引水口断面变化图

这和打渔张引水口断面形态有明显的不同。深槽和浅滩有 3 m 多高的悬殊。资料分析出:上唇的浅滩随着黄河流量的增大滩面增高,范围向下唇延伸。潘庄水位在 34.6 m 时,上唇 5、6 垂线的水深仅半米左右,刘庄水位在 61 m 时,上唇 4、5 垂线的水深也只有 0.7 m 左右。在流量较小、分流比比较大时,则和上述变化相反。与其相应,由两口门的水下地形图(见图 3-2-13)看到,两引水口的下唇区有明显的深槽,深槽的方向和引水的主流方向一致。刘庄引水口门的深槽左右分别有一浅滩,形成沙嘴,深槽的最大比降不及 1/30,这为黄河底沙入渠创造了条件,这是刘庄灌区沙害严重的症结所在。

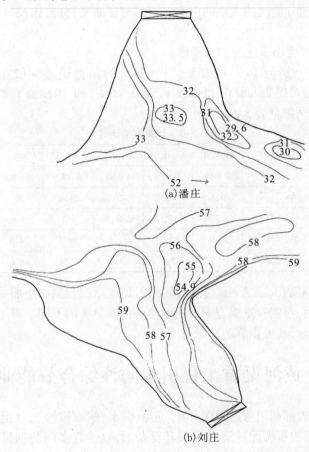

(a)潘庄

(b)刘庄

图 3-2-13 潘庄、刘庄引水口门河床变化图

第五节 引水口门前河道分流边界宽度的确定

在河道上修建引水防沙工程进行效益估算,首先遇到的问题就是分流的影响范围,即分流边界的确定。

对于分流边界的确定不少学者进行过不少理论和实验室的试验研究,提出了相应的研究成果,但在原型河槽中,特别是在引黄口门这样复杂的条件下,很难达到实用的程度。为满足引黄口门建设引水防沙工程进行拦沙效益分析的需要,利用刘庄、潘庄、张桥等引

黄口门的 25 次表层和深层流向的原型观测资料,运用最小二乘法原理,通过逐步回归分析,得出如下经验关系:

$$B_s = 2.4 + 3.86K^{0.69}b^{0.82} \tag{3-3}$$

$$B_d = 7.5 + 21.8K^{0.66}b^{0.50} \tag{3-4}$$

式中　B_s、B_d——表层流和底层流的分流宽度;

　　　K、b——分流比和引水口门宽度,分流比 K 的施测范围为 0.01 ~ 0.30。

从上述关系式可看出:

(1)分流宽度随分流比的大小和引水口门的宽度而变,分流比及口门宽度越大,引水影响的范围越大。

(2)表层引水宽度小于底层引水宽度。

两式的均方差分别为 14% 和 15%。式(3-3)的相对误差一般在 10% 以下,最大 34%。式(3-4)的相对误差一般在 12% 以下,最大 40%。上述经验关系和前人试验得出的经验关系的比较结果见表 3-2-6。

表 3-2-6　　计算结果比较

公式		$K=0.01$	$K=0.05$	$K=0.1$	$K=0.15$	$K=0.20$	$K=0.25$	$K=0.30$
		$b=40$	$b=50$	$b=60$	$b=70$	$b=80$	$b=40$	$b=80$
苏联学者:	$B_d = 5Kb$	0.8	5	16	21.0	32	20	48.0
沙乌锦	$B_s = (1.07K - 0.107)b$	−3.9	−0.05	0	3.7	8.6	6	17.0
本次研究	$B_d = 7.5 + 21.8K^{0.66}b^{0.50}$	14.1	17.1	44.4	59.6	74.9	62.7	95.6
	$B_s = 2.4 + 3.86K^{0.69}b^{0.82}$	5.7	7.7	25.0	36.4	48.6	32.9	63.5

由表 3-2-6 可以看出,二者相差甚远,其原因是在原型观测中上唇临河有 2.5:1 的边坡,并具有挑流作用,与实验室垂直岸坡的水流条件有显著的不同。有了表底层分流宽度和表底层平均含沙量,就可预算防沙效果了。

第六节　黄河渠首工程引水防沙综合效能曲线研究

山东引黄口门大都利用弯道横向环流"正面引水,侧面排沙",以提高工程的引水防沙效果。但是,黄河的水流泥沙运动是极其复杂的,致使好多问题到目前还不能全面认识,特别是弯道上的水流泥沙运动,一方面有弯道水流的离心力而引起的环流,另一方面还有地球自转产生的柯氏力的作用所引起的环流。天然状态下的环流运动将按照一定的规律发展,然而黄河弯道上的险工工程却破坏了它的运动规律,特别是在两个险工工程(上面所述的上唇和下唇)之间修建引水工程,水沙运动就更为复杂,根据现有的资料,将每个引水工程的引水防沙效果影响因素准确地表达出来是很困难的。通过对水沙动态观测资料的分析发现,在现有引水口位置、口门形状、分水角度等固定条件下,影响工程引水防沙效果的主要因素是分流比和黄河的流量大小、口门临河床面与闸底板高程之差。

一、引水口高程与临河床面高程之差对引水防沙效果的影响

由于口门前沿大河含沙量及粒径的垂线分布具有表小底大、表细底粗的特点,口门的

床面高程和大河床面的高程差,将是影响工程引水防沙效果的重要因素之一。

1988 年 4 月 8 ~ 11 日施测陈垓引水口门附近地形图如图 3-2-14 所示。引水口门的床面高程为 43.5 m,而临河床面高程为 40.91 m,引水口高于临河近 3 m,引水口门的平均含沙量为 3.54 kg/m³ 和 4.61 kg/m³,相应口门水深的口门前大河垂线平均含沙量为 3.88 kg/m³ 和 5.00 kg/m³,而全垂线平均为 4.5 ~ 7.4 kg/m³。泥沙中值粒径,口门:表层 0.02 ~ 0.034 mm,底部 0.026 ~ 0.045 mm,断面平均 d_{50} 为 0.025 mm;大河:表层 0.02 ~ 0.034 mm,底部 0.054 ~ 0.100 mm,垂线平均 0.051 mm,相应引水深度的 d_{50} 为 0.028 mm,均和引水口门观测结果相近,拦沙效率可达 22% ~ 38%,这是全省最好自然拦沙效果的口门。打渔张 1957 年施测的拦沙潜堰之顶高为 10.8 m,高于临河床面 4.8 m,加之口门均匀进流,使底部浓度高、颗粒粗的挟沙水流不得进入渠道,只有高程在 10.8 m 以上的水流才能入渠,真正起到引表避底的作用,入渠泥沙平均粒径 0.034 mm,而大河则为 0.042 mm,比大河细了约 18%,防沙效益显著,见表 3-2-7。韩刘闸也由于口门床面高出临河大河床面 2 m 多,使之有 13% 的防沙效果,这说明,引水口门床面高出临河床面对引水防沙非常有利。

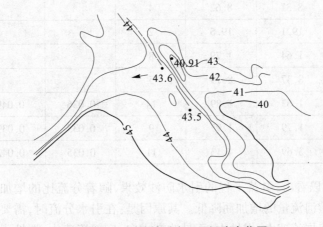

图 3-2-14　陈垓引水口门河床变化图

二、分流比和大河流量的大小对引水防沙效果的影响

在以往国内外研究中,都将同一引水工程的引水防沙效能关系线,即分流比与含沙量比曲线界定为一条单曲线,如以往黄委佟二勋文章表述的分流比与含沙量比的曲线就是一条单曲线。本次研究发现,以往该项研究单曲线谬误很大。同一引水防沙工程的引水防沙关系线,应是以黄河流量作变量的多条分流比含沙量比关系线组。以此,才能全面反映工程引水防沙性能的优劣。

通过对 1986 ~ 1990 年春灌期引水资料的分析得出潘庄、刘庄、打渔张三口门的引水防沙效能曲线,如图 3-2-15 所示。图中含沙量比为引水含沙量与黄河含沙量之比,表示工程的引水防沙效果,分流比为引水流量与黄河流量之比,表示控制运用指标。运用指标还包括黄河流量级。在运行中同一黄河流量下会有不同的分流比,故以黄河流量作参数,表示黄河流势。

表 3-2-7　打渔张引黄闸潜堰引水防沙效果表

施测日期 （年-月-日）	垂线平均含沙量			垂线平均粒径		
	堰里 （kg/m³）	堰外 （kg/m³）	效果 （%）	堰里 （mm）	堰外 （mm）	效果 （%）
1957-11-16	4.69	5.42	15			
1957-11-18	5.00	5.65	12			
1957-11-22	4.94	5.09	3			
1957-11-27	5.12	7.01	27			
1957-11-30	5.08	5.64	10			
1957-12-05	5.02	6.42	22			
1957-12-08	4.07	4.67	13			
1958-03-10	3.94	4.40	10	0.018	0.046	60
1958-03-15	2.55	2.82	10			
1958-03-21	8.31	8.62	4			
1958-05-02	19.1	19.5	2			
1958-05-06	1.64	1.79	8			
1958-05-09	8.37	8.79	5			
1959-05-08	1.63	1.89	14	0.036	0.049	27
1959-05-14	1.79	1.97	9	0.035	0.039	10
1959-05-18	3.69	4.13	11	0.035	0.042	17

　　由图 3-2-15 可以看出,引黄工程的引水防沙效果,随着分流比的增加而降低。在同一分流比下,随着黄河流量的增加而降低。其原因是:在引水分流时,需要克服大河水流的惯性,由于大河表层流速大、惯性大,不易改变方向,底部流速小、惯性小而易于改变方向,因此形成表底不同的分流宽度。口门附近大河含沙量的垂线分布是表小底大,底表比为 2～3,这就造成底部进沙量的增加速率远大于表层的增加速率,使引水防沙效果降低。

　　在一定分流比的情况下,大河流量越大,引水防沙效果越差。这是因为弯道的横向比降 $J = V^2/gR$, J 越大表示弯道竖轴环流强度越大。由刘庄和潘庄平面流向图可以看出,黄河流量大的分水流线的曲率半径远小于流量小的曲率半径,所以黄河流量越大,在引水口门所形成的竖轴环流强度越强,在流向弯曲顶点附近产生的紊动尺度也就越大,极利于将底沙悬起入渠,降低引水防沙效果。

　　同时,在分流比增大时,引水流速增大也会增大引水口的竖轴环流强度,从而降低防沙效果。

　　本次引黄渠首引水防沙效能综合曲线的提出,正确地反映了引水口在黄河不同流量级和分流比条件下的引水防沙综合效能,是国内外引水防沙工程运用理论的重要创新。

　　不同的引水口门,其引水防沙效果综合曲线也不尽相同。从表 3-2-8 看出:在引水含

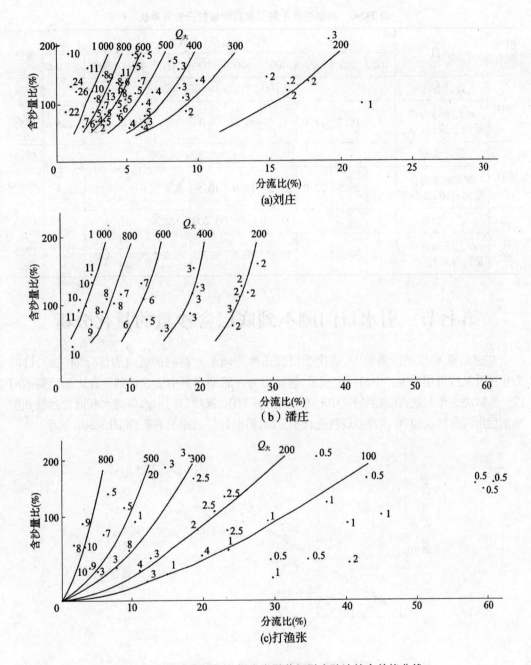

图 3-2-15　刘庄、潘庄、打渔张引黄闸引水防沙综合效能曲线

沙量和黄河含沙量等同条件下唯潘庄有较大的分流比。这是因为潘庄口门前沿有高于临河床面 2 m 多的残基起到拦截一部分底沙的作用。而打渔张却和刘庄相差无几，由于打渔张口门前动态观测资料缺少，难以确切定论，初步分析认为是由床面抬高所致。1957年、1958 年观测时有高于临河底 4.8 m 的拦沙潜堰,由张桥 1990 年实测大河床面高程推算,1990 年前后打渔张口门前的黄河床面已基本和堰顶齐平,潜堰的拦沙优势已经失去。

表 3-2-8 典型引黄工程引水防沙效能分析成果表

引黄闸名	项目	黄河流量级（参数）									备注
		100	200	300	400	500	600	700	800	900	>1 000	
刘庄	设计标准	$Q_引/Q_大=(80.0/400)=20\%$										1982 ~ 1990 年
	和大河等含沙量的分流比(%)	18.2	11.0	8.7	6.7	5.0	3.7	3.2	2.8	2.5		
潘庄	设计标准	$Q_引/Q_大=(120.0/400)=30\%$										1986 ~ 1990 年
	和大河等含沙量的分流比(%)	26.5	22.0	17.5	12.9	10.5	8.4	6.2	4.5	2.9		
打渔张	设计标准	$Q_引/Q_大=(100/200)=50\%$										1986 ~ 1990 年
	和大河等含沙量的分流比(%)	30.0	20.0	12.8	10.5	8.2	6.8	5.4	4.0			

第七节　引水口门测不到底层含沙量的量化分析

在进行悬移质泥沙测验中,解决受仪器条件的限制所漏测的近河底部分的泥沙,目前为止还没见到可用于生产中的研究成果,这是因为在原型观测中很难找到具有比测价值的河段。为解决这个问题,在观测研究中对陈垓、潘庄、刘庄、张桥口门引水口进水断面含沙量和引水闸后出流含沙量的 26 次观测资料进行了分析,得出较好的相关关系,如图 3-2-16 所示。

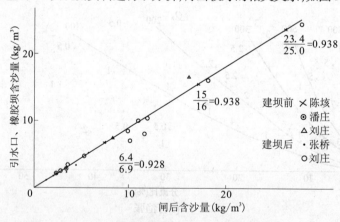

图 3-2-16　闸前、闸后平均含沙量关系图

由图 3-2-16 得到：$C_y=0.938C_z$,式中 C_y 为引水口断面平均含沙量,C_z 为闸后含沙量。

由此确定受仪器条件限制的漏测部分的悬移质含沙量为断面平均含沙量的 6.2%。由于所选择的断面间距一般在 100 m 左右,且为同步观测,可视为观测时沿程不发生冲淤变化。同时,闸后取样是在闸孔中进行的,闸孔出流紊动强度较大,对泥沙的掺混作用强,采取的又是积深法取样,可不考虑漏测含沙量。

2003年本书作者卞玉山作为中国泥沙科学研究赴美会议考察团的成员,参加中美国际合作泥沙输送会议,写成《水沙测验中测不到层临底悬沙量化分析》的学术报告,在美国马凯特大学(Marquette University)讲演交流,在国际同行专家中引起强烈反响,被公认为是国际泥沙研究前沿性的文献。

第八节 引水口门观测研究结论及运用指南

(1)潘庄、刘庄、韩刘等引水口门位于黄河弯道顶点以下,为闸轴线基本垂直于岸线的对称喇叭形口门或"勺"形口门。这种口门不论分流分沙型,还是回流翻沙型,均存在竖轴环流,形成上唇淤积、下唇冲刷。下唇的回流翻沙或分流分沙造成底沙上扬,使泥沙的垂线分布趋于均匀,不利于引水口门引水防沙。为提高引水工程的防沙效果或增建拦沙工程减少黄河泥沙入渠,必须重点改变下唇的引水条件,减少水流紊动强度,使悬沙垂线分布有明显的上大下小的梯度。

(2)打渔张引水口门位于黄河弯道顶点以下,为上上长下下短的非对称喇叭形,引水角度较小,无论流势如何变化,上下唇均能均匀进流,造就了悬沙垂线含沙量上小下大的梯度,又配备了拦沙潜堰,引水防沙效果更加明显。

(3)利用口门内垂向水沙变化特征——含沙量表小底大、颗粒表细底粗的特点,这种特点只有在均匀进流时才能存在,增建取表避底的引水防沙设施,防沙效果是肯定的。

(4)利用渠首引水口上唇含沙量表小底大、流速表大底小变化显著、口门下唇含沙量垂线分布均匀的特点,在多孔涵闸的调控运用中适当加大上游侧闸门的开启,减少下游侧闸的开启,可以提高涵闸的引水防沙效果。

(5)引黄渠首口门各断面含沙量底大表小、流速表大底小的变化梯度自口门前沿向进水闸方向逐渐衰减,口门前沿断面的水沙要素垂线分布和大河相近,含沙量底表比一般为2～3,最高为4,颗粒表细底粗明显,是增建取表避底的引水防沙设施的最佳位置。在受施工条件限制时,应尽量接近前沿,以增强工程引水防沙效果,同时利于被拦截的浓度高且颗粒粗的泥沙排往河道下游。

(6)河闸分流边界与分流比的大小有密切的关系,表层分流宽度小于底部分流宽度,表底层分流宽度可分别利用$B_s = 2.4 + 3.86K^{0.69}b^{0.82}$、$B_d = 7.5 + 21.8K^{0.66}b^{0.50}$计算。该公式的提出对黄河下游渠首设计中防沙效果的预估算有重要意义。

(7)引水口门的引水防沙效果综合曲线是水沙条件、引水条件、口门的边界条件、大河床面条件的综合反映,而最主要的是分流比和黄河流量的大小。引水防沙效果随分流比的增大而降低,在一定的分流比条件下,黄河的流量越大,引水防沙效果越差。引水防沙效能曲线的提出是对现有引黄工程科学管理运用,提高引水防沙效果理论研究的重要创新。

(8)受泥沙测验仪器条件的限制,引水口门测不到底层部分的含沙量可达6.2%,这一数据可在黄河下游灌区引水口门水沙测验计算及灌区泥沙平衡计算中应用。

第三章　多沙河流新型渠首橡胶坝引水防沙工程模式的创立

第一节　国内外多沙河流引水防沙工程模式的历史演变及现状研究

在多沙河流引水,为满足其引水防沙要求,而在渠道首部及河流引水段修建的整治工程与水工建筑物的综合体统称为引水防沙工程。

一、河流引水防沙工程模式的历史演变

河流引水防沙工程分为两大类型:一是有坝引水防沙工程。河道内建有拦河壅水的闸坝,优点是:可控制河道的径流量,增加引水渠道的引水比,同时,还能提高河道水位,达到提高引水高程,扩大灌溉面积的目的;缺点是:因建拦河闸坝,改变了河道的河势,闸坝上游产生泥沙淤积,并影响河道的防洪。二是无坝引水防沙工程。河道内不建拦河壅水的闸坝,而在岸边开口引水,优点是:工程比较简单,不改变河道的冲淤形态及降低河道的防洪能力;缺点是:渠道的引水比较小,引水水位不能提高。

我国是在河道内修建引水防沙工程最古老、最著名的国家。无坝引水防沙工程中,以四川岷江都江堰最著名(见图3-3-1)。公元前256～251年,秦国蜀太守李冰主持开大宝瓶口,布设人工弯道,垒砌分水鱼嘴和金刚堤,使岷江形成内江引水水道与外江泄洪水道分流形势,又在内江右侧用石笼筑飞沙堰,以便在进水口前沿向外江泄水排沙,符合科学原理,在引水排沙方面有独创之处。都江堰在建成初期,灌溉50万～60万亩,20世纪80年代初,实灌面积已增至900万亩。另外,陕西泾水的郑国渠(公元前246年)也是一项著名的无坝引水工程。

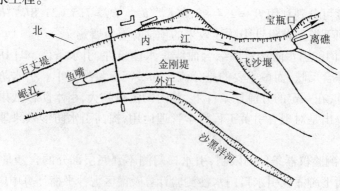

图3-3-1　四川都江堰引水防沙工程布置图

河道有坝引水防沙工程中,以浙江宁波它山堰最著名,公元833年,由唐代明州鄮县(今宁波鄞县)县令王元晖主持修建,它山堰建在甬江上游鄞江河段,堰长134 mm,宽2~3 m,高8~9 m。堰上游修进水闸一座,灌溉24万亩。运行中坝体中下部被泥沙淤埋。至宋代,因堰前河床淤积和进水闸进沙严重,在堰上游靠进水闸旁侧,修建了名为"回沙闸"的三孔冲沙闸。这是我国古代最早的有坝引水防沙工程。福建浦田木兰陂(公元1064~1083年)系有坝引水工程,亦很有名气。

近代,19世纪以来,世界上河道引水防沙工程,在有坝和无坝两大类型中派生了一些新分支,其工程模式向多样化发展。

(一)有坝引水防沙工程

1.低坝沉沙冲沙闸(槽)式引水防沙工程(见图3-3-2)

此种引水防沙工程起源于印、巴次大陆,尤其是印度河与恒河流域。因此,它又称为印度式引水防沙工程。世界上应用较广,曾推广到中东、近东、美国、日本、苏联。我国自20世纪30年代以来,在李仪祉先生的倡导下,在陕西梅惠渠等地建了不少这种模式的工程。

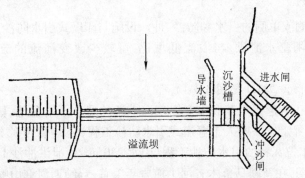

图3-3-2　低坝沉沙冲沙闸(槽)式引水防沙工程示意图

工程特点:

(1)用溢流低坝拦河壅水,坝上岸侧建进水闸,坝端建泄洪闸。

(2)用隔水墙将引水与泄洪水道相分隔。

(3)在进水闸前布置沉沙冲沙槽,进水闸底槛比沉沙冲沙槽底板高,以防止推移质泥沙进入干渠。

缺点:因建坝及隔水墙改变了河流的流势,坝上游河床淤积。沉沙冲沙槽内淤积的泥沙,必须定期开启冲沙闸冲洗,此时,水流在冲沙槽内翻腾很厉害,有较多的泥沙进入干渠。

2.拦河闸式引水防沙工程(见图3-3-3)

此种引水防沙工程在国内外应用较广。美国20世纪30年代在科罗拉多河上建成了帝国拦河闸坝引水防沙工程,左岸引水进入亚利桑纳州的吉拉总干渠,右岸引水进入加州的全美灌溉大渠,年均引水74亿 m^3,灌溉美国和墨西哥720万亩土地。50年代前后苏联在捷列克河上建成了卡尔加宁引水防沙工程(引水流量186 m^3/s,拦河闸泄洪能力2 180 m^3/s),在库班河上建成了涅文诺麦斯克引水防沙工程(引水流量172m^3/s,拦河闸泄洪能力 1 900 m³/s)。我国在 20 世纪 60 年代黄河上建成了青铜峡、三盛公等拦河闸式引水防沙工程。

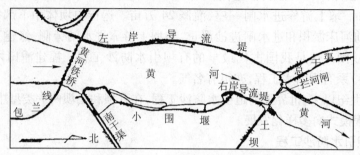

图 3-3-3　内蒙古三盛公拦河闸式引水防沙工程示意图

工程特点：

（1）以拦河闸代替印度式溢流低坝，有了进一步发展。拦河闸在枯水期可调节，减少了闸门开启，以保证引水和一定的泄水排沙流量；洪水期可敞开拦河闸，宣泄洪水，冲刷闸前或库区淤沙。

（2）拦河闸两侧或单侧的引水和防沙、冲沙设施与印度式引水防沙工程相似。

（3）利用拦河闸壅水泄洪，与溢流低坝比，可较少改变河流的流势及河床的冲淤特性。

3. 弯道式引水防沙工程（见图 3-3-4）

此种引水防沙工程起源于苏联中亚锡尔河上游的费尔干纳盆地，国外称为费尔干式引水防沙工程。世界上第一座人工弯道式引水防沙工程，是 1941 年修建于苏联费尔干纳盆地，名为卡姆普尔拉瓦特的引水防沙工程（引水 230 m³/s，泄洪冲沙 1 400 m³/s）。我国 20 世纪 50 年代后期，在新疆乌鲁木齐河上游青年渠首、玛纳斯河红山嘴渠首开始引用。

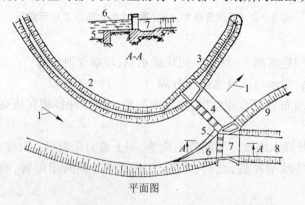

平面图

1—河流；2—上游弯道导流堤；3—下游整治段导流堤；4—泄洪冲沙闸；
5—挡沙导流板；6—进水闸前方曲线形挡沙坎；7—进水闸；8—干渠；9—河岸

图 3-3-4　费尔干式引水防沙工程示意图

工程特点：

（1）在一般拦河闸引水防沙工程的基础上，由于在河流上游段修建了人工弯道导流堤和在进水闸前修建了曲线形进水闸槛，造就和加强了弯道横向环流。进水闸建在弯道凹岸,实现了"正面引水、侧向排沙"的功能,大大提高了引水防沙效果。

(2)在曲线形进水闸槛前缘上修建挡沙导流板,两者高程相等并高于河底,利于防止河道底沙进入干渠。

(3)解决了印度式渠首和一般拦河闸式渠首不能解决的河道大量推移质入渠和淤塞问题。

4.底栏栅式引水防沙工程(见图3-3-5)

此种引水防沙工程最早起源于欧洲奥地利境内的阿尔卑斯山麓地区,因第一座工程位于奇楼尔,在国外曾称为奇楼尔式引水防沙工程。后来,苏联在高加索小型山溪性河流上推广,所以苏联称为高加索式引水防沙工程。我国20世纪50年代在新疆吐鲁番地区引进,先后在鄯善县柯柯尔渠首、吐鲁番县人民渠首,建成了该型引水防沙工程。

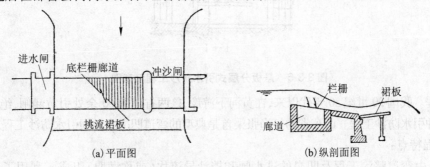

图3-3-5 底栏栅式引水防沙工程示意图

工程特点:

(1)适于山区河道,枯水期流量极小的情况。

(2)河道横向布置溢流堰,在溢流堰顶部布置进水栏栅,栏栅下面布置进水廊道,进水栏栅把一部分水引入廊道并送往岸侧的渠道中去。栏栅能阻挡泥沙(主要是粗颗粒泥沙和卵石),并把它们随水流排向河床下游。

5.悬板分层式引水防沙工程(见图3-3-6)

此种引水防沙工程起源于苏联中亚,所以国外称中亚式引水防沙工程或称特洛依茨基式引水防沙工程。我国20世纪60年代在新疆引入,建成了皮山县桑株河渠首悬板分层式引水防沙工程,继之,又在和田、墨玉两县的喀拉喀什河上建成了悬板分层式引水防沙工程。

工程特点:

(1)有了这块悬隔板式平台,当冲沙闸门关闭时,粗颗粒推移质泥沙只淤积在平台底下和平台前的河床底部,只有细颗粒泥沙才能随水在平台上流过去。

(2)冲沙闸门依悬隔板平台分为上、下两层,当打开下层冲沙闸门时,在不搅乱进水闸水流的情况下,就可以把悬隔板式平台底下的淤沙冲刷到下游河床中去。从而,克服了低坝沉沙冲沙槽式引水防沙工程冲沙时进水水流产生很大的翻腾的弊病。

(二)无坝引水防沙工程

1.弯道凹岸式无坝引水防沙工程(见图3-3-7)

此种引水防沙工程分布较广。苏联在中亚阿姆河上修建了许多弯道凹岸式无坝引水

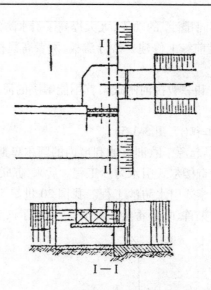

图 3-3-6 悬板分层式引水防沙工程示意图

防沙工程。我国 20 世纪 50 年代以来,在黄河下游豫、鲁两省建的 60 余处引黄涵闸,绝大部分属于此种引水防沙工程。山东省的打渔张渠首是典型的弯道凹岸式无坝引水防沙工程。

工程特点:

(1)由弯道整治工程及凹岸的进水闸和挡沙导流坎(或称潜堰)组成。利用了弯道横向环流,实现了"正面引水,侧向排沙"。

(2)由于在费尔干式有坝引水防沙工程的基础上,取消了拦河泄洪冲沙闸,不至于产生河床冲淤形态的改变。

(3)适用于纵坡较缓、河床较稳定的平原河流的引水。

2.导流堤式无坝引水防沙工程(见图 3-3-8)

此种引水防沙工程,在国内外都有分布。

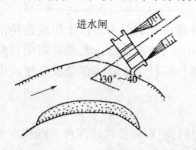

图 3-3-7 弯道凹岸式无坝引水防沙工程示意图

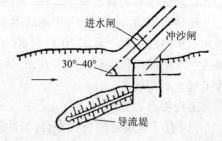

图 3-3-8 导流堤式无坝引水防沙工程示意图

工程特点:

(1)由导流堤、进水闸和冲沙闸组成。导流堤的作用是增加引水,导流堤的布置,一般由冲沙闸向上游方向延伸,其长度视引水量的大小及引水高程而定。

(2)进水闸底槛高出冲沙闸底板 0.5 ~ 1.0 m,冲沙闸底板高程一般与河床平或稍高。

(3)适于河流水位变化较大、河道坡降较陡的山溪性河道及引水比较大的引水工程。

3.双首制无坝引水防沙工程(见图3-3-9)

此种无坝引水防沙工程,国内外相对较少。黄河下游山东省东明县的大、小闫潭渠首,即属双首制无坝引水防沙工程。

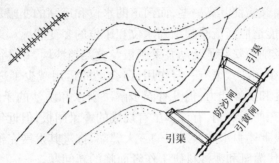

图3-3-9　双首制无坝引水防沙工程示意图

工程特点:

(1)单一的渠首和弯道凹岸式引水防沙工程相同。

(2)双渠首并联引水后共入同一干渠,提高了灌区的引水能力,同时也可进行渠首引渠轮流供水清淤,使引水清淤互不干扰。

(3)适用于河道流势不稳的游荡型多沙河流的引水。

二、引水防沙工程模式发展综述

纵观古代、近代以至20世纪80年代国内外引水防沙工程模式的历史演变及发展,引水防沙工程的基本模式仍分为两大类型,即有坝类引水防沙工程和无坝类引水防沙工程。古代的引水防沙工程模式,概括为一个"简"字,即模式结构简单、型式少,引水防沙功能较低。但其中也不乏如四川都江堰等符合科学引水防沙原理的巨作。近代,至20世纪80年代的引水防沙工程模式,概括为一个"多"字,即工程模式的多样化,在有坝和无坝引水防沙工程两大类型中,派生出许多分支,并对这些分支工程进行了技术改进,增强了对山丘、平原等各类河道引水防沙功能的适应性。如低坝沉沙冲沙模式和拦河闸式利用冲沙闸与闸前的沉沙冲沙槽定期冲沙;弯道式利用整治河流上游段人工弯道,造成横向环流,达到"正面引水,侧向排沙"的目的;底栏栅式利用堰上栏栅及堰内廊道引水排沙;分层式利用进水及冲沙闸前的悬隔板分层导流和排沙;弯道凹岸式利用弯道横向环流凹岸建引水闸及挡沙导流坎引水排沙;导流堤式利用导流堤和冲沙闸引水排沙;双首并联式以增加渠首工程单元达到提高引水防沙效果的目的等。但是上述这些工程经过技术改进,在引水防沙功能方面,尚存在许多弊端,有些甚至是致命性的弊端,集中为以下三点:

(1)没能最大限度地引取表层含沙量较少的水体。传统进水闸的闸门皆为自下而上开启,因此河道底层含沙量大的水体入进水闸多,表层含沙量小的水体入进水闸少,即使某种工程采取了分层悬隔平台及导流拦沙坎的措施,也因高程受限等原因,均达不到最大限度引取表层含沙量小的水体的目的。

(2)没能有效地防止不断淤积和严重淤积的河床及引水口前的底沙进入灌区。传统工程的进水闸底槛比泄洪冲沙闸底板虽高出一定高度,导流拦沙坎亦比河床底高出一些高度,对防底沙入渠起到一定作用,但是这个高度是固定和有限的,随着河床及引水口前的泥沙不断和严重淤积,或者因冲沙水量的不足,大量底沙仍能经进水闸进入灌区。

(3)没能同步地解决工程引水和防沙的矛盾。为了利于引水,需使进水闸槛定得低一些,为了利于防底沙,又需使其高一些,而河道的水位和床高的变幅是较大的,固定的进水闸槛,无论如何也不能适应河流全长系列水位和床位的多变状况。近年,黄河上有的引水工程虽在进水闸槽及闸前安装了活动叠梁闸板及叠梁挡沙坎,并进行了试验,证明在河床淤高的条件下,对减少底沙入渠有一定作用,但叠梁的运用减少了进水闸门的引水,并增大了闸门的水流速度和挟沙能力,仍没有同步解决引水和防沙的矛盾。且叠梁在淤沙条件下启闭较困难,山东的引黄闸,有许多虽有现成的叠梁闸板,但近年没有一处使用。

如何从技术上解决上述引水防沙工程的三大弊端,推进其发展完善,并研究出新型引水防沙工程模式,是当代灌溉和泥沙科研工作者面临的新问题。

第二节　黄河中下游有坝与无坝引水防沙工程废兴分析

20世纪60年代初期,黄河下游花园口、位山两座拦河闸坝式水利枢纽工程相继建成,运行2~3年后被迫破坝,毁掉已建成的工程,又使当时正在修建的渠口、王旺庄两座水利枢纽工程不得不中途停建。分析原因,是枢纽工程在规划和设计时,对坡度平缓、含沙量很高的黄河下游"悬河"河床,在修建拦河挡水枢纽后的卡水、壅水影响及随之而来的严重淤积,均考虑不足。如位山水利枢纽坝址处河床原宽360 m,布设孔净单宽为10 m的16孔拦河泄洪闸,总净宽只有160 m,比原河床缩窄一半多,在这样严重卡水影响下,即使在闸门全部敞泄的情况下,枢纽上游水位还壅高1.6 m,造成上游河床急剧淤积上升。

与此相反,黄河中游虽然同属高含沙量平原河段,但在20世纪60年代初、中期建成的三盛公、青铜峡水利枢纽,其工程效果与运行情况均较好。原因是内蒙古与宁夏境内的黄河不是"悬河",河道纵坡相对较陡,河床在闸坝壅水后仍有一定容量可用于沉沙、冲沙的径流调节库容,自然条件优于下游"悬河"河槽。此外,青铜峡、三盛公两处枢纽在设计和运行中,注意到河道在挡水和分流后的淤积影响,采取各种排沙措施,以减少闸坝前缘与整个库区的泥沙淤积。

总结经验,吸取教训,在其之后,黄河下游河段河南、山东两省的60余处引黄灌溉工程全部采用或改建成了无坝引水防沙工程,包括河南的人民胜利渠、山东的打渔张、位山、潘庄、李家岸等大型引黄渠首工程都属无坝引水防沙工程。

第三节　黄河下游山东段无坝引水防沙工程
要素配置及效果研究

黄河自孟津以下进入下游河段,河南省河段为游荡型河段,山东省河段兼有游荡型、过渡型、弯曲型三种河段。下游河段引水灌溉工程全属无坝引水防沙工程。在黄河山东省三种河段中选32处引水防沙工程为研究对象,基本可以代表黄河下游的工程状况。

一、无坝引水防沙工程要素配置及效果分析

引水防沙工程要素有渠首位置、引水角度、河道流势、分流比及引水口附近是否采用了防沙设施等。各工程要素配置相互制约,引水防沙效果为诸工程要素综合配置影响之结果,对有关工程要素的影响分析如下。

(一)渠首位置及引水口形状配置

山东省引黄渠首工程均系无坝引水。在无坝引水条件下,引水口位置及引水口门形状的选择对引水防沙效果起着决定性作用。按照山东省渠首工程位置与河道类型的关系,大体可分为弯道凹岸引水、弯道凸岸引水、汊流引水三种类型,见表3-3-1。

表3-3-1　黄河山东河段引水防沙工程位置类型表

弯道凹岸引水型			弯道凸岸引水型	汊流引水型
顶点区以上	顶点区	顶点区以下		
旧城、李家岸、土城子、五七(4处)	刘庄、苏泗庄、陈垓、苏阁、谢寨、位山、小豆腐窝、葛店、邢家渡、北店子、马扎子、刘春家、道旭、韩墩、小开河、张肖堂、王庄、簸箕李、宫家、胜利(20处)	打渔张、东平湖、韩刘、潘庄、张桥(5处)	大崔(1处)	大闫潭小闫潭(2处)

利用弯道环流"正面引水,侧面排沙"的原理,表层清水流向凹岸,底流将推移质排向凸岸,在弯道凹岸设置引水口,即弯道凹岸引水型是山东引黄灌溉工程的主要类型,共29处,凸岸引水型只有1处。弯道凹岸引水的29处工程中,引水口位于弯道顶点区的20处,顶点区以上的4处,顶点区以下的5处。由于引水口在弯道的位置不同,引水防沙效果也不尽相同。根据水工模型试验和现场观察,引水口的最佳位置在弯道顶点以下至末端处。此处弯道环流作用强,引水防沙效果好。打渔张渠首引水口选择在弯道凹岸顶点以下700 m处,位置最佳,且引水口形状为上长下短的均匀进流型,口门形状最好,这是20世纪50年代中苏水利专家根据模型试验而选择的唯一的最佳渠道位置,口门形状也是经典之作。以苏联学者 B.B 杜立涅夫试验公式验证

$$L = KB\sqrt{4\frac{R}{B}+1} \tag{3-5}$$

式中　L——引水口至弯道起点的距离(沿河轴线或中心线);

　　　B——河宽;

　　　R——河流轴线曲率半径;

　　　K——比例系数,当取 0.8~1.0 时,相当于最大水深和最大单宽流量处,引水防沙效果最好。

公式计算值与实际值非常接近。此外打渔张渠首引水口的选择还同时注意了堤岸稳定,地质条件好,水流稳定,弯道水流低水位时上提,高水位时下挫,均能靠溜。

绝大多数引黄灌溉工程建在弯道顶点区险工段的坝垛之间,且引水口门为基本对称的喇叭形,如苏泗庄、马扎子、郝寨等,险工坝垛对河流整治及防洪无疑是起了很大作用,

但坝垛顶冲水流,迎水面和端部产生漩涡,翻沙大量入渠,背水面淤积,过水断面减少,不利于引水防沙。

少数引黄灌溉渠首位置河势不稳、汊流引水。如闫潭渠首因引水口前河宽 16.5 km,汊流纵横,上游对岸禅房整治工程尚未按标准治理,水流摆动频繁。据统计,大闫潭引水口处 1949 ~ 1975 年间只有 5 年靠溜,1976 ~ 1983 年间只有 3 年靠溜,水流上提下挫冲刷切滩,泥沙顺流入闸,闸前淤塞断流,几乎每年春灌均需疏通。为适应河势的频繁变化,该灌区在变动的弯道内不得不建了两处引黄渠首,两渠首并联向灌区送水,即"一弯两闸"方案,提高了工程引水防沙效果。

(二)引水角度配置

引水角即引水口前大河水流与引水渠轴线的夹角。由于引水角随溜势的变化而变化,不易确定,一般往往采用河道岸堤与引渠的夹角标定引水角。

32 处引黄渠首工程的设计引水角的基本状况是:45°及以下 5 处,60°左右 10 处,75°左右 8 处,90°左右 6 处,不固定的 3 处。见表 3-3-2。

表 3-3-2　黄河山东河段引水防沙工程设计引水角状况表

45°及以下	60°左右	75°左右	90°左右	不固定
打渔张、胜利、位山、土城子、韩墩(5 处)	刘庄、韩刘、李家岸、邢家渡、葛店、大崔、小开河、道旭、张肖堂、宫家(10 处)	旧城、苏阁、陈垓、小豆腐窝、北店子、潘庄、刘春家、王庄(8 处)	苏泗庄、东平湖、张桥、簸箕李、马扎子、五七(6 处)	大闫潭、小闫潭、谢寨(3 处)

一般引水角应尽量减小。根据动量定律,水流离心力

$$F = \frac{2\rho V^2}{B}\tan\frac{\theta}{2} \qquad (3-6)$$

式中　V——平均流速;

　　　　ρ——水的密度;

　　　　B——渠宽;

　　　　θ——渠道与河流夹角。

由上式可知,F 与 $\tan\frac{\theta}{2}$ 成正比。θ 在 90°内增长,F 增大,竖轴环流增强,引底流增多,进沙量增大。$\theta = 90°$时,$\tan\frac{\theta}{2} = 1$,F 最大,引沙量大,颗粒也粗。θ 大于 90°时,随着 θ 的增大,$\tan\frac{\theta}{2}$ 减少,F 减少。但是,引水角也不宜过小,因相同渠宽时引水角越小,河渠临水长度越大,进口单宽流量、流速分布不均匀,引水口处易产生漩流、淤积。一般引水角选取 30° ~45°,都能取得较好的引水防沙效果。如刘庄(老)闸 1973 年引水角约 50°,实测入渠含沙量为大河含沙量的 83%;1979 年引水角增至约 70°,实测入渠含沙量为大河含沙量的 94%。

(三)河、闸底高差配置

据山东黄河河务局 1981 年 5 月黄河山东段断面实测资料,32 座引黄闸底板高程平

均低于闸前大河主槽平均高程 3.72 m,最大值为苏阁 5.78 m,张桥为 2.30 m,刘庄为 3.15 m;闸底板高程平均低于闸前大河溪点平均高程 0.98 m,最大值为位山 2.99 m,张桥 为1.18 m,刘庄为 1.28 m。

同一渠首河、闸底高差不同,引水含沙量亦有差别。如李家岸闸 1983 年春低孔运行, 闸底板高程为 24.4 m,比大河主槽平均高程低 4.35 m,比大河溪点高程低 2.36 m,5~6 月入渠含沙量为大河含沙量的 99%。1984 年春该闸高孔运行,闸底板高程 25.4 m,比大 河主槽平均高程低 3.26 m,比大河溪点高程低 1.45 m,5~6 月入渠含沙量为大河含沙量 的 81%。高孔运行较低孔运行闸底板抬高了 1 m,入渠与大河含沙比降低了 18%。

(四)河道溜势配置

从弯道横向看,存在着"主溜引水"和"边溜引水"之分。防沙效果"边溜引水"优于 "主溜引水"。如陈垓闸位于弯道顶点区,1984 年春主溜远离引水口 380 m,为"边溜引 水",含沙量较"主溜引水"时明显地减少了。弯道横断面实测表明:平均含沙量以主溜到 滩唇附近最大,再向两侧,含沙量递减。离开主溜中心线引边溜水,不但减少悬移质泥沙, 还能避开底沙。

从弯道纵向看,存在着"顶溜引水"和"顺溜引水"之分。"顶溜引水"的防沙效果较 "顺溜引水"差。刘庄(新)闸 1982 年春以来"顶溜引水",主溜直冲置于弯道顶点的引水 口,引沙最多,据 1982 年 4 月实测,入渠含沙量为大河含沙量的 163%,闸后泥沙颗分资 料 d_{50} 为 0.05 mm。打渔张渠首"顺溜引水",引水口置于弯道末端,溜势平稳,弯道环流 强,水流畅顺入渠,20 世纪 50 年代运用初期,实测入渠平均含沙量为大河平均含沙量的 80% 左右。入渠悬移质垂线平均粒径比大河低 4%~27%,推移质平均粒径低 13%~ 68%,床沙质平均粒径低 2%~78%。

(五)防沙设施配置

(1)防沙闸:闫潭、谢寨、张桥、韩墩渠首在临堤大闸前均建防沙闸。如闫潭渠首两临 堤闸底板高程同为 63 m,较大河主槽平均高程低 6 m,较大河溪点低 4.7 m,临堤大闸至 防沙大闸引渠长 9.2 km,临堤小闸至防沙小闸引渠长 6.4 km。在上述条件下,建防沙大 闸,闸底板高程 67.7 m,建防沙小闸,闸底板高程 65.5 m,对有效地防止底沙入渠及在停 引水期间防止引渠被淤塞发挥了重要作用。如 1975 年 8~9 月,防沙闸关闭失灵,每天仍 引水30~40 m³/s,此时大河含沙量 30 kg/m³ 以上,临堤闸至防沙闸间引渠平均淤高 2 m, 清淤量达 60 万 m³。

(2)叠梁闸板:宫家、潘庄、葛店、土城子、胜利、韩刘、小豆腐窝等渠首进水闸门上加 装叠梁闸板。如潘庄引水闸 1976 年闸底高程低于大河主槽平均高程 3.76 m,低于深槽 溪点高程 0.03 m,进水闸加装叠梁闸板试验,较未装置渠闸板前防沙效果提高 12%,但因 叠梁启闭操作困难等,近年这种设施多搁置未用。

(3)拦沙潜埝:打渔张渠首建拦沙潜埝,埝长 300 m,埝顶高于闸底 1.0 m,拦沙作用 亦相当显著。据 1957 年 11 月 5~16 日实测,埝内主流分水线垂线平均含沙量为同一断 面埝外主流分水线垂线平均含沙量的 81.3%~93.3%,即有 6.7%~18.7% 的含沙量被 拦在潜埝之外,见表 3-3-3。近年,黄河河底渐高,大河主槽平均高程高出潜埝顶 3.5 m, 潜埝失去拦沙作用。

表 3-3-3　打渔张渠首固定防沙潜埝防沙效果表

断面	垂线号			
	1	2	3	4
埝外黄河旧坝头连线断面垂线含沙量（ kg/m³）	5.2	5.22	5.88	5.86
埝内口门断面垂线含沙量（ kg/m³）	4.85	4.37	4.78	4.77
埝内较埝外垂线含沙量减少（%）	6.7	16.7	18.7	18.6

（4）高低闸：李家岸渠首高低闸运用。李家岸闸 1983 年春低引水闸孔运行，闸底板高程为 24.4 m，比大河主槽平均高程低 4.35 m，比大河溪点高程低 2.36 m，5 ~ 6 月入渠含沙量为大河含沙量的 99%。1984 年春该闸高孔运行，闸底板高程 25.4 m，比大河主槽平均高程低 3.26 m，比大河溪点高程低 1.45 m，5 ~ 6 月入渠含沙量为大河含沙量的 81%。高孔运行较低孔运行闸底板抬高了 1.0 m，入渠与大河含沙比降低了 18%。

（5）导流浮筒：根据流达波夫导流板原理，打渔张渠首于 1958 年 3 月 31 日设置钢板导流浮筒，10 组 36 节总接长 120 m，占枯水期河宽的 2/5 ~ 1/2，浮筒排列线与闸轴线平行。运行仅两天，即被船只碰毁。据观测，当黄河水位 11.96 m 时，设置导流浮筒能抬高引水口水位 0.02 ~ 0.28 m，平均 0.1 m。可见，该设施对调整水流，增引表层水，减少泥沙入渠具有一定作用。

（六）分流比配置

分流比即入渠流量与大河流量之比，实际分流比随时都在变动。32 处渠首工程设计分流比的基本状况是：比值在 0.1 及以下的 19 处，0.1 ~ 0.2 的 7 处，0.2 ~ 0.56 的 6 处，位山闸比值最大，为 0.56。详见表 3-3-4。

表 3-3-4　黄河山东段引水防沙工程设计分流比状况表

0.1 及以下	0.1 ~ 0.2	0.2 ~ 0.56
大闫潭、小闫潭、谢寨、苏阁、陈垓、韩刘、小豆腐窝、葛店、张桥、土城子、马扎子、大崔、小开河、张肖堂、道旭、胜利、宫家、王庄、五七(19 处)	刘庄、苏泗庄、旧城、东平湖、邢家渡、北店子、刘春家(7 处)	位山、潘庄、簸箕李、韩墩、李家岸、打渔张(6 处)

分流比对渠首工程防沙效果的影响是显著的。从图 3-2-15 分流比、含沙量比关系曲线看出，随分流比的较小变化，含沙量比呈显著变化。原因是：小分流比时易引边溜水，大分流比时裹吸主溜水。大分流比往往发生在大河水少拉滩时，含沙量比猛增至几倍。另据试验资料，当分流比增加时，进入渠道底层流的宽度比表层流宽度增加幅度要大得多，故进沙量增加较快。分流比与分沙比之间存在着二次抛物线的关系，可用下面经验公式表达：

$$1 - k_g = 4(0.55 - k)^2 \tag{3-7}$$

式中　$k = Q_2/Q_0$——分流比，Q_2、Q_0 分别为渠道引水流量和河道流量；

　　　$k_g = G_2/G_0$——分沙比，G_2、G_0 分别为渠道输沙率及河道总输沙率。

式(3-7)适用范围为 $0.06 < k < 0.55$。当 $k > 0.55$ 时,几乎全部泥沙进入渠道;而 $k < 0.06$ 时,分流比与分沙比非常接近,即 $k = k_g$。在无坝取水中,一般要求引水比不大于 $20\% \sim 30\%$,以减少渠道进沙量。位山闸 1983 年 3 月 21 日,入渠流量 156.3 m^3/s,黄河流量 370 m^3/s,分流比 0.42,入渠含沙量 4.79 kg/m^3,大河含沙量 2.2 kg/m^3,含沙量比 2.18,分流比接近含沙量比倒数,入渠沙量占大河来沙量的 48%;1983 年 6 月 22 日,入渠流量 187 m^3/s,黄河流量 260 m^3/s,分流比 0.72,入渠含沙量 7.56 kg/m^3,大河含沙量 4.72 kg/m^3,含沙量比 1.6,分流比大于含沙量比倒数,入渠含沙量为大河含沙量的 115%。上述情况,实际上并非大河上游全部来沙入渠,而是引水口门前河槽冲刷拉滩引起大闸引水含沙量特大而造成的。

由于各渠首工程引水防沙环境条件不同,引水防沙综合性能曲线也不尽相同,前面分析的六种工程要素最终无不反映在该曲线上,因此该曲线应视为检验渠首工程引水防沙效能的综合曲线,见图 3-2-15。以含沙量比 100% 水平线为界,线上方的点入渠含沙量大于大河含沙量,线下方的点入渠含沙量小于大河含沙量。曲线斜率 K 越小,防沙效能越好。由曲线看出:刘庄闸曲线斜率最大,黄河 400 m^3/s 流量级,渠河含沙量比 100% 时,对应分流比为 8.7%,防沙性能最差。潘庄闸黄河 400 m^3/s 流量级,渠河含沙量比 100% 时,对应分流比 17.5%,防沙性能次之。打渔张闸 20 世纪 50 年代引水防沙效能最好,黄河 200 m^3/s 流量级,渠河含沙量比 100% 时,对应的分流比为 20%。近年因河道淤积,河床大大高于闸底板,防沙效能降低。

山东省引黄渠首工程的建设,20 世纪 50 年代基本是少口门、大分流,不利于渠首工程防沙和灌区的分散沉沙,70 年代向多口门、小分流发展,利于渠首工程防沙和灌区分散沉沙。刘庄闸 1958 年设计流量 260 m^3/s,1979 年改建时设计流量降为 80 m^3/s;位山闸 1958 年设计流量 400 m^3/s,1970 年核定流量 280 m^3/s;韩墩闸 1959 年设计流量 240 m^3/s,1973 年核定流量 60 m^3/s;70 年代新建的渠首工程中只有潘庄、李家岸两处设计流量达到 100 m^3/s,其余都在 100 m^3/s 以下。

二、综述

(1)黄河下游山东河段的无坝引水防沙工程建设中,注重了工程要素的合理配置,在选址上,一般在弯道凹岸设引水口,利用弯道横向环流"正面引水,侧向排沙"的原理,以及堤岸稳定、引水口靠溜的问题;在引水口门形状的选择上,也试验优选出了好的口门形状;在工程布置上,注意了合理选择引水角,尽量减小引水角的问题;在工程引水规模上,20 世纪 70 年代以来向多口门、小分流比发展,改变了 50 年代少口门、大分流比的状况;同时进行了防沙设施的配套和技术试验研究,如防沙闸、叠梁闸板、拦沙潜埝等,在特定的环境条件下都取得了一定防沙效果,出现了像打渔张渠首工程那样工程要素合理配置的经典之作。如该渠首建在弯道凹岸顶点区以下全弯道的 2/3 处,口门为上长下短的非对称喇叭形,引水角 40°,岸坡稳定,引水靠溜,初期配有拦沙潜堰和导流装置等。上述工程要素的合理配置,无疑都是些成功的经验,对提高黄河下游无坝引水防沙工程效果起了重要作用。

(2)在无坝引水防沙工程的建设上,要防洪、灌溉兼顾,引水、防沙兼顾,今后仍要注意"三避""两控""一配"问题。"三避"即尽量避开在险工坝垛间、翻沙严重处建渠首工程,避开在冲刷切滩、河势不稳的河段选择引水口,避开在大溜顶冲处引水;"两控"即控制引水角度,控制设计分流比,对于确实需要大流量引水的渠首工程,可采用多口门引水方案;"一配"即渠首工程建设的同时,配备行之有效的防沙设施。

(3)黄河下游无坝引水防沙工程要素配置中尚存在的严重弊端,仍然同所有类型的引水防沙工程一样,没能解决当今世界引水防沙工程的三大难点,即:没能最大限度地引取表层含沙量较小的水体,没能有效地防止黄河底沙、粗沙进入灌区,没能同步地解决引水和防沙的矛盾。特别是黄河下游河段,是世界有名的"悬河",河床本来就比地面高出许多,又是无坝引水,分水保证率相对较低。沿黄各地政府和主管部门为了追求枯水季节仍能引出黄河水,竞相把引黄闸底板定得低于黄河河床很多。据统计,32座引水工程平均低于黄河深槽溪点平均高程1.0 m,成为黄河比其他河流无坝引水防沙工程要素配置中河闸高差过大的特殊问题,加剧了黄河底沙、粗沙进入灌区。如何研究解决这一弊端和难点,是引黄灌溉泥沙工作者面临的攻关任务。

第四节　黄河下游山东段无坝引水防沙工程模式研究

一、工程模式分析

黄河下游山东段引水防沙工程由黄河控导整治段、引水口门、进水闸及防沙设施等4部分组成。工程模式可分为弯道凹岸无防沙设施型、渠首双防沙闸型、进水闸附设活动叠梁闸板型、进水闸高低底板型、引水口前固定防沙潜垫型等5种类型。

(1)弯道凹岸无防沙设施型。刘庄、张桥等山东2/3的引黄渠首属于此类型,这是一种防沙功能不全的引水工程。此类工程虽利用黄河弯道口环流,以置于凹岸的引水口"正面引水、侧向排沙",但因置于引水口末端的进水闸仅起流量开关、调节作用,不能起到防黄河底沙作用,且又无任何防沙设施。刘庄工程设计流量80 m³/s,进水闸为桩基开敞式,3孔高4 m、宽6 m,闸底板高程56.45 m(1981年5月),而底板低于大河平均河槽3.15 m,低于大河溪点1.28 m,致大量黄河底沙进入干渠,此类型工程引沙最多。

(2)渠首双防沙闸型。东明县闫潭灌区处于河道不稳的河段,故建渠首双防沙闸,两防沙闸后各以引水渠和两临堤闸串联,两临堤闸并联共入灌区干渠。此类工程,两渠首防沙闸可根据河势变化择优引水,具有引水互补性,两引水渠可分别轮换清淤,具有清淤不干扰性,从而提高了渠首引水防沙能力。

(3)进水闸附设活动叠梁闸板型。潘庄、宫家等7处工程在进水闸上加装叠梁闸板。如潘庄闸设计流量100 m³/s,9孔闸门,每孔闸前都加装叠梁闸板。每块叠梁闸板高一般为20 cm,闸板长度依闸孔宽而定,镶于进水闸前面闸墩的槽内。叠梁闸板随河底升降而增减。1976年进行加装叠梁闸板试验,该闸底高程低于大河主槽平均高程3.76 m,低于深槽溪点0.03 m。进水闸加叠梁,防沙效果较之前提高12%。该型防沙设施在河底高于闸底的条件下能防止部分底沙入渠,但叠梁减少了引水,提高了引水流速,亦就增大了水流挟沙能力,所以防沙效果是有限的。同时由于叠梁闸板启闭困难等,多搁置未用。

(4)进水闸高低底板型。李家岸进水闸设计流量100 m³/s,桩基开敞,10孔高5.5 m、宽6.0 m,其中高孔闸闸底板高程25.4 m,低孔闸闸底板高程24.4 m。1983年春低孔运行,闸底板比大河主槽平均高程低4.35 m,比大河溪点高程低2.36 m,5~6月入渠含沙量为大河含沙量的99%。1984年春高孔运行,闸底比大河主槽平均高程低3.26 m,比大河溪点高程低1.45 m,5~6月入渠含沙量为大河含沙量的81%。高孔较低孔渠河含沙量比降低了18%。至今高水位时高孔运行,低水位时低孔运行,高低闸运行正常。

(5)引水口前固定拦沙潜埝型。打渔张工程设计流量120 m³/s,进水闸桩基开敞,6孔高3 m、宽6 m,闸底板高10.5 m,在引水口前沿建固定拦沙潜埝,埝长300 m,埝顶高于闸底1.0 m。据1957年11月5~16日实测,埝内主流分水线垂线平均含沙量为同一断面埝外主流分水线垂线平均含沙量的81.3%~93.3%,即有6.7%~18.7%的含沙量被拦在潜埝之外。但因该拦沙潜埝枯水期严重防碍进水闸引水,部分埝段被迫爆破拆除,近年,黄河河底渐高,大河主槽平均高程高出埝顶3.5 m,潜埝已完全失去拦沙作用。

二、综述

黄河下游山东引黄灌区无坝引水防沙工程模式在建设和运用中不断改进。从无防沙设施,发展到有防沙设施,从进水闸的叠梁闸板发展到高低闸底板分设,从进水闸上的附属防沙设施,发展到引水口门前沿的固定防沙潜埝等,在引水防沙工程模式探索中走过了艰难曲折的历程。这些改进在一定的条件下,提高了工程的引水防沙效果。但是这些工程模式仍存在许多严重弊端,主要是靠引黄闸自下而上开启引水,不能最大引取表层水,不能避黄河底沙。采用叠梁闸板和固定拦沙潜埝,在河底稍高于闸底的条件下虽能防止部分底沙入渠,但不能同步解决引水和防沙的矛盾,特别是随着河底高程的逐年抬高,叠梁闸板和固定拦沙潜埝均被埋没,失去拦底沙作用。因此,研究新型无坝引水防沙工程模式,解决全方位引水防沙问题,是引黄灌溉泥沙处理的当务之急。

第五节 多泥沙河流灌区新型渠首橡胶坝引水防沙工程模式的创立

一、从无坝(堰)、有坝(堰)发展到活坝(堰)是引水防沙工程模式的重要发展

现代,国内外引水防沙工程在有坝类和无坝类引水防沙工程的基础上派生出许多分支,以提高对各类河道引水防沙的适应性。中华人民共和国成立以来,在黄河下游无坝引水防沙工程模式中,也派生出了弯道凹岸式、双渠首防沙闸式、进水闸高低底板式、进水闸活动叠梁式、固定拦沙潜埝式等许多分支,各种工程以其不同的结构特点,提高了对河道的引水防沙效果。

在黄河下游无坝引水防沙工程诸多分支模式的发展中,其发展趋势的核心是一个

"活"字,"活"是工程的灵魂,以引水防沙工程的"活"应黄河河势的"变"。20世纪50年代以来,双渠首防沙闸式,以其位置的"活"应黄河河势摆动的"变";活动叠梁和进水闸高低底板,以闸底板高程的"活"应黄河河底高程的"变";而固定拦沙潜埝,则由于位置和高程不"活",不能适应黄河平面和立面河势的变化而被淘汰。笔者认真总结了以往工程模式的经验、弊端,于1982年首次提出在黄河下游无坝引水口门前修建橡胶坝引水防沙工程的设想,到1991年、1993年第一、二座,2000年第三座新型渠首橡胶坝引水防沙工程相继在邹平张桥、菏泽刘庄、高青刘春家问世,标志着引水防沙工程已由以往的有坝(堰)、无坝(堰)发展到活坝(堰),是有坝、无坝引水防沙工程模式的重要发展。

二、新型橡胶坝引水防沙工程是橡胶坝工程技术在多泥沙河流引水防沙领域的开创应用

随着橡胶工业和高分子合成纤维工业的发展,1957年,美国加州洛杉矶水利电力局工程师伊姆伯逊(N. M. Imbertson)首先在洛杉矶河上设计建成了世界上第一座挡水蓄水橡胶坝,揭开了橡胶及合成纤维等柔性材料制作水工坝的序幕,使活坝工程成为现实。在此之后,荷兰、苏联、意大利、日本等国相继建成一批挡水橡胶坝,我国自1966年在北京右安门建成首座挡水橡胶坝后,目前,已建成数千座挡水橡胶坝。但是,在此之前,国内外橡胶坝的功能仅限于挡水蓄水、蓄水发电、蓄水园林美化、防海水入侵等作用,而将橡胶坝工程开创性地用于引水防沙领域,山东省张桥、刘庄、刘春家三引黄灌区尚属先例。

经国家能源部、水利部科技情报部门国内外联机检索,该型工程在多泥沙河流引水防沙方面尚无先例,该项技术已经中华人民共和国专利局批准,授予实用新型发明专利权(专利号:ZL93231151.2,见图3-3-10)。

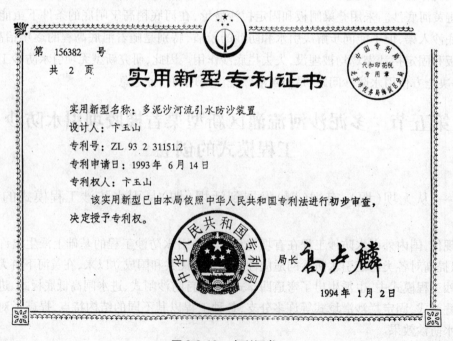

第 156382 号
共 2 页

实用新型专利证书

实用新型名称:多泥沙河流引水防沙装置

设计人:卞玉山

专利号:ZL 93 2 31151.2

专利申请日:1993年 6月 14日

专利权人:卞玉山

该实用新型已由本局依照中华人民共和国专利法进行初步审查,决定授予专利权。

局长 高卢麟

1994年 1月 2日

图3-3-10　专利证书

三、新型渠首橡胶坝引水防沙工程解决了以往无坝引水防沙工程不能解决的立面高程和平面位置要素的合理配置问题

(一)新型橡胶坝引水防沙工程是一种新颖的活坝引水防沙工程模式

该工程模式具有以下特点:

(1)它以现在"需则立,不需则平"的活坝代替以往单一固定的有坝或无坝;

(2)它以置于喇叭形引水口门前沿的橡胶坝,实现了坝上"宽、浅、缓"表层取水,代替了以往引水口门末端进水闸的闸下"窄、深、急"底层取水;

(3)它以现在的可随黄河水位、床高变化的橡胶坝坝顶高程,淘汰了以往固定不变的闸底板和防沙坎高程。

(二)新型渠首橡胶坝解决了无坝与有坝类引水防沙工程不能解决的立面高程要素和平面位置要素的合理配置问题

1.立面高程要素配置

立面高程有:引水位高程上限、引水位高程下限、进水闸底槛高程、拦沙坎(坝)顶高程、河底高程上限、河底高程下限等6个高程(见图3-3-11)。

新型橡胶坝和无坝、有坝类立面高程要素配置的不同之处是:

(1)无坝、有坝类固定的拦沙坎(坝)高程不能同时覆盖引水位和河底变化高程,引水防沙功能低下;活坝类的活动坝靠橡胶坝升降大幅度调节高程,同时覆盖了引水位和河底变化高程。

(2)无坝类进水闸起引水流量的开关调节及防底沙的双重作用,闸底板不能选得过低。活坝类的进水闸仅起开关及坝后引水流量、水位差调节作用,不再起防河床底沙的作用,因此进水闸底板的高低对引水防沙无影响。

(3)活坝类立面高程配置上同时达到了最大的引水能力和最好的防沙效果相统一的目的。

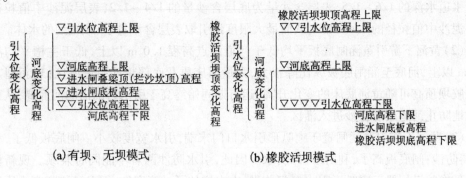

(a)有坝、无坝模式　　　　　　(b)橡胶活坝模式

图3-3-11　立面高程配置图

2.平面位置要素配置

平面位置要素配置见图3-3-12,分前中后三层比较:

(1)前部,弯道整治工程两者相同,都造就了弯道横向环流。

(2)中部,靠近引水口门前沿,活坝类以活动坝引水防沙,此处断面取水宽度大,单宽

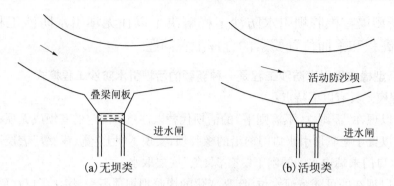

图 3-3-12　平面位置要素配置

流量小,含沙量底表比大,水流挟沙能力低,利于引水防沙。无坝类在此处不能设固定的防沙坎,如强行设立,或被泥沙淤平或因挡水被拆除。

(3)后部,活坝类的进水闸仅起调节坝后流量和水位差作用,进水闸门处不需再配防沙设施。无坝类引水防沙工程以进水闸叠梁闸板防底沙,此处过水宽度小,单宽流量大,含沙量表底均匀,水流挟沙能力强,不宜在此处建橡胶坝,若建则引水防沙效果较中部口门前沿的活动防沙坝大大降低。

四、新型渠首橡胶坝解决了以往无坝引水防沙工程未解决的三大技术难点

活坝类与前两类引水防沙工程相比,适应性最强,它科学地解决了各类河道在多变的水位、床位等工况下全方位的引水防水的难题,解决了无坝引水防沙工程未解决的三大技术难点,即最大限度地引取表层含沙量小、颗粒细的水体,最有效地防止河道底层粗沙进入灌区,同步地解决工程引水、防沙的矛盾。

(1)黄河下游引黄涵闸前的引水道较深,一般 3.0 m 左右,涵闸自下而上开启,引中、下层水体较多;现新型工程引水口前沿的橡胶坝系表层过流,水深仅 0.5 m 左右,为原涵闸引水道水深的 1/6 ~ 1/5,表层含沙量为底层含沙量的 1/4 ~ 1/2,表层泥沙中值粒径为底层泥沙中值粒径的 1/4 ~ 1/2,从而最大限度地引取表层含沙量小、颗粒细的水体。

(2)黄河下游引黄涵闸底板平均低于河道溪点高程 1.0 m 以上,低于主槽平均高程 3.5 m 以上,河底至涵闸底板纵比降很大,大量河床质及底部粗沙引进灌区;现新型工程的橡胶坝顶高可随黄河底床的变化升降,运行期间始终高于引水口前沿的河底高,从而最有效地防止河道底层粗沙进入灌区。

(3)黄河下游引黄涵闸置于喇叭形引水口门末端,引水宽度较小。闸底板低了,利引水、碍防沙;闸底板高了,利防沙、碍引水。因此,引水防沙两者不能同时兼顾。现新型工程一是橡胶潜坝置于喇叭形引水口门前沿,大大增加了过流宽度,坝上过流宽度为原涵闸过流宽度的 5 ~ 6 倍;二是橡胶潜坝顶高可随水位、河床高自由调节,当最低水位、床高时,可将坝塌落到与涵闸底板相平,不碍引水防沙,当最高水位、床高时,可将坝顶升至设计坝高,亦不影响引水防沙,从而首次同步地解决了引水、防沙的矛盾。

第四章　多沙河流灌区新型渠首橡胶坝引水防沙工程机制研究

第一节　国内外引水口拦沙坎实验室资料分析研究

苏联学者沙乌锦(A·Вшаумян)采用室内清水试验,观测不同拦沙坎高度对入渠表、底层分流宽度的影响大小,来推求减少底沙的程度。

试验资料表明,在河流直段进行侧向分流时,当引水口门未设坎(坝)时,表层分流宽度远小于底层分流宽度。根据试验资料,用下面的经验公式确定分流宽度与分流比 K 的关系:

当 $K \geqslant 0.8$ 时
$$B_d = (1.1K + 0.7)b \tag{3-8}$$
$$B_s = (0.66K + 0.22)b \tag{3-9}$$

当 $K < 0.8$ 时
$$B_d = 2Kb \tag{3-10}$$
$$B_s = (1.07K - 0.107)b \tag{3-11}$$

式中　b——取水口宽度, $b = 2a$;

B_d、B_s——底层及表层的分流宽度,见图 3-4-1 曲线 2、3。

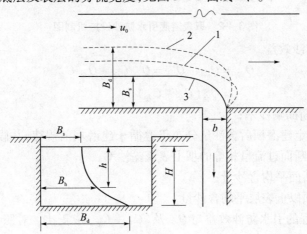

图 3-4-1　分流边界线示意图

当引水口门增设坎(坝)时,根据研究资料可知,水流边界线沿水深呈抛物线分布特征,不同高度的拦沙坝相应的水深 h 处分流宽度 B_h 可用下式确定:

$$B_h = (1 - \varphi_1^2)B_s + \varphi_1^2 B_d \tag{3-12}$$

式中: $\varphi_1 = \dfrac{h}{H}$,代入得:

当 $K \geqslant 0.8$ 时

$$B_{\mathrm{h}} = \left[\varphi_1^2 (0.44K + 0.48) + (0.66K + 0.22) \right] b \tag{3-13}$$

当 $K < 0.8$ 时

$$B_{\mathrm{h}} = \left[\varphi_1^2 (0.93K + 0.107) + (1.07K - 0.107) \right] b \tag{3-14}$$

以上是室内简化模型试验,引水口是直线段矩形断面,而非属弯曲段梯形断面的侧向分流,实际工程的水沙流状要复杂得多,作为定量解决问题尚不成熟,但从图像定性分析,引水口门增建坎或坝,较原河道未建坎、坝时,减少河道底层分流宽度的趋势是明显的。

第二节　引水口门前橡胶坝取表避底防沙机制研究

利用引水口门前黄河水垂向表流含沙量小细、底流含沙量大粗的特征,利用引水口门前黄河弯道横向环流"正面引水,侧向排沙"的原理,在引水口门前沿建橡胶潜坝,将表层含沙量小细的水体正面越坝顶引进口门,而将底层含沙量大粗的水体沿坝侧向排往河道下游,以达到提高工程引水防沙效果的目的(见图3-4-2)。

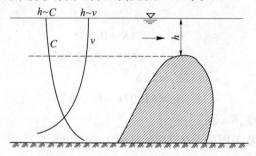

图3-4-2　取表避底引水防沙设施机制图

工程的引水防沙效益

$$Q_{s\text{防}} = Q_{s\text{全}} - Q'_{s\text{表}} = Q_{\text{全}} C_{\text{全}} - Q_{\text{全}} C_{\text{表}}$$
$$= Q_{\text{全}} (C_{\text{全}} - C_{\text{表}}) \tag{3-15}$$

式中　$Q_{s\text{全}}$——全断面输沙率;

$Q'_{s\text{表}}$——假定建潜坝后含沙量分布仍遵循未建潜坝前规律,并假定坝上过流量与全断面过流量相等的坝上表流输沙率;

$C_{\text{全}}$——全断面平均含沙量;

$C_{\text{表}}$——坝顶以上表层平均含沙量。

由上式知,工程的引水防沙效益与 $Q_{\text{全}}$ 及 $(C_{\text{全}} - C_{\text{表}})$ 成正比。对照各区图像特征,均匀流区 $(C_{\text{全}} - C_{\text{表}})$ 大,效益好;漩涡区 $(C_{\text{全}} - C_{\text{表}})$ 很小,效益差。

取表避底的引水防沙设施,以调节潜坝高度提高防沙能力,潜坝调节越高,防沙效能越高(潜坝通过往喇叭形口门前移位,增加潜坝长度),满足潜坝顶过水流量的要求。潜坝顶过水流量按宽顶堰过流基本公式校核:

$$Q = \sigma \sum mB \sqrt{2g} h^{3/2} \tag{3-16}$$

通过橡胶潜坝的升降调节达到最大限度地取表层水,最大限度避底沙的统一。

第三节　刘庄灌区渠首橡胶坝模型试验防沙机制研究

为深入探索研究多沙河流灌区新型渠首橡胶坝防沙机制,山东省水利厅委托武汉水利电力大学,以刘庄工程为原型,做了渠首新型橡胶坝水沙模型试验。这是黄河下游山东段橡胶坝防沙工程中唯一的一座水沙试验模型。模型试验采用浑水、正态、动床、大比尺($\lambda_L = 30$)试验,精度高。原型橡胶坝长81 m,坝高2 m,坝底板和闸底板高程同为56.45 m,设计水位58.81 m,设计引水流量80 m³/s。

一、引水口门前分流边界试验

分流边界试验研究的是取水枢纽中的水力学问题。早在1948年,苏联学者沙乌锦在试验水槽(水槽宽1.5 m,侧槽边孔宽$b = 0.25$ m、0.5 m,坝高$P = 0.05$ m、0.075 m)进行了边孔引水分流试验,并建立了相应的公式,但是这些试验都是在直线段的规则水槽中进行的,受规模的限制,加上引水口的简单边界,与实际工程的水沙运行及边界条件相差甚远。例如,用上述经验公式计算出的表、底层流宽度与实测引水口引水时的表、底层流宽度小2~4倍,所以简单地照搬上述经验公式是不切实际的,必须根据实际情况进行试验及现场观测。为此,进行了以刘庄灌区渠首橡胶坝引水口前河道地形及边界条件为原型的分流模型试验。

为了便于观测水流运动,将木屑洒在水面,使其漂浮并看作是水流的表层流运动,将轻质塑料沙(其塑料沙的比重为12.4 kN/m³,粒径$d = 1 \sim 4$ mm,颜色为土红色)投放到上游河段作为底流运动观测。图3-4-3为刘庄灌区引水口前分流边界示意图。引水口分流边界试验详见表3-4-1。

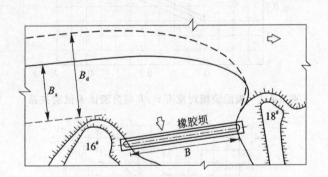

图3-4-3　橡胶坝引水口前分流边界示意图

试验时分别进行了不同的橡胶坝高(0,1 m,2 m),不同的分流比(0.05,0.1,0.15,0.2,0.25,0.3)对引水口分流宽度的影响。图3-4-4、图3-4-5分别为表层流相对宽度及底层流相对宽度与分流比K的试验关系。

表 3-4-1　橡胶坝引水口前分流边界试验

橡胶坝高 P(m)	坝前水深 H(m)	相对水深 (P/H)	流量(m³/s)		分流比 K	分流宽度(m)		引水口宽度 B(m)	备注
			黄河	引水口		表层流 B_s	底层流 B_d		
0	3.62	0	400	20	0.05	7	35	75	用木屑作漂浮物测表层流界线，用轻质塑料沙测底层流运动界线
0	3.62	0	400	40	0.10	19	67	75	
0	3.62	0	400	60	0.15	25	79	75	
0	3.62	0	400	80	0.20	31	91	75	
0	3.62	0	400	100	0.25	37	100	75	
0	3.62	0	400	120	0.30	43	113	75	
1	3.62	0.276	400	20	0.05	11	30	75	
1	3.62	0.276	400	40	0.10	23	54	75	
1	3.62	0.276	400	60	0.15	28	65	75	
1	3.62	0.276	400	80	0.20	35	76	75	
1	3.62	0.276	400	100	0.25	40	84	75	
1	3.62	0.276	400	120	0.30	47	96	75	
2	3.62	0.552	400	20	0.05	13	27	75	
2	3.62	0.552	400	40	0.10	24	47	75	
2	3.62	0.552	400	60	0.15	30	59	75	
2	3.62	0.552	400	80	0.20	38	70	75	
2	3.62	0.552	400	100	0.25	43	81	75	
2	3.62	0.552	400	120	0.30	50	90	75	

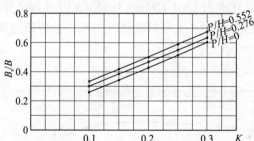

图 3-4-4　表层流相对宽度 B_s/B 与分流比 K 试验关系

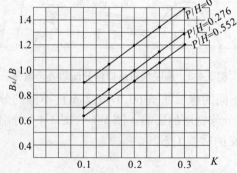

图 3-4-5　底层流相对宽度 B_d/B 与分流比 K 试验关系

根据分流边界试验成果资料,得出了以下经验关系式:

当 $K = 0.1 \sim 0.3$ 时

$$\begin{cases} B_s = 1.6(K + 0.06)B \\ B_d = 3.05(K + 0.192)B \end{cases} \quad P/H = 0 \quad (\text{无坝}) \tag{3-17}$$

$$\begin{cases} B_s = 1.6(K + 0.09)B \\ B_d = 2.75(K + 0.16)B \end{cases} \quad P/H = 0.276 \tag{3-18}$$

$$\begin{cases} B_s = 1.6(K + 0.11)B \\ B_d = 2.8(K + 0.13)B \end{cases} \quad P/H = 0.552 \tag{3-19}$$

式中 B_s——表层流宽度;

B_d——底层流宽度;

B——(橡胶坝)引水口宽度;

P——橡胶坝高;

H——坝前水深;

K——分流比。

无坝取水时,表层流宽度 B_s 较小,底层流宽度 B_d 较大;建坝后,表层流宽度 B_s 较无坝前有所增加,而底层流宽度 B_d 则相应地减小。当 $K = 0.1 \sim 0.3$ 时,其比值为:

$$\frac{B_{s(\text{有坝})}}{B_{s(\text{无坝})}} = \frac{1.6(K + 0.11)B}{1.6(K + 0.06)B} \approx 1.14 \sim 1.31 \tag{3-20}$$

$$\frac{B_{d(\text{有坝})}}{B_{d(\text{无坝})}} = \frac{2.8(K + 0.13)B}{3.05(K + 0.192)B} \approx 0.723 \sim 0.8 \tag{3-21}$$

即建坝后的表层流宽度 B_s 较建坝前的表层流宽度平均增大了 19%,而建坝后底层流宽度却比建坝前减小了 23%。由于含沙量沿水深分布是底层流大,表层流小,因此建坝后可减少泥沙进入渠道。建橡胶坝前后表、底层分流宽度定量变化研究为引黄渠首橡胶坝防沙工程的防沙机制研究供了理论依据。

二、引黄渠首橡胶坝模型防沙效果试验

未建橡胶坝前引水口引进含沙量较河道水流的含沙量高 4% ~ 8%,平均为 6% 左右,见表 3-4-2。当建橡胶坝后,引水口引进的含沙量较河道水流的含沙量平均低 16%,见表 3-4-3。因此,建坝后较建坝前提高防沙效果 22% 左右。

表 3-4-2 未建橡胶坝前模型试验引水口引进泥沙情况表

橡胶坝高 (m)	流量(m³/s)		分流比 (%)	含沙量(kg/m³)		含沙量比 (%)	分沙比 (%)	拦沙效果 (%)	备注
	河道	引水口		河道	引水口				
0	400.5	20.2	5.0	9.2	9.6	104	5.3	−4.3	负号表示多引进沙,取沙样经过一昼
0	400.5	40.6	10.1	9.6	10.1	105	10.6	−5.2	
0	400.5	80.9	20.2	10.2	10.1	99.0	20.0	1	
0	401.2	19.5	4.9	18.5	19.2	104	5.1	−3.8	
0	401.2	41.2	10.3	20.2	22.0	109	11.2	−8.9	
0	401.2	78.5	19.6	20.5	20.3	99	19.4	1	

表 3-4-3　橡胶坝模型试验拦沙效果统计表

橡胶坝高（m）	流量（m³/s）		分流比（%）	含沙量（kg/m³）		含沙量比（%）	分沙比（%）	拦沙效果（%）	备注
	河道	引水口		河道	引水口				
2.1	407.2	19.3	4.7	10.7	8.2	76.6	3.6	23.4	
2.08	403.1	42.2	10.5	10.5	8.3	79.0	8.3	21	
2.21	405.2	83.1	20.5	9.9	8.7	87.9	18.0	12	
1.97	402.8	21.6	5.4	21.3	18.5	86.9	4.7	13.1	取样颗分
2.05	402.8	39.5	9.8	22.9	20.6	90.0	88	10	
2.12	402.8	78.3	19.4	19.1	17.8	93.2	18.1	6.8	
1.05	403.2	19.7	4.9	11.2	9.5	84.8	4.2	15.2	
1.03	403.2	40.4	10.0	10.3	9.2	89.3	8.9	10.7	
1.02	403.2	81.2	20.1	11.7	10.9	93.2	18.7	6.8	
1.04	407.5	20.2	5.0	21.6	19.3	89.3	4.5	10.7	取样颗分
1.02	407.5	39.7	9.7	21.3	19.7	92.5	9.0	7.6	
1.00	407.5	80.6	19.8	20.3	19.5	96.1	18.6	6.2	

　　未建橡胶坝前，大河水流泥沙 d_{50} 为 0.028 mm 时，渠道水流泥沙 d_{50} 为 0.033 mm，见表 3-4-4。建橡胶坝后，当河道水流泥沙 d_{50} 为 0.030 mm，坝高分别为 1 m 和 2 m 时，渠道的水流泥沙 d_{50} 分别为 0.024 mm 和 0.021 mm，见表 3-4-5。因此，建橡胶坝后较建坝前，渠道较河道水流的泥沙 d_{50} 减少 20% ~30%。

表 3-4-4　未建橡胶坝前河道、渠道水流中泥沙颗分情况表　　　　　（%）

粒径（mm）	<0.1	<0.06	<0.04	<0.03	<0.02	<0.01	d_{50}（mm）
河道	100	83	65	53	34	4	0.028
渠道	100	70	47	36	23	3	0.033

表 3-4-5　修建橡胶坝后河道、渠道水流中泥沙颗分情况表　　　　　（%）

粒径（mm）		<0.1	<0.06	<0.04	<0.03	<0.02	<0.01	d_{50}（mm）
河道		100	84	67	56	36	5	0.030
渠道	坝高 2 m	100	90	78	66	45	7	0.021
	坝高 1 m	100	86	71	60	41	6	0.024

第五章　黄河下游山东灌区新型渠首橡胶坝引水防沙工程规划设计技术研究

第一节　规划设计中的专项技术研究

黄河水以高含沙量著称于世。山东省2 500万亩多口门、连片引黄灌区是世界上最大的灌区之一,也是世界上灌溉泥沙问题最严重、最难处理的灌区。山东引黄灌区新型渠首橡胶坝引水防沙工程,包括邹平县张桥、菏泽市刘庄和高青县刘春家等三座引黄灌区新型橡胶坝引水防沙工程。其设计前期工作,是首先从刘庄工程开始的。1990年12月,召开了由水利系统、黄委会、大专院校专家学者参加的"刘庄引黄渠首引水防沙技术改造工程可行性论证会",水利部、黄委会和山东省水利系统的专家参加了会议。与会专家一致肯定了新型橡胶坝引水防沙工程方案,并建议尽快实施。1991年初,刘庄和张桥两项工程同时设计,张桥工程抓住渠首工程改建的良机,当年设计、当年施工并发挥效益。刘庄工程设计于1992年完成,当年年底施工,1993年初建成发挥效益。刘春家引黄灌区于2001年设计,当年施工发挥效益。

张桥、刘庄、刘春家新型渠首橡胶坝引水防沙工程在国内同属首创,国外也无先例,其工程设计没有资料借鉴,课题组在对国内外多泥沙河流有坝、无坝引水防沙工程,特别是我国黄河下游无坝引水防沙工程结构系统分析研究的基础上,吸收其精华,抛弃其弊端,研究出了适合我国黄河情况的新型引水防沙工程设计方案。对工程潜坝运行的特殊技术问题,在设计上作了认真研究,对新型引水防沙工程模式及适应多泥沙河流淤沙特点的橡胶坝工程设计技术,有较大的创新和突破。刘庄新型渠首橡胶坝引水防沙工程是继张桥工程后国内外规模最大、工程难度最大、科技水平更高的新型渠首橡胶坝引水防沙工程。其工程设计在认真总结张桥工程建设和运用实践的基础上,对新型工程的规划设计布局、口门整治及适应多泥沙河流淤沙特点的橡胶坝工程设计技术进行了更深层次的研究,在引水防沙工程口门优化整治理论,橡胶坝最佳位置、角度选择理论,溢流压沙荷载下橡胶坝袋袋壁拉力设计理论计算,橡胶坝引水防沙机制等诸方面,都有重要创新和突破。刘春家工程则在充排水系统的储水灌溉技术设计方面有了更大的突破,从而使新型橡胶坝引水防沙工程设计理论及技术更加系统和完善。

本规划设计重点研究以下主要内容:

(1)渠首黄河河道来水来沙及引水引沙条件的研究,论证兴建新型橡胶坝引水防沙工程的必要性。

(2)新型渠首橡胶坝引水防沙工程总体规划设计布局研究。

(3)渠首引水口门优化整治技术研究。

(4)橡胶坝最佳位置及方向选择研究。

（5）溢流压沙橡胶坝充排水、排气、过压溢流保护系统研究。

（6）溢流压沙荷载下橡胶坝袋袋壁拉力理论计算研究。

（7）溢流橡胶坝消能防冲设计技术研究。

（8）工程有关设计计算研究等。

本研究成果已经全部应用于张桥、刘庄、刘春家三座新型橡胶坝引水防沙工程设计，经实施，达到预期效果。

第二节　刘庄、张桥灌区渠首新型橡胶坝引水防沙工程兴建必要性研究

一、刘庄灌区新型渠首橡胶坝引水防沙工程兴建必要性研究

（一）灌区基本情况

刘庄引黄灌区位于菏泽市西北部，黄河右岸。灌区辖 28 个乡（镇）1 159 个自然村，64 万人。灌溉菏泽市内 67.5 万亩土地，其中自流灌溉 34.45 万亩，提水灌溉 33.07 万亩。近年，平均引用黄河水 3.44 亿 m³ 左右，除满足本市灌溉用水外，还通过两干渠向万福河、安兴河、洙赵新河、徐河等 4 条河道及下游县、市 60 万亩相机抗旱补源送水 0.8 亿 m³ 左右，引黄灌溉效益显著。近年，粮食产量 550 kg/亩，棉花单产 50 kg/亩。

灌区上游自流区现有干级沟渠 3 条，长 59 km，支级沟渠 95 条，长 216 km，斗级沟渠 320 条，长 174 km；提水灌区内现有提水站 50 座，合计提水流量 45 m³/s，有干渠 70 条，长 146 km，支渠 264 条，长 456 km。

灌区两条总干渠两侧，李村、高庄、李庄、白虎四乡（镇）境内有沉沙区 23 片 10.8 万亩。沉沙池采用轮流沉沙还耕的办法，一、二年使用还耕，现已轮流沉沙还耕 1.5 遍。

（二）引黄渠首闸兴建、变迁及渠首黄河流势变化情况

刘庄引黄灌区于 1956 年开始兴建引黄虹吸工程，建虹吸管 9 条，设计引水流量 9 m³/s。1958 年将引黄虹吸工程改建为人民驯黄闸（位于大堤桩号 220 km 处），25 孔，每孔 2.5 m×2.5 m，底板高程 55.1 m（大沽基面），设计引水能力 250 m³/s，1962 年废渠还耕，1965 年恢复引水。1972 年因驯黄闸脱溜，引水淤渠，又建郝寨引黄闸一座（位于大堤桩号 224 km 处），3 孔，每孔 2.2 m×2.8 m，底板高程为 55.5 m（大沽基面），设计引水流量 20 m³/s。因引粗沙淤渠严重，引水困难，由黄河管理单位围堵，仍用驯黄闸引水灌溉。后因驯黄闸防汛标准太低而围堵废除，又于 1979 年建成人民引黄闸一座，位于大堤桩号 221.08 km 处，刘庄险工 16# 与 18# 坝之间，3 孔，每孔 6 m×4 m，底板高程为 56.45 m，设计引水流量 80 m³/s（相应黄河流量为 400 m³/s，闸前黄河水位为 58.81 m）。建闸时，为减少回流，将 16# 坝截短 30 m，17# 坝因建闸拆除，18# 坝经 1953 年抢险，根石深固。

引黄闸自 1980 年启用引水，1982 年黄河河势逐渐右靠，1983 年闸前引水渠全部被冲没，引水口开始坐弯迎溜引水。自 1983 年以来，黄河刘庄段河势基本稳定，小水上提，大水下滑。经观察，当黄河流量在 3 000 m³/s 以上时，大河坐弯于 20# 坝以下；当黄河流量在 1 500～3 000 m³/s 时，大河坐弯于 18# 至 20# 坝间；当黄河流量在 800～1 500 m³/s 时，

大河坐弯于 14# 至 18# 险工坝间；当黄河流量在 800 m³/s 以下时，引黄闸前脱溜。近年来，春季黄河流量一般在 800～1 500 m³/s 变化，因此引黄闸春季经常处于迎溜引水状态。

(三)黄河来水来沙情况

刘庄引黄渠首闸上游 12 km 处是高村水文站。借用高村站 1951～1992 年水文资料，说明刘庄引黄渠首处黄河水沙情况。

1.径流

1951～1992 年，高村站多年平均流量 1 161.6 m³/s，多年平均各月流量见表3-5-1。

表3-5-1　1951～1992 年高村站多年平均各月流量表

月份	1	2	3	4	5	6	7	8	9	10	11	12	平均
流量 (m³/s)	532	491.4	928.5	959.3	909	735.2	1 755.8	2 534	2 196.4	2 159.6	1 288.3	737.6	1 161.6

1980～1992 年为刘庄引黄闸启用至新型橡胶坝防沙工程兴建前的时间，13 年平均流量为 1 100.2 m³/s。13 年平均各月流量见表 3-5-2。

表3-5-2　1980～1992 年高村站平均各月流量表

月份	1	2	3	4	5	6	7	8	9	10	11	12	平均
流量 (m³/s)	426.3	502.8	889	811.8	764.5	749	1 363	2 269.3	2 050.3	1 757.6	912.9	705.8	1 100.2

2.泥沙

1951～1992 年，高村站多年平均月含沙量 16.03 kg/m³，多年平均各月含沙量见表3-5-3。

1980～1992 年，13 年平均含沙量 13.43 kg/m³，多年平均各月含沙量见表3-5-4。

黄河多年悬移质 $d_{50}=0.03$ mm，河床质 $d_{50}=0.088$ mm。

表3-5-3　1951～1992 年高村站多年平均各月含沙量表

月份	1	2	3	4	5	6	7	8	9	10	11	12	平均
含沙量 (kg/m³)	7.05	8.13	12.05	11.13	10.17	11.48	33.49	21.75	30.98	20.42	15.62	10.03	16.03

表3-5-4　1980～1992 年高村站多年平均各月含沙量表

月份	1	2	3	4	5	6	7	8	9	10	11	12	平均
含沙量 (kg/m³)	5.8	7.26	9.99	7.09	6.13	9.56	24.13	34.02	20.67	18.28	9.97	8.27	13.43

(四)灌区渠首引水引沙情况

刘庄引黄灌区自 1965 年复灌以来至 1992 年，28 年共引用黄河水 74.87 亿 m³，引沙 1.15 亿 m³。为了重点分析刘庄引黄闸的引水引沙情况，仅将 1980～1992 年的引水引沙资料分析如下。

1.引水情况

引黄闸自 1980 年建成启用以来至 1992 年，13 年共引用黄河水 44.75 亿 m³，年均引水 3.44 亿 m^3。其中春灌年均引水 1.63 亿 m^3,汛期放淤改土年均引水 1.52 亿 m^3,冬灌年均引水 0.3 亿 m^3。春灌最大引水流量 70.5 m^3/s,因泥沙淤渠严重,引水流量最小为 3.97 m^3/s(发生在 1986 年 5 月 15 日),夏季放淤改土最大引水流量 106 m^3/s。

2. 引沙情况

1980～1992 年,13 年共引黄河泥沙 7 382.27 万 t,平均引沙 567.87 万 t,平均含沙量 16.50 kg/m^3,与黄河高村同期全年月平均含沙量 13.43 kg/m^3 基本相当。其中,春灌年均引沙 150.45 万 t,平均含沙量为 9.23 kg/m^3,为黄河高村同期平均含沙量 7.63 kg/m^3 的 1.21 倍;冬灌期年均引沙 32 万 t,平均含沙量 10.67 kg/m^3,为黄河高村同期平均含沙量 9.12 kg/m^3 的 1.17 倍;汛期年均引沙 389.85 万 t,平均含沙量为 25.7 kg/m^3,与黄河高村同期平均含沙量相当。春灌期日引最大含沙量 24.2 kg/m^3(1989 年 2 月 28 日),冬灌日引最大含沙量17.9 kg/m^3(1989 年 12 月 6 日),汛期日引最大含沙量为 112.4 kg/m^3(1988 年 7 月 30 日)。

(五)刘庄新型橡胶坝引水防沙工程兴建缘由

(1)刘庄引黄闸建于黄河弯道顶点处,坐弯迎流,闸底板低于大河深槽溪点 1.28 m,又未建防沙设施,不仅引沙量大,且粒径粗。1987 年在输沙渠内取悬移质,平均粒径 0.043 mm,最大粒径为 0.4 mm。1990 年在输沙渠底取河床质,平均粒径 0.05 mm,最大粒径 0.041 1 mm。同年在翟屯沉沙池进水口取沙样,平均粒径 0.05 mm,最大粒径 0.517 mm,造成引水渠严重淤积,降低输水能力。春灌期间曾多次发生因淤渠严重而引不出水的情况,1986 年 5 月,东干渠淤淀 1.9 m(设计渠水深 2 m),在黄河 103 m^3/s 的条件下,只能引出 3.97 m^3/s,被迫关闸停水。

(2)渠道清淤任务繁重。1980～1981 年,黄河河势未改变前,引黄闸引沙量小,渠道淤积轻,年均清淤量 67.0 万 m^3。1982 年以后,引沙量大,渠道淤积严重,1982～1992 年平均清淤量为 109.5 万 m^3,为 1980～1981 年平均值的 1.63 倍。繁重的清淤任务,加重了农民的负担。按每立方米清淤土方 5 元计,建防沙工程前几年每年需清淤费 550 万元,秋末冬初季节,需组织 4 万民工,大干 15 d,才能完成清淤任务。

(3)沉沙难度越来越大。刘庄灌区的上游高庄、李村、李庄、白虎四乡(镇)原有涝洼、盐碱、沙荒地 10 余万亩,规划为引黄沉沙区,总面积 10.8 万亩。自 1965 年复灌以来共使用沉沙池 41 处,累计使用面积 18.4 万亩次,平均使用 1.46 次,平均淤厚 0.94 m,洼地淤厚达 1.5～2 m。

1983 年以后,沉沙区内的群众由迫切要求沉沙结合放淤改土改变为反对沉沙结合放淤改土。主要原因有二:①引黄闸引水引沙条件发生了变化,含沙量大,粗沙多,经过沉沙结合淤改后,大部分仍是沙地,产量很低。②原已淤改还耕的沉淀区,再做沉沙沙地农民很难接受。

(4)清淤弃土沙害严重。清淤弃土侵占干渠两岸大量农田,输沙渠两岸清淤弃土堆高 4～5 m,宽 60～80 m。两条输沙渠清淤弃土占地达 3 900 余亩。年减少粮食 195 万 kg,且以每年递减粮食 30 万 kg 延续下去。

清淤弃土两侧农作物受风沙危害,据调查观测,干渠处两侧受风沙危害的农作物每岸宽达 100 m,两岸 200 m。按两条输沙干渠长 2 462 km 计算,受侵害的农作物计有 7 260

余亩,一般减产四五成,按减产粮食三成计算,亩减产粮食 10.5 kg,共减产粮食 7.62万 kg。

鉴于以上存在的问题,兴建刘庄引黄渠首橡胶坝防沙工程,以减少底沙入渠和渠首地带的沙化,是刘庄灌区综合治理中的当务之急。

二、张桥渠首橡胶坝引水防沙工程兴建必要性研究

(一)灌区基本情况

张桥引黄灌区位于邹平县西北部,黄河右岸。灌区 1970 年发挥效益,原辖码头、台子、位桥、九户 4 个乡 22.9 万亩土地,因 1986 年该县胡楼引黄闸建成,原张桥引黄闸于1987 年 6 月堵复。因胡楼闸位于张桥闸下游 7 km 处,向原张桥灌区供水属倒坡引水,泥沙淤泥严重,影响灌溉,邹平县于 1990 年申请并经上级主管部门批准,恢复、改造张桥引黄灌区,新规划的张桥引黄灌区辖码头、位桥两个乡镇,灌溉面积 20 万亩。引黄灌溉效益显著,近年粮食单产 510 kg/亩,棉花单产 60 kg/亩。

灌区有引黄渠首闸 1 座,引黄临堤闸 1 座,渠首无沉沙地,干渠 5 条,长 32.2 km,支渠32 条,长 112 km。

(二)引黄渠首闸、引黄临堤闸的兴建、改建情况

张桥引黄渠首闸及引黄临堤闸 1967 年建成,引黄渠首闸结构形式为钢筋混凝土箱式,引黄临堤闸结构形式为钢筋混凝土底板、盖板式,设计流量均为 15 m³/s。因黄河河底逐年抬高及两闸工程改建后标准低,泥沙淤积严重,影响引水灌溉,因此确定于 1991 年改建。改建后引黄渠首闸仍为钢筋混凝土箱式,3 孔,每孔 2 m×2 m,底板高程 19.2 m(大沽高程);引黄临堤闸改为钢筋混凝土箱式涵洞,2 孔,每孔 2.6 m×2.8 m,底板高程 18.5m(大沽高程),设计流量亦为 15 m³/s。

(三)黄河来水来沙情况

张桥引黄渠首距黄河上游的泺口水文站 65 km,借用该站资料说明来水来沙情况,见表 3-5-5 ~ 表 3-5-7。

表 3-5-5　泺口站历年(1951 ~ 1980 年)来水量、输沙量、含沙量表

项目	各月总量												全年
	1	2	3	4	5	6	7	8	9	10	11	12	
来水量 (亿 m³)	13.6	11.6	22.7	24.2	22.8	18.1	49.8	74.9	70.9	62.6	38.3	20.0	429.5
输沙量 (亿 t)	0.058	0.070	0.268	0.317	0.270	0.222	1.59	3.26	2.50	1.36	0.59	0.144	10.7
含沙量 (kg/m³)	3.65	4.74	10.2	12.2	9.77	3.35	3.08	43.9	33.5	20.3	13.4	6.34	25.4

表3-5-6　浤口站悬移质泥沙组成级配表

平均小于某粒径(mm)的沙重百分数(%)							中值粒径 (mm)	平均粒径 (mm)
0.007	0.010	0.025	0.050	0.10	0.25	0.50		
28.1	33.9	53.0	77.6	97.4	100	100	0.022 5	0.030 6

表3-5-7　浤口站床沙质泥沙组成级配表

时期	小于某粒径(mm)的沙重百分数(%)								中值粒径 (mm)	平均粒径 (mm)
	0.005	0.010	0.025	0.05	0.10	0.25	0.50	1.00		
枯水期	0.6	0.9	2.2	9.7	67.4	99.7	100	100	0.097 2	0.093 1
汛期	0.6	1.1	3.0	10.9	66.2	99.9	100	100	0.089 3	0.093 3

（四）引黄渠首历年引水引沙情况

灌区自1970年发挥效益至1985年,16年共引黄河水8.92亿 m³,引沙811万 m³。年均引水0.56亿 m³,年均引沙51万 m³。其中:1970～1979年10年年均引水0.44亿 m³,引沙40万 m³;1980～1985年6年年均引水0.75亿 m³,引沙68万 m³;1984年引水最多,为1.24亿 m³,引沙亦最多,为110万 m³。

（五）张桥新型橡胶坝引水防沙工程兴建缘由

（1）该引黄口门建于黄河弯道凹岸顶点附近,坐弯迎流,引水闸底板低于大河深槽溪点1.18 m以上,又未建防沙设施,不仅引水平均含沙量超过闸前黄河平均含沙量,且粒径粗。据在总干渠上段取沙床质,平均粒径0.05 mm,最大粒径0.40 mm,造成渠道严重淤积,影响输水,拖延并贻误了农业灌溉。

（2）渠道清淤任务繁重。自1970～1985年灌区运行16年间,共清淤397万 m³,占引进沙量的49%。其中,1970～1979年10年间平均清淤18万 m³;1980～1985年6年间,平均清淤36万 m³。每年需清淤费100万元以上,给农民造成巨大的经济负担。

（3）渠首沉沙难度大。该灌区自开灌以来,因渠首无沉沙洼地,一直未修沉沙池工程,今后亦无修沉沙工程的条件。泥沙沉积在干渠里需全部清除,干渠两侧清淤占地1 750亩,且逐年增多,沙化严重,附近农作物受风沙危害减产四五成。据此,兴建张桥新型橡胶坝引水防沙工程,减少黄河底沙、粗沙入渠、淤渠,保证正常供水,是张桥引黄灌区综合治理中的当务之急。

第三节　新型渠首橡胶坝工程总体布置研究

一、工程形式及组成

新型渠首橡胶坝引水防沙工程由黄河弯道整治段、引水口门、进水闸、橡胶坝主体及附属蓄水、充排水工程等部分组成。

二、工程总体布置原则

新型橡胶坝引水防沙工程设计中,对工程的总体布置考虑并遵循如下原则:

(1)工程位置要适应多沙河流水沙运行特点,选在河道凹岸水流上提下挫都能靠溜,且岸坡稳定处。

(2)工程布置做到结构简单、布局合理、运用管理方便。

(3)工程布置要进行方案比选,既要有好的引水防沙技术指标,又要考虑施工的可行性及工程造价,比选中要注意方案的科技含量,尽量采用高新科技,经过技术经济比较后确定。

(4)工程布置既要考虑黄河春灌期,还要考虑汛期洪水对工程运用的影响,确保全年工程运行安全。

三、工程总体布置

(1)黄河弯道控导工程。选择弯道控导整治工程完备、能造就稳定的弯道横向环流和良好的水沙结构的河段。

(2)引水口门布置在黄河弯道凹岸顶点以下,水流上提下挫都靠溜的地方,将黄河弯道横向环流造就的良好水沙结构的水体平顺地引进闸门。引水口门形状分"勺"形、"基本对称喇叭"形、"上长下短非对称喇叭"形三种。口门形状不同,对平顺地引进弯道水流、减少入口泥沙的功能亦不同。

鉴于原刘庄引黄口门为"勺"形引水口门,口门下唇水流不顺,造成回流翻沙引水,致大量黄河底沙粗沙入渠,为此,必须进行引水口门的技术改造,以便将水流平顺地引进口门,并为兴建橡胶坝实现分层取水创造条件。

(3)橡胶潜坝工程。橡胶坝是渠首防沙工程的核心,尽量布置在引水口门的前沿且能施工处,橡胶坝两端的主要侧墙与引水口的两坝头衔接。橡胶坝潜于水下,功能是挡住黄河底层粗沙,并将其沿坝侧向排往河道下游,而将表层含沙量小细的水体经坝顶引进口门。橡胶坝的底板高程一般和进水闸相平,以保证在黄河枯水时经塌坝后不致影响引水。橡胶坝的坝顶高程按设计过流情况下的宽顶堰过流量公式推求。坝的长度应根据坝址方案比选后确定。

(4)进水闸工程。置于橡胶坝的下游,引水口门尾部。其主要功能一是起引水开关作用;二是引水流量调节作用;三是过坝水位差的调节作用。进水闸后接引水渠。

(5)护底工程与护岸工程。为保证黄河进水闸和橡胶坝工程的运行安全,橡胶坝前抛聚乙烯编织袋装土或抛石填护。橡胶坝后做混凝土护坦与进水闸前护坦连接,坝后护坦下做黏土铺盖和闸前护坦下面的黏土铺盖衔接,以延长渗径长度。

(6)橡胶坝附属的充排水、排气、过压溢流、水压监测设施集中布置在引水口门的前沿、运用管理监控方便的堤岸或滩岸上。

第四节　引黄灌区渠首引水口门优化整治技术研究

一、引水口门优化整治理论及必要性

渠首引水口门的功能是将黄河弯道横向环流造就的良好水沙结构的水体平顺地引进闸门。不同形状的引水口门,其功能高低是不同的,见表3-5-8。

表3-5-8　不同形状的引水口门引水防沙功能对比及优化整治表

序号	引水口门形状类型	水沙流状	口门前沿黄河水垂向流速、含沙量变化特征	口门水下地形描述	口门引水防沙性能	引水口门优化及整治评述
Ⅰ	轴线基本垂直河岸线的"勺"形口门——原刘庄型	无论黄河弯道流势上挫下挫,口门上唇进流较少,流线均匀,唇边脱流淤滩;口门下唇进流较多,水流撞岸,皆出现回流翻沙漩涡	上唇垂向流速表底比值和含沙量底表比值大;下唇出现回流漩涡,垂向流速表底比值和含沙量底表比值变化紊乱,无规律	口门上唇水下淤积,口门下唇水下冲刷;下唇唇肩有一平行于口门进水流向的宽30 m、长50 m、深2.5~3.5 m,低于闸底板2.75 m的深槽,底沙易向闸门输移	刘庄口门引水防沙效果最差,引水防沙性能关系线斜率大,黄河400 m³/s流量,渠河含沙量比100%对应的分流比为8.7%	此类口门为引水防沙性能最差的口门,必须进行优化整治,拓宽下唇,改造成上长下短非对称喇叭形,以理顺水流提高防沙效果
Ⅱ	轴线基本垂直河岸线的"基本对称喇叭"形口门——潘庄、张桥型	当黄河弯道流势上提时,口门上唇进流较多,流线均匀,唇边脱流淤滩,下唇进流较少,出现分流分沙漩涡;当黄河弯道流势下挫时,口门上唇进流较少,流线均匀,唇边脱流淤滩增大,下唇进流较多,出现回流翻沙漩涡	上唇垂向流速表底比值和含沙量底表比值大;下唇出现分流分沙漩涡或回流翻沙漩涡,垂向流速表底比值和含沙量底表比值变化紊乱,无规律	口门上唇水下淤积,口门下唇水下冲刷;下唇唇肩有一平行于口门进水流向的宽20 m、长40 m、深2.5 m,低于闸底板1.9 m的深槽,底沙易向闸门输移	潘庄口门引水防沙效果一般,引水防沙性能关系线斜率大,黄河400 m³/s流量,渠河含沙量比100%对应的分流比为17.5%	一般口门

续表 3-5-8

序号	引水口门形状类型	水沙流状	口门前沿黄河水垂向流速、含沙量变化特征	口门水下地形描述	口门引水防沙性能	引水口门优化及整治评述
Ⅲ	轴线与河岸线夹角较小的"上长下短非对称喇叭"形口门——打渔张型	无论黄河弯道流势上提下挫,口门上、下唇皆流线畅顺、均匀进流,无漩涡出现	上、下唇流速表底比值和含沙量底表比值大,且均匀	口门上、下唇水下地形平坦,无显著深槽和淤滩	打渔张口门引水防沙效果好,引水防沙性能关系线斜率较小,1959年黄河 200 m³/s 流量,渠河含沙量比 100% 对应的分流比约为 30%。近年因河道淤高,对应的分流比下降为 20%	最佳口门

引水口门的优化整治技术是通过研究不同形状的引水口门,对水流流态、水沙表底结构、口门边界条件、口门水下地形的不同影响,从中优选出引水防沙性能好的引水口门,并对性能差的引水口门进行优化整治。不同引水口门引水防沙功能对比及优化整治见表3-5-8。

"上长下短非对称喇叭"形引水口门功能最高,"基本对称喇叭"形引水口门功能次之,"勺"形引水口门功能最差。原刘庄引黄口门为典型的"勺"形口门,口门下唇水流不顺,回流翻沙严重,水沙结构紊乱,不能为橡胶坝引水提供垂向含沙量表小底大、表细底粗的水沙结构。为此,必须进行引水口门整治,为橡胶坝分层取水引表避底创造条件。

二、刘庄引水口门的历史演变及引水口门的整治

(一)刘庄引水口门的历史演变

刘庄引黄闸 1979 年建成,引水口门位于刘口险工 16# 和 18# 坝之间,闸前有引水渠 240 m,近闸段有 60 m 石护坡,见图 3-5-1。1982 年黄河河势变化,主流右移,1983 年引水渠被淹没,形成引水口坐弯迎流引水,又因引水口下唇与 18# 坝间有一三角形砌石护坡,形成"勺"形引水口门,造成下唇回流漩涡翻沙引水,掀起河底粗沙,进入口门。同时,在引水口下唇平行于闸轴线方向有一宽 30 m、长 50 m、深 2.75 m 的深槽,利于底沙向闸前输移(见图 3-5-2、图3-5-3)。

据 1990 年 4 月 24 日观测,大河含沙量 16.7 kg/m³ 时,下唇引水平均含沙量为 19.3 kg/m³,较大河含沙量高 15.6%,单点垂线最大高出 24% ~ 32%,见表 3-5-9。

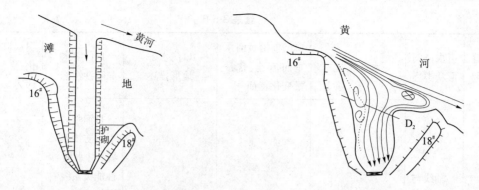

图 3-5-1　刘庄闸 1979 年建成后引水形势图　　　图 3-5-2　刘庄闸引水口改造前水面流势图

表 3-5-9　刘庄口门下唇与大河含沙量对比表

施测日期	断面流量（m³/s）	断面输沙率（kg/s）	垂线平均含沙量（kg/m³）					下唇流量（m³/s）	占引水比例（%）	下唇引水含沙量（kg/m³）	和大河含沙量比（%）
			1	2	3	4	5				
1990 年 4 月 24 日	77.3	1 480	17.4	19.7	20.7	18.0	17.1	53.4	69.1	19.3	115.6
1990 年 6 月 8 日	64.3	464	6.04	6.63	9.74	7.90	6.10	56.4	87.7	7.47	101.4

（二）刘庄"勺"形引水口门的整治

1990 年底至 1991 年春，在实施渠首橡胶坝工程的建设中，先进行了口门整治。

（1）引水口门整治的原则：①理顺口门水流。②确保黄河险工及闸坝的防洪安全，按黄委会规定的治理标准，进行填充、防渗、防冲、防淘刷处理。③尽量减少工程量，降低工程造价。

（2）刘庄渠首引水口门整治技术内容：削减下唇护坡，拓宽口门，以形成上长下短的"非对称喇叭"形口门。

以 18# 坝头为中心，过三角平台护坡两边的中间点画圆弧线，削掉三角平台的顶部以理顺水流，保留平台的根部以维护坝头防洪安全。削减后的护坡，重新以砌石或混凝土护砌，见图 3-5-4。整治工程中，特别注意新老黏土铺盖、砌墙的严密结合。

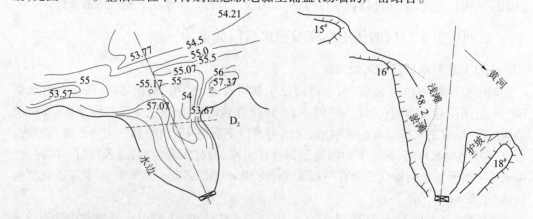

图 3-5-3　刘庄闸引水口门改造前水下地形图　　　图 3-5-4　刘庄闸引水口门改造形势图

三、刘庄引水口门的整治效果

（1）理顺了下唇水流，消除了回流翻沙现象。由于下唇进水的紊动强度大大降低，口门下唇平行于口门轴向，2.5~3.5 m 深槽消失，大大减少底沙输移，引水口外回流翻沙现象消失并形成淤滩。

（2）拓宽了引水口门宽度，增加了引水宽度，降低了单宽流量和引水挟沙能力。当测验水位 58.2 m 时口门水面宽由 44 m 增加到 64 m，增加了 45%，过水面积增大约 30%，断面平均流速由过去的 1.15~1.3 m/s 降低到 0.6~0.8 m/s。因此，口门水流挟沙能力大大降低。

（3）塑造了引水口门前沿良好的水沙结构，流速表底比、含沙量底表比较前显著提高，为兴建橡胶坝分层取水、引表避底创造了条件。引水口门整治前后，垂向流速、含沙量变化见表 3-5-10。

表 3-5-10 刘庄引水口门整治前后水流垂向流速、含沙量变化对比表

阶段	验测日期	流量组合（涵闸/黄河）（m³/s）	引水含沙量（kg/m³）	施测断面	$V_表/V_底$ 或 $C_{s底}/C_{s表}$	V					C_s				
						1	2	3	4	5	1	2	3	4	5
整治前	1990年4月24日	77.3/1100	19.1	D₂	实测值	2.28/2.07	1.74/1.73	1.19/0.90	1.14/0.48	1.73/1.24	18.8/16.6	21.8/18.7	22.2/17.7	27.9/13.1	20.2/11.2
					比值	1.10	1.01	1.32	2.38	1.40	1.13	1.17	1.25	2.13	1.80
	1990年6月8日	64.3/1100	7.38	D₂	实测值	1.55/1.26	0.92/0.98	0.81/0.75	0.77/0.20	0.73/0.50	6.31/6.11	6.65/6.16	11.1/9.07	13.6/5.20	8.0/5.20
					比值	1.23	0.94	1.08	3.85	1.46	1.03	1.08	1.22	2.62	1.54
整治后	1996年3月5日	15.2/338	7.20	D₂	实测值	0.61/0.50	0.52/0.58	0.27/0.37	0.10/0.075	0.088/0.044	9.68/5.79	10.1/6.23	8.76/4.21	7.79/4.44	6.48/4.92
					比值	1.22	0.90	0.73	1.33	2.00	1.67	1.62	2.08	1.75	1.32
	1996年3月11日	84.3/869	36.9	D₂	实测值	1.53/1.74	1.67/1.56	1.34/0.81	1.24/0.81	0.99/0.49	45.9/23.5	48.2/15.1	64.4/14.5	65.2/8.95	65.7/11.3
					比值	0.88	1.07	1.05	1.53	2.02	1.95	3.19	4.44	7.28	5.81

第五节 橡胶坝最佳位置及方向选择研究

一、橡胶坝最佳位置选择理论

（一）引水口门纵向河流弯道环流强度变化规律

愈近口门前沿，黄河弯道横向环流强度强，"正面引水，侧面排沙"能力强，底部泥沙易沿坝侧向排往河道下游，不易形成口门内的长脖子淤积，引水防沙效果较好。愈近进水闸，水流受引水口门坝岸撞击，黄河弯道横向环流作用及侧向排沙能力弱，口门内的泥沙或正面过坝，或造成长脖子淤积。

（二）引水口门纵向河水垂向含沙量底表比变化规律

愈近口门前沿，断面垂向含沙量底表比愈大，河水垂向流速表底比愈大，引水防沙效果愈好。愈近进水闸，随着引水口门的缩窄，断面垂向含沙量底表比愈小，垂向流速表底

比愈小,引水防沙效果愈差。

1. 模型试验

课题组与武汉水利电力大学泥沙实验室进行了不同橡胶坝位置防沙效果的模型试验,见图 3-5-5,沿口门纵向,近口门前沿位置 W_1—W_1、中间位置 W_2—W_2、近闸门位置 W_3—W_3 的防沙效果逐渐降低,分别为 14%、7%、2%,见表 3-5-11。

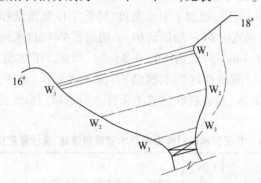

图 3-5-5　刘庄灌区进水闸前引水段口门平面示意图

表 3-5-11　橡胶坝不同位置试验拦沙效果表

位置	橡胶坝高(m)	流量(m³/s) 河道	流量(m³/s) 引水口	分流比(%)	含沙量(kg/m³) 河道	含沙量(kg/m³) 引水口	含沙量比(%)	分沙比(%)	拦沙效果(%)	备注
W_1—W_1	2	400	20	5	10.1	8.7	86	4.3	14	坝前未淤积
W_2—W_2	2	400	20	5	10.3	9.6	93	4.7	7	坝前有淤积
W_3—W_3	2	400	20	5	10.6	10.4	98	4.9	2	坝前淤积严重

2. 引水口原型观测

刘庄、潘庄、张桥灌区引水口门纵向断面流速表底比、含沙量底表比变化见表 3-5-12、表 3-5-13、表 3-5-14。由上表知,引水口纵向自口门前沿至近闸断面,流速表底比和含沙量底表比是逐渐降低的。

(三)引水口门纵向各横断面单宽流量与过坝水深变化规律

愈近引水口门前沿,橡胶坝长度愈长,过坝单宽流量愈小,按宽顶堰公式计算的坝顶高愈高,过坝水深愈小,引水防沙效果愈好。反之,效果较差。见表 3-5-15。

(四)引水口门纵向施工难度变化规律

愈近口门前沿,施工难度愈大,工程造价愈高;愈近进水闸,施工难度愈小,工程造价愈低。施工难度要素主要体现在施工围堰构筑、施工排水、基坑开挖上。

二、橡胶坝位置的确定

从上述因素分析,弯道横向环流强度、水流垂向含沙量底表值大小、过潜坝单宽流量大小及过坝水深等四种因素是愈近口门前沿愈好,但愈向前施工难度愈大,受施工难度的制约。如何采取先进的施工技术,尽量减少施工围堰及排水开挖占据的空间,是橡胶坝位置前移的关键。经采用聚乙烯围堰构筑、二级井点排水、水力机械基坑开挖等先进施工技

表 3-5-12　刘庄引水口门内各断面垂向水沙因素变化表

施测日期	流量组合(引黄河)(m³/s)	引水含沙量(引黄)(kg/m³)	引沙粒径(mm)	施测断面	$V_{表}/_{底}$ 或 $C_{s底}/C_{s表}$	V(m/s) 下唇区 1	2	3	上唇区 4	5	6	C_s(kg/m³) 下唇区 1	2	3	上唇区 4	5	6
1990年4月24日	77.3/1100	19.1	0.054	D_1	实测值				1.12/0.75	1.03/0.88					24.3/11.3	23.4/14.4	
					比值				1.49	1.17					2.15	2.15	
					水深(m)	5.50	2.4	2.6	2.35	1.70	1.10	5.50		2.60	2.35	1.70	1.10
					$d_{50表}/d_{50底}$									0.53/0.69	0.58/0.65	0.49/0.62	
				D_2	实测值	2.28/2.07	1.74/1.73	1.19/0.90	1.14/0.48	1.73/1.24		18.8/16.6	21.8/18.7	22.2/17.7	27.9/13.1	20.2/11.2	
					比值	1.10	1.01	1.32	2.38	1.40		1.13	1.17	1.25	2.13	1.80	
					水深(m)	0.85	0.86	1.05	3.11	2.35		0.85	0.86	1.05	3.11	2.35	
					$d_{50表}/d_{50底}$							0.046/0.049	0.072/0.080	0.052/0.054	0.054/0.063	0.052/0.061	
				D_3	实测值	2.06/0.96		2.87/1.34		2.26/1.26		28.5/6.1		30.4/8.7		25.9/11.6	
					比值	2.15		2.14		1.79		4.67		3.49		2.23	
					水深(m)	2.35		2.30		1.05		2.35		2.30		1.55	
					$d_{50表}/d_{50底}$							0.053/0.068		0.054/0.051		0.053/0.068	
1990年6月8日	64.3/1100	7.38	0.053	D_1	实测值				1.01/0.95	0.90/0.99		14.3/6.35			13.7/11.2	12.3/10.2	
					比值				1.06	0.91		2.25			1.22	1.21	
					水深(m)	6.00	1.60	1.94	1.40	0.69	0.8	6.00	3.20	2.25	1.40	0.69	0.8
					$d_{50表}/d_{50底}$							0.053/0.068	0.056/0.059	0.046/0.062	0.055/0.065	0.055/0.065	
				D_2	实测值	1.55/1.26	0.92/0.98	0.81/0.75	0.77/0.20	0.73/0.50		6.31/6.11	6.65/6.16	11.1/9.07	13.6/5.20	8.0/5.20	
					比值	1.23	0.94	1.08	3.85	1.46		1.03	1.08	1.22	2.62	1.54	
					水深(m)	1.30	3.90	2.40	0.68	0.30		1.30	3.90	2.40	0.38	0.30	
					$d_{50表}/d_{50底}$							0.054/0.061	0.054/0.061	0.060/0.055	0.055/0.075	0.055/0.075	
				D_3	实测值	1.19/0.36		2.04/1.00		1.71/0.49		6.13/2.74		9.99/6.16		10.6/4.46	
					比值	3.31		2.04		3.49		2.24		1.62		2.38	
					水深(m)	3.70		1.70		1.40		3.70		1.70		1.40	
					$d_{50表}/d_{50底}$							0.069/0.074		0.05/0.052		0.062/0.050	

注:D_1—近闸断面;D_2—口门前沿梢后断面;D_3—口门前沿坝头连线断面。

表3-5-13　潘庄引水口门内各横断面垂向水沙因素变化表

施测日期	流量组合引水/黄河(m³/s)	引水含沙量(kg/m³)	引沙粒径(mm)	施测断面	V表/V底 或 Cs底/Cs表	V(m/s) 下唇区 1	2	3	4	上唇区 5	6	Cs(kg/m³) 下唇区 1	2	3	4	上唇区 5	6
1986年5月10日	110/1330	2.01	0.01~0.03	D₁	实测值	0.64/0.68	0.73/0.36	1.06/0.53	1.13/0.70	0.98/0.75	1.10/1.00	1.55/1.70	1.50/1.70	1.60/1.30	2.00/1.20	3.10/1.60	2.10/1.80
					比值	0.94	2.03	2.00	1.61	1.31	1.10	0.91	0.88	1.23	1.67	1.94	1.17
					水深(m)	2.47	3.35	3.40	2.80	1.59	1.25	2.47	3.35	3.40	2.80	1.59	1.25
				D₂	实测值	0.76/0.45	0.82/0.58	1.20/0.40	1.38/1.00	0.75/0.49	1.25/0.78	2.00/2.10	2.41/2.06	2.30/1.00	1.83/1.55	2.80/1.10	3.10/1.10
					比值	1.69	1.41	3.00	1.38	1.53	1.60	0.95	1.17	2.30	1.18	2.55	2.82
					水深(m)	3.37	2.00	1.75	1.50	2.15	2.00	3.37	2.00	1.75	1.50	2.15	2.00
				D₃	实测值							2.00/1.10	2.70/1.30	2.60/1.50	3.10/1.50	3.25/1.40	
					比值							1.82	2.08	1.73	2.07	2.32	
					水深(m)	2.47	3.35	3.40	2.80	1.95	1.25	2.47	3.35	3.40	2.80	1.95	1.25
					d₅₀表/d₅₀底							0.071/0.10	0.074/0.075	0.078/0.086	0.067/0.076	0.058/0.078	0.060/0.087
1986年5月21日	106/628	7.67	0.03~0.05	D₁	实测值	1.08/0.94	1.01/0.56	1.12/0.50	1.30/1.05	1.18/1.10	1.57/0.80	3.00/4.50	1.07/2.20	7.00/3.40	8.00/4.00	4.70/3.10	9.80/6.50
					比值	1.15	1.80	2.24	1.24	1.07	1.96	0.70	0.49	2.06	2.00	1.52	1.51
					水深(m)	2.26	3.10	3.02	1.27	0.60	0.90	2.26	3.10	3.02	1.27	0.60	0.90
				D₂	实测值	1.02/0.90	1.25/1.05	1.50/0.70	1.73/1.30	1.65/0.90		4.70/8.20	8.40/8.70	7.08/3.85	11.3/4.14	11.50/5.0	6.80/3.00
					比值	1.13	1.19	2.07	1.33	1.83		0.57	0.97	1.84	2.73	2.30	2.27
					水深(m)	2.10	3.40	1.88	1.70	1.22		2.10	3.40	1.88	1.70	1.22	
				D₃	实测值							13.0/5.50	12.8/3.20	12.4/4.00	13.0/3.70	8.00/3.00	
					比值							2.4	4.00	3.1	3.51	2.67	
					d₅₀表/d₅₀底							0.088/0.081	0.083/0.085	0.083/0.088	0.070/0.091	0.088/0.096	0.073/0.087
1986年5月29日	101/250	3.40	0.02~0.035	D₁	实测值	0.57/0.84	0.75/0.51	1.06/0.53	1.21/0.94	0.94/0.83	1.20/0.88	1.94/2.38		2.70/1.78	3.30/0.50	3.47/1.95	3.00/1.50
					比值	0.68	1.47	2.00	1.29	1.07	1.36	0.82		1.52	2.33	1.78	2.00
					水深(m)	2.70	1.75	2.50	1.20	0.70	1.00	2.70		2.50	1.20	0.70	1.00
				D₂	实测值	0.68/0.44						3.06/2.30	3.59/3.81				
					比值	1.55						1.33	0.94				
					水深(m)	1.50						1.50	1.75				
				D₃	实测值							5.80/3.10	5.30/2.40				5.10/2.80
					比值							1.87	2.21				1.82
					水深(m)							1.40	1.45				1.53

注：D₁、D₂、D₃ 断面布设与刘庄同。

表 3-5-14　张桥引水口门内各断面垂向流速、含沙量变化对照表

施测日期	流量组合(涵闸/大河)(m³/s)	平均引水含沙量(kg/m³)	施测断面	垂线因素	V(m/s) 1	2	3	4	5	6	7	C_s(kg/m³) 1	2	3	4	5	6	7
1993年 3月 18日	8.26 / 266	4.04	D_1	$V_表$或$C_底$	0.61	0.92	1.01	0.95	0.80	0.92	0.51	5.05	6.85	8.19	8.25	7.50	7.62	4.10
				$V_底$或$C_表$	0.29	0.55	0.52	0.53	0.77	0.59	0.35	3.47	3.83	3.61	3.75	3.52	3.81	2.80
				比值	2.1	1.67	1.94	1.79	1.04	1.56	1.46	1.46	1.79	2.27	2.2	2.13	2.0	1.46
				水深(m)	3.53	2.99	2.10	2.14	1.20	1.70	1.00	3.53	2.99	2.10	2.14	1.20	1.70	1.00
			D_2	$V_表$或$C_底$	0.22	0.08	0.18	0.41	0.35	0.16		3.834	4.268	4.571	4.489	4.514	9.365	
				$V_底$或$C_表$	0.12	0.13	0.45	0.28	0.64	0.31		3.113	3.128	3.171	3.345	2.913	3.625	
				比值	1.83	0.62	0.53	1.46	0.55	0.52		1.23	1.36	1.44	1.34	1.55	2.58	
				水深(m)	2.00	2.25	1.00	1.50	2.30			2.00	2.25	1.50	1.50	2.30		
			D_3	$V_表$或$C_底$	0.15	0.27	0.30	0.32	0.36			3.997	4.143	3.860	5.114	4.005		
				$V_底$或$C_表$	0.31	0.50	0.66	0.62	0.68			3.532	3.473	3.290	3.368	3.667		
				比值	0.48	0.54	0.45	0.52	0.53			1.13	1.19	1.17	1.52	1.09		
				水深(m)	0.70	1.60	1.82	1.17	0.60			0.70	1.60	1.82	1.17	0.6		
1993年 3月 24日	4.69 / 618	16.0	D_1	$V_表$或$C_底$	1.08	1.51	1.83	2.00	2.15	2.20	1.95	26.36	29.8	42.05	38.71	41.07	32.6	37.28
				$V_底$或$C_表$	0.32	0.67	0.78	1.06	1.04	1.10	0.98	13.18	13.14	18.58	15.52	18.09	14.37	16.43
				比值	3.38	2.25	2.35	1.89	2.07	2.0	1.99	2.00	2.27	2.26	2.49	2.27	2.27	2.27
				水深(m)	4.05	3.22	2.95	2.65	2.40	2.70	1.98	4.05	3.22	2.95	2.65	2.40	2.70	1.98
			D_2	$V_表$或$C_底$	0.11	0.42	0.52	0.42	0.24			14.592	16.910	20.234	20.030	23.600		
				$V_底$或$C_表$	0.17	0.47	0.50	0.56	0.43			8.670	13.293	13.227	13.678	11.702		
				比值	0.65	0.89	1.04	0.75	0.56			1.68	1.27	1.53	1.46	2.02		
				水深(m)	1.68	1.39	1.30	1.28	3.20			1.68	1.39	1.30	1.28	3.20		
			D_3	$V_表$或$C_底$	0.42	0.19	0.29					16.843	18.807	15.580				
				$V_底$或$C_表$	0.87	0.43	0.58					11.819	16.440	14.622				
				比值	0.48	0.44	0.52					1.43	1.14	1.06				
				水深(m)	0.67	0.42	0.31					0.61	0.42	0.31				

注:D_1—口门前沿坝头连线断面;D_2—口门前沿稍后断面;D_3—近闸断面。

术,所能争取达到的最接近引水口门前沿的坝轴线方案,即为橡胶坝最优位置。据此,刘庄橡胶坝轴线为距进水闸前沿中心垂线75 m,距引水口门两坝头顶点连线约18.7 m处。张桥橡胶坝轴线确定在距进水闸门前沿中心垂线26 m处,距引水口门东西两坝头连线约16 m处。

表3-5-15　刘庄引水口门纵向各横断面单宽流量与过坝水深变化对比表

断面	橡胶坝长 （m）	过坝单宽流量 （m³/(s·m)）	坝顶高 （m）	过坝水深 （m）
D_3	30	2.67	1.37	1.32
D_2	50	1.60	1.74	0.95
D_1	80	1.00	2.00	0.69

三、橡胶坝主轴线方向的确定

刘庄橡胶坝工程按橡胶坝主轴线平行于引水口门坝头连线 W_1—W_1 方案、平行于引水口门坝头连线加大10°即 Q_1—Q_1 方案和平行于引水口门坝头连线减少10°即 N_1—N_1 方案(见图3-5-6)等三种方案进行了模型试验。

三种方案的比选:

(1)从模型试验及原型观测分析的水流状况看,Q_1—Q_1 方案,水流在坝前上唇易形成回流,在坝后口门下唇易斜撞岸边;N_1—N_1 方案,水流在坝前口门下唇易形成回流,在坝后口门上唇易形成脱流淤滩;唯坝轴线平行于引水口门坝头连线 W_1—W_1 方案,坝前口门前沿上下唇均匀进流,坝后口门内水流亦很平顺。

(2)从橡胶坝引水角度的防沙效果模型试验看,橡胶坝轴线平行于引水口门坝头连线 W_1—W_1 方案及 Q_1—Q_1 方案,防沙效果均较好,N_1—N_1 方案防沙效果较差。见表3-5-16。

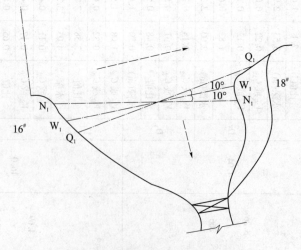

图3-5-6　橡胶坝轴线位置比较示意图

表 3-5-16 变换橡胶坝引水角拦沙效果对比表

橡胶坝高(m)	流量(m³/s)		分流比(%)	含沙量(kg/m³)		含沙量比(%)	分沙比(%)	拦沙效果(%)	备注(橡胶坝轴线位置)
	河道	引水口		河道	引水口				
2.0	406.1	40.2	9.9	14.6	12.0	82.2	8.13	17.8	W₁—W₁
2.0	406.1	40.2	9.9	14.5	11.6	80	7.9	20.0	Q₁—Q₁
2.0	406.1	40.2	9.9	14.9	12.8	85.9	8.5	14.1	N₁—N₁
1.2	478	38.6	8	9.8	8.5	86.7	6.9	13.3	W₁—W₁
1.2	478	38.6	8	9.6	8.1	84.4	6.9	15.6	Q₁—Q₁
1.2	478	38.6	8	10.1	8.9	88.1	7.0	11.9	N₁—N₁
2.2	403.2	80.4	20	21.6	19.3	89.5	17.9	10.6	W₁—W₁
2.2	403.2	80.4	20	20.3	17.9	88.2	17.6	11.8	Q₁—Q₁
2.2	403.2	80.4	20	22.1	20.3	92.8	18.4	7.2	N₁—N₁

（3）从施工难度看，Q_1—Q_1 方案，口门前沿上唇施工围堰轴线在坝头以内，易施工，下唇的施工围堰，轴线越出坝头以外，难施工。口门前沿 N_1—N_1 方案，则与上述方案相反。唯轴线平行于引水口门坝头连接 W_1—W_1 方案，口门前沿的施工围堰上下唇施工难易程度均衡，且利于坝轴线整体向前推移。

根据此确定刘庄橡胶坝轴线与引水口门坝头连线平行，与闸中心垂线夹角为 75°；张桥橡胶坝轴线亦与引水口门坝头连线平行，与闸中心垂线的夹角为 60°。

上述橡胶坝位置方向的确定，设计技术指标先进，经济指标高，施工可行。经橡胶坝建成后运行考验，发现坝前始终有一平行于坝轴线深沟，通向 18# 坝头以下，说明橡胶坝的侧向排沙能力很强，坝前从未形成长脖子淤积，引水防沙效果很好。

第六节　溢流压沙橡胶潜坝充排水、排气、过压溢流保护系统研究

一、溢流压沙橡胶坝与蓄水挡水橡胶坝充排水、排气、溢流系统的不同工作条件

（1）蓄水挡水橡胶坝充排水系统的水源和河水同源，溢流压沙橡胶坝的河水为浑水，不能直接用作排水系统的水源，需另打井并抽取清水充张坝袋。

（2）蓄水挡水橡胶坝工作状态下，内压水位变幅小，最大小于 2 倍坝高，一般非汛期正常灌溉时，处于蓄水挡水工作状态，汛期高水位行洪时则坍坝停止运行。溢流压沙橡胶坝工作状态下，内压水位变幅大，最大变幅往往超过 2 倍坝高，在汛期非灌溉时节和灌溉期都要工作。

（3）溢流压沙橡胶坝的充排水系统的结构要适应坝袋均匀或不均匀压沙运行的需要。而蓄水挡水橡胶坝的坝上全是水体，充排水系统结构则无此要求。

二、溢流压沙橡胶坝充排水、排气、过压溢流保护装置的研制

(一)二级开敞、封闭两用排水、排气、过压溢流保护装置的研制

蓄水挡水橡胶坝排水、排气、过压溢流保护装置的溢流排气孔高一般以设计内压比计算出的内压水头(H_0)高度相等确定。此管口为开敞式,内压水头超过溢流管口而溢流,从而保证坝袋安全,称为一级开敞式排水溢流机构。此溢流管高度能够满足非汛期正常灌溉水位的安全运行,汛期引洪时,则坍坝停止运行,不需过压溢流保护。

溢流压沙橡胶坝的运行情况则不同。除在正常灌溉水位运行,又要在汛期高水位淤灌情况下运行。为此,研制了溢流压沙橡胶坝二级排水、排气、过压溢流保护装置,见图3-5-7。

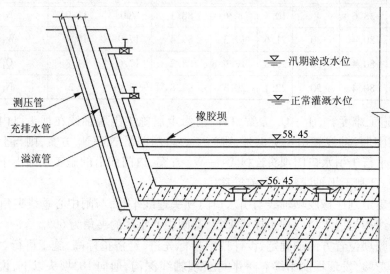

测压管
充排水管
溢流管

橡胶坝

▽ 汛期淤改水位
▽ 正常灌溉水位
▽ 58.45
▽ 56.45

图3-5-7　二级开敞、封闭两用排水、排气、过压溢流保护装置

该装置与挡水蓄水橡胶坝的不同之处是在同一根排水排气溢流管上分别安装两级溢流管口,口径和充排水管口径相同。两级管口上都装阀门,可开敞或封闭两用,向坝袋充水时开敞,不充水时关闭。一级机构用于上下游无水坝袋充水试压和正常灌溉水位情况下的坝袋溢流过压保护。溢流管出口高和正常灌溉水位下以坝袋设计内压比计算出的内压水头(H_0)相等,或按坝内水深和坝上压水压沙荷载折算的清水水头(H_0')相等确定。管口高程在正常灌溉水位以上。二级机构用于汛期放淤灌溉情况下坝袋的过压溢流保护。其溢流管出口高按大于汛期淤灌最高水位确定。汛期淤灌期间,一级排水排气溢流阀门始终处于关闭状态。二级排水排气溢流阀门在坝袋充水时敞开,不充水时关闭。若出现特高洪水位,二级管口阀门关闭并允许淹没于水下。

刘庄工程坝底板高程56.45 m(大沽,下同),坝高2 m,灌溉期设计水位58.81 m(相应黄河流量400 m^3/s),一级溢流孔高程59.45 m,二级溢流孔高程61 m,高于黄河汛期淤灌2 000 m^3/s的相应水位。

张桥工程坝底板高程19.2 m(大沽,下同),坝高2 m,灌溉期设计水位21.32 m(相应黄河流量200 m^3/s),一级溢流孔高程22.22 m,二级溢流孔高程24.3 m,高于汛期3 000

m^3/s 时黄河相应水位 24.0 m。

(二)防压沙坝袋堵水的多管口、低平型水帽充排水装置的研制

蓄水挡水橡胶坝无论在挡水还是在溢流情况下,坝袋内外均为水体,一般不会出现坝袋堵塞坝底板充排水管口及水帽的现象,所以充排水管口很小。一般管口至管口的间距 $L > 2H > 10$ m,管口水帽为高凸型,即管口法兰与底板上平面齐平,水帽高出坝底板上平面一定高度,水体从底板上平面的水帽内进出充排水管路。见图 3-5-8(a)。

溢流压沙橡胶坝在工作情况下,有可能沿坝轴向坝袋某段压沙而另一段不压沙,也可能沿坝轴向坝袋全线压沙。为此,研制成功了防压沙坝袋堵水的多管口、低平型水帽充排水装置。该装置和蓄水挡水橡胶坝的充排水装置不同之处,一是管口多,管口与管口间距 (L)大大缩小。二是以低平型水帽代替高凸型水帽。

1. 多管口的管口间距确定

根据水下观测,在压沙状态下坝袋的坍坝坡度一般为 $1:1.5 \sim 1:1$,所以按最大坍坝坡度 $1:1$ 确定:

$$L \leqslant 2H$$

2. 低平型水帽的研制

管口及水帽安装高程下降,使水帽帽顶与坝底板上平面齐平,在管口与坝底板上平面间做成漏斗型,袋内水流从底板上平面与管口间的漏斗内进出充排水管,见图 3-5-8(b)。

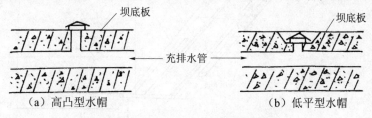

（a）高凸型水帽　　　　　　　（b）低平型水帽

图 3-5-8　高凸型与低平型水帽示意图

在总结了张桥工程经验的基础上,该项技术已成功地运用到刘庄工程和刘春家工程的设计中。

张桥工程坝高 2 m,坝底板长 22 m,2 个管口,管口间距 10 m,高凸型水帽,水管口与坝底板上平面齐平,水帽顶高出坝底板上平面 13 cm。刘庄工程坝高 2 m,在坝底板长 75 m 的长度内共设 18 个管口,管口间距 $L = 3.95$ m $< 2H$(坝高)=4 m,水帽为低平型,管口低于底板上平面 13 cm,水帽顶与底板上平面齐平。此装置的优点如下:

(1)提高了坝袋充排水速度。

(2)在坝轴向坝袋全线压沙或部分坝段压沙的情况下,当充水时,利于全线均匀鼓起坝袋,减少坝袋轴向应力;排水时,利于坝袋全线均匀坍落,不致形成坝袋残留封闭水囊。

(3)利于改善和弥补当前坝袋制造中纬向拉力弱于径向拉力的不足。坝袋制造厂采用纬向搭接的方式生产坝袋,纬向搭接强度低于径向强度。如烟台橡胶厂生产的三布四胶坝袋径向搭接拉力为 48 t/m,纬向接头搭接拉力最大达到 30 t/m。在此条件下,坝袋底板多管口技术的开发应用,大大弥补、改善了坝袋纬向拉力弱的不足。

三、岸坡明置式充排水、排气、溢流、水压监测系统的研制

以往橡胶坝工程,往往采用岸下竖洞或斜洞廊道式充排水、排气、过压溢流保护、水压监测方案,见图3-5-9。以竖洞或斜洞廊道在岸下直伸河底,和坝底板齐平,洞内安装充排水、排气、过压溢流、水压观测管及水泵等。之所以采用竖洞或斜洞廊道式,其主要原因是:①蓄水挡水橡胶坝坝袋设计内压比低,相应的坝袋设计内压水头(H_0)较低,溢流管口较低,在河道设计正常灌溉水位以下,坝内水体不能自由泄入河内,需泄入洞内再由机械排出洞外。②水泵吸程低,需通过在洞内安装的方式以降低水泵吸程,以抽取坝袋水体。③以测压管观测水压,观测人员需进洞操作观测记录水压数值。上述方案虽能完成排水、排气、过压溢流、水压监测等功能,但缺点是工程造价高,管理人员需进洞操作,管理运用不便;更重要的是黄河河道管理部门对在河道险工段的堤岸内修穿堤工程,出于安全考虑,审批此方案困难。

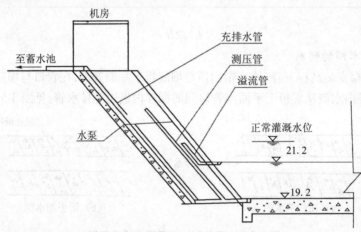

图3-5-9　斜洞廊道式充排水、排气、溢流水压监测系统　（单位:m）

岸坡明置式充排水、溢流水压监测系统见图3-5-10。本设计通过采用先进技术措施设备,砍掉竖洞或斜洞廊道而将充排水、排气、过压溢流、水压监测设备安装于岸坡表面或岸上。

主要技术措施如下:

(1)提高坝袋设计内压比(α)到1.5,使相应的坝袋一级过压溢流管口高程高于河道设计正常灌溉水位以上,溢流口在岸坡表面露天安置,水流泄入河内。坝袋二级过压溢流管口高程高于河道汛期最高淤灌水位以上,溢流口在岸坡表面露天安置,水流泄入河内。

张桥工程,岸上水泵安装高程25.5 m,坝底板高程19.2 m,水泵安装吸程地形高差为6.3 m,选用鲁4-25型自吸泵,$H=26.9$ m,$Q=70$ m³/h,满足了排水要求。

刘庄工程,岸上水泵安装高程60.5 m,坝底板高程56.45 m,水泵安装吸程地形高差为4.05 m,因吸水管很长,实际吸程增加很大。为此选用IS150-125型水泵与SK-15型真空泵联合运用,IS150-125型水泵$H=20$ m,$Q=200$ m³/h,$h_{吸}=6.5$ m,$N=13.5$ kW,SK-15真空泵极限真空1.5×10^4 Pa。

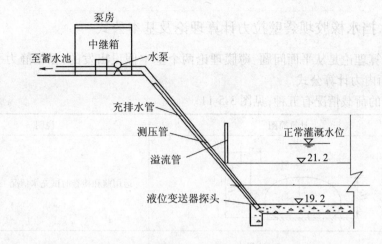

图 3-5-10　岸坡明置式充排水、溢流水压监测系统 （单位:m）

（2）由美国 ICSENSORS 公司引进投入式 BP2881 型水位变送器置于测压管底端,水压信号经导气电缆传递到控制室内,以观测坝袋内水压力。

①水位变送器的工作原理。BP2881 投入式水位变送器,由水位变送器、带有 316 不锈钢隔离膜片的硅精蚀压力传感器和集成化的信号微处理器组成。当液体深度发生变化时,压力传感器受到一个与深度成正比例的压力,经信号微处理器转变成对应于液体深度的 4～20 mA 模拟信号输出。

②水位变送器结构。水位变送器由变送器投入部、导气电缆和中继箱组成。

a. 变送器投入部。采用 $\phi 35 \times 150$ mm 的不锈钢或耐腐蚀壳体,敏感部件及补偿电路装在其中,壳体通过导气电缆与外界相通,应用于油、水及一般性腐蚀介质。在测量坝内水压时,将其投入测压管底端。

b. 导气电缆。投入部与中继箱之间的导气电缆,除作电源和信号的传输外,还引入大气补偿,所以在安装电缆时,不要夹持过紧,折弯过锐,以保证投入部件的敏感及和大气相通。

c. 中继箱。由铝合金外壳构成防雨结构,用于固定电缆、保证大气与敏感部件连通、各投入部供电、取出 4～20 mA 信号、变送器调零。中继箱安装在控制室内,垂直固定在支架板上,箱体能保证防雨透气,安装位置应便于连接和维护。

③标准量程与精度:量程为 0～10 m,精度为 ±0.05%～0.1%。

第七节　溢流压沙荷载下橡胶坝袋壁拉力理论计算的研究

1957 年美国加州洛杉矶水利电力局工程师伊姆伯逊（N. M. Imbertson）设计建造了世界上第一座挡水蓄水橡胶坝,并创立了清水挡水荷载下橡胶坝袋壁拉力计算理论及公式,一直沿用至今。我国于 1966 年在北京右安门建成国内首座橡胶坝,至 20 世纪 90 年代全国已建成 500 余座橡胶坝工程,其坝袋都是按照蓄水挡水荷载的计算理论和基本公式进行设计的。

一、蓄水挡水橡胶坝袋壁拉力计算理论及基本公式

（1）该计算理论是从平面问题、薄膜理论两个基本假设出发的,根据静力平衡条件,确定坝袋断面内力计算公式。

（2）坝袋的荷载情况有五种,见图 3-5-11。

情况	计算简图	说明
1	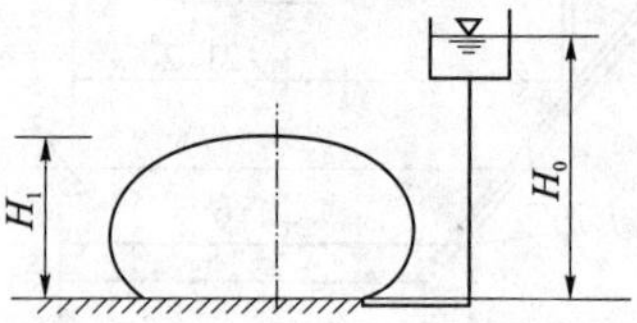	运用前和检查时试充水情况
2	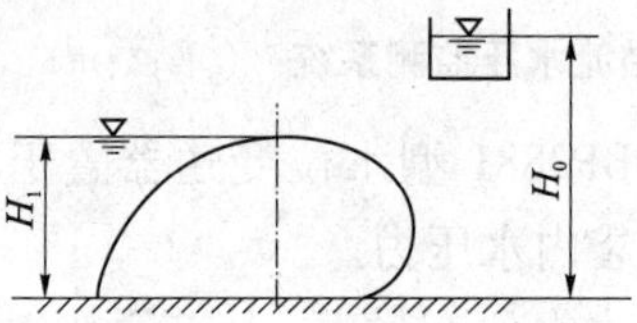	坝袋受力较大,常作为设计荷载情况
3	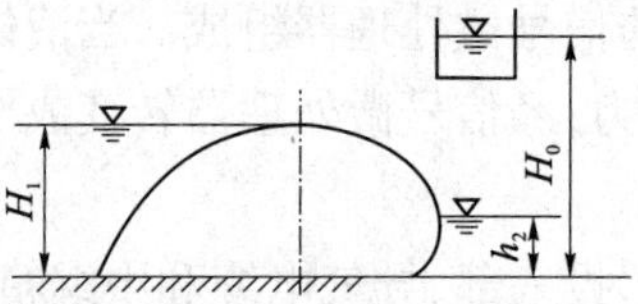	河道中筑坝常出现此情况
4	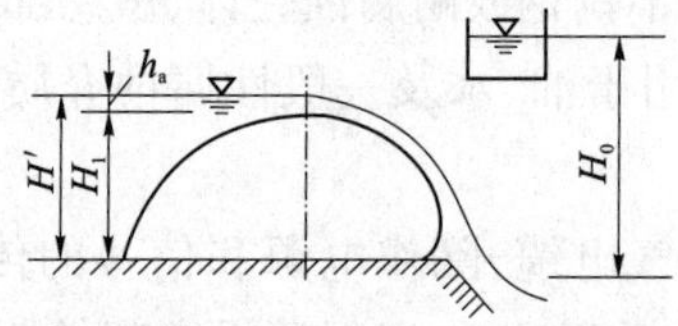	上游水位已超过设计坝高,应降低坝泄流情况
5	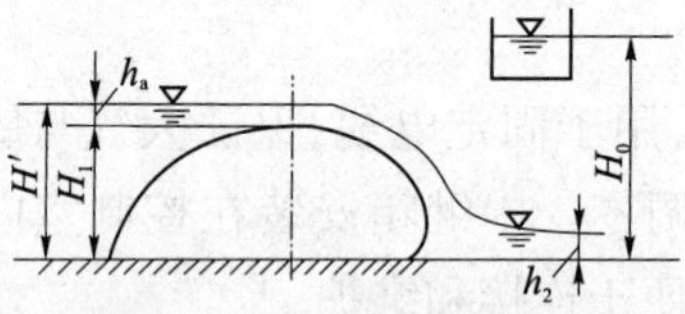	橡胶坝溢流情况 H_1 = 设计坝高 H_0 = 内压水头 h_2 = 下游水深 H' = 溢流水深

图 3-5-11　蓄水挡水橡胶坝坝袋荷载图

（3）坝袋袋壁拉力计算基本公式

$$T = \frac{\gamma}{2}\left(H_0 H_1 - \frac{1}{2}H_1^2 - \frac{1}{2}h_2^2\right) \tag{3-22}$$

适用于第 3 种情况,若忽略坝面溢流水深对坝袋的影响,也适用于第 5 种情况。

若令 $h_2 = 0$,则

$$T = \frac{\gamma}{2}\left(H_0 H_1 - \frac{1}{2}H_1^2\right) = \frac{\gamma}{2}\left(\alpha H_1^2 - \frac{1}{2}H_1^2\right) \tag{3-23}$$

式中　γ——水容重；

　　　H_1——坝高；

　　　H_0——坝袋内压水头；

　　　α——坝袋内压比。

适用于第2种情况。若忽略坝面溢流对坝袋的影响,也适用于第4种情况。此式为设计常用公式。

H_0值的选用与内压比(α)有关,$H_0 = \alpha H_1$。当坝高H_1一定时,坝袋的外形尺寸、变形、拉力的大小主要受内压比(α)的影响,内压比(α)与坝袋的有效周长(L_0)成反比,与坝袋拉力(T)成正比。α大则L_0短,土建工程量小,但袋壁拉力大,要求材料强度高。α一般选用1.25～1.6(见《橡胶坝》一书,中国农业科技出版社出版,陆吾华等编)。

随着橡胶坝工程技术和多沙河流引水防沙工程技术的发展,橡胶坝工程的应用已由清水河流的挡水蓄水拓展到多沙河流的引水防沙。橡胶坝袋的受力荷载也由挡水蓄水转变为溢流压沙荷载,目前,国内外尚未有溢流压沙荷载下橡胶坝袋袋壁拉力计算的研究成果,为此,我们进行了该项研究。

二、溢流压沙荷载下橡胶坝袋拉力计算理论及基本公式的研究[1]

(一)基本假设

(1)按薄膜理论计算。袋壁为柔性材料,其厚度与坝袋的长度、宽度相比很小,可按薄膜理论计算坝袋内力。

(2)按平面问题考虑。坝袋锚固在底板上,坝轴线较长,基本上不受端部约束的影响,袋壁在跨中部位受力条件相同。坝袋沿轴线方向变形很小,受力变形发生在垂直于坝轴线的平面内,在该平面只承受均匀的径向拉力,不产生弯矩和剪力。因此,将坝袋的受力计算简化为垂直于轴线平面的受力计算。

(3)假定坝袋沿坝轴线的压沙荷载大小是均匀的。

(4)假定在溢流压沙状态下坝袋体积及高度既无充张趋势又无压缩趋势,属稳定状态,此时坝袋的内压水头(H_0)和垂直于坝轴线平面的坝内水深、坝上溢流压沙荷载的折算水头($233H_0'$)是平衡的。即

$$H_0 = H_0' = H_1 + \frac{\gamma_{土饱}}{\gamma}H_4 + \frac{\gamma_{浑}}{\gamma}(H_3 - H_4) \tag{3-24}$$

式中　$\gamma_{土饱}$——土壤饱和容重,t/m^3;

　　　$\gamma_{浑}$——浑水容重,t/m^3;

　　　γ——水容重,t/m^3;

　　　H_3——坝顶水位高程与坝顶高程之差,m;

　　　H_4——坝顶上压沙厚度,m。

(5)假定坝袋只受静水压力作用,不考虑动荷载的影响。

(6)不计坝袋的自重及受力伸长的影响。

---

[1]　山东水利科学研究院卞俊威、水利水电科学研究院苑希民,参加基本公式指导研究工作。

（二）坝袋的荷载情况

见图 3-5-12。

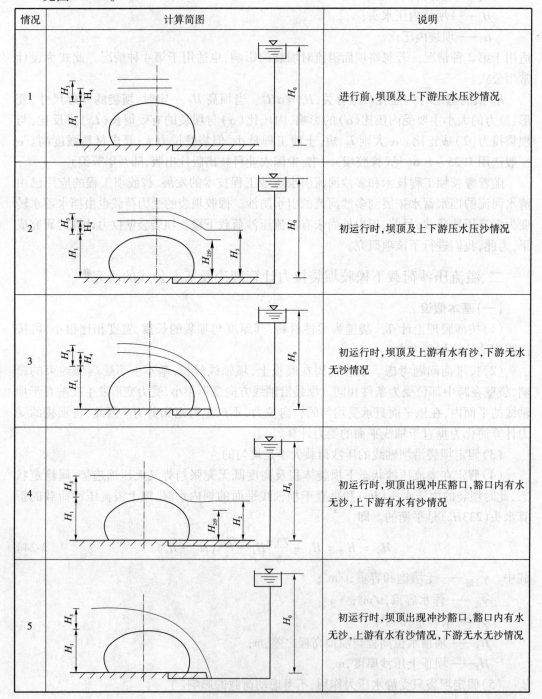

情况	计算简图	说明
1		进行前,坝顶及上下游压水压沙情况
2		初运行时,坝顶及上下游压水压沙情况
3		初运行时,坝顶及上游有水有沙,下游无水无沙情况
4		初运行时,坝顶出现冲压豁口,豁口内有水无沙,上下游有水有沙情况
5		初运行时,坝顶出现冲沙豁口,豁口内有水无沙,上游有水有沙情况,下游无水无沙情况

图 3-5-12　溢流压沙橡胶坝坝袋荷载图

(三)坝袋袋壁内力的确定

运行前,坝顶及上下游均压水压沙,其坝上水深和坝上荷载的折算水头(H_0')和坝袋的内压水头(H_0)相平衡。此时,坝袋受力最小,处于安全状态,属第1种情况。当坝上开始溢流运行时,坝顶局部压沙开始削坡,坝顶及上下游仍压水压沙,属第2种情况。随着溢流时间的延长,在沿坝轴线上均匀压沙厚度断面内的某一断面局部冲开一个豁口,该豁口坝上压沙被冲掉,豁口两侧的坝上仍压沙,坝袋处于受力不利状态,属第4种情况,继之豁口向两侧扩展,直至坝轴向断面压沙被全部冲掉,即转入坝上无压沙的正常溢流运用状态。

现取垂直坝轴向"坝上均匀溢流压沙,坝上下游压水压沙",即第2种情况,与"坝上溢流并将压沙冲掉形成豁口(坝袋尚未变形前瞬间),坝上下游有水有沙",即第4种情况的两个横断面受力组合进行分析。因为坝袋为连通体,第2种情况坝断面的内压水头(H_{02})和第4种情况坝断面的内压水头(H_{04})是相等的,即:$H_{02}=H_{04}$,又因为H_{02}为已知,且

$$H_{02}=H_0'=H_1+\frac{\gamma_{\pm饱}}{\gamma}H_4+\frac{\gamma_{浑}}{\gamma}(H_3-H_4) \tag{3-25}$$

所以

$$H_{04}=H_1+\frac{\gamma_{\pm饱}}{\gamma}H_4+\frac{\gamma_{浑}}{\gamma}(H_3-H_4) \tag{3-26}$$

按第4种情况,即坝上溢流并冲出压沙豁口断面的情况,取坝袋脱离体进行受力分析:选坐标系,Y轴通过坝顶点C,将断面切开,垂直向上,X轴沿坝底水平向右。C点切口处有袋壁拉力T水平向左,B点锚固处也有相同拉力T,方向与X轴成一角度e_0,见图3-5-13。

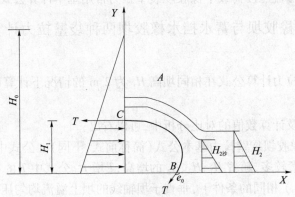

图3-5-13　坝袋受力计算图

从X轴的全部作用力$\sum F_x$必须为零的条件得

$$-T+T\cos e_0+\frac{1}{2}\gamma H_0^2-\frac{1}{2}\gamma(H_0-H_1)^2-\frac{1}{2}\gamma_{浑}H_2^2-\frac{1}{2}\gamma_{浮}H_{2沙}^2\tan^2\left(45°-\frac{\varphi}{2}\right)=0$$

或　　$$T=\frac{\gamma H_0^2-\gamma(H_0-H_1)^2-\gamma_{浑}H_2^2-\gamma_{浮}H_{2沙}^2\tan^2\left(45°-\frac{\varphi}{2}\right)2(1-\cos e_0)}{2(1-\cos e_0)} \tag{3-27}$$

　　可知 T 值随 e_0 值而变,当 $\cos e_0 = -1$ 或 $e_0 = \pm\pi$ 时,T 值最小。此最小值正是设计所需的,不仅有利于选择强度较低的坝袋材料,而且可以减小坝袋断面尺寸,由此确定:

$$T = \frac{\gamma H_0^2 - \gamma(H_0 - H_1)^2 - \gamma_浑 H_2^2 - \gamma_浮 H_{2沙}^2 \tan^2\left(45° - \frac{\varphi}{2}\right)}{4} \tag{3-28}$$

适用于坝上溢流压沙和上下游压水压沙坝袋相对受力小的情况,即第 2 种与第 4 种荷载组合情况。

　　当 $H_2 = 0$,$H_{2沙} = 0$ 时

$$T = \frac{\gamma}{2}\left(H_0 H_1 - \frac{1}{2}H_1^2\right) \tag{3-29}$$

适用于坝上溢流压沙、坝上游压水压沙、坝下游无水无沙,坝袋相对受力较大的情况,即第 3 种与第 4 种荷载组合情况,以此作为设计工况。

　　将 $H_0 = H_1 + \dfrac{\gamma_{土饱}}{\gamma}H_4 + \dfrac{\gamma_浑}{\gamma}(H_3 - H_4)$ 代入上式,则

$$\begin{aligned}
T &= \frac{\gamma}{2}\left[H_1^2 + \frac{\gamma_{土饱}}{\gamma}H_1 H_4 + \frac{\gamma_浑}{\gamma}(H_3 - H_4)H_1 - \frac{1}{2}H_1^2\right] \\
&= \frac{\gamma}{2}\left(\frac{1}{2}H_1^2 + \frac{\gamma_浑}{\gamma}H_1 H_3 + \frac{\gamma_{土饱} - \gamma_浑}{\gamma}H_1 H_4\right)
\end{aligned} \tag{3-30}$$

式中　$\gamma_{土饱}$——土壤饱和容重,t/m^3;

　　　　$\gamma_浑$——浑水容重,t/m^3;

　　　　γ——水容重,t/m^3;

　　　　T——拉力,t/m。

此式作为设计溢流压沙荷载下橡胶坝袋壁拉力常用基本计算公式。

三、溢流压沙橡胶坝与蓄水挡水橡胶坝两种袋壁拉力计算公式及计算数值的对比与分析

　　现以两种坝袋拉力计算公式在相同坝高 H_1 为 2 m 的情况下计算的坝袋拉力 T 进行对比。见表 3-5-17。

　　从两基本公式及计算数值的对比分析中,可以看出:

　　(1)溢流压沙橡胶坝袋壁拉力基本公式(简称前式,下同)。公式中 $T = f(H_1、H_3、H_4、\gamma_浑、\gamma_{土饱})$,影响因素较多,随着 H_1、H_3、H_4 的增高,T 增大。公式中 T 的本质是在坝高(H_1)和坝袋内压水头(H_0)相同的条件下,垂直于坝轴线的坝上溢流均匀压沙的横断面的压水压沙荷载与垂直于坝轴线的坝上溢流冲掉压沙产生豁口断面的压水荷载之差所产生的结果。

　　蓄水挡水橡胶坝袋壁拉力基本公式(简称后式,下同)。公式中 $T = f(\alpha、H_0、H_1)$,影响因素较少,随着 α 或 H_0 的增高,T 增大。T 的本质是在坝高(H_1)一定的条件下,由于选择的内压比(α)不同所形成的不同坝袋内压水头(H_0)与坝高水头(H_1)之差所产生的结果。

表 3-5-17　　溢流压沙橡胶坝与蓄水挡水橡胶坝两种袋壁拉力计算公式计算数值对比表($H_1 = 2$ m)

名称	溢流压沙橡胶坝	蓄水挡水橡胶坝
基本公式	$T = \dfrac{\gamma}{2}\left(\dfrac{1}{2}H_1^2 + \dfrac{\gamma_浑}{\gamma}H_1H_3 + \dfrac{\gamma_{土饱} - \gamma_浑}{\gamma}H_1H_4\right)$	$T = \dfrac{\gamma}{2}\left(H_0H_1 - \dfrac{1}{2}H_1^2\right)$ $T = \dfrac{\gamma}{2}\left(\alpha H_1^2 - \dfrac{1}{2}H_1^2\right)$
两种公式的计算数值	$H_3 = 0$ m, $H_4 = 0$ m,则 $T = 1.0$ t/m	$\alpha = 1$,则 $T = 1.0$ t/m
	$H_3 = 0.4$ m, $H_4 = 0$ m,则 $T = 1.4$ t/m	$\alpha = 1.2$,则 $T = 1.4$ t/m
	$H_3 = 1.0$ m, $H_4 = 0$ m,则 $T = 2.0$ t/m	$\alpha = 1.5$,则 $T = 2.0$ t/m
	$H_3 = 1.0$ m, $H_4 = 0.2$ m,则 $T = 2.2$ t/m	$\alpha = 1.6$,则 $T = 2.2$ t/m
	$H_3 = 1.0$ m, $H_4 = 0.5$ m,则 $T = 2.5$ t/m	$\alpha = 1.75$,则 $T = 2.5$ t/m
	$H_3 = 1.0$ m, $H_4 = 0.6$ m,则 $T = 2.6$ t/m	$\alpha = 1.8$,则 $T = 2.6$ t/m
	$H_3 = 1.0$ m, $H_4 = 1.0$ m,则 $T = 3.0$ t/m	$\alpha = 2.0$,则 $T = 3.0$ t/m

（2）前式中坝上无水无沙即 H_3、H_4 均为零的情况与后式中坝上游水深与坝内水深齐平即 $\alpha = 1$ 的情况,T 值是相等的,说明两公式的计算结果是一致的。

（3）前式中,一般设计坝上压沙厚度选在 $0.5 \sim 1.0$ m 的范围内（特殊情况下也有超过1.0 m的）。后式中,一般坝袋设计内压比选在 $1.25 \sim 1.6$ m 的范围内。经计算对比,前式中较小压沙厚度情况,$H_3 = 1$ m,$H_4 = 0.5$ m 的 T 值和后式中内压比 α 达 1.75 的 T 值相等。前式中较大压沙厚度情况,$H_3 = 1$ m,$H_4 = 1.0$ m 的 T 值和后式中更高内压比 α 达 2.0的 T 值相等。显然前式中一般设计坝上压沙厚度 $0.5 \sim 1.0$ m 范围内的 T 值,已大大超出了后式中一般坝袋设计内压比 $1.25 \sim 1.6$ m 选用范围内的 T 值。由此说明前式和后式在设计上各有自己的适用范围,两者是互不代替的;也说明按一般设计溢流压沙厚度计算需要的坝袋拉力远大于后式按一般蓄水挡水坝袋选用的设计内压比计算需要的坝袋拉力,因此溢流压沙橡胶坝袋要求的强度远大于蓄水挡水橡胶坝袋要求的强度。

第八节　溢流橡胶坝消能防冲设计技术研究

橡胶坝溢流时,水流的势能转化为动能,流速加大,冲刷力强,特别是对紧靠橡胶坝袋下游的坝脚形成强烈冲刷,影响坝体安全,需要采取消能防冲措施。

一、橡胶坝基本流态的判定

橡胶坝采用何种消能防冲措施,要视基本流态而定。因此,首先要判断水流的衔接状态,这可用下游水深 h_2 与收缩断面水深 h'_c 的共轭水深 h''_c 来进行比较判断,见图3-5-14。

（1）当 $h''_c > h_2$ 时,跃前断面在收缩断面的后面,为远驱式水深,产生远驱式水跃。

（2）当 $h''_c < h_2$ 时,跃前断面在收缩断面的前面,为淹没水深,产生淹没式水跃。

（3）当 $h''_c = h_2$ 时,跃前断面在收缩断面处,为临界水深,产生临界式水跃。

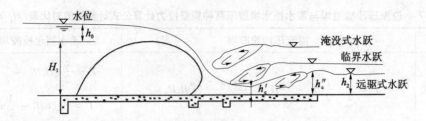

图3-5-14　水流状态衔接判别图

二、消能防冲技术措施

橡胶坝后的消能,一般可以通过工程建设和工程调控两种措施解决。工程建设措施,即坝后建消力池(坝)或护坦工程。工程调控措施,即通过坝、闸的调控,以淹没水跃消能。本设计采用工程调控措施。由于引水防沙工程总体布置的形式为进水闸置于橡胶坝后,通过坝后进水闸工程的调控,橡胶坝下游水较深,容易产生淹没水跃,所以选用工程调控措施消能,不再建消力池(坎)消能。一般升坝时,进水闸不开,静水升坝,运行中,通过进水闸调节尽量使坝后水位差减小。为增强工程的抗冲能力,坝后建混凝土护坦,厚度0.5 m,接进水闸前坦。通过工程运行观察,橡胶坝后一般不产生完全水跃,而形成一系列急流在表面逐渐消失的水波,称为波状水跃,达到了工程设计要求。

第九节　工程有关设计计算研究

工程基础分两种型式:刘庄工程为底板桩基式,张桥、刘春家工程为大底板式。工程设计计算方法有异。

一、刘庄工程有关设计计算

(一)过坝流量计算

采用《橡胶坝技术指南》中的橡胶坝泄洪能力计算公式:

$$Q = \sigma \varepsilon m B \sqrt{2g} h_0^{3/2} \tag{3-31}$$

式中　Q——过坝流量,$\mathrm{m^3/s}$;

B——坝长,m;

h_0——计入行进流速的堰顶水头,m;

m——流量系数;

σ——淹没系数,取宽顶堰的试验数据;

ε——堰流侧收缩系数。

流量系数按双锚固充水橡胶坝流量系数公式:

$$m = 0.128 + 0.117 h_1/H + 0.097 H_0/H \tag{3-32}$$

式中　H_0——坝袋内压水头,m;

H——运行时充张的实际坝高,m;

h_1——坝上游水深,m。

经计算得到：当黄河流量550 m³/s，水位59.15 m，橡胶坝充至设计坝高，坝上水深0.7 m时，过坝流量$Q = 81.2$ m³/s。当黄河流量1 000 m³/s，水位59.45 m，橡胶坝充至设计坝高，坝上水深1.0 m时，过坝流量$Q = 104.1$ m³/s。

若黄河水位较低，可适当降低坝高，以达到满足引水的要求。

（二）坝袋设计

坝袋设计包括坝袋结构选型，内压比（$\alpha = H_0/H_1$）和安全系数（K）的选择，袋壁拉力（T）、坝袋总有效周长（L_0）和充张容积（V）的计算。

1. 坝袋结构选型

本坝袋处于多沙河流水下运行，承受泥沙磨损且检修较困难。为安装与操作方便，采用单层坝袋。

2. 袋壁拉力的计算

1）按设计内压比（α）相应内压水头（H_0）加压沙荷载系数法计算坝袋拉力

设计时考虑竣工检验时上下游均无水和开始挡水时上游水位与坝袋顶齐平、下游无水的不利情况进行设计，采用《橡胶坝技术指南》中坝袋拉力计算公式：

$$T = \frac{\gamma}{2}\left(H_0 H_1 - \frac{1}{2}H_1^2\right) \tag{3-33}$$

式中　T——坝袋径向拉力，t/m；

　　　H_1——设计坝高，$H_1 = 2$ m；

　　　H_0——内压水头，$H_0 = 2.0 \times 1.5 = 3$ m；

　　　γ——水的容重，$\gamma = 1$ t/m³。

则：$T = 1/2 \times 1 \times (3.0 \times 2 - 1/2 \times 2^2) = 2$（t/m）。

运行中考虑到坝袋上的淤沙附加负荷，取负荷系数$K = 2.25$，坝袋总拉力$T_总 = KT = 2.25 \times 2 = 4.5$（t/m）。

2）按溢流压沙荷载法计算坝袋拉力

根据溢流压沙橡胶坝袋拉力计算公式

$$T = \frac{\gamma}{2}\left(\frac{1}{2}H_1^2 + \frac{\gamma_浑}{\gamma}H_1 H_3 + \frac{\gamma_{土饱} - \gamma_浑}{\gamma}H_1 H_4\right) \tag{3-34}$$

当坝高H_1为2 m、坝上水深H_3为1.2 m、坝上压沙H_4为1 m时，$T = 3.2$ t/m。

选择坝袋为三布四胶锦纶氯丁胶布，厚度9 mm，径向强度为48 t/m，纬向强度30 t/m。

3）坝袋安全系数

坝袋安全系数（K）的选择首先要保证坝袋安全，同时尽可能减少造价，按两种计算中的最大坝袋拉力值验算

$$K = 48/4.5 = 10.7 > [K] = 6.0 \tag{3-35}$$

3. 坝袋有效周长和外形的计算

1）图解法

根据坝袋为薄膜结构的特点，当坝袋受内水压力作用时，袋壁产生环向拉力，其值为常数，即

$$T = RP \tag{3-36}$$

式中　P——坝袋上某点的内外压力差,t/m^2;

　　　R——坝袋上某点的曲率半径,m;

　　　T——袋壁环向拉力,t/m。

坝袋充张后各点的曲率半径

$$R = T/P \tag{3-37}$$

上游袋壁为一等曲率圆弧线。

下游袋壁段 $P_i = r(H_0 - H_i)$,H_i 为变数,故 $R_i = T/[r(H_0 + H_i)]$,即 R_i 随 H_i 线性变化,故下游段形状为变曲率半径圆弧线。

在坝袋的下游袋壁段,将坝高分成十等份,代入上式求出相应的变曲率半径,计算如表3-5-18所示。逐段绘出圆弧,连接而成下游段坝袋曲线,见图 3-5-15。

表 3-5-18　坝袋作图数据表

序号	分段坝高 H_i(m)	分段内压 $P_i = r(H_0 - H_i)$ (kN/m)	坝袋拉力 T(t/m)	坝段袋壁半径 $R_i = T/P_i$(m)	附注
1	2.0	1.0	2	$R_1 = 2.0$	
2	1.8	1.2	2	$R_2 = 1.67$	
3	1.6	1.4	2	$R_3 = 1.43$	
4	1.4	1.6	2	$R_4 = 1.25$	
5	1.2	1.8	2	$R_5 = 1.11$	
6	1.0	2.0	2	$R_6 = 1.00$	
7	0.8	2.2	2	$R_7 = 0.91$	
8	0.6	2.4	2	$R_8 = 0.83$	
9	0.4	2.6	2	$R_9 = 0.77$	
10	0.2	2.8	2	$R_{10} = 0.72$	

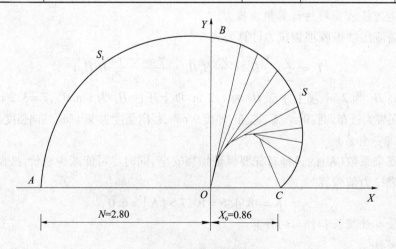

图 3-5-15　坝袋断面曲线图

由图 3-5-15 中横断面量得:坝袋贴底长度 2.88 m。

2)查表法

当 $\alpha = H_0/H_1 = 1.5$ 时,查《橡胶坝技术指南》附表得:

$$T/H_1^2 = 0.500$$
$$S_1/H_1 = 1.5708$$
$$S/H_1 = 1.6858$$
$$N/H_1 = 1.0000$$
$$V_0/H_1^2 = 1.4403$$
$$X_0/H_1 = 0.4366$$

式中 T——坝袋环向拉力,t/m;

     S_1——上游曲线长,$S_1 = AB$,m;

     S——下游曲线长,$S = BC$,m;

     N——上游水平段长,$N = AO$,m;

     X_0——下游水平段长,$X_0 = OC$,m;

     V_0——单宽容积,m³。

袋壁拉力:

$$T = 0.5 \times 2^2 = 2(t/m)$$

单宽容积:

$$V_0 = 1.4403 \times 2^2 = 5.76(m^3)$$

双锚固坝袋总有效周长:

$$L_0 = S_1 + S = 3.26H_1,锚固长度 0.64 m$$
$$L_0 = 3.26 \times 2 + 0.64 = 7.16(m)$$

边坡 1:1.5;

坝袋面积 $A = 7.16 \times [(75 + 2 \times 3.26) + 0.64] = 593.13(m^2)$;

两锚固线间距 $= N + X_0 = 1.4366H_1 = 2.87(m)$。

(三)基础设计

本橡胶坝基础由于地基为第四系冲积轻亚黏土,故采用钢筋混凝土灌注桩基础。底板长 75 m,分三块,每块长 25 m、宽 6.0 m、厚 0.8 m,下设 100# 混凝土垫层,钢筋混凝土灌注桩径 0.6 m,36 根。

1.荷载计算

(1)完成情况,见图 3-5-16(a)及表 3-5-19。

(2)挡水情况,见图 3-5-16(b)及表 3-5-20。

2.桩基计算

按《工业与民用建筑灌注桩基础设计与施工规程》(JGJ 4—80)和《钢筋结构设计规范》(TJ 10—74)中的有关方法和公式计算。

1)灌注桩布置

每块底板按梅花形布置,根桩桩间的距离为 4.0 m,大于 6 倍的桩径 3.6 m,故不考虑桩的相互影响。

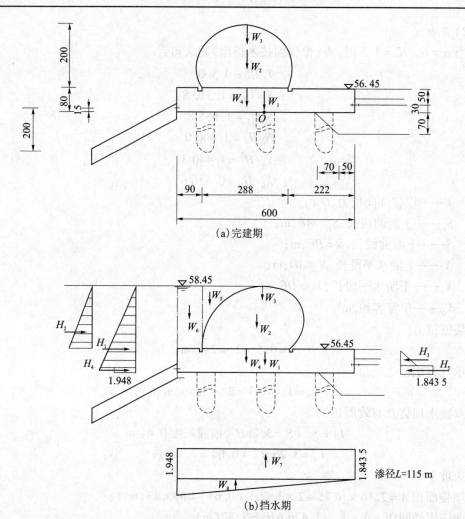

图 3-5-16　刘庄工程桩顶荷载计算图　（单位:长度,cm;高程,m）

表 3-5-19　荷载计算表(完建期)

名称	符号	计算式	作用力(t)		力臂 (m)	力矩(t·m)(对底板中心)	
			水平→	垂直↓		+	−
底板	W_1	$0.8 \times 6 \times 25 \times 2.4$		288	0	0	
袋内水重	W_2	$5.76 \times 25 \times 1$		144	0.66		95.04
坝袋重	W_3	$7.16 \times 25 \times 0.008 \times 1.4$		2	0.66		1.32
底垫片	W_4	$3.52 \times 25 \times 0.008 \times 1.4$		1	0.66		0.66
合计				435			97.02

表 3-5-20　荷载计算表（正常挡水期）

名称	符号	计算式	作用力(t) 水平→	作用力(t) 垂直↓	力臂 (m)	力矩(t·m)（对底板中心）+	力矩(t·m)（对底板中心）−	备注
底板	W_1			288	0	0		
袋内水重	W_2			144	0.3		43.2	力臂为估算
坝袋重	W_3			2	0.1	0	0.2	力臂为估算
底垫片	W_4			1	0.66		0.66	
水重(含沙重)	W_5	$0.215 \times 2^2 \times 25 \times [1 + (2-1)]$		43	1.654		71.12	
水重(含沙重)	W_6	$0.9 \times 2 \times 25 \times [1 + (2-1)]$		90	2.55		229.5	
垂直渗透压力	W_7	$1.843 \times 6 \times 25 \times 1$		−276.5	0	0		
垂直渗透压力	W_8	$1/2 \times (1.948 - 1.843) \times 6 \times 25 \times 1$		−7.88	1	7.88		
上游水压力	H_1	$1/2 \times 1 \times 2.65^2 \times 25$	87.78		1.033	90.68		
上游沙压力	H_2	$1/2 \times 2^2 \times (1-2)$ $\tan^2(45° - 32°/2) \times 25$	15.36		1.467	22.53		
下游水压力	H_3	$1/2 \times 0.5^2 \times 1 \times 25$	−3.13		0.467		1.46	
上游水平渗透压力	H_4	$1.948 \times 0.15 \times 25$	7.31		0.075	0.55		
下游水平渗透压力	H_5	$1.843\,5 \times 0.3 \times 25$	−13.83		0.15		2.07	
小计						121.64	348.21	
Σ			93.49	283.62			226.57	

2）桩顶荷载计算

据公式 $N_i = N/n \pm M_i Y_i /(\sum_1^n Y_i^2)$ 计算。

A. 完建情况：坝袋内充水至设计高程 58.45 m，坝前后无水。

承台外荷载：

$$N = 435 \text{ t}, M = 97 \text{ t·m}$$

计算得：桩顶荷载

$$\overline{N} = 39.54 \text{ t}, N_{max} = 45.61 \text{ t}$$
$$N_{min} = 33.48 \text{ t}$$

B. 挡水情况：坝前水位淤泥平坝顶(59.45 m)，坝后无水无淤积。

承台外荷载

$$H = 93.49 \text{ t}, N = 183.62 \text{ t}$$

$$M = -226.57 \text{ t} \cdot \text{m}$$

计算得:桩顶荷载

$$\overline{N} = 25.8 \text{ t}, N_{max} = 39.9 \text{ t}$$

$$N_{min} = 11.6 \text{ t}, H = 8.5 \text{ t}$$

3)单桩允许承载力计算

A.单桩允许轴向承载能力:按完建情况摩擦桩公式计算。

$$P_0 = nd_1 f l + A R_f$$

式中　d_1——成桩直径,采用 0.62 m;

　　　f——灌注桩与基土的容许摩阻力,采用 1.75 t/m²;

　　　A——桩底面积,m²;

　　　R_f——桩底地基允许承载力,t/m²,采用 15 t/m²;

　　　l——桩长,假设为 12 m。

得:$P_0 = 45.93 \text{ t} > \overline{N} = 39.54 \text{ t}$

　　$1.2P_0 = 55.12 \text{ t} > N_{max} = 45.61 \text{ t}$

故设计桩长取 12 m。

B.单桩允许水平承载能力计算:

桩身采用 250# 混凝土,II 级钢筋。

a.按构造配筋经验公式

$$H = \alpha \gamma R_f W_v / \xi_m \eta \gamma_m (1.25 + 22u_g) \times (1 + 0.9N_1 / \gamma R_f A_n) \tag{3-38}$$

计算,构造配筋率为 0.65%。

式中　α——桩身变形系数,$\alpha = 5\sqrt{mN_1/E_2}$;

　　　γ——桩身截面抵抗矩的塑性系数;

　　　R_f——混凝土的抗裂设计强度;

　　　W_v——换算截面受拉边缘的弹性抵抗矩;

　　　ξ_m——桩身弯矩调整系数;

　　　γ_m——桩顶最大弯矩系数;

　　　η——偏心矩增大系数;

　　　u_g——桩身配筋率;

　　　N_1——作用于单桩桩顶的轴向力压力;

　　　A_n——桩身换算截面面积。

计算得

$$H = 8.29 \text{ t} < 8.5 \text{ t}$$

需按计算配筋。

b.考虑承台与桩基协同工作和土的弹性抗力作用,计算桩的内力。

承台承受的荷载:按挡水情况

$$N = 283.62 \text{ t}, M = -226.57 \text{ t} \cdot \text{m}, H = 93.49 \text{ t}$$

按 JGJ4—80 附表 2-4 低桩承台公式计算得桩基任一桩的桩顶内力。

$$N_{max} = 27.09 \text{ t}, H_0 = 7.15 \text{ t}, M_0 = -13.39 \text{ t} \cdot \text{m}$$

桩身最大弯矩在桩顶以下 4.14 m 处,最大弯矩为

$$M_{max} = 3.39 \text{ t} \cdot \text{m}$$
$$|M_{max}| < |M_0| = 13.39 \text{ t} \cdot \text{m}$$

故按桩顶弯矩进行桩身的强度验算,需配置钢筋 8φ18, $A_g = 20.36 \text{ cm}^2$。

3. 底板设计

底板长 25 m、宽 6.0 m、厚 0.8 m。采用 200$^\#$混凝土、I 级钢筋。按完建情况计算。

桩台承受外垂直荷载 $N = 435$ t。

桩顶最大轴向力为 45.61 t。

1)冲切计算

采用《水工钢筋混凝土结构设计规范》中的公式

$$KQ_c < 0.75R_1Sh_0 \tag{3-39}$$

式中　　K——冲切强度安全系数,按 Ⅱ 级建筑物采用 2.2;

Q_c——局部荷载;

R_1——混凝土抗拉设计强度;

S——距荷载边 $20h_0/2$ 的周长;

h_0——截面有效高度。

$$KQ_c = 2.2 \times 45.61 = 100.34 \text{(t)}$$

经计算得:

$$0.75R_1Sh_0 = 310.05 \text{ t} > KQ_c = 100.34 \text{ t}$$

满足要求。

2)配筋计算

按均布荷载连续梁计算弯矩得:

均布荷载 $q = 435/(25 \times 6) = 2.9$(t/m)

支点最大弯矩 $M_支 = 13.05$ t·m

跨中最大弯距 $M_中 = 8.34$ t·m

则上层配筋 φ18@25 钢筋,下层配 φ16@25 钢筋,横向配 φ12@25 钢筋。

3)抗剪验算

采用《水工钢筋混凝土结构设计规范》中的公式:

$$KQ < 0.07R_abh_0 \tag{3-40}$$

式中　　K——受剪强度安全系数,采用 1.6;

Q——斜截面上的最大剪力,为 20.3 t;

R_a——混凝土抗压设计强度;

b——截面宽度;

h_0——截面有效高度。

经计算得:$0.07R_abh_0 = 57.75 \text{ t} > KQ = 32.48 \text{ t} > 20.3 \text{ t}$,则不需进行斜截面抗剪强度计算。

(四)锚固设计计算

为便于坝袋安装和检修,选用装拆方便、牢固可靠的螺栓压板锚固结构。为减少坝袋震动,采用双锚固。沿坝袋上、下游锚固线埋设间距为 20 cm 的 φ300 mm 地脚螺栓,用钢压板将坝袋锚固于钢筋混凝土底板上。锚固线的布置及长度见图 3-5-17。

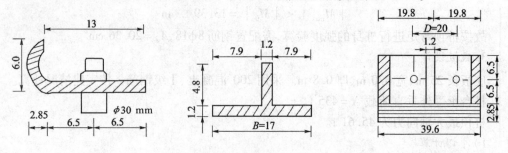

图 3-5-17　压板构造图 （单位:cm）

1.坝袋锚固螺栓计算

螺栓间距 20 cm,每支螺栓承受拉力 T,$T = 4.5/5 = 0.9(\text{t})$,取栓紧力及扭转力影响系数为 1.75,故 $T_{栓} = 0.9 \times 1.75 = 1.58(\text{t})$。

螺栓断面

$$F_{栓} = T_{栓}/(K[\sigma]) = 1\,580/(0.65 \times 1\,200) = 2.026(\text{cm}^2)$$

式中　K——螺栓工作系数,选用 0.65;

　　　$[\sigma]$——螺栓允许应力,选用 1 200 kg/cm²。

选用 φ30 mm 螺栓,有效断面面积为 7.069 cm² > 2.026 cm²。

考虑螺栓在使用过程中可能出现偏心受拉和长期处于水中,易受锈蚀影响,选用较大直径。螺栓埋深设 50 cm。

2.坝袋锚固压板计算

压板构造见图 3-5-17。压板高度以螺栓不露顶为原则,φ30 mm 粗纹螺栓的六角螺母高度为 32 mm,垫圈厚度 6 mm,压板底板厚 12 mm,孔周补强板厚 6 mm,合计 56 mm。采用压板高度 60 mm。

3.压板断面模数计算

$$a = 1.2 \text{ cm},H = 6 \text{ cm},b = 15.8 \text{ cm},B = 17 \text{ cm},d = 1.2 \text{ cm}$$

$$C_1 = 1/2(aH^2 + bd^2)/(aH + bd) = 1/2 \times (1.2 \times 6^2 + 15.8 \times 1.2^2)/(1.2 \times 6 + 15.8 \times 1.2)$$
$$= 1.26(\text{cm})$$

$$C_2 = H - C_1 = 6 - 1.26 = 4.74(\text{cm})$$
$$h = C_1 - 1.2 = 0.06(\text{cm})$$

$$J_x = 1/3(BC_1^3 - bh^3 + aC_2^3)$$
$$= 1/3 \times (17 \times 1.26^3 - 15.8 \times 0.06^3 + 1.2 \times 4.74^3) = 53.93(\text{cm}^4)$$

$$W_拉 = J_x/C_1 = 53.93/1.26 = 42.8(\text{cm}^3)$$

$$W_压 = J_x/C_2 = 53.93/4.74 = 11.38(\text{cm}^3)$$

$$\sigma_拉 = M/W_拉,\sigma_压 = M/W_压$$

$$M = TL \cdot 肋板间距$$

$L = 1/2 \times 压板宽度 = 1/2 \times 0.13 = 0.065(\text{m})$,肋板间距为 0.2 m。

$$M = 4\,500 \times 0.2 \times 0.065 = 58.5(\text{kg} \cdot \text{m}) = 5\,850 \text{ kg} \cdot \text{cm}$$

代入得

$$\sigma_{拉} = 5\,850/42.8 = 136.7(\text{kg/cm}^2) < 1\,200\ \text{kg/cm}^2$$

$$\sigma_{压} = 5\,850/11.38 = 514.06(\text{kg/cm}^2) < 1\,200\ \text{kg/cm}^2$$

二、张桥工程有关设计计算

(一)过坝流量计算

按橡胶坝泄洪能力计算公式:

$$Q = \sigma\varepsilon mB\ \sqrt{2g}h_0^{\frac{3}{2}} \tag{3-41}$$

当黄河流量 480 m³/s,水位 21.66 m,橡胶坝充至设计坝高,过坝水深为 0.46 m 时,计算过坝流量为 15 m³/s。若黄河流量、水位降低,可适当降低坝高,直至坍平,以满足过流要求。

(二)坝袋设计

1. 坝袋结构选型

本坝袋处于多沙河流水下运行,承受泥沙磨损,检修较困难。为安装与操作方便,采用单层坝袋。

2. 内压比的选择

选用内压比(α)为 1.5。

3. 袋壁拉力的计算

采用《橡胶坝技术指南》中坝袋拉力计算公式

$$T = \frac{\gamma}{2}\left(H_0 H_1 - \frac{1}{2}H_1^2\right) \tag{3-42}$$

则　　　　　　　　　　$T = 1/2 \times 1 \times (3 \times 2 - 1/2 \times 2^2) = 2(\text{t/m})$

运行中考虑到坝袋上的淤沙附加负荷,取负荷系数 $K = 2.25$。

坝袋总拉力

$$T_{总} = KT = 2.25 \times 2 = 4.5(\text{t/m})$$

4. 坝袋安全系数

坝袋安全系数(K)的选择首先要保证坝袋安全,同时尽可能减少造价。选择坝袋为二布三胶锦纶氯丁胶布,厚度 9 mm,允许拉力为 30 t/m。经验算

$$K = T_{允}/T_{总} = 30/4.5 = 6.67 > [K] = 6.0$$

5. 坝袋有效周长和外形的计算

(1)图解法。

(2)查表法。

当 $\alpha = 1.5$ 时,查《橡胶坝技术指南》附表 2-2 得

$$T/H_1^2 = 0.500$$

$$S_1/H_1 = 1.570\,8$$

$$S/H_1 = 1.685\,8$$

$$N/H_1 = 1.000\,0$$

$$V_0/H_1^2 = 1.440\,3$$

$$X_0/H_1 = 0.436\,6$$

式中　T——坝袋环向拉力,t/m;

　　　S_1——上游曲线长,$S_1 = AB$,m;

　　　S——下游曲线长,$S = BC$,m;

　　　N——上游水平段长,$N = AO$,m;

　　　X_0——下游水平段长,$X_0 = OC$,m;

　　　V_0——单宽容积,m^3。

形状参数计算表见表 3-5-21。

表 3-5-21　橡胶坝袋 $\alpha = 1.5$ 时形状参数计算表

名称	符号	计算公式	单位	数量	备注
设计坝高	H_1		m	2	
袋壁计算拉力	$T_计$	0.5×2^2	t/m	2	不含压沙负载
单宽容积	V	$1.440\ 3 \times 2^2$	m^3	5.76	
坝袋有效周长	L	$(1.570\ 8 + 1.685\ 8) \times 2$	m	6.52	
坝袋总周长	$L_总$	$6.52 + 0.64$	m	7.16	锚固长 0.64 m
锚固线间距	L'	$(1.0 + 0.436) \times 2$	m	2.87	
坝袋总长	$L'_总$	$22 + 2 \times 3.6 + 0.64$	m	29.84	
坝袋总面积	A	7.16×29.84	m^2	213.65	

(三)底板设计

1. 强度计算

底板长 22 m,宽 5.6 m,厚 0.8 m。钢筋混凝土结构,底层主筋 24φ12,顶层主筋 25φ12,架立分布筋一律采用 125φ10@25。根据内力分析,由于本底板的荷载中没有集中荷载,都是均布荷载,其强度都不大。而底板厚度不小,因而底板的正负弯矩都不会很大。根据《水工钢筋混凝土结构设计规范》对最小配筋率 $U_{min} > 0.1\%$ 的规定,选定底板的主筋和架立筋,经核算其相应的计算配筋率都在规范规定的最小配筋率 0.1% 以上,故没有必要进行底板内力、配筋计算。

2. 稳定计算

坝的稳定计算分完建期和挡水期两种情况,见图 3-5-18:

坝底板宽 5.6 m,长 22 m,设计坝高 2 m。

坝底板前缘至引黄闸后排水孔的距离按 36 m;

坝底板钢筋混凝土容重取 2.4 t/m³;

橡胶坝袋及其垫片的容重取 1.4 t/m³;

地基土的内摩擦角采用 30°,湿容重 1.8 t/m³;

钢筋混凝土底板与地基的摩擦系数采用 0.30。

1)完建期非挡水情况

坝袋充水高 2 m,坝上下游无水。

(1)荷载计算见表 3-5-22。

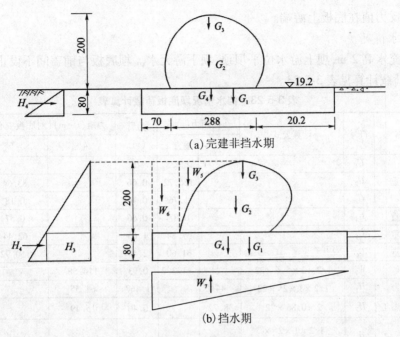

(a)完建非挡水期

(b)挡水期

图 3-5-18 张桥橡胶坝工程受力分析图 （单位:长度,cm,高程,m)

表 3-5-22 完建期非挡水情况坝底板荷载计算表

荷载名称	符号	计算公式	作用力(t) 水平→	作用力(t) 垂直↓	力臂(m)	力矩(对底板中心)(t·m) +↘	力矩(对底板中心)(t·m) −↖	备注
底板重	G_1	$0.8 \times 5.6 \times 22 \times 2.4$		236.5	0		0	
坝袋内水重	G_2	$5.76 \times 22 \times 1$		126.72	0.66		83.64	
坝袋重	G_3	$7.16 \times 22 \times 0.008 \times 1.4$		1.76	0.66		1.16	
底垫片重	G_4	$3.52 \times 22 \times 0.008 \times 1.4$		0.87	0.66		0.57	
底板前端土反力	H_4	$1/2\gamma h^2 \tan^2(45°-30°/2) \times 22$ $=1/2 \times 1.8 \times 0.8^2 \times \tan^2(45°-30°/2) \times 22$	4.22		0.27	1.44		
合计			4.22	365.85		1.44	85.37	

（2）地基反力:据公式

$$\sigma_{min}^{max} = \sum G/F \pm \sum M/W \tag{3-43}$$

式中　G——垂直力;

　　　M——对坝底板中心力矩;

　　　F——坝底板的面积;

　　　W——坝底板的截面模量,$W = bh^2/6$。

$$\sigma_{min}^{max} = 365.85/123.2 \pm (85.37-1.14)/114.99 = 2.97 \pm 0.73 = \frac{3.70}{2.24} \ (t/m^2)$$

最大反力值在底板上游端。

2)挡水情况

坝袋充水高2 m,坝上游水位平坝顶,坝下游无水。坝底板与铺盖间不设止水。

(1)荷载计算见表3-5-23。

表3-5-23　挡水情况坝底板荷载计算表

荷载名称	符号	计算公式	作用力(t)		力臂 (m)	力矩(t·m)(对底板中心)		备注
			水平→	垂直↓		+ ↘	− ↖	
底板重	G_1			236.5	0			0
坝袋内水重	G_2			126.72	0.66		83.64	
坝袋重	G_3			1.76	0.10		0.18	
坝袋底片重	G_4			0.87	0.66		0.57	
底板上水重	G_5			37.84	1.65		62.44	
底板上水重	G_6			61.60	2.45		150.92	
底板渗压	W_7	$1/2 \times 2 \times 5.6 \times 22$		−123.2	0.93	114.58		
坝前水压力	H_1	$1/2 \times 1 \times 2^2 \times 22$	44		1.467	64.55		
底坝上游端渗压	H_2	$2 \times 0.88 \times 22$	38.72		0.40	15.49		
坝前泥沙压力	H_3	$1/2 \times 1 \times 2^2 \times$ $\tan^2(45° - 30°/2) \times 22$	14.67		1.467	21.52		
底板上游端土压	H_4	$1/2 \times 1 \times 0.8^2 \times$ $\tan^2(45° - 30°/2) \times 22$	2.35		0.27	0.63		
合计			99.74	342.09		216.77	297.75	

(2)地基反力:

据公式

$$\sigma_{\min}^{\max} = \sum G / F \pm \sum M / W$$

$$\sigma_{\min}^{\max} = \frac{342.09}{123.2} \pm \frac{297.75 - 215.36}{114.99} = 2.78 \pm 0.72 = \begin{matrix} 3.50 \\ 2.06 \end{matrix} \ (t/m^2) \quad (3-44)$$

最大地基反力在底板上游端。

(3)抗滑稳定:据公式

$$K = \frac{F(\sum G + \sum W)}{\sum H}$$

$$K = \frac{0.3 \times 342.09}{96.22} = \frac{102.63}{96.22} = 1.07 > 1.05 \quad (3-45)$$

第六章　黄河山东段新型渠首橡胶坝引水防沙工程施工技术研究

第一节　施工技术研究概述

工程设计中,选取了橡胶坝址尽量接近引水口门前沿的高防沙技术指标、高施工难度设计方案,如刘庄工程选用了橡胶坝轴线距进水闸前中心垂线 75 m、夹角 60°的坝址方案,相应施工围堰轴线位于距闸前中心垂线 92.9 m 处的两坝头切线上,坝、堰两轴线间距仅 17.9 m。

一、工程的施工条件差、难度高

刘庄工程施工难点如下:

(1)它是在黄河河道内渠首引水口门前沿这一特定的条件下做施工围堰和橡胶坝工程,比在引水口门尾部的引黄涵闸附近施工艰难。

(2)施工围堰坐弯、临槽、靠溜,最大流速 2.5 m/s,最大水深 5 m 以上,水流有漩涡,顶冲淘刷围堰基础,威胁其稳定及安全。

(3)橡胶坝工程施工开挖位置与施工围堰平面距离小,立面高差大。刘庄橡胶坝基坑最低开挖线距围堰临河上水面距离达 9.8 m,而水面垂直高差达 7.75 m,因此围堰的构筑、排水和基坑开挖难度非常大。

(4)地质条件差,施工围堰及橡胶坝基础处理层为黄河内淤积的粉细沙,d_{50} 为 0.05 mm,下层为沉积的坝头人工抛石层,大小不等,孔隙率大,透水性强,极易发生流沙和沉陷变形,又给地基处理和施工排水带来极大困难。

(5)施工围堰之外的上、下游区的旧坝头,地质条件复杂,黄河高水位时易绕过坝头和施工围堰向基坑渗水、漏水,为施工的一大隐患。

(6)施工时间要求短,黄河水情变化快。刘庄工程 1992 年 12 月初开始施工至 1993 年 3 月中旬完工,其间 1992 年 12 月 10 日高村流量高达 1 180 m³/s,刘庄水位 60.05 m,1993 年 1 月 1 日,降至 300 m³/s,刘庄水位 59.15 m,2 月 6 日降到 220 m³/s,刘庄水位 59.0 m,2 月 23 日,又增到 1 100 m³/s,刘庄水位 60.03 m,3 月 2 日又降至 500 m³/s,刘庄水位 59.40 m,3 月 15 日又增至 1 100 m³/s,刘庄水位 60.05 m。

(7)施工场地狭窄,根据工程施工设计,刘庄工程围堰上游端至橡胶坝底板下游边缘仅有南北长 20 m,东西长 90 多 m 的狭小空间,给基坑开挖、排水、浇筑施工等场地布置带来困难。

张桥工程的施工难度亦很大,不再赘述。

二、工程施工技术研究的主要内容

(1)施工现场总体布置的研究;

(2)高窄型聚乙烯编织袋施工围堰的设计、构筑、防守技术研究;

(3)施工排水技术研究;

(4)基坑开挖基础浇筑技术研究;

(5)橡胶坝安装技术研究。

上述研究内容已应用于工程施工中。

第二节　新型渠首橡胶坝引水防沙工程施工现场总体布置研究

施工现场总体布置的内容,包括施工围堰、坝基开挖、施工排水设施、施工发电、混凝土拌和等设施,坝袋整理场地及料物堆放场地等的合理布置。

一、刘庄工程施工现场总体布置

见图 3-6-1、图 3-6-2。

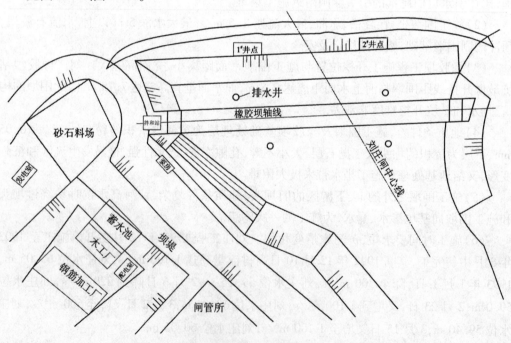

图 3-6-1　刘庄橡胶坝工程施工现场总体布置图

(1)坝基布置。根据工程设计,橡胶坝坝轴线与闸中心垂线成 60°夹角,沿闸中心线闸室前沿距离坝轴线 75 m 处。坝基长 75 m,宽 6.0 m。

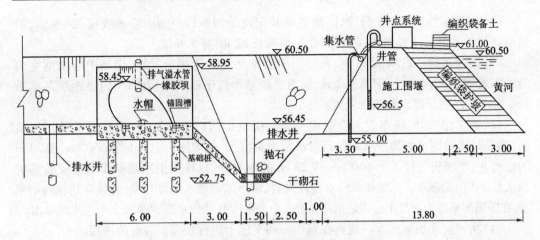

图3-6-2　刘庄橡胶坝工程施工现场断面图（单位:m）

（2）施工围堰布置,以坝轴线向引水口前沿推17.8 m为围堰轴线,围堰轴线距闸中心线闸室前沿92.9 m,围堰宽10.8 m,围堰内缘距坝基防冲槽前沿1 m为施工开挖区。

（3）施工排水井管布置。在围堰背水面布设两组二级轻型排水井点,以排除围堰及堰下渗水。在橡胶坝底板上下游两侧各打2个ϕ60 cm、深25 m的排水井,以排除围堰基础底部沙层和抛石渗漏造成的基坑积水及两坝头内的渗水。

（4）坝袋整理场地布置。工程施工中,就近在西坝头的平地上进行,坝袋安装前拼接,场地宽敞平整,符合要求。

（5）料场、发电机组及其他设备布置。由于基坑内施工空间狭窄,沙、石子、水泥、钢筋等料场及混凝土拌和机设在西坝头上,利用岸坡的滑槽将拌和料向基坑内输送,发电机布置在西坝头上。

二、张桥工程施工现场总体布置

见图3-6-3。

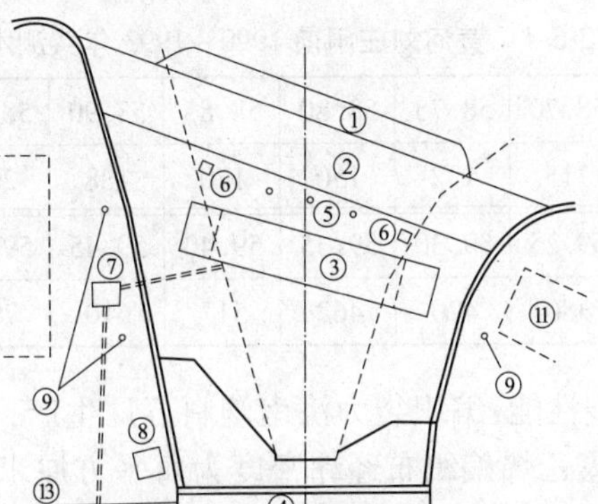

①—围堰护根;②—围堰;③—橡胶坝基;④—闸体;⑤—滤水管;⑥—集水坑;⑦—泵房;
⑧—发电机;⑨—排水井;⑩—料场;⑪—坝袋整理场地;⑫—蓄水池;⑬—施工路

图3-6-3　张桥工程施工现场总体布置

（1）坝基布置。根据工程设计，橡胶坝基定位于坝轴线与闸中心垂线成 75°夹角，沿闸中心线闸室前沿距坝轴线 26 m 处。坝基长 22 m，宽 5.6 m。

（2）围堰布置。以坝轴线向引水口门前沿推 9.4 m 为围堰轴线，沿闸中心线闸室前沿距围堰轴线 35.4 m，围堰宽 9.2 m，围堰外缘基本位于西坝头切线处，内缘距坝基前沿 2 m 为施工开挖及排水设施布置区。

（3）施工排水井、管布置。两个坝头之间引水口门内为抛石，在底部几乎是相连接的，为及时排除围堰底部沙层和抛石渗水及坝头漏水，在东坝头上打 1 个 φ50 cm、深 23 m 的排水井，西坝头上打 2 个 φ50 cm、深 23 m 的排水井，以排除围堰基础渗漏造成的基坑积水及坝头内的漏水。在堰外黄河水位较高时，堰下基础渗水速度加快，为排除基坑内的积水，在距围堰根部 1 m 处平行围堰内缘布置 3 个滤水管井，坝头根部两侧设 2 个集水坑排水。

（4）坝袋整理场地布置。就近在东坝头的平地上进行坝袋安装前的拼接。

（5）料场、发电机组及其他设备布置。料场及混凝土拌和机设在西坝头上，利用岸坡的滑槽将拌和料向基坑内输送，发电机布置在西坝头上，工棚位于东坝头上。

第三节　高窄型聚乙烯编织袋施工围堰的设计、构筑、防守技术研究

一、刘庄工程施工围堰

（一）围堰的设计

1. 基本资料

（1）地形地质资料：围堰基础上层为黄河淤积的粉细沙，下层为人工抛石，孔隙率大，承载力低，易发生沉陷变形，易液化。

（2）水文资料：工程施工期为 12 月至次年 3 月，1990～1993 年黄河刘庄闸前实测水位流量关系见表 3-6-1。

表 3-6-1　黄河刘庄闸前 1990～1993 年实测水位流量关系

水位(m)	58.66	58.70	58.75	58.80	58.85	58.90	58.95	59.00	59.05	59.10	59.15
流量(m³/s)	100	115	132	150	170	188	208	233	255	282	310
水位(m)	59.20	59.25	59.30	59.35	59.40	59.45	59.50	60.00	60.05	60.10	
流量(m³/s)	345	380	420	462	517	610	795	1 000	1 100	1 320	

（3）聚乙烯编织袋性能：编织袋为济南塑料五厂生产，系用低压聚乙烯薄膜复合单复膜编织布加工而成。聚乙烯编织布经纬密度为每平方厘米 12×12 扣扁丝。复合膜编织布不透水，按中华人民共和国轻工部部颁标准的要求生产，其主要技术性能：经纬向抗拉强度不小于 60 kg/5 cm（试件长 20 cm，宽 5 cm），缝向抗拉强度不小于 40 kg/5 cm。济南塑料五厂 1987 年 3 月 28 日对 5 cm 宽单复膜编织布（12×12）做了试验，经向强度 116.8 kg/5 cm，纬向强度 115.2 kg/5 cm。

（4）安全系数：按水工建筑标准 SDJ 217—87 规定，土石坝抗滑稳定安全系数，基本荷

载组合三级,$K=1.20$,四、五级,$K=1.15$。

（5）摩擦系数:根据山东省水科所 1987 年 6 月所做的土工试验报告,经分析采用:编织布与编织布之间,$f=0.20$;编织布与土之间,$f=0.40$;草袋与草袋之间,$f=0.4$;编织袋与草袋之间,$f=0.4$。

2. 施工围堰的结构设计

（1）经分析与比较:①采用钢板围堰,堰宽最小且有利截渗,但施工比较困难,主要是钢板围堰很难穿过底部乱石。②采用黏土心墙围堰,围堰宽度最大,迫使橡胶坝位置后移,围堰防守难。③采用临水坡聚乙烯编织袋装土和背水坡土坝结合的施工围堰。这种围堰堰宽较小,利于橡胶坝位置前移,利于构筑、截渗及防守。经方案优选,采用聚乙烯编织袋装土和土坝结合围堰。

围堰结构见图 3-6-4。

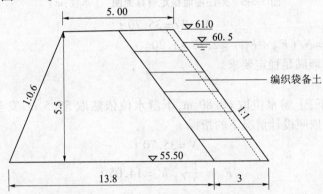

图 3-6-4　刘庄工程施工围堰横断面图 （单位:m）

（2）围堰顶高程的确定。从有关黄河的水文地质资料分析,施工期间的最高水位为 60.50 m,相应流量 1 500 m³/s,按四、五级建筑物考虑,围堰的安全超高不少于 0.5 m,由此确定堰顶高程为 61.00 m,基坑开挖最深处的高程为 55.50 m,围堰高度为 5.50 m。

（3）围堰宽度及型式的确定。围堰临水面采用 3 m×0.93 m×0.3 m 聚乙烯编织袋装土,上游边坡为 1:1,下游为黄河淤土,坡度定为 1:0.6。围堰顶宽为 5 m。

3. 施工围堰稳定验算

1）设计情况

取摩擦系数 $f=0.4$,堰体容重 $\gamma_\pm=1.7$ t/m³,河水速度 $v=2.5$ m/s,安全系数 $K=1.20$,设计水位 60.50 m,下游水位 55.50 m,堰顶宽度 $B=5$ m,堰底宽度 $B'=13.8$ m,围堰高度 $h=5.50$ m。

据公式

$$K=\frac{fW}{F_{\text{静}}+F_{\text{动}}},\quad F_{\text{静}}=\frac{1}{2}\gamma_{\text{水}}h^2,\quad F_{\text{动}}=k\gamma_{\text{水}}w\frac{v^2}{g}(1-\cos\alpha)$$

取单宽 1 m 进行计算,计算简图如图 3-6-5 所示。

堰体自重 $W=\frac{1}{2}(B+B')h\gamma_\pm\pm0.8\gamma_\pm=89.25$ t(考虑堰顶备土),水位高度 $h=5.00$ m,动水压力系数 $K=1$,水流侧向夹角 $\alpha=30°$,单宽受力面积 $w=5.00$ m²,重力加速度 $g=9.8$ m/s²。

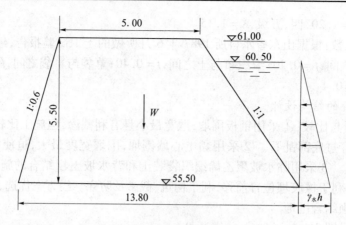

图 3-6-5　刘庄围堰稳定验算简图　（单位：m）

$$N = Wf = 35.70 \text{ t}$$

由此可得：$K = N/(F_{静} + F_{动}) = 2.76 > 1.20$。

结论：施工围堰满足稳定要求。

2）校核情况

在校核情况下，上游水位取 60.80 m，下游水位依然取 55.5 m，安全系数采用 $K = 1.15$，其他参数仍依照设计情况下的指标。

$$N = 35.70 \text{ t}$$

$$F_{静} = \frac{1}{2}\gamma_{水} \, h^2 = 14.05 \text{ t}$$

$$F_{动} = k\gamma_{水} \, w\left(\frac{v^2}{g}\right)(1 - \cos\alpha) = 0.45 \text{ t}$$

$$K = N/(F_{静} + F_{动}) = 2.46 > 1.15$$

结论：在校核情况下，施工围堰也能满足稳定要求，施工围堰的设计是合理的。

（二）围堰的构筑

（1）施工期间，抢占黄河最低水位突击构筑。

（2）在构筑过程中，背水面的梯形土堰体要密实，迎水面以 3 m×0.93 m×0.3 m 的聚乙烯编织袋装土垂直大河水流方向密排压实。

（3）堰体迎、背水面的边坡严格按设计施工。背水面土堰体和迎水面聚乙烯编织袋装土堰体要同步同高施工。

（三）围堰的防守

（1）将施工期内基坑开挖的土方全部排向围堰上游岸坡附近，以加宽围堰的断面，增强围堰的稳定。

（2）挂柳增淤。在围堰上游护坡底部悬挂柳枝，减小黄河水流的速度，不仅避免了黄河水流对堰体的冲刷，还可增加堰体前的淤积。经观测，挂柳半径 R 在 3～5 m 范围内，流速由原来的 2.0 m/s 降到 0.7 m/s。

（3）采取挑流措施，在 16# 黄河堤坝前方修筑挑流坝 10 m，与水流成 90°角，在 14# 黄河堤坝前方修筑乱石挑流墙 20 m，与水流成 30°角，有效地将黄河主流挑离围堰 22 m 左右，减少主流对堰体的冲刷。施工完毕，在枯水位时拆除挑流墙。

（4）在整个施工期，刘庄工程口门前的施工围堰，经受了高水位运行的考验，安全、稳固。

二、张桥工程施工围堰

(一)围堰的设计

1.基本资料

（1）地形地质资料：围堰基础上层为黄河淤积的粉细沙，下层为人工抛石，孔隙率大，承载力低，易发生沉陷变形，易液化。

（2）水文资料：工程施工期为 3~5 月，此期 1988~1990 年的最大流量和最高水位见表 3-6-2。黄河张桥 1981~1990 年 3~5 月平均流量见表 3-6-3。黄河张桥水位流量关系见表 3-6-4。

表 3-6-2　黄河张桥 1988~1990 年 3~5 月最大流量和最高水位表

项目	年份	3 月			4 月			5 月		
		上旬	中旬	下旬	上旬	中旬	下旬	上旬	中旬	下旬
最大流量（ m³/s）	1988	180	80	230	272	358	138	423	428	478
	1989	965	870	840	340	400	850	930	960	640
	1990	2 171	1 181	1 170	1 460	1 100	950	1 560	1 210	1 370
最高水位（m）	1988	20.30	19.94	20.54	20.59	20.94	20.54	20.84	21.04	21.14
	1989	22.32	22.23	22.01	21.47	21.54	21.85	22.20	22.03	22.05
	1990	23.07	22.38	22.56	22.58	22.58	22.12	22.42	22.35	22.52

表 3-6-3　黄河张桥 1981~1990 年 3~5 月平均流量表　　（单位：m³/s）

年份	1981	1982	1983	1984	1985	1986	1987	1988	1989	1990	平均
3 月	323	673	317	605	976	476	156	99	636	993	546
4 月	182	321	235	530	316	457	205	154	258	768	502
5 月	134	234	880	547	905	200	109	217	649	928	467
平均	213	409	477	561	732	378	157	157	514	896	505

表 3-6-4　黄河张桥水位流量关系表

水位（大沽 m）	21.12	21.32	21.38	21.38	21.58	21.64	21.65	21.73
流量（m³/s）	145	205	265	311	400	450	500	550
水位（大沽 m）	21.77	21.94	21.94	22.03	22.11	22.18	22.26	22.36
流量（m³/s）	600	670	710	780	830	890	950	1 010

（3）聚乙烯编织袋性能、摩擦系数、安全系数与刘庄工程同。

2.围堰结构设计

围堰结构见图 3-6-6。

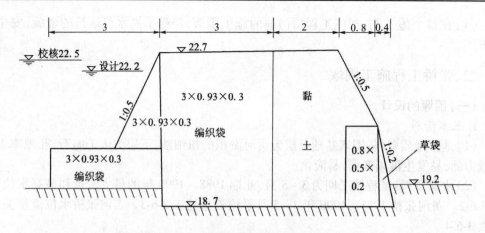

图3-6-6　张桥工程施工围堰结构断面图（单位:m）

（1）围堰高程的确定:根据工程施工情况,工期确定为3~5月,工程1991年3月24日动工,计划5月底前完工。由于工程规模较小,5~10 d就可打好围堰。由前面水文资料可查得:1989~1990年3~5月张桥闸前最高水位23.07 m,相应流量2 171 m³/s。因1990年春季黄河水量超常,根据1981~1990年3~5月闸前平均流量情况分析,按900 m³/s进行设防,按1 100 m³/s进行校核。由此确定堰顶设防高程为22.20 m,校核高程为22.50 m,加0.2 m的超高,堰顶高程达22.70 m。基础地面高程平均为19.20 m,由于地基为细沙土质基础,承载力较小,在围堰施工及运用中,地基在围堰的重压和水流淘刷下,要产生下陷,基础的下陷深度按0.5 m设计,堰底高程定为18.7 m,围堰的设计高度为4 m。

（2）围堰宽度、型式确定:围堰的基本型式为梯形,临河面坡度为1:0.5,为扩大施工作业面,背河面坡度为1:0.2,坡面用草袋装土堆积,为保证其安全,后面用木桩挡护。总宽度为9.2 m,上游用3 m×0.93 m×0.3 m的12×12聚乙烯单复膜编织袋,下游用0.8 m×0.5 m×0.2 m的12×12聚乙烯编织袋和草袋,中间为2.0 m的黏土心墙。上游坡度选用3 m×0.93 m×0.3 m的12×12编织袋筑成3 m宽、1 m高的护根,护根上面用编织袋筑成1:0.5的坡面,下游用草袋装土沿围堰长度方向竖排成1:0.2的坡面。

（3）防渗设施布置:在临河面用3 m长的12×12单复膜不透水编织袋围堰,背河面用0.8 m长的单复膜不透水编织袋装土围堰,中间设2.0 m宽的黏土心墙,这样围堰本身的渗漏量就已非常小。围堰下游设近2 m宽的草袋装土,形成反滤层,防止流土产生。

（4）防冲刷处理:围堰临槽靠溜,为防止围堰前基础被漩涡或水流冲刷淘空,影响围堰安全,围堰构筑时设置3 m宽、1 m高的编织袋围堰护根;围堰筑成后在上游坝头上挂树枝,减小水流在围堰部位的流速,减小对堰基的冲刷,同时增加堰外基础部位的淤积量,增强堰体安全。

3.稳定计算

分析围堰的稳定性,应从两个方面考虑,即施工期间的稳定性和竣工使用期间的稳定性。

1) 施工期间的稳定性(见图 3-6-7)

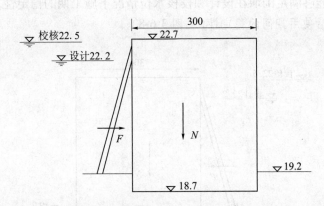

图 3-6-7 张桥工程施工期间围堰稳定计算简图 （单位:高程,m;尺寸,cm)

本围堰的施工程序如下:首先把上游宽 3 m、高 4 m 的矩形编织袋围堰及坡面和护根筑起,然后排除基坑中水,边筑起下游 0.8 m 宽矩形编织袋围堰,边在中间填筑黏土心墙,这样就需要校核在设计及校核大河流量情况下,上游 3 m 宽、4 m 高的矩形编织袋围堰在下游无水时的稳定性。由于围堰整体性差,只考虑底部滑动失稳。

$$K = \frac{N}{F_{静} + F_{动}}, F_{静} = \frac{1}{2}\gamma_水 h^2, F_{动} = k\gamma_水 w \frac{v^2}{g}(1 - \cos\theta) \tag{3-46}$$

式中 K——抗滑稳定安全系数;

N——坝体重量;

$F_{静}$、$F_{动}$——静水、动水压力;

$\gamma_水$——水的重度;

h——水深;

k——系数,取 1.0;

w——单宽受力面积;

v——水流流速,取 2 m/s;

g——重力加速度;

θ——水流方向与堰体夹角,取 45°。

$$f = 0.4, \gamma_土 = 1.7 \text{ t/m}^3, K = 1.15$$

(1)设计情况下($Q = 900$ m³/s),取单宽 1 m 计算:

$$N = 20.4 \text{ t/m}$$

$$F_{静} = 4.5 \text{ t/m}$$

$$F_{动} = 0.36 \text{ t/m}$$

底层抗滑稳定安全系数为

$$K = 1.68 > 1.15$$

(2)校核情况下($Q = 1\ 100$ m³/s),取单宽 1 m 计算:

$$F_{静} = 5.45 \text{ t/m}, F_{动} = 0.40 \text{ t/m}, K = 1.39 > 1.15。$$

由此可见底层滑面之间满足在设计水位 22.2 m 及校核水位 22.50 m 情况下的抗滑

稳定要求。经过验算,离地面越高,其滑面之间的抗滑稳定安全系数越大。所以,设计围堰上游部分断面能够满足围堰在设计和校核水位情况下施工期的稳定性。

2)围堰竣工后使用期间的稳定性(见图3-6-8)

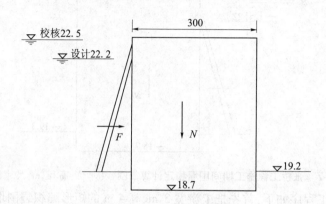

图 3-6-8　张桥工程围堰竣工后使用期间稳定计算简图　(单位:高程,m;尺寸,cm)

围堰竣工后使用期间的稳定性分析,是对黏土心墙以下整体的滑动进行校核。

$$f = 0.4, \gamma_{\pm} = 1.7 \text{ t/m}^3。$$

$$F_{静} = \frac{1}{2}\gamma_{水} h^2, F_{动} = 0, K = \frac{fN}{F_{静}}$$

式中符号如前所示。

(1)设计情况($Q = 900 \text{ m}^3/\text{s}$)下,取单宽 1 m 计算:

$$N = 18.36 \text{ t/m}, F_{静} = 4.5 \text{ t/m}, K = 1.63 > 1.15$$

围堰在使用期间设计水位下满足稳定要求。

(2)校核情况($Q = 1\ 100 \text{ m}^3/\text{s}$)下,取单宽 1 m 计算:

$$F_{静} = 5.45 \text{ t/m}, K = 1.34 > 1.15$$

围堰在使用期间校核水位下满足稳定要求。围堰设计合理。

(二)围堰的构筑

1988～1990 年黄河在春季 3～5 月平均流量为 157～896 m³/s,水位时涨时落,并经常发生断流现象,自 1972～1991 年近 20 年中有 14 年春季山东黄河出现断流。本围堰工程 1991 年 3 月 24 日开始施工,黄河正断流,施工中利用这一有利时机,突击施工,30 d 全部完成任务。在围堰构筑时,先将基础清理一下细沙土,然后将 3 m×0.93 m×0.3 m 的编织袋装土垂直于大河水流方向密排压实,构筑 3 m 宽、4 m 高的矩形堰体,上游用 3 m×0.93 m×0.3 m 的编织袋竖排形成高 1 m、宽 3 m 的围堰护根及上游 1:0.5 的坡面,下游用 0.8 m×0.5 m×0.2 m 的编织袋装土密排压实,同时在两排编织袋之间填筑 2 m 宽的黏土,下游外侧用草袋装土平行于水流方向筑成 1:0.2 的下游坡面,后面用木桩顶托,形成底宽 9.2 m、顶宽 5 m 的围堰。

(三)围堰的防守

这次工程做的围堰基本位于两坝头连线处,而大河流量超过 500 m³/s,边流流速一般为 1～2 m/s,且有漩涡,必然会带来水流冲刷围堰堰体本身及基础问题,影响围堰稳定。

运用中采取了以下措施:一是在上游坝头挂柳树枝减淤,减小围堰外侧附近的水流速度,达到减少冲刷、增加落淤的目的。经观测在挂柳半径 3~4 m 范围内,水面流速可降低到 0.6 m 左右,以下形成扇形淤面。二是在围堰构筑时即在前面设置了宽 3 m、高 1 m 的围堰护根,保护围堰基础,减少水流冲刷,运用中注意观察,如护根被冲塌下沉,随时增补。三是为增加围堰的稳定性,在围堰背河面根部贴上装土草袋,然后用木桩顶托,防止围堰滑动失稳,也作反滤层之用,防止围堰渗漏时产生流土。四是围堰筑成后,基础沙层的渗漏量较大,在下游根部可能会发生流土现象,对编织袋围堰的稳定不利,为此,在堰脚处设 3 个滤水管排水。

第四节　施工排水技术研究

施工排水是保证工程施工及橡胶坝安装的先决条件。采用先进的排水技术是确保正常施工的关键。为此,刘庄工程采用围堰内二级轻型井点组和基坑排水井相结合的排水方案,张桥工程采用围堰根部基坑滤水管和坝头排水井相结合的排水方案,均较好地完成了施工排水任务。在上述两项施工排水技术中,刘庄工程的二级轻型井点排水技术具有独特的优势,是引黄渠首防沙工程最先进、最成功的施工排水技术。

一、刘庄工程施工排水技术研究

(一)围堰渗流计算

根据达西定律,依公式 $Q = k\dfrac{h}{l}At$ 确定渗流水量。

其中:Q 为渗流水量,m³/d;渗透系数 $k = 1$(粉细沙综合系数);水头高度 $h = 5.0$ m(采用最大水头);渗漏截面面积 $A = 5.00 \times 100 = 500(\text{m}^2)$(围堰长 100 m);渗流时间 $t = 1$ d;渗透路径 $l = 7.0$(取平均值)。

将以上参数代入公式,得整个围堰每日渗流水量 $Q = 357$ m³/d。

(二)二级轻型井点及排水井的布置及施工

刘庄工程以二级轻型井点组和排水井相结合的办法排水。二级轻型井点组布置在围堰顶及背水坡上,见图 3-6-1、图 3-6-2,4 个直径 60 cm、深 25 m 的集水井位于坝底板上下游两侧。二级轻型井点系统优点是:井点管细密,不破坏围堰土体结构,堰体水位均匀降低,不吸进泥沙,排水效果好。该系统主要包括真空泵、水泵、集水管、井管,考虑到堰体渗流水量较大,采用两套真空泵、水泵,一主一辅双保险运用,每套正常抽水量都在 79 m³/s 以上,具体参数见表 3-6-5、表 3-6-6。井管为直径约 5 cm 的钢管,用水射法下沉,分两级布设于堰体下游侧,坡顶一级井管底高程约在 56.5 m,坡上一级井管底高程设在 55.0 m,井点管沿围堰长度方向以间距为 1.5 m 布设,在底抛石处适当加密,间距设在 0.5~1 m。

表 3-6-5　井点用真空泵技术参数

型号	功率	转速	抽气速率	极限真空	质量
W376TV	5.5 kW	300 r/min	200 m³/h	10 绝对托	500 kg

表 3-6-6　井点用离心式清水泵技术参数

型号	扬程	流量	允许吸上真空高度	转速	效率	质量
4BA－25	14.8 m	79 m³/h	5 m	2 900 r/min	78%	44 kg

（三）施工围堰二级轻型井点组效果观测

二级轻型井点系统的工作原理是先用真空泵造成井点系统的真空状态,使堰体内的渗水和堰体中的空气被吸入集水管,然后用水泵排出,以此改变了堰体的浸润线。通过1993 年 2 月中下旬实测的自然浸润线和井点排水浸润线的对比,可看出井点系统截渗效果良好,见表 3-6-7、表 3-6-8 和浸润线对比图 3-6-9 和图 3-6-10。

表 3-6-7　刘庄围堰自然浸润线测量成果表

黄河水位(m)	60.1	60.0	60.2	60.25	60.32	60.40	60.47
一级井管水位(m)	58.4	58.35	58.43	58.43	58.49	58.52	58.62
二级井管水位(m)	57.8	57.76	57.88	57.89	57.94	57.98	57.99

表 3-6-8　刘庄围堰二级井点排水浸润线测量成果表

黄河水位(m)	60.1	60.0	60.2	60.25	60.32	60.4	60.47
一级井管水位(m)	57.4	57.42	57.43	57.43	57.42	57.43	57.43
二级井管水位(m)	56.0	56.10	56.12	56.12	56.13	56.14	56.14

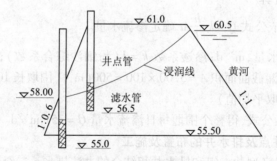

图 3-6-9　刘庄工程堰体自然浸润线　（单位:m）

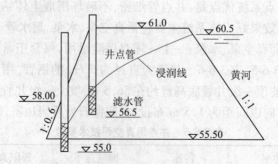

图 3-6-10　刘庄工程井点排水后堰体浸润线　（单位:m）

由上图可看出,堰体自然浸润线逸出点在背水坡的中间高度部位,而轻型井点排水的逸出点在背水面坡脚以下。另外,通过花管过滤,排出的全是清水,不会因井点吸水而挟带泥沙,淘蚀堰体,形成坍坡。

(四)基坑排水能力的验算

排水井渗水量计算公式

$$Q = 1.36k(H^2 - h_0^2)/\lg\frac{R}{r_0} \tag{3-47}$$

式中,地下水位到井底的高度 $H = 25$ m,井中水深 $h_0 = 10$ m,井的半径 $r_0 = 0.3$ m,渗透系数 $k = 0.001$ cm/s。将数据代入上式可得 $Q = 229$ m³/d,这样每眼井安装一台 $15 \sim 20$ m³/h 的潜水泵已能满足排水需要。在施工过程中,保证了随时排除基坑积水。

二、张桥工程施工排水技术研究

(一)渗流计算

围堰基础为 7 m 厚的黄河压沙土及少量抛石,基础渗流系数 k 取 1.0 m/d,上游设计水深(H)取 3 m,渗径 L_0 取 5.8 m,堰基长 31 m,单宽渗流量计算公式

$$q = k\frac{HT}{L_0} \tag{3-48}$$

式中　q——单宽渗流量;

　　　k——基础渗流系数;

　　　H——上游水深;

　　　T——渗流层厚度;

　　　L_0——渗径长。

代入数据得:$q = 6.56$ m²/d。

整个围堰基础的渗流量 $Q = qL = 203$ m³/d。

(二)排水井点及滤水管布置

施工中在两坝头上布设 3 个直径 50 cm、深 23 m 的排水井,每井用 20 kW 的潜水泵抽水,以排除围堰基础渗漏造成的基坑积水,也可排除坝头内的渗水,另在基坑中围堰根部布设 3 根管径 20 cm、外缠棕绳、深 5 m 的石棉滤水管。两侧设 2 个集水坑,据现场观测,工程施工初期,一是黄河流量较小,二是井点排水正常,每井日均出水量 10 ~ 20 m³(随大河水位高低而不同),基坑内布设的滤水管和集水坑中基本没有水,主要靠坝头排水井排水。到了工程后期,排水井点逐渐被淤浅(经工程完工后观测只有 10 ~ 11 m),加上黄河水位较高,基坑内集水井才开始启用,加设 5 台手提式小潜水泵抽水。

(三)排水能力验算

在工程施工初始阶段,由公式

$$Q = 1.36k\frac{H^2 - h_0^2}{\lg\frac{R}{r_0}} \tag{3-49}$$

计算排水井的渗水量。

式中　Q——井的渗水量；

　　　H——地下水位到井底高度；

　　　h_0——井中水深，前期取 8 m，后期取 2 m；

　　　R——井的影响半径，取 150 m；

　　　r_0——井的半径；

　　　k——渗透系数，取 0.001 cm/s。

求得 $Q = 167\ \text{m}^3/\text{d}$，3 个井的渗水量为 501 m³/d，以 3 台潜水泵抽水，满足排水要求。

工程施工后期，排水井被淤死一部分，观测只有 11 m，这时求得单井 $Q = 26\ \text{m}^3/\text{d}$，三个井的渗水量为 78 m³/d，不满足排水要求，基坑出现积水现象，改用 5 台手提式潜水泵排水，满足了排水要求。

第五节　基坑开挖和基础处理技术研究

一、基坑开挖

在基坑中全是细沙土和抛石，具有积水，加之人工开挖弃土困难，刘庄、张桥、刘春家三工程，施工中均采用水力挖塘机组清基。由于基坑下部抛石多，增加了施工难度。先用高压水枪将抛石周围泥土剥离，再以人工搬出基坑，清基时用发电机组发电，数台 4PN – 15 型水力挖塘机施工，基坑开挖深度 3.5 ~ 5.5 m，三工程挖土方量分别为 5 050 m³、4 224 m³、4 550 m³，用 6 ~ 10 d 完成任务，日开挖 505 ~ 704 m³，平均每台每天清挖 253 ~ 352 m³。

需要提请注意的是：刘庄工程基坑开挖及防守时，遇到了口门上游某坝头高水位时渗水绕流到基坑的特殊施工难题，施工期间曾 5 次开口向基坑漏水，无法安装橡胶坝袋。最后，是趁黄河低水位，老坝头不向基坑渗水时，抓住黄河低水位的有利时机，抢修安装橡胶坝袋，于 1993 年 3 月 15 日施工完成通水。

二、基础浇筑及处理

刘庄工程的基础设计采用 0.8 m 厚大底板加板下浇筑 36 根 20 m 深、直径 60 cm 的灌注桩基础方案。张桥工程和刘春家工程设计采用 0.8 m 厚大底板与板下抛石层结合的基础方案。

（一）刘庄工程基础处理

橡胶坝基础为底板下钢筋混凝土灌注桩，为了加快施工进度，在上游围堰修筑及轻型井点安装的过程中，在基坑未开挖之前，即进行基坑灌注桩施工，这样，显然增加了成孔的进尺数量，但提前了施工进度。针对基础为水下、流沙、抛石等复杂的施工条件，采用回旋钻机成孔，泥浆护壁，整体吊放钢筋笼子，用直径 40 mm 的壁管控制钢筋笼子的保护层，利用导管法自下而上灌注混凝土，高质量地完成灌注桩的浇筑，待基坑开挖完成时，按照要求截去多余的桩头，整平底板基础面，浇筑混凝土垫层及橡胶坝底板。橡胶坝底板共分为三块，厚度为 80 cm，按设计要求，布设上下两层钢筋，预埋螺栓、进排水管、排气溢流管等，底板采用分块梯级分层浇筑，并采用分段开挖、分段排水、分段浇筑的方法完成浇筑任务。

(二) 张桥工程基础处理

基坑开挖到 18.5 m 高程后,下部地基基本由抛石形成,地基较稳定,且该段黄河河底高程达 19.34 m,高于基坑表面近 1 m,基础前又有聚乙烯编织袋护底,防冲条件好,地基比较稳定,所以基础未再作加固处理即进行现场橡胶坝护坦底板浇筑,护坦下部是 50 cm 的浆砌块石,上部是 20 cm 的混凝土,至高程 19.2 m,两端到坝头连接成整体。然后浇筑橡胶坝基座及进行岸坡处理,基座为长 29.5 m、宽 5.6 m、厚 0.8 m 的整体钢筋混凝土现场浇筑,体积 145 m³,按设计结构布筋上、下两层,分别为 ϕ12、ϕ10 钢筋。另外,锚固槽弯曲筋及预埋螺栓固定,进排水管、排气溢流管路布设尺寸要求严格,基座浇筑起来较困难。

在基础和护坦浇筑时,由于围堰外水位较高及排水井淤积严重等,基坑渗水量大,并有流沙出现,施工中采用了滤水防沙管边排水、边浇筑。

橡胶坝基础浇筑完成后,将表面水泥进行抹面处理,特别是坝袋塌落段,尽量保持平整光滑,以防磨损坝袋。

第六节　橡胶坝袋安装技术研究

一、安装前准备

橡胶坝袋运送工地后,在安装前,首先在坝袋处理场地对坝袋及底垫片进行尺寸检查、质量检查。在坝袋和底垫片上将锚固线、中心线和塌落线位置画好,并清理好现场。检查预埋螺栓、锚固槽、进排水口、排气溢流孔的位置及尺寸,使之与设计相符合,对螺栓上的砂浆和污泥加以清除,涂上润滑油。将安装工具、锚固压板等准备好。

二、坝袋就位

首先将底垫片就位,对准底板上的中心线和锚固的位置,拧紧螺帽,使其临时固定在基座和岸墙上。搬运坝袋就位,先固定好下游端,再固定上游端,使两端锚固线和中心线与下面对齐。为防止预埋螺栓基座浇筑时倾斜或移位,在基座浇筑前将每个预埋螺栓定位后,下面分别焊接在基座上、下两层布筋上,每 4 个螺栓用 1 ~ 2 根钢筋定位绑扎焊接,增强了其稳定性和安装精度。

三、坝袋锚固安装

在安装坝袋时,先从中心线开始将坝袋向左右两侧展开,依次向两侧锚固。用海绵线填料堵塞底垫片与坝袋间的夹层,确保严密止水。在两侧岸墙坡脚处会出现许多褶皱,安装中尽量将底垫片和坝袋对齐拉平,力求密实,从下部向上进行锚固。施工中,在钢模板安装时,为增加受力面,下部加两道 ϕ12 的钢筋后再安装钢模板,用螺帽固定、沥青填充。

四、坝袋静态充水试运行、验收

待坝袋固定后,向坝袋内充水,边充水、边检查是否有漏水现象,并用木榔头振敲坝袋,使锚固线内坝袋片与底垫片贴实,然后继续充水,充水运行至一级设计溢流管口水头 3 m,坝高超高 0.1 ~ 0.2 m,运行正常,提出验收报告,进行验收。

第七章　多沙河流灌区新型渠首橡胶坝引水防沙工程运行技术研究

第一节　工程运行技术研究概况

工程运行技术研究的任务:一是通过运行实践验证本工程设计能否达到预期目标。二是研究运行实施技术,以保证设计目标的实现。三是研究非工程设计的工程运行、管理问题。鉴于以橡胶坝为特殊体的引水防沙工程在国内外尚无先例;工程设计中选用的适应橡胶坝压沙特点的新设计运用方案,有待在运行中验证;橡胶坝在溢流压沙状态下的运行理论有待经受运行实践的检验;各种配套的运用技术措施有待制订,并在运行中不断完善、提高,以达到引水防沙工程最优运用指标。为此,进行了如下内容的运行技术研究:

(1)溢流压沙状态下橡胶坝袋壁拉力计算验证及运行调节理论研究;

(2)橡胶坝二级开敞、封闭两用排水、排气、过压溢流保护装置的运行验证及调控技术研究;

(3)橡胶坝静态内压水头与坝袋变形观测研究;

(4)明置式充排水、排气、溢流、水压监测系统运行验证及调控技术研究;

(5)橡胶坝过坝水流消能防冲的运行验证及调控技术研究;

(6)工程运行管理制度及措施研究。

第二节　溢流压沙状态下的橡胶坝运行调节理论及调控技术研究

一、运行调节理论研究

溢流压沙橡胶坝和蓄水挡水橡胶坝运行条件不同:前者坝高低于河道正常水位,坝上过流并压沙,运行期间,河道水位变幅很大;后者坝高高于河道正常水位,无压沙负载,蓄水挡水期间,河道水位变幅较小,汛期高水位时坍坝过流。

因此,两者的运行调节理论亦不同,蓄水挡水橡胶坝的运行调节理论,是按内压比(α)所确定的内压水头(H_0)来调节坝高(H_1)的。当需要调增坝高时,仅加大内压水头即可实现。当需要调减坝高时,仅减小内压水头即可实现。上述调节中,仅按内压比(α)一个因素所确定的内压水头(H_0)值来改变坝高(H_1),与河道水位的变化无关。

溢流压沙状态下的运行调节理论则不同,其坝袋内压水头(H_0)的调控不是按内压比(α)理论调节,而是按坝袋调控内压水头(H_0)与坝内水深及坝上溢流压沙荷载的折算水头(下称折算水头 H'_0)相平衡理论进行调节的。其中,折算水头 $H'_0 = H_1 + \frac{\gamma_{土饱}}{\gamma}H_4 + \frac{\gamma_浑}{\gamma}$ $(H_3 - H_4)$(坝袋自重忽略不计)。当调控的内压水头(H_0)与折算水头(H'_0)相等时,则坝高(H_1)不增不减。随着河道水位增高或坝上压沙厚度增大,需调增内压水头(H_0),才能保持坝高(H_1)不减;随着河道水位降低或坝上压沙厚度的减小,需调减内压水头(H_0),才能保持坝高(H_1)不增。上述调节中,需按河道水位和坝上压沙厚度两个因素的变化来调节内压水头(H_0),以此来稳定或改变坝高(H_1)。

二、溢流压沙橡胶坝袋壁拉力计算验证及运行调节理论的研究

(1)当坝袋溢流非压沙运行状态($H_4 = 0$)时,运行实测情况见表3-7-1。

表3-7-1 刘庄橡胶坝袋溢流非压沙状态运行参数实测表

日期 (年-月-日)	黄河坝前 水位(m)	坝高(H_1) (m)	坝上水头(H_3) (m)	测压管水位 (m)	测压管水头 (H_0)(m)	测压管水位与 坝前水位之差 (m)
1995-05-13	59.22	2.00	0.77	59.35	2.9	0.13
1995-05-14	59.30	2.03	0.82	59.45	3.0	0.15
1995-05-16	59.20	2.06	0.69	59.36	2.91	0.16

注:橡胶坝底板高程为56.45 m。

上述实测数值与 $H_0 = H'_0 = H_1 + \frac{\gamma_{土饱}}{\gamma}H_4$ 基本调节理论公式计算数值相近。

经验简便调节:测压管水位等于河道水位加0.15~0.2 m,即 $H_0 = H_1 + H_3 + (0.15 \sim 0.2)$。之所以增加0.15~0.2 m,一是在理论平衡计算中坝袋自重被忽略不计,而实际存在坝袋自重的影响,二是河水为含沙浑水。

(2)当坝袋顶部处于压水压沙状态时,关闭进水闸,橡胶坝处于压水落淤状态,实测情况见表3-7-2。

表3-7-2 刘庄橡胶坝袋压水压沙状态运行参数实测表　　(单位:m)

日期 (年-月-日)	黄河坝前 水位(m)	坝高 (H_1)(m)	坝上水头 (H_3)(m)	坝上平均淤 沙厚度(H_4) (m)	折算水头 (H'_0)(m)	测压管水头 (H_0)(m)	测压管 水位 (m)	测压管水头 与折算水头 之差(m)
1995-05-14	59.30	2.03	0.82	0	2.85	3.0	59.45	0.15
1995-05-14	59.32	2.00	0.87	0.2	3.07	3.23	59.68	0.16
1995-05-15	59.31	2.00	0.86	0.3	3.16	3.33	59.78	0.17
	59.20	2.06	0.69	0	2.75	2.91	59.38	0.16
1995-05-16	59.20	2.03	0.72	0.2	2.95	3.11	59.56	0.16
	59.25	2.02	0.78	0.25	3.05	3.22	59.67	0.17

注:橡胶坝底板高程56.45 m。

上述实测数值与基本调节理论公式 $H_0 = H'_0 = H_1 + \frac{\gamma_{土饱}}{\gamma}H_4 + \frac{\gamma_浑}{\gamma}(H_3 - H_4)$ 计算值相

近,实测值与理论计算值仅差 0.15~0.18 m,分析其原因,仍是坝袋自重和黄河水含沙量变化的影响所致。

经验简便调节:在黄河水位变化时,测压管水位的经验增减值和水位的增减值基本相等。在黄河水位不变、坝顶压沙厚度变化的条件下,若保持坝高不变,需根据坝上淤沙厚度的增减,调增或调减内压水头。测压管水头的经验增减值和坝上淤沙厚度的增减值基本相等。

通过上述坝袋顶部溢流非压沙和压水压沙两种运行状态的运行参数实测,证明溢流压沙荷载下橡胶坝袋袋壁拉力基本公式是正确的。

第三节　橡胶坝二级开敞、封闭两用排水、排气、过压溢流保护装置运行验证

一、橡胶坝二级开敞、封闭两用排水、排气、过压溢流保护装置

工程设计中,采用二级开敞、封闭两用排水、排气、过压溢流保护装置。一是一级溢流管口按正常灌溉条件下坝袋设计内压比计算的内压水头相等或按坝内水深和坝上压水压沙荷载折算水头(H_0')相等确定,二级溢流管口按高于汛期淤灌期间最高水位确定。二是把以往的开敞式充排水、排气、过压溢流保护系统改为既可开敞又可封闭,在启动及充水时为开敞,在运行及压沙状态时为封闭。

(一)刘庄工程

坝底板高 56.45 m,一级溢流管口高 59.45 m,二级溢流管口高 61.0 m。

(1)1994 年 3 月 8 日,开启一级溢流管口阀门,做了坝袋静态充水试验。此时,坝袋上下游均无水,按坝袋设计内压比(α)1.5 相应的内压水头(H_0)3 m 充水,达到并超过了一级溢流管口高 59.45 m,溢流管口溢流,坝袋无渗漏。

(2)1993 年以来,春灌期间,河道正常灌溉水位都低于一级溢流管口高,因此坝内过压水体可以自流排往河里。

(3)1994 年春,关闭一级溢流管口阀门,做了坝袋增压超坝高运行试验。此时,黄河水位 59.18 m,坝袋顶高程 59.23 m,坝高 2.78 m,超设计坝高 0.78 m,测压管水位达60.40 m,超一级溢流管口 0.95 m,坝袋部分露出水面,观测坝袋无异常,说明在正常运行中,加高溢流管口是可行和安全的。

(4)1995 年 8 月中旬,开敞二级溢流管口阀门,做了汛期高水位坝袋压淤二级溢流管口溢流试验。黄河水位涨到 60.20 m,坝上落淤压沙,测压管水位升到 61.2 m,二级溢流管口发生溢流,此时坝袋内压比(α)高达 2.37。说明橡胶坝在汛期压淤沙状态下,二级溢流管口开敞,不装阀门,不封闭充排水管路,橡胶坝是会被不断落淤的荷载压瘪的。为此,设计中设二级溢流管口阀门是正确的。

(5)1995 年 8 月中旬,关闭二级溢流管口阀门,做了汛期高水位、厚淤沙坝袋耐压试验,黄河流量达 1 600 m³/s,水位达 61.3 m,坝上淤沙达 0.9 m,测压管水位 62.3 m,超二级溢流管口 1.3 m。此时,二级溢流管阀门关闭,并潜于河道水位以下,坝袋无异常现象。

汛后,随着坝上压水压沙负载的逐步减小,测压管水头亦逐步降低,恢复到正常状态。上述观测证明:二级开敞、封闭两用排水、排气、过压溢流保护装置是经得起运行实践检验的,验证是成功的。

(二)张桥工程

坝底板高 19.2 m,一级溢流管口高 22.2 m,二级溢流管口高 24.3 m。

(1)1991 年 11 月 24 日,坝袋上下游无水,开启一级溢流管口阀门,做了坝袋静态充水试验,按坝袋设计内压比(α)1.5 相应的内压水头(H_0)3 m 充水,达到一级溢流管口水位 22.2 m,发生溢流,坝袋无渗漏。

(2)1992 年春灌期间,一级溢流管口都高于河道正常灌溉水位。

(3)1993 年 6 月 19 日,关闭一级溢流管口阀门,做了坝袋加压超坝高运行试验,黄河水位 21.6 m,坝袋高度达 21.96 m,坝高 2.76 m,超设计坝高 0.76 m,测压管水位达 23.71 m,超一级溢流管口设计水位 1.51 m,坝袋部分露在水面以上,观测坝袋无异常,见图 3-7-1。这说明在正常运行中,加高溢流管是适宜的,这提高了橡胶坝的适应能力。

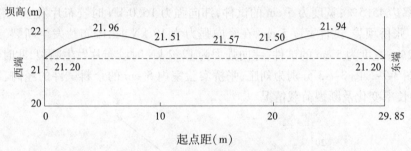

图 3-7-1　张桥工程坝袋纵断面图

(4)1992 年 8 月下旬,开启二级溢流管口阀门,做了汛期高水位坝袋压淤沙二级溢流试验。此时,黄河水位涨到 23.38 m,测压管水位升到 23.40 m,后黄河水位涨到 23.88 m,坝上落淤压沙,测压管水位增至 24.35 m,二级溢流管开始溢流,此时,坝袋内压比(α)高达 2.58。

(5)1993 年 8 月 27 日,关闭二级溢流阀门做了汛期高水位、厚淤沙坝袋耐压试验。黄河汛期来水达 3 300 m³/s,水位 24.25 m,测压管水位 25.41 m,超过加高后的二级溢流管口高程 1.1 m,溢流管出现溢流,此时关闭溢流管口处的阀门,溢流停止。经观察,橡胶坝袋在整个汛期高水位、厚淤沙状态下,无异常非安全现象。汛后秋冬灌后,随着坝上压沙负载的逐步减小,测压管水头亦逐步降低,恢复到低值状态。同样,说明二级开敞、封闭两用充排水、排气、过压溢流保护系统是经得起运行实践检验的,验证是成功的。

二、运行调节技术

一般情况下,在灌溉期坝袋上压沙较少,充排水及溢流管口的阀门是开敞的,通过水泵向坝袋充排水,即可调节坝高。春灌期结束,至汛前,应将坝袋充至设计值,关闭溢流管口阀门,以避免汛期高水位、大厚度淤沙情况下,造成溢流管溢流,从而导致坝袋塌落。汛期,不开启溢流管口的阀门,禁止再向坝袋内充水,并注意经常监测测压管水头及坝上淤沙高程的变化,做好记录。

第四节　橡胶坝袋内压水头与变形观测研究

坝袋静态充水变形试验目的是测定坝袋充水后内压水头 H_0 与坝袋变形的关系,以帮助判断一定内压水头下的坝袋变形是否在允许范围内,从而为坝袋的安全运行提供定量依据。

一、实验室坝袋拉力变形测试

刘庄橡胶坝坝袋系烟台橡胶厂生产的 JBD – 2 – 160 – 3 型三布四胶,张桥橡胶坝坝袋系沈阳橡胶四厂生产的 B89 – 10 – 2A 型二布三胶,出厂时,分别委托山东工业大学和沈阳橡胶厂利用坝袋余料做了强力拉伸试验。试验是按照中华人民共和国国家标准《胶布扯断强力和扯断伸长率的测定》(GB 5572—85)进行的,强力以 N 表示,伸长率以 ε 表示,$\varepsilon = \dfrac{L - L_0}{L_0} \times 100\%$。刘庄坝袋,试件宽度 5 cm,在经向强力为 28 kN 时,胶布片发生断裂,伸长率达 45.5%;宽度为 5 cm 的试件,纬向强力 16.0 kN 时胶布片发生断裂,伸长率达 46%。张桥坝袋,试件宽度 5 cm,在经向强力为 19 kN 时,胶布片发生断裂,此时伸长率达 46.2%;宽度为 5 cm 的试件,纬向强力为 12.2 kN 时胶布片发生断裂,此时伸长率达 49.6%。图 3-7-2、图 3-7-3 分别为刘庄、张桥实验室内 5 cm 的余料试件的经向、纬向强力荷载与伸长率变化及断裂荷载情况。

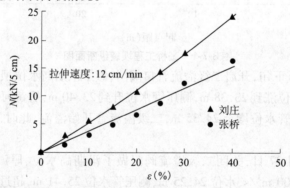

图 3-7-2　刘庄、张桥橡胶坝坝袋经向荷载与伸长率变化图

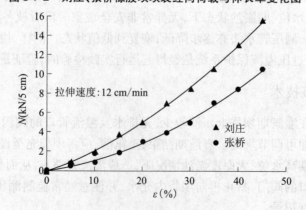

图 3-7-3　刘庄、张桥橡胶坝坝袋纬向荷载与伸长率变化图

二、现场测试

为了摸清橡胶坝充水后变形情况,刘庄工程于 1994 年 3 月 8 日做了坝袋静态充水变形试验,坝袋上布设了 3 组 9 个 20 cm×20 cm 的正方形观测点,编号分别为 1、2、3、…、9,以坝轴为 X 向,垂直坝轴为 Y 向,见图 3-7-4。

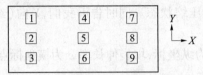

图 3-7-4　橡胶坝变形观测布置图

当坝高充水到 2.2 m,测压管水头达 3.15 m,超一级溢流管水位 0.15 m,内压比(α)达 1.57 时,经测量,正方形的变形 ε 最大为 3%,观测结果见表 3-7-3。

表 3-7-3　刘庄橡胶坝静态充水坝袋变形观测表

测压管水头(m)	中断面坝高(m)	9 点方框变形																
		1		2		3		4		5		6		7		8		9	
		X	Y	X	Y	X	Y	X	Y	X	Y	X	Y	X	Y	X	Y	X	Y
1.09	0.98	20.08	20.03	20.05	20.04	19.95	20.03	19.99	20.03	20.05	20.04	19.99	20.04	20.04	20.04	20.05	2.04	19.94	20.04
1.80	1.41	20.0	20.08	20.00	20.04	20.00	20.08	20.01	20.08	19.98	20.07	20.00	20.05	19.99	20.08	19.99	20.08	20.00	20.08	20.01	20.08
2.1	1.60	19.95	20.10	19.95	20.11	19.98	20.10	19.98	20.10	19.95	20.10	19.98	20.10	19.98	20.12	19.95	20.12	19.96	20.12
2.20	1.70	19.95	20.15	19.95	20.15	19.95	20.18	19.95	20.18	19.78	20.18	19.95	20.18	19.95	20.19	19.95	20.19	19.95	20.19
2.24	1.85	19.94	20.22	19.94	20.21	19.94	20.22	19.94	20.22	19.94	20.23	19.94	20.23	19.94	20.23	19.94	20.23	19.94	20.23
2.28	1.86	19.92	20.25	19.92	20.25	19.93	20.27	19.92	20.30	19.92	20.30	19.92	20.30	19.92	20.35	19.92	20.36	19.92	20.35
2.44	2.00	19.91	20.37	19.91	20.37	19.90	20.37	19.90	20.35	19.91	20.35	19.91	20.35	19.91	20.45	19.92	20.46	19.91	20.45
3.15	2.20	19.85	20.60	19.86	20.60	19.89	20.62	19.89	20.60	19.86	20.60	19.90	20.60	19.89	20.59	19.86	20.60	19.89	20.60

张桥坝袋上设了 3 组 9 个 30 cm×30 cm 的正方形,观测点编号同刘庄。

1991 年 11 月 24 日做了坝袋静态充水变形试验,当坝高充水至 2.18 m,即超过设计坝高 0.18 m 时,测压管水头为 3.35 m,坝袋内压比为 1.67,超过一级溢流管水位 0.35 m。之后,橡胶坝投入运行。1992 年 6 月,黄河断流,抓住这一有利时机,进行了第二次观测,前后两次结果见表 3-7-4,正方形变形 ε 的最大值为 5%。

表 3-7-4　张桥橡胶坝静态充水坝袋变形观测表

测压管水头(m)	中断面坝高(m)	9 点方框变形																
		1		2		3		4		5		6		7		8		9	
		X	Y	X	Y	X	Y	X	Y	X	Y	X	Y	X	Y	X	Y	X	Y
0.74	0.74	30	30	30	30	30	30	30	30	30	30	30	30	30	30	30	30	30	30
1.03	1.03	30	30	30	30	30	30.1	30	30.1	30	30.2	30	30.1	30.0	30.2	30	30.1	29.8	30
1.22	1.21	30	30.1	30	30.1	30	30.2	30	30.2	30	30.3	30	30.3	30	30.3	30	30.3	29.8	30
1.45	1.44	30	30.2	30	30.2	30	30.2	30	30.4	30	30.4	30	30.4	30	30.4	30	30.3	30	30.2
1.69	1.68			30	30.4	30	30.4	30	30.4	30	30.4	30	30.4			30	30.5
2.09	2.0			30	30.7	29.8	30.7			30	30.7	29.8	30.7			29.8	30.6
2.39	2.06			29.9	30.8	29.7	30.8			29.9	30.9	29.8	30.9			29.7	30.9
2.97	2.12			31.0						29.8	31.2	29.8	31.2			31.2
3.35	2.11			31.3						29.8	31.4	29.7	31.5			31.4
1.48	1.47	29.9	30.4	30	30.4	29.9	30.4	29.5	30.4	29.9	30.5	29.9	30.4			29.9	30.5	29.7	30.3
0.96	0.95	29.9	30.1	30	30.2	30	30.2	30	30.3	29.9	30.3	30	30.3	30	30.3	30	30
0.66	0.66	30	30	30	30.1	30	30.1	30	30	30	30.1	30	30.1	30	30	30	30

以上两表资料分析表明：

（1）Y 方向（经向）：1、2、3 点，4、5、6 点，7、8、9 点每组数据基本相等，三组亦相近，说明 Y 方向受力是一致的。X 方向（纬向）：1、4、7 点，2、5、8 点，3、6、9 点每组数据基本相等，三组数据亦相近，说明 X 向受力是一致的。

（2）Y 向（经向）受力时，变形始终为"＋"，说明处于拉伸状态。X 向（纬向）受力时，变形始终为"－"，说明处于压缩状态。同时告诉我们，Y 向（经向）是坝袋运行中受力变形的限制条件。

（3）以测压管水头 H_0 为纵坐标，坝袋伸长率 ε 为横坐标点绘曲线，如图 3-7-5 所示。

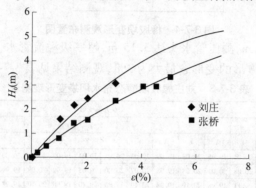

图 3-7-5　刘庄、张桥工程现场观测 $\varepsilon - H_0$ 曲线

三、实验室坝袋拉力变形测试与工程现场坝袋充水变形测试资料分析

通过工程现场充水变形测试变化趋势分析：刘庄工程，当黄河汛期流量 1 600 m^3/s、水位 61.3 m，坝袋压沙最厚时，测压管水位出现的最高值为 62.3 m，测压管水头为 5.85 m，内压比（α）达 2.93，推估坝袋变形伸长的最大值在 7% 左右。根据实验室坝袋拉力变形测试资料，当 ε ＝7% 时，相应荷载值为 4.0 kN/5 cm，折合 80 kN/m 或 8.16 t/m。烟台坝袋生产厂提供的坝袋质量保证为经向强力 48 t/m，纬向强力 32 t/m，可见坝袋受力在极安全范围。

张桥工程，当汛期黄河流量 3 300 m^3/s、黄河水位 24.25 m，坝袋压沙最厚时，测压管水位出现的最高值为 25.41 m，测压管水头为 6.21 m，内压比达到 3.15，推估坝袋变形伸长的最大值在 10% 左右。再以此伸长率和实验室坝袋拉力变形测试资料，由图 3-7-2 看出，当 ε ＝10% 时，相应的荷载值为 3.9 kN/5 cm，合 78 kN/m 或 7.96 t/m。沈阳橡胶坝袋生产厂提供的坝袋质量保证为经向强力 32 t/m，纬向强力 20 t/m，可见坝袋受力亦在极安全范围。

第五节　岸坡明置式充排水、排气、水压监测系统运行验证及运用技术研究

本工程设计中，采用岸坡明置式充排水、排气、水压监测设计方案，代替以往的竖洞式或斜洞廊道式充排水、排气溢流、水压监测设计方案，大大减少了施工难度，降低了工程造价，并方便了运行操作管理。通过运行试验及验证，完全达到了设计预期目标。

（1）刘庄工程：水泵型号为 IS150-125，与 SK-15 水环式真空泵联合运用，水泵扬程

为20 m,出水量200 m³/h,吸程6.5 m,安装高程为60.5 m。经运用,在坝高较低、测压管水头0.10 m时,水泵仍能排水。

张桥工程:水泵为自吸式鲁4-25型水泵,水泵扬程为26.9 m,出水量70 m³/h,吸程7 m,安装于岸上,高程为25.5 m。经运用,在坝高较低、测压管水头0.2 m左右时,水泵仍能排水;在坝袋运用的各种情况下都能向坝内充水。

(2)排气溢流管明置露天安装。刘庄、张桥两工程的一级溢流管口高分别为59.45 m和22.2 m,均高于灌溉期黄河正常引水水位,经运用,能在水面上自动排气溢流;二级溢流管口高分别为61.0 m和24.3 m,均高于汛期淤灌期间的最高水位,在汛期高水位水面以上能自由排气溢流。

(3)设计中,以人在岸上控制室操纵监测的BP2881投入式液位变送器,代替了以往的人进入竖洞或斜洞廊道内监测测压管水头方案,给管理人员带来很大方便。BP2881投入式液位变送器由变送器投入部、中继箱、导气电缆等组成。其工作原理是:当液体深度发生变化时,压力传感器受到一个与深度成正比的压力信号,经信号微处理器转变成对应于液体深度的4~20 mA模拟信号输出。经运行试验验证,不论测压管水头如何变化,都能准确地显示出来,经实测,精度达0.5%~1%。BP2881投入式液位变送器水位检验表见表3-7-5。

表3-7-5 BP2881投入式液位变送器水位校验表(日期:1995年5月13日)

水尺读数(m)	液位变送器读数(m)
0.2	0.20
0.4	0.39
0.6	0.59
0.8	0.79
1.0	0.99
1.1	1.09
1.3	1.29
1.6	1.59
1.9	1.88
2.0	1.99
2.1	2.08
2.3	2.28
2.6	2.58
2.8	2.78
3.0	2.98

第六节 溢流橡胶坝消能防冲运行验证及调控技术研究

根据工程设计,两工程橡胶坝后均未做消力池(坎),以进水闸合理调整过坝流量及落差,产生淹没水跃解决坝后消能问题。经近年多次运行观测,由于坝和闸的合理调控,过坝水位差很小,基本未产生完全水跃,而形成一系列急流在表面成为坡状水跃,达到了设计预期目标。

进水闸的调控运用技术:一般情况下注意升坝时引黄闸不要开,在静水中升坝。遇坝上淤沙较厚,可打开进水闸冲淤后,再关闭进水闸,静水充坝。当坝升到要求高度后,再打开进水闸。禁止在汛期高水位、压沙情况下,向坝袋内充水。

两橡胶坝防沙工程,在近年来的放水运行中,由于灌区工程配套差等,渠首引水流量一般未达到设计引水流量,坝前后水位变化不大,消能就更没问题。

第七节　工程运行管理制度及措施

(1)成立管理组织,专人管理。管理人员必须思想好,热爱本职工作,并经过专业技术培训,认真钻研业务,为工程的运行管理、维修养护、试验观测等工作尽心尽责,做好本职工作。

(2)管理人员必须严格执行操作规程,密切关注工程的各种设施情况,消除隐患,确保正常安全运行,使工程发挥最大效益。运行前必须全面检查各项设施状况,检查机泵、测压管、充排水管及机电线路是否正常,做好充水准备。

(3)橡胶坝运行期间,按操作规程要求,做好坝前后水位、含沙量、引水量、橡胶坝袋测压管水头的观测,若发生异常现象,应分析原因,及时采取措施。

(4)灌溉期间,根据大河水情变化和引水需要,及时调整坝袋高度和进水闸开启高度,以期达到最佳引水防沙效果;停止引水时,将坝袋充至设计坝高及设计内压水头值;汛期高水位及压沙较厚时,禁止向坝袋内充水。

(5)认真做好观测记录。观测记录各项指标如下:引水期间逐日观测大河水位、大河含沙量、引水流量、橡胶坝高及坝后含沙量,并做好各项记录。观测记录表格见表3-7-6。

(6)做好工程维修养护工作,确保工程完整、安全和正常运行。

(7)忠于职守,坚守岗位,昼夜值班,防止破坏,注意安全,采取措施,防止工程及人身事故的发生。对于易产生事故的潜在问题,应及早研究处理,一旦事故发生,应立即报告主管部门。

(8)积极配合做好各项试验研究工作,为工程的科学运用、管理提供经验。

表3-7-6　刘庄渠首橡胶坝引水防沙工程运行观测记录表

时间				水位			橡胶坝运行				引黄闸			含沙量(kg/m³)		备注
年	月	日	时	坝上(m)	坝后(m)	闸前(m)	坝高(m)	内压水头(m)	过坝流量(m³/s)	充排水时间(h)	开启孔数	开启高度(m)	流量(m³/s)	黄河	闸下	

第八章 黄河下游山东段新型渠首橡胶坝引水防沙工程效果原型观测研究

第一节 原型观测研究工作概况

一、张桥新型橡胶坝原型观测概况

张桥新型橡胶坝引水防沙工程于 1991 年 11 月建成。防沙效果的观测研究是在 1992 年 3 月 9 日至 23 日、1993 年 3 月 12 日至 5 月 13 日进行的。研究期间,黄河流量从 167 m³/s 到 683 m³/s,含沙量从 1.53 kg/m³ 到 24 kg/m³。引水流量 5~10 m³/s,相当于设计标准的 30%~70%。1993 年 3 月 20 日至 4 月 12 日,张桥橡胶坝前的黄河含沙量高达 15~24 kg/m³,是春灌期间比较少见的沙情。受其影响,在 5 月观测时口门前的大河床面较之前淤高了 1~1.5 m。研究期间橡胶坝前黄河的水沙情势见表 3-8-1。

表 3-8-1 研究期间张桥橡胶坝前水沙情势表

日期			水位	流量	含沙量	日期			水位	流量	含沙量
年	月	日	(m)	(m³/s)	(kg/m³)	年	月	日	(m)	(m³/s)	(kg/m³)
1992	5	13	21.66	167	1.53	1993	3	20	22.39	683	21.1
		14	21.95	235	2.42			24	22.48	618	24.0
		15	21.98	306	3.40		5	7	22.43	576	8.93
		18	21.89	221	2.60			8	22.39	535	7.98
		20	21.95	321	4.36			10	22.49	619	9.64
1993	3	18	21.66	266	5.09			11	22.36	257	3.87

1992 年黄河上游雨水缺少,三门峡水库时放时停造成河道经常断流。1993 年黄河水源充沛,含沙量较高,邹平县亦雨水较多,张桥引黄闸常间断运行。加之灌区配套不完善,非用水时不能放水观测。因此,观测工作只能在农田用水之时进行。同时,橡胶坝运用受下游用水和黄河流量的制约,水位较低时,为保证灌区用水,需降低橡胶坝高度。而水位较高时,就要将橡胶坝的高度调高或全部鼓起以控制过水流量,保证灌区安全。因此,橡胶坝各种运用高度下拦沙效果的对比观测,只好在上述用水允许时所调整的橡胶坝的鼓起高度下进行。

张桥橡胶坝防沙效果观测,共收集 39 次大河和橡胶坝同步观测资料,13 次引水口门河床地形测量和一次张桥闸附近 1/500 地形测量资料,12 次大河和引水口门的深水流向资料,2 次水面流向资料,310 个悬移质泥沙颗粒级配和 2 次床沙质颗粒级配。同时,还于 1993 年 3 月 19 日、20 日分别在李坡、归宿、中站等三处退水口进行了退水、退沙及泥沙级配观测,并在 3 月 14 日、15 日和 27 日两次施测干渠渠首至中站 12.5 km 的纵断面和 33 个大断面及沿程淤积物颗粒级配。

二、刘庄新型橡胶坝原型观测研究概况

刘庄新型橡胶坝工程于 1993 年建成后投入运用,引水防沙效果的观测研究工作是在 1994 年 3～5 月、1995 年 5 月及 1996 年 3 月春灌期间进行的。研究期间黄河流量从 91.0 m^3/s 至 1 160 m^3/s,含沙量从 0.64 kg/m^3 到 29.8 kg/m^3,引水流量从 9.38 m^3/s 到 84.3 m^3/s,引水含沙量从 0.80 kg/m^3 到 36.9 kg/m^3。详见表 3-8-2、表 3-8-3。

表 3-8-2　刘庄闸大河水位、流量、含沙量统计表

时间	水位 (m)	流量 (m^3/s)	含沙量 (kg/m^3)	时间	水位 (m)	流量 (m^3/s)	含沙量 (kg/m^3)
1994 年 3 月 24 日	59.56	1 160	14.1	1996 年 3 月 5 日上午	59.96	339	9.91
26 日	59.63	1 150	12.9	6 日下午	59.87	618	21.4
27 日上午	59.60	1 120	12.5	9 日上午	60.04	593	14.8
下午	59.61	1 130	11.0	下午	60.03	648	16.5
30 日上午	59.58	763	8.37	10 日下午	59.96	518	14.5
下午	59.63	763	9.17	11 日下午	60.15	870	29.8
31 日上午	59.53	657	5.47	12 日上午	60.04	665	15.9
下午	59.53	657	8.60	15 日下午	60.04	807	19.3
4 月 1 日上午	59.49	698	8.08	16 日上午	59.73	247	4.8
下午	59.49	698	9.95	下午	59.73	255	3.67
4 日上午	59.42	655	9.19	17 日上午	59.70	232	3.73
下午	59.45	670	12.2	下午	59.69	212	3.74
5 日上午	59.46	825	14.7	18 日下午	59.69	246	2.72
下午	59.48	830	13.4	20 日上午	59.96	382	4.61
1995 年 5 月 14 日	59.24	133	1.30	下午	60.03	447	5.87
15 日上午	59.11	105	0.82	21 日上午	59.79	287	3.23
下午	59.00	97.2	0.74	下午	59.68	308	3.99
16 日上午	58.90	91.0	0.64	22 日上午	59.96	363	3.91
1996 年 3 月 2 日上午	59.49	203	6.32	下午	59.89	316	3.46
3 日下午	59.86	446	9.68	23 日下午	59.90	349	3.75
4 日上午	59.91	553	16.1	24 日下午	60.06	719	12.0

表3-8-3 刘庄闸橡胶坝水位、流量、含沙量统计表

时间	水位 (m)	流量 (m³/s)	含沙量 (kg/m³)	坝高 (m)	时间	水位 (m)	流量 (m³/s)	含沙量 (kg/m³)	坝高 (m)
1994年3月24日	59.56	25.3	24.5	2.56	1996年3月6日下午	59.87	12.0	12.6	2.79
26日	59.63	24.8	21.4	2.40	7日早晨	59.83	62.0	10.5	2.79
27日上午	59.60	27.3	19.8	2.28	8日早晨	59.99	80.0	16.0	2.77
下午	59.61	27.3	24.5	2.45	9日早晨	60.04	64.1	13.0	2.75
30日上午	59.85	49.6	8.44	2.17	上午	59.04	9.38	9.15	2.70
下午	59.63	49.6	10.8	2.20	下午	59.03	10.6	15.4	2.74
31日上午	59.53	45.0	8.04	0.82	10日下午	59.96	11.2	12.9	2.72
下午	59.53	45.0	8.00	0.82	11日下午	60.15	84.3	36.9	2.85
4月1日上午	59.49	48.5	9.34	0.79	12日早晨	59.04	68.3	20.5	2.67
下午	59.49	48.5	10.9	0.79	15日早晨	59.98	68.4	10.7	2.70
4日上午	59.42	48.6	9.98	1.91	上午	60.01	67.4	12.6	2.79
下午	59.45	48.6	14.8	2.05	下午	59.04	66.9	14.4	2.89
5日上午	59.46	48.6	16.0	2.03	16日上午	59.73	35.0	4.68	2.50
下午	59.48	48.6	16.1	1.94	下午	59.73	28.9	3.30	2.61
1995年5月14日	59.24	23.0	1.28	2.30	17日上午	59.70	39.7	4.08	2.52
15日上午	59.11	22.0	0.93	2.20	下午	59.69	48.2	3.21	2.50
下午	59.00	23.2	1.05	0.94	18日下午	59.69	47.7	2.51	2.42
16日上午	58.90	23.2	0.80	0.94	20日上午	59.96	59.2	4.81	2.76
1996年3月2日上午	59.49	65.8	7.03	0.64	下午	60.03	57.1	5.30	2.76
3日下午	59.86	20.1	7.10	2.70	21日上午	59.79	49.6	3.31	2.72
4日早晨	59.90	62.8	16.2	2.77	下午	59.68	47.0	3.98	2.52
上午	59.91	15.1	13.2	2.77	22日上午	59.96	56.0	3.66	2.73
5日早晨	59.94	59.3	11.9	2.67	下午	59.89	54.6	3.25	2.59
上午	59.96	15.2	7.2	2.67	23日下午	59.90	68.2	3.93	2.56
6日早晨	59.91	57.9	16.0	2.77	24日下午	60.06	61.2	14.5	1.72

　　从橡胶坝拦沙工程和引水口门水沙运动的实际情况出发,确定重点观测橡胶坝鼓起状态下的水沙动态,同时,为了确定建坝前拦沙比也进行了塌坝观测。

　　刘庄橡胶坝防沙效果经过三年春灌期间的观测工作,共完成:

　　(1)水位:观测大河、橡胶坝水位96次。

　　(2)施测大河、橡胶坝同步流量输沙率54次。

　　(3)大河、口门、橡胶坝断面取悬移质含沙量1 695个。

　　(4)分析悬移质泥沙颗粒级配372个。

　　(5)分析河床质泥沙颗粒级配15个。

　　(6)对大河、引水口门的水面流向和深水流向进行19次观测。

　　(7)测量大河及橡胶坝横断面各54次。

　　(8)在大河、橡胶坝及闸后取单位水样含沙量252个。

（9）进行水面线观测 6 次。

（10）施测橡胶坝前引水口门附近河床地形 16 次和刘庄闸门附近地形 1 次。

第二节　原型观测项目及观测断面布设

一、张桥橡胶坝防沙效果观测项目及观测断面布设

（一）观测项目

张桥橡胶坝防沙效果的观测项目主要有以下 10 项：水位、流量、悬移质含沙量、悬移质颗粒级配、单位水样含沙量、流向（深水流向、水面流向）、河床质、橡胶坝过水断面、橡胶坝前口门附近河床变化、水面线等。水面线的观测经 1992 年的水面观测资料分析后发现，受灌区用水限制，引黄闸开高很小，闸前一直处于壅水状态，自口门至引黄闸的水面比降基本保持在 1/3 000 左右，水过橡胶坝非常平稳，也无跌水现象，1993 年即停止水面线观测。

（二）基本断面、垂线、测点布置

张桥引水口门位于弯道顶点下游，受大河弯道环流的影响，又受引水时在口门附近形成的弯道环流的影响，加之上下唇丁坝挑流影响使口门附近水流泥沙运动非常复杂。对于这样复杂的水流泥沙运动的观测，显然不能按一般河道的断面、垂线、测点的布设原则进行，而只能本着较好地控制口门附近水流，泥沙的纵向、横向、垂向变化，满足分析分流边界、防沙效果及成因分析之需要，采取了多断面、多垂线、多测点的布设原则，使对水流泥沙动态控制性能好，资料精度高，可比性强。具体布设如下。

1. 大河断面 D_1

这个断面主要施测引水口门前大河水位、流量、悬移质含沙量及河床质，并以此分析确定分流边界。位置在引水口门上唇 12# 坝头。视大河水面宽度变化，全断面布设 7~8 条垂线，每条垂线的流向、流速及悬移质颗分测点一般布设 3~5 个，悬移质含沙量采用选点法取样时，一般布设 3~7 个测点。

2. 口门断面 D_2

设立该断面的目的是分析口门的流场，水流的边界条件，水流、泥沙的横向、垂向变化，寻求和大河水沙因子的关系，探索橡胶坝防沙效果的影响因素。其位置在口门上唇 12# 坝与口门下唇 13# 坝脚的连线上，主要进行流速、流向、悬移质颗粒级配、悬移质含沙量、河床质等的测验。该断面布设垂线 6 条（平均 8 m 一条），视垂线水深的变化，流速流向测验，一般布设 3~5 个测点。采用选点法进行悬移质含沙量及颗粒级配取样时，一般布设 3~7 个测点。

3. 橡胶坝断面 D_3

该断面为橡胶坝的过水断面，位置在橡胶坝的最高部位。目的是研究过坝水沙因素的横向、垂向变化，分析橡胶坝防沙效果，进一步论证橡胶坝的防沙机制。观测项目主要有流速、悬移质含沙量及颗粒级配、橡胶坝过水断面。根据断面形态的变化布设 5~7 条垂线，每条垂线布设 3~5 个测点。

4. 引黄闸下断面 D_4

该断面位于引黄闸下 77 m,为进入干渠水流泥沙的控制断面,主要进行水位、流速、悬移质含沙量及颗粒级配、河床质观测。全断面布设 5 条垂线,每条垂线布设 3~5 个测点。

5. 辅助断面、垂线、测点布置

(1)为更好地分析引水口门附近的流场,在 D_2 断面以上 5~6 m 布设一个流向流速测验辅助断面,垂线布设与 D_2 相应,测点 3 个。

(2)为施测水面流向,在 D_1 以上 3~4 m,设浮标投放断面。

(3)为分析橡胶坝前床面形态的变化,在橡胶坝前沿布设一个测深断面。

(4)为进行引水含沙量的对比观测,在引黄闸前及闸后各设一个悬移质含沙量取样断面。闸前每闸孔设一条垂线,共 3 条,闸后一条。

上述断面布设详见图 3-8-1。

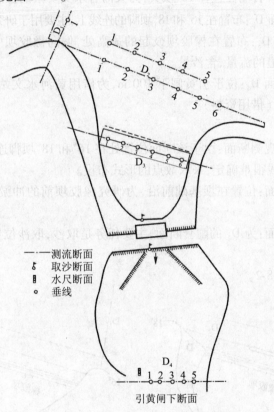

—— 测流断面
§ 取沙断面
§ 水尺断面
○ 垂线

图 3-8-1　张桥橡胶坝引水防沙工程观测断面布置图

为进行沙量平衡计算,分析引水中的有害泥沙,即易沉入渠内、清淤后堆在渠两侧恶化环境的泥沙及排入小清河的泥沙数量,分别在灌区内中站、李坡和归宿三退水口各设一测流断面,并且还在干渠渠首至中站节水闸按 500 m 间距布设了 26 个大断面。

上述多水沙因素、多断面、多垂线、多测点的布设,符合口门附近的水流特点,并相互验证有较好的可比性,克服了过去在进行引水口防沙工程的效果观测时采用少数水沙因素沿分流线布设少数垂线,不能充分反映整个口门附近水流特点的弊端。这是目前在进行引水防沙工程效果的观测研究时比较好的布设方法。

二、刘庄橡胶坝防沙效果观测项目及观测断面布设

(一)观测项目

主要有 10 项:①水位;②流量、输沙率;③悬移质含沙量;④悬移质颗粒级配;⑤床沙颗粒级配;⑥流向(水面流向和深水流向);⑦断面测量;⑧单位水样含沙量;⑨水面线观测;⑩橡胶坝前口门附近河床变化观测。

(二)观测断面布设

1. 基本断面

基本断面 4 个,分别为:

(1)大河断面 D_1:右端位置在 16# 坝头,为大河各水文要素的控制断面。

(2)引水口门断面 D_2:布置在 16# 和 18# 坝脚的连线上,主要用于研究进水口的流速场。

(3)橡胶坝断面 D_3:布置在橡胶坝鼓起的最高处,偏向橡胶坝中心线的下游 2 m 左右,主要观测水入渠道的流量、含沙量。

(4)引黄闸下断面 D_4:位于引黄闸下 100 m,为借用黄河水文站所设的测流断面,主要控制灌区渠首流量(借用资料)。

2. 辅助断面

(1)口门流速场观测断面:由于该断面位置处在 16# 和 18# 坝脚连线上游,受引水弯道环流的影响,大断面线很难确定,采取散点的形式布设。

(2)橡胶坝前断面:位置在坝基础前沿,为研究橡胶坝前的冲淤变化而布设,主要进行水深测量。

(3)引黄闸后断面:为 D_4 的配套断面,主要任务是取沙,取沙位置在引黄闸的东孔和西孔。

断面布设见图 3-8-2。

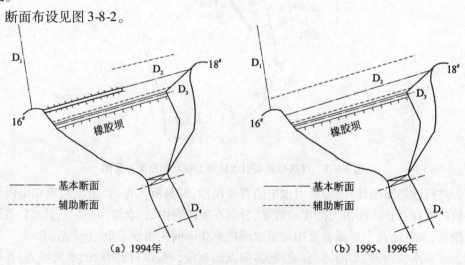

(a)1994年　　　　　　　　　　(b)1995、1996年

图 3-8-2　刘庄闸引水口门形势及观测断面布置图

(三)测深测速取样垂线及测点布设

为保证测量精度,测深测速取样垂线大河断面7~9条,橡胶坝断面不少于6条,其他断面不少于5条,垂线测点布设详见表3-8-4。

表3-8-4　垂线测点布设一览表

测验项目	垂线水深(m)	垂线上测点数目和位置
流速	>2.0	五点(水面,0.2,0.6,0.8,河底)
	1.5~2.0	三点(0.2,0.6,0.8)
	1.0~1.5	二点(0.2,0.8)
	<1.0	一点(0.6)
含沙量	>3.0	八点(水面,0.2,0.4,0.6,0.7,0.8,0.9,河底)
	2.5~3.0	七点(水面,0.2,0.4,0.6,0.8,0.9,河底)
	1.5~2.5	五点(水面,0.2,0.6,0.8,河底)
	<1.5	三点(0.2,0.6,0.8)
颗分		不多于五点
流向	>1.5	三点(水面,0.5,河底)
	1~1.5	二点(0.2,0.8)
	<1.0	一点(0.5)

注:一、二、三、五、七、八点法中的0.2,0.4,0.6,0.7,0.8,0.9均指相对水深。

第三节　测验方法

测验方法的好坏,直接影响成果精度,为此在做橡胶坝防沙效果原型观测时,一是采用适合口门水沙运动特点的同步观测,二是采用较先进的测验仪器。

一、同步观测

由于黄河具有含沙量日间变化较大的特点,观测的时间差往往使含沙量产生较大误差。因此,在进行口门橡胶坝防沙效果观测时,采取D_1与D_3同步进行,并尽量缩短D_1与D_2的观测时距。在张桥是D_1测完后紧接着测D_2,在刘庄是测完D_3后紧接着测D_2,以减少D_1、D_2两断面因时间差异而产生的流速和悬移质含沙量的变化影响。

二、采用的测验仪器

(一)流速、流向测验

在D_1、D_2及D_3部分测次采用了1989年通过国家鉴定的SLC9 - 2型直读式海流计,该仪器可施测不同深度的流速、流向,具有和普通流速仪同样的测验精度,测速测向可同时进行,每15 s显示一次测点时均流速流向,大大缩短了测验时间。其他断面流量测验采用LS25 - I型旋桨流速仪。

(二)悬移质、河床质取样

由于在黄河和口门附近的水流很不稳定,泥沙的脉动影响较大,为了消除脉动影响,使所取泥沙更具有代表性,悬移质取样容器为可更换的瓶式采样器(瓶的体积为 1.25 L),灌满时间约为 60 s 左右。采用这样的取样仪器不需再倒入其他容器,又避免了一次处理误差。

河床质取样采取重力式采样器提取。

(三)局部地形测量

陆地采用经纬仪、半圆仪联合作图,水下采用测深杆测深,经纬仪前方交会定位,测船平行于口门行驶。

(四)泥沙处理

采用置换法,即将提取的沙样沉淀 24 h 以上吸取清水后倒入率定好的 100 mL 比重瓶,用 1/1 000 天平称重处理,置换系数参照黄河下游水文站资料取 1.62。

(五)泥沙颗粒分析

悬移质颗分沙样为悬移质含沙量处理后的沙样,河床质颗分沙样是用重力式采样器提取的沙样。颗粒分析 0.1 mm 以上采用筛分,0.1 mm 以下采用 NSY-2 型宽域粒度分析仪分析。

三、测验方法

(一)流速流向观测

在观测 D_1、D_2、D_3 断面时均采用船测,即用绞车悬吊仪器测速测流向,测深杆测深,起点距 D_1 用经纬仪视距,D_2、D_3、D_4 用直接丈量法,为减小水流的脉动影响,各测点测速时间均大于 100 s。

(二)悬移质取样

一般和测速同时进行,有积深和选点两种方法。

(1)选点法:取样时,快速将仪器放到测点位置,并配置拉偏设施,使仪器注满或不少于容器的 90%。

(2)积深法:采用双程取样,仪器的提放速度视流速的大小确定。为确保水样的代表性,控制样瓶不取满的时间为 60~90 s。

所取水样的处理采用置换法,$K = 1.62$。

(三)颗分取样

根据灌溉期间黄河来水条件及引水条件来确定颗分的测次,同时根据黄河泥沙颗粒横向变化比较均匀的特点,颗分取样垂线数较含沙量取样垂线数减半。

(四)水面线观测方法

高程用水准仪测定,点位用经纬仪极坐标法测定。

(五)口门附近流速场观测方法

采用单锚固定、松绳放船方法,用 SLC9-2 型直读式海流计测定流速、流向,用经纬仪极坐标法定位。

（六）横断面测定方法

D_1 为单锚固定，经纬仪测定起点距，用测深杆测深；D_2、D_3 采用缆绳固定测船，测深杆测深，起点距从断面标志中直接测出。

第四节 观测资料的审查与整理

一、资料校核

将观测得到的各种原始资料、计算成果等进行校核，确保计算成果无误。

二、实测资料的合理性检查

（一）点绘分布曲线

将流速、含沙量、颗粒级配等实测资料点绘垂线分布图和横向分布图，根据它们的分布规律，对照检查，舍弃个别不合理的点据。

（二）资料的修订和插补

对于流速、含沙量资料，如果舍弃不合理的点据，则满足不了分析计算的需要或测速与测沙的测点不相应，一般采用下列方法进行插补：

1. 趋势法

即根据流速、含沙量的垂线分布趋势予以延长。

2. 经验公式法

由资料分析，并参照有关文献，黄河各垂线流速分布可以用指数流速分布公式和对数流速分布公式表示，各垂线含沙量分布可用指数流速分布又可用对数流速分布导出含沙量公式表示。据此：

（1）当水深较小、含沙量测点和测速测点不一致或个别流速测点不合理时，为计算垂线平均含沙量，采用巴森模式来推求测点流速。

（2）对测点含沙量，用对数流速分布推导出的 Rouse 含沙量分布关系式 $S/S_a = [(h-y)/(h-a) \times a/y]^z$ 来推求。

对 1992～1996 年资料用经验公式法与趋势法得出的结果基本一致，从而确定对缺测或不合理的资料仅用趋势法推求。

第五节 新型橡胶坝引水防沙效果评价

一、评价依据的确定

（一）橡胶坝修建前引沙比的确定

引沙比是指大河含沙量与引水含沙量的增减量与大河含沙量之比，并规定：当引水含沙量大于大河含沙量，其值为"－"，反之为"＋"。建坝前引沙比采用以下两种方法确定。

1. 建橡胶坝前无实测引水引沙资料

张桥橡胶坝即属此情况,采取的方法是:

(1)塌坝试验和取观测期间与引黄闸修建时闸前河底比降相似的水流泥沙资料代表修建橡胶坝前的分流分沙状况。

①塌坝试验:观测前 4～5 h 将橡胶坝塌落以期恢复建坝前的引黄闸前河床的本来面目。橡胶坝的塌落情况及塌落后的引沙比见表 3-8-5。

表 3-8-5　张桥橡胶坝塌落高程及引沙比统计表

施测日期	1992 年 5 月 20 日		1993 年 3 月 12 日	1994 年 3 月 14 日	1993 年 5 月 8 日	1993 年 5 月 11 日	备注
	上午	下午					
橡胶坝塌落高程(m)	19.65	19.69	19.43	19.96	20.9	20.16	橡胶坝底高程 19.2 m
引沙比	−7.4	−11.7	12.4	16.8	−7.4	6.1	

由表看出,1992 年 5 月 20 日和 1993 年 3 月 12 日橡胶坝塌落较低,坝高为 0.45～0.49 m。但 1993 年 3 月 12 日坝塌落不足 2 h,河床尚未恢复原状即进行了观测,其他三次塌落较少,坝高在 0.76～1.7 m,其观测结果均不能作为建坝前的资料依据。仅 1992 年 5 月 20 日的资料可以借用。

②收集观测期间和建坝前引水口床面比降相似的水沙观测资料。

张桥引黄闸(橡胶坝下约 30 m)闸底板高程 19.2 m,建坝前口门前的大河溪点 20.2 m,高出防沙闸底板 1 m 左右,口门的河床比降约 1/60。1993 年 5 月 8 日以后,由于黄河出现了春灌期间少见的高含沙量,口门前的大河床面淤高 1～1.5 m,高出橡胶坝的鼓起高度(按最低点)0.38～1.03 m,形成从大河溪点到橡胶坝最低点平均 1/62 的床面比降,和建坝前基本一致,故将 1993 年 5 月 8 日以后的水沙观测资料看作修建橡胶坝以前的水沙资料。

综合①、②得到 5 日观测资料列于表 3-8-6,可作为橡胶坝修建前的引沙比。

表 3-8-6　张桥引沙比计算表

施测日期(年-月-日)	引水含沙量(kg/m³)	大河含沙量(kg/m³)	引沙比(%)	施测日期(年-月-日)	引水含沙量(kg/m³)	大河含沙量(kg/m³)	引沙比(%)
1992-05-20	4.22	3.87	−9.0	1993-05-10	5.96	5.73	−4.0
1993-05-08	7.69	7.16	−7.4	1993-05-11	3.12	3.44	9.3
1993-05-09	5.50	5.27	−4.4				

算得引沙比为 −3.1%,即引水含沙量高于大河含沙量 3.1%。由于 5 月 11 日引水含沙量低于大河含沙量 9.3%,同时橡胶坝塌落高度也未到 19.2 m,使计算得到的平均引沙比的绝对值可能偏小,不会使橡胶坝的防沙效果评价偏高。

（2）借用和张桥条件相似的韩刘引黄闸的引沙比验证上述结果。

韩刘和张桥两引黄闸都位于弯道顶点下游约 200 m,均系基本对称的喇叭形引水口门,引水设计流量均为 15 m³/s,实际引水流量均在 10 m³/s 以下。张桥距泺口的距离为 65 km,韩刘闸在张桥上游,位于艾山和泺口两水文站中间,自 1986 年建闸以后就在出水口下 50 m 设站观测水流泥沙。

分析 1987～1991 年的泥沙观测资料,得到韩刘引黄闸前大河含沙量和引水含沙量的关系,见图 3-8-3。

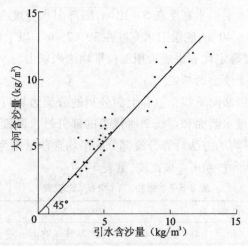

图 3-8-3　韩刘闸大河含沙量与引水含沙量关系图

由图 3-8-3 看出,韩刘闸前大河含沙量和引水含沙量分布在 45°线附近,表明二者之比近于 1,即引沙比为零,和（1）分析结果比较接近。

确定以 −3.1% 作为张桥引黄闸建橡胶坝以前的引沙比,将其作为评价橡胶坝拦沙效果的基本依据是可行的。

2. 建坝前有实测资料

建坝前有实测资料,则直接对建坝前实测资料和建坝后塌坝试验所得到的资料进行分析后确定建坝前引黄闸的引沙比。刘庄引黄闸建坝前的引沙比的确定就采用了此方法。通过对建坝前的观测资料和建坝后塌坝试验得到的资料综合分析,确定刘庄引黄闸建坝前引沙为 −8%。

（二）大河含沙量的确定

提到大河含沙量,通常认为是针对大河全断面范围而言的,即通过断面输沙率和断面流量求得。为了评价橡胶坝的防沙效果,我们把大河分入口门的水流宽度内的含沙量作为评价防沙效果的大河含沙量。这部分含沙量在没有橡胶坝时可随分水流入口门内,修橡胶坝后,相当于侵蚀基面抬高,一部分泥沙被拦截不能进入渠道,因此用受引水影响宽度内的水流含沙量作为评价防沙效果的大河含沙量是比较合适的。

计算这部分含沙量的关键是确定分流边界。许多学者和专家为确定分流边界进行了模型试验,得出了引水口门的分流边界表现为表层窄、底部宽的结论,并建立了求算分流边界的数学公式。但这些试验都是以顺直河段的分水口门为基点的,且是简化的模型试验,和我们观测的引水口门分水特性不同,用现有公式计算分流边界的结果不十分令人满意。因此,我们采用根据原型流向资料分析得出的分流边界公式:

$$B_s = 2.4 + 3.86 K^{0.69} b^{0.82}$$

$$B_d = 7.5 + 21.8 K^{0.66} b^{0.50}$$

式中　B_s, B_d——表层流和底层流分流宽度;

　　　K, b——分流比和引水口门宽度,K 变化范围为 $0.01 \sim 0.35$。

求得张桥引黄口门表层引水宽度在 $5 \sim 10$ m,底部引水宽度在 $10 \sim 17$ m。刘庄引黄口门表层引水宽度在 $15 \sim 40$ m,底层引水宽度在 $30 \sim 75$ m。以上述宽度为依据推算大河含沙量,首先由分水宽度确定代表垂线再用加权平均法来求出。

1. 张桥引黄闸大河含沙量的确定

根据张桥引黄闸大河断面垂线布置和上面分析的分流边界可得出,张桥引黄闸分水宽度为垂线 1 所代表的过水断面和垂线 2 所代表的部分过水断面,因此用垂线 1、2 的流速、含沙量分布用加权平均的方法计算分流部分的平均含沙量作为大河含沙量,用 $C_{s1,2}$ 表示,并和大河全断面平均含沙量 $C_{s大}$ 来比较,见表 3-8-7。

表 3-8-7　张桥 $C_{s1,2}$ 和 $C_{s大}$ 比较表

施测日期	1992 年 5 月					1993 年 3 月			1993 年 5 月			
	13 日	14 日	15 日	18 日	20 日	18 日	20 日	24 日	7 日	8 日	10 日	11 日
$C_{s1,2}$	1.50	2.60	3.07	2.72	4.73	4.86	17.6	21.0	7.90	8.99	7.83	3.62
$C_{s大}$	1.53	2.42	3.40	2.60	4.36	5.09	21.1	24.0	8.93	7.98	9.64	3.87
对比（+多,-少）（%）	-2	7	-10	5	8	-5	-17	-14	-12	9	-19	-6

可看出 $C_{s1,2}$ 一般要比 $C_{s大}$ 小,平均小 4.7%,主要是受大河流量变化的影响主流摆动所致。大河流量比较大时,如 1993 年施测时,流量大都在 500 m³/s 以上,这时主流偏向河流的左岸,水流的流速和含沙量均比靠近右岸的 1、2 垂线要大,即 $C_{s1,2}$ 偏小。1992 年施测时,大河流量一般在 300 m³/s 以下,主流中间偏右,距右岸 60 m,使右岸水流的流速增大,含沙量增高使 $C_{s1,2}$ 偏大。这表明,若以 $C_{s大}$ 作为评价依据,防沙效果增大了 4.7%,但这不尽合理。显然采用 $C_{s1,2}$ 作为评价橡胶坝拦沙效果的依据较为符合实际。

2. 刘庄引黄闸大河含沙量的确定

同样,我们根据刘庄的具体情况,用垂线 1～3 的流速和含沙量分布加权平均的方法计算出分流部分的平均含沙量,作为大河含沙量,用 $C_{s1,3}$ 表示,并和大河全断面的含沙量 $C_{s大}$ 比较,见表 3-8-8。

表3-8-8　刘庄 $C_{s1,3}$ 和 $C_{s大}$ 比较表(1996 年)

时间	$C_{s1,3}$	$C_{s大}$	对比(+多, −少)(%)
3 月 2 日上午	6.60	6.32	+4.2
3 日下午	9.58	9.68	−1.0
4 日上午	15.6	16.1	−3.2
5 日上午	11.3	9.91	+12.3
6 日下午	17.4	21.4	−23.0
9 日上午	13.4	14.8	−10.4
下午	16.8	16.5	+1.8
10 日下午	16.9	14.5	+14.2
11 日下午	36.6	29.8	+18.6
15 日下午	18.5	19.3	−4.3
16 日上午	5.44	4.80	+11.8
下午	3.60	3.67	−1.9
17 日上午	4.09	3.73	+8.8
下午	3.86	3.74	+3.1
18 日下午	2.76	2.72	+1.4
20 日上午	4.98	4.61	+7.4
下午	5.78	5.87	−1.6
21 日上午	3.44	3.23	+6.1
下午	4.39	3.99	+9.1
22 日上午	4.01	3.91	+2.5
下午	3.71	3.46	+6.7
23 日下午	3.89	3.75	+3.6
24 日下午	13.1	12.0	+8.4

　　从表中可以看出 $C_{s1,3}$ 一般要比 $C_{s大}$ 大,平均大 3.2%,主要是观测期间大河流量在 870 m³/s 以下,弯道流势坐弯于引水口以上,靠近右岸所致。而引水基本上是引的主流中的水,故以分流边界以内的含沙量作为大河含沙量来计算橡胶坝防沙效果也是符合实际情况的。

(三)橡胶坝修建后引水含沙量的确定

　　在橡胶坝引水防沙效果的观测研究中,对引水含沙量均在 3 个以上的断面进行观测。

　　(1)张桥引黄闸是在橡胶坝和渠道 2 个基本断面及在引黄闸上闸下 2 个辅助断面观测引水含沙量。根据 4 个断面的实测资料分析渠道、闸上、闸下含沙量与橡胶坝含沙量的关系,从中选取相关系数高且和大河同步观测资料最多的断面含沙量作为引水含沙量。

张桥以闸下断面含沙量作为引水含沙量。

（2）刘庄引黄闸布设了橡胶坝1个基本断面和闸下东孔、西孔2个辅助断面观测引水含沙量。根据实测资料分析,确定用橡胶坝断面含沙量作为引水含沙量。

二、对橡胶坝引水防沙效果的评价

（一）防沙效果计算方法

过去不少文献在涉及分流分沙情况时,都是以引水含沙量和大河含沙量的对比程度来表述。本次研究认为防沙工程的效果固然以拦截沙量的多少作为衡量工程实用性的标准,但这还不够,还必须考虑拦截粗沙的多少,因为粗沙是淤渠的主要原因。本章就是从这两个方面来研究橡胶坝引水防沙效果的。

（1）含沙量比法:即以拦截全沙的多少作为衡量橡胶坝拦沙效果的标准,用拦沙效果表示:

$$拦沙效果 = 1 - 引水含沙量/大河含沙量$$

（2）级配法:分析大河和引水泥沙颗粒级配,计算拦截某粒径泥沙的多少来确定橡胶坝的防沙效果,即采用同一粒径级,用下式表示:

$$拦沙效果 = 1 - 引水含沙量中大于某粒径泥沙含量/大河含沙量中大于该粒径含量$$

这里所提到的某粒径泥沙也就是粗沙,即淤积在渠道里的绝大部分泥沙,这部分泥沙有一个粒径界限,这个粒径界限是根据大河、干渠渠首床沙及引水悬移质颗粒级配曲线（见图3-8-4、图3-8-5）来确定的。

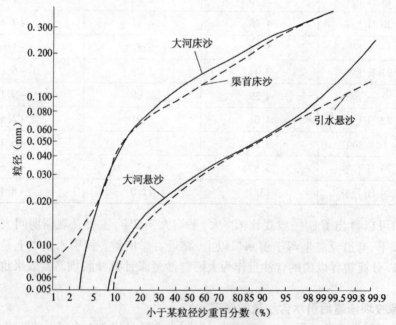

图 3-8-4　刘庄大河引水床沙、悬沙级配曲线图

由表3-1-4、表3-1-5可知,黄河山东段的床沙颗粒级配上游和下游基本一致,悬移质泥沙颗粒级配也比较接近,因此将两引水口的观测资料综合在一起分析确定淤积泥沙的

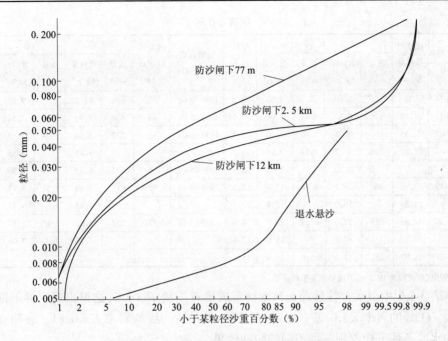

图 3-8-5　张桥干渠床沙、悬沙级配曲线图

分界粒径。由图 3-8-4 和图 3-8-5 看出,大河与渠首床沙级配曲线几乎重合,引水泥沙沿程逐渐变细。大河床沙和淤积在干渠渠首的泥沙粒径大于 0.025 mm 的百分数在 93% 以上,而退水中小于 0.025 mm 的泥沙,即不易沉积的那部分泥沙约占 93%,这表明大河悬沙及引水悬沙中小于 0.025 mm 粒径的泥沙在床沙中是少量的,因此我们把 0.025 mm 泥沙粒径作为淤渠有害泥沙的分界粒径,并以此粒径作为衡量橡胶坝防沙效果的计算粒径。

（二）橡胶坝引水防沙效果评价

1. 对张桥橡胶坝引水防沙效果的评价

1）橡胶坝修建后拦沙效果提高

现将 1992、1993 年两年 39 次实测资料拦沙效果计算结果列于表 3-8-9。

表 3-8-9　张桥闸橡胶坝防沙效果计算成果表

施测日期（年-月-日）	橡胶坝鼓起高程(m)	大河流量(m³/s)	大河含沙量(kg/m³)	引水流量(m³/s)	引水含沙量(kg/m³)	拦沙效果(%)	施测日期（年-月-日）	橡胶坝鼓起高程(m)	大河流量(m³/s)	大河含沙量(kg/m³)	引水流量(m³/s)	引水含沙量(kg/m³)	拦沙效果(%)
1992-05-13	21.24	167	1.50	5.37	1.13	24.7	1993-03-22	21.92	490	13.0	6.16	11.5	11.9
1992-05-14	21.19	235	2.60	10.3	1.77	31.9	1993-03-22			20.7		15.2	26.5
1992-05-15	21.04	307	3.07	7.37	2.14	30.3	1993-03-23	95	400	14.2		11.9	16.2
1992-05-15			3.07		2.04	33.6	1993-03-24	97	618	21.0	6.32	16.3	22.5
1992-05-18	21.31	221	2.72	8.82	2.29	15.2	1993-03-24			18.2		16.0	12.1
1992-05-20	20.25	321	4.73	9.66	5.08	−7.4	1993-03-27	97	620	21.9	7.45	16.9	22.7
1992-05-20	20.31		3.00		3.35	−11.7	1993-03-28	97	650	20.8	7.45	16.9	18.8
1993-03-12	20.71	90.0	1.85	9.10	1.62	12.4	1993-04-07	90	480	7.26	7.00	6.00	17.4
1993-03-13	20.71	96.0	3.10	9.40	2.37	23.5	1993-04-18	92	490	3.70	7.50	2.71	26.8
1993-03-14	20.93	475	5.30	9.47	4.41	16.8	1993-05-06	83	600	24.2	5.40	18.2	24.8

续表 3-8-9

施测日期 （年-月-日）	橡胶坝 鼓起高 程（m）	大河		引水		拦沙 效果 （%）	施测日期 （年-月-日）	橡胶坝 鼓起高 程（m）	大河		引水		拦沙 效果 （%）
		流量 （m³/s）	含沙量 （kg/m³）	流量 （m³/s）	含沙量 （kg/m³）				流量 （m³/s）	含沙量 （kg/m³）	流量 （m³/s）	含沙量 （kg/m³）	
1993-03-14			6.00		4.60	23.3	1993-05-06			12.2		9.19	24.7
1993-03-15	21.10	620	6.32	9.47	4.61	27.1	1993-05-07	83	576	7.90	5.10	7.52	15.5
1993-03-17	21.15		4.68	9.00	3.40	27.4	1993-05-08	83	535	5.60	5.94	5.83	-4.1
1993-03-18	21.32	266	5.22	8.18	3.85	26.2				8.71		9.55	-9.6
'			5.22		3.91	25.1	1993-05-09	75	553	5.27	5.19	5.50	-4.4
1993-03-19	21.56	400	14.1	8.18	12.4	12.3	1993-05-10	62	619	3.63	5.51	3.14	13.5
	21.89		16.0		12.4	22.7				7.82		8.77	-12.1
1993-03-20	21.89	683	17.6	6.24	15.0	14.9	1993-05-11	52	257	3.62	5.45	3.17	12.4
			17.2		14.9	13.4				3.26		3.06	6.1
1993-03-21	21.92	555	17.4	6.16	15.4	11.4							

注：橡胶坝底板高程为 19.2 m，鼓起高程为平均高程。

　　将表 3-8-9 中引水含沙量和大河含沙量成果点绘成图 3-8-6，结果出现三种不同斜率的直线。①线的斜率 $K=0.77$；②线的斜率 $K=1.08$；③线的斜率 $K=0.81$。表明在三种不同的水沙条件下橡胶坝三种不同的防沙效果。

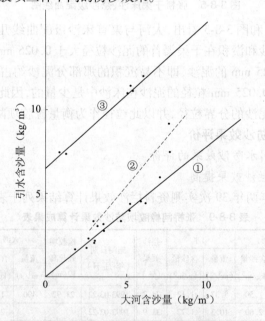

图 3-8-6　张桥大河含沙量、引水含沙量关系图

　　①线是大河流量一般在 350 m³/s，含沙量 8 kg/m³ 以下的结果。这时橡胶坝的运用高度（最低点）一般高于口门附近大河床面溪点 0.3~0.7 m。这种情况据管理部门和当地群众反映，为春灌期间之常见，是引黄闸在设计标准下的正常运行。根据出现此情况的 1992 年 5月、1993 年 3~4 月间的 16 次泥沙观测资料分析计算，得到橡胶坝的拦沙效果为 23.1%。

　　②线是 1993 年 3~4 月黄河含沙量一般 15~24 kg/m³ 的结果。过后，5 月引水口门附近黄河床面抬高 1~1.5 m。另外，1992 年 5 月 20 日做了橡胶坝塌坝试验，这两种情况

都使大河溪点高于橡胶坝顶高程(最低点)0.38~1.03 m。这类似于橡胶坝修建以前引黄闸前的床面比降形式(设计引黄闸底高程19.2 m,大河河底高程20.2 m左右),算得坝前河底比降平均1/62,略大于建坝前。拦沙效果出现负值,即②线的斜率大于1。据1992年5月20日和1993年5月9次观测资料分析,平均拦沙效果为-3.1%,表明当大河床面高于橡胶坝的鼓起高度时,引水含沙量高于大河含沙量。此时,张桥引水口若没有橡胶坝存在,大河溪点就会高于引黄闸底板2~2.5 m,形成$\frac{1}{30}$~$\frac{1}{24}$的引水口门床面比降,定给灌区带来更大的沙害。

③线为1993年3月施测之结果,黄河流量400~683 m³/s,含沙量一般在15 kg/m³以上。大水、大沙超过引水设计标准,属春灌期间黄河水沙情势之少见。由于黄河流速较大,平均流速1.5 m/s以上,黄河床面较1992年春天无大差别,只是在引水口门附近产生较大流速,出现较多的褐色泛花,使表层水的含沙量增大,从而降低了橡胶坝的拦沙效果。通过在此情况下的14次观测资料分析计算,橡胶坝的拦沙效果为18.2%。

纵观黄河大水年冲,小水年淤,冲淤交替发生。同时,引黄灌溉受天气制约,天气干旱时不管黄河什么样的水沙情势,地方行政命令只要有水就引,不执行引黄灌溉高含沙量不引水的规定。因此,将①、③两种情况下的30次实测资料综合,橡胶坝的拦沙效果为20.9%,再加上塌坝后(相当于未建橡胶坝前)引水含沙量比大河含沙量多3.1%,两项叠加较建坝前提高了24.0%(未考虑漏测的临底悬沙)。

2)引水泥沙细化,有害泥沙减少

根据张桥大河与橡胶坝24次同步泥沙级配资料,用级配法计算橡胶坝的防沙效果,见表3-8-10。并点绘引水含沙量和大河含沙量中0.025 mm以上泥沙粒径的含量关系,见图3-8-7。

表3-8-10　张桥橡胶坝拦截 $d \geq 0.025$ mm 泥沙效果计算成果表

日期 (年-月-日)	含沙量 (kg/m³)		含沙量比 (%)	拦沙效果 (%)	泥沙 D_{50} (mm)		>0.025 mm 百分数(%)		相应含沙量 (kg/m³)		拦截率 (%)
	大河	引水口			大河	引水口	大河	引水口	大河	引水口	
1992-05-13	1.50	1.13	75	25	0.019	0.014	41.8	45.0	0.63	0.51	19
1992-05-14	2.60	1.77	68	32	0.021	0.016	44.0	35.6	1.14	0.63	45
1992-05-15	3.07	2.14	70	30	0.032	0.027	64.0	52.4	1.96	1.12	43
1992-05-18	2.72	2.29	84	16	0.031	0.027	57.0	53.5	1.55	1.23	21
1992-05-20	4.73	5.08	107	-7	0.039	0.040	67.0	67.0	3.17	3.40	-7
1992-05-20	3.00	3.35	112	-12			53.0	57.0	1.59	1.91	-20
1992-03-12	1.85	1.62	88	12	0.009	0.010	23.0	29.4	0.43	0.48	-12
1992-03-13	3.10	2.37	76	24	0.016	0.016	39.0	33.2	1.21	0.79	35
1992-03-14	5.30	4.41	83	17			41.0	38.0	2.17	1.68	23
1992-03-17	4.68	3.40	73	27	0.019	0.016	39.0	32.2	1.83	1.11	39
1992-03-18	5.22	3.85	74	26			48.8	36.0	2.55	1.39	45
1992-03-19	14.1	12.4	88	12	0.039	0.030	73.0	60.0	10.3	7.44	28
1992-03-20	17.6	15.0	85	15			71.6	76.0	12.6	11.4	9.5
1992-03-21	17.4	15.4	89	11	0.041	0.040	70.0	75.0	12.2	11.6	15
1992-03-22	13.0	11.5	88	12	0.035	0.032	65.0	60.6	8.45	6.97	18

续表 3-8-10

日期 （年-月-日）	含沙量 （kg/m³）		含沙量比 （%）	拦沙效果 （%）	泥沙 D_{50} （mm）		>0.025 mm 百分数（%）		相应含沙量 （kg/m³）		拦截率 （%）
	大河	引水口			大河	引水口	大河	引水口	大河	引水口	
1992-03-23	14.2	11.9	84	16	0.031	0.030	65.0	63.8	9.23	7.59	18
1992-03-24	21.0	16.3	78	22	0.035	0.034	65.0	78.0	13.7	12.7	7
1992-03-25	18.2	16.0	88	12	0.042	0.034	92.0	75.0	16.7	12.0	28
1992-03-27	21.9	16.9	77	23	0.037	0.030	72.6	69.5	15.9	11.7	26
1992-03-28	20.8	16.9	81	19	0.045	0.034	76.0	64.7	15.8	10.9	31
1992-05-07	7.9	7.52	95	5	0.064	0.064	72.0	71.0	5.69	5.34	6
1992-05-08	5.60	5.83	104	−4			57.0	61.0	3.19	3.55	−11
1992-05-10	3.63	3.14	87	13	0.050	0.57	50.5	61.0	1.83	1.92	−5
1992-05-10	7.82	8.77	112	−12			72.0	79.0	5.63	6.93	−23

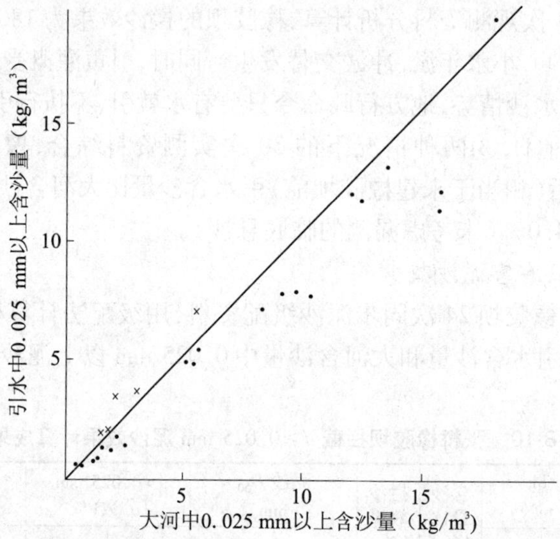

图 3-8-7　张桥引水和大河 0.025 mm 以上含沙量关系图

由图 3-8-7 可看出,引水含沙量中大于 0.025 mm 的泥沙含量和大河含沙量中大于 0.025 mm 的泥沙含量关系,从而得出以下两种结果。

(1)1992 年 5 月和 1993 年 3 月实测资料点据绝大多数偏于 45°线以下,说明有较好的关系。引水中 0.025 mm 以上比大河含沙量中 0.025 mm 以上含沙量要小,平均小 27%,这表明橡胶坝不但能使引水含沙量减少,而且还能使引水泥沙细化。引水中值粒径较大河细化约 17%。

(2)1992 年 5 月 20 日塌坝试验和 1993 年 5 月河底高于橡胶坝顶使得引水中的 0.025 mm 以上含沙量比大河中 0.025 mm 以上含沙量平均高 11%,实测资料点据在 45°线以上。显而易见,当出现这种边界条件的时候,不但大河底部浓度较高的泥沙可以进入干渠,而且较粗床沙也会进入干渠。引水泥沙中值粒径较大河泥沙中值粒径粗 9%。

2. 对刘庄橡胶坝防沙效果的评价

在 1994~1996 年三年的观测过程中,1994 年观测时橡胶坝的施工围堰未彻底清除,橡胶坝始终未正常运用,1995年黄河属于枯水期,大河流量仅100 m³/s左右。因此,该两年的观测资料代表性较差。1996年大河流量在200~900 m³/s,含沙量在2.7~36.6 kg/m³,引水流量在9~85 m³/s,变化范围大,有很好的代表性,所以将1996年观测资料作为评价橡胶坝防沙效果的依据,分别用含沙量比法和级配法计算橡胶坝的防沙效果,见表3-8-11、表3-8-12。

表3-8-11　刘庄橡胶坝拦沙效果计算成果表

施测日期	橡胶坝鼓起高度(m)	流量(m³/s)		含沙量(kg/m³)		分流比(%)	分沙比(%)	含沙量比(%)	拦沙效果(%)
		大河	引水口	大河	引水口				
1990年4月23日	—	1 100	77.0	16.7	19.1	7.0	8.0	114	-14
6月8日	—	1 100	64.0	7.37	7.38	5.8	5.8	100	0
1996年3月2日上午	0.64	203	65.8	6.60	7.03	32.4	34.5	107	-7
3日下午	2.70	446	20.1	9.58	7.10	4.5	3.3	74	26
4日早晨	2.77	553	62.8	20.4	16.2	11.2	8.9	79	21
上午	2.77	553	15.1	15.6	13.2	2.7	2.3	85	15
5日早晨	2.67	339	59.3	14.5	11.9	17.5	14.4	82	18
上午	2.67	339	15.2	11.3	7.20	4.5	2.9	64	36
6日早晨	2.77	616	57.9	25.1	16.0	9.4	6.0	64	36
下午	2.79	616	12.0	17.4	12.6	1.9	1.4	72	28
7日早晨	2.79	616	62.0	14.2	10.5	10.1	7.4	74	26
8日早晨	2.77	610	80.0	19.4	16.0	13.1	10.8	82	18
9日早晨	2.75	606	64.1	18.2	13.0	10.6	7.6	71	29
上午	2.70	593	9.38	13.4	9.15	1.6	1.1	68	32
下午	2.74	648	10.6	16.8	15.4	1.6	1.5	92	8
10日下午	2.72	518	11.2	16.9	12.9	2.2	1.7	76	24
11日下午	2.85	870	84.3	36.6	36.9	9.7	9.8	101	-1
12日早晨	2.67	665	68.3	28.1	20.5	10.3	7.3	73	27
15日早晨	2.70	806	68.4	18.1	10.7	8.5	5.0	57	43
上午	2.79	806	67.4	17.4	12.6	8.4	6.1	72	28
下午	2.89	806	66.9	18.5	14.4	8.3	6.5	78	22
16日上午	2.50	247	35.0	5.44	4.68	14.2	8.9	86	14
下午	2.61	255	28.9	3.60	3.30	11.3	10.4	92	8
17日上午	2.52	232	39.7	4.09	4.08	17.1	17.1	100	0
下午	2.50	214	48.2	3.86	3.21	22.5	18.7	83	17
18日下午	2.42	246	47.7	2.76	2.51	19.4	17.6	91	9
20日上午	2.76	382	59.2	4.98	4.81	15.6	15.0	97	3
下午	2.76	447	57.1	5.78	5.30	12.8	11.7	92	8
21日上午	2.72	287	49.6	3.44	3.31	17.3	16.6	96	4
下午	2.52	308	47.0	4.39	3.98	15.3	13.8	91	9
22日上午	2.73	363	56.0	4.01	3.66	15.4	14.1	91	9
下午	2.59	316	54.6	3.71	3.25	17.3	15.1	88	12
23日下午	2.56	349	68.2	3.89	3.93	19.5	19.7	101	-1
24日下午	1.72	719	61.2	13.1	14.5	8.5	9.4	111	-11

表3-8-12　刘庄橡胶坝拦截 $d \geq 0.025$ mm 含沙量效果计算成果表

日期 （年-月-日）	含沙量 （kg/m³）		含沙量比 （%）	拦沙效果 （%）	泥沙 D_{50} （mm）		>0.025 百分数		相应含沙量 （kg/m³）		拦截率 （%）
	大河	引水口			大河	引水口	大河	引水口	大河	引水口	
1996-03-02	6.6	7.03	107	−7	0.030	0.028	61.3	56.6	4.05	3.98	2
1996-03-04	15.6	13.2	85	15	0.040	0.034	74.0	67.5	11.6	8.91	23
1996-03-05	11.3	7.20	64	36	0.032	0.028	66.2	56.1	7.48	4.04	46
1996-03-09	13.4	9.15	68	32	0.043	0.031	76.9	62.0	10.3	5.67	45
1996-03-10	16.9	12.9	76	24			75.1	68.3	12.7	8.81	31
1996-03-11	36.6	36.9	101	−1	0.040	0.042	82.0	83.1	30.0	30.7	−2
1996-03-15	18.5	14.4	78	22	0.040	0.036	80.8	73.8	14.9	10.6	29
1996-03-16	5.44	4.68	86	14	0.026	0.026	56.8	52.2	3.09	2.44	21
1996-03-17	3.86	3.21	83	17	0.024	0.025	53.8	50.2	2.08	1.61	23
1996-03-20	4.98	4.81	97	3	0.039	0.036	69.9	69.2	3.48	3.33	4
1996-03-22	3.71	3.25	88	12			64.9	61.9	2.41	2.01	17
1996-03-24	13.1	14.5	111	−11	0.048	0.056	79.1	80.1	10.4	11.6	−12

1）橡胶坝修建后拦沙效果提高

点绘引水含沙量和大河含沙量关系图，见图3-8-8。从图中可以看出：除大河含沙量较高时引水含沙量大于大河含沙量外，橡胶坝鼓起时所有点据均在45°线下方，当橡胶坝塌落和未建橡胶坝时点据均在45°线上方。以分流比10%为界，得出三条不同斜率的直线，①线 $K=1.15$，②线 $K=0.73$，③线 $K=0.67$，表明在三种不同情况下橡胶坝的不同防沙效果。

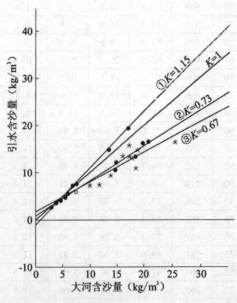

图3-8-8　刘庄引水中与大河含沙量关系图

①线反映的是未建坝和橡胶坝塌落情况，由于大河床面高于橡胶坝顶高程，拦沙效果

为负值,平均为 -8%。

②线是橡胶坝鼓起且分流比大于10%的结果,此时拦沙效果较低,平均为12.8%左右。

③线是橡胶坝鼓起且分流比小于10%的结果,此时拦沙效果较高,平均为27.1%。

将②、③线两种情况综合,橡胶坝的拦沙效果为18.2%,再加上塌坝后和未建坝前时引水含沙量比大河含沙量多8%,两项叠加较建坝前提高26.2%。

2)引水泥沙细化,有害粗沙减少

点绘引水和大河中 0.025 mm 以上含沙量关系图,见图3-8-9。

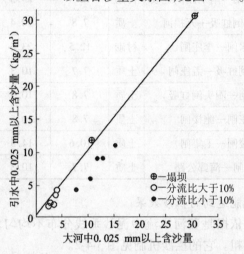

图 3-8-9　刘庄引水和大河中 0.025 mm 以上含沙量关系图

可看出图 3-8-9 与图 3-8-8 基本一致,从而得出以下结论:

塌坝拦 0.025 mm 以上泥沙效果为 -5%,橡胶坝鼓起且分流比大于10%时拦0.025 mm 以上泥沙效果为16%,分流比小于10%时拦 0.025 mm 以上泥沙效果为29%,平均为24%,因此橡胶坝建成后能拦截 0.025 mm 以上泥沙在30%左右。

从泥沙中值粒径来看,塌坝引水泥沙粒径较大河粗11%,橡胶坝鼓起且分流比小于10%时引水泥沙较大河细化23%,分流比大于10%时引水泥沙较大河细化较低,仅10%,平均为17%,因此橡胶坝建成后引水泥沙较建坝前细化约28%左右。

由于工程的防沙效果发挥之后进入灌区的泥沙减少,特别是 0.025 mm 以上的泥沙减少显著,泥沙细化,使水流挟沙能力提高,增强了输沙到田的能力。以建坝前1990年的黄河及入渠泥沙级配和建坝后1996年黄河及入渠泥沙级配,根据山东省引黄灌区渠道水流挟沙能力计算公式计算挟沙能力。

衬砌渠道

$$S_* = 0.117 \left(\frac{V^2}{gR} \right)^{0.381} \left(\frac{V}{\omega} \right)^{0.91} \tag{3-50}$$

土质渠道

$$S_* = 5.036 \left(\frac{V^2}{R\omega^{3/2}} \right)^{0.629} \tag{3-51}$$

建渠首防沙工程后较建前衬砌渠道提高挟沙能力 88%,土质渠道提高挟沙能力 34%,见表3-8-13。

表3-8-13　刘庄灌区渠首有无防沙工程渠道输沙能力对照表

| 渠名 | 起止 | 类型 | 输沙能力(kg/m³) | | 输沙能力提高(有/无−1)(%) | 备注 |
			无工程 $\omega_1 = 0.60$ cm/s	有工程 $\omega_2 = 0.229$ cm/s		
西总干①	刘庄分水闸—南刘庄倒虹吸	衬砌	12.4	23.3	87.9	
西总干②	南刘庄倒虹吸—万福河	土质	7.8	10.4	33.3	
东总干	分水闸—李庄闸	衬砌	12.5	23.6	88.8	
高贾干渠①	圈头倒虹吸—孟庄闸	土质	7.7	10.3	33.8	
高贾干渠②	李庄闸—圈头倒虹吸	土质	7.8	10.5	34.6	
徐河渠①	李庄闸—鲍楼闸	土质	7.8	10.5	34.6	
徐河渠②	鲍楼闸—王集闸	土质	10.6	14.3	34.9	
北干渠	李庄闸—菏郓公路	土质	7.7	10.3	33.8	

3. 橡胶坝理论上应能达到的拦沙效果

修建橡胶坝的资料依据是黄河水流中泥沙垂线分布不均匀,即表层含沙量小,颗粒细;底部含沙量大,颗粒粗。它的拦沙机制见图3-4-2。

橡胶坝理论上的拦沙效果是利用橡胶坝的鼓起高度,将其高度以下(图3-4-2中虚线以下)浓度比较高、颗粒比较粗的泥沙拦住,只让表层含沙浓度低、泥沙颗粒细的水流进入干渠。

依此机制,用上面所确定的分流边界及分流边界内的流速、含沙量及颗粒级配的垂线分布,推算出橡胶坝的防沙效果,与实测防沙效果的对照见表3-8-14。

表3-8-14　张桥橡胶坝计算与实测拦沙效果 d_{50} 对照表

施测日期(年-月-日)	计算拦沙效果(%)	实测拦沙效果(%)	差值(%)	计算引水 d_{50}(mm)	实测引水 d_{50}(mm)	差值(mm)	备注
1992-05-13	15.8	24.7	−8.9	0.014	0.014	0	
1992-05-14	21.1	31.0	−9.9	0.021	0.015	0.006	
1992-05-15	33.2	33.6	−0.4	0.025	0.027	−0.002	
1992-05-18	23.4	15.8	7.6	0.030	0.027	0.003	大河流量 <350 m³/s
1993-03-18	23.8	26.2	−2.4	0.019	0.017	0.002	
1993-05-11	8.6	12.4	−3.8	0.064	0.064	0	
平均	21.0	24.1					

结果看出,运用张桥引黄口门附近大河水流中泥沙分布规律而推算出来的拦沙效果

和实测出的拦沙效果基本接近,尤其它的平均值更为接近,并且实测的拦沙效果和潘庄橡胶坝可行性观测研究时计算的拦沙效果 19.5% 也非常接近。这表明,在黄河下游特定的水沙条件下修建防沙工程的防沙效果(不包括漏测的临底悬沙和推移质泥沙)基本在 20%~25%。

同时,从拦截的泥沙粒径看,橡胶坝过水部分的计算值和实测值的粒径大小极为接近。这表明,过橡胶坝的水流是来自大河和坝顶水深接近的水流,即相当于图 3-4-2 中虚线以上深度的浓度低、颗粒细的大河水流。这也进一步说明橡胶坝作为多沙河流上的引水防沙工程是可行的。张桥渠首橡胶坝引水防沙工程修建后较前泥沙粒径 $d \geqslant 0.025$ mm 以上的有害泥沙减少 37%,粒径细化 26%。由于粒径细化,提高灌区干渠输沙能力 41.8%,见表 3-8-15。

表 3-8-15　张桥灌区渠首橡胶坝引水防沙工程修建前后渠道输沙能力变化表

渠名	输沙能力（ kg/m³)		工程后较前提高(%)
	工程前 $\omega_1 = 0.255$ cm/s	工程后 $\omega_2 = 0.11$ cm/s	
中心干	6.3	8.9	41.3
一干	6.3	8.9	41.3
二干	9.7	13.8	42.3
草庙干	6.3	8.9	41.3
一分干	9.7	13.8	42.3
过清干	9.7	13.8	42.3
平均			41.8

第六节　影响橡胶坝防沙效果的因素分析

一、与分流比的大小有关

点绘分流比与防沙效果关系,见图 3-8-10。由图中可以看出,随着分流比增加,防沙效果降低。因为小分流比时分流宽度小,表层与底层分流宽度比较大,引水口门水流稳定,防沙效果好;当分流比增大时,分流宽度大,表层与底层分流宽度比减小,引水口门附近水流产生大尺度紊动,使得底部高浓度泥沙悬起随引水水流进入干渠,使得橡胶坝拦沙效果变差。

二、与橡胶坝的过水宽度有关

由于大河水沙运动变化迅速,加上引黄口门水流运动复杂,冲淤变化较大,影响了橡胶坝的过水宽度。在引黄流量一定的情况下,过水宽度大小直接影响到断面流速,而流速与水流挟沙能力关系最密切,也就影响了橡胶坝过坝含沙量的大小。将防沙效果与橡胶坝过水宽度点绘成图 3-8-11,从中可看出,橡胶坝的防沙效果随着橡胶坝过水宽度增加而增大。

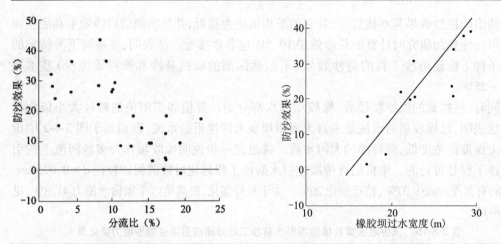

图 3-8-10　防沙效果与分流比关系图　　图 3-8-11　张桥工程防沙效果与橡胶坝过水宽度关系图

三、与口门附近流速的大小有关

点绘防沙效果与口门流速的关系,见图 3-8-12。当大河流量较小时,分流比也较小,口门流速较小,水流平稳,水面无泛花,引水只引表层水,防沙效果较好,如图 3-8-12 中①线。当大河流量较大,分流比也较大时,口门流速增大,水流紊动加强,由泥沙运动扩散理论得知,水流的大尺度紊动会使水流的垂直运动加强,加剧泥沙的垂直交换,其结果使表层水流的含沙浓度增高,从而加大了引水含沙量,橡胶坝防沙效果变小,如图 3-8-12 中②线。不论①线还是②线,都反映了橡胶坝的防沙效果和口门的流速成反比关系。口门附近的流速越大,防沙效果越低。

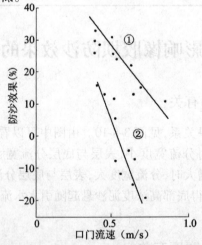

图 3-8-12　防沙效果与口门流速关系图

四、与橡胶坝的调度运用有关

按照一般规律,在口门橡胶坝修建一定高度的潜堰能抬高口门附近的侵蚀基面,将水流底部含沙量较高的部分拦住,同时也降低了引水口门的河床比降,减缓进流速度,从而提高引水防沙效果。但在观测阶段,由于橡胶坝充水不足,而在橡胶坝局部产生一凹槽,实际上仍达不到抬高侵蚀基面的理想高度。水流底部的泥沙仍会通过凹槽进入渠道,从而降低了橡胶坝的拦沙效果。以刘庄 1995 年 5 月 14 日、1996 年 3 月 5 日为例,点绘橡胶坝横断面图,见图 3-8-13。由图可以看到,1996 年 3 月 5 日橡胶坝基本处于充分鼓起状态,测得其防沙效果为 36%;1995 年 5 月 14 日橡胶坝右端出现一凹槽,凹槽的底部接近橡胶坝底板高程,测得其防沙效果为 −12%,可见,橡胶坝的凹槽对橡胶坝的防沙效果有较大的影响。

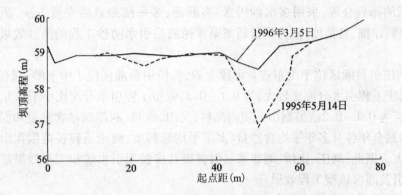

图 3-8-13　刘庄橡胶坝典型横断面图

五、与黄河床面高程大小有关

黄河床面的抬高是影响引水防沙效果的基本原因。1993 年春一场高含沙大水使得山东省黄河底部高程抬高,张桥抬高 1.5 m 左右,刘庄床面抬高 3 m 左右,使得橡胶坝鼓起后的顶部高程和大河床面高程相差不大。

由前所述,橡胶坝防沙的机制就是利用橡胶坝与大河床面的高差达到减少泥沙入渠的目的。理论上讲,在满足供水的条件下,差值越大防沙效果就应该越好,但河床的抬高会使这个差值减小,从而降低了防沙效果。

从实测资料中可知,当橡胶坝顶面高程最低点低于相应的大河床面时,就必然形成引水开始时对引水口门附近在引水水流方向上的床面冲刷,含沙量比由大到小,直到达稳定的床面比降。我们根据观测期间橡胶坝的最低点和大河床面的差值与橡胶坝的防沙效果建立相关,见图 3-8-14,虽关系不甚密切,但从外包线内的点据分布规律却清楚地看出高差越大,橡胶坝的拦沙效果越好

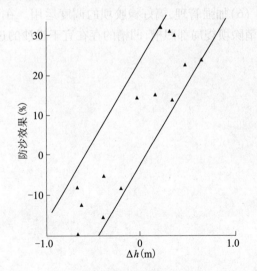

图 3-8-14　防沙效果与 Δh 关系图

的关系。

第七节　结　论

（1）在黄河河道及引黄口门进行新型渠首橡胶坝引水防沙工程建前和建后的水文泥沙测验，在国内外尚属首次。

（2）观测布置合理，采用多水沙因素、多断面、多垂线测点的布置方法，测验仪器先进，取得资料详细，且精度高，为评价新型渠首橡胶坝引水防沙工程的防沙效果提供了可靠依据。

（3）刘庄引黄灌区位于山东省黄河段上游，张桥引黄灌区位于中下游，刘春家灌区位于下游；刘庄工程引水分流比较大，为 0.1～0.3，张桥工程引水分流比小于 0.1，刘春家工程引水分流为 0.1～0.2。另据山东境内高村、艾山、泺口、利津四站含沙量和泥沙级配资料可知：四站全年各月多年平均含沙量、多年平均悬移质、河床质粒径范围在山东境内沿程变化不大。据此，刘庄、张桥、刘春家三引黄渠首橡胶坝引水防沙工程效果基本能够代表山东省引黄灌区该型工程效果。

（4）在引黄灌区渠首修建橡胶坝引水防沙工程，防沙效果明显，其拦沙效果较建坝前提高 24%～26%，拦截 $d \geqslant 0.025$ mm 以上有害泥沙效果较建坝前提高 30%～37%，使引水泥沙粒径细化，其中值粒径较建坝前细化 26%～28%。同时，泥沙的细化大大提高了干渠的输沙能力。三灌区在现状条件下，各级渠道较建坝前平均提高输沙能力 41.8%～43.4%。

（5）要控制分流比。从上面分析知：当大分流比（大于 10%）时，橡胶坝防沙效果较低，为 13%；小分流比（小于 10%）时，则防沙效果好，在 27% 左右。不论效果高低，引水即引沙，因此灌区要节约用水，减少引水量，在满足灌区用水条件下，尽量减小分流比。

（6）加强管理，搞好橡胶坝的调度运用。在引水过程中橡胶坝袋要始终保持充满状态，消除坝袋局部凹槽，凹槽的存在宜于粗沙的过坝输送，会降低防沙效果。

第九章　刘庄引黄灌区新型渠首橡胶坝引水防沙工程模型试验研究

第一节　刘庄橡胶坝引水防沙工程模型试验研究概况

山东省引黄灌区首次在国内外建成了新型橡胶坝引水防沙工程,创造了一种新的引水防沙工程模式。

橡胶坝引水防沙工程,是一种新型的渠首工程,其主要特点为:①橡胶坝与固定刚性坝相比,具有特殊的属性,即柔性和可动性,升坝则高,落坝则平;②橡胶坝具有坝或坎的功能,又不同于取水口前的叠梁及拦沙坎,前者的相对挡水高度(坝高/水深)可连续变化,而后者只能固定不变或者间断变化(操作不便)。橡胶坝作为一种新型引水防沙工程具有其他建筑物不可替代的优点,但是,橡胶坝设计运用与引水防沙的关系是很复杂的,目前还不可能从理论上很好解决这个问题,只能通过模型试验研究加以解决。

本项目模型试验,以刘庄工程为试验原型,采用浑水、动床、正态、大比尺水沙模型试验。在国内外首次全面系统地进行了不同运行条件下,橡胶坝防沙效果、橡胶坝最优位置、最佳引水夹角的试验。并创造性以水流表流木屑漂移与底流红色轻质塑料沙运移的方法,对实际引水口门在不同分流比、不同橡胶坝高条件下表层分流宽度 B_s 和底层分流宽度 B_d 进行了系统模拟试验,得出了关系公式,为引黄渠首新型橡胶坝防沙机制的研究提供了科学的理论依据。本模型试验委托武汉大学在该校实验室进行。

第二节　刘庄橡胶坝引水防沙工程模型试验目的及任务

一、试验目的

影响橡胶坝引水防沙效果的因素很多,如橡胶坝的布置(位置及角度)、相对高度、来水含沙量大小及沿水深分布、大河流量、水位、引水比及大河河床变化等,这些因素对引水防沙效果的影响尚无法通过理论计算解决。刘庄灌区虽已有部分实测资料,但由于观测次数和资料数量有限,很难找出规律性的关系,因而要求模型试验达到下述目的:

(1)通过不同方案的多组试验,探求橡胶坝布置、相对坝高、来水含沙量大小及沿水深分布、大河流量及引水比等因素对防沙效果的影响,分别建立其经验关系。

(2)与实测资料相互验证,补充后,对橡胶坝引水防沙工程设计、运用,提出指导性建议。

二、试验任务

以黄河下游菏泽市刘庄引黄灌区渠首橡胶坝引水防沙工程作为试验对象。

(一)防沙效果

在不同床面(建坝前、建坝后)、不同的大河流量级(800 m³/s、400 m³/s)、不同分流比(引水流量80 m³/s、40 m³/s、20 m³/s 所对应的分流比)、不同含沙量(10 kg/m³、20 kg/m³)及沿水深分布、不同坝高(2 m、无坝)条件下对橡胶坝的防沙效果进行研究。

(二)橡胶坝高的影响

对不同坝高(坝高为2 m 及无坝)分别进行试验,探讨不同条件下的表、底层流的分流界线、坝前与坝后含沙量及泥沙粒径的关系。

(三)橡胶坝在引水口段的位置

从主河道分水的引水段通常有一定的长度,橡胶坝布置在引水口内进水闸与引水口前沿坝头连线之间,因此应试验橡胶坝在靠近进水闸、口门前沿坝头连线及两者之间三种位置方案对引水防沙的影响。

(四)橡胶坝与河道主流的夹角

橡胶坝轴线与河道主流的夹角对进水口前的水流流态、分流宽度产生影响,从而影响到引水泥沙含量,通过试验确定其关系。

三、试验要求

橡胶坝引水防沙工程试验属于山东省科委95攻关项目,其模型试验研究应具有很高的精度,为此,模型几何比尺为1/30,模型坝袋材料为薄膜胶布,模型试验尽可能考虑多种方案组合,以解决以后的工程设计及管理问题。

第三节　水沙模型试验的黄河水文泥沙特性

一、泥沙的粒配特性

河流泥沙来自流域不同地层,因而泥沙的级配不是均匀的,各地泥沙粒径级配相差较大,表3-9-1为黄河上、中、下游的悬移质泥沙粒径级配。

表3-9-1　黄河上、中、下游的悬移质泥沙粒径级配

站名	小于某粒径(mm)的百分比(%)								d_{50} (mm)
	<0.007	0.01	0.025	0.05	0.10	0.25	0.50	1.0	
循化	23.4	28.6	43.9	61.4	80.4	96.3	99.5	100	0.032
兰州	21.6	29.7	49.2	71.0	91.9	98.7	99.9	100	0.025
青铜峡	16.1	22.6	44.1	71.8	69.3	98.8	99.9	100	0.029
河口镇	20.5	26.2	44.7	69.8	96.1	99.5	100		0.030
龙门	15.5	18.7	31.9	56.8	89.0	96.8	99.3	100	0.044

续表 3-9-1

站名	小于某粒径(mm)的百分比(%)								d_{50} (mm)
	<0.007	0.01	0.025	0.05	0.10	0.25	0.50	1.0	
三门峡	21.3	27.3	45.4	69.9	94.9	99.5	100		0.031
小浪底	19.3	24.5	41.5	67.7	94.7	100			0.032
花园口	20.4	25.7	42.9	69.1	95.9	100			0.031
泺口	28.1	33.9	53.0	77.6	97.4	100			0.022
利津	26.3	32.1	52.0	78.5	98.5	100			0.022

二、水位流量关系

黄河下游刘庄灌区闸前大河水位流量关系见表 3-9-2、表 3-9-3,表 3-9-2 为 1990 年和 1994 年实测结果分析整理得到的资料,而表 3-9-3 为 1995 年和 1996 年实测结果分析整理得到的资料。很显然,1995 年和 1996 年的河床地形较 1990 年、1994 年地形有些抬高,因此水位流量关系相差较大,本次试验采用表 3-9-3 资料。

表 3-9-2 刘庄闸前 1990 年、1994 年实测水位流量关系

水位(m)	58.66	58.70	58.75	58.80	58.85	58.90	58.95	59.00	59.05	59.10	59.15
流量(m³/s)	100	115	132	150	170	188	208	233	255	282	310
水位(m)	59.20	59.25	59.30	59.35	59.40	59.45	59.50	60.00	60.05	60.10	
流量(m³/s)	345	380	420	462	517	610	795	1 000	1 100	1 320	

表 3-9-3 刘庄闸前 1995 年、1996 年实测水位流量关系

水位(m)	59.0	59.05	59.10	59.15	59.20	59.25	59.30	59.35	59.40	59.45	59.50	59.55
流量(m³/s)	92.0	98.0	107	115	123	132	141	150	158	171	182	197
水位(m)	59.6	59.65	59.70	59.75	59.80	59.85	59.90	59.95	60.00	60.05	60.10	60.15
流量(m³/s)	208	225	240	258	277	300	330	372	450	675	925	1 160

黄河下游刘庄灌区闸前大河水深及单宽流量沿河宽(16#坝断面)的分布见表 3-9-4、表 3-9-5。

表 3-9-4 流量为 447 m³/s 时的大河水文情况(1996 年 3 月 20 日测)

起点距 (m)	11.5 (右水边)	27.0	66	114	169	240	290 (左水边)
水深(m)	0	3.70	2.46	2.50	1.70	0.62	0
单宽流量 (m³/(s·m))		1.19	2.79	2.33	1.77	0.59	

表 3-9-5　流量为 807 m³/s 时的大河水文情况（1996 年 3 月 15 日测）

起点距（m）	11.5（右水边）	30	61	124	175	216	256	277（左水边）
水深（m）	0	4.0	2.3	2.4	1.7	1.1	0.8	0
单宽流量（m³/(s·m)）		1.94	5.35	4.89	3.71	1.75	0.84	

刘庄灌区闸前大河底沙悬沙级配及悬移质级配分别见表 3-9-6、表 3-9-7。

表 3-9-6　刘庄灌区闸前黄河河床底沙级配

粒径（mm）	<0.5	<0.25	<0.10	<0.05	<0.025	<0.01	<0.007	$d_{50} =$
百分比（%）	100	89	32	13	8	4	3	0.014 mm

表 3-9-7　刘庄灌区闸前黄河悬移质颗粒级配

粒径（mm）	<0.25	<0.10	<0.05	<0.025	<0.01	<0.007	$d_{50} =$
百分比（%）	100	98.5	87	41	12	9	0.028 mm

第四节　模型设计、制作与验证

一、设计原则

试验研究的主要目的在于通过清水、浑水水流模型试验,论证橡胶坝引水防沙效果及设计中应注意的问题,并尽可能从水流边界条件、水流流速分布、含沙量及泥沙颗粒沿水深的分布探讨橡胶坝坝高、位置对防沙效果的影响。

考虑到刘庄灌区闸前黄河的宽度较大,而刘庄引水闸的宽度相对较小,试验主要是研究引水口前的水流泥沙问题,而不涉及整个河宽。因此,模型的过水宽度近似取黄河一半的宽度(150 m)进行模拟,引水口上、下游试验河段应达到一定的长度,以保证观测精度和试验成果的真实性。

黄河河床极不稳定,试验采用在动床模型上进行浑水试验,观测了解床沙与悬沙相互交换情况,特别是观测引水口前河床冲淤演变情况及引水口后渠道进沙情况。

二、设计依据

(1)地形:采用山东省水文总站水文勘测队测量的刘庄闸附近地形图(1990 年 4月),后经 1996 年补测修正。

(2)水文泥沙资料。刘庄灌区闸前黄河水文泥沙资料详见表 3-9-2 ~ 表 3-9-7。

(3)工程布置:采用山东省第二水利工程局提供的刘庄引黄闸渠首橡胶坝防沙工程竣工图(1993 年 3 月)。

坝体工程布置为:橡胶坝址的进水口门为梯形断面,橡胶坝底板高程 56.45 m(同引黄闸底高程相同）。坝底长 75 m,设计坝高 2.0 m,坝顶长 81.0 m,坝底板宽 6.0 m。

三、相似条件和比尺选定

黄河属于洪枯水量相差较大的多沙河流,因此在进行物理模型试验时,除应满足建筑物及河道与原型的几何相似条件外,还必须满足水流运动相似及泥沙运动相似条件,这是保证模型试验质量及精度的前提条件。

(一)水流运动相似

保证模型水流运动和原型水流运动相似应满足下列相似条件

水流连续性相似

惯性力重力比相似

惯性力阻力比相似

$$\left.\begin{array}{l} \lambda_Q = \lambda_L^2 \lambda_u \\[2mm] \lambda_u = \lambda_L^{1/2} \\[2mm] \lambda_n = \lambda_L^{1/6} \end{array}\right\} \tag{3-52}$$

(二)泥沙运动相似

除应满足水流运动相似外,还应满足泥沙运动相似。

1. 推移质运动相似

考虑到引水口引进的泥沙主要是悬移质,因此不考虑推移质的影响。

2. 悬移质运动相似

悬移相似

$$\left.\begin{array}{l} \lambda_w = \lambda_u \\[2mm] \lambda_w = \lambda_{\frac{\gamma_s - \gamma}{\gamma}} \cdot \dfrac{\lambda_d^2}{\lambda_L} \end{array}\right\} \tag{3-53}$$

挟沙相似

$$\lambda_s = \dfrac{\lambda_{\gamma_s}}{\lambda_{\frac{\gamma_s - \gamma}{\gamma}}} \tag{3-54}$$

河床变形相似

$$\lambda_{t'} = \dfrac{\lambda_L \lambda_{\gamma'}}{\lambda_u \lambda_s} = \dfrac{\lambda_L^{1/2} \lambda_{\gamma'}}{\lambda_s} \tag{3-55}$$

式中　λ_Q——流量比尺;

λ_n——糙率比尺;

λ_d——粒径比尺;

λ_u——流速比尺;

λ_L——长度比尺;

λ_s——泥沙容重;

λ_{γ_s}——泥沙容重比尺;

γ——水的容重;

λ_s——含沙量比尺;

λ_w——悬沙沉速比尺;

$\lambda_{t'}$——悬移质冲淤时间比尺;

$\lambda_{\gamma'}$——模型沙干容重比尺。

(三)比尺的选定

根据试验场地大小、供水条件、最小限制水深、制模工艺、模型沙的选择,经研究、计算和比较,最后确定的比尺如下(见表3-9-8):

$$\lambda_L = 30$$

$$\lambda_u = \lambda_L^{1/2} = 5.477$$

$$\lambda_Q = \lambda_L^{5/2} = 4\ 929.50$$

$$\lambda_n = \lambda_L^{1/6} = 1.763$$

悬移质运动相似比尺(采用武汉青山热电厂煤灰)

$$\lambda_d = \frac{\lambda_L^{1/4}}{\lambda_{\frac{\gamma_s - \gamma}{\gamma}}} = 1.973$$

$$\lambda_s = \frac{\lambda_{\gamma_s}}{\lambda_{\frac{\gamma_s - \gamma}{\gamma}}} = 0.87$$

$$\lambda_{t'} = \frac{\lambda_L^{1/2} \lambda_{\gamma'}}{\lambda_s} = 8.149$$

表 3-9-8　模型比尺表

项目	符号	比值	项目	符号	比值
长度比尺	λ_L	30	悬移质粒径比尺	λ_d	1.973
流速比尺	λ_u	5.477	含沙量比尺	λ_s	0.87
流量比尺	λ_Q	4 929.50	悬移质冲淤时间比尺	$\lambda_{t'}$	8.149
糙率比尺	λ_n	1.763			

四、模型沙选择

根据刘庄灌区闸前黄河泥沙资料,水流中悬移质粒径级配曲线的 $d_{50} = 0.028$ mm,河床质粒径级配曲线的 $d_{50} = 0.014$ mm。由于粒径较小,给选择模型沙带来了困难,曾考虑分析了株州精煤粉、塑料沙及武汉青山热电厂煤灰等几种。考虑到试验的主要任务是橡胶坝引水口进沙拦沙问题,并从相似条件、粒径加工难易程度、试验观测方便几方面比较,最后选用武汉青山热电厂煤灰做颗粒分析及比重试验,得到其比重为 21.7 kN/m³,煤灰的中值粒径 $d_{50} = 0.020$ mm,与所需模型沙要求的粒径相距不太大,但仍需进行水选。通过水选,去粗取细,得到水选后的模型沙中值粒径 $d_{50} = 0.014 \sim 0.018$ mm(模型沙要求 $d_{50} = 0.014\ 2$ mm),与要求值很接近。

五、模型制作

试验要求采用局部动床浑水试验。河床地形按照刘庄灌区闸前黄河地形图(1/1 000)在进水口附近用煤灰铺制而成,橡胶坝的材料采用柔软性极好的防雨布,模型进出口采用砖石材料制作,表面用水泥砂浆光滑抹平,模型整体布置见图3-9-1,橡胶坝布置见图3-9-2。

　　模型上布设了水位测针,测流速断面。在上游进口处的管道上安装了管道流量计,在模型出口处安置了旋转格栅式尾门,用以调整模型水位,并分别在模型出口处及渠道上安装了矩形量水堰。

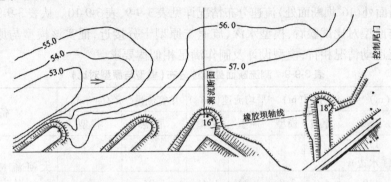

图 3-9-1　橡胶坝引水防沙试验模型平面示意图

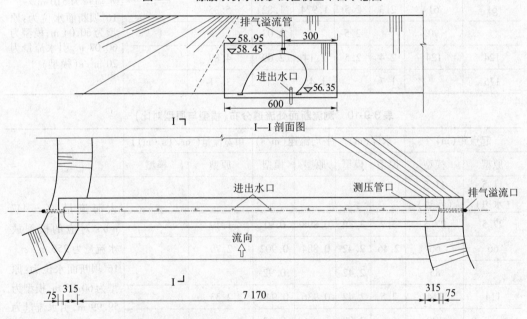

图 3-9-2　橡胶坝平面示意图　(尺寸单位:cm;高程单位:m)

第五节　预备试验

　　预备试验的内容为测流断面处水流流速、水深、单宽流量、过流边界等水文要素,检查模型是否与原型相似。

　　由于黄河宽度较引水口断面宽度大很多,加上黄河宽度较大,试验模型不可能也没必要模拟整个河道宽度,只要保证引水口前河段水文泥沙模型与原型相似即可。

　　在橡胶坝引水口前的黄河宽度约为265 m,模型只模拟靠引水口一侧的右半边河段,模拟的河宽为100~150 m。在模型上测流断面处(相当于16#坝断面处)安装了水位测针,在测流断面处布设流速测桥,用旋桨式流速仪测量沿河宽的流速分布情况。为了防止测量上的误差,在整个试验过程中,始终使用同一台仪器,并通过流量闭合计算以验证测量值的准确性。

测流断面处(16#坝断面处)流速分布情况详见表3-9-9、表3-9-10。从表3-9-9、表3-9-10中的模型与原型对比试验看,模型水深、流速与原型十分接近,证实该模型与原型右半边河道的水流运动情况相符,模型设计及制作满足相似律要求。

表3-9-9　测流断面处流速分布(模型与原型对比)

起点距(m)		水深(m)		平均流速(m/s)		单宽流量(m³/(s·m))		备注
原型	模型	原型	模型	原型	模型	原型	模型	
11.5(水边)	11.5(水边)							大河流量 $Q = 807$ m³/s 对应的模型放水流量为 510 m³/s。16#坝断面水位为:原型为 60.04 m,模型为 60.07 m,引水流量为 20 m³/s(模型)
30	30	4.0	3.8	1.34	1.41	1.94		
61	61	2.3	2.5	1.974	1.82	5.35		
	90		2.5		2.03			
124	124	2.4	2.5	2.14	2.09	4.89		
175			1.7		1.45		3.71	

表3-9-10　测流断面处流速分布(模型与原型对比)

起点距(m)		水深(m)		平均流速(m/s)		单宽流量(m³/(s·m))		备注
原型	模型	原型	模型	原型	模型	原型	模型	
11.5(水边)	11.5(水边)							大河流量 $Q = 447$ m³/s 对应的模型放水流量为 256 m³/s。16#坝断面水位为:原型为 60.03 m,模型为 59.99 m,引水流量为 20 m³/s(模型)
27.5	27.5	3.7	3.72	0.898	0.91	1.19		
66	66	2.46	2.42	0.884	0.902	2.79		
	85		2.42		0.92			
114	114	2.5	2.42	0.936	0.943	2.33		
	120		2.08		0.82			
169		1.70		0.71		1.77		

第六节　试验成果及分析

一、引水口前未修建橡胶坝的引水效果试验

此试验主要研究无坝取水口在口门未采取任何防沙措施的情况下,引水渠道的引水含沙情况,同时也便于与修建橡胶坝后引水渠道的引水防沙情况进行比较。

试验过程及方法为:

（1）将流量组合简化，试验只进行400 m³/s及800 m³/s两个流量级，并根据河道单宽流量分布换算到模型放水流量，两个流量级的模型放水流量分别为230 m³/s及505 m³/s。

（2）调整和控制橡胶坝的高度（坝高分别为0、1、2 m，用坝内充水压力控制坝高）。

（3）利用尾门调节测流断面处的水位，使水位与流量相对应。

（4）为了保证水流中含沙量的分布均匀，不出现脉动现象，浑水循环系统必须使泥沙充分搅拌、悬浮，并经过相对较长时间的不加沙加水运行。

（5）分别在测流断面处，橡胶坝上左、中、右三个部位及渠道上取沙样。为了不对橡胶坝的引水防沙效果产生人为的影响，只对进口处的含沙量及时量测（为了控制河道水流含沙量），其他沙样都是经过一昼夜澄清，倒掉表面清水，然后烘干分析。

表3-9-11所示为未建橡胶坝前引水口引水引沙情况。从表3-9-11可以看出，未建橡胶坝前引水口引进的水流中含沙量比河道水流的含沙量高，通常变化幅度为4%～8%，最高超过10%，平均为6%左右。

表3-9-11 未建橡胶坝前模型试验引水口引进泥沙情况

橡胶坝高（m）	流量（m³/s）		分流比（%）	含沙量（kg/m³）		含沙量比（%）	分沙比（%）	拦沙效果（%）	备注
	河道	引水口		河道	引水口				
0	400.5	20.2	5.0	9.2	9.6	104	5.3	−4.3	负号表示多引进沙。取沙样经过一昼夜澄清，倒掉表层清水，然后烘干取样分析
0	400.5	40.6	10.1	9.6	10.1	105	10.6	−5.2	
0	400.5	80.9	20.2	10.2	10.1	99.0	20.0	1	
0	401.2	19.5	4.9	18.5	19.2	104	5.1	−3.8	
0	401.2	41.2	10.3	20.2	22.0	109	11.2	−8.9	
0	401.2	78.5	19.6	20.5	20.3	99	19.4	1	
0	805.6	19.8	2.5	10.3	10.1	98	2.4	2	
0	805.6	42.3	5.3	10.5	12.3	117	6.2	−17	
0	805.6	81.7	10.1	9.6	10	104	10.5	−4	
0	802.7	22.0	2.7	21.9	20.5	94	2.5	6	
0	802.7	39.7	4.9	22.3	24.2	109	5.3	−9	
0	802.7	82.2	10.2	19.5	21.0	108	11.0	−8	

除了渠道含沙量比河道含沙量高外，渠道带进的泥沙粗细与河道也不相同，表3-9-12所示为未建橡胶坝前河道与渠道水流中泥沙颗分情况。

表3-9-12 未建橡胶坝前河道、渠道水流中泥沙颗分情况 （%）

粒径（mm）	<0.1	<0.06	<0.04	<0.03	<0.02	<0.01	d_{50}
河道	100	83	65	53	34	4	0.028
渠道	100	80	60	47	29	3	0.033

从表3-9-12明显看出，未建橡胶坝前，渠道带进的泥沙明显比河道水流中的泥沙粗，

如河道水流中的泥沙 d_{50} 为 0.028 mm,而渠道水流中的泥沙 d_{50} 为 0.033 mm(在河道流量为 401.2 m³/s,含沙量 20.2 kg/m³,引水流量 41.2 m³/s,引水含沙量 22.0 kg/m³ 时取沙样)。

二、修建橡胶坝后渠道引水防沙效果

在图 3-9-1 中橡胶坝轴线处修建设计为 2 m 高的橡胶坝,坝顶长 81 m,坝底长 75 m,进水口为梯形断面,引水段为喇叭口(与未建橡胶坝时完全相同)。

表 3-9-13 为修建橡胶坝后模型试验的引水防沙效果计算表。

表 3-9-13　橡胶坝模型试验拦沙效果统计表

橡胶坝高 (m)	流量(m³/s)		分流比 (%)	含沙量(kg/m³)		含沙量比 (%)	分沙比 (%)	拦沙效果 (%)	备注
	河道	引水口		河道	引水口				
2.1	407.2	19.3	4.7	10.7	8.2	76.6	3.6	23.4	沙样都是隔日烘干分析。下同
2.08	403.1	42.2	10.5	10.5	8.3	79.0	8.3	21	
2.21	405.2	83.1	20.5	9.9	8.7	87.9	18.0	12.1	
1.97	402.8	21.6	5.4	21.3	18.5	86.9	4.7	13.1	取样颗分
2.05	402.8	39.5	9.8	22.9	20.6	90.0	88	10	
2.12	402.8	78.3	19.4	19.1	17.8	93.2	18.1	6.8	
1.91	803.5	43.1	5.4	11.3	8.0	73.4	4.0	26.6	
1.96	803.5	21.7	2.7	11.3	8.2	72.6	2.0	27.4	
1.99	803.5	78.6	9.8	24.1	20.6	85.5	8.4	14.5	
2.13	806.3	22.6	2.8	22.8	19.7	86.4	2.4	13.6	
2.06	806.3	37.5	4.7	18.7	16.5	88.2	4.1	11.8	
2.01	806.3	82.6	10.2	21.3	19.6	92	9.4	8	
1.05	403.2	19.7	4.9	11.2	9.5	84.8	4.2	15.2	
1.03	403.2	40.4	10.0	10.3	9.2	89.3	8.9	10.7	
1.02	403.2	81.2	20.1	11.7	10.9	93.2	18.7	6.8	
1.04	407.5	20.2	5.0	21.6	19.3	89.3	4.5	10.7	取样颗分
1.02	407.5	39.7	9.7	21.3	19.7	92.5	9.0	7.6	
1.00	407.5	80.6	19.8	20.8	19.5	93.8	18.6	6.2	
9.96	801.7	21.3	2.7	11.6	9.3	80.2	2.2	19.8	
1.02	801.7	42.1	5.3	11.3	9.6	85.0	4.5	15.0	
1.03	801.7	80.8	10.1	10.8	9.7	89.8	9.07	10.2	
1.03	803.4	20.5	2.6	22.0	20.1	91.4	2.4	8.6	
1.01	803.4	42.6	5.3	21.4	19.9	93.0	4.9	7.0	
1.00	803.4	80.7	10.0	20.9	19.8	94.7	9.5	5.3	

在拦沙效果试验中,还对坝高 2 m、1 m 的过坝水流泥沙情况及所对应的河道泥沙情况进行颗分。河道与渠道水流中泥沙颗分情况见表 3-9-14。

表 3-9-14　修建橡胶坝后河道、渠道水流中泥沙颗分对比　　　　　　　（%）

粒径(mm)		<0.1	<0.06	<0.04	<0.03	<0.02	<0.01	d_{50}
河道		100	84	67	56	36	5	0.030
渠道	坝高 2 m	100	90	78	66	45	7	0.021
	坝高 1 m	100	86	71	60	41	6	0.024

从表 3-9-13 可以看出,修建橡胶坝后渠道的泥沙明显减少了,挡沙效果得到很大提高,当橡胶坝高为 1 m 时,平均提高幅度为 10% 左右;当橡胶坝高为 2 m 时,平均提高幅度达 16% 左右,最高达 27%。当渠道引水流量增大以后,即引水比增大,橡胶坝的防沙效果有所降低;当河道水流含沙量增大后,橡胶坝的防沙效果也有所降低。因此,可得出以下结论:橡胶坝的防沙效果随坝高增大而增大,随引水比增大而减小,随河道含沙量增大而减小。

从表 3-9-14 可以看出,橡胶坝的防沙效果不单纯表现在渠道含沙量减小,还表现在渠道水流的泥沙粒径也减小,例如河道泥沙 d_{50} 为 0.030 mm,而渠道泥沙 d_{50} 却减小到 0.021 mm。所以,可以得出这样一个结论,即:橡胶坝的防沙作用主要是防止了较粗颗粒的有害泥沙(山东引黄灌区实测资料表明:粒径大于 0.025 mm 的泥沙为有害泥沙),如果从橡胶坝控制粗颗粒有害泥沙的角度去分析,其防止有害粗颗粒泥沙的效果将达到 30% 以上。

三、橡胶坝在引水段的位置试验

刘庄灌区进水闸前的引水段平面布置图见图 3-5-5。为了确定橡胶坝在引水段的合理位置,在引水段初步确定了三个布置橡胶坝的位置 W_1—W_1、W_2—W_2、W_3—W_3,并分别进行了试验,其试验成果见表 3-5-11。

从表 3-5-11 及试验过程中可以明显看出,三个不同位置 W_1—W_1、W_2—W_2、W_3—W_3,只有位置 W_1—W_1 防沙效果最好,其次是位置 W_2—W_2,位置 W_3—W_3 最差。尽管位置 W_3—W_3 在开始试验时防沙效果较好,但并不是橡胶坝取水防沙的作用,而是在口门前形成了较大沉沙前池。由于断面较大,过水流速小,造成泥沙淤积在口门引水段内,当引水时间较长时,口门可能会被泥沙淤死,造成引水困难。

靠近河道主流最近的位置 W_1—W_1 防沙效果较好的原因是:①橡胶坝在此的长度较其他两个位置都大,拦截底沙的能力最强,同时引表层水流的宽度也达到最大。②由于主流靠近右岸,即引水口一侧,橡胶坝拦截留下的底沙能及时被河道主流带到下游,而不会像位置 W_2—W_2 及位置 W_3—W_3 那样淤积在橡胶坝前,影响引水并造成清淤负担,给管理带来不便。③引水口位于弯道的凹岸,尽管弯道环流的强度不大,但在引水的位置处含沙量沿水深分布表层小、底层大的特点,较其他位置更突出,因而在此建橡胶坝取表层较清的水流并拦截底沙效果更好。

四、橡胶坝轴线与河道水流夹角试验(引水角试验)

橡胶坝在引水口段位置试验得出的结论为:橡胶坝靠近离河道最近的位置,引水防沙效果最好,即图 3-5-5 中 W_1—W_1 位置。

初步确定了 W_1—W_1 的位置后,调整橡胶坝轴线的走向,即变换橡胶坝轴线与河道水流之间夹角,探讨防沙效果。

图 3-5-6 为橡胶坝轴线在引水口处布置示意图。根据测流试验资料,橡胶坝轴线 W_1—W_1 大致与河道主流方向平行,即过橡胶坝水流大致与河道主流垂直(引水角为 90°)。另外,对坝轴线 Q_1—Q_1、坝轴线 N_1—N_1 的位置进行了防沙效果比较试验,其中坝轴线 Q_1—Q_1 的左端靠向河道中间,即过橡胶坝水流方向大致与河道主流方向相交 80°(即引水角为 80°);坝轴线 N_1—N_1 的右端靠向河道中间,过橡胶坝水流方向大致与河道主流方向相交 100°(即引水角为 100°)(注:受地形条件限制,变换其他引水角度很困难)。

试验时,在三个位置保持橡胶坝总长度不变,过橡胶坝的水流宽度相同,橡胶坝两端靠河道一侧地形基本不变,在其他条件都不变化的情况下,试验引水角对防沙效果的影响。

从表 3-5-16 可以明显看出,在同类情况下,橡胶坝轴线位置 Q_1—Q_1 防沙效果最好,其次是位置 W_1—W_1,最差的是位置 N_1—N_1。

此试验由于受地形条件的限制,特别是引水口上下唇水流条件及地形冲淤不断变化,刘庄灌区闸前橡胶坝轴线的位置与引水防沙的效果受引水口上下唇的影响很大。

对于橡胶坝 N_1—N_1 位置,由于过橡胶坝水流与河道主流夹角过大,水流通过橡胶坝进入引水口的流线最弯曲,河道表层流很少进入橡胶坝,再加上 18# 坝头的顶水作用,橡胶坝左端水流比较紊乱,直接影响其防沙效果。

橡胶坝 W_1—W_1 位置虽然轴线与河道主流平行,但坝前水流流态较 Q_1—Q_1 及 N_1—N_1 位置都好,坝前淤积较少,从防沙的角度出发,坝轴线如能再往前移 20 m,效果会更好(事实上坝轴线前移会增加橡胶坝的长度,也会增加施工围堰的工程量和难度)。从长期运用管理及防沙角度看,坝轴线 W_1—W_1 位置较为有利。

通常认为引水角小会减少泥沙入渠,但不能忽视建坝后引水口前河道河势条件及引水口周围的地形变化,而不考虑建坝后河道河势变化及引水口门前的河道变化对流态的不良影响将造成的后果,因此刘庄灌区橡胶坝位置选择是合理的。

五、分流边界线试验(略)

见本书第三篇第四章第三节黄河山东刘庄灌区渠首橡胶模型试验防沙机制研究。

第七节　　刘庄工程模型试验结论

(1)未建橡胶坝前引水口引进的水流中含沙量明显比河道水流的含沙量高,平均高为 6% 左右。除渠道水流中的含沙量比河道水流中含沙量高外,渠道带进的泥沙比河道水流的泥沙粗。例如试验中，河道过水流量 401.2 m³/s、含沙量 20.2 kg/m³，d_{50} 为 0.028 mm，未建橡胶坝前当引水流量达 41.2 m³/s 时，其引水含沙量达 22 kg/m³，中值粒径 d_{50} 为 0.033 mm。

（2）修建橡胶坝后，当橡胶坝高度达到设计值时，进入渠道的泥沙明显减少了，防沙效果得到很大提高，平均提高幅度达 16% 左右。橡胶坝的防沙效果不仅表现在渠道引水含沙量减小，而且还表现在渠道水流中泥沙粒径也减小。例如河道水流中泥沙 d_{50} 为 0.030 mm，而通过橡胶坝引水后的泥沙 d_{50} 却减小到 0.021 mm（见表 3-9-14）。

橡胶坝的防沙效果是变化的，与河道来水流量及含沙量、引水流量及含沙量、橡胶坝的坝高及布置位置等因素有关，通常橡胶坝的防沙效果随坝高增大而增大，随引水比增大而减小。

（3）修建橡胶坝减少了泥沙入渠，其防沙效果应由两部分组成：其一是未建橡胶坝以前渠道水流含沙量比河道水流含沙量多 6% 左右，其二是修建橡胶坝以后渠道水流含沙量比河道水流含沙量少 16% 左右。两部分合并，其总防沙效果为 22% 左右。

对于引水灌区而言，造成环境危害和工程危害的主要为粗颗粒泥沙（粒径大于 0.025 mm 的泥沙），而橡胶坝的防沙作用主要表现在防止粗颗粒有害泥沙。如果从橡胶坝控制粗颗粒有害泥沙的角度去分析，其防止有害粗颗粒泥沙的效果将达到或超过 40%（注：橡胶坝防止 30% 的粗泥沙入渠，无坝引水口多引进 10%～20% 的泥沙，两部分合并将达到或超过 40%）。

（4）橡胶坝的防沙效果与橡胶坝的位置有关，与橡胶坝顶过水宽度有关。橡胶坝的位置离主河道越近，橡胶坝顶过水宽度越大，离主流越近，其防沙效果越好；橡胶坝的防沙效果不仅表现在橡胶坝能拦截泥沙，同时还必须使拦截的泥沙被河道主流带到下游，保证泥沙不淤积在橡胶坝前影响其引水和正常工作。

（5）橡胶坝的引水防沙效果是综合的，单个因素固然对防沙效果产生影响，但不是绝对的。例如引水角对防沙有影响，但影响受到橡胶坝前后的水流条件、边界条件的制约，仅仅说引水角越小，橡胶坝的防沙效果越好是不全面的，还必须考虑到引水角的改变将造成坝前水流流态变化、河道演变等。

（6）水流的分流比 K、相对坝高 P/H 是影响分流宽度的主要因素。当分流比 K 增大，相对坝高 P/H 增大时，表层分流宽度 B_s 也增大，而底层分流宽度 B_d 却减小。

当橡胶坝升高到 2 m，分流边界宽度较未建坝前的变化为：表层流宽度平均增大 19%，而底层流宽度可减小 23%。

相对坝高 P/H 对分流边界有影响，但 P/H 值达到一定值后，再增加 P/H 的值对分流边界的影响不大。

分流边界宽度的影响因素比较复杂，除上述的影响因素外，还与边界条件有很大关系，因此不同的边界条件得出的分流边界宽度公式是不相同的。

第十章　黄河山东段渠首新型橡胶坝
引水防沙工程经济效益分析

第一节　刘庄引黄灌区新型橡胶坝引水防沙工程
经济效益分析

刘庄新型橡胶坝引水防沙工程自 1993 年建成后,经过了 5 年的运行,特别是经受了 1993 年春高含沙量(平均含沙量 16 kg/m³,最高 46.5 kg/m³)运行的考验,显著地提高了渠首工程的引水防沙能力,引水含沙量较前减少 26%,粒径大于 0.025 mm 的粗沙较前减少 30%。运用 5 年来,年均减少沉沙池面积 27% ~ 58%(较前 13 年年均减少 58%,较前 3 年减少 27%),有 2 ~ 3 年春灌期没用沉沙池。干渠清淤量较前减少 74%,有 3 年基本没清淤,有 2 年有少量清淤。不仅减少了清淤费用、土地占压赔偿还耕费用、土地沙化作物减产量,还大大提高了工程引水、输水保证率,提高了作物产量。

一、工程效益分析方法

根据《水利经济计算规范》,对工程进行经济效益分析时采用动态法。

工程效益采用增值法进行分析,在新型橡胶坝引水防沙工程之外,灌区还有其他渠系配套工程,但未出现工程增值。所以,经济效益分析时,仅以新建的新型橡胶坝引水防沙工程作为增值对象,分析工程投资、年运行管理费及效益的变化。经济计算期采用 20 年,经济报酬率取 7%,基准点选在 1993 年。

二、工程经济效益分析计算

(一)效益增值

1. 节省清淤费

渠首防沙工程节省清淤费:1993 ~ 1997 年 5 年年均引水 25 692.8 万 m³,黄河平均含沙量 13 kg/m³,按渠首防沙工程效果 26% 计,少引泥沙 86.8 万 t,合 64.3 万 m³。少引的泥沙多系黄河底部粗沙,无论淤积在干渠或沉沙池,均需进行处理,按该灌区各部位泥沙落淤比例,淤积在干渠 19.3 万 m³,以每立方米清淤费 5 元计,节省干渠清淤费 96.5 万元。另外 45.0 万 m³ 淤积在沉沙池,以沉沙池一般淤高 1.0 m 计,年减少占压沉沙池 675 亩,也需出资进行处理。

渠首防沙渠系减淤工程综合节省清淤费:建橡胶坝防沙工程前 3 年(1990 ~ 1992 年),平均引水 25 309 万 m³,年均开辟运用沉沙池 1 个 3 833 亩(1980 ~ 1992 年,年均开辟沉沙池 1.6 个,面积 6 708 亩)。干渠年年清淤,年均干渠清淤量 109.5 万 m³。建橡胶坝防沙工程后 5 年,即 1993~1997 年,平均引水 25 692.8 万 m³,年均开辟运用沉沙池 0.6 个 2 800 亩,干渠年均清淤量 28.26 万 m³。后 5 年较前 3 年,年均引水量、同期黄河含沙量基本相当,年均减少沉沙池 1 033 亩,年均减少干渠清淤量 81.24 万 m³。按每立方米清淤费 5 元计,节省干渠清淤费 406.2 万元。

2. 节省泥沙占压土地赔偿、池区开辟及还耕治理费

干渠清淤弃土堆高按 2 m 计,每年少占压土地 677 亩,每亩土地赔偿费 0.3 万元,节省资金 203 万元;年均减少沉沙池 1 033 亩,每亩土地赔偿开辟和还耕配套治理费 0.2 万元,节省费用 206.6 万元。两项计 409.6 万元。

3. 减少渠首沙化造成的作物减产

总干渠 2 条长 24.2 km,以往,除干渠占压土地外,干渠外两侧受风沙侵害的农作物每岸宽 100 m,两岸宽达 200 m,面积 7 200 亩。按亩粮食减产三成计,亩减产 105 kg。现因干渠清淤量大大减少,对少量清淤弃土采取干渠等高外延的办法,不仅原干渠占压的土地已基本整平,还耕种上了庄稼(经济收入未计),同时也减少了两侧风沙对农作物的侵害。按减少风沙侵害面积 6 000 亩计,减少作物经济损失 63.0 万元。

4. 提高了灌区引水、输水保证率,增加了粮食产量

新型橡胶坝防沙减淤工程,有效地挡住了黄河底部粗沙进入灌区,因此大大减少了渠道的淤积,提高了引水和输水保证率。1993 年春灌期间,刘庄引黄闸前黄河平均含沙量 16 kg/m³ 以上,最高达 46.5 kg/m³。在这样高含沙量情况下,相邻的东明县闫潭、谢寨灌区的干渠很快被泥沙淤平,不能输水,被迫清淤后,仅运用 3~4 d 又淤平,贻误了灌水。刘庄灌区由于橡胶坝有效地挡住了黄河底部粗沙,保证了该灌区渠道的畅通,高含沙量期间仍能供水 40~50 m³/s,保证了 125 万亩土地适时适量浇上三遍水。未修工程前,春灌期间因渠道淤积仅能平均浇上两遍水,但却由于渠道严重淤积及黄河水位降低,不能浇第三遍水,因此减少灌区总灌溉亩次 33%,也减少了灌溉效益。按山东省 20 世纪 80 年代引黄灌溉亩纯经济效益 41.98 元,该工程的兴建提高了灌溉效益,亩增产值亦取 33%,灌溉面积 125 万亩,年增产值 1 731.68 万元。

上述 4 项效益增值 2 610.48 万元。

(二)工程建设投资增值

工程建设全部投资为渠首橡胶坝防沙减淤工程投资 250 万元。

(三)年运行管理费增值

(1)能耗费:水泵配套动力为 15 kW,坝袋全部充排一次各需 2 h,灌水期累计充排水时间 55 h,耗电 805 kWh,耗资 242 元。

(2)维修费:按工程投资的 2.5%,年维修费为 6.25 万元。

(3)管理用工费:管理用工 5 人,每人每年工资 3 000 元,年用工费 1.5 万元。

上述 3 项,年运行管理费增值 7.774 万元。

(四)经济技术指标计算

工程于 1992 年投资建设,1993 年初开始发挥效益,投资折算基准年为 1993 年,即投资现值

$$K_0 = 250 \times 1.07 = 267.50(万元)$$

投资折算年值

$$\overline{K}_0 = 2\,675\,000(A/P,7\%,20) = 2\,675\,000 \times 0.094\,4 = 252\,520(元)$$

年净效益

$$P = B - (\overline{K}_0 + C) = 26\,104\,800 - (252\,520 + 77\,740) = 25\,774\,540(元)$$

效益费用比

$$R_0 = \frac{B}{\overline{K}_0 + C} = \frac{26\,104\,800}{252\,520 + 77\,740} = 79.0$$

投资回收年限：

动态

$$T_D = \frac{\lg(B - C) - \lg(B - C - K_0 i)}{\lg(l + i)}$$

$$= \frac{\lg(26\,104\,800 - 77\,740) - \lg(26\,104\,800 - 77\,740 - 2\,675\,000 \times 0.07)}{\lg(1 + 7\%)}$$

$$= 0.11(年)$$

式中　T_D——动态回收年限；

　　　B——年效益；

　　　C——年运行管理费；

　　　K_0——工程投资折算到基准年的现值；

　　　i——年利率。

静态

$$T_j = \frac{K}{B - C} = \frac{2\,500\,000}{26\,104\,800 - 77\,740} = 0.10(年)$$

式中　T_j——静态回收年限；

　　　K——工程投资原值；

　　　B——年效益；

　　　C——年运行管理费。

第二节　张桥引黄灌区新型橡胶坝引水防沙工程经济效益分析

张桥新型橡胶坝防沙减淤工程自 1991 年建成后,经过了 7 年的运行,特别是经受了 1993 年春灌高含沙量的运行(平均含沙量 10 kg/m³ 以上,最高 22 kg/m³)的考验,提高渠首防沙效果 24%,粒径大于 0.025 mm 的粗沙较前减少 37%。运用 7 年来,已完全砍掉沉沙池,干渠清淤量较前年均减少 83.7%,7 年内有 5 年未清淤,不仅减少了清淤费用、土地占压赔偿、土地沙化作物减产,还大大提高了工程引水输水保证率,提高了作物产量。

一、工程效益分析方法

同刘庄工程,基准点选在 1992 年初。

二、工程经济效益分析计算

(一)效益增值

1. 节省清淤费

渠首防沙节省清淤费:近年平均引水 5 100 万 m³,黄河平均含沙量 10 kg/m³,按渠首防沙少引泥沙 24% 计,少引泥沙 12.24 万 t,合 9.42 万 m³。鉴于减少的泥沙系黄河底沙、粗沙,且灌区是在无沉沙池沉沙条件下的特殊运行,因此淤积于干渠的泥沙需全部以人工或机械方式清除。清淤土方以当地实际价格每立方米 5 元计,节省清淤费 47.1 万元。

渠首防沙渠系减淤综合节省清淤费:未建工程前,年均干渠清淤量 24.5 万 m³,建新型工程后,年均干渠清淤量 4.0 m³,年均减少清淤量 20.5 万 m³,占 84.0%。按每立方米清淤费 5 元计,减少清淤费 102.5 万元。

2. 节省清淤弃土占压赔偿费

清淤弃土堆高一般 1.5 m,每年减少干渠占压土地 205 亩,每亩土地赔偿费 0.3 万元,节省资金 61.5 万元。

3. 减少沙化造成的作物减产

干渠 2 条长 12 km,以往干渠外侧各 30 m,计 1 080 亩土地,受风沙侵蚀,沙化严重,每年小麦一般减产 40% ~ 50%,按最低限减产 30% 计,小麦亩减产 105 kg。现清淤弃土很少,干渠已整平,还耕种植作物,干渠两侧消灭了沙化。按上述面积和减产量计,减少作物损失产值 11.34 万元。

4. 提高了灌区引水、输水保证率,增加了粮食产量

由于新型橡胶坝防沙减淤工程挡住了黄河底沙、粗沙进入灌区,从而提高了引水和输水保证率。特别是 1993 年春灌期,3 ~ 5 月黄河泺口平均含沙量在 10 kg/m³ 以上,最高达 22 kg/m³。在这样高的含沙量情况下,如无新型橡胶坝防沙减淤工程,该灌区也会像其他灌区的干渠那样,很快被淤平,不能输水。由于该工程发挥了作用,引水、输水畅顺,灌区范围内的 19.0 万亩土地全部适时浇上三遍水。未修工程前,冬灌和春灌的返青、拔节 2 次水,因渠道清淤后运用时间较短,虽然淤积,降低输水能力,但通过延长放水时间,仍能全部灌上,然而第 3 次灌浆水,也是小麦增产的关键水,却因渠道淤积严重及黄河水位的降低,引水输水能力大大降低,甚至丧失,得不到灌溉。因此,减少灌区总灌溉亩次 33%,也减少了灌溉效益。据山东省 20 世纪 80 年代引黄灌溉效益分析,每亩纯增经济效益值为 41.98 元,该工程的兴建,提高了灌溉亩次及效益,亩增产值亦取 33%,灌溉面积 19.0 万亩,年增产值 263.2 万元。

上述 4 项效益增值为 438.54 万元。

(二)工程建设投资增值

工程建设全部投资为渠首橡胶坝防沙工程,含劳务折资共 45 万元。

(三)年运行管理费增值

(1)能耗费:水泵配套动力为 12 马力,坝袋全部充、排水一次各需 2 h,灌溉期累计充排水时间 60 h,耗柴油 120 kg,耗资 192 元。

(2)维修费:根据规范,按工程投资的 2.5% 计,年维修费为 1.125 万元。

（3）管理用工费：管理用工 3 人，每人每年工资 3 000 元，年管理用工费 9 000 元。

据上述计算，工程年运行管理费增值为 20 442 元。

（四）经济技术指标计算

工程于 1991 年投资建设，1992 年开始正式发挥效益，投资折算基准年为 1992 年，即投资现值

$$K_0 = 45 \times 1.07 = 48.15 （万元）$$

投资折算年值

$$\overline{K}_0 = 481\ 500(A/P, 7\%, 20) = 481\ 500 \times 0.094\ 4 = 45\ 454 （元）$$

年净效益

$$P = B - (\overline{K}_0 + C) = 4\ 385\ 400 - (45\ 454 + 20\ 442) = 4\ 319\ 504 （元）$$

效益费用比

$$R_0 = \frac{B}{\overline{K}_0 + C} = \frac{4\ 385\ 400}{45\ 454 + 20\ 442} = \frac{4\ 385\ 400}{65\ 896} = 66.5$$

投资回收年限：

动态

$$T_D = \frac{\lg(B - C) - \lg(B - C - K_0 i)}{\lg(l + i)}$$

$$= \frac{\lg(4\ 385\ 400 - 20\ 442) - \lg(4\ 385\ 400 - 20\ 442 - 481\ 500 \times 0.07)}{\lg(1 + 7\%)}$$

$$= 0.11 （年）$$

静态

$$T_j = \frac{K}{B - C} = \frac{450\ 000}{4\ 385\ 400 - 20\ 442} = 0.10 （年）$$

第四篇　山东引黄灌区渠系输水输沙系统研究

第一章　山东引黄衬砌渠道输水输沙技术研究

第一节　引黄衬砌渠道输水输沙能力试验研究

一、引黄渠道远距离输水输沙研究的由来

引黄是山东省工农业生产重要水源,由于黄河含沙量大,引水必然引进大量泥沙,为了防止灌区渠系泥沙淤积,引黄灌溉必须进行泥沙处理。过去的几十年,处理引黄泥沙的主要措施是利用背河附近的天然洼地修建沉沙池集中沉沙处理。从20世纪50年代大规模开发引黄灌溉以来已60多年,背河附近适宜沉沙的洼地已基本用完,今后不得不到远距渠首的洼地开辟新的沉沙区。但由于山东省沿黄两岸地形坡降平缓,如何将不经沉沙的黄河水远距离输送,又不致中途发生淤积,妨碍引水,这是山东省引黄面临的重要课题。

采用衬砌的办法,稳定渠道过水断面,减少水流阻力是远距离输沙防淤的基本措施。目前山东省已有10多处引黄灌区的输沙干渠进行了部分或全部道砌,一般都取得了较好的运用效果。但由于缺乏系统的规划设计参数和科学的管理运用方法,有时仍不免在某些渠段发生严重淤积。为使衬砌渠道取得更好的输水输沙效果,在已衬砌的渠道上进行原体水沙观测,分析研究其输沙能力,总结科学的管理运用方法,以及采用机械措施辅助输沙减淤的效果,为工程设计及运行管理提供科学依据,这对减少渠道淤积,降低清淤费用,确保正常引水供水扩大引黄效益,具有重要的现实意义。

二、试验渠道选择及布设情况

根据山东省引黄灌区分布情况,结合引黄输沙渠道衬砌的实际,选择了两条在山东省有一定代表性的衬砌输沙渠道作为观测研究对象,一条是菏泽市刘庄灌区东输沙干渠,另一条是曹店灌区干渠。两条渠道的设计流量、纵横断面几何尺寸等见表4-1-1,水沙监测、渠床淤积监测断面布置见图4-1-1。

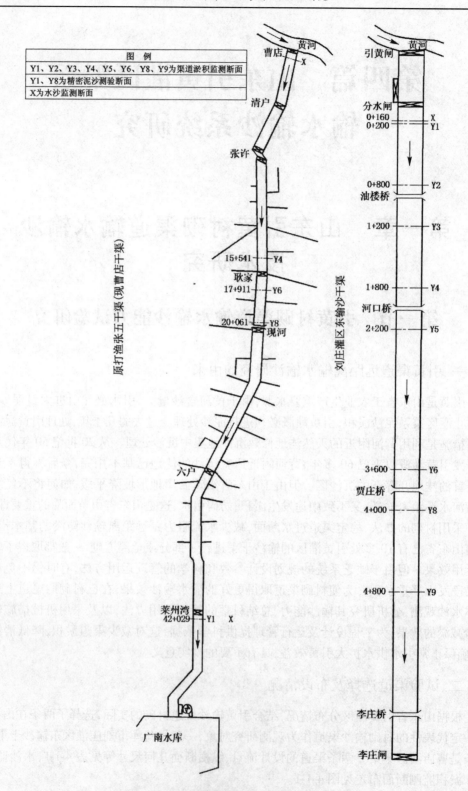

图 4-1-1　两条试验渠道水沙监测断面布置示意图

表 4-1-1　两处衬砌渠道的断面几何特征值及设计水力要素简表

灌区名称	干渠名称	设计流量（m³/s）	渠底宽（m）	设计水深（m）	上口宽（m）	边坡比	纵比降	备注
刘庄灌区	东干渠	50	18	2	30	1:2.0	1/5 000	采用片石衬砌边坡，渠底不衬砌，全长6.4 km
曹店灌区	进水闸至六户闸	35	13	2	22	1:1.5	1/6 548	混凝土全断面衬砌，全长50 km
	六户闸至渠末	30	11	2	20	1:1.5	1/6 548	

三、引黄衬砌渠道输沙能力研究

（一）引黄衬砌渠道水流挟沙经验公式建立

在试验研究过程中，在两条试验渠道上进行了 50 次原型观测，其中相对平衡状态的测次有 21 次，加上山东省水科所 1972 年在陈垓灌区衬砌干渠上进行的观测，共取得相对平衡状态的实测资料 33 组。采用这些资料对几个常用的经验或半经验公式进行验证，其相对误差达 46.16% ~ 151.29%，见表 4-1-2。

表 4-1-2　部分常用水流挟沙公式与实测资料适应程度分析表

序号	现有部分常用水流挟沙公式		与实测资料的适应程度	
	公式名称	公式形式	均方差	相对误差（%）
1	原黄科所公式	$S = 77 \dfrac{V^3}{gR\omega} \left(\dfrac{H}{B} \right)^{0.5}$	7.204	89.07
2	河渠所公式	$S = 2.34 \dfrac{V^4}{\omega R^2}$	29.115	120.14
3	山东水利设计院公式	$S = 4.6 \dfrac{V^2}{R\omega^{2/3}}$	7.76	46.16
4	西北所公式	$S = 1.8 \dfrac{V^4}{R^{3/2}\omega}$	16.682	151.29
5	（苏）维利卡诺夫公式	$S = K \dfrac{V^3}{gR\omega}$（西北所分析 K 取 20）	8.743	84.14
6	山东引黄土质干渠公式	$S = 5.036 \left(\dfrac{V^2}{R\omega^{2/3}} \right)^{0.629}$	8.244	71.45
7	武汉水院公式	$S = K \left(\dfrac{V^3}{gR\omega} \right)^m,\ m = F\left(\dfrac{V^3}{gR\omega} \right),\ K = G\left(\dfrac{V^3}{gR\omega} \right)$	8.502	149.52
8	陈垓干渠公式	$S = 0.08 \left(\dfrac{V^2}{gR} \right)^{0.127} \left(\dfrac{V}{\omega} \right)^{1.44} \left(\dfrac{B}{H} \right)^{1.05}$	10.878	58.02

注：表中 B 为水面宽，H 为运行水深。

由此可见,现有计算公式与衬砌渠道的实测结果误差较大,其原因:一是影响水流挟沙的因素多而复杂;二是建立公式所采用的资料来源不同。因此,不太适用于引黄衬砌渠道。为建立专门用于引黄衬砌渠道的水流挟沙计算公式,以衬砌渠道的实测资料为依据,采用最小二乘法原理,通过回归分析得出

$$S = 0.117 \left(\frac{V^2}{gR} \right)^{0.381} \left(\frac{V}{\omega} \right)^{0.91} \tag{4-1}$$

式中　S——断面平均饱和含沙量;

　　　R——水力半径;

　　　V——断面平均流速;

　　　ω——泥沙颗粒平均沉速;

　　　g——重力加速度。

各物理量的单位统一采用 m—kg—s 制,采用资料各因子的变化范围见表4-1-3。

表4-1-3　实测资料的水力泥沙要素变化范围

项目	流量 (m^3/s)	水力半径 (m)	平均流速 (m/s)	平均水深 (m)	水面宽 (m)	含沙量 (kg/m^3)	平均粒径 (mm)	平均沉速 (m/s)
资料 范围	10.39 ~ 44.20	0.63 ~ 1.39	0.6 ~ 1.8	0.63 ~ 1.45	14 ~ 28.3	2.7 ~ 45.5	0.014 ~ 0.092	0.001 12 ~ 0.008 4

式(4-1)和目前常用公式中与实测资料符合程度最好的相比,精度提高14%,在目前的认识水平条件下,该式可作为引黄衬砌渠道设计和运行管理的依据。

(二) 山东引黄衬砌渠道远距离输沙能力分析

要使引黄衬砌渠道远距离输沙而不淤积,其水沙条件必须满足水流挟沙公式,即

$$S = 0.117 \left(\frac{V^2}{gR} \right)^{0.381} \left(\frac{V}{\omega} \right)^{0.91}$$

将水流阻力公式 $V = \frac{1}{n} R^{2/3} J^{1/2}$ 及 $g = 9.81$ m/s^2 代入上式并整理,又可写成

$$S = \frac{0.049}{\omega^{0.91}} \left(\frac{1}{n} \right)^{1.672} R^{0.734} J^{0.836} \tag{4-2}$$

由此可见,决定衬砌渠道输沙能力的主要因素是渠道的糙率(n)、纵比降(J)、水力半径(R)及被输送泥沙的颗粒沉速(ω)。因此,要分析山东引黄衬砌渠道的输沙能力,首先需对渠道的设计参数(n、J、R)及被输送泥沙的颗粒沉速(ω)的变化范围进行分析研究。

1. 引黄衬砌渠道的糙率

糙率是渠道断面设计的重要参数,过去主要对土渠的糙率进行观测,而对引黄衬砌渠道未作系统测验。为此,在本次研究过程中,在两条衬砌渠道上进行了50次原型观测,加上山东省水科所1972年在陈垓干渠上进行的观测,共79次,将实测资料进行统计分析,并采用格拉布斯方法,按97.5%保证率将异常值剔除(4次),其余75次实测资料平均值为0.011 5,由此认为,设计引黄衬砌渠道 n 值采用0.012为宜。

2. 纵比降(J)的可行取值范围

山东沿黄两岸(从菏泽地区到东营市)地面自然坡降多在 1/6 000 ~ 1/10 000,可能形成的渠道纵比降多在 1/5 000 ~ 1/8 000。如已衬砌的几条渠道的纵比降分别为:刘庄灌区东干渠为 1/5 000,位山灌区西、东干渠分别为 1/6 000 及 1/7 000,潘庄灌区干渠为 1/7 000 ~ 1/8 000,张桥灌区干渠为 1/7 000,韩墩灌区干渠为 1/7 500,曹店灌区干渠为 1/6 548。按输沙要求,应尽可能采用较大比降,但在地面坡降平缓的客观条件下,增大比降有一定限度。

3. 衬砌渠道的水力半径(R)

水力半径(R)是过水断面几何要素的函数,对梯形衬砌断面,$R = \dfrac{(B + mH)H}{(B + 2H \sqrt{1 + m^2})}$,式中 B 为渠底宽度,m 为边坡系数,H 为断面水深。而 B 与 H 的大小又分别与设计流量(Q)、渠道糙率(n)、纵比降(J)等因素有关,其值可由方程组

$$
\left.
\begin{array}{c}
Q = (B + mH)HV \\
V = \dfrac{1}{n} R^{2/3} J^{1/2} \\
R = \dfrac{(B + mH)H}{(B + 2H \sqrt{1 + m^2})}
\end{array}
\right\}
\tag{4-3}
$$

确定。式中边坡 m 及设计水深 H 的取值讨论如下:

根据水沙运动基本理论可知,渠道边坡越陡输水输沙条件越好。但由于受土质、衬砌材料及施工工艺的限制,过陡又会影响衬砌边坡的稳定性。目前,山东多数引黄衬砌干渠的边坡采用 1:1.5 ~ 1:2,根据对几年来运用效果的现场调研分析认为:山东引黄灌区东西向干渠,边坡采用 1:1.75($m = 1.75$),南北向干渠采用 1:1.5 为宜,这样既可保证有较好的过水条件,又可保证衬砌边坡的稳定。

关于渠道的设计水深,由水力学基本理论可知,最优水力断面能形成最大流速,其输水输沙效果最佳,但由于最优水力断面相当窄深(如 $m = 1.5$,$B = 2$ m 时,H 应为 3.28 m),只有在设计流量不大的情况下可以采用。当设计流量增大时,渠深增大,最优水力断面难以采用。目前山东引黄干渠一般最大设计水深为 2 ~ 2.2 m,实际运行水深很少达到 2 m。为提高流速并尽量减少渠道占地,在条件许可情况下,应尽量采用较大设计水深。根据山东引黄灌区的实际情况,渠道设计水深至多可加大到 2.5 m,即 $H \leqslant 2.5$ m。

在 n、J、m、H 确定的情况下,B 可根据方程(4-3)试算确定,从而求得不同设计流量条件下渠道的水力半径。

4. 输送泥沙的颗粒沉速(ω)

根据黄河山东段三个主要水文站(高村、泺口、利津)的月平均泥沙级配及相应的水温,算得月平均悬沙沉速范围为 0.001 42 ~ 0.003 03 m/s。

5. 山东引黄衬砌渠道输沙能力范围分析

根据上述讨论,在 n 取 0.012,m 取 1.5,$H \leqslant 2.5$ m,J 取 1/5 000 ~ 1/8 000,泥沙颗粒沉速 ω 取 0.001 5 ~ 0.003 m/s 时,引黄衬砌渠道流量取 10 ~ 80 m³/s,对应的输沙能力范围详见表 4-1-4。

表 4-1-4　山东引黄衬砌渠道输沙能力范围计算表

		$Q(\text{m}^3/\text{s})$	10	20	40	60	80
$J = \dfrac{1}{5\,000}$		$S\omega^{0.91}$	0.064 3	0.078 5	0.092 5	0.098 7	0.104 5
	S (kg/m^3)	$\omega_1 = 0.001\,5$ m/s	23.88	29.15	34.35	36.65	38.80
		$\omega_1 = 0.003\,0$ m/s	12.71	15.51	18.28	19.50	20.65
$J = \dfrac{1}{6\,000}$		$S\omega^{0.91}$	0.056 6	0.069 2	0.080 5	0.086 2	0.091 2
	S (kg/m^3)	$\omega_1 = 0.001\,5$ m/s	21.02	25.70	29.89	32.01	33.87
		$\omega_1 = 0.003\,0$ m/s	11.19	13.67	15.91	17.03	18.02
$J = \dfrac{1}{7\,000}$		$S\omega^{0.91}$	0.050 7	0.062 1	0.071 8	0.076 5	0.081 2
	S (kg/m^3)	$\omega_1 = 0.001\,5$ m/s	18.83	23.06	26.66	28.41	30.15
		$\omega_1 = 0.003\,0$ m/s	10.02	12.27	14.19	15.12	16.05
$J = \dfrac{1}{8\,000}$		$S\omega^{0.91}$	0.046 3	0.056 3	0.065 0	0.069 0	0.073 2
	S (kg/m^3)	$\omega_1 = 0.001\,5$ m/s	17.19	20.91	24.14	25.62	27.18
		$\omega_1 = 0.003\,0$ m/s	9.15	11.13	12.84	13.64	14.47

　　由表 4-1-4 可见,对应于不同设计流量 Q、渠道纵比降 J 和泥沙沉速 ω,其输沙能力范围为 9.15 ~ 38.8 kg/m³。近几十年高村、泺口、利津三个水文站的月平均含沙量变化范围为 2.78 ~ 44.94 kg/m³,因此山东引黄衬砌渠道只要设计参数取值合理,并在设计状态下运行,而且引沙条件($S\omega$)与大河相当,维持年内冲淤平衡是乐观的。

四、引黄衬砌渠道的淤积原因分析

　　根据上述分析计算,山东引黄渠道衬砌后,基本能够满足输沙要求,但实际运用过程中仍产生不同程度的淤积,有些渠段还相当严重,分析其原因主要有以下几个方面。

(一)黄河河床逐渐淤高,分沙比增大,粗颗粒泥沙入渠

　　随着黄河河床的逐渐淤高,已建引黄闸底板相对降低,致使引水分沙比增大,较粗泥沙颗粒入渠,造成渠道淤积。如刘庄引黄闸,近几年来实测入渠悬移质平均粒径有时高达 0.094 3 mm(1992 年 5 月 28 日),引水分沙比最高达 2.3,因此每年都在输沙渠道上游段产生严重淤积。对此类引沙条件特别恶化的引黄闸建议增建防沙设施,至少以 1∶1 引沙为原则,以避免渠道的严重淤积。

(二)引水达不到设计流量,流速小,挟沙能力低

　　根据粗略统计,山东省引黄渠道多数时间不能在设计状态下运行,多年平均引水流量只有设计流量的 50% ~ 60%,有时甚至小于 10%,致使流速减小,挟沙能力降低,造成渠道淤积。如曹店灌区干渠莱州湾断面设计流量为 30 m³/s,在 1990 年 5 月 4 日至 7 月 6

日的 63 d 引水过程中,实际流量大于 15 m³/s 的仅 4 d,最大流量仅 18.13 m³/s,最小流量仅 3.54 m³/s。这种长时间的大断面小流量低流速运行是造成渠道淤积的主要原因之一,也是全省引黄渠道普遍存在的问题。随着沿黄上游省区用水量的增加,今后山东省引水保证率还要降低,为此建议今后设计引黄衬砌渠道尽可能采用复式断面,以适应这一客观现实,减少渠道的淤积。

(三) 高含沙期引水

受旱情所迫,有时大河含沙量高达每立方米几十千克甚至上百千克,但为了减少旱灾损失也不得不开闸引水,致使渠道产生淤积。如 1989 年 7～9 月,为满足工农业用水要求,曹店灌区干渠引水 74 d,含沙量平均达 24.4 kg/m³,最高达 173 kg/m³,造成渠道严重淤积,总量达 76.74 万 m³。1989 年由于全省大旱,全年引水达 132 亿 m³,仅汛期(7～10月)就引水 41 亿 m³,年终全省仅干级以上渠道清淤量就达 4 910 万 m³,创下山东引黄渠道清淤最高纪录,约为 80 年代其他年份平均值的 2.4 倍。

(四) 沉沙区地面已普遍淤高

有些灌区渠首附近的洼地已几次兴建沉沙池,地面已普遍较高,致使引黄闸与沉沙池之间的衬砌输沙渠道形成两头高中间低,长期壅水运用,造成渠道淤积。如刘庄灌区距渠首 6 km 范围内,有的地块已三次用作沉沙池,新建沉沙池的池底高程已高出渠底达 0.5 m 左右,渠道本身已形成一个"死淤积量"。对这一部分淤积清淤时已没有必要按原设计清淤,应通过加高渠堤,调整纵比降,来满足输水输沙的要求。刘庄灌区东干渠 1990 年清淤时已采纳这一建议,将"死淤积量"不再清除。张桥灌区也已于 1991 年将干渠上段衬砌渠坡进行了加高,以调整比降。原陈垓灌区衬砌干渠,也是在运用过程中逐渐相对下降,最终将原衬砌部分埋入地下的。

(五) 设计方面存在的问题

由于以往对引黄衬砌渠道的输水输沙规律及阻力系数等缺乏系统的分析研究,除挟沙公式本身的精度外,在断面设计方面也有些欠妥。如设计衬砌渠道的糙率系数多采用 0.015 以上,而实测值多在 0.012 左右,采用糙率值过大相应加大了过水断面,渠宽增大,水深减小,因而没有充分发挥渠道衬砌的作用。为此建议今后设计衬砌渠道时,其糙率以选用类似渠道的实测值为宜。

第二节　引黄衬砌渠道设计问题探讨

上节对渠道衬砌后仍然存在淤积现象的几个主要原因进行了分析,为减少渠道的淤积,对已建工程系统本身存在的不协调部位,应针对具体情况,进行调整改造。对新建衬砌渠道,应在选用可靠设计参数基础上,按输水输沙要求的条件同时得到满足进行设计,并尽量选用最优或较优水力断面,以充分发挥衬砌的作用。

一、引黄衬砌渠道设计方法及有关参数

(一) 纵横断面设计

引黄衬砌渠道的设计涉及内容较多,本节仅讨论在设计流量 Q、设计含沙量 S 及泥沙沉速 ω 已定的情况下,能同时满足输水输沙条件的纵横断面设计问题,其他问题从略。

在设计含沙量 S、泥沙颗粒沉速 ω 及设计流量 Q 已知的情况下,衬砌渠道的纵横断面几何要素需同时满足:

输水条件

$$\frac{1}{n}R^{2/3}J^{1/2}A = Q \tag{4-4}$$

输沙条件

$$0.117\left(\frac{V^2}{gR}\right)^{0.381}\left(\frac{V}{\omega}\right)^{0.91} = S \tag{4-5}$$

对梯形衬砌断面有

$$A = (B + mH)H \tag{4-6}$$

$$R = \frac{(B + mH)H}{(B + 2H\sqrt{1 + m^2})} \tag{4-7}$$

上述各式中符号意义同前。

将式(4-6)、式(4-7)及水流阻力公式 $V = \frac{1}{n}R^{2/3}J^{1/2}$ 分别代入式(4-4)及式(4-5)并整理得到

$$J = \left\{nQ\Big/\left[(B + mH)H\right]\Big/\left[(B + mH)H/(B + 2H\sqrt{1 + m^2})\right]^{2/3}\right\}^2 \tag{4-8}$$

$$J = \left\{n(S\omega^{0.91}/0.049)^{0.589}\Big/\left[(B + mH)H/(B + 2H\sqrt{1 + m^2})\right]^{0.439}\right\}^2 \tag{4-9}$$

式(4-8)、式(4-9)就是梯形断面衬砌渠道的输水输沙方程。对山东引黄衬砌渠道,式中有关参数的取值前已讨论,即:n 取 0.012、m 取 1.5 或 1.75、$H \leqslant 2.5$ m。流量较小时,应选用最优水力断面,此时 $J = \begin{Bmatrix} 0.61, & m = 1.5 \\ 0.53, & m = 1.75 \end{Bmatrix}$。根据两个方程在 Q、S、ω 已定的情况下,通过试算即可求得 B 和 J,从而使衬砌渠道的纵横断面得到确定。

图 4-1-2 是根据 $m = 1.5$、$n = 0.012$、$H \leqslant 2.5$ m 绘制的 $S\omega^{0.91} \sim Q \sim (J,B)$ 关系图,可供设计衬砌渠道时直接查用。

(二) 渠道衬砌形式

引黄干渠衬砌的主要目的是稳定断面、减淤、防渗。目前有两种衬砌形式,一是全断面衬砌,二是只衬边坡(渠底铺塑料膜,覆盖 0.6 m 左右厚度的黏土)。由于山东引黄渠道总的趋势是淤积,即总是在"软底硬帮"状态下运行,衬底对减阻一般不起作用。又由于黄河河床及沉沙区均在不断淤高,处于中间的引黄干渠渠底高程也需适时调整(如陈垓灌区干渠,原衬砌部分早已基本埋入地下,造成材料浪费)。从经济方面考虑,山东现状引黄干渠一般底宽 10~50 m,衬底费用为全断面衬砌费用的 50%~80%,可见,衬底也是不经济的。因此,建议今后衬砌引黄干渠采用只衬边坡,渠底铺塑防渗的形式,从位山、刘庄、张桥等灌区衬砌渠道的运用效果看,这种"软底硬帮"渠道既可行又经济。

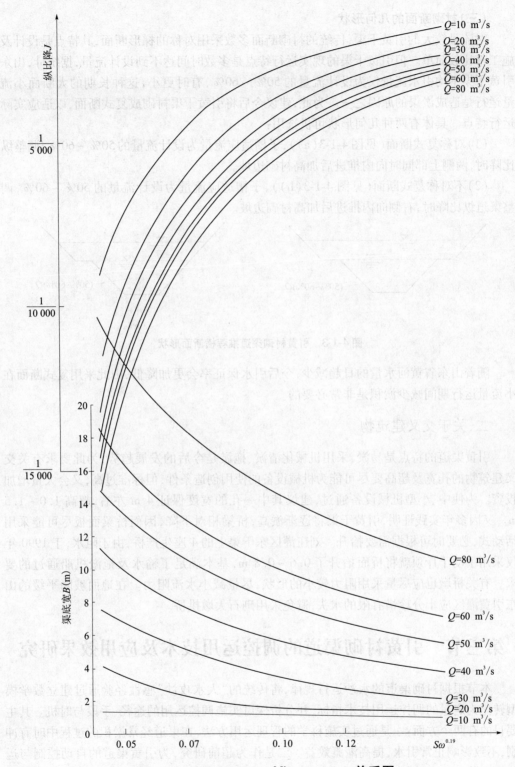

图 4-1-2　引黄衬砌渠道 $S\omega^{0.91} \sim Q \sim (J、B)$ 关系图

（三）衬砌断面的几何形状

对流量较大的引黄干渠,传统的衬砌断面多数采用对称的梯形断面,其特点是设计及施工都比较简单。但引黄干渠的现实运行特点是多数时间达不到设计流量,据统计,山东引黄干渠平均引水流量仅为设计流量的50% ~60%,有时更小,这种长期的大断面小流量运行是造成淤渠的原因之一。为此,建议今后将引黄干渠衬砌成复式断面,以适应实际运行特点。具体有两种几何形状可供选用:

（1）对称复式断面（见图4-1-3（a））,子槽适应流量为设计流量的50% ~60%,调整纵比降时,两侧上部同时向内推进后加高衬砌边坡。

（2）不对称复式断面（见图4-1-3（b））,子槽适应流量为设计流量的50% ~60%,调整渠道纵比降时,右侧向内推进后加高衬砌边坡。

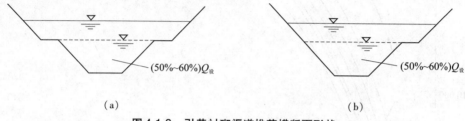

（a）　　　　　　　　　　　　　　　（b）

图4-1-3　引黄衬砌渠道推荐横断面形状

随着山东省黄河水量的日趋减少,今后引水保证率会更加降低,因此采用复式断面在小流量运行期间减少淤积是非常必要的。

二、关于交叉建筑物

引黄渠道的特点是易淤,采用机械化清淤、拖淤是今后的发展趋势,为此要求有关交叉建筑物的孔宽及超高要尽可能为机械设备的使用创造条件,但标准过高,又会大量增加投资。为使中、小型机械设备通过,建议其中一孔的宽度保证4 m左右,超高1.0 ~1.5 m。又因多年实践证明,引黄干渠将逐渐淤高,桥梁相对下降,因而桥梁面板尽可能采用活动式,必要时可根据需要抬升。刘庄灌区东干渠上的4座生产桥,由于阻水,于1990年仅采用手动千斤顶就将桥面抬升了0.6 ~0.8 m,基本满足了输水及拖淤机船通过的要求。有关桥墩也应尽量采用阻力较小的形状,尽量减小水流阻力。在地面坡降平缓的山东引黄灌区应十分珍惜有限的水头,避免采用砌石大墩拱桥。

第三节　引黄衬砌渠道的调控运用技术及应用效果研究

本节根据衬砌渠道的水沙运行规律,将传统的"大水攻沙"感性经验通过建立数学模型转化为定量的调控运用技术指标,并分析探讨实施调控运用的途径、手段与时机。其主要目的有两个方面:一是通过实施科学的管理运用方法,在渠道经常淤积的过程中时有冲刷,不致影响正常引水,提高灌溉效益。二是作为超前研究,为引黄渠道的自动控制与运行管理奠定基础,因为随着工农业生产发展的需要及科学技术的进步,引黄衬砌渠道的自动控制运用是发展的方向,而任何自动控制都离不开相应的数学模型。

一、调控模型的建立

本节仅根据引黄衬砌渠道的水沙运行规律建立适用于衬砌输沙渠道的调控运用数学模型,其他类型的渠道(如土质输沙干渠等)与此类似,从略。

衬砌渠道的水流挟沙公式可以写成

$$S\omega^{0.91} = 0.049V^{1.672}/R^{0.381} \tag{4-10}$$

对梯形断面衬砌渠道有

$$V = \frac{1}{n}R^{2/3}J^{1/2} \tag{4-11}$$

$$R = \frac{(B + mH)H}{(B + 2H\sqrt{1 + m^2})} \tag{4-12}$$

将式(4-11)、式(4-12)代入式(4-10),则

$$S\omega^{0.91} = 0.049 \frac{\left[\frac{1}{n}\left(\frac{(B + mH)H}{(B + 2H\sqrt{1 + m^2})}\right)^{2/3}J^{1/2}\right]^{1.672}}{\left[\frac{(B + mH)H}{(B + 2H\sqrt{1 + m^2})}\right]^{0.381}} \tag{4-13}$$

式(4-13)左边为泥沙条件,记为 Ψ;右边为渠道纵横断面几何要素及阻力参数,记为 Φ。要使渠道产生冲刷,必须满足

$$\Phi > \Psi \tag{4-14}$$

式(4-14)即是梯形衬砌渠道调控冲刷的数值模型,由此可根据来沙条件,调节水力条件,达到冲刷防淤之目的。

二、实施调控运用的途径及手段

由上述可知,要实施调控运用必须随时掌握黄河水沙条件及渠道断面现状几何要素,为此需在有代表性的渠段设立若干监测断面,随时进行监测,具体包括 S、ω、J、B、m、n 等。对衬砌渠道 m 一般为常数,n 可以看作常数,根据实测 S、ω、B、J 等,通过调控模型确定水流条件,进行调控运用。水流条件的调节可通过调节引黄闸的开度、沉沙池水位(最好是空池待纳)、沿渠提水流量等实现。由此可见,对引黄渠道进行水沙监测是调控运用必需的手段,这也正是管理上进行配水量水之需要。因此,两方面可以结合在一起,同时也增加了资料积累,提高了管理水平。

目前两条试验渠道上均已设置了水沙监测缆道(曹店灌区干渠两条,刘庄灌区东干渠一条,并配备了光电颗分仪),放水过程中,每天进行水沙监测,为抓住时机进行调控冲淤提供了监测手段。

三、调控模型的验证与应用效果

(一)模型验证

将两条试验渠道(刘庄灌区东干渠、曹店灌区干渠)1990~1991 年期间,有系统观测资料的 18 个放水时段的水沙条件平均值及实测冲淤情况与调控模型分析结果进行对比

验证,其中的 15 个时段与计算结果相符,其余 3 个时段的计算结果也处于相对误差范围之内,见图 4-1-4,说明本数值模型能较好地反映实际情况。

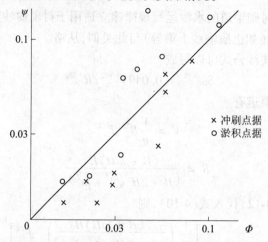

图 4-1-4　数据模型计算结果与实测冲淤对照结果

(二) 调控冲刷效果

在研究过程中,结合引水抓住有利时机进行调控运用均取得了良好冲刷效果,仅以其中两个时段的水沙条件及冲刷状况为例分述如下。

1. 第一时段(1990 年 5 月 28 日至 30 日,曹店灌区干渠)

1990 年 5 月 28 日前,曹店灌区干渠莱州湾断面淤积厚度达 0.83 m,当时闸前黄河水位较高,台邑引出较大流量,于是将引水流量增大到 25 m³/s,连续运行 3 d,进闸平均含沙量仅 4.58 kg/m³。5 月 31 日在莱州湾渠段断面平均流速达 0.72 m/s,流量为 18.13 m³/s (均属本年度最大一次),将渠底淤泥一次冲去 0.4 m,而后由于长时间小流量(平均 6.8 m³/s)运行,至 7 月 6 日又回淤到 0.87 m,其流量及淤积厚度过程见图 4-1-5。

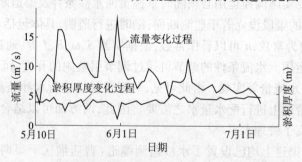

图 4-1-5　1990 年曹店灌区干渠莱州湾断面输水流量及断面淤积过程线

2. 第二时段(1991 年 9 月 18 日至 11 月 10 日,刘庄灌区东干渠)

1991 年 8 月底前,刘庄灌区东干渠受沉沙池高水位影响已发生严重淤积,设计过水断面已基本淤满,9 月 2 日至 4 日只能靠渠道超高引水,流速仅为 0.63 ~ 0.68 m/s。为加大流量应急抗旱,于 9 月 17 日干渠流路改道,不经沉沙池直接远距离输水,浑水灌溉。9 月 20 日正遇黄河高水位(高村站流量 1 300 m³/s),渠道断面流速提高到 1.33 m/s,直到

11月10日,累计间断引水847.8 h,时段平均含沙量10.22 kg/m³。其间采用间歇引水方式,进一步增大瞬时比降,使断面平均流速最大达1.5 m/s。根据实测断面对比,在3 700 m渠段内累计冲刷量达6.455万m³,见图4-1-6(其中包括25 h拖淤在内)。

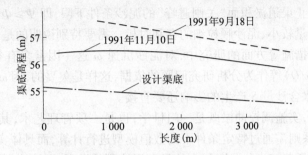

图4-1-6 刘庄灌区东干渠冲沙前后断面对比

由于渠底冲深,在黄河水位逐渐下降情况下,渠道引水能力却逐渐增大,见图4-1-7(其中10月8日流量增大是6~8日拖淤的结果)。

图4-1-7 刘庄灌区东干渠冲刷后引水能力变化过程

由图4-1-7可见,11月8~10日和9月1~4日相比,在黄河水位下降0.28 m的情况下,渠道引水能力却增大了13.88 m³/s。扣除拖淤增大的流量4 m³/s后,流量净增9.88 m³/s。若按时段内引水能力随着渠道的冲刷线性增加,则本时段(847.8 h)多引水1 508万m³。再以山东引黄平均单位水量效益0.1元计,则本时段直接扩大灌溉效益150.8万元。由此可见,在条件具备的情况下,抓住时机冲沙保持渠道输水能力,其所获效益是显著的。

四、实施调控运用的条件与时机

(一)冲淤的引水输水条件

实施调控冲淤对引水输水条件有两方面的要求:一是黄河有足够的流量可引;二是现状渠道尚有一定的过流能力,满足输水要求。因此,要求管理部门及时掌握引水口上游水情预报,制订合理的用水计划,并随时监测渠道的淤积现状,为调控冲淤创造时机。由于近年来黄河山东段灌溉期间水量减少,经常不能保证有足够的水量可引,这就要求管理人员及时抓住调控冲淤的时机。

(二)冲淤的泥沙条件

由 $\Psi = S\omega^{0.91}$ 可知,当引水含沙量及泥沙颗粒增大到某一数值时,式(4-14)将无法满足,这样引水不但不能冲淤而且还会淤渠,这个界限也就是调控冲淤能发挥作用的上限,也正是传统的为防止渠道淤积而"关闸避峰"的泥沙条件下限,即 $\Psi \geqslant \Phi$。因此,大水冲淤也应选择黄河含沙量较小、泥沙颗粒细的有利时机。需要特别说明的是:在以往关于渠道的运行管理及防淤措施等方面的研究中,对泥沙沉速 ω 这一因素多有忽视,常常仅将含沙量或来沙系数(S/Q)等作为分析研究问题的依据,这样是欠妥的,因 ω 对渠道冲淤产生的影响,往往比来水含沙量 S 产生的影响还要直接。

综上分析可知,实施调控冲淤既是一门科学,也是一项管理艺术,其理论依据是水沙运行规律,定量关系则需通过特定条件下的数值模型进行计算,而具体实施则必须具备一定的条件。主要包括黄河水位、流量、含沙量和泥沙颗粒级配、沉沙池容泄能力等,如沉沙池前有泵站,则可利用提水泵站进行配合。只要加强管理,其便是一条经济有效的减淤措施,但必须抓住有利时机。

另外,通过合理制订用水计划,优化配水,采用间歇引水,增大时段水面比降,加大流速,也是一项成熟的减淤经验,见图4-1-8。

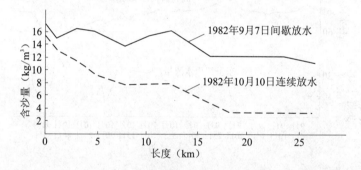

图4-1-8　宫家灌区低水渠间歇与连续引水沿程含沙量变化对比

由图4-1-8可见,两次引水进口含沙量相差不大,而间歇引水过程的沿程含沙量却明显大于连续引水过程,因此具有明显的减淤效果。随着管理自动化进程的发展,采用间歇引水也是可以实现的。

第四节　机械拖淤技术及应用效果研究

对于已经淤积在渠底的泥沙,仅仅通过调控运用仍受到一定的限制,特别是淤积成胶泥层以后,河床很难重新冲起,往往只能采用清淤的方式解决。为了解决该问题,计划采用人为扰动的方式,采用拖淤设备搅动,借助水流动力,达到冲刷渠底河床的目的。

一、试验机船及拖淤机具的研制

首先采用一条长 7.2 m,宽 2.2 m,高 0.75 m 的简易小船配用 12 马力柴油机及一套挂浆机在刘庄灌区东输沙干渠进行了拖淤模拟试验。在一系列前期工作及调研的基础上,根据试验所在渠道的几何尺寸及水流条件,先后设计试制了两条试验机船,分别在两条试验渠道上进行应用效果试验。机船的几何尺寸、动力设备、搅沙机具分述如下。

(一)试验机船的几何尺寸

两条船按先后顺序分别命名为"拖淤1号"及"拖淤2号",其几何尺寸见表4-1-5。

表 4-1-5　拖淤试验机船的几何尺寸及性能简表

机船序号	船长 (m)	船宽 (m)	船高 (m)	吃水深 (m)	水面线上 高度(m)	总质量 (t)	动力 (kW)	静水航速 (m/s)
拖淤1号	7.2	2.2	0.75	0.45	0.8	3.5	40	1.69
拖淤2号	7.0	2.6	0.72	0.40	0.6	3.5	30	3.0

(二)搅沙机具及动力设备

两条船的主要搅沙机具及其功能原理相同,主要有三部分,即旋转辊耙、高压水枪及推进器。辊耙的作用力主要是将渠底已淤积泥沙搅起输往下游,其反作用力辅助机船行走;推进器主要是驱船行走,并增加水流的紊动,将辊耙搅起的泥沙,扩散于水体中;喷枪也具有冲起底沙,增强水体紊动等功能。

两条机船的整体布置见图4-1-9。

(三)机船航速及喷枪出口流速

1. 静水航速

1号机船航速为1.69 m/s,即每小时6.1 km;2号机船静水航速为3 m/s,即每小时10.8 km。

2. 动水航速

1号机船在水面流速为0.82 m/s时,逆水航速为0.45 m/s,在水面流速为0.5 m/s时,逆水航速为0.83 m/s,顺水航速大于 $V_水$ + 1.69 m/s,实测正常运行航速可达9.8 km/h。2号机船在水面流速为1.5 m/s时,逆水航速为1.0 m/s。

以上航速均是在主推进器单独运行条件下的航速。

3. 水泵流量及喷枪出口流速

1号机船当8个喷口全开时总流量为81.8 m³/h,相应出口流速为9.04 m/s;当开4个喷口时流量为58.1 m³/h,相应出口流速为12.91 m/s。2号机船水泵流量为45 m³/h,只设2个喷口,相应流速为20 m/s左右。

二、机船的拖淤效果

机船拖淤效果从两个方面进行考核:一是通过观测拖淤过程中水体含沙量的变化情况,分析泥沙的启动效果;二是通过拖淤前后渠道断面的对比,分析综合拖淤效果。

(一)拖淤前后泥沙要素的垂向分布

拖淤前后含沙量垂线分布变化情况,两个典型测次的对比见图4-1-10、图4-1-11。

由图4-1-10可见拖淤后表层(0.2h)含沙量从18.92 kg/m³增大到38.19 kg/m³,底层(0.7h)含沙量从35.4 kg/m³增加到49 kg/m³。由此可见,搅沙后含沙量的增加是明显的,泥沙粒径也比搅沙前明显变粗。

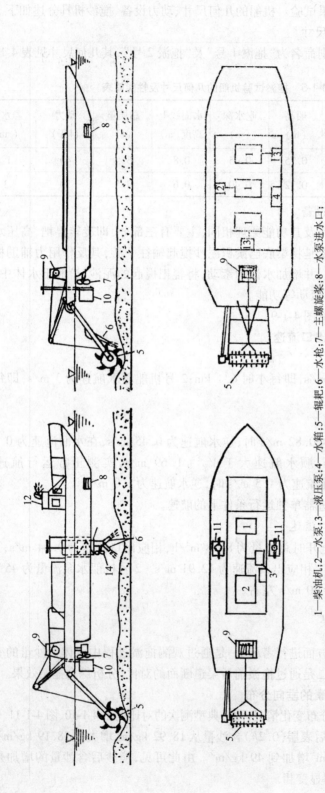

1—柴油机；2—水泵；3—液压泵；4—水箱；5—辊耙；6—水枪；7——主螺旋桨；8—水泵进水口；
9—手动绞车；10—水枪升降架；11—水枪升降架；12—驾驶楼；13—离合器；14—副螺旋桨

图 4-1-9　试验机船整体布置示意图

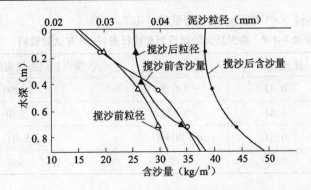

图 4-1-10　搅沙前后含沙量及粒径垂线分布对比

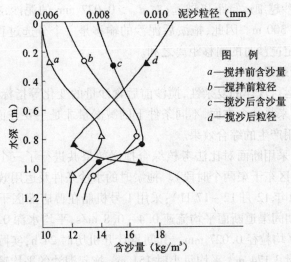

图 4-1-11　螺旋桨搅沙前后含沙量及粒径对比

图 4-1-11 为单纯采用螺旋桨搅沙时的含沙量及粒径对比。由于拖淤时水深较大,螺旋桨淹没深度小,基本没影响到底层,表层含沙量及粒径都明显增大。

拖淤前后三个测次的断面平均含沙量对比见表 4-1-6,由此可见,当渠床淤积物为胶泥时,含沙量仅增大 2 kg/m³ 左右,而对沙板渠床,三种工具并用,含沙量可增大 12.37 kg/m³。因此,对松散质的沉积物,拖淤效果较显著。

表 4-1-6　拖淤前后断面含沙量对比

拖淤工具	试验渠道	淤积状态	水深(m)	拖淤前含沙量(kg/m³)	拖淤后含沙量(kg/m³)	含沙量增大(kg/m³)
推进器、辊耙	打渔张二干	红胶泥	1.4	8.14	10.87	2.73
推进器、辊耙、高压水枪	打渔张二干	红胶泥	1.4	15.04	16.98	1.94
推进器、辊耙、高压水枪	韩墩总干	沙板	0.85	27.87	40.24	12.37

(二)拖淤后泥沙的输移效果

拖淤后泥沙随水流的输移距离与渠道流速及泥沙条件有关,固定搅沙时不同粒径的泥沙在某一流速条件下的实测输移距离见表4-1-7。

表4-1-7　拖淤后泥沙运行距离统计表(1978年试验资料)

渠道名称	流速(m/s)	d_{50}(mm)	含沙量恢复到拖淤前的运行距离(m)
打渔张三合干	0.43	<0.025	1 200
打渔张四干	0.44	<0.003	无限
打渔张二干	0.61	<0.004 4	1 400
韩墩总干	0.67	<0.027	300

由此可见,对d_{50}<0.025 mm的泥沙,在流速为0.43 m/s时,恢复到拖淤前的含沙量可运行1 200 m,泥沙越细运行距离越远;对d_{50}>0.027 mm的泥沙,在流速为0.67 m/s时,运行距离也只有300 m。因此,拖淤后泥沙的输移是一个分选过程,实际运行距离为机船运行距离及固定搅沙时的输移距离之和。

(三)综合拖淤效果

由于渠道泥沙运行规律的复杂性,搅沙前后含沙量的变化等指标只能定性说明拖淤的作用,把泥沙搅起来是一个方面,不同条件下的减淤量才是主要方面,真正定量的拖淤效果是结合生产应用产生的综合效果。

结合生产应用,采用断面对比法考核综合拖淤效果共进行了三个时段(曹店灌区干渠一个时段,刘庄灌区东干渠两个时段)。拖淤时的水沙条件及运用效果分述如下:

第一时段(1990年12月12~17日):采用1号机船在曹店灌区干渠北辛桥下游2.4 km渠段进行,拖淤期间渠道断面平均流速0.4~0.8 m/s,平均水深0.8~1.0 m,含沙量4~17 kg/m³,悬沙平均粒径0.027 mm。其间累计开机历时24 h,实际运行21 h,采用断面对比法测得拖淤量3 174 m³,平均每小时151 m³,拖起泥沙的平均输移距离约2.4 km,拖淤前后断面对比见图4-1-12(a)。

第二时段(1991年10月5~12日):采用2号机船在刘庄灌区东干渠进行,主要拖淤渠段位于2+100至3+700之间,本渠段渠底为原已淤积的胶泥覆盖层(20 cm厚),拖淤目的是将胶泥层打开,配合调控运用进行水力冲沙,降低渠底高程,加大引水流量,应急抗旱。

拖淤期间平均水深0.51~0.89 m,断面平均流速0.88~1.23 m/s,含沙量5.26~9.46 kg/m³,悬沙平均粒径0.057 mm。由于流速较大,只要将胶泥层打开就会产生自然冲刷,为此采用了人工辅助定位,仅启用辊耙及喷枪两种功能,控制拖淤深度,采用一次拖开胶泥层的运用方法。在5.5 h内,拖开胶泥层1 225 m²,见图4-1-12(b),实际拖淤深度平均约为0.5 m(辊耙直径33 cm,水枪在辊耙下方),实际启动泥沙612.5 m³,折合每小时111.4 m³,整个生产时段内累计拖淤历时25 h,总拖淤量2 785 m³。

第三时段(1992年5月27~28日):采用2号机船在刘庄灌区东干渠0+100~0+200渠段(卡脖子淤积段)进行。拖淤过程中平均水深0.66~0.68 m,流速0.68~1.06 m/s,含沙量0.83~2.4 kg/m³,悬沙平均粒径0.094 3 mm。在100 m渠段内,累计拖淤4.5 h,冲走原淤积泥沙665.73 m³,扣除本时段自然冲刷91.15 m³(实测值),折合每小时拖淤127.68 m³。由于水流处于次饱和状态,搅起的泥沙直接进入沉沙区,见图4-1-12(c)。

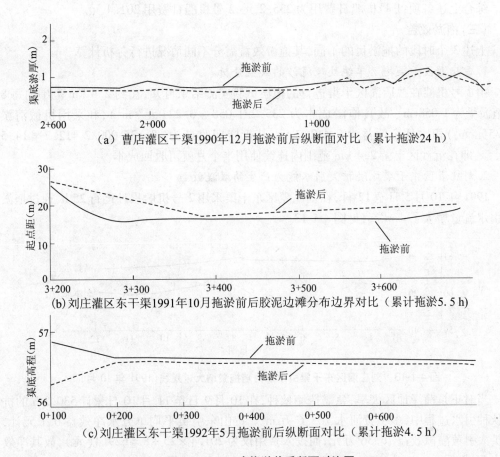

（a）曹店灌区干渠1990年12月拖淤前后纵断面对比（累计拖淤24 h）

（b）刘庄灌区东干渠1991年10月拖淤前后胶泥边滩分布边界对比（累计拖淤5.5 h）

（c）刘庄灌区东干渠1992年5月拖淤前后纵断面对比（累计拖淤4.5 h）

图4-1-12　三次拖淤前后断面对比图

三、机船拖淤经济效益分析

(一)设备投资

两条试验机船均是在研究人员进行功能原理设计的基础上,委托山东省第二水利工程局疏浚处制造的,单船造价3.5万元(运到工地)。

(二)运行费

(1)能耗费:1号机船每8 h耗柴油88 kg,2号机船每8 h耗油62 kg,柴油价格按1 300元/t计,消耗液压油及机油每天按5元计,则1号机船日能耗费119.4元,2号机船日能耗费85.6元。

(2)人工工资:机船正常运行以3人操作为宜,按日工资10元(含福利、劳保等)计,该项开支为每天30元。

(3)管理费:因机船在野外施工,要有专人管理,按10元/天计。

(4)折旧及维修费:由于该类机械的使用寿命及维修费率缺乏参考资料,仅根据机船的设备构成暂按6年折旧,维修费率取5%,按年运行100天计算,则日折旧费为58.3元,日维修费为17.5元。

综合上述各项,1 号机船日费用为 235.2 元,2 号机船日费用 201.4 元。

(三)拖淤效益

上述 3 个时段的拖淤目的不同,其拖淤效益需分不同情况进行分析计算。

1. 曹店灌区干渠拖淤单纯处理泥沙的效益分析

由 1 号机船在曹店灌区干渠进行的拖淤试验实测结果可知,在约 2.4 km 范围内每 8 h 拖淤量为 1 058 m³,故其拖淤成本为 235.2/1 058 = 0.22(元/ m³),和采用机械清淤 (2.5元/m³)相比日净效益为 2 412.2 元,其投资回收期为:$T = 35\ 000/2\ 412.2 = 14.5$ (天)。即在沉沙区上游 2.4 km 范围内连续使用半个月就可收回成本。

2. 刘庄灌区东干渠拖淤扩大引水能力产生的灌溉效益

1991 年 10 月 5 日至 12 日,在刘庄灌区东干渠采用 2 号机船累计运行 25 h,通过拖淤 使引水流量增大了 4 m³/s,见图 4-1-13。

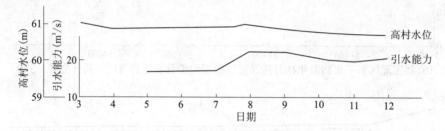

图4-1-13　刘庄灌区东干渠引水能力随拖淤增大过程线(1991 年 10 月)

当时正是菏泽地区大旱,急需造墒秋种,在 10 月 9 日至 11 月 10 日累计 530.3 h 的抗旱秋种引水过程中,多引黄河水 763.6 万 m³。按山东引黄平均单方水净效益 0.1 元计,则扩大引黄灌溉效益 76.36 万元,而投入费用仅为 201.4 × 25 ÷ 8 = 629.4(元),故其净效益为 76.3 万元。

3. 刘庄灌区东干渠拖淤减少清淤费效益

1992 年 5 月 27 日至 28 日,采用 2 号机船运行 4.5 h,将 574.58 m³ 泥沙拖入沉沙区,拖淤费用为 113.3 元,和人工清淤(4.2 元/ m³)相比,4.5 h 净效益为 2 300 元,日效益为 4 089 元。

综上分析可见,拖淤的目的不同,形成的经济效益是不同的。若将拖淤仅限于调度泥沙,减少清淤费用,则在沉沙区上游约 2.4 km 范围内使用,其拖淤成本仅为 0.22 元/m³,和机械清淤相比,降低费用 91%,一条 3.5 万元的拖淤船,在此种条件下连续运行半个月即可收回投资。若在必要时采用拖淤措施来扩大引水量应急抗旱,则经济效益更是十分可观。这也说明,治理与调度引黄泥沙要紧紧围绕扩大引水效益这个中心。

四、拖淤机船的适用部位

由于机船拖淤主要是通过揽沙工具将已落淤泥沙揽起,借助水流动力输沙而不是直接清淤,所以有其相应的适用条件。根据拖淤原理及试验应用情况,拖淤机船应主要在以下几个部位应用。

(一)在沉沙区上游渠段将泥沙驱入沉沙区

沉沙区上游渠段(输沙渠的尾段)往往是比较容易淤积的渠段,使用机船将泥沙揽起直接输入沉沙区,就可防止渠道的溯源淤积,起到控制局部,减少全程淤积之效果。若按每2.4 km拖淤费用0.22元/m³计,和机械清淤(2.5元/m³)相比,其经济运行距离约为27 km。

(二)在渠道卡脖子淤积段拖淤保证渠道正常引水

山东省许多引黄灌区的渠首段普遍存在"卡脖子淤积"问题,影响正常引水,在此渠段使用拖淤机船,可快速疏通渠道恢复引水能力。在此条件下使用,比单独处理泥沙经济效益更是十分可观。

(三)在难以清淤的渠段使淤积泥沙临时"搬家"

引黄干渠上有些渠段清淤不便,如无弃土场地、无施工用水、无电力供应等。在此情况下,可采用机船将淤积泥沙拖到下游清淤或进入沉沙区。1991年曹店灌区干渠25+015至26+865渠段淤积了1.82万m³泥沙,由于缺水、缺电无法采用泥浆泵清淤,而且弃土困难。采用1号拖淤机船配合水力冲沙,仅用80 h左右的时间,就将全部淤积泥沙拖至3 km以外。由于拖淤时渠道流量较大($Q=25$ m³/s),其拖淤效果达200多 m³/h。

(四)在沉沙池上段疏造导流沟

一般沉沙池往往出现喷口淤积,对自流沉沙池,喷口淤积会使渠道水流速度减缓,加重淤积。此时,可采用机船在沉沙池上段冲开导流沟,将泥沙最大限度地输往下游段,以充分利用沉沙库容,延长沉沙区使用寿命。

总之,拖淤机船作为一种常备工具,在引黄渠道上相机调度泥沙,随时疏通淤积,提高引水能力是经济而有效的。

第二章　山东引黄灌区渠首、渠系调控措施研究

第一节　渠系输水输沙减淤工程试验研究概述

黄河是山东省重要的水源地,中华人民共和国成立以来党和政府一直重视黄河水资源的开发利用,为山东省工农业生产的发展、社会环境的改善起了巨大的作用。

引水必引沙,特别是在以多泥沙而著称于世的黄河上引水,更是不可避免的。在引黄效益越来越显著的同时,泥沙带来的负面效应也越来越突出。

据统计分析,山东省引黄泥沙的65%淤积在渠首的沉沙池和干渠,仅有10%~20%的泥沙被送往田间。今后,一方面引黄灌区可利用的沉沙面积越来越少、清淤负担越来越重;另一方面,黄河河床越来越高,1993年以来,已抬高1.5 m左右,这就使引黄过量泥沙更易于进入灌区,使引黄渠首沙化加重,生态环境受到严重危害。

对引黄泥沙的处理,传统的方式主要集中于利用渠首低洼地带的沉沙池沉沙及干渠清淤进行处理,但随着渠首泥沙处理空间的日趋减少,采用这种传统处理方式更加困难。为此,需要进行引黄灌区渠系减淤工程的研究。灌区渠系减淤的任务是:在灌区新型渠首橡胶坝防沙条件下,研究建立一种新的渠系工程模式和新的渠系工程运行机制,其核心是尽量减少渠首地带的沉沙池面积,不用或少用沉沙池,并尽量减少干渠的淤积和清淤,而将泥沙尽量地输送到末级渠道和田间。

渠系减淤工程研究的立足点在于非工程措施,即运行机制的研究,以减少渠系的淤积。研究的重点有两部分,一是渠首工程的调控运用,特别是新型渠首橡胶坝防沙工程的优化调控运用,尽量减少过量的黄河泥沙,特别是底沙粗沙入渠。二是渠系工程的优化调控运用,使已入渠的泥沙尽量不集中于渠首地带,而分散输送到末级渠道及田间。

第二节　刘庄、张桥引黄灌区渠系工程状况研究

刘庄灌区渠系为有沉沙池型渠系工程的模式:引黄闸—总干渠—沉沙池—干渠—支、斗、农渠—田间。自引黄闸后两分水闸分成东西两条总干,西总干全长17.78 km,上游已护砌3.8 km,自流灌溉面积4.4万亩,下游设支、斗、农三级固定渠道,还有深沟远引,扬水灌溉及相机引水。东总干全长21.91 km,李庄闸以上已护砌6.7 km,自流灌溉面积30.05万亩,下设徐河、洙赵新河、安兴河、高贾4条干渠和支、斗、农四级固定渠道。渠系布置见图4-2-1,输水标准见表4-2-1。

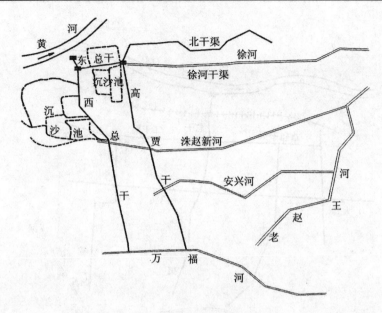

图 4-2-1　刘庄灌区渠系布置图

表 4-2-1　刘庄和张桥灌区各级渠道输水设计流量表

灌区	渠名	设计流量（m³/s）	灌区	渠名	设计流量（m³/s）
刘庄	东总干	40.0	刘庄	李庄北支	1.71
	徐河干渠	11.5		李庄南支	1.1
	洙赵新河干渠	6.0		吕陵北支	1.2
	安兴河干渠	4.5		吕陵南支	1.2
	李庄北支	0.61		扬水站	11.1
	李庄南支	0.42		抗旱补源	11.5
	白虎南支	0.41	张桥	中心干	3.0
	白虎北支	0.82		一干	5.0
	关店北支	0.45		二干	5.0
	杜庄支沟	6.0		草庙干	5.0
	西总干	40.0		一分干	2.0

　　张桥灌区为无沉沙池型渠系工程的模式：引黄闸—总干渠—干渠—分干渠—支、斗渠—田间。自引水闸后通过总干及一干、二干、草庙干三条干渠输往下游渠系，灌溉面积20万亩，其各级渠道均为土质渠道。灌区渠系布置见图 4-2-2 和表 4-2-1。

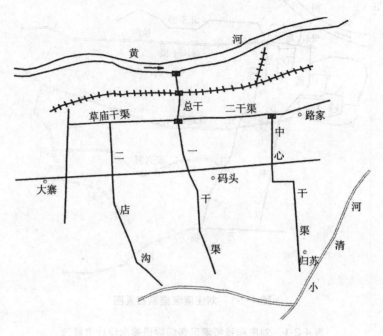

图 4-2-2　张桥灌区渠系布置图

　　刘庄灌区干渠比降为 1/5 000~1/6 000,支渠 1/5 000,斗渠 1/4 000,农渠 1/3 000,张桥灌区干渠比降为 1/5 000~1/10 000,两灌区各级渠道比降见表4-2-2。

表 4-2-2　各级渠道设计比降表

刘庄	渠名	总干及干渠	一支渠	斗渠	农渠	毛渠
	比降	1/5 000~1/6 000	1/5 000	1/4 000	1/3 000	1/2 000
张桥	渠名	中心干	一干	二干	草庙干	一分干
	比降	1/10 000	1/5 000	1/5 000	1/10 000	1/5 000

第三节　刘庄、张桥灌区渠系减淤效果观测及分析

一、刘庄灌区渠系工程(含沉沙池)减淤效果观测分析

　　刘庄灌区 1993 年渠首新型橡胶坝防沙工程建成运用,同时进行渠系工程减淤的试验研究。以工程未建成前 3 年即 1990~1992 年,和工程建成运用后 5 年即 1993~1997 年的引水、引沙量、沉沙池使用面积、干渠清淤量进行对比分析,见表4-2-3、表4-2-4。

表 4-2-3 刘庄灌区干渠历年清淤量统计表

阶段	年份	引水量 (万 m³)	引沙总量 (万 t)	清淤量(万 m³)					
				合计	西总干	东总干	北干	高贾干	其他
工程前	1990	27 744.4	492.6	130.3	13.26	20.70	12.1	25.6	58.64
	1991	23 503.2	310	102	34.67	3.92	0	32.4	31.01
	1992	24 680.3	320	96.2	38.60	13.04	8.6	21.5	14.46
	平均	25 309.43	374	109.5	28.85	12.55	6.87	26.5	34.73
工程后	1993	20 940	260	40.2	7.52	0	0	15.4	17.28
	1994	25 227	269	18.1	8.20	0	4.4	0	5.5
	1995	21 175	332	20.1	0	6.42	0	3.4	10.28
	1996	34 943	401	24.4	3.84	15.13	0	0	5.43
	1997	26 179	370	38.2	0	0	3.3	16.2	18.7
	平均	25 692.8	326	28.22	3.91	4.31	1.54	7.0	11.46

表 4-2-4 刘庄灌区 1990～1997 年沉沙池使用情况统计表

阶段	沉沙池名称	开辟		使用		还耕		
		年份	面积 (亩)	年份	淤厚 (m)	年份	地点	面积 (亩)
工程前	翟屯沉沙池	1989	2 800	1990	1.20	1990	翟屯	2 800
	贾庄北沉沙池	1990	3 500	1991	0.95	1991		3 500
	贾庄南沉沙池	1991	5 200	1992	1.45	1993 淤改		5 200
	年平均		3 833					3 833
工程后	岔河头沉沙池	1993	6 000	1994、1995	1.40	1995	岔河头	6 000
	西李庄沉沙池	1994	6 000	1994、1995	1.52	1996 淤改	西李庄	6 000
	郭庄沉沙池	1995	2 000	1996	1.46	1996	郭庄	2 000
	年平均		2 800					2 800

注:1997 年全年未开辟使用淤改还耕沉沙池。

由上表分析知:刘庄灌区后 5 年(1993～1997 年)较前 3 年(1990～1992 年)引水量基本相当,较前年均减少沉沙池面积 1 033 亩,减少了 27%,后 5 年中有 2 年(1993 年春灌、1997 年全年)没用沉沙池,直接浑水入田。较前年均减少干渠清淤量 74%,各单项干渠工程后 5 年中有 2～3 年没清淤。

刘庄灌区,工程前 1990～1992 年,东西总干和北干渠,渠底平均每年淤厚 1.30～

1.63 m,工程后 1993~1997 年三干渠平均每年淤厚 0.53~0.67 m,平均淤厚减少了 59.2%。1997 年未经沉沙池而直接采用浑水灌溉并没有增加干渠的淤厚。各干渠的床面淤积情况详见表 4-2-5,纵断面变化如图 4-2-3、图 4-2-4 所示。

表 4-2-5 刘庄灌区干渠渠底历年淤积变化表

干渠名称	阶段	年份	干渠长度(m)	平均淤深(m)	干渠名称	阶段	年份	干渠长度(m)	平均淤深(m)
西总干	工程前	1990	800	1.90	东总干	工程前	1992	1 669	0.90
		1990	6 300	0.80			平均		1.51
		1991	8 700	1.82		工程后	1993	6 669	0.55
		1992	8 700	2.00			1994	6 669	0.50
		平均		1.63			1995	3 835	0.75
	工程后	1993	6 320	0.65			1996	500	1.30
		1994	6 320	0.67			1997	6 669	0.25
		1995	8 700	0.57			平均		0.67
		1996	2 400	0.80	北干	工程前	1990	4 825	1.48
		1997	8 700	0.35			1992	4 825	1.11
		平均		0.61			平均		1.30
东总干	工程前	1990	6 669	1.30		工程后	1994	4 825	0.60
		1991	800	1.95			1997	4 825	0.46
		1992	2 000	1.90			平均		0.53

二、张桥灌区渠系工程减淤效果观测分析

张桥灌区 1991 年新型渠首橡胶坝防沙工程建成,实行无沉沙池、浑水入田运用。以工程未建成前 4 年(1984~1987 年)和工程建成运用后 6 年(1992~1997 年)的引水引沙量、干渠清淤量进行对比分析,见表 4-2-6。

由表 4-2-6 分析知:张桥灌区工程建成运用后 6 年较前 4 年,引水量基本相当,工程运用后 6 年来,从未使用沉沙池,直接浑水入田,干渠清淤量较前年均减少 83.7%,后 6 年中有 4 年没用清淤。

张桥灌区各干渠历年渠底高程淤积变化见表 4-2-7。从各干渠渠底沿程淤积变化情况看,工程前 4 年一干、二干、中心干 3 条干渠平均每年淤积厚度 1.20~1.38 m,工程后 5 年平均每年淤积厚度 0.66~0.75 m,较工程前年平均淤积厚减少 45%。虽如此,排往小清河的沙量,并没超过标准。根据 1993 年 3 月 15~27 日观测,引水平均含沙量 17.6 kg/m³,实测灌区退水口的平均含沙量为 0.22 kg/m³,在退往小清河的泥沙中 d_{50} 为 0.007 mm,大于 0.025 mm 的有害泥沙仅占 7%。

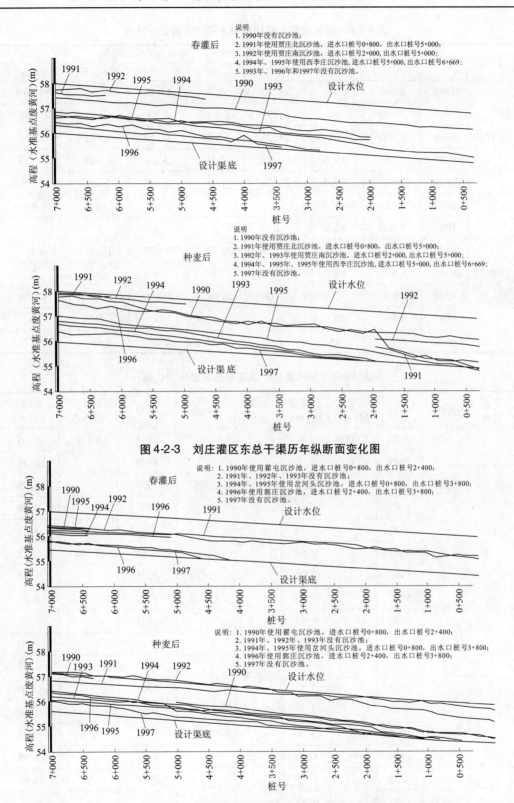

图4-2-3　刘庄灌区东总干渠历年纵断面变化图

图4-2-4　刘庄灌区西总干渠历年纵断面变化图

表 4-2-6　张桥灌区干渠历年引水引沙清淤量统计表

阶段	年份	引水量（万 m³）	引沙总量（万 t）	清淤量（万 m³）				
				合计	一干	二干	中心干	草庙
工程前	1984	8 960	98	38.62	2.4	14.82	8.783	12.618
	1985	4 860	54	21.99	1.512	8.58	4.931	6.967
	1986	6 800	69	28.26	1.938	11.52	6.112	8.687
	1987	1 780	19.5	16.34	7.68	3.78	2.003	2.873
	平均	5 590	60.1	26.31	3.38	9.675	5.46	7.79
工程后	1992	4 927	43.4	0	0	0	0	0
	1993	5 020	44.2	0	0	0	0	0
	1994	5 200	45.8	12.99	0.99	5.025	3.293	3.69
	1995	6 950	61.0	0	0	0	0	0
	1996	4 080	35.9	11.06	0.862	4.380	2.769	3.046
	1997	4 490	40.0	0	0	0	0	0
	平均	5 100	45	4.0	0.31	1.57	1.01	1.12

表 4-2-7　张桥灌区干渠渠底历年淤积变化表

干渠名称	阶段	年份	干渠长度（m）	平均淤深（m）	干渠名称	阶段	年份	干渠长度（m）	平均淤深（m）
一干	工程前	1984	10 000	1.9	二干	工程后	1994	6 420	1.05
		1985	10 000	1.3			1995		0.65
		1986		1.6			1996		0.95
		1987		0.7			1997		0.46
		平均		1.38			平均		0.73
	工程后	1993		0.57	中心干	工程前	1984	9 610	1.75
		1994		1.05			1985		1.15
		1995		0.64			1986		1.35
		1996		0.97			1987		0.58
		1997		0.50			平均		1.20
		平均		0.75		工程后	1993		0.52
二干	工程前	1984		1.8			1994		0.90
		1985		1.2			1995		0.64
		1986		1.4			1996		0.81
		1987		0.6			1997		0.45
		平均		1.25			平均		0.66
	工程后	1993		0.55					

第四节　渠首工程优化调控减少渠系淤积的研究

渠首工程优化调控对减少入渠泥沙及渠系淤积是至关重要的。其主要措施：一是按设计内压调控坝高，将橡胶坝充分鼓起，不形成局部塌槽；二是按渠首工程引水防沙综合效能曲线合理调控引水分流比；三是按黄河来水来沙变化合理确定引水时机。

一、调控橡胶坝高，将橡胶坝充分鼓起，减少入渠泥沙

橡胶坝靠充水形成的内压将坝体鼓起，而起到拦沙的作用，不掌握这一特性将达不到应有的防沙效果。根据 1992 ~ 1993 年张桥渠首橡胶坝拦沙效果 39 次的观测资料的分析，橡胶坝鼓起或者塌落，拦沙效益将发生很大变化，如 1992 年 5 月的观测结果。当橡胶坝充分鼓起时，拦沙效果一般在 24.7% ~ 33.6%。5 月 20 日塌落至底板以上 0.5 m 低于大河 0.6 m 时，橡胶坝的拦沙效果则出现 -9.4%。1993 年 5 月 6 ~ 7 日，橡胶坝基本处于鼓起状态，其拦沙效果为 15.5% ~ 24.8%，5 月 8 ~ 11 日，在橡胶坝中部形成一深槽，深槽的底部低于正常运用高度（比设计高 0.6 m）约 1.8 m，低于大河床面 1 m，深槽的口宽约为橡胶坝长的 1/3。形成集中过流，流速最大可达 1.5 m³/s，造成大河浓度比较高的泥沙通过深槽进入渠内，使引水含沙量高于大河含沙量 4% 多，影响了橡胶坝引水防沙效果。

刘庄橡胶坝 1995 年 5 月春灌期，由于运用经验不足，橡胶坝处于非充分鼓起状态，在和上唇淤滩的衔接部位形成深槽，如图 4-2-5 所示。深槽最低点高程低于临河床面 1.2 m，深槽宽度约占橡胶坝过水宽度的 1/3，而进沙量却占全断面的 2/3，拦沙效果为 -12%。同时，泥沙颗粒较粗，表层大于 0.05 mm 的颗粒仅占 1.5%，而底部占 53%。1996 年春灌期加强了对橡胶坝的管理运用，使橡胶坝始终处于鼓起状态，拦沙效果最大达到 36%，平均达到 26.2%，拦截大于 0.025 mm 颗粒的效果达到 30% 左右。可见深槽的存在是对防沙极为不利的因素，为此，在橡胶坝的调控运用中必须将其充分鼓起。

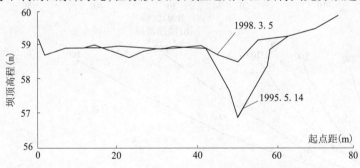

图 4-2-5　刘庄橡胶坝鼓起与凹槽坝顶横向变化图

二、利用渠首工程引水防沙综合效能曲线合理调控分流比，减少入渠泥沙

（一）渠首未建拦沙工程

经对刘庄、潘庄、打渔张等典型口门 1986 ~ 1990 年引水防沙效果的分析得出该口门引水防沙工程综合效能曲线，如图 4-2-6 所示。

　　由图 4-2-6 可看出,表达引水防沙效果优劣的含沙量比,是随分流比的增大而增大的,当引水含沙量等同于大河含沙量时,不同的大河流量下有不同的分流比。这表明:为减少引水含沙量从而减少渠系淤积,必须要根据大河的流量,适当控制分流比。实践证明,在相同的水沙条件下减少分流比对提高引水防沙效果是有效的。如刘庄闸 1990 年 6 月 29 日黄河流量 1 500 m³/s,含沙量为 9.9 kg/m³,当引水流量由 48.9 m³/s 降至 27.7 m³/s 时,引水含沙量由 10.6 kg/m³ 降至 8.5 kg/m³,防沙效果可提高 21%。其原因已在动态分析研究中作了分析,主要是:在一定流量下,分流比增大,使底流分流宽度增大,水流底部含沙浓度高的部位进入的范围大,使引水含沙量增高,同时由于分流比的增大,在口门处的引水流速增大,分水流线弯曲后所形成的竖轴环流增强,水流的紊动作用增大,使底沙悬起进入渠内,引水含沙量增高。

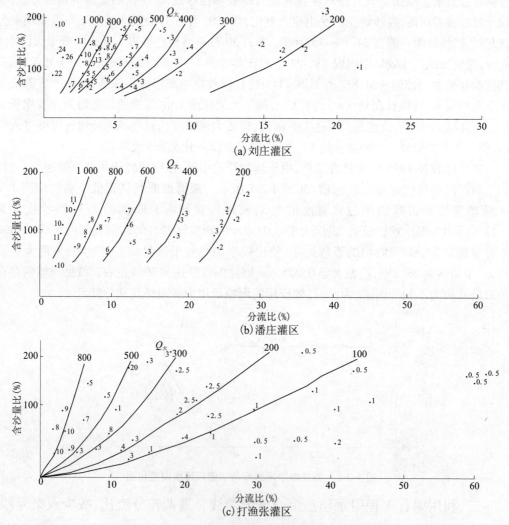

图 4-2-6　刘庄、潘庄、打渔张引黄闸引水引沙效能曲线

　　由打渔张大河和引水中泓流向变化(见图 4-2-7)可以看出,随着黄河流量的大小变化,弯道流势也在发生上提下挫的变化,黄河水位比较小时,弯道流势上提,反之下挫。刘庄引黄闸前,黄河弯道流势亦和打渔张有类似变化,黄河流量在 3 000 m³/s 以上时,弯道主流坐弯于 20#坝以下;1 500~3 000 m³/s 时,坐弯于 18#~20#坝;800~1 500 m³/s 时,坐弯于 14#~18#坝;800 m³/s 以下,坐弯在 14#坝以上。打渔张观测结果表明,当弯道流势上提时,引水口门产生上唇淤积,下挫时上唇冲刷下唇淤积。刘庄引水口门位于 16#~18#坝,观测结果表明,春灌引水多在大河流量 800~1 500 m³/s 时,弯道流势常坐弯于 16#坝上下,主流顶冲引水口门,为黄河底沙入渠创造了条件,使引水含沙量增大。如 1990 年 3 月 24 日、6 月 8 日,引黄闸在 1 100 m³/s 条件下引水,造成引水含沙量平均高出黄河含沙量 7%。

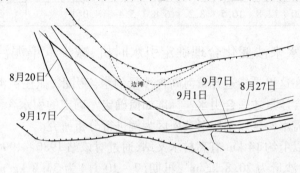

图 4-2-7　打渔张引水口门前中泓流向上提下挫变化图

(二)渠首修建橡胶坝拦沙工程后

根据刘庄橡胶坝拦沙效果的观测资料,点绘了橡胶坝修建后引水防沙综合效能曲线,如图 4-2-8 所示。由图看出,黄河各级流量条件下,不同分流比的引水含沙量之比基本都在 100% 以下。显然引水防沙效益较建坝前明显提高,同级流量下较建坝前分流比明显增大。并且,分流比和大河流量的变化对引水防沙效果的影响趋势建坝前后都是一致的。

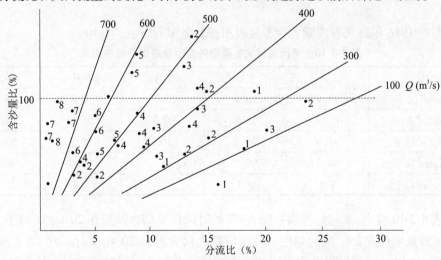

图 4-2-8　刘庄橡胶坝修建后引水防沙综合效能曲线

因此,不论闸前有无拦沙工程,要提高引水防沙效果,减少渠系淤积,必须控制引水分流比,按照各自的渠首工程引水防沙综合效能曲线运用。典型口门的分流比控制范围如表 4-2-8 所示。

表 4-2-8　典型口门 $C_{s引}/C_{s黄}=1$ 时的分流比控制运用表　　　　　　（％）

引黄闸	黄河流量级（m³/s）										备注
	100	200	300	400	500	600	700	800	900	1 000	
刘庄		18.2	11.0	8.7	6.7	5.0	3.7	3.2	2.8	2.5	建橡胶坝前
		25.0	21.5	15.0	10.0	6.5	4.5				建橡胶坝后
潘庄		25.5	22.0	17.5	12.9	10.5	8.4	6.2	4.5	2.9	1986～1990 年
打渔张	30	20.0	12.8	10.5	8.2	6.8	5.4	4.0			1986～1990 年

三、按黄河来水来沙变化合理确定引水时机，减少入渠泥沙

所谓引水时机在这里是指避开黄河高含沙量的水流引水，抓住黄河含沙量少的时机多引水。黄河多少含沙才适合引水？标准如何确定？确定的引水含沙量标准和引水时机是否能满足作物需水？现以刘庄引黄灌区为例进行分析研究。

刘庄引黄口门以上约 14 km 有高村水文站，通过对该站 1980～1996 年的观测资料分析得出：多年平均含沙量为 20.8 kg/m³，汛期（7～10 月）为 34.8 kg/m³，非汛期（11～2 月）为 10.1 kg/m³，春灌期（3～6 月）为 8.70 kg/m³，高村站 1980～1996 年逐月多年平均含沙量见表 4-2-9。

表 4-2-9　高村站逐月多年平均含沙量表　　　　　（单位：kg/m³）

月份	1	2	3	4	5	6	7	8	9	10	11	12
含沙量	6.07	7.87	10.3	7.63	6.16	10.8	26.6	36.2	26.8	18.3	10.6	14.0

同时对 1986 年以来春灌期各含沙量级出现的概率列于表 4-2-10。

表 4-2-10　黄河高村站春灌期各含沙量级出现概率表　　　　　　（％）

含沙量级	3 月	4 月	5 月	6 月	平均
5 kg/m³ 以下	14.7	13.9	53.7	52.7	33.8
10 kg/m³ 以下	61.9	78.8	99.7	85.2	81.4
15 kg/m³ 以下	91.5	98.8	100	92.7	96.6
20 kg/m³ 以下	98.5	99.7		93.6	98.0
20 kg/m³ 以上	1.5	0.3		6.4	2.0

由表 4-2-10 看出，高村站春灌期间，98% 的时间月平均含沙量在 20 kg/m³ 以下，大于 20 kg/m³ 的概率仅占 2%，因此刘庄引黄闸应将大河含沙量 20 kg/m³ 作为引水含沙量的控制标准，在 1992 年灌区设计中规定黄河含沙量大于 20 kg/m³ 时不得引水是合理的。

虽然将 20 kg/m³ 作为引水的限定标准，但由表 4-2-10 看出，各月 62%～85% 的时间含沙量在 10 kg/m³ 以下，91.5%～100% 的时间含沙量小于 15 kg/m³。这表明，可在闸门的调控运用中根据灌区用水的轻重缓急，最好控制在 15 kg/m³ 以下。

这样控制运用的目的还在于尽量减少有害泥沙入渠。根据高村站春汛期泥沙颗分资

料分析,3 ~ 6 月的多年平均中值粒径为 0.037 8 ~ 0.042 8mm,大于 0.025 mm 的有害泥沙占 65% ~ 73%。高村站 1970 ~ 1984 年多年平均悬沙级配如表 4-2-11 所示。

表 4-2-11　黄河高村站 1970 ~ 1984 年多年平均悬沙级配表

月份	小于某粒径(mm)的沙重百分数(%)							d_{50}
	0.01	0.025	0.05	0.075	0.10	0.15	0.25	(mm)
1	14.8	24.4	58.2	82.8	95.6	99.6		0.042 8
2	13.9	29.2	59.3	83.7	95.7	99.5		0.042 4
3	11.4	26.9	60.8	86.4	96.9	99.6		0.042 8
4	11.2	26.6	62.5	87.1	97.1	99.8		0.042 6
5	13.1	29.6	65.7	89.9	98.4	99.9		0.039 6
6	18.6	35.1	66.1	87.1	97.2	99.8		0.037 8
7	36.5	56.2	80.6	94.8	98.7	99.9		0.020 7
8	34.9	56.8	81.4	93.7	98.7	99.9		0.019 8
9	27.3	48.4	77.4	93.2	98.8	99.9		0.026 5
10	20.9	40.3	73.6	92.2	98.4	99.9		0.032 4
11	17.2	33.2	64.5	87.6	97.1	99.8		0.039 2
12	14.3	28.8	57.3	83.0	94.7	99.2		0.044 4

显然,控制高含沙条件下引水,可减少有害泥沙的入渠,减少清淤负担,节省沉沙池容积。

刘庄闸虽然修建了拦沙工程,拦沙效果达 26.2%,拦 0.025 mm 粗沙达 30% 左右,未修拦沙工程前,1990 年泥沙 d_{50} 由大河的 0.054 mm 增为引水的 0.060 mm,拦沙工程运用后,1996 年泥沙 d_{50} 由大河的 0.039 mm 减为引水的 0.032 mm,悬移质细化,但仍应注意控制较高含沙量条件下的引水。并应在低含沙情况下多引水,虽引水量大但引进泥沙的绝对量小。

第五节　渠系工程优化调控减少渠系淤积的研究

渠系工程优化调控的目的在于采取各种调控措施将引进灌区的泥沙输送到末级渠道和田间,而减少渠首沉沙池和干渠的淤积。减少淤积的措施是:①以输定引,按渠道的输沙能力确定引水含沙量的控制标准。②合理配置渠系流量。③以水攻沙,利用黄河低含沙量时期加大引水,将淤积在干渠的泥沙输往末级渠道和田间。④干渠水直放入田拉渠,冲减沉沙池运用中后期引起的沉沙池进口以上干渠的"抬头淤"。

一、以输定引,按渠道的输沙能力确定引水含沙量控制标准

采用山东引黄灌区挟沙能力公式计算各级渠道的输沙能力。

衬砌渠道

$$S = 0.117 \left(\frac{V^2}{gR} \right)^{0.381} \left(\frac{V}{\omega} \right)^{0.91} \tag{4-15}$$

土质渠道

$$S = 5.036 \left(\frac{V^2}{R\omega^{2/3}} \right)^{0.629} \tag{4-16}$$

式中　S——挟沙能力,kg/m³;

　　　　R——水力半径,m;

　　　　V——断面平均流速,$V = \frac{1}{n} R^{2/3} \sqrt{J}$;

　　　　ω——泥沙颗粒平均沉速,衬砌渠道和土质渠道分别以 m 和 cm 计;

　　　　n——糙率,根据山东引黄灌区试验结果,衬砌渠道取 0.012,土质渠道取 0.015;

　　　　J——渠道比降,各级渠道的比降见表 4-2-2。

　　计算中假定过水断面是在设计标准下,悬沙粒径沿程不产生分选,得各级渠道不同泥沙沉速的输沙能力,如表 4-2-12 所示。

　　由表 4-2-12 看出,衬砌渠道的输沙能力优于土质渠道的输沙能力。除刘庄灌区东总干和西总干一段为衬砌渠道外,两灌区的渠道均为土质渠道,其输沙能力不及衬砌渠道的一半。

　　减少灌区渠系淤积的关键措施在于对渠系的控制运用。

表 4-2-12　刘庄、张桥两灌区各级渠道的输沙能力计算表

灌区名称	渠道名称	硬化状况	各泥沙沉速(m/s)的输沙能力(kg/m³)				
			0.001 2	0.001 5	0.002 0	0.002 5	0.003 0
刘庄	西总干	衬砌	42.0	34.2	26.9	21.7	18.2
		土质	13.6	12.4	11.8	10.0	9.3
	东总干	衬砌	42.5	34.7	26.9	22.0	18.5
	高贾干渠	土质	13.6	12.4	11.7	10.0	9.3
		土质	13.7	12.5	11.9	10.1	9.4
	徐河干渠	土质	13.7	12.5	11.9	10.1	9.4
		土质	18.7	17.0	19.4	13.7	12.7
	北干渠	土质	13.5	12.3	11.5	9.9	9.2
	支渠	土质	11.5	10.5	9.8	9.2	8.5
	斗渠	土质	11.2	10.2	9.5	7.5	7.0
	农渠	土质	14.0	12.8	12.0	10.9	10.1
张桥	一干	土质	8.6	7.8	7.8	6.9	5.9
	二干	土质	13.3	12.1	12.1	10.8	9.1
	中心干	土质	8.6	7.8	7.8	6.9	5.9
	草庙干	土质	8.6	7.8	7.8	6.9	5.9
	一分干	土质	13.4	12.2	12.2	10.8	9.1
	过清干	土质	13.4	12.2	12.2	10.8	9.1

（一）刘庄灌区

根据上述计算结果,刘庄灌区修建渠首防沙工程后衬砌干渠的输沙能力可达 27～42 kg/m³,而土质干渠输沙能力仅 9.3～13.7 kg/m³。现状工程是绝大部分无衬砌,应以土质渠道的输沙能力作为标准,根据颗粒级配不同控制黄河含沙量 11～16 kg/m³ 以下引水,这样可有效地减少渠系淤积。

根据刘庄灌区的各种作物的种植面积、作物的供需水量、灌溉制度求得灌区灌溉各月的引水时间、引水天数和引黄流量,列于表 4-2-13。并计算了自 1986 年以来相应于引水时间的平均黄河流量和平均含沙量,亦列于表 4-2-13,作为橡胶坝修建以后控制运用的依据。

由表 4-2-13 看出,在灌溉期间,相应于引水时间黄河多年平均流量和多年平均含沙量,基本能满足引水闸引水防沙综合效能曲线中所限定分流比,并能满足渠道的输沙能力。虽然在引水时间内有时分流比和黄河含沙量超过限定条件,如黄河 1991 年 6 月中旬后连续 11 天含沙量在 20 kg/m³ 以上,最大 86 kg/m³,但依据上述避开沙峰引水的原则,不会造成渠系大的淤积。

表 4-2-13　刘庄灌区渠系减淤控制运用表

月份	引水时间 （月-日）	引水天数	引水量 （万 m³）	引水流量 （m³/s）	控制条件		相应时间黄河		分流比 （%）
					含沙量 （kg/m³）	分流比 （%）	平均流量 （m³/s）	平均含沙量 （kg/m³）	
11	11-21～11-30	10	2 868	33.2	11～16	4.5	798	5.80	4.2
12	12-01～12-10	10	2 869	33.2	11～16	5.5	655	9.38	5.1
3	03-01～03-19	10	5 735	66.4	11～16	4.5	729	11.10	8.9
4	04-11～04-18	8	2 869	41.5	11～16	4.5	745	8.28	5.6
5	05-11～05-30	20	6 893	39.9	11～16	6.0	578	6.32	6.9
6	06-01～06-04 06-10～06-30	25	4 966	23.0	11～16	10.0	498	11.5	4.6

因此,刘庄灌区采取了上述工程防沙及调控运用措施后渠系的输沙能力基本能输送到田间,即使受一定条件制约,淤积在支渠以下各级渠道,也会大大减少清淤费用,淤积在农渠、毛渠的泥沙为当地群众建设家园、改田造地带来方便。

（二）张桥灌区

由表 4-2-12 看到,各干渠的输沙能力大都在 8 kg/m³ 左右,灌溉期间泺口站 1951～1980 年多年平均含沙量为 8 kg/m³,和张桥干渠的输沙能力极为接近。可见,在黄河含沙量 8 kg/m³ 下引水,虽然没有沉沙池,也不会给干渠造成大的淤积。而对干渠造成大的淤积的仍是在高于渠道输沙能力黄河含沙量条件下的引水。如 1993 年 3 月 15～27 日,特别是 19~27 日,黄河平均含沙量 17.4 kg/m³,引入渠道的平均含沙量为 14.4 kg/m³,高出干渠的输沙能力近 1 倍,造成干渠严重淤积。其间共引泥沙 33 830 m³,实测干渠淤积量达 25 996 m³。刘庄灌区附近的东明县闫潭、谢寨灌区 1993 年 4 月就是在黄河含沙量高达 40 多 kg/m³ 条件下引水造成干渠严重淤积,不能引水,而不得不停灌清淤。因此,将含沙量控制在渠道的输沙能力条件下引水是非常必要的。

二、合理配置渠系流量,提高输水输沙能力

渠道的引水流量对挟沙能力的影响是非常大的,在黄河低含沙情况下提高引水流量就能提高挟沙能力。在灌区总引水流量一定的条件下,不同的渠系流量配置,所产生的渠道挟沙能力是不同的。以往,渠系运行采用续灌制,干渠实际输水流量仅为设计流量的 30% 左右,渠道淤积严重,现采用续灌、轮灌相结合,使单个干渠的实际输水流量保持在 75% 设计流量以上,衬砌干渠长期处于冲刷状态,土质干渠亦大部分时间处于冲淤平衡状态。

刘庄灌区干渠流量优化配置见表 4-2-14。

表 4-2-14　刘庄干渠流量优化配置表　　　　　　（单位:m³/s）

总引水流量	80	60~70	40~50		25~30	
东总干	40	30~35	0	40~50	25~30	0
西总干	40	30~35	40~50	0	0	25~30
灌溉制度	续灌	续灌	轮灌		轮灌	

由山东省引黄灌区衬砌渠道、土渠渠道输沙能力公式,沉速采用 0.002 m/s,推算出刘庄灌区渠道不同流量组合下的挟沙能力,见表 4-2-15。

表 4-2-15　刘庄灌区渠道不同流量组合下的挟沙能力　　　　（单位:kg/m³）

干渠名称	断面形式	流量(m³/s)			
		40	30	20	10
东总干渠	衬砌	21.1	18.5	15.7	12.5
	土渠	9.8	9.4	8.9	8.2
西总干渠	衬砌	22.3	19.1	17.1	13.1
	土渠	9.8	9.5	9.0	8.4

由表 4-2-15 看出,刘庄东西总干渠在现状条件下,设计流量 40 m³/s 相比 50% 设计流量 20 m³/s,衬砌渠挟沙能力提高 30.4%~35.0%,土渠挟沙能力提高 8.9%~10.1%。

1995 年春灌期间黄河流量一般在 400 m³/s 以下,含沙量在 5 kg/m³ 以下,刘庄灌区采取东西总干优化流量配置送水,使两干渠较春灌前普遍刷深 0.5 m 左右,从而保持了良好的输水断面,提高了引水能力。

三、黄河低含沙期间多引水,以水攻沙,将淤积在渠道内的泥沙搬运至田间或沉积在末级渠道

渠道输沙能力的计算采用的是悬移质泥沙平均沉速。由于对应于某一粒径的泥沙颗

粒在一定的温度下只能对应着一种沉速,由此计算的输沙能力,用于渠道输沙计算必然会带来一些偏差。如小于平均沉速的泥沙会输送到更远沉降,而大于平均沉速的泥沙会沉积在距引水口很近的渠首段。加之沿途取引水降低了渠道流速,更加速了泥沙颗粒的分选。由 1993 年 5 月对张桥干渠沿程淤积泥沙取样分析之结果,如图 4-2-9 所示,可明显地看出这一规律:由渠首 d_{50} 为 0.06 mm,逐渐减少到渠尾 d_{50} 为 0.035 mm。

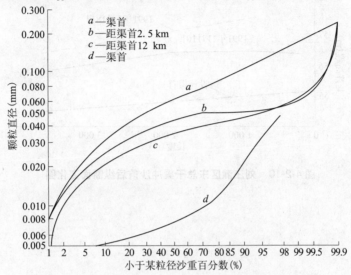

图 4-2-9　张桥灌区干渠河床质级配曲线

对于沉积在干渠内的泥沙,可在黄河低含沙量条件下加大引水流量,或在多条干渠的情况集中输水,增大渠道流速,将淤积泥沙搬运至田间或支渠以下便于清淤的地方。这种做法效果是很明显的。如:曹店灌区干渠 1990 年 5 月 28 日前,莱州湾断面淤积厚度达 0.83 m,曾利用闸前黄河水位高,含沙量仅 4.58 kg/m³ 的有利时机,将引水流量增大到 25 m³/s。连续运行 3 天,将渠底一次冲刷 0.4 m。

四、对因沉沙池运用中后期淤积而引起的沉沙池进口以上的干渠淤积,采取灌溉后期封闭沉沙池进口,低含沙量引水直放拉渠冲沙入田的办法

通过对过去渠系淤积问题的研究发现,刘庄渠区的沉沙池,靠近渠首时,如西总干渠在 1990 年后运用的翟屯沉沙池,仅距分水闸 2 km 左右,东总干渠也不过 3 km,而沉沙池进水口的高程一般都高于渠底 0.5 ~ 1.0 m,所以两总干渠虽经过了衬砌,本身又具有 1/5 000 的比降,推算行进流速可达 1.7 m/s 左右,但终不能发挥其输沙能力,而造成沉沙池进水口以上的严重淤积。同时,随着干渠水流进沉沙池后流速的迅速降低,沉沙池进水口附近床面迅速抬高,又加重了干渠的淤积。所以,从这个意义上讲,现状的衬砌渠道受到制约,达不到远距离输沙目的。刘庄东干渠,1991 年 8 月底前,受沉沙池后期淤改,池面高程抬高的影响,发生干渠严重淤积,设计过水断面已基本淤满,超高引水不足 1 m³/s。为应急抗旱,9 月 20 日正值高村流量 1 300 m³/s、含沙量 10.2 kg/m³,加大引水流量,采取浑水灌溉,使断面平均流速提高到 1.33 m/s,至 11 月 10 日在 3 700 m 渠段内累计冲刷量达6.455万 m³,见图4-2-10。再如,东总干渠的贾庄南沉沙池,进口桩号5 + 100,1994 年开辟,经1994 年、1995 年的运用,到1996 年沉沙池淤改期间已平均淤高1.52 m,造成沉沙池进口以上东总干渠渠底淤积严重。为此,1996 年冬、秋灌时,利用10 ~ 11 月低含沙量时期加大放水,封闭沉沙池进口,水流直接冲刷干渠拉沙入田,大大减轻了东总干渠的淤积量。

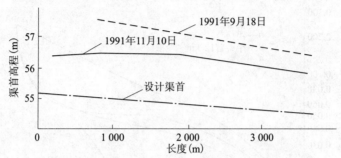

图4-2-10 刘庄灌区东总干渠冲沙前后纵断面变化图

第五篇　黄河山东灌区新型沉沙池系统建设及研究

第一章　引黄灌区沉沙池覆淤还耕研究

第一节　引黄灌区沉沙池覆淤还耕的必要性研究

一、环境与发展问题是当今国际社会最引人关注的两大热点问题

环境与发展问题,关系到人类的生存与繁衍、前途与命运,是当今国际社会最引人关注的两大热点问题。

保护环境,实现可持续发展,已成为世界各国人民紧迫而关心的问题。环境保护是实现经济发展的必要条件,经济发展是保护环境的物质基础,两者相互依存和促进。联合国于1972年在瑞典斯德哥尔摩召开的第一次国际环境大会,唤起了人们的环境觉醒。1980年3月5日,联合国向全世界发出呼吁:必须研究自然的、社会的、生态的、经济的及自然过程中的基本关系,确保全球持续发展。

1983年联合国成立世界环境与发展委员会。世界环境与发展委员会于1987年发表了《我们共同的未来》的报告,将可持续发展定义为:既满足当代人的需求,又不危及后代人,满足其需求的发展,强调可持续发展包括了可持续性和发展两个概念。

1992年联合国在巴西里约热内卢召开了国际环境与发展大会,世界上183个国家的首脑参加会议,通过和签署了《里约环境与发展宣言》和《21世纪议程》。议程阐明人类在环境保护和可持续发展之间应作出的决策和行动计划,共同承担保护地球和生态环境的义务。议程提出了"水资源开发和农业生产所面临的严峻挑战,号召防止土地和水资源的恶化,采取有效措施使其恢复到原本状态"。

作为联合国环境与发展大会的后续行动之一,联合国开发计划署制定了"以农民为中心的农业资源管理项目",简称FARM项目。该项目由联合国粮农组织(FAO)负责管理,有8个成员国,包括中国、印度、印度尼西亚、斯里兰卡、泰国、越南、尼泊尔、菲律宾。项目的宗旨是:提高农村社区政府组织与非政府组织管理自然资源的能力,达到农业资源

的合理利用与持续发展,保证粮食安全,农村尽快消除贫困。项目的六项指导原则是:①以人为本,以农民为中心,以当地居民为中心;②采取共同参与式与伙伴式方法;③以保护环境为中心;④遵循可持续性发展原则;⑤倡导综合性、跨学科、跨部门的大协作;⑥重视与发挥妇女的作用,发挥农民专业技术协会的作用。

1993 年 8 月至 9 月,在荷兰的海牙召开了"第 15 届国际灌排大会暨第 44 届执行理事会",中心议题为"下一世纪的水管理",对灌溉给环境的影响予以极大的重视。会议认为,灌溉无疑对增加粮食生产起了极大的作用,灌溉的土地面积仅占世界耕地总面积的18%,却生产了全世界 1/3 的粮食;但灌溉的发展对环境的影响也愈来愈大,其中,全世界约有 6 000 万 hm^2,或者 24% 的灌溉面积,由于灌溉引起了盐碱化,多泥沙河流的引水灌溉把大量泥沙引进了灌区,造成了灌溉区域环境的沙化、碱化,排水河道的泥沙淤积而引起的渍害,也是一个世界性问题,强烈呼吁世界各国重视研究解决这一问题。1994 年联合国在开罗召开了人口会议,重申人口、环境与发展问题。

1995 联合国在丹麦召开的环境与发展会议讨论全球性脱贫、环境保护和失业问题。这些会议和文件有利于保护全球生态环境和生物资源。

二、中国面临的生态环境问题中土地荒漠化的形势是严竣的

20 世纪 70 年代末,我国开始举世瞩目的改革开放进程。改革开放推动了我国的经济建设,但也付出了破坏环境的昂贵代价。我国吸取以牺牲环境为代价来搞开发,结果发展与环境相互制约,形成恶性循环的沉痛教训,现在我国政府和全国人民的环境意识空前觉醒与提高。

1973 年党中央号召:在合理利用自然资源,保持良好的生态环境和严格控制人口三大前提下发展农业。

我国国家宪法中明确规定:国家保护和改善生活环境,防治污染和其他公害,国家保护自然资源的合理利用,保护珍贵的动物和植物。

20 世纪 80 年代初,国家又明确提出,保护环境是中国一项基本国策,并作为各项建设和社会事业发展必须长期坚持的一项重要指导原则。在基本国策下,国家坚持经济建设、城乡建设、环境建设同步规划、同步实施的"三同"政策。

1984 年国务院作出关于环境保护的决定,提出要认真保护环境,积极推广生态农业。

1988 年我国修定的《中华人民共和国土地管理法》明确规定,十分珍惜、合理利用土地和切实保护耕地是我国的基本国策。

1992 年,李鹏作为中国元首在世界环境与发展大会首脑会议上发表了重要讲话,指出:经济发展必需与环境保护相协调。……应该实行保持生态系统良性循环的发展战略。实现经济建设和环境建设的协调发展。处理环境问题……特别需要优先考虑发展中国家面临的环境污染、水土流失、沙漠化、植被减少、水旱灾害等生态破坏问题。解决这些问题,不但可以消除对发展中国家环境与发展的严重威胁,对推进全球的环境与发展事业也具有重要意义。

1994 年我国政府又制定了 21 世纪人口、环境与发展白皮书。从白皮书公布的一些土地荒漠化数据看,我国面临的土地荒漠化环境问题有:

● 我国风蚀与水蚀面积已占国土面积的 8%，其中风沙和水蚀引起的荒漠化面积几乎各占一半，还不包括盐、碱、渍化及其他因素所形成的荒漠化土地。

● 全国约 1.7 亿人口受到荒漠化威胁，有约 2 100 hm² 农田遭受荒漠化危害。土地退化严重，已达 160 万 km²，占国土面积的 16%。

● 中国是世界上水土流失最严重的国家之一，目前全国水土流失面积达 179 万 km²，占国土面积的 1/6 左右，每年流失土壤总量达 50 亿 t。黄河多年平均输沙量达到 16 亿 t，年平均输沙模数达 0.5 万 ~ 3 万 t/km²。

白皮书中国家号召山区陡坡退耕还林，草场减畜育草，建设防护林体系工程，加强植树种草，封山育林，加强七大江河中上游的水土保持工程。

1998 年国务院以第 162 号令发布了《基本农田保护条例》，1999 年 1 月 1 日又进一步制定了"基本农田保护制度"，其中明确规定，基本农田保护实行全面规划、合理利用、用养结合、严格保护的方针。

2003 年 10 月召开的中共十六届三中全会，胡锦涛主席提出了科学发展观，并把它的内涵概括为坚持以人为本，树立全面、协调、可持续发展观，促进经济社会和人的全面发展。

三、沉沙池覆淤还耕研究是山东省引黄灌区生态环境修复和科学治理研究的重要课题

黄河水以高含沙量著称于世界，山东省 3 000 万亩连片的引黄灌区是国内及世界上最大的灌区，也是国内及世界上灌溉泥沙问题最严重、渠首荒漠化治理最难的灌区。山东省引黄灌区自 20 世纪 50 年代开灌以来，对全省灌溉增产、城乡供水及国民经济的持续快速发展发挥了重要作用，并根据国务院的指示多次向北京、天津、河北送水，有力地支援了外地的国民经济建设。但是，在取得巨大经济效益的同时，山东省引黄灌区沉沙池、渠环境修复和治理付出的代价也是昂贵的，已成为制约全省灌区环境与发展的热点、难点问题。

（1）山东引黄灌区历年引水引沙量大，沉沙池、渠泥沙处理量和治理费用巨大。

山东省自 1957 ~ 1989 年 32 年间，灌区累计引水 1 441.3 亿 m³，累计引沙 15.54 亿 m³，年均引水 49.7 亿 m³，年均引沙 5 357.9 万 m³。这些泥沙 60% 以上淤积在输沙渠、沉沙池内，清淤土方量大，泥沙处理费用已超过水费收入的半数以上。

（2）引黄灌区的渠首输沙渠和沉沙池淤沙占地量大，渠首输、沉沙池区农民耕地严重减少。全省 20 世纪 90 年代初，沉沙池占地 80.56 万亩，输沙渠及干渠占地 19.20 万亩。各引黄灌区均形成了若干条以输沙渠、总干渠 2 倍长度、宽几十米、高于地面 3 ~ 9 m 的"沙龙"，也形成了若干片数千亩规模的沉沙池弃土高地。渠首输、沉沙区农民人均被占土地数量很大。

（3）渠首沉沙区与灌区非沉沙区的经济发展差距越来越大，已成为新的经济贫困区。由于受沉沙的影响，池区土地沙化、碱化严重，农作物受风沙侵袭，沉沙池渠打乱了原来的排水系统和交通系统，排水不畅，交通不便，信息闭塞，工、副、贸易贫弱，并制约着整个灌区经济的持续快速发展。据调查，1987 ~ 1989 年渠首输、沉沙区的粮食单产和人均收入

一般为灌区平均水平的 50% ~80%。

（4）现黄河河床溪点高程已高出灌区引黄闸底板高程 1.00 ~1.50 m,粗沙入渠量大,近期黄河河床每年仍以 0.1 m 以上的速度抬高,由于绝大多数灌区渠首未建防沙设施,粗沙入渠量将更大,沉沙池的沉沙负担亦增大。虽经汛期调水调沙试验,有冲刷河道底部高程的作用,保汛后河道工程又有恢复。

（5）渠首沉沙洼地已基本用完,再开辟新的沉沙池难度很大,引黄灌区沉沙池的可持续利用受到严重威胁。20 世纪 90 年代初,各引黄灌区已开辟的沉沙池占沉沙总规划面积的 50% ~80%。

上述现实,迫使人们思索:要真正解决好引黄灌区沉沙池环境修复和科学治理问题,路子该如何走? 据此,20 世纪 90 年代初山东省水利厅、各市政府和水利部门,围绕引黄灌区沉沙池环境治理和修复问题,组织专家研究、论证,开展了多方面、多层次的探索与实践,积累了一些有价值的经验,明确了引黄灌区沉沙池环境修复和科学治理的方向和路子,概括为 6 条:

（1）沉沙池环境修复和科学治理要坚持"以人为本""农民以地为本"和"以农民为中心"的"三以"指导思想。土地是沉沙池区农民赖以生存的最宝贵资源,环境修复和科学治理最根本的目的是将沉沙池已侵占农田且已经荒漠化的土地,改造成稳产高产良田,再还耕于农民。一切治理活动都是以农民为中心,为农民谋福利,以农民是否愿意、满意为评判治理成效的唯一标准。

（2）沉沙池环境修复和科学治理,要遵循可持续发展的原则。同时,要解决好两个治理转向问题。

一是要解决沉沙池清淤弃土由平面堆积向空间高度堆积的转向问题。沉沙池清淤弃土向平面堆积是受限的、与民争利的,而向空间高度发展的余量却很大,非与民争利。目前,引黄灌区沉沙池的弃土高度已由过去的 2 ~3 m 突破 4.5 m 以上,此治理转向能使沉沙弃土容积翻番,大大增加沉沙弃土空间和沉沙池使用年限。

二是要解决沉沙池高地由荒漠化弃耕向覆淤高产还耕的治理转向问题,走"低产取之于民,高产还耕于民"的良性循环的路子。

沉沙池清淤弃土由平面堆积向空间高度堆积的转向,虽然大大扩大了泥沙处理空间,但高度也是有限的,用完后再开辟新池还需占用农民农田,难度仍很大,所以在可持续发展的路子上只能算走通了一半。而引黄供水是千秋大业,供水必须沉沙,要沉沙就要建新的沉沙池。如何解决这一重大问题? 要把从农民手里借用的洼地、荒地,沉沙用完后仍荒漠化的弃土高地覆淤为良田,并搞好水利工程配套,实现稳产高产还耕于民。让覆淤的沉沙弃土高地不低于甚至高于周围没用于沉沙的土地产量、产值,使沉沙池占地群众比周围没占地群众的生产、生活条件还优越。这样,旧的沉沙池用完后再扩新池,群众就容易接受,引黄灌区的沉沙池环境修复和科学治理的可持续发展的路子也就完全走通了。

（3）沉沙池环境修复要坚持科学治理的原则。同时,要解决好三个科学转向问题。

科学治理要统揽沉沙池环境修复的全局,重点解决好三个科学转向问题。

一是引黄灌区沉沙池的开辟、使用、高地构筑及覆淤还耕要由过去的经验运用转向优化运用。通过研究开发沉沙条渠开辟、使用、高地构筑及覆淤还耕系统优化软件及应用、推广,以最小的经济投入换取最大的沉沙库容、最长的使用年限和最大的覆淤还耕效益。

二是沉沙池的清淤整治要由人力清淤转向机械化清淤。实现由人力清淤向机械化清淤的战略转移,需研究沉沙池机械化清淤的配套技术问题。

20世纪70~80年代,引黄灌区的清淤以人力为主,工效低,劳动强度大,费用高,施工组织难。90年代初,随着灌区社会经济的发展,机械清淤成本已大大低于人力清淤成本,而且在施工组织和施工质量方面大大优于人力清淤、加之沉沙池施工工期要求短,弃土高度增高,运距增长,施工难度增大,机械化施工对上述条件有很好的适应性,机械化清淤成为大势所趋。与此同时,迫切需要研究适应沉沙池清淤特点的清淤机械与配套清淤技术。

三是引黄泥沙的处理利用要由以往单一的处理利用转向为综合处理利用。

引黄泥沙治理是一个巨大的系统工程,不能单一治理。要走渠首防沙、沉沙池沉沙、渠系输沙入田、机械清淤和泥沙综合利用相结合的路子。由于山东省引黄泥沙量大,60%以上的泥沙又集中在渠首沉沙区和干渠两侧,而沉沙池区交通不便,经济发展比较落后,上述因素决定了目前以至今后相当长的时间内,泥沙利用的主要途径仍然是沉沙池弃土高地的构筑及盖淤还耕,这是泥沙利用量最大、而又最经济可行的办法。同时,泥沙的利用要广开门路、因地制宜,增加当地农民乡村建设和圈肥制作的用土量。还要重视利用泥沙资源大力发展建材工业,如生产灰砂砖、水泥土制品、低压管材、砌板块、加气混凝土块等。

(4)沉沙池环境修复和科学治理,要坚持政府组织和有关部门的大协作。

由于沉沙池环境修复本身是资源、社会和经济的统一体,带有多学科的,多部门的和多目标的特征,所以应将农、林、水、土地、电力、交通、通信、银行等管理部门通过政府协调、统一起来,使治理能因地制宜,措施得当,具有有效性和可行性。特别要注意从过去水利部门一家独办中解放出来,不要因为受到执行部门经验和资金的限制而形成单一目标的开发行为。沉沙池环境修复和科学治理,只有依赖于各行各业、各部门、各学科的大协作和共同努力才能实现。

(5)要搞好引黄灌区沉沙池区运行机制改革。

要把沉沙池区建成全社会关注、支持的"引黄渠首沉沙经济特区"。长期以来,渠首池区的群众为顾全引黄事业发展的大局,不仅献出了世代耕耘的土地,而且他们的生产基础设施、生活条件因引黄沉沙遭到严重破坏,不得不投入到艰苦的再创业过程,池区与引黄受益区经济发展的差距正在不断扩大,没有广大受益区及全社会的有力扶持,这种困难局面是无法扭转的。而解决这一问题的最好形式是创建"引黄渠首沉沙经济特区",这也是党和政府制定引黄供水政策的基本出发点。

创建引黄沉沙经济特区,必须有地方党政部门的正确引导,社会经济各部门和沉沙池区干部群众的积极参与,沉沙池的治理要从过去水利部门一家独办,转变到党政领导、社会各部门和池区人民共同承担上来。创建引黄沉沙经济特区,决不应理解为仅仅是经济领域的活动。因为物质财富的增加是必要条件,包括补偿及优惠的经济政策,投入增加,生产、生活设施的改善等,而充分条件,则还表现为思想观念的转变、文化教育的繁荣、科学的昌盛、道德水平的提升、社会秩序的和谐、国民素质的提高等。

（6）沉沙池的环境修复和科学治理,要努力提高池区人群的参与意识和参与能力。沉沙池的环境修复和科学治理是为当地农民谋福利,离开当地农民的积极参与,是无法实现的。在新的历史条件下,池区人民思想观念的转变也是最重要的。要克服以往的依赖思想,改靠救济、输血为创业、造血;要充分利用当地水沙资源开发经营,增强池区自我发展的能力;要积极组建各种农民专业技术协会并发挥其在生产、经营、流通方面的作用;在池区男劳力外出务工增多的条件下,要重视发挥妇女积极参与的作用。总之,池区人民要抓住这个难得的机遇不放,奋发图强,顽强拼搏,共建美好家园。

在此基础上,我们认真总结山东省引黄灌区沉沙池开辟、使用、高地构筑及覆淤还耕的基本经验,对国内、外的沉沙池工程建设和管理资料进行全面系统的调查、分析、研究,确立了"山东省引黄灌区沉沙池覆淤还耕技术研究与示范"项目的研究目标,并于1990年首次提出了进行"引黄灌区沉沙池开辟、使用、高地构筑及覆淤还耕系统优化方案研究""引黄灌区沉沙池不同覆淤方式、不同覆淤土层结构的作物高产模式研究"和创办"引黄渠首沉沙池经济特区"三大构想,得到水利部、省水利厅、有关地市水利局和引黄灌溉处的大力支持。1992年水利部正式下达了水利科技基金项目"山东省引黄灌区沉沙池覆淤还耕技术研究与示范"。聊城市位山灌区和德州市潘庄灌区作为"山东省引黄灌区沉沙池覆淤还耕技术研究与示范"总项目的两个重点实施灌区之一,承担了项目试验研究任务,其余数十个灌区则承担其他研究与推广任务,经过长达十余年的努力,圆满地完成了该项研究、示范与推广任务。

第二节　研究目标及试验研究过程

一、项目研究目标及思路

项目的总体研究目标是,通过对一个首创模式（山东引黄灌区沉沙池覆淤还耕的新模式）、三大研究构想的研究,从自然科学、工程技术、社会科学的角度全方位研究引黄灌区沉沙池高地的科学覆淤还耕问题。

二、项目的试验研究过程

"山东省引黄灌区沉沙池覆淤还耕技术研究与示范"项目,1990年初由省水利厅农水处和聊城市水利局、聊城市灌溉处、德州市水利局、潘庄引黄灌溉处等单位协商提出立项,最初提出了三大研究构想:一是"引黄灌区沉沙池开辟、运用、高地构筑及覆淤还耕系统优化方案"研究构想;二是"引黄灌区沉沙地不同覆淤方式、不同覆淤土层结构的作物高产模式"研究构想;三是创办"引黄渠首沉沙池经济特区"研究构想。

1990年,根据省水利厅的统一布置在全省进行了"引黄灌区沉沙池开辟、运用、还耕及土地沙化的调查",写出了调查报告。同年,选全省最大的2个引黄灌区:聊城市位山灌区（540万亩）和德州市潘庄灌区（500万亩）作为试验基地,开始筹建沉沙池高地不同覆淤方式、不同覆淤土层结构的作物高产模式的试验基地工作。1991年底,水利部科技司正式立项,下达了"山东省引黄灌区沉沙池覆淤还耕技术研究与示范"科研项目,拨科研经费 10 万元,与省水利厅农水处签订了项目实施协议书,项目自 1992 年初正式实施。各专题研究及应用过程如下。

(一)引黄灌区沉沙池不同覆淤方式、不同覆淤土层结构的作物高产模式研究、应用过程

该专题试验基地共 2 个,一个是聊城位山灌区,于 1991 年和 1995 年各建立了 10 亩覆淤还耕试验场,配置了标准的气象观测设施,购置了中子仪、地温表、棵间蒸发器等观测仪器,开始了不同覆淤还耕方式、不同覆淤土层结构作物种植的试验和参数观测。经过 1991~1999 年 9 个年度作物种植的试验和参数观测,在设计的 5 个覆淤还耕土层结构中,优选出了 3 种高产的覆淤还耕土层结构,并进行了作物增产机制的观测研究。另一个是德州潘庄灌区,于 1993 年底建立了 6 亩的覆淤还耕试验场,观测仪器配置与位山灌区同,1994~1997 年 3 个年度进行了作物种植试验和参数观测,亦优选出了相同的 3 种高产的覆淤还耕土层结构,并进行了作物增高机制观测研究。

(二)引黄灌区沉沙池开辟、使用、高地构筑及覆淤还耕系统优化方案研究、应用过程

我们于 1993 年底研究出了"引黄灌区沉沙池开辟、使用、高地构筑及覆淤还耕系统优化软件",从 1994 年开始在位山、潘庄两灌区沉沙池中进行了应用,分别于 2000 年和 2002 年取得了阶段性应用成果,并陆续在全省其他引黄灌区推广应用。

(三)沉沙池区运行机制改革,创办"引黄灌区沉沙池经济特区"研究、应用过程

1990 年省水利厅与聊城市政府、水利局、位山引黄灌区和德州市政府、水利局、潘庄引黄灌区协商,酝酿创办引黄灌区的沉沙池经济特区设想,1992 年正式实施引黄灌区沉沙池经济特区的创办工作,2002 年进行阶段性总结推广。

(四)沉沙池覆淤还耕相关配套技术研究、应用过程

相关配套技术包括:①沉沙池、渠机械化清淤技术试验研究,②沉沙高地方田建设和灌排工程模式研究,在 1992 年正式立项前后即开始了研究、应用。

(五)沉沙池覆淤还耕治理前后池内、外经济发展对比研究过程

省水利厅分别于 1990 年和 2003 年两次对全省引黄灌区沉沙池区的经济发展的基础阶段和后期阶段的变化数字和典型进行了大规模的调查和现场考查,写出了研究报告。

项目自 1992 年立项至 2005 年结题,历时 14 年,遵循调查、研究试验、示范与推广应用相结合,专业技术研究与群众生产实践相结合,多部门、多学科研究相结合的原则,将科技成果迅速转化为生产力,大大提高了全省引黄灌区沉沙高地覆淤还耕治理工作的进程和科技含量,并取得了显著的经济效益、社会效益和环境效益。

第三节　取得的主要技术成果

本项目取得了引黄灌区沉沙池高地覆淤还耕技术研究全面、系统的研究成果,主要有 10 个专项研究成果。

(1)引黄灌区沉沙池覆淤还耕研究是灌区环境修复和科学治理研究的重要课题;

(2)山东省引黄灌区历年引水、引沙及输、沉沙区沙化状况的研究;

(3)沉沙池覆淤还耕是中国独创的灌区泥沙治理的新模式;

（4）沉沙池开发、使用、高地构筑及覆淤还耕系统优化方案的研究；

（5）引黄灌区沉沙池不同覆淤方式、不同覆淤土层结构的作物高产模式试验研究；

（6）引黄灌区沉沙池不同覆淤还耕方式、不同覆淤土层结构的作物高产模式的增产机制研究；

（7）用模糊综合评判方法优选引黄灌区沉沙池覆淤还耕土层结构；

（8）沉沙池运行机制改革，创办"引黄灌区渠首沉沙经济特区"的研究；

（9）引黄灌区渠首沉沙治理前后池内、外社会经济发展变化对比研究；

（10）引黄灌区沉沙池覆淤还耕及相关配套技术经济效益分析。

第二章 黄河山东灌区沉沙池无泄沙出口条件下沉沙筑高覆淤还耕模式

第一节 国外典型多沙河流灌区泥沙处理基本模式的考察与研究

本书作者卞玉山,多年来潜心致力于引黄灌区泥沙治理的研究,曾考察了英国的泰晤士河、美国的科罗拉多河和密西西比河、埃及的尼罗河、南非和莱索托的奥兰治河等多沙河流和低沙河流灌区,并查览了世界大量多沙河流及灌区的资料。现以下列河流及灌区作典型,对其河流特征及灌区泥沙处理模式进行研究。

一、考察美国密西西比河

密西西比河是北美洲最大河流,长 6 262 km,流域面积 322 万 km^2,平均年径流量 5 800 亿 m^3,是世界第四大河。流域内居住美国约一半人口,上游有 3.4 万 km^2 在加拿大。100 多年前,美国开始研究整治密西西比河。1928 年 5 月,国会通过密西西比河防洪法令,由密西西比河委员会提出以防洪为主,兼顾航运、发电、灌溉等综合治理方案。防洪措施包括堤防、分洪道、河道整治、支流水库。密西西比河干支流共有堤防 7 860 km,其中干流堤防 3 540 km,经过长期的修建和加固,可防御百年一遇的洪水;在城市和工业区的上游修建分洪工程,密西西比河已建成 4 个分洪道;河道经过整治,上游已达到渠化,中下游的凹岸和凸岸修建了护岸工程,以控制水流,完成了一系列疏浚工程;在支流修建水库 150 余座,6 座库容大于 45 亿 m^3 的水库有效库容超过 700 亿 m^3。通过以上措施,使密西西比河的防洪标准提高到可防御相当于 100 ~ 500 年一遇的洪水。美国为发展航运,对密西西比河进行了河道整治,修建 27 座船闸,河道渠化后的水深达到 2.74 m 以上,航道宽 90 ~ 450 m,每年通航时间达 325 d,货运量从 1950 年的 1.38 亿 t 增加到 1980 年的 5.85 亿 t。密西西比河流域内灌溉面积 713 万 hm^2,其中喷灌面积 157 万 hm^2。灌区灌溉不需防沙、沉沙等措施。

该河年径流量是黄河的 10 倍,年输沙量 3.12 亿 t,是黄河的 19.5%,河水平均含沙量 0.54 kg/m^3,是黄河的 1.5%。属含沙量很低的河流,灌区引水、用水也不需采取特殊的防沙和沉沙措施。

作者卞玉山于 2002 年 7 月,应美国自然科学基金委的邀请赴美考察,实地参观考察了密西西比河和其主要支流伊利诺伊河(Illinois)生态恢复项目。伊利诺伊河起源于伊利诺伊州东北部,向西南流向密西西比河,总长约 273 mi(英里)。伊利诺伊河是联结五大湖(Great)湖到墨西哥湾的唯一陆上水道,因此是美国重要的商业航道。流域面积为 75 156 km^2,其中 64 000 km^2 位于伊利诺伊。伊利诺伊河生态恢复项目主要是解决人类活动引起的生态问题,如泥沙淤积引起的回水及边滩的损失、不稳定的支流、改变的水动力条件等其他问题对河流系统的生态影响。从现场总体情况看,美国已较好地解决了河流恢复、湿地恢复、水土保持及水生物环境恢复,包括深水河道环境、回水湖、边滩和岛屿等治理问题,河道的河岸线稳固,林带茂盛,边滩的水生动植物生活环境良好,河水清澈,鱼类在水草间生长,两河堤岸线外,广阔的农田环境优美,作物长势喜人。

二、考察美国科罗拉多河及其灌区泥沙治理模式

(一)河流水文泥沙及水资源开发利用概况

科罗拉多河是美国西部的一条多沙河流,它发源于落基山脉科罗拉多山西侧,流经美国的科罗拉多、犹他、亚利桑那、内华达、加利福尼亚、新墨西哥等7个州,最后在墨西哥北部汇入太平洋的加利福尼亚湾。

美国的科罗拉多河和中国的黄河有许多相似之处,详见科罗拉多河与黄河泥沙与水资源开发利用对比表5-2-1。

表5-2-1　科罗拉多河与黄河泥沙与水资源开发利用对比表

河流名称	科罗拉多河	黄河
河长	2 333 km	5 464 km
流域面积	66.8 万 km²	75.3 万 km²
年平均径流量	185 亿 m³(立佛里) 208 亿 m³(美国边境)	580 亿 m³(河口)
年平均径流深	27.7 mm	77.0 mm
汛期 3 个月径流量百分比	70%	60%
河流含沙量	8.65 kg/m³	35.7 kg/m³
年输沙量	1.8 亿 t(立佛里)	16 亿 t(花园口)
年径流量丰枯比	4.0	3.4
供水区人口	2 500 万人	15 300 万人
供水区人均水资源量	740 m³	379 m³
供水区灌溉面积	1 800 万亩	11 000 万亩
流域内总库容	760 亿 m³(有效库容)	578 亿 m³
引水量	165 亿 m³(1996 年)	395 亿 m³(1997 年)
水资源利用率	89%	68%
农业用水比例	80%	80%
供水区人均用水量	660 m³	258 m³

从表中可以看出,科罗拉多河流域面积与黄河流域相近,也是一条多沙河流。年径流量为黄河的 31.9%,年平均含沙量为黄河的 24.2%,水资源空间分布极不均衡。该流域86% 的年径流量集中在仅占全流域面积 15% 的科罗拉多高山区,年平均径流深仅 27.7

mm,约为黄河流域的1/3,但由于供水区人口少,人均水资源量为740 m³,为黄河供水区人均水资源量的1.95倍;农业用水比例80%,与黄河相同,供水区灌溉面积1 800万亩,为黄河的16.4%。科罗拉多河水资源的开发与利用率远远大于黄河,人均用水量是黄河的2.56倍。

科罗拉多高原整体是由中生代的石灰岩层构成的,结晶岩、片麻岩、结晶片岩等都是中生代地层的底盘,经科罗拉多水系冲蚀形成山谷幽深、色彩斑斓的峡谷,其中著名的大峡谷的地貌和景色蔚为奇观。大峡谷位于美国西南部亚利桑那州西北部的凯巴布高原上,总面积2 700多km²,由于科罗拉多河穿流其中,故又名科罗拉多大峡谷,由一系列迂回曲折、错综复杂的山脉和深谷组成。大峡谷长约350 km,峡谷宽6~29 km,平均谷深1 600 m,最深处达1 620 m。本书作者于2002年7月,赴美考查了科罗拉多高原的大峡谷。从谷顶向谷底望去,高原深谷,岩壁陡峭,谷底河曲,气势雄伟。从谷顶观察远处的谷底,河水呈棕红色,含沙量很大。据当地管理人员介绍,河水每天平均挟带的沉积物多达50万t。

(二)拦河大坝建设

1935年,美国在科罗拉多河上建成了第一座大坝——胡佛水坝,在此之后又先后兴建了14座控制性大坝,这些大坝或引水枢纽建成时间分别为:帕克坝1938年,帝国坝1938年,戴维斯坝1950年,顶门岩引水枢纽1942年,保罗威尔德引水枢纽1958年。并兴建了32项灌溉工程,使该河在美国境内的水库总库容达740亿m³,约为美国境内年平均径流量208亿m³的3.6倍。科罗拉多河水利工程体系形成后,该河水资源被大规模地开发利用,但总体上水资源一直保持供大于求。

自1935年胡佛大坝合龙以后,科罗拉多河的流态,即河道径流规律与固体径流规律发生了极大的变化。由于胡佛大坝壅蓄水而形成的米德水库拦截了大量泥沙,水库调节后的清水从水库中放出下泄,从而开始了下游河道的再造床过程。这种新的造床过程由于后来在下游又修建了一系列闸坝引水枢纽而进一步加剧和复杂化。在每座水库或引水枢纽上,泄至下游的清水对河床和河岸造成冲刷,而在水库回水区则不断地形成泥沙淤积。这种新的再造床过程,导致枢纽间各个河段上的水位或升高,或下降。

1. 胡佛水坝

胡佛坝是美国综合开发科罗拉多河水资源的一项关键性工程,位于内华达州和亚利桑那州交界之处的黑峡(Black Canyon),具有防洪、灌溉、发电、航运、供水等综合效益。于1931年4月开始动工兴建,1936年3月建成,大坝系混凝土重力拱坝,坝高221.4 m,大坝形成的水库叫米德(Mead)湖,总库容348.5亿m³,水电站装机容量原为134万kW,现已扩容到208万kW,计划达到245.2万kW。1936年10月第一台机组正式发电。胡佛大坝基岩为坚硬的安山岩、角砾岩,河床狭窄、两岸陡峭。坝址处流域控制面积43.25万km²,水库面积663.7 km²。坝址处多年平均径流量160亿m³,多年平均输沙量1.45亿t。

米德湖为下游城市、工业及农田灌溉提供了水源。引科罗拉多河灌溉的主要有加州的英皮瑞尔灌区和科齐拉灌区、亚利桑那州的莫哈克灌区等,总灌溉面积近500万亩。米德湖还向南加州市政水管区的地市生活及工商业供水。本书作者考查了胡佛水坝和米德湖,从大坝向米德湖望去,湖面碧波荡漾,向坝后下游水电站的泄水河谷望去,两岸陡峭,河水清澈见底。由于米德湖发挥了巨大的沉积泥沙的作用,科罗拉多河的河水已由上游大峡谷混浊的棕红色到此变得非常清澈。

2. 戴维斯水坝

戴维斯坝位于亚利桑那、内华达和加利福尼亚三州交界向北约 6 km 处,是靠近胡佛坝下游的又一大土石坝,于 1950 年由美国皮拉米德峡谷开垦局建成。坝高 61 m,坝基宽 427 m,坝顶宽 15 m,坝顶长 488 m,三孔溢洪闸设计泄量为 6 060 m^3/s,坝后式水电站装机 5 台,发电机容量 4.8 万 kW。以胡佛坝为龙头,包括戴维斯坝及其下游的帕克坝、帝国坝组成了科罗拉多河梯级开发项目,联合控制科罗拉多河的洪水,并提供电能和灌溉条件。

3. 帕克水坝

帕克坝横跨亚利桑那州和加利福尼亚州之间的科罗拉多河,在胡佛坝下游的 155 mi。帕克坝是开垦局于 1934 年和 1938 年之间建造的,通过胡佛坝和戴维斯坝给科罗拉多河盆地下游的居民提供水源和电力。

帕克坝被世人称为"世界上最深的坝",它整个结构 320 ft 高的 73% 埋在原河床的下面。在大坝的地基上放混凝土之前,科罗拉多河床的 235 ft 已经被挖掘,大坝只有 85 ft 是可见的;在坝顶以 5 个 50 ft^2 的闸门来控制水流。

大坝类型:混凝土拱形坝;

高度:320 ft(97.5 m);

坝长:856 ft(261 m);

坝厚:39.5 ft(12 m);

底厚:100 ft(30.5 m)。

帕克坝在坝后形成的水库叫哈瓦苏(Havasu)湖,坝后壅水 45 mi 长,覆盖 20 400 英亩(32 mi^2)多的面积。

帕克发电站包括一个压力管道闸门,四个压力管道隧道,一个电站房,四个发电机组。把河水从坝左边的前池输到四个压力管道隧道,直径都是 22 ft(6.7 m),流量是 5 575 m^3/s。电站的额定容量是 120 MW。科罗拉多河的抽水站位于 Havasu 湖边大坝上游大约 2 mi 的地方。管道从抽水站的入口开始,向加利福尼亚州附近的 Mathews 湖的终点延伸。帕克坝电站大约一半的发电量配备给抽水站抽水,剩余的电量配给加利福尼亚州、内华达州和亚利桑那州的用户。

4. 帝国水坝

帝国坝引水枢纽位于亚利桑那州尤马镇东北约 29 km 处,距胡佛水坝 485 km,1938 年建成。它是一座带拦河壅水闸坝的引水枢纽。帝国坝引水枢纽建成后,坝前河水位壅高 7 m,并形成一个库容为 1.05 亿 m^3 的水库。虽然帝国坝枢纽由于泥沙淤积目前实际上在其库区范围内的最大调节库容很小,只有 123 万 m^3,但该枢纽对上游来水量的引用和调节却是非常有效的。右岸引水进入加利福尼亚州的全美灌溉大渠,左岸引水进入亚利桑那州的吉拉总干渠。该引水枢纽的引水总量平均为每年 74 亿 m^3,灌溉着美国西南部和墨西哥西北部约 720 万亩肥沃的土地。多年平均每年流经帝国坝枢纽的泥沙总量为

90.72 万 t。

（三）灌溉工程建设与泥沙处理基本模式

1935 年以来美国在科罗拉多河上共兴建了 14 座控制性大坝,兴建了 32 座灌溉工程,总灌溉面积 1 800 万亩。

典型的引水灌区泥沙处理方式为帝国坝引水枢纽及左右两岸分水的自流干渠和冲沙沉沙池,见图 5-2-1。

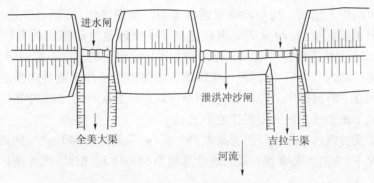

图 5-2-1　帝国坝引水枢纽示意图

帝国坝引水枢纽是按两岸分水方案进行建设的。总灌溉面积为美国和墨西哥 720 万亩土地,右岸是全美大渠,在它的渠首段设有机械辅助水力冲沙的沉沙池。左岸是吉拉自流干渠,在它的渠首段只设普通的水力冲沙沉沙池。上述两个沉沙池中的淤沙都直接排入枢纽闸后的下游河床。在 1963 年以前,由于帝国坝引水枢纽有足够的水量下泄,绝大部分的淤沙不但被冲到帝国坝枢纽的下游,还沿着科罗拉多河一直被冲到毛里劳斯坝枢纽的下游。然而,这样大量的泥沙输向下游影响了位于河道下游的墨西哥阿拉莫干渠的正常引水,因此美国与邻国墨西哥发生了水利纠纷。由于墨西哥反对在缺乏水量的情况下,接受超过他们应按用水比例分担的泥沙量,所以美国在帝国坝枢纽的下游河段上不得不修建一座拉吉纳大型沉沙池,以便能够有效地沉积泥沙,并且定期地用挖泥机械将它们清除掉。

1. 全美大渠上的水力冲沙与机械辅助清淤相结合的沉沙池

全美大渠初始段过水能力为 426 m³/s,它的供水范围包括加利福尼亚州帝国坝河谷盆地和科齐拉段河谷灌区及位于加、亚两州之间的尤马水利工程,其灌溉总面积约为 400 万亩。全美大渠中有相当大的一部分水量是按照 1944 年与墨西哥订立的用水协定分配给墨西哥的。其分水方式是通过全美大渠将水送至科罗拉多河下游的毛里劳斯坝引水枢纽处投入河道中,而毛里劳斯坝则是墨西哥主要的引水枢纽。

当 20 世纪 30 年代设计帝国坝引水枢纽的时候,河流挟带的泥沙量非常大,也预计到从帝国坝枢纽左右岸两套沉沙池排入河道中去的泥沙需要有相当大量的冲沙水流才能把泥沙顺着河道输入下游。基于这些设想,在沉沙冲沙建筑物的设计上,应能有效地防止除极细泥沙外的粗颗粒泥沙进入渠道。为了提高设计水平,在垦务局所属的科罗拉多州丹佛等水工实验室做了大量的水工模型试验,同时在科罗拉多州孟特罗斯水工实验室还做了野外试验。

全美大渠进水闸前面设有拦污栅,进水闸为四孔,装滚轮闸门,每扇闸门宽22.9 m。进水闸后为四条等过水能力的进水渠道。这四条并列布置的进水渠道设计流速为1.8 m/s,超过了不淤流速。每个进水渠道又将水流分入更小一级的沉沙池进水渠道,然后才通过进水槽缝进入沉沙池。沉沙池进水渠道也是按不淤流速设计的,水流通过宽度为7.6 cm的进水槽缝均匀地流入沉沙池中。槽缝高为3.7 m,宽为7.6 cm,沉沙池在进水渠两侧每侧各有一个。沉沙池由混凝土衬砌,水流进入沉沙池后,流速突然降低到7.6 cm/s,这样泥沙便可沉积于池底。池中的清水通过池边溢流堰溢流,流到沉沙池出水渠道中。这些沉沙池出水渠汇流后,与全美大渠相连接。在沉沙池池底沉积的泥沙采用直径为38.1 m旋转式刮泥机进行排沙清淤。排沙的方式是使刮泥机连续不断地转动,将泥沙刮入其轴部的集沙槽内。然后,将刮泥机集沙槽内的泥沙用冲沙水流冲向坝后下游河槽中去。这些堆积在下游河槽中的泥沙,由于枢纽定期开启泄水闸门,被集中的冲沙水流冲刷到科罗拉多河下游的拉古纳大型沉沙池中去。

全美大渠渠首沉沙池是按照河道来水595 m^3/s、干渠引水340 m^3/s的要求进行设计的。在此情况下,全美大渠渠首日最大进沙总量为81 648 t。据此,沉沙池日最大排沙量为63 504 t。

全美大渠渠首共布设三个沉沙池,每个沉沙池设计进水流量为113.3 m^3/s。在平面布置中,还考虑了将来增设第四个沉沙池,并预留了位置。

沉沙池平面布置呈平行四边形,分流进水渠与出水渠呈60°夹角。沉沙池进水渠在东端,出水渠下端与全美大渠相连。

将沉沙池布置成60°夹角的平行四边形,是为了使旋转刮泥机所造成的死角面积达到最小。每个沉沙池被分流进水渠分割成对等的两半。每半个沉沙池的尺寸是82.3 m×234.7 m。四边形的长边也就是溢流堰,它将沉沙池表层的清水溢入出水渠内,而汇流到全美大渠中去。

每半个沉沙池各布置12台刮泥机,布置成两行,每行6台。每台刮泥机都有一个径向的长臂,长臂由于轴心驱动机构的带动而旋转,长度为38.1 m。刮泥范围就是以长臂为直径的圆周内部的面积。附着于旋臂上的斜向刮泥叶片不断地将淤积泥沙拨向刮泥机的轴心方向,而最后流入轴心部的集泥槽内。

用水力排沙的暗管(内径为20.3 cm)一端与集泥槽相连接,暗管另一端与排沙干管(直径为91.4 cm)相连接。排沙干管一共有6条,布置在每座沉沙池中心线底下。最后,靠水力输送将沉沙池中淤积的泥沙通过这6条排沙干管排入枢纽泄水闸闸后河槽中去。

2. 吉拉总干渠上水力冲沙沉沙池

帝国坝左岸是吉拉总干渠,它的初始段过水能力为62.3 m^3/s,供水范围包括亚利桑那州境内5个灌区,其灌溉总面积约为69万亩。

沉沙池按水力冲洗式设计。吉拉沉沙池用混凝土衬护,设计引水56.6 m^3/s,预计可排除入渠总泥沙量的80%。

水库的水是通过三扇弧形闸门控制的渠首进水闸进入沉沙池的。沉沙池下游端的放水闸门共有两组闸门,一组布置在另一组的上方。这样便可以开启上面的干渠进水闸门使水进入吉拉总干渠;或者开启下面的冲沙闸门,使水流穿过大渠渠底而将积聚的泥沙冲走。

因为冲沙水量有限,沉沙池只能一年冲洗一次。这样在沉沙池下游发生了淤积。为了改善这种状态,在 1970 年对泄水排沙路线进行了修改,将排沙水排至加利福尼亚泄水排沙道内。经过这样修改后,泥沙便一直流到下游的拉古纳沉沙库内了。至于那里的泥沙,则用机械清淤的办法进行清除。

吉拉总干渠的沉沙池控制泥沙入渠是有效的。每年排走的泥沙总量为 18 100 ~ 27 200 t。进入渠道的泥沙约为 70 g/m³,而且其总量在逐年减少。1972 年进入渠道的总沙量只有 28 120 t,而年总引水量为 10.86 亿 m³,平均含沙量为 25.9 g/m³。

3. 帝国坝库区和坝下游河道的泥沙处理

1) 帝国坝库区的泥沙处理

水库淤满泥沙以后,在库区形成了通向两个引水口、轮廓清晰的河槽。河道主流最后移向全美大渠一侧,而通向吉拉总干渠引水口的主要水槽是沿着上游坝面横向流至引水口的。流向吉拉引水口的水流发生了大量的淤积。这种紧靠坝面的淤积,严重地限制了过水能力,以致不得不用挖泥船清淤,年清淤量 99.8 万 t,以保持一条通向吉拉引水口的横向河槽。

2) 帝国坝下游河道的泥沙处理

在帝国坝枢纽使用的头几年,有大量的冲沙水可以用来将沉沙池中沉积的泥沙排至科罗拉多河的下游,但这给墨西哥带来了严重问题。科罗拉多河下游的毛里劳斯坝是墨西哥的主要引水枢纽,它位于墨西哥北部国界以南 1.6 km 处。此工程于 1950 年完成。这个枢纽是给阿拉莫渠道引水的,但从河道上游下来的大部分泥沙都进入了渠道,有时就得用挖泥机清淤。因为空间有限,清出的泥沙都堆在渠道两岸和河道中,大量的泥沙堆积于河床中就更加恶化了河床的排沙条件,因为这里可利用的输沙水是很少的。河床大量堆积泥沙还威胁着保护两岸美国和墨西哥农田的防洪堤。据此,墨西哥向美国抗议,表示不能承担与来水量不成比例的额外的泥沙。

1961 年 8 月 28 日美国垦务局、美国国界部门和水利管理委员会经与墨西哥有关部门谈判提出了一个备忘录。美国垦务局同意探索一种方法使流到墨西哥毛里劳斯引水枢纽处的水流中含沙量等于从帝国坝枢纽以上水文站测得的含沙量,假如达不到协议的要求,美国将给超额的泥沙付款赔偿。墨西哥则同意将阿拉莫渠道中清出的泥沙妥善处理,而不得丢弃在河床中。

经过仔细地研究处理泥沙的各种方法后,确定在帝国坝与拉古纳坝之间的河段上修建大型沉沙池。这个大型沉沙池允许将帝国坝枢纽排下来的泥沙排进来。该沉沙池称为拉古纳沉沙池,它是用机械清淤的。为了充分利用拉古纳水库的库容来存蓄清水,沉沙池采用不浪费水量的清淤措施。由于沉沙池附近有足够的空间,因此在很多年内都可以堆放从沉沙池中清出来的泥沙。

为了修建该大型沉沙池,1963 年购置了一台 30 cm 铲头的挖泥机,用它挖成了一座 137 m 宽、914 m 长、4.6 m 深的大型沉沙池。拉古纳沉沙池的使用情况是很令人满意的,因为随水流流到墨西哥毛里劳斯坝枢纽的泥沙少于协定规定的数量。还值得指出的是,由于拉古纳机械清淤大型沉沙池的使用,墨西哥阿拉莫渠道目前的清淤量大大减少了。

4.科齐拉河谷灌区建设

科齐拉河谷,东、西、北三面环山,南面为萨尔顿湖,长 80 km,宽 5 ~ 14 km。土壤系由科罗拉多河冲积而成,气候干燥、高温,多年平均降雨量 80.3 mm,多年平均气温 23 ℃(最高 52 ℃,最低 – 9 ℃),无霜期达 355 d,作物生长期达 11 个月。在引科罗拉多河水灌溉以前,仅能利用地下水灌溉的面积约 13.5 万亩,其余土地多是荒漠。

全美干渠自帝国坝引水。科齐拉干渠从全美干渠分出向科齐拉河谷及里沃赛德县供水。由于帝国坝的全美大渠渠首水力排沙与机械辅助清淤结合的沉沙池效果非常有效,再进入全美大渠水的含沙量已经很低,向科齐拉干渠分水后,中途没再建沉沙池及泥沙处理设施。

科齐拉灌区控制范围约 48 万亩,现有实灌面积 36 万亩(包括井灌 2.4 万亩)。科齐拉干渠长 196 km,输水能力 36.8 m³/s,于 1949 年建成。1954 年建成总长约 800 km 的混凝土暗管配水系统。

科齐拉干渠的输水损失较严重,最初他们只对干渠末段的 58 km 作了防渗衬砌。其后,又于 1980 年将剩余的 77.3 km 渠道用混凝土衬砌。自科罗拉多河引水经全美干渠和科齐拉干渠,中途没有蓄水和调节的设施,给灌区管理运用带来许多困难。比如,遇天气突变(如降雨、骤然酷热或霜害),要求急剧增大或减少供水,特别是经济价值很高的水果和蔬菜,在生长期,农户常用大量灌水的方法来防御霜害。为此,他们一方面在干渠尾部修建了一座蓄水 190 万 m³ 的平原水库(长 1.2 km,宽 0.6 km,堤高 7.6 m),另一方面,科齐拉干渠又利用控制容量观点在干渠上修了 23 座节制闸,利用渠道本身作调节水库,以适应紧急供水和承接灌区退水等的需要。

科齐拉灌区开灌后,约有 1/3 的面积因地下水位上升,受盐碱化影响。为防治灌区土壤盐碱化,灌区内逐步建成了暗管排水系统。目前,已有暗管排水面积 22.8 万亩(约占灌区总面积的 48%),暗管总长 3 922 km,平均每亩农田有暗管 17.2 m。暗管大多用混凝土管,内径 15 cm,滤层厚 7.5 cm,自推广采用暗管排水以来,暗管泥沙淤塞现象不大,土壤处于脱盐状态,在萨尔顿湖滨(内陆湖,现水面高程在海平面以下 69.5 m)设有提排站,灌区排水入该湖。由于承受灌区尾水及排水,湖面逐年升高——自灌区开发以来,每年约升高 0.3 m。湖水逐年变咸,湖周土地也有盐碱化危险。

三、尼泊尔、印度、孟加拉国的恒河概况及灌区泥沙治理模式的研究

(一)恒河概况

恒河发源于喜马拉雅山脉的中部,恒河及其支流流经三个国家:尼泊尔、印度及孟加拉国。最后汇入孟加拉湾,全长 2 500 km。

恒河流域是世界上人口最稠密的流域,在 75 万 km² 的土地上生活着 4 亿人口。恒河水系水资源最初来源于位于尼泊尔境内的喜马拉雅山脉和印度的北方邦(Uttar Pradesh)。这个地区的南部每年的降雨量为 1 200 ~ 2 400 mm,即使是中部地区仅四个月降水量也不少于 800 mm。在相对较短的时间内有如此之高的降水量,使山区侵蚀现象很严重,在平原地区水灾频发,下游盆地产生大片的湿地。

恒河多年平均径流量 3 710 亿 m³,年输沙量 14.51 亿 t,平均含沙量 3.92 kg/m³。

恒河的上游在尼泊尔境内,主要支流有柯西河、阿龙河、泰摩河;中游是印度,主要支

流有根德格河、卡克拉河、戈然蒂河；下游是孟加拉国。历经山区数千年的侵蚀和沉积，这条河流及其支流孕育了世界上最大的洪泛平原之一。恒河流域宽 200 ~ 300 km，三面由高山或高地环绕。

恒河下游盆地占地约 40 450 km²，约为孟加拉国土的 27%，其中 62% 为耕地，沿海 10% 约 4 000 km² 的土地覆盖着红树林。由于恒河上游修建了法拉卡（Farakka）拦河坝，恒河淡水流入下游减少，这严重影响了下游孟加拉国恒河—帕达玛（Padma）河的水系结构。经检测，建法拉卡（Farakka）拦河坝之前与之后最小流量与最大流量的比值分别为约 70% 和 27%，使稳定水系遭受破坏。修建法拉卡（Farakka）拦河坝之后，恒河—帕达玛（Padma）河在雨季之后和旱季时期的流速不足以将泥沙运输到下游地区，河槽严重淤积，输水和防洪标准降低，几乎不可能维持一个正常的水系结构。

由于恒河跨三个国家，河道的水文泥沙特征变化较大，仅以上游的支流柯西河为例，阐述其水文泥沙特征及灌区泥沙处理模式。

(二)柯西河水文泥沙特征

柯西河是恒河上游的重要支流，发源于喜马拉雅山脉。恒河在尼泊尔的喜马拉雅山区的主要支流是柯西河、阿龙河及泰摩河。除山区径流外，柯西河还汇集了尼泊尔境内加德满都以东整个丘陵地区的径流。世界上两座最高山峰——珠穆朗玛峰和干城章嘉峰都坐落在柯西河流域的最上游。

柯西河在喜马拉雅山麓处即尼泊尔的恰托拉以上，共有集水面积 58 900 km²，其中有 5 710 km² 属于冰川区。流域内的降水量，在喜马拉雅山麓丘陵地区为 1 780 mm，在喜马拉雅山脉南坡（地形上属于西藏高原）为 3 560 mm，在流域最北端为 250 mm。

柯西河在上游汇合上述三条主要支流后，穿越 9.6 km 的峡谷，进入恰托拉冲积三角洲平原。从此，柯西河就在沙砾冲积平原上流淌，流到比姆那加附近，再沿尼、印国界线全部进入印度的北比哈尔。该河在北比哈尔分成许多汊河，直至柯西拉铁路桥处再度形成单一河槽，并在柯西拉铁路桥下游数千米处投入恒河。柯西河自恰托拉至柯西拉铁路之间的总长度约 307 km。在恰托拉以下 42 km 的河段，河床纵坡较陡，为 0.89 m/km。由此往下至达格玛拉 26 km 河段内，河床纵坡降缓至 0.45 m/km。自达格玛拉至巴鲁希的 66 km 河段内，河床纵坡进一步降缓到 0.28 m/km。在巴鲁希以下，河床纵坡展平到约 0.065 m/km。

柯西河由于自山区和丘陵区挟带巨量泥沙至下游平原，使河床变迁不定，并因洪灾造成荒芜而名恶于世。柯西河悬移质泥沙多年平均年输沙量约为 1 亿多 m³（100 380 000 m³）。全年中以 6、7、8、9、10 月的输沙量为最高，约占年总量的 94%。多年平均年径流量为 509 亿 m³，年沙量占年水量的百分比约为 0.19%。

形成柯西河大量泥沙的原因，是位于该流域范围内的喜马拉雅山脉正日益受到挤压。柯西河在恰托拉以上的河段位于"逆断层带"。这类断层逆转运动，正是喜马拉雅山脉遭受严重挤压这一自然现象的直接结果。由于古老岸层凌驾年青岩体之上的逆转运动，迫使它承受过量的应力，从而造成全区范围内及边缘上大量岩石破碎。再加上频繁地震的骚扰，尤其是 1934 年强烈地震，更加剧了该地区已破碎岩石的松散和崩解。由于破碎带恰好分布在支流柯西河及泰摩河湍流域内，因而构成了河流中挟载的超量泥沙和底沙不断得到补给。同时，造成卵石直径很大，实测入渠直径最大为 150 mm。沙砾直径为0.6 ~

0.075 mm,大大高于我国黄河的泥沙粒径。

由于河水挟带巨量泥沙超过了河流的输沙能力,从而大量地沉积于河床中。柯西河在大量泥沙沉积过程中在出山口后的平原上形成了冲积三角洲。在 1736 ~ 1958 年 222 年间,该冲积三角洲由东向西又继续延伸了 112 km 之遥。在这样连年不断的迁移延伸中,大量河流泥沙吞噬和毁坏了大面积的农田。据粗略估计,受毁的农田在印度比哈尔邦萨哈沙和普尔尼亚两个灌区为 12 800 ~ 15 400 km²;在尼泊尔境内为 770 ~ 1 280 km²。泥沙淤积处荡涤了很多个村镇,同时又形成河汊与沼泽。

(三)柯西堰引水枢纽

柯西堰引水枢纽于 1973 年建成,位于尼泊尔境内比姆那加附近的柯西河上。它东岸的干渠设计引水流量为 424 m³/s,灌溉着印度比哈尔邦萨哈沙和普尔尼亚两个灌区。渠首和灌区都靠近印、尼国境线。

柯西堰引水枢纽位于柯西河冲积三角洲平原河段上,属平原河段的枢纽工程,柯西堰处河水多年平均含沙量为 11.3 kg/m³。河水悬移质泥沙平均粒径 0.2 mm,河道推移质为卵石和沙砾。该引水枢纽型式为典型的印度拦河闸式,见图 5-2-2。河道总宽度 6 950 m;河床底部平均高程(相对高程)70.15 m;在河道上拦河修建泄洪闸和冲沙闸,冲沙闸、泄洪溢洪闸堰总宽度 1 150 m;为防止推移质泥沙入渠,在冲沙闸上游冲沙槽的底板下布置有 48 条冲沙廊道。冲沙槽与泄洪闸之间用分水墙隔开,泄洪闸底槛高程(相对高程)71.68 m;洪水期上游壅水位(相对高程)74.75 ~ 77.80 m;在河道的一侧建进水闸,拦河闸堰的轴线与进水闸之间的引水角为 103°,进水闸挡沙底槛高程为 72.00 m;在进水闸的前沿,渠首冲沙廊道的进口底槛高程为 70.20 m;冲沙槽底板(也即冲沙廊道的顶板)高程为 71.73 m。当引水枢纽的冲沙闸未开启时,冲沙槽内有推移质沉积。为了防止推移质入渠,在进水闸孔的底槛上设有一道叠梁闸板,它的顶部高程为 73.8 m,这样可使含沙量

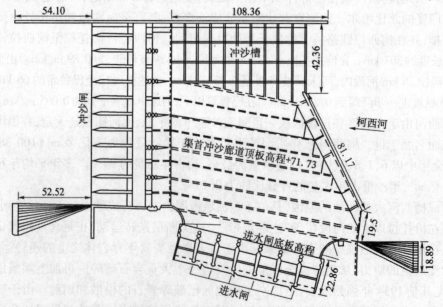

图 5-2-2 柯西堰引水枢纽的渠首冲沙廊道与进水闸 (单位:m)

小的"清水"引入渠道,避开饱含推移质的底层水流入渠。该引水枢纽的弊端是渠首上冲沙廊道受廊道出口处水位顶托,形成不了足够的冲沙水头,致使冲沙效率降低,增加了干渠的进沙量。

(四)柯西堰灌区干渠渠首段泥沙处理模式

柯西堰引水枢纽自1964年初步建成并开始投入运行后,干渠淤积严重。在1964~1972年期间,干渠首段最大淤积厚度达2.75 m,干渠尾段淤积厚度为0.61 m。1965~1971年,渠首年均引水量28.9亿 m^3,年均干渠淤积量267万 m^3。由于泥沙淤积,减小了干渠的过水量,渠床抬高还导致土质渠堤的冲蚀。用挖掘或疏浚干渠的方法费用昂贵,并且需反复地开支。另外,如何处理掉清挖出来的淤沙也是一个问题。因此,必须采取防止泥沙淤渠的措施。后来在柯西堰东岸干渠渠首段,增修了两座排沙工程。一座是在离进水闸0.69 km处修建引渠式冲沙廊道,另一座是在离进水闸1 km处修建沉沙池。

(1)引渠式冲沙廊道——引渠式冲沙廊道修在干渠渠底和右侧,通过它将进水闸后引渠中的粗粒和中粒泥沙依靠水力冲刷到下游河床中去。引渠式冲沙廊道的泄量为干渠流量的15%。廊道进口部分有4条厢式冲沙槽,冲沙槽每条宽度为27.5 m。每条冲沙槽分别连接6条冲沙廊道,每条冲沙廊道的宽为3 m,进口处用曲线形导流墙分隔开。厢式冲沙槽的长度为100 m,冲沙廊道长度也为100 m,然后用一条210 m长的排沙汇集24条冲沙廊道中的冲沙水流,将泥沙排入下游河床中去。实测资料表明:粗沙与中沙由廊道排走约50%,粗沙的粒径为0.2~0.6 mm,中沙的粒径为0.2~0.075 mm。显然,比黄河的泥沙粒径粗很多。总的冲沙效率为30%~40%。

(2)当需要排除干渠中悬移质泥沙或粒径小于0.25 mm的泥沙时,需要修建沉沙池。沉沙池修在距干渠1.00~1.67 km的渠段右侧。沉沙池长度为610 m,宽度为300 m(约274.5亩)。在沉沙池进出口处分别修建进水闸与节制闸,以控制沉沙池进出口的水流。沉沙池为一座泥沙沉淀槽,通过的流速降至0.3 m/s,从而使粗粒和中粒泥沙沉积在槽内。槽内沉淤的泥沙可随时清理掉。由于沉沙池在干渠右侧,因此清理沉沙池时不存在干渠的停水问题。

采用沉沙池排沙方案有它本身固有的局限性:一是沉沙池缺乏庞大容积与空间;二是缺乏进入柯西河下游河床合适的泄水口。因此,沉沙池不具备水力冲沙的条件。由于上述原因,沉沙池寿命过于短暂,其投资费用与经济效益相比也不相称。后来,被泥沙淤满后,沉沙池均废弃不用。柯西堰的沉沙排沙方案倒是与山东引黄灌区沉沙池有相同的运行工况,即缺乏进入柯西河下游河床合适的泄水口,导致沉沙池淤满后均废弃不用的下场。典型年柯西堰引水枢纽排沙效果见表5-2-2。

表5-2-2　典型年柯西堰引水枢纽的排沙效果

年份	柯西河年径流量(巴拉克休托拉水文站)(亿 m^3)	柯西河在柯西堰处年输沙量(亿 m^3)	柯西河水流含沙量(kg/m^3)	东岸干渠进水闸入渠水量(亿 m^3)	东岸干渠进水闸入渠泥沙量(万 m^3)	东岸干渠进水闸入渠水流含沙量(kg/m^3)	引渠式冲沙廊道以下干渠入渠水量(亿 m^3)	引渠式冲沙廊道以下干渠入渠泥沙量(万 m^3)	引渠式冲沙廊道以下干渠入渠水流含沙量(kg/m^3)	引渠式冲沙廊道排沙量(万 m^3)
1971	544	8 400	1.30	37.05	259.0	0.70	33.35	128.8	0.39	137.0

四、中亚塔吉克斯坦、乌兹别克斯坦、土库曼斯坦三国阿姆河概况及灌区泥沙处理模式研究

(一)阿姆河概况

作为亚洲主要的内陆河流之一,"阿姆河"意即"疯狂的河流"。流域南北宽 960 km,东西长 1 400 km,面积为 46.5 万 km²,分布在塔吉克斯坦、乌兹别克斯坦、土库曼斯坦三国。上游山区属塔吉克斯坦,中游沿土库曼斯坦与乌兹别克斯坦两国的边界沙漠地带穿过,下游至咸海入口属乌兹别克斯坦。

阿姆河是中亚最长的河流,发源于帕米尔高原塔吉克斯坦东南部海拔约 4 900 m 的山地冰川,向西和西北流入咸海。如以上游源流瓦赫什河和喷赤河的汇合处为起点,全长 1 415 km,如从东帕米尔的瓦赫基尔河源算起,全长为 2 540 km。

上游流经山地,在土库曼斯坦的克尔基以上有 3 条支流,左侧有苏尔赫河,右侧有苏尔汉河和卡菲尔尼甘河,河谷深切,且多湖泊和沼泽。流入平原后的 1 200 km 间无支流注入,为穿越干旱荒漠的过境河流。从乌兹别克斯坦的努库斯附近到河口三角洲的下游,河流分支较多,自古多洪水泛滥,河道多变。帕米尔高原的永久积雪和冰川是河水补给的主要来源。流域的山区冬春降水量较多,年降水量可达 1 000 mm。春季雪融,3 ~ 5 月开始涨水;夏季山地冰川融化,6 ~ 8 月水位最高,流量最大;9 月至翌年 2 月,流量减少,水位降低。流域的平原地区是乌兹别克斯坦和土库曼斯坦的农业和游牧区,年降水量仅 200 mm,下游地区更不到 100 mm,没有支流注入,却有 25% 的流量用于灌溉和失于蒸发,以致下游水少且不稳定。河口处年平均流量为 1 300 m³/s,每年注入咸海的总水量为 43 km³,其中泥沙 9 700 万 t,平均含沙量 2.3 kg/m³。从乌兹别克斯坦的河口到铁尔梅兹 1 000 km 已建有综合水坝系统,可防洪和引水灌溉;在阿姆河左岸修建的 1 800 km 卡拉库姆运河,可向土库曼斯坦的阿什哈巴德供水灌溉;从阿姆河到克拉斯诺伏斯克的土库曼大运河,对农业灌溉起了很大作用。

(二)灌区泥沙处理模式

与锡尔河灌区相同,略。

五、中亚吉尔吉斯斯坦、乌兹别克斯坦、塔吉克斯坦、哈萨克斯坦四国锡尔河概况及灌区泥沙处理模式研究

(一)流域概况

锡尔河流域面积为 44.4 万 km²,分布在中亚吉尔吉斯斯坦、乌兹别克斯坦、塔吉克斯坦与哈萨克斯坦四国。锡尔河发源于天山山脉,上游山区属吉尔吉斯斯坦,位于流域东部,上游的两条干、支流——纳林河及卡拉达利亚河发源于此;中游河谷盆地及平原大部分属乌兹别克斯坦,少部分属塔吉克斯坦;下游部分直至流入咸海的河口,基本上是沙漠草原,主要是游牧区,属哈萨克斯坦。

在费尔干盆地,纳林河与卡拉达利亚河汇合后,形成锡尔河,自上述汇合口起,至咸海边的河口止,锡尔河主干流总长 2 137 km。在中亚各内陆河系中,在主干流长度上,锡尔河占第一位;在水量上锡尔河占第二位,年平均径流量 332 亿 m³,仅次于阿姆河,河水含

沙量和阿姆河相当。

由于其发源的山区有冰川及融雪水量调节,因此径流年内分配符合作物生长季节灌溉用水要求。

咸海是中亚两条大河锡尔河与阿姆河等内陆河流流入的内陆海。阿姆河水系与锡尔河水系经过深度径流调节,可利用的年调节水量可达 1 000 亿 m^3。咸海的水面面积为6.6万 km^2,多年平均水位为 53 m,海水含盐量一般为 10‰ ~ 15‰。由于锡尔河与阿姆河沿岸大量引水灌溉,造成咸海水位显著下降,水质含盐量升高,并出现大面积无水干燥海滩的"沙漠化"。

(二)流域灌区建设发展情况

1939 ~ 1941 年,苏联在中亚地区的锡尔河上游的费尔干盆地建成了大费尔干总干渠(流量 200 ~ 100 m^3/s,总长 270 km)、南费尔干总干渠、北费尔干总干渠(流量各 100 m^3/s)及梁干总干渠及它们各自的渠首引水枢纽。1945 年以后,乌兹别克加盟共和国在费尔干盆地完成安集延总干渠建设。

锡尔河上游费尔干盆地的旧灌区系统,在 20 世纪七八十年代新建了乌奇库尔尔拦河闸式引水枢纽、纳曼干总干渠,以及纳费调水工程与纳安调水工程等重点工程。乌奇库尔干引水枢纽位于纳林河最下游河段,枢纽中部为拦河泄洪闸;右岸进水闸流量 130 m^3/s,流入纳曼干总干渠,灌溉纳曼干州灌区;左岸进水闸流量 200 m^3/s,流入纳安调水干渠,纳安调水干渠的终端投入安集延总干渠,灌溉安集延州的灌区。在枢纽水库回水区左岸一侧还有一座流量为 110 m^3/s 的进水闸,流入纳费调水干渠。纳费调水工程干渠调引纳林河水量接济位于卡拉达利亚河上的大费尔干总干渠渠首引水枢纽。

大费尔干总干渠、安集延总干渠、纳曼干总干渠等经改建、扩建和联通后,目前从锡尔河上游两大干、支流——纳林河与卡拉达利亚河引水的费尔干盆地旧灌区系统总灌溉面积达到 120 万 hm^2(1 800 万亩)。费尔干盆地灌区管理总局位于费尔干纳市,总局遥控的自动化中央控制室,可以调控和显示灌区内各大引水枢纽和分水枢纽的操作系统。灌区几座大型引水枢纽也均设有自动化有线调控室,可以调控闸门并显示流量、水位等水情指标。

在锡尔河的中游,1939 ~ 1941 年在饥饿草原,扩建并延长了总长度为 130 km 的基洛夫总干渠(流量 150 m^3/s)及其下面几条大型分干渠;20 世纪五六十年代在乌兹别克斯坦大规模开发饥饿草原新灌区,于 1958 ~ 1961 年建成了引水流量为 300 m^3/s、长度为 127 km 的南饥饿草原总干渠,自锡尔河中游干流的南岸自流引水,灌溉面积达 30 万 hm^2(450万亩)。南饥饿草原总干渠在 20 世纪七八十年代进行扩建,引水流量从原来的 300 m^3/s 扩大为 540 m^3/s,其设计灌溉面积可达 90 万 hm^2(1 350 万亩)。饥饿草原垦荒新灌区经二次大战前夕、20 世纪五六十年代和七八十年代几次大规模开发建设,现已建成总灌溉面积为 44 万 hm^2(660 万亩)的现代化大型灌区;中游除饥饿草原自流灌区外,20 世纪 80 年代还新建了吉札克草原新垦灌区。吉札克草原新垦灌区是利用锡尔河水灌溉的扬水灌区。该灌区一级扬水站自南饥饿草原总干渠引水,共用两级扬水站扬水至锡尔河南岸的二级台地干渠及三级台地干渠。两级站目前的总装机容量为 25 万 kW,总扬程 178 m,流量 190 m^3/s,设计灌溉面积 20 万 hm^2(300 万亩)。

在锡尔河下游,苏联在 1939～1941 年建成了新吉里、吉尔凯里及右岸卡沙林等几条总干渠,在修建上述大型灌区水利工程的同时,在锡尔河干流下游河段上开始修建克齐尔奥尔达水利枢纽。在二次大战后的几年里,在干流下游建成了奥尔达水利枢纽及奥尔特柯卡依水库等工程;又通过垦荒建成了新灌区,计有克孜尔库姆、托古斯干、左岸克齐奥尔达等灌区;同时还建成了卡札林水利枢纽。

20 世纪五六十年代,在锡尔河干流中下游建成了查尔达林水利水电枢纽,水库总库容 57 亿 m³,水电站总装机容量 10 万 kW;在干流中下游于 1960 年建成了卡拉库姆水利水电枢纽,水库总库容 42 亿 m³,水电站总装机容量 12.6 万 kW,为下游的农田灌溉和草原灌溉及国民经济的发展提供了丰富的水、电资源。

(三)中亚地区多沙河流灌区的泥沙处理模式

中亚地区河道水流挟带着大量泥沙,并具有多变的水文特性。中亚地区泥沙的运动状态、粒径分布等条件,都沿河道流程自山区、山前冲积扇地区直至下游平原地区,有着明显的变化。中亚河流属山丘河流,河道纵比降大,一般为 0.004～0.01。水中的冲积物粒径很粗,流域的上游山区和山前冲积扇地区,河道的冲积物基本系沙砾和卵石,平均粒径 35～190 mm,最大粒径 600 mm。至下游平原区粒径虽然变小,但仍属沙砾和卵石,土壤颗粒很少。中亚地区典型多沙河流灌区费尔干式渠首引水枢纽水文泥沙特征值见表 5-2-3。

表 5-2-3　中亚地区典型多沙河流灌区费尔干式渠首引水枢纽水文泥沙特征值表

引水枢纽名称	河流名称	实测最大流量(m³/s)	河道纵坡	推移质泥沙起动流量(m³/s)	泥沙粒径(mm)		设计泄洪冲沙流量(m³/s)		渠道引水流量(m³/s)
					最大	平均	流量	频率(%)	
卡姆普尔拉瓦特	卡拉达利亚河	1 080	0.004 5	90～120	300	54	1 400	0.1	245
沙鲁库尔干	索克河	322	0.01	25～50	300	70	360	0.1	98
杜伯兰	卡拉塔格河	182	0.005	15～20	250	99	350	0.1	50
阿克汗格兰	阿克汗格兰河	396	0.009 1	7～40	230	70	478	5.0	16
库格特	库格特河	236	0.011	18～20	450	120	251	1.0	20
阿鲁斯土耳其斯坦	阿鲁斯河	450	0.001 9	30	120	35	450	2.0	50
伊斯法拉	伊斯法拉河	125	0.011	13～15	200	60	127	5.0	31
库依鲁克	丘尔恰克河	2 100	0.004	130～250	300	85	1 500	1.0	130
巴尔图布列克	巴尔图布列克河	70	0.019	6～7	600	190	70	1.0	9
扎汗布尔	塔拉斯河	185	0.004	13	240	70	304	0.1	50

鉴于上述河道纵比降大和河水中冲积物粒径粗的特点,为控制沙砾和卵石进入农田,通常采用三种工程措施:

一是在河道拦河坝形成的水库上游壅水段,实施控制和冲洗泥沙措施。枯水期在闸前尽可能保持最高水位,可使上游回水区形成一个天然沉沙池以淤积泥沙;在涨水期和洪水期内,逐渐降低闸前水位,直至降到闸前正常水位,利用洪水期将沉积的泥沙冲向下游河道。这样,在枢纽上游段就形成了一个有效的和大范围的水力自动沉沙和冲沙区,而在枢纽下游段则能防止泥沙淤积堵塞。

二是在渠首引水枢纽上通过工程设施,如抬高进水闸槛,利用泄洪冲沙闸将渠首大量的泥沙拦在渠首前河道中,或排往河道的下游段。

三是经进水闸进入渠道的泥沙,通过人工或机械清淤。由于中亚地区的灌溉面积很大,引水量很多,清淤量亦很大,仅乌兹别克斯坦每年的渠道清淤量就达 5 000 多万 m^3,随着引水量的增多,清淤量还在增加。在往河道有排沙口条件的干渠上,有的也修建混凝土曲线形沉沙池,利用水力将池中泥沙排往河道下游。

(四)中亚典型多沙河流渠首引水枢纽及灌区泥沙处理模式

(1)中亚典型的多沙河流渠首引水枢纽模式是弯道式引水枢纽,亦称费尔干式引水枢纽。

弯道式引水枢纽,起源于苏联中亚锡尔河上游的费尔干纳盆地,国外称为费尔干式引水防沙枢纽。世界上第一座人工弯道式引水防水枢纽,是 1941 年修建于苏联费尔干纳盆地名为卡姆普尔拉瓦特的引水枢纽(引水 245 m^3/s,泄洪冲沙 1 400 m^3/s)。见表 5-2-3、表 5-2-4。

费尔干式渠首引水枢纽(弯道式引水枢纽)的组成部分包括:①上游整治段人工弯道;②进水挡沙闸槛;③向一岸单侧引水的进水闸;④泄洪冲沙闸。

工程特点:①在河流上游段修建人工弯道导流堤和在进水闸前修建曲线形挡沙导流板,造就和加强了弯道横向环流,进水闸建在河道弯道凹岸,泄洪冲沙闸建在河道中,实现了"正面引水,侧向排沙"的功能,大大提高了引水防沙效果。②在曲线形进水闸槛前缘上修建挡沙导流板,两者高程相等,并高于河底,利于防止底沙进入进水闸及干渠。③定时开启泄洪冲沙闸,将冲沙闸前河道的淤沙冲到河道的下游。

由于工程简单,使用效果良好,所以费尔干式引水枢纽在苏联的中亚和高加索地区以及国外许多地区得到了广泛的使用。它的适用地区既包括山区河段,也包括山前冲积扇河段。

(2)进入引水防沙枢纽后干渠的泥沙,通常靠人工或机械清除,在具备往河道有排沙口条件的干渠上,有的也修建混凝土曲线形沉沙池,利用水力落差将泥沙排往河道下游。

六、考察英国泰晤士河(Thames River)

本书作者卞玉山于 1995 年应英国沃林福德水力集团邀请考察英国期间,考察了泰晤士河。泰晤士河是英国最大的一条河流,发源于英格兰南部科茨沃尔德丘陵靠近塞伦塞斯特的地方,河流先由西向东流,至牛津转向东南方向流过雷丁后转向东北流,至温莎再次转向东流经伦敦,最后在绍森德附近注入北海。河流全长 338 km,流域面积 1.14 万 km^2,流量 60.0 m^3/s,多年平均径流量 18.9 亿 m^3,河流的含沙量极小,约 0.04 kg/m^3。流域地理位置:西经 2°08′ ~ 东经 0°43′,北纬 51°00′ ~ 52°13′。

泰晤士河水网较复杂,支流众多,其主要支流有彻恩(Chum)、科恩(Colne)河、科尔(Kole)河、温德拉什(Windrush)河、埃文洛德(Eveniode)河、查韦尔(Cherwell)河、雷(Ray)河、奥克(Ock)河、肯尼特(Kennet)河、洛登(Loddon)河、韦(Wey)河、利(Lea)河、

表5-2-4 中亚典型多沙河流灌区费尔干式干渠首引水枢纽和建筑物特征值表

引水枢纽名称	河流名称	上游段人工弯道			曲线溢流堰		闸前设计水深(m)	泄进洪闸宽度(m)	进水闸挡沙闸槛			
		弯道宽度(m)	曲率半径/宽度	长度/宽度	溢流堰曲率半径(m)	溢流堰长度(m)			形状	高度(m)	长度(m)	曲率半径(m)
卡姆普尔拉瓦特	卡拉达利亚河	80~160	5~10	—	—	—	4.0	137	曲线形台阶式	15	85	70
沙鲁库尔干	索克河	30~50	3~5	1~7	—	—	3.0	38.0	曲线形台阶式	1.92~2.0	70	42~50
杜伯兰	卡拉塔格河	34.0	5.0	4.0	53	36	2.4	15.0	曲线形台阶式	1.0	19	19~22
阿克汗格兰	阿克汗格兰河	32~46	4.6	3~6	90	100	2.1	22.0	曲线形台阶式	1.4	30	3.8
库格特	库格特河	15~26	7~13	3~6	69	39	2~4.0	15.0	直线形	—	—	—
阿鲁斯士耳其斯坦	阿鲁斯河	50	5.4	6.0	—	—	2.0	62.0	曲线形并带冲沙廊道	1	—	—
伊斯法拉	伊斯法拉河	22	7	2.4	9	—	3.6	11.25	直线形并带冲沙廊道	1.5	8.5	—
库依鲁克	正尔恰克河	100~110	4.3~5.8	4.6~6.3	260	400~700	4.7	28.0	曲线形台阶式	1.2	100	90
巴尔图布列克	巴尔图布列克河	15	5	4.5	4.0	—	2.3	3.0	直线形	1.40	8.0	—
扎汗布尔	塔拉斯河	30.5	4.9	4.0	—	—	3.5	30.0	底板式	1.75	24.0	—

罗丁(Roding)河及达伦特(Darent)河等。

泰晤士河流域多年平均降水量704 mm,洪水多发生在冬季,枯水多出现在夏季,最小流量0.91 m³/s(1934年)。泰晤士河水位稳定,冬季通常不结冰,有许多运河与其他河流相通,航运条件很好。干流从西伦敦特丁顿坝以下为河口段,长99 km,海轮可乘潮上溯直达伦敦。泰晤士河具有多种功能,但存在水资源紧张、水污染及防洪、防潮等问题。

(1)供水。泰晤士河供水系统每年要向1 300万人口、2 000万人次的旅游者,以及工业企业提供稳定可靠的水源。现有自来水厂94个,日供水量264万 m³,总供水量中有69%由泰晤士河水务局直接供水,31%由7个法定的供水公司供水。

保证供水是泰晤士河治理和建设中的一个主要问题。为了提高供水能力,最近几年在流域内连续修建了山丘区水库和平原水库,总蓄水能力为9亿 m³,其中调剂伦敦地区用水的有11座水库,总调蓄水量可供伦敦市用100 d。

(2)水污染控制。泰晤士河流域内已建污水处理厂476座,日处理污水量438万 m³(其中约有100万 m³ 也可处理暴雨进入下水道的污水)。全流域内下水管道总长4.5 km。泰晤士河流域中的一切污水均须经过处理后才允许排入河中或注入地下。泰晤士河的污染防治工作取得了明显的成效,除受潮水影响的河段外,其他河段的水质均已达到饮用水的水质标准。

(3)防洪防潮。在1875年、1877年和1894年,潮水曾进入伦敦。1928年1月,泰晤士河达到有记录以来的最高洪水位,伦敦大部分市区被淹。1953年特大风暴潮又进入伦敦市区,使300多人丧生,于是提出修建挡潮闸。在修建挡潮闸的同时,改善了闸上、下游堤防,加强并健全了防洪组织,建立了防洪预报系统。

(4)由于英国四季雨量较均匀,该国的农作物种植一般不需要修建专门的从河道提水的灌溉设施。

七、考察苏丹、埃及的尼罗河及灌区的泥沙处理模式

(一)河流及水文特征

尼罗河长约6 700 km,是世界上第二大河,在埃及境内1 350 km,流域面积2 978 000 km²,是非洲一条国际河流,流经国家有苏丹、埃及、布隆迪、刚果、坦桑尼亚、乌干达、肯尼亚和卢旺达等9国。主要有三条支流,见图5-2-3,即发源于坦桑尼亚和肯尼亚大湖高原的白尼罗河和发源于埃赛俄比亚高原的蓝尼罗河和阿尔伯特河(Albert River)。在开罗以下分为两个支流,即约西塔(Rosetta)和达米埃塔(Darmietta),流入地中海。流域内雨量分布极不均匀,蓝尼罗河和阿尔伯特河发源地年降雨量高达1 000 ~ 1 800 mm,白尼罗河流域年均降雨量800 ~ 1 000 mm,而在埃及境内年均降雨量只有25 ~ 150 mm,因此埃及是世界上最严重的缺水国家之一。

阿斯旺大坝位于苏丹、埃及之间,于1960年1月动工,1964年5月截流,至1970年建成。水库回水长度500 km,其中350 km在埃及,150 km在苏丹,水面面积达4 000 km²,大坝建成后库区称作纳赛尔湖(Lake Nasser),水库183 m水位下总库容1 680亿 m³,其中防洪库容470亿 m³,兴利库容900亿 m³,死库容310亿 m³ 作为拦沙坑,水库总装机容量2 100 MW。水库的主要目的是灌溉、发电和防洪。

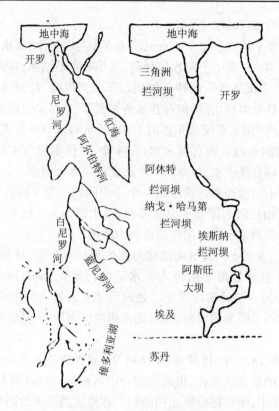

图 5-2-3　尼罗河系统图

尼罗河在阿斯旺处的水量变化,1860～1900 年期间的年平均水量为 1 100 亿 m³,1900～1991 年期间的年平均水量为 850 亿 m³,水量的这种巨大变化是由于非洲季风气候变化造成的。

阿斯旺大坝以下尼罗河埃及境内多年来还修建了许多著名的拦河闸坝,干流上有埃斯纳(Isna)、纳戈·哈马第(Nag Hamady)、阿休特(Asyut)及开罗以下尼罗河三角洲的 Doelta、Idfina、Zifta 及 Fariskur 等 7 座拦河闸坝。这些闸坝的功能是调节河道水位,控制流量,灌溉、通航,桥面兼有交通作用。由于阿斯旺大坝运用后,尼罗河水的含沙量极小,上述拦河闸坝的运用,没对河流运用形态造成大的影响。

本书作者卞玉山 2004 年 8 月应邀考察了埃及尼罗河灌溉及阿斯旺大坝,乘车沿尼罗河下游的开罗上行,行程千余千米。经中游的卢克索到上游的阿斯旺大坝考察,看到的是:沿程河道两岸已经渠化,流势稳定,河水没有污染,清澈见底,水鸟在河面上飞,鱼儿在草丛中潜游,船队在河道中航行,河两岸的引水闸引出尼罗河水灌溉着肥沃的农田,一派人与自然和谐相处、生机盎然的景象。

(二)河流泥沙特征

1.阿斯旺建坝前后河流泥沙变化

白尼罗河流经的地区主要是沼泽地,由于沼泽地对洪水和泥沙有拦蓄作用,同时蒸发渗透损失较大,其来水量仅占全河水量的 24%,因此尼罗河下游的来水来沙量主要来自蓝尼罗河和阿尔伯特河。

尼罗河在阿斯旺处,1860~1900年期间的年均悬移质输沙量为2亿t,1900~1964年期间的年均悬移质输沙量为1.6亿t。据1861~1964年的长系列资料,尼罗河年均总泥沙量(沙+淤泥+黏土)在1.6亿~1.78亿t变化;冲泄质(淤泥+黏土)大约1.12亿t,主要淤积在农田;沙量在0.5亿~0.66亿t,即相当于0.3亿~0.4亿m^3,这些沙子进入大海,并引起尼罗河三角洲海岸线的推进。

自从1964年以来,由于阿斯旺大坝的兴建,很少有泥沙通过阿斯旺大坝,泥沙迅速淤积在大坝上游的纳赛尔湖内,并引起尼罗河三角洲海岸线的严重侵蚀。

2.阿斯旺高坝水库的泥沙淤积

阿斯旺高坝水库是蓄水水库,泥沙基本上都拦蓄在库内,排出的泥沙很少。完全截流后(1965年),基本下泄清水。阿斯旺高坝水库正常运用水位为175 m,最多降至死水位146 m,同时是典型的湖泊型水库,泥沙淤积集中在距坝260 km至480 km的回水区上段。尽管水库库容高达1 680亿m^3,而每年入库的泥沙有1.6亿t,淤积仍然是比较严重的。尼罗河研究院1992年5月采用回声探测系统,对阿斯旺高坝水库进行了测量,回水区上段的最大淤积厚度已达30 m。从泥沙粒径的沿程分布看,粗颗粒泥沙首先落淤,然后沿程淤积细化,距坝480 km左右淤积泥沙的中值粒径在0.3 mm左右,至距坝360 km左右中值粒径为0.05 mm以下的泥沙就已经落淤。实测1973~1992年阿斯旺高坝水库的淤积量达到8.5亿m^3。

3.下游河道的演变

阿斯旺高坝水库建成后,洪水期最大日平均流量由建库前10 000 m^3/s降至现在的2 500 m^3/s,水库基本下泄清水。这些水力条件的剧烈调整对下游河道产生显著影响,造成河道的冲刷与比降减小。

1964年建坝以前悬移质输沙量比较大,且沿程向下游递减,这是水流在下游漫滩带来泥沙淤积的必然结果。1964年大坝部分截流后,河床冲刷比较明显,下游河道悬移质泥沙在一年内的沿程增加量超过2 500万t,1965年完全截流后大坝下泄的泥沙量基本为零,但从河床上冲起的泥沙量1965~1967年间每年不到1 000万t,1967年以后则每年不足500万t。阿斯旺大坝修建后下游河道平均下切了0.25 m。

阿斯旺大坝以下7座拦河闸坝的运用,也没造成闸坝前的泥沙淤积及改变河流形态。

4.河口海岸的演变

尼罗河三角洲自新冰河时期就开始形成,这一过程主要是尼罗河老流路挟带的泥沙在地中海动力作用下沉积的结果。阿斯旺大坝修建后拦蓄上游的来沙,使得进入河口的泥沙大幅度减少,造成尼罗河口海岸的侵蚀加重。尼罗河约西塔(Rosetta)流路河口的海角形成于公元500~1000年,1500~1900年期间海角东西两侧各推进了11 km和8.5 km,而在1900~1991年期间则分别各蚀退4.4 km和5.8 km。很明显侵蚀始于1902年,修建阿斯旺低坝和沿尼罗河系列拦河坝,至1964年平均每年蚀退20 m,而在1964建阿斯旺高坝至1991年期间,海角两侧的侵蚀速度分别明显地增至每年120 m和240 m,这反映了阿斯旺低坝和高坝拦截上游泥沙的作用结果。

(三)尼罗河灌区的引水及泥沙处理模式

尼罗河是埃及的母亲河,尼罗河流域是埃及农业和经济发展的主要区域。

很久以前,古埃及人就认识到尼罗河在他们生活中的重要性,因此竭尽全力对其加以利用,并通过加筑河堤和大坝来治理洪水。

对尼罗河的治理工作大概开始于公元前 3400 年,当时统一了上、下埃及的梅尼斯(Menes)就通过建造运河和挖掘沟渠来开垦尼罗河的左岸。

埃及历史上的第一次农业灌溉是随着公元前 3050 年尼罗河漫灌系统的出现而产生的,采用这种漫灌系统的庄稼每年只收获一季,直到 1820 年,漫灌系统一直是埃及人唯一的灌溉方法。后来,人们开始种植棉花和甘蔗,这就要求将一部分漫灌土地转变为可终年灌溉耕种的土地。1861 年,在尼罗河三角洲的顶点处卡那第尔·埃尔卡利亚地区,穿过丹米埃塔(Damietta)和罗塞塔(Rosetta)两条支流,建造了两座拦水坝来为终年耕种的土地提供灌溉用水。

20 世纪前期,埃及的灌溉系统有了很大的提高,著名的阿斯旺大坝就是解决蓄水问题的第一个行之有效的设施。它从 1898 年开建,1902 年竣工,其蓄水量达到 10 亿 m^3。为适应夏季水量增加的需要,1912 年坝再一次被加高,蓄水量达到 25 亿 m^3。之后,在 1933 年时又一次被加高,蓄水量达到了 50 亿 m^3。

阿斯旺大坝全长 2 140 m,包括 180 个水闸,通过水闸的水流由辊式闸门控制。沿尼罗河西岸矗立着五个船闸,一个比一个高,依次排列。

随着拦河坝的进一步修建,常年的灌溉面积增大了,阿斯旺大坝也得到了发展,具体表现在:位于尼罗河阿斯旺大坝下游 170 km 处的 Isna 拦河坝完工于 1908 年,目的是保证在上埃及(Upper Egypt)南部进行果园灌溉。纳戈·哈马第(Nag Hamady)拦河坝是 1930 年为了进一步拓展上埃及的灌溉面积而在 Nag Hamady 村附近修建的。1952 年,为了满足由于三角洲北部地区农耕面积扩大带来的灌溉需求,Zifta 拦河坝被重修,不仅修复了拦河坝的石工部分和钢闸门,而且还增大了落差。

在 20 世纪中期以前,漫灌系统面积达到 973 千费丹(约 409.04 hm^2)。在大坝完成之后,所有漫灌系统都实现了终年灌溉。

20 世纪下半叶,埃及农业灌溉有了新的发展。阿斯旺大坝在 1968 年竣工,成为连接尼罗河治理与灌溉农业发展的一系列工程的桥梁。

埃及现有人口 7 000 万人,主要集中在占国土面积 5% 的尼罗河谷和尼罗河三角洲地区,全国约有 96% 的人口聚居在此。目前,埃及的全部耕地和灌溉面积 700 万 hm^2,都集中在尼罗河两岸,由于年降雨仅有 25 ~ 150 mm,只有靠尼罗河水灌溉,可谓是无灌溉即无农业。

由于阿斯旺大坝水库的调蓄及下游埃斯纳、纳戈·哈马第、阿休特等 7 座著名拦河闸坝的调控作用很强,尼罗河两岸农业灌溉的水量和水位得到了很好保证,水质保护亦很好,河两岸建有很多灌区的引水枢纽,其模式是不带防沙、排沙功能的进水闸,闸后也不需配沉沙设施。闸后的干渠衬砌的目的是防渗,增加输水能力,减少输水损失。大的干渠由政府管理,小的渠道由农场或农户联合管理。水送到农场后,由农场或用水协会组织农户浇地,埃及 27 个省,共有 6 000 个农民用水协会。

埃及农业用水主要来自以下几个方面:①尼罗河水。这是埃及整个国民经济用水的主要来源。按照历史上埃及与苏丹政府达成的协议,埃及每年分得尼罗河水 555 亿 m^3,

其中约 86%（大约有 477.3 亿 m^3）用于农业灌溉。②地下水。尼罗河谷及三角洲含水层中地下水每年约开采 46 亿 m^3（浅水），沙漠深部含水层的地下水（承压水）每年约开采 5 亿 m^3。③降水。可利用量不到总降雨量的 50%。④农业废水（主要指农田排水和灌溉中的回水）及城市废水的回收再利用。对农业废水采取与地表水、地下水综合利用的方法，每年达到 47 亿 m^3。城市废水通过净化用于农业，目前处于试验及小面积应用阶段，每年约 5 亿 m^3。

由于埃及人口增加较快，由 20 世纪 50 年代的 2 000 多万人口，到 90 年代末增加到 6 600 万人口，导致埃及水需求量的大幅增加，由六七十年代的 600 亿 m^3 增加到目前的 700 亿 m^3。在这种形势下，如何加强水资源的管理，加强农业节水灌溉技术的研究与推广，日益受到埃及政府的重视。为了扩展生存空间，造福子孙后代，埃及政府从 20 世纪 90 年代末开始兴建东水西调大型水利工程，旨在通过对有限水资源最大化利用，实现国民经济均衡和可持续发展。

1997 年 1 月开工的图什卡运河工程东起尼罗河干流上的纳赛尔湖，西至埃及西南部沙漠腹地，包括 18 个提水站、3 个备用提水站，一条 50 km 长的干渠和两条各长数百千米的支渠，耗资大约 13 亿美元。第一阶段工程包括两个大型提水站、50 km 长的干渠和一段支渠，2003 年已经竣工。

据介绍，整个东水西调工程将使埃及西南部大约 42 万 hm^2 的荒漠变成农田。在新开垦地区，将兴建 15 座城镇，在 20 年内计划安置至少 200 万移民，以缓解尼罗河沿岸地区人口过度密集的压力。除发展农业外，埃及政府还计划利用西南部地区丰富的矿产资源发展冶金和建材工业。由此，埃及人生活的土地面积将由狭窄的 5% 扩至 25%。

八、考察南非莱索托国的奥兰治河

本书作者卞玉山 2004 年 8 月应邀赴南非考察期间，考察了奥兰治河。

（一）河流概况及水文特征

奥兰治河是非洲南部的一条重要河流，发源于莱索托境内德拉肯斯山脉中的马洛蒂山，向西流经南非中部及南非与纳米比亚的边界，最后注入大西洋。从河源至法尔（Vaal）河汇入奥兰治河的河口为上游，从法尔河口至奥赫拉比斯（Aughrabies）瀑布为中游，下游段为南非与纳米比亚的界河。河流全长 1 860 km，流域面积 102 万 km^2，河口多年平均流量 490 m^3/s，年径流量 154 亿 m^3，是非洲第五大河。

奥兰治河主要支流右岸有马卡伦河、卡利登（Caledon）河、法尔（Vaal）河、赫龙瓦特河、莫洛波（Molopo）河、菲斯干（Fish）河等，左岸有克拉伊（Kraai）河、锡奎河、布拉克（Brak）河、哈特比斯（Hartbees）河。大部分支流集中在上游河段，中下游河段除间歇性河流外，无支流汇入。

法尔河是奥兰治河最大支流，发源于德拉肯斯山脉的西坡，河长 1 250 km，流域面积 19.35 万 km^2，年均径流量 44 亿 m^3。主要支流有费特河、里特河和哈兹河等。

奥兰治河发源于莱索托东部海拔 1 200～1 800 m 的高原，然后向西流经奥兰治河低地（海拔 300 m），最后注入大西洋。上游为多雨区，河源区年平均降雨量为 2 000 mm，支流众多，水量丰沛，多峡谷瀑布。中下游流经干燥地带，支流稀少，水量的季节变化很大。

在东经20°附近,河床呈阶状降落,形成著名的奥赫拉比斯瀑布,落差达122 m,是南非第二大瀑布。瀑布以下河段穿越沙漠地带,水量减少,河口有沙洲阻拦,枯水期水量甚微。

南非地形属于高原,年平均温度约16 ℃,夏季(12月至翌年2月)平均气温为21 ℃至24 ℃,而冬季(6月至8月)平均气温为4.5 ℃至10 ℃。

南非的年均降雨量仅502 mm,而且分配极不平均,如东岸的德班,年平均降雨量约为1 070 mm,但是在西岸相同纬度的诺勒斯港只有60 mm。

南非的年平均蒸发量高于年平均降雨量,西北部海峡的蒸发量甚至为其降雨量的2.5倍,一般而言,其降雨量1 500 mm,而各地的蒸发量从1 000 mm至3 000 mm不等。

奥兰治河的流量很不稳定,冬季下游常干枯见底,中游河段也因蒸发强烈,水量很小,水能资源主要集中在上游段。

(二)河流泥沙特征

奥兰治河因其河水含沙量高,当地又称"橘河"。由于不当的山坡开发,南非每年约有7.33亿t泥沙进入各级河流中,年均冲蚀深度为0.22 mm,奥兰治河上游的年均冲蚀深度为0.33 mm,年均输沙量8 470万t,河水平均含沙量5.5 kg/m³,河水中有卵石、沙砾和泥沙。

该河上游1/4的河段常年有水,中下游只有暴雨之后才有水流动,断流时间很长,河道淤积严重,其入海口亚历山大港淤塞更加严重。

(三)河流水源利用及灌溉

奥兰治河河道狭窄,陡岸较多,有许多适宜开发的中小型坝址,但都因流量不足,水电开发意义不大。而且南非需要大量生活用水,因此供水成为河流开发的首要任务。

为满足这些需要,一方面在该河筑坝蓄水,另一方面兴建沟通该河与东南部印度洋水系河流的跨流域工程,在此基础上进行水电开发。

始于1962年的奥兰治河开发工程是南非最大的多目标工程,目的是将奥兰治河的水向南引至开普省东部灌溉农田,并调节向西流到亚历山大港的流量,具有灌溉、供水、发电等多种效益,建成后灌溉30.8万 hm² 农田,提供生活用水45.8万 m³/d,年发电10亿kWh,工程包括多座大坝、两条总长135 km的引水隧洞、总长超过400 km的生活用水管道和1 360多 km的干渠。工程分6个阶段建设,总工期约30年。第一阶段工程包括两座混凝土拱坝:亨德里克维尔沃德(Hendrik Verwerd)拱坝和勒鲁(Le Roux)拱坝,奥兰治河—菲什河隧洞等,已于20世纪70年代建成。

(1)亨德里克维尔沃德拱坝建在奥兰治河上,位于奥兰治自由邦诺瓦尔斯蓬特(Norvalspont)市上游约5 km的一个峡谷内,最大坝高88 m,形成水面面积37 400 hm²、总库容59.6亿 m³ 的水库。电站装机4台,总容量32万 kW。

(2)勒鲁坝位于亨德里克维尔沃德坝下游约112 km处,最大坝高107 m,大坝形成面积138.7 km²、总库容32.87亿 m³ 的范德克卢夫(Van Der Kloof)水库,水电站装机容量22万 kW,在坝址下游左右两岸各建一套渠系,能保证灌溉22 400 hm² 的土地,其中奥兰治河南岸,在勒鲁坝和雷普顿之间的农田有13 600 hm²;奥兰治河北岸,从坝到开普省与奥兰治自由邦的边界有农田8 800 hm²。右岸渠系初期流量为57 m³/s,后期加深后流量达到114 m³/s。

（3）奥兰治河—菲什河隧洞是世界上最长的输水隧洞之一，目的是将奥兰治河的水向南引到开普省东部的菲什河。隧洞直径 5.35 m，全长 82.5 km，从享德里克维尔沃德水库引水。水通过一座进口控制塔进入隧洞，控制塔在不同高程处都设置了进水口以对应不同的水位，进口处洞底高程比水库正常蓄水位低 30.5 m，能抽取 88% 左右的库容。隧洞底坡为 1:2 000，出口处洞底高程比进口处约低 41 m。隧洞最大流量 57 m³/s。

法尔河上建有：哈茨坝（Harts），1938 年建成，库容 0.667 万 m³；法尔坝（Vaal），1938 年建成，库容 25.29 亿 m³；布卢姆霍夫坝（Bloemhof），1970 年建成，库容 12.73 亿 m³；格罗特兰伊坝（Grootdraai），1981 年建成，库容 3.6 亿 m³。4 座水库库容共约 42 亿 m³，多用于灌溉和供水。据估计，从法尔河引用的水量 1985 年为 20.4 亿 m³，2000 年增至 34 亿 m³。已建工程尚不能满足灌溉与供水需求。

第二节　国内典型多沙河流灌区泥沙处理模式的考察与研究

中国的多沙河流灌区，大致分为两类，一类是平原型多沙河流灌区，另一类是山丘型多沙河流灌区。本文作者卞玉山多年来潜心致力于平原型多沙河流灌区——黄河下游引黄灌区泥沙治理的研究，同时也考察了山丘型多沙河流灌区，如新疆的玛纳斯河、金沟河、八音沟河、奎屯河、古尔图河等灌区，对各类典型灌区的泥沙处理模式进行了认真研究。

一、考察中国新疆多沙河流灌区泥沙处理模式

（一）新疆多沙河流概况及水文泥沙特征

新疆的水源，来自三座大山，北为阿尔泰山，中为天山，南为昆仑山，年径流量约 800 余亿 m³，河流众多，全区大小河流 721 条，多发源于四周几大山脉和中部天山南北麓，大都属于山溪性多沙内陆河流。河道流程短、水量小，水量主要靠高山降水、冰雪融化补给，受气温影响较大，加上暴雨影响，水量年内分配极不均匀。洪枯流量变化大，仅 7、8 两月水量占年径流的 50% ~ 80%。在枯水期往往断流，河流流经山区，坡度陡，冲积扇两岸植被差，多为沙砾石阶地，河床由沙砾石组成，覆盖厚，常深达十余米至数十米。汛期洪水来势凶猛，挟带大量泥沙，有些山洪沟甚至产生泥石流，顺河而下，形成大量的推移质和悬移质泥沙。最严重的，如奎屯河、克孜河、八音沟河，洪水期悬移质含沙量 7 ~ 14 kg/m³，一般河流 1 ~ 5 kg/m³。另外推移质为悬沙的 12% ~ 15%，粒径一般在 0.5 ~ 50 cm，大者可到 80 cm 以上。各河流在渠首河段的泥沙情况见表 5-2-5。

（二）新疆典型多沙河流灌区渠首引水枢纽及沉沙池工程模式

中华人民共和国成立前新疆没有永久性的引水工程，均用临时性的压梢堵坝引水，不但引水率极低，引水得不到保证，水源不能充分利用，并且耗费了大量人力、物力。

表 5-2-5　新疆典型河流的泥沙来量情况表

河名	项目	多年平均 输沙量 （万 m³）	多年平均 含沙量 （kg/m³）	实测年限 起止年份	年数
玛纳斯河	悬移质 推移质 悬 + 推 推占悬(%)	181.50 14.20 195.70 7.8	1.94 0.33 2.27	1963 ~ 1968 1963 ~ 1967	6 5
金沟河	悬移质 推移质 悬 + 推 推占悬(%)	22.96 5.09 28.05 22.2	1.04 0.28 1.32	1962 ~ 1968 1962 ~ 1968	7 7
八音沟河	悬移质 推移质 悬 + 推 推占悬(%)	140.60 13.11 153.71 9.3	4.45 0.60 5.05	1959 ~ 1969 1959 ~ 1969	11 11
奎屯河	悬移质 推移质 悬 + 推 推占悬(%)	83.45 24.43 107.88 29.3	2.78 0.81 3.59	1964 ~ 1970 1964 ~ 1970	7 7
古尔图河	悬移质 推移质 悬 + 推 推占悬(%)	21.51 5.45 26.96 25.3	1.37 0.35 1.72	1966 ~ 1968 1966 ~ 1968	3 3
大西沟青年渠首	悬移质	6.21	2.40	1963	1

中华人民共和国成立后在全疆大、中、小河流上共修建永久性引水工程 349 座,其中大、中型永久性引水工程 77 座。总引水能力 6 038 m³/s。

中华人民共和国成立初期,曾修建过老一代印度式(正面泄洪、冲沙,侧面引水)引水枢纽。如 1956 年在乌鲁木齐和八音沟河修建两座印度式永久性引水渠首,结果渠首和干渠淤积严重,引水比仅为 35% ~ 44%,有时甚至不能引水。老一代印度式渠首不适合山溪性多沙河流的特性,修成后一场洪水就将低拦河坝淤平,无法引水,被淘汰。

1958 年费尔干式引水枢纽从苏联传入新疆以后,成为新疆第一代弯道式引水渠首。至今相继修建了三十余座,并先后修建曲线沉沙池配合渠首工程,它们对防止泥沙入渠起到了良好的效果,引水比提高到 43.8% ~ 82.6%。

1. 玛纳斯河灌区渠首引水枢纽

玛纳斯河流域总面积 2.4 万 km²,年径流总量 22 亿 m³,另有可开采地下水 10 亿 m³。

主要灌区位于平原区,海拔300~500 m,可耕地约700万亩。

中华人民共和国成立以来,共修建水库25座,总库容5.2亿 m^3 ,各类渠道2.3万 km,打机井1 500眼,年提水2.5亿 m^3 ,建成水电站9座,共装机6万多 kW。该流域现有灌溉面积410万亩,其余300万亩耕地将全部开发。灌区开发也带来一些不良影响:园林林木遭砍伐,致使少量沙丘开始松动;玛纳斯河水全部拦蓄后,下游生态环境恶化;由于渠道渗漏、土地不平整、灌溉不良等原因,部分灌区发生土壤次生盐渍化。

1)玛纳斯河灌区的渠首引水枢纽是典型的弯道式即费尔干式引水枢纽

其原理是:仿照天然河湾,整治河道,建成人工弯道,在弯道凹岸下游建进水闸,河道中建冲沙闸,利用弯道环流"正面引水、侧向排沙"的原理,将表层清水引入进水闸,而将底沙排往冲沙闸及下游。在河道主河槽建泄洪闸和溢流堰,以调节洪水及灌溉流量,见图5-2-4。

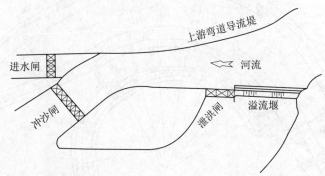

图5-2-4　玛纳斯河灌区渠首引水枢纽布置图

2)引水枢纽运用效果分析

新疆弯道式引水渠首由于引水比较高,部分泥沙仍会随水入渠。中小洪水期,灌溉用水紧张,引水比往往高达100%,泥沙进渠现象更难避免。表5-2-6是新疆部分渠首的引水、引沙情况。

表5-2-6　新疆费尔干式渠首引水枢纽多年平均引水、引沙情况

名称	玛纳斯河渠首	金沟河渠首	八音沟河渠首	奎屯河旧渠首	古尔图河旧渠首	古尔图河新渠首	青年渠首
资料年限	1959~1970	1963~1970	1958~1970	1961~1970	1962~1968	1969~1970	1961~1968
多年平均来水量(亿 m^3)	13.27	3.21	3.28	4.57	2.63	3.02	1.76
多年平均引水量(亿 m^3)	10.00	2.32	2.11	2.84	1.87	2.50	1.14
多年平均引水比(%)	75.4	72.5	64.3	62.0	71.2	82.8	64.8
年最大引水比(%)	86.45	79.1	83.4	73.1	82.7	84.2	83.5
多年平均引沙比(%)	47.5	—	23~40	39~58	39.3	15	25

2. 渠首曲线形沉沙池

从表5-2-6看,一般渠首进沙比都较大,所以新疆在山溪性多沙河流上修弯道引水渠首时,一般都建有曲线沉沙池,对泥沙进行第二次处理。较大规模的底格栅引水渠首也建有曲线形沉沙池,主要分布在北疆沿天山一带。

1)曲线形沉沙池的工作原理和设计原则

曲线形沉沙池见图5-2-5,实质上是一个具有90°内角、混凝土衬砌的宽阔弯曲渠段,利用弯道内水流的横向环流原理,连续不断地将推移质泥沙移向凸岸,通过沿凸岸布置的一系列冲沙廊道利用水力将泥沙排走。

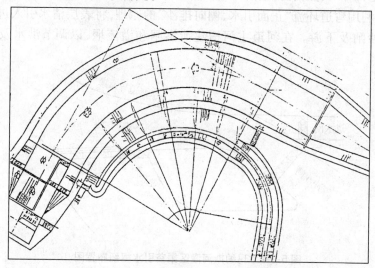

图 5-2-5　古尔图河新渠首曲线形沉沙池平面图

曲线形沉沙池冲沙廊道采用平板闸门为好。直立式平板闸门在关闭方面虽比斜拉式有了很大改进,但因闸槽内仍有泥沙停积而关不严密,为此采取在离廊道底板20 cm高度内不设闸门槽的办法才比较好地解决了这个问题。

冲沙廊道也不可忽视在闸门后设立通气孔。玛纳斯河渠首曲线沉沙池冲沙廊道就曾因忽视了这个问题而导致廊道内产生负压,加剧了廊道的破坏过程。后来加设了直径为2 in的通气管后,才解决了问题。通气管的补气作用是极其明显的。

曲线沉沙池中心线的弯曲半径为底宽的4倍。根据要处理的泥沙粒径的大小决定沉沙池的相对水深 H/B,即沉沙池水深和底宽的比值。在新疆,曲线沉沙池主要处理推移质泥沙,粒径一般在 5 ~ 80 mm。相对水深 H/B 取用 1/8 ~ 1/15。

相对水深确定后,如果在横向断面上水深不变,则凸岸渠底的逐渐淤高,会使环流削弱。因此,沉沙池在横断面上做成向凸岸倾斜的横向斜坡,以增强排除推移质泥沙的能力。横向坡降为 1/8 ~ 1/10。沉沙池纵坡则取为零。设计流速一般控制在 1.5 m/s 左右,随所要处理的泥沙粒径大小而增减。

在沉沙池凸岸坡脚处布置 5 ~ 12 孔冲沙廊道。廊道进口设闸门控制冲沙流量,廊道出口与排沙明渠相接。排沙明渠流向与沉沙池流向相反,自最后一孔廊道流向最前一孔廊道,以使沉沙池首部几个挟沙量大的廊道出口处于排沙明渠流量逐渐增大的下游段,以利排除泥沙。

排沙明渠设计成急流状态,流速最好大于 3 m/s,使其具有足够的挟沙能力,将所有从冲沙廊道冲出来的泥沙顺利排向大河去。

2)曲线形沉沙池的运用效果分析

曲线形沉沙池是渠首工程的重要组成部分。大河洪水所含推移质泥沙较多,弯道式引水枢纽虽然可以减少泥沙入渠,但仍有一部分泥沙(包括粗沙和中、小砾石)会随水流进入渠道。因此,必须在干渠渠首段进行二次排沙处理。曲线形沉沙池由于环流和水力冲沙的作用,通过廊道和排沙明渠可将进入干渠的泥沙排至下游河槽。新疆的多沙河流灌区,除青年渠首和奎屯河新渠首未设沉沙池外,其余渠首均设有曲线形沉沙池。八音沟渠首在1961年也由原来双厢式沉沙池改为曲线形沉沙池。

据调查,玛纳斯河、八音沟河、奎屯河、古尔图河渠首曲线形沉沙池的排沙效果是十分良好的。从几个渠首沉沙池使用情况看,推移质每年可由此排走 2 万 ~ 14.42 万 m³,占总干渠入渠推移质泥沙的90% ~ 100%,见表5-2-7。这对防止或减少泥沙入渠,保证灌溉和发电用水起到了决定作用。由沉沙池排沙明渠排出的泥沙粒径最大者玛纳斯河渠首为14 ~ 19 cm。其颗粒组成见表5-2-8。

曲线形沉沙池排沙效果如此显著,而冲沙用水却只占总干渠流量的15% ~ 20%,冲 1 m³ 推移质泥沙所需水量一般为 600 ~ 1 500 m³,比冲沙闸集中冲沙所需水量少得多。

表5-2-7　新疆部分费尔干式渠首曲线形沉沙池运用效果

水沙状况		玛纳斯河渠首	八音沟河渠首	奎屯河旧渠首	古尔图河旧渠首
大河	年平均沙量(万 m³)	14.20	13.11	24.43	5.90
	年最大沙量(万 m³)	21.40	19.62	29.05	8.61
总干渠	年平均沙量(万 m³)	6.75	3.04		3.39
	年最大沙量(万 m³)	9.50	4.59		4.03
曲线形沉沙池排沙明渠	年平均沙量(万 m³)	6.07	2.02	10.25	3.07
	年最大沙量(万 m³)	9.90	3.62	14.42	3.30
	年平均水沙比	1 420	1 456	589.4	687
	年最小水沙比	860	1 290	374	632
	年最大输沙率(kg/s)	152.9		76.4	
沉沙池与总干渠	年平均分沙比(%)	90	100.7		90.6
	年最大分沙比(%)	110	147.5		99.9
沉沙池与大河	年平均分沙比(%)	42.8	17.1	41.9	52.1
	年最大分沙比(%)	46.2	36.8	49.4	86

注:1.所计数字均为推移质泥沙;
　　2.沉沙池与总干渠分沙比大于100%部分是由于渠首与沉沙池之间的渠段从渠坡掉入一部分泥沙或由风刮入一部分泥沙。

表 5-2-8　玛纳斯河灌区渠首曲线形沉沙池排出推移质颗粒分析表

项目	颗粒组成（mm）					
	>80	80~40	40~20	20~10	10~5	<5
含量百分率（%）	4.1	23.8	23.1	26.4	12.5	1.1

二、中国黄河的水文泥沙特征及灌区泥沙处理模式研究

（一）黄河流域地形地貌

黄河发源于青藏高原的巴颜喀拉山，流域西起巴颜喀拉山，东临渤海，北抵阴山，南达秦岭，横跨青藏高原、内蒙古高原、黄土高原和华北平原四个地貌单元。流域地势西高东低，大致可分为 3 个阶梯。第一阶梯是西部的青海高原，位于青藏高原的东部，平均海拔高度在 4 000 m 以上。第二阶梯大致以太行山为东界，海拔 1 000~2 000 m，本区内白于山以北属内蒙古高原的一部分，包括黄河河套平原和鄂尔多斯高原，白于山以南为黄土高原、秦岭山脉及太行山地。黄土高原北起长城，南接秦岭，西抵青海高原，东至太行山脉，海拔一般为 800~2 000 m，主要为近 200 万年以来的风成堆积，是世界上一个主要的黄土分布区，流域内黄土面积约 28 600 km²。黄土高原地貌形态较复杂，主要由塬、梁、峁组成，水土流失十分严重，是黄河泥沙的主要来源地。黄河干流河口镇至龙门长 725 km 的河段内，峡谷深邃，谷深 100 余 m，谷底高程由 1 000 m 降至 400 m，两岸汇入的支流密度最大，切割侵蚀也最为强烈，其中产沙量最大的是无定河、窟野河、皇甫川等。第三阶段自太行山以东至滨海，由黄河下游冲积平原和鲁中丘陵组成。

（二）干流河段的水沙特征

黄河上、中、下游河段的特征值见表 5-2-9，黄河各干流段支流众多，直接入黄支流中，大于 100 km² 的 220 条，其中大于 1 000 km² 的 76 条。这些支流呈不对称分布，沿程汇入不均，而且水沙来量悬殊。兰州以上有支流 100 条，其中大支流 31 条，多为产水较多的支流；兰州至托克托有支流 26 条，其中大支流 12 条，均为产水较少的支流；托克托至桃花峪有支流 88 条，其中大支流 30 条，绝大部分为多沙支流；桃花峪以下有支流 6 条，大小各占一半，水沙来量有限。

表 5-2-9　黄河干流各段特征值表

河段	起讫地点	流域面积（km²）	河长（km）	落差（m）	比降（‰）	汇入支流（条）
全段	河源—河口	752 443	5 463.6	4 480.0	8.2	76
上游	河源—河口镇	385 966	3 471.6	3 496.0	10.1	43
	①河源—玛多	20 930	269.7	265.0	9.8	3
	②玛多—龙羊峡	110 490	1 417.5	1 765.0	12.5	22
	③龙羊峡—下河沿	122 722	793.9	1 220.0	15.4	8
	④下河沿—河口镇	131 824	990.5	246.0	2.5	10

续表 5-2-9

河段	起讫地点	流域面积（km²）	河长（km）	落差（m）	比降（‰）	汇入支流（条）
中游	河口镇—桃花峪	343 751	1 206.4	890.4	7.4	30
	①河口镇—禹门口	111 591	725.1	607.3	8.4	21
	②禹门口—三门峡	190 842	240.4	96.7	4.0	5
	③三门峡—桃花峪	41 318	240.9	186.4	7.7	4
上游	桃花峪—河口	22 726	785.6	93.6	1.2	3
	①桃花峪—高村	4 429	206.5	37.3	1.8	1
	②高村—艾山	14 990	193.6	22.7	1.2	2
	③艾山—利津	2 733	281.9	26.2	0.9	1
	④利津—河口	574	103.6	7.4	0.7	0

注:1. 汇入支流是指流域面积在 1 000 km² 以上的一级支流;
2. 落差从约古宗列盆地上口计算。

（三）干、支流水库调节

黄河水量年内分配严重不均,年际变化也很大,不能适应用水需要。为了提高水资源利用率,并实现水资源的综合利用,修建了各种蓄水工程和综合利用调节水库。据 1989 年统计,流域内大、中、小型水库及其分布见表 5-2-10。

表 5-2-10 黄河流域已建水库统计(1989 年统计)

类别	上游		中游		下游		全流域	
	数量	总库容（亿 m³）	数量	总库容（亿 m³）	数量	总库容（亿 m³）	数量	总库容（亿 m³）
大型	4	318.4	8	126	4	3.96	16	448.4
中型	30	11.68	96	27.58	12	3.21	138	42.5
小型	467	4.91	2 080	22.63	803	4.50	3 350	32.5
合计	501	335	2 184	176.21	819	11.67	3 504	523.4

黄河干流上具有重大影响的综合利用工程,按其修建年代先后,依次为三门峡、刘家峡、龙羊峡及小浪底水库。

1. 三门峡水库

在设计洪水位 340 m 时总库容为 162 亿 m³,初期运用水位 335 m 高程时,总库容为 96.4 亿 m³。该工程 1960 年 9 月投入运用后,先后经历了蓄水运用期(1960 年 9 月至 1962 年 3 月)、滞洪运用期(1962 年 4 月至 1973 年 12 月)和蓄清排浑控制运用期(1974 年至今)。自 1960 年 9 月至 1990 年 10 月,全库区共淤积泥沙 59.6 亿 m³,其中潼关以上约占 55%,潼关以下约占 45%,绝大部分是在蓄水运用和滞洪运用期间发生的。30 年内库区还发生塌岸,总量约 8 亿 m³。目前三门峡水库的运用方式为非汛期(每年 11 月至翌年 6 月)实行有限度蓄水,以满足下游防凌要求和补充春季灌溉用水,最大蓄水量 12 亿~14 亿 m³,汛期(每年 7~10 月)实行控制运用,改建后的三门峡工程,对黄河下游防洪、防凌、灌溉及发电起到重要作用。

2. 刘家峡水库

刘家峡水库在正常蓄水位以下总库容为 57 亿 m³,有效库容 41.5 亿 m³,可以进行不完全年调节,电站装机容量 116 万 kW,年发电量 55.8 亿 kWh。该工程于 1968 年 10 月开始蓄水,1969 年 3 月开始发电,是一个以发电为主兼有灌溉、防洪、防凌等效益的综合利用工程,对西北地区的经济发展起了重要促进作用。水库运用原则是以满足河口镇以上沿黄灌区的用水和河口镇最小流量为约束条件,调节流量供发电需要,每年春季宁蒙河段开河时,控制下泄流量以减轻凌汛灾害。从 1968 年开始蓄水到 1986 年龙羊峡水库投入运用,刘家峡水库平均每年汛期蓄水约 27 亿 m³,并拦蓄了一部分泥沙,到 1986 年库内共淤积泥沙 10.78 亿 m³。

3. 龙羊峡水库

龙羊峡水库正常蓄水位 2 600 m 以下的总库容为 247 亿 m³,其中有效库容 193.5 亿 m³,可以进行多年调节。电站装机容量 128 万 kW,年发电量 60 亿 kWh,可增加下游 7 个梯级电站保证出力 40 万 kW,年发电量 28 亿 kWh。

4. 小浪底水库

小浪底工程位于黄河最后一段峡谷的出口附近,是一个以防洪、防凌、减淤为主,兼顾灌溉、发电、供水的综合利用工程。正常蓄水位 275 m 以下总库容 126.5 亿 m³,装机容量 180 万 kW,于 2001 年投入使用。

(四)引黄灌区的渠首引水工程及泥沙处理模式

1. 引黄灌溉

黄河流域是中国的主要灌溉农业区。20 世纪 80 年代,年均引黄河水 291.7 亿 m³,灌溉面积 9 898.8 万亩(含井灌面积),约占全国总灌溉面积的 1/7。其中,上游引水 122.5 亿 m³,占全河的 42%,灌溉面积 1 533.0 万亩,占全河的 15.5%;中游引水 59.4 亿 m³,占全河的 20.4%,灌溉面积 3 327.2 万亩,占全河的 33.6%;下游引水 109.8 亿 m³,占全河的 37.6%,灌溉面积 5 038.6 万亩,占全河的 50.9%。中华人民共和国成立 50 余年来,黄河水资源的开发利用,大大地促进了黄河流域及灌溉区域农业的增产,用占不到粮田总面积 1/2 的灌溉面积,生产了 2/3 的粮食总产量,并缓解了部分地区工业、城市生产生活用水问题。

2. 黄河下游的引黄渠首工程及泥沙处理模式

黄河下游发展引黄灌溉的有河南、山东两省。黄河流经河南省 6 地市,能够引黄河水灌溉的 27 个县(市、区),目前已建引水涵闸 33 处,虹吸 22 处,渠首扬水站 13 处,总设计引水能力 1 896.6 m³/s。20 世纪 80 年代平均引水 25.9 亿 m³,引沙 2 449 万 t。有万亩以上灌区 30 余处,设计灌溉面积 1 136.3 万亩。

山东省位居黄河最下游,黄河流经山东省 9 个地市 25 个县(市、区)。能用上黄河水的有 11 个地市 79 个县(市、区)。目前,已建引水涵闸 56 座,虹吸管 49 条,渠首扬水站(船)28 处,设计引水能力 2 199 m³/s。20 世纪 80 年代年平均引水 76 亿 m³,引沙 6 400 万 t,有万亩以上引黄灌区 70 余处,设计灌溉面积 3 946 万亩,近年实灌面积 2 600 万亩。无论是引水还是灌溉面积都是黄河流域最大的省。

1)黄河下游引黄灌区的渠首引水工程

黄河下游引黄灌区引水工程的基本模式是无坝弯道凹岸涵闸式引水枢纽。大多在黄河弯道凹岸建涵闸引水,利用弯道横向环流"正向引水、侧向排沙"的原理,将表层清水引入凹岸进水涵闸,而将底层粗沙排往河道凸岸下游。渠首引水工程受河道比降小和河道两岸地面比降小的制约,不能在河道上建冲沙闸将泥沙排往河道下游。渠首引水工程的进水建筑物分两类,一类为开敞式闸门,另一类为箱式涵洞。作为渠首防沙设施建设,一是临堤闸前有滩区的,在滩区引水口前兴建防沙闸,减少滩区引水渠的泥沙淤积。二是在涵闸前设置叠梁闸板,防过量河底粗沙入闸,减沙效率在 10% 左右。三是山东省近年来在张桥、刘庄、刘春家引黄灌区渠首进水涵闸前的喇叭形口门的前沿兴建橡胶坝引水防沙工程,利用弯道横向环流"正向引水、侧向排沙"的原理,并根据黄河水位和河底高程的变化,自动调节橡胶坝高程,减少入渠泥沙效果很好。实测减少入渠泥沙 26% ~ 30% ,其中,减少 0.025 mm 以上的粗沙 30% ~ 40% 。

2)黄河下游引黄灌区的沉沙池

黄河下游的引黄灌区以设沉沙池作为处理泥沙的主要设施。由于引黄涵闸底板一般低于黄河主槽溪点 1 ~ 1.5 mm,大多数渠首又缺少必要的防沙设施,大量黄河底沙经进水涵闸进入灌区。因此,需在灌区渠首设置沉沙池处理泥沙,引黄复灌以来,黄河下游引黄灌区的沉沙池处理了引进灌区总沙量的 55% ~ 60% 。

沉沙池置于灌区输沙渠末端,一般选在渠首的荒碱涝洼处。沉沙池的布置形式有串联式,如潘庄灌区一、二、三级沉沙池,如图 5-2-6 所示。也有并联式,如位山、打渔张灌区东西沉沙池,见图 5-2-7、图 5-2-8。沉沙池首端建进水控制闸,尾端建出水控制闸。沉沙池的形状有条形、矩形、迂回形、湖泊形四种,要因地制宜选用。

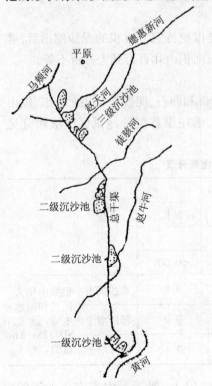

图 5-2-6　潘庄引黄灌区渠首引水和沉沙工程示意图

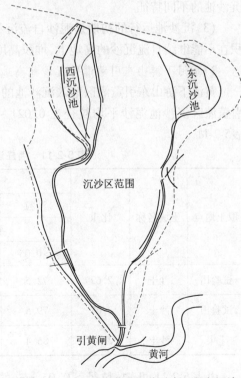

图 5-2-7　位山引黄灌区渠首引水工程和沉沙池布置示意图

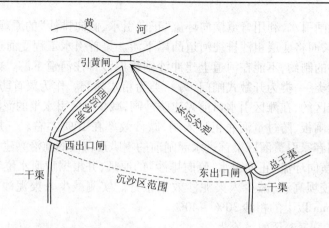

图 5-2-8　打渔张灌区渠首引水和沉沙工程布置示意图

沉沙池的设计原理及运行特征是:

(1)当进入引黄涵闸的浑水经输沙渠进入沉沙池后,受沉沙池水面和水体大幅度扩张的影响,流速大大降低约 0.3 m/s,水体挟沙能力降低,部分泥沙沿流程自然沉于池底。

(2)由于黄河系地上"悬河",引黄灌区属黄泛冲积平原,灌区地面低于黄河河底,比降为 1/8 000 ~ 1/10 000,沉沙池沉积的泥沙没有排除出路,不像山丘区那样能泄入河道下游,又不能输入内河,否则会降低内河行洪标准,而只能沉积于池内,就地处理。这就是中国黄河下游引黄灌区的沉沙池与美国、中亚五国、印度、尼泊尔等国家的多沙河流灌区沉沙池的不同特征。

(3)沉沙池运行的初期是泥沙自流沉积,中后期是以挖待沉。沉积的泥沙挖出后,堆积在不能继续自流沉沙的高地上,堆积高度达 5 ~ 7 m,面积由几百亩到上万亩不等。

3)黄河下游山东引黄灌区沉沙池高地的覆淤还耕

黄河下游山东引黄灌区落入沉沙池的沉积物无沙砾和卵石,泥沙粒径相对较细,位山引黄灌区沉沙池泥沙平均粒径在 0.021 ~ 0.023 mm,潘庄渠首沉沙池试区土壤颗分见表5-2-11。

表 5-2-11　潘庄沉沙池试区土壤颗分表

取土地点	土壤名称	比重	土粒组成(%)			土质分类	备注
			沙粒	粉粒	黏粒		
			颗粒直径(mm)				
			>0.05	0.05 ~ 0.005	<0.005		
试验田	沙土	2.67	72.5	17.7	9.8	重沙壤土	根据中华人民共和国水电部标准 SD 128—81 试验
试验田	沙土	2.67	79.5	17.5	3.0	轻沙壤土	
干渠	沙土	2.67	85.4	12.5	2.1	轻沙壤土	

由表 5-2-11 可知,粒径 >0.05 mm 的沙粒占 70% 以上,属于对农田有害的泥沙,<0.005 mm 的黏粒占 10% 以下,属于适宜作物种植的土壤。上述组合的沙土不适于直

接种植作物。但对沉沙池清淤土体实施整平,上面再覆盖一定厚度的原状壤土或黏土,搞好水利农业设施配套,就能改造出大片的稳产高产农田,再还耕于民。这样不但解决了引黄灌区环境修复问题,同时也为引黄灌区沉沙池的可持续开发利用,闯出了一条适合中国国情的路子。

第三节　黄河山东灌区沉沙池无泄沙出口条件下沉沙筑高覆淤还耕模式研究

一、国内外典型多沙河流灌区泥沙处理模式的比较

(一)美国密西西比河

1. 河流及水文特征

流域面积 322 万 km², 河长 6 262 km, 年径流量 5 800 亿 m³, 为世界第四大河; 河道功能以防洪为主, 兼顾航运、发电、灌溉; 为平原型河道, 比降小; 支流建水库 150 座, 有 6 座库容大于 45 亿 m³ 的水库, 有效库容超过 700 亿 m³; 河道整治, 上游达到渠化, 中、下游修建了护岸工程, 修船闸 27 座, 可通航, 水深 2.74 m 以上, 航道宽 90~450 m; 流域内灌溉面积 713 万 hm²(10 695 万亩); 开发水电站 1 127 座, 总装机容量 2 844 万 kW。

2. 河流泥沙特征

年输沙量 3.12 亿 t, 河水平均含沙量 0.54 kg/m³, 粒径很细。

3. 灌区泥沙处理模式

不带防沙、冲沙功能的闸(坝)式引水枢纽 + 灌区不设沉沙池的渠系输水系统。

1)灌区引水枢纽及防沙设施特征

灌区渠首引水枢纽为闸坝式, 由于泥沙很少, 引水枢纽不设冲沙闸及防沙设施。

2)灌区沉沙池特征

灌区不存在泥沙淤渠问题, 不设沉沙池。

3)灌区沉沙池高地覆淤还耕特征

无沉沙池高地覆淤还耕问题。

(二)美国科罗拉多河

1. 河流及水文特征

流域面积 66.8 万 km², 河长 2 333 km, 年径流量 185 亿 m³(卡立佛里)、208 亿 m³(美、墨两国边界); 1935 年以来, 美国在科罗拉多河共兴建了 14 座控制性大坝, 其中有著名的胡佛坝(1935 年)、帕克坝(1938 年)、帝国坝(1938 年)、戴维斯坝(1950 年)、顶门岩引水枢纽(1942 年)、保罗威尔德引水枢纽(1958 年), 流域内水库有效库容 760 亿 m³, 不但增加了河道水量调蓄能力, 并拦截了大量泥沙; 兴建了 32 座灌溉工程, 总引水量 165 亿 m³(1966 年)。

2. 河流泥沙特征

年输沙量 1.8 亿 t(卡立佛里), 平均含沙量 8.65 kg/m³, 悬移质为细颗粒泥沙, 推移质为粗颗粒泥沙。

3. 灌区泥沙处理模式

拦河大坝式引水枢纽+混凝土护砌的水力冲沙与机械辅助刮淤相结合的沉沙池
　　　　├─► 河流泥沙排往河道下游　　　└─► 沉沙池泥沙排往河道下游

1）灌区引水枢纽及防沙设施特征

拦河大坝式引水枢纽特征：正面建拦河壅水坝蓄水、泄洪；正面建冲沙闸，排沙至下游河道；正面建进水闸，引水入渠。

典型的灌区引水枢纽为帝国坝引水枢纽。它是在科罗拉多河河道中建拦河壅水坝和冲沙闸，壅水坝宣泄灌溉外的多余水量，冲沙闸定期排除坝前泥沙。河道左、右两岸各建进水闸 1 座。河道右岸进水闸设计引水 426 m^3/s，引水入加利福尼亚州全美大干渠，左岸进水闸设计引水 62.3 m^3/s，引水入亚利桑那州的吉拉总干渠。枢纽年均引水量 74 亿 m^3，流经该枢纽的泥沙总量年均 90.72 万 t，灌溉美国、墨西哥约 720 万亩土地。

2）灌区沉沙池特征

灌区沉沙池地面高于河底，采用水力将沉沙池的泥沙排往河道下游。

（1）全美大渠上的水力排沙与机械辅助刮淤相结合的沉沙池。①用混凝土砌成 3 个 60°夹角的平行四边形沉沙池，每个沉沙池面积 58 亩。②沉沙池在进水渠两侧各有一个进水槽缝，承接渠道进水。水流进入池后流速降低到 7.6 cm/s，泥沙沉于池底，清水通过池边溢流堰流到出水渠，并汇流到全美干渠。③沉于池底的泥沙采用 12 台臂长 38.1 m 的旋转式刮泥机，将淤沙刮入其轴部的集沙槽内，然后用水力将集沙槽内的泥沙冲往泄水闸后下游河道中。④经沉沙处理后，入渠含沙量很小，为 0.07 kg/m^3。

（2）吉拉总干渠上的水力冲沙沉沙池。①沉沙池用混凝土护砌，面积百亩左右。②水由渠首进水闸进入沉沙池，沉沙池的下游端有两组闸门，一组布置在另一组的上方，开启上方的干渠进水闸门，使池水进入吉拉总干渠，或者开启下方的冲沙闸门，定期使池水穿过大渠渠底，利用水力将泥沙排往下游河渠。③经沉沙处理后，入渠含沙量很小，为 0.03 ~ 0.07 kg/m^3。

（3）灌区沉沙池高地覆淤还耕特征。

由于灌区的沉沙池占地面积很小（百亩左右），且由混凝土砌成，又由于美国土地资源丰富，沉沙池运用毁坏后，便弃置一旁，不再还耕。沉沙池排往河滩的泥沙也堆积一旁，野草丛生，待河道遇大洪水时再将堆积的泥沙冲往下游，不存在沉沙池覆淤还耕问题。

（三）印度、尼泊尔的恒河及柯西河

1. 河流及水文特征

1）恒河概况及水文特征

恒河发源于喜马拉雅山脉的中部，恒河及其支流流经三个国家：尼泊尔、印度及孟加拉国，最后汇入孟加拉湾，全长 2 500 km；恒河流域是世界上人口最稠密的流域，在 75 万 km^2 的土地上生活着 4 亿人口；恒河水系水资源最初来源于位于尼泊尔境内的喜马拉雅山脉和印度的 Uttar Pradesh。恒河多年平均径流量 3 710 亿 m^3。

恒河的上游在尼泊尔国境内，主要支流有柯西河、阿龙河、泰摩河；中游是印度国，主要支流有根德格河、卡克拉河、戈然蒂河；下游是孟加拉国。恒河流域宽 200 ~ 300 km，三面由高山或高地环绕；由于恒河上游修建了法拉卡（Farakka）拦河坝，恒河淡水流入下游减少，这严重影响了下游孟加拉国恒河—帕达玛（Padma）河的水系结构。经检测，建法拉卡（Farakka）拦河坝之前与之后最小流量与最大流量的比值分别为约 70% 和 27%，使稳

定水系遭受破坏。

2)柯西河概况及水文特征

柯西河流域面积 5.89 万 km²,河干流长 316 km,汇入恒河。柯西河自山区和丘陵挟带巨量泥沙至下游平原,使河床变迁无定,并因洪涝造成荒芜而名恶于世。

上游为峡谷,中下游为冲积平原,中游纵坡 4.5‰ ~ 8.9‰,下游纵坡 0.65‰ ~ 2.8‰,年径流量 544 亿 m³。

2. 河流泥沙特征

1)恒河泥沙特征

年输沙量 14.51 亿 t,平均含沙量 3.92 kg/m³。由于修建法拉卡(Farakka)拦河坝之后,恒河—帕达玛(Padma)河在雨季之后和旱季时期的流速不足以将泥沙运输到下游地区,河槽严重淤积,输水和防洪标准降低,几乎不可能维持一个正常的水系机构。

2)柯西河泥沙特征

多年平均悬移质输沙量 1 亿多 m³。柯西堰处年输沙量 8 400 万 m³,水流悬移质体积含沙量 1.3‰,河道卵石直径很大,实测入渠直径最大为 150 mm,沙砾粒径一般为 0.075 ~ 0.6 mm。

3. 灌区泥沙处理模式

典型灌区为柯西堰灌区,其泥沙处理模式为:

拦河闸式（印度式）渠首引水枢纽+引渠式冲沙廊道
　　　　→河流泥沙排往河道下游　　　　→渠系泥沙排往河道下游

1)灌区渠首引水枢纽及防沙设施特征

灌区渠首引水枢纽为印度拦河闸式引水枢纽。特征:正面拦河建泄洪闸和带有冲沙廊道的冲沙闸,泄洪、冲沙至河道下游;在河道的侧面建带叠梁闸板的进水闸,引水入渠。

2)灌区排沙沉沙池特征

在干渠上修建排沙、沉沙工程。

一种是引渠式冲沙廊道。它修在干渠渠底和右侧,通过它将进水闸后引渠的粗、中粒径泥沙依靠水力冲刷到下游河床中去。廊道进口部分有厢式冲沙槽,每条冲沙槽分别连接几条冲沙廊道,然后用一条长的排沙渠汇集所有冲沙廊道中的冲沙水流,将泥沙排往河道下游。

另一种是沉沙池。沉沙池为一座泥沙沉淀槽,200 ~ 300 亩,在池进出口分别修进水闸和节制闸,控制池内流速降至 0.3 m/s,使粗、中粒泥沙沉在池内。由于沉沙池缺乏进入柯西河下游合适的泄水口,因此沉沙池不具备水力冲沙的条件,致使寿命短暂,淤满后,多废弃不用。

3)沉沙池高地还耕特征

由于沉沙池主要沉积物由卵石、沙砾和粗沙组成,粒径很大,泥粒含量很小,作物不能生长,废弃后也无法覆淤还耕。

(四)中亚吉尔吉斯斯坦、乌兹别克斯坦、塔吉克斯坦、哈萨克斯坦四国锡尔河

1. 河流及水文特征

流域面积 44.4 万 km²,上游山区属吉尔吉斯斯坦,中游河谷盆地及平原大部分属乌兹别克斯坦,少部属塔吉克斯坦,下游沙漠草原属哈萨克斯坦。干流长 2 137 km,年径流量 332 亿 m³,上游、中游为山谷型河道,纵比降大,一般为 0.004 ~ 0.01,下游为平原型河道。在锡尔河中下游建成了查尔达林水利水电枢纽,库容 57 亿 m³,水电装机容量 10 万 kW。卡拉库姆水利水电枢纽,库容 42 亿 m³,水电装机 12.6 万 kW。

该河上已建成费尔干盆地旧灌区,总灌溉面积达 1 800 万亩,南饥饿草原总干渠已建成灌溉面积 660 万亩的现代化大型灌区。

2. 河流泥沙特征

年输沙量 7 400 万 t,河水平均含沙量 2.2 kg/m³,河水中卵石平均粒径 35 ~ 190 mm,最大 600 mm,沙砾和泥沙粒径较大,为 5 ~ 80 mm。

3. 灌区泥沙处理模式

典型灌区为锡尔河上游费尔干盆地卡拉达利亚河的卡姆普尔拉瓦特灌区。其泥沙处理模式是:

弯道式(费尔干式)渠首引水枢纽+灌区干渠混凝土护砌的曲线形沉沙池
└─► 河流泥沙排往河道下游   └─► 沉沙池泥沙排往河道下游

1) 灌区引水枢纽及防沙设施特征

弯道式即费尔干式引水枢纽的特征:在河流上游一侧建人工弯道导流堤,在弯道凹岸建引水闸及挡沙导流板,在河道正面建泄洪冲沙闸,利用弯道横向环流"正向引水、侧向排沙"的原理,将含沙量较小的表层水引入进水闸,而将含沙量大的底流,排往河道下游。

2) 灌区沉沙池特征

在渠道上修建曲线形沉沙池。其特征:曲线形沉沙池实质上是一个具有 90°内角、混凝土衬砌的宽阔弯曲渠段,利用弯道内水流的横向环流原理,连续不断地将推移质泥沙移向凸岸,利用水力通过凸岸布置的一系列冲沙廊道将泥沙排往河道下游。在廊道进口设闸门控制冲沙流量,廊道出口与排沙明渠相接,排沙明渠与沉沙池流向相反,设计成急流状态,流速 >3 m/s,将泥沙排往河道下游。

3) 灌区沉沙池覆淤还耕特征

曲线形沉沙池排往大河的卵石、沙砾和泥沙,堆积在大河的滩区,由于堆积物粒径很大,不能覆淤还耕,待洪水暴发时冲往河道下游。

(五)中亚塔吉克斯坦、乌兹别克斯坦、土库曼斯坦三国阿姆河

1. 河流特征

"阿姆河"意即"疯狂的河流"。流域面积 46.5 万 km²,长 2 540 km,自古洪水泛滥,河道多变,年径流 430 亿 m³。上游山区属塔吉克斯坦,中游沿土库曼斯坦和乌兹别克斯坦两国边界从沙漠地带穿过,比降为 0.006 ~ 0.01,下游为乌兹别克斯坦的平原型河道,比降为 0.000 1 ~ 0.000 4。

2. 河流泥沙特征

年输沙量 9 700 万 t,河水平均含沙量 2.3 kg/m³,河水挟带卵石平均粒径 35 ~ 190 mm,沙砾石、泥沙粒径 5 ~ 80 mm。

3. 灌区泥沙处理模式

弯道式(费尔干式)渠首引水枢纽+灌区干渠混凝土护砌的曲线形沉沙池
└─► 河流泥沙排往河道下游   └─► 沉沙池泥沙排往河道下游

1)灌区引水枢纽及防沙设施特征

弯道式即费尔干式引水枢纽的特征:在河流上游一侧修建人工弯道导流堤,在弯道凹岸建引水闸和闸前曲线形挡沙导流板,在河道正面建泄洪冲沙闸,利用弯道横向环流"正向引水、侧向排沙"的原理,将含沙量较小的表层水引入进水闸,而将含沙量大的底流,排往河道下游。

2)灌区沉沙池特征

在渠道上修建曲线形沉沙池。其特征:曲线形沉沙池实质上是一个具有90°内角、混凝土衬砌的宽阔弯曲渠段,利用弯道水流的横向环流原理,连续不断将推移质泥沙移向凸岸,利用水力通过凸岸布置的一系列冲沙廊道将泥沙排往大河。在廊道进口设闸门控制冲沙流量,廊道出口与排沙明渠相接,排沙明渠与沉沙池流向相反,设计成急流状态,流速 >3 m/s,将泥沙排往大河。

3)灌区沉沙池覆淤还耕特征

曲线形沉沙池排往大河的卵石、沙砾和泥沙,堆积在大河的滩区,由于堆积物粒径很粗,不能覆淤还耕,待洪水暴发时冲往河道下游。

(六)埃及、苏丹的尼罗河

1. 河流及水文特征

流域面积 2 978 000 km²,是非洲的一条国际河流,也是世界第二大河。尼罗河长 6 700 km,其中在埃及境内 1 350 km。流经国家有苏丹、埃及、布隆迪、刚果、坦桑尼亚、乌干达、肯尼亚、卢旺达等国,尼罗河阿斯旺处 1860～1900 年平均年径流量 1 100 亿 m³,1900～1991 年平均年径流量 850 亿 m³,水量的巨大变化是由于非洲季风气候变化造成的。

阿斯旺大坝位于苏丹和埃及的国界上,1964 年 5 月截流,1970 年建成,形成的水库回水 500 km,总库容 1 680 亿 m³,其中防洪库容 470 亿 m³,兴利库容 900 亿 m³,死库容 310 亿 m³,水库总装机容量 2 100 MW,主要功能是灌溉、发电、防洪。

阿斯旺大坝以下为平原型河道,沿河建有埃斯纳、纳戈·哈马第、阿休特等 7 座拦河闸坝,功能是调节河道水位和流量,为灌溉、通航、交通之用。

2. 河流泥沙特征

尼罗河的泥沙来源于阿斯旺大坝以上的蓝尼罗河和阿尔伯特河。

尼罗河在阿斯旺处 1860～1900 年平均悬移质输沙量 2 亿 t。1900～1964 年平均悬移质输沙量为 1.6 亿 t。1964 年后,由于阿斯旺大坝的兴建,泥沙淤积在纳塞尔湖;坝下游 1965 年河水的含沙量极低,河水异常清澈。

3. 灌区引水及泥沙处理模式

不带防沙、冲沙闸的闸式引水枢纽 + 灌区不设沉沙池的渠系输水系统。

1)灌区引水枢纽及防沙设施特征

引水枢纽为进水闸,又因泥沙极少,灌区不设冲沙闸及防沙设施。

2)灌区沉沙池特征

因不存在泥沙淤渠问题,不设沉沙池。

3)灌区沉沙池高地覆淤还耕特征

无沉沙池高地覆淤还耕问题。

(七)英国的泰晤士河

1. 河流及水文特征

泰晤士河是英国最大的一条河流,发源于英格兰南部科茨沃尔德丘陵,在绍森德附近注入北海,全长 338 km,流域面积 1.14 万 km²,年均流量 60 m³/s,径流量 18.9 亿 m³。河流的主要功能是向城镇供水、防洪、防潮。

2. 河流泥沙特征

该河属低沙河流,河水含沙量很小,为 0.04 kg/m³,年均输沙量 7.6 万 t,河水泥沙粒径极细。

3. 河流灌区泥沙处理模式

由于英国四季雨量较均匀,该河没有农业灌溉任务,更没有灌区泥沙处理问题。

(八)南非莱索托国的奥兰治河

1. 河流及水文特征

奥兰治河是非洲的第五大河流,发源于莱索托国内马洛蒂山,经南非与纳米比亚的边界流入大西洋。河流全长 1 860 km,流域面积 102 万 km²,河口多年平均流量 490 m³/s,年径流量 154 亿 m³。奥兰治河上建有一个世界上最长的菲什河隧洞长 82.5 km,还建有 2 座混凝土大坝,一个是亨德里克维尔沃德拱坝,另一个是勒鲁拱坝。

2. 河流泥沙特征

奥兰治河因河水含沙量高,又称"橘河",河道严重淤积,河水多年平均含沙量 5.5 kg/m³,年均输沙量 8 470 万 t。河水中有卵石、沙砾和泥沙。

3. 河流灌区泥沙处理模式

典型灌区为勒鲁拱坝形成的范德克卢夫水库灌区。勒鲁拱坝坝高 107 m,大坝形成的水库面积 138.7km²,总库容 32.87 亿 m³,范德克卢夫水库下游形成 22 400 km² 的灌区,由子水库将泥沙拦截于库内,进入灌区的泥沙大大减少。

灌区泥沙处理的模式为:

拦河闸(坝)式引水枢纽+水力冲沙沉沙池
└→河流泥沙排往河道下游　　└→沉沙池泥沙排往河道下游

1)灌区引水枢纽及防沙设施特征

拦河闸(坝)式引水枢纽的特征:正面建拦河壅水坝和泄洪闸蓄水、泄洪,泥沙排至河道下游,正面建进水闸引水入渠。

2)灌区沉沙池特征

水力冲刷的沉沙池,将泥沙排往河道下游。

3)灌区沉沙池覆淤还耕特征

由于沉沙池占地少,且由混凝土砌成,池内有卵石,毁后弃置一边,不再还耕。

(九)中国新疆的玛纳斯河

1. 河流及水文特征

玛纳斯河流域位于天山北麓准噶尔盆地南缘,系山溪性内陆河流,流域总面积 2.4 万 km²,年径流总量 22 亿 m³,另有可开采地下水 10 亿 m³。由于水源主要为天山冰川融雪补给,受气温、暴风影响,径流年内变化悬殊,7~8 月水量占全年总量的 50%~80%,枯水期往往断流,主要灌区位于平原区,可耕地约 700 万亩。

中华人民共和国成立以来,共修建水库25座,总库容5.2亿 m³,各类渠道2.3万 km,打机井1 500眼,年提水2.5亿 m³,建成水电站9座,总装机容量6万多 kW。该流域现有灌溉面积410万亩,其余300万亩耕地也全部开发。但灌区开发也带来一些不良影响:园林树木遭砍伐,致使少量沙丘开始松动;玛纳斯河水全部拦蓄后,下游生态环境恶化;由于渠道渗漏、土地不平整、灌溉不良等原因,部分灌区发生土壤次生盐渍化。

2. 河流泥沙特征

多年平均输沙量426万 m³,平均悬移质含沙量1.94 kg/m³,洪水期悬移质含沙量2.2 ~ 5.8 kg/m³,推移质为悬移质的12% ~ 15%。冲积物为卵石、沙砾和泥沙。

3. 灌区泥沙处理模式

玛纳斯河灌区泥沙处理模式为:

弯道式（费尔干式）渠首引水枢纽+灌区干渠混凝土护砌的曲线形沉沙池

　　　　└→河流泥沙排往河道下游　　　　　└→沉沙池泥沙排往河道下游

1) 灌区引水枢纽及防沙设施特征

灌区渠首引水枢纽为典型的弯道式(费尔干式)引水枢纽。其特征:在人工弯道凹岸侧下游建进水闸,河道正面建泄洪闸、冲沙闸,利用弯道环流"正面引水、侧向排沙"的原理,将表层清水引入进水闸,而将底沙通过冲沙闸排往河道下游。泄洪闸的功能是减洪和调节灌溉流量。

2) 灌区沉沙池特征

在渠道上建曲线形沉沙池。其特征:曲线形沉沙池实质上是一个具有90°内角、混凝土衬砌的宽阔弯曲渠段,利用弯道内水流的横向环流原理,连续不断地将推移质泥沙移向凸岸,利用水力通过凸岸布置的一系列冲沙廊道将泥沙排往大河。在廊道进口设闸门控制冲沙流量,廊道出口与排沙明渠相接,排沙明渠与沉沙池流向相反,设计成急流状态,流速 >3 m/s,将泥沙排往大河。

3) 灌区沉沙池高地覆淤还耕特征

曲线形沉沙池排往大河的卵石、沙砾和泥沙,堆积在大河的滩区,由于粒径很粗,不能覆淤还耕,待洪水暴发时冲往河道下游。

二、黄河山东灌区覆淤还耕模式研究

(一)河流及水文特征

流域面积75.3万 km²,河长5 464 km;全河比降8.2‰,上游10.1‰,中游7.4‰,下游1.2‰;年平均径流量580亿 m³;全流域建水库3 504座,总库容523.4亿 m³,其中上游501座,335亿 m³,中游2 184座,176.2亿 m³,下游819座,11.67亿 m³。著名水库有三门峡水库(1960年运用)、刘家峡水库(1968年运用)、龙羊峡水库(1986年运用)、小浪底水库(2001年运用)。

黄河流域是中国的主要灌溉农业区。20世纪80年代,年均灌溉面积9 898.8万亩(含井灌面积)。其中,上游灌溉面积1 533.0万亩,占全河的15.5%;中游灌溉面积3 327.2万亩,占全河的33.6%;下游灌溉面积5 038.6万亩,占全河的50.9%。

(二)河流泥沙特征

黄河含沙量居世界河流之首。多年平均输沙量16亿 t(花园口),河流含沙量35.7

kg/m³,中游的黄土高原是黄河泥沙的主要来源地。中游河口镇悬移质平均粒径 0.037 mm,床沙质平均粒径 0.155 mm,下游悬移质平均粒径 0.029 6 ~ 0.037 mm,推移质平均粒径 0.093 1 ~ 0.136 mm。

(三)黄河下游灌区泥沙处理模式

其模式为:

无坝弯道凹岸涵闸式引水枢纽+沉沙池就地处理泥沙（自流沉沙+以挖待沉+弃土堆高）+弃土高地覆淤还耕
　　　　　　└→沉沙池泥沙不泄入河道下游

1. 黄河下游引黄灌区引水枢纽及防沙设施特征

无坝弯道凹岸涵闸式引水枢纽的特征:不拦河建大坝和冲沙闸,而在黄河弯道凹岸建涵闸引水,利用弯道横向环流"正面引水、侧向排沙"的原理,将表层清水引入凹岸进水闸,而将底层粗沙排往河道凸岸的下游。渠首防沙设施建设,一是在临堤闸前有滩区的地方兴建防沙闸,以减少防沙闸与临堤闸间引渠的淤积;二是在涵闸前设置叠梁闸板,防过量底沙入闸;三是山东省近年在张桥、刘庄、刘春家渠首进水涵闸前的喇叭形口门前沿兴建可自动调节高程的橡胶坝引水防沙工程,效果很好。

2. 黄河下游引黄灌区沉沙池特征

其特征是:

沉沙池就地处理泥沙(自流沉沙 + 以挖待沉 + 弃土堆高),泥沙不泄入河道下游。

沉沙池的运行方式是:

(1)当进入引黄涵闸的浑水经干渠进入沉沙池后,沉沙池水面和水体大幅度扩张,流速大大降低(0.3 m/s),水体挟沙能力降低,部分泥沙沿流程自然沉淀于池底。

(2)由于黄河系地上"悬河",灌区地面低于黄河,又由于引黄灌区比降较缓,为 1/8 000 ~ 1/10 000,沉沙池沉积的泥沙不能像山丘区那样能泄入河道下游,又不能输入内河,降低内河行洪标准,而只能沉积于沉沙池内就地处理。

(3)沉沙池运行的初期系自流沉沙,中后期是以挖待沉,沉积的泥沙挖出后,堆积在弃土高地上,堆积高度达 3 ~ 8 mm,面积几千亩至几万亩。

3. 沉沙池高地覆淤还耕特征

黄河下游山东引黄灌区落入沉沙池的泥沙粒径相对较细,无卵石和沙砾。位山引黄灌区沉沙池的平均粒径在 0.021 ~ 0.023 mm,潘庄引黄灌区沉沙池清淤泥沙粒径 > 0.05 mm 的沙粒占 70%,0.05 ~ 0.005 mm 的粉粒占 20%,< 0.005 mm 的黏粒占 10% 左右。上述粒径组合的沙土虽较其他河流为细,但仍不适宜作物生长。山东省引黄灌区近年来对沉沙高地实施整平,上面再覆盖一定厚度的原状壤土或黏土,并搞好水利工程设施配套,改造出了大片的稳产高产田,再还耕于民,不但解决了引黄灌区环境修复问题,同时也为灌区沉沙池的可持续开辟、利用闯出了一条适合中国国情的路子。

第四节　黄河山东灌区新型沉沙模式的贡献及成因分析

本书作者及课题组多年来潜心引黄灌区泥沙治理的研究,实地考察了国内长江及新疆的玛纳斯河、八音沟河、奎屯河、古尔图河等许多多沙河流灌区,也实地考察了英国的泰晤士河、美国的密西西比河和科罗拉多河、埃及与苏丹的尼罗河、南非莱索托国的奥兰治河等许多多沙和少沙河流灌区,并查阅了大量的世界多沙河流灌区的资料。经过对世界诸多河流水文泥沙及灌区泥沙处理模式特征(见表5-2-12)的分析比较研究,结论是:黄河下游山东引黄灌区的沉沙池无泄沙出口条件下,沉沙筑高覆淤还耕模式是中国独创的适合中国国情与黄河引水特征的灌区泥沙处理新模式,该模式的创立,大大丰富、发展了世界多沙河流灌区泥沙处理宝库,这是中国对世界多沙河流灌区泥沙处理的重大贡献。

表5-2-12　　中国黄河山东灌区沉沙池无泄沙出口条件下沉沙筑高覆淤还耕新模式与国内外典型

多沙河流灌区泥沙处理模式对比表

序号	国别及典型灌区	灌区泥沙处理模式对比
1	中国:黄河下游山东引黄灌区	无坝弯道凹岸涵闸式引水枢纽+沉沙池就地处理泥沙(自流沉沙+以挖待沉+弃土堆高)+弃土高地覆淤还耕 　　　　　　　→ 沉沙池泥沙无泄沙出口不泄入河道下游
2	美国:密西西比河灌区	不带防沙冲沙功能的闸(坝)式引水枢纽 + 灌区不带沉沙池的渠系输水系统
3	美国:科罗拉多河帝国坝灌区	拦河大坝式引水枢纽+混凝土护砌的水力冲沙与机械辅助刮淤相结合的沉沙池 　→ 河流泥沙排往河道下游　　　　→ 沉沙池泥沙排往河道下游
4	中亚:吉尔吉斯斯坦、塔吉克斯坦、哈萨克斯坦、乌兹别克斯坦四国锡尔河卡姆普尔拉瓦特灌区	弯道式(费尔干式)引水枢纽+灌区干渠混凝土护砌的曲线形沉沙池 　→ 河流泥沙排往河道下游　　　　→ 沉沙池泥沙排往河道下游
5	中亚:塔吉克斯坦、乌兹别克斯坦、土库曼斯坦三国阿姆河的阿什哈巴德灌区	弯道式(费尔干式)引水枢纽+灌区干渠混凝土护砌的曲线形沉沙池 　→ 河流泥沙排往河道下游　　　　→ 沉沙池泥沙排往河道下游
6	印度、尼泊尔的恒河—柯西河柯西坝灌区	拦河闸式(印度式)引水枢纽+灌区引渠式冲沙廊道 　→ 河流泥沙排往河道下游　　　　→ 渠系泥沙排往河道下游
7	中国:新疆玛纳斯河灌区	弯道式(费尔干式)引水枢纽+灌区干渠混凝土护砌的曲线形沉沙池 　→ 河流泥沙排往河道下游　　　　→ 沉沙池泥沙排往河道下游
8	埃及、苏丹:尼罗河灌区	不带防沙冲沙功能的闸式引水枢纽 + 灌区不设沉沙池的渠系输水系统
9	南非:莱索托国的奥兰治河勒鲁坝范德克卢夫水库灌区	拦河闸(坝)式引水枢纽+灌区水力冲沙沉沙池 　→ 河流泥沙排往河道下游　　　→ 沉沙池泥沙排往河道下游

　　山东引黄灌区之所以能形成泄沙池无泄沙出口条件下,沉沙筑高覆淤还耕这种独特的灌区泥沙处理的新模式,是由其特殊的自然地理及社会、经济条件所决定的。

　　(1)黄河水含沙量之大,举世闻名。黄河与世界众多大河不同,不像美国密西西比河、英国泰晤士河那样河水含沙量很少,也不像美国科罗拉多河、埃及与苏丹的尼罗河那样,河流上游水库沉淀泥沙的能力极强,出库后河水变得异常清澈。黄河又与世界众多大河不同,是一条地上"悬河",黄河下游临背差较大(郑州10 m,济南5 m)。引黄灌区的渠首引黄闸底板一般低于黄河主槽深槽溪点1~1.5 m,大量黄河底层粗沙经渠首进水闸进入灌区,为沉沙池沉沙准备了巨量的沙源,一般沉沙池泥沙处理量占灌区总进沙量的

55%~60%。

（2）黄河下游山东引黄灌区属黄泛冲积平原,坡降较缓,为1/8 000～1/10 000。沉沙池沉积的泥沙无排沙出路,既不像我国新疆玛纳斯河,中亚五国锡尔河、阿姆河,美国科罗拉多河等山丘河道灌区那样,也不像尼泊尔与印度的柯西堰灌区、南非的奥兰治河灌区那样,灌区渠首和干渠上的沉沙池有通往河道下游的排沙出口。引黄灌区的泥沙上不能排到地上的黄河"悬河",下不能冲入排水内河,只能沉积于灌区沉沙池内,就地处理。

（3）黄河下游山东引黄灌区落入沉沙池的淤沙属黄土高原的黄土,粒径相对较细,绝无山丘区河道的卵石和沙砾。位山引黄灌区沉沙池泥沙粒径为0.021～0.023 mm,潘庄引黄灌区沉沙池泥沙粒径>0.05 mm 的沙粒占70%,0.05～0.005 mm 的粉粒占20%,<0.005 mm 的黏粒占10%左右。这种级配的沙土,虽比其他河流泥沙粒径细,但直接种植作物则很难生长,若把清淤土体整平,上面覆盖一定厚度的原状壤土或黏土,并搞好水利工程设施配套,则能改造出大片的稳产高产农田。

（4）黄河下游山东引黄灌区是中华民族的人口稠密区,地少人多,人均耕地0.5～1.8亩。不像美国科罗拉多河灌区那样,人少地广,人均占地30～40亩。也不像南非奥兰治河灌区那样,人均占地更多,中华人民共和国成立后引黄灌溉50多年来,引黄灌区可自流沉沙的洼地已基本用完,若再开辟新沉沙池,即使再抬高迁占赔偿标准,群众也很难接受。沉沙池的运用,不但减少了池区的耕地,且恶化了池区群众的生产、生活条件和生态环境。为从根本上改善池区人民的生存条件,世代持续发展引黄灌溉事业,亟待解决沉沙池高地覆淤还耕问题。

（5）山东引黄灌区沉沙池高地覆淤还耕模式的诞生,是山东省引黄灌区社会经济和科技发展的必然产物。

山东引黄灌溉20世纪60年代复灌开辟沉沙池,初期自流沉沙,80年代以来以挖待沉、弃土堆高,挖出的容积以备将来沉沙,如此连年循环。当时灌区的社会经济基础较差,人均收入和劳动力产值都很低,沉沙池渠的清淤靠的是肩挑车拉的"人海战术"。20世纪90年代以来,灌区沉沙地"以挖待沉、弃土堆高"的运用,使沉沙池弃土高地的高度突破了3～5 m,单个沉沙弃土高地的面积达到千亩以上,长运距、高爬坡、大体积的挖方和填方及恶劣的施工天气,对以往肩挑车拉的人力施工提出了严峻挑战。1987年以来我国的改革开放政策使灌区的社会经济得到很大发展。人均收入和劳动力产值都有很大提高,科技进步也有很大前进。由于单方土的劳动力产值大大超过机械清淤土方成本,机械化施工得以快速发展,灌区由原来的人力清淤为主实现了向机械化全面清淤的战略转移,机械化清淤为沉沙池长运距、高爬坡、大体积的挖方和填方创造了方便条件,也使沉沙池大面积覆淤还耕成为现实。

（6）黄河下游山东引黄灌区的沉沙高地覆淤还耕,开辟了引黄灌区泥沙向空间高度发展的路径,经覆淤后改造成大面积的稳产高产农田,再还耕于民,闯出了一条引黄灌区沉沙池沉沙可持续利用和发展的路子,从根本上改善了引黄灌区渠首沉沙地带的生态环境及群众的生产、生活条件,为灌区渠首地带沙化的防治、生态环境的修复,进一步加速实现灌区渠首地带的"小康社会"和"和谐社会建设"及整个引黄灌区的现代化建设创造了有利条件。

第三章　山东引黄灌区历年引水、引沙状况研究

第一节　山东引黄灌区历年引黄供水、引沙及泥沙落淤量分析

一、历年引黄灌溉引水、引沙及泥沙落淤分布

表 5-3-1 所示的 60 处引黄灌区,其灌溉面积占全省总灌溉面积的 94%,基本上代表了山东省整个的引黄灌区。由表 5-3-1 分析,结论如下:

(1)自 1965 年引黄复灌至 2002 年,38 年引水 2 336.5 亿 m³,引沙 22.9 亿 m³。落淤分布是:沉沙池占 43.3%,渠系占 40.4%,田间占 10%,排水河沟占 6.2%。沉沙池和渠系占总落淤量的 83.7%。

(2)若按 1965~1989 年、1990~1999 年、2000~2002 年 3 个时段落淤变化分析,沉沙池的落淤量是递减的,由 49.7% 减为 35.1%,再减为 24%,说明全省沉沙池的数量、面积和沉沙功能是逐渐降低的。据调查,1965~1989 年时段,全省引黄灌区没用沉沙池的仅 12 处,到 1990~2002 年全省引黄灌区没用沉沙池的已增加到 20 余处。渠系的落淤量是递增的,由 35.3% 增为 46.7%,再增为 55.9%,渠系落淤量的增加是沉沙池数量、面积、功能衰减的直接后果。田间落淤量是递增的,由 8.9% 增为 11.5%,再增为 13.8%,泥沙直接入田量的增加是好现象、好趋势,利于农田土壤的改良和科学利用泥沙。排水河沟落淤量总体上稳定,在 6% 左右。

(3)上述泥沙落淤变化的结论,符合山东省引黄灌区泥沙处理工程变化的实际情况。

二、典型灌区历年引水、引沙及泥沙落淤分析

(一)位山灌区泥沙落淤分布分析

位山灌区的泥沙落淤分布见表 5-3-2,由表可看出:灌区泥沙主要落淤在输沙渠、沉沙池和干渠,只有少量泥沙进入田间及随引黄尾水进入各级排水河沟。根据 1970~2002 年位山灌区历年引水、引沙实测站网资料,利用微机整理计算,33 年来共引水 370.27 亿 m³,共引进泥沙 30 680 万 m³,有 53.2% 被输、沉沙工程所拦截,有 19.6% 落淤在了三条干渠,有 1.8% 随弃水进入骨干排水系统,进入支级及以下灌水系统及田间的泥沙占引进泥沙的 25.4%。由此可见,输、沉沙工程仍然是当前引黄灌区泥沙处理的主要方式。

(二)潘庄灌区引水、引沙及泥沙落淤分布分析

(1)潘庄灌区 1972~2002 年共引水 293.6 亿 m³,共引进泥沙 24 812 万 m³。

表 5-3-1　历年引黄灌区引水、引沙及泥沙落淤分布表

灌区	引水量（万 m³）	引沙量（万 m³）	泥沙分布								时段
			沉沙池		渠系		田间		排水河沟		
			万 m³	%	万 m³	%	万 m³	%	万 m³	%	
60 处灌区合计	13 023 929	141 794.7	70 402.9	49.7	50 299.05	35.5	12 558.15	8.9	8 534.6	6.0	1965~1989年
	7 921 301	70 683.86	24 844.05	35.1	33 010.62	46.7	8 140.853 2	11.5	4 688.332 8	6.6	1990~1999年
	2 419 556	16 332.2	3 917.61	24.0	9 136.406	55.9	2 251.055 8	13.8	1 027.128 2	6.3	2000~2002年
	23 364 786	228 810.76	99 164.56	43.3	92 446.08	40.4	22 950.059	10.0	14 250.061	6.2	小计
刑家渡	362 014	2 486	1 196.6	48.1	1 094.2	44.0	113.7	4.6	81.5	3.3	1975~1989年
	252 400	2 067	1 063.8	51.5	662	32.0	97	4.7	244.2	11.8	1990~1999年
	86 200	655.2	333.5	50.9	191.1	29.2	70.1	10.7	60.5	9.2	2000~2002年
	700 614	5 208.2	2 593.9	49.8	1 947.3	37.4	280.8	5.4	386.2	7.4	小计
葛店	133 946	1 391	0	0	1 251.9	90.0	104.3	7.5	34.8	2.5	1966~1989年
	64 794	1 295.88	0	0	1 166.292	90.0	38.876 4	3.0	90.711 6	7.0	1990~1999年
	17 412	348.24	0	0	313.416	90.0	10.447 2	3.0	24.376 8	7.0	2000~2002年
	216 152	3 035.12	0	0	2 731.608	90.0	153.623 6	5.1	149.888 4	4.9	小计
沟阳	51 027	732.6	0	0	659.3	90.0	54.9	7.5	18.4	2.5	1959~1989年
	21 803	436.06	0	0	392.454	90.0	13.081 8	3.0	30.524 2	7.0	1990~1999年
	8 880	177.6	0	0	159.84	90.0	5.328	3.0	12.432	7.0	2000~2002年
	81 710	1 346.26	0	0	1 211.594	90.0	73.309 8	5.4	61.356 2	4.6	小计
张辛	42 861	558.8	0	0	503	90.0	41.9	7.5	13.9	2.5	1959~1989年
	39 930	798.6	0	0	718.74	90.0	23.958	3.0	55.902	7.0	1990~1999年
	15 677	313.42	0	0	282.078	90.0	9.402 6	3.0	21.939 4	7.0	2000~2002年
	98 468	1 670.82	0	0	1 503.818	90.0	75.260 6	4.5	91.741 4	5.5	小计
田山	50 804	239.7	230.1	96.0	9.6	4.0	0	0	0	0	1972~1989年
	9 652	46.78	43.97	94.0	2.81	6.0	0	0	0	0	1990~1999年
	3 011	14.59	13.72	94.0	0.87	6.0	0	0	0	0	2000~2002年
	63 467	301.07	287.79	95.6	13.28	4.4	0	0	0	0	小计
胡家岸	19 815	379.3	29.7	7.8	277.7	73.2	71.9	19.0	0	0	1966~1989年
	30 900	206.76	128.19	62.0	53.79	26.0	24.78	12.0	0	0	1990~1999年
	10 400	72.59	45	62.0	18.88	26.0	8.71	12.0	0	0	2000~2002年
	61 115	658.65	202.89	30.8	350.37	53.2	105.39	16.0	0	0	小计
土城子	38 685	692	485.1	70.1	159.2	23.0	45	6.5	2.7	0.4	1966~1989年
	0	0	0		0		0		0		1990~1999年
	0	0	0		0		0		0		2000~2002年
	38 685	692	485.1	70.1	159.2	23.0	45	6.5	2.7	0.4	小计
刘春家	160 628	1 599.2	1 020.8	63.8	409.6	25.6	60	3.8	108.8	6.8	1965~1989年
	90 180	782.5	375.59	48.0	313	40.0	15.66	2.0	78.25	10.0	1990~1999年
	27 476	165.2	79.3	48.0	63.08	38.2	5.8	3.5	17.02	10.3	2000~2002年
	278 284	2 546.9	1 475.69	57.9	785.68	30.8	81.46	3.2	204.07	8.0	小计

续表 5-3-1

灌区	引水量（万 m³）	引沙量（万 m³）	泥沙分布								时段
			沉沙池		渠系		田间		排水河沟		
			万 m³	%	万 m³	%	万 m³	%	万 m³	%	
马孔子	126 121	1 139.2	569.9	50.0	512.6	45.0	22.8	2.0	33.9	3.0	1965～1989年
	77 758	708.35	0	0	644.83	91.0	19.97	2.8	43.55	6.1	1990～1999年
	20 784	166.27	0	0	157.18	94.5	2.95	1.8	6.14	3.7	2000～2002年
	224 663	2 013.82	569.9	28.3	1 314.61	65.3	45.72	2.3	83.59	4.2	小计
十八户	167 698	7 516	7 516	100.0	0	0	0	0	0	0	1970～1989年
	0	0	0		0		0		0		1990～1999年
	0	0	0		0		0		0		2000～2002年
	167 698	7 516	7 516	100.0	0	0	0	0	0	0	小计
路庄	38 464	655.5	0	0	262.2	40.0	327.8	50.0	65.5	10.0	1959～1989年
	11 030	183.8	165.42	90.0	18.38	10.0	0	0	0	0	1990～1999年
	8 100	134.88	121.39	90.0	13.49	10.0	0	0	0	0	2000～2002年
	57 594	974.18	286.81	29.4	294.07	30.2	327.8	33.6	65.5	6.7	小计
胜利	356 397	3 238.3	356.2	11.0	2 062.8	63.7	657.4	20.3	161.9	5.0	1972～1989年
	200 728	2 012.6	453.1	22.5	1 217.6	60.5	341.9	17.0	0	0	1990～1999年
	39 176	254.1	60.3	23.7	130.4	51.3	63.4	25.0	0	0	2000～2002年
	596 301	5 505	869.6	15.8	3 410.8	62.0	1 062.7	19.3	161.9	2.9	小计
垦东	6 480	54.3	54.3	100.0	0	0	0	0	0	0	1988～1989年
	22 599	2 300	2 300	100.0	0	0	0	0	0	0	1990～1999年
	0	0	0		0		0		0		2000～2002年
	29 079	2 354.3	2 354.3	100.0	0	0	0	0	0	0	小计
王庄	157 251	1 797	0	0	1 437.6	80.0	269.5	15.0	89.9	5.0	1970～1989年
	184 116	1 627.6	0	0	1 469.2	90.3	44.7	2.7	113.7	7.0	1990～1999年
	114 447	806	0	0	761	94.4	14.2	1.8	30.8	3.8	2000～2002年
	455 814	4 230.6	0	0	3 667.8	86.7	328.4	7.8	234.4	5.5	小计
双河	16 764	154	76.4	49.6	38.5	25.0	30.8	20.0	8.3	5.4	1989～1989年
	99 500	1 273.8	0	0	764.31	60.0	509.49	40.0	0	0	1990～1999年
	26 700	341.8	0	0	205.08	60.0	136.72	40.0	0	0	2000～2002年
	142 964	1 769.6	76.4	4.3	1 007.89	57.0	677.01	38.3	8.3	0.5	小计
麻湾	0	0	0		0		0		0		1975～1989年
	177 500	794.2	14.8	1.9	518.7	65.3	244.7	30.8	16	2.0	1990～1999年
	50 600	214	17.6	8.2	124	57.9	70.2	32.8	2.2	1.0	2000～2002年
	228 100	1 008.2	32.4	3.2	642.7	63.7	314.9	31.2	18.2	1.8	小计
曹店	0	0	0		0		0		0		1975～1989年
	252 211	266	0	0	266	100.0	0	0	0	0	1991～1999年
	52 361	46	0	0	46	100.0	0	0	0	0	2000～2002年
	304 572	312	0	0	312	100.0	0	0	0	0	小计

续表 5-3-1

灌区	引水量 (万 m³)	引沙量 (万 m³)	泥沙分布								时段
			沉沙池		渠系		田间		排水河沟		
			万 m³	%	万 m³	%	万 m³	%	万 m³	%	
红旗	0	0	0		0		0		0		1975~1989年
	3 420	431.36	0	0	301.96	70.0	129.4	30.0	0	0	1990~1995年
	820	104.96	0	0	73.56	70.1	31.4	29.9	0	0	2000~2002年
	4 240	536.32	0	0	375.52	70.0	160.8	30.0	0	0	小计
五七	14 414	150	0	0	107.25	71.5	42.75	28.5	0	0	1980~1989年
	15 865	220.29	0	0	157.56	71.5	62.73	28.5	0	0	1990~1999年
	2 040	27.74	0	0	27.74	100.0	0	0	0	0	2000~2002年
	32 319	398.03	0	0	292.55	73.5	105.48	26.5	0	0	小计
一号	0	0	0		0		0		0		1975~1989年
	34 165	474.55	0	0	332.07	70.0	142.48	30.0	0	0	1990~1999年
	10 756	147.77	0	0	104.4	70.7	43.37	29.3	0	0	2000~2002年
	44 921	622.32	0	0	436.47	70.1	185.85	29.9	0	0	小计
纪冯	0	0	0		0		0		0		1975~1989年
	4 892	68.06	0	0	37.45	55.0	30.61	45.0	0	0	1990~1999年
	1 000	13.97	0	0	7.69	55.0	6.28	45.0	0	0	2000~2002年
	5 892	82.03	0	0	45.14	55.0	36.89	45.0	0	0	小计
民丰	29 115	255	0	0	102	40.0	127.5	50.0	25.5	10.0	1980~1989年
	0	0	0		0		0		0		1990~1999年
	0	0	0		0		0		0		2000~2002年
	29 115	255	0	0	102	40.0	127.5	50.0	25.5	10.0	小计
东关	26 000	326.8	0	0	261.4	80.0	49	15.0	16.4	5.0	1971~1989年
	0	0	0		0		0		0		1990~1999年
	0	0	0		0		0		0		2000~2002年
	26 000	326.8	0	0	261.4	80.0	49	15.0	16.4	5.0	小计
宫家	94 179	810.3	0	0	688.7	85.0	81	10.0	40.6	5.0	1975~1989年
	114 500	1 322.01	0	0	1 035.86	78.4	180.5	13.7	105.65	8.0	1990~1999年
	46 000	531.84	0	0	392.94	73.9	88.01	16.5	50.89	9.6	2000~2002年
	254 679	2 664.15	0	0	2 117.5	79.5	349.51	13.1	197.14	7.4	小计
西河口	200 281	1 582.2	1 265.8	80.0	158.2	10.0	158.2	10.0	0	0	1975~1989年
	0	0	0		0		0		0		1990~1999年
	0	0	0		0		0		0		2000~2002年
	200 281	1 582.2	1 265.8	80.0	158.2	10.0	158.2	10.0	0	0	小计
刘夹河	24 025	284	0	0	227.2	80.0	42.6	15.0	14.2	5.0	1959~1989年
	0	0	0		0		0		0		1990~1999年
	0	0	0		0		0		0		2000~2002年
	24 025	284	0	0	227.2	80.0	42.6	15.0	14.2	5.0	小计

续表 5-3-1

灌区	引水量 （万 m³）	引沙量 （万 m³）	泥沙分布								时段
			沉沙池		渠系		田间		排水河沟		
			万 m³	%	万 m³	%	万 m³	%	万 m³	%	
陈垓	454 120	5 338.7	2 482	46.5	1 215.6	22.8	1 555.4	29.1	85.7	1.6	1965～1989年
	189 100	1 508.72	795.21	52.7	267.08	17.7	444.17	29.4	2.26	0.1	1990～1999年
	47 000	370.19	125.1	33.8	90.12	24.3	154.13	41.6	0.84	0.2	2000～2002年
	690 220	7 217.61	3 402.31	47.1	1 572.8	21.8	2 153.7	29.8	88.8	1.2	小计
国那里	117 346	1 252.3	928.5	74.1	225	303.5	34.4	11.3	64.4	568.1	1971～1989年
	106 200	519.84	185.08	35.6	110.5	310.4	224.26	72.3		0	1990～1999年
	26 900	129.25	72.74	56.3	28.74	51.1	27.66	54.2	0.11	0.8	2000～2002年
	250 446	1 901.39	1 186.32	62.4	364.24	583.8	286.32	49.0	64.51	131.5	小计
丁庄	7 984	34.4	0	0	27.5	79.9	6.9	20.1	0	0	1975～1989年
	1 310	4.32	0.45	10.4	1.28	29.6	2.59	60.0	0	0	1990～1999年
	520	1.74	0.18	10.3	0.52	29.9	1.04	59.8	0	0	2000～2002年
	9 814	40.46	0.63	1.6	29.3	72.4	10.53	26.0	0	0	小计
黄庄	3 895	33.5	0	0	26.9	80.3	6.6	19.7	0	0	1972～1989年
	1 202	12	0	0	9.636	80.3	2.364	19.7	0	0	1990～1999年
	288	2.4	0	0	1.927	80.3	0.473	19.7	0	0	2000～2002年
	5 385	47.9	0	0	38.463	80.3	9.437	19.7	0	0	小计
戚海	3 480	26.5	0	0	21.1	79.6	5.4	20.4	0	0	1972～1989年
	2 315	27	0	0	21.492	79.6	5.508	20.4	0	0	1990～1999年
	200	1.2	0	0	0.955	79.6	0.245	20.4	0	0	2000～2002年
	5 995	54.7	0	0	43.547	79.6	11.153	20.4	0	0	小计
胡楼	62 102	372.7	214.7	57.6	118.5	31.8	23.9	6.4	15.6	4.2	1987～1989年
	111 590	680.6	242	35.6	412.8	60.7	21.4	3.1	4.4	0.6	1990～1999年
	41 100	248.4	116	46.7	115	46.3	10	4.0	7.4	3.0	2000～2002年
	214 792	1 301.7	572.7	44.0	646.3	49.7	55.3	4.2	27.4	2.1	小计
大道王	19 715	389	0	0	311.2	80.0	77.8	20.0	0	0	1958～1989年
	10 800	130	7.91	6.1	97.22	74.8	12.435	9.6	12.435	9.6	1990～1999年
	900	10.8	7.56	70.0	2.16	20.0	0.54	5.0	0.54	5.0	2000～2002年
	31 415	529.8	15.47	2.9	410.58	77.5	90.775	17.1	12.975	2.4	小计
道旭	139 829	1 999.6	1 404.7	70.2	334.2	16.7	215.6	10.8	45.1	2.3	1970～1989年
	23 931	185.7	0	0	142.44	76.7	39.21	21.1	4.05	2.2	1990～1999年
	9 397	78.3	0	0	62.9	80.3	14.65	18.7	0.75	1.0	2000～2002年
	173 157	2 263.6	1 404.7	62.1	539.54	23.8	269.46	11.9	49.9	2.2	小计
韩墩	286 585	2 505.8	335.9	13.4	1 167.4	46.6	779.2	31.1	223.3	8.9	1968～1989年
	289 000	1 906	0	0	1 289	67.6	561.5	29.5	55.5	2.9	1990～1999年
	123 200	716	0	0	514.5	71.9	201.5	28.1	0	0	2000～2002年
	698 785	5 127.8	335.9	6.6	2 970.9	57.9	1 542.2	30.1	278.8	5.4	小计

续表 5-3-1

灌区	引水量 （万 m³）	引沙量 （万 m³）	泥沙分布								时段
			沉沙池		渠系		田间		排水河沟		
			万 m³	%	万 m³	%	万 m³	%	万 m³	%	
小开河	168 746	1 232.4	424	34.4	492.6	40.0	246.8	20.0	69	5.6	1973～1989年
	22 000	126.15	75.5	59.8	45.6	36.1	4.7	3.7	0.35	0.3	1990～1999年
	93 000	430.12	253	58.8	151.17	35.1	23.94	5.6	2.01	0.5	2000～2002年
	283 746	1 788.67	752.5	42.1	689.37	38.5	275.44	15.4	71.36	4.0	小计
张肖堂	105 050	1 441	216	15.0	865	60.0	288	20.0	72	5.0	1958～1989年
	55 500	667.6	0	0	567.5	85.0	66.7	10.0	33.4	5.0	1990～1999年
	27 800	333.1	0	0	283.2	85.0	33.3	10.0	16.6	5.0	2000～2002年
	188 350	2 441.7	216	8.8	1 715.7	70.3	388	15.9	122	5.0	小计
归仁	45 529	646.5	0	0	517.2	80.0	129.3	20.0	0	0	1966～1989年
	10 843	109.8	0	0	87.89	80.0	21.91	20.0	0	0	1990～1999年
	3 107	29	0	0	23.2	80.0	5.8	20.0	0	0	2000～2002年
	59 479	785.3	0	0	628.29	80.0	157.01	20.0	0	0	小计
大崔	39 370	344.6	0	0	258.5	75.0	68.9	20.0	17.2	5.0	1975～1989年
	27 300	220.8	10	4.5	102	46.2	59.85	27.1	48.95	22.2	1990～1999年
	5 100	22.1	0	0	12.9	58.4	5.7	25.8	3.5	15.8	2000～2002年
	71 770	587.5	10	1.7	373.4	63.6	134.45	22.9	69.65	11.9	小计
白龙湾	46 430	283.5	60	21.2	138.4	48.8	85.0	30.0	0	0	1987～1989年
	88 900	488.99	35.7	7.3	253.8	51.9	150.2	30.7	49.29	10.1	1990～1999年
	23 100	119.2	3.1	2.6	73.3	61.5	33.8	28.4	9	7.6	2000～2002年
	158 430	891.69	98.8	11.1	465.5	52.2	269.1	30.2	58.29	6.5	小计
簸箕李	738 700	6 948.9	1 814.2	26.1	4 310.1	62.0	494.1	7.1	330.5	4.8	1966～1989年
	487 100	3 198.58	427	13.3	1 662.12	52.0	1 061.51	33.2	47.95	1.5	1990～1999年
	162 900	640.58	78.21	12.2	225.56	35.2	331.4	51.7	5.41	0.8	2000～2002年
	1 388 700	10 788.06	2 319.41	21.5	6 197.78	57.5	1 887.01	17.5	383.86	3.6	小计
张桥	0	0	0		0		0		0		1975～1989年
	24 630	155	0	0	138.3	89.2	15.2	9.8	1.5	1.0	1990～1999年
	7 570	47	0	0	37.2	79.1	7.1	15.1	2.7	5.7	2000～2002年
	32 200	202	0	0	175.5	86.9	22.3	11.0	4.2	2.1	小计
兰家	0	0	0		0		0		0		1975～1989年
	75 100	974.8	0	0	828.7	85.0	97.4	10.0	48.7	5.0	1990～1999年
	18 500	240.6	0	0	204.6	85.0	24	10.0	12	5.0	2000～2002年
	93 600	1 215.4	0	0	1 033.3	85.0	121.4	10.0	60.7	5.0	小计
潘庄	1 612 648	12 429	5 497	44.2	3 416	27.5	772	6.2	2 744	22.1	1972～1989年
	1 045 191	10 287	5 685	55.3	2 037	19.8	537	5.2	2 028	19.7	1990～1999年
	278 423	2 096	839	40.0	735	35.1	216	10.3	306	14.6	2000～2002年
	2 936 262	24 812	12 021	48.4	6 188	24.9	1 525	6.1	5 078	20.5	小计

续表 5-3-1

灌区	引水量 (万 m³)	引沙量 (万 m³)	泥沙分布								时段
			沉沙池		渠系		田间		排水河沟		
			万 m³	%	万 m³	%	万 m³	%	万 m³	%	
李家岸	995 900	6 711.5	3 060.4	45.6	1 765.1	26.3	966.5	14.4	919.5	13.7	1 971~1989年
	640 400	3 795.55	2 277.6	60.0	872.84	23.0	379.6	10.0	265.51	7.0	1990~1999年
	151 300	581.46	349.06	60.0	133.56	23.0	58.2	10.0	40.64	7.0	2000~2002年
	1 787 600	11 088.51	5 687.06	51.3	2 771.5	25.0	1 404.3	12.7	1 225.65	11.1	小计
韩刘	137 180	785.2	314.2	40.0	314	40.0	78.5	10.0	78.5	10.0	1971~1989年
	44 411	327.7	131.08	40.0	163.85	50.0	32.77	10.0	0	0	1990~1999年
	9 202	67.9	27.16	40.0	33.95	50.0	6.79	10.0	0	0	2000~2002年
	190 793	1 180.8	472.44	40.0	511.8	43.3	118.06	10.0	78.5	6.6	小计
豆腐窝	51 520	740.8	518.6	70.0	111.1	15.0	37	5.0	74.1	10.0	1966~1989年
	41 775	308.33	169.58	55.0	92.49	30.0	15.43	5.0	30.83	10.0	1990~1999年
	15 614	115.2	63.36	55.0	34.56	30.0	5.76	5.0	11.52	10.0	2000~2002年
	108 909	1 164.33	751.54	64.5	238.15	20.5	58.19	5.0	116.45	10.0	小计
位山	1 872 000	12 883	7 632.2	59.2	4 733.4	36.7	334.4	2.6	183	1.4	1970~1989年
	1 410 900	14 952.98	3 943.09	26.4	8 753.47	58.5	1 858.67	12.4	397.75	2.7	1990~1999年
	419 800	2 842.72	749.65	26.4	1 664.11	58.5	353.35	12.4	75.61	2.7	2000~2002年
	3 702 700	30 678.7	12 324.94	40.2	15 150.98	49.4	2 546.42	8.3	656.36	2.1	小计
郭口	48 017	336	0	0	269	80.1	51	15.2	16	4.8	1986~1989年
	86 500	600.49	202.59	33.7	351.5	58.5	40.5	6.7	5.9	1.0	1990~1999年
	19 900	123.15	43	34.9	71	57.7	7.5	6.1	1.65	1.3	2000~2002年
	154 417	1 059.64	245.59	23.2	691.5	65.3	99	9.3	23.55	2.2	小计
陶城铺	20 300	132	125	94.7	7	5.3	0	0	0	0	1972~1989年
	140 011	1 364.7	1 074.7	78.7	180	13.2	59	4.3	51	3.7	1990~1999年
	52 640	403	335	83.1	36	8.9	14	3.5	18	4.5	2000~2002年
	212 951	1 899.7	1 534.7	80.8	223	11.7	73	3.8	69	3.6	小计
闫潭 (2处)	636 929	12 976.4	9 599.2	74.0	3 045.5	23.5	12.5	0.1	319.2	2.5	1969~1989年
	366 800	2 161.91	423.84	19.6	1 519.84	70.3	148.53	6.9	69.7	3.2	1990~1999年
	103 900	755.17	0	0	675	89.4	48.77	6.5	31.4	4.2	2000~2002年
	1 107 629	15 893.48	10 023.04	63.1	5 240.34	33.0	209.8	1.3	420.3	2.6	小计
谢寨 (2处)	373 819	5 092	3 055	60.0	1 273	25.0	102	2.0	662	13.0	1959~1989年
	116 400	1 695.27	996.66	58.8	572.81	33.8	34.93	2.1	90.87	5.4	1990~1999年
	23 100	171.91	0	0	140.96	82.0	8.6	5.0	22.35	13.0	2000~2002年
	513 319	6 959.18	4 051.66	58.2	1 986.77	28.5	145.53	2.1	775.22	11.1	小计
高村	47 683	978	0	0	489	50.0	293	30.0	196	20.0	1959~1989年
	52 526	684.67	432.3	63.1	222.19	32.5	8.06	1.2	22.12	3.2	1990~1999年
	6 643	32.22	0	0	29.9	92.8	0.84	2.6	1.48	4.6	2000~2002年
	106 852	1 694.89	432.3	25.5	741.09	43.7	301.9	17.8	219.6	13.0	小计

续表 5-3-1

灌区	引水量（万 m³）	引沙量（万 m³）	泥沙分布								时段
			沉沙池		渠系		田间		排水河沟		
			万 m³	%	万 m³	%	万 m³	%	万 m³	%	
刘庄	695 760	11 156.5	9 076.7	81.4	1 810.3	16.2	12.9	0.1	256.6	2.3	1965~1989年
	245 200	2 451	1 772.1	72.3	469.33	19.1	99.87	4.1	109.7	4.5	1990~1999年
	65 600	241	0	0	191.3	79.4	14.6	6.1	35.1	14.6	2000~2002年
	1 006 560	13 848.5	10 848.8	78.3	2 470.93	17.8	127.37	0.9	401.4	2.9	小计
苏泗庄	458 041	5 549.6	2 172.8	39.2	1 887.5	34.0	1 336.4	24.1	152.9	2.8	1966~1989年
	138 900	1 460.89	505.5	34.6	525.6	36.0	94.6	6.5	335.19	22.9	1990~1999年
	41 900	399.72	0	0	219.69	55.0	40.03	10.0	140	35.0	2000~2002年
	638 841	7 410.21	2 678.3	36.1	2 632.79	35.5	1 471.03	19.9	628.09	8.5	小计
旧城	121 570	1 799	304.2	16.9	1 344.2	74.7	147.8	8.2	2.8	0.2	1975~1989年
	38 893	460.14	82	17.8	340.19	73.9	19.03	4.1	18.92	4.1	1990~1999年
	5 412	58.29	0	0	52.46	90.0	2.91	5.0	2.92	5.0	2000~2002年
	165 875	2 317.43	386.2	16.7	1 736.85	74.9	169.74	7.3	24.64	1.1	小计
苏阁	250 353	3 550.1	1 323.7	37.3	1 258.8	35.5	121.7	3.4	845.9	23.8	1975~1989年
	154 200	765.3	508.51	66.4	212.81	27.8	14.38	1.9	29.6	3.9	1990~1999年
	31 500	59.32	34.32	57.9	19	32.0	2.3	3.9	3.7	6.2	2000~2002年
	436 053	4 374.72	1 866.53	42.7	1 490.61	34.1	138.38	3.2	879.2	20.1	小计
打渔张	1 346 359	17 785	7 043	39.6	8 323	46.8	1 974	11.1	445	2.5	1958~1989年
	164 430	1 135.83	315.78	27.8	586.34	51.6	87.74	7.7	145.97	12.9	1990~1999年
	62 200	428.99	150.36	35.0	199.22	46.4	29.81	6.9	49.6	11.6	2000~2002年
	1 572 989	19 349.82	7 509.14	38.8	9 108.56	47.1	2 091.55	10.8	640.57	3.3	小计

表 5-3-2　位山灌区复灌以来历年引水、引沙及落淤分布情况表

年份	引水量（亿 m³）	引沙量（万 m³）	落淤分布（万 m³）						备注
			输沙渠	沉沙池	干渠	分干及支渠	排水沟	田间	
1970	2.58	267	75.4	100.6	40.8	42	3.3	4.9	
1971	3.44	430	211.4	183.1	9.3	24.4	0.7	1.1	
1972	7.94	745	281.4	255.8	89	101	7.1	10.7	
1973	6.00	483	181.6	241.1	20.7	35.6	1.6	2.4	
1974	7.78	685	211.3	118.5	164	158.4	13.1	19.7	
1975	4.11	244	38.5	83	56.4	54.8	4.5	6.8	
1976	8.44	423	39.3	189.9	88.5	87.6	7.1	10.6	
1977	7.67	370	39	210.5	53	57	4.2	6.3	
1978	10.87	829	342.6	147.8	153	155.1	12.2	18.3	
1979	9.09	1 018	204.2	614	85	97.8	6.8	10.2	
70 年代合计	67.92	5 494	1 624.7	2 144.3	759.7	813.7	60.6	91	
1980	7.65	640	226.1	104.7	141.2	139.8	11.3	16.9	
1981	5.90	458	110.4	120.6	103.7	102.6	8.3	12.4	

续表5-3-2

年份	引水量（亿 m³）	引沙量（万 m³）	落淤分布（万 m³）						备注
			输沙渠	沉沙池	干渠	分干及支渠	排水沟	田间	
1982	9.03	682	172.2	312.2	86.2	94.2	6.9	10.3	
1983	14.99	1 037	320.7	143.4	265.8	253.9	21.3	31.9	
1984	10.91	537	35.7	283.6	99.1	98.8	7.9	11.9	
1985	9.54	332	−195.2	176.6	169.8	146.8	13.6	20.4	
1986	12.76	469	−267.4	304.6	207	183.4	16.6	24.8	
1987	12.31	628	125.5	280.5	62	138	8.8	13.2	
1988	17.36	891	157.9	410.1	227	65.2	12.3	18.5	
1989	18.83	1 715	402.3	638.7	416	159.5	15.4	83.1	
80 年代合计	119.28	7 389	1 088.2	2 775	1 777.8	1 382.2	122.4	243.4	
1990	10.55	1 020	241	269	204	228.8	27.1	50.1	
1991	6.53	460	108.7	121.3	92	68.6	12.2	57.2	
1992	15.38	1 877	456.1	494.9	375	337.8	29.9	183.3	
1993	13.22	1 217	320.8	354.2	244	154.4	22.4	121.2	
1994	17.60	1 899	280.2	500.8	462	439.4	30.5	186.1	
1995	15.27	1 815	478.6	527.4	363	242.1	28.3	175.6	
1996	14.05	1 241	327.3	358.7	248	220.2	16.5	70.3	
1997	16.37	2 489	588.7	656.3	498	440.4	46.2	259.4	
1998	15.50	1 111	220	293	176	254.3	29.6	138.1	
1999	16.62	1 825	382.6	481.3	320.9	364.7	48.6	226.9	
90 年代合计	141.09	14 954	3 404	4 056.9	2 982.9	2 750.7	291.3	1 468.2	
2000	9.01	532	85.6	140.2	92.4	133.6	14.1	66.1	
2001	17.43	1 284	211.9	338.6	239.4	300.3	34.2	159.6	
2002	15.54	1 027	185.3	270.8	155.7	260.2	27.3	127.7	
2000 ~ 2002 合计	41.98	2 843	482.8	749.6	487.5	694.1	75.6	353.4	
合计	370.27	30 680	6 599.7	9 725.8	6 007.9	5 640.7	549.9	2 156.0	

注:干渠及以上落淤分布按实测含沙量计算,支渠及以下落淤分布按典型实测与调查分析计算。

潘庄灌区泥沙淤积分布计算,采取以下方法进行了处理:

①总干沉沙池淤积量根据站点 1981 ~ 2002 年实测水沙资料计算,1980 年前的沉沙池淤积量因没有站点实测泥沙资料,根据已用沉沙池实测沉沙容积计算。

②总干渠淤积量根据断面淤积测量计算。

③干支渠淤积量根据调查分析。

④进入马颊河沙量根据 1981 ~ 2002 年总干渠尚庙站实测水沙资料计算,1980 年前入河泥沙为调查分析数。

⑤其他河沟淤积量根据测量及调查分析。

⑥进入田间的泥沙量为总引沙量减去其他部位泥沙淤积量。

(2)根据上述方法计算,潘庄灌区 1972 ~ 2002 年共引进泥沙 24 812 万 m³,淤积分布情况如下:

①沉沙池淤积 12 021 万 m³，占 48.5%。

②灌溉系统淤积 6 188 万 m³，占 25.0%。

③排水系统淤积 5 078 万 m³，占 20.5%，其中淤河 2 766 万 m³，占 11.1%。

④进入田间泥沙量 1 525 万 m³，占 6.0%。

灌区历年引进泥沙淤积分布见表 5-3-3。

表 5-3-3　潘庄灌区泥沙淤积分布表

年份	引水量（万 m³）	引沙量（万 m³）	沉沙池（万 m³）							灌溉系统（万 m³）			排水系统（万 m³）			进入田间（万 m³）
			总干三级沉沙池				干渠分散沉沙池	合计	总干	干支	合计	泄入内河	其他	合计	
			一级池	二级池	三级池	小计									
1972~1980	474 090	4 999	1 212		1 151	2 363	133	2 496	746	457	1 203	215	738	953	347
1981	99 541	724	109		100	209	19	228	230	65	295	69	90	159	42
1982	138 284	687	159	100	188	447	18	465	120	20	140	41	28	69	13
1983	113 161	964	247	188	130	565	26	591	195	34	229	73	48	121	23
1984	79 650	461	141		69	210	12	222	76	41	117	38	57	95	27
1985	67 209	298	143		57	200	8	208	6	20	26	24	27	51	13
1986	154 907	1 040	56		140	196	28	224	255	123	378	187	171	358	80
1987	157 353	649	8		88	96	17	113	145	80	225	146	112	258	53
1988	138 800	589	6		75	81	16	97	189	80	269	59	112	171	52
1989	189 653	2 018	243	351	205	799	54	853	348	186	534	249	260	509	122
1990	102 612	899	30	368	78	476	25	501	162	21	183	135	52	187	28
1991	124 344	1 104	101	308	193	602	28	630	205	51	256	92	61	153	65
1992	125 905	1 511	116	326	175	617	30	647	294	91	385	206	132	338	141
1993	118 644	1 237	242	320	170	732	29	761	210	52	262	85	57	142	72
1994	80 858	909	233	230	150	613	20	633	110	15	125	87	33	120	31
1995	96 104	802	71	201	92	364	21	385	160	22	182	152	58	210	25
1996	77 800	531	52	145	70	267	11	278	92	13	105	111	18	129	19
1997	117 115	1 253	127	425	123	675	28	703	173	45	218	209	87	296	36
1998	101 380	845	164	114	79	357	10	367	174	35	209	214	5	219	50
1999	100 429	1 196	67	550	138	755	25	780	78	34	112	130	104	234	70
2000	74 526	657	35	173	75	283	0	283	220	22	242	72	11	83	49
2001	89 719	578	22	199	33	254		254	140	28	168	76	13	89	67
2002	114 178	861	37	223	47	307	0	307	282	43	325	96	38	134	100
合计	2 936 262	24 812	3 616	4 221	3 626	11 463	558	12 021	4 610	1 578	6 188	2 766	2 312	5 078	1 525
年均	94 718	800	116	136	120	370	18	388	149	51	200	89	74.6	164	50
百分比	100%							48.5			25.0	11.1	9.3	20.5	6.00

（三）簸箕李引黄灌区历年引水、引沙及落淤分布分析

簸箕李灌区历年引水、引沙及落淤分布见表 5-3-4，由于沉沙条件较差，沉沙池落淤相对较小。

表5-3-4　簸箕李灌区历年引水、引沙、落淤情况表

年份	引水量（亿 m³）	引沙量（万 m³）	落淤分布（万 m³）					备注
			合计	沉沙池	渠系	排水河沟	田间	
1966	0.97	144.5	144.5	26.7	112	3	2.8	
1967	1.28	153.3	153.3	30	109.7	7	6.6	
1968	2.1	564.5	564.5	90.5	461.4	6.5	6.1	
1969	0.63	134	134	16	110.6	4.1	3.3	
1970	1.57	433.3	433.3	130.7	289	7.2	6.4	
1971	1.47	177.8	177.8	49.9	112	8.4	7.5	
1972	3.5	323.7	323.7	126.7	170	14	13	
1973	2.65	227.4	227.4	50.9	143	17	16.5	
1974	1.97	130.4	130.4	28.6	75	14	12.8	
1975	1.58	247.4	247.4	105	126.4	8.2	7.8	
1976	2.8	168.1	168.1	53	83	17	15.1	
1977	3.3	283.4	283.4	73	175	18.3	17.1	
1978	2.47	227	227	71	125	16	15	
1979	3.26	474.6	474.6	72	375	14	13.6	
1980	4.44	484.4	484.4	180	265.5	20.5	18.4	
1981	3.5	267.4	267.4	90	140	11.4	26	
1982	4.5	283.7	283.7	130	113	13.2	27.5	
1983	3.69	305.2	305.2	63	190.9	34	17.3	
1984	4.11	184.4	184.4	73	82.9	8.7	19.8	
1985	2.93	120	120	60	40.8	7.2	12	
1986	5.31	258.6	258.6	85.9	126.2	12.9	33.6	
1987	3.35	191.4	191.4	45.9	111.0	9.6	24.9	
1988	3.97	255.4	255.4	54.8	162.3	12.8	25.5	
1989	8.52	909.4	909.4	108	610.4	45.5	145.5	
小计	73.87	6 948.9	6 948.9	1 814.2	4 310.1	330.5	494.1	1966~1989 年
1990	4.01	265.6	265.6	73.8	150.44	0.97	40.39	
1991	4	247.3	247.3	52.41	97.98	2.37	94.54	
1992	5	309.93	309.93	53.5	91.99	9.37	155.07	
1993	5.38	336.46	336.46	45.92	157.95	4.23	128.36	
1994	4.85	409.52	409.52	57.33	217.04	4.1	131.05	

续表 5-3-4

年份	引水量（亿 m³）	引沙量（万 m³）	落淤分布（万 m³）					备注
			合计	沉沙池	渠系	排水河沟	田间	
1995	4.41	299.6	299.6	35.95	185.75	4.8	73.1	
1996	4	204.45	204.45	22.49	98.13	5.12	78.71	
1997	4.63	263.98	263.98	23.76	153.1	3.17	83.95	
1998	6.31	177.82	177.82	11.86	87.87	3.56	74.53	
1999	6.12	683.92	683.92	49.98	421.87	10.26	201.81	
小计	48.71	3 198.58	3 198.58	427	1 662.12	47.95	1 061.51	1990~1999 年
2000	6.16	267.71	267.71	32.62	90.35	3.21	141.53	
2001	5.08	212.31	212.31	27.19	81.35	1.2	102.57	
2002	5.05	160.56	160.56	18.4	53.86	1	87.3	
小计	16.29	640.58	640.58	78.21	225.56	5.41	331.4	2000~2002 年
总计	138.87	10 788.06	10 788.06	2 319.41	6 197.78	383.86	1 887.01	1966~2002 年

历年共引水 138.87 亿 m³，引沙 10 788.06 万 m³。落淤分布为：沉沙池 2 319.41 万 m³，占 21.5%；渠系 6 197.78 万 m³，占 57.4%，田间 1 887.01 万 m³，占 17.5%；排水河沟 383.86 万 m³，占 3.6%。

三、灌区泥沙落淤粒径分析

（一）引黄灌区泥沙落淤粒径的宏观变化规律分析

引黄泥沙颗粒组成在灌区的分布与灌区引水引沙条件、工程状况、工程运行情况等有关。不同的灌区，其泥沙颗粒组成分布也不同；同一灌区不同时期，其泥沙颗粒组成也不相同。尽管如此，引黄灌区泥沙淤积还是有一定规律的。从宏观上讲，自渠首到田间和排水系统，泥沙落淤粒径有逐步细化的规律。

（二）典型灌区泥沙落淤粒径分析

1. 位山灌区落淤泥沙粒径分析

1）渠首泥沙粒径分析

从多年资料分析来看，位山灌区引黄渠首悬移质泥沙粒径与黄河孙口站多年平均悬移质泥沙粒径相比普遍偏小，平均粒径小于 0.01 mm 的颗粒介于 45% 上下，小于 0.15 mm 粒径的泥沙占 100%。月平均粒径最大为 0.024 8 mm，属细沙颗粒类型。与黄河孙口站多年平均悬移质泥沙颗粒相应粒径占百分数及平均粒径比较，小于 0.01 mm 的颗粒百分数为孙口站的 2.3 倍，小于 0.05 mm 的颗粒为孙口站的 1.45 倍，平均粒径近于孙口站平均粒径的 1/2。东、西输沙渠渠首多年平均悬移质泥沙颗粒级配详见表 5-3-5 和表 5-3-6。

由表中的平均粒径值看出，2~6 月为一个粒径级，平均粒径普遍偏大，其间小于 0.025 mm 粒径的沙重百分数算术平均值为 62.1%，而此时正值灌区引水高峰期；7~9 月为另一个粒径级，小于 0.025 mm 粒径的沙重百分数为 84.9%，颗粒很细，两者相差 22.8%。

表 5-3-5　西输沙渠渠首多年月平均悬移质泥沙颗粒级配表

月份	平均小于某粒径沙重百分数(%)						平均粒径 (mm)	备注
	粒径级(mm)							
	0.10	0.05	0.025	0.01	0.007	0.005		
2	100	90.4	58.4	32.3	15.6	12.0	0.024 5	
3	100	94.1	58.4	31.1	14.1	10.9	0.023 7	
4	100	92.5	51.4	24.8	12.0	8.45	0.020 6	
5	100	94.3	66.5	36.1	16.6	12.8	0.021 4	
6	100	97.2	59.0	25.7	15.5	11.7	0.023 0	
7	100	99.2	92.4	86.1	74.4	64.7	0.008 1	
8	100	98.6	80.8	58.1	40.6	34.2	0.014 2	
9	100	99.9	87.1	62.5	38.6	31.6	0.012 3	
10	100	92.2	76.8	60.2	38.4	30.7	0.016 9	
年平均	100	95.6	69.0	43.8	26.3	21.2	0.019 6	

表 5-3-6　东输沙渠渠首多年月平均悬移质泥沙颗粒级配表

月份	平均小于某粒径沙重百分数(%)						平均粒径 (mm)	备注
	粒径级(mm)							
	0.10	0.05	0.025	0.01	0.007	0.005		
3	100	92.6	60.8	31.7	12.6	9.66	0.024 8	
4	100	91.0	58.8	31.8	15.0	10.8	0.024 4	
5	100	98.0	76.2	46.8	23.0	18.6	0.020 3	
6	100	97.4	69.2	41.0	22.5	17.8	0.019 1	
7								缺测
8	100	99.8	78.3	64.2	47.6	41.0	0.013 9	
9	100	99.8	86.0	57.7	34.9	29.3	0.013 4	
10	100	99.6	82.9	48.3	26.4	21.4	0.014 9	
年平均	100	97.0	75.0	48.1	28.2	23.3	0.017 4	

2)灌区渠系沿程含沙量及粒径变化分析

根据灌区骨干渠道含沙量沿程变化资料分析,总的趋势是越向下游延伸,含沙量越小,渠道淤积状况越轻。各测站的平均泥沙颗粒粒径,同样显示出由大到小的细化趋势。详见 1993 年和 1996 年春季引水渠系沿程含沙量及泥沙粒径变化表 5-3-7 和表 5-3-8。

由表 5-3-7、表 5-3-8 可看出,渠首关山东渠 1＋350 至纪庄 46＋000 流程,首尾含沙量比变化很大,1993 年春为 1.86:1,1996 年春为 5.8:1;首尾泥沙平均粒径比变化亦很大,1993 年春为 2.45:1,1996 年春为 3.22:1。

渠首关山西渠 1＋350 经二干至碱刘流程,首尾含沙量比,1993 年春为 2.2:1,1996 年春为 3.56:1;首尾泥沙平均粒径比,1993 年春为 1.45:1,1996 年春为 1.65:1。

表 5-3-7　1993 年春季引水渠系沿程含沙量及泥沙粒径变化表

站名	桩号	含沙量（kg/m³）	粒径（mm）			说明
			中值粒径	平均粒径	最大粒径	
关山东渠	1 + 350	14.1	0.029	0.027	0.257	
王小楼	14 + 800	13.2	0.021	0.022	0.241	沉沙池进口
兴隆村	21 + 400	8.7	0.012	0.019	0.228	沉沙池进口
纪庄	46 + 000	7.59	0.010	0.011	0.176	
关山西渠	1 + 350	12.9	0.026	0.029	0.272	
苇铺	14 + 200	12.6	0.025	0.025	0.244	沉沙池进口
周店二干	27 + 100	7.6	0.017	0.022	0.201	
碱刘	58 + 800	5.75	0.014	0.020	0.193	
周店三干	26 + 100	8.42	0.021	0.022	0.234	沉沙池进口
王铺	66 + 100	5.59	0.015	0.017	0.186	

表 5-3-8　1996 年春季引水渠系沿程含沙量及泥沙粒径变化表

站名	桩号	含沙量（kg/m³）	粒径（mm）			说明
			中值粒径	平均粒径	最大粒径	
关山东渠	1 + 350	9.6	0.027	0.029	0.286	
王小楼	14 + 800	4.06	0.018	0.022	0.203	沉沙池进口
兴隆村	21 + 400	2.3	0.012	0.015	0.174	沉沙池进口
纪庄	46 + 000	1.65	0.008	0.009	0.163	
关山西渠	1 + 350	6.77	0.027	0.028	0.287	
苇铺	14 + 200	4.7	0.022	0.024	0.209	沉沙池进口
周店二干	27 + 100	1.95	0.011	0.016	0.174	
碱刘	58 + 800	1.9	0.012	0.017	0.171	
周店三干	26 + 100	2.73	0.020	0.021	0.192	沉沙池进口
王铺	66 + 100	2.06	0.015	0.019	0.185	

渠首关山西渠 1 + 350 经三干至王铺 66 + 100 流程,首尾含沙量比,1993 年春为 2.3:1,1996 年春为 3.3:1;首尾泥沙平均粒径比,1993 年春为 1.71:1,1996 年春为 1.47:1。上述渠段含沙量和泥沙粒径在沉沙池进出口都呈较大变化。

2.潘庄灌区泥沙落淤颗粒分析

1991 年春灌期沉沙池和总干渠沿程淤沙取样分析,详见表 5-3-9,说明落淤泥沙粒径沿程呈逐渐变小的趋势,首尾落淤泥沙 d_{50} 比为 2.59:1。1995 年春灌总干沿程淤沙首尾泥沙 d_{cp} 之比为 1.6:1,见图 5-3-1。

表 5-3-9　潘庄灌区 1991 年春灌期总干渠沿程淤沙颗粒级配变化表

位置名称	桩号	平均小于某粒径(mm)的沙重百分数(%)							d_{50} (mm)
		0.007	0.010	0.025	0.050	0.100	0.250	0.400	
一级沉沙池	-5+000	0.4	0.6	1.7	6.1	54.9	99.8	100	0.097 0
总干务头以上	17+900	0.8	1.0	3.4	17.7	72.2	99.9	100	0.080 0
二级沉沙池	33+500	0.6	0.8	3.2	16.6	84.5	99.9	100	0.077 0
总干辛章以下	58+750	1.3	2.0	15.9	38.8	99.8	99.9	100	0.050 0
三级沉沙池	73+100	6.0	8.2	22.4	59.0	99.3	99.7	100	0.044 0
马颊河		8.2	11.2	28.6	73.4	99.8	100	100	0.037 5

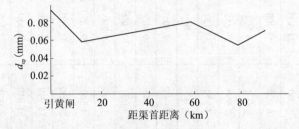

图 5-3-1　潘庄灌区总干渠淤积物沿程粒径变化(1995 年春灌淤积物取样)

3. 簸箕李灌区泥沙落淤颗粒分析

根据簸箕李灌区渠首(0 km)、夹河站(距引黄闸 22.5 km)、二干渠首(距引黄闸 37.5 km)、陈谢站(距引黄闸 54 km)、白杨站(距引黄闸 70 km)泥沙落淤颗粒分析,1991 年渠首至白杨站泥沙首尾落淤粒径比为 5.0:1,1992 年泥沙首尾落淤粒径比为 1.5:1,见图 5-3-2,说明变化是很大的。

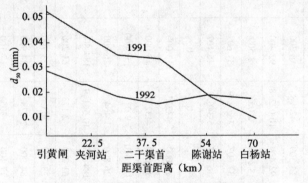

图 5-3-2　簸箕李灌区泥沙粒径沿程变化图

第二节　山东引黄灌区沉沙池、渠占压耕地、沙化及覆淤还耕治理研究

为弄清山东省引黄灌区沉沙池、渠占地、沙化、覆淤还耕治理情况,山东省水利厅先后于 2000 年和 2003 年组织了两次全省引黄灌区沉沙池、渠占地、沙化及还耕治理的普查,结果见表 5-3-10、表 5-3-11。

表 5-3-10　灌区沉沙池开辟使用、沙化及覆淤还耕情况表

灌区名称	开辟 年份	开辟 面积（亩）	使用 使用面积（亩）	使用 沉沙量（万 m³）	使用 产生沙化面积（亩）	使用 未使用面积（亩）	已覆淤还耕治理（亩） 合计	盖淤厚度 40 cm 以下	盖淤厚度 40～60 cm	盖淤厚度 60 cm 以上	未治理现存沙化面积（亩）
东明闫潭灌区	1989年前*	76 100	76 100	9 599	76 100	0	76 100	0	46 100	30 000	0
	1990～2002年	16 300	16 300	423.8	16 300	0	16 300	5 000	11 300	0	0
	合计	92 400	92 400	10 022.8	92 400	0	92 400	5 000	57 400	30 000	0
东明谢寨灌区	1989年前	8 500	8 500	3 055	8 500	0	8 500	0	8 500	0	0
	1990～2002年	37 607	37 607	2 291.9	37 607	0	37 607	7 950	29 657	0	0
	合计	46 107	46 107	5 346.9	46 107	0	46 107	7 950	38 157	0	0
东明高村灌区	1989年前	0	0	0	0	0	0	0	0	0	0
	1990～2002年	13 000	13 000	432.3	13 000	0	13 000	2 445	9 405	1 150	0
	合计	13 000	13 000	432.3	13 000	0	13 000	2 445	9 405	1 150	0
刘庄灌区	1989年前	158 000	158 000	9 077	158 000	0	153 000	3 000	100 000	50 000	5 000
	1990～2002年	26 800	26 800	1 464.9	26 800	0	26 800	1 800	7 290	17 710	0
	合计	184 800	184 800	10 541.9	184 800	0	179 800	4 800	107 290	67 710	5 000
苏泗庄灌区	1989年前	61 200	61 200	2 173	61 200	0	61 200	20 000	41 200	0	0
	1990～2002年	25 700	23 700	505.5	23 700	2 000	23 700	11 910	7 350	4 440	0
	合计	86 900	84 900	2 678.5	84 900	2 000	84 900	31 910	48 550	4 440	0
旧城灌区	1989年前	17 100	17 100	305	17 100	0	17 100	6 000	11 100	0	0
	1990～2002年	4 600	4 000	82	4 000	600	4 000	2 350	1 100	550	0
	合计	21 700	21 100	387	21 100	600	21 100	8 350	12 200	550	0
杨集灌区	1989年前	0	0	0	0	0	0	0	0	0	0
	1990～2002年	6 600	6 600	0	6 600	0	4 900	4 900	0	0	1 700
	合计	6 600	6 600	0	6 600	0	4 900	4 900	0	0	1 700

续表 5-3-10

灌区名称	开辟 年份	开辟 面积(亩)	使用 使用面积(亩)	使用 沉沙量(万m³)	使用 产生沙化面积(亩)	使用 未使用面积(亩)	已覆淤还耕治理(亩) 合计	已覆淤还耕治理(亩) 盖淤厚度 40 cm 以下	已覆淤还耕治理(亩) 盖淤厚度 40~60 cm	已覆淤还耕治理(亩) 盖淤厚度 60 cm 以上	未治理现存沙化面积(亩)
苏阁灌区	1989年前*	149 128	149 128	3 324	149 128	0	149 128	20 000	129 128	0	0
	1990~2002年	42 600	33 600	328.4	33 600	9 000	27 300	27 300	0	0	6 300
	合计	191 728	182 728	3 652.4	182 728	9 000	176 428	47 300	129 128	0	6 300
潘庄灌区	1989年前	33 112	33 112	6 127	33 112	0	33 112	2 600	30 512	0	0
	1990~2002年	29 437	25 893	5 940	25 893	3 544	25 893	0	25 893	0	0
	合计	62 549	59 005	12 067	59 005	3 544	59 005	2 600	56 405	0	0
李家灌区	1989年前	34 975	34 975	3 613	34 975	0	34 975	0	34 975	0	0
	1990~2002年	16 123	16 123	2 061.8	16 123	0	16 123	0	10 000	6 123	0
	合计	51 098	51 098	5 674.8	51 098	0	51 098	0	44 975	6 123	0
韩刘灌区	1989年前	7 240	7 240	628	7 240	0	7 240	1 240	6 000	0	0
	1990~2002年	3 851	3 851	300.9	3 851	0	2 210	210	2 000	0	1 641
	合计	11 091	11 091	928.9	11 091	0	9 450	1 450	8 000	0	1 641
豆腐窝灌区	1989年前	8 400	8 400	519	8 400	0	5 628	0	5 628	0	2 772
	1990~2002年	3 800	2 000	232	2 000	1 800	1 124	0	320	804	876
	合计	12 200	10 400	751	10 400	1 800	6 752	0	5 948	804	3 648
邢家渡灌区	1989年前	11 839	11 839	1 197	11 839	0	11 839	4 000	7 839	0	0
	1990~2002年	3 100	3 100	450	3 100	0	3 100	500	2 600	0	0
	合计	14 939	14 939	1 647	14 939	0	14 939	4 500	10 439	0	0
田山灌区	1989年前	2 702	2 702	302	2 702	0	2 202	610	1 350	242	500
	1990~2002年	0	0	0	0	0	0	0	0	0	0
	合计	2 702	2 702	302	2 702	0	2 202	610	1 350	242	500

续表 5-3-10

灌区名称	开辟 年份	面积(亩)	使用 使用面积(亩)	沉沙量(万m³)	产生沙化面积(亩)	未使用面积(亩)	已覆淤还耕治理(亩) 盖淤厚度 合计	40 cm以下	40~60 cm	60 cm以上	未治理现存沙化面积(亩)
胡家岸灌区	1989年前	1 169	1 169	66.78	1 169	0	969	154.46	814.54	0	200
	1990~2002年	1 563	1 563	106.41	1 563	0	1 511.4	922	589.4	0	51.6
	合计	2 732	2 732	173.19	2 732	0	2 480.4	1 076.46	1 403.94	0	251.6
葛店灌区	1989年前	0	0	0	0	0	0	0	0	0	0
	1990~2002年	0	0	0	0	0	0	0	0	0	0
	合计	0	0	0	0	0	0	0	0	0	0
沟阳灌区	1989年前	0	0	0	0	0	0	0	0	0	0
	1990~2002年	0	0	0	0	0	0	0	0	0	0
	合计	0	0	0	0	0	0	0	0	0	0
刘春家灌区	1989年前	13 000	13 000	1 033	13 000	0	13 000	3 000	10 000	0	0
	1990~2002年	5 250	4 000	220	4 000	1 250	2 800	0	2 800	0	1 200
	合计	18 250	17 000	1 253	17 000	1 250	15 800	3 000	12 800	0	1 200
马扎子灌区	1989年前	6 029	6 029	570	6 029	0	6 029	3 029	3 000	0	0
	1990~2002年	0	0	0	0	0	0	0	0	0	0
	合计	6 029	6 029	570	6 029	0	6 029	3 029	3 000	0	0
胡楼灌区	1989年前	3 100	3 100	215	3 100	0	3 100	3 100	0	0	0
	1990~2002年	6 511	3 043	200	3 043	3 468	3 043	3 043	0	0	0
	合计	9 611	6 143	415	6 143	3 468	6 143	6 143	0	0	0
韩墩灌区	1989年前	2 114	2 114	336	2 114	0	2 114	900	1 214	0	0
	1990~2002年	0	0	0	0	0	0	0	0	0	0
	合计	2 114	2 114	336	2 114	0	2 114	900	1 214	0	0

续表 5-3-10

灌区名称	开辟年份	面积(亩)	使用面积(亩)	沉沙量(万m³)	产生沙化面积(亩)	未使用面积(亩)	已覆淤还耕治理 合计	盖淤厚度 40 cm以下	40~60 cm	60 cm以上	未治理现存沙化面积(亩)
簸箕李灌区	1989年前	12 971	12 971	1 814	12 971	0	12 971	3 971	9 000	0	0
	1990~2002年	0	0	0	0	0	0	0	0	0	0
	合计	12 971	12 971	1 814	12 971	0	12 971	3 971	9 000	0	0
张肖堂灌区	1989年前	3 645	3 645	216	3 645	0	3 645	1 645	2 000	0	0
	1990~2002年	0	0	0	0	0	0	0	0	0	0
	合计	3 645	3 645	216	3 645	0	3 645	1 645	2 000	0	0
小开河灌区	1989年前	2 020	2 020	428	2 020	0	1 420	700	720	0	600
	1990~2002年	2 400	2 200	160	2 200	200	1 600	800	800	0	600
	合计	4 420	4 220	588	4 220	200	3 020	1 500	1 520	0	1 200
白龙湾灌区	1989年前	400	400	60	400	0	400	200	200	0	0
	1990~2002年	600	500	12.2	500	100	400	200	200	0	100
	合计	1 000	900	72.2	900	100	800	400	400	0	100
大崔灌区	年前	0	0	0	0	0	0	0	0	0	0
	1990~2002年	300	300	10	300	0	300	300	0	0	0
	合计	300	300	10	300	0	300	300	0	0	0
大道王灌区	1989年前	0	0	0	0	0	0	0	0	0	0
	1990~2002年	520	500	16.7	500	20	400	200	200	0	100
	合计	520	500	16.7	500	20	400	200	200	0	100
兰家灌区	1989年前	0	0	0	0	0	0	0	0	0	0
	1990~2002年	0	0	0	0	0	0	0	0	0	0
	合计	0	0	0	0	0	0	0	0	0	0

续表 5-3-10

灌区名称	开辟年份	面积(亩)	使用				已覆淤还耕治理(亩)				未治理现存沙化面积(亩)
			使用面积(亩)	沉沙量(万m³)	产生沙化面积(亩)	未使用面积(亩)	合计	盖淤厚度			
								40 cm以下	40~60 cm	60 cm以上	
道旭灌区	1989年前	9 360	9 360	1 405	9 360	0	9 360	3 000	6 360	0	0
	1990~2002年	0	0	0	0	0	0	0	0	0	0
	合计	9 360	9 360	1 405	9 360	0	9 360	3 000	6 360	0	0
打渔张灌区	1989年前	26 763	24 863	7 043	24 863	1 900	24 863	20 272	4 591	0	0
	1990~2002年	0	0	0	0	0	0	0	0	0	0
	合计	26 763	24 863	7 043	24 863	1 900	24 863	20 272	4 591	0	0
陈垓灌区	1989年前	25 350	25 350	2 482	25 350	0	25 350	5 000	15 000	5 350	0
	1990~2002年	5 770	4 020	854.83	4 020	1 750	4 020	1 205	2 412	403	0
	合计	31 120	29 370	3 336.83	29 370	1 750	29 370	6 205	17 412	5 753	0
国那里灌区	1989年前	19 430	19 430	929	19 430	0	19 430	3 000	16 430	0	0
	1990~2002年	6 100	6 100	310	6 100	0	6 100	1 300	3 800	1 000	0
	合计	25 530	25 530	1 239	25 530	0	25 530	4 300	20 230	1 000	0
位山灌区	1989年前	28 003	18 683	7 327	18 683	9 320	18 683	0	18 683	0	0
	1990~2002年	34 348	20 683	3 940	20 683	13 665	20 683	0	20 683	0	0
	合计	62 351	39 366	11 267	39 366	22 985	39 366	0	39 366	0	0
郭口灌区	1989年前	0	0	0	0	0	0	0	0	0	0
	1990~2002年	563	563	69	563	0	338	138	200	0	225
	合计	563	563	69	563	0	338	138	200	0	225
陶城铺灌区	1989年前	14 835	14 835	825	14 835	0	14 835	3 000	11 835	0	0
	1990~2002年	2 398	2 398	532	2 398	0	2 098	500	1 598	0	300
	合计	17 233	17 233	1 357	17 233	0	16 933	3 500	13 433	0	300

续表 5-3-10

灌区名称	开辟 年份	开辟 面积(亩)	使用 使用面积(亩)	使用 沉沙量(万 m³)	使用 产生沙化面积(亩)	使用 未使用面积(亩)	已覆淤还耕治理(亩) 合计	盖淤厚度 40 cm以下	盖淤厚度 40~60 cm	盖淤厚度 60 cm以上	未治理现存沙化面积(亩)
彭楼灌区	1989年前	0	0	0	0	0	0	0	0	0	0
	1990~2002年	3 900	1 700	209.5	1 700	2 200	1 700	0	1 700	0	0
	合计	3 900	1 700	209.5	1 700	2 200	1 700	0	1 700	0	0
麻湾灌区	1989年前	0	0	0	0	0	0	0	0	0	0
	1990~2002年	3 000	1 500	200	1 500	1 500	1 500	0	1 500	0	0
	合计	3 000	1 500	200	1 500	1 500	1 500	0	1 500	0	0
胜利灌区	1989年前	20 500	20 500	356	20 500	0	20 500	20 500	0	0	0
	1990~2002年	3 598.2	2 878.4	238	2 878.4	719.8	2 878.4	0	2 878.4	0	0
	合计	24 098.2	23 378.4	594	23 378.4	719.8	23 378.4	20 500	2 878.4	0	0
王庄灌区	1989年前	0	0	0	0	0	0	0	0	0	0
	1990~2002年	4 400	1 100	84	1 100	3 300	770	0	770	0	330
	合计	4 400	1 100	84	1 100	3 300	770	0	770	0	330
皇东灌区	1989年前	7 500	7 500	454.3	7 500	0	7 500	4 000	3 500	0	0
	1990~2002年	25 000	25 000	1 800	25 000	0	25 000	5 000	20 000	0	0
	合计	32 500	32 500	2 254.3	32 500	0	32 500	9 000	23 500	0	0
双河灌区	1989年前	6 750	6 750	476	6 750	0	6 750	3 000	3 750	0	0
	1990~2002年	0	0	0	0	0	0	0	0	0	0
	合计	6 750	6 750	476	6 750	0	6 750	3 000	3 750	0	0
路庄灌区	1989年前	0	0	0	0	0	0	0	0	0	0
	1990~2002年	3 000	2 400	286.8	2 400	600	1 900	332	1 000	568	500
	合计	3 000	2 400	286.8	2 400	600	1 900	332	1 000	568	500

续表 5-3-10

灌区名称	年份	开辟	使用				已覆淤还耕治理(亩)				未治理现存沙化面积(亩)
		面积(亩)	使用面积(亩)	沉沙量(万m³)	产生沙化面积(亩)	未使用面积(亩)	合计	盖淤厚度			
								40 cm以下	40~60 cm	60 cm以上	
五七灌区	1989年前	0	0	0	0	0	0	0	0	0	0
	1990~2002年	0	0	0	0	0	0	0	0	0	0
	合计	0	0	0	0	0	0	0	0	0	0
一号灌区	1989年前	0	0	0	0	0	0	0	0	0	0
	1990~2002年	0	0	0	0	0	0	0	0	0	0
	合计	0	0	0	0	0	0	0	0	0	0
纪冯灌区	1989年前	0	0	0	0	0	0	0	0	0	0
	1990~2002年	0	0	0	0	0	0	0	0	0	0
	合计	0	0	0	0	0	0	0	0	0	0
西河口灌区	1989年前	11 300	11 300	1 266	11 300	0	11 300	3 000	8 000	300	0
	1990~2002年	0	0	0	0	0	0	0	0	0	0
	合计	11 300	11 300	1 266	11 300	0	11 300	3 000	8 000	300	0
宫家灌区	1989年前	0	0	0	0	0	0	0	0	0	0
	1990~2002年	0	0	0	0	0	0	0	0	0	0
	合计	0	0	0	0	0	0	0	0	0	0
丁庄灌区	1989年前	0	0	0	0	0	0	0	0	0	0
	1990~2002年	0	0	0	0	0	0	0	0	0	0
	合计	0	0	0	0	0	0	0	0	0	0
合计	1989年前	782 535	771 315	67 221.08	771 315	11 220	762 243	138 921.46	537 429.54	85 892	9 072
	1990~2002年	338 739.2	293 022.4	23 762.94	293 022.4	45 716.8	279 098.8	78 305	168 045.8	32 748	13 923.6
	合计	1 121 274.2	1 064 337.4	90 984.02	1 064 337.4	56 936.8	1 041 341.8	217 226.46	705 475.34	118 640	22 995.6

注：* "开辟"栏"1989年前"一项指1989年前开辟,但作为使用和还耕治理,包括1989年前后。

表 5-3-11　灌区 2000 年输沙渠，总干、干、分干渠堤内及两侧清淤弃土占地及两侧清淤面积

灌区名称	渠堤内占地			渠堤两侧清淤弃土占地及沙化面积					还林、还耕治理面积			现存沙化未治理面积（亩）
	渠长（km）	堤内宽度（m）	面积（亩）	两堤单宽（m）	两堤高度（m）	两堤累计堆积土方量（万 m³）	两堤占地面积（亩）	未治理前沙化面积（亩）	合计（亩）	盖淤还林面积（亩）	盖淤还耕面积（亩）	
邢家渡灌区	225	3~86	4 673.2	21~127	1~6	3 064.6	20 596.8	20 596.8	20 596.8	20 596.8	0	0
田山灌区	70.4	2~5	316	0	0	10.3	247	247	200	200	0	47
胡家岸灌区	43.8	11.8~18.72	661.22	4~6	0.61~1.31	11	188.4	188.4	126.4	126.4	0	62
张辛灌区	27.29	15~25	793	5	5~7	128	668	668	383	383	0	285
葛店灌区	29.5	15~20	791	5	5~6	131	711	711	408	408	0	303
沟阳灌区	27.9	15~25	889	5	5~6	124	667	667	316	316	0	351
刘春家灌区	7.2	40~45	456	15	5.5~6	78.4	324	324	218	218	0	106
马扎子灌区	59.82	13~38	1 516.8	10~50	2~4	655.43	3 774	3 774	2 264	2 264	0	1 510
胡楼灌区	115.7	12~36	4 036.7	10~20	1~1.5	301.2	4 469	4 469	3 549	3 549	0	920
韩墩灌区	28.9	30.3~42.5	1 458	25	2.6	362.7	2 092.5	2 092.5	2 092.5	2 092.5	0	0
簸箕李灌区	106.7	18~47	5 402	18~47	0~3.8	847.89	4 047	4 047	3 047	3 047	0	1 000
张肖堂灌区	47.4	20~28	1 605	20~30	1~2	260	3 404	3 404	2 643.2	2 643.2	0	760.8
小开河灌区	87.34	27.8	3 872	10	1	10	2 500	2 500	2 500	2 500	0	0
白龙湾灌区	30.6	6~13	352.7	13~16	2~3	131.4	1 236.5	1 236.5	989.5	989.5	0	247
大崔灌区	8.95	5~6	73	11.8	2.2	29.1	317	317	238	238	0	79
大道王灌区	25.5	18~35	1 097	20~50	1.5~1.8	105	3 013	3 013	2 506	2 506	0	507
兰家灌区	107.7	26~28	4 238.9	15~20	1~2.5	346.7	5 047	5 047	4 205	4 205	0	842

续表 5-3-11

灌区名称	渠长(km)	渠堤内占地		渠堤两侧清淤弃土占地及沙化面积						还林、还耕治理面积			现存沙化未治理面积(亩)
		堤内宽度(m)	面积(亩)	两堤单宽(m)	两堤高度(m)	两堤累计堆积土方量(万m³)	两堤占地面积(亩)	未治理前沙化面积(亩)		合计(亩)	盖淤还林面积(亩)	盖淤还耕面积(亩)	
道旭灌区	52.5	10~35	635.65	6~20	2.2~4	233.01	2 259.73	2 259.73	1 514.73	1 514.73	0	745
打渔张灌区	78.9	9~36	1 630	8~28	2~3.5	668.4	3 431	3 431	2 520	2 520	0	911
潘庄灌区	239.04	4~70	9 814.2	3~98	2~7	4 418.53	23 197.8	23 197.8	16 320	4 781	11 539	6 877.8
李家岸灌区	121.07	2.5~45	1 514.1	3~8	2.5~5	154.425	964.2	964.2	545	350	195	419.2
韩刘灌区	40.1	3~12	393	20~50	2.5~3.5	834.6	4 169	4 169	2 794	2 794	0	1 375
豆腐窝灌区	12.5	4~10	133.5	20~30	2.5~3	177	945	945	634	634	0	311
闫潭灌区	1 615.3	12~67	13 724.3	3~30	1~2.5	2 345.78	21 415.26	21 415.26	13 415.26	11 415.26	2 000	8 000
谢寨灌区	68.2	16~30	4 871.4	8~18	2~3.5	961.8	2 040	2 040	1 640	775	865	400
高村灌区	26.3	16~20	714	6~8	2.5~3.1	106	556	556	356	356	0	200
刘庄灌区	80.6	18~30	2 777	11~16	1.2~1.5	318.8	3 915.6	3 915.6	3 021.6	3 021.6	0	894
苏泗庄灌区	29.35	16~25	1 010.5	8~9	1.5~2	65.8	717.3	717.3	717.3	717.3	0	0
旧城灌区	5.4	21~25	178.4	11.5	2	17.56	182.3	182.3	182.3	182.3	0	0
杨集灌区	34.8	8~12	250.08	19~20.5	2.5	103.04	1 022.34	1 022.34	613.3	408.8	204.5	409.04
苏阁灌区	46.4	6~20	839.88	16.8~23.4	2~2.5	249.2	2 694.1	2 694.1	1 597.75	1 077.14	520.61	1 096.35
陈垓灌区	160.5	11~29	3 288	8~13	2~3	442.61	4 764	4 764	4 764	4 764	0	0
国那里灌区	58.7	7~28	1 347.5	6~14	1	20	1 682	1 682	1 682	1 355	327	0
陶城铺灌区	75.54	26.5~56	3 142	10~17	2.5~3	519.6	2 342.5	2 342.5	1 687.5	1 000	687.5	655

续表 5-3-11

灌区名称	渠长 (km)	渠堤内占地		渠堤两侧清淤弃土占地及沙化面积					还林、还耕治理面积			现存沙化未治理面积 (亩)
		堤内宽度 (m)	面积 (亩)	两堤单宽 (m)	两堤高度 (m)	两堤累计堆积土方量 (万 m³)	两堤占地面积(亩)	未治理前沙化面积(亩)	合计 (亩)	盖淤还林面积 (亩)	盖淤还耕面积 (亩)	
郭口灌区	45.68	5~10	474.4	45~60	3.5~8	1 999.47	3 916.21	3 916.21	2 937.21	2 937.21	0	979
彭楼灌区	12.75	28~32	582.9	11.6~21.5	1.8~2.5	65.9	718.15	718.15	539.15	539.15	0	179
位山灌区	211.7	35~142.8	16 727.93	0	1.5~6	0	24 572.51	24 572.51	23 393.32	23 393.32	0	1 179.19
陈湾灌区	131	5~28	2 378.5	15~20	3.5~4.5	1 218	5 443.8	5 443.8	4 093.8	1 989.3	2 104.5	1 350
胜利灌区	38.39	27	1 281.3	12	3.5	135	1 382	1 382	1 262	900	362	120
王庄灌区	83.4	70~127	13 812.5	20~39.5	1.6~3.1	1 386.7	8 057	8 057	6 446	3 446	3 000	1 611
垦东灌区	5.5	15	124	16	2.2	31.5	264	264	214	214	0	50
双河灌区	89.77	5~14	1 332.19	11.5~19	2~3	514.211	4 611.72	4 611.72	3 911.72	2 911.72	1 000	700
路庄灌区	20.495	8	246.1	23~27	4	238.36	1 509.6	1 509.6	1 011	443	568	498.6
五七灌区	19.8	8	237.6	12.8	2.2	73.18	760.32	760.32	660.32	440.32	220	100
一号灌区	31.1	14~20	793.8	8~10	1.5~2	89.7	823.2	823.2	663.2	663.2	0	160
纪冯灌区	2.5	3	11.25	13	2.5	10	108.75	108.75	80.75	80.75	0	28
西河口灌区	70.4	60~110	11 000	20~30	1.6~3	1 256	7 050	7 050	7 050	5 000	2 050	0
宫家灌区	47.5	15~21.25	1 322	15~25	2.5~3	618.7	3 147	3 147	2 477	527	1 950	670
丁庄灌区	4.5	14	94.6	1	0.2	0.08	10.1	10.1	10.1	10.1	0	0
合计	4 563.705	0	127 856.8	0	0	25 738.276	191 974.69	191 974.69	155 036.71	127 443.6	27 593.11	36 937.98

一、山东省引黄灌区沉沙池开辟、使用、沙化及还耕治理研究

由对 50 余处引黄灌区的普查结果,1989 年前开辟沉沙池 782 535 亩,到目前已使用 771 315 亩,沉沙 67 221.1 万 m³,产生沙化面积 771 315 亩,未使用 11 220 亩,产生的 771 315亩沙化面积中,已覆淤还耕 762 243 亩,现未治理 9 072 亩。

1990~2002 年共开辟沉沙池 338 739 亩,已使用 293 022 亩,沉沙量 23 762.9 万 m³,产生沙化面积 293 022 亩,未使用面积 45 717.0 亩,已沙化的面积 293 022 亩中,已覆淤还耕 279 099 亩,未治理 13 923 亩。

两项合计共开辟沉沙池 1 121 274 亩,已使用 1 064 337 亩,沉沙量 90 984 万 m³,产生沙化面积 1 064 337 亩,未使用 56 937 亩,已沙化的面积 1 064 337 亩中,已覆淤还耕 1 041 342亩,占沙化面积的 97.8%,未治理现存沙化面积 22 995 亩,占沙化面积的 2.2%。

由表 5-3-10 可看出,自 1965~2002 年引黄灌区的泥沙处理结构发生了大的变化,1989 年前,全省引黄灌区 50 处中只有 12 处灌区没用沉沙池,到 1990 年后,全省 50 处灌区没用沉沙池的灌区增加到 19 处。下游滨州市、东营市的引黄灌区一是采取了渠道衬砌远距离输沙技术;二是渠首由自流改为扬水站提水,抬高了水位,加大了水面坡降和远距离输沙能力;三是沉沙洼地减少等,故大部分灌区已不再用沉沙池沉沙。

二、引黄灌区输沙渠、干渠两侧清淤占地沙化及还耕、还林治理情况研究

通过全省 50 余处引黄灌区输沙渠及干渠两侧清淤占地、沙化及治理情况普查,见表 5-3-11,全省引黄灌区输沙渠及干渠总长 4 563.7 km,渠堤内占地 127 856.8 亩,渠堤两侧清淤弃土占地 191 974.7 亩,未治理前全部沙化。渠堤内及渠堤两侧清淤弃土共占地 319 831.5亩。渠堤两侧清淤弃土沙化占地 191 974.7 亩中,已覆淤还林、还耕面积 155 036.7亩,占清淤弃土沙化土地面积的 80.8%,现存沙化未治理面积 36 938 亩,占清淤弃土沙化土地面积的 19.2%。

第三节　山东引黄灌区渠首沙化对池区经济发展影响的研究

一、引黄渠首沙化对农业、农村、农民的影响

据 1990 年对全省万亩以上引黄灌区调查,自 1965 年引黄复灌至 1989 年共开辟沉沙池 782 535 亩,产生沙化面积 771 315 亩。除菏泽市部分沉沙结合淤改的经低标准治理已还耕外,其余地市灌区基本未治理,现存沙化和重沙化面积仍很大,主要集中在聊城、德州、滨州、济南、淄博、东营市。全省引黄灌区另有输沙渠和干渠两侧清淤弃土占地 191 974.69亩,全部沙化,其中沙化和重沙化面积 115 184 亩,弱沙化面积 76 790.69 亩,基本未治理。

(1)聊城市位山引黄灌区输、沉沙区包括两条输沙渠、两片沉沙区及总干渠和一、二、三干渠上游,涉及东阿、东昌府、阳谷三县(市、区)的 7 个乡镇 127 个行政村,总面积153.3

km²。据 1993 年统计,该区共有人口 8.6 万人,劳力 3.89 万人,原有可耕地 19.72 万亩(1970 年),人均可耕地约 2.1 亩。1970 年复灌至 1993 年底,输沉沙工程累计占地44 981.94亩,人均被占池渠耕地 0.52 亩。其中 65 个村,人均被占 0.35 亩;24 个村,人均被占 1.33 亩;14 个村,人均被占 0.36 亩。池渠外现有耕地 105 620.22 亩,人均耕地 1.23亩,其中 24 个村,人均现有耕地 0.2 亩,14 个村,人均现有耕地 0.88 亩,65 个村,人均现有耕地 1.57 亩。见表 5-3-12。

表 5-3-12　1970～1993 年输、沉沙区人均被占耕地和人均占有耕地分类表

村数	人口	耕地(亩)			人均被占池渠耕地(亩)	人均现有池渠外耕地(亩)
		合计	池渠被占耕地	池渠外现有耕地		
24	15 370	23 456.02	20 372.62	3 083.4	1.33	0.2
14	11 919	14 676.45	4 234.53	10 441.92	0.36	0.88
65	58 803	112 469.69	20 374.79	92 094.9	0.35	1.57
合计 103	86 092	150 602.16	44 981.94	105 620.22	0.52	1.23

尤其是引黄入卫新扩西 6 号池后,阳谷县七级镇和东昌府区于集乡被占地的 20 个村中,池内占压土地人均 1.01 亩。池外剩余耕地人均仅 0.62 亩,其中人均耕地不足 0.5 亩的村有 10 个,6 485 人;不足 0.1 亩的村有 5 个,2 595 人。有 4 614 名男女劳力在耕地少的情况下,处于闲散状态,有 1 241 名男女劳力将无地可种。他们在信息不灵、致富无路、缺乏技术人才和资金、不会经商的情况下,生活更加困难。

(2)德州市潘庄引黄灌区渠首输、沉沙区涉及齐河县马集乡的 48 个自然村,2.8 万人,总面积 36.5 km²。据 1992 年统计,区内现有耕地 3.6 万亩,占原耕地面积的87.5%,人均占有耕地面积由原来的 1.4 亩多降至 1.2 亩,有的村基本无耕地可种。48 个村中有 8 个村 6 176 人,人均耕地 1 亩;有 4 个村 2 459 人,人均现有耕地 0.5～0.1 亩。

二、土壤环境恶化

(一)土地沙化、漏水、漏肥,难以耕种

(1)位山灌区 20 世纪 90 年代初以输沙渠及总干、一、二、三干渠上游两侧堆沙区最为严重。东、西输沙渠两岸已形成了四条长 15 km,宽 80～120 m,堆沙高 7 m 以上的沙垄,堆沙占地面积达 7 391.29 万亩。这部分土地,由于泥沙颗粒粗、漏水漏肥、高低不平,连年清淤,先是堆高,后是展宽,致使还耕、还林难度很大。在东、西沉沙区,有近 8 000 亩人工高地和 15 000 多亩没覆淤还耕的已用旧地,形成 2.3 万多亩的沙质地,地势高亢、土质疏松、漏水、漏肥,实际上是一片新沙化区。输、沉沙区土壤颗分情况见表 5-3-13,土壤肥力见表 5-3-14。

20 世纪 90 年代初总干及一、二、三干渠两侧形成弃土面积 12 565 亩,全部沙化。弃沙土粒径较大,见表 5-3-13,土壤养分低,见表 5-3-14。

(2)潘庄引黄灌区自 1972～1992 年,渠首输沙渠和沉沙池内,形成了"两带""三片"的沙化区。"两带"是指输沙渠总干两岸两条长 75 km、宽 51 m,高于地面 3～4 m 的"沙

龙",堆沙约 3 251 万 m³,面积 1.15 万亩,泥沙颗粒粗,漏水、漏肥重。"三片"是指一、二、三级沉沙池,沉沙约 7 343 万 m³,面积 3.9 万亩,区内土地沙化或严重沙化,地势高亢,土质疏松,漏水、漏肥。

表 5-3-13　位山灌区渠首输、沉沙区土壤颗分表　　　　　　（%）

土壤名称	颗粒直径（mm）			备注
	沙粒	粉粒	黏粒	
	>0.05	0.05~0.005	<0.005	
沙壤土	75.5	21.5	3.0	
沙壤土	82.5	15.0	2.5	

表 5-3-14　位山灌区输、沉沙区与全灌区土壤肥力比较表

取土点	有机质含量（%）	全氮（%）	碱解氮（mg/kg）	速效磷（mg/kg）	速效钾（mg/kg）
输、沉沙区	0.68	0.063	51.1	1.8	85.03
灌区	1.03	0.071	70.1	3.2	130.01

输、沉沙区内黄河水落淤的泥沙粒径较大,土壤颗分情况见表 5-3-15。所含养分很少,实测土壤养分见表 5-3-16。土壤中的有机质含量及速效 N、P、K 养分含量均达不到国家土壤养分含量分级的最末级标准,对农作物的生长产生不利影响。

表 5-3-15　潘庄灌区渠首输沉沙区土壤颗分表

取土地点	土壤名称	比重	土粒组成（%）			土质分类	备注
			沙粒	粉粒	黏粒		
			颗粒直径（mm）				
			>0.05	0.05~0.005	<0.005		
试验田	沙土	2.67	72.5	17.7	9.8	重沙壤土	根据中华人民共和国水电部标准 SD 128—81 试验
试验田	沙土	2.67	79.5	17.5	3.0	轻沙壤土	
干渠	沙土	2.67	85.4	12.5	2.1	轻沙壤土	

（二）土地盐碱化

由于输沙渠、沉沙池长期输水、蓄水,加上区域排水不畅和截渗工程废弃,地下水位常年偏高。20 世纪 90 年代,全省引黄灌区渠首地带有 200 万亩涝洼地未得治理。据位山灌区引黄入卫工程调查资料分析,灌区输沙渠两侧、沉沙区及干渠两侧,共有碱地 1.2 万亩。目前总干渠两侧 100 m 处,输水后比输水前地下水位普遍抬高 1.53~2.07 m,离现地面 2~3 m,渠道对地下水的影响范围达 200~900 m,三干渠上游段局部地下水的影响范围已达 500~700 m。潘庄、李家岸灌区渠首地下水平均埋深 1.98 m。输、沉沙区共有盐碱地 2.5 万亩。

表 5-3-16　潘庄灌区试区土壤养分表

覆淤结构	层次（cm）	土壤质地	有机质（mg/kg）	速效养分（mg/kg）			盐分（g/100g）	pH 值
				碱解氮	K₂O	P₂O₅		
S_1	0~70	壤土	4.6	26	87	4.7	0.11	7.3
S_2	0~30	沙土	3.7	35	85	29.9	0.12	7.1
	30~70	壤土	3.8	30	82	6.0	0.11	7.1
S_3	0~30	壤土	5.3	34	97	16.1	0.13	7.0
	30~70	沙土	3.9	24	85	5.5	0.12	6.9
S_4	0~50	壤土	4.0	39	82	8.1	0.12	7.1
	50~70	沙土	4.2	34	77	5.8	0.12	7.0
S_5	0~70	沙土	3.1	30.5	73	15.1	0.10	7.0

三、渠首地带群众生产生活条件恶化

（1）引黄灌区输、沉沙工程，彻底打乱了原来的灌排体系、交通道路及电信设施，致使该区域水利、交通、电信条件落后，沿池渠群众都要隔河绕道五六千米去种地，生产、生活条件恶化，而且引黄灌区越大，则影响越重。

（2）由于排水系统干、支流改道，再加上上游尾水含沙量大，造成沿池、渠支流河道淤积严重，排水不畅，上游沿池、渠耕地遇涝损失严重，遇降大雨，池、渠区几乎全部受涝。

（3）每年春秋，大风刮起，飞沙满天，村民受害，受风沙危害村民多患眼疾。

（4）渠首沙化对农业产量的影响。据 1990 年对刘庄等 4 个灌区 5 个同一乡村的典型调查，见表 5-3-17，1987~1989 年粮食单产，池外为池内的 1.01~16.75 倍，棉花单产，池外为池内的 1.20~3.40 倍。其中，差距较小的如刘庄灌区双河岭村，1987 年池内粮单产 300 kg，池外 500 kg，池外内之比 1.67，池内棉花单产 35 kg，池外 55 kg，池外内之比 1.57；1989 年池内粮食单产 400 kg，池外 600 kg，池外内之比 1.5，池内棉花单产 50 kg，池外 60 kg，池外内之比 1.20。差距较大的如韩墩灌区的程口村，1987 年池内粮食单产 60 kg，池外 400 kg，池外内之比 6.67；1989 年池内粮食单产 20 kg，池外单产 335 kg，池外内之比 16.75。位山灌区的刘文堂村，1987 年池内粮食单产 150 kg，池外 500 kg，池外内之比 3.33，池内棉花单产 20 kg，池外 68 kg，池外内之比 3.40；1989 年池内粮食单产 155 kg，池外 566 kg，池外内之比 3.65，池内棉花单产 25 kg，池外 71 kg，池外内之比 2.84。

沉沙池占地乡村与相邻非占地乡村的产量对比，见表 5-3-17。据对位山等三个灌区四对相邻典型村的调查，一般情况是沉沙池占地乡村粮、棉产量低于邻近非占地乡村的产量。位山、簸箕李灌区的三对相邻村中，非占地乡村与占地乡村粮食单产比，1987 年为 1.04~1.97，1989 年为 1.05~1.19，棉花单产比，1987 年为 1.12，1989 年为 1.08。主要原因是，沉沙池区治理标准低，还耕后达不到相邻村的土地质量，产量降低。但也有特例，沉沙池占地治理还耕后，粮棉产量高于邻近非占地乡村的产量，如李家岸灌区的王阁村（池内）与西宋村（池外），非占地与占地粮食单产比，1988 年为 0.98，1989 年为 0.93。棉

花单产比,1987 年为 0.94,1989 年为 0.93,主要原因是原沉沙池占地及相邻村土地都是洼碱低产田,沉沙池占地用完后盖淤较厚,提高了土地质量,利于增产。

表 5-3-17　典型乡村沉沙池(渠)内外产量对比表

类型	灌区及乡村	年份	人口		耕地(亩)		粮食单产(kg)			棉花单产(kg)		
			池内	池外	池内	池外	池内	池外	池外内之比	池内	池外	池外内之比
同一乡村	刘庄双河岭村	1987	340	440	540	920	300	500	1.67	35	55	1.57
		1989	360	460	540	920	400	600	1.50	50	60	1.20
	刘庄赵楼村	1987	650	180	1 200	300	380	600	1.58	40	65	1.63
		1989	660	190	1 200	300	500	650	1.30	55	70	1.27
	位庄刘文堂村	1987	510	510	110	873	150	500	3.33	20	68	3.40
		1989	522	522	110	873	155	566	3.65	25	71	2.84
	韩墩程口村	1987	132	476	90	326	60	400	6.67	—	77	—
		1989	133	476	98	318	20	335	16.75	—	50	—
	打渔张乔庄乡	1987	9 500	11 000	20 160	25 738	250	350	1.40	30	50	1.67
		1989	9 600	11 400	20 160	25 738	350	400	1.14	50	70	1.40
邻近乡村	位山桑庄村(内)七级村(外)	1987	520	1 200	1 971	2 300	550	570	1.04	67	75	1.12
		1989	534	1 250	1 971	2 300	562	590	1.05	72	78	1.08
	李家岸王阁村(内)西宋村(外)	1987	968	221	1 078	315	558	545	0.98	134	126	0.94
		1989	968	221	1 078	315	670	623	0.93	136	127	0.93
	簸箕李高家村(内)崔寨村(外)	1987	1 103	1 089	2 200	3 420	100	197	1.97	—	60	
		1989	1 103	1 090	2 200	3 420	175	209	1.19	—	60	
	簸箕李唐家村(内)新唐村(外)	1987	716	711	1 470	2 210	129	227	1.76	—	60	
		1989	716	711	1 094	2 210	176	209	1.19	—	60	

四、制约池区经济发展

渠首沙化,制约了渠首农业、工业以至整个经济的发展。据对位山等三个灌区的调查,沉沙池区的人均收入仅为灌区中下游受益区人均收入的60%～75%。位山灌区 1987 年沉沙池区人均收入 428 元,灌区中下游受益乡村人均收入 605.5 元,前者仅为后者的70.6%,1989 年池区人均收入 439 元,为灌区中下游受益乡村人均收入 649 元的 67.6%;簸箕李灌区 1987 年池区人均收入 361 元,为灌区中下游受益区人均收入 564 元的 64%,1989 年池区人均收入 444 元,为灌区中下游受益区人均收入 651 元的 68.2%;刘庄灌区1987～1989 年池区人均收入 426 元,为灌区中下游受益区人均收入 575 元的 74.1%。尽管有些地区相应地采取了一些沉沙池区补偿、优惠政策和措施,但沉沙池区经济的发展远远落后于灌区受益区,人均收入少,又缺乏从事工副业的技术和资金,许多群众连温饱问题都未解决,与灌区广大受益区群众生活水平和经济发展差距越来越大。

第四章 山东引黄灌区沉沙池开辟、运用、覆淤还耕优化方案研究

第一节 典型引黄灌区沉沙池区规划及总体设想

一、位山灌区沉沙池区规划及总体设想

位山灌区 1973 年扩大初设中确定,设东、西沉沙区两个,见图 5-4-1。规划沉沙条渠 16 个,面积 49 900 亩。其中东沉沙区设计条渠 7 个,面积 19 855 亩,西沉沙区设计条渠 9 个,面积 30 045 亩,均采用自流沉沙,当沉沙量达到设计库容以后,进行弃池还耕。

灌区自 1970 年运用到 2002 年,池区实际占地面积 34 348 亩,占规划面积的 68.8%。其中:东沉沙区修建条渠 3 个,占地 13 515 亩,自西向东,Ⅰ 号条渠 6 350 亩,Ⅱ 号条渠 2 929 亩,Ⅲ 号条渠 4 236 亩;西沉沙区修建条渠 6 个,占地 20 833 亩,自东向西,(Ⅰ+Ⅴ)号条渠 4 385 亩,Ⅱ 号条渠 3 049 亩,Ⅲ 号条渠 2 592 亩,Ⅳ 号条渠 4 462 亩,Ⅵ 号条渠 6 345 亩。因再行扩池已突破荒碱沙地范围,又经农村生产体制的变革,扩池出现困难,只得沿用以挖待沉进行沉沙。

根据位山灌区改建发展规划和 1991 年山东省引黄入卫工程初步设计,结合东、西沉沙区工程现状,东沉沙区在其现东Ⅲ号条渠右侧新扩 1 个Ⅳ条渠,占地面积 4 000 亩;西沉沙区在其现(Ⅰ+Ⅴ)号条渠右侧新扩一个Ⅶ条渠,占地面积 6 000 亩。这 10 000 亩新增沉沙面积属规划沉沙面积,但直到 2002 年底前,未开辟运用。扩池后的东、西沉沙区面积分别达到 17 515 亩和 26 833 亩,合计 44 348 亩。根据对 1991 年春,实测 1:5 000 东、西沉沙区地形图,结合 1997 年 10 月沉沙池清淤测量高程资料,按照总体沉沙规划,在新老池现状的基础上,通过机械化清淤结合堆筑高地,最终确定高地顶部高程为 42 m,高出原地面 7 m 左右。东沉沙区可堆沙 6 011 万 m³,西沉沙区可堆沙 7 761 万 m³。详见东、西沉沙区堆沙库容计算表 5-4-1。

按照 1991 年山东省引黄入卫工程初步设计,东、西沉沙区总体规划和运用设计,西沉沙区在原(Ⅰ+Ⅴ)号条渠的右侧新扩Ⅶ号条渠,配合其他措施,能使西沉沙池使用 15 年左右(2008 年)。又据 1992~1997 年的位山灌区沉沙池淤积量和清淤量分析,沉沙池年均淤积量为 600 万 m³,年均清淤量 550 万 m³。根据以上资料及 1997 年底沉沙池工程现状分析,东沉沙区可使用 40 年,西沉沙区可使用 15 年。若二者实施联合调度,可使用 25 年。

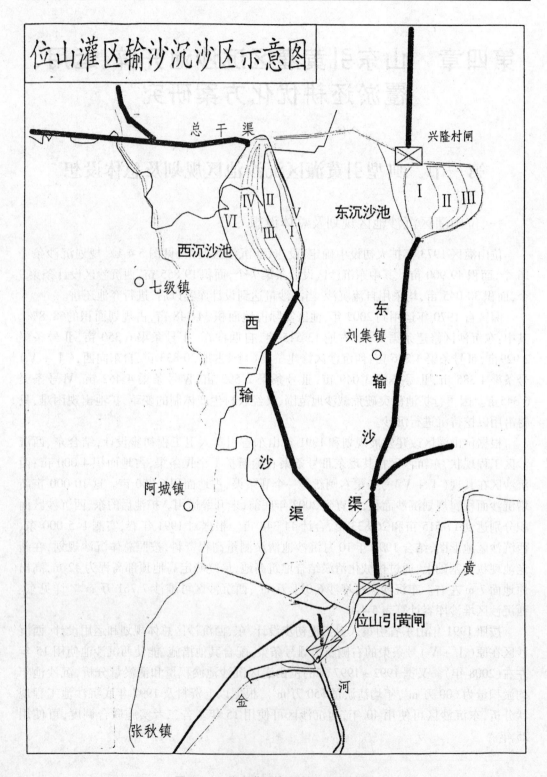

图 5-4-1　位山灌区输、沉沙工程规划图

表 5-4-1　1991 年引黄入卫位山灌区东、西沉沙区规划堆沙库容计算表

沉沙池编号		面积（亩）	原地面高程（m）	设计堆放高程（m）	池内现平均高程（m）	堆放高度（m）	堆放泥沙库容（万 m³）	备注
东池	Ⅰ	6 350	34.6	42.0	36.0	6	2 537	
	Ⅱ	2 929	34.7	42.0	35.98	6.02	949	
		其中高地 552	34.7	42.0	42.0			
	Ⅲ	4 236	34.7	38~42				
		其中河槽 1 426	34.7	42.0	35.9	6.1	579.0	
		高地 2 810	34.7	38~42.0	38~42.0			
	规划新池Ⅳ	4 000	34.7	42.0	34.7	7.3	1 946	
	小计	17 515					6 011	
西池	（Ⅰ+Ⅴ）	4 385	34.72	42.0	36.5	5.5	970	
		其中高地 1 740	34.72	42.0	42.0	0		
	Ⅱ	3 049	34.77	42.0				
		其中池槽 803	34.77	42.0	36.2	5.8	330	
		高地 2 196	34.77	42.0	39.0	3.0	260	
	Ⅲ	2 592	34.77	42.0	36.4	5.6	896	
	Ⅳ	4 462	30.0	42.0	39.2~40.2	2.8~1.8	199	
		其中池槽 1 510	35.0	42.0				
		高地 2 952	35.0	42.0				
	Ⅵ	6 345	30.0	42.0	36.5	5.5	2 326	
	规划新池Ⅶ	6 000	35.0	42.0	30.0	7.0	2 780	
	小计	26 833					7 761	
合计		44 348					13 772	

二、潘庄灌区沉沙池区规划及总体设想

1980 年潘庄灌区初步设计沉沙规划采用二级沉沙，渠首一级沉沙池采用人工以挖待沉的条渠沉沙，至 1982 年底修建了 4 个条渠，占地约 6.8 km²，条渠长 2 000~3 000 m，宽 300~400 m，淤高 1~1.5 m，清淤弃土高 2~3 m，共沉沙 990 万 m³，占总进沙量的 14.40%。第 1~2 条渠位于规划沉沙池Ⅲ片北部，地面高程 33~33.5 m；第 3 条渠位于规划沉沙池Ⅳ片南部，地面高程 33~33.5 m；第 4 条渠位于规划沉沙池Ⅰ片内，地面高程

29.5 ~ 31.0 m。马颊河右岸尚仇沟南二级沉沙池长 4 000 ~ 6 000 m,宽 450 ~ 530 m,占地面积 9.9 km²,共沉沙 900 万 m³,占总进沙量的 13.1%,地面高程 21 ~ 22 m。

1983 年《潘庄引黄灌区改建规划报告》对灌区沉沙规划作出了调整,灌区由二级沉沙改为三级沉沙(见图 5-4-2),沉沙池面积大大增加。其中:渠首沉沙池 22.1 km²,二级沉沙池 24.7 km²,三级沉沙池 34.3 km²,共 81.1 km²。

(一)渠首沉沙池

渠首沉沙池(见图 5-4-2)规划面积 22.1 km²,需迁占村庄 16 个,采取挖泥船清淤措施,淤土堆高 5 m,沉沙容积 9 985 万 m³,沉沙率 50%,多年平均沉沙量 370 万 m³,可使用 26 ~ 27 年。结合河渠等地物的分布情况可分为四片使用,第 I 片为齐庄洼,东临黄河金堤,南为潘庄总干东堤,北为赵王河,面积 8.46 km²,地面高程 29.5 ~ 32.0 m,需搬迁村庄 6 个,规划 5 个条渠,沉沙容积 5 901 万 m³(已用第 4 条渠 400 万 m³)。第 II 片为雷屯洼,西以聊城为界,东南为金堤,东北为总干渠西堤,面积 4.72 km²,需搬迁村庄 3 个,地面高程 30.5 ~ 32.0 m,规划 4 个条渠,沉沙容积 1 966 万 m³。第 III 片为王楼洼,南为赵王河,东临马集到焦庙公路,西界总干渠东堤,北至已用的沉沙第 2 条渠南沿,面积 5.48 km²,地面高程 30 ~ 32.0 m,需搬迁村庄 3 个,规划 5 个条渠,沉沙容积 2 576 万 m³(已用第 1 ~ 2 条渠 300 万 m³)。第 IV 片为"邱集湖"南,以已用的沉沙第 3 条渠为界,北至一干渠,东为总干渠西堤,西至新巴公河,面积 3.44 km²,地面高程 29.5 ~ 30.0 m,需搬迁村庄 4 个,规划 3 个条渠,沉沙容积 5 901 万 m³(已用第 3 条渠 200 万 m³)。

(二)总干渠中段沉沙池

总干渠中段沉沙池规划见图 5-4-2,包括薛官屯与程子坡两处,采用自流沉沙与淤改相结合的办法,沉总来沙量的 30%,利用总干衬砌改建的条件,第一期计划启用薛官屯二级沉沙池,第二期利用黄河水位继续抬高的优势,再辟程子坡二级沉沙池。薛官屯洼位于总干渠东侧,东和东北面以老赵牛河、担杖河为界,南沿季庄、薛官屯、西腰站村北,沉沙面积 14.7 km²,分 6 个条渠,平均每个条渠 2.45 km²,地面高程 25 ~ 26 m,地势平坦,淤高 2.2 m,沉沙 3 234 万 m³,是总来沙量的 30%,年沉沙量 222 万 m³,可使用 14 ~ 15 年,淤区内 6 个村庄需要搬迁。程子坡洼位于总干渠西岸,南段距温屯村 700 m,北至瓦王村南,东以赵牛新河西堤为界,西至袁营机窑,南齐庄、药庄、安仁等村东面,面积 10 km²,分 4 个条渠,平均每个条渠 2.5 km²,地面高程 22 ~ 23 m,地势平坦,淤高 2.6 m,沉沙容积 2 600 万 m³,可使用 11 ~ 12 年,淤区内 2 个村庄需搬迁。

(三)总干渠末端沉沙池

总干渠末端沉沙池规划见图 5-4-2,可用洼地有马颊河右岸尚仇沟以南 6.2 km²,尚仇沟以北 18.7 km²,赵王河以东,总干渠以北肖庄洼 9.4 km²,共 34.3 km²。平均淤高按 1 m计,进入马颊河的水量每年按 4.3 亿 ~ 5.5 亿 m³,三级沉沙池年淤积量约 60 万 m³,首先启用尚仇沟以南洼地和肖庄洼两处,采用自流沉沙与淤改相结合的办法,面积为 15.6 km²,沉沙量 1 560 万 m³,可使用 26 年。张官店洼位于马颊河右岸,相家河东岸,面积 6.2 km²,地面高程 21 ~ 22 m,地势平坦;肖庄洼位于总干右侧,赵王河东,辛章街、堤刘庄以西,面积 9.4 km²,地面高程 21 ~ 23 m,地势平坦,淤区内部 3 个村庄需搬迁。

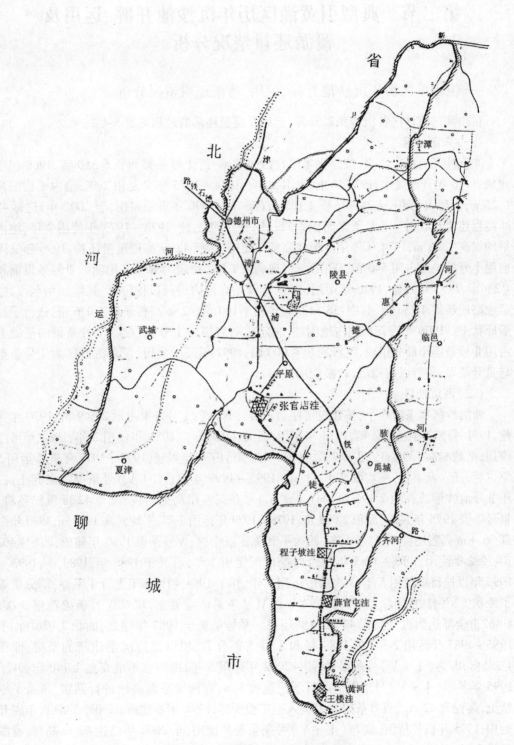

图 5-4-2　潘庄灌区沉沙池规划布置图

第二节　典型引黄灌区历年沉沙池开辟、运用及覆淤还耕情况分析

一、位山灌区历年沉沙池开辟、运用、覆淤还耕情况分析

位山灌区沉沙区各沉沙条渠开辟、运用及覆淤还耕的过程见表5-4-2。

（一）东沉沙区

东沉沙区有条渠3个,按建设年序自西向东编号:Ⅰ号条渠面积6 350亩,1968年冬建成,1970年开始放水,1972年止,运用2年。1974～1975年又复用2年,池内平均淤高1.25 m,1976年停用,未达标还耕2 105亩(36 m),1996年重新启用,至2002年,达标42 m高程还耕800亩。Ⅱ号条渠面积2 929亩,1970年兴建,1972～1973年使用2年,池内平均淤高1.28 m,1974年停用。形成高地552亩,达标42 m高程覆淤还耕,1996年又因启用Ⅰ号条渠被占用540亩,正在运行,现剩余1 837亩定为弃土备用池。Ⅲ号条渠面积4 236亩,1973年兴建,1976年运用,1983年开始在池内进行以挖待沉,延续运用至今,已形成高地还耕4 236亩,其中:38 m高程还耕1 160亩,42 m高程还耕3 076亩,进行了覆盖原状土。1996年因新扩池占地困难,决定重新启用东Ⅰ号池,在原Ⅰ号条渠的基础上占用Ⅱ号条渠小部分组成,沉沙面积4 000亩,1997年开始使用,现东沉沙区为Ⅰ号条渠与Ⅲ号条渠,实行以挖待沉,轮换使用。

（二）西沉沙区

西沉沙区有条渠6个,按建设年序,自东向西排列:Ⅰ号条渠占地2 349亩,1970年兴建,1971～1972年运用2年,1973年停用,后又在1980年、1981年使用2年,1982年再度停用,平均淤高1.96 m。Ⅱ号条渠面积3 049亩,1970年兴建,1973～1977年连续运用5年以后,迁入新丰村,平均淤高1.43 m。1995～1997年因(Ⅰ+Ⅴ)号条渠清淤弃土,占压Ⅱ号池并形成高地2 196亩,与(Ⅰ+Ⅴ)号条渠左岸高地衔接,高程42 m覆淤还耕。Ⅲ号条渠1975年兴建,面积2 592亩,1978～1979年运用2年,平均淤高1.63 m,1980年全部36.4 m高程还耕,同时迁入东、西太平和陈庄三个村;Ⅳ号条渠1980年建成,面积4 462亩,1982年使用,1983～1985年结合以挖待沉使用3年,后又于1988年、1989年、1993～1995年以挖待沉使用5年,3次前后运用9年,并于1994～1996年进行了平整,部分覆盖了原状土,并打井21眼,1995～1997年因Ⅵ号条渠清淤弃土,填筑Ⅳ号条渠池槽3次,4 462亩全部达到设计高程42 m覆淤还耕。Ⅴ号条渠于1983年建成,面积2 036亩,于1986～1987年运用2年,在1989年和Ⅰ号条渠合并,用以挖待沉重建新的条渠,面积4 385亩,即为(Ⅰ+Ⅴ)号条渠,1990～2002年运用6年,两岸已形成高地1 740亩,并于1995年冬季(Ⅰ+Ⅴ)号条渠清淤后下挖池槽1 m,对两岸平整高地进行洇实,覆盖了原状土,高程为42 m。Ⅵ号条渠为引黄入卫工程所建,1994年春建成,面积6 345亩,年底开始用,1995年以挖待沉,现与(Ⅰ+Ⅴ)号条渠轮换使用,至2002年已达42 m高程,覆淤还耕2 000亩。

表 5-4-2　位山灌区东、西沉沙池开辟、运用、覆淤还耕状况过程表

1970～2002 年沉沙池条渠开辟、运用、覆淤还耕过程

沉沙池编号		兴建时间	使用年数	开辟总面积(亩)	现运用(亩)	备用(亩)	还耕状况(亩) 未达标高还耕	还耕状况(亩) 已达标高还耕
东池	I	1968-11	9 (1970～1971)(1974～1975)(1997～1999)(2001～2002)	6 350	3 445(1996年重新启用亩)		2 105(36 m)	800亩(42 m)
	II	1970-11	2 (1972～1973)	2 929	540	1 837		552亩(42 m)
	III	1973-11	25 (1976～2000)	4 236			1 160亩(38 m)	3 076(42 m)
	合计			13 515	3 985	1 837	3 265	4 428
西池	I	1970-11	4 (1971～1972)(1980～1981)	2 349				2 196(42 m)(1995～1997年(I+V)弃土形成)
	II	1970-11	5 (1973～1977)	3 049		853	2 592(36.4 m)	
	III	1975-11	2 (1978～1979)	2 592				
	IV	1980-10	9 (1982～1985)(1988～1989)(1993～1995)	4 462				4 462亩(42 m) VI条渠土及VI条渠1995～1997年年成
	V	1983-02	2 (1986～1987)	2 036				
	I+V	1989-12	6 (1990～1992)(1998,1999,2001)	4 385	2 645			1 740亩(42 m)
	VI	1993-11	5 (1995～1996)(1997,2000,2002)	6 345	4 345			2 000亩(42 m)
	合计			20 833	6 990	853	2 592	10 398
总计				34 348	10 975	2 690	5 857	14 826

注:1989 年 I 号条渠和 V 号条渠合并为（I＋V）号条渠。

　　小结：经过 33 年的沉沙区条渠运用，东、西沉沙区条渠实际开辟面积已达 34 348 亩，该沉沙区运用后已全部沙化，形成高地 20 683 亩，现已全部覆淤还耕。其中：已达标 42 m 高程，覆淤还耕 14 826 亩，未达标 36 ~ 38 m 高程，覆淤还耕 5 857 亩。另外，东、西沉沙区现运用面积 10 975 亩，另有备用池面积 2 690 亩，现运用和备用面积共 13 665 亩。

二、潘庄引黄灌区历年沉沙池开辟、运用、覆淤还耕情况分析

　　潘庄引黄灌区一、二、三级沉沙池开辟示意图见图 5-4-3，沉沙池开辟、使用、高地构筑及覆淤还耕过程见表 5-4-3。

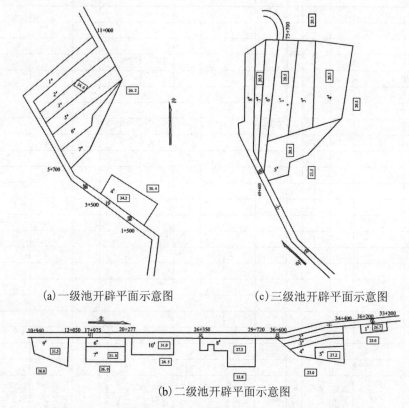

　　　　(a)一级池开辟平面示意图　　　　　　(c)三级池开辟平面示意图

(b)二级池开辟平面示意图

图 5-4-3　潘庄引黄灌区一、二、三级沉沙池开辟示意图

　　一级池共开辟条池 7 个，面积 14 806 亩，累计沉沙 3 595 万 m³，现达标还耕 12 806 亩，现运用 2 000 亩。

　　二级池共开辟条池 10 个，面积 19 892 亩，累计沉沙 4 221 万 m³，已全部还耕 15 708亩。

　　三级池共开辟条池 8 个，面积 20 155 亩，累计沉沙 3 748 万 m³，已达标还耕 19 605 亩，现运用 550 亩。

　　分散沉沙池 8 个，面积 7 696 亩，累计沉沙 523 万 m³，已全部还耕 7 696 亩。

　　总计井群沉沙池 33 个，面积 62 549 亩，累计沉沙 12 087 万 m³，已还耕 55 815 亩，占开辟面积的 89.2%，现运用 4 134 亩。

表 5-4-3　潘庄灌区沉沙池开辟、运用、高地构筑及覆淤还耕状况过程图表

1970~2002 年沉沙条渠开辟、运用、覆淤还耕过程

沉沙池编号		兴建时间	使用年数	开辟总面积（亩）	现运用（亩）	备用（亩）	还耕状况		累计沉沙（万m³）
							未达标高还耕	已达标高还耕（亩）	
一级池	1#	1971	5 (1972~1976)	2 100	0	0	0	2 100 (3.8 m)	532
	2#	1973	3 (1974~1976)	1 482	0	0	0	1 482 (3.8 m)	376
	3#	1979	3 (1980~1982)	1 730	0	0	0	1 730 (3.8 m)	438
	4#	1981	4 (1982~1985)	2 226	0	0	0	2 226 (3.8 m)	564
	5#	1984	8 (1985~1992)	2 647	0	0	0	2 647 (3.8 m)	671
	6#	1992	6 (1993~1998)	1 921	0	0	0	1 921 (3.8 m)	578
	7#	1993	9 (1994~2002)	2 700	2 000	0	0	700 (3.8 m)	436
	合计			14 806	2 000	0	0	12 806	3 595
二级池	1#	1981	2 (1982~1983)	1 167	0	0	0	1 167 (3.7 m)	288
	2#	1988	1 (1989)	1 422	0	0	0	1 422 (3.7 m)	351
	3#	1989	1 (1990)	1 491	0	0	0	1 491 (3.7 m)	368
	4#	1990	1 (1991)	1 846	0	0	0	1 846 (3.7 m)	455
	5#	1991	1 (1992)	1 500	0	0	0	1 500 (3.7 m)	370
	6#	1992	1 (1993)	1 950	0	0	0	1 950 (3.7 m)	530
	7#	1993	5 (1994~1998)	2 000	0	0	500	1 500 (3.7 m)	524
	8#	1996	2 (1997~1998)	3 000	1 584	0	1 000	416 (3.7 m)	283
	9#	1998	1 (1999)	3 600	0	0	1 100	2 500 (3.7 m)	412
	10#	1999	3 (2000~2002)	1 916	0	0	0	1 916 (3.7 m)	640
	合计			19 892	1 584	0	2 600	15 708	4 221

Gantt 图年份：19 72 / 19 73 / 19 74 / 19 75 / 19 76 / 19 77 / 19 78 / 19 79 / 19 80 / 19 81 / 19 82 / 19 83 / 19 84 / 19 85 / 19 86 / 19 87 / 19 88 / 19 89 / 19 90 / 19 91 / 19 92 / 19 93 / 19 94 / 19 95 / 19 96 / 19 97 / 19 98 / 19 99 / 20 00 / 20 01 / 20 02

续表 5-4-3

1970~2002 年沉沙条渠开辟、运用、覆淤还耕过程

沉沙池编号		兴建时间	使用年数	开辟总面积(亩)	现运用(亩)	备用(亩)	还耕状况(亩) 未达标高还耕	还耕状况(亩) 已达标高还耕	累计沙沉(万 m³)
三级池	1#	1972	2 (1973~1974)	2 960	0	0		2 960 (3.0 m)	592
	2#	1973	5 (1974~1978)	3 030	0	0		3 030 (2.0 m)	303
	3#	1978	3 (1979~1981)	3 216	0	0		3 216 (3.6 m)	772
	4#	1981	9 (1982~1990)	5 129	0	0		5 129 (3.0 m)	1 026
	5#	1990	5 (1991~1995)	1 650	0	0		1 650 (3.0 m)	330
	6#	1992	5 (1993~1997)	1 400	0	0		1 400 (3.5 m)	233
	7#	1993	6 (1994~1999)	1 670	0	0		1 670 (3.0 m)	238
	8#	1995	7 (1996~2002)	1 100	550	0		550	254
合计				20 155	550	0		19 605	3 748
渠分散沉沙池	三渠	1977	8 (1978~1985)	3 00	0	0	0	3 000 (1.0 m)	201
	苟村支	1987	4 (1988~1991)	750	0	0	0	750 (1.2 m)	47
	七干渠	1985	5 (1986~1990)	750	0	0	0	750 (1.4 m)	68
	八干渠	1989	2 (1990~1991)	650	0	0	0	650 (1.0 m)	22
	九干渠	1986	7 (1987~1991)	800	0	0	0	800 (0.8 m)	98
	十一干渠	1985	7 (1986~1992)	970	0	0	0	970 (0.8 m)	51
	十四干渠	1985	4 (1986~1989)	650	0	0	0	650 (0.6 m)	25
	夏庄支	1987	6 (1988~1993)	126	0	0	0	126 (1.3 m)	11
合计				7 696	0	0	2 600	7 696	523
总计				62 549	4 134	0	2 600	55 815	12 087

（右侧为 1972—2002 各年份运用过程柱状图）

第三节　典型引黄灌区沉沙条渠开辟、运用、高地构筑及覆淤还耕时空过程分析

一、位山灌区典型沉沙条渠开辟、运用、高地构筑及覆淤还耕时空过程分析

位山灌区采取远距离输沙与集中沉沙相结合的工程措施,建立了东、西两片沉沙区。西沉沙区已建沉沙条渠6条,尤以西Ⅳ号条渠以挖待沉时间最长,达9年,高地形成规模大,且1990年后停止使用,至1997年底,剩余池槽由Ⅵ号条渠清淤弃土基本回填至设计高程,覆淤还耕。因此,以西Ⅳ号条渠为典型通过剖析西Ⅳ号条渠的开辟、运用、高地构筑及覆淤还耕的时空过程,即可对位山灌区的沉沙池兴建全过程有一个较全面深入的了解。

(一)西Ⅳ号条渠开辟、运用、高地构筑及覆淤还耕过程分析

西Ⅳ号条渠1980年建成,长3 628 m,宽820 m,原地面高程34.0 m,总面积4 462亩,1982年自流沉沙一年,1983年春、冬清淤488.0万 m^3,投入工日240.5万个,形成人工高地1 460亩,左右两边各730亩,平均高程40.2 m。又于1987~1988年结合人工清淤321.8万 m^3,投入工日162.1万个,缩窄池槽160 m,形成高地1 140亩,左右两边各570亩,平均高程39.24 m,两岸高地累计达到2 600多亩,高程为38~40 m,高低不平,土壤不实。1992年秋冬引黄入卫工程开工建设,位山灌区采用机械施工,沉沙池首次大规模利用铲运机施工,出动铲运机、推土机250多台,工期50 d,完成清淤土方298万 m^3,在原人工弃土高地的基础上,加高、平整高地2 600多亩,高程41.5 m,并利用清淤弃土填筑新迁村台2个,面积175亩,高程42.5 m。1993年使用沉沙一年,1994年春又进行了机械清淤160万 m^3,并在池底下挖原状土98.98万 m^3,平整加高新增高地371.2亩,高程41.5 m,利用池底下挖的原状土覆盖顶部0.5 m厚,使西Ⅳ号池弃土高地达到42.0 m设计高程的高地面积达到2 971.2亩。1994年冬至1995年春入卫放水又沉沙运用了一次,自流落淤128万 m^3。由于池槽变得太窄,简直变成了输沙渠,沉沙效果明显减弱,决定从1995年5月开始,利用Ⅵ号池清淤弃土填平其剩余的长3 628 m、平均每边口宽136.9 m的池槽。1995年西Ⅵ号池清淤51万 m^3,填厚0.513 m,标高34.29 m,1996年春继续利用机械清淤Ⅵ号池310万 m^3弃土填Ⅳ号池槽,凡是原高地与河槽达不到设计高程的,利用泥浆泵继续加高,1997年从Ⅳ号池清淤调土166万 m^3,并在池底下挖原状土49.7万 m^3,使1 490.8亩弃土高地达到42.0 m(含0.5 m的覆淤土层),至此整个Ⅳ号池4 462亩全部达到设计高程42 m。详见图5-4-4、表5-4-4。

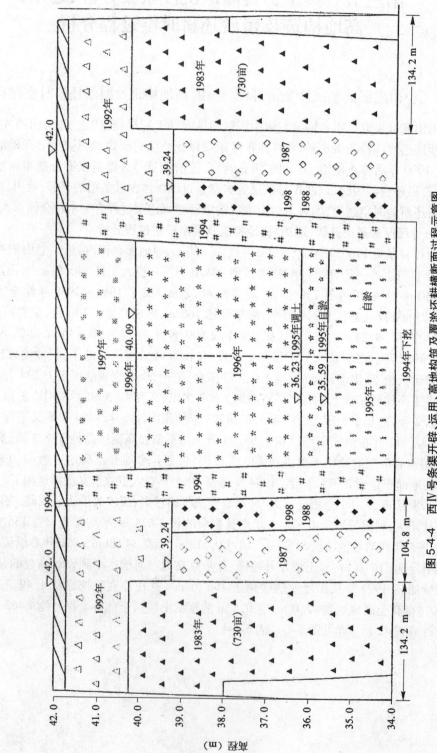

图 5-4-4　西Ⅳ号条渠开辟、运用、高地构筑及覆淤还耕横断面过程示意图

表 5-4-4　西Ⅳ号条渠开辟、运用、高地构筑及覆淤还耕横断面图说明

一、清淤开挖区和建池开挖区	二、清淤弃土区和覆淤盖土区
1. 1983 年春左右槽内清淤各 140 万 m^3； 1983 年冬左右槽内清淤各 104 万 m^3； 1983 年春、冬左右槽内清淤各 244 万 m^3	1. 1983 年春、冬左右堤内清淤弃土各 244 万 m^3，各形成弃土面积 730 亩，高程 40.2 m。
2. 1987 年左右槽内清淤各 94.5 万 m^3； 1988 年左右槽内清淤各 66.4 万 m^3	2. 1987 年左右堤内清淤弃土各 94.5 万 m^3，1998 年左右堤内清淤弃土各 66.4 万 m^3，两年左右堤内各形成弃土面积 570 亩，高程 39.24 m。
3. 1992 年左右槽内清淤各 149 万 m^3	3. 1992 年左右堤内清淤弃土各 149 万 m^3，左右堤内各形成弃土面积 1 300 亩，高程 41.5 m。
4. 1994 年左右槽内清淤各 80 万 m^3，另在左右槽各下挖池底取原状土 49.49 万 m^3（下挖 1.0 m）	4. 1994 年左右堤内清淤弃土各 80 万 m^3，并在池底下挖取原状土各 49.47 万 m^3，左右堤内各新增弃土面积 185.6 亩，高程 41.5 m。连同原有左右堤内各 1 300 亩弃土高地，共 1 485.6 亩，顶层覆盖 0.5 m 厚的原状土还耕。
5. 1995 年左右池槽内各 745.4 亩，自然淤积各 128 万 m^3	5. 1995 年左右池槽内各 745.4 亩，自然淤积各 128 万 m^3，淤厚 1.59 m，高程 35.59 m。
6. 1995 年从Ⅵ号池清淤调土 51 万 m^3	6. 1995 年从Ⅵ号池清淤调土 51 万 m^3，使中央池槽 1 490.8 亩增厚 0.635 m，高程 36.23 m。
7. 1996 年从Ⅵ号池清淤调土 310 万 m^3	7. 1996 年从Ⅵ号池清淤调土 310 万 m^3，使中央池槽 1 490.8 亩淤厚 3.86 m，高程 40.09 m。
8. 1997 年从Ⅵ号池清淤调土 166 万 m^3，并在池底下挖取原状土 49.7 万 m^3	8. 1997 年从Ⅵ号池清淤调土 166 万 m^3，并在池底下挖取原状土 49.7 万 m^3，使最后的 1 490.8 亩弃土高地高程达到 42 m，其中含 0.5 m 的覆淤盖土层

（二）以往条渠开辟、运用、高地构筑及覆淤还耕过程技术经济评述

通过位山灌区西Ⅳ号池的开辟、运用、高地构筑及覆淤还耕过程分析可看出：

（1）在沉沙条渠的清淤开挖与弃土填方组合上，有的年份，如 1983 年、1997～1998 年和 1992 年、1994 年那样，虽注意了以条渠中心线的清淤挖方同时向两侧条渠弃土填方，但由于是全断面等深清淤挖方，还不是以条渠中心线为界的非等深挖方，所以清淤土方和弃土土方的运距还不是最小，投资亦非最低。

（2）在沉沙条渠的覆淤还耕年限的长短和形成覆淤还耕面积的大小方面，一是沉沙池是分层构筑的，分 3 层，最终达到覆淤高程。二是没有分步尽快覆淤还耕，自 1983 年开始以挖待沉运用，历年挖出的土方在 1994 年前均未形成 1 亩的覆淤还耕面积，直到 1994 年底，两岸突然形成 2 971.2 亩的覆淤面积。若按分步不分层还耕方法，则 1983 年底即可形成部分覆淤还耕面积，则分期覆淤还耕年限可提前 11 年。

（3）在沉沙条渠的历年清淤挖方组合方面，也未按年剩余沉沙库容最大、沉沙池使用年限最长的原则操作，使该项技术经济指标低下。

据此，研究条渠开辟、运用、高地构筑及覆淤还耕优化方案，全面提升技术经济指标，尤为必要。

二、潘庄灌区典型沉沙条渠开辟、运用、高地构筑及覆淤还耕时空过程分析

潘庄灌区采取集中沉沙与分散沉沙相结合的沉沙措施,在沉沙池的运用上都是以挖待沉,在沉沙池的清淤施工方式上,自 1993 年以来,基本上是大中型挖泥船和小型水力挖塘机相结合的机械化施工。以挖待沉的清淤形成的弃土高地规模大,覆淤还耕质量好。

现通过剖析二级沉沙池 6# 和 7# 典型条渠的开辟、运用、高地构筑及覆淤还耕的时空过程,即可对潘庄灌区沉沙池兴建的全过程有一个较全面深入的了解。

(一)典型沉沙条渠开辟、运用、高地构筑及覆淤还耕时空过程分析

二级池 6# 条渠的开辟、运用、高地构筑及覆淤还耕与 7# 条渠的开辟、运用联合过程分析,见图 5-4-5、图 5-4-6。

6# 条渠 1992 年 11 月建成,12 月开始运用。位于务头闸下,总干渠右岸,进口桩号为 19 +975,出口桩号为 20 +277,全长 2 500 m,宽 520 m,总占地面积 1 950 亩。条渠渠底长 2 340 m,底宽 440 m,沉沙面积 1 544 亩,原地面高程 26.0 m,平均开挖深度 1.0 m,开挖土方 103 万 m³,用于 6# 条渠筑堤和还耕备土。大堤堤顶高程 31.0 m,顶宽 50 m,底宽 80 m。1993 年 6 月灌区夏季停止引水,6# 条渠运行半年,平均淤高达到 27.5 m,失去自然沉沙效果,这时沉沙约 250 万 m³。鉴于此种情况,灌区利用停水的 7、8 月,安排水力挖塘机组对 6# 条渠进行清淤,原则是疏通主水道,弃土放在主水道左侧。这次清淤土方 100 万 m³,形成面积 551.4 亩。弃土高程 30.5 m,运距 200 m 左右。11 月冬灌停水后,6# 条渠再次失去自然沉沙效果,因已安排开挖 7# 条渠,6# 条渠停止运用,进入整治阶段,截至 1993 年底,6# 条渠处理泥沙约 330 万 m³,占灌区引进沙量的 26.4%,若 6# 条渠要满足弃土高程 30.5 m 的要求,还需土方约 180 万 m³。这部分土方来于 7# 条渠的清淤。

7# 条渠位于 6# 条渠东侧,紧靠 6# 条渠东大堤。1994 年 4 月建成使用,进口桩号 17 + 975,出口桩号 20 +277,全长 2 500 m,宽 533 m,总占地面积 2 000 亩。7# 条渠底长 2 340 m,底宽 453 m,沉沙面积 1 589 亩,原地面高程 26.0 m,平均挖深 1.0 m,开挖土方 106 万 m³,用于 7# 条渠筑堤和还耕备土。1994 年 7 月初停水后,对 7# 条渠进行清淤,采用水力挖塘机组,弃土用于 6# 条渠的覆淤,土方 30 万 m³,弃土面积 165.4 亩,高程 30.5 m,运距约 400 m。1994 年 11 月冬灌停水后,对 7# 条渠进行第二次清淤,采用水力挖塘机组,弃土用于 6# 条渠的覆淤,土方 70 万 m³,弃土面积 386 亩,高程 30.5 m,运距约 350 m。1995 年 7 月夏季停水后,一方面对 7# 条渠进行第三次清淤,土方 40 万 m³,用于对 6# 条渠构筑,形成弃土面积 220.6 亩,高程 30.5 m,运距 300 m;另一方面从 6# 条渠隔堤取土,对 6# 条渠已弃土高地进行盖土还耕,盖土厚度 0.5 m,盖顶高程 31.0 m,土方 34 万 m³,面积 1 019 亩,占 6# 条渠总面积的 52.2%。1995 年冬季施工时,对 7# 条渠进行第四次清淤,土方 130 万 m³,其中 90 万 m³ 用于筑西屯村台,40 万 m³ 用于 6# 条渠的构筑,弃土面积 220.2 亩,高程 30.5 m,运距约 250 m。至此,6# 条渠全部淤平,高程 30.5 m。1996 年冬季施工时对 6# 条渠所剩余的 436 亩进行覆淤还耕,盖土厚度 0.5 m,还耕后高程 31.0 m,土方 15 万 m³。6# 条渠的进水道和出水道在 7# 条渠 1997 年 12 月停用后进行覆淤还耕,面积 173 亩,盖顶土方 6 万 m³。6# 条渠全部还耕后,累计处理泥沙 530 万 m³。

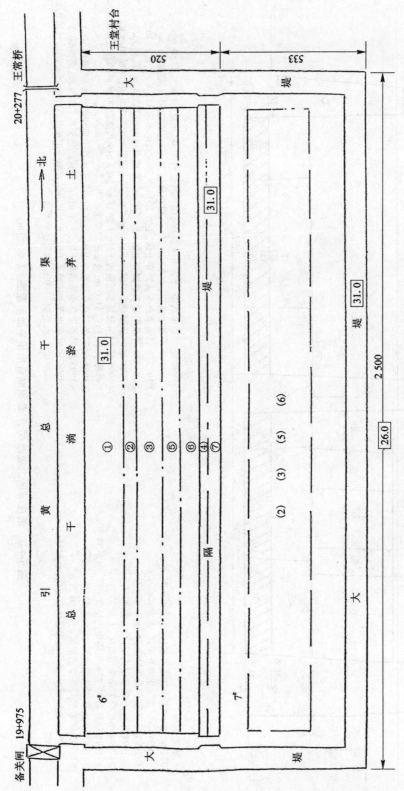

图 5-4-5　潘庄灌区二级池 6#、7# 条渠联合运用示意图　（单位：m）

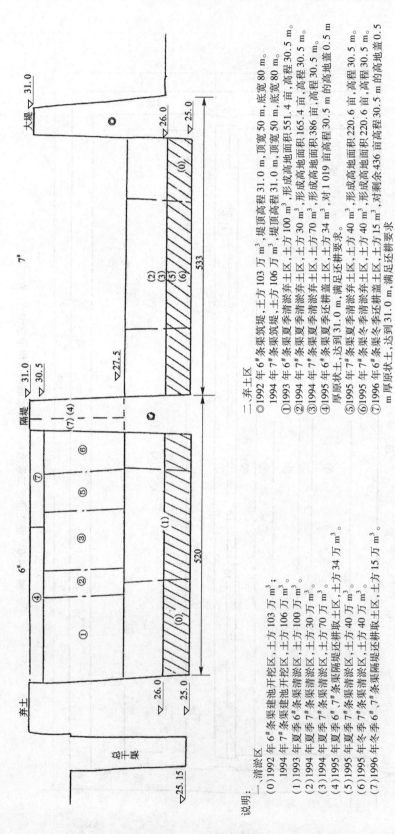

图 5-4-6　潘庄灌区二级池 6#、7# 条渠联合运用平面示意图　（单位：m）

说明：

一、清淤区

(0)1992 年 6# 条渠建池开挖区，土方 103 万 m³；
1994 年 7# 条渠建池开挖区，土方 106 万 m³。

(1)1993 年 6# 条渠渠清淤区，土方 100 万 m³。

(2)1994 年夏季 7# 条渠渠清淤区，土方 30 万 m³。

(3)1994 年夏季 6# 条渠渠清淤区，土方 70 万 m³。

(4)1995 年夏季 6#、7# 条渠隔堤取土区，土方 34 万 m³。

(5)1995 年夏季 7# 条渠清淤区，土方 40 万 m³。

(6)1995 年冬季 7# 条渠清淤区，土方 40 万 m³。

(7)1996 年冬季 6#、7# 条渠隔堤还耕取土区，土方 15 万 m³。

二、弃土区

◎1992 年 6# 条渠筑堤，土方 103 万 m³，堤顶高程 31.0 m，顶宽 50 m，底宽 80 m。
1994 年 7# 条渠筑堤，土方 106 万 m³，堤顶高程 31.0 m，顶宽 50 m，底宽 80 m。

①1993 年 6# 条渠渠夏季清淤弃土区，土方 100 m³，形成高地面积 551.4 亩，高程 30.5 m。

②1994 年夏季 7# 条渠渠清淤弃土区，土方 30 m³，形成高地面积 165.4 亩，高程 30.5 m。

③1994 年夏季 6# 条渠渠清淤弃土区，土方 70 m³，形成高地面积 386 亩，高程 30.5 m。

④1995 年夏季 6#、7# 条渠还耕盖土区，土方 34 m³，对 1 019 亩高程 30.5 m 的高地盖 0.5 m
厚原状土，达到 31.0 m，满足还耕要求。

⑤1995 年夏季 7# 条渠清淤弃土区，土方 40 m³，形成高地面积 220.6 亩，高程 30.5 m。

⑥1995 年冬季 7# 条渠清淤弃土区，土方 40 m³，形成高地面积 220.6 亩，高程 30.5 m。

⑦1996 年冬季 6# 条渠还耕盖土区，土方 15 m³，对剩余 436 亩高程 30.5 m 的高地盖 0.5
m 厚原状土，达到 31.0 m，满足耕种要求

（二）典型沉沙条渠开辟、运用、高地构筑及覆淤还耕过程技术经济评述

仅以二级池 $6^\#$ 条渠的开辟、运用、高地构筑及覆淤还耕与 $7^\#$ 条渠的开辟、运用联合过程为例，进行技术经济评述。

（1）二级池 $6^\#$ 条渠与 $7^\#$ 条渠的开辟分析。两池的沉沙池总面积与围堤面积之比、沉沙池的设计沉沙厚度、沉沙池的设计容积与围堤容积之比，以及沉沙池搬迁人口与面积之比等技术经济指标，都是好的。

（2） $6^\#$ 与 $7^\#$ 条渠的联合运用，从清淤挖方与高地构筑填方的模式上分析，基本上属于模式 I "全断面均深分层挖方，单侧构筑高地，分层构筑还耕"。在 4 种模式中属技术经济指标最低的一种。

1993 年夏季，是以 $6^\#$ 条渠为单元，全断面均深挖方，单侧构筑高地，施工运距较大；1994 年以后至 1996 年冬季，则是 $7^\#$ 条渠全断面均深挖方，向 $6^\#$ 条渠单侧构筑高地，施工运距更大。由于 $6^\#$ 与 $7^\#$ 条渠宽为 520 m 和 533 m，较宽，若能在 $6^\#$ 条渠宽的中线与 $7^\#$ 条渠宽的中线各增加 1 道隔堤，使隔堤的间距降为 260 m 和 266.5 m（实践证明隔堤间距在 200～300 m 对机械施工是适宜的），使原来 $6^\#$ 条渠与 $7^\#$ 条渠的横断面均由"凵"形，变为"凵凵"形。然后， $6^\#$ 条渠单独先运行， $7^\#$ 条渠暂停运行，以 $6^\#$ 条渠为单元，按照清淤挖方与高地构筑填方的模式 IV，以新增的隔堤为界向两侧非均深挖方，两侧构筑高地，按照沉沙池高地清淤挖槽弃土堆高节能挖填法施工。该种模式运用，较原来 $6^\#$ 条渠与 $7^\#$ 条渠联合，且按清淤挖方与高地构筑填方的模式 I "全断面均深分层挖方，单侧分层构筑高地"施工，可减少施工总水平运距75%左右，可见效益是非常显著的。 $6^\#$ 条渠运用后期，当丧失沉沙功能后，再启用 $7^\#$ 沉沙池，以 $7^\#$ 池的临堤脚下挖清淤弃土充填 $6^\#$ 条渠的剩余池槽。该方案综合考虑较原方案可减少总水平运距65%～70%。

（3） $6^\#$ 与 $7^\#$ 条渠联合开辟、运用，因同时开辟了两个沉沙池，总占地 3 950 亩，面积过大，同步运用的时间过长，沉沙库容太富裕，利用率较低。从减少沉沙池开辟面积和提高沉沙库容利用的角度，如先开辟 $6^\#$ 条渠，单独优化运用，后期失去沉沙效能后，再开辟 $7^\#$ 池联合运用，会大大提高 $6^\#$ 池的沉沙利用效率，并大大推迟 $7^\#$ 池的开辟时间，多给农民留下种植作物的土地及时间。

（4）由于沉沙条渠的高地构筑及覆淤还耕是分年度分层进行的，虽 1992 年建池，1993 年运用，一直没有形成还耕面积，直到 1995 年才形成高地 1 019 亩覆淤还耕， $6^\#$ 池全部覆淤还耕是在 1996 年。若采用不分层一次性达标构筑高地覆淤还耕方案，则 1993 年运用当年即可有相当数量的高地覆淤还耕，陆续还耕时间均提前 2 年以上。

据此，研究条渠开辟、运用、高地构筑及覆淤还耕优化方案，全面提升技术经济指标尤为必要。

第四节　沉沙池开辟、运用、高地构筑及覆淤还耕系统优化模型研究

沉沙池开辟、运用、高地构筑与覆淤还耕系统的优化，是在满足灌区一定引水量和沉沙池沉沙量的前提下，以沉沙条渠的不同布置、运用、高地构筑及覆淤还耕为决策变量，以

沉沙条渠年费用最低、沉沙条渠使用年限最长和沉沙条渠还耕效益最高为优化目标函数，根据系统的组成和运用特点，而研究出沉沙条渠布置、运用、高地构筑及覆淤还耕的优化设计数学模型。对比较规则的地块，使用该模型，可一次完成条渠布置、运用、高地构筑及覆淤还耕系统优化设计方案；对非规则地块，经简化处理后也可完成系统的优化设计方案。

一、决策因素与优化目标

沉沙池开辟、运用、高地构筑及覆淤还耕系统的优化设计，主要是优化沉沙条渠的开辟布置、条渠的运用、高地的构筑与覆淤还耕方案。为此，将条渠的开辟与布置要素（包括沉沙条渠的位置、走向、形状、长度、宽度、面积、间距、条数、原地面高程等）、条渠的运用要素（包括年沉沙量、沉沙高度、年初与年末沉沙池高程、条渠的运用方式如自流沉沙或以挖待沉、分隔运用或全部运用等）、高地构筑与覆淤还耕要素（包括年高地堆积泥沙量、高地堆积面积及时空分布、高地设计堆积高度、每次泥沙堆积高度、年初与年末高地地面高程、人工或机械构筑方式、覆淤的不同土壤层次及厚度结构、覆淤土体来源等）作为优化分析的决策因素。

上述沉沙条渠开辟布置、运用、高地构筑与覆淤还耕方案的多种组合中，必有一种是最优的组合，使系统的年费用最低、沉沙条渠使用时间最长、高地构筑与覆淤还耕的效益最大，以此作为方案的优化目标。

优化方案设计是分析社会投入及产出大小对比的一种手段，将系统的年费用最低、条渠使用时间最长、覆淤还耕效益最大为方案优化目标，这对引黄灌区科学利用国土资源，实现沉沙池沉沙的可持续利用，发展沉沙池区的经济，无疑都有重大的社会、经济和生态效益。

二、沉沙池开辟、运用、高地构筑及覆淤还耕方案分析

（一）系统的组成与特点

沉沙池开辟、运用、高地构筑及覆淤还耕系统由相互连接的沉沙池的开辟与布置子系统、沉沙池运用子系统、高地构筑及覆淤还耕子系统等三个子系统构成。

三个子系统相互关联，前一子系统为后一子系统的形成创造条件，三个子系统顺序运行，构成沉沙池整体泥沙处理系统。

（二）沉沙池的开辟与布置子系统方案分析

黄河下游引黄灌区的沉沙池，多采用平流式沉沙池沉淀泥沙，而不像工业供水那样采用辐流式沉沙池或旋流絮凝沉沙池。

平流式沉沙池的形状，有条渠、矩形、迂回形、湖泊形等4种。

沉沙池置于灌区输沙渠末端，一般选在渠首的荒碱涝洼处。沉沙池首端建进水控制闸，尾端建出水控制闸。

条渠形沉沙池是一条狭长的渠段，横断面为梯形，其长度可达 2 km 以上。

矩形沉沙池的平面形状为长方形，横断面多为梯形。为使水流均匀分布，渐变段在平面上的扩散夹角 $e < 20°$。有时，在矩形沉沙池内也可分割成若干个"纺锤形"条渠运用，同一矩形沉沙池内若干个"纺锤形"条渠共同用一个进水控制闸或一个出水控制闸。

迂回形沉沙池是将矩形沉沙池分割为若干条渠，其平面形状为"凵冂"形，优点是将大的矩

形沉沙池改为若干个条形沉沙池,增加了沉淀里程,利于沉沙运用,也利于高地构筑还耕。

湖泊形沉沙池是利用自然洼地或河滩建造的沉沙池,面积较大,其形状很不规则。

(三)沉沙池运用子系统方案分析

目前,黄河下游引黄灌区平流式沉沙池中,在形状上尽管有条渠形、矩形、迂回形、湖泊形等,但在运用方案上,归根结底,都是以隔堤分割成若干个条形渠运用,在沉沙池的横断面上,因隔堤的个数不等,断面形状呈"凵""凶""凵凵"形。

在构造运用模型时,为简化运用方案,可将上述"凵""凶""凵凵"运用方案作概化处理,统一概化为"凵"形,认为"凶""凵凵"形运用方案是"凵"形运用方案的多次叠加。

(四)高地构筑及覆淤还耕子系统方案分析

沉沙高地构筑方案是以沉沙池运用方案为前提并与其紧密相联的。因为,沉沙池运用方案的特点是以挖待沉,只有条渠运用中挖出的定量土源,才能为高地构筑提供定量填方土源。所有沉沙条渠运用清淤挖方地块土体和高地构筑填方地块土体布置方案的组合,构成特定结构的立体正交网格,可将此网格作为沉沙池运用与高地构筑的可行布置方案,只要按着一定规律,对此进行逐次分解组合,便可得到全部可行布置方案。通过对这些方案进行优化,便可得到以沉沙池使用年费用最小、沉沙池使用年限最长、高地构筑面积最大为目标函数的优化方案。

在上述高地构筑方案分析中,高地筑高和高地自然边坡角度,是建立模型要确定的要素。根据沉沙池土壤质地情况,边坡一般应大于1:2。

然而,该优化方案还不是最终的以沉沙池使用年费用最少、沉沙池使用年限最长、高地构筑与覆淤还耕效益最高为目标函数的优化方案,尚需要加上覆淤还耕土层环节的优化,即高地顶部不同覆淤土层结构的构筑及相应还耕后农作物产量的优化,才能得到最终的最优方案。

三、目标函数与约束条件

(一)目标函数

在满足灌区引水量和沉沙要求的前提下,以沉沙池的开辟、运用、高地构筑与覆淤还耕的不同方案为决策变量,以沉沙池系统的年费用最小、沉沙池使用年限最长、高地构筑与覆淤还耕的效益最大为优化目标建立数学模型。

目标函数可分解表示为:

(1)沉沙池系统年费用最小的目标函数可表示为

$$\min F = \min(\alpha F_g + F_y) \tag{5-1}$$

式中　F——沉沙池系统年费用,元;

F_g——沉沙池系统年基建投资,元;

F_y——沉沙池系统年管理运行费,元;

α——均付因子。

$$\alpha = \frac{i(1+i)^n}{(1+i)^{n-1}} \tag{5-2}$$

其中　i——资金年利率；

n——经济计算期。

①年基建投资 F_g。

基建投资包括沉沙池开辟、运用、高地构筑与覆淤还耕的建设投资。

$$F_g = F_{gk} + F_{gy} + F_{gH} \tag{5-3}$$

式中　F_{gk}——沉沙池开辟建设投资，元；

F_{gy}——沉沙池运用投资，元，以挖待沉方案运用时，应同时包括沉沙池挖方和高地构筑填方的投资；

F_{gH}——高地覆淤还耕费，元，主要是高地顶部覆淤土层的建设和水利投资。

②年运行费用 F_y。

沉沙池系统年运行费用包括沉沙池开辟、运用、高地构筑与覆淤还耕的运行费用。

$$F_y = F_{yk} + F_{yy} + F_{yH} \tag{5-4}$$

式中　F_{yk}——沉沙池开辟运行费，元，包括维修、管理费；

F_{yy}——沉沙池运用的运行费，元，包括条渠运行和高地构筑的维修和管理费；

F_{yH}——高地覆淤还耕运行费，包括覆淤土层的管护和还耕作物种植的生产成本（含种子、灌排、农药、施肥、投劳等）。

综上，目标函数可表示为

$$F = \alpha(F_{gk} + F_{gy} + F_{gH}) + F_{yk} + F_{yy} + F_{yH} \tag{5-5}$$

（2）沉沙条渠使用年限最长的目标函数可表示为

$$\max M = \max(M_1, M_2, \cdots, M_n)$$

式中　M——沉沙池在一定淤积条件下的逐年使用后的剩余面积（亩）或剩余库容（m³），剩余面积或库容越大，使用年限越长；

n——沉沙池使用年数。

（3）高地覆淤还耕效益最大的目标函数可表示为

$$\max B = \max(B_1 + B_2 + \cdots + B_n) \tag{5-6}$$

式中　B——高地还耕效益，元，指还耕产量或作物产值；

n——还耕种植年。

综上所述：三种目标函数的最优组合 $\begin{cases} \min F \\ \max M \\ \max B \end{cases}$ 构成沉沙池开辟、使用、高地构筑与覆淤还耕系统的最优设计方案。

（二）约束条件

（1）$H_{\max} \leqslant H_{设}$，高地构筑加覆淤土层的最大顶部高程，应小于或等于沉沙池高地还耕的顶部设计高程。

（2）$e_{挖、填} \leqslant e_t$，沉沙池清淤挖方的边坡角度和高地构筑填方的边坡角度，应小于或等于该种土体的自然坍落角度，以防止土体坍塌。一般 $e_{挖、填} > 1:2$。

（3）$B_{min} \geq 80$ m，首次构筑的达到设计高程的高地地块宽度，一般应大于或等于 80 m，以利于作物的耕作、种植和管理。若计划构筑的地块宽度不足，可考虑降低地块标高，分层构筑。

（4）基建投资约束。沉沙池开辟、运用、高地构筑与覆淤还耕系统是在一定的经济条件下兴建的，基建投资必须受到一定的限制。

四、经济计算参数与概化处理

（1）基准年：沉沙条渠的开辟、运用、还耕期较长，一般当年投资，第二年发挥效益，故以第二年作为投资折算基准年。

（2）经济计算期，即从基准年到计算终止的年限，以条渠开辟、运用、还耕时间较长的使用期限作为经济计算期，参照水利经济计算规范。

（3）经济报酬率或年利率 i，一般可取 5% ~ 10%。

（4）土方施工价格的概化，不分人力和机械施工清淤，一律以机械施工价格为准。

（5）施工运距的概化。运距分水平运距和垂直运距，根据试验，一般中小型水力机械清淤中，1 m 垂直运距折合 18 m 水平距离。运算中，将水平运距和垂直运距统一折算为水平运距。

（6）条渠不同运用方案的运行管理费的概化。系统不同的运用方案，其运行管理费差别不大，为简化计算，可采用相同的费用。

五、计算方法与程序设计

（一）计算方法概要

1. 沉沙条渠开辟与布置的优化

当灌区引水量、引沙量、沉沙池布置形式和沉沙池沉沙效率等要素确定后，有多种沉沙池建设设计方案，其中使年费用（含运行管理费和基建投资费）最小的沉沙池设计方案，即为沉沙池开辟与布置优化设计方案。

（1）沉沙池兴建前期，优化设计的主要技术经济指标是沉沙池的有效沉沙库容与围堤（含隔堤、导流堤等）土方之比，简称库堤土方比。库堤土方比指标越大，设计方案越优化。为此：

①在沉沙池的选位上，应尽量选在地势低洼处，蓄水高度尽量大，以增大自流沉沙库容，延长沉沙池使用年限。

②沉沙池形状优化。通过形状优化达到池内落淤基本均匀的目的，从平面上尽量提高沉沙池的面积与围堤（含隔堤、导流堤）面积之比。

（2）沉沙池兴建设计时，应同时考虑沉沙池运用后构筑高地的覆淤土层的用土来源问题。

①开辟条渠时，尽量选在原地面有黏土、黏壤土、壤土或沙壤土的地方，避开沙土区，以备将来下挖取土覆淤还耕。

②利用沉沙池的原施工围堤、隔堤、导流堤的黏、壤土土体作为高地覆淤土层的土源。

③利用汛期引洪放淤，在沉沙条渠上沉淤的黏土，作为高地覆淤土层的土源。

2. 沉沙条渠清淤使用与高地构筑的优化

优化的实质是在满足灌区一定的引水量、引沙量、沉沙量的前提下，在所有沉沙池清淤挖方地块和高地构筑填方地块布置方案结构的立体正交网格中，通过选择不同的沉沙池清淤挖方地块网格与高地构筑填方地块网格的空间交换的组合，同时达到清淤与筑地土方投资最小、沉沙池运用后剩余库容最大（使用年限最长）、高地构筑达标高面积最大的目标。

沉沙池清淤与高地构筑中，其优化设计的主要技术经济指标有：

（1）当沉沙池清淤方量一定时，沉沙池的清淤挖方施工与相应的高地构筑的填方施工，折算运距 Z 最省。因折算运距和施工投资成正比，即施工投资最省。

设某块土体由 A 点挖方，填方到 B 点，见图 5-4-7，则折算运距

$$Z = x + Ky \tag{5-7}$$

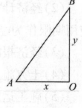

图 5-4-7

式中　x——水平运距；

　　　y——垂直运距；

　　　K——1 m 垂直运距折合多少水平运距，中小型机械一般取 K 值

　　　　　为 18。

（2）当沉沙池清淤方量一定时，优化方案能有最大的剩余库容 C 供以后使用，即使用年限 T 最长。

（3）当沉沙池清淤方量一定时，优化方案能使构筑的达到设计标高的高地亩数 M 最多。

而要达到上述三种优化技术经济指标，需要研究相应的技术支持方法，没有特定的技术方法的支持，是无法达到三种优化技术指标的。为此需进行：①沉沙池隔堤优化设置技术研究；②沉沙池清淤挖方与高地构筑填方优化模式研究；③沉沙池高地清淤挖槽、弃土堆高节能挖填法的研究。上述三项技术研究内容将在下一节展开。

3. 高地覆淤还耕的优化

高地覆淤还耕的优化，其实质是在高地构筑达到预计高程后，再在上面覆淤何种优化土层，使种植作物得到最大的产量和产值。

其优化内容有二：一是覆淤土层的优化，设计了 5 种覆淤土壤厚度与层次结构，经多年冬小麦、夏玉米种植试验，证明 S_1、S_2、S_4 三种覆淤土层结构产量最高，定为优化覆淤土层结构。

二是覆淤土层土源的优化：覆淤土层土源有三种，即下挖条渠底部原黏土和壤土土层、利用条渠的原围堤隔堤土源、利用汛期沉沙池引黄沉淤的黏土等。通过进行取土投资比较，投资最低者即为优化取土土源。

覆淤还耕优化的主要技术经济指标有二：一是覆淤土层的建设投入的高低；二是覆淤土层结构产出农作物产量和产值的高低。很显然，覆淤土层建设投入低而覆淤土层结构产出（产量、产值）高者即为覆淤还耕的优化结构。

此外，环境影响与工程管理等非定量指标，也是制约覆淤还耕优化的重要因素。

（二）程序设计（从略）

根据数学模型结构层次与计算方法，绘制主程序框图，采用 BASIC 语言编制可在计算机上运算的电算程序。

不同覆淤还耕方式、不同土壤厚度、层次结构的作物种植优化模式研究的方框图见图5-4-8。

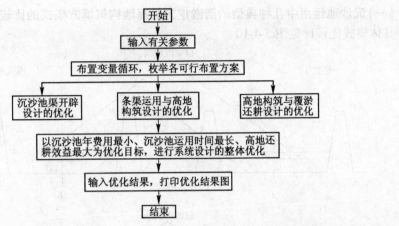

图5-4-8　位山、潘庄灌区沉沙池开辟、运用、高地构筑及覆淤还耕优化主程序框图

第五节　沉沙池高地清淤挖槽、弃土堆高相关配套技术研究

本章第四节系统的优化模型研究中,要真正实现沉沙池条渠清淤使用与高地构筑环节的优化,必须有相关配套技术研究的支持,才能达到环节的最优目标函数。为此,本节的任务就是进行相关配套技术的研究:①沉沙池隔堤优化设置技术的研究;②沉沙池清淤挖方与高地构筑填方优化模式的研究;③沉沙池高地清淤挖槽、弃土堆高节能挖填法的研究。

一、沉沙池隔堤优化设置技术的研究

(一)合理选择隔堤间距方案

隔堤的构筑可大大节省沉沙池清淤挖方与高地构筑填方的水平运距。如图5-4-9所示,如在"凵"形断面内增设1个隔堤,变为"山"形断面,同样的施工模式条件下,施工水平运距可节约50%;若在"山"断面内再增设2个隔堤,变为"凵凵凵凵"形断面,在同样的施工模式条件下,较"山"形断面又可节约50%的施工水平运距,较原"凵"形断面,则可节约75%的施工水平运距。但间距也不能过小,采用机械清淤时,隔堤间距不应小于200 m,合理的间距以200~500 m为宜。

(a)无隔堤　　　　(b)有一个隔堤　　　　(c)有三个隔堤

图5-4-9　沉沙池隔堤横断面示意图

(二)合理选择隔堤构建时机

选择构筑隔堤的时机很重要,为节约隔堤构筑土方,一般不在开始建池时构筑,而在沉沙池运用1年后,结合清淤同时构筑。

二、沉沙池清淤挖方与高地构筑填方优化模式的研究

（一）沉沙池运用中几种典型的清淤挖方与高地构筑填方模式的比较

具体模式比较详见图5-4-10。

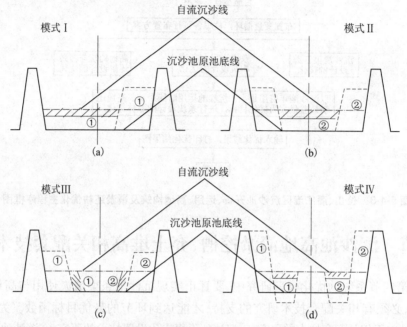

图5-4-10　几种典型清淤挖方与高地构筑填方模式示意图

1. 模式Ⅰ

全断面均深分层挖方，单侧高地构筑，分层构筑还耕。

评价：

（1）在清淤挖方量一定时，清淤挖方与高地构筑填方的综合运距大，投资高。

（2）清淤挖方后，剩余沉沙面积与库容最小。

（3）高地构筑未达到设计高程，还耕晚。

2. 模式Ⅱ

以断面中心线为界自两侧均深挖方，先挖中间，再分层向两侧扩展，并向两侧构筑高地，分层构筑还耕。

评价：

（1）在清淤挖方量一定时，清淤挖方与高地构筑填方的水平运距较模式Ⅰ节省约1/2。

（2）清淤挖方后，剩余沉沙面积及库容与模式Ⅰ相等。

（3）高地构筑未达到设计高程，同模式Ⅰ一样，还耕晚。

3. 模式Ⅲ

均深挖方，以断面中心线为界，由两侧向中间反向开挖，一次挖深到底，双向构筑高地，分层构筑还耕。

评价：

（1）在清淤挖方量一定时，与模式Ⅱ比较，挖、填方的水平运距相等，垂直运距增加，

综合运距增加,投资亦增加。

(2)清淤挖方后,剩余沉沙面积和库容与模式Ⅰ、Ⅱ相等。

(3)清淤挖方后,同模式Ⅰ、Ⅱ一样,高地构筑未达设计高程,还耕晚。

4.模式Ⅳ

全断面非均匀挖深,以中心线为界,贴紧预期构筑的双侧高地坡脚就近分层加深挖方,而留下靠近中心线两侧的浅层断面土方不挖(按清淤挖槽、弃土堆高节能挖填法施工)。双侧挖方后形成的深槽及中心凸槽借助来年引黄水沙淤平。高地双侧构筑,分块一次达到设计还耕高程。

评价:

(1)在清淤挖方量和高地构筑高程一定时,清淤挖方和高地构筑的填方综合运距最省,施工投资最省。双侧挖方后形成的深凹沟及中心凸槽借助来年引黄水流的力量冲沙淤平,从而达到了以水力助人力搬运泥沙节省施工运费的要求。

(2)清淤挖方后,剩余沉沙面积和库容最大。

(3)清淤挖方后,高地构筑的填方所形成的达到设计还耕高程的面积最大,还耕最早。

(二)清淤挖方与高地构筑填方优化模式的选定

通过上述4种典型沉沙池运用和高地构筑挖填方模式的比较,很显然,模式Ⅳ的各项技术经济指标,较其他3种模式都高,故为最优挖填方模式。

三、沉沙池高地清淤挖槽、弃土堆高节能挖填法研究

上述沉沙池清淤挖方与高地构筑填方优化模式研究中,列举了4种典型的清淤挖方与高地构筑填方模式,经研究从中确定模式Ⅳ为建设施工费最低、剩余沉沙面积最大、高地覆淤还耕面积最多的最优模式,本节的任务是在此优化模式Ⅳ的基础上,研究出具体可操作的节能挖填方法。

(一)沉沙池高地节能挖填法的原理及指导思想

(1)节能挖填法适用于沉沙池宽度很大,一般池宽500～1 000 m,而沉沙池原池底又可下挖的条件。若采用水力冲吸式机械开挖,原池底就应为沙质土。若原池底为黏质壤土,应结合构筑围堤先行下挖,挖出的空间经沉积淤沙后,供来年采用水力冲吸式机械下挖。

(2)利用中小型水力机械输送泥沙试验资料,根据单方土体水平输送18 m和垂直输送1 m耗能相等的原理,平与高可相互折算,平与高之比为平折高系数K,K一般取18。

(3)根据平与高相互折算原理,当沉沙池宽度很大时,若完成一定的清淤与填方工程量,有两种方案:一种是全断面均深挖方构筑高地;另一种是全断面非等深挖方,从弃土高地坡脚下就近下挖池槽土体,并将此清淤弃土构筑高地,远离弃土高地的淤土则不予清理。在一定的就近下挖池槽土体宽度和深度条件下,第二种方案往往比第一种方案经济。本方法的核心就是研究确定弃土高地坡脚下就近下挖池槽土体的宽度和深度,为经济挖填方提供科学依据。

(4)就近下挖池槽所产生的全断面局部凹陷和凸起,靠来年引黄灌溉的水力冲沙自然淤平,从而达到了以水力助人力搬运泥沙节省运费的要求。

(二)沉沙池高地节能挖填法推导

沉沙池高地清淤挖槽弃土堆高节能挖填法原理推导见图5-4-11。

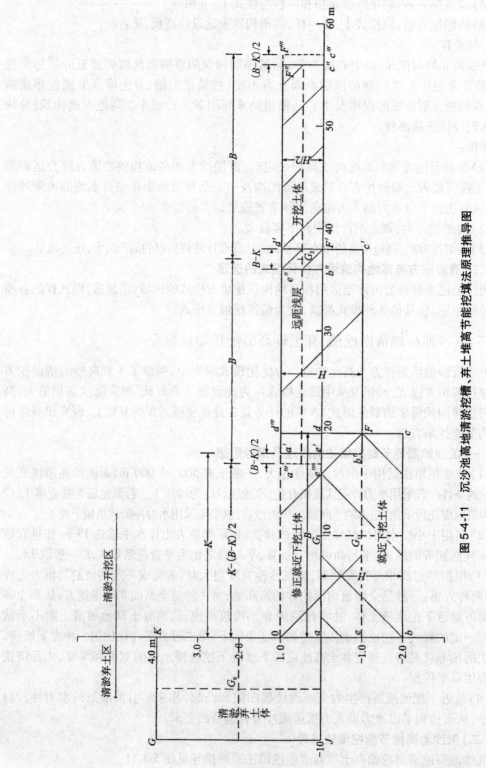

图 5-4-11　沉沙池高地清淤挖槽、弃土堆高节能挖填法原理推导图

以清淤弃土高地坡脚线与原池底线的交点 a 为原点,下挖□$abcd$ 土体,a 至 d 为池槽宽 B,a 至 b 为池槽深 H。土体□$abcd$ 称标准就近下挖土体。

根据水力机械输送泥沙单方土体水平输送 18 m 和垂直输送 1 m 耗能相等的原理,平折高系数 K 取 18。据此,土体□$abcd$ 与土体□$a'b'c'd'$ 耗能是相等的,两者的不同之处是,□$a'b'c'd'$ 比□$abcd$ 要高 $\dfrac{H}{2}$,且槽边 $a'b'$ 距 a 点的距离为 K。同理,土体□$e'b'c'F'$ 与土体□$e''b''c''F''$ 耗能也是相等的,两者的不同之处是,$e''b''c''F''$ 比□$e'b'c'F'$ 高 $\dfrac{H}{2}$,且槽边 $e''b''$ 距 a 点的距离为 $2K$。

因为□$a'e'F'd'$ 与□$e''b''c''F''$ 重复一个□$e''b''F'd'$,□$e''b''F'd'$ 高为 $\dfrac{H}{2}$,宽为 $B-K$,在保持水平运距不变的条件下,对土体□$e''b''F'd'$ 作分解技术处理,将土体□$e''b''F'd'$ 一分为二,分别向左右各移动土体 $\dfrac{1}{2}$□$e''b''F'd'$,即左右两块土体□$a'''e'''a'e'$ 和□$F''c''c'''F'''$ 各增加宽 $\dfrac{1}{2}(B-K)$,经技术处理后的土体□$a'e'F'd'$ 与□$e''b''c''F''$ 之和,与□$a'''e'''c'''F'''$ 机械输送耗能是相等的,土体□$a'''e'''c'''F'''$ 称为标准远距浅层开挖土体。标准远距浅层开挖土体□$a'''e'''c'''F'''$ 的特征是宽为 $2B$,高为 $\dfrac{H}{2}$,较□$abcd$ 的上平面高 $\dfrac{H}{2}$,近边距原点 a 的距离为 $K-\dfrac{B-K}{2}$。可以推断,若开挖标准远距浅层土体□$a'''e'''c'''F'''$ 界限以右的同高程、同宽度、同深度、同体积的土体,则不如就近下挖□$abcd$ 同体积的土体经济。

因为研究开始时,设定的标准就近下挖土体□$abcd$ 的原点 a 在原池底高程线上,这样,土体□$abcd$ 在原池底高程线上仍然有淤积厚度为 $\dfrac{H}{2}$ 的一块淤土不可能不清除,而且这块淤土从清淤到弃土堆积高地耗能及运距都是最省的。实际开挖时,需对标准就近下挖土体作修正,以□$abcd$ 土体面积向上投影,将其以上的表层土体挖掉,为保持开挖体积不变,留下同体积底层土体不挖。这样挖出的□$oeFd'''$ 土体更加经济,最后,确定土体□$oeFd'''$ 为节能挖方土体。

因为沉沙池槽很宽,运用这一原理,就近下挖池槽土体,并将此清淤弃土构筑高地,这样比远距浅层清淤开挖构筑高地要经济得多。另一方面,就近下挖池槽可多取池底原状土即壤土,用这种土源构筑高地比远距离浅层开挖取淤沙构筑高地的土质要好,农产量要高,且地面环境好。

就近下挖池槽土体,会使沉沙池的池底不平,产生局部断面凹陷与凸起的现象。这种现象靠来年引黄灌溉的水沙运行冲淤作用,即可达到池底自然淤平,这一点已在沉沙池的科学运用中得到证实。

(三)沉沙池高地节能挖填法综述

在沉沙池运用、还耕过程中,一方面用机械挖出的池槽空间用于来年自然沉沙,叫作以挖待沉。另一方面清淤弃土堆积高地,种植作物,叫作弃土高地还耕。在上述过程中,由于沉沙池很宽(一般宽 500～1 000 m),且全断面基本均深落淤,是全断面非等深就近深挖方、弃土构筑高地节省运距,还是全断面等深远距浅层挖方、弃土构筑高地节省运距?这就存在选用哪种方案挖方和弃土组合所用运距最小的问题。

根据沉沙池机械清淤泥沙输送现场实测,单方土体水平输送 18 m 和垂直输送 1 m 耗能相同,平和高是可以相互折算的,也就是说是互逆的。应用平折高原理,若以原池底为原点 a 就近下挖深为 H、宽为 B 的土体,土体$\square abcd$ 称为标准就近下挖土体。和以原点 a 水平向上、向远开挖深为 $\dfrac{H}{2}$、宽为 $2B$、近边距原点 a 为 $K - \dfrac{B-K}{2}$ 的远距浅层开挖土体构筑相同位置、高程的高地的耗能是相等的。这个远距浅层开挖土体$\square a'''e'''c'''F'''$ 称为标准远距浅层开挖土体。据此,若需开挖的土体比标准远距浅层开挖土体的位置距原点还远,则不如开挖标准就近下挖土体构筑高地节省运距。特别是当沉沙池很宽时,远距浅层开挖土体距原点越远,节省运距的效果则更加明显。实际开挖时,需对标准就近下挖土体作修正,以此土体面积向上投影,将标准就近下挖土体以上的表层土体挖掉,为保持开挖体积不变,留下同体积底层土体不挖,这样修正后的就近下挖土体$\square oeFd'''$,则更加节省垂直运距,称为节能挖方土体。就近下挖土体后池槽横断面留下的局部凹陷和凸起,待来年引黄灌溉的泥沙自然淤平。

(四)沉沙池高地节能挖填法的应用

1. 设计应用实例

以图 5-4-11 为例。以清淤弃土体坡脚线与原沉沙池底线的交点 a 为起点,就近下挖宽为 20 m,深为 2.0 m,共 40 m³ 的土体$\square abcd$,称为标准就近下挖土体,重心为 G_1,弃土构筑到同体积土体$\square GJaK$ 位置,重心为 G_0,重心 G_1 至重心 G_0 间的折算水平运距为 $15 + 3 \times 18 = 69(\text{m})$。标准远距浅层开挖土体$\square a'''e'''c'''F'''$ 宽为 40 m,深为 1 m,共 40 m³,重心为 G_2,弃土构筑到同体积$\square GJaK$ 位置,重心 G_2 至 G_0 间折算水平运距为 $42 + 1.5 \times 18 = 69(\text{m})$,说明标准就近下挖土体$\square abcd$ 和标准远距浅层开挖土体$\square a'''e'''c'''F'''$ 两块土体开挖及弃土构筑高地耗能是相等的。两方案所涉及的池槽开挖范围为 57 m。

若 G_2 的重心由距原点 37 m 变为再远离 20 m 增至 57 m,变为 G_3,所涉及的池槽开挖范围 77 m,开挖厚度保持 1 m 不变,弃土堆高到同体积 G_0 位置,重心间折算水平运距为 $62 + 1.5 \times 18 = 89(\text{m})$,此方案较就近下挖 G_1 方案,1 m³ 土体多耗折算水平运距 $89 - 69 = 20(\text{m})$。反过来 G_1 方案较 G_3 方案节约折算水平运距 $\dfrac{20}{89} = 22.5\%$。若远距浅层开挖土体离原点再远些,开挖厚度不变,节约的折算水平运距还会提高。

2. 应用技术程序

(1)收集沉沙池建设相关资料,包括沉沙池原地面高程、土质,沉沙池长、宽,围堤顶宽、底宽及高度等。

(2)现场观测当年灌溉泥沙落淤情况,计算当年需清淤量。

(3)画出沉沙池横断面框架图,标注当年落淤高程。

(4)根据提供的当年需清淤量,以当年清淤量除以池长的米数,得出沉沙池 1 m 的横断面需清淤量。

（5）以沉沙池横断面 1 m 的清淤量作为标准，设计就近下挖池槽的宽 B 和深 H。并根据平折高原理，导出标准远距浅层开挖土体的宽 B 和深 H。当导出的标准远距浅层开挖土体的厚度与当年淤积的泥沙厚度相等时，若开挖比标准远距浅层开挖土体还远离原点的同体积土体，则不如开挖标准就近下挖土体经济。

（6）实际开挖时还要作修正，在保证相等清淤土方量的条件下，将标准就近下挖土体以上的表层淤土清除掉，增加开挖的表层淤土方量则用减少开挖底部相等的原状土方量相抵消。修正后的就近下挖方案比标准就近下挖方案，在就近挖方、弃土构筑高地时，还要节省一个淤积厚度的垂直运距，是更节省运距的施工方案。

（五）沉沙池高地节能充填法经济效益分析

以单方土堤脚线就近下挖方案，较远距浅层开挖方案节约水平运距或运费 22.5% 计。位山灌区由于沉沙池很宽，一般 1 000 m 左右，长 3 000 m，一般取 2 500 m，高地比原地面高 8 m。1 个沉沙池一般占地 3 750 亩，从运用、清淤、弃土到达标还耕，需清淤弃土 2 000 万 m^3。这些土体中能实行就近下挖优化方案的土体占 75% 以上，以就近下挖优化方案平均能节约施工水平运距 22.5% 计，实行就近下挖优化方案比传统的远距浅层开挖方案，能节省 337.5 万 m^3 土方施工水平运输费，占整个工程土方施工水平运费的 16.9%。可见搞好科学清淤挖方与弃土堆高组合，对节约沉沙池建设费用的效益是非常大的。

四、沉沙池高地清淤挖槽、弃土堆高相关配套技术

见表 5-4-5。

表 5-4-5　沉沙池高地清淤挖槽、弃土堆高相关配套技术综合指标表

序号	配套技术项目	研究结论及技术经济指标
1	沉沙池隔堤优化设置技术	增设 1 隔堤比不增隔堤可节约施工水平运距 50%；增设 3 隔堤比不增隔堤可节约施工水平运距 75%。机械清淤时，沉沙池隔堤的合理间距为 200～500 m
2	沉沙池清淤挖方与高地构筑填方优化工程模式研究	模式Ⅳ较以往模式为优，可节约施工水平运距 50% 以上，且剩余库容最大，还耕面积最大
3	沉沙池高地清淤挖槽、弃土堆高节能挖填法研究	堤脚线就近下挖方案，较远距浅层开挖方案，平均节约施工水平运距 22.5%

第六节　沉沙池开辟、运用、高地构筑及覆淤
还耕优化设计评判要素体系研究

一、沉沙池开辟、运用、高地构筑及覆淤还耕优化设计评判要素体系的建立

沉沙池开辟、运用、高地构筑及覆淤还耕的设计方案是否优化，需要诸多定量和非定

量要素及相应的技术经济指标来评判。全部评判要素构成一个完整的评判要素体系。通过沉沙池开辟与布置、沉沙池清淤使用与高地构筑、沉沙池高地覆淤还耕等3个子系统评判要素的优化，最终达到整个系统目标函数的优化组合。现将评判要素体系列于表5-4-6。

表5-4-6 沉沙池开辟、运用、高地构筑及覆淤还耕优化设计评判要素体系表

系统名称	评判要素体系
一、沉沙池开辟、运用、高地构筑及覆淤还耕各子系统要素优化	
(一)沉沙池开辟与布置子系统的优化	1.沉沙池的总面积与围堤面积之比的大小； 2.库堤土方比即有效沉沙库容与围堤(含隔堤、导流堤)土方之比的大小； 3.沉沙池沉沙与弃沙总高度的大小； 4.沉沙池落淤均匀度的大小； 5.沉沙池底原地面是否有黏土、黏壤土或沙壤土土源，以备池用后还耕时顶部覆盖良好的原状土； 6.沉沙池搬迁村庄人口与建池面积比的大小，人/亩； 7.沉沙池内原土地产量和产值的高低
(二)沉沙池清淤使用与高地构筑子系统的优化	1.清淤量一定时，清淤挖方与高地构筑填方的折算运距的大小； 2.清淤量一定时，沉沙剩余库容的大小； 3.清淤量一定时，构筑高地的达标亩数的大小； 4.沉沙池内隔堤的间距是否合理； 5.沉沙池隔堤的兴建时间，是否选在沉沙池运用的当年结合清淤兴建； 6.是否按沉沙池清淤挖方与高地构筑填方的最优模式，即模式Ⅳ择优施工； 7.是否按沉沙池高地清淤挖槽、弃土堆高节能挖填法择优施工
(三)沉沙池高地覆淤还耕子系统的优化	1.覆淤土层建设投入的高低； 2.覆淤土层产出的高低； 3.是否为优化覆淤还耕土层结构； 4.是否为优化覆淤还耕土源； 5.覆淤土层对环境好坏的影响； 6.覆淤土层对工程管理难易的影响
二、沉沙池开辟、运用、高地构筑及覆淤还耕总系统的优化	通过(一)、(二)、(三)3个子系统的优化，最终达到3个目标函数的最优组合： $$\begin{cases} minF & 沉沙池年投入费用最省 \\ maxM & 沉沙池使用年限最长 \\ maxB & 沉沙高地覆淤还耕效益最大 \end{cases}$$

二、沉沙池开辟、运用、高地构筑及覆淤还耕优化设计的评判要素体系的应用

沉沙池开辟、运用、高地构筑及覆淤还耕优化设计方案模型中目标函数包括沉沙池年

费用最小的目标函数 $minF = min(\alpha F_g + F_y)$，沉沙条渠使用年限最长的目标函数 $maxM = max(M_1, M_2, \cdots, M_n)$，高地覆淤还耕效益最大的目标函数 $maxB = max(B_1 + B_2 + \cdots + B_n)$，取 3 种目标函数的最优组合 $\begin{cases} minF \\ maxM \\ maxB \end{cases}$。模型方案若不采用计算机编程计算，工作量是非常大的，时间浪费多，且缺乏简便性、直观性。为了快速、准确地评判方案的优劣，可不用计算机编程的目标函数计算法，而通过沉沙池开辟、运用、高地构筑及覆淤还耕设计方案的评判要素体系表中各种方案的评判要素技术经济指标的比较，简便、快捷、准确地判定方案的优劣。

第七节　典型引黄灌区沉沙池开辟、运用、高地构筑及覆淤还耕系统优化设计与应用实例分析

一、位山灌区沉沙池开辟、运用、高地构筑与覆淤还耕系统优化设计与应用实例分析

位山灌区的东、西两片沉沙池，尤以东Ⅲ号池使用时间最长，该池 1973 年建立，自 1976 年运用至 2000 年共运用 25 年，以挖待沉时间最长，弃土高地堆积泥沙最多，最后全部覆淤还耕。现确定以东Ⅲ号池为实体分两个阶段进行设计、应用分析研究。1973 ~ 1993 年为沉沙池开辟、运用、高地构筑阶段，此阶段为沉沙池运用的初始阶段，由于未列课题或虽列课题但尚未开展专题研究，对这一历史阶段的问题，只能运用优化原则进行技术分析和后评述。1993 年底，沉沙池开辟、运用、高地构筑与覆淤还耕系统优化设计研究成功。1994 ~ 2000 年为沉沙池的运用、高地构筑与覆淤还耕优化研究与应用阶段，能够以东Ⅲ号池为载体，结合实际进行优化分析研究和应用。

(一)东Ⅲ号条渠开辟运用、高地构筑及覆淤还耕时空过程概况分析

过程概况见图 5-4-12 及表 5-4-7。1973 年兴建，条渠平均长 2 860 m，宽 988 m，总面积 4 236 亩，原地面高程 34.0 m，围堰上宽 5.0 m，下宽 29.0 m，堤高 4.0 m，堤坡 1:6。1976 年使用至 1982 年为自流沉沙，淤高 34.5 m，1983 年始在池内人工清淤以挖待沉，延续至 1983 年底，10 年累计清淤 900.64 万 m^3。右岸形成 38.0 m 标高弃土面积 1 160 亩，左右两岸共形成 41.5 m 高程弃土面积 1 198.26 亩，左右两岸各 599.13 亩。1993 年后由于人工清淤非常困难，转入机械化清淤。自 1994 年起根据研究项目内容要求，开始进行沉沙池优化运用、高地构筑及覆淤还耕的研究，经过方案优化对比研究，首次采用清淤挖方与高地构筑填方模式Ⅳ以池宽中心线向两侧非均深开挖构筑高地，1994 年清淤 90.45 万 m^3，包括池底下挖 2 m，取原状土 41.72 万 m^3，新增左右岸弃土面积 110 亩，并将 1991~ 1994 年形成的弃土高程为 41.5 m 的 1 308.26 亩全部覆淤 0.5 m 原状土，达到 42.0 m 高程还耕。

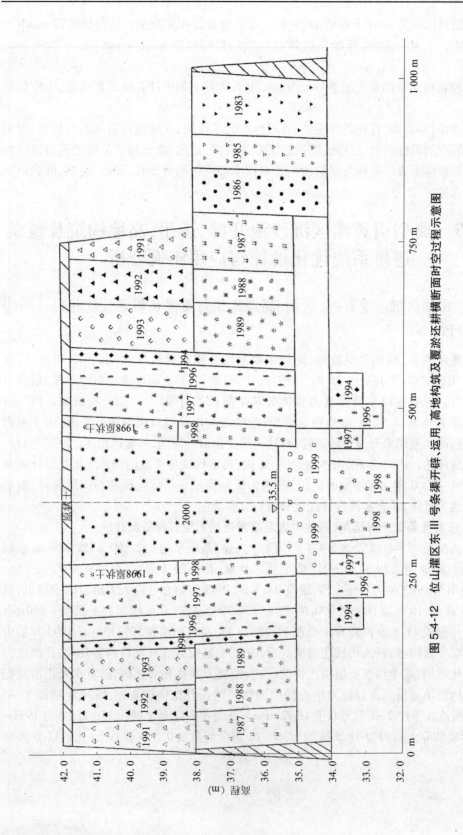

图 5-4-12　位山灌区东Ⅲ号条渠开辟、运用、高地构筑及覆淤还耕横断面时空过程示意图

表 5-4-7 图 5-4-12 说明

一、清淤开挖区和建池开挖区	二、清淤弃土区和覆淤盖土区
1. 1973 年建池挖方 30 万 m³	1. 1973 年建池筑围堤,堤顶标高 38 m,堤高 4 m,上宽 5 m,下宽 29 m,填方 30 万 m³
2. 1983 年清淤 144.19 万 m³	2. 1983 年清淤弃土右岸 144.19 万 m³,形成弃土面积 567.7 亩,宽 32.3 m,标高 38 m
3. 1985 年清淤 65.98 万 m³	3. 1985 年清淤弃土右岸 65.98 万 m³,形成弃土面积 259.8 亩,宽 60.6 m,标高 38 m
4. 1986 年清淤 61.48 万 m³	4. 1986 年清淤弃土右岸 61.48 万 m³,形成弃土面积 242.1 亩,宽 56.4 m,标高 38.0 m
5. 1987 年清淤 143.88 万 m³	5. 1987 年清淤弃土左右两岸 143.88 万 m³,形成弃土高地 570.4 亩,左右各 285.2 亩,宽 133.0 m,左右各 66.5 m,标高 38.0 m
6. 1988 年清淤 100.56 万 m³	6. 1988 年清淤弃土左右两岸 100.56 万 m³,形成弃土高地 395.9 亩,左右各 197.95 亩,宽 92.3 m,左右各 46.15 m,标高 38.0 m
7. 1989 年清淤 118.25 万 m³	7. 1989 年清淤弃土左右两岸 118.25 万 m³,形成弃土 465.6 亩,左右各 232.8 亩,宽 108.5 m,左右各 54.25 m,标高 38.0 m

小结:1~7 项,共形成弃土高地 2 501.5 亩,宽 583.1 m,标高 38.0 m,以后尚可运用的池槽宽 404.9 m

一、清淤开挖区和建池开挖区	二、清淤弃土区和覆淤盖土区
8. 1991 年清淤 68.1 万 m³	8. 1991 年清淤弃土左右两岸 68.1 万 m³,形成弃土 306.4 亩,左右各 153.2 亩,宽 71.43 m,左右各 35.7 m,标高 41.5 m
9. 1992 年清淤 97.2 万 m³	9. 1992 年清淤弃土左右两岸 97.2 万 m³,形成弃土 437.38 亩,左右各 218.69 亩,宽 101.95 m,左右各 50.98 m,标高 41.5 m
10. 1993 年清淤 101 万 m³	10. 1993 年清淤弃土左右两岸 101 万 m³,形成弃土 454.48 亩,左右各 227.24 亩,宽 105.9 m,左右各 52.95 m,标高 41.5 m

小结:8~10 项,共形成弃土高地 1198.26 亩,左右两岸各 599.13 亩,标高 41.5 m

一、清淤开挖区和建池开挖区	二、清淤弃土区和覆淤盖土区
11. 1994 年开始优化运用,当年清淤 90.45 万 m³,包括表层清淤 48.73 万 m³ 和池底下挖 1 m 深、145 m 宽,41.72 万 m³	11. 1994 年清淤弃土 90.45 万 m³,新增左右两岸高地 110 亩,左右各 55 亩,宽 25.64 m,左右各 12.82 m,高程 41.5 m,其中池底下挖 41.72 万 m³,用于 1991~1994 年形成的高地 1 308.26 亩的覆淤盖顶,高程 42.0
12. 1996 年清淤 150.66 万 m³,含池底下挖 1.5 m 深、宽 36 m,取原状土 10.04 万 m³	12. 1996 年清淤弃土 150.66 万 m³,形成面积 316.37 亩,左右各 158.2 亩,宽 73.79 m,左右各 36.9 m,高程 41.5 m,加 0.5 m 的顶部盖淤,高程 42.0
13. 1997 年清淤 164.3 万 m³,含池底下挖深 1 m、宽 72 m,20.6 万 m³	13. 1997 年清淤弃土 164.3 万 m³,形成弃土面积 377.6 亩,左右各 188.8 亩,宽 88.0 m,左右各 44.0 m,高程 41.5 m,加 0.5 m 的顶部盖淤,高程 42.0
14. 1998 年清淤 120.12 万 m³,含池底下挖深 2 m、宽 120 m,取原状土 68.64 万 m³。	14. 1998 年清淤弃土 120.12 万 m³,新增弃土面积 290.8 亩,左右两岸各 145.4 亩,宽 67.8 m,左右各 33.9 m,高程 42.0 m,其中池底下挖原状土 68.64 万 m³,盖淤土层厚 3.5 m
15. 1999 年,引黄落淤 153.88 万 m³,其中填池底下挖 2 m,宽 120 m 的深槽土方 68.64 万 m³ 后淤积高程 35.5 m。当年未清淤	15. 1999 年落淤 153.88 万 m³,落淤面积 782.97 亩,左右两岸各 391.49 亩,宽 182.6 m,左右各 91.3 m,高程达到 35.5 m
16. 2000 年从东Ⅱ号池清淤 308 万 m³,其中池底下挖取原状土 26 万 m³	16. 2000 年,从东Ⅱ号池清淤弃土 308 万 m³,含池底取土 26 万 m³,清淤弃土面积 782.97 亩,左右各 391.49 亩,宽 182.6 m,左右各 91.3 m,高程 42.0 m,含 0.5 m 的盖淤土层

小结:自 1976 年建池,面积 4 236 亩,至 2000 年底,右岸 1 160 亩,达到 38.0 m 高程,其余 3 076 亩达到 42.0 m 设计高程,并含 0.5 m 的顶部覆淤土层

1996～1998 年清淤 435.08 万 m^3，仍采用以池宽中心线为准向双侧非等深挖方，含下挖池底 1～2 m 取原状土 99.28 万 m^3，新增 42.0 m 高程含顶部盖淤 0.5 m 面积984.77亩。1999 年引黄灌溉自然落淤 153.88 万 m^3，使剩余的 315.3 亩土地淤高到 35.3 m，当年没清淤。2000 年从Ⅱ号池调土 308.0 万 m^3，含池底取土 26.0 万 m^3，使最后的 315.3 亩弃土面积高程达到 42.0 m，含 0.5 m 的覆淤盖土高度。至此东Ⅲ号池开辟的 4 236 亩土地，除右岸 1 160 亩弃土高程为 38.0 m 外，其余 3 076 亩全部达到 42.0 m 高程，内含0.5 m 的覆淤土层。

（二）沉沙池开辟、运用、高地构筑与覆淤还耕优化设计应用分析研究

1. 对沉沙池自 1983 年兴建至 1993 年运用阶段的技术后评述

东Ⅲ号池自 1973 年兴建，1976 年开始沉沙运用，至 1982 年自流沉沙，1983 年始以挖待沉至 1993 年底，右岸形成 38.0 m 标高弃土面积 1 160 亩，左右两岸共形成 41.5 m 高程面积 198.26 亩，从 1976 年沉沙池运用，至 1993 年底 18 年没形成一点达 42 m 高程覆淤还耕面积。由于上述时段属未列课题或虽列课题但尚未开展对沉沙池开辟、运用、高地构筑与覆淤还耕优化设计进行专题研究的历史时段，对此历史阶段发生的沉沙池开辟、运用及高地构筑情况，只能从优化设计的角度作一些技术后评述。

1）从优化设计及应用角度评述东Ⅲ号池的开辟

（1）应肯定的方面：

①东Ⅲ号池的平面为长条形，长平均 2 860 m，宽平均 988 m，两端渐变段的扩散夹角大小适宜，泥沙落淤均匀。沉沙池的面积与围堤面积之比为 $4\,236 \div \frac{29 \times (2\,860 + 988) \times 2}{666.7} = 12.65$，指标较高。

②沉沙池立面位置选址地势低洼，原高程 34.0 m，最初还耕高程确定为 38.0 m，池沉沙容量偏低，最后确定还耕高程 42.0 m，沉沙厚 8 m，较前增加 1 倍。沉沙池沉沙厚度突破 8 m 在我国引黄灌区沉沙池建设上是一个大的突破。

③沉沙池选址的池底多为壤土，利于池底下挖，原状壤土为高地顶部提供良好的覆淤土源。

④围堤高程为 38.0 m，沉沙池设计容积与围堤容积之比为 21.59。当围堤高程提高到 42.0 m 时，沉沙池设计容积与围堤容积之比提高到 43.0，指标较高。

（2）有待改进的方面：

在平面设计布置上，虽然沉沙池的面积与围堤面积之比为 12.65，指标较高，但因沉沙池宽达 988 m，从节约机械清淤挖方与弃土构筑高地填方的运距及建设费的角度出发，围堤间距有些过宽，拟在沉沙池运用后的初期利用沉积淤沙在原池宽 988 m 中间，增加围堤 1 条，使围堤的间距降为 490 m 左右。在沉沙池的横断面形状上，将由"└─┘"形变为"└┴┘"形。这样处理，一是不在建池时而在建池运用后的初期利用引黄淤沙增筑围堤，比在建池时筑围堤要经济。二是增加一条围堤，比不增围堤方案，清淤和构筑高地的施工水平运距将减少 50%，在设计运用上更科学一些。

2）从优化设计及应用的角度评述东Ⅲ号池 1983～1993 年的运用

（1）应肯定的方面：

应该说沉沙池运用从时序上是逐步合理的。运用初期，1983～1986 年，沉沙池按典型的清淤挖方与高地构筑填方模式Ⅰ"全断面均深分层挖方、高地单侧构筑、分层还耕"运用，属最不合理的运用方案，致使清淤挖方与高地构筑填方的综合运距最大及投资最大，清淤挖方后剩余沉沙面积与库容最小，弃土高地迟迟未达设计高程，无还耕效益。

1987～1993 年是按典型的清淤挖方与高地构筑填方模式Ⅱ"以断面中心线为界向两侧均深挖方，并向两侧分层构筑高地还耕"运用，较模式Ⅰ前进了一步，优点是当清淤挖方量一定时，清淤挖方与高地构筑填方的水平运距较模式Ⅰ节省 1/2，但剩余的沉沙面积及库容和没有一次达到设计覆淤还耕高程方面仍和模式Ⅰ相同。

（2）应改进的方面：

虽然 1987～1993 年运用模式前进了一步，但还达不到清淤挖方与高地构筑填方的最佳工程模式，即模式Ⅳ：全断面非均匀挖深，以中心线为界，贴紧预期构筑的双侧高地坡脚就近分层下挖，而留下靠近中心线两侧的浅层断面土方不挖，两侧挖方后形成的凹槽及凸滩，借助来年引黄水沙淤平。高地双侧构筑，一次达到设计还耕高程。致使清淤挖方和高地构筑填方的综合运距和施工投资还不是最省，清淤挖方后剩余沉沙面积和库容还不是最大，清淤弃土 11 年来形成的高地面积没有一点能达到设计覆淤还耕高程。特别值得提出的是，1983～1993 年属沉沙池运用初期，正是池宽最大，按照模式Ⅳ运用沉沙池高地清淤挖槽弃土堆高节能挖填法的最佳时机。而由于受当时科研水平和客观条件的限制，不可能按照优化模式运用，为科学清淤和高地构筑与覆淤还耕带来了不可弥补的遗憾。

2. 以沉沙池开辟、运用、高地构筑及覆淤还耕系统优化模型指导东Ⅲ号池 1994 年以来的科学运用

从 1994 年始，由于专项研究内容的实施，进行了沉沙池运用、高地构筑及覆淤还耕优化设计与应用的实践。同时，也由于该灌区实现了由人工清淤转入全面机械化清淤的战略转移，相应的沉沙池远距离机械清淤技术、泥浆泵接力输送泥浆技术及沉沙池高地清淤挖槽弃土堆高节能挖填法等机械清淤配套技术的研究成功，也为沉沙池运用、高地筑构、覆淤还耕的优化设计与应用打下了坚实基础。沉沙池开辟、运用、高地构筑与覆淤还耕优化模型的设计，其最终要达到的优化目标就是系统的年费用最低、沉沙条渠使用时间最长、高地覆淤还耕的效益最大，在沉沙池已开辟、隔堤间距已确定和优化覆淤土层已确定的条件下，作为沉沙池运用和高地构筑环节的优化，全都集中体现在沉沙池清淤挖方与高地构筑填方最佳模式Ⅳ上，而要实现最佳模式Ⅳ的要求，则必须按"沉沙池高地清淤挖槽、弃土堆高节能挖填法"进行设计施工。1994 年东Ⅲ号沉沙池清淤、高地构筑、覆淤还耕过程见图 5-4-13。1994 年东Ⅲ号沉沙池的运用和高地构筑还耕已进入中后期，沉沙池的宽两侧已各缩小过半，剩余池宽两侧各 207 m，仅占原池宽的 41.9%。根据当年的泥沙淤积量，确定当年清淤量 90.45 万 m³，含池顶盖原状土，需池底下挖土方 41.72 万 m³，选用清淤挖方与高地构筑填方的最优模式即模式Ⅳ。按照"沉沙池高地清淤挖槽弃土堆高

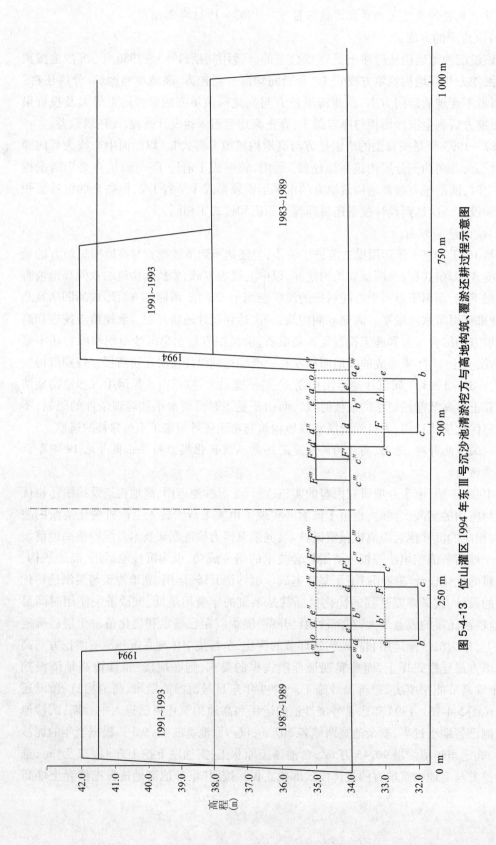

图 5-4-13　位山灌区 1994 年东 III 号沉沙池清淤挖方与高地构筑、覆淤还耕过程示意图

节能挖填法",经方案比选,两侧就近各下挖深2 m,宽80 m,土方45.2万 m^3,含两侧原池底各下挖原状土厚1 m,宽80 m,土方22.6万 m^3。该方案运距最小,投资最省,既能满足以挖待沉清淤总土方量的要求,池底下挖取原状土也能满足高地顶盖0.5 m厚的要求;清淤后,沉沙池两侧仍各有宽192 m的沉沙宽度,年末比年初宽两侧仅各缩窄15 m,特别是两侧各有2 m深,80 m宽,容积为45.2万 m^3 的深槽2个,沉沙总容积很大。清淤弃土一次性形成41.5 m高程的两侧高地各55.0亩,加上1991~1993年间形成的41.5 m高程两侧高地599.13亩,两侧各形成41.5 m高程的弃土高地654.13亩,1994年首次对高程41.5 m两侧高地各654.13亩,共1 308.26亩盖0.5 m厚原状土,使其达到42.0 m还耕。这是自1983年沉沙池以挖待沉运用11年来,首批但又是迟到达标还耕的土地。

1996~2000年东Ⅲ号沉沙池清淤与高地构筑及覆淤还耕过程见图5-4-14。

1996年,根据泥沙淤积情况,确定当年清淤150.66万 m^3,左右两侧各建成41.5 m高程弃土高地158.2亩,高地顶层盖原状土0.5 m,需池底下挖取原状土10.04万 m^3,达到设计高程42.0 m。1996年沉沙池预留清淤弃土高地占地后,剩余池宽两侧各有159 m,按照选用清淤挖方与高地构筑填方的最优模式即模式Ⅳ及"沉沙池高地清淤挖槽弃土堆高节能挖填法",经方案比选,两侧各就近下挖深3 m,宽36 m的土体30.88万 m^3,含原池底线以下1 m至1.5 m新开挖原状土5.15万 m^3,满足高地0.5 m原状土盖顶要求,为给1997年的高地盖顶预留足原状土开挖土源,其余两侧各44.45万 m^3 清淤土源在原池底线以上就近开挖。清淤后两侧剩余池宽仍各有159 m,且两侧各有深3 m,宽36 m,容积30.88万 m^3 的深槽,沉沙总容积很大。当年一次性形成41.5 m高程的两侧高地各158.2亩,并在顶层盖原状土0.5 m厚达到42.0 m高程还耕。

1997年,根据引黄灌溉泥沙淤积情况确定当年清淤164.3万 m^3,左右两侧一次性各形成41.5 m高程高地188.8亩,高地顶层盖原状土0.5 m厚,达到42.0 m高程。年初,两侧剩余池宽各96 m,仍按模式Ⅳ经方案优选,确定两侧就近池底下挖1 m深、36 m宽,各取原状土10.3万 m^3,满足原状土盖顶0.5 m厚的要求,不足的弃土高地土源可在原池底线以上开挖取用。

1998年,根据引黄灌溉泥沙淤积情况,确定当年清淤120.12万 m^3,左右两侧一次性形成41.5 m高程高地各145.4亩。由于年初两侧沉沙池槽宽度各剩余仅68 m,无法再按模式Ⅳ优化运用,确定在全部剩余宽度池底线以下挖深2 m,取原状土以满足顶部盖原状土0.5 m的要求,不足土体在剩余宽度的池底线以上取用。

1999年,剩余池宽面积782.97亩,两侧各391.49亩,引黄灌溉当年落淤153.88万 m^3,填平深槽后淤积高程达到35.5 m,当年没清淤。2000年,由于东Ⅲ号池已无法运用,从邻近的东Ⅱ号池取清淤弃土308万 m^3,含池底下挖取原状土26万 m^3,将782.97亩洼地由35.5 m高程填筑到42.0 m高程,含0.5 m的原状土盖顶。

至此,开辟的4 236亩沉沙池,除右岸的1 160亩达到38.0 m高程还耕外,其余3 076亩弃土高地都达到42.0 m的设计高程,并含顶层0.5 m厚的原状土层还耕。

覆淤还耕土层的优化,经试验研究确定为表层0.5 m厚原状土,表层0.7 m厚的原状土,或者上面30 cm的落淤沙土、下部40 cm厚的原状土三种覆淤土层结构最好。

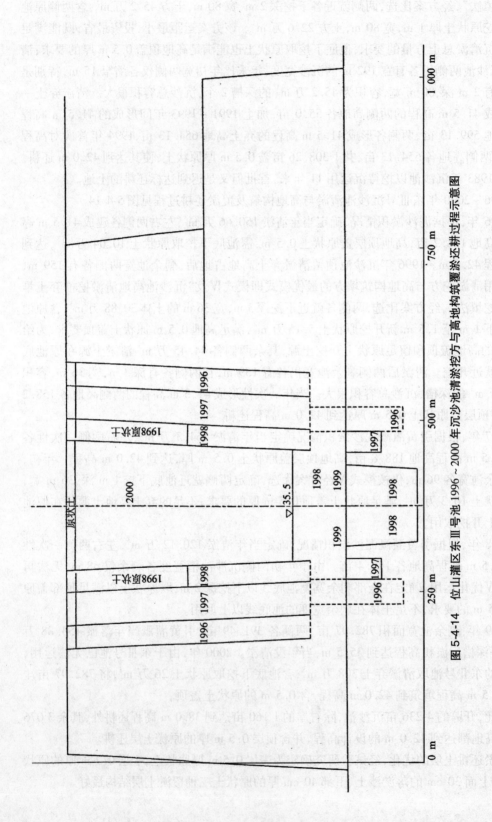

图 5-4-14　位山灌区东Ⅲ号池 1996～2000 年沉沙池清淤筑方与高地构筑覆淤还耕过程示意图

（三）位山灌区沉沙池条渠开辟、运用、高地构筑及覆淤还耕系统优化设计与应用经济效益分析

从总体上看，位山灌区东、西沉沙池，自 1994 年以来，由于以沉沙池开辟、运用、高地构筑与覆淤还耕系统优化模型指导生产实践，2000 年底较 20 世纪 90 年代初，在灌区引水引沙量增加 50% 的情况下，沉沙池占地较之前仍能节约 4 200 亩。这充分体现了以科技指导沉沙池运用，在引水沉沙增加情况下，仍可以少占耕地，即使占用了的耕地，也能很快地还耕于民，大大缓解沉沙占地对农民的压力。

二、潘庄灌区沉沙池典型条渠开辟、运用、高地构筑及覆淤还耕系统优化设计与运用的实例分析

潘庄灌区选二级池 10# 池与总干渠联合运用为优化设计与运用的研究对象。

随着潘庄灌区国民经济的快速发展，工农业及居民生活用水量不断增加，引水引沙量也越来越多，但是可用来处理泥沙的土地越来越少，形成了一对尖锐的矛盾。因此，如何利用有限的土地尽量多地处理泥沙成为一个紧迫而重要的问题。沉沙池的开辟、运用、高地构筑及覆淤还耕优化模型的建立在一定程度上解决了这个问题。沉沙池的开辟、运用、高地构筑及覆淤还耕系统优化设计是 1993 年底由课题组开发研制完成的，1994 年开始在潘庄灌区应用，由于受条渠使用、还耕条件的限制，没来得及开展整个条渠从开辟到还耕全过程的优化应用，直到灌区 1999 年开辟二级池 10# 池时才进行优化设计与运用。二级池 10# 池位于齐河县务头乡，1999 年 12 月兴建，对其开辟使用还耕全过程进行优化。设计拦沙量 640 万 m³，预计使用 3 年，进口桩号为 20 + 350，出口桩号为 22 + 462。10# 池与其他池距离较远，不适合联合运用，但离总干渠较近，可与总干联合运用。见图 5-4-15、图 5-4-16。

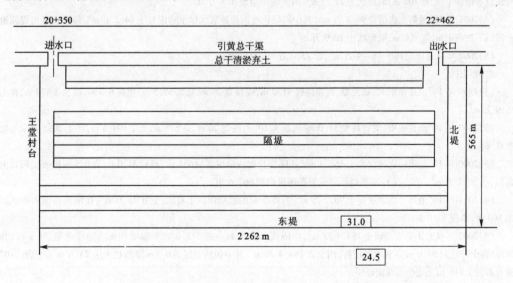

图 5-4-15　潘庄灌区二级池 10# 条渠开辟、运用、高地构筑及覆淤还耕平面示意图

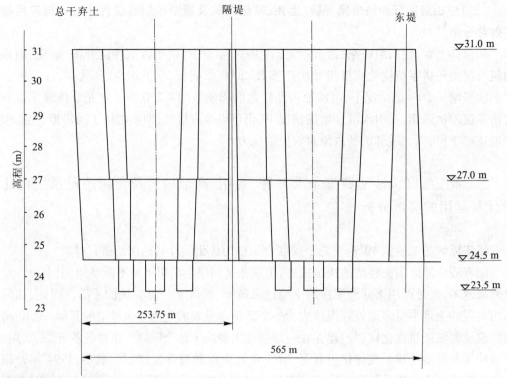

说明

一、清淤区

(1)1999 年 10#池建池筑北、东大堤，土方 75.9 万 m³。

(2)2000 年 10#池筑隔堤，土方 20.5 万 m³。

(3)2000 年 10#池第一次清淤 168.3 万 m³，其中隔堤长度内原池底线以上清淤弃土 143.6 万 m³，隔堤长度内原池底线以下挖深 1 m、宽 100 m，取原状土 21 万 m³，两头通道清淤 3.7 万 m³。

(4)2001 年 10#池第二次清淤 96.2 万 m³，其中隔堤长度内原池底线以上清淤弃土 84.2 万 m³，隔堤长度内堤原池底线以下挖深 1 m、宽 100 m，取原状土 12.0 万 m³。

(5)2002 年从总干渠调土 184.4 万 m³，含 23.0 万 m³ 的原状土。

二、弃土区

(1)1999 年 10#池建池筑北、东大堤，堤顶高程 31.0 m，堤顶宽 30 m，底宽 57.5 m，堤高 6.5 m，堤长 2 670 m，弃土 75.9 万 m³。

(2)2000 年 10#池建隔堤，堤顶高程 31.0 m，堤顶宽 10 m，底宽 20 m，高 6.5 m，长 2 104.5 m，弃土 20.5 万 m³，面积31.6亩。

(3)2000 年 10#池第一次清淤弃土 168.3 m³，在隔堤长度内形成高地 631 亩，高程 31.0 m，含 0.5 m 的表层原状土盖顶，土方 21 万 m³。(2)、(3)两项当年形成覆淤还耕面积 662.6 亩。

(4)2001 年 10#池第二次清淤弃土 96.2 万 m³，含 0.5 m 的表层原状土盖顶，土方 21 万 m³，在隔堤长度内形成高地 360 亩，高程 31.0 m。

(5)2002 年从总干渠清淤调土 184.4 万 m³，将隔堤长度内剩余的 611.6 亩和隔堤两头的输水通道 79.9 亩，共 691.5亩全部达到 31.0 m 高程覆淤还耕，用土方 184.4 万 m³，其中包括表层盖 0.5m 厚原状土层 23 万 m³。至此，10#池开辟的 1 916 亩土地全部覆淤还耕。

图 5-4-16　潘庄灌区二级池 10# 条渠开辟、运用、高地构筑及覆淤还耕立面示意图

（一）沉沙池的优化开辟

沉沙池的开辟、运用、覆淤还耕优化模型的设计，其最终要达到的优化目标是系统年费用最低，沉沙条渠使用时间最长，高地覆淤还耕的效益最大，但在具体运用上、在沉沙池的开辟环节，主要体现到以下几项技术经济指标上：

（1）沉沙池总面积与围堤面积之比。池长 2 262 m，宽 565 m，总占地 1 916 亩。该池南堤利用王楼村台，西堤利用总干，需新筑东堤和北堤，堤顶宽 30 m，堤底宽 57.5 m，堤长 2 670 m，池内底长 2 204.5 m，池内底宽 507.5 m，面积 1 678 亩，沉沙池总面积与围堤面积之比为 $\dfrac{1\ 916}{57.5 \times 2\ 670 \div 666.7} = 8.3$，指标较高。

（2）沉沙池的沉沙厚度。池的立面位置选址地势低洼，原地面高程 24.5 m，利于自流沉沙，还耕高程确定为 31.0 m，沉沙厚 6.5 m，沉沙池还耕高程较高。

（3）沉沙池底土壤可作为将来覆淤还耕的土源。池底多为壤土，利于池底下挖，为高地覆淤还耕堤供原状壤土源。

（4）沉沙池搬迁人口与面积之比。搬迁村庄 0 个，0 人/亩。

（5）沉沙池设计容积与围堤容积之比。围堤顶 31.0 m，堤高 6.5 m，围堤土方 75.93 万 m³，沉沙池的设计泥沙容积为 640 万 m³，沉沙池设计沉沙容积与围堤容积之比为 8.4，指标较高。

通过以上 5 项技术经济指标的分析，该池的开辟是优化的。

（二）沉沙池的优化运用与高地构筑

沉沙池开辟、运用、高地构筑与覆淤还耕优化模型的设计，其最终要达到的优化目标就是系统的年费用最低，沉沙条渠使用的时间最长，高地覆淤还耕的效益最大。在沉沙池已开辟和覆淤土层结构已确定的条件下，作为沉沙池运用和高地构筑环节的优化，其技术要点，基本集中体现到两点：一是合理确定沉沙条渠中隔堤的数量。鉴于 10# 池宽 565 m，宽度较大，中间宜增加一围堤，将原沉沙池横断面由"⌣⌣"形变为"⌣⌣⌣"形，隔堤间距由原 565 m，缩小为 282.5 m。隔堤的作用：①利于沉沙池落淤均匀；②加隔堤后，"⌣⌣⌣"型方案，以隔堤左右 2 个中心线为界，双向均深挖方构筑高地，较原"⌣⌣"形方案，以 1 个中心线为界，双向均深挖方构筑高地，减少总土方水平运距 50%，大大地减少了建设的投资费用。为进一步降低工程投资，隔堤的兴建时间，不要放在建池开始年，而应放在池运行的当年，结合清淤兴建。二是采用沉沙池清淤挖方与高地构筑填方的最优模式Ⅳ，按照沉沙池高地清淤挖槽、弃土堆高节能挖填法进行方案比选，择优选用。

（1）10# 池 2000 年 1 月启用，至 11 月第一次清淤，共淤积 279.7 万 m³，淤厚 2.5 m，淤积高程 27.0 m。池上口宽 533 m，长 2 204.5 m，总面积 1 762.4 亩。以两堤脚线间距 507.5 m 的中点建隔堤，堤长 2 104.5 m，隔堤上宽 10 m，下宽 20 m，高 6.5 m，土方 20.5 万 m³，将池分为左右两半。隔堤两端各留 50 m 的输水通道。经规划，沉沙池清淤及高地筑构首先实施中间段即隔堤长度内的高地构筑及覆淤还耕，中间段上口长 2 104.5 m，宽 533 m，面积 1 682.5 亩，留下两头各 50 m 的输水通道面积 79.9 亩，最后构筑高地及覆淤还耕。

以隔堤形成的左右两半池的 2 个中心线为界,分别向两侧开挖及弃土堆高,经计算,当年需清淤弃土 168.3 万 m³,其中隔堤长度内原池底线以上清淤弃土 143.6 万 m³,隔堤长度内原池底线以下挖原状土 21 万 m³,两头通道清淤 3.7 万 m³。第一次在隔堤长度范围内形成还耕高地 4 块共 662.6 亩,还耕高程 31.0 m,含 0.5 m 的原状土覆淤土层。

隔堤长度内原池底高程 24.5 m 以上的清淤挖方 143.6 万 m³,采用以两半池的 2 个中心线为界向两侧等深挖方弃土堆高,即清淤挖方与高地构筑填方的模式 Ⅱ。隔堤长度内原地面高程线 24.5 m 以下的 21 万 m³ 原状土开挖采用清淤挖方与高地构筑填方的模式 Ⅳ,以两半池的 2 个中心线为界向两侧非等深挖方,紧贴 4 个堤脚线下挖深各 1 m,宽各 25 m 的土体弃土堆高。

(2)2001 年 11 月第二次清淤,落淤量 142 万 m³,淤积高程 27 m。确定清淤弃土 96.2 万 m³,其中隔堤长度内原池底 24.5 m 以上清淤弃土 84.2 万 m³,隔堤长度内原池底24.5 m 以下挖原状土 12 万 m³。

原池底 24.5 m 以上的清淤弃土以中心线为界向两侧均深挖方弃土堆高,即按清淤挖方与高地构筑填方模式 Ⅱ 实施。原池底 24.5 m 以下原状土开挖是以中心线为界向两侧非等深挖方,紧贴堤脚线下挖深 1 m、宽 14.3 m 的 4 个深坑,即按清淤挖方与高地构筑填方模式 Ⅳ 实施。两项叠加,运距及投资最省。

(3)2002 年 11 月,经过一年的运行,沉沙池落淤高程为 27 m,淤积量 94.2 万 m³,确定当年该池不再清淤,同时将隔堤长度内剩余的 611.6 亩和隔堤两头的输水通道 79.9 亩,共 691.5 亩全部覆淤还耕,共需土方 184.4 万 m³,含 23.0 万 m³ 的覆淤用土,此土源用紧靠 10# 池的总干渠的清淤壤土构筑完成。

至此,10# 池开辟的 1 916 亩面积全部覆淤还耕。

(三)沉沙池覆淤土层的优化

覆淤土层厚度确定为 70 cm,共设计了 5 种土层结构,进行了作物种植试验,经综合比较确认 70 cm 全壤、上 30 cm 沙土下 40 cm 壤土和上 50 cm 壤土下 20 cm 沙土等三种覆淤土层结构为优选覆淤土层结构。

(四)沉沙池开辟、运用、高地构筑与覆淤还耕系统优化应用效益

1.10# 池的开辟、运用、高地构筑与覆淤还耕系统优化的应用效益

由于运行中增加了隔堤和采用沉沙池清淤挖方与高地构筑填方的最优模式 Ⅳ 及沉沙池高地清淤挖槽、弃土堆高节能挖填法施工,较不增加隔堤的传统挖填方法,节省总施工水平运距 53%。沉沙池的使用容量增加 42 万 m³,沉沙池运用当年就一次性覆淤还耕 662.6 亩,占沉沙池总面积的 34.60%,3 年在完成 640 万 m³ 沉沙任务后,就把开辟的 1 916 亩面积全部覆淤还耕。这在沉沙池科学运用史上是一个很好的优化运用的典范。

2.潘庄引黄灌区沉沙池开辟、运用、高地构筑与覆淤还耕系统优化应用效益

1991 年潘庄灌区运用的沉沙池 9 266 亩,2002 年灌区运用的沉沙池降到 3 916 亩,较 1991 年减少 5 350 亩。分析其原因,是在灌区引水引沙基本相当的条件下,沉沙池开辟、运用、还耕系统优化设计与应用的结果。

第五章　沉沙池不同覆淤还耕方式、不同覆淤土层结构的作物高产模式试验研究

第一节　试验研究目的及试区选择

一、研究目的及预期效果

1994 年 7 月第十五届国际土壤学会明确提出："土壤—土地—自然资源—农业生产系统为整体系统,开发土地资源和农业持续发展是跨世纪任务。"山东省引黄灌区沉沙高地百余万亩的土地,亟待改良开发。基于上述情况,开展引黄灌区沉沙池不同覆淤方式、不同土壤厚度与层次覆淤结构的作物高产优化模式的试验,研究作物高产的最佳覆淤还耕的土层结构,为引黄灌区发展高产优质高效农业,提供科学依据,十分必要。通过试验、示范、推广相结合,将山东引黄灌区百余万亩沉沙高地逐步改良为旱涝保收高产优质高效农业区,是山东引黄灌区环境修复和农业可持续发展亟待解决的问题。

二、试区选择

山东引黄灌区 68 处,设计灌溉面积 3 983.86 万亩。本项试验选山东省 2 个特大型引黄灌区作为试区,一个是聊城市位山引黄灌区,另一个是德州市潘庄引黄灌区。之所以选择这 2 个灌区作试区,是考虑了以下原则:

(1)灌区规模大,沉沙高地多。位山灌区设计面积 540 万亩,实际开辟沉沙池 3.5 万亩,潘庄灌区设计面积 500 万亩,实际开辟沉沙池 6 万余亩。

(2)代表性强,位山灌区代表山东引黄灌区的上游,潘庄灌区代表山东引黄灌区的中游,两处沉沙池淤沙粒径有所差别,但相差不大。

(3)两个灌区级别都高,都是市(地)级直管,处级建制,试验基础条件好。

(4)两个灌区的行政领导对沉沙高地覆淤还耕科学试验有强烈的要求,并在人力、物力、财力上给予大力支持。

(5)两灌区都与国内大专院校和科研单位有着良好的技术协作关系。

三、试区概况

(一)地理位置、气候及行政区划

1.位山引黄灌区试区位置、气候及行政区划

位山灌区曾先后建设了两块试验区(见图 5-5-1),自 1991～1999 年进行了长达 9 年的冬小麦、夏玉米作物种植试验。一块是桑庄试验区,位于西Ⅳ号沉沙池弃土高地,属阳谷县七级镇辖区,试区于 1991 年初建立,高地高程为 42 m,附近农田地面高程 34.6 m,按

试验设计要求构筑了不同层次、厚度结构的土层,面积 10 亩,其中水力机械覆淤区 4.5 亩,人工覆淤区 4.5 亩,气象场 0.94 亩。并配置了气象、水分、地温等观测设施,自 1991 ~ 1995 年进行了冬小麦等作物种植试验,至 1995 年 7 月,因土地承包发生纠纷,影响试验秩序和质量而停止使用。

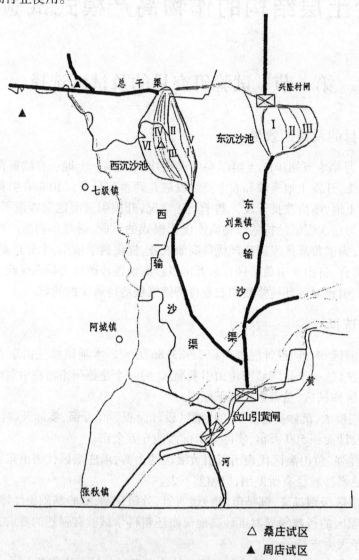

△ 桑庄试区
▲ 周店试区

图 5-5-1　位山灌区试区位置图

　　另一块是周店试验区,位于引黄总输沙渠尾端,即聊城市引黄二、三干渠分水处的三角地带,属聊城市东昌府区于集乡辖区。1995 年下半年建立,试区按试验要求的覆淤方式和覆淤土层结构构筑而成。试区原地面高程 34.6 m,构筑前地面高程 38.40 m,清淤弃土堆高达到 39.3 m 高程,再按试区土层 0.7 m 的构筑要求,最终达到设计高程 40.0 m。试区以生产路为界,路南为水力机械覆淤区,面积 3.75 亩;路北为人力覆淤区,面积 3.75 亩。加上气象场 0.94 亩,测坑 15 个 0.5 亩,加上道路及合理空间占地共 10.0 亩。并配置了气象、水分、地温、量水等观测设施,自 1996～1999 年进行了小麦、玉米作物种植试验。

试区因受季风气候影响,年内雨量不均,年际变化较大,具有春旱夏涝晚秋又旱的特点。多年平均年降水量 600 mm 左右,而全年降水量的 70% 以上分布在 6～9 月。多年平均年蒸发量 1 100 mm(E_{601}),试区光热资源丰富,特别是黄河水沙资源丰富,具有很大的开发潜力。

2.潘庄引黄灌区试区位置、气候及行政区划

潘庄引黄灌区沉沙池高地构筑与覆淤还耕高产模式试区,建在潘庄引黄总干渠一级沉沙池上(见图 5-4-2)。试区所在地行政上隶属于山东省齐河县赵官镇。地处东经 119°36′,北纬 36°25′,属暖温带季风气候。一年内四季分明,降雨集中在 6～9 月,多年平均降水量为 578 mm,年蒸发量为 1 550 mm(E_{601}),日均气温 12.8 ℃,年日照时数为 2 657.5 h,无霜期约 220 d。

试区于 1994 年建立,按试验要求的覆淤方式和覆淤土层结构构筑而成。试区原设计的覆淤方式为水力机械覆淤和人工覆淤两种,由于该灌区的沉沙池于 20 世纪 90 年代初就已全部实现了挖泥船和水力挖塘机清淤,实现了由机械清淤代替人力清淤的历史转折,再进行水力机械覆淤与人力覆淤的对比试验,已无必要,故仅进行水力机械覆淤条件下的试验。试区未沉沙前地面高程 25～26 m,清淤弃土堆高到 32.3 m 高程,再按试区土层 0.7 m 厚的要求,最终达到设计高程 33 m。试区总面积 10.5 亩,其中水力机械覆淤区面积 8.7 亩,气象场 25 m×25 m,0.94 亩,测坑 14 个,管理房 3 间。并配置了气象、水分、地温、量水等观测设施,自 1994～1997 年进行了小麦、玉米作物种植试验。

(二)试区土壤质地及理化性质

试区土壤质地分为两种:一为沙土,系清淤弃土;二为壤土,系原池底下挖原状土或引黄淤泥。

1.土壤物理性质

1)土壤密度

土壤密度是指土壤在自然结构状态下单位体积的干土质量,代表符号为 S,以 g/cm³ 或 t/m³ 表示。

密度数值本身可以作为土壤肥力指标之一,一般讲,土壤密度大,表明土体紧实,结构性差,孔隙少,耕性、透水性、通气性不良,保水保肥能力差。

密度与土体的紧密程度和有机质含量的多少有关,其变动范围很大。一般肥沃的耕作层土壤密度在 1 g/cm³ 左右,而紧密未熟化的心土、底土,密度为 1.3～1.5 g/cm³,紧密土壤可达 1.8 g/cm³ 左右。密度在 1.3～1.4 g/cm³ 时,作物生长没有困难,密度在 1.5～1.8 g/cm³ 时,作物根很难扎进土里。

用土壤密度数值可以计算土壤的孔隙率和空气的含量等。其测定一般采用环刀法。

2)土壤相对密度

土壤颗粒质量与同体积水(4 ℃)质量的比值称为土壤相对密度,也称比重,代表符号为 D。因此,相对密度的大小与土壤的矿物组成、有机质含量及成土母质的特性有很大关系。一般耕作土壤的平均相对密度为 2.4～2.7。

　　测定土壤相对密度,有助于了解土壤的矿物特性,而且是土壤生物学中不可缺少的一项基本数据。根据相对密度等的测定,可以计算出土壤孔隙度及其他土壤物理指标。

　　土壤相对密度通常采用比重瓶法进行测定。

　　3)土壤总孔隙度

　　土壤总孔隙度是指土壤在自然结构状态下,空隙占整个土体的比率,代表符号为 P。土壤总孔隙度一般通过计算得出。

$$P = \left(1 - \frac{S}{D}\right) \times 100\% \tag{5-8}$$

式中　P——土壤总孔隙度(%);

　　　　S——土壤密度;

　　　　D——土壤比重。

　　4)土壤含水量

　　土壤含水量,亦称含水率。一般用土壤所含水分的质量占干土质量的百分数表示,代表符号为 W。土壤含水量的测定,是灌溉试验的重要测试手段之一。测定方法有人工法和中子仪法、负压计法等。

　　5)田间持水量

　　田间持水量是指在田间土层内所能保持的最大含水量,也就是土壤毛管悬着水的最大含量,以占干土重的百分数表示。田间持水量是土壤保水、保肥能力的重要指标,又是制定灌水定额的重要依据。其测定方法如下:

　　在田间选一代表地段,仔细平整地面,面积为 2 m×2 m,周围打土埂。土埂中央插入面积为 1 m^2 的木框,插深 10 cm,框内作为试验区,周围为保护区。灌水前先在围堰以外测土壤含水率、土壤密度和比重。灌水时在试验区及保护区同步进行观测,第二天开始采土,连续三天采土直到各层测得的土壤含水率之差稳定在 1% 以内,根据连续几天测得出的结果,求出相近数的平均值,即为田间持水量。

　　田间持水量的计算,由于取样分很多层次,而各层的含水率、厚度和密度都不同,故不应简单地取算术平均值,而应用加权平均值,计算公式如下:

$$田间持水量(\%) = \frac{W_1 S_1 h_1 + W_2 S_2 h_2 + \cdots + W_n S_n h_n}{S_1 h + S_2 h + \cdots + S_n h_n} \tag{5-9}$$

式中　$W_1, W_2, W_3, \cdots, W_n$——各土层含水率(%);

　　　　$S_2, S_2, S_3, \cdots, S_n$——各土层密度,g/cm^3;

　　　　$h_1, h_2, h_3, \cdots, h_n$——各土层厚度,cm。

　　6)土壤颗分

　　土壤颗分是衡量土壤颗粒粒径大小的重要指标。测定方法有筛分法、光电法等。

　　7)土温

　　土壤由于收支的热量和热性质不同而发生温度的升降变化。了解土壤热量的收支、热性质和土壤温度的变化,对调节土壤热状况,满足作物对土壤温度状况的要求,提高土壤肥力,有着十分重要的意义。

2. 土壤化学性质

1）土壤有机质

土壤有机质泛指土壤中以各种形态存在的含碳有机化合物的总称。土壤中有机化合物的种类繁多，可粗略地分为非腐殖物质和腐殖物质两大类。土壤有机质是土壤的重要组成部分，也是植物养分的重要来源，土壤中有机质的多少直接影响着土壤的保水、保肥、耕性、土壤温度和通气状况等，在土壤肥力诸因素中起主导作用，它对改善土壤的理化、生物性质有重要作用。因此，土壤有机质含量是判定土壤肥力高低的重要指标。测定土壤有机质含量是土壤分析的重要项目之一。

2）土壤的氮和速效氮

土壤中氮的形态可分为有机氮和无机氮，两者合称为土壤全氮。无机氮也称矿质氮，包括硝态氮、亚硝态氮和铵态氮。

土壤中的无机氮，一般只占土壤全氮量的 1% ~ 2%，而且还处于经常变动之中。有机氮是土壤中氮的主要形态，一般占土壤全氮量的 98% 以上。

土壤供氮能力既是评价土壤肥力的一个重要指标，又是估算氮肥用量的一个重要参数。我国土壤类型一般含氮都在 0.2% 以下，很多土壤含氮不足 0.1%。

3）土壤的磷和速效磷

磷对于维持生物体正常的生活机能有重要的作用。如果土壤里缺乏能被植物摄取的磷化合物，植物就不能很好地发育，不能很好地结出果实。

土壤速效磷含量是土壤农化性状的重要指标之一，就一个土壤类型或一个地理区域内的土壤速效磷进行统计和评价是农业技术中的一项重要工作。

自然土壤一般含全磷 0.01% ~ 0.12%，变化幅度比较大。

4）土壤的钾和速效钾

钾在植物生理方面是最重要的阳离子，是调节植物水分状况最重要的元素。钾在气孔开闭中起着重要的作用，供钾充足的植物，其水分损耗较少是由于降低了蒸腾的速率，这不仅依靠叶肉细胞的渗透势，而且在很大程度上受气孔开闭控制。

土壤速效钾是指易被作物吸收利用的钾，其中 90% 以交换性钾形态吸附在土壤胶体表面，约 10% 为水溶性钾存在于土壤溶液中。尽管速效钾只占土壤全钾的 1% ~ 2%，但由于能被当季作物所吸收，对植物的钾素营养状况有直接影响，其含量高低是判断土壤钾素丰缺的重要指标。

5）全盐量

全盐量指土壤中可溶性盐的总量。全盐量过高会造成土壤盐渍化，影响土壤质地。

3. 试区土壤理化指标的测定

试区内黄河水落淤的泥沙粒径较粗，所含杂质很少，经实测，用其构筑的土体密度均较大，如沙土密度为 1.42 ~ 1.60 g/cm³，壤土密度为 1.36 ~ 1.81 g/cm³，因此其孔隙度一般为 34% ~ 49.8%，田间持水量（重量比）一般为 14.15% ~ 16.50%，均较一般土壤低，土壤中的有机质含量及速效 N、P、K 养分含量均达不到国家土壤养分含量分级的最末级标准，对农作物的生长产生不利影响。位山、潘庄两试区覆淤土层土壤理化性质见表5-5-1、表5-5-2、表5-5-3。

表 5-5-1　试区覆淤土层土壤物理性质表

试区	覆淤结构	层次（cm）	土壤质地	密度（g/cm³）	比重	孔隙度（%）	田间持水量（%）	
							重量比	体积比
位山周店试区	S_1	0~70	黏壤土	1.66	2.75	40	16.49	
	S_2	0~30	沙壤土	1.56	2.79	44	15.33	
		30~70	黏壤土	1.81	2.75	34		
	S_3	0~30	黏壤土	1.64	2.75	40	14.68	
		30~70	沙壤土	1.61	2.79	41		
	S_4	0~50	黏壤土	1.60	2.75	43	15.31	
		50~70	沙壤土	1.60	2.79	42		
	S_5	0~70	沙壤土	1.53	2.79	45	14.57	
潘庄试区	S_1	0~70	壤土	1.36	2.71	49.8	16.50	22.44
	S_2	0~30	沙土	1.42	2.67	46.8	15.55	21.46
		30~70	壤土	1.36	2.71	49.8		
	S_3	0~30	壤土	1.36	2.71	49.8	14.50	20.16
		30~70	沙土	1.42	2.67	46.8		
	S_4	0~50	壤土	1.36	2.71	49.8	14.70	20.29
		50~70	沙土	1.42	2.67	46.8		
	S_5	0~70	沙土	1.42	2.67	46.8	14.15	20.09

表 5-5-2　试区土壤颗分表

试点	取土地点	土壤名称	土粒组成（%）			土质分类	备注
			沙粒	粉粒	黏粒		
			颗粒直径（mm）				
			>0.05	0.05~0.005	<0.005		
位山周店试区	试验田	沙壤土	75.5	21.5	30.0	重沙壤土	根据中华人民共和国水电部标准 SD 128—81 试验
	试验田	沙壤土	82.5	15.0	2.5	轻沙壤土	
	干渠	黏壤土	15.0	63.0	22.0	重粉质壤土	
	干渠	黏壤土	15.2	60.6	24.2	重粉质壤土	
潘庄试区	试验田	沙土	72.5	17.7	9.8	重沙壤土	
	试验田	沙土	79.5	17.5	3.0	轻沙壤土	
	干渠	沙土	85.4	12.5	2.1	轻沙壤土	
	试验田	壤土	21.0	59.0	20.0	重粉质壤土	
	干渠	壤土	15.5	58.0	26.5	重粉质壤土	

表 5-5-3　试区土壤化学性质表

试区	覆淤结构	层次（cm）	土壤质地	有机质（g/kg）	速效养分（mg/kg）			盐分（g/100 g）	pH
					碱解 N	K$_2$O	P$_2$O$_5$		
位山周店试区	S$_1$	0 ~ 70	黏壤土	4.3 4.9	29 23	88 86	4.8 4.6	0.11	7.3
	S$_2$	0 ~ 30 30 ~ 70	沙壤土 黏壤土	3.7 3.8	35 30	85 82	29.9 6.0	0.12 0.10	7.1 7.1
	S$_3$	0 ~ 30 30 ~ 70	黏壤土 沙壤土	5.3 3.9	34 24	97 85	16.1 5.5	0.13 0.12	7.0 6.9
	S$_4$	0 ~ 50 50 ~ 70	黏壤土 沙壤土	4.0 4.2	39 34	82 77	8.1 5.8	0.12 0.12	7.1 7.0
	S$_5$	0 ~ 70	沙壤土	3.4 2.8	40 21	73 72	24.2 16.0	0.10	7.0
潘庄试区	S$_1$	0 ~ 70	壤土	4.6	26	87	4.7	0.11	7.3
	S$_2$	0 ~ 30 30 ~ 70	沙土 壤土	3.7 3.8	35 30	85 82	29.9 6.0	0.11 0.11	7.1 7.1
	S$_3$	0 ~ 30 30 ~ 70	壤土 沙土	5.3 3.9	34 24	97 85	16.1 5.5	0.13 0.12	7.0 6.9
	S$_4$	0 ~ 50 50 ~ 70	壤土 沙土	4.0 4.2	39 34	82 77	8.1 5.8	0.12 0.12	7.1 7.0
	S$_5$	0 ~ 70	沙土	3.1	30.5	73	15.1	0.10	7.0

第二节　试区设计

一、试区处理设计

本研究将沉沙池覆淤土壤层次和厚度结构作为主要因素，而覆淤方式和供水方式是次要因素。处理设计坚持以主要因素为主，兼顾次要因素的原则，并采用多因素混水平正交试验法进行设计。

（一）处理设计的基本内容

试区内试验作物为冬小麦、夏玉米。主要因素：覆淤土壤层次和厚度结构，分为 5 个水平，编号为 S$_1$、S$_2$、S$_3$、S$_4$、S$_5$，见图 5-5-2；次要因素：供水方式分为节水灌溉 G 和雨养 Y，覆淤方式为水力机械覆淤 J 和人工覆淤 R。

（二）研究方框图

不同覆淤还耕方式、不同覆淤土壤厚度与层次结构的作物高产模式研究的方框图如图 5-5-3 所示。位山灌区为水力机械覆淤与人工覆淤条件下全面的作物高产模式研究，潘庄灌区因人工覆淤已不用，仅作水力机械条件下的作物高产模式研究。

（三）混水平正交试验方案处理设计

试验方案的处理设计，是试验的核心，处理设置恰当与否，关系到整个试验方案的成败。

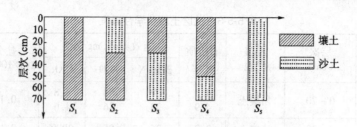

图 5-5-2　不同覆淤土层结构示意图

　　本研究的主要因素,是引黄灌区沉沙高地的覆淤土层结构 S_1、S_2、S_3、S_4、S_5,次要因素是覆淤方式(J,R)和供水方式(G,Y)。如不作选择地全面试验,每个作物则需要 $5^1 \times 2^1 \times 2^1 = 20$ 个处理,这样试验观测任务及资料分析增加了很大工作量,处理过少,代表性不足,又不能说明问题。根据水利部颁布的《灌溉试验方法》的试验要求,处理设计坚持以主要因素为主,兼顾次要因素的原则。位山试区采用多因素混水平正交试验方案 C_{10}($5^1 \times 2^1$),选出 10 个处理。潘庄试区采用多因素混水平正交试验方案 C_{10}($5^1 \times 2^1$),选出 10 个处理。多因素混水平正交试验设计见表 5-5-4。

表 5-5-4　试区沉沙池覆淤还耕方式与覆淤土层结构作物高产模式混水平正交试验处理设计表

试区	编号	A	B	C	处理设计号
		覆淤结构	覆淤方式	供水方式	
位山周店试区	1	S_2	R	G	S_2RG
	2	S_5	R	Y	S_5RY
	3	S_5	J	G	S_5JG
	4	S_2	J	Y	S_2JY
	5	S_4	R	G	S_4RG
	6	S_1	R	Y	S_1RY
	7	S_1	J	G	S_1JG
	8	S_4	J	Y	S_4JY
	9	S_3	R	G	S_3RG
	10	S_3	J	Y	S_3JY
潘庄试区	1	S_2	J	G	S_2G
	2	S_5	J	Y	S_5Y
	3	S_5	J	G	S_5G
	4	S_2	J	Y	S_2Y
	5	S_4	J	G	S_4G
	6	S_1	J	Y	S_1Y
	7	S_1	J	G	S_1G
	8	S_4	J	Y	S_4Y
	9	S_3	J	G	S_3G
	10	S_3	J	Y	S_3Y

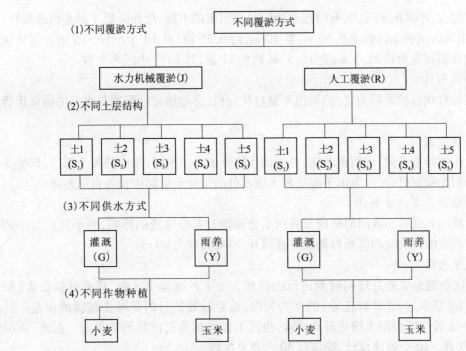

(a)位山灌区水力机械覆淤与人工覆淤条件下的作物高产模式研究

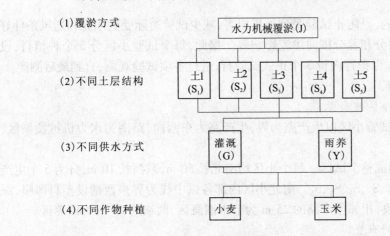

(b)潘庄灌区水力机械覆淤条件下的作物高产模式研究

图 5-5-3 不同覆淤还耕方式、不同覆淤土层结构的作物高产模式研究方框图

(四)试验小区及区内观测设施布置

试验小区是在面积、作物、种植、施肥、管理等相同条件下,依试验处理划分的基本试验单元。

1.试验小区的设计原则

1)小区面积

小区面积大小应根据作物试验种类、要求,使用农具、试验地总面积和土壤差异等情况来决定。小区面积不应过小,否则外界因素的影响就相对加剧,误差会增大。但小区面积也不宜过大,小区面积过大,有时还可能因局部因素的不同,反而降低了试验的准确性。据此,位山周店试验小区确定长 50 m、宽 10 m,约 0.75 亩,共 10 个小区 7.5 亩。潘庄试验小区的面积确定为长 35.3 m、宽 16.5 m,约 0.87 亩,共 10 个小区 8.7 亩。

2）小区形状

小区的形状以长方形为宜,但长边不易过长,过长会增加边际影响与水分的横向渗透的影响。

3）小区方向

试区作物种植方向,采用南北向,与当地作物种植方向相同,小区的各个部位,都能受到同等的阳光照射机会,以免由于温度和土壤水分的变化而引起生长发育的差异。

4）严格的水文边际条件

为了减小各试验小区间的横向及纵向水分渗透及养分渗透的影响,各小区间及小区内部灌与不灌的试块间均以塑料薄膜垂直隔开,隔离高度为 70 cm。

5）重复次数

重复次数就是试验处理同时要进行的次数。由于各试验小区内,具有试验要素（如土壤肥力、灌溉水量、管理措施等）的不均匀性,重复设置的目的是减少试验的误差。另外,用增加试验小区面积来满足观测要求,也远不如增加重复次数的效果好。据此,采用 3 个重复次数。10 个处理设计,则需要 30 个重复次数。

6）保护行设置

设置保护行的目的,是防止试验受到外界损害,减少试验边际受到阳光和通风条件好坏的影响,以及消除水分和养分横向渗流影响等。据此,每个试验小区分 5 个种植行,设 2 个边行保护,不测产,保护行内设 3 个正式试验行,进行各项试验观测,直到最后测产。

2. 试验小区的布置

1）位山周店试验小区的布置

如图 5-5-4 所示,试验小区以生产路为界,生产路为东西向,路南为水力机械覆淤区,路北为人工覆淤区。

路南、北两地块构成整个试区。每个小区均南北长 50 m,东西长 10 m,分为 5 个生产畦,由东往西依次为 S_1、S_2、S_3、S_4、S_5。南北小区内部各以中线为界东西铺设塑料薄膜,深 70 cm,将小区截为两段,相邻生产路的 25 m 为节水灌溉区,两端的 25 m 为雨养区。

2）潘庄试验小区的布置

试验小区的布置见图 5-5-5。

总试区面积南北长 100 m,东西宽 70 m,计 10.5 亩。东西中线将总试区划为两半,其中南半区为雨养试区 S_1Y、S_2Y、S_3Y、S_4Y、S_5Y,北半区为节水灌溉试区 S_1G、S_2G、S_3G、S_4G、S_5G。试区种植作物为冬小麦和夏玉米。

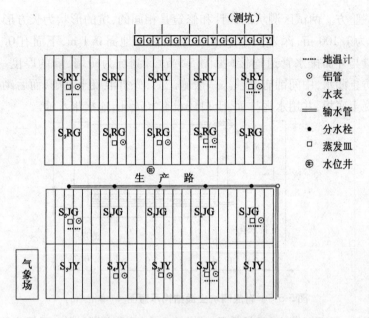

图 5-5-4　位山周店试区布置示意图

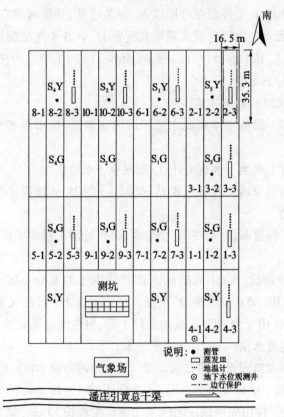

图 5-5-5　潘庄试区布置示意图

3. 测坑的设计

试验测坑是在灌水、降雨一定的条件下,为获取不同土层结构的渗漏量而建造的边界条件严格的试验方。两试区测坑的设计和修筑是相同的,坑的形状为长方形,测坑长3.33 m,宽2.0 m,为1/100亩,深为1.4~1.6 m,坑口高出地面0.1 m,下面有0.2 m的滤层,底部有排水口与外面排水管道连接(见图5-5-6)。测坑为砖墙,墙的厚度一般为0.2~0.4 m,为了防止漏水,中间铺有油毯。一般施工时,先打混凝土基础,而后砌外墙,最后砌内墙与打混凝土底板,并用水泥抹面,上口还设有径流孔,连接集水池。

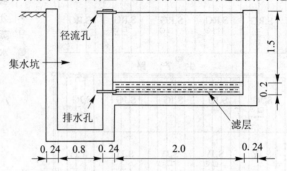

图5-5-6　有底测坑立面结构示意图　(单位:m)

测坑建好后,即可回填土,先按0.7 m构筑5个不同土层结构,下部为清淤的自然土体,在回填时注意表土、底土按次序分层填入,避免混乱,并随时测定土壤密度,使其保持与外面自然状态一致。位山周店试区测坑共配置15个,5个土层结构S_1、S_2、S_3、S_4、S_5,每个土层结构3个测坑,其中灌溉(G)的两个,雨养(Y)的1个。潘庄试区测坑共配置14个,其中S_1、S_2、S_3、S_4各3个,S_5 2个。

4.试区内灌排及观测设施布置

(1)两试区各打1眼机井作灌溉水源。试区灌溉渠、排水沟齐全。灌水以井口流量计测量水量。

(2)两试区各打1眼地下水观测井,以观测地下水位变化。

(3)两试区田间气象场按县级气象站标准25 m×25 m建设,配置标准观测设施,其中蒸发皿按E_{601}配置。

(4)两试区中子仪管布设,均按10个处理,每个处理1根中子仪管,测管长1 m,埋深0.9 m,共10套。

(5)试区地温计布设。位山周店试区选有代表性的部分小区布设,在S_1JG、S_1RY、S_2RG、S_2JY、S_5JG、S_5RY等6个处理内,布设共6套地温计。另在气象场布设地温计1套,共7套。潘庄试区的10个处理各安装地温计1套,另在气象场安装1套,共11套。

(6)每个测坑配置水桶一只,用以接渗流水。

(7)棵间土壤蒸发皿布设。两试区均按10个处理布设10个土壤蒸发皿,用以观测棵间土壤蒸发。棵间土壤蒸发皿为矩形,宽为行距减5~10 cm,长为宽的2~3倍,由内外套组成,内套有底。位山周店试区的棵间土壤蒸发皿长15 cm,宽10 cm,高35 cm;潘庄试区的棵间土壤蒸发皿长50.5 cm,宽13.2 cm,高50 cm,见图5-5-7。内装土壤,外套无底,其尺寸略大于内套,套在内套外边,用称重法测定其水量损失,即为棵间蒸发量(E)。

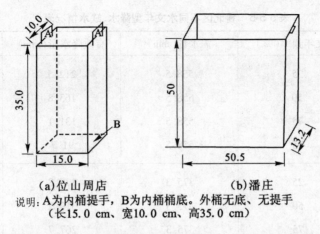

（a）位山周店　　　　　　（b）潘庄
说明：A为内桶提手，B为内桶桶底。外桶无底、无提手
（长15.0 cm、宽10.0 cm、高35.0 cm）

图 5-5-7　棵间蒸发皿内桶示意图　（单位：cm）

5. 试验小区主要观测项目

主要观测项目有作物生理生态、土壤水分、有机质养分、地温、蒸发、降水、灌水、地下水位、田间气象及小区产量等。

1）田间气象观测项目

试区近地面大气层中有关气象因素，对作物生长有很大影响，必须按气象观测规范观测记载。

观测项目：降水量、水面蒸发量、气温、空气湿度、日照、风向、风速、气压、农田气温、湿度和光照度等。

2）各试验小区处理间的观测项目

地温观测用地温表，每组 6 支，分为 5 cm、10 cm、15 cm、20 cm、40 cm 和 80 cm，同步观测记录。测定土壤水分用中子仪铝管，测定棵间土壤蒸发用棵间蒸发皿，同步观测记录，土壤养分和作物生理生态、产量按作物生长季节定时观测。

3）测坑的观测项目

降水、灌水、径流、渗漏水量，特别是要观测各种灌水、降雨条件下的渗漏水量，用以评估各种土层结构的保水能力。

二、覆淤方式

位山灌区试区有水力机械覆淤和人力覆淤两种方式。潘庄试区仅有水力机械覆淤。

第三节　试区作物灌溉制度设计

冬小麦、夏玉米节水灌溉制度，主要依据试区不同水文年需水量、降雨量、缺水量和作物关键需水期等因素制定。

据山东省水科院"七五"期间"山东省主要粮食作物节水灌溉制度试验研究"，鲁北区（即试区所在地区）不同水文年型降水、缺水情况如表 5-5-5 所示。

表5-5-5　鲁北区不同水文年型降水、缺水情况表

作物	水文年频率(%)	需水量(mm)	有效降水量(mm)	缺水量(mm)
冬小麦	25	558.5	212.5	346.0
	50	558.5	163.8	394.7
	75	558.5	131.1	427.4
	95	558.5	91.7	466.8
夏玉米	25	375.3	375.8	0
	50	375.3	319.2	56.1
	75	375.3	267.7	107.6
	95	375.3	152.5	222.8

利用冬小麦、夏玉米产量水分递推模型,动态规划得出节水灌溉制度见表5-5-6。

表5-5-6　按一般干旱年($P=75\%$)设计的节水灌溉制度

水文年型	作物	灌水下限田间持水率(%)	单产(kg/亩)	灌溉定额(m^3/亩)	灌水定额(m^3/亩)	供水次数	供水时间(d)(播后天数)			
一般干旱年 $P=75\%$	冬小麦	65	300左右	200	50	4	20 苗期 (下旬/10)	60 越冬 (上旬/12)	70 拔节 (中旬/3)	50 抽穗 (下旬/4)
	夏玉米	75	270左右	100	50	2	35 拔节 (下旬/7)	65 抽雄 (中旬/8)		

雨养即作物试区不灌水,同大田无灌溉条件下的旱作农业。

第四节　试区农业管理措施的实施

依照当地高产的耕作管理措施,与其保持同一水平。各处理采用同一优良品种,耕作管理同一标准,施肥、播种一致,作物株、行距同一标准,中耕、除草、病虫害防治均同。试区田间管理措施见表5-5-7。

表 5-5-7　沉沙池覆淤还耕试验农业措施实施表

试区	作物	项目	农业技术栽培及管理措施
位山桑庄、周店试区	1991～1992 年冬小麦	种子品种及播种时间 基肥 施肥次数及品种数量 浇水及管理 病虫防治 收获及生长期	济南－13,1991-10-31 磷酸二铵 25 kg/亩 1992-02-28,二铵 7.5 kg/亩;1992-03-27,尿素 15 kg/亩 1992-04-08,45 m³/亩;1992-05-13,60 m³/亩 1992-04-02,久效磷 70 mL/亩 1992-06-05
	1992～1993 年冬小麦	种子品种及播种时间 基肥 施肥次数及品种数量 浇水及管理 病虫防治 收获及生长期	鲁麦－15,1992-10-12 磷酸二铵 25 kg/亩 1993-02-12,尿素 17 kg/亩 1992-12-02,68 m³/亩 1993-04-28、1993-05-10,久效磷 60 mL/亩 1993-06-04
	1993～1994 年冬小麦	种子品种及播种时间 基肥 施肥次数及品种数量 浇水及管理 病虫防治 收获及生长期	鲁麦－15,1993-10-22 磷酸二铵 17.5 kg/亩,尿素 7.5 kg/亩 1994-03-13,尿素 12.5 kg/亩 1994-04-05,63 m³/亩;1994-05-13,61 m³/亩 1993-03-31,粉锈宁 50 mL/亩 1993-06-04
	1994～1995 年冬小麦	种子品种及播种时间 基肥 施肥次数及品种数量 浇水及管理 病虫防治 收获及生长期	鲁麦－15,1994-10-24 磷酸二铵 20 kg/亩 1995-03-22,尿素 15 kg/亩 1995-04-06,60 m³/亩 1995-03-28,氯青菊酯 80 mL/亩 1995-06-07
	1996～1997 年冬小麦	种子品种及播种时间 基肥 施肥次数及品种数量 浇水及管理 病虫防治 收获及生长期	91－2,1996-10-12 小粪干 200 kg/亩,复合肥 10 kg/亩,硫酸钾 0.3 kg/亩 1997-04-08,吉地尔复合肥 40 kg/亩 1996-10-01,50 m³/亩;1996-12-02、1997-04-21 各 50 m³/亩;1997-05-27,45 m³/亩 1997-05-15,10% 大功臣粉剂 15 g/亩 1997-06-07

续表 5-5-7

试区	作物	项目	农业技术栽培及管理措施
位山桑庄、周店试区	1997年夏玉米	种子品种及播种时间	掖单－13,1997-05-30
		基肥	无
		施肥次数及品种数量	1997-07-12,尿素 20 kg/亩;1997-07-24,吉地尔 20 kg/亩
		浇水及管理	1997-06-21,40 m³/亩;1997-08-05、1997-08-14 各 30 m³/亩
		病虫防治	1997-06-27,杀灭菊酯、久效磷各 30 mL/亩;1997-07-01,40% 乙莠悬浮剂 40 mL/亩;1997-07-17,1.5% 对硫磷 3 kg/亩;1997-07-29,20% 三氯杀螨醇 70 mL/亩
		收获及生长期	1997-09-16
	1997～1998年冬小麦	种子品种及播种时间	鲁麦－21,1997-10-05
		基肥	大粪干 20 kg/亩,吉地尔 20 kg/亩,硫酸钾 4 kg/亩
		施肥次数及品种数量	1998-03-17,尿素 20 kg/亩;1998-04-24,复合肥 20 kg/亩
		浇水及管理	1997-09-27, 50 m³/亩;1997-12-11、1998-03-03、1998-04-20 各 50 m³/亩
		病虫防治	1997-11-20,BR－120 10 mL,氧化乐果 50 mL/亩;1998-05-16,20% 益农宝 80 mL/亩
		收获及生长期	1998-06-07
	1998年夏玉米	种子品种及播种时间	掖单－19,1998-06-09
		基肥	无
		施肥次数及品种数量	1998-07-10,硫酸钾复合肥 20 kg/亩;1998-07-27,20 kg/亩
		浇水及管理	1998-06-10,50 m³/亩;1998-07-21,40 m³/亩
		病虫防治	1998-06-11,4% 乙莠悬浮剂 170 g/亩;1998-06-24,敌杀毙 20 mL,玉毒净 50 mL/亩;1998-06-29,敌杀毙 20 mL,玉毒净 50 mL/亩;1998-07-15,1.5% 对硫磷
		收获及生长期	1998-09-27
	1998～1999年冬小麦	种子品种及播种时间	济南－16,1998-10-09
		基肥	大粪干 200 kg/亩;吉地尔 40 kg/亩
		施肥次数及品种数量	1999-02-28,尿素 20 kg/亩;1999-04-30,吉地尔 20 kg/亩
		浇水及管理	1998-10-03、1999-02-25、1999-04-13、1999-05-14 各 50 m³/亩
		病虫防治	1999-03-28,45% 灭菌杀 50 g/亩;1999-05-05 敌杀毙 40 mL/亩;1999-05-19 敌杀毙、乐果剂各 40 mL/亩
		收获及生长期	1999-06-07
	1999年夏玉米	种子品种及播种时间	掖单－19,1999-06-10
		基肥	无
		施肥次数及品种数量	1999-07-12,硫酸钾复合肥 20 kg/亩;1999-02-28,20 kg/亩
		浇水及管理	两次水各 50 m³/亩
		病虫防治	1999-06-28,敌杀死 20 mL;1999-07-28,1.5% 对硫磷 3 kg/亩
		收获及生长期	1999-09-26

续表 5-5-7

试区	作物	项目	农业技术栽培及管理措施
潘庄试区	1994~1995 年冬小麦	品种、播种、收割、施肥、灌水、中耕、病虫害防治	1994 年 10 月 6 日播种,品种为优系济核 02 (54368),播种量为 13 kg/亩。1995 年 6 月 1 日收割。施肥情况:豆饼 10 kg/亩,尿素 25 kg/亩,返青时追施尿素 25 kg/亩。灌溉情况:1994 年 9 月 29 日造墒水;1994 年 1 月 10 日越冬水;1995 年 3 月 9 日返青水。中耕 2 次。病虫害防治无
	1995 年夏玉米	品种、播种、收割、施肥、灌水、中耕、病虫害防治	1995 年 6 月 20 日播种,品种为掖单 13 号,播种量为 5 kg/亩。1995 年 9 月 13 日收割。施肥情况:1996 年 7 月 13 日尿素 25 kg/亩,1996 年 8 月 12 日尿素 25 kg/亩。灌溉情况:无。中耕 2 次。病虫害防治:喷施呋喃丹一次
	1995~1996 年冬小麦	品种、播种、收割、施肥、灌水、中耕、病虫害防治	1995 年 10 月 7 日播种,品种为优系济核 02 (54368),播种量为 13 kg/亩。1996 年 6 月 6 日收割。施肥情况:基肥施土杂肥 200 kg/亩,尿素 50 kg/亩,磷酸二铵 25 kg/亩。返青时追施尿素 25 kg/亩。灌溉情况:灌水定额为 50 m³/亩次,1995 年 9 月 25 日造墒水,1995 年 12 月 14 日越冬水,1996 年 3 月 4 日返青水,4 月 19 日灌浆水。中耕 2 次,病虫害防治无
	1996 年夏玉米	品种、播种、收割、施肥、灌水、中耕、病虫害防治	1996 年 6 月 24 日播种,品种是掖单 13 号,播种量为 5 kg/亩。1996 年 10 月 7 日收割。施肥情况:拔节期(7 月 10 日)尿素 25 kg/亩,抽穗期(8 月 15 日)尿素 25 kg/亩。无灌溉,中耕 2 次。病虫害防治:喷施氧化乐果一次
	1996~1997 冬小麦	品种、播种、收割、施肥、灌水、中耕、病虫害防治	1996 年 10 月 20 日播种,品种为优系济核 02 (54368),播种量为 15 kg/亩。1997 年 6 月 5 日收割。基肥施肥情况:施复合肥 50 kg/亩,麦秸肥 50 kg/亩。返青时施碳铵 50 kg/亩。灌溉情况:灌水定额为 50 m³/亩次,1996 年 10 月 15 日造墒水,11 月 26 日越冬水,1997 年 3 月 7 日返青水,5 月 8 日灌浆水。中耕 2 次。病虫害防治:喷施氧化乐果一次
	1997 年夏玉米	品种、播种、收割、施肥、灌水、中耕、病虫害防治	1997 年 6 月 24 日播种,品种为掖单 13 号,播种量为 5 kg/亩,1997 年 10 月 10 日收割。1997 年 6 月 23 日灌溉一次,1997 年 8 月 7 日抽穗期灌水一次,每亩施尿素 50 kg,1997 年 8 月 15 日灌水一次,每亩施尿素 50 kg。无病虫害防治

第五节　不同覆淤土层结构的中子仪工作曲线率定研究

一、中子仪土壤测水原理

中子仪也称测氢仪,结构见图 5-5-8。原理是:探头中子源在土壤中发射的快中子与土壤中氢原子碰撞,能量损失,快中子转化为慢中子和热中子,快中子与质量相同的氢原子碰撞热化效率最大,在探头周围形成超常密度热中子云球(半径 15 ~ 25 cm,中子源为圆心)。

测定中子云球密度就能知道土壤中氢的数量,从而可知道土壤容积含水量 θ_v。θ_v 为以中子源为圆心,半径 20 cm 左右土体加权平均容积含水量。中子仪工作方程为:

$$\theta_v = b\,\frac{R_s}{R_w} + j \qquad\qquad (5\text{-}10)$$

式中　θ_v——土壤容积含水量,cm^3/cm^3;

R_s——土壤中一定时间内中子仪读数;

R_w——同时间内在水中或标准吸收剂中中子仪读数;

R_s/R_w——中子仪计数比率;

b、j——工作方程常数,b 为方程斜率,j 为截距。

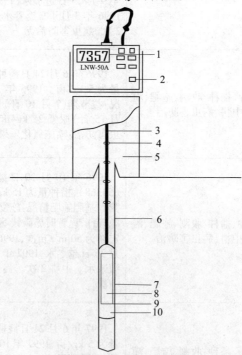

1—记数显示器;2—电源开关;3—电缆线及定位缆线;4—定位夹;5—屏蔽体;
6—测管;7—探头;8—光电倍增管;9—锂玻璃闪烁体;10—中子源

图 5-5-8　中子测水仪结构简图

二、同一土壤层次结构的中子仪工作方程率定

首先选择代表性好的一块裸地,埋设测管,按土壤剖面层次规定深度测出 R_s,并在同一深度距测管 25 cm 左右取土样三个,烘干计算土壤含水量。在全年干湿变化范围内以最低到最高含水量之间取 10 ~ 15 个均匀分布测值,用最小二乘法确定工作方程:

$$Y_i = bX_i + j \tag{5-11}$$

$$j = \overline{Y} - b\overline{X} \tag{5-12}$$

$$b = \frac{\sum_{i=1}^{n}(X_i - \overline{X})(Y_i - \overline{Y})}{\sum_{i=1}^{n}(X_i - \overline{Y})^2} \tag{5-13}$$

$$r = \frac{\sum_{i=1}^{n}(X_i - \overline{X})(Y_i - \overline{Y})}{\sqrt{(\sum X_i^2 - n\overline{X}^2)(\sum Y_i^2 - n\overline{Y}^2)}} \tag{5-14}$$

式中　Y_i——土壤容积含水量;

　　　X_i——中子仪计数比率;

　　　$\overline{X},\overline{Y}$——同步期内两变量 X、Y 的平均值;

　　　b——方程斜率;

　　　j——方程截距;

　　　r——相关系数;

　　　n——数据组数。

三、田间不同土壤层次结构中子仪工作方程率定

同一种土壤层次结构的中子仪工作曲线的率定是按上述方法进行的。在本次研究中,遇到的特殊问题是,不同土壤(如沙壤土、黏壤土)层次与厚度结构的中子仪工作曲线将如何率定? 为此,位山试区和潘庄试区在实践中探索出了两种不同的实用方式。一种是全深分层标定法,另一种是 30 cm 深度以内分层标定法。

(一)全深分层标定法的研究及应用——位山试区采用

1. 原理

在不同的土壤、全部测试深度内分层取土样,用烘干法取得各标定点的土壤含水率 θ_v 值,与中子仪测量的各标定点的计数比率($\frac{R_s}{R_w}$)建立关系线。从读得的中子仪计数比率($\frac{R_s}{R_w}$)值,就可得知土壤含水率 θ_v 值。

2. 标定步骤

(1)在五种不同覆淤模式的处理中,分别埋设了测量用铝管。同时根据土壤质地实

际情况,分两组测定了 30 cm 以下的各已确定的标定点的测量计数。据已测得的标准计数,分别计算出各标定点的计数比率。

(2)在各铝管附近,用取土钻在与各标定点相对应位置,分别采取土样,用烘干法取得各标定点的土壤含水率值(占干土重,%)。在 5 个处理中,每 10 cm 为一层次,用容重环采样,测定出各层次土壤密度值。

(3)根据土壤质地,确定适用各率定曲线的层次厚度,分别计算出各层次的密度均值,然后据各密度均值,将烘干法取得的土壤水分值换算为容积含水量值。最后,按要求分别计算出各条曲线的 j、b、r 值。其中:j 是截距,b 是斜率,r 是相关系数。R_c 为计数比率,其表达形式为:$\theta_v = bR_c + j$。

(4)求得各条曲线的密度值,并列出各标定方程,见表5-5-8。

表 5-5-8　1998 年度中子仪率定数据一览表

| 线型 | 处理号 | 中子仪测定 | | | | 烘干法测定 | | | 采用密度值 (g/cm³) | 计算得标定方程参数 | 线型适用范围 |
		层次 (cm)	标准计数 (R_w)	测量计数 (R_s)	计数比率 ($\frac{R_s}{R_w}$)	层次 (cm)	土壤含水量 W (占干土重,%)	土壤容积含水量 θ_v (%)			
I 黏壤土	S_1JG	40	5 516	2 242	0.406 5	35 ~ 45	15.14	24.98	1.65	j: 3.839 2 b: 52.201 4 r: 0.929 1	S_1:0 ~ 70 cm S_2:30 ~ 70 cm S_3:0 ~ 30 cm S_4:0 ~ 50 cm
	S_1JG	60	5 516	2 049	0.371 5	55 ~ 65	14.49	23.91			
	S_2JG	50	5 516	2 077	0.376 5	45 ~ 55	14.62	24.12			
	S_2JG	70	5 516	2 398	0.434 7	65 ~ 75	15.90	26.24			
	S_4JG	40	5 516	1 943	0.352 2	35 ~ 45	12.90	21.29			
II 沙壤土	S_3JG	40	5 572	1 903	0.341 5	35 ~ 45	13.63	20.45	1.50	j: -8.069 8 b: 87.549 7 r: 0.911 1	S_2:0 ~ 30 cm S_3:30 ~ 70 cm S_4:50 ~ 70 cm S_5:0 ~ 70 cm
	S_3JG	60	5 572	1 576	0.282 8	55 ~ 65	11.51	17.27			
	S_4JG	60	5 572	1 654	0.296 8	55 ~ 65	11.24	16.86			
	S_5JG	40	5 572	1 688	0.302 9	35 ~ 45	12.69	19.04			
	S_5JG	60	5 572	1 945	0.349 1	55 ~ 65	15.84	23.76			

(5)校测:

将各标定方程的 j、b、s(密度)值输入中子仪,按操作程序作现场实测。同时在各铝管附近,与测定点相对应位置采样,用烘干法测定土壤水分。二者作对照。

经比较,相对误差在 1% ~ 2%,认为较满意,最后确定了两个工作方程,见表5-5-9。

表5-5-9　标定方程输入后校测情况表

线型	处理号	中子仪测定			烘干法测定		备注
		层次 (cm)	土壤容积含水量 θ_v (%)	W(占干土重,%)	层次 (cm)	W(占干土重,%)	
I 黏壤土	S_1JG	30	23.79	14.42	25~35	13.62	$\theta_{v1} =$ $52.20R_s/R_w + 3.84$ 密度:1.65 g/cm³
	S_1JG	50	25.89	15.69	45~55	16.07	
	S_1JG	70	22.73	13.78	65~75	12.83	
	S_2JG	50	24.18	14.65	45~55	15.01	
	S_2JG	70	26.32	15.95	65~75	14.99	
	S_3JG	30	24.81	15.04	25~35	16.19	
	S_4JG	30	22.79	13.81	25~35	14.03	
	S_4JG	50	23.06	13.98	45~55	13.23	
II 沙壤土	S_2JG	30	16.52	11.01	25~35	12.38	$\theta_{v2} =$ $87.55R_s/R_w - 8.07$ 密度:1.50 g/cm³
	S_3JG	50	23.27	15.51	45~55	14.99	
	S_3JG	70	17.13	11.42	65~75	11.39	
	S_4JG	70	19.46	12.97	65~75	12.35	
	S_5JG	30	18.81	12.54	25~35	13.50	
	S_5JG	50	23.89	15.53	45~55	16.09	
	S_5JG	70	26.98	17.99	65~75	16.11	

3.田间不同土壤层次结构中子仪标定方程率定曲线的绘制及应用

根据用中子仪实测标准计数和测量计数,计算得计数比率,以及用烘干法实测所得相应层次的土壤含水量,分别将黏壤土、沙壤土不同层次的数据,以计数比率 R_s/R_w 为横轴,以含水量 θ_v 为纵轴,绘在厘米方格纸上,可以看到计数比率与含水量之间有较良好的线性关系,但并不全部落在一条直线上,见图5-5-9。通过数学方法作出一条直线,原则是使该直线距那些点的平方和最小,即直线最接近那些点,这条直线就是我们要作的标定方程。

标定方程作的是否符合客观实际,主要看其相关系数 r 值,它反映了那些试验点的线性关系。含水量与计数比率愈接近线性,r 值就愈接近1。标定方程I,即黏壤土标定方程中的 r 值为0.929 1。标定方程II,即沙壤土标定方程中的 r 值为0.911 1。所反映的线性都很好,所以我们确定了两个标定方程。

标定曲线应用:在试验过程中将I、II两条标定方程有关数据(j、b、s)输入中子仪,测定相对应的土层,即得到较可靠的土壤水分数据。

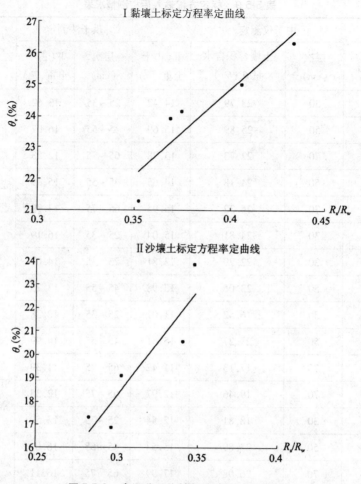

图 5-5-9　全深分层土壤标定方程率定曲线

（二）30 cm 深度以内分层标定法的研究及应用——潘庄试区采用

1. 方法原理

根据中科院地理研究所禹城试验站研究人员的科研成果,土壤层 30 cm 以下几乎没有中子散失到空气中,计算土壤含水量公式大于 30 cm 测深可以采用 30 cm 处公式。所以本试验只对 30 cm 深处以内 10 cm、20 cm、30 cm 土壤含水量计算公式进行标定,而 30 cm 以上的 40 cm、50 cm、60 cm、70 cm 不再进行标定,可采用 30 cm 处计算公式代替。

2. 标定的方法与要求

采用筒内标定法,用大田的土人工造成不同的含水量后,回填到筒内,密度与大田接近。根据中子源的放射半径,筒的直径为 60 cm,高度为 60 cm。当探头中子源处于土壤表层时,即有一定的中子离开土壤到空气中去,因此分层标定。本试验采用 10 cm、20 cm、30 cm 三层率定。

3. 所需仪器及操作步骤

筒内标定方式所用仪器有中子仪(IEA～Ⅱ型)、环刀(100 cm³)、烘干箱、天平、筒喷水壶、测管、土筛(0.8～10 mm)。

（1）首先对沙土进行滤定。将取来的沙土风干、过筛。

（2）加水。加水后充分搅拌，使含水量均匀一致。

（3）在筒的中部放好测管后，回填土。为保证回填土的密度均一，可分层回填，每层保持相同的装土厚度和击实重量。

（4）测定 10 cm、20 cm、30 cm 的中子读数，之后用环刀取土样，每层取 2 个。利用烘干法测其土壤含水量。

（5）挖出筒内的土，重复以上步骤。

（6）重复 4~6 次后，直到土体的容积含水量接近最大值，便得到一组相应的容积含水量和中子读数记录。

（7）试验前后测取水中读数 R_w，取平均值，为 817。

（8）重复以上步骤，对土壤进行率定。

4. 结果分析

利用烘干法所测的容积含水量 θ_v、R_s/R_w 是一对单相关。

利用公式 $r = \dfrac{\sum\limits_{i=1}^{n}(X_i - \overline{X})(Y_i - \overline{Y})}{\sqrt{(\sum X_i^2 - n\overline{X}^2)(\sum Y_i^2 - n\overline{Y}^2)}}$ 求出两变量之间的相关系数，计算结果见表 5-5-10、表 5-5-11。

表 5-5-10　沙土中子仪率定结果

标定深度	中子读数 R_s	R_s/R_w	体积含水量 θ_v	计算公式
10 cm	10	0.011 6	0.001 0	$\theta_v = 1.731\,3R_s/R_w + 0.012$ $r = 0.976\,3$
	23	0.028 6	0.046 5	
	34	0.041 1	0.085 0	
	101	0.123 6	0.142 0	
	105	0.128 3	0.184 0	
	172	0.210 2	0.250 0	
20 cm	12	0.014 4	0.001 0	$\theta_v = 0.913\,0R_s/R_w + 0.015\,3$ $r = 0.913\,0$
	25	0.030 4	0.048 0	
	45	0.055 3	0.087 0	
	105	0.128 3	0.141 5	
	152	0.186 5	0.187 0	
	213	0.260 3	0.244 0	
30 cm	16	0.019 3	0.001 0	$\theta_v = 0.974\,9R_s/R_w + 0.005$ $r = 0.996\,6$
	30	0.036 7	0.054 5	
	49	0.060 2	0.080 5	
	119	0.146 0	0.133 0	
	150	0.184 0	0.193 0	
	217	0.265 4	0.261 5	

表 5-5-11　壤土中子仪率定结果

标定深度	中子读数 R_s	R_s/R_w	体积含水量 θ_v	计算公式
10 cm	26	0.032 1	0.026 5	$\theta_v = 1.027\ 5R_s/R_w + 0.025\ 6$ $r = 0.987\ 0$
	91	0.111 5	0.168 5	
	206	0.252 1	0.305 5	
	352	0.431 2	0.451 5	
20 cm	29	0.035 5	0.023 3	$\theta_v = 0.100\ 6R_s/R_w - 0.008\ 9$ $r = 0.999\ 6$
	137	0.167 4	0.166 5	
	268	0.328 0	0.317 0	
	388	0.474 9	0.469 5	
30 cm	44	0.053 6	0.022 5	$\theta_v = 0.934\ 4R_s/R_w - 0.014\ 6$ $r = 0.996\ 6$
	143	0.174 4	0.169 5	
	282	0.345 4	0.301 0	
	395	0.483 5	0.436 0	

5. 中子仪率定曲线的应用

表 5-5-10、表 5-5-11 和图 5-5-10 中的数学公式,即为计算土壤体积含水量的公式,不同的公式适用于不同的土质和土层深度,共计有 6 个公式,各公式适用范围如下:

$$\theta_v = 1.731\ 3R_s/K_w + 0.012 \quad (沙土,10\ cm)$$

$$\theta_v = 0.913\ 0R_s/K_w + 0.015\ 3 \quad (沙土,20\ cm)$$

$$\theta_v = 0.974\ 9R_s/K_w + 0.005 \quad (沙土,30\ cm)$$

$$\theta_v = 1.027\ 5R_s/K_w + 0.025\ 6 \quad (壤土,10\ cm)$$

$$\theta_v = 1.006R_s/K_w - 0.008\ 9 \quad (壤土,20\ cm)$$

$$\theta_v = 0.934\ 4R_s/K_w - 0.014\ 6 \quad (壤土,30\ cm)$$

式中各符号的含义如下:

θ_v——土壤体积含水量;

R_s——中子仪在土壤中的读数;

R_w——中子仪在水中的读数。

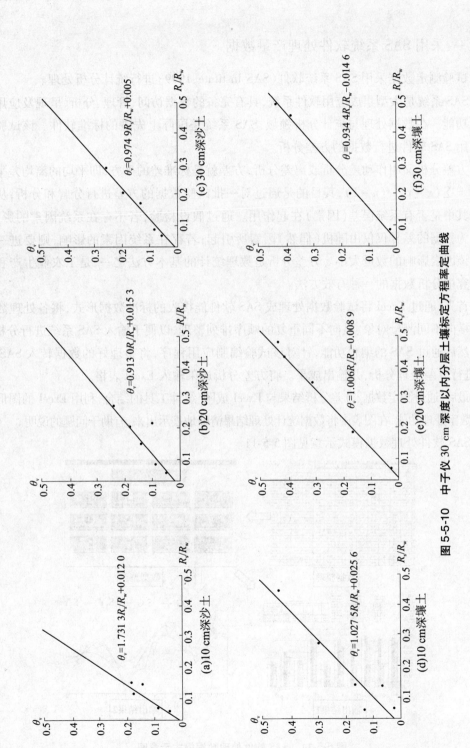

图 5-5-10　中子仪 30 cm 深度以内分层土壤标定方程率定曲线

第六节　沉沙池不同覆淤土层结构的作物高产模式的确定

一、采用 SAS 系统软件处理产量数据

试验测定数据采用 SAS 系统软件（SAS Institute,1999）进行统计分析处理。

SAS 系统是大型集成应用软件系统,具有完备的数据访问、管理、分析、呈现及应用开发等功能。在数据处理与统计分析领域,SAS 系统是国际上先进的标准软件。该试验主要应用 SAS 软件进行数据的方差分析。

方差分析又叫作动差分析或离差分析,方差就是标准差的平方,即平均的离均差平方和 $S^2 = \sum (x - \bar{x})^2 / (n-1)$,其目的是通过对一批试验数据的方差进行分解和分析,从而找出其中是否有系统误差（因素）在起作用。通过假设检验,若不存在系统因素的影响,则认为数据的差异仅仅由随机（偶然）因素所引起;若存在系统因素的影响,则要进一步确定该因素影响的数量大小。方差分析是数理统计的基本方法之一,是工农业生产和科学研究中分析数据的一种有效方法。

首先,通过 Excel 将试验数据处理成 SAS 软件能接收的标准数据形式,将各处理数据按照横向不同测量对象、纵向不同重复的顺序排列整理,以便于输入 SAS 系统进行分析。

然后通过 SAS 的编程功能,针对该试验编制应用程序,将整理好的数据转入 SAS 系统,进行方差处理分析,并输出成果。将方差分析成果输入 Excel 表格。

最后,通过测定数据、方差分析结果与 Excel 成图、统计工具的结合,利用 Excel 的图形功能及数字处理功能,在图表中将数据统计处理结果清晰地表示出来,有助于问题的说明。

SAS 软件处理数据模式示意见图 5-5-11。

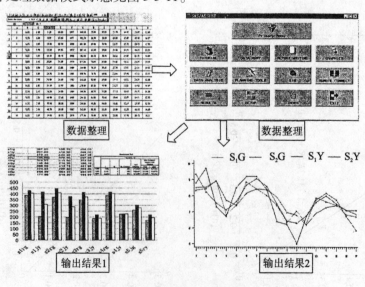

图 5-5-11　SAS 软件处理数据模式示意图

二、用 SAS 系统软件选择沉沙池不同覆淤土层结构的作物高产模式

自 1991～1999 年,先后进行了 9 年规范的、专业的冬小麦、夏玉米种植试验。

各处理冬小麦产量见表 5-5-12、图 5-5-12,玉米产量见表 5-5-13、图 5-5-13。

表 5-5-12　位山试区 1991～1999 年混水平正交试验冬小麦产量表 （单位:kg/亩）

试区	年份	S_1		S_2		S_3		S_4		S_5	
		$S_1 JG$	$S_1 RY$	$S_2 RG$	$S_2 JY$	$S_3 RG$	$S_3 JY$	$S_4 RG$	$S_4 JY$	$S_5 JG$	$S_5 RY$
桑庄试区	1991～1992	272	170	283	150	127	100	267	159	121.5	47.5
	1992～1993	260.5	169.5	271	164.5	182	109	196	151.5	180	94.5
	1993～1994	287	213	314.5	257	243	170	256.5	190	210.5	109.5
	1994～1995	278.5	151	279.5	152	231	102.5	252	156.5	201.5	95
周店试区	1996～1997*	165.1	138.4	199.5	80.1	155	72.5	161.5	100	101.1	58.7
	1997～1998	312.7	228	288.5	221.8	241	216.8	293.5	228.5	223	161.8
	1998～1999	313.4	153.4	246.7	105	180	90	236.7	113.4	160	65

注:*1996～1997 年冬小麦因误用农药各处理普遍减产。

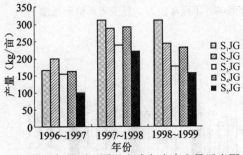

(a)灌溉条件不同覆淤方式冬小麦产量示意图

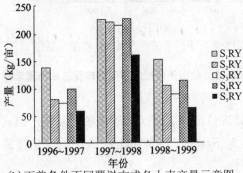

(b)雨养条件不同覆淤方式冬小麦产量示意图

图 5-5-12　位山周店试区不同处理冬小麦产量示意图

表 5-5-13　周店试区 1997~1999 年混水平正交试验夏玉米产量表　（单位:kg/亩）

年份	S_1		S_2		S_3		S_4		S_5	
	S_1JG	S_1RY	S_2RG	S_2JY	S_3RG	S_3JY	S_4RG	S_4JY	S_5JG	S_5RY
1997	387.2	201.8	370.2	196.8	348.5	186.8	386.9	224.9	258.5	171.8
1998	425.2	416.2	444.2	375.9	412	218.3	415.7	226.8	303.5	218.3
1999	406	308	407.2	287	375	190.1	401.8	226	280	195.5

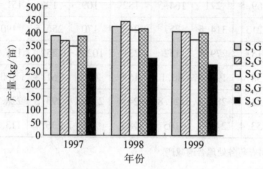

(a)灌溉条件不同覆淤方式夏玉米产量示意图

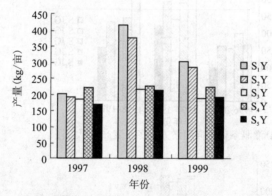

(b)雨养条件不同覆淤方式夏玉米产量示意图

图 5-5-13　位山周店试区不同处理夏玉米产量示意图

（一）小麦产量分析

运用 SAS 系统软件处理位山周店试区沉沙池冬小麦高产模式,见表 5-5-14。

经方差分析,冬小麦 S_1、S_2、S_4 三种覆淤土层结构的产量都属极显著水平,确定为覆淤高产模式。

（二）玉米产量分析

从夏玉米产量方差分析表 5-5-15 可以看出,相较于处理 S_3 和处理 S_5,处理 S_1、S_2、S_4 的增产效果均达到极显著水平,明显高于前两种处理方式。

表 5-5-14 位山周店试区冬小麦产量方差分析

年份	处理	均数	X－101.1	X－155	X－161.5	X－165.1	备注
	2	199.5	98.4**	44.5**	38**	34.4**	LSD(0.05)=2.37
1996	1	165.1	64**	10.1**	3.6**		LSD(0.01)=3.45
~	4	161.5	60.4**	6.5**			**、*分别表示极显
1997	3	155.0	53.9**				著水平($p<1\%$)和
	5	101.1					显著水平($p<5\%$)
	1	312.7	89.7**	71.7**	24.2**	19.2**	LSD(0.05)=6.64
1997	4	293.5	70.5**	52.5**	5**		LSD(0.01)=9.66
~	2	288.5	65.5**	47.5**			**、*分别表示极显
1998	3	241.0	18**				著水平($p<1\%$)和
	5	223.0					显著水平($p<5\%$)
	1	313.4	153.4**	133.4**	76.7**	66.7**	LSD(0.05)=4.38
1998	2	246.7	86.7**	66.7**	10**		LSD(0.01)=6.37
~	4	236.7	76.7**	56.7**			**、*分别表示极显
1999	3	180.0	20**				著水平($p<1\%$)和
	5	160.0					显著水平($p<5\%$)

表 5-5-15 夏玉米产量方差分析

年份	处理	均数	X－101.1	X－155	X－161.5	X－165.1	备注
	1	378.2	128.7**	38.7**	17**	0.3	LSD(0.05)=1.63
	4	386.9	128.4**	38.4**	16.7**		LSD(0.01)=2.37
1997	2	370.2	111.7**	21.7**			**、*分别表示极显
	3	348.5	90**				著水平($p<1\%$)和
	5	258.5					显著水平($p<5\%$)
	2	442.2	138.7**	30.2**	26.4**	17**	LSD(0.05)=4.04
	1	425.2	121.7**	13.2**	9.4**		LSD(0.01)=5.88
1998	4	415.8	112.3**	3.8			**、*分别表示极显
	3	412.0	108.5**				著水平($p<1\%$)和
	5	303.5					显著水平($p<5\%$)
	2	407.2	127.2**	32.2**	5.4	1.2	LSD(0.05)=5.57
	1	406.0	126**	31**	4.2		LSD(0.01)=8.11
1999	4	401.8	121.8**	26.8**			**、*分别表示极显
	3	375.0	95**				著水平($p<1\%$)和
	5	280.0					显著水平($p<5\%$)

综上所述,在相同的种子、降雨、灌溉、施肥、管理措施下,处理 S_1、S_2、S_4 的冬小麦、夏玉米单产高于处理 S_3、S_5。据此,确定 S_1(S_1JG、S_1RY)、S_2(S_2RG、S_2JY)、S_4(S_4RG、S_4JY)为高产覆淤土层结构。

三、潘庄试区高产覆淤土层结构的确定

自 1994~1997 年,先后在潘庄一级沉沙池试区进行了 4 年规范的、专业的冬小麦、夏玉米种植试验。严格按照水利部制定的"灌溉试验方法"的规范和要求进行试验。各处理作物产量见表 5-5-16 和图 5-5-14、图 5-5-15。

表 5-5-16　潘庄灌区一级池试区不同覆淤土层处理小麦、玉米产量统计表（单位:kg/亩）

年份	灌溉						雨养					
	S_1G	S_2G	S_3G	S_4G	S_5G	平均	S_1Y	S_2Y	S_3Y	S_4Y	S_5Y	平均
1994~1995 年小麦	420	414	354	402	182	354	215	224	170	200	85	178.8
1995~1996 年小麦	357	370	305	357	175	311.4	196	209	140	193	79	163
1996~1997 年小麦	417	388	249	405	184	329	151	183	90	123	78	125
3 年小麦平均	398	391	303	388	180	331.5	187.3	205.3	133.3	172	80.7	155.7
1995 年玉米	430	394	316	428	244	362.4	260	255	198	245	150	221.6
1996 年玉米	359	330	270	344	218	304.2	299	276	217	281	178	250.2
1997 年玉米	381	370	271	375	254	330.2	198	196	145	217	168	184.8
3 年玉米平均	390	364.7	285.7	382.3	238.7	332.3	252.3	242.3	186.7	247.7	165.3	218.9
3 年小麦、玉米每季平均产量	394	377.9	294.4	385.2	209.4	331.9	219.8	223.8	160	210	123	187.3

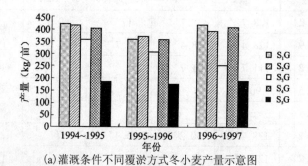

(a)灌溉条件不同覆淤方式冬小麦产量示意图

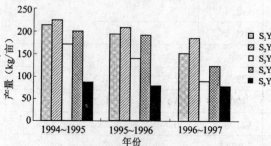

(b)雨养条件不同覆淤方式冬小麦产量示意图

图 5-5-14　潘庄试区冬小麦不同处理产量示意图

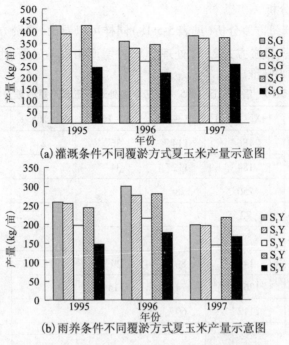

(a)灌溉条件不同覆淤方式夏玉米产量示意图

(b)雨养条件不同覆淤方式夏玉米产量示意图

图 5-5-15 潘庄试区夏玉米不同处理产量示意图

(一)小麦产量分析

从小麦产量方差分析结果(见表 5-5-17)可以看出,处理 1、2、4(S_1、S_2、S_4)相对于其他两个处理增产达到极显著水平。说明处理 S_1、S_2、S_4 的覆淤方式有助于作物的增产,而处理 S_3、S_5 增产效果不显著。

表 5-5-17 潘庄试区各处理间小麦产量方差分析表

年份	处理	均数	X - 101.1	X - 155	X - 161.5	X - 165.1	备注
1994 ~ 1995	1	420.0	238**	66**	18*	6	LSD(0.05) = 13.34 LSD(0.01) = 19.41 **、* 分别表示极显著水平($p<1\%$)和显著水平($p<5\%$)
	2	414.0	232**	60**	12		
	4	402.0	220**	48**			
	3	354.0	172**				
	5	182.0					
1995 ~ 1996	2	370.0	195**	65**	13	13	LSD(0.05) = 16.16 LSD(0.01) = 23.52 **、* 分别表示极显著水平($p<1\%$)和显著水平($p<5\%$)
	4	357.0	182**	52**			
	1	357.0	182**	52**			
	3	305.0	130**				
	5	175.0					
1996 ~ 1997	1	417.0	233**	168**	29**	12	LSD(0.05) = 16.02 LSD(0.01) = 23.31 **、* 分别表示极显著水平($p<1\%$)和显著水平($p<5\%$)
	4	405.0	221**	156**	17*		
	2	388.0	204**	139**			
	3	249.0	65**				
	5	184.0					

(二) 玉米产量分析

从玉米三年的产量方差分析(见表5-5-18)同样可以看出,覆淤方式1、2、4(处理S_1、S_2、S_4)增产效果显著,覆淤方式3、5(处理S_3、S_5)增产相对不显著,也说明覆淤方式3、5不利于作物的增产,不宜推广。

表5-5-18　潘庄试区1995~1997年各处理间玉米产量方差分析表

年份	处理	均数	X − 101.1	X − 155	X − 161.5	X − 165.1	备注
1995	1	430.0	186**	114**	36**	2	LSD(0.05) = 11.07
	4	428.0	184**	112**	34**		LSD(0.01) = 16.11
	2	394.0	150**	78**			**、*分别表示极显
	3	316.0	72**				著水平($p < 1\%$)和显
	5	244.0					著水平($p < 5\%$)
1996	1	359.0	141**	89**	29**	15*	LSD(0.05) = 10.92
	4	344.0	126.0**	74**	14*		LSD(0.01) = 15.88
	2	330.0	112**	60**			**、*分别表示极
	3	270.0	52**				显著水平($p < 1\%$)和
	5	218.0					显著水平($p < 5\%$)
1997	1	381.0	127**	110**	11	6	LSD(0.05) = 14.01
	4	375.0	121**	104**	5		LSD(0.01) = 20.39
	2	370.0	116**	99**			**、*分别表示极
	3	271.0	17*				显著水平($p < 1\%$)和
	5	254.0					显著水平($p < 5\%$)

综上所述,不同覆淤土层结构,在相同的种子、降雨、灌溉、施肥、管理措施下,处理S_1、S_2、S_4的冬小麦、夏玉米产量均高于其他两个处理S_3、S_5,呈极显著水平。据此确定S_1、S_2、S_4三种覆淤土层结构为高产覆淤土层结构。

第七节　冬小麦、夏玉米不同覆淤土层结构的作物产量在不同水文保证率条件下灌溉效益动态分摊系数研究

长期以来,水利学术界对于不同水文保证率条件下灌溉效益动态分摊系数数值的研究,一直是一个有争议的难点问题,影响着水利灌溉经济效益的科学评估。究其原因:一是农民种植的农田的水文边界条件难以严格隔离;二是难以人为地造就种子、播种、施肥、管理条件相同,而降雨和灌水条件不同的环境;三是难以坚持长期的不同水文保证率条件下的农产量观测。本试验研究建立的不同覆淤土层结构作物种植的专项试验田,则能较好地满足上述3项条件,较好地解决了长期以来未解决的对于不同水文保证率条件下,灌

溉效益的动态分摊系数的取值问题。

一、试区冬小麦、夏玉米生长期年降水水文频率分析计算

(一)位山周店、桑庄试区降水水文频率分析计算

1. 试区内冬小麦、夏玉米水文频率计算

据聊城市东昌府区及周店、桑庄试区 1980~2000 年 21 年的降雨资料,用

$$P(\%) = \frac{n}{1+m} \times 100\% \qquad (5\text{-}15)$$

计算水文频率,分析出冬小麦、夏玉米各年降水水文频率,见表 5-5-19、表 5-5-20。

式中　n——作物生育期内降水量排列序号;

　　　m——统计年限数。

表 5-5-19　位山周店、桑庄试区冬小麦降水水文频率年计算表

年份	各月(年前10月至翌年6月10日降水量(mm))									合计(mm)	排序	频率(%)
	10	11	12	1	2	3	4	5	6			
1981	48.6	6.3	0	78.5	3.8	8.8	6.3	12.8	14.0	179.1	6	28.6
1982	9.3	0	0	4.0	18.1	2.0	37.6	49.0	17.1	137.1	15	71.4
1983	24.5	21.0	0	5.7	0	35.1	85.1	71.8	2.2	245.4	2	9.5
1984	95.8	0	1.3	0	0	6.3	5.4	54.0	0	162.8	11	52.4
1985	4.2	5.6	25.8	0	0	1.2	19.1	150.6	12.2	218.7	4	19.0
1986	67.4	1.6	0	0	4.8	7.9	1.6	31.3	0	114.6	17	81.0
1987	26.9	0	7.5	11.1	1.7	2.5	41.4	21.0	54.1	166.2	8	38.1
1988	38.7	22.8	0	2.3	0	10.2	4.3	61.6	7.1	147.0	14	66.7
1989	7.3	0	0.7	15.6	0	31.0	12.2	51.1	9.8	127.7	16	76.2
1990	0	16.4	3.6	25.5	41.7	44.1	47.8	58.5	0	237.6	3	14.3
1991	5.7	26.2	2.3	0	0	32.3	25.3	56.3	15.6	163.7	10	47.6
1992	8.8	4.9	10.2	3.2	2.6	6.6	4.0	59.2	4.6	104.1	18	85.7
1993	23.2	2.9	4.6	3.1	3.1	0	18.9	65.2	46.2	167.2	7	33.3
1994	60.1	99.6	0	2.47	0	0	29.4	52.5	3.7	247.7	1	4.8
1995	70.4	35.8	6.3	10.5	0	8.8	9.6	7.4	15.1	163.9	9	42.9
1996	8.0	0	0	0	0	10.5	21.7	3.0	7.8	51.0	20	95.2
1997	27.6	4.5	0	0	10.9	22.2	5.0	78.1	0	148.3	12	57.1
1998	0	18.6	1.5	0.5	13.9	12.8	53.9	115.7	1.4	218.3	5	23.8
1999	7.4	0	0	0	7.9	31.4	44.8	0		91.5	19	90.5
2000	35.0	7.3	0	15.1	3.1	0	30.0	27.3	30.3	148.1	13	61.9

表5-5-20　位山周店、桑庄试区夏玉米降水水文频率年计算表

年份	月降水量（mm）				合计 （mm）	排序	频率 （%）
	6	7	8	9			
1980	189.7	136.0	45.5	10.4	381.6	10	45.5
1981	38.4	100.7	211.7	10.0	360.8	11	50.0
1982	86.8	51.4	311.2	34.4	483.8	3	13.6
1983	6.6	212.2	31.0	146.6	396.4	8	36.4
1984	45.0	231.3	73.4	83.4	433.1	5	22.7
1985	12.2	127.9	115.3	98.8	354.2	13	59.1
1986	45.8	161.6	97.7	54.1	359.2	12	54.5
1987	75.4	106.7	178.7	24.7	385.5	9	40.9
1988	7.1	250.0	27.1	1.8	286.0	16	68.2
1989	73.1	76.4	24.8	20.6	194.9	21	95.5
1990	51.8	185.7	152.6	40.8	430.9	6	27.3
1991	79.2	408.4	69.6	85.2	642.4	1	4.5
1992	14.1	167.9	86.4	37.0	305.4	15	90.9
1993	170.6	169.6	106.5	66.6	513.3	2	9.1
1994	44.9	185.5	122.1	0	352.5	14	63.6
1995	52.7	116.5	92.3	0	261.5	17	72.7
1996	29.8	42.7	127.5	11.3	211.3	19	81.8
1997	0.5	89.9	35.7	84.7	210.8	20	86.4
1998	11.4	76.7	351.3	0	439.4	4	18.2
1999	49.1	79.7	36.9	91.6	257.3	18	77.3
2000	30.3	213.7	116.5	63.5	424.0	7	31.8

2. 确定试区冬小麦、夏玉米的水文频率

根据以上水文资料确定：

桑庄试区：冬小麦全生育期（1991年10月至1992年6月）共降雨104.1 mm，水文频率为85.7%，属特别干旱年。

冬小麦全生育期（1992年10月至1993年6月）共降雨167.2 mm，水文频率为33.3%，属特别丰水年。

冬小麦全生育期（1993年10月至1994年6月）共降雨247.7 mm，水文频率为4.8%，属特别丰水年。

冬小麦全生育期（1994年10月至1995年6月）共降雨163.9 mm，水文频率为42.9%，属丰水年。

周店试区：冬小麦全生育期（1996年10月至1997年6月）共降雨148.3 mm，水文频率为57.1%，属平水年。

冬小麦全生育期(1997年10月至1998年6月)共降雨218.3 mm,水文频率为23.8%,属丰水年。

冬小麦全生育期(1998年10月至1999年6月)共降雨91.5 mm,水文频率为90.5%,属特别干旱年。

夏玉米全生育期(1997年6月至9月)共降雨210.8 mm,水文频率为86.4%,属特别干旱年。

夏玉米全生育期(1998年6月至9月)共降雨439.4 mm,水文频率为18.2%,属特别丰水年。

夏玉米全生育期(1999年6月至9月)共降雨257.3 mm,水文频率为77.3%,属干旱年。

(二)潘庄试区降水水文频率分析

1.试区内冬小麦、夏玉米水文频率的计算

降水资料采用齐河县气象站和试区观测成果。统计年限为1972~2000年,共29年,计算作物生育期内降水量时,夏玉米按6月1日至9月30日计,冬小麦按10月1日至翌年5月31日计。

根据降水量,按由大到小进行排序,用以下公式计算水文频率:

$$P(\%) = \frac{n}{1+m} \times 100\% \tag{5-16}$$

计算结果见表5-5-21、表5-5-22。

表5-5-21 潘庄试区冬小麦水文频率计算表

序号	年份	降水量 (mm)	频率(%)	序号	年份	降水量 (mm)	频率(%)
1	1993~1994	238.1	3.4	15	1991~1992	137.8	51.7
2	1982~1983	227.9	7.1	16	1983~1984	133.9	55.1
3	1997~1998	200.2	10.3	17	1976~1977	130.2	58.6
4	1998~1999	196.3	13.8	18	1987~1988	127.9	62.1
5	1999~2000	186.7	17.2	19	1992~1993	126.0	65.5
6	1977~1978	184.8	20.7	20	1986~1987	124.8	69.0
7	1989~1990	179.0	24.0	21	1973~1974	119.7	72.4
8	1974~1975	175.4	27.5	22	1995~1996	97.6	75.7
9	1975~1976	167.4	30.9	23	1979~1980	94.2	79.3
10	1990~1991	164.7	34.5	24	1980~1981	94.0	82.8
11	1972~1973	160.2	37.9	25	1981~1982	92.1	86.2
12	1978~1979	148.7	41.4	26	1996~1997	91.0	89.7
13	1994~1995	146.0	44.8	27	1985~1986	87.8	93.1
14	1984~1985	145.4	48.3	28	1988~1989	78.2	96.6

表 5-5-22　潘庄试区夏玉米水文频率计算表

序号	年份	降水量（mm）	频率（%）	序号	年份	降水量（mm）	频率（%）
1	1990	610.4	3.3	16	1995	409.0	53.3
2	1994	574.8	6.7	17	1977	405.7	56.7
3	1976	554.2	10.0	18	1980	401.8	60.0
4	1973	553.5	13.3	19	1972	387.4	63.3
5	1978	544.7	16.7	20	1988	382.6	66.7
6	1999	533.6	20.0	21	1979	377.3	70.0
7	1974	504.8	23.3	22	1989	359.0	73.3
8	1998	503.0	26.7	23	1981	358.7	76.7
9	1984	501.1	30.0	24	1992	313.3	80.0
10	1993	489.3	33.3	25	1985	279.8	83.3
11	1996	474.0	36.7	26	1989	249.7	86.7
12	2000	458.7	40.0	27	1983	249.2	90.0
13	1991	449.9	43.3	28	1986	246.6	93.3
14	1982	435.6	46.7	29	1997	243.0	96.7
15	1975	431.7	50.0				

2. 确定试区冬小麦、夏玉米的水文频率

1994 年 10 月至 1995 年 5 月冬小麦生育期,共降雨 146 mm,水文频率为 44.8%,属丰水年。

1995 年 10 月至 1996 年 5 月冬小麦生育期,共降雨 97.6 mm,水文频率为 75.7%,属干旱年。

1996 年 10 月至 1997 年 5 月冬小麦生育期,共降雨 91 mm,水文频率为 89.7%,属特旱年。

1995 年 6 月至 9 月夏玉米生育期,共降雨 409 mm,水文频率为 53.3%,属平水年。

1996 年 6 月至 9 月夏玉米生育期,共降雨 474 mm,水文频率为 36.7%,属丰水年。

1997 年 6 月至 9 月夏玉米生育期,共降雨 243 mm,水文频率为 96.7%,属特旱年。

二、冬小麦、夏玉米不同覆淤方式、不同覆淤土层结构的产量,在不同水文保证率条件下,灌溉效益动态分摊系数的研究

(一) 不同水文频率条件下冬小麦、夏玉米不同处理的产量分析

自 1991 ~ 1999 年,课题组先后在位山灌区桑庄试区和周店试区进行了长达 9 年各种水文频率年型条件下的冬小麦与夏玉米种植试验。其间在潘庄试区自 1994 ~ 1997 年进行了 4 年的各种水文频率条件下作物种植试验。试验田的水文边界均以塑料布垂直隔

离,做到灌溉和雨养严格分离;严格造就了试验地块种子、播种、施肥、管理相同的条件,排除了上述因素参差不齐对产量的影响,只保留了一个水量自变量因素对产量的影响。各处理作物产量与水文频率见表5-5-23。

表5-5-23 位山、潘庄试区1991～1999年混水平正交试验冬小麦、夏玉米产量与水文频率表

（单位:kg/亩）

试区	年份	S1		S2		S3		S4		S5		水文频率(%)	非池区大田产量
		S1JG	S1RY	S2RG	S2JY	S3RG	S3JY	S4RG	S4JY	S5JG	S5RY		
位山桑庄试区小麦	1991～1992	272	170	283	150	127	100	267	159	121.5	47.5	85.7（特干旱年）	272
	1992～1993	260.5	169.5	271	164.5	182	109	196	151.5	180	94.5	33.3（特丰水年）	240
	1993～1994	287	213	314.5	257	243	170	256.5	190	210.5	109.5	4.8（特丰水年）	270
	1994～1995	278.5	151	279.5	152	231	102.5	252	156.5	201.5	95	42.9（丰水年）	270
位山周店试区小麦	1996～1997	165.1	138.4	199.5	80.1	155	72.5	161.5	100	101.1	58.7	57.1（平水年）	290
	1997～1998	312.7	228	288.5	221.8	241	216.8	293.5	228.5	223	161.8	23.5（丰水年）	300
	1998～1999	313.4	153.4	246.7	105	180	90	236.7	113.4	160	65	90.5（特干旱年）	270
位山桑庄试区玉米	1997	387.2	201.8	370.2	196.8	348.5	186.8	386.9	224.9	258.5	171.8	86.4（特干旱年）	337
	1998	425.2	416.2	444.2	375.9	412	218.3	415.7	226.8	303.5	218.3	18.2（特丰水年）	386
	1999	406	308	407.2	287	375	190.1	401.8	226	280	195.5	77.3（干旱年）	356
位山两试区小麦、玉米	1991～1999 9年平均	310.8	214.9	310.5	199	249.5	145.6	286.8	177.7	204	121.8		299.1
潘庄试区小麦	1994～1995	420	215	414	224	354	170	402	200	182	85	44.8（丰水年）	405
	1995～1996	357	196	370	209	305	140	357	193	175	79	75.7（干旱年）	380
	1996～1997	417	151	388	183	249	90	405	123	184	78	89.7（特干旱年）	345
潘庄试区玉米	1995年	430	260	394	255	316	198	428	245	244	150	53.3（平水年）	322
	1996年	359	299	330	276	270	217	344	281	218	178	36.7（丰水年）	298
	1997年	381	198	370	196	271	145	375	217	254	168	96.7（特干旱年）	290
潘庄试区小麦、玉米	1994～1997 4年平均	394	219.8	377.9	223.8	294.4	160	385.2	210	209.4	123		340

（二）结论

从位山灌区桑庄、周店试区1991～1999年长达9年的冬小麦、夏玉米种植的产量和潘庄试区1994～1997年4年的冬小麦、夏玉米产量,与当地水文频率关系分析,得出以下结论:

（1）位山灌区桑庄、周店试区从 1991 年到 1999 年,小麦 7 收,丰水年或特丰水年 4 次,平水年 1 次,特干旱年 2 次。玉米 3 收,特丰水年 1 次,干旱年和特干旱年 2 次。潘庄试区从 1994～1997 年,冬小麦 3 收,丰水年 1 次,干旱年和特干旱年各 1 次;夏玉米 3 收,丰水年 1 次,平水年 1 次,特干旱年 1 次。在上述多种水文频率条件下,从设计的 S_1、S_2、S_3、S_4、S_5 5 种土壤层次与厚度结构,在同样的种子、种植、灌溉、施肥、管理措施下,S_1、S_2、S_4 3 种覆淤土层结构作物的产量始终都高,S_3、S_5 2 种低产土层结构作物产量始终都低。

①位山试区冬小麦、夏玉米的平均单产:S_1JG(灌)为 310.8 kg/亩,S_1RY(雨)为214.9 kg/亩,S_1 结构灌溉与雨养的每季平均单产为 262.9 kg/亩;S_2RG(灌)为 310.5 kg/亩,S_2JY(雨)为 199 kg/亩,S_2 结构灌溉与雨养的每季平均单产为 254.8 kg/亩;S_4RG(灌)为 286.8 kg/亩,S_4JY(雨)为 177.7 kg/亩,S_4 结构灌溉与雨养的每季平均单产为232.2 kg/亩。S_1、S_2、$S_4$3 种高产覆淤结构冬小麦、夏玉米的平均单产为 250 kg/亩。

潘庄试区冬小麦和夏玉米 S_1 结构的平均单产为 306.9 kg/亩,其中 S_1G(灌)为 394 kg/亩,S_1Y(雨)为 219.8 kg/亩;S_2 结构的平均单产为 300.9 kg/亩,其中 S_2G(灌)为 377.9 kg/亩,S_2Y(雨)为 223.8 kg/亩;S_4 结构的平均单产为 297.6 kg/亩,其中 S_4G(灌)为 385.2 kg/亩,S_4Y(雨)为 210.0 kg/亩。S_1、S_2、S_4 3 种高产覆淤土层结构作物的平均单产为 301.8 kg/亩。

②位山灌区周店试区冬小麦、夏玉米平均单产,S_3RG(灌)单产为 249.5 kg/亩,S_3JY(雨)单产为 145.6 kg/亩,S_3 结构灌溉与雨养的每季平均单产为 197.6 kg/亩;S_5JG(灌)为 204 kg/亩,S_5RY(雨)为 121.8 kg/亩,S_5 结构灌溉与雨养的每季平均单产为 162.9 kg/亩。S_3、S_5 2 种低产土层结构作物的平均单产为 180 kg/亩。

潘庄试区冬小麦和夏玉米 S_3 结构的平均单产为 227.2 kg/亩,其中 S_3G(灌)为 294.4 kg/亩,S_3Y(雨)为 160 kg/亩;S_5 结构平均单产为 166.2 kg/亩,其中 S_5G(灌)为 209.4 kg/亩,S_5Y(雨)为 123 kg/亩。S_3 和 $S_5$2 种低产土层结构的作物平均单产为 196.7 kg/亩。

位山试区高产覆淤土层结构较低产土层结构,冬小麦、夏玉米每季每亩平均增产 70 kg/亩,增产 38.9%。潘庄试区高产覆淤土层结构较低产土层结构,冬小麦与夏玉米每季每亩平均增产 105.1 kg,增产 54.7%。此高产覆淤土层结构在引黄灌区沉沙高地的科学覆淤还耕开发中有重要的科学推广价值。

（2）从不同水文频率年产量分析,各土层结构产量大小的总规律是灌溉的产量大于雨养的产量。但随作物生长期水文频率年的不同,灌溉比雨养增产效果并不相同,干旱年较丰水年灌溉比雨养的增产效果显著。

①干旱年和特别干旱年:

位山试区 1991～1992 年冬小麦、1998～1999 年冬小麦、1997 年夏玉米 3 个生长期,水文频率 85% 以上,灌溉比雨养增产幅度大,S_1、S_2、S_4 3 个高产覆淤土层结构每季单产灌溉 307 kg/亩,雨养 163.8 kg/亩,灌溉比雨养每季增产 143.2 kg/亩,灌溉较雨养增产 87.5%。

潘庄试区 1995～1996 年冬小麦生长期水文频率 75.7%,1996～1997 年冬小麦生长期水文频率 89.7%,1997 年夏玉米生长期水文频率 96.7%,灌溉比雨养增产幅度大,S_1、S_2、S_4 3 个高产土层结构灌溉每季单产 379.2 kg/亩,雨养每季单产 185.1 kg/亩,灌溉比雨养每季单产增产 194.1 kg/亩,灌溉较雨养增产 105%。

位山试区 S_3、S_5 2 个低产土层结构,每季单产灌溉 199.3 kg/亩,雨养 110.2 kg/亩,灌溉比雨养每季增产 89.1 kg/亩,灌溉较雨养增产 80.9%。

潘庄试区 S_3、S_5 2 个低产土层结构,灌溉每季单产 239.7 kg/亩,雨养每季单产 116.7 kg/亩,灌溉比雨养每季单产增产 123 kg/亩,灌溉较雨养增产 105.4%。

以上数据说明,在干旱年和特别干旱各土层结构在同样的种植管理条件下,灌溉较雨养增产幅度在 80% 甚至 100% 以上。

②丰水年和特别丰水年:

位山试区 1992~1993 年冬小麦、1993~1994 年冬小麦、1994~1995 年冬小麦 3 个生长期水文频率在 42.9% 以内,灌溉比雨养增产幅度小,S_1、S_2、S_4 3 个高产覆淤土层结构,每季单产灌溉 266.2 kg/亩,雨养 178.4 kg/亩,灌溉比雨养每季增产 87.8 kg/亩,灌溉较雨养增产 49.2%。

潘庄试区 1994~1995 年冬小麦生长期水文频率 44.8%,1996 年夏玉米生长期水文频率 36.7%,灌溉比雨养增产幅度小,S_1、S_2、S_4 3 个高产土层结构,灌溉每季单产 378.2 kg/亩,雨养每季单产 249.2 kg/亩,灌溉比雨养每季单产增产 129 kg/亩,灌溉较雨养增产 52%。

位山试区 S_3、S_5 2 个低产土层结构,每季单产灌溉 208 kg/亩,雨养 113.4 kg/亩,灌溉比雨养每季增产 94.6 kg/亩,灌溉较雨养增产 83%。

潘庄试区 S_3、S_5 2 个低产土层结构,灌溉每季单产 256 kg/亩,雨养每季单产 162.5 kg/亩,灌溉比雨养每季单产增产 93.5 kg/亩,灌溉较雨养增产 57.5%。

以上数据说明,在丰水年与特别丰水年,各覆淤土层结构在同样的种植管理条件下,灌溉比雨养增产幅度都在 50% 左右。

③平水年:

位山试区 9 年的观测期间遇平水年较少,仅一年。1996~1997 年冬小麦生长期水文频率 57.1%,灌溉比雨养增产幅度介于特别干旱年与特别丰水年之间。S_1、S_2、S_4 3 个高产覆淤土层结构,每季单产灌溉 175.4 kg/亩,雨养 106.2 kg/亩,灌溉比雨养每季增产 69.2 kg/亩,灌溉较雨养增产 65%。

潘庄试区 4 年的作物生长观测期间遇平水年较少,仅一年,1995 年夏玉米生长期水文频率 53.3%,灌溉比雨养增产幅度介于特别干旱年与特别丰水年之间。S_1、S_2、S_4 3 个高产土层结构,灌溉每季单产 417.3 kg/亩,雨养每季单产 253.3 kg/亩,灌溉比雨养每季单产增产 164 kg/亩,灌溉较雨养增产 65%。

位山试区 S_3、S_5 2 个低产土层结构,每季单产灌溉 128.1 kg/亩,雨养 65.7 kg/亩,灌溉比雨养每季增产 62.4 kg/亩,灌溉较雨养增产 95%。

潘庄试区 S_3、S_5 2 个低产土层结构,灌溉每季单产 280 kg/亩,雨养每季单产 174 kg/亩,灌溉比雨养每季单产增产 106 kg/亩,灌溉较雨养增产 61%。

以上数据虽少,且随机性较大,但也初步显示出,在平水年各土层结构在同样的种植管理条件下,灌溉比雨养增产幅度在 60% 以上。

长达 9 年在各种水文频率年型条件下冬小麦、夏玉米不同覆淤方式、不同覆淤土层结构的产量试验,揭示了山东省引黄灌区渠首沉沙地带在种植和管理相同的条件下,干旱年、平水年、丰水年灌溉较雨养增产动态变化数值在 50% ~ 100%。此数据变化下限为丰水年和特丰年 0.5,平水年 0.6,上限为干旱年和特干旱年 1.0,此数值为该地区的灌溉效益分摊系数提供了定量的动态的变化数值,具有重要的科学价值。

第八节　沉沙高地覆淤试区产量与试区周围一般大田产量比较研究

位山试区历年大田产量为沉沙池所在县非池区大田平均产量。大田一般有良好的灌溉条件,种植和管理水平一般较好。试区为新开发构筑的覆淤土层,土壤较生化,地力养分培植不高,但管理水平较高,种植、施肥、管理、收割均按规范操作。由表 5-5-23 可看出,试区小麦、玉米 S_1、S_2、S_4 高产覆淤土层结构灌溉的产量普遍高于大田产量。10 季有 9 季试区高于大田,或与大田持平,特别是夏玉米的产量灌溉的大大高于大田,只有一季(1996 ~ 1997 年)小麦试区产量略低于大田,原因是误用农药而减产。S_1、S_2、S_4 高产覆淤土层结构雨养的产量及 S_3、S_5 低产土层结构灌溉与雨养的产量均低于大田产量。随着试区土壤地力培植的增高、土壤的熟化,试区产量还能继续提高。

潘庄试区大田产量为沉沙池所在县齐河县历年平均产量。该县为潘庄灌区的上游,灌溉条件具备,用水保证率较高,农业措施及管理能代表灌区一般水平。试区为新开发构筑的土层,土壤较生化,地力、养分培植不高,但管理水平较高,种植、施肥、管理、收割均按规范操作。由表 5-5-23 可知试区小麦、玉米 S_1、S_2、S_4 高产土层结构的产量普遍高于大田,6 季有 5 季试区高于大田,特别是夏玉米的产量灌溉的大大高于大田,只有一季(1995 ~ 1996 年)小麦试区产量略低于大田,究其原因,为试区属初期新开发构筑的高地,土质生化,土壤肥力培植不够所致。而 S_1、S_2、S_4 结构雨养的产量及 S_3、S_5 土层结构灌溉与雨养的产量均低于大田产量。随着试区土壤的逐步熟化、地力养分的增高,试区产量还会继续提高。

上述对比数据说明:沉沙池清淤弃土高地,只要按照高产覆淤土层结构进行覆淤还耕,并搞好工程管理,其产量和产值是完全能够超过周围大田的。同时也说明:引黄灌区的沉沙池运用,只有走"低产取之于民,覆淤高产还之于民"的路子,才能真正解决引黄灌区沉沙池的可持续利用和工农业生产可持续发展这一重大问题。

第六章 沉沙池不同覆淤土层结构的作物高产模式的增产机制研究

水、肥、气、热统称为土壤的四大肥力因素,其诸因素能否形成良性循环,即能否形成一个有利于农作物正常生长发育的较好的生态环境,是由各覆淤土层模式的优劣直接决定的。反映在试验中,则是各单项观测的数据及其相关分析。根据位山灌区周店试区潘庄试区多年观测资料,对不同覆淤土层结构保水、保肥、通气、保温能力及作物增产机制进行分析研究。

第一节 不同覆淤土层结构的保水能力分析

覆淤土层的保水能力与作物产量有良好的正相关。保水能力强,产量则高。

一、五种覆淤土层结构的土壤含水量分析

由位山灌区周店试区和潘庄试区覆淤土层田间持水量试验结果(见表5-6-1),分析土层保水能力。

表5-6-1 位山周店和潘庄试区土壤物理性质表

试区	覆淤模式	层次(cm)	土壤质地	相对密度	密度(g/cm³)	孔隙度(%)	田间持水量 重量比(%)	田间持水量 体积比(%)
位山周店	S_1	0~70	黏壤土	2.75	1.66	40	16.49	27.37
	S_2	0~30	沙壤土	2.79	1.56	44	15.33	26.06
		30~70	黏壤土	2.75	1.81	34		
	S_3	0~30	黏壤土	2.75	1.64	40	14.68	23.78
		30~70	沙壤土	2.79	1.61	41		
	S_4	0~50	黏壤土	2.75	1.6	43	15.31	24.50
		50~70	沙壤土	2.79	1.6	42		
	S_5	0~70	沙壤土	2.79	1.53	45	14.57	22.29
潘庄	S_1	0~70	壤土	2.71	1.36	49.8	16.50	22.44
	S_2	0~30	沙土	2.67	1.42	46.8	15.55	21.46
		30~70	壤土	2.71	1.36	49.8		
	S_3	0~30	壤土	2.71	1.36	49.8	14.50	20.16
		30~70	沙土	2.67	1.42	46.8		
	S_4	0~50	壤土	2.71	1.36	49.8	14.70	20.29
		50~70	沙土	2.67	1.42	46.8		
	S_5	0~70	沙土	2.67	1.42	46.8	14.25	20.09

由上表知,各覆淤土层的田间持水能力大小依次为 $S_1 > S_2 > S_4 > S_3 > S_5$。

为了直观地看出趋势,并省去繁多的原始观测数据,我们将周店试区、潘庄试区小麦、玉米覆淤土层土壤含水率变化表(表 5-6-2)绘制成土壤含水率变化趋势图 5-6-1 ~ 图 5-6-9,将周店试区、潘庄试区逐日降雨量统计表(见表 5-6-3)绘制成逐日降雨量变化趋势图 5-6-10 ~ 图 5-6-17,从上述图表及灌水量表(见表 5-6-4)可看出如下规律:

(1)同一种覆淤土层结构灌溉与非灌溉土壤含水率的比较:

①在灌水主导型条件下,灌溉(G)结构总是大于非灌溉(Y)结构的土壤含水率。

②在雨养主导型条件下,灌溉(G)结构与非灌溉(Y)结构的土壤含水率的变化比较。两者的土壤含水率忽高忽低,无定规。

(2)在相同灌水、降雨条件下,五种覆淤土层结构的土壤含水率比较。五种覆淤结构中,S_1、S_2、S_4 三种覆淤结构土壤含水率较高,其中 S_1 始终稳定于最高状态,S_2 与 S_4 呈时高时低的交换状态。S_3、S_5 两种覆淤结构土壤含水率较低,其中 S_5 始终稳定于最低状态。土壤含水率的高低与作物产量呈良好的正相关。S_1、S_2、S_4 三种覆淤结构的作物产量较高,其中 S_1 产量始终稳定于最高状态,S_2 与 S_4 的产量呈时高时低交换状态。S_3、S_5 两种覆淤结构产量较低,其中 S_5 产量始终稳定于最低状态。

结论:上述覆淤土层田间持水量试验结果,和小麦、玉米全生长期 5 种覆淤土层的田间中子仪土壤含水率观测结果是一致的。田间持水量和土壤含水率的大小依次为 $S_1 > S_2 > S_4 > S_3 > S_5$。

表 5-6-2　位山灌区周店试区 1996 ~ 1997 年小麦生长期土壤含水率变化表

处理号	层次 (cm)	1996-10-09		1996-10-26		1997-03-28		1997-04-06		1997-04-11	
		含水率 VOL (%)	加权平 均含水 率(%)	含水率 VOL (%)	加权平 均含水 率(%)	含水率 VOL (%)	加权平 均含水 率(%)	含水率 VOL (%)	加权平 均含水 率(%)	含水率 VOL (%)	加权平 均含水 率(%)
S_1JG	0 ~ 30	30.26		28.21		36.09		24.59		19.47	
	30 ~ 50	27.09		29.14		30.81		23.71		19.77	
	50 ~ 70	34.78		34.78		20.55		13.49		12.40	
			30.65		30.35		30.14		21.16		17.54
S_1RY	0 ~ 30	28.15		27.05		26.00		24.58		23.00	
	30 ~ 50	26.00		25.85		24.65		23.71		23.90	
	50 ~ 70	30.25		29.78		27.30		15.19		15.30	
			28.14		27.49		25.99		21.65		21.06
S_2RG	0 ~ 30	27.92		27.92		19.32		12.35		11.26	
	30 ~ 50	36.74		34.74		23.68		16.04		15.28	
	50 ~ 70	24.22		26.22		23.62		5.99		15.34	
			29.38		29.38		21.79		14.44		13.57
S_2JY	0 ~ 30	26.05		26.00		18.05		9.37		8.68	
	30 ~ 50	34.65		32.25		21.10		14.83		13.87	
	50 ~ 70	23.10		22.05		21.25		3.77		13.30	
			27.67		26.66		20.03		12.19		11.48

续表 5-6-2

处理号	层次（cm）	1996-10-09		1996-10-26		1997-03-28		1997-04-06		1997-04-11	
		含水率VOL（%）	加权平均含水率（%）	含水率VOL（%）	加权平均含水率（%）	含水率VOL（%）	加权平均含水率（%）	含水率VOL（%）	加权平均含水率（%）	含水率VOL（%）	加权平均含水率（%）
S_3RG	0~30	23.32		22.32		22.89		12.04		9.45	
	30~50	20.64		9.62		18.01		10.94		8.81	
	50~70	18.82		17.82		24.98		13.72		12.82	
			21.23		20.26		22.09		12.21		10.23
S_3JY	0~30	22.15		22.05		21.00		10.81		7.93	
	30~50	19.05		18.88		18.05		16.70		16.36	
	50~70	16.00		16.20		16.75		11.54		10.60	
			19.51		9.47		18.94		12.70		11.10
S_4RG	0~30	25.61		24.61		24.85		17.25		15.73	
	30~50	27.14		28.14		17.26		22.77		21.58	
	50~70	25.16		25.16		19.66		17.18		16.87	
			25.95		25.78		21.08		18.81		17.73
S_4JY	0~30	24.55		23.60		22.10		15.72		14.26	
	30~50	26.00		27.55		16.55		20.56		18.70	
	50~70	24.85		24.80		18.58		13.70		13.17	
			25.05		25.07		19.51		16.53		15.22
S_5JG	0~30	15.81		17.87		19.40		9.00		8.20	
	30~50	20.99		21.99		20.00		1.00		9.85	
	50~70	24.79		22.79		17.67		12.00		11.05	
			19.86		20.45		19.08		10.43		9.48
S_5RY	0~30	14.50		16.55		15.85		8.50		8.15	
	30~50	18.10		20.35		19.05		10.80		9.80	
	50~70	21.25		20.10		18.68		11.50		11.05	
			17.46		18.65		17.57		10.10		9.45

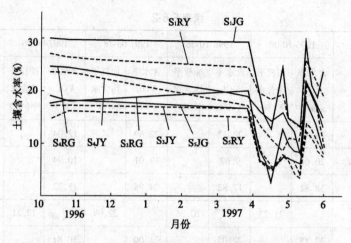

图 5-6-1 1996～1997 年位山灌区小麦土壤含水率变化趋势图

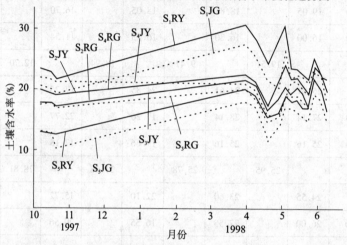

图 5-6-2 1997～1998 年位山灌区小麦土壤含水率变化趋势图

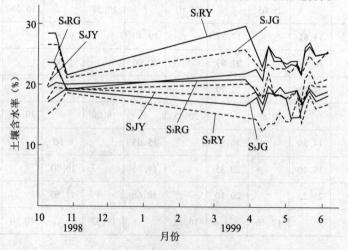

图 5-6-3 1998～1999 年位山灌区小麦土壤含水率变化趋势图

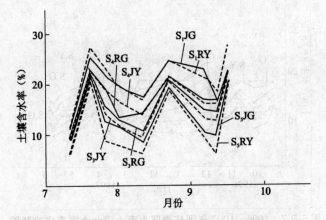

图 5-6-4　1997 年位山灌区玉米土壤含水率变化趋势图

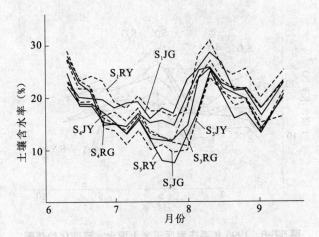

图 5-6-5　1998 年位山灌区玉米土壤含水率变化趋势图

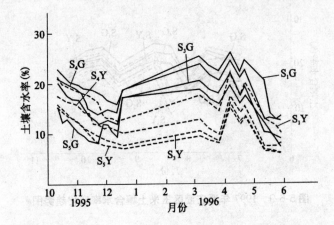

图 5-6-6　1995 ~ 1996 年潘庄灌区小麦土壤含水率变化趋势图

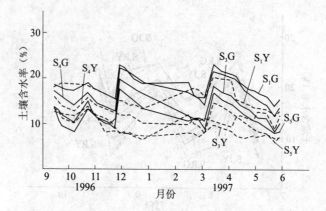

图 5-6-7　　1996~1997 年潘庄灌区小麦土壤含水率变化趋势图

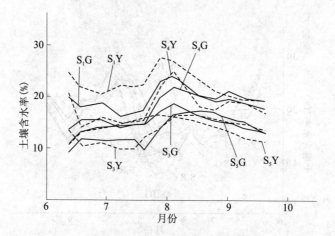

图 5-6-8　　1996 年潘庄灌区玉米土壤含水率变化趋势图

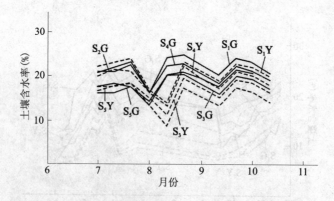

图 5-6-9　　1997 年潘庄灌区玉米土壤含水率变化趋势图

表5-6-3　周店试验站1996～1997年逐日降雨量统计表

日	\multicolumn{12}{c}{月份}	备注
	1	2	3	4	5	6	7	8	9	10	11	12	
1								76.0		4.6	1.5		
2										18.9			
3				4.5					2.9				
4								50.0	1.3				
5							19.5		7.1				
6								36.0					
7					3.0		15.5						
8							7.0						
9						7.8	19.4	30.0			2.0		
10							2.0				1.0		
11													
12													
13							4.0						
14													
15													
16													
17													
18													
19													
20							32.0						
21													
22													
23													
24							12.5	1.0					
25													
26						23.5		3.9					
27				13.8		44.0	8.5						
28				20.2									
29			10.5				9.5						
30										4.1			
31													
合计	0	0	10.5	38.5	3.0	75.3	129.9	196.9	11.3	27.6	4.5	0	497.5

日	\multicolumn{12}{c}{月份}	备注
	1	2	3	4	5	6	7	8	9	10	11	12	
1				4.4	1.5			3.2					
2							6.0	4.6					
3													
4													
5													
6					56.9								
7													
8													
9								5.9					
10					2.1								
11					1.1				3.4		8.0		
12					16.5				65.1		5.5		
13			14.4						9.3		4.7		
14			7.8						2.3				
15													
16											0.7		
17				0.6			19.0						
18							3.0						
19													
20							56.0	22.0					
21													
22							1.9						
23							4.0						
24		2.9									0.8		
25						0.45							
26		6.4											
27		1.6											
28													
29											3.5		
30													
31													
合计	0	10.9	22.2	5.0	78.1	0.45	89.9	35.7	84.7	0	18.6	1.5	347.05

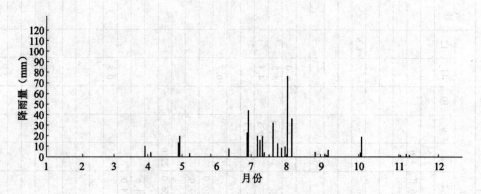

图 5-6-10 1996 年位山灌区降雨量变化趋势图

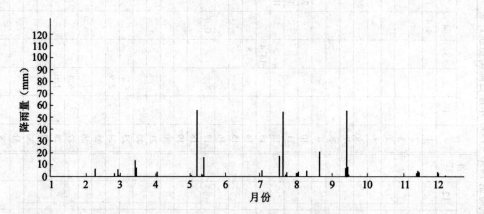

图 5-6-11 1997 年位山灌区降雨量变化趋势图

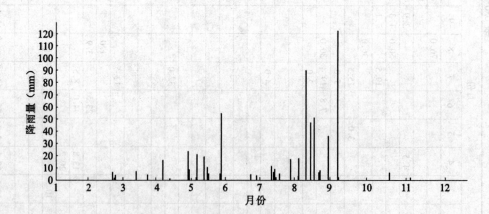

图 5-6-12 1998 年位山灌区降雨量变化趋势图

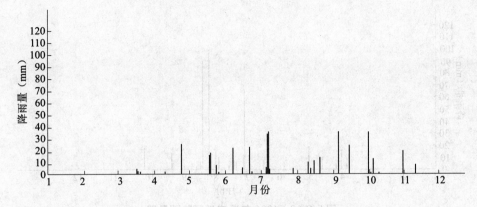

图 5-6-13　1999 年位山灌区降雨量变化趋势图

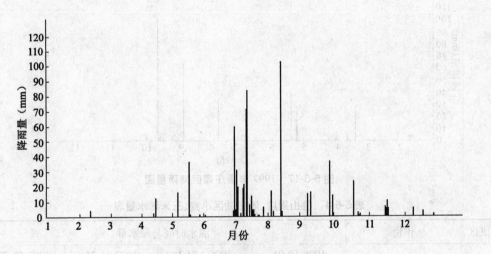

图 5-6-14　1994 年潘庄灌区降雨量图

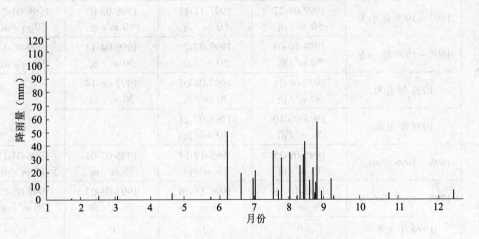

图 5-6-15　1995 年潘庄灌区降雨量图

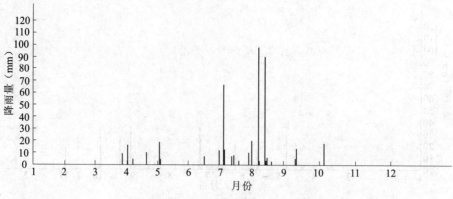

图 5-6-16　1996 年潘庄灌区降雨量图

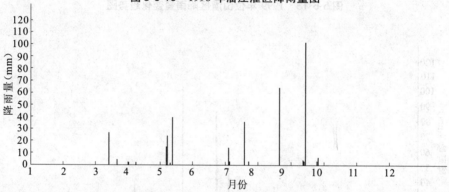

图 5-6-17　1997 年潘庄灌区降雨量图

表 5-6-4　位山周店、潘庄试区小麦、玉米灌水量表

试区	作物	灌水时间与灌水量			
位山周店	1996～1997 年小麦	1996-10-01 50 m³/亩	1996-12-02 50 m³/亩	1997-04-21 50 m³/亩	1997-05-27 45 m³/亩
	1997～1998 年小麦	1997-09-27 50 m³/亩	1997-12-11 50 m³/亩	1998-03-03 50 m³/亩	1998-04-20 50 m³/亩
	1998～1999 年小麦	1998-10-03 50 m³/亩	1999-02-25 50 m³/亩	1999-04-13 50 m³/亩	1999-05-14 50 m³/亩
	1997 年玉米	1997-06-21 50 m³/亩	1997-08-05 30 m³/亩	1997-08-14 30 m³/亩	0
	1998 年玉米	1998-06-10 50 m³/亩	1998-07-21 40 m³/亩	0	0
潘庄	1995～1996 年小麦	1995-09-25 75 m³/亩	1995-12-14 75 m³/亩	1996-03-04 75 m³/亩	1996-04-19 75 m³/亩
	1996～1997 年小麦	1996-10-15 76 m³/亩	1996-11-26 76 m³/亩	1997-03-07 76 m³/亩	1997-05-07 76 m³/亩
	1996 年玉米	0	0	0	0
	1997 年玉米	1997-06-22 76 m³/亩	1997-08-07 76 m³/亩	1997-08-15 76 m³/亩	0

二、五种覆淤土层结构的作物棵间蒸发量分析

根据周店试区、潘庄试区小麦、玉米生育期土壤棵间蒸发量变化数据表（如表 5-6-5）制成变化趋势图 5-6-18 ~ 图 5-6-26，从中可看出如下规律。

表 5-6-5　周店试区小麦生育期土壤棵间蒸发量变化表（1996-10 ~ 1997-02）

（单位:mm）

处理号	1996-10-11 ~ 10-16	10-16 ~ 10-21	10-21 ~ 10-26	10-26 ~ 11-01	11-01 ~ 11-06	11-06 ~ 11-11	11-11 ~ 11-16	11-16 ~ 11-21	11-21 ~ 11-26	11-26 ~ 12-01	12-01 ~ 12-06	12-06 ~ 12-11
S_1JG	10	12	4	−3	−0.5	−1.5	4	2	2	1.2	−23	1.0
S_1RY	7	24	4	−1	0	−1.5	4	2	2	1.2	−26	1.0
S_2RG	7	25	5	−3	−0.5	−1.5	3	1.8	1.5	1.0	−60	1.2
S_2JY	8	30	6	−3	−0.5	−1.0	3	1.6	1.8	1.0	−25	1.2
S_3RG	10	19	3	−2	−0.2	−1.2	3	1.5	1.5	1.0	−20	1.0
S_3JY	12	14	4	−2	−0.2	−1.0	4	2.0	1.8	1.0	−24	1.0
S_4RG	10	10	3	−2.5	−0.5	−1.5	4	2.0	2.0	1.2	−23	1.2
S_4JY	10	10	4	−2.8	−0.5	−1.5	4	2.0	1.8	1.0	−19	1.0
S_5JG	8	8	3	−1.5	0	−1.0	3	1.5	1.5	1.0	−20	1.0
S_5RY	7	16	3	−1.0	−0.2	−1.0	3	1.5	1.5	1.0	−26	1.0

处理号	12-11 ~ 12-16	12-16 ~ 12-21	12-21 ~ 12-26	12-26 ~ 1997-01-01	01-01 ~ 01-06	01-06 ~ 01-11	01-11 ~ 01-16	01-16 ~ 01-21	01-21 ~ 01-26	01-26 ~ 02-01	02-01 ~ 02-06	02-06 ~ 02-11
S_1JG	1.5	1.5	1.3	1.5	1	0.4	0.2	0.2	0.1	0.1	0.1	0.2
S_1RY	1.2	1.5	1.3	1.5	1	0.4	0.2	0.2	0.1	0.2	0.1	0.2
S_2RG	1.5	1.2	1.2	1.3	1	0.3	0.1	0.2	0.1	0.1	0.1	0.1
S_2JY	1.5	1.2	1.2	1.3	1	0.3	0.1	0.1	0.1	0.1	0.1	0.1
S_3RG	1.2	1.5	1.3	1.4	1	0.4	0.1	0.1	0.1	0.1	0.1	0.2
S_3JY	1.2	1.5	1.3	1.3	1	0.4	0.1	0.1	0.1	0.1	0.1	0.2
S_4RG	1.5	1.5	1.2	1.4	1	0.4	0.2	0.2	0.1	0.1	0.1	0.2
S_4JY	1.3	1.2	1.3	1.4	1	0.3	0.2	0.1	0.1	0.1	0.1	0.2
S_5JG	1.5	1.2	1.2	1.3	1	0.3	0.1	0.1	0.1	0.1	0.1	0.1
S_5RY	1.3	1.2	1.2	1.3	1	0.3	0.1	0.1	0.1	0.1	0.1	0.1

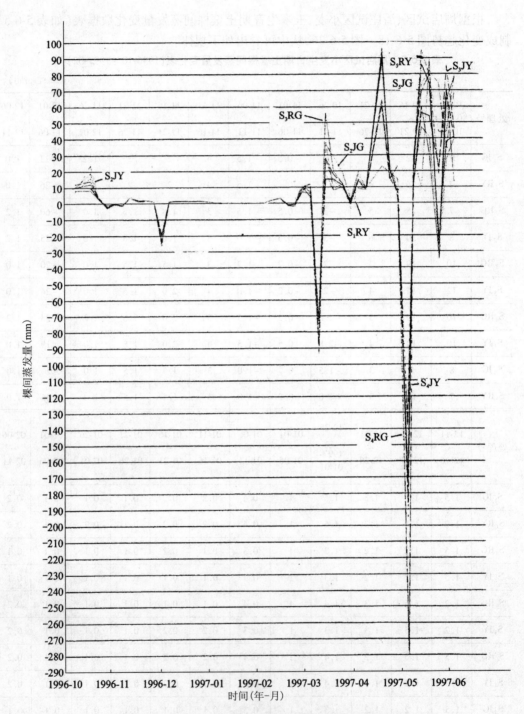

图 5-6-18　1996～1997 年位山灌区小麦棵间蒸发量曲线

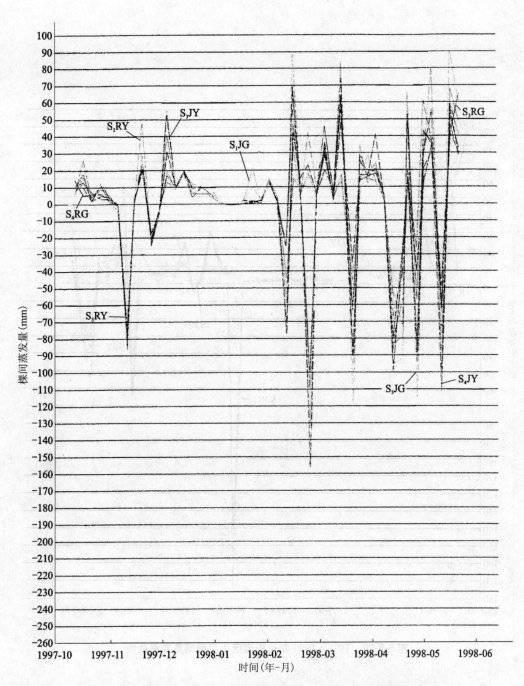

图 5-6-19　1997～1998 年位山灌区小麦棵间蒸发量曲线

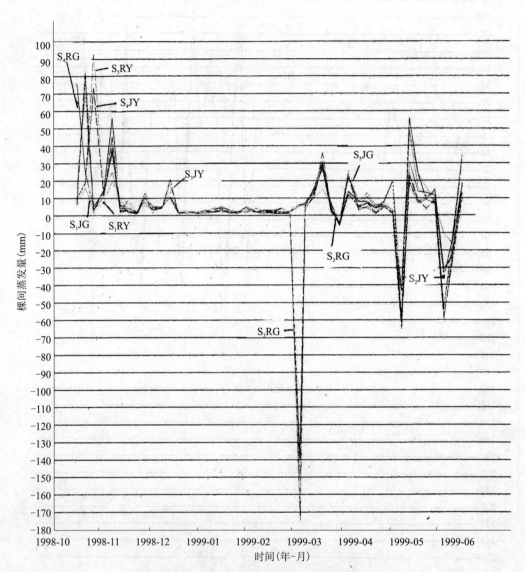

图 5-6-20　1998～1999 年位山灌区小麦棵间蒸发量曲线

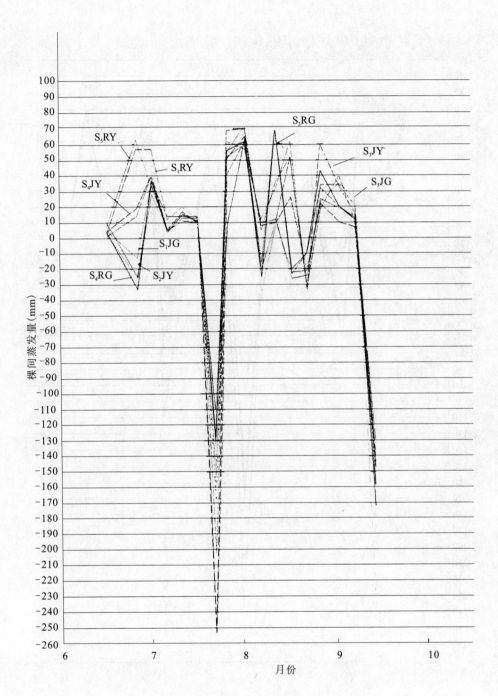

图 5-6-21　1997 年位山灌区玉米棵间蒸发量曲线

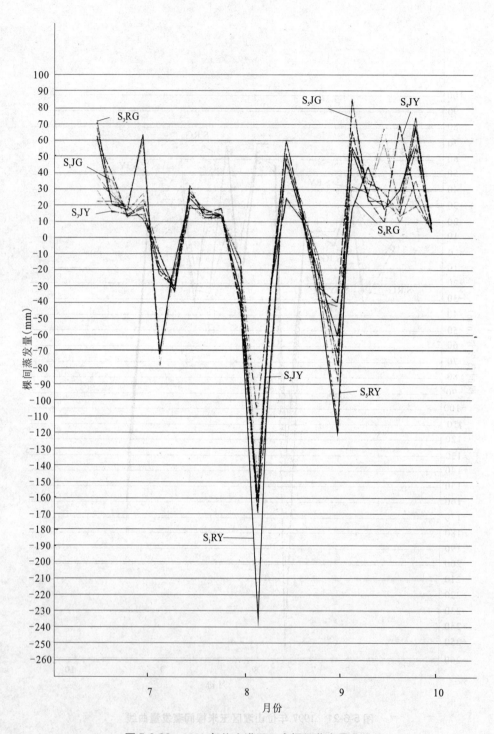

图 5-6-22　1998 年位山灌区玉米棵间蒸发量曲线

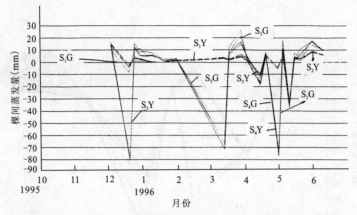

图 5-6-23　1995～1996 年潘庄灌区小麦棵间蒸发量变化趋势图

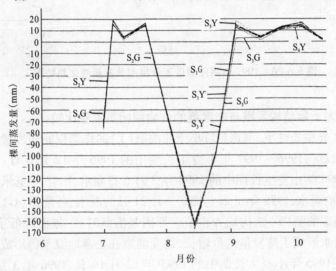

图 5-6-24　1996～1997 年潘庄灌区小麦棵间蒸发量变化趋势图

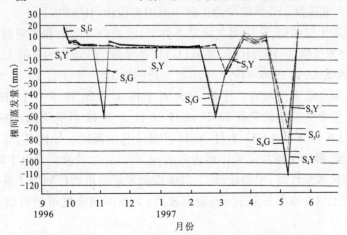

图 5-6-25　1996 年潘庄灌区玉米棵间蒸发量变化趋势图

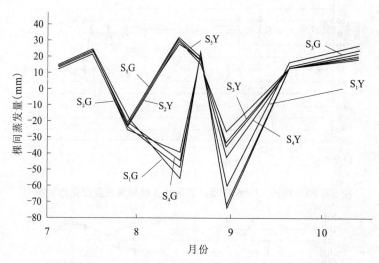

图 5-6-26　1997 年潘庄灌区玉米棵间蒸发量变化趋势图

(一)同一覆淤土层结构灌溉与非灌溉的作物棵间蒸发量比较

(1)在灌水主导型条件下,灌溉(G)小于非灌溉(Y)的作物棵间蒸发量。

A. 位山周店试区:1996~1997 年小麦生长期中的 1996 年 12 月 6 日、1997 年 6 月 1 日灌水,1997~1998 年小麦生长期中的 1998 年 3 月 6 日灌水,1997 年玉米生长期中 8 月 6 日和 8 月 16 日的灌水,1998 年玉米生长期 7 月 21 日的灌水,各灌溉(G)结构的棵间蒸发量均为负值,而非灌溉(Y)结构均为正值。原因是灌溉时,一方面降低了地温,减少蒸发量,另一方面灌水形成了蒸发量的负增长,而非灌溉在正常地温下仍形成蒸发。

B. 潘庄试区:1995 年小麦生长期中的 1995 年 12 月 14 日、1996 年 3 月 4 日、4 月 19 日三次灌水,1997 年玉米生长期中 8 月 9 日、8 月 22 日的灌水,各灌溉(G)结构的棵间蒸发量均成负值,而非灌溉(Y)结构均为正值。原因与位山周店试区同。

(2)同一覆淤土层结构,在降雨主导型条件下,灌溉(G)结构和非灌溉(Y)结构的作物棵间蒸发量均为负值,但作为比较,灌溉(G)较非灌溉(Y)结构的负值大。

A. 位山周店试区:如 1996~1997 年小麦生长期的 1997 年 3 月 16 日、5 月 11 日的降雨,1997~1998 年小麦生长期的 2 月 21 日、4 月 1 日、4 月 26 日、5 月 11 日、5 月 26 日多次降雨,1997 年玉米生长期的 7 月 21 日、8 月 21 日、9 月 12 日的降雨,1998 年玉米生长期 8 月 1 日、8 月 6 日、8 月 11 日、8 月 26 日、9 月 1 日的降雨。原因是,降雨时降低了地温,难以形成蒸发,降雨又增加了采样器内的水分,所以皆为负值。又由于降水之前,灌溉(G)结构的土壤含水量较高,地温较低,为降雨期蒸发量的负增长创造了条件。而非灌溉(Y)结构降雨前土壤含水量往往较低,地温较高,为降雨期蒸发量的负增长减少创造了条件。

B. 潘庄试区:如 1996 年玉米生长期的 8 月上旬,1996~1997 年小麦生长期的 5 月上、中旬,1997 年玉米生长期的 8 月下旬降水期那样,原因与位山周店试区同。

(3)同一覆淤土层结构,在非灌水、降雨主导型条件下,灌溉(G)则大于非灌溉(Y)结构的作物棵间蒸发量。虽然两种土层结构的作物棵间蒸发量均为正值,但灌溉(G)往往大于非灌溉(Y)结构的作物棵间蒸发量。

A. 位山周店试区:如1996～1997年小麦生长期的1996年3月和5月,1997～1998年小麦生长期的3月和4月。之所以灌溉(G)大于非灌溉(Y)结构的作物棵间蒸发量,是因灌溉的土层结构储存了大量水分,在常温下易形成大量的蒸发,非灌溉的土层结构储存的水分少,在常温下降低了潜在的蒸发能力。但有很少时段灌溉结构的棵间蒸发量也出现小于非灌溉结构的正常情况,如图5-6-21所示的1997年玉米生长期8月下旬的S_5、9月上旬的S_1、S_2情况。

B. 潘庄试区:如1995～1996年小麦生长期的1996年1月、3月上旬和5月中下旬,1996年1月、3月上中旬和5月中下旬,1996年玉米生长期的7月中上旬及9月非灌水降雨时期,灌溉(G)结构始终大于非灌溉(Y)结构的作物的棵间蒸发量,原因与位山周店试区同。

(4)同一覆淤土层结构,在冬季冰冻期非灌水、降雨条件下,灌溉(G)和非灌溉(Y)两种土层结构的作物棵间蒸发量变化甚微,反映在图像上则是蒸发量近似为"零"的一条直线。

A. 位山周店试区:如1996～1997年小麦生长期的1997年1月、2月、3月和1997～1998年小麦生产期1998年1～2月,原因是气温和地表温度低于0 ℃,均不能形成蒸发,所以难以形成棵间蒸发量的差别。

B. 潘庄试区:如1996～1997年小麦生长期的1996年12月下旬至1997年3月下旬,原因是气温和地表温度低于0 ℃,均不能形成蒸发,所以难以形成棵间蒸发量的差别。

(二)在相同的灌水、降雨条件下,五种覆淤结构的作物棵间蒸发量分析

为简化分析,五种覆淤土层结构选择S_1全壤土、S_5全沙土为代表进行分析,其余S_2、S_3、S_4则从属于S_1、S_5两种结构,并介于两者之间。

(1)在非灌水、降雨条件下,从小麦、玉米全生育期棵间蒸发的变化趋势看,S_5土层结构大于S_1土层结构的作物棵间蒸发量。

A. 位山周店试区:如1996～1997年小麦生长期的1997年4月下旬至5月下旬,1997～1998年小麦生长期的2月下旬至3月下旬,5月下旬,1997年玉米生长期的7月下旬、8月下旬至9月上旬。原因是:S_5土层结构系沙性,传热快,地温升高快,蒸发量大;S_1土层结构系壤性,传热慢,地温升高较缓,蒸发量亦小。总的棵间蒸发趋势为$S_1 < S_2 < S_4 < S_3 < S_5$。

B. 潘庄试区:如1995～1996年小麦生长期的1995年12月下旬至1996年2月下旬、3月中下旬、5月中下旬,1996～1997年小麦生长期的4月,1996年玉米生长期的7月、9月,1997年玉米生长期的7月中旬、9月中下旬那样,原因与位山周店试区同。

(2)在灌水、降雨条件下,从小麦、玉米全生育期的棵间蒸发的变化趋势看,S_1与S_5的棵间蒸发量相比则无一定规律,时大、时小、时接近。

A. 位山周店试区:如1996～1997年小麦生长期的1997年3月中下旬、6月上旬,S_1土层结构的棵间蒸发量 > S_5土层结构的棵间蒸发量;1997年5月中下旬、5月下旬至6月下旬,S_1 土层结构的棵间蒸发量 <S_5 土层结构的棵间蒸发量;1996～1997 年小麦生长期的 1997 年 3 月中旬降雨,5 月中旬降雨,1997～1998 年小麦生长期的 1998 年 4 月下旬降雨,S_1 与 S_5 土层结构的棵间蒸发量则十分接近,在图像上为一条基本重合的折线。之所以出现如此差别,初步分析认为,是季节气温变化对各覆淤结构的地温影响的差异及灌水、降雨量的大小对各覆淤结构地温影响的差别,而引起了各土层结构棵间蒸发量大小的差别。

B. 潘庄试区:如 1995～1996 年小麦生长期的 1995 年 12 月,S_1 土层结构的棵间蒸发量 >S_5 土层结构的棵间蒸发量,1996 年 3 月 S_1 土层结构的棵间蒸发量 <S_5 土层结构的棵间蒸发量,1996 年 5 月初的 S_1 与 S_5 土层结构的棵间蒸发量则十分接近,在图像上为一条重合的折线。之所以出现如此差别,原因与位山周店试区同。

结论:在灌水、降雨条件下,小麦、玉米生长期 5 种覆淤土层的棵间蒸发量变化无定规;在非灌水、降雨条件下,5 种覆淤土层的棵间蒸发量变化趋势为 $S_1 < S_2 < S_4 < S_3 < S_5$。

三、五种覆淤结构的渗漏量分析

将周店试区、潘庄试区小麦、玉米测坑渗漏量变化表(见表 5-6-6)制成变化趋势图 5-6-27～图 5-6-28,对各覆淤结构的渗漏量变化分析如下。

表 5-6-6　周店试区 1996～1997 年小麦测坑渗漏量变化表

处理号	1996-10-09 渗漏量 (mm)	1996-10-15 渗漏量 (mm)	1996-10-20 渗漏量 (mm)	1996-10-25 渗漏量 (mm)	1996-10-30 渗漏量 (mm)	1996-12-05 渗漏量 (mm)	1996-12-15 渗漏量 (mm)	1996-12-25 渗漏量 (mm)	1996-12-30 渗漏量 (mm)	1997-03-10 渗漏量 (mm)	1997-04-25 渗漏量 (mm)	1997-04-30 渗漏量 (mm)	1997-05-05 渗漏量 (mm)	1997-05-10 渗漏量 (mm)	1997-05-31 渗漏量 (mm)	1997-06-05 渗漏量 (mm)
S_1JG	1.6	1.2	0.4	0.2	0											
S_1RY																
S_2JY	1.6	1.2	0.4	0.2	0											
S_2RG																
S_3RG	1.8	1.4	0.5	0.2	0	2.0	1.5	1.0	0	0.5	2.2	1.8	0.5	0	2.1	1.7
S_3JY																
S_4RG	1.6	1.2	0.4	0.2	0											
S_4JY																
S_5JG	2.6	2.2	0.9	0.4	0	3.0	2.5	2.0	0	1.0	3.0	2.5	1.0	0	2.8	2.4
S_5RY																

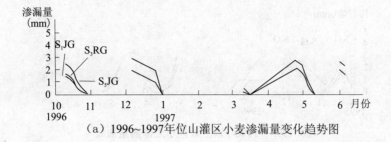

（a）1996~1997年位山灌区小麦渗漏量变化趋势图

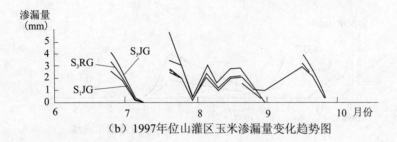

（b）1997年位山灌区玉米渗漏量变化趋势图

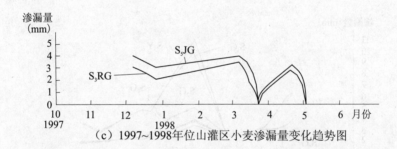

（c）1997~1998年位山灌区小麦渗漏量变化趋势图

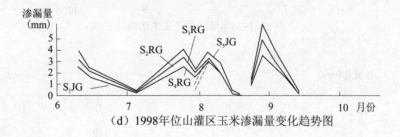

（d）1998年位山灌区玉米渗漏量变化趋势图

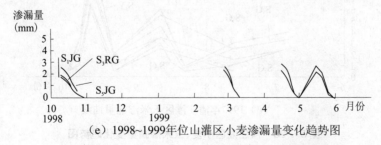

（e）1998~1999年位山灌区小麦渗漏量变化趋势图

图 5-6-27　位山灌区小麦、玉米渗漏量变化趋势图

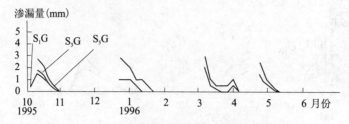

（a）1995～1996年潘庄灌区小麦渗漏量曲线

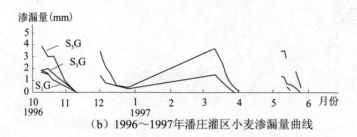

（b）1996～1997年潘庄灌区小麦渗漏量曲线

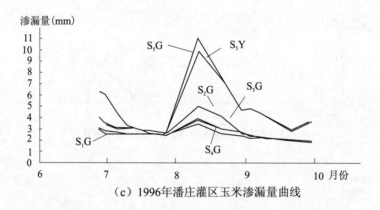

（c）1996年潘庄灌区玉米渗漏量曲线

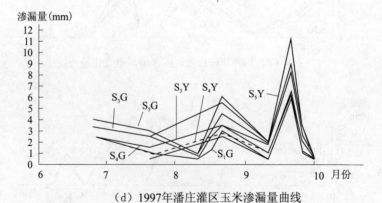

（d）1997年潘庄灌区玉米渗漏量曲线

图 5-6-28　潘庄灌区小麦、玉米渗漏量变化趋势图

（一）小麦生长期五种覆淤结构渗漏量分析

从渗漏量变化表和趋势图可看出，小麦全生长期的自然降雨均未形成渗漏量，只有在灌水时 S_1、S_2、S_3、S_4、S_5 土层结构才能形成渗漏量，且 S_5 的渗漏量 $>S_3$ 的渗漏量。

（1）位山周店试区：如 1996~1997 年小麦生长期的 1996 年 12 月、1997 年 4 月、5 月三次灌水，1997~1998 年小麦生长期的 12 月、3 月、4 月的三次灌水所形成的渗漏，原因是 S_5 系全沙土层，S_3 系下层为 40 cm 的沙，故渗漏量大。

（2）潘庄试区：如 1995~1996 年小麦生长期的三次灌水和 1996~1997 年小麦生长期的三次灌水所形成的渗漏，原因是 S_5 系全沙土层，S_3 系下层为 40 cm 的沙，故渗漏量大。

（二）玉米生长期五种覆淤结构的渗漏量分析

从玉米生长期渗漏量变化趋势图可看出：灌水与降雨量大时，均可产生渗漏量。其中 S_5 与 S_3 覆淤结构的渗漏量较大，而以 S_5 覆淤结构的渗漏量为最大；S_1、S_2、S_4 覆淤结构的渗漏量较小，而以 S_1 覆淤结构的渗漏量为最小，其次为 S_2 与 S_4 的渗漏量。

（1）位山周店试区：如 1997 年玉米生长期 7 月降雨、8 月两次灌水、9 月降雨，1998 年玉米生长期 7 月灌水、8 月两次降雨，原因也是土层内部结构的差异造成的。S_1 系全壤，S_2 系下层 40 cm 壤土，S_4 系上层 50 cm 壤土，故渗漏量小；S_5 系全沙层，S_3 系下层 40 cm 沙，故渗漏量大。

（2）潘庄试区：如 1996 年玉米生长期两次降雨，1997 年玉米生长期三次灌水和三次降雨，原因也是土层内部结构的差异造成的。S_1 系全壤，S_2 系下层 40 cm 壤土，S_4 系上层 50 cm 壤土，故渗漏量小；S_5 系全沙层，S_3 系下层 40 cm 沙，故渗漏量大。

结论：冬小麦、夏玉米在非灌水、降雨条件下，无渗漏，在灌水、降雨条件下，渗漏量的变化趋势是 $S_5>S_3>S_4>S_2>S_1$。

小结：综合上述分析，S_1、S_2、S_4 三种覆淤结构，在土壤含水率高，作物棵间蒸发量小，土层深部渗漏量小等覆淤土层保水能力上，都优于 S_5、S_3 两种覆淤结构，从而为作物增产提供了较充足的水分。

第二节　不同覆淤土层结构土壤保肥能力分析

位山周店、潘庄试区试验主要测定不同处理生长期的土壤有机质、氮、磷、钾、全盐量含量。试区土壤养分、盐分采样分析报告见表 5-6-7、表 5-6-8。现对各处理中作物生长期内养分和盐分的变化及对作物生长的影响分析如下。

表 5-6-7　位山周店试区土壤养分、盐分采样分析报告表

日期	覆淤模式	层次 (cm)	土壤有机质 (g/kg)	0~70 cm 有机质加权平均 (g/kg)	N (g/kg)	P (g/kg)	K (g/kg)	碱解氮 (mg/kg)	P₂O₅ (mg/kg)	K₂O (mg/kg)	速效锌 (mg/kg)	速效 N、P、K、Zn 合计 (mg/kg)	土壤全盐量 (g/100g)	0~70 cm 全盐量加权平均 (g/100g)	pH	地下水矿化度 (g/L)	地下水埋深 (m)
1996年11月27日 小麦苗期	S_1JG	0~70	4.3	4.6	0.41	0.61	17.3	29	4.8	88	1.03	118.61	0.11	0.11	7.3	0.89	5.49
			4.9		0.50	0.54	17.4	23	4.6	86	0.78						
	S_2JY	0~30	3.7	3.8	0.31	0.58	17.0	35	29.9	85	0.74	134.78	0.12	0.11	7.1	0.89	5.49
		30~70	3.8		0.32	0.55	17.3	30	6.0	82	0.81		0.10		7.1		
	S_3JY	0~30	5.3	4.6	0.50	0.53	17.1	34	16.1	97	0.94	131.61	0.13	0.13	7.0	0.89	6.49
		30~70	3.9		0.36	0.56	17.2	24	5.5	85	0.68		0.12		6.9		
	S_4JY	0~50	4.0	4.1	0.39	0.56	16.5	39	8.1	82	0.97	123.87	0.12	0.12	7.1	0.89	5.49
		50~70	4.2		0.40	0.52	16.9	34	5.8	77	0.77		0.12		7.0		
	S_5JG	0~70	3.4	3.1	0.27	0.48	16.9	40	24.2	73	0.74	118.85	0.10	0.10	7.0	0.89	5.49
			2.8		0.32	0.55	16.8	21	6.0	72	0.76						
1997年5月6日 小麦抽穗期	S_1JG	0~70	4.7	4.45	0.45	0.54	18.6	27	6.9	88	0.96	126.89	0.12	0.12	7.2	0.84	5.68
			4.2		0.41	0.52	17.4	38	10.1	82	0.81						
	S_2JY	0~30	5.0	4.9	0.53	0.56	17.6	31	9.0	78	0.81	119.9	0.11	0.12	7.2	0.84	5.68
		30~70	4.8		0.52	0.58	17.3	30	8.1	82	0.78		0.12		7.1		
	S_3JY	0~30	4.0	4.1	0.38	0.56	17.1	30	8.7	88	0.88	122.83	0.12	0.12	7.2	0.84	5.68
		30~70	4.2		0.44	0.50	16.9	36	9.2	7.2	0.78		0.11		7.1		
	S_4JY	0~50	4.7	4.4	0.35	0.58	17.0	35	32.2	88	0.88	138.57	0.10	0.11	7.0	0.84	5.68
		50~70	4.0		0.35	0.52	17.1	33	8.1	79	0.86		0.11		7.1		
	S_5JG	0~70	3.4	3.1	0.30	0.54	17.2	35	27.6	72	0.81	124.22	0.10	0.10	7.2	0.84	5.68
			2.8		0.34	0.55	17.1	30	8.1	74	0.83						

续表 5-6-7

日期	覆淤模式	层次(cm)	土壤有机质(g/kg)	0~70cm有机质加权平均(g/kg)	N(g/kg)	P(g/kg)	K(g/kg)	碱解氮(mg/kg)	P_2O_5(mg/kg)	K_2O(mg/kg)	速效锌(mg/kg)	速效N,P,K,Zn合计(mg/kg)	土壤全盐量(g/100g)	0~70cm全盐量加权平均(g/100g)	pH	地下水矿化度(g/L)	地下水埋深(m)
1997年6月9日小麦成熟期	S_1JG	0~70	4.4	4.5	0.48	0.54	17.9	32	8.7	89	0.87	130.45	0.13	0.13	7.0	0.85	5.80
			4.6		0.43	0.53	17.4	34	9.4	86	0.82		0.12		7.1		
	S_2JY	0~30	4.6	4.5	0.49	0.54	17.6	34	9.2	85	0.84	126.74	0.12	0.12	7.1	0.85	5.80
		30~70	4.4		0.50	0.56	18.4	33	8.5	82	0.84		0.12		7.1		
	S_3JY	0~30	3.8	4.1	0.42	0.52	17.2	32	9.0	82	0.79	125.77	0.11	0.12	7.1	0.85	5.80
		30~70	4.3		0.36	0.52	18.9	38	8.7	80	0.94		0.12		7.2		
	S_4JY	0~50	4.3	4.4	0.36	0.52	18.9	38	9.4	89	0.94	129.51	0.10	0.10	7.2	0.85	5.80
		50~70	4.5		0.35	0.55	18.2	35	8.7	77	0.88		0.09		7.0		
	S_5JG	0~70	3.6	3.6	0.38	0.58	17.9	39	14.3	76	0.82	122.13	0.11	0.11	7.1	0.85	5.80
			3.6		0.38	0.53	17.2	32	9.2	72	0.84						
1997年8月11日玉米吐丝期	S_1JG	0~70	4.1	4.5	0.39	0.46	17.1	32	14.0	70	0.79	117.68	0.12	0.10	7.1	0.88	6.11
			4.9		0.44	0.39	16.2	32	9.7	83	0.76		0.11				
	S_2JY	0~30	3.6	3.4	0.36	0.51	16.8	32	9.9	65	0.83	101.26	0.12	0.12	7.2	0.88	6.11
		30~70	3.2		0.29	0.42	16.9	32	9.0	59	0.69		0.11		7.1		
	S_3JY	0~30	4.9	4.0	0.41	0.48	16.1	30	12.4	72	0.74	113.93	0.09	0.10	7.0	0.88	6.11
		30~70	3.1		0.39	0.41	15.4	30	11.0	62	0.72		0.11		7.1		
	S_4JY	0~50	4.0	4.0	0.31	0.39	15.3	31	14.3	71	0.69	110.87	0.10	0.10	7.1	0.88	6.11
		50~70	4.0		0.38	0.41	16.4	31	9.0	70	0.64		0.10		7.2		
	S_5JG	0~70	3.7	3.4	0.29	0.46	17.0	27	12.8	68	0.53	110.07	0.10	0.10	7.1	0.88	6.11
			3.1		0.33	0.50	15.1	31	8.1	72	0.61						

续表 5-6-7

日期	覆淤模式	层次(cm)	土壤有机质(g/kg)	0~70cm有机质加权平均(g/kg)	N(g/kg)	P(g/kg)	K(g/kg)	碱解氮(mg/kg)	P_2O_5(mg/kg)	K_2O(mg/kg)	速效锌(mg/kg)	速效N、P、K、Zn合计(mg/kg)	土壤全盐量(g/100g)	0~70cm全盐量加权平均(g/100g)	pH	地下水矿化度(g/L)	地下水埋深(m)
1997年9月10日 玉米成熟期	S₁JG	0~70	4.3	4.5	0.38	0.52	16.8	31	12.6	65	0.82	113.99	0.10	0.10	7.2	0.91	5.58
			4.6		0.33	0.43	17.1	32	8.7	84	0.76						
	S₂JY	0~30	3.3	3.7	0.25	0.38	17.2	31	7.1	59	0.76	100.67	0.11	0.11	7.2	0.91	5.58
		30~70	4.1		0.40	0.41	16.6	31	7.6	71	0.77		0.10		7.0		
	S₃JY	0~30	4.2	4.1	0.38	0.46	15.5	29	8.7	65	0.78	108.92	0.10	0.09	7.2	0.91	5.58
		30~70	4.0		0.35	0.42	15.8	29	8.7	59	0.66		0.08		7.1		
	S₄JY	0~50	4.1	4.0	0.32	0.32	16.7	31	9.4	69	0.78	117.27	0.09	0.09	7.3	0.91	5.58
		50~70	3.8		0.28	0.36	15.4	31	8.5	78	0.76		0.08		7.1		
	S₅JG	0~70	3.1	2.9	0.28	0.34	14.8	27	8.7	71	0.71	105.42	0.08	0.08	7.1	0.91	5.58
			2.7		0.20	0.32	13.1	29	9.6	64	0.73						
1997年10月25日 小麦苗期	S₁JG	0~70	3.8	3.9	0.40	0.49	17.4	32	7.8	82	0.74	117.72	0.10	0.10	7.2	0.98	5.43
			3.9		0.34	0.50	17.2	32	6.2	82	0.69						
	S₂JY	0~30	4.4	4.1	0.39	0.53	16.7	31	7.1	86	0.76	121.94	0.08	0.09	7.1	0.98	5.43
		30~70	3.8		0.44	0.51	17.1	32	9.2	77	0.71		0.10		7.0		
	S₃JY	0~30	4.8	4.4	0.39	0.55	17.3	34	9.6	89	0.66	125.02	0.09	0.09	7.0	0.98	5.43
		30~70	3.9		0.31	0.49	17.3	22	8.2	86	0.57		0.08		7.1		
	S₄JY	0~50	4.1	3.6	0.40	0.51	17.8	30	18.5	72	0.68	122.94	0.09	0.09	6.9	0.98	5.43
		50~70	3.1		0.35	0.49	16.9	34	7.8	82	0.79		0.09		7.1		
	S₅JG	0~70	4.4	4.5	0.31	0.45	17.3	28	12.1	74	0.88	121.79	0.09	0.09	7.0	0.98	5.43
			4.5		0.33	0.48	16.9	31	8.9	88	0.70						

续表 5-6-7

日期	覆淤模式	层次 (cm)	土壤有机质 (g/kg)	0~70 cm 有机质加权平均 (g/kg)	N (g/kg)	P (g/kg)	K (g/kg)	碱解氮 (mg/kg)	P_2O_5 (mg/kg)	K_2O (mg/kg)	速效锌 (mg/kg)	速效 N、P、K、Zn 合计 (mg/kg)	土壤全盐量 (g/100g)	0~70 cm 全盐量加权平均 (g/100g)	pH	地下水矿化度 (g/L)	地下水埋深 (m)
1998年5月8日小麦抽穗期	S_1JG	0~70	4.4	4.1	0.47	0.51	16.9	31	8.1	85	0.78	123.34	0.10	0.10	7.1	0.98	5.43
			3.8		0.38	0.53	17.4	31	7.1	83	0.69				7.0		
	S_2JY	0~30	4.6	4.4	0.42	0.48	18.3	34	7.1	96	0.81	132.08	0.08	0.09	7.0	0.98	5.43
		30~70	4.1		0.37	0.49	17.1	32	7.4	86	0.74		0.09		7.1		
	S_3JY	0~30	5.3	4.8	0.39	0.54	17.9	32	7.8	94	0.68	126.76	0.08	0.08	7.1	0.98	5.43
		30~70	4.2		0.37	0.52	16.9	28	8.3	82	0.64		0.08		7.2		
	S_4JY	0~50	3.9	4.0	0.44	0.58	17.4	29	8.3	85	0.62	116.83	0.09	0.08	7.0	0.98	5.43
		50~70	4.1		0.41	0.49	17.6	30	8.1	72	0.64		0.07		7.1		
	S_5JG	0~70	4.7	4.3	0.39	0.61	17.2	29	9.0	94	0.78	127.16	0.07	0.07	7.1	0.98	5.43
			3.8		0.33	0.52	16.9	29	9.7	73	0.74						
1998年6月8日小麦成熟期	S_1JG	0~70	4.3	4.2	0.44	0.43	17.2	29	7.8	86	0.74	121.73	0.08	0.08	7.0	1.23	5.43
			4.0		0.39	0.48	17.1	29	8.1	82	0.71						
	S_2JY	0~30	4.1	4.0	0.45	0.50	17.9	30	6.7	94	0.77	132.54	0.06	0.07	7.1	1.23	5.43
		30~70	3.8		0.41	0.42	17.3	32	6.9	94	0.70		0.07		7.0		
	S_3JY	0~30	4.6	4.4	0.42	0.51	17.2	26	6.4	79	0.71	115.49	0.07	0.07	7.1	1.23	5.43
		30~70	4.2		0.39	0.52	16.8	28	5.1	85	0.66		0.07		7.2		
	S_4JY	0~50	4.3	3.9	0.43	0.53	17.2	28	6.9	89	0.71	114.87	0.07	0.07	7.1	1.23	5.43
		50~70	3.4		0.41	0.54	16.8	28	7.4	77	0.63		0.06		7.0		
	S_5JG	0~70	4.8	4.5	0.40	0.54	16.9	26	7.6	86	0.72	120.00	0.06	0.06	7.2	1.23	5.43
			4.1		0.33	0.49	16.3	26	6.9	77	0.68						

续表 5-6-7

日期	覆淤模式	层次 (cm)	土壤有机质 (g/kg)	0~70 cm 有机质加权平均 (g/kg)	N (g/kg)	P (g/kg)	K (g/kg)	碱解氮 (mg/kg)	P_2O_5 (mg/kg)	K_2O (mg/kg)	速效锌 (mg/kg)	速效 N、P、K、Zn 合计 (mg/kg)	土壤全盐量 (g/100g)	0~70 cm 全盐量加权平均 (g/100g)	pH	地下水矿化度 (g/L)	地下水埋深 (m)
1998年8月9日玉米吐丝期	S_1JG	0~70	4.8 4.3	4.55	0.43 0.40	0.48 0.48	18.0 16.9	31 31	7.6 8.1	79 77	0.78 0.76	116.12	0.09 0.09	0.09	7.1 7.0	1.12	5.71
	S_2JY	0~30 30~70	3.9 4.3	4.10	0.45 0.39	0.47 0.50	17.1 16.8	34 28	6.9 6.9	89 82	0.79 0.81	124.2	0.08 0.09	0.09	7.1 7.1	1.12	5.71
	S_3JY	0~30 30~70	4.4 4.4	4.40	0.44 0.41	0.48 0.49	16.8 16.8	30 29	6.7 9.0	74 71	0.69 0.76	110.58	0.08 0.08	0.08	7.0 7.0	1.12	5.71
	S_4JY	0~50 50~70	3.9 4.1	4.40	0.39 0.43	0.44 0.39	16.6 15.9	31 26	7.4 9.4	83 85	0.78 0.64	121.61	0.08 0.08	0.08	7.2 7.0	1.12	5.71
	S_5JG	0~70	4.3 3.9	4.10	0.40 0.29	0.52 0.48	16.9 15.2	28 28	9.0 7.1	72 76	1.71 0.61	111.71	0.07 0.07	0.07	7.1 7.2	1.12	5.71
1998年9月10日玉米成熟期	S_1JG	0~70	4.45	4.43	0.43 0.44	0.44 0.45	17.6 17.4	31	7.0	71	0.75	105.75	0.09	0.09	7.1	1.20	5.34
	S_2JY	0~30 30~70	4.1 4.2	4.16	0.44 0.41	0.51 0.48	17.2 16.6	31 30	6.7 6.9	82 84	0.72 0.74	121.03	0.08 0.09	0.09	7.0 7.1	1.20	5.34
	S_3JY	0~30 30~70	4.3 3.7	3.96	0.39 0.39	0.52 0.41	16.2 16.8	30 30	7.4 7.1	79 74	0.71 0.61	115.96	0.07 0.08	0.08	7.1 7.0	1.20	5.34
	S_4JY	0~50 50~70	4.2 3.5	4.0	0.38 0.42	0.39 0.42	17.1 16.8	31 31	6.7 7.1	84 82	0.71 0.66	120.59	0.08 0.09	0.08	7.1 7.1	1.20	5.34
	S_5JG	0~70	3.8	3.8	0.36 0.32	0.52 0.49	16.6 17.1	29	7.8	69	0.68	106.48	0.08	0.08	7.1	1.20	5.34

续表 5-6-7

日期	覆淤模式	层次(cm)	土壤有机质(g/kg)	0~70 cm有机质加权平均(g/kg)	N(g/kg)	P(g/kg)	K(g/kg)	碱解氮(mg/kg)	P_2O_5(mg/kg)	K_2O(mg/kg)	速效锌(mg/kg)	速效N、P、K、Zn合计(mg/kg)	土壤全盐量(g/100g)	0~70 cm全盐量加权平均(g/100g)	pH	地下水矿化度(g/L)	地下水埋深(m)
1998年10月10日 小麦播种期	S_1JG	0~70	4.8 / 4.2	4.5	0.42 / 0.42	0.41 / 0.42	17.4 / 17.7	31	7.3	78.5	0.69	114.49	0.09	0.09	7.1	1.15	5.46
	S_2JY	0~30 / 30~70	4.9 / 3.9	4.4	0.50 / 0.41	0.48 / 0.41	17.8 / 16.9	29.5	7.25	81	0.75	118.5	0.08 / 0.08	0.08	7.1	1.15	5.46
	S_3JY	0~30 / 30~70	4.1 / 3.9	4.0	0.46 / 0.39	0.41 / 0.46	17.1 / 16.6	30	7.7	82.5	0.79	120.99	0.10 / 0.08	0.09	7.1	1.15	5.46
	S_4JY	0~50 / 50~70	3.8 / 4.1	3.95	0.38 / 0.40	0.48 / 0.39	16.9 / 17.4	32	7.3	88	0.80	128.1	0.09 / 0.08	0.085	7.1	1.15	5.46
	S_5JG	0~70	4.6 / 3.9	4.25	0.41 / 0.34	0.41 / 0.48	17.8 / 16.6	28	7.1	76.5	0.74	115.34	1.08	0.08	7.1	1.15	5.46
1999年5月5日 小麦抽穗期	S_1JG	0~70	4.5 / 4.2	4.3	0.41 / 0.42	0.44 / 0.38	17.4 / 17.2	30	7.5	79	0.67	117.17	0.11	0.11	7.1	1.2	5.42
	S_2JY	0~30 / 30~70	4.4 / 4.1	4.25	0.46 / 0.41	0.46 / 0.44	16.8 / 16.9	32.5	7.5	82.5	0.79	123.29	0.09 / 0.09	0.09	7.2	1.2	5.42
	S_3JY	0~30 / 30~70	4.2 / 3.9	4.1	0.45 / 0.43	0.42 / 0.39	17.9 / 16.9	30	7.4	83	0.79	121.19	0.11 / 0.09	0.10	7.1	1.2	5.42
	S_4JY	0~50 / 50~70	4.1 / 3.9	4.0	0.40 / 0.37	0.47 / 0.45	18.1 / 16.9	31	7.5	80	0.82	117.82	0.09 / 0.08	0.09	7.1	1.2	5.42
	S_5JG	0~70	4.4 / 4.0	4.2	0.43 / 0.38	0.42 / 0.42	16.6 / 16.2	29	6.8	74	0.74	114.54	0.08	0.08	7.1	1.2	5.42

续表 5-6-7

日期	覆淤模式	层次 (cm)	土壤有机质 (g/kg)	0~70 cm 有机质加权平均 (g/kg)	N (g/kg)	P (g/kg)	K (g/kg)	碱解氮 (mg/kg)	P₂O₅ (mg/kg)	K₂O (mg/kg)	速效锌 (mg/kg)	速效 N、P、K、Zn 合计 (mg/kg)	土壤全盐量 (g/100g)	0~70 cm 全盐量加权平均 (g/100g)	pH	地下水矿化度 (g/L)	地下水埋深 (m)
1999年6月10日小麦成熟期	S₁JG	0~70	4.8 4.4	4.6	0.46 0.39	0.46 0.40	18.1 17.6	33	7.3	78	0.67	118.97	0.097	0.097	7.1	1.18	
	S₂JY	0~30 30~70	4.2 4.5	4.4	0.45 0.44	0.45 0.41	17.1 17.3	34.5	7.55	80.5	0.75	123.30	0.094 0.093	0.094	7.1	1.18	
	S₃JY	0~30 30~70	4.6 4.1	4.4	0.48 0.44	0.45 0.46	17.6 17.2	31.5	7.1	83.5	0.79	122.89	0.086 0.084	0.085	7.1	1.18	
	S₄JY	0~50 50~70	4.6 4.1	4.4	0.50 0.40	0.46 0.42	17.9 17.1	32.5	7.6	77	0.77	117.87	0.091 0.104	0.097	7.1	1.18	
	S₅JG	0~70	4.9 3.9	4.4	0.46 0.41	0.48 0.43	17.0 17.0	30.5	7.3	73.5	0.68	114.98	0.086	0.086	7.2	1.18	

表 5-6-8 潘庄试区土壤养分、盐分采样分析报告表

采样日期	处理号	有机质 (g/kg)		全氮 (g/kg)		全磷 (g/kg)		速效氮 (mg/kg)		速效磷 (mg/kg)		速效钾 (mg/kg)		速效锌 (mg/kg)		全盐量 (%)		pH	
		0~30	30~70	0~30	30~70	0~30	30~70	0~30	30~70	0~30	30~70	0~30	30~70	0~30	30~70	0~30	30~70	0~30	30~70
1995年11月30日冬小麦分蘖期	S_1G	4.71	4.07	0.46	0.44	1.36	1.30	41.8	33.0	3.8	2.5	94.6	101.7	95	114	0.069	0.059	8.74	8.91
	S_2G	5.06	4.30	0.42	0.42	1.27	1.20	60.3	30.6	10.9	2.6	78.7	69.8	63.5	70	0.061	0.048	8.67	8.82
	S_3G	5.41	2.23	0.62	0.37	1.40	1.00	54.7	36.3	4.9	2.1	91.0	53.9	34	28	0.068	0.054	8.60	8.82
	S_4G	6.26	4.47	0.58	0.52	1.67	1.43	107.6	44.5	13.7	3.1	85.7	75.1	60	69	0.069	0.063	8.55	8.72
	S_5G	3.54	2.61	0.39	0.30	1.23	1.07	40.8	31.6	6.9	2.3	62.8	45.0	52	58	0.035	0.042	8.87	8.95
	S_1Y	5.44	4.35	0.48	0.43	1.47	1.32	48.2	33.4	11.1	2.6	112.2	101.7	92	54	0.052	0.046	8.80	8.85
	S_2Y	4.15	4.35	0.47	0.46	1.24	1.28	39.1	44.6	4.8	3.3	75.1	8.7	63.5	59.5	0.054	0.051	8.63	8.74
	S_3Y	4.9	2.99	0.51	0.31	1.45	1.05	59.4	23.2	8.8	2.0	73.4	29.1	23.5	52.5	0.047	0.033	8.75	9.01
	S_4Y	5.27	4.47	0.57	0.41	1.50	1.24	79.8	27.8	6.0	2.0	82.2	61.0	107.5	58	0.063	0.046	8.60	8.84
	S_5Y	4.21	3.43	0.49	0.37	1.35	1.30	54.8	31.6	6.5	2.5	82.2	61.0	65	40	0.056	0.046	8.72	8.90
1996年5月1日冬小麦抽穗期	S_1G	4.4	3.8	0.53	0.46	1.46	1.20	62.9	45.7	9.3	4.3	60.4	63.0	58	49	0.076	0.058	8.61	8.82
	S_2G	3.8	3.3	0.36	0.42	0.96	0.96	38.6	41.5	7.2	2.9	40.4	45.0	41	55	0.046	0.044	8.90	8.85
	S_3G	4.6	3.0	0.66	0.38	1.18	0.90	74.3	34.3	7.0	2.8	62.0	37.5	59	40	0.055	0.045	8.79	8.85
	S_4G	6.5	4.0	0.57	0.43	1.19	1.13	44.3	37.1	6.9	1.9	60.7	51.7	48	62	0.054	0.055	8.81	8.79
	S_5G	3.0	1.4	0.40	0.29	1.02	0.85	48.9	48.9	10.0	2.6	35.2	20.3	54	41	0.043	0.058	8.89	8.85
	S_1Y	4.9	3.1	0.55	0.43	1.29	1.16	34.3	28.6	3.9	3.9	77.5	62.5	55	60	0.058	0.054	8.72	8.82
	S_2Y	5.2	3.5	0.55	0.47	1.18	1.08	31.4	37.2	9.0	6.2	53.8	68.2	58	52	0.060	0.044	8.70	8.86
	S_3Y	3.5	2.0	0.48	0.26	1.17	0.82	31.5	20.0	8.5	2.0	48.9	15.4	44	25	0.042	0.062	8.95	8.71
	S_4Y	6.4	3.4	0.51	0.37	1.32	1.01	32.9	24.3	10.3	3.0	60.0	38.8	61	44	0.051	0.044	8.79	8.82
	S_5Y	3.2	1.7	0.44	0.33	1.08	0.90	48.6	25.8	11.1	4.4	49.1	36.3	52	41	0.043	0.048	8.76	8.84
1996年9月18日夏玉米成熟期	S_1G	6.92	5.11	0.65	0.65	1.22	1.19	28.1	23.6	2.8	1.5	67.5	76.7	66	65	0.052	0.070	8.69	8.75
	S_2G	5.54	5.19	0.56	0.65	1.18	1.21	31.5	26.6	3.3	1.9	53.4	57.6	52	58	0.047	0.056	8.72	8.68
	S_3G	6.77	4.03	0.72	0.59	1.25	1.33	37.0	26.6	3.4	2.0	61.1	50.1	83	44	0.052	0.057	8.67	8.67
	S_4G	7.84	5.56	0.74	0.62	1.35	1.30	54.7	35.5	3.0	1.9	86.7	87.0	64	63	0.070	0.055	8.59	8.83
	S_5G	5.55	2.7	0.62	0.41	1.24	1.03	29.6	19.2	5.3	3.7	56.8	41.3	64	41	0.037	0.050	8.87	8.91
	S_1Y	6.66	5.28	0.62	0.68	1.46	1.37	28.1	25.1	3.8	2.7	73.8	69.8	52.5	58	0.050	0.047	8.63	8.80
	S_2Y	5.02	5.36	0.68	0.71	1.24	1.12	47.3	28.1	4.4	2.7	64.3	69.3	33	65	0.052	0.047	8.65	8.71
	S_3Y	6.59	2.87	0.71	0.39	1.21	1.29	35.5	17.7	6.8	4.0	66.0	32.3	64	46	0.053	0.039	8.65	8.95
	S_4Y	7.19	4.36	0.77	0.56	1.24	1.39	42.9	23.6	4.1	1.6	85.0	73.0	56	53	0.055	0.057	8.68	8.75
	S_5Y	6.59	5.55	0.56	0.38	1.45	1.08	51.8	23.7	9.6	5.6	51.6	47.6	65	62	0.049	0.040	8.79	8.91

续表 5-6-8

采样日期	处理号	有机质(g/kg)		全氮(g/kg)		全磷(g/kg)		速效氮(mg/kg)		速效磷(mg/kg)		速效钾(mg/kg)		速效锌(mg/kg)		全盐量(%)		pH	
		0~30	30~70	0~30	30~70	0~30	30~70	0~30	30~70	0~30	30~70	0~30	30~70	0~30	30~70	0~30	30~70	0~30	30~70
1996年11月7日冬小麦分蘖期	S_1G	7.70	5.80	0.65	0.50	1.33	1.34	70.4	62.1	21.7	7.4	89.9	75.7	57	45	0.085	0.070	8.65	8.76
	S_2G	7.44	3.89	0.71	0.47	1.11	1.04	45.8	26.6	3.8	1.6	51.8	43.6	42	33	0.076	0.069	8.57	8.69
	S_3G	7.54	4.34	0.74	0.56	1.47	1.21	54.7	34.0	3.1	2.1	77.5	54.5	61	48	0.088	0.051	8.54	8.87
	S_4G	7.63	4.95	0.83	0.68	1.40	1.12	38.5	20.7	3.2	1.4	74.3	56.1	72	48	0.063	0.051	8.66	8.83
	S_5G	5.02	1.91	0.59	0.41	1.24	0.89	78.4	28.1	14.3	1.6	66.0	31.6	44	21	0.071	0.042	8.61	8.92
	S_1Y	8.04	5.02	0.77	0.50	1.46	1.36	45.8	23.6	8.1	1.5	82.5	65.6	54	53	0.072	0.062	8.66	8.84
	S_2Y	5.62	6.40	0.59	0.53	1.18	1.24	82.8	40.0	22.5	8.9	79.3	60.0	40	48	0.097	0.080	8.47	8.56
	S_3Y	8.0	2.08	0.65	0.53	1.50	0.87	41.4	17.7	9.7	1.8	78.4	33.4	89	28	0.070	0.039	8.61	9.03
	S_4Y	7.84	4.12	0.65	0.59	1.52	1.13	45.8	20.7	7.9	1.6	74.5	50.0	54	41.5	0.064	0.046	8.65	8.90
	S_5Y	4.67	2.60	0.68	0.41	1.27	1.01	50.3	22.2	12.1	3.4	54.8	34.9	39.5	25	0.061	0.047	8.64	8.82
1997年5月7日冬小麦乳熟期	S_1G	5.4	4.0	0.94	0.51	1.33	1.27	338.6	204.6	6.97	3.26	77	77						
	S_2G	3.2	1.1	0.37	0.26	1.01	0.91	218.1	59.8	3.79	2.48	53	30						
	S_3G	5.8	1.0	0.67	0.20	1.24	0.73	140.8	56.9	13.69	3.60	80	37						
	S_4G	5.5	3.5	0.58	0.38	1.30	1.27	223.9	110.5	5.16	1.50	75	65						
	S_5G	1.8	2.2	0.54	0.31	1.25	0.81	200.0	207.3	7.73	1.46	64	31						
	S_1Y	5.6	3.7	0.67	0.40	1.23	1.19	159.9	92.8	4.19	3.08	75	65						
	S_2Y	1.9	3.3	0.54	0.44	1.26	1.06	96.2	81.1	8.08	5.24	75	65						
	S_3Y	4.6	1.0	0.46	0.27	1.21	0.91	136.3	117.9	8.67	1.04	70	40						
	S_4Y	5.4	1.0	0.45	0.15	1.34	0.86	63.8	17.6	5.83	0.90	89	30						
	S_5Y	1.1	3.4	0.54	0.36	1.13	0.82	365.1	182.2	1.55	11.47	68	34						
1997年8月22日夏玉米吐丝期	S_1G	5.7	4.0	0.31	0.13	1.52	1.16	36.89	30.24	3.57	0.58	44							
	S_2G	3.2	1.4	0.29	0.20	0.98	0.87	17.24	5.52	2.50	0.44	30							
	S_3G	7.7	1.4	0.65	0.29	1.20	1.17	132.30	38.10	5.16	0.45	32							
	S_4G	5.8	2.8	0.54	0.18	1.27	1.14	33.17	17.57	2.53	0.38	50							
	S_5G	1.3	1.0	0.30	0.33	1.07	0.83	20.86	7.24	4.29	1.09	32							
	S_1Y	6.6	3.6	0.51	0.24	1.36	1.19	36.37	27.07	1.73	0.35	64							
	S_2Y	0.4	3.2	0.37	0.17	1.08	0.83	41.03	23.89	8.97	1.83	34							
	S_3Y	5.4	1.0	0.62	0.24	1.21	0.88	277.18	32.41	5.21	0.99	27							
	S_4Y	5.3	3.3	0.42	0.21	1.30	0.89	42.58	24.82	1.95	0.35	35							
	S_5Y	5.1	1.1	0.55		1.28	0.89	36.54	8.67	3.84	1.01	35							

一、土壤有机质

(一)土壤有机质的概念及作用

土壤有机质泛指土壤中以各种形态存在的含碳有机化合物的总称。土壤中有机化合物的种类繁多,可粗略地分为非腐殖物质和腐殖物质两大类。非腐殖物质主要是碳水化合物和含氮化合物等,腐殖物质主要是褐腐酸和黄腐酸等。它是土壤中各种营养元素特别是氮、磷的重要来源。土壤有机质中的胡敏酸类物质还具有刺激植物生长的功效。土壤有机质由于具有胶体特性,能吸附较多的阳离子,因而使土壤具有保肥和供肥的缓冲性能。土壤有机质能使土壤疏松和形成良好的团粒结构,从而改善土壤的物理性状。土壤有机质是土壤微生物必不可少的碳源和能源,土壤有机质含量的多少是土壤肥力高低的一个重要指标。

土壤有机质是土壤的重要组成部分,也是植物养分的重要来源,土壤中有机质的多少直接影响着土壤的保水、保肥、耕性、土壤温度和通气状况等,在土壤肥力诸因素中起主导作用,它对改善土壤的理化、生物性质有重要作用。因此,土壤有机质含量是判定土壤肥力高低的重要指标。测定土壤有机质含量是土壤分析的重要项目之一。

有机质中的腐殖酸能改变植物体内的糖类代谢,促进还原糖的积累,提高细胞渗透压,从而增加植物的抗旱力;促进过氧化酶的活性,加速种子发芽和养分吸收过程,从而增加生长速度。一定浓度的褐腐酸溶液还可以加强植物的呼吸作用,增加细胞膜的透性,从而提高其对养分的呼吸能力,并加速细胞分裂,增强根系发育,对作物增产起到很好的促进作用。

(二)各处理有机质含量变化对作物增产影响分析

土壤中有机质的含量虽少,但在土壤肥力上的作用却很大,它含有各种营养元素,在物理性上,对土壤水、气、热等各种肥力因素起着重要的调节作用,对土壤结构、耕性也有重要的影响;它还能增强土壤的保肥性能,促进团粒结构的形成,改善物理性质。通过试验测定,我们得到连续几年各覆淤结构的有机质含量。

1. 位山周店试区各处理有机质含量变化分析

位山周店试区不同处理各生育期冬小麦、夏玉米有机质含量表见表5-6-9、表5-6-10。

表 5-6-9　不同处理各生育期冬小麦有机质含量表　　　　　(单位:g/kg)

处理号	1996年11月27日小麦出苗期	1997年5月6日小麦抽穗期	1997年6月9日小麦成熟期	1997年10月25日小麦播种期	1998年5月8日小麦抽穗期	1998年6月8日小麦成熟期	1998年10月10日小麦播种期	1999年5月5日小麦抽穗期	1999年6月10日小麦成熟期
S_1G	4.6	4.45	4.5	3.9	4.1	4.2	4.5	4.3	4.6
S_2Y	3.8	4.9	4.5	4.1	4.4	4	4.4	1.25	4.4
S_3Y	4.6	4.1	4.1	4.4	4.8	4.4	4	4.1	4.4
S_4Y	4.1	4.4	4.4	3.6	4	3.9	3.95	4	4.3
S_5G	3.1	3.1	3.6	4.5	4.5	4.5	4.25	4.2	4.4

表5-6-10　不同处理各生育期夏玉米有机质含量表　　　　（单位：g/kg）

处理号	1997年8月11日 玉米吐丝期	1997年9月10日 玉米成熟期	1998年8月9日 玉米吐丝期	1998年9月10日 玉米成熟期
S_1G	4.5	4.5	4.55	4.43
S_2Y	3.4	3.7	4.1	4.16
S_3Y	4	4.1	4.4	3.96
S_4Y	4	4	4.4	4
S_5G	3.4	2.9	4.1	3.8

由冬小麦各生育期土壤有机质含量变化示意图（见图5-6-29（a））可以看出，第一年的抽穗期，处理 S_1、S_2、S_4 有机质含量较高而处理 S_3 和 S_5 较低。处理 S_3、S_5 虽然第二年有机质含量有上升趋势，甚至超过处理 S_1 和 S_4，但这2个处理到第三年有机质含量均明显降低。冬小麦三年各生育期土壤有机质含量总的变化趋势仍是 $S_1 > S_2 > S_4 > S_3 > S_5$。

夏玉米不同处理有机质含量示意图（见图5-6-29（b））则显示出：第一年处理 S_1、S_3、S_4 有机质含量明显高于处理 S_2 和 S_5，第二年处理 S_1、S_2 和 S_4 有机质含量还是高于处理 S_3、S_5。夏玉米两年各生育期土壤有机质含量总的变化趋势仍是 $S_1 > S_2 > S_4 > S_3 > S_5$。

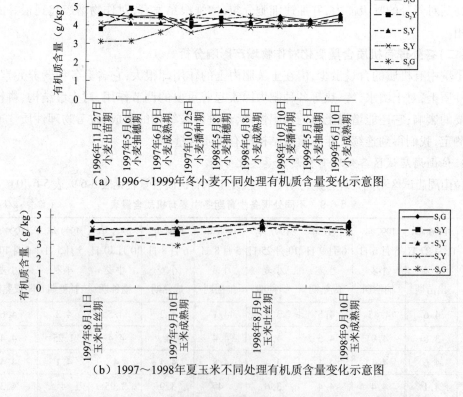

（a）1996～1999年冬小麦不同处理有机质含量变化示意图

（b）1997～1998年夏玉米不同处理有机质含量变化示意图

图5-6-29　周店试区冬小麦、夏玉米各生育期不同处理土壤有机质变化示意图

2.潘庄试区各处理有机质含量变化分析

潘庄试区不同处理各生育期冬小麦、夏玉米有机质含量见表 5-6-11、图 5-6-30。

表 5-6-11　不同处理各生育期冬小麦、夏玉米有机质含量表　（单位:g/kg）

处理号	1995 年 11 月 30 日 小麦分蘗期	1996 年 5 月 1 日 小麦抽穗期	1996 年 9 月 18 日 玉米吐丝期 – 成熟期	1996 年 11 月 7 日 小麦分蘗期	1997 年 5 月 7 日 小麦抽穗期	1997 年 8 月 22 日 玉米吐丝期
S_1G	4.07	3.8	5.11	5.8	4	4
S_1Y	4.35	3.1	5.28	5.02	3.7	3.6
S_2G	4.30	3.3	5.19	3.89	1.1	1.4
S_2Y	4.35	3.5	5.36	6.4	3.3	3.2
S_3G	2.23	3	4.03	4.34	1	1.4
S_3Y	2.99	2	2.98	2.08	1	1
S_4G	4.47	4	5.56	4.95	3.5	2.8
S_4Y	4.47	3.4	4.36	4.12	1	3.3
S_5G	2.61	1.4	2.7	1.91	2.2	1
S_5Y	3.43	1.7	5.55	2.6	3.4	1.1

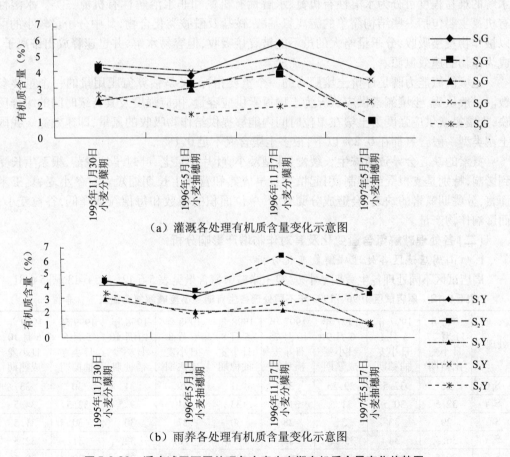

（a）灌溉各处理有机质含量变化示意图

（b）雨养各处理有机质含量变化示意图

图 5-6-30　潘庄试区不同处理冬小麦生育期有机质含量变化趋势图

由表5-6-11、图5-6-30可看出,对于灌溉处理的地块,有机质含量大小的变化趋势是S_1、$S_4 > S_2$、$S_3 > S_5$,对于雨养处理的地块,有机质含量大小的变化趋势是S_2、$S_1 > S_4 > S_3 > S_5$。

结论:位山周店、潘庄试区冬小麦、夏玉米各生育期土壤有机质含量总的变化趋势是S_1、S_2、$S_4 > S_3 > S_5$。

二、土壤中的氮

(一)土壤中氮的概念及作用

土壤中氮的形态可分为有机氮和无机氮,两者合称为土壤全氮。无机氮也称矿质氮,包括硝态氮、亚硝态氮和铵态氮。

土壤中的无机氮,一般只占土壤全氮量的1%~2%,而且还处于经常变动之中。它是土壤中生物化学作用、物理作用、化学作用的产物,受微生物的生命活动与水热条件的影响很大,同时又易为作物和微生物所吸收,还可通过不同途径从土壤中损失掉。因此,其含量变化不仅有季节性的差异,而且有昼夜和晴雨之间的变化。无机氮虽然是作物可以直接利用的氮源,但其含量并不能代表作物整个生育期或某一生育期内可以从土壤吸收的氮的总量,更不宜把上年或上季所测得的无机氮含量直接作为下年或下季作物施用氮肥的依据。

有机氮是土壤中氮的主要形态,一般占土壤全氮量的98%以上。有机氮按其溶解和水解的难易程度可分为水溶性有机氮、水解性有机氮和非水溶解性有机氮三类。水溶性有机氮主要包括一些结构简单的游离氨基酸、铵盐及酰胺类化合物,其中分子量较小的可以被作物直接吸收,分子量略大的虽不能被直接吸收,但容易水解,并迅速释放出铵离子,成为作物的速效氮源。

土壤供氮能力既是评价土壤肥力的一个重要指标,又是估算氮肥用量的一个重要参数。一般认为,土壤氮素供应状况为土壤氮素供应容量、供应强度及其持续时间的综合反映,土壤氮素供应强度为土壤在单位时间内能够提供给作物吸收的氮量,即速效氮。我国土壤类型一般含氮都在0.2%以下,很多土壤含氮不足0.1%。

氮素的缺乏会导致植株生长缓慢,株型矮小,叶片小且老,叶过早地脱落,根系生长受到影响,特别是支根受到抑制,引起植物过早成熟和营养生长期缩短。对冬小麦、夏玉米而言,分蘖期氮素的缺乏,会造成分蘖减少,单位面积的穗数和每穗粒数降低,谷粒变小,而影响作物产量。

(二)各处理碱解氮含量变化及其对作物增产影响分析

1. 位山周店试区各处理碱解氮变化分析

周店试区不同处理各生育期冬小麦、夏玉米碱解氮含量见表5-6-12、表5-6-13、图5-6-31。

表5-6-12　周店试区1996~1999年不同处理各生育期冬小麦碱解氮含量表　　(单位:mg/kg)

处理号	1996年11月27日小麦出苗期	1997年5月1日小麦抽穗期	1997年6月9日小麦成熟期	1997年10月25日小麦播种期	1998年5月8日小麦抽穗期	1998年6月8日小麦成熟期	1998年10月10日小麦播种期	1999年5月5日小麦抽穗期	1999年6月10日小麦成熟期
S_1G	26	32.5	29.25	32	31	29	31	30	33
S_2Y	32.5	30.5	31.5	31.5	33	31	29.5	32.5	34.5
S_3Y	29	33	31	28	30	27	30	30	31.5
S_4Y	36.5	34	35.25	32	29.5	28	32	31	32.5
S_5G	30.5	32.5	31.5	29.5	29	26	28	29	30.5

表 5-6-13　周店试区 1997～1998 年不同处理各生育期夏玉米碱解氮含量表

（单位：mg/kg）

处理号	1997 年 8 月 11 日 玉米吐丝期	1997 年 9 月 10 日 玉米成熟期	1998 年 8 月 9 日 玉米吐丝期	1998 年 9 月 10 日 玉米成熟期
S_1G	32	31.5	31	31
S_2Y	32	31	31	30.5
S_3Y	30	29	29.5	30
S_4Y	31	31	28.5	31
S_5G	29	28	28	29

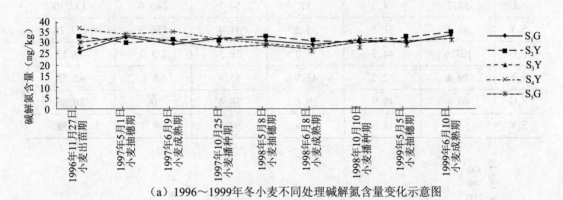

（a）1996～1999年冬小麦不同处理碱解氮含量变化示意图

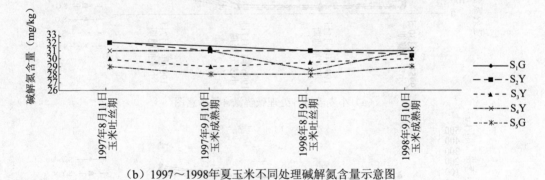

（b）1997～1998年夏玉米不同处理碱解氮含量示意图

图 5-6-31　周店试区冬小麦、夏玉米各生育期不同处理土壤碱解氮变化示意图

从图 5-6-31 可以看出：在冬小麦各生育期内处理 S_1 和 S_2 碱解氮含量虽然有变动，但整体呈现上升趋势，尤其是抽穗分蘖期的氮肥供应，有利于作物的成长、增产。处理 S_4 虽然碱解氮含量变化比较大，但整体含量较高。处理 S_3 和 S_5 碱解氮含量则整体处在较低水平。夏玉米不同生育期内，碱解氮含量变化也显示出 S_1、$S_2 > S_4 > S_3 > S_5$ 的趋势。

2.潘庄试区不同处理碱解氮含量变化分析

潘庄试区不同处理各生育期冬小麦、夏玉米碱解含量见表5-6-14、图5-6-32。

表 5-6-14　潘庄试区不同处理各生育期冬小麦、夏玉米碱解氮含量表（单位：mg/kg）

处理号	1995 年 11 月 30 日小麦 分蘗期	1996 年 5 月 1 日小麦 抽穗期	1996 年 9 月 18 日 玉米吐丝 期－成熟期	1996 年 11 月 7 日小麦 分蘗期	1997 年 5 月 7 日小麦 抽穗期	1997 年 8 月 22 日玉米 吐丝期
S_1G	41.8	62.9	28.1	70.4	338.6	36.89
S_1Y	48.2	34.3	28.1	45.8	159.9	36.37
S_2G	60.3	38.6	31.5	45.8	218.1	17.24
S_2Y	39.1	31.4	47.3	32.8	96.2	41.03
S_3G	54.7	74.3	37	54.7	140.8	132.30
S_3Y	59.4	31.5	35.5	41.4	136.3	277.18
S_4G	107.6	44.3	54.7	38.5	223.9	33.17
S_4Y	79.8	32.9	42.9	45.8	63.8	42.58
S_5G	40.8	48.9	29.6	78.4	200	20.86
S_5Y	54.8	48.6	51.8	50.3	385.1	36.54

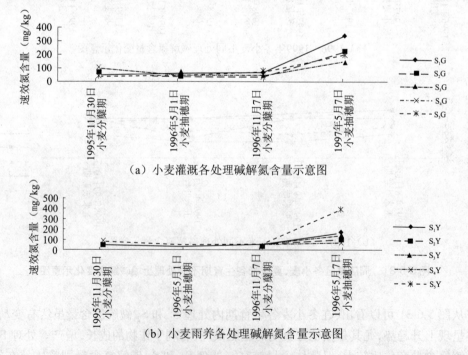

（a）小麦灌溉各处理碱解氮含量示意图

（b）小麦雨养各处理碱解氮含量示意图

图 5-6-32　潘庄试区不同处理冬小麦生育期碱解氮含量变化趋势图

由表 5-6-14、图 5-6-32 可以看出,不同处理在每年的全生育期内速效氮含量均以小麦抽穗期为最高,这是由于在小麦返青期追施尿素的原因。而且第二年各处理土壤中的速效氮含量均高于前一年。灌溉处理和雨养处理速效氮含量呈现以下规律:$S_1 > S_2$、$S_4 > S_3$、S_5。这是由于 S_1 通体为壤土,S_4 中 0~50 cm 范围内为壤土,S_2 下层 40 cm 为壤土,多团粒结构,保水保肥的能力强,通气性较好,利于作物对养分的吸收,对于作物的增产效果也就越好。S_3 虽上层 0~30 cm 为壤土,但其下部为沙土。这种结构使得土壤养分容易随灌溉水流失到下层,造成表土层养分的匮乏。S_5 通体沙土质地,各种养分易流失,不能满足作物生长的需求。

结论:位山周店、潘庄试区冬小麦、夏玉米作物生育期碱解氮含量变化的总趋势为 S_1、$S_2 > S_4 > S_3 > S_5$。

三、土壤中的磷

(一)土壤磷的概念及作用

磷与氮一样,是植物生长发育不可缺少的营养元素之一,它既是作物体内重要有机化合物的组成部分,同时又以多种方式参与作物体内的生理过程,对作物生长发育、生理代谢、产量与品质等都起着重要作用。

磷对于维持生物体正常的生活机能有重要的作用。如果土壤里缺乏能被植物摄取的磷化合物,植物就不能很好地发育,不能很好地结出果实。作物一般在生长前期需磷量比较大。

磷是土壤中重要的大量营养元素,土壤中的磷素含量与植物生长直接相关,是反映土壤肥力的重要指标之一。

叶绿素的输出能量需要无机磷,磷酸盐对自养型生长的主要效应,就是供给在叶绿素中产生的化学能。因为许多代谢过程,直接和间接地依赖于能量的供应。但另一方面,土壤中过高的磷酸盐含量,可能阻碍锌、铜、铁等微量元素的吸收和运输,而抑制植物生长。

土壤速效磷含量是土壤农化性状的重要指标之一,就一个土壤类型或一个地理区域内的土壤速效磷进行统计和评价是农业技术中的一项重要工作。

自然土壤一般含全磷在 0.01%~0.12%,变化幅度比较大。

土壤供磷状况是土壤肥力的指标之一,土壤中磷的形态、供应强度和容量、扩散系数和缓冲能力均强烈地影响作物对磷的吸收。土壤中磷的形态决定着磷对作物的有效性,磷供应的强度因素控制着根对磷的吸收速率,磷供应的容量因素关系到由土壤溶液供给的磷的贮量,磷的缓冲能力关系到土壤溶液经常保持供磷强度的能力,磷的扩散系数影响着磷向根系的移动。只有当影响土壤供磷状况的上述诸因素均处于最佳状态时,才最有利于作物对磷的吸收。

（二）各处理全磷含量变化及其对作物增产影响分析

1. 位山周店试区各处理全磷含量变化分析

周店试区不同处理各生育期冬小麦、夏玉米全磷含量变化见表 5-6-15、表 5-6-16。

表 5-6-15　周店试区 1996～1999 年不同处理各生育期冬小麦全磷含量变化表

（单位：g/kg）

处理号	1996 年 11 月 27 日小麦出苗期	1997 年 5 月 1 日小麦抽穗期	1997 年 6 月 9 日小麦成熟期	1997 年 10 月 25 日小麦播种期	1998 年 5 月 8 日小麦抽穗期	1998 年 6 月 8 日小麦成熟期	1998 年 10 月 10 日小麦播种期	1999 年 5 月 5 日小麦抽穗期	1999 年 6 月 10 日小麦成熟期
S_1G	0.575	0.53	0.535	0.495	0.52	0.505	0.415	0.41	0.43
S_2Y	0.565	0.57	0.55	0.52	0.485	0.46	0.445	0.45	0.43
S_3Y	0.545	0.53	0.52	0.52	0.53	0.515	0.485	0.405	0.455
S_4Y	0.540	0.55	0.535	0.5	0.535	0.535	0.435	0.46	0.44
S_5G	0.515	0.545	0.555	0.465	0.565	0.515	0.445	0.42	0.455

表 5-6-16　周店试区 1997～1998 年不同处理各生育期夏玉米全磷含量变化表

（单位：g/kg）

处理号	1997 年 8 月 11 日玉米吐丝期	1997 年 9 月 10 日玉米成熟期	1998 年 8 月 9 日玉米吐丝期	1998 年 9 月 10 日玉米成熟期
S_1G	0.425	0.475	0.48	0.445
S_2Y	0.465	0.395	0.485	0.495
S_3Y	0.445	0.44	0.485	0.465
S_4Y	0.4	0.34	0.415	0.405
S_5G	0.48	0.33	0.5	0.505

从图 5-6-33 中可以看出，冬小麦、夏玉米在不同处理的作物生长的早期以至成熟期，土壤磷含量变化的总趋势是：S_2、S_3、S_4、$S_5 > S_1$，足见全壤 S_1 中磷的含量最低。

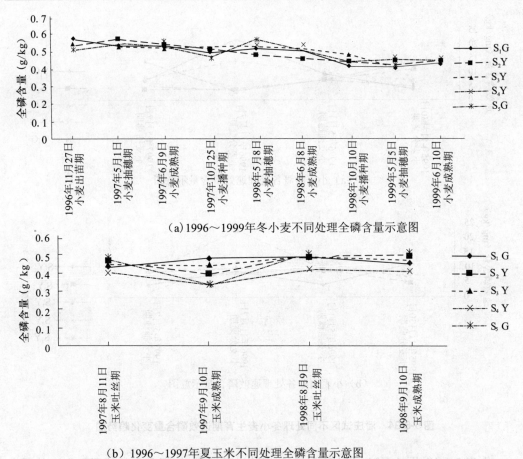

（a）1996～1999年冬小麦不同处理全磷含量示意图

（b）1996～1997年夏玉米不同处理全磷含量示意图

图 5-6-33　周店试区冬小麦、夏玉米各生育期不同处理土壤全磷变化示意图

2. 潘庄试区不同处理速效磷含量变化分析

潘庄试区不同处理各生育期冬小麦、夏玉米速效磷含量变化见表 5-6-17、图 5-6-34。

表 5-6-17　潘庄试区不同处理各生育期冬小麦、夏玉米速效磷含量变化表　　（单位：mg/kg）

处理号	1995 年11 月 30日小麦分蘖期	1996 年5 月 1日小麦抽穗期	1996 年 9 月18 日玉米吐丝期 -成熟期	1996 年 11 月7 日小麦分蘖期	1997 年 5 月7 日小麦抽穗期	1997 年 8 月22 日玉米吐丝期
S_1G	3.8	9.3	2.8	21.7	6.97	3.57
S_1Y	11.1	3.9	3.8	8.7	4.19	1.73
S_2G	10.9	7.2	3.3	3.8	3.79	2.5
S_2Y	4.8	9	4.4	22.5	8.08	8.97
S_3G	4.9	7	3.4	3.1	13.69	5.16
S_3Y	8.8	8.5	6.8	9.7	8.67	5.21
S_4G	13.7	6.9	3	3.2	5.16	2.53
S_4Y	6	10.3	4.1	7.9	5.83	1.95
S_5G	6.9	10	5.3	14.3	7.73	4.29
S_5Y	6.5	11.1	9.6	12.1	1.55	3.84

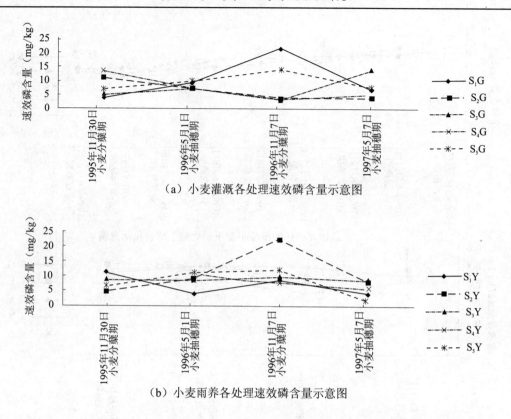

（a）小麦灌溉各处理速效磷含量示意图

（b）小麦雨养各处理速效磷含量示意图

图5-6-34　潘庄试区不同处理冬小麦生育期速效磷含量变化趋势图

由表5-6-17、图5-6-34可以看出,在两年的生育期内,处理S_2G和处理S_4G速效磷含量的变化趋势是一致的,在第一年的小麦分蘖期含量较高,而后一直趋于降低趋势。与此相反,处理S_1G、S_3G和S_5G,速效磷含量则在第一年表现较低,而到第二年的作物生长前期则处于上升趋势。

雨养处理各地块的速效磷含量与灌溉处理的地块相比,处理S_1G、S_3G和S_4G在第一年速效磷含量较高于S_1Y、S_3Y和S_4Y,之后趋于降低,次年处理S_2G、S_5G速效磷含量甚至低于S_2Y、S_5Y。这也是因为S_1G、S_3G和S_4G的表层内为壤土,通气透水性好,施入的豆饼中的营养元素可以快速分解,释入到土壤中,土壤中磷含量增加,在小麦生长前期能够及时供给磷营养;到次年并未追施磷肥,仅靠土壤中释放的磷来供应小麦生长,土壤中速效磷含量呈现下降趋势,处理S_2G和S_5G随着生育期的变化速效磷含量变化幅度较大。

结论:位山周店试区冬小麦、夏玉米生长期灌溉与雨养全磷含量变化的总趋势是S_2、S_3、S_4、S_5 > S_1。潘庄灌区冬小麦、夏玉米生长期灌溉与雨养速效磷含量变化的总趋势是

S_2、S_3、S_5 > S_1、S_4。

四、土壤中的钾

(一)土壤中钾的概念

钾不仅是植物生长发育所必需的营养元素,而且是肥料三要素之一。许多植物需钾量都很大,它在植物体中的含量仅次于氮。

土壤中速效钾含量的高低是土壤供钾能力的标志,通常用速效钾的含量来衡量土壤供钾能力的大小。土壤速效钾的含量受到质地、全钾量、有机质、盐基饱和度等多种因素的影响。

土壤速效钾是指易被作物吸收利用的钾,其中90%以交换性钾形态吸附在土壤胶体表面,约10%为水溶性钾,存在于土壤溶液中。尽管速效钾只占土壤全钾的1%~2%,但由于能被当季作物所吸收,对植物的钾素营养状况有直接影响,其含量高低是判断土壤钾素丰缺的重要指标。

钾在植物生理方面是最重要的阳离子,是调节植物水分状况最重要的元素。钾在气孔开闭中起着重要的作用,供钾充足的植物,其水分损耗较少,主要是由于降低了蒸腾的速率,这不仅是依靠叶肉细胞的渗透势,而且在很大程度上受气孔开闭控制。植物的许多合成反应需要ATP,钾对ATP合成起着非常显著的有益效应,K^+则可间接地促进各种有机化合物的合成,如蛋白质、糖和多糖。

作物对K^+的吸收在很大程度上受氮营养水平的影响。通常作物的氮素营养越好,钾肥的增产效应就越大;另一方面,当钾供应充足时,就越能发挥氮肥的增产效果。而作物对钾的吸收以营养阶段的吸收量最高,在生殖生长阶段施用钾肥对籽粒产量几乎没有什么影响。

土壤的许多性质都会影响土壤中钾的供应水平,而供钾水平则明显影响着钾肥的肥效。土壤供钾水平是指土壤溶液中速效钾的含量和土壤中缓效钾释放的数量和速率。在一个生长季中,对大多数作物来讲,速效钾含量是决定钾肥肥效的重要因素。在施肥量相同的情况下,土壤质地会影响钾肥的肥效。一般来说,土壤机械组成愈细,含钾量就愈高。质地粗的沙性土施用钾肥的效果比黏土高,但钾肥在沙性土壤上的肥效不能持久。

(二)各处理全钾含量变化及其对作物增产影响分析

1.位山周店试区全钾含量变化分析

周店试区不同处理各生育期冬小麦、夏玉米全钾含量变化见表5-6-18、表5-6-19。

表 5-6-18 周店试区 1996～1999 年不同处理各生育期冬小麦全钾含量变化表

（单位：g/kg）

处理号	1996 年 11 月 27 日小麦出苗期	1997 年 5 月 1 日小麦抽穗期	1997 年 6 月 9 日小麦成熟期	1997 年 10 月 25 日小麦播种期	1998 年 5 月 8 日小麦抽穗期	1998 年 6 月 8 日小麦成熟期	1998 年 10 月 10 日小麦播种期	1999 年 5 月 5 日小麦抽穗期	1999 年 6 月 10 日小麦成熟期
S_1G	17.4	17.4	17.4	17.2	17.4	17.1	17.7	17.2	17.6
S_2Y	17.3	17.3	18.4	17.1	17.1	17.3	16.9	16.9	17.3
S_3Y	17.2	16.9	18.9	17.3	16.7	16.8	16.6	16.9	17.2
S_4Y	16.9	17.1	18.2	16.9	17.6	16.8	17.4	16.9	17.1
S_5G	16.8	17.1	17.2	16.9	16.9	16.3	16.6	16.2	17.0

表 5-6-19 周店试区 1997～1998 年不同处理各生育期夏玉米全钾含量变化表

（单位：g/kg）

处理号	1997 年 8 月 11 日玉米吐丝期	1997 年 9 月 10 日玉米成熟期	1998 年 8 月 9 日玉米吐丝期	1998 年 9 月 10 日玉米成熟期
S_1G	16.2	17.1	16.9	17.4
S_2Y	16.9	16.6	16.8	16.6
S_3Y	15.4	15.8	16.8	16.8
S_4Y	16.4	15.4	15.9	16.8
S_5G	15.1	13.1	15.2	17.1

从冬小麦不同处理全钾含量变化示意图（见图 5-6-35（a））可以看出，在抽穗、分蘖

期,处理 S_1、S_2、S_4 的全钾含量高于处理 S_3、S_5,即 S_1、S_2、$S_4 > S_3$、S_5。而夏玉米不同处理全钾含量则整体呈现以下趋势:S_1、$S_2 > S_3$、$S_4 > S_5$,见图 5-6-35(b)。冬小麦、夏玉米不同处理全钾含量变化的总趋势为 S_1、$S_2 > S_3$、$S_4 > S_5$。

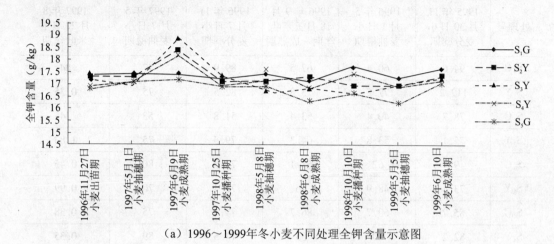

（a）1996～1999年冬小麦不同处理全钾含量示意图

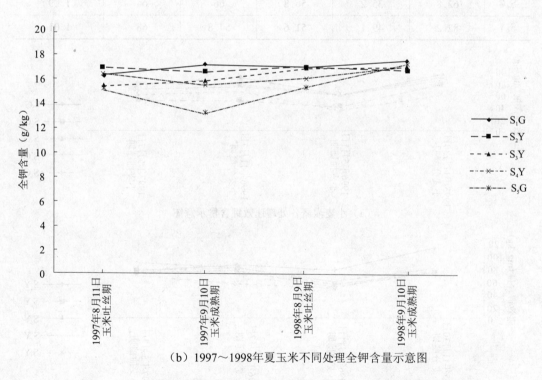

（b）1997～1998年夏玉米不同处理全钾含量示意图

图 5-6-35　周店试区冬小麦、夏玉米各生育期不同处理土壤全钾变化示意图

2.潘庄试区冬小麦、夏玉米不同处理速效钾含量变化分析

潘庄试区不同处理各生育期冬小麦、夏玉米速效钾含量见表5-6-20、图5-6-36。

表5-6-20　潘庄试区不同处理各生育期冬小麦、夏玉米速效钾含量表　　　（单位:mg/kg）

处理号	1995年11月30日小麦分蘖期	1996年5月1日小麦抽穗期	1996年9月18日玉米吐丝期-成熟期	1996年11月7日小麦分蘖期	1997年5月7日小麦抽穗期	1997年8月22日玉米吐丝期
S_1G	94.6	60.4	67.5	89.9	77	84
S_1Y	112.2	77.5	73.8	82.5	75	0.35
S_2G	78.7	40.4	53.4	51.8	53	44
S_2Y	75.1	53.8	64.3	79.3	75	1.83
S_3G	91	62	61.1	77.5	80	0.45
S_3Y	73.4	48.9	66	78.4	70	0.99
S_4G	85.7	60.7	86.7	74.3	75	0.38
S_4Y	82.2	60	85	74.5	89	0.35
S_5G	62.8	35.2	56.8	66	64	1.09
S_5Y	82.2	49.1	51.6	54.8	68	1.01

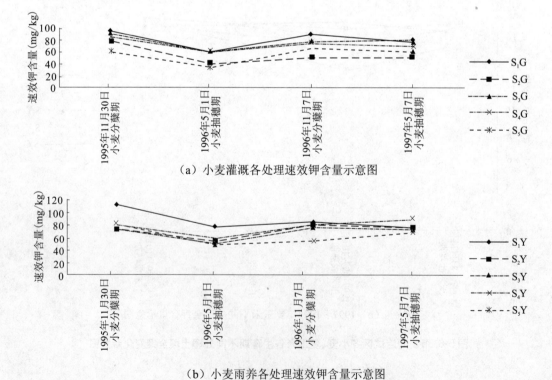

（a）小麦灌溉各处理速效钾含量示意图

（b）小麦雨养各处理速效钾含量示意图

图5-6-36　潘庄试区不同处理冬小麦生育期速效钾含量变化趋势图

由表 5-6-20、图 5-6-36 可以看出,相同的施肥条件下,灌溉处理在两年的全生育期内,速效钾含量呈现以下规律:S_1、S_3、$S_4 > S_2$、S_5。处理 S_1G、S_3G 和 S_4G 的速效钾含量整体高于处理 S_2G 和 S_5G,其中又以 S_5G 的变幅最大。这是因为,处理 S_1G、S_3G 和 S_4G 的表层都覆有壤土,对于施入的钾肥具有比较好的保持作用;S_2G 表层为 30 cm 的沙土,保肥能力相对弱于前者,但因为其下层为壤土,所以该处理的速效钾含量高于通体为沙土的处理 S_5G。

对于各雨养处理,由第一年到第二年的各生育期,整体速效钾含量均趋于下降状态。这是因为钾肥在沙性土壤中,可以很快地释放供应作物需求,但是易流失肥效不能持久。仍以处理 S_1Y 和 S_4Y 速效钾含量为最高,处理 S_2Y、S_3Y 次之,而处理 S_5G 最低。这与灌溉处理规律基本一致。

结论:位山周店试区冬小麦、夏玉米生育期灌溉与雨养全钾含量变化总趋势是 S_1、$S_2 > S_3$、$S_4 > S_5$。潘庄试区冬小麦、夏玉米全生育期内灌溉和雨养速效钾含量的变化总趋势是 S_1、S_2、S_4、$S_3 > S_5$。

五、土壤全盐量

(一)土壤全盐量的概念和作用

土壤全盐量指土壤中的可溶性盐的总量。含量过高会影响作物的生长和质地。

(二)土壤全盐量变化对作物增产的影响分析

1. 位山周店试区不同处理土壤全盐量变化分析

见表 5-6-21、表 5-6-22、图 5-6-37。

表 5-6-21　周店试区不同处理各生育期冬小麦全盐量表　　（单位:g/100 g）

处理号	1996 年 11 月 27 日小麦出苗期	1997 年 5 月 1 日小麦抽穗期	1997 年 6 月 9 日小麦成熟期	1997 年 10 月 25 日小麦播种期	1998 年 5 月 8 日小麦抽穗期	1998 年 6 月 8 日小麦成熟期	1998 年 10 月 10 日小麦播种期	1999 年 5 月 5 日小麦抽穗期	1999 年 6 月 10 日小麦成熟期
S_1G	0.11	0.12	0.13	0.10	0.10	0.08	0.09	0.11	0.097
S_2Y	0.11	0.12	0.12	0.09	0.09	0.07	0.08	0.09	0.094
S_3Y	0.13	0.12	0.12	0.09	0.08	0.07	0.09	0.10	0.085
S_4Y	0.12	0.11	0.10	0.09	0.09	0.085	0.09	0.097
S_5G	0.10	0.10	0.11	0.09	0.07	0.06	0.08	0.08	0.086

表 5-6-22　　周店试区不同处理各生育期夏玉米全盐量表　　（单位：g/100 g）

处理号	1997 年 8 月 11 日 玉米吐丝期	1997 年 9 月 10 日 玉米成熟期	1998 年 8 月 9 日 玉米吐丝期	1998 年 9 月 10 日 玉米成熟期
S_1G	0.10	0.10	0.09	0.09
S_2Y	0.12	0.11	0.09	0.09
S_3Y	0.10	0.09	0.08	0.08
S_4Y	0.10	0.09	0.08	0.08
S_5G	0.10	0.08	0.07	0.08

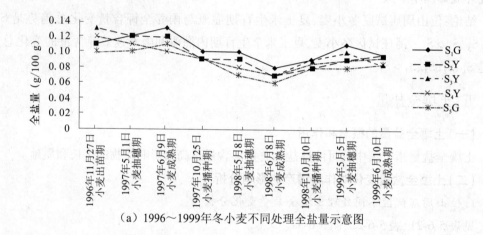

（a）1996~1999年冬小麦不同处理全盐量示意图

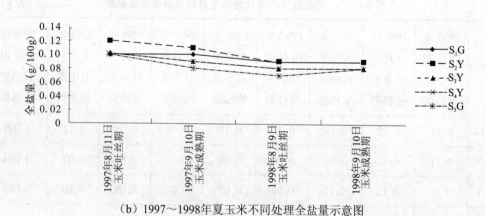

（b）1997~1998年夏玉米不同处理全盐量示意图

图 5-6-37　周店试区冬小麦、夏玉米各生育期不同处理土壤全盐量变化示意图

从变化示意图上可以看出，不同覆淤方式各处理全盐量整体呈现以下规律：S_1、$S_2 > S_3$、$S_4 > S_5$。但整体含量均不高，对土壤质地影响不大，对作物的生长没有大的障碍作用。

2. 潘庄试区不同处理土壤全盐量变化分析

见表5-6-23、图5-6-38。

表5-6-23　潘庄试区不同处理各生育期冬小麦、夏玉米全盐量含量变化表

（单位：g/100 g）

处理号	1995年11月30日 小麦分蘖期	1996年5月1日 小麦抽穗期	1996年9月18日 玉米吐丝期-成熟期	1996年11月7日 小麦分蘖期
S_1G	0.069	0.076	0.052	0.085
S_1Y	0.052	0.058	0.050	0.075
S_2G	0.061	0.046	0.047	0.076
S_2Y	0.054	0.060	0.052	0.097
S_3G	0.068	0.055	0.052	0.088
S_3Y	0.047	0.042	0.053	0.070
S_4G	0.069	0.054	0.070	0.063
S_4Y	0.063	0.051	0.055	0.064
S_5G	0.035	0.043	0.037	0.071
S_5Y	0.056	0.043	0.049	0.061

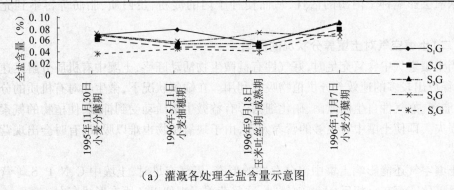

（a）灌溉各处理全盐含量示意图

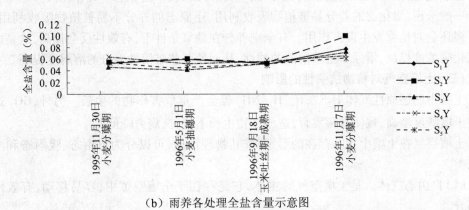

（b）雨养各处理全盐含量示意图

图5-6-38　潘庄试区不同处理冬小麦、夏玉米生育期全盐量含量变化趋势图

对于灌溉处理的各地块,土壤的全盐量有如下变化趋势:第一年,S_1、S_4、$S_3 > S_2$、S_5,而到第二年,S_1、S_4 的全盐量呈现明显的下降趋势,而处理 S_2、S_3、S_5 则呈现上升趋势。

结论:潘庄试区冬小麦、夏玉米生育期灌溉与雨养全盐量变化的总趋势是 S_1、$S_4 > S_2$、$S_3 > S_5$。但整体来看,所有覆淤方式全盐量都不是太高,均不会造成土壤盐渍化,对土质影响不大,对作物生长没有障碍作用。

位山周店试区冬小麦、夏玉米生长期不同处理全盐量变化的总趋势是 S_1、$S_2 > S_3$、$S_4 > S_5$。潘庄试区不同处理全盐量变化的总趋势是 S_1、$S_4 > S_2$、$S_3 > S_5$。两试区各处理总体含盐均不高。

第三节　不同覆淤土层结构土壤气状况分析

一、土壤中气的概念和作用

土壤空气是土壤的重要组成成分之一,它对植物的生长、土壤微生物的活动、土壤养分的形态与转化,以及土壤内的化学和生物化学过程都有重要的影响,主要表现在以下方面。

(一)土壤空气对种子萌发和根系生长的影响

种子萌发和根系生长都需要从土壤里吸收足够的水分、一定量的氧气,进行呼吸作用。缺氧会影响种子内酶的活性,从而使种子内的淀粉、蛋白质、脂肪等得不到充分的氧化。

(二)土壤空气对土壤养分状况的影响

当土壤空气中含氧充足时,好气性有益微生物活动旺盛,土壤中有机质分解迅速而彻底,能释放出较多的速效养分供植物吸收利用。在缺氧状况下,微生物对有机质的分解缓慢,根瘤菌、好气性自生固氮菌、硝化细菌等有益微生物活动受到抑制,使植物的氮素营养受到损失。即使土壤中有足够的营养元素,由于缺氧植物也难以吸收,有时会出现营养缺乏症状。

土壤空气还能影响土壤中养分存在的形态,氧气充足时,土壤中 C、N、P、S 等营养元素多呈氧化态存在。相反,土壤缺氧时,这些营养元素便以还原态形式存在。

一般来说,氧化态的养分易被植物吸收利用,还原态的养分不易被植物吸收利用,积累过多还会对植物发生毒害作用。有个别养分在缺氧条件下,有效性反会提高,这是由于二氧化碳浓度提高,增强了土壤溶液的酸性,从而使某些难溶性养分的溶解度提高。

(三)土壤空气对植物抗病性的影响

土壤中的还原性气体 H_2S、CH_4、H_2、NH_3 等会严重危害作物的生长。另外,CO_2 过多可使土壤酸度增高,致使霉菌发育,造成作物生长不良,抗病力降低。

土壤空气在土壤中实际存在的形态,按其物理性质,可以分为自由态、吸附态和溶解态三类。

(1)自由态气体。是土壤空气的主体,它是存在于土壤空隙中,容易移动、有效性大的部分。

(2)吸附态气体。主要是指被土壤矿物质颗粒和有机质表面吸附的水蒸气、CO_2 和

NH_3,这类被吸附的气体在土壤中的移动性和有效性较小,不是所有的气体都能被土粒吸附,O_2 和 N_2 就很少被吸附。不同的固相组成具有不同的吸附能力,一般腐殖质和二、三氧化物吸附气体的能力最大,石英颗粒吸附气体的能力则很小。

(3)溶解性气体。是指溶解在土壤溶液中的气体。气体在水中的溶解度,除因不同气体本身性质的差异外,还受气体分压和温度的影响,通常气体的溶解度随气体分压的增高和温度的降低而增大。

生活在土壤中的植物根系和微生物的生命活动,需要消耗大量的 O_2,同时放出 CO_2。如果土壤中的 O_2 得不到补充,CO_2 得不到排除,土壤就会变得完全不适合生物的生存。所以,随着土壤空气中 CO_2 不断进入大气,大气中 O_2 不断进入土壤,土壤空气就通过与大气的这种交换,不断得到更新,使土壤空气中的氧气不断得到补充。土壤空气与大气的交换,也称为土壤通气性,是保证土壤空气质量和维持土壤肥力不可缺少的条件。土壤通气不良会导致植物根系呼吸受阻,生长受抑制,吸收水分和养分困难,并且抑制了好气微生物的活动,使养分转化不能正常进行,作物产量受到严重影响。因此,必须保持土壤具有良好的通气性能。土壤通气性的好坏,主要取决于土壤中通气孔隙的数量和大小,所以凡是能够改善土壤孔隙状况的方法,都可以成为调节土壤通气性的措施。

二、土壤中气状况对作物增产的影响分析

在本次试验的过程中,对于土壤的气状况,我们主要选取土壤孔隙度作为评价指标,见表5-6-24。

表5-6-24　位山周店、潘庄试区土壤物理性质表

试区名称	覆淤模式	层次(cm)	土壤质地	相对密度	密度(g/cm^3)	孔隙度(%) 分层	孔隙度(%) 总体
位山试区	S_1	0~70	黏壤土	2.75	1.66	40	40.0
	S_2	0~30	沙壤土	2.79	1.56	44	41.7
		30~70	黏壤土	2.75	1.81	34	
	S_3	0~30	黏壤土	2.75	1.64	40	40.6
		30~70	沙壤土	2.79	1.61	41	
	S_4	0~50	黏壤土	2.75	1.60	43	42.7
		50~70	沙壤土	2.79	1.60	42	
	S_5	0~70	沙壤土	2.79	1.53	45	45.0
潘庄试区	S_1	0~70	壤土	2.71	1.36	49.8	49.8
	S_2	0~30	沙土	2.67	1.42	46.8	48.5
		30~70	壤土	2.71	1.36	49.8	
	S_3	0~30	壤土	2.71	1.36	49.8	48.0
		30~70	沙土	2.67	1.42	46.8	
	S_4	0~50	壤土	2.71	1.36	49.8	48.9
		50~70	沙土	2.67	1.42	46.8	
	S_5	0~70	沙土	2.67	1.42	46.8	46.8

孔隙度的计算是通过土壤比重和密度进行的。孔隙度越大,则土壤中的空气相对较多,利于种子萌发和根系生长,利于好气性微生物活动,分解出较多的速效养分供作物吸收,利于土壤空气与大气的交换,排除危害农作物生长的还原性气体,增强抗病能力。

(一)周店试区土壤孔隙度状况分析

由表5-6-24可看出5种覆淤土层结构的土壤孔隙度大小变化的规律是$S_1 < S_3 < S_2 < S_4 < S_5$,$S_1$最小,$S_5$最大。由于测定的用于覆淤还耕的土壤为新生土壤,未经耕作熟化,土体密度均较大,黏壤土密度为$1.64 \sim 1.81$ g/cm³,沙壤土密度为$1.53 \sim 1.60$ g/cm³,相应地其孔隙度较低,一般为34%~45%,田间持水量均比一般土壤低,土壤中的有机质含量、速效养分含量都比较低,达不到国家土壤养分含量分级的最末级标准,不利于作物的生长发育。待多年种植耕作土壤熟化后土壤孔隙度会提高。

(二)潘庄试区土壤孔隙度状况分析

由于潘庄试区的沙土粒径较大,以大孔居多,沙土的孔隙度相对于壤土较小。相对于沙土而言,壤土的孔隙度较大,孔径分配较为适当,既有一定数量的通气孔隙,也有较多的毛管孔隙,水和气的关系比较协调,有利于作物的生长发育。由此,各处理土壤孔隙度大小呈现下列规律:$S_1 > S_4 > S_2 > S_3 > S_5$。

结论:位山周店试区不同处理土壤孔隙度大小变化的趋势是$S_1 < S_3 < S_2 < S_4 < S_5$,潘庄试区不同处理土壤孔隙度大小变化的总趋势是$S_1 > S_4 > S_2 > S_3 > S_5$。

第四节　不同覆淤土层结构土壤地温状况分析

一、土壤温度的概念和作用

土壤温度是土壤热量的一种表现形式,土壤温度的高低,指示土壤中聚积热量的多少。它影响着土壤水分和空气的运动与变化,影响着土壤中进行的各种化学和生物化学变化,影响着土壤中植物和微生物的生命活动,它与土壤肥力密切相关,具体反映在以下方面。

(一)土壤温度对植物生长发育的影响

各种植物的生长,从发芽、生根、开花到结果整个过程,都需要一定的土壤温度才能进行。尤其是种子萌芽对地温的要求更为严格,过高过低均不相宜。

温度影响种子的呼吸等代谢过程,在低温下代谢活动弱,发芽就慢;随着温度的升高,代谢作用逐渐加强,发芽因之加快;但温度超过一定限度后,代谢过程又受到抑制,使发芽过程受到阻碍甚至不能发芽。温度低还使酶类的活动力减弱,种子内贮藏的养分分解、转化慢,胚得到的养料少,细胞分裂、生长慢,所以发芽慢。但在高温下酶类的活动又受到抑制,超过一定的温度,其活动能力就会降低,发芽过程就不能顺利进行。温度过高时,种子里的酶类和细胞的原生质结构就会完全受到破坏,这时种子的发芽力就会完全丧失。

小麦种子发芽的最低温度为 0～2 ℃,最适温度为 25 ℃,最高温度为 30～32 ℃。温度在 10 ℃以下时,种子发芽缓慢,且易感染病害。随着温度的升高,发芽逐渐加快,但温度过高,又不利于种子的发芽。在高温条件下,发芽整齐度降低,发芽率下降。温度超过 35 ℃以上时,则发芽率很低,甚至不能发芽。

土壤温度不仅影响种子发芽,对根系和植株的生长也有影响。通常土温在 2～4 ℃时,经济作物和粮食作物的根系开始微弱生长,7 ℃以上才较活跃,0 ℃以下不能发育。各种作物要求根系生长的温度不同,小麦为 12～16 ℃,玉米为 24～28 ℃。土温过高,根的呼吸作用加速,消耗碳水化合物,容易使根老化,降低对水分和养分的吸收。土温过低,根的呼吸作用弱,根细胞内液体的黏滞性增加,根的吸收能力也会降低,使作物生长缓慢,严重时还会遭受冻害。

土温对作物生理的影响表现在:

(1)在 0～10 ℃范围内,细胞质的流动随升温而加速。

(2)在 20～30 ℃范围内,温度升高能促进体内有机质的输导,温度过低影响植物体内养分物质的运送速率,有碍植物生长。

(3)在 0～35 ℃范围内,温度增高促进呼吸强度,温度低时植物体内往往积累较多的碳水化合物。

(4)在一定范围内温度升高,有利于植物的同化作用和生长,具体范围因作物不同而不同。

(5)在一定温度范围内根系吸收营养元素的速度随温度的升高而增加。

(6)植物的吸水在一定范围内也随土温的升高而增加,超过一定限度吸水就会受到抑制。

(二)土温对土壤肥力的影响

土温除对植物生长发育有直接影响外,还对土壤肥力有巨大影响。

(1)土壤中的一切化学过程的速度与土温成正相关。

(2)物质的溶解随土温而变化。无机盐在土壤中的溶解度是随土温的增高而增大的,气体在水中的溶解度随土温的增高而降低,交换性离子的活度随土温的增加而增加。土壤中有效养分的动态,是紧随土壤温度的变化而变化的,白天溶液中的养分增多,夜间土壤溶液中的养分减少。

(3)影响土壤的水分运动及形态。土温升高,土壤中的水分运动加快,气体扩散作用加强,水分还能由液态变为气态,造成水分损失。土温降低时,水分的移动减缓,甚至停止,气态水可能加速转变为液态,进而变成固态,减少土壤水分的损失。

(4)影响土壤微生物的活动。绝大多数的微生物在 15～40 ℃范围内,其繁殖能力随温度的增高而加强,从而促进土壤中有机质的矿质化,加速了养分的释放,改善了植物养分供应。土温降低微生物活动受抑制,影响植物营养的转化和供应。

二、不同覆淤土层结构不同土层深度地温变化对作物增产的影响

位山周店试区土壤地温观测仅选 S_1JG 与 S_1RY（全黏）、S_5JG 与 S_5RY（全沙）和 S_2RG、S_2JY（上沙下黏）3 组 6 个处理作为代表，其余 4 个处理，则含于上述 6 个处理中。而在每个处理中，又选 5 cm、20 cm、40 cm 深地温对小麦、玉米生长的影响作出分析。

潘庄试区则选取 5 个覆淤结构的灌溉处理，并分别对 5 cm、15 cm、40 cm 和 80 cm 深度土壤进行测定，以作为浅层、中层、深层土壤的代表。

（一）不同覆淤土层结构 5 cm 深度日平均地温变化对作物产量影响

1. 位山周店试区不同处理 5 cm 深地温变化分析

见表 5-6-25、表 5-6-26 及图 5-6-39。

表 5-6-25　周店试区 1996～1999 年 5 cm 深度不同处理冬小麦日均地温变化表

（单位：℃）

处理号	1996 年 10 月 25 日 苗期	1996 年 12 月 5 日 越冬期	1997 年 3 月 15 日 拔节期	1997 年 4 月 25 日 抽穗期	1997 年 5 月 25 日 灌浆期	1997 年 10 月 25 日 苗期	1997 年 12 月 5 日 越冬期	1998 年 3 月 15 日 拔节期
S_1JG	15.2	1.2	8.2	16.8	26.2	13.5	1.2	6.2
S_1RY	15.2	0.8	7.8	18.5	26.3	13.5	1.5	6.3
S_2RG	14.5	0.7	7.7	17.2	23.7	13.3	1.7	6.4
S_2JY	13.7	0.7	8.2	19.3	26	13	1.3	6.4
S_5JG	13.8	0.7	8.3	17	27	13.8	1.3	6.8
S_5RY	14.7	1.3	8	19.2	27.7	14.7	1.3	6.7

处理号	1998 年 4 月 25 日 抽穗期	1998 年 5 月 25 日 灌浆期	1998 年 10 月 25 日 苗期	1998 年 12 月 5 日 越冬期	1999 年 3 月 20 日 拔节期	1999 年 4 月 25 日 抽穗期	1999 年 5 月 25 日 灌浆期
S_1JG	17	22.3	16.3	2	5.7	21.9	22.7
S_1RY	15.3	20.3	17.2	2.2	6.2	22.5	22.3
S_2RG	17	22.5	17.2	0.2	5.5	23.3	22.8
S_2JY	17	22	16	2.3	5.7	22.7	23
S_5JG	17.3	23.8	16.3	2	6.2	22.5	23.3
S_5RY	16.8	24	17.8	1.7	6.3	23.7	24.8

表 5-6-26　周店试区 1997~1998 年 5 cm 深度不同处理夏玉米日均地温变化表　（单位：℃）

处理号	1997 年 7 月 25 日 拔节期	1997 年 8 月 15 日 吐丝期	1997 年 9 月 15 日 灌浆期	1998 年 7 月 25 日 拔节期	1998 年 8 月 15 日 吐丝期	1998 年 9 月 15 日 灌浆期
S_1JG	30.3	28.2	21.3	30	27.5	23.2
S_1RY	29.7	28.7	20.5	31	27.5	23.2
S_2RG	29.2	27.5	20.3	30.2	27.8	23.8
S_2JY	31.3	28.3	22	30.2	28	23.8
S_5JG	31.2	28.7	21.3	31.3	28.7	26
S_5RY	30.8	28.8	21.5	30.5	28.7	26

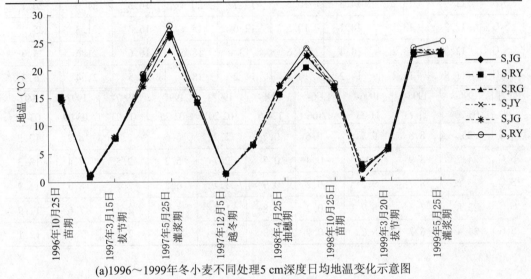

(a)1996~1999年冬小麦不同处理5 cm深度日均地温变化示意图

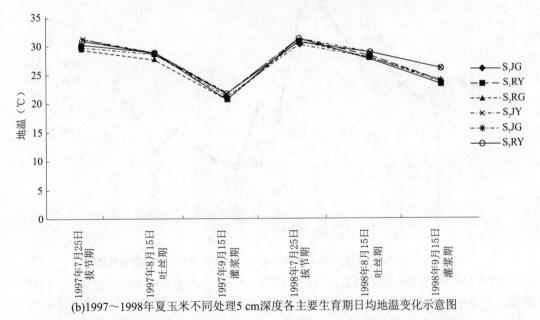

(b)1997~1998年夏玉米不同处理5 cm深度各主要生育期日均地温变化示意图

图 5-6-39　周店试区冬小麦、夏玉米 5 cm 深度不同处理日均地温变化示意图

　　每年的2~8月升温,8月至次年2月降温,5 cm深度冬小麦、夏玉米各处理土壤地温全生育期内整体变化趋势一致,生育期内日均地温大小变化有如下规律:$S_5 > S_2 > S_1$,各处理间整体地温相差不大。

　　2.潘庄试区不同处理5 cm深度日平均地温变化分析

　　见表5-6-27、图5-6-40。

表5-6-27　潘庄试区小麦不同处理5 cm深度日均地温统计表　　　（单位:℃）

处理号	1996-03-25	1996-03-30	1996-04-05	1996-04-10	1996-04-20	1996-04-25	1996-04-30	1996-05-10	1996-05-15
S_1G	12.5	13.2	14.4	10.6	13.4	17.7	16.3	21	26
S_2G	11.9	13.2	14.3	10.5	13.7	20.4	16.5	21.6	26.1
S_3G	12.2	13.1	14.1	10.5	12.6	18.1	16.3	21.3	25.2
S_4G	12.5	13.2	14.4	10.6	13	18.6	16.6	21.6	25.3
S_5G	11.8	13.2	14.2	10.3	14.2	18.6	17.5	21.4	26.3

处理号	1996-05-20	1996-11-13	1996-11-23	1996-12-06	1996-12-16	1997-02-20	1997-02-26	1997-03-03	1997-03-09	1997-03-15
S_1G	25	8.8	9.7	−0.6	0.7	2.2	5.6	2.7	8.2	12.2
S_2G	24.7	8.9	0	−0.4	0.7	2.7	5.2	2.5	7.4	13.3
S_3G	23.8	8.7	9.3	−0.2	0.9	3.7	6.2	2.7	8.3	11.9
S_4G	23.8	7.3	8.7	−0.2	0.8	1.8	5.5	2.4	7.6	11.9
S_5G	24.4	6.7	8.2	−0.9	0.3	2.4	5.2	2.2	7.2	12.1

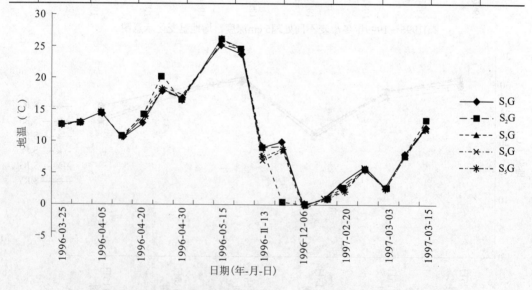

图5-6-40　潘庄试区小麦生长期不同处理0~5 cm深度日均地温变化趋势图

　　由表5-6-27、图5-6-40可以看出,对于表层0~5 cm小麦生长期土的地温,因为对空气温度的影响比较敏感,整体变化趋势是一致的,随时间、季节、气温的变化而升降。每年的2月到8月为升温阶段,8月到次年2月为降温阶段。作为表层土壤,地温的变幅较大。相较于表层为覆盖壤土的处理 S_1G、S_3G 和 S_4G，表层覆盖沙土的处理 S_2G 和 S_5G 的地温变化更强烈，幅度更大一些，这是因为处理 S_2G 表层的 30 cm 厚度的沙土、处理 S_5G 通体的沙土的保温效果较壤土的保温效果差得多。整体来看，试验地的地温都不超过 30 ℃。

从示意图上看，在 1997 年 3 月之后也出现温度迅速上升现象，这是因为 1997 年 3 月 7 日返青水的灌溉起到的升温作用。每年越冬水的灌溉目的也是保持土壤的温度，以保证作物的生长。

结论：每年的 2~8 月升温，8 月至次年 2 月降温，位山周店试区冬小麦、夏玉米生长期 5 cm 深日均地温变化大小的规律是 $S_5 > S_2 > S_1$。潘庄试区 5 cm 深度日均地温变化大小的规律是 S_5、$S_2 > S_3$、S_4、S_1。

(二)不同覆淤土层结构 15~20 cm 深度日均地温变化对作物产量影响分析

1.位山周店试区不同处理 20 cm 深度日均地温变化分析

见表 5-6-28、表 5-6-29、图 5-6-41。

表 5-6-28　周店试区 1996~1999 年 20 cm 深度不同处理冬小麦日均地温变化表（单位：℃）

处理号	1996 年 10 月 25 日 苗期	1996 年 12 月 5 日 越冬期	1997 年 3 月 15 日 拔节期	1997 年 4 月 25 日 抽穗期	1997 年 5 月 25 日 灌浆期	1997 年 10 月 25 日 苗期	1997 年 12 月 5 日 越冬期	1998 年 3 月 15 日 拔节期
S_1JG	16.2	2.5	6.8	15.2	23	13.7	2.7	5.7
S_1RY	16	2.8	7	16.5	22	14.2	3	5.8
S_2RG	15.7	2.3	6.7	15	20.8	13.5	2.7	5.8
S_2JY	15.1	2.3	7	16.8	22.7	13.3	2.7	5.7
S_5JG	15.7	3.2	7	15	23	13.8	3	6
S_5RY	16.5	3.3	7	16.2	23	14.8	3	6

处理号	1998 年 4 月 25 日 抽穗期	1998 年 5 月 25 日 灌浆期	1998 年 10 月 25 日 苗期	1998 年 12 月 5 日 越冬期	1999 年 3 月 20 日 拔节期	1999 年 4 月 25 日 抽穗期	1999 年 5 月 25 日 灌浆期
S_1JG	14.8	18.5	16	2.5	4.5	18.3	21.5
S_1RY	14.8	18.2	16.3	2	4.8	18.7	21.5
S_2RG	15	19.2	16.3	2.2	4.5	18.4	20.7
S_2JY	15	19.5	15.8	2.2	4.8	18.2	21
S_5JG	16.2	19.2	15.8	2.5	4.7	19.1	22
S_5RY	15.3	18.8	17.3	2.7	5.2	19.6	22.5

表5-6-29　周店试区1997～1998年20 cm深度不同处理夏玉米日均地温变化表

（单位:℃）

处理号	1997年7月25日拔节期	1997年8月15日吐丝期	1997年9月15日灌浆期	1998年7月25日拔节期	1998年8月15日吐丝期	1998年9月15日灌浆期
S_1JG	29	27.3	20.5	29.5	27.2	23.5
S_1RY	29	27.7	20.7	29.3	27.3	23.5
S_2RG	28.5	27.2	21	28.2	27.5	23.5
S_2JY	29	27.7	20.7	29.5	27.5	23.5
S_5JG	29	27.5	20.7	29.2	27.5	24.5
S_5RY	28.7	28	20.5	28.5	27.5	24.5

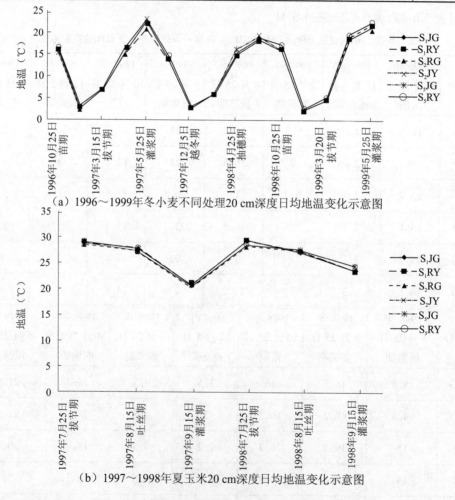

（a）1996～1999年冬小麦不同处理20 cm深度日均地温变化示意图

（b）1997～1998年夏玉米20 cm深度日均地温变化示意图

图5-6-41　周店试区冬小麦、夏玉米20 cm深度不同处理日均地温变化示意图

20 cm深度与5 cm深度土壤地温相差不多,冬小麦、夏玉米各处理土壤地温全生育期内整体变化趋势一致,生育期内,尤其在营养生长阶段地温变化有如下规律:$S_5 > S_2 >$

S_1,各处理间整体地温相差不大。

　　2.潘庄试区不同处理15 cm深度日均地温变化分析

　　见表5-6-30、图5-6-42。对于15 cm深度的土壤来说,各处理地温变化趋势与表层土壤的变化趋势相差不大,因为各处理表层0~30 cm深度的土壤质地是基本一致的。

　　结论:位山周店试区不同处理20 cm深度日均地温变化大小的规律是 $S_5 > S_2 > S_1$。潘庄试区不同处理15 cm深度日均地温变化大小的规律是 S_5、$S_3 > S_1$、S_2、S_4。各处理的日均地温相差不大。

表5-6-30　潘庄试区小麦不同处理15 cm深度日均地温统计表　　　（单位:℃）

处理号	1996-03-25	1996-03-30	1996-04-05	1996-04-10	1996-04-20	1996-04-25	1996-04-30	1996-05-10	1996-05-15
S_1G	8.5	9.1	10.4	9.5	12.8	15.1	16.2	19.7	23.2
S_2G	8.3	9.3	10.3	9.5	12.4	16.5	16.2	19	20.9
S_3G	8.3	9.3	10.4	9.6	11.8	15.2	15.8	19	24
S_4G	8.4	9	10.4	9.6	11.7	15.7	16.4	19.3	24.1
S_5G	8.3	9.4	10.4	9.5	12.7	16.2	14.9	19.4	21.2

处理号	1996-05-20	1996-11-13	1996-11-23	1996-12-06	1996-12-16	1997-02-20	1997-02-26	1997-03-03	1997-03-09	1997-03-15
S_1G	24.3	7.1	6.8	0.3	0.3	1.7	4.5	4.1	9.1	8.6
S_2G	24.6	8.3	8	0.3	0.8	1.17	4.8	4.4	7.7	8.6
S_3G	22.9	7.2	5.9	0.6	0.3	2.9	4.6	3.9	7.2	7.4
S_4G	22.7	7.8	6.6	0.6	0.6	1.8	5.2	4.2	8.2	8.9
S_5G	23.7	5.5	6.6	0.3	0.3	1.3	4.7	3.5	7.7	8.2

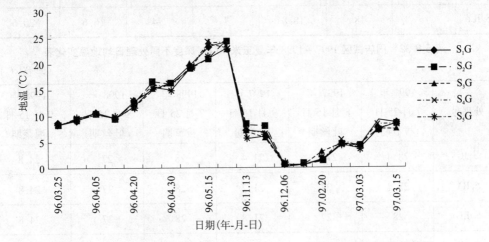

图5-6-42　潘庄试区小麦生长期不同处理15 cm深度日均地温变化趋势图

（三）不同覆淤土层结构40 cm深度日均地温变化对作物增产影响

1.位山周店试区不同处理40 cm深度日均地温变化分析

　　见表5-6-31、表5-6-32、图5-6-43。

表 5-6-31　周店试区 1996～1999 年 40 cm 深度不同处理冬小麦日均地温变化表

（单位：℃）

处理号	1996 年 10 月 25 日 苗期	1996 年 12 月 05 日 越冬期	1997 年 3 月 15 日 拔节期	1997 年 4 月 25 日 抽穗期	1997 年 5 月 25 日 灌浆期	1997 年 10 月 25 日 苗期	1997 年 12 月 5 日 越冬期	1998 年 3 月 15 日 拔节期
S_1JG	17.4	4.9	7.4	15	20.4	16.8	5	6.6
S_1RY	16.7	4.9	7.6	15.2	20.8	18.0	5.2	6.6
S_2RG	16.3	4.6	7	14.4	19.6	16.6	5	6.6
S_2JY	16.6	4.9	7.6	14.4	20	16	5	6.6
S_5JG	16.7	5.1	7.8	14.4	21.5	16.6	4.8	7
S_5RY	17.5	6.2	8	15.4	21.6	18.2	4.8	7.2

处理号	1998 年 4 月 25 日 抽穗期	1998 年 5 月 25 日 灌浆期	1998 年 10 月 25 日 苗期	1998 年 12 月 5 日 越冬期	1999 年 3 月 20 日 拔节期	1999 年 4 月 25 日 抽穗期	1999 年 5 月 25 日 灌浆期
S_1JG	16.2	17.6	17.8	5.6	6.8	16	19.4
S_1RY	15.8	17.6	18	6.8	7.2	16	19.6
S_2RG	15.8	18	18	6.6	7	15.6	19.4
S_2JY	16.5	18	17.8	6.8	7	16.4	20.2
S_5JG	16.8	18	18	6	6.8	16	20.4
S_5RY	16	18	18.8	7	7.4	16.6	20.6

表 5-6-32　周店试区 1997～1998 年夏玉米 40 cm 深度不同处理日均地温变化表

（单位：℃）

处理号	1997 年 7 月 25 日 拔节期	1997 年 8 月 15 日 吐丝期	1997 年 9 月 15 日 灌浆期	1998 年 7 月 25 日 拔节期	1998 年 8 月 15 日 吐丝期	1998 年 9 月 15 日 灌浆期
S_1JG	28.4	27.2	21.4	28	27	24.8
S_1RY	28.2	27	21.2	28	27	24.8
S_2RG	28	27	21.8	28	27	24.8
S_2JY	28.8	27.2	21.8	28	27	24.8
S_5JG	28	27.2	21.4	28.2	27.2	24.8
S_5RY	28.2	27.6	21.8	28.2	27.2	24.8

40 cm 深度的土壤层对气温的变化反应比较缓慢。不同覆淤方式、结构对气温变化的反应敏感程度不同,造成在不同生育期地温有所差异。处理 S_5 因为通体沙质土壤对温度反应是最敏感的,所以日间地温是最高的。处理 S_2 的土层(0 ~ 30 cm)也是沙质土壤,日间地温也比较高,但该处理 30 cm 以下为黏壤土,相对升温比较慢,所以 40 cm 深度的日间地温较处理 S_5 低。通体为黏壤土的处理 S_1,保温作用比较好,但对气温的反应比较缓慢,升温也较慢,相应地日间地温在几个处理中也是相对最低的。

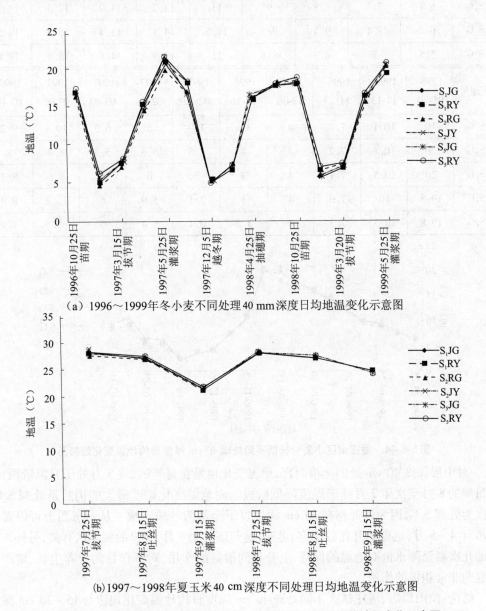

（a）1996～1999年冬小麦不同处理40 mm深度日均地温变化示意图

（b）1997～1998年夏玉米40 cm深度不同处理日均地温变化示意图

图 5-6-43 周店试区冬小麦、夏玉米 40 cm 深度不同处理日均地温变化示意图

2.潘庄试区不同处理 40 cm 深度日均地温变化分析

见表 5-6-33、图 5-6-44。

表5-6-33　潘庄试区小麦不同处理40 cm深度日均地温统计表　　（单位:℃）

处理号	1996-03-25	1996-03-30	1996-04-05	1996-04-10	1996-04-20	1996-04-25	1996-04-30	1996-05-10	1996-05-15
S_1G	6.2	7.5	9.1	9.5	11.5	13.8	15.2	17.2	19
S_2G	6.1	7.2	8.7	9	12.2	14.1	15.6	16.2	17.4
S_3G	6.1	7.3	8.8	9	11	13.7	14.9	17.3	18.1
S_4G	6.2	7.4	9.1	9.5	11.5	14.1	15.4	16.5	18.5
S_5G	5.5	7	8.7	8.8	12	13.9	14.8	18.8	19.8

处理号	1996-05-20	1996-11-13	1996-11-23	1996-12-06	1996-12-16	1997-02-20	1997-02-26	1997-03-03	1997-03-09	1997-03-15
S_1G	19	10.1	7.1	4	3.5	1.9	6	6.3	10.4	9.2
S_2G	20	10.1	7.2	4	4	2.5	5.3	5.3	8.9	8
S_3G	20	10.5	7.1	4	3	3	6	6	8.8	8.2
S_4G	19.3	10	7.5	4	3	2.1	5.9	6	10.2	8.9
S_5G	19.8	10.3	7.3	4	3.5	0.7	5.4	5	8	7.9

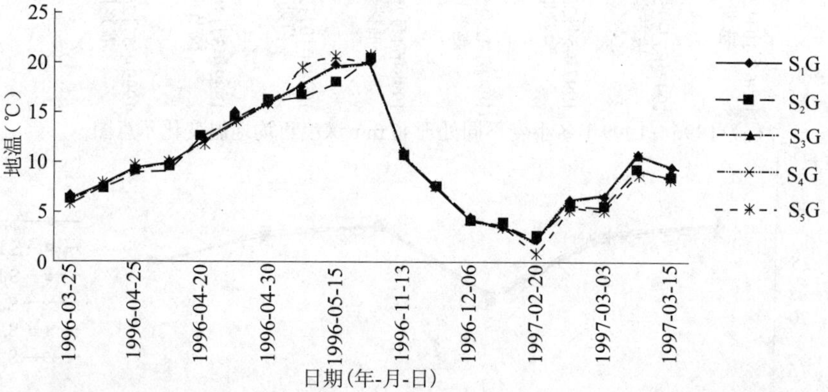

图5-6-44　潘庄试区小麦生长期不同处理40 cm厚度日均地温变化趋势图

对中层深度40 cm处的土壤而言,地温变化也是在每年的2~8月处于升温阶段,而在每年的8月至次年2月处于温度降低阶段。而地温变化幅度最大的仍然是处理S_5G,其次为处理S_3G,因为该处理在30 cm深度以下全部为沙质土壤。从示意图上可以看出1996年4~5月,地温上升比较稳定、迅速,这与该时期4月19日的灌浆水有关,另外该时期的几次频繁降水也对地温的保持、上升起到很好的作用,对于作物的营养生长、增产效果起到非常积极的作用。

结论:位山周店、潘庄试区不同处理40 cm深度日均地温变化规律与15~20 cm深度处相同,且比15~20 cm的更缓。

（四）不同覆淤土层结构80 cm深度日均地温变化分析

仅对潘庄试区作出分析,见表5-6-34、图5-6-45。

表 5-6-34　潘庄试区小麦不同处理 80 cm 深度日均地温统计表　　（单位：℃）

处理号	1996-03-25	1996-03-30	1996-04-05	1996-04-10	1996-04-20	1996-04-25	1996-04-30	1996-05-10	1996-05-15
S_1G	5.1	6.2	8	8.5	11	12	13	14	15
S_2G	5	6.1	7.8	8.4	11	12	13	14.3	15
S_3G	5	6	7.8	8.5	11	12	13	14	15
S_4G	5	6.1	7.9	8.5	11	11.9	13	14.5	15
S_5G	5	6	7.8	8.8	12	12	13	15	16

处理号	1996-05-20	1996-11-13	1996-11-23	1996-12-06	1996-12-16	1997-02-20	1997-02-26	1997-03-03	1997-03-09	1997-03-15
S_1G	17	12	9	7	6	2	5.5	4.9	8.3	8.2
S_2G	17	12	9	7	6	3	5	4.8	9.3	7.6
S_3G	17	13	9	7	6	3.5	5	5.5	8	8
S_4G	17	12	9	7	6	3	5.3	5.5	9.1	8
S_5G	17	12	9	7	6	2	4.9	5	9.5	7.4

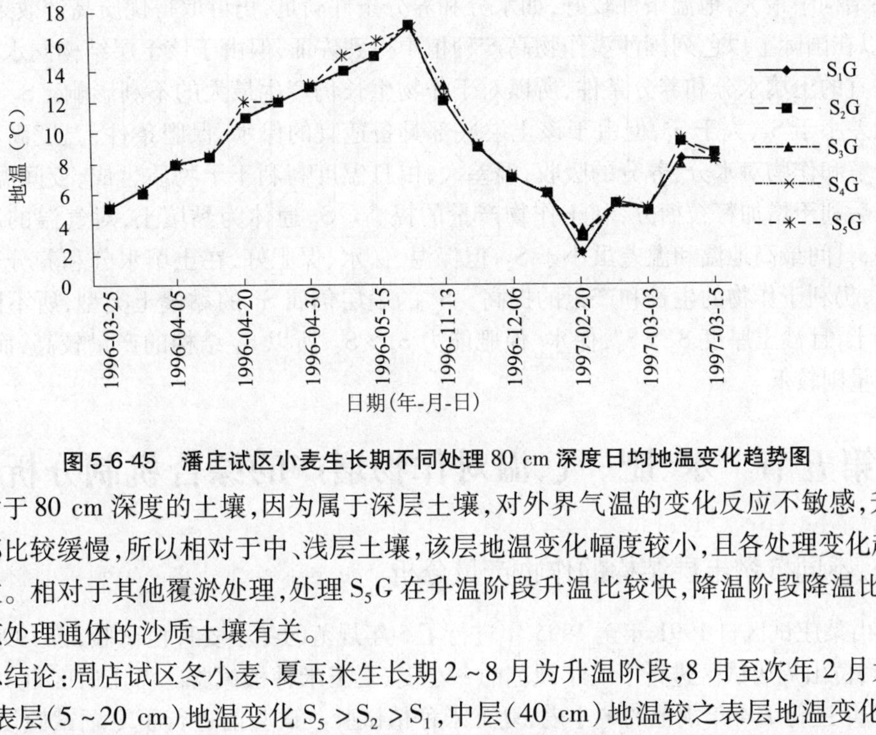

图 5-6-45　潘庄试区小麦生长期不同处理 80 cm 深度日均地温变化趋势图

对于 80 cm 深度的土壤,因为属于深层土壤,对外界气温的变化反应不敏感,升温或降温都比较缓慢,所以相对于中、浅层土壤,该层地温变化幅度较小,且各处理变化趋势比较一致。相对于其他覆淤处理,处理 S_5G 在升温阶段升温比较快,降温阶段降温比较快,这与该处理通体的沙质土壤有关。

总结论:周店试区冬小麦、夏玉米生长期 2~8 月为升温阶段,8 月至次年 2 月为降温阶段,表层(5~20 cm)地温变化 $S_5 > S_2 > S_1$,中层(40 cm)地温较之表层地温变化为缓,仍呈 $S_5 > S_2 > S_1$。

潘庄试区在冬小麦、夏玉米生长期 2~8 月为升温阶段,8 月至次年 2 月为降温阶段,表层(5 cm)地温无论是升温还是降温阶段,温度的变幅均为 S_5、$S_2 > S_3$、S_4、S_1;中层(40 cm)地温较之表层地温变化为缓,但变幅趋势是 S_5、$S_3 > S_2$、S_4、S_1;深层(80 cm)地温较之表、中层地温变化更缓,其变幅为 $S_5 > S_2$、S_3、S_4、S_1。

三、作物生长期不同处理的表层地温的日间温差变化对作物产量的影响分析

土层地温日间增热，夜间冷却所产生的昼夜温度变化叫田间温差。

作物生育期内日间地温变化，特别是主要营养生长阶段的日间温差变化，对作物产量和质量有重要影响。经对冬小麦、夏玉米全生育期各处理间 $0 \sim 80$ cm 土层深度地温变化资料分析，证明太阳辐射热直接影响的土层深度为 $10 \sim 15$ cm，在 20 cm 以上影响甚微，故仅分析表层 $5 \sim 15$ cm 的日间温差变化。经对位山试区、潘庄试区冬小麦、夏玉米生长期内不同处理表层日间温差变化（数据资料略）分析，认为具有如下两条规律：

（1）日间最高地温（14 时）$S_5 > S_2 > S_3$、S_4、S_1；

（2）日间温差变幅 $S_5 > S_2 > S_3$、S_4、S_1。

在冬小麦、夏玉米生长期内，在土壤水分、养分适宜的条件下，一般日间最高地温越高，越利于干物质的形成，灌浆后日间温差越大，夜间温度低，利于增加籽粒糖分和粒重。温度高，利于土壤微生物的活动，能促进土壤有机质的分解。延长了麦苗的分蘖期和穗分化时间，穗大粒多，后期增加灌浆强度，籽粒饱满。虽然 S_5 日间最高地温和温差在 5 个覆淤土层结构中最大，地温条件较好，如水分和养分条件满足，仍可取得优质高产效果，这一点，可以在国际上以色列国沙漠作物高产种植中得到佐证，但由于该土层结构漏水、漏肥，缺乏适宜的土壤水分和养分条件，所以对于作物生长仍产生最大的不利影响。S_2 最高地温和温差小于 S_5，大于 S_1，但由于该土层底部具备适宜的保水、保肥条件，温度高利于养分的分解和作物对水分、养分的吸收，温差大，白日温度高利于干物质生成，夜间温度低，在灌浆后利于增加籽粒糖分，利于作物产量的提高。S_1 通体为黏壤土，对气温的反应较为缓慢，日间最高地温和温差虽小于 S_2，但保温、保水、保肥好，在土壤水分和养分适宜的条件下，仍利于作物的生长和产量的提高。S_3 的表层仍属 S_1 的黏壤土类型，所不同是底部为沙土，且沙土厚度 $S_3 > S_4$，保水、保肥能力 $S_4 > S_3$，所以 S_4 结构的产量较高，而 S_3 结构的产量则较低。

第五节　水、肥、气、温对作物增产的综合机制分析

一、不同覆淤土层结构的作物产量分析

位山桑庄试区自 1991 年至 1995 年进行了 5 年规范的冬小麦种植试验，自 1996 年至 1999 年，位山周店试区进行了 4 年规范的冬小麦、夏玉米种植试验。潘庄试区自 1994 年至 1997 年进行了 4 年规范的冬小麦、夏玉米种植试验。试验前进行了专题试验设计，严格按照水利部制定的"灌溉试验方法"的规范和要求，进行试区建设、仪器操作管理和观测记录，取得了大量精确的基础资料。在作物的测产上，注意单收、单打、单独存放，收割时把两边的保护行先行收割，留下两边保护行内的种植行进行测产，测产时专人监督，保证了产量数字准确。现仅将位山周店试区和潘庄试区冬小麦、夏玉米不同处理产量列于表 5-6-35、表 5-6-36。

表 5-6-35 位山周店试区 1996~1999 年冬小麦、夏玉米产量表 （单位：kg/亩）

年份	S_1		S_2		S_3		S_4		S_5	
	S_1JG	S_1RY	S_2RG	S_2JY	S_3RG	S_3JY	S_4RG	S_4JY	S_5JG	S_5RY
1996~1997 小麦	165.1	138.4	199.5	80.1	155	72.5	161.5	100	101.1	58.7
1997~1998 小麦	312.7	228	288.5	221.8	241	216.8	293.5	228.5	223	161.8
1998~1999 小麦	313.4	153.4	246.7	105	180	90	236.7	113.4	160	65
3 年小麦平均	263.7	173.3	244.9	135.6	192	126.4	230.6	147.3	161.4	95.2
1997 玉米	387.2	201.8	370.2	196.8	348.5	186.8	386.9	224.9	258.5	171.8
1998 玉米	425.2	416.2	444.2	375.9	412	218.3	415.7	226.8	303.5	218.3
1999 玉米	406	308	407.2	287	375	190.1	401.8	226	280	195.5
3 年玉米平均	406.1	308.7	407.2	286.6	378.5	198.4	401.5	225.9	280.7	195.2

表 5-6-36 潘庄试区 1994~1997 年冬水麦、夏玉米产量表 （单位：kg/亩）

年份	S_1		S_2		S_3		S_4		S_5	
	S_1G	S_1Y	S_2G	S_2Y	S_3G	S_3Y	S_4G	S_4Y	S_5G	S_5Y
1994~1995 小麦	420	215	414	224	354	170	402	200	182	85
1995~1996 小麦	357	196	370	209	305	140	357	193	175	79
1996~1997 小麦	417	151	388	183	249	90	405	123	184	78
3 年小麦平均	398	187.3	391	205.3	303	133.3	388	172	180	80.7
1995 玉米	430	260	394	255	316	198	428	245	244	150
1996 玉米	359	299	330	276	270	217	344	281	218	178
1997 玉米	381	198	370	196	271	145	375	217	254	168
3 年玉米平均	390	252.3	364.7	242.3	285.7	186.7	382.3	247.7	238.7	165.3

由表 5-6-35、表 5-6-36 可以看出，各种覆淤方式的灌溉处理产量远大于雨养处理的作物产量，这说明，作物要想高产稳产，必须在作物生长过程中保证水分的充足供应。

同时可以看出，所有处理作物在相同种子、降雨、灌溉、施肥、管理措施下，处理 S_1G、S_2G、S_4G 的冬小麦、夏玉米单产高于处理 S_3G、S_5G，即 S_1G、S_2G、$S_4G > S_3G$、S_5G；雨养处理的各种覆淤方式的作物产量也呈现出相同规律。这与各种覆淤方式的土体结构不同保水、保肥能力的差异，供应作物水分、养分的能力密切相关。

二、不同覆淤土层结构水、肥、气、温对作物增产的综合机制分析

综合分析见表 5-6-37。

（一）处理 S_1

该处理土壤质地通体为壤土，称为"全壤型"。保水、保肥能力好，能够很好地保持有机质和各种养分，为作物的生长提供充足的供应，具有较好的保温效果，促进作物的营养生长和生殖生长。作物生长前期和分蘖期速效氮、营养生长时期速效钾的供应，使得作物分蘖增加，籽粒饱满且品质较好，产量增加。不足之处是土壤中磷含量较低，要注意补磷，再者土壤孔隙度偏低，宜板结。所以，该覆淤模式灌溉处理冬小麦产量较高，3 年的平均单产为 263.7 kg/亩，夏玉米灌溉处理 3 年的平均单产为 406.1 kg/亩；

该覆淤模式雨养处理冬小麦 3 年平均单产为 173.3 kg/亩,夏玉米雨养处理 3 年平均单产为 308.7 kg/亩,也比较高。潘庄试区该覆淤模式灌溉处理冬小麦 3 年平均单产398 kg/亩,夏玉米 3 年平均单产 390 kg/亩;雨养处理冬小麦 3 年平均单产 151 kg/亩,夏玉米 3 年平均单产 252.3 kg/亩。

表 5-6-37　不同覆淤土层结构水、肥、气、温对作物增产机理的综合分析表

项目		位山周店试区覆淤土层结构单项能力优劣排序	潘庄试区覆淤土层结构单项能力优劣排序
一、覆淤土层结构的保水能力	1. 覆淤土层结构的田间持水量	$S_1 > S_2 > S_4 > S_3 > S_5$	$S_1 > S_2 > S_4 > S_3 > S_5$
	2. 覆淤土层结构的土壤含水量	$S_1 > S_2 > S_4 > S_3 > S_5$	$S_1 > S_2 > S_4 > S_3 > S_5$
	3. 覆淤土层结构的棵间蒸发量	灌水、降雨条件下无定规;非灌水、降雨条件下 $S_1 > S_2 > S_4 > S_3 > S_5$	灌水、降雨条件下无定规,非灌水、降雨条件下 $S_1 > S_2 > S_4 > S_3 > S_5$
	4. 覆淤土层结构的渗漏量	非灌水、降雨条件下均为"零",灌水、降雨条件下 $S_5 > S_3 > S_4 > S_2 > S_1$	非灌水、降雨条件下均为"零",灌水、降雨条件下 $S_5 > S_3 > S_4 > S_2 > S_1$
二、覆淤土层结构的保肥能力	1. 覆淤土层结构的土壤有机质含量	$S_1 > S_2 > S_4 > S_3 > S_5$	S_1、S_2、$S_4 > S_3 > S_5$
	2. 覆淤土层结构的土壤中碱解氮含量	S_1、$S_2 > S_4 > S_3$、S_5	$S_1 > S_2$、$S_4 > S_3 > S_5$
	3. 覆淤土层结构的土壤中全磷含量	S_2、S_3、S_4、$S_5 > S_1$	S_2、S_3、$S_5 > S_1$、S_4
	4. 覆淤土层结构的土壤中全钾含量	S_1、$S_2 > S_4$、$S_3 > S_5$	S_1、S_4、S_2、$S_3 > S_5$
	5. 覆淤土层结构的土壤中全盐含量	S_1、$S_2 > S_3$、$S_4 > S_5$ 且整体含量均不高	S_1、$S_4 > S_2$、$S_3 > S_5$ 且整体含量均不高
三、覆淤土层结构的通气能力	覆淤土层结构的土壤孔隙度	$S_1 < S_3 < S_2 < S_4 < S_5$	$S_1 > S_4 > S_2 > S_3 > S_5$
四、覆淤土层的保温能力	1. 覆淤土层结构的 5 cm、20 cm、40 cm 日均地温变幅	$S_5 > S_2 > S_1$	$S_5 > S_2 > S_3$、S_4、S_1
	2. 覆淤土层结构的日间最高地温和日间温差	$S_5 > S_2 > S_1$	$S_5 > S_2 > S_3$、S_4、S_1

(二)处理 S_2

该处理 $0 \sim 30$ cm 深度覆盖沙土，$30 \sim 70$ cm 深度为壤土，称为"蒙金型"。该处理土壤上层质地疏松，透水通气性良好，但保肥、保水力差；下层土壤团粒结构良好，保水、保肥好，能够保证作物的水分、养分的供应，该处理整体上保水、保肥能力仍较强。土壤的有机质含量虽然较处理 S_1 低，但是在连续 3 年的作物生长期内，分蘖期的氮素、磷素、速效钾的供应较好，利于作物增产；土壤的孔隙度一般，日均地温和日间温差较大，利于干物质的生成和增加籽粒糖分。各项条件能满足作物的生长需要。位山周店试区该覆淤方式灌溉处理冬小麦 3 年的平均单产为 244.9 kg/亩，玉米 3 年平均单产为 407.2 kg/亩，平均产量较高；雨养处理冬小麦 3 年的平均单产为 135.6 kg/亩，夏玉米 3 年的平均单产为 286.6 kg/亩。潘庄试区该覆淤方式灌溉处理冬小麦 3 年平均单产为 391 kg/亩，夏玉米 3 年平均单产为 364.7 kg/亩；雨养处理冬小麦 3 年平均单产为 205.3 kg/亩，夏玉米 3 年平均单产为 242.3 kg/亩。不论是灌溉处理还是雨养处理，该种处理方式的产量均高于处理 S_3、S_5。

(三)处理 S_3

该处理 $0 \sim 30$ cm 深度覆盖壤土，$30 \sim 70$ cm 为沙土，称"薄壤型"。该处理较薄的黏壤表层土质地良好，保水、保肥能力好；下层为沙质土壤，土质疏松，通气、透水性良好，但漏水、漏肥；作物生长期，有机质、碱解氮和全钾的供应较差，总体上对水、肥的保持、供应及保温不利。土体整体孔隙度相对较小，且大孔隙多，也不利于保水保肥。该处理土层整体不适宜作物的成长，作物的产量也较低。位山周店试区该覆淤模式灌溉处理冬小麦 3 年平均单产为 192 kg/亩，玉米 3 年平均单产为 378.5 kg/亩；雨养处理冬小麦 3 年平均单产为 126.4 kg/亩，玉米 3 年平均单产为 198.4 kg/亩。潘庄试区该覆淤模式灌溉处理冬小麦 3 年平均单产 303 kg/亩，夏玉米 3 年平均单产 285.7 kg/亩；雨养处理冬小麦 3 年平均单产 133.3 kg/亩，夏玉米 3 年平均单产 186.7 kg/亩。该处理产量普遍较低。

(四)处理 S_4

该处理 $0 \sim 50$ cm 深度覆盖壤土，$50 \sim 70$ cm 为沙壤土，称为"厚壤型"。整个土体质地层次与处理 S_3 相似，但壤土层次厚度较处理 S_3 大 20 cm，上层土壤的保肥、保水能力良好，作物生长孔隙度较好，地温也基本适宜作物生长，冬小麦、夏玉米的根系基本在 50 cm 厚度这一层次，该层次的土壤有机质、氮、磷、钾养分供应及水分的供应能满足作物的生长需要。位山周店试区灌溉处理的冬小麦 3 年平均单产为 230.6 kg/亩，玉米 3 年平均单产为 401.5 kg/亩，较处理 S_3 产量高；雨养处理冬小麦 3 年平均单产为 147.3 kg/亩，玉米 3 年平均单产为 225.9 kg/亩。潘庄试区该覆淤模式灌溉处理冬小麦 3 年平均单产 388 kg/亩，夏玉米 3 年平均单产 382.3 kg/亩；雨养处理冬小麦 3 年平均单产 172 kg/亩，夏玉米 3 年平均单产 247.7 kg/亩。不论是灌溉处理还是雨养处理，其产量均高于处理 S_3 和 S_5，该处理的产量与处理 S_1、S_2 相差不多。

（五）处理 S_5

该处理 0～70 cm 深度通体为沙壤土，称为"全沙型"。质地疏松，孔隙度较大，大孔隙多，透水透气性良好，日均地温和日间温差较大，利于干物质的生成和增加籽粒糖分，但问题是漏水漏肥，土壤中除磷的供应较好外，有机质、氮和钾肥的供应均最差。由于漏水、漏肥，水分、养分的供应达不到作物生长需要，水分、养分的不足影响作物的营养生长、生殖生长，影响作物的产量和品质。位山周店试区该模式灌溉处理冬小麦的 3 年平均单产为 161.4 kg/亩，夏玉米 3 年平均单产 280.7 kg/亩；雨养处理冬小麦 3 年平均单产为 95.2 kg/亩，玉米 3 年平均单产为 195.2 kg/亩。潘庄试区该覆淤模式灌溉处理冬小麦 3 年平均单产 180 kg/亩，夏玉米 3 年平均单产 238.7 kg/亩，雨养处理冬小麦 3 年平均单产 80.7 kg/亩，夏玉米 3 年平均单产 165.3 kg/亩。在五种处理中，该处理的产量是最低的。

处理 S_1、S_2、S_4 的覆淤土层能够满足作物对水分、养分、通气、温度的要求，利于作物的生长，有助于作物产量的提高，是高产覆淤土层模式。处理 S_3、S_5 的覆淤土层质地差，保水、保肥和其他能力差，不利于作物的生长，影响作物的产量，所以这两种土层属低产土层模式。

第七章　用模糊综合评判方法优选引黄灌区沉沙池覆淤还耕土壤层次结构

第一节　多因素、多层次模糊综合评判方法

一、用模糊综合评判方法优选沉沙池覆淤土层结构的重要意义

本节应用模糊综合评判方法,对引黄灌区沉沙池覆淤土壤层次结构进行优选。根据引黄沉沙池覆淤工程的特点,提出了沉沙池覆淤土层结构方案模糊综合评价目标体系,介绍了推求权重向量的层次分析法。采用这种综合评判方法对引黄沉沙池覆淤土层结构方案进行优选,较单纯用经济效果指标所作的评判结果更加切合实际,更加科学。

选定合理的沉沙覆淤优化土层结构方案是保证引黄沉沙覆淤工程以最小的投入获得最大的产出的关键。在以往方案的比选中,往往只以经济效果指标的优劣,如基建施工费、作物种植成本、田间年运行费、年产量产值等定量指标决定方案的取舍。事实上,要全面评价一个沉沙覆淤土层结构方案,不仅要考虑定量的经济指标,还应同时考虑按常规难以进行定量分析的众多影响因素,如环境影响、工程管理等。在实际工程中,往往正是这些方案评价中易被忽视的因素,对方案的实施有着很大的影响。模糊综合评判方法可以将定量研究与定性分析结合起来,把一些过去只进行定性分析或被忽视的因素,应用模糊数学的理论将其量化,以便用同一尺度去衡量众多的影响因素,从而在同一个基础上对多个方案进行优选,实现工程方案决策的科学化。

二、多因素、多层次模糊综合评判方法

贺仲雄在《模糊数学及其应用》(天津科学技术出版社,1985年)中对多因素、多层次模糊综合评判数学模型已有详尽论述。本节根据其原理进行研究应用。评价沉沙池覆淤土层优化方案,牵涉到众多因素,且这些因素之间还存在着一定的层次。因此,在进行模糊综合评判时,各因素的权重难以准确确定,这就需要对多因素进行合理分层。先对每一类进行综合评判,再进行各类之间的高层次综合。应用多因素、多层次模糊综合评判原理进行引黄沉沙池覆淤还耕土层方案的优选方法,可归纳为以下几点:

(1)取所有备选沉沙池覆淤土层方案,组成备选对象集 $X = \{x_1, x_2 \cdots, x_i, \cdots, x_m\}$, x_i

代表第 i 个方案。

（2）确定评价目标体系，建立评价因素集 $U = \{u_1, u_2, \cdots, u_i\}$，并按其属性对各因素进行合理分层。

（3）对每个单因素分别模拟其隶属函数，求出 U_i 的评价矩阵 R_i。

（4）确定各层次中各单因素的权重分配 A_i，各层次同类因素权重之和均满足归一化条件。

（5）由低层次向高层次，逐层次进行模糊合成，求得最终评判结果。

$$B^* = A \cdot R = (b_1^*, b_2^*, \cdots, b_m^*)$$

（6）找出 B^* 中最大的元素 b_j^*，其相应的第 j 个方案则为最优的沉沙池覆淤土层优化方案。

三、利用层次分析法确定权重向量

在进行不同层次模糊综合评判时，权重向量 A_i 是一个十分重要的指标。目前常用专家打分法来确定各评价因素的权重，但该方法具有下列缺点：

（1）由专家的爱好差异直接给出各指标的权重，主观任意性大。

（2）各专家在进行各因素的比较判断时，难以保证前后判断的一致性。

层次分析法可以较好地克服上述缺点。采用层次分析法推求权重向量的过程如下：

（1）根据评价因素及隶属关系构造递阶层次结构。

（2）构造判断矩阵 C。其方法是：相对于方案的综合合理性，把各指标两两比较，并对比较结果用 1 ~ 9 的整数来度量。1 表示对于方案的综合合理性，一个指标和另一个指标同等重要；3 表示一个指标比另一个指标稍微重要；5 表示一个指标比另一个指标明显重要；7 表示一个指标比另一个指标非常重要；9 表示一个指标比另一个指标极端重要。而 2、4、6、8 则表示介于上述之间的重要程度。

通过两两比较判断得判断矩阵 C

$$C = \begin{bmatrix} C_{11} & C_{12} & \cdots & C_{1n} \\ C_{21} & C_{22} & \cdots & C_{2n} \\ \vdots & \vdots & & \vdots \\ C_{n1} & C_{n2} & \cdots & C_{nn} \end{bmatrix}_{n \times n}$$

其中矩阵元素 C_{ij} 表示第 i 个指标比第 j 个指标重要的程度（相对于方案的综合合理性而言）。同时 C 必须满足：① $C_{ij} > 0$；② $C_{ii} = 1$；③ $C_{ij} = 1/C_{ji}$

（3）采用特征根法推求权重向量 $\overline{u'} = (\overline{u'}_1, \overline{u'}_2, \cdots, \overline{u'}_n)$，并对判断矩阵进行一致性检验，即必须满足 $C \cdot R < 0.10$（计算方法略）。

第二节　用模糊综合评判方法优化引黄灌区沉沙池覆淤土层结构研究

为了科学地选择引黄沉沙池覆淤土层结构,应用模糊综合评判方法,对位山周店和潘庄试区沉沙池的覆淤土层结构进行优选。具体步骤如下。

一、拟订备选方案

覆淤土层厚70 cm,可供选择的沉沙池覆淤还耕土层结构方案有(见图5-7-1):

(1)70 cm 全壤土(方案1);

(2)上 30 cm 沙土,下 40 cm 壤土(方案2);

(3)上 30 cm 壤土,下 40 cm 沙土(方案3);

(4)上 50 cm 壤土,下 20 cm 沙土(方案4);

(5)70 cm 全沙土(方案5)。

沙土系清淤弃土,壤土系池底下挖取原状土或汛期淤土。

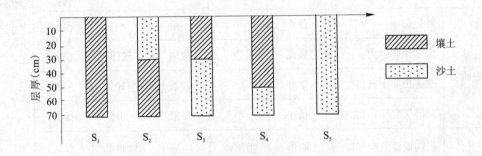

图5-7-1　不同覆淤土壤层次结构方案图　(单位:cm)

二、确定评价指标体系

对沉沙池覆淤土层结构方案进行综合评价,要从投入经济指标、产出经济指标、环境影响、工程管理等多方面综合考虑,故建立的评价指标体系要同时反映上述各种影响因素。根据位山引黄灌区沉沙池覆淤工程特点,经研究,最后确定沉沙池覆淤土层结构方案综合评价指标体系由两个层次、四种类别,共十个因素构成。

综合评价指标体系建立后,对各方案的评价指标分别进行定量或定性描述。对于能够定量计算的指标则以定量指标表示,对于不能数量化的定性指标则用评语集合中的元素按如下七个等级定性描述,即:{很小、小、较小、一般、较大、大、很大}或{很容易、容易、较容易、一般、较难、难、很难},分别用上述模糊语言对各方案的各定性指标进行评价。

评价指标体系定量指标数值和定性指标评语见表5-7-1。

表 5-7-1　评价因素数值和评语表

评价因素		方案					备注
		1	2	3	4	5	
投入经济指标	70 cm 覆淤土层结构构筑施工费(元/亩)	933.38/ 1 026.7	533.36/ 586.7	400.02/ 440	666.7/ 733.4	0/0	斜线左边为位山试区数值,斜线右边为潘庄试区数值
	作物种植成本及田间年运行费(元/ (年·亩))	260/280	260/280	260/280	260/280	300/300	
产出经济指标	产量(kg/(年·亩))	525.8/ 613.8	509.6/ 601.8	395.2/ 454.4	464.4/ 595.2	325.8/ 332.4	
	产值(元/(年·亩))	578.38/ 675.2	560.56/ 662	434.72/ 499.8	510.84/ 654.7	358.38/ 365.6	
环境影响	沙化影响	很小	小	一般	小	很大	
	保水保肥能力	很强	强	较弱	较强	很弱	
	改善田间小气候	很好	好	较差	好	很差	
	对群众生产生活影响	很小	小	一般	小	很大	
工程管理	机构设置复杂程度	简单	很简单	一般	较简单	复杂	
	工程管理运行	很易	容易	较易	较易	很难	

评价因素数值的确定:

(1)70 cm 覆淤土层结构构筑施工费,以亩为单位。根据设计的覆淤土层结构方案,如在池底下挖或在隔堤取土,需计算运费,位山试区按 2 元/m³ 计,潘庄试区按 2.2 元/m³ 计。沙土系清淤的副产物,其清淤运费已在灌溉效益中分摊,故不再参与覆淤土层的费用计算。

(2)作物种植成本及田间年运行费,以年·亩为单位,包括种子、化肥、灌溉、农药、耕作、管理的成本。

(3)产量、产值以年·亩为单位,位山试区取 5 种土层结构 1991 ~ 1999 年 9 年的小麦、玉米的平均产量和产值。潘庄试区取 5 种土层结构 1994 ~ 1997 年小麦、玉米的平均产量和产值。

三、各评价指标隶属度的确定

(一)各定量指标隶属函数的确定

对于单因素隶属函数的确定,在数学上无一定的模式可循。本节依据工程特点,采用最大最小隶属函数模型,来模拟各单因素定量指标的隶属函数曲线:

$$\mu(x) = \begin{cases} 1 & f(x) \geqslant \sup(f) \\ \left[\dfrac{f(x) < \inf(f)}{\sup(f) - \inf(f)}\right]^n & \inf(f) < f(x) < \sup(f) \\ 0 & f(x) \leqslant \inf(f) \end{cases} \tag{5-17}$$

$$或 \quad \mu(x) = \begin{cases} 1 & f(x) \leqslant \inf(f) \\ \left[\dfrac{\sup(x) - f(x)}{\sup(f) - \inf(f)}\right]^n & \inf(f) < f(x) < \sup(f) \\ 0 & f(x) \geqslant \sup(f) \end{cases} \tag{5-18}$$

式中:$\sup(f)$、$\inf(f)$分别表示$f(x)$的上、下界(本文采用$n = 1$)。

上、下界的取值会对最终结果产生影响。分析中根据具体情况,各定量指标的上、下界采取在其最大、最小值的基础上适当增减一定百分比的处理方法加以确定。经研究,分析中采用的各定量指标的上、下界指标见表5-7-2。

表 5-7-2　各定量指标上、下界

评价指标	上界	下界	备注
70 cm 覆淤土层结构构筑施工费(元/亩)	1 026.718/1 129.37	0/0	斜线左边为位山试区数值,斜线右边为潘庄试区数值
作物种植成本及田间年运行费(元/(年·亩))	330/330	234/252	
产量(kg/(年·亩))	578.38/675.18	293.22/299.16	
产值(元/(年·亩))	636.218/742.72	322.542/329.04	

根据各单因素定量指标的单调增减性,应用式(5-17)或式(5-18)便可模拟出各方案各定量评价因素的隶属度,见表5-7-3。

(二)定性指标隶属度的确定

考虑到所拟订方案的有限性,将最为满意的"很小"或"很容易"的状态置于0.8的满意度(即隶属度),而非1.0;把"很大"或"很难"的状态置于0.2的满意度,而非0.0;中间状态按线性分布考虑。则评语集合{很小、小、较小、一般、较大、大、很大}的相应隶属度集合为$u_i = \{0.8, 0.7, 0.6, 0.5, 0.4, 0.3, 0.2\}$。据此可求得各方案各定性指标的隶属度,见表5-7-3。

表 5-7-3　各评价指标隶属度表

评价因素		方案					备注
		1	2	3	4	5	
投入经济指标	70 cm 覆淤土层结构构筑施工费（元/亩）	0.909 091/0.909 091	0.519 481/0.519 493	0.389 61/0.389 598	0.649 351/0.649 389	0/0	斜线左边为位山试区数值,斜线右边为潘庄试区数值
	作物种植成本及田间年运行费（元/（年·亩））	0.787 879/0.848 485	0.787 879/0.848 485	0.787 879/0.848 485	0.787 879/0.848 485	0.909 091/0.909 091	
产出经济指标	产量（kg/（年·亩））	0.909 091/0.909 091	0.881 082/0.891 318	0.683 288/0.673 006	0.802 932/0.881 543	0.563 297/0.492 313	
	产值（元/（年·亩））	0.909 091/0.909 091	0.881 082/0.891 318	0.683 288/0.672 932	0.802 932/0.881 49	0.563 297/0.492 245	
环境影响	沙化影响	0.8/0.8	0.7/0.7	0.5/0.5	0.7/0.7	0.2/0.2	
	保水保肥能力	0.8/0.8	0.7/0.7	0.4/0.4	0.6/0.6	0.2/0.2	
	改善田间小气候	0.8/0.8	0.7/0.7	0.4/0.4	0.7/0.7	0.2/0.2	
	对群众生产生活影响	0.8/0.8	0.7/0.7	0.5/0.5	0.7/0.7	0.2/0.2	
工程管理	机构设置复杂程度	0.7/0.7	0.6/0.6	0.5/0.5	0.6/0.6	0.2/0.2	
	工程管理运行	0.8/0.8	0.7/0.7	0.6/0.6	0.6/0.6	0.2/0.2	

四、权重向量的确定

首先构造各层次判断矩阵 C。

（一）第二层次各指标权重向量的确定

1. 投入经济指标各因素

$$C = \begin{bmatrix} 1 & 1/3 \\ 3 & 1 \end{bmatrix} \quad \begin{matrix} 覆淤土层结构构筑施工费 u_1 \\ 作物种植成本及田间年运行费 u_2 \end{matrix}$$

求得最大特征根 $\lambda = 2$；

计算不相容度 $C = \dfrac{\lambda - N}{N - 1} = 0 < 0.1$，由此判断矩阵 C 的相容性好。

$\lambda = 2$ 的归一化特征向量 $\overline{w_1} = 0.25$，$\overline{w_2} = 0.75$。

2. 产出经济指标各因素

$$C = \begin{bmatrix} 1 & 1 \\ 1 & 1 \end{bmatrix} \quad \begin{matrix} 产量 u_3 \\ 产值 u_4 \end{matrix}$$

求得最大特征根 $\lambda = 2$；

计算不相容度 $C = \dfrac{\lambda - N}{N - 1} = 0 < 0.1$，由此判断矩阵 C 的相容性好。

$\lambda = 2$ 的归一化特征向量 $\overline{w}_3 = 0.5, \overline{w}_4 = 0.5$。

3. 环境影响各因素

$$C = \begin{bmatrix} 1 & 2 & 4 & 7 \\ 1/2 & 1 & 2 & 5 \\ 1/4 & 1/2 & 1 & 3 \\ 1/7 & 1/5 & 1/3 & 1 \end{bmatrix} \quad \begin{matrix} \text{沙化影响 } u_5 \\ \text{保水保肥能力 } u_6 \\ \text{改善田间小气候 } u_7 \\ \text{对群众生产生活影响 } u_8 \end{matrix}$$

求得最大特征根 $\lambda = 4.026$；

计算不相容度 $C = \dfrac{\lambda - N}{N-1} = 0.009 < 0.1$，由此判断矩阵 C 的相容性好。

$\lambda = 4.026$ 的归一化特征向量 $\overline{w}_5 = 0.514, \overline{w}_6 = 0.280, \overline{w}_7 = 0.147, \overline{w}_8 = 0.058$。

4. 工程管理因素

$$C = \begin{bmatrix} 1 & 1 \\ 1 & 1 \end{bmatrix} \quad \begin{matrix} \text{机构设置复杂程度 } u_9 \\ \text{工程管理运行 } u_{10} \end{matrix}$$

求得最大特征根 $\lambda = 2$；

计算不相容度 $C = \dfrac{\lambda - N}{N-1} = 0 < 0.1$，由此判断矩阵 C 的相容性好。

$\lambda = 2$ 的归一化特征向量 $\overline{w}_9 = 0.5, \overline{w}_{10} = 0.5$。

(二)第一层次各指标权重向量的确定

$$C = \begin{bmatrix} 1 & 1/3 & 3 & 5 \\ 3 & 1 & 5 & 7 \\ 1/3 & 1/5 & 1 & 2 \\ 1/5 & 1/7 & 1/2 & 1 \end{bmatrix} \quad \begin{matrix} \text{投入经济指标 } U_1 \\ \text{产出经济指标 } U_2 \\ \text{环境影响 } U_3 \\ \text{工程管理 } U_4 \end{matrix}$$

求得最大特征根 $\lambda = 4.066$；

计算不相容度 $C = \dfrac{\lambda - N}{N-1} = 0.022 < 0.1$，由此判断矩阵 C 的相容性好。

$\lambda = 4.066$ 的归一化特征向量 $\overline{w}_1 = 0.323, \overline{w}_2 = 0.526, \overline{w}_3 = 0.099, \overline{w}_4 = 0.052$。

五、综合评价向量的合成运算

(一)投入经济指标评价矩阵 B_1

位山试区：

$$B_1 = A_1 R_1 = (0.25 \quad 0.75) \begin{bmatrix} 0.909 & 0.519 & 0.389 & 0.649 & 0 \\ 0.788 & 0.788 & 0.788 & 0.788 & 0.909 \end{bmatrix}$$

$$= \begin{bmatrix} 0.818 & 0.720 & 0.688 & 0.753 & 0.681 \end{bmatrix}$$

潘庄试区：

$$B_1 = A_1 R_1 = (0.25 \quad 0.75) \begin{bmatrix} 0.909 & 0.519 & 0.389 & 0.649 & 0 \\ 0.848 & 0.848 & 0.848 & 0.848 & 0.909 \end{bmatrix}$$

$$= \begin{bmatrix} 0.863 & 0.765 & 0.733 & 0.798 & 0.681 \end{bmatrix}$$

（二）产出经济指标评价矩阵 B_2

位山试区：

$$B_2 = A_2 R_2 = (0.5 \quad 0.5) \begin{bmatrix} 0.909 & 0.881 & 0.683 & 0.803 & 0.563 \\ 0.909 & 0.881 & 0.683 & 0.803 & 0.563 \end{bmatrix}$$

$$= [0.909 \quad 0.881 \quad 0.683 \quad 0.803 \quad 0.563]$$

潘庄试区：

$$B_2 = A_2 R_2 = (0.5 \quad 0.5) \begin{bmatrix} 0.909 & 0.891 & 0.673 & 0.881 & 0.493 \\ 0.909 & 0.891 & 0.673 & 0.881 & 0.493 \end{bmatrix}$$

$$= [0.909 \quad 0.891 \quad 0.673 \quad 0.881 \quad 0.493]$$

（三）环境影响评价矩阵 B_3

位山试区：

$$B_3 = A_3 R_3 = (0.514 \quad 0.280 \quad 0.147 \quad 0.058) \begin{bmatrix} 0.8 & 0.7 & 0.5 & 0.7 & 0.2 \\ 0.8 & 0.7 & 0.4 & 0.6 & 0.2 \\ 0.8 & 0.7 & 0.4 & 0.7 & 0.2 \\ 0.8 & 0.7 & 0.5 & 0.7 & 0.2 \end{bmatrix}$$

$$= [0.799\,2 \quad 0.699\,3 \quad 0.456\,8 \quad 0.671\,3 \quad 0.199\,8]$$

潘庄试区：

$$B_3 = A_3 R_3 = (0.514 \quad 0.280 \quad 0.147 \quad 0.058) \begin{bmatrix} 0.8 & 0.7 & 0.5 & 0.7 & 0.2 \\ 0.8 & 0.7 & 0.4 & 0.6 & 0.2 \\ 0.8 & 0.7 & 0.4 & 0.7 & 0.2 \\ 0.8 & 0.7 & 0.5 & 0.7 & 0.2 \end{bmatrix}$$

$$= [0.799\,2 \quad 0.699\,3 \quad 0.456\,8 \quad 0.671\,3 \quad 0.199\,8]$$

（四）工程管理评价矩阵 B_4

位山试区：

$$B_4 = A_4 R_4 = (0.5 \quad 0.5) \begin{bmatrix} 0.7 & 0.6 & 0.5 & 0.6 & 0.2 \\ 0.8 & 0.7 & 0.6 & 0.6 & 0.2 \end{bmatrix}$$

$$= [0.75 \quad 0.65 \quad 0.55 \quad 0.60 \quad 0.20]$$

潘庄试区：

$$B_4 = A_4 R_4 = (0.5 \quad 0.5) \begin{bmatrix} 0.7 & 0.6 & 0.5 & 0.6 & 0.2 \\ 0.8 & 0.7 & 0.6 & 0.6 & 0.2 \end{bmatrix}$$

$$= [0.75 \quad 0.65 \quad 0.55 \quad 0.60 \quad 0.20]$$

（五）总评价矩阵 B^*

位山试区：

$$B^* = AR(\overline{w_1} \quad \overline{w_2} \quad \overline{w_3} \quad \overline{w_4}) \begin{bmatrix} B_1 \\ B_2 \\ B_3 \\ B_4 \end{bmatrix}$$

$$
= (0.323 \quad 0.526 \quad 0.099 \quad 0.052)
\begin{bmatrix}
0.818 & 0.720 & 0.688 & 0.753 & 0.681 \\
0.909 & 0.881 & 0.683 & 0.803 & 0.563 \\
0.799\,2 & 0.699\,3 & 0.456\,8 & 0.674\,3 & 0.199\,8 \\
0.75 & 0.65 & 0.55 & 0.6 & 0.2
\end{bmatrix}
$$

$$
= \begin{bmatrix} 0.860 & 0.798 & 0.655 & 0.763 & 0.546 \end{bmatrix}
$$

显然,B^* 中大者为 0.860,0.798,0.763,由此可知,方案 1、2、4 为优级方案。

潘庄试区:

$$
B^* = AR(\overline{w}_1 \quad \overline{w}_2 \quad \overline{w}_3 \quad \overline{w}_4)
\begin{bmatrix} B_1 \\ B_2 \\ B_3 \\ B_4 \end{bmatrix}
$$

$$
= (0.323 \quad 0.526 \quad 0.099 \quad 0.052)
\begin{bmatrix}
0.863 & 0.765 & 0.733 & 0.798 & 0.681 \\
0.909 & 0.891 & 0.673 & 0.881 & 0.493 \\
0.799\,2 & 0.615\,3 & 0.512\,8 & 0.587\,3 & 0.199\,8 \\
0.75 & 0.65 & 0.5 & 0.6 & 0.2
\end{bmatrix}
$$

$$
= \begin{bmatrix} 0.874 & 0.818 & 0.664 & 0.819 & 0.509 \end{bmatrix}
$$

显然,B^* 中大者为 0.874,0.818,0.819,由此可知,方案 1、2、4 为优级方案。

六、结语

(1)用多因素、多层次模糊综合评判方法进行引黄灌区沉沙池覆淤土层结构方案的优选,较其他传统方法及单层次综合评判方法等更能如实反映工程方案的实际特性,使投资决策更趋科学化。

(2)用层次分析法确定不同层次的各因素权重向量,能较好地避免主观任意性和比较判断中的不一致性。

(3)实践表明,采用最大、最小隶属函数模型来模拟各单因素定量指标的隶属函数曲线是合理的。上、下界的选取依据各因素的实际情况在最大、最小值的基础上可适当增、减一定百分比。当方案较多时,可考虑把有关指标的最大、最小值作为上、下界。

(4)本研究成果,在我国引黄灌区沉沙池高地的科学覆淤还耕中具有重要的实用价值和科学推广价值。

第八章　沉沙池覆淤还耕高地的方田工程建设及灌排工程优化模式研究

第一节　沉沙池、渠覆淤还耕高地特征研究

沉沙池覆淤还耕高地的方田工程是集水利工程技术、农林技术和管理技术于一体的系统工程。方田工程应充分、合理地利用黄河水沙资源,除涝改碱,建立良好的农田生态环境,将沉沙池高地逐步建成稳产高产农田。它包括田间灌排水工程、道路林网工程及田间水土保持工程等配套内容。

沉沙池、渠覆淤还耕高地的特征:

(1)地势相对高,地形平坦。同一地区的沉沙池条渠,地面高低相差不大,沉沙池高地比池外耕地高出 4~6 m,造成地下水位低,易旱不易涝。

(2)覆淤还耕高地土质疏松,土壤渗透系数大,据测定位山试区为 1.37×10^{-2} cm/s,潘庄试区为 1.39×10^{-2} cm/s,保水保肥能力低。

(3)土壤结构差、肥力低。由于还耕用土一为清淤泥沙,二为沉沙池底的原状土,据测定,耕作层有机质含量、速效 N 含量、速效 P 含量、速效 K 含量远远达不到国家规定农田土壤养分标准的最低值,特别是有机质含量很少。

(4)覆淤还耕高地大面积覆盖淤没了原地面的工程设施,像一张白纸,能按最好的构想,完成方田工程规划建设。

第二节　沉沙池覆淤还耕高地方田建设及灌排工程规划原则研究

沉沙池高地覆淤还耕后的方田建设及灌排工程规划要掌握以下技术要求:

(1)适应当前农村经济体制改革与管理的需要,尽量考虑到行政区划,适应土地承包经营,利于对工程的承包管理。

(2)方田工程要坚持田块成方,路林成网,灌排配套设施齐全;方田工程的布设要利于提高土地利用率,合理利用各类土地,实现水、林、田、路综合治理。

(3)灌排工程要坚持旱能灌、涝能排的方针,沟渠系统配套要利于合理灌排,提高渠系水、田间水和灌溉水的利用系数;有利于田间排水和除涝,降低地下水位,治理盐碱与改良土壤。

(4)灌排工程的配置要利于"黄河水、地面水和地下水"的相互转化,特别是提高当地地下水资源的利用率;要尽量减少因灌溉而产生的土壤养分的流失、表层土壤的贫瘠化、表层沙壤土的粗化与沙化,提高土壤肥力;要利于减少裸露建筑物和交叉建筑物的数量及工程量。

第三节　沉沙池覆淤还耕高地的田间工程建设规划标准研究

近年,山东省各引黄灌区在沉沙池高地覆淤还耕后的田间工程建设规划方面,在实践中提出了标准要求,出现了许多高标准规划的建设典型。

一、位山灌区的沉沙池高地覆淤还耕田间工程建设规划标准及方田工程建设完成情况

(一)规划标准

《山东省引黄入卫工程泥沙处理与开发利用规划设计》和聊城市水利局《位山引黄灌区泥沙处理与开发利用专题规划》两个文件,对位山灌区沉沙池覆淤还耕高地的田间工程建设规划,提出了具体要求。

为使覆淤还耕后的高地逐步成为高产良田,按照旱、涝、沙、碱、生态环境综合治理的原则,高地的田间工程配套建设标准是:田成方、林成网、旱能灌、涝能排,沟、渠、路、桥、涵、闸、井、泵、房等配套齐全。

(二)方田建设

方田是高地建设总体网络中的单元网格,方田建设包括土地划方、灌排工程、水土保持工程、田间生产道路工程和防护林带工程等内容。

1. 土地划方

全面考虑水源供水能力、林网、耕作机械和清淤机械运行对方田的要求。

(1)机械清淤对田块的要求:在输沙渠高地,除考虑高地农林业生产用水外,还要兼顾输沙渠清淤供水,即每个方田沿输沙渠水流方向,长度不得超过300 m。

(2)水源供水能力的要求:一般要求机井辐射半径为115~120 m,泵站的辐射半径要大于200 m。

(3)耕作机械作业对方田的要求:耕作机械作业效率受方田长度的影响,方田越长,机械作业的效率越高。对于中小型机械,方田长度在300 m时,对其生产效率影响已很小;而对于大型机械,方田长度超过800 m,对其效率影响不大。大中型农机作业的适当宽度为40~100 m,小型农机要求的作业宽度更小。

(4)林网对方田的要求:农田林网可以调节田间小气候,涵养水分,保护水利工程,防御风害,保护作物。据林业部门提供的资料,林带防护范围为树高的20~30倍,按树高15~20 m计算,防护距离为300~600 m。林网设置主副林带,主林带方向基本上与主风害方向垂直,副林带垂直于主林带。

(5)排水沟间距对方田的要求:在非高地区域一般由斗沟深度承担排涝、防渍和降低地下水位的任务。由于高地区已高出原地面4~8 m,地下水临界深度相对较大,排水沟一般结合生产路修建,将修道路而开挖的沟壕作为排水沟即可,沟深不再是制约防渍和降低地下水位的条件,排水沟的间距,也不再是方田的主要制约因素。

综上所述,由于沉沙池、渠高地的水源供水能力偏小,耕作机械和清淤机械一般为中

小型,而高地风沙灾害对林网保护的要求较高,因此方田网格宜小不宜大,方田网格的面积一般在 60～100 亩。

2. 灌排工程

1)灌溉工程

由于输沙渠、沉沙池长年输水入渗,该区地下水资源丰富,因此多采用机井提取地下水灌溉,有的也采用小型泵站提取沟内黄河水灌溉。沉沙区高地,机井一般沿生产路布置,每 60 亩为一个网格布设一眼机井;输沙渠高地每 300 m 为一网格,居中傍路布设机井,也可在输沙渠岸边建小型泵站。

A. 机井灌溉:

(1)机井:井深 60～80 m,取水层地下水位以上为实管,以下为内径 30 cm 的砂管,沙层厚度 16～20 m,填料厚度大于 5 cm。出水量大于 45 m³/h,矿化度低于 2 g/L。

(2)井房:建筑面积 4 m×4 m,采用砖砌体围墙混凝土盖板,平顶结构,水泥砂浆勾缝。

(3)机泵选型:该区地下水稳定,水位埋深一般为 12～15 m,故选用潜水式深井泵。考虑到现阶段供电和输电设施不足的情况,暂配 12 马力柴油机为提水动力。

(4)田间输水工程:以发展节水工程为主,采用输水明渠混凝土衬砌,或地下布设 PVC 硬塑管道,地上采用“小白龙”软管与畦灌或喷滴灌结合。

B. 小型泵站灌溉:

(1)泵房:建筑面积 4 m×5 m。

(2)机泵选型与配套:采用 φ250 mm 混流泵,配 12 马力柴油机。

(3)田间输水工程与井灌相同。

2)排水工程

排水工程可分为两部分,一是覆淤还耕高地的田间排水,二是高地排水与平地排水的衔接。由于高地一般高出原地面 4～8 m,地下水位相对较深,加之沙质高地入渗系数大,据资料分析,日降雨 200～250 mm,不会产生径流,因此高地的田间排水,可结合生产路沟兼用。至于覆淤还耕高地与平地排水的衔接,因高差较大,则需通过修建水簸箕、跌水工程泄入排水河沟内。

3. 水土保持工程

该工程是高地土壤保水保肥的关键措施之一,主要包括工程措施、生物措施和田间土壤改良措施三个方面。

(1)工程措施。主要指高地围埝,沿高地边沿修建,结合土地划方、道路修建一并完成,其围埝规格要高于地面 0.5 m 以上,宽 2.5～3.5 m,一般用生产路面替代;围埝(道路)内侧修一条深 1.0 m,上口宽 1.5 m 的排水沟,以排除地面积水,防止降雨后地面径流窜方冲坡。

(2)生物措施。生物措施指草皮护坡、灌木护坡。此两种方法混合使用,可达到固坡及防止水土流失的作用。一般选择沙打旺、苜蓿、蔓生草和紫穗槐等作为护坡植物。

(3)土壤改良措施。利用作物秸秆还田,沤制绿肥等有机肥料,促使土壤团粒结构的增长,改良土壤物理性质,以达到保水、保肥、保温、提高单产的目的。为此,高地树木的选择要以苹果、梨和桑树等为主,借用落叶沤化增加有机物成分,相应栽培油料、绿肥作物,并倡导秸秆还田,以促进高地土壤改良、增加土壤肥力。

4.田间生产道路工程

道路建设要结合土地划方一并完成。田间生产道路一般由干路和支路两级组成,干路的布置视村庄所有土地的方向而定,每个村庄所辖土地一般有一条干路,每个方田有一条支路,干路一般宽 8 m,支路一般宽 4 m。路面材料一般采用沙土。

5.田间防护林带工程

防护林带是防风固沙,提高空气湿度,改变田间工程气候的有效措施。因此,在高地方田建设中要结合林果栽培、生产道路建设建立防护林带,做到沟、渠、路、林统一安排。防护林带设主、副林带,主林带方向基本上与主风害方向垂直,副林带垂直于主林带。在树种选择上,要乔、灌木结合,成材林和条编林结合。在具体要求上,一般沿生产路两侧和高地边沿栽植成材林,主干路两边各 1 行,株距 3 m;树行外栽植条编林,墩距 1 m;高地边坡进行条编材与草皮间作,确保达到防风固沙、防止水土流失、改变田间气候、增加生产效益的目的。

位山灌区沉沙池高地覆淤还耕方田工程的建设完成情况见表 5-8-1。

表 5-8-1　位山灌区沉沙池高地覆淤还耕方田工程的建设完成情况

工程项目	单位	规划	2002 年底完成
1.田方	个	200	110
2.道路	km	30	25
3.林网	km	70	50
4.灌溉工程			
(1)机井	眼	200	110
(2)泵站	座	5	3
(3)衬砌渠	km	30	10
(4)PVC 管	km	40	20
(5)小白龙	km	40	25
(6)喷滴灌	hm²	150	100
5.排水工程			
(1)排水沟	km	15	10
(2)排水建筑物	座	5	2

二、潘庄灌区的沉沙池高地覆淤还耕田间工程建设规划标准及方田工程建设完成情况

德州市水利局对潘庄灌区的沉沙池高地覆淤还耕田间工程建设作出高标准的规划。为使覆淤还耕后的高地逐步成为高产良田,按照旱、涝、沙、碱、生态环境综合治理的原则,高地的田间工程配套建设标准是:田成方、林成网、旱能灌、涝能排,沟、渠、路、桥、涵、闸、

井、泵、房等配套齐全。典型田间工程建设规划,见渠首一级沉沙池覆淤还耕高地田间工程规划。

(一)土地划方

全面考虑水源供水能力、林网、耕作机械运行对方田的要求。

(1)水源供水能力的要求:一般要求机井辐射半径为 115~120 m,泵站的辐射半径要大于 200 m。

(2)耕作机械作业对方田的要求:耕作机械作业效率受方田长度的影响,方田越长,机械作业的效率越高。对于中小型机械,方田长度在 300 m 时,对其生产效率影响已很小。

(3)林网对方田的要求:农田林网可以调节田间小气候,涵养水分,保护水利工程,防御风害,保护作物。据林业部门提供的资料,林带防护范围为树高的 20~30 倍,按树高 15~20 m 计算,防护距离为 300~600 m。

综上所述,由于沉沙池、渠高地的水源供水能力偏小,耕作机械和清淤机械一般为中小型,而高地风沙灾害对林网保护的要求较高,因此方田的面积一般在 100~200 亩,方田一般为 250 m 见方,或 250 m×500 m。

(二)道路网络

在人造覆淤高地上规划建设了完整的道路网络,南北路以王楼村中心路为基准,每 500 m 铺设一条南北路,共设经一路、经二路、经三路 3 条,路宽 7 m。东西路布置以靖庄中心路为基准,每 270 m 设一条,设纬一路至纬十二路计 12 条,路宽 5 m。道路宽畅、笔直,展现了人造高地现代农田建设的雄伟格局。

(三)灌溉工程

渠首地区地下水资源丰富,灌溉水源以地下水为主,这样可以向下游送水。沉沙高地共计布置机井 70 眼,每个方田布置机井 2 眼,每眼机井控制灌溉面积 100 亩左右。机井深 65 m,利用潜水电泵取水,输水管道为地埋 PVC 管,下设 12 个分水口,辅以"小白龙",这样可以节约土地。机井位置在生产路旁,便于管理,机井房尺寸为 2 m×2 m×2 m。

(四)排水工程

沉沙池还耕高地地势高,壤土层薄,易旱不易涝,若开挖断面面积较大的排水沟占地较多,容易造成水土流失。潘庄灌区沉沙池还耕高地的排水沟建设结合修建生产路,在每条路旁开挖排水沟,深 1 m,底宽 1 m,开口宽 3 m。径流通过排水沟、水簸箕泄入总干渠和河道。

(五)林网工程

在路沟旁共植树 2 行,株距 3 m,品种为速生杨、毛白杨,共计植树 2.7 万棵。防护林带设主、副林带,主林带方向基本上与主风害方向垂直,副林带垂直于主林带。

(六)配电工程

高压线路沿南北路走,长 6 km,低压线路沿东西向生产路走,长 17.5 km,修建配电室 10 座,变压器容量 570 kVA,其中 30 kVA 1 座,50 kVA 6 座,80 kVA 3 座。

(七)水土保持工程

沉沙池覆淤还耕高地地势相对较高,降雨时容易造成水土流失,所以水土保持是十分重要的措施,主要包括工程措施、生物措施。

(1)工程措施:主要指高地围堰,沿高地四周修建,围堰规格要求高出原地面 0.5 m,宽

2～3 m,共计修建围埝长度15 km。

(2)生物措施:主要指种植草皮、灌木护坡,两种方法结合使用,达到固坡及防止水土流失的目的,可选择蔓生草和紫穗槐。潘庄灌区在沉沙池还耕高地外坡共种植蔓生草、紫穗槐100亩。

在树种选择上,要乔、灌木结合,成材林和条编林结合。在具体要求上,一般沿生产路两侧和高地边沿栽植成材林,主干路两边各1～2行,株距3 m;树行外栽植条编林,墩距1 m;高地边坡进行条编材与草皮间作,确保达到防风固沙、防止水土流失、改变田间气候、增加生产效益的目的。

潘庄灌区一级沉沙池覆淤还耕高地方田工程的建设完成情况见表5-8-2。

表5-8-2 潘庄灌区一级沉沙池覆淤还耕高地方田工程的建设完成情况

工程项目	单位	规划	2002年底完成
1. 田方	个	39	
2. 道路	km	27	27
3. 林网	km	27	27
4. 灌溉工程			
(1)机井	眼	70	70
(2)泵站	座	3	3
(3)衬砌渠	km	2	2
(4)PVC管	km	18.5	18
(5)小白龙	km	25	20
(6)喷滴灌	hm^2	0	0
5. 排水工程			
(1)排水沟	km	27	27
(2)排水建筑物	座	60	60
6. 配电工程			
(1)高低压线路	km	23.5	23.5
(2)变电站	座/kVA	10/570	10/570
7. 水保工程			
(1)高地围埝	km	15	15
(2)草皮乔木护坡	亩	100	100

渠首一级沉沙池覆淤还耕高地田间工程规划范围包括渠首一级沉沙池的1#、2#、3#条渠的全部和5#条渠的一部分,总面积6 681亩,其中马集乡5 762亩,赵官镇919亩。见图5-8-1。

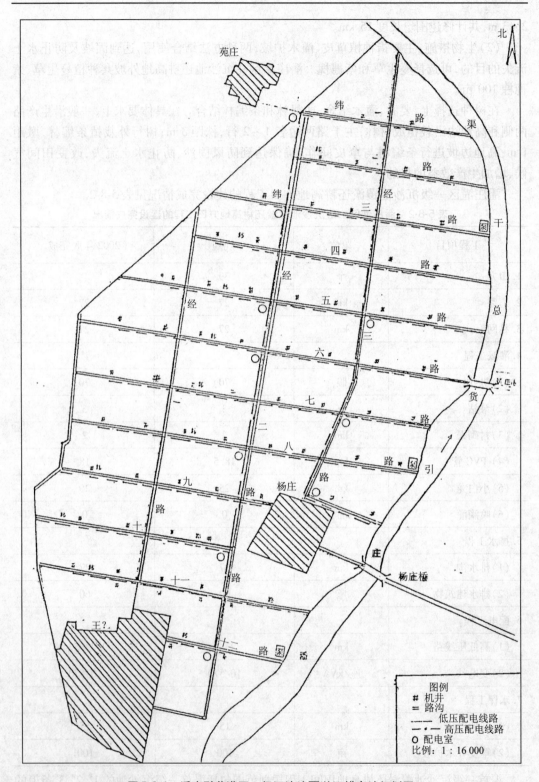

图 5-8-1 潘庄引黄灌区一级沉沙池覆淤还耕高地规划图

第四节 沉沙池覆淤还耕高地灌排工程基本模式研究

一、机井提水—混凝土衬砌明渠输水—畦灌模式

如位山灌区于集乡西太平村,在方田生产路边布置一眼机井和一条输水明渠,潘庄灌区马集乡王楼村在方田内布置2眼机井。方田布设若干条输水垄沟,垄沟平行于等高线方向,明渠和垄沟进行混凝土衬砌。在明渠或垄沟上开口放水入畦,畦宽2～4 m,畦长40 m,入畦单宽流量4～5 L/(m·s),位山灌区西太平村万田控制灌溉面积60亩左右,潘庄灌区王楼村方田稍大,每个方田200亩,沿主干道方向布置排水沟,布置形式见图5-8-2。

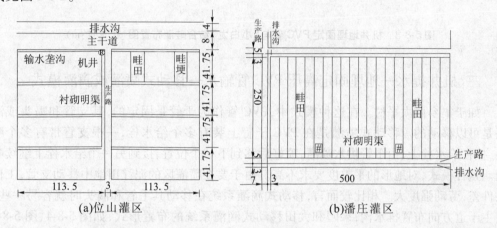

图5-8-2 机井衬砌明渠畦灌布置图 (单位:m)

畦灌主要适用于密植作物(如小麦、谷子等)和宽行作物(如棉花、玉米等),要求方田内坡度较小,不超过0.2%。实测灌水定额60～65 m³/亩,混凝土衬砌明渠的渠系水利用系数为0.93,亩投资410元。

二、机井提水—地埋固定PVC管与"小白龙"结合输水—畦灌模式

如位山灌区于集乡西太平村,以单井为单元,潘庄灌区马集乡王楼村,方田内布2眼机井,也以单井为单元,沿生产路埋设4寸PVC管,埋深0.6 m,在PVC管上每隔一定距离安装一个出水栓。位山灌区西太平村方田控制灌溉面积60亩左右,潘庄灌区王楼村方田控制面积200亩,要求方田内坡度不超过0.2%,沿主干道方向布置排水沟,布置形式见图5-8-3。

由于铺设了地下PVC硬塑管,省去了第一种工程模式中因地面渠道衬砌而增加的交叉建筑物,并节省了地面明渠占压的土地0.32～0.64亩。实测PVC硬塑管道渠系水利用系数为0.99,比混凝土衬砌明渠有明显提高,造价和衬砌渠基本相当,若考虑地面交叉建筑物等综合造价,则比衬砌渠方案造价更低,且由于管道埋于地下,避免了人为破坏,更便于管理。灌水定额60～61 m³/亩,亩投资为357～360元。

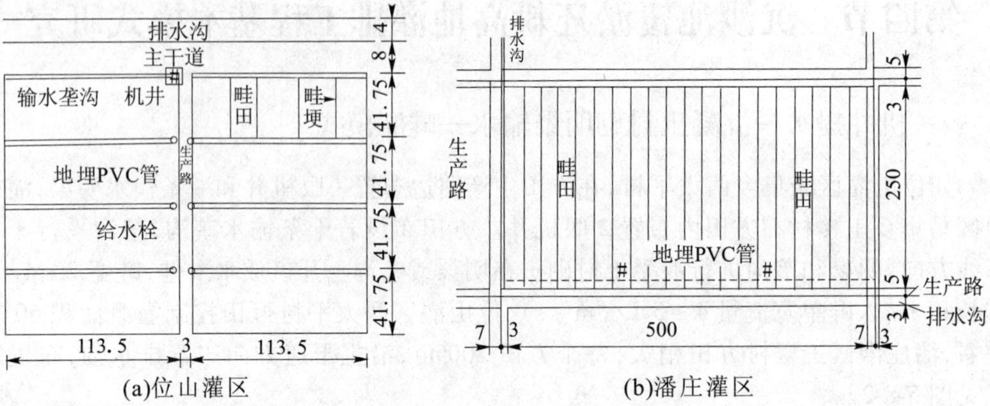

图 5-8-3　机井地埋固定 PVC 管与"小白龙"结合畦灌布置图　（单位:m）

三、机井提水—地埋固定高压 PVC 管输水—移动式喷灌或滴灌模式

如于集乡西太平村。在这种模式中,PVC 管作为干管是固定的,其支管和喷头或滴头是可以移动的。移动式喷灌是在 PVC 干管上装有多个给水栓,一根支管带有多个喷头,接在给水栓上,由干管供水喷灌,喷好后移到下一个位置,接到另一个给水栓上继续喷灌。这种模式,对地形的平整度要求不高。由于要在喷灌区的泥泞田地中移动支管,工作条件差,劳动强度大。相比较而言,移动式滴灌系统在移动其毛管和滴头时就容易一些。沿主干道方向布置排水沟,果园和大田移动式滴灌系统的布置形式,如图 5-8-4、图 5-8-5 所示。

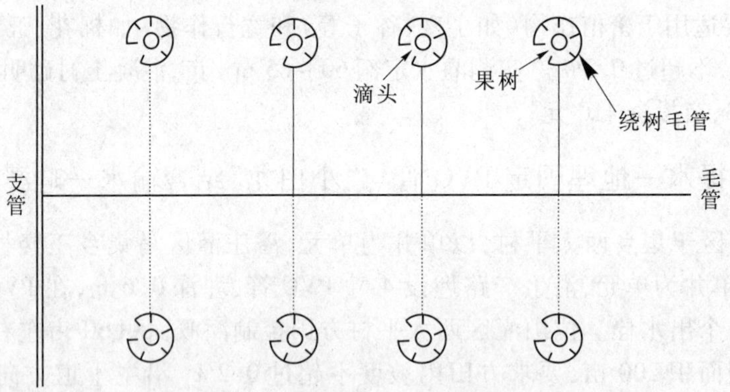

图 5-8-4　果树滴灌绕树毛管移动布置

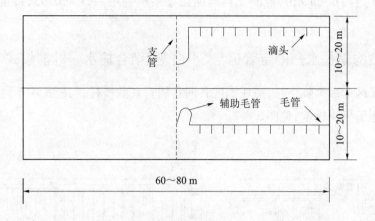

图 5-8-5　大田蔬菜滴灌毛管布置方式图　（单位：m）

实测喷灌灌水定额 32 m³/亩，滴灌灌水定额 25 m³/亩，管道水的利用系数 0.99，移动式喷灌每亩投资 750 元，移动式滴灌每亩投资 800 元。这种灌水模式由于投资较高，需在调整种植结构的前提下才能大力发展。

四、泵站沟渠提水—混凝土衬砌明渠输水—畦灌模式

如位山灌区七级镇陈庄村、潘庄灌区的齐河县胡官乡小刘村，这种模式是从引黄渠道中用泵站提取黄河水作为灌溉水源。根据近几年黄河来水情况，5～6 月来水流量偏小，供水保证率较低，因此只能作为相机灌溉或与机井结合运用。泵站面积规模一般较小，用 φ250 mm 混流泵配 12 马力柴油机提水，泵房 4 m×5 m，泵站控制灌溉面积 100 亩左右。沿主干道方向布置排水沟，如图 5-8-6 所示。

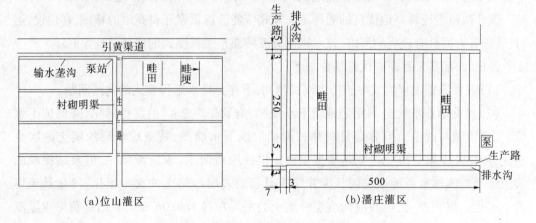

(a)位山灌区　　　　　　(b)潘庄灌区

图 5-8-6　泵站混凝土明渠输水畦灌布置图　（单位：m）

实测灌水定额66 m³/亩,混凝土衬砌明渠渠系水利用系数为0.93,每亩投资418~420元。

五、泵站沟渠提水—固定管道与"小白龙"结合输水—畦灌模式

如位山灌区七级镇陈庄村、潘庄灌区齐河县胡官乡前楼村,与模式4不同的是将混凝土明渠改为地下管道输水,见图5-8-7。

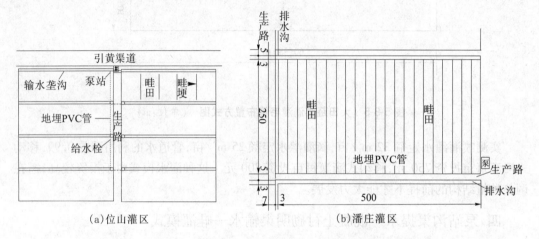

（a）位山灌区　　　　　　　　（b）潘庄灌区

图5-8-7　泵站固定地埋管与"小白龙"结合畦灌布置图 （单位:m）

实测灌水定额63 m³/亩,管道水利用系数为0.99,每亩投资410元。

第五节　沉沙池覆淤还耕高地灌排工程优化模式研究

山东省引黄灌区沉沙池还耕高地,节水性质的灌排工程模式有上述五种。

沉沙池覆淤还耕高地优良的灌排工程模式应能适应覆淤还耕高地的特征,在建设、运行、管理等方面具有较高的经济、技术指标。五种灌排工程模式的比较见表5-8-3。

经比较,灌排工程模式优选结论如下:

（1）五种灌排工程模式中的排水模式相同,不存在排水工程模式的优选问题。

（2）机井灌溉能充分利用当地地下水资源,有利于"三水"的良性转化,降低地下水位,利于治碱与改土。但弊端是机井长期抽取地下水灌溉,宜造成表层沙壤土的次生粗化、沙化及土壤贫瘠化。泵站灌溉主要相机提取黄河水,水资源单一,但泵站提取的黄河浑水却能够有效地改善因长期井灌而引起的表层沙壤土的次生粗化、沙化及土壤的贫瘠化。据观测,长期井灌的表层沙壤土的平均粒径为0.06 mm,泵站提黄河水灌溉的表层沙壤土粒径为0.035 mm。若井水和黄河浑水两者结合,则能取长补短,达到理想效果。

表 5-8-3 五种灌排工程模式的比较表

工程模式	适应微地形坡降(%)	利于"三水"良性转化,充分利用当地地下水资源,降低地下水位,治碱改土	因长期灌地下水而引起的表层沙壤土的沙化和贫瘠化	田间工程占地	渠系(管道)水利用系数	实测灌水定额(m³/亩次)	灌水亩次耗能(kWh/亩次)	利于运用管理	亩均建设投资(元/亩)
1. 机井—混凝土衬砌明渠—畦灌	<0.2	良	差	基数	0.93	64	5.9	良	410
2. 机井—地埋PVC管与"小白龙"结合—畦灌	<0.2	良	差	较模式1每方田节地0.023亩	0.99	60	6.4	优	360
3. 机井—地埋高压PVC管—移动式喷灌或滴灌	不限	良	差	较模式1每方田节地0.023亩	0.99	32	4.2	优	800
4. 泵站—混凝土衬砌明渠—畦灌	<0.2	良	良	基数	0.93	66	5.4	良	420
5. 泵站—地埋管道与"小白龙"结合—畦灌	<0.2	良	良	较模式4每方田节地0.025亩	0.99	63	5.3	优	410

(3)不论机井还是泵站灌溉,其输水系统中的地埋管道与"小白龙"结合方案优于混凝土衬砌明渠方案。混凝土明渠衬砌方案中,除明渠外,田间建筑物数量多、造价高,而管道方案田间配套建筑物大大减少,综合投资降低,在田间灌排工程占地、渠系(管道)水利用系数、灌水定额、利于管理运用和工程综合投资等指标上,地埋管道方案全面优于混凝土明渠衬砌方案。

(4)机井—地埋塑管输水—畦灌和泵站—地埋管输水—畦灌两种灌水模式及相应的排水模式应为当前灌排模式的首选。由于机井—固定高压 PVC 管—喷灌和滴灌模式的基建投资和管理费用较高,选择这种灌水模式时种植结构调整一定要跟上,除果树及蔬菜等产值较高的作物宜采用外,其他作物(如小麦、玉米、棉花、谷子等)不宜采用。

第九章　沉沙池运行机制改革,创办"引黄渠首沉沙池经济特区"的研究

第一节　"引黄渠首沉沙池经济特区"的概念及创办缘由

　　山东省引黄灌区自 1965 年复灌以来,在经济、社会、生态、环境等方面都获得了显著效益,对促进山东省工农业生产和人民生活水平的快速提高发挥了重要作用。但在灌区大面积受益的同时,渠首输、沉沙区群众却饱受沙害之苦,大量赖以生存的土地被占压,人均耕地大量下降;输沙渠干渠两侧形成 20 万亩的"沙龙"侵蚀农田,危害农作物生长;池内逐年清淤形成沙化高地 100 余万亩,高低不平,跑水跑肥,产量很低;渠道常年输水导致两侧土地盐渍化加剧,碱地面积大量增加;输沙渠和沉沙池的修建打乱了原来的水系、交通、邮电系统,生态恶化,环境闭塞,生产落后,已形成新的经济贫困区。全省 1990 年调查了 16 处大中型引黄灌区的同一村庄和相邻村庄 67 个行政村,沉沙区内粮、棉平均单产仅为沉沙区外一般农田的 75.8% 和 76.0%。沉沙池区党群关系、政群关系紧张。多年来,政府出台的政策对池区群众虽然给予了一定的迁占赔偿,但仍属补偿性质,仅能解决低标准的温饱,不能从根本上帮助群众脱贫致富。如何处理渠首沉沙池区经济发展滞后于灌区总体经济发展的矛盾,不仅是引黄灌溉千秋大业持续发展的需要,也是贯彻我党"以人为本"、全心全意为人民服务宗旨的重要体现。为此,1990 年 7 月山东省水利厅,聊城、德州市委、市政府、市水利局,位山、潘庄两灌区酝酿提出建立"位山、潘庄引黄渠首沉沙池经济特区"的构想。到 1992 年 7 月,分别正式建立"位山引黄渠首沉沙池经济特区"和"潘庄引黄渠首道沉沙池经济特区",明确这个区域是在"特定的历史"条件下,由于引黄灌溉的负效益而形成的"特别区域";它对当地工农业生产的发展做出了"特殊的贡献",还将在今后的区域经济发展之中具有"特殊的作用",当前又面临着土地减少,沙碱危害严重及经济发展滞后等"特殊困难",因而需要制定"特殊的经济政策和特殊的治理措施"。通过数年的努力,赶上和超过灌区平均发展水平。为此,聊城、德州两市水利局和灌溉处组织专门班子开展了特区经济开发规划工作。需要说明,该引黄渠首沉沙池经济特区并不需要改变现行行政区划,而把特区工作重点放在创立"政府协调,各行业支持,社会各界参与"的运行机制上,共同加大综合治理措施,以加速振兴池区经济的发展。

　　位山、潘庄两引黄灌区是山东省仅有的 2 个特大型灌区,规模大,位山设计面积 540 万亩,潘庄 500 万亩;灌区规格高,为市级管理的处级建制;人力、财力、物力雄厚,领导超前意识强。通过创办位山、潘庄两引黄渠首沉沙池经济特区,摸索经验,进一步在全省大中型引黄灌区推广。

第二节 "引黄渠首沉沙池经济特区"的范围界定及自然经济概况分析

一、沉沙池经济特区范围的界定

(一)特区范围界定的原则

依据建立特区的宗旨,特区范围的界定主要考虑如下原则:

(1)引黄复灌以来,输沙渠两侧及沉沙池区遭受风沙盐碱危害的单位。

(2)考虑村落的区域及其边界的完整,尽量不打乱现有行政隶属系统。

(3)为保持特区行政区域的完整性,输、沉沙池区之间的全部村庄虽未直接受沙碱侵害,但因输、沉沙工程的兴建打乱了原来的水系、交通、通信网络,生产、生活条件恶化,因此也将其包括在特区之内。

(4)兼顾近期区域资金投放能力,集中使用,加快区域脱贫步伐。

(二)特区范围方案及范围界定

(1)位山灌区引黄渠首沉沙池经济特区的规划范围,涉及东昌府、东阿、阳谷3县(区)的7个乡(镇)92个村。土地面积144 km^2,21.6万亩,1991年人口6.7万人,有耕地8.51万亩,人均占有耕地1.27亩。另有沙质人工高地3.59万亩,共有可耕地12.1万亩。按照行政村落的隶属关系,以边沿村落所辖范围为界,全区呈倒三角形(见图5-9-1)。

(2)潘庄灌区引黄渠首沉沙池经济特区,选定齐河县马集乡。全乡涉及6个管区,48个行政村,2.8万人,总面积36.51 km^2,耕地面积3.6万亩,其中沉沙高地1.10万亩,渠首输沙渠占地1 245亩,非输、沉沙耕地2.88万亩,人均耕地1.026亩。潘庄灌区引黄渠首沉沙池经济特区范围见图5-9-2。

二、特区概况

(一)位山沉沙池经济特区概况

1.自然地理

位山引黄沉沙池经济特区位于聊城市东南部,处于北纬36°01′~36°20′,东经116°10′~116°27′之间,南靠黄河,西邻小运河,东部、北部边界分别从东阿县、东昌府穿过,呈三角形状,总面积144.0 km^2。

特区处于暖温带季风气候区,属半湿润大陆性气候,光热资源充裕,年平均气温12.8~13.4 ℃,无霜期平均193~201 d,年平均降水量599 mm(东阿站),其中75%集中在6~9月。本区地下水开采条件较好,尤其是浅层地下水,其淡水丰富和较丰富区面积占总面积的90%以上。区内现有东、西两条输沙渠,两个沉沙区,有四新河、郎营沟等排涝沟渠4条,分干以下灌溉渠道17条,基本形成了布局合理、分布均匀、比较完整的灌排工程体系。

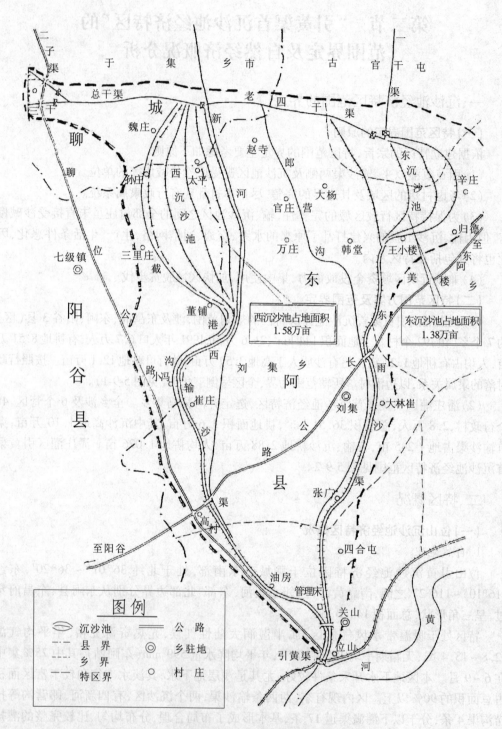

图 5-9-1　位山灌区引黄渠首沉沙池经济特区范围示意图

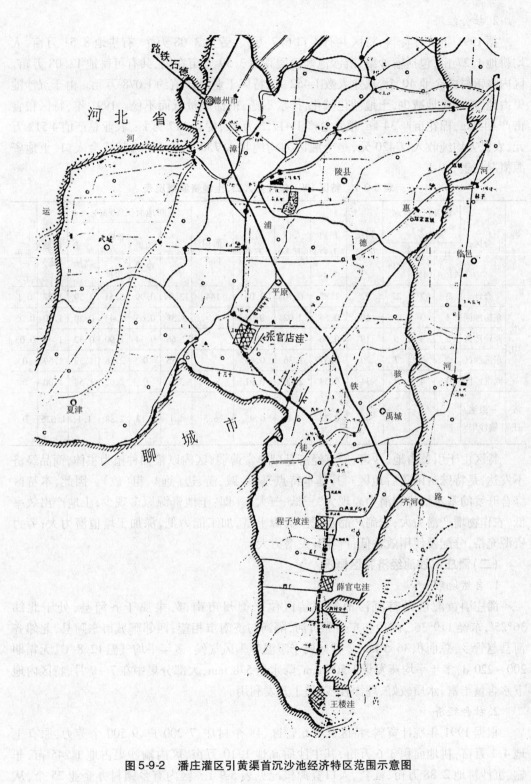

图 5-9-2 潘庄灌区引黄渠首沉沙池经济特区范围示意图

2. 社会经济

据1991年统计资料,特区共有人口6.7万人,劳力3.08万个,有耕地8.51万亩,人均耕地1.27亩,包括输沙渠、沉沙池等沙质高地3.59万亩在内,共有可耕地12.08万亩。区内乡镇村办企业40个,从业人数1 462人,特区工业总产值约1 078万元。由于沉沙池渠占地,造成耕地减少,土地沙化碱化,排水不畅,粮棉产量低而不稳。1991年,特区粮食亩产444 kg,棉花亩产34 kg,粮食总产1 417.5万 kg,棉花117万 kg,农业总产值4 512万元,农民人均纯收入仅420元,是全灌区人均纯收入750元的56%,其社会人口、土地资源概况见表5-9-1。

表5-9-1 特区1991年社会人口、土地资源概况表

特区	分区	涉及行政区域(个)			村庄(个)	户数(万户)	人口(万人)	劳力(万个)	涉及面积(km²)	耕地面积(万亩)				人均耕地(亩)	水产面积
		县(区)	乡(镇)	管区						原有	沟渠占地	非输、沉沙耕地	沙质高地		
	合计	3	7	22	92	1.83	6.70	3.08	144	13.09	0.99	8.51	3.59	1.27	0.1
位山	东输沙区	1	3	5	19	0.55	2.02	0.93		3.38	0.65	2.43	0.30	1.20	0.05
	西输沙区	2	3	6	19	0.36	1.32	0.61		2.56	0.34	1.90	0.32	1.44	0.05
	东沉沙区	1	2	7	20	0.37	1.36	0.63		3.55	0	2.16	1.39	1.59	0
	西沉沙区	3	4	8	34	0.54	2.00	0.91		3.6	0	2.02	1.58	1.00	0
潘庄	一级池输沙渠	1	1	6	48	0.72	2.8	0.95	36.5	4.1	0.12	2.88	1.1	1.026	0

特区由于引黄占地、沙害,原有经济基础非常薄弱,区内以粮棉种植为主体,商品经济不发达,是特殊贫困落后地区。其基本特点是沙、碱、涝、边(远)、粗(放)。因此,本特区综合开发的基本优势和潜力表现为"三低、三大"。即:土地资源原多现少,土地产出效率低,农作物增产潜力大;农副产品及泥沙资源丰富,加工能力低,深加工增值潜力大;劳力资源充裕,分配及使用效益低,产业开发潜力大。

(二)潘庄沉沙池经济特区概况

1. 自然地理

潘庄引黄灌区渠首沉沙池经济特区位于德州市南部,隶属于齐河县,处于北纬36°25′,东经119°36′,南边和东边靠黄河,隔河与济南市相望,西邻聊城市东阿县,北邻齐河县赵管乡,总面积36.5 km²。特区属于暖温带季风气候,多年平均气温12.8 ℃,无霜期200~220 d,多年平均蒸发量1 500 mm,降水量578 mm,大部分集中在7~9月,特区内地下水含量丰富,水质较好,埋深较浅,易于开发利用。

2. 社会经济

根据1991年统计资料,特区共有6管区、48个村庄、7 200户、9 500个劳力,原有土地4.1万亩,耕地面积3.6万亩,其中沙质高地1.10万亩,区内输沙渠占地1 245亩,非输、沉沙耕地2.88万亩,社会、人口资源概况见表5-9-1。区内有乡镇村办企业25个,从业人数400人,总产值500万元,粮食亩产500 kg,棉花亩产皮棉35 kg,粮食总产

2 210 万 kg,棉花 10.5 万 kg,农业总产值 2 500 万元,农民人均纯收入 650 元,是全县平均水平的 70%。

第三节　创办"引黄渠首沉沙池经济特区"的指导思想和战略目标研究

一、指导思想

总结引黄开灌以来的经验教训,必须将渠首沉沙区作为一个特殊的区域通过一系列特殊的措施和政策,缩小沉沙池区与灌区的经济发展差距,使当地群众尽早脱贫致富,才能解除引黄事业发展的后顾之忧,把引黄事业做大、做强。总的指导思想是:

(1)沉沙池经济特区的创建要牢固坚持"以人为本""农民以地为本"和"以农民为中心"的"三以"指导思想。土地是沉沙池区农民赖以生存的最宝贵资源,池区群众为顾全引黄事业发展大局,献出了世代耕种的土地。创建特区最根本的目的是将沉沙池已侵占农民并已荒漠化的土地,改造成稳产高产良田,再还耕于农民。一切治理活动都是以农民为中心,为农民谋福利,为他们改善生产、生活、环境条件,提高他们的物质、文化生活水平。一切以农民是否愿意、满意为评判沉沙池经济特区成效的唯一标准。

(2)沉沙池经济特区的运作要坚持"政府组织、各部门支持、社会各界参与"的运行机制。由于沉沙池经济特区本身是资源、社会和经济的统一体,带有多学科、多部门和多目标的特征,所以应将农、林、水、土地、电力、交通、通信、银行等管理部门通过政府强有力的协调而统一行动,集中力量打歼灭战,使治理能因地制宜,措施得当,具有可行性、有效性和快速性,不要因为受到单一执行部门经验和资金的限制而形成单一目标的开发行为。沉沙池经济特区的运作,只有依赖于各行各业、各部门、各学科的大协作和共同努力才能实施得好。沉沙池的治理,要从过去水利部门一家独办转变到社会各部门共同承办上来。

(3)创办沉沙池经济特区,要坚持科学发展的观点,要坚持因地制宜,坚持"多予、少取、放活"的方针。立足发挥当地水土、泥沙、光热资源优势,积极引进资金,完善水利、交通、电力、通信等四大基础产业,立足大农业的综合开发,调整产业结构,以种植业、养殖业为基础,以农副产品加工、建材加工、机械清淤商贸业为主体,扩大农民就业,加快发展第三产业和民营企业,促进农民增收,最终形成包括产业、工程、生态、服务等不断完善、良性循环的区域经济发展体系。

(4)坚持正确的引黄渠首沉沙池经济特区的创办方向。创办引黄渠首沉沙池经济特区,决不应单纯理解为仅仅是经济领域的活动和行为,更重要的还应是提升池区国民素质教育领域的活动和行为。包括思想、文化、科技水平的提高。

因为物质财富的增加是创办引黄渠首沉沙池经济特区的必要条件,包括补偿及优惠的经济政策,投入增加,生产、生活设施的改善等,而充分条件,则还表现为沉沙池经济特区人群思想观念的转变、文化教育的繁荣、科学的昌盛、道德水平的提升、社会秩序的和谐、国民素质的提高等。只有牢牢把握住创办大方向,才能真正达到创办目标。

(5)要把引黄沉沙池经济特区建成全社会关爱、支持的"特殊社区"。长期以来,引黄渠首池区的群众为顾全引黄事业发展的大局，不仅献出了世代耕耘的土地，而且他们的生产基础设施、生活条件因引黄沉沙遭到严重破坏，不得不投入到艰苦的再创业过程中，池区与引黄受益区经济发展的差距正在不断扩大，没有广大受益区及全社会的有力扶持，这种困难局面是无法扭转的。因此，全社会都要关爱、支持这一"特殊社区"。

（6）创办引黄渠首沉沙池经济特区，要努力提高池区人民群众参与意识和参与能力。创办沉沙池经济特区是为当地农民谋福利，离开当地农民的积极参与，是无法实现的。在新的历史条件下，要提高池区人民群众的参与意识，思想观念的转变是首要问题。要克服以往的依赖思想，改靠救济、输血为创业、造血；要充分利用当地水沙资源开发经营，增强池区自我发展的能力；要积极组建各种农民专业技术协会，并发挥其在生产、经营、流通方面的作用；在池区男劳力外出务工增多的条件下，要重视发挥妇女积极参与的作用。总之，池区人民要抓住这个难得的机遇不放，奋发图强，顽强拼搏，共建美好家园。

二、战略目标

（一）特区经济开发总体战略目标

战略目标概括为：在全面合理开发、利用特区资源的基础上，夯实基础设施建设。到20世纪末，初步建成特区几大基础工程、产业基地和商贸网络，增强特区经济实力，为21世纪特区经济腾飞打下坚实基础。21世纪初，再转入下一个发展阶段。

（1）初步建成水利、电力、公路、通信等基础设施主体工程。

（2）进一步优化产业结构，初步建成农林牧副渔业综合发展的农业基地。

（3）初步建成以开发利用引黄泥沙资源为主的建材工业基地。

（4）初步建成以果品加工、食品加工等为主的农副产品深加工基地。

（5）初步建成以集镇和周围乡镇为纽带的特区商贸网络。

（6）通过综合举措，增强特区经济实力，为21世纪特区经济腾飞打下坚实的基础。待21世纪初，再进行特区新的经济腾飞规划，全面提升经济发展水平。

（二）特区文明、教育、科技发展总体战略目标

（1）特区内中、小学校舍中危房全面改建，校舍焕然一新。

（2）适龄儿童受教育率由基期的80%提高到100%。

（3）青年受初中、高中教育率由基期的50%提高到80%。

（4）定期举办法制教育和农技培训班，群众的法制水平和科技水平有明显提高。

（5）和谐社会风气全面提升。各村普遍制定乡规民约，尊老爱幼、邻里和睦，爱护特区公共设施蔚然成风。

第四节　特区基础设施现状与改善夯实状况分析

自创建位山、潘庄两引黄渠首沉沙池经济特区以来，省、市政府非常重视位山引黄灌区渠首输、沉沙区的水利、交通、电力、通信等四大基础设施的建设和完善。各行业都加大了投资力度，取得了显著的成效。

一、水利设施建设

(一)位山引黄渠首沉沙池经济特区水利设施建设

1.1991年底现状及存在问题

特区处于位山灌区上游,有引黄闸8孔,东、西两条输沙渠长31 km,两个沉沙池区共有条渠9个,其中东沉沙区有条渠3个,西沉沙区有条渠6个。输沙渠和沉沙池有沙质高地3.59万亩,有灌溉渠道17条,长45 km;排涝河道4条,长71 km,区内现有机井189眼,其中配套机井170眼。区内各类水利设施实灌面积7.9万亩,占总耕地面积12万亩(包括输、沉沙高地)的66%。当前,水利工程存在的主要问题是排水河道淤积严重,缺乏控制性建筑物;输沙渠、沉沙池及引水涵闸工程建设标准低,多年失修,工程老化,引水工程渗漏量大,田间工程配套差,沿渠池两岸土地渍涝和碱化严重。

2.近期建设规划

特区水利设施建设的指导思想是:旱涝碱沙综合治理,沉沙高地和浅平洼地分区治理,沟田路林合理规划。输、沉沙高地以抗旱、节水为主,东西输、沉沙池之间的浅平洼地灌排结合,以除涝治碱为主,做到遇旱有水,遇涝排水。

1)整治排水河沟,增建疏导涵闸

对四新河、截渗沟、郎营沟、马鞍沟等排水河沟按原设计进行清淤疏导治理,并增建东沉沙池溜沟入老四干涵闸,改建增大油房、高村、孙清涵洞的标准,使排涝工程达到"61年雨型"防洪和"64年雨型"除涝标准。

2)搞好灌溉工程配套

对区内旧城分干、大林崔分干、兴隆庄分干、七级分干等4条分干渠和官庄支渠等13条支渠进行建筑物配套。

3)开展农田水利基本建设,搞好田间工程配套

对特区内输、沉沙高地按设计高程堆筑平整、盖黏土或原状土还耕,并打井、埋设地下管道实行节水灌溉。对东西输、沉沙池之间的浅平耕地则灌、排结合,沟渠路林相间布局,打井配套,实行管道节水灌溉,同时加强水利工程管理,采取机井承包到户,建筑物承包到人等管理措施。

3.建设成效(1992年初至2002年底)

(1)对输、沉沙区的四新河、截渗沟、郎营沟、马鞍沟上游河道疏浚治理,累计清淤土方340万 m³,新建涵洞闸21个,基本达到"61年雨型"防洪和"64年雨型"除涝标准。

(2)对区内旧城分干、大村崔分干、兴隆庄分干、七级分干等4条分干渠,进行建筑物配套,新建闸门4个。

(3)"八五"期间,聊城市灌溉处在东3#池姜楼乡38 m高地果园中搞了154亩果树喷灌试验,获得成功。"八五"后三年至"九五"前两年对达到设计高程的13 900亩沉沙高地进行平整、洇实、覆盖原状土还耕,打机井200眼,其中机泵管设施水利配套6 000亩,铺设"小白龙"管道20 km,发展果树喷灌500亩,至2002年底共发展果树喷灌1 000亩。

(4)特区内现有灌渠17条45 km,排涝河道4条71 km,至2002年底共有机井386眼,其中配套机井370眼。各类水利设施实灌面积10万亩。

（二）潘庄引黄渠首沉沙池经济特区水利设施建设

1. 1991 年现状及存在问题

特区位于潘庄灌区上游，区内有引黄闸 1 座，节制闸 1 座，一条长 12 km 的总干输沙渠，输沙渠上有引水口门 19 个，生产桥 9 座，开辟沉沙池 5 条，占地面积 11 000 亩，基本未还耕，输沙渠占地 537 亩，其中弃土占地 537 亩，未还林。存在的主要问题是引水工程渗漏量大，建筑物损毁严重，田间工程配套不完善。

2. 建设成效

自 1992 年至 2002 年底，特区内新开辟沉沙池 2 条，面积 46 211 亩，累积还耕 12 806 亩，新打机井 80 眼，新建引水口门 2 个，生产桥 1 座，完成其他生产桥、引水口门的更新改造。完成一级池王楼池的还耕后方田配套建设，田成方，林成网，沟渠、路、林、桥、涵、闸、井、房、电配套齐全，配套面积 6 681 亩，总计投资 358 万元。

二、交通设施建设

（一）位山引黄渠首沉沙池经济特区交通设施建设

1. 1991 年现状及存在问题

特区周边已具备较好的公路交通基础，东南部有胶长公路穿过，可连接青岛、郑州、长治等市，北有班滑公路，直通泰安、济宁、济南、菏泽、邯郸等市，西邻聊位公路，担负黄河防汛运输、位山灌区管理的重要任务。特区内部仅有乡村土道，尚无正式公路。

存在的主要问题是：周边胶长、聊位公路等级低、损坏严重，路况恶化，有的路段已处于崩溃状态；北边班滑路距本区尚有 4～5 km 缺少连接公路；区内乡村之间无正式公路，仅有的土道宽度偏窄，车辆来往会车都很困难，难以满足区域经济发展对交通设施的需要。

2. 近期发展规划

"公路通，百业兴"。建设便利的交通运输系统是本区经济发展的关键前提。规划要求是区内二、三级公路联网，村村通公路，达到当地产品调出去，外地物资运进来，四通八达。据此，结合当地生产的工农业产量和运输量，制定相应的公路建设标准。

规划修建三级路 4 条，即许高路（许营—高村）、古位路（古官屯—位山）、周徐路（周店—徐楼）和七单路（七级—单庄），总长 77 km，配套桥涵建筑物 89 座；修建四级路 7 条，总长 59.6 km，配套桥涵 68 座。为延长公路寿命，必须加强公路管理，成立乡村公路管理队伍，责任到人，及时养护。

3. 建设成效

自 1992 年到 2002 年底，特区共完成了许高路、顾位路、周徐路三级公路 3 条，长 61.4 km，配套桥涵 80 座；修建四级公路 8 条，长 66 km，配套桥涵 68 座。实现了村村通公路，村内道路基本硬化，并建立了乡村公路管护队伍。

（二）潘庄引黄渠首沉沙池经济特区交通设施建设

潘庄特区位置比较偏僻，1991 年只有一条济南至东阿的公路穿境而过，长度为 15 km。至 2002 年底，各方出资修建了水泥路 15 km 与济东公路连接，村村铺设了石屑路，长度 100 km，大大改善了交通状况。

三、电力设施建设

(一)位山引黄渠首沉沙池经济特区电力设施建设

1.1991年现状及存在问题

1991年特区有关山、姜楼两处35 kV变电站,均从东阿110 kV变电站引入。35 kV线路约33 km,变电能力6 300 kW,担负着关山、刘集、姜楼、单庄、古官屯等乡镇供电任务。区内七级镇用电现由阳谷县安镇35 kV变电站供给,于集则由李海务35 kV变电站供给,输、沉沙区涉及7个乡(镇)92个村庄,区域内农业年人均用电约40 kWh,乡镇工副业用电负荷约3 000 kW。严重缺电是本区域发展中存在的主要问题。1991年需电量1 036万kWh,负荷0.4万kW,年缺电达400万kWh。

2.近期发展规划

根据区域工农业生产发展速度及规模进行电量负荷预测,到2000年用电量达5 300万kWh,总负荷约1.7万kW。现有输变电工程远不能适应区域用电需要,因此规划在刘集镇、七级镇、于集乡各新建35 kV变电站一座,各配3 150 kW变压器一台。35 kV变电站至村庄、工厂企业送电可根据需要配置10 kV输电线路和配电变压器。

3.建设成效

1992年至2002年底,已分别在刘集镇、七级镇和于集乡各新建35 kV变电站一座,各配3 150 kVA变压器一台,新增10 kV变电站2座,各配1 000 kVA变压器一台,基本上满足了区域内近期工农业生产及居民用电需要。

(二)潘庄引黄渠首沉沙池经济特区的电力设施建设

1991年特区建设有黄口一处50 kVA变电站,5 kV输电线路长50 km,低压线66 km,担负着特区的供电任务。存在的主要问题是全区内线路老化,存在严重的安全隐患,而且供电量不足,时常断电。针对这种情况,1999年对全区内的供电线路全部进行了更新改造,主干线路全长约100 km,低压线路80 km。提高了黄口变电站的工作能力,变压器容量为650 kV,较好地满足了特区工农业生产和居民的生活用电。

四、通信设施建设

(一)位山引黄渠首沉沙池经济特区通信设施建设

1.1991年现状及存在问题

1991年底特区涉及的7个乡(镇),在其驻地各有邮电所1处,并配有小容量电话交换机、长话电路等,担负着邮政、电报和电话业务。邮电通信存在的主要问题:一是电话交换机容量小,通话紧张,设备陈旧,技术落后,自动化水平低,电话普及率极低;二是长余干线全部为明线,传输质量差且电路少,负荷重,严重影响电话接通率;三是邮政处理手段落后,管理水平低。

2.近期发展规划

根据聊城地区在"八五"末优先使部分乡(镇)达到标准512门程控交换机的要求,规划"八五"期间在特区内刘集、姜楼、古官屯、于集、七级、关山6个乡(镇)各安装512门程控交换机1部,光端机1端,相应在所辖范围内的22个管理区安设分机,"九五"期间达到村村通电话。另外,根据区域经济发展需要,在"九五"期间安设刘集—聊城电传电路或无线电路。

3.建设成效

近年来通信设施的发展,已远远超过了原定的发展规划,区内涉及的 7 个乡(镇)均安装了超过千门程控交换机、光端机,又开通了聊城至各乡镇的电传电路和无线电路,截至 2002 年底,已实现了村村通电话、电视和无线移动通信,户电话普及率已达 80%,户电视普及率达 95%。

(二)潘庄引黄渠首沉沙池经济特区通信设施建设

1991 年,特区只有几部数字拨号电话,而且技术落后,设备质量差。在政府和邮电部门的大力支持下,特区在 1996 年安装了电话,到 2000 年程控电话得到普及,安装电话6 000部,实现了村村通,电话入户率达到 70%。

第五节　"引黄渠首沉沙池经济特区"特殊政策研究

为建立沉沙池经济特区,聊城、德州两市政府及各部门制定了特殊的政策,坚持"多予、少取、放活"的方针政策,具体制定了一系列优惠政策、补偿标准、资金倾斜政策与土地高产还耕政策,协调水利、交通、电力、通信各部门,保证各项政策和措施得到贯彻执行。

一、根据社会经济的发展,适时调整迁占补偿标准和生活补助标准

(一)位山引黄渠首沉沙池经济特区的补偿和生活补助标准

1.补偿标准

20 世纪五六十年代,修建沉沙池多为无偿占用土地,群众生活由所在乡村自行解决;70 年代,修建沉沙池一般只补助口粮,花钱从社会救济金中酌情解决。随着灌区经济的发展、沉沙区占用耕地比例的增多,迁占补偿标准也有所提高,但总的来说是解决的生活水平较低,既低于修建沉沙池前,更低于灌区内一般水平。尤其是沉沙池(渠)用完后,未及时还耕,长期不能恢复生产,致使沉沙池区长期受害,也是目前扩池、辟池难的主要原因。

位山灌区沉沙区迁占补偿标准自 1970 年到 1991 年经历了四个阶段,池内临时占地由 10 元/(亩·年)提高到 580 元/(亩·年),永久占地(输沙渠清淤占地)由 25 元/亩提高到 1 000 元/亩。

原聊城地区行署于 1992 年颁发了聊行发〔1992〕48 号《关于位山灌区水利工程迁占补偿标准和占地粮食补助标准的规定》,将池内临时占地提高到 600 元/(亩·年),永久占地提高到 2 000 元/亩,1996 年又颁发了聊行办发〔1996〕39 号《位山灌区水利工程迁占补偿标准补充规定》,将永久占地提高到 3 600 元/亩,临时占地标准不变。见表5-9-2。

表 5-9-2 位山灌区占地补偿标准变化情况表

阶段	起止年份	永久占地(元/亩)	池内临时占地(元/(亩·年))	备注
1	1970～1980	25	10	
2	1981～1983	500	290	引黄济津标准
3	1984～1988	350	90	
4	1989～1991	1 000	580	
5	1992～1995	2 000	600	
6	1996～2002	3 600	600	

2. 生活补助

针对灌区沉沙池区群众人均耕地少、生活水平偏低的状况,灌区采用"谁受益,谁负担"的原则,由灌区中下游受益区共同对渠首受害区群众的生活进行补助,主要补助方式集中在补助粮食、煤等生活用品上。

位山灌区 1980 年开始从受益单位征收"黄灌粮",无偿补助池区群众,按灌区的实际受益面积,每亩收黄灌粮 1.0 kg,1989 年又提高到每亩收"黄灌粮"1.5 kg。同时规定:现有沉沙池占地,每年每亩补助粮、煤各 250 kg;引水渠占地,每年每亩补助粮、煤各 150 kg,待用池占地,每年每亩补助粮、煤各 100 kg;清淤弃土造田还耕的,每亩逐年按粮、煤各 150 kg、100 kg、50 kg 补助,三年停止等。池区人均实际粮食补助水平由 1980 年的 47 kg 增加到 2002 年的 400 kg,且斤粮斤煤。见表 5-9-3。

表 5-9-3 位山灌区沉沙池区人均实际粮、煤补助水平表

起止年份	1970～1979	1980～1982	1983～1988	1989～1991	1992～1995	1996～2002
人均补助	0	47 kg	64 kg	96 kg	永久占地 280 kg/亩, 临时占地 400 kg/亩	永久占地 280 kg/亩, 临时占地 400 kg/亩
1998 年	3.6	2.89				
2002 年	3.7	2.8				

沉沙池区群众免出输、沉沙治理的义务工。

(二)潘庄引黄渠首沉沙池经济特区占压补偿及生产生活补助标准

1. 占压补偿标准

1)土地占压补偿标准

潘庄灌区历年占压土地补偿标准可划分为五个阶段:第一阶段为 1971～1978 年,一级沉沙池占压一亩土地补偿 40 元,其他工程占压一亩土地补偿 10 元。第二阶段为 1979～1980 年,占压一亩土地均补偿 40 元。第三阶段为 1981～1983 年,按引黄济津标准执行,永久占地 500 元/亩,临时占地 290 元/亩,弃土地 170 元/亩。第四阶段为 1984～1992 年,根据《国家建设征用土地条例》精神,由行署批准:永久占地,按前三年亩均产值

的 4 倍；临时占地，按前三年亩均产值，用一年补偿一年，还耕后第一年补 50%，第二年补 30%，第三年补 20%，第四年不补偿(前三年亩均产值为 341 元)。第五阶段为 1992 ~ 2002 年，永久占地仍为前三年平均产值的 4 倍，临时占地总干、一、二级池由前三年亩均产值调整为 800 元，三级池亩均产值仍为 341 元。见表 5-9-4。

表 5-9-4　潘庄灌区历年占地补偿标准变化表　　　　(单位：元/亩)

起止年份	1971 ~ 1978	1979 ~ 1980	1981 ~ 1983	1984 ~ 1992	1992 ~ 2002
一级沉沙池	40	40	永久占地 500 临时占地 290 弃土占地 170	永久占地：前三年亩均产值 ×4；临时占地：前三年亩均产值，用一年补偿一年，还耕后第一年补偿 50%，第二年补 30%，第三年补 20%，第四年不补偿。前三年亩均产值为 341 元	永久占地：前三年亩均产值 ×4，临时占地 800
二级沉沙池	10	40	同上	同上	临时占地 800
三级沉沙池		40	同上	同上	临时占地 341
总干渠	10	40	170	170	临时占地 800

2)水利工程附着物占压补偿标准

1991 年 10 月德州市政府以 143 号文下达了水利工程附着物占压补偿标准，见表 5-9-5。

表 5-9-5　德州市水利工程附着物占压补偿标准

项目名称	标准	备注
1. 住房	350 元/间	土砖结构
2. 简易房	80 元/间	
3. 一般房	150 元/间	
4. 机井	500 元/眼	
5. 砖井	150 元/眼	
6. 手压井	20 元/眼	
7. 猪圈	100 元/间	
8. 厕所	15 元/个	
9. 坟	15 元/座	
10. 土窑	700 元/座	
11. 氨水池	15 元/个	
12. 院墙	5 元/米	
13. 电线杆	200 元/根	有线
14. 电线杆	100 元/根	无线
15. 变电室	5 000 元/座	

3）水利工程青苗、树木占压补偿标准

1991 年 10 月德州市政府以 143 号文下达了青苗、树木等占压补偿标准，见表 5-9-6。

表 5-9-6　德州市水利工程青苗、树木等占压补偿标准

项目名称	标准	备注
1. 菜地	110 元/亩	
2. 小拱棚	200 元/亩	
3. 塑料大棚	4 500～6 000 元/亩	
4. 麦苗	50 元/亩	根据占压时间最多不超过 85 元/亩
5. 棉田	20 元/亩	秋季施工为 20 元/亩，其他时间不超 85 元/亩
6. 杂树 1～5 cm（树径）	0.5 元/株	
6～13 cm	3 元/株	
7. 果树 1～5 cm（树径）	0.5 元/株	
6～13 cm	3 元/株	
13 cm 以上	30 元/株	
8. 灌木	0.2 元/墩	
9. 葡萄	1 元/墩	
10. 甜菜种子	400 元/亩	
11. 桑木	0.5 元/株	指桑园
12. 苗圃	200 元/亩	
13. 蒲苇	85 元/亩	
14. 苇子	200 元/亩	
15. 藕池	200 元/亩	
16. 鱼池	200 元/亩	
17. 草莓	110 元/亩	
18. 芦笋	200 元/亩	
19. 苜蓿	80 元/亩	

注：大田作物玉米、高粱、豆子、芝麻、花生等可参照麦子和棉花标准给以补偿，但根据施工占压时间，应有不同补偿，青苗补偿不应超出最高上限。

4）池区村庄搬迁补助标准

1988 年 2 月，德州地区行署以德行函 1 号文下达了池区村庄搬迁补助标准，根据原有房屋状况进行补偿。

池区共搬迁了 2 个村庄 465 户 2 021 人，共补助搬迁费 208 万元，平均每房补助搬迁费 0.45 万元。

2. 生产生活补助费

工程占地除补偿占地费用外，还对占地村庄进行生产和生活补助，生活补助集中在补助粮食、煤炭等生活用品上,从 1981～2002 年,22 年共补助 667.8 万元,其中生产扶持费 302.5 万元,生活补助费 365.3 万元。各项生产生活补助费用见表5-9-7。

表 5-9-7　潘庄灌区沉沙池区 1981 年至 2002 年生产生活补助费统计表

项目	总占地（亩）	生产扶持费（万元）	生活补助费（万元）	合计（万元）	平均（元/亩）	说明
一级池	14 806	237.8	80.8	318.6	215	
二级池	17 976	64.7	0	73.7	41	
三级池	20 155	0	20	20	10	
总干渠	11 539	0	264.5	264.5	229	齐河 150.9 万元,禹城 68 万元,平原 45.6 万元
合计	64 476	302.5	365.3	667.8	105	

3. 免出灌区沉沙池建设及清淤义务工

灌区自运行以来,对于沉沙池建设出工和输沙渠清淤出工,没让沉沙池区群众义务承担,免出义务工,让他们腾出精力搞家园和农田建设。

二、制定各行业的资金投入倾斜政策,加快水利、交通、电力、通信等基础设施建设

引黄供水已从单一为农业服务转向为农业、工业、城镇居民及国民经济各部门服务。扶持渠首沉沙池区搞好泥沙治理开发,不单是水利部门一家,而是社会各部门的共同任务。在当地各级政府的领导与组织下,各行业都充分发挥本行业的优势,在建设资金的安排上做到向渠首沉沙池区大力倾斜,在较短的时间内大大夯实、改善了水利、交通、电力、通信四大基础设施。

位山引黄渠首沉沙池经济特区自 1992 年至 2002 年,各行业累计投入资金达 7 000 万元。潘庄引黄渠首沉沙池经济特区自 1992 年至 2002 年,各行业累计投入资金 5 000 万元。

三、实行开发型扶持,变过去的"输血"为"造血",标本兼治

随着经济的发展,越来越清楚地看到,沉沙池区单纯依靠优惠和补偿等"输血"性政策已远远不够脱贫致富,必须进行开发型扶持,提高其"造血"功能,使当地群众提前进入小康,要把有限的资金用在生产开发及生产条件的改善上。

位山特区,聊城市拿出专项资金或贷款支持池区建农副果品冷冻厂、引黄灰沙建材厂,搞水产养殖、运输业等。位山灌区规定,池区 1/3 的泥沙清淤任务,优先由池区群众组织机械清淤队招标完成,清淤机械发展到 500 多台套,既完成了灌区清淤任务,又增加了池区群众的收入。

潘庄特区,德州市拿出专项资金或贷款支持池区建桑园、农副果品冷冻厂,搞水产养殖、运输业等。潘庄灌区规定,池区泥沙清淤任务优先由池区群众组织机械清淤队招标完成,1994~2002年清淤机械发展泥浆泵25套,推土机15部,挖掘机2部,累计完成土方300万 m³,既完成了灌区清淤任务,又增加了池区群众的收入。

四、扶持渠首沉沙池经济特区开发治理,不单是水利部门一家的事,而是社会各部门、人民团体的共同任务

引黄供水已从单一地为农业服务转向为农业、工业、城镇居民至国民经济各部门服务。扶持沉沙池区搞好治理开发,不单是水利部门一家,而是社会各部门、人民团体的共同任务。

1990年春,德州地委、行署在齐河县马集乡召开了潘庄灌区渠首沉沙池治理现场会,决定从资金、物资、人才、技术等方面帮助池区发展生产,地区水利局组织灌区对王楼、海棠沟占地0.9万亩的两处沉沙池进行集中治理,整平土地,修建沟渠19条18 km,建筑物45座,机井59眼,扬水站3处,架电34 km,总投资260万元,亩均治理投资289元。

社会各部门、各行业共同扶持池区发展生产。德州市丝绸公司以贴息贷款40万元帮助潘庄灌区池区建桑园,发展养蚕业,并包销产品;灌区下游的庆云县帮助池区办抽纱厂;德州市各厂矿企业帮助池区办20个工副业项目,并无偿给12马力拖拉机20部、化肥40 t……

五、大力落实土地高产还耕政策

1988年,我国修定的《中华人民共和国土地法》明确规定,十分珍惜、合理利用土地和切实保护耕地是我们的基本国策。1998年,国务院又发布了《基本农田保护条例》。土地是农民生存的根本,在池区要特别加大输、沉沙高地覆淤还耕的力度、速度和质量,高地覆淤厚度不应小于50 cm,并搞好水利、电力、交通设施的配套和科学种植,高产还耕、还林于民。这是创办特区最基本、最重要的富民政策,也是引黄灌溉可持续发展的根本大计。

(1)位山引黄渠首沉沙池经济特区,涉及面积144 km²,21.6万亩。因大力开展了沉沙池、渠的整治,输沙渠堤弃沙地新增还林面积0.62万亩,沉沙池沙质地新增还耕面积2.07万亩,又由于沉沙池采用先进的方式运用,2002年较1991年减少运用占地0.42万亩,水产开发养殖较1991年新增0.1万亩,2002年比1991年共新增还耕、还林、水养产殖面积及减少占地3.21万亩,占原有总耕地面积的24.5%。2002年人口虽增加到7.47万人,但人均耕地达到1.47亩,人均林地增加到0.08亩,人均水产养殖达到0.03亩,各项指标比1991年均有较大提高,人均增加土地0.29亩,其中增加还耕土地0.20亩,还林土地0.08亩,水产养殖0.01亩。土地是农民生存之本,在如此短的时间内增加了近1/4的原有耕地,大大缓解了土地的承载压力。位山特区2002年社会人口、土地资源概况见表5-9-8。

(2)潘庄引黄渠首沉沙池经济特区,涉及面积36.5 km²,5.47万亩。1991年特区有非输沉沙耕地28 755亩,人均耕地1.026亩。1991年至2002年底,特区输沙渠累计还林1 537亩,沉沙高地累计覆淤还耕土地12 806亩,非输、沉沙区耕地和沉沙池还耕地共有37 360亩,人均耕地提高到1.33亩;林地537亩,人均林地0.02亩。2002年潘庄特区社会人口、土地资源概况见表5-9-8。

表 5-9-8　2002 年位山、潘庄特区社会人口、土地资源概况表

特区	分区	县(区)	乡(镇)	管区	村庄	人口(万人)	涉及面积(km²)	原有耕地	输沙渠占地·渠槽占地	渠堤弃沙占地·全部占地	渠堤弃沙占地·其中还林	沉沙池沙质高地·合计	现沙质地	备用地运用	已还耕沙质地	非输沙渠、沉沙池耕地	水产养殖面积(万亩)	可耕地·总数(万亩)	可耕地·人均(亩/人)	可林地·总数(万亩)	可林地·人均(亩/人)	水产养殖·总数(万亩)	水产养殖·人均(亩/人)
位山	合计	3	7	22	92	7.47	144	13.12	0.33	0.74	0.62	3.44	1.1	0.27	2.07	8.61	0.2	10.95	1.47	0.62	0.08	0.2	0.03
位山	东输沙区	1	3	5	19			3.38	0.12	0.33	0.33					2.93	0.1						
位山	西输沙区	2	3	6	19			2.56	0.21	0.41	0.29					1.94	0.1						
位山	东沉沙区	1	2	7	20			3.55					0.4	0.18	0.77	2.20							
位山	西沉沙区	3	4	8	34			3.63					0.7	0.09	1.3	1.54							
潘庄	一级地输沙渠	1	1	6	48	2.8	36.5	4.1	0.11	0.053	0.053	1.48	0.2		1.28	3.736	0	3.736	1.33	0.05	0.02	0	0

　　2002 年较 1991 年特区人口 2.8 万人未变,但非输、沉沙耕地和还耕地却由原来的 28 755 亩,人均 1.026 亩,增加到 37 360 亩,人均 1.33 亩,人均耕地增加 0.304 亩,人均林地增加至 0.02 亩。人均共增加耕地、林地 0.324 亩。

第六节　特区基础产业发展与产业结构调整状况分析

　　近年,池区地方各级政府都因地制宜地加快产业结构的调整,特区的种植与养殖、引黄机械清淤、泥沙建材、工农副加工、商贸等基础产业,都得到快速发展。

一、位山特区基础产业发展与产业结构调整分析

(一)种植与养殖产业

1.1991 年现状及存在问题

　　本区为典型的风沙农业区,受引黄输、沉沙占地和渠池常年高水位输水影响,土地盐碱,耕地沙化,农业生产在全区处于最落后水平,粮棉产量低而不稳,林牧渔业生产低下,1991 年种植、养殖业现状如表 5-9-9 所示。

表 5-9-9　位山特区 1991 年种植、养殖产业结构表

项目	数量	单位	单产量	单位净收入
一、种植业	8.42	万亩		
1.粮棉	6.89	万亩	小麦 241 kg/亩 玉米 203 kg/亩 棉花 34 kg/亩	225 元/亩
2.疏菜	0.41	万亩		515 元/亩
3.林果				
(1)成材林	12	万株		28.5 元/株
(2)灌木	0.018	万亩		460 元/亩
(3)果树	1.1	万亩		344 元/株
(4)林木覆盖率	10	%		
二、养殖业				
1.畜牧业				
(1)牛	0.7	万头		200 元/头
(2)猪	1.75	万头		100 元/头
(3)羊	0.475	万只		30 元/只
(4)鸡	16.5	万只		3 元/只
2.水产	1 000	亩		350 元/亩

　　存在问题是:土地垦殖率低,体现为"四荒四低",即荒地、荒林、荒园、荒水多,现有耕地多为低产田、低产林、低产园和低产水面等。农业生产水平低下,农业机械总动力、农业

用电量和化肥施用量等指标均居全区下游水平,因此本区农业发展的各方面潜力都很大。

2. 成效

几年来,充分发挥土地、水、沙、光、热和生物等资源优势,发展高产、优质、高效农业,立足以粮棉种植为主的种植业,大力发展以食草畜禽为主的畜牧业,继续加强以林果业为主,用材林、防护林和经济林相结合的高地林果业,充分挖掘水产养殖潜力。以提高农副产品商品率为主攻方向,以增加收入、提高科学技术和经营管理水平为措施,以建立各种农产品生产基地为主导方式。

1)农业生产区域

根据地形土壤条件,区域总体布局为:高地粮林果、平地粮棉菜畜、洼地水产养殖、沟渠路边乔灌林区。据此,形成四大农业生产区域:

(1)输沙渠、沉沙池高地粮林果区:到2002年底,沉沙池高地达42 m高程还耕14 826亩,未达标还耕5 857亩,共20 683亩,进行了水利工程配套和科学管理,以粮食种植为主,粮林间作植树100万株,还新建成苹果、梨、山楂等林果生产基地2 500亩,产量和质量很好。输沙渠堤弃沙地7 391.29亩,已覆淤平整还林6 212.1亩,种植杨树、槐树、柳树、泡桐树等树木24万株。针对沉沙高地的特点,应用国内外的有关科技成果和成功经验,以市场为导向,取长补短,进行了几种高效生态农业种植模式的开发研究与示范。

①果树—矮秆农作物立体种植模式:

果树以引进适生优良品种为重点,如"凯特杏""中华寿桃""绿宝石梨"等为主栽品种,作物选用大豆、花生、脱毒地瓜等安排对比试验,主要进行优质果树新品种及适宜搭配农作物良种的筛选及其高效栽培技术的研究。

主要技术经济指标:通过研究与开发,从中筛选出优质果树新品种2个以上,开发示范规模1 600亩,每年每亩效益500元以上。

试验地点:东昌府区于集乡、东阿县姜楼乡。

②保护地膜瓜菜高效种植模式:

根据沉沙高地早春地温回升快、部分高地未盖淤土受风沙严重侵蚀的特点,进行保护地膜瓜菜生产技术的研究开发示范,既可起到一定的固沙效果,又能取得较大的经济效益。研究开发与沙地相适应的配套技术,具体种植模式是:

A. 双膜覆盖早熟西瓜—秋季蔬菜种植模式。早熟西瓜采取大拱棚、中小拱棚、地膜覆盖三种栽培设施,品种选用"新一号"优质无籽西瓜品种,前茬收获后,夏种秋季蔬菜。

B. 小拱棚早熟地芸豆—秋季作物种植模式。早熟地芸豆采用小拱棚加地膜覆盖设施,品种选用"美国优胜者"芸豆品种,前茬收获后,后茬复种夏大豆、短季绿豆等秋播作物。

C. 拱棚油芽—秋季作物种植模式。早熟油芽采用中拱棚栽培设施,品种选用"四月蔓"等早熟耐寒品种,前茬收获后复种短季秋播作物。

D. 地膜覆盖马铃薯—秋播短季绿豆种植模式。马铃薯选用"鲁引1号"等优良品种,前茬收获后,复种秋播绿豆,既可作为粮食作物,也可作为绿肥就地翻压。

通过研究示范,总结出适宜沙地保护地膜瓜菜种植的配套技术和合理的种植茬口,以便今后大力推广。

试验地点:东昌府区于集乡。

③进行葡萄高产优质栽培技术的研究。选用的葡萄品种有美国红提、黑提、泽香1号等中晚熟品种。通过研究,探索葡萄在此条件下获得高产的配套技术和防病措施。开发试验规模70亩,年亩效益达到1 000元。

试验地点:东阿县姜楼乡。

④引进种植适应该土壤、气候条件的中草药新品种,进行适生性对比试验,筛选出几个适生品种,总结出一套完整的栽培技术措施。开发面积100亩,亩效益800元以上。

试验地点:东阿县姜楼乡。

⑤引进大果沙棘进行试验种植。沙棘属于耐沙抗旱植物,在山东种植面积甚微,在沙区种植尚属空白,引进该品种进行试验,探索其生长管理方面的经验,形成完整的栽培技术模式。试验面积30亩,年亩效益1 000元。

试验地点:东阿县姜楼乡。

⑥建设黄花菜高产园。黄花菜是一种耐旱植物,栽植黄花菜不仅能起到较好的固沙效果,而且经济效益高,一年种植、多年收益,省资、省劳,同时也美化了环境。通过建设黄花菜高产园,探索黄花菜在该沙地条件下的高产栽培技术,总结经验,在沙区大力推广。试验开发规模100亩,年亩效益800元以上。

试验地点:东昌府区于集乡。

⑦建枣树密植丰产园。建园选用梨枣、雪枣、园铃大枣等优良品种。建园前几年间种花生或脱毒地瓜。此项研究主要是探索枣树密植丰产园的丰产栽培技术。建园面积400亩,年亩效益500元。

试验地点:东阿县姜楼乡。

通过以上7种高效生态农业种植模式的开发研究,引进了诸多沉沙高地的适生植物物种和优质品种,并进行了示范、推广。

(2)浅平地粮棉菜畜区:区域内浅平耕地约7万亩,土壤多为轻壤质沙化潮土,易受涝碱威胁。该区发展方向为:以粮棉种植为重点,发展畜牧养殖和蔬菜生产。随着人们生活水平的提高和城镇人口的增加,蔬菜已成为人们一日三餐的常用品,蔬菜尤其是反季菜的巨大经济效益极大地吸引着特区群众,当地政府部门也紧紧抓住这个机遇,采取资金补助和技术指导的方式鼓励发展早春、晚秋和越冬塑料大棚商品菜。截至1998年,已发展蔬菜种植面积3万亩,其中塑料大棚菜3 000亩,所生产的反季大棚菜已远销东北三省、河北及内蒙古、北京、天津等地,取得了巨大的经济效益,仅蔬菜收入每年达4000万元。

由于经济特区粮食总产量的增加,出现了相对过剩,同时,作物秸秆和河滩、坡地的牧草也满足了牲畜饲草需要,更由于周边嘉明集团、凤祥集团和阿胶集团的强力拉动,当地畜牧饲养业得到了迅猛发展。采取联合、代养、自养的方式,大力发展鸡、牛、羊、驴的养殖,给大集团提供原料。到2002年底,已规模养殖商品鸡20万只,由于资金、技术等方面的原因,猪、牛、羊、驴的养殖未形成规模,仍由各农户分散养殖,统一收购。

(3)洼地水产养殖区:由于开挖输沙渠、沉沙池等工程,区内高洼不平,又由于输、沉沙工程长年输水,地下水位抬高,在特区内沿输沙渠、沉沙池边缘洼地及截渗沟等区域新发展水产养殖面积1 000亩,再加上原有的1 000亩,形成2 000亩水产养殖基地,鱼、藕、苇结合,年产水产品近千吨,收入近百万元。

（4）沟渠路边乔灌林区：为了改善区域生态环境，开发土地生产潜力，发挥经济效益，当地大搞四旁林、林网、林带、经济林的建设。在田间，采取提供树苗，收入归土地承包者所有的方式，搞了农田防护林，植树约 10 万株；对于四旁林的建设，采取了集体提供苗木，分段承包管理，收入分成的方式，植树 10 万余株；输沙渠堤防和沉沙池高地的宜林区，因地制宜地全部搞了水土保持林、速生丰产林和经济林，并采取分段承包、收入分成的方式进行管理。到 2002 年为止，共植用材树 15 万株，发展果园 2 500 亩。对于风沙的防治，采取了乔、灌、草的综合立体防护，提高了防治效果。对于用材林，由于清淤等引起地形的变动，降低了树木的保存率。总之，大规模地发展林果业，净化、绿化、美化了区域、生产生活环境，林木覆盖率已达 30%，每年可提供林木 2.0 万 m^3，提供水果 5 000 t，带来了巨大的经济收入。

2）近年种植、养植产业结构调整分析

位山特区 2002 年种植、养殖产业结构调整情况见表 5-9-10。

表 5-9-10　位山特区 2002 年种植、养殖产业结构表

项目	数量	单位	单位净收入
一、种植业	11.4	万亩	
1. 粮棉	7.44	万亩	1 200 元/亩
2. 蔬菜	2.41	万亩	2 000 元/亩
3. 林果			
（1）成材林	154	万株	50 元/株
（2）灌木	0.2	万亩	800 元/亩
（3）果树	1.35	万亩	400 元/株
（4）林木覆盖率	30	%	
二、养殖业			
1. 畜牧业			
（1）牛	1	万头	1 000 元/头
（2）猪	2.05	万头	200 元/头
（3）羊	0.8	万只	100 元/只
（4）鸡	集体 20	万只	5 元/只
2. 水产	2 000	亩	2 000 元/亩

（1）2002 年较 1991 年池区种植、养殖土地总面积增加了 3.21 万亩，其中沉沙池高地还耕增加 2.07 万亩，输沙渠高地还林增加 0.62 万亩，减少沉沙池占压增加耕地 0.42 万亩，水产养殖增加 1 000 亩。

（2）产业结构调整：2002 年粮棉面积扩大到 7.44 万亩，粮食产量较 1991 年有了大幅度提高，小麦 350 kg/亩以上，玉米 380 kg/亩以上，棉花 65 kg/亩以上。已由低产田升为高产田，并超过全灌区一般产量水平。果园面积增加到 1.35 万亩（原 1.1 万亩 + 新增 0.25 万亩），水产面积增加到 0.20 万亩，畜牧养殖数量大幅度增加，产值较以往有大幅度提高。

（3）林木覆盖率 2002 年达到 30%，较 1991 年提高 20%，生态环境有显著改观。

(二)引黄淤沙建材与机械清淤产业

1.1991年现状及存在问题

1991年底,池区内有5处小型的黏土砖瓦厂。存在问题是区内黏土源紧缺,侵占耕地,破坏环境,面临困境。引黄清淤靠人海战术,无一支机械清淤队伍。

2.成效

在合理开发利用池区泥沙资源、充分利用当地剩余劳力的基础上,重点发展以引黄淤沙为主要原料的建材产业和机械清淤产业。"八五"期间,在刘集镇刘庄村建成年产3 000万块烧结砖厂一座,"九五"期间在闫庄建成大型水泥土预制件厂一座,在东昌府区于集乡建成年产4 000万块烧结砖厂一座。以上企业可安排劳力2 000个,年创收2 000万元。

据测定,黄河淤沙主要成分是 SiO_2、Al_2O_3,其次是 CaO、MgO、K_2O、Na_2O、Fe_2O_3 等。主要矿物为石灰,其次是黏土、云母、长石、方解石等,这些矿物可以满足生产建材制品的需要,目前已成功利用黄河淤沙生产水泥土制品、灰沙砖及烧结红砖。

1)水泥土制品

水泥土是由水泥掺土加水拌和均匀,经压实养护而成。在国外,水泥土已应用于建房、道路和水库大坝的护坡工程。国内1973年由长办首先开始试验应用,目前已应用于农田暗管、渠道衬砌、大坝护坡、水闸、桥、涵等水利工程构件。

A.水泥块的制作

水泥土制品采用预制施工的方法。采用沉沙池泥沙掺入10%～18%、强度等级为325的普通水泥,加入10%～13%的水拌和均匀,经压力机压实成型后,进行自然养护。水泥土块的密实度要求干密度为1.8 t/m³ 以上。

B.水泥土块强度

水泥土的抗压强度与土料、水泥掺量、干密度有关。在土料基本相同的情况下,抗压强度随水泥掺量的增加和干密度的加大而提高。用公式表示为

$$R_{28} = \zeta^{0.3} \, r^5 c^{0.76} \tag{5-19}$$

式中　R_{28}——水泥土的28 d龄期抗压强度,kg/cm^2;

　　　r——水泥的干密度,t/m^3;

　　　c——水泥掺量(以占干土重百分数计);

　　　ζ——水泥标号影响系数。

据土料及水泥掺量不同,采用抽样试验,其抗压强度见表5-9-11。

表5-9-11　水泥土块抗压强度表

土料名称	水泥掺量(%)	干密度(t/m³)	28 d抗压强度(kg/cm²)
重粉质沙壤土掺50%特细沙	10	1.87	43.5
重粉质沙壤土掺50%特细沙	15	1.90	65.7
重粉质沙壤土掺50%特细沙	18	1.92	71.6
全部引黄淤积沙	10	1.86	40.5
全部引黄淤积沙	15	1.88	57.0
全部引黄淤积沙	18	1.94	67.0

C.抗冻性与防渗性

就抗冻性而言,干密度大于 1.8 t/m³,在蒸汽养护条件下,水泥掺量 18%,抗冻强度基本上达到 25 次冻融循环;水泥土块的抗渗性能主要取决于土壤种类和干密度。土质轻干密度小,渗透系数就大,反之则小。当干密度在 1.7 t/m³ 以上时,室内试验,水泥土块的渗透系数为 10⁻⁷ cm/s 左右,可满足小型水利工程和渠道防渗的要求。如作为渠道防渗材料,其造价仅为同体积混凝土板价格的 50%。

2)灰沙砖

灰沙砖是利用沙中的 SiO_2 与石灰中的 CaO 在蒸压的作用下形成水化硅酸作建筑材料。

聊城市水利局同有关单位协作,对泥沙、石灰成分进行了化学分析,对灰沙砖的强度进行了试验,灰沙砖试验成果见表 5-9-12。

表 5-9-12　灰沙砖试验成果表

采样地点	试验日期	抗压强度(kg/cm²)	抗折强度(kg/cm²)
关山堤口	1984 年 8 月	175.0	37.9
关山桥下	1984 年 8 月	176.0	40.0
刘集桥下	1984 年 8 月	150.2	36.5
沉沙池	1988 年 9 月	152.0	35.0

分析及试验结果表明输沙渠和沉沙池内的泥沙 SiO_2 含量平均在 70% 以上,能够制作灰沙砖,其试块抗压强度在 150.2 ~ 176.0 kg/cm²,抗折强度在 35 ~ 40 kg/cm²,符合 JC 153—75 部颁标准。另据初步测算,年产 4 000 万块砖的灰沙砖厂,其单位生产成本为 0.11元/块左右,每年可获纯利润 80 万元,有较好的经济效益。

3)烧结红砖

A.灌区供沙及砖窑采沙方式

砖窑建于干、支渠沿线地势较高处,一般一个砖窑采用一个淤坑(个别为多淤坑),淤坑面积大致在 0.67 ~ 2.67 hm² 不等,淤坑形状为不规则形,视位置及地形而异。每个淤坑在沉沙池或输沙渠上修建由灌区控制的闸门引进水沙,淤坑尾部修建简易退水建筑物。

B.年利用泥沙量

利用黄河淤沙生产建材制品,好处很多,一个 21 门的窑场,年生产 800 万 ~ 1 000 万块烧结红砖的生产线,每年可利用黄河淤沙 13 500 t 以上,可以减少耕地毁坏 4.09 亩,达到保护耕地、化害为利、变废为宝的目的。位山灌区至 2002 年底已建烧结砖厂 53 座,年利用泥沙 715 500 t。据统计,至 2002 年底,全省引黄灌区已建烧结砖厂 618 座,年产烧结砖 556 200 万块。据核算,每块烧结砖的生产成本为 0.135 元,售价 0.155 元,利润 0.02元,年经济效益 11 124 万元,并减少耕地开挖 2 528.1 亩。

C.结语

引黄灌区利用泥沙作建筑材料,将黄河泥沙变害为利,是切实可行的,该法缓解了泥沙处理矛盾,减少了淤积占地,保护了生态环境。另外,池区建灰沙砖厂和烧结砖厂,还可安置部分池区群众就业,实现以工养农,从而为完善沉沙池区泥沙利用创造了条件。

政府为鼓励池区机械清淤产业的发展,确定池区引黄泥沙清淤工程量的 30% 优先安排输、沉沙区人员进行机械施工。鼓励池区个体和私营企业购买清淤机械,承包清淤工程。至2002年底池区清淤机械已发展到 500 台套,年创收 600 万元,可安排劳力 2 000 多个。

(三)农副产品加工产业

1.1991 年现状及存在问题

据初步调查,输、沉沙特区现有农副加工企业 40 座,从业人员约 3 000 人,固定资产投资 1 000 万元,年产值约 3 000 万元,年利润约 300 万元。生产产品有石料加工、面粉加工、卫生纸、钢球及机械维修、农具制品等。存在的突出问题是产品单一,面临困境。

2.成效

本区实现农业综合开发后,农副产品较为丰富。伴随着水利、交通、电力、邮电等设施建设的发展,农村剩余劳力较多,具有发展乡镇企业的较好条件。

在王小楼建成速冻蔬果厂 1 座,王小楼速冻蔬果厂设计年产速冻蔬果系列产品 70 多种,3 000 t(库存量 600 t),设计年产值和利税分别为 3 000 万元、500 万元。该厂于 1996 年 4 月 25 日投产。1996~1998 年平均年创利税 300 多万元。工厂招收安置池区剩余劳力 200 多人,工人工资收入 10 多万元,而且还辐射池区菜农 5 000 多户,面积 7 000 多亩,每户菜农的收入比原来增加 1 000 多元,获得了明显的经济效益和社会效益。

池区为促进农副产品和建材的物流,积极利用当地人力资源发展运输机械 500 台,安置劳力 1 000 余个,年创利税 1 000 万余元。同时,以面粉、食品加工、木材加工、机械修造为主的个体和私营企业发展到 200 个,年创利税 200 万元,安置劳力 2 000 个。

(四)商业、贸易产业

1.1991 年现状及存在问题

位山引黄沉沙区是以种植业为主体的农业区,乡镇企业较少、经济落后,其农副产品的集散、物资交易仅在乡镇驻地,以集市形式进行,规模量较小。区内现有刘集、关山、姜楼、七级、周店等集镇,每月进行定期 6 天的农副产品交易活动,成交额有限。

2.成效

为了方便区域内产品的流通和交易,促进产品销售,提高群众收入,已将过去集市的定期交易活动升级为大中型专业商品交易市场。经济特区内兴建了 6 个大中型商品交易市场,包括 2 个建材交易市场、1 个果品交易市场、2 个蔬菜交易市场和 1 个牲畜交易市场。新建商品交易市场,现阶段以现货交易为主,将逐步发展期货贸易,以促进区域农副产品和建材产品的集散规模。

二、潘庄特区基础产业发展与产业结构调整分析

(一)农业

1991 年,马集乡的耕地面积 3.6 万亩,作物种植以粮食为主,经济作物、林果所占比例较低,当时特区农业人口 2.8 万人,人均纯收入 392 元,仅为全县平均水平的 56%。详细情况见表 5-9-13。

表 5-9-13　1991 年马集乡作物种植结构表

作物名称	种植面积(万亩)	亩产(kg)	总产(t)	亩收入(元)	总收入(万元)	人均收入(元)	备注
粮食	2.0	629	12 580	205	410	141	
棉花	1.3	57	741	434	564	194	
蔬菜	0.3			550	165	57	
合计	3.6				1 139	392	

1992 年 7 月,山东省水利厅、德州市政府和水利局联合正式提出创建"渠首沉沙池经济特区",把马集乡作为一个特区。为了增加农民的收入,特区逐步对作物的种植结构进行调整,提高了林木、蔬菜的种植比例。到 2002 年,特区有耕地面积 3.7 万亩,农业人口 2.8 万人,人均农业收入 1 330 元,达到全县平均水平,见表 5-9-14。

表 5-9-14　2002 年马集乡作物种植结构表

作物名称	种植面积(万亩)	单产(kg)	总产(t)	亩收入(元)	总收入(万元)	人均收入(元)
粮食	1.7	743	12 631	446	758	271
蔬菜	1.0			2 200	2 200	786
林木	0.5			950	475	170
棉花	0.5	59		577	289	103
合计	3.7				3 722	1 330

由表 5-9-13、表 5-9-14 可以看出,通过种植结构调整,特区农业纯收入 2002 年达到 3 722 万元,是 1991 年的 3.3 倍,人均农业收入 1 330 元,是 1991 年的 3.7 倍,达到了全县的平均水平。

(二)机械清淤产业

自 1994 年至 2002 年,特区乡镇购买泥浆泵 25 套,推土机 15 部,挖掘机 2 部,灌区为特区优先安排清淤任务,增加了群众的收入。

(三)工商服务业发展状况

1991 年特区的工商服务业正处于发展的初期,当时只有乡镇村办企业 15 个,各种零售商店 55 家,商品经济很不发达,年产值不足 1 500 万元。至 2002 年,在各方支持下,特区内第二、三产业蓬勃发展,现特区内有企业 50 余家,包括农副产品加工、建材、建筑、交通等行业。零售服务商店发展到 150 余家。据 2002 年统计,特区第二、三产业实现产值 8 200 万元,全区人均纯收入 931 元。

第七节 沉沙池经济特区社会经济实力和国民教育素质提高综合分析

一、沉沙池经济特区社会经济实力显著提升,与灌区平均水平差距缩小

(一)从聊城市历年上报的社会经济情况统计表(统计局资料)看位山灌区池区社会经济的变化

池区典型年社会经济情况见表 5-9-15、表 5-9-16、表 5-9-17。

表 5-9-15 位山灌区渠首沉沙池经济特区 1991 年社会经济情况统计表

县(区)	乡(镇)	特区耕地面积(亩)	人口(人)	工农业生产总值(万元)	国民生产总值(万元)	夏粮单产(kg/亩)	秋粮单产(kg/亩)	棉花单产(kg/亩)
阳谷县	七级镇	7 984	10 982	4 823	1 966	302	306	39.3
东昌府区	于集镇	2 422	5 333	2 342	955	295	305	18.3
东阿县	关山乡	17 272	14 821	6 509	2 653	242	298	28.9
	刘集镇	46 097	24 007	10 544	4 297	301	308	32
	姜楼乡	9 276	8 418	3 697	1 507	247	303	30.5
	古官屯乡	4 270	3 628	1 593	649	248	301	29.8
合计/平均		87 321*	67 189	29 508	12 027	272.5	303.5	29.8

注:表中加*项为市统计局的资料,和灌区管理处资料 8.51 万亩略有差别。

表 5-9-16 位山灌区渠首沉沙池经济特区 1995 年社会经济情况统计表

县(区)	乡(镇)	特区耕地面积(亩)	人口(人)	工农业生产总值(万元)	国民生产总值(万元)	夏粮单产(kg/亩)	秋粮单产(kg/亩)	棉花单产(kg/亩)
阳谷县	七级镇	7 984	11 531	5 710	2 387	328	335	46.8
东昌府区	于集镇	2 422	5 560	2 753	1 151	331	340	44.3
东阿县	关山乡	17 272	15 562	7 706	3 221	329	342	47.2
	刘集镇	46 097	25 207	12 483	5 218	332	337	47.6
	姜楼乡	9 276	8 840	4 378	1 830	328	339	45.3
	古官屯乡	4 270	3 809	1 886	788	326	331	47.5
合计/平均		87 321	70 509	34 916	14 595	329	337.3	46.45

表 5-9-17   位山灌区渠首沉沙池经济特区 2002 年社会经济情况统计表

县(区)	乡(镇)	特区耕地面积(亩)	人口(人)	工农业生产总值(万元)	国民生产总值(万元)	夏粮单产(kg/亩)	秋粮单产(kg/亩)	棉花单产(kg/亩)
阳谷县	七级镇	9 182	12 203	10 938	4 572	342	417	60
东昌府区	于集镇	3 172	5 926	5 311	2 220	338.5	347	69
东阿县	关山乡	17 272	16 468	14 760	6 171	355	382	58
	刘集镇	48 097	26 674	23 908	9 995	359	393	67
	姜楼乡	9 326	9 353	8 383	3 504	356	391	65
	古官屯乡	4 270	4 031	3 613	1 510	364	389	68
合计/平均		91 319	74 655	66 913	27 972	352.4	386.5	64.5

位山全灌区的典型年同期社会经济变化情况见表 5-9-18、表 5-9-19、表 5-9-20。

表 5-9-18   位山灌区 1991 年社会经济情况统计表

县(市、区)	乡(镇)个数	耕地面积(万亩)	人口(万人)	工农业生产总值(亿元)	国民生产总值(亿元)	夏粮单产(kg/亩)	秋粮单产(kg/亩)	棉花单产(kg/亩)
东昌府区	22	126.39	62.47	10.01	14.18	351	357	51
临清市	22	99.71	56.45	7.56	9.79	317	287	73
阳谷县	7	37	20.74	5.8	7.38	400	340	46
茌平县	22	108.56	47.96	5.46	7.78	341	343	44
东阿县	6	38.41	18.62	4.38	5.37	308	264	51
冠县	10	49.53	27.95	6.29	7.98	296	330	51
高唐县	15	92.55	39.44	4.53	6.02	323	343	53
合计/平均	104	552.15	273.63	44.03	58.5	333.7	323.42	52.71

表 5-9-19   位山灌区 1995 年社会经济情况统计表

县(市、区)	乡(镇)个数	耕地面积(万亩)	人口(万人)	工农业生产总值(亿元)	国民生产总值(亿元)	夏粮单产(kg/亩)	秋粮单产(kg/亩)	棉花单产(kg/亩)
东昌府区	22	124.23	65.62	22.9	34.13	348	302	39
临清市	22	98.1	57.2	15.78	20.1	340	279.6	56.13
阳谷县	7	36.84	21.16	17.05	22.23	348	317.3	56
茌平县	22	106.84	49.2	15.1	18.53	347	317.3	30.4
东阿县	6	33.16	56.56	9.04	11.66	341	326	46.06
冠县	11	50.59	32.23	12.86	17.42	350	297.3	39.26
高唐县	15	92.35	39.7	10.73	13.20	348	303.3	40
合计/平均	105	542.11	321.67	103.46	137.27	346	306.1	43.83

表 5-9-20　位山灌区 2002 年社会经济情况统计表

县(市、区)	乡(镇)个数	耕地面积(万亩)	人口(万人)	工农业生产总值(亿元)	国民生产总值(亿元)	夏粮单产(kg/亩)	秋粮单产(kg/亩)	棉花单产(kg/亩)
东昌府区	20	120.9	68.44	42.73	61.62	338	347	69
临清市	16	96.7	53.38	37.73	50.13	333	365	80
阳谷县	15	103.6	49.1	29.13	35.79	341	352	69
茌平县	5	33	22.09	17.43	23.65	331	340	81
东阿县	6	36.8	21.07	32.67	42.28	347	392	61
冠县	13	82	46.18	24.32	34.38	340	377	87
高唐县	10	90.6	36.82	41.51	49.88	331	388	78
合计/平均	85	563.6	297.08	225.52	297.73	337.3	365.85	75

1. 沉沙特区与全灌区典型年社会经济指标纵向变化分析

见表 5-9-21。

1) 灌区沉沙特区典型年纵向社会经济指标变化分析

沉沙特区 1991 年、1995 年、2002 年纵向变化分析以 1991 年作为初期,1995 年作为中期,2002 年作为后期。1995 年与 2002 年较 1991 年区域耕地、人口基本变化不大,工农业生产总值、国民生产总值、夏粮单产、秋粮单产、棉花单产分别平均增长了 72.5、77、25、19、86 个百分点。

2) 全灌区典型年纵向社会经济指标变化分析

1995 年与 2002 年较 1991 年,区域耕地、人口基本变化不大,工农业生产总值、国民生产总值、夏粮单产、秋粮单产、棉花单产分别平均增长了 273.5、272、2.5、4、12.5 个百分点。

2. 典型年纵向沉沙特区与全灌区社会经济指标之比变化分析

经分析,各典型年纵向区域耕地、人口基本变化不大,夏粮单产、秋粮单产、棉花单产等农业指标沉沙特区与全灌区之比,1995 年与 2002 年比 1991 年平均分别增长 17.5、14、39 个百分点,首次出现了沉沙特区农业产量指标,大大高于全灌区平均水平的可喜局面。而典型年纵向工农业生产总值、国民生产总值等指标沉沙特区与全灌区之比,1995 年与 2002 年比 1991 年分别平均降低了 4、1 个百分点。原因是近年来聊城市的工业及国民经济发展很快,相对地,池区的工业发展幅度还赶不上聊城市的幅度,建议今后扶助沉沙特区多搞些大的副业项目和龙头企业,以赶上和超过灌区平均水平。

表 5-9-21　　典型年位山灌区沉沙特区和全灌区社会经济发展对比表

典型年	区域	耕地面积（亩）	人口（万人）	工农业生产总值（万元）		国民生产总值（万元）		夏粮单产（kg/亩）		秋粮单产（kg/亩）		棉花单产（kg/亩）	
				数量	增长（%）	数量	增长（%）	数量	增长（%）	数量	增长（%）	数量	增长（%）
1991年	沉沙特区	87 321	6.72	29 508	100	12 027	100	272.5	100	303.5	100	29.8	100
	位山全灌区	5 521 500	273.63	440 300	100	585 000	100	333.7	100	323.42	100	52.71	100
	沉沙特区与全灌区之比	0.02	0.02	0.07		0.02		0.82		0.94		0.57	
1995年	沉沙特区	87 321	7.05	34 916	118	14 595	121	329	121	337.3	111	46.45	156
	位山全灌区	5 421 200	321.67	1 034 600	235	1 372 700	235	346	104	306.1	95	43.83	83
	沉沙特区与全灌区之比	0.02	0.02	0.03		0.01		0.95		1.10		1.06	
2002年	沉沙特区	91 319	7.47	66 913	227	27 972	233	352.4	129	386.5	127	64.5	216
	位山全灌区	5 637 000	297.08	2 255 200	512	2 977 300	509	337.3	101	365.85	113	75.0	142
	沉沙特区与全灌区之比	0.02	0.025	0.03		0.01		1.04		1.06		0.86	

注：表中"增长"项，以1991年的数量为基数，作为100%。

（二）从德州市历年上报的社会经济情况表（统计局资料）看潘庄灌区池区社会经济的变化

典型年潘庄灌区沉沙池经济特区社会经济发展见表5-9-22。

表 5-9-22　　典型年潘庄灌区沉沙池经济特区社会经济发展表

典型年	耕地面积（万亩）	人口（万人）	工农业生产总值（亿元）		夏粮单产（kg/亩）		秋粮单产（kg/亩）		棉花单产（kg/亩）	
			数量	增长（%）	数量	增长（%）	数量	增长（%）	数量	增长（%）
1991年	3.6	2.8	0.39	100	327	100	302	100	57	100
1998年	3.6	2.89	0.82	210	362	111	399	132	73	146
2002年	3.7	2.8	1.26	323	382	117	394	130	69	138

注：表中"增长"项，以1991年的数量为基数，作为100%。1991年特区耕地面积3.6万亩，含沉沙沙化高地面积1.1万亩。

潘庄灌区典型年同期社会经济变化情况，见表5-9-23～表5-9-25。

表 5-9-23　潘庄灌区 1991 年社会经济情况统计表

县(市、区)	耕地面积(万亩)	人口(万人)			工农业生产总值(亿元)			国民生产总值(亿元)	夏粮单产(kg/亩)	秋粮单产(kg/亩)	棉花单产(kg/亩)
		合计	农村	城镇	农业	工业	总产值				
德城区	15.23	30.68	14.21	19.47	1.63	26.15	27.78		431	549	76
禹城市	80.33	48.18	40.52	7.66	6.23	11.04	17.27		382	430	57
平原县	83.43	45.11	41.00	4.11	6.16	8.30	14.46		424	501	61
夏津县	69.18	39.56	36.44	3.12	3.63	7.30	10.93		310	289	61
武城县	52.42	29.81	26.56	3.25	2.97	8.92	11.62		300	263	57
齐河县	40.83	18.90	18.89	0.01	2.20	1.37	3.57		351	334	45
宁津县	44.30	25.85	22.70	3.15	2.71	7.93	10.64		347	423	18
陵县	93.02	48.35	43.54	4.81	7.71	9.91	17.62		403	407	54
合计/平均	478.74	286.44	243.86	42.58	33.34	80.92	114.26		369	400	57

表 5-9-24　潘庄灌区 1998 年社会经济情况统计表

县(市、区)	土地总面积(km²)	耕地面积(万亩)	人口(万人)			工农业生产总值(亿元)			国民生产总值(亿元)	夏粮单产(kg/亩)	秋粮单产(kg/亩)	棉花单产(kg/亩)
			合计	农村	城镇	总产值	工业	农业				
德城区	505.50	37.3	51.6	20.55	31.05	65.79	60.16	5.63	46.27	405	409	82
禹城市	990.00	81.7	49.35	41.37	7.98	38.00	26.36	11.64	15.22	392	401	70
齐河县	503.5	47.2	19.73	17.05	2.68	8.58	5.61	2.97	5.24	403	354	82
平原县	1 042.5	82.1	43.56	37.16	6.40	19.18	9.69	9.49	12.61	415	347	38
陵县	1 003.1	78.4	43.88	38	5.88	26.26	17.02	9.24	12.68	408	416	91
武城县	609.30	54.6	27.85	23.15	4.70	23.62	20.19	3.43	8.61	372	377	71
夏津县	733.20	69.9	40.01	33.95	6.06	19.88	14.24	5.64	10.34	343	337	81
宁津县	463.80	48.4	26.13	20.51	5.62	15.47	10.79	4.68	10.55	415	422	68
合计/平均	5 851.0	500	302.11	231.73	70.38	216.78	164.06	52.72	121.52	394	383	73

表 5-9-25　潘庄灌区 2002 年社会经济情况统计表

县(市、区)	耕地面积(万亩)	人口(万人)			工农业生产总值(亿元)			国民生产总值(亿元)	夏粮单产(kg/亩)	秋粮单产(kg/亩)	棉花单产(kg/亩)
		合计	农村	城镇	农业	工业	总产值				
德城区	29.61	54.23	21.18	33.05	8.64	129.91	138.55	38.50	381.33	388.53	70.00
禹城市	79.89	50.19	43.37	6.82	18.52	61.71	80.23	43.20	380.70	416.80	73.30
平原县	75.08	44.72	37.25	7.47	17.44	45.23	62.67	36.26	398.10	421.90	83.00
夏津县	68.73	41.27	35.86	5.41	10.23	42.36	52.58	26.85	304.00	394.30	83.00
武城县	47.22	31.12	25.78	5.34	8.11	53.14	61.25	30.43	389.10	302.60	82.80
齐河县	40.91	18.54	18.39	0.15	7.89	8.78	16.68	9.49	410.20	412.90	71.70
宁津县	40.57	28.30	22.15	6.15	9.34	47.55	56.89	30.04	398.30	430.00	83.00
陵县	68.33	47.80	37.91	9.89	17.14	47.90	65.04	36.28	380.00	379.70	79.70
合计/平均	450.33	316.17	241.89	74.28	97.30	436.58	533.88	251.05	380.22	393.34	78.31

典型年纵向潘庄灌区渠首沉沙经济特区和全灌区社会经济指标发展变化分析见表 5-9-26。

表 5-9-26　典型年潘庄灌区渠首沉沙经济特区和全灌区社会经济发展对比表

典型年	区域	耕地面积(万亩)	人口(万人)	工农业生产总值(亿元)		夏粮单产(kg/亩)		秋粮单产(kg/亩)		棉花单产(kg/亩)	
				数量	增长(%)	数量	增长(%)	数量	增长(%)	数量	增长(%)
1991年	沉沙特区马集乡	3.6	2.8	0.39	100	327	100	302	100	57	100
	全灌区	478.74	286.44	114.13	100	369	100	400	100	57	100
	沉沙特区与全灌区之比	0.01	0.01	0.0034		0.89		0.76		0.88	
1998年	沉沙特区马集乡	3.6	2.89	0.82	210	362	111	399	132	73	146
	全灌区	500	302.11	216.78	190	394	107	383	96	73	128
	沉沙特区与全灌区之比	0.01	0.01	8.7		0.92		1.04		1.0	
2002年	沉沙特区马集乡	3.7	2.8	1.26	323	382	117	394	130	69	138
	全灌区	450.33	316.17	533.88	468	380	103	393	98	78.31	137
	沉沙特区与全灌区之比	0.01	0.01	0.024		1.03		1.00		0.88	

注:表中"增长"项,以 1991 年的数量为基数,作为 100%。

1.灌区沉沙特区典型年纵向社会经济指标变化分析

沉沙特区 1991 年、1998 年、2002 年纵向变化分析,以 1991 年作为初期,1998 年作为中期,2002 年作为后期。1998 年与 2002 年较 1991 年区域耕地、人口基本变化不大,工农业生产总值、夏粮单产、秋粮单产、棉花单产分别平均增长了 166.5、14、31、42 个百分点。

2.全灌区典型年纵向社会经济指标变化分析

1998 年与 2002 年较 1991 年,全灌区耕地、人口基本变化不大,工农业生产总值、夏粮单产、棉花单产分别平均增长了 229、5、32.5 个百分点,秋粮单产基本持平。

3.典型年纵向沉沙特区与全灌区社会经济指标之比变化分析

经分析,典型年纵向区域耕地、人口基本变化不大,夏粮单产、秋粮单产、棉花单产等农业指标沉沙特区与全灌区之比,1998 年和 2002 年比 1991 年平均分别增长了 8.5、26、6 个百分点,出现了沉沙特区农业产量指标和全灌区持平或稍高的可喜局面。而典型年纵向工农业生产总值、国民生产总值等指标沉沙特区与全灌区之比,1998 年和 2002 年比 1991 年分别平均降低了 0.4、1 个百分点。原因是近年来德州市的工业及国民经济发展很快,相对地,池区的工业发展幅度还赶不上市区的幅度,建议今后扶助沉沙特区多搞些大的工副业项目和龙头企业,以赶上和超过灌区平均水平。

二、不单从经济发展指标,还要从文化教育的繁荣、科学的昌盛、道德和法制水平的提升、社会秩序的和谐、国民素质的提高等方面,更全面看池区的发展变化

(1)特区内中、小学危房全面改建。位山特区 1991 年有小学 103 处,中学 6 处,大部分为危房,现经改建焕然一新。潘庄特区 1991 年有小学 22 处,中学 2 处,经改建校容大大改观。

(2)适龄儿童受教育率,位山、潘庄特区分别由 1991 年的 90%、91% 提高到100%、99%。

(3)青年受初小、高中教育率,位山、潘庄特区分别由 1991 年的 75%、75% 提高到90%、91%。

(4)和谐社会风气全面提升。池区各村普遍制订乡规民约,尊老爱幼,邻里和睦,爱护特区公共设施蔚然成风。

(5)通过举办农业科技培训班,村民科技水平明显提高。

(6)通过法制培训教育,村民的民主观念和法制观念大大提升。特别是结合沉沙池经济特区的创办,村民的参与意识、民主意识和法制意识大大提升。具体表现如下:

- 村民代表有机会参与沉沙池经济特区方案的规划和实施,参与方案制订的过程。
- 沉沙池经济特区的活动,已作为可持续发展的方案构思和执行。
- 沉沙池经济特区的被占地村民的合法权益得到尊重。
- 经济特区的乡镇政府建立了便利的申诉机制,当被占地村民的合法权益受侵害时,能便捷地维护村民的合法权益。
- 建立了先补偿、安置后拆迁、用地的工作程序。经济特区乡镇政府在搬迁期向被搬迁、用地村民提供帮助。
- 特别关注弱势群体和贫困人群,注重发挥妇女的作用。
- 村民的犯罪率明显下降。

第十章　沉沙池覆淤还耕治理前后池内外社会经济发展变化研究

第一节　沉沙池覆淤还耕治理十余年池内外农业产量发展变化研究

为了解沉沙池治理十余年池内外农业产量的发展变化,山东省水利厅先后于 1990 年和 2003 年两次对全省引黄灌区的池区农业产量进行了较大规模的专题调查和现场考查,1990 年调查了 1987 年、1989 年的产量情况,2003 调查了 1999 年、2000 年的产量情况。调查涉及 16 处大中型引黄灌区的 67 个行政村;调查类型共两类:一类是同一村庄池内外农业产量的发展变化,涉及 14 处灌区,23 个行政村;另一类是相邻村庄池内外农业产量的发展变化,涉及 13 处灌区 22 对行政村;调查对象的代表性,注意选择农业产量的上、中、下 3 个水平;调查年限及前后对比以 1987 年和 1989 年的农业产量代表前期的基础情况,以 1999 年和 2000 年的农业产量代表后期的发展情况。

一、23 个同一村庄池内外农业产量发展对比分析

由表 5-10-1 知,以 1987 年、1989 年为前期,粮食单产池内外之比为 0.758,棉花单产池内外之比为 0.760。以 1999 年、2000 年为后期,后期与前期平均比较,粮食池内单产增长 99%,池外单产增长 34%,池内增长大于池外增长,后期池内外之比达到 0.968,增长 21%;棉花池内单产增长 70%,池外单产增长 23%,池内增长大于池外增长,池内外之比达到 0.96,增长 20%。

二、22 对相邻村庄池内外农业产量发展对比分析

由表 5-10-2 知,前期粮食单产池内外之比为 0.805,棉花池内外之比为 0.865。后期与前期平均比较,粮食单产池内增长 81%,池外增长 35%,池内高于池外增长,后期池内外之比达到 0.955,增加 15%;棉花池内单产增长 51%,池外单产增长 24%,池内高于池外增长,后期池内外之比达到 0.975,增长 11%。

表 5-10-1　典型乡村沉沙池(渠)内外产量对比表(同一村庄)

类型	灌区及乡村	年份	人口 池内	人口 池外	耕地(亩) 池内	耕地(亩) 池外	粮食池内 单产	粮食池内 增长(%)	粮食池外 单产	粮食池外 增长(%)	粮食池内外之比	棉花池内 单产	棉花池内 增长(%)	棉花池外 单产	棉花池外 增长(%)	棉花池内外之比
同一村庄	刘庄灌区	李村镇西李庄村 1987	2 174	118	3 389	180	246	100	275	100	0.89	45	100	48	100	0.94
		1989	2 231	120	3 367	180	243	99	278	101	0.87	44	98	49	102	0.90
		1999	2 407	123	3 342	180	311	126	310	113	1.00	56	124	52	108	1.08
		2000	2 412	124	3 342	180	327	133	342	124	0.96	58	129	59	123	0.98
		1999、2000年平均较1987、1989年平均增长					30		18		0.10	28		15		0.11
		李村镇贾庄村 1987	2 398	506	3 483	729	234	100	267	100	0.88	43	100	45	100	0.96
		1989	2 451	524	3 480	729	248	106	263	99	0.94	42	98	46	102	0.91
		1999	2 644	560	3 452	729	327	140	327	122	1.00	58	135	56	124	1.04
		2000	2 654	562	3 452	729	333	142	340	127	0.98	55	128	55	122	1.00
		1999、2000年平均较1987、1989年平均增长					38		26		0.08	33		22		0.08
同一村庄	旧城灌区	旧城乡旧城村 1987	363	4 586	613	7 730	104	100	203	100	0.51	21	100	32	100	0.66
		1989	370	4 678	610	7 718	110	106	244	120	0.45	18	86	30	94	0.60
		1999	401	5 066	600	7 648	405	389	371	183	1.09	75	357	69	216	1.09
		2000	403	5 097	599	7 646	426	410	396	195	1.08	74	352	80	250	0.93
		1999、2000年平均较1987、1989年平均增长					297		79		0.60	262		136		0.38
		旧城乡赵庄村 1987	476	502	809	853	101	100	205	100	0.49	35	100	42	100	0.83
		1989	486	512	807	850	126	125	245	120	0.51	41	117	51	121	0.80
		1999	526	555	800	843	394	390	360	176	1.09	78	223	77	183	1.04
		2000	529	559	794	840	423	419	407	199	1.04	83	237	86	205	0.97
		1999、2000年平均较1987、1989年平均增长					292		77		0.56	121		83		0.17

续表 5-10-1

类型	灌区及乡村	年份	人口 池内	人口 池外	耕地(亩) 池内	耕地(亩) 池外	粮食单产(kg/亩) 池内 单产	粮食单产(kg/亩) 池内 增长(%)	粮食单产(kg/亩) 池外 单产	粮食单产(kg/亩) 池外 增长(%)	粮食单产 池内外之比	棉花单产(kg/亩) 池内 单产	棉花单产(kg/亩) 池内 增长(%)	棉花单产(kg/亩) 池外 单产	棉花单产(kg/亩) 池外 增长(%)	棉花单产 池内外之比
同一村庄	东明闫潭灌区 张营村	1987	3 000	1 000	3 500	2 000	160	100	240	100	0.67	26	100	38	100	0.68
		1989	3 000	1 000	3 500	2 000	300	188	270	113	1.11	56	215	49	129	1.14
		1999	3 060	1 000	3 500	2 000	340	213	300	125	1.13	58	223	48	126	1.21
		2000	3 012	1 050	3 500	2 000	400	250	350	146	1.14	58.8	226	50	132	1.18
		1999、2000 年平均较 1987、1989 年平均增长					88		29		0.25	67		14		0.28
同一村庄	苏泗庄灌区 临卜镇吴店村	1987	495	330	792	528	107	100	240	100	0.45	22	100	45	100	0.49
		1989	502	334	791	527	114	107	256	107	0.45	26	118	52	116	0.50
		1999	527	352	787	525	335	313	302	126	1.11	76	345	68	151	1.12
		2000	532	355	787	525	345	322	310	129	1.11	80	364	72	160	1.11
		1999、2000 年平均较 1987、1989 年平均增长					214		24		0.67	245		48		0.62
	什集镇朱庄村马庄村	1987	570	380	969	646	104	100	238	100	0.44	22	100	43	100	0.51
		1989	574	383	968	645	107	103	250	105	0.43	25	114	52	121	0.48
		1999	620	414	956	637	324	312	318	134	1.02	74	336	72	167	1.03
		2000	625	417	954	636	332	319	326	137	1.02	78	355	75	174	1.04
		1999、2000 年平均较 1987、1989 年平均增长					214		33		0.59	239		60		0.54
同一村庄	位山灌区 位山刘文堂村	1987	510	510	110	873	150	100	500	100	0.30	20	100	68	100	0.29
		1989	522	522	110	873	155	103	566	113	0.27	25	125	70	103	0.36
		1999	1 378	1 213	1 635	2 306	695	463	699	140	0.99	55	275	55	81	1.00
		2000	1 348	1 201	1 635	2 306	755	503	755	151	1.00	60	300	60	88	1.00
		1999、2000 年平均较 1987、1989 年平均增长					382		39		0.71	175		-17		0.67

续表 5-10-1

类型	灌区	乡村	年份	人口		耕地(亩)		粮食单产(kg/亩)					棉花单产(kg/亩)				
				池内	池外	池内	池外	池内 单产	池内 增长(%)	池外 单产	池外 增长(%)	池内外之比	池内 单产	池内 增长(%)	池外 单产	池外 增长(%)	池内外之比
同一村庄	陈垓灌区	蔚营乡村	1987	460	690	690	1 050	450	100	485	100	0.93	42	100	49	100	0.86
			1989	462	698	690	1 050	457	102	487	100	0.94	45	107	49	100	0.92
			1999	464	699	690	1 050	454	101	479	99	0.95	47	112	52	106	0.90
			2000	467	703	690	1 050	465	103	503	104	0.92	47	112	51.5	105	0.91
			1999、2000年平均较1987、1989年平均增长					1		1		0.00		8		6	0.02
同一村庄	胡家岸灌区	高官寨镇石杨村	1987	534	534	360	1 239	159	100	248	100	0.64	29	100	41.2	100	0.70
			1989	542	542	360	1 239	163	102	251	101	0.65	30	103	42	102	0.71
			1999	571	571	537	1 050	273	172	354	143	0.77	35	121	46	112	0.76
			2000	575	575	537	1 050	284	179	360	145	0.79	37	128	49	119	0.76
			1999、2000年平均较1987、1989年平均增长					74		43		0.14		22		14	0.05
		高官寨镇胡家岸村	1987	531	531	37	974	157	100	252	100	0.62			40	100	0.00
			1989	539	539	37	974	161	103	258	102	0.62			43	108	0.00
			1999	570	570	95	915	282	180	353	140	0.80			46	115	0.00
			2000	573	573	95	915	294	187	362	144	0.81			50	125	0.00
			1999、2000年平均较1987、1989年平均增长					82		41		0.18				16	0.00

续表 5-10-1

类型	灌区及乡村	年份	人口		耕地(亩)		粮食单产(kg/亩)					棉花单产(kg/亩)				
			池内	池外	池内	池外	池内		池外		池内外之比	池内		池外		池内外之比
							单产	增长(%)	单产	增长(%)		单产	增长(%)	单产	增长(%)	
同一村庄	刑家渡灌区	徐家村														
		1987	523	523	418	628	290	100	301	100	0.96	49	100	52	100	0.94
		1989	527	527	422	632	302	104	315	105	0.96	52	106	57	110	0.91
		1999	542	542	434	650	354	122	369	123	0.96	58	118	62	119	0.94
		2000	543	543	434	652	365	126	378	126	0.97	63	129	65	125	0.97
		1999、2000年平均较1987、1989年平均增长					22		22		0.00	20		17		0.03
		刑家渡村														
		1987	567	567	454	680	302	100	320	100	0.94	46	100	50	100	0.92
		1989	570	570	456	684	311	103	336	105	0.93	50	109	56	112	0.89
		1999	578	578	462	694	359	119	375	117	0.96	61	133	64	128	0.95
		2000	580	580	464	696	370	123	386	121	0.96	63	137	66	132	0.95
		1999、2000年平均较1987、1989年平均增长					19		16		0.02	30		24		0.05
同一村庄	沟杨灌区	沟杨树														
		1987	557	557	424	687	302	100	313	100	0.96	55	100	62	100	0.89
		1989	563	563	422	685	311	103	326	104	0.95	58	105	63	102	0.92
		1999	590	590	410	676	389	129	396	127	0.98	65	118	68	110	0.96
		2000	591	591	406	676	396	131	401	128	0.99	69	125	71	115	0.97
		1999、2000年平均较1987、1989年平均增长					28		25		0.03	19		11		0.06
		吴家寨														
		1987	544	544	350	671	308	100	320	100	0.96	54	100	60	100	0.90
		1989	550	550	347	669	315	102	336	105	0.94	56	104	59	98	0.95
		1999	578	578	333	660	381	124	375	117	1.02	63	117	62	103	1.02
		2000	581	581	331	660	392	127	386	121	1.02	67	124	68	113	0.99
		1999、2000年平均较1987、1989年平均增长					24		16		0.07	19		9		0.08

续表 5-10-1

类型	灌区及乡村	年份	人口		耕地(亩)		粮食单产(kg/亩)					棉花单产(kg/亩)				
			池内	池外	池内	池外	池内		池外		池内外之比	池内		池外		池内外之比
							单产	增长(%)	单产	增长(%)		单产	增长(%)	单产	增长(%)	
同一村庄	潘庄灌区	马集乡王楼村														
		1987	1 100	1 100	510	1 700	400	100	637	100	0.63	30	100	57	100	0.53
		1989	1 100	1 100	510	1 700	420	105	650	102	0.65	32	107	58	102	0.55
		1999	1 260	1 260	620	100	738	185	761	119	0.97	50	167	59	104	0.85
		2000	1 260	1 260	620	100	762	191	762	120	1.00	53	177	59	104	0.90
		1999、2000年平均较1987、1989年平均增长						85		19	0.35		68		3	0.33
		马集乡杨庄村														
		1987	670	670	290	614	400	100	530	100	0.75	28	100	50	100	0.56
		1989	690	690	290	614	420	105	650	123	0.65	31	111	54	108	0.57
		1999	740	740	554	50	714	179	752	142	0.95	53	189	58	116	0.91
		2000	750	750	554	50	766	192	765	144	1.00	56	200	59	118	0.95
		1999、2000年平均较1987、1989年平均增长						83		32	0.27		89		13	0.36
同一村庄	李家岸灌区	表白寺乡李英村														
		1987	903		2 800	400	248	100	244	100	1.02	55	100	58	100	0.95
		1989	921		2 800	400	310	125	302	124	1.03	53	96	60	103	0.88
		1999	947		2 800	400	455	183	402	165	1.13	67	122	61	105	1.10
		2000	1 020		2 800	400	475	192	470	193	1.01	69	125	62	107	1.11
		1999、2000年平均较1987、1989年平均增长						75		67	0.05		25		4	0.19
同一村庄	打渔张灌区	乔庄镇黄家村														
		1987	357	357	500	290	290	100	350	100	0.83	65	100	67	100	0.97
		1989	357	357	500	290	300	103	352	101	0.85	74.2	114	77	115	0.96
		1999	407	407	438	200	305	105	355	101	0.86	56	86	58	87	0.97
		2000	407	407	438	200	311	107	357	102	0.87	77	118	79	118	0.97
		1999、2000年平均较1987、1989年平均增长						4		1	0.02		-5		-5	0.00
		乔庄镇刘善人村														
		1987	617	617	450	750	420	100	453	100	0.93	59	100	61	100	0.97
		1989	617	617	450	750	390	93	400	88	0.98	70	119	72	118	0.97
		1999	625	625	450	1 151	400	95	457	101	0.88	58	98	61	100	0.95
		2000	625	625	450	1 151	300	71	370	82	0.81	75	127	81	133	0.93
		1999、2000年平均较1987、1989年平均增长						-13		-3	-0.11		3		7	-0.03

续表 5-10-1

类型	灌区及乡村		年份	人口		耕地(亩)		粮食单产(kg/亩)					棉花单产(kg/亩)				
				池内	池外	池内	池外	池内		池外		池内外之比	池内		池外		池内外之比
								单产	增长(%)	单产	增长(%)		单产	增长(%)	单产	增长(%)	
同一村庄	簸箕李灌区	大年陈乡商家	1987	60	1 040	120	1 850	185	100	190	100	0.97	41	100	69	100	0.59
			1989	60	1 060	120	1 850	205	111	210	111	0.98	29	71	40	58	0.73
			1999	100	1 056	175	1 800	318	172	323	170	0.98	50	122	65	94	0.77
			2000	100	1 070	175	1 755	309	167	314	165	0.98	55	134	69	100	0.80
			1999、2000 年平均较 1987、1989 年平均增长						64		62	0.01		43		18	0.12
		大年陈乡簸箕李	1987	20	122	40	225	192	100	200	100	0.96	43	100	68	100	0.63
			1989	20	126	40	221	212	110	223	112	0.95	31	72	42	62	0.74
			1999	20	130	40	213	321	167	343	172	0.94	52	121	63	93	0.83
			2000	20	131	40	214	330	172	331	166	1.00	56	130	68	100	0.82
			1999、2000 年平均较 1987、1989 年平均增长						64		63	0.01		40		15	0.14
同一村庄	大崔灌区	姚家	1987	1 120	1 120	150	1 599	200	100	228	100	0.88	55	100	72	100	0.76
			1989	1 122	1 122	150	1 599	224	112	314	138	0.71	50	91	65	90	0.77
			1999	1 126	1 126	300	1 449	426	213	428	188	1.00	76	138	74	103	1.06
			2000	1 125	1 125	300	1 449	395	198	390	171	1.01	81	147	79	110	1.06
			1999、2000 年平均较 1987、1989 年平均增长						99		61	0.21		47		11	0.26

注:粮棉单产"增长"栏,以 1987 年单产为 100%,1989 年、1999 年、2000 年增长为该年与 1987 年的比值。

表5-10-2　典型乡村沉沙池(渠)内外产量对比表(邻近村庄)

类型	灌区及乡村	年份	人口 池内	人口 池外	耕地(亩) 池内	耕地(亩) 池外	粮食 池内单产	粮食 池内增长(%)	粮食 池外单产	粮食 池外增长(%)	粮食 池内外之比	棉花 池内单产	棉花 池内增长(%)	棉花 池外单产	棉花 池外增长(%)	棉花 池内外之比
邻近村庄	旧城灌区	旧城乡葵崮堆村(内)周桥村(外) 1987	478	983	812	1 671	108	100	213	100	0.51	26	100	38	100	0.68
		1989	487	1 002	810	1 653	116	107	221	104	0.52	22	85	42	111	0.52
		1999	528	1 095	798	1 640	409	379	396	186	1.03	78	300	69	182	1.13
		2000	531	1 103	796	1 638	433	401	411	193	1.05	83	319	77	203	1.08
		1999、2000年平均较1987、1989年平均增长						286		88	0.53		217		87	0.50
		旧城乡屠庄村(内)黄堂村(外) 1987	504	721	862	1 225	112	100	202	100	0.55	24	100	41	100	0.59
		1989	515	736	860	1 222	128	114	215	106	0.60	25	104	39	95	0.64
		1999	563	797	851	1 211	413	369	389	193	1.06	75	313	71	173	1.06
		2000	566	801	849	1 193	453	404	421	208	1.08	82	342	78	190	1.05
		1999、2000年平均较1987、1989年平均增长						279		97	0.49		225		84	0.44
邻近村庄	苏泗庄灌区	高庄镇田桥村(内)李村镇刘楼村(外) 1987	659	769	1 087	1 269	105	100	253	100	0.42	43	100	45	100	0.96
		1989	664	780	1 084	1 265	112	107	264	104	0.42	50	116	52	116	0.96
		1999	717	842	1 072	1 250	332	316	322	127	1.03	70	163	68	151	1.03
		2000	723	849	1 069	1 248	343	327	328	130	1.05	72	167	72	160	1.00
		1999、2000年平均较1987、1989年平均增长						218		26	0.62		57		48	0.06
		董口镇闫庄村(内)姬庄村(外) 1987	858	968	1 424	1 598	112	100	253	100	0.44	23	100	46	100	0.50
		1989	865	975	1 418	1 593	115	103	262	104	0.44	28	122	59	128	0.47
		1999	934	1 053	1 405	1 579	345	308	314	124	1.10	79	343	73	159	1.08
		2000	942	1 061	1 400	1 573	356	318	329	130	1.08	85	370	80	174	1.06
		1999、2000年平均较1987、1989年平均增长						212		25	0.65		246		52	0.59

续表 5-10-2

类型	灌区及乡村	年份	人口		耕地（亩）		粮食单产（kg/亩）					棉花单产（kg/亩）				
			池内	池外	池内	池外	池内		池外		池内外之比	池内		池外		池内外之比
							单产	增长（%）	单产	增长（%）		单产	增长（%）	单产	增长（%）	
邻近村庄	杨集灌区	李集乡范楼村（内）陈庄（外）	1987	700	260	1 100	380	450	100	430	100	1.05	51	100	45	100	1.13
			1989	720	280	1 100	400	470	104	450	105	1.04	60	118	55	122	1.09
			1999	810	290	1 100	420	510	113	470	109	1.09	80	157	75	167	1.07
			2000	840	300	1 100	440	530	118	500	116	1.06	90	176	80	178	1.13
		1999、2000 年平均较 1987、1989 年平均增长						13		10		0.03	58		61		0.02
邻近村庄	位山灌区	桑庄村（内）七级村（外）	1987	520	1 200	1 971	2 300	550	100	570	100	0.96	30	100	39	100	0.77
			1989	534	1 250	1 971	2 300	562	102	590	104	0.95	42	140	46	118	0.91
			1999	549	1 260	1 971	2 300	596	108	663	116	0.90	52	173	50	128	1.04
			2000	568	1 280	1 971	2 300	736	134	720	126	1.02	62	207	60	154	1.03
		1999、2000 年平均较 1987、1989 年平均增长						20		20		0.00	70		32		0.20
邻近村庄	陈垓灌区	靳庄村（内）张楼村（外）	1987	520	1 100	880	1 650	405	100	505	100	0.80	40	100	49	100	0.82
			1989	524	1 108	880	1 650	420	104	509	101	0.83	40	100	50.5	103	0.79
			1999	525	1 112	880	1 650	424	105	515	102	0.82	41.3	103	50	102	0.83
			2000	527	1 117	880	1 650	440	109	520	103	0.85	44.5	111	51	104	0.87
		1999、2000 年平均较 1987、1989 年平均增长						5		2		0.02	7		2		0.05
		洼王村（内）祝庄村（外）	1987	670	520	1 072	780	410	100	490	100	0.84	40	100	49	100	0.82
			1989	673	525	1 072	780	435	106	495	101	0.88	43	108	49	100	0.88
			1999	674	527	1 072	780	430	105	497	101	0.87	43	108	50.3	103	0.85
			2000	678	530	1 072	780	450	110	510	104	0.88	44.5	111	50	102	0.89
		1999、2000 年平均较 1987、1989 年平均增长						4		2		0.02	6		2		0.03

续表 5-10-2

类型	灌区及乡村	年份	人口		耕地（亩）		粮食单产（kg/亩）					棉花单产（kg/亩）				
			池内	池外	池内	池外	池内		池外		池内外之比	池内		池外		池内外之比
							单产	增长（%）	单产	增长（%）		单产	增长（%）	单产	增长（%）	
邻近村庄	胡家岸灌区	高官寨镇石杨村（内）席家村（外） 1987	534	648	360	1 006	159	100	247	100	0.64	29	100	40	100	0.73
		1989	542	657	360	1 006	162	102	249	101	0.65	30	103	41	103	0.73
		1999	571	694	537	1 065	273	172	342	138	0.80	35	121	45	113	0.78
		2000	575	696	537	1 065	284	179	351	142	0.81	37	128	48	120	0.77
		1999、2000年平均较1987、1989年平均增长						74		40	0.16		22		15	0.05
		高官寨镇西胡村（内）三山村（外） 1987	942	624	133	461	151	100	245	100	0.62	27	100	40	100	0.68
		1989	955	633	133	461	157	104	249	102	0.63	28	104	42	105	0.67
		1999	1 008	668	102	495	261	173	351	143	0.74	32	119	45	113	0.71
		2000	1 011	670	102	495	283	187	360	147	0.79	35	130	48	120	0.73
		1999、2000年平均较1987、1989年平均增长						78		44	0.14		22		14	0.05
邻近村庄	刑家渡灌区	兴隆庄（内）兰家（外） 1987	486	426	972	852	309	100	316	100	0.98	48	100	53	100	0.91
		1989	488	429	976	858	322	104	339	107	0.95	53	110	58	109	0.91
		1999	492	436	984	872	369	119	379	120	0.97	60	125	65	123	0.92
		2000	495	438	990	876	374	121	390	123	0.96	64	133	69	130	0.93
		1999、2000年平均较1987、1989年平均增长						18		18	0.00		24		22	0.02
		郑家（内）三义（外） 1987	425	525	850	1 050	300	100	318	100	0.94	51	100	54	100	0.94
		1989	429	529	858	1 058	317	106	338	106	0.94	55	108	58	107	0.95
		1999	437	537	874	1 074	355	118	372	117	0.95	62	122	65	120	0.95
		2000	440	540	880	1 080	369	123	387	122	0.95	68	133	70	130	0.97
		1999、2000年平均较1987、1989年平均增长						18		16	0.01		24		21	0.02

续表 5-10-2

类型	灌区	乡村	年份	人口		耕地(亩)		粮食单产(kg/亩)					棉花单产(kg/亩)				
								池内		池外		池内外之比	池内		池外		池内外之比
				池内	池外	池内	池外	单产	增长(%)	单产	增长(%)		单产	增长(%)	单产	增长(%)	
邻近村庄	沟杨灌区	小刘家(内)新庄(外)	1987	400	400	720	720	298	100	315	100	0.95	51	100	54	100	0.94
			1989	407	407	733	733	309	104	326	103	0.95	55	108	58	107	0.95
			1999	419	419	754	754	356	119	369	117	0.96	62	122	65	120	0.95
			2000	422	422	760	760	367	123	381	121	0.96	64	125	67	124	0.96
			1999、2000年平均较1987、1989年平均增长						19		17	0.02		20		19	0.01
邻近村庄	潘庄灌区	胡官乡(内)小刘村(外)	1987	351	664	707	1 914.2	238	100	241	100	0.99	42	100	50	100	0.84
			1989	351	645	707	1 914.2	250	105	252	105	0.99	49	117	56	112	0.88
			1999	372	695	707	1 914.2	408	171	407	169	1.00	57	136	58	116	0.98
			2000	372	695	707	1 914.2	408	171	407	169	1.00	58	138	58	116	1.00
			1999、2000年平均较1987、1989年平均增长						69		67	0.01		29		10	0.13
		胡官乡(内)前楼村(外)	1987	189	512	306.7	1 648.3	240	100	242	100	0.99	43	100	50	100	0.86
			1989	193	514	306.7	1 648.3	251	105	253	105	0.99	49	114	56	112	0.88
			1999	202	533	306.7	1 648.3	405	169	406	168	1.00	57	133	59	118	0.97
			2000	202	521	306.7	1 648.3	405	169	406	168	1.00	59	137	59	118	1.00
			1999、2000年平均较1987、1989年平均增长						66		65	0.01		28		12	0.12
邻近村庄	李家岸灌区	表白寺乡李英村(内)晏城镇芦庄(外)	1987	903	783	3 200	1 749	236	100	227	100	1.04	63	100	62	100	1.02
			1989	921	812	3 200	1 749	306	130	305	134	1.00	66	105	65	105	1.02
			1999	947	854	3 200	1 749	429	182	417	184	1.03	82	130	69	111	1.19
			2000	102	867	3 200	1 749	483	205	423	186	1.14	85	135	73	118	1.16
			1999、2000年平均较1987、1989年平均增长						78		68	0.06		30		12	0.16
		安头乡李小村(内)刘言村(外)	1987	353	321	1 400	827	235	100	218	100	1.08	64	100	63	100	1.02
			1989	382	335	1 400	827	388	165	356	163	1.09	67	105	60	95	1.12
			1999	435	357	1 400	827	437	186	405	186	1.08	73	114	68	108	1.07
			2000	451	392	1 400	827	459	195	412	189	1.11	85	133	72	114	1.08
			1999、2000年平均较1987、1989年平均增长						58		56	0.01		21		13	0.06

续表 5-10-2

类型	灌区及乡村	年份	人口		耕地(亩)		粮食单产(kg/亩)					棉花单产(kg/亩)				
			池内	池外	池内	池外	池内		池外		池内外之比	池内		池外		池内外之比
							单产	增长(%)	单产	增长(%)		单产	增长(%)	单产	增长(%)	
邻近村庄	白龙湾灌区	麻店西刘(内)方家(外)														
		1987	721	520	1 298	1 021	263	100	265	100	0.99	68	100	78	100	0.87
		1989	728	522	1 298	1 021	316	120	319	120	0.99	55	81	58	74	0.95
		1999	727	525	1 498	1 018	384	146	390	147	0.98	75	110	79	101	0.95
		2000	729	524	1 498	1 018	380	144	380	143	1.00	77	113	77	99	1.00
		1999、2000年平均较1987、1989年平均增长						35		35	0.00		21		13	0.06
邻近村庄	打渔张灌区	姓黄(内)焦家(外)														
		1987	415	527	1 040	1 089	443	100	489	100	0.91	65	100	80	100	0.81
		1989	415	548	1 040	1 089	286	65	414	85	0.69	112.5	173	76	95	1.48
		1999	401	553	1 350	1 382	286.6	65	396.6	81	0.72	58.5	90	58	72	1.02
		2000	401	560	1 350	1 382	261	59	395	81	0.66	80	123	75	94	1.07
		1999、2000年平均较1987、1989年平均增长						-20		-11	-0.11		-30		-15	-0.10
		张庄(内)家常(外)														
		1987	213	653	600	1 850	182	100	588	100	0.31	65	100	70	100	0.93
		1989	217	665	600	1 850	168	92	612	104	0.27	75	115	75	107	1.00
		1999	220	680	474	2 080	391	215	501	85	0.78	58	89	59	84	0.98
		2000	221	680	474	2 080	412	226	437	74	0.94	75	115	76	109	0.99
		1999、2000年平均较1987、1989年平均增长						124		-22	0.57		-5		-7	0.02
邻近村庄	簸箕李灌区	大年陈乡杨旺庄(内)马家(外)														
		1987	308	104	536	130	180	100	204	100	0.88	55	100	69	100	0.80
		1989	310	110	538	130	200	111	223	109	0.90	36	65	40	58	0.90
		1999	315	119	542	140	302	168	335	164	0.90	57	104	62	90	0.92
		2000	318	119	540	140	295	164	320	157	0.92	61	111	67	97	0.91
		1999、2000年平均较1987、1989年平均增长						60		56	0.02		25		14	0.07
		大年陈乡安头寺(内)崔家(外)														
		1987	115	155	136	280	190	100	210	100	0.90	66	100	69	100	0.96
		1989	117	158	138	280	207	109	235	112	0.88	35	53	42	61	0.83
		1999	124	169	140	270	327	172	350	167	0.93	58	88	63	91	0.92
		2000	125	169	141	270	306	161	341	162	0.90	63	95	69	100	0.91
		1999、2000年平均较1987、1989年平均增长						62		59	0.02		15		15	0.02

注:粮棉单产"增长"栏,以1987年单产为100%,1989年、1999年、2000年增长为该年与1987年的比值。

三、23 个同一村庄和 22 对相邻村庄池内外农业产量发展对比分析

见图 5-10-1、图 5-10-2。

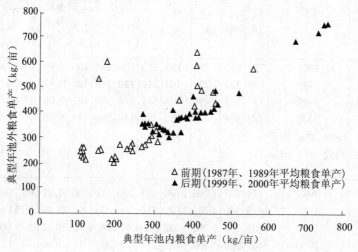

图 5-10-1　23 个同一村庄和 22 对相邻村庄前、后期池内外粮食单产变化对比图

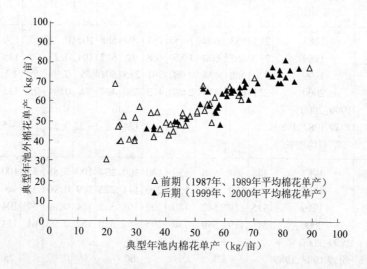

图 5-10-2　23 个同一村庄和 22 对相邻村庄前、后期池内外棉花单产变化对比图

由图 5-10-1 知,23 个同一村庄和 22 对相邻村庄前期 1987 年、1989 年池内外粮食平均单产,绝大部分的点(△)落在对等线之上,说明该期粮食单产池内低于池外;后期 1999 年、2000 年池内外粮食平均单产,所有的点(▲)紧靠对等线,并有近半数的点落在对等线之下,说明该期粮食单产池内超过池外或持平。

由图 5-10-2 知,23 个同一村庄和 22 对相邻村庄前期 1987 年、1989 年池内外棉花平均单产绝大部分的点(△)在对等线上方,且远离对等线,说明该期棉花单产池内远远低于池外;后期 1999 年、2000 年池内、外棉花平均单产,所有的点(▲)靠近对等线,并有 1/3

的点居对等线之下,且远离对等线,说明该期棉花单产池内超过池外。

由表5-10-1、表5-10-2知,前期粮食单产池内外之比为0.781,棉花单产池内外之比为0.811。后期与前期平均比较,粮食单产池内平均增长87%,池外平均增长35%,池内高于池外增长,粮食池内外之比平均达到0.951,增长17%;棉花池内单产平均增长58%,池外单产平均增长24%,池内高于池外增长,棉花池内外之比平均达到0.951,增长14%。

第二节　典型沉沙池覆淤还耕治理前后变化聚焦

本节列举的典型共8个,前2个典型是沉沙池覆淤还耕前的原状,后6个典型是沉沙池覆淤还耕前后的变化。

典型一:引黄泥沙困渠首,群众无耐"锁官车"
——记原惠民地区簸箕李灌区渠首沉沙池灾害原貌

1982年初,笔者初入引黄灌溉管理门槛,在办公室里翻阅公文案卷,看到的是国务院、水利部关于防止引黄泥沙淤河的批示,及地市人大代表、人民群众反映引黄渠首灾害问题的提案和告状信。

去原惠民地区的簸箕李引黄灌区调查,渠首沉沙池地带满目是一片荒漠、凄凉的景象;沙荒侵吞了沉沙渠两侧2 km、1.4万亩的农田和村庄;原野里,一道道"沙垄",不见庄稼和树木;村庄里,风沙肆虐村民,当地群众称"风来不见天,沙害降人间""有风不见家,屋里屋外都是沙",群众生产、生活无门路,吃粮、花钱靠救济,人身健康受威胁,意见很大。群众把他们受的困苦归罪于引黄灌溉,簸箕李引黄灌溉管理局的工作人员到渠首执行提闸放水任务,他的汽车被渠首大年陈乡气愤的群众用铁索锁在老头树上,后经乡镇干部做工作才开锁放行。

典型二:池区群众吃饭难,"水官"去了不管饭
——记原德州地区潘庄灌区渠首池区群众的抗争

20世纪80年代初,潘庄灌区的中下游地带已是一片丰收、兴旺的盛景,而渠首沉沙池地带仍是一片荒漠、凄凉的景象。中下游群众赞引黄,渠首池区群众怨引黄,渠首的干部群众把怨火都发在了"水官"身上。原德州地区水利局局长等6人去渠首齐河县马集乡察看工程,吃饭时,马集乡乡长只叫厨房端上了5碗菜,有意地不给地区水利局局长,目的是让局长体验一下渠首群众"吃饭难"的滋味。这下同行陪同的齐河县县长可作了难,他既不能批评下级乡长,更不能饿着上级局长,灵机一动,急忙奔到地里拔了两棵大葱顶作一份菜,还念念有词地说:"我不愿吃菜,好吃葱",好歹缓解了这场小风波。

典型三:沉沙池覆淤成广袤的人造高地大平原
——记德州市潘庄灌区一级池王楼片和鄄城县苏泗庄灌区裴泗庄沉沙池还耕工程

德州市潘庄灌区一级池马集乡王楼沉沙池,1984年开辟,累计占地8 400亩,处理

泥沙 2 500 万 m³，清淤弃土堆高 4.5 m，由于弃土高地高度大，泥沙颗粒较粗，无法种植，20 世纪 90 年代初开始在弃土高地表层覆盖原状土 50 cm 还耕，形成近万亩广袤的人造高地大平原。走在这片平坦而美丽的人造高地上，你会感觉到它和周围平原的田野没有什么两样，如果没人提示，你很难将它和昔日的沉沙池联想在一起。覆淤后的高地平原确实像一片白纸，能写最新最美的文字，能绘最新最美的图画。在这片人造高地上重新规划建成三片（沟渠成网，田块成方，树木成行）四配套（井、站、电、桥）的高标准农田。按照规划，南北向建经一至经三 3 条大路，东西向建纬一至纬十二 12 条大路，路宽 5～7 m，宽畅笔直，道路两侧植树 3 行，道路一侧修排水沟，沟沟相连，将大地分成 40 个方田，每个方田内修 2 眼机井，共打机井 79 眼，以 PVC 塑料管输水到田间。电网覆盖全还耕区，高压线南北走向 6 km，低压线 17.5 km。低压线全部通到 79 眼机井上。总还耕投资 454 万元，展现了人造高地现代农田建设的雄伟格局。王楼村沉沙池未治理前的 1978 年、1980 年粮食单产分别为 400 kg/亩和 420 kg/亩，棉花单产分别为 30 kg/亩和 32 kg/亩。治理后 1999 年、2000 年粮食单产提高到 738 kg/亩和 762 kg/亩，棉花单产提高到 50 kg/亩和 53 kg/亩。

　　鄄城县苏泗庄灌区裴泗庄沉沙池位于董口镇南部，1993 年开辟，面积 6 000 亩。沉沙使用后，全部覆淤还耕，几千亩连片淤高还耕的沉沙池形成广阔的原野。还耕后进行了支、斗、农渠的配套及田间治理，治理投资达 360 万元。原来的盐碱涝洼等不毛之地变成了良田沃土，粮食产量成倍增加，生态环境、人民的生产生活条件发生了很大变化。

典型四：昔日盐碱涝洼地，今朝稳产高产田

　　——记潘庄灌区一级池齐河县徐洼沉沙池高地、潘庄灌区三级池平原县王庙乡沉沙高地、刘庄灌区岔河头沉沙池高地还耕工程

　　潘庄灌区一级池齐河县胡官乡徐洼沉沙池 1996 年开辟，占地 3 498 亩，清淤弃土堆高 4 m，于 1999 年至 2000 年覆淤还耕。未建池前，徐洼、大刘、小刘、关后等村因地势低洼，每年只能春季收成一季，秋季经常发生洪涝灾害使作物绝产。沉沙高地还耕后沟、渠、路、林、机井全面配套，建方田 35 个，打机井 35 眼，井深 110 m，还耕工程累计投资 195 万元，3 498 亩沉沙池全部变成旱涝保收稳产高产田。由于耕作条件的改善，还耕高地进行了农业结构调整，当地引进了国外优质桃树、杏树，全部出口创汇，还种植了西瓜、蔬菜等经济作物，为当地群众致富提供了有利条件。

　　潘庄灌区三级池平原县王庙乡沉沙池，1983 年开辟，占地 1.2 万亩，清淤弃土堆高 4 m，于 1995、1997、1999、2000 年陆续盖淤还耕。未建池前，这里是山东省有名的盐碱涝洼地，原本只收春季一季，秋季连年绝产，沉沙池盖淤还耕后，大大地改变了沉沙池区坡刘、张老虎、杜庄、刘新村、张官店、高寨子等村庄的耕地短缺状况，由原本的每人占有土地 1.2 亩增加到现在的每人 2.5 亩。由原每年只收一季，亩产不足 150 kg 的贫瘠盐碱地，变成现在的旱涝保收稳产高产农田，粮食单产提高到 750 kg 以上。

　　菏泽市刘庄灌区岔河头沉沙池 1993 年冬季开辟，面积 6 000 亩，包括岔河头、刘庄、

李固堆、大屯、左庄、马庄行政村的部分土地,面积2 450 亩。未开辟前2 450 亩土地中有1 480 亩土地为废旧坑塘或长满芦苇、水草的沼泽地,其余大多为盐碱地,农作物产量不足正常耕地作物产量的一半。1996 年沉沙池运用覆淤还耕,2 450 亩土地改造成了良田,沟、路、渠、林统一规划,综合治理。农业生产条件得到改善,农作物单产达到灌区平均水平,生态环境、生产与生活条件得到很大改善。

典型五:沉沙池旧村改造,搬迁建成小康村
——记德州市潘庄灌区沉沙高地还耕的村庄建设工程

潘庄灌区的沉沙池高地的地面由于高出原地面4~5 m,原来的村庄需要搬迁到高地上重建。潘庄灌区自20 世纪80 年代末至今,先后对齐河县的王楼村、杨庄村、徐洼村、西屯村、王堂村、李英村、簸箕匠村和禹城市的官庄村等8 个村庄进行了搬迁,德州市对上述村庄的搬迁户及村中的水电、道路等公共设施,按协议规定进行补偿,共计投资1 180 万元。如今的西屯村和王堂村漂亮的房屋、整齐的街道、充满现代农村气息的学校和文化大院等,已成为德州市和齐河县两级政府的文明村、小康村,有谁会想到几年前土坯房占大半、雨天道路泥泞难进村的旧西屯和王堂村如今会变成这般新模样。西屯村和王堂村的干部群众为了表达上级政府对村容、村貌建设和促进池区经济发展的支持,自发地在村头树碑,上写"人民不会忘记,功绩永载史册",以教育子孙后代永不忘党和政府的恩情。

典型六:往日涝洼茅草地,今朝大片生态林
——记德州市李家岸灌区齐河县表白寺沉沙池还耕工程

李家岸灌区表白寺沉沙池原是一汪涝洼地,遍地茅草,春收秋不收。1982 年开辟,累计占地6 700 亩,1990 年沉沙覆淤还耕后,在水利灌排设施配套的同时,采取农、林、生物措施。第一年种植大豆,增加根瘤和肥力,当年大豆单产160 kg/亩;第二年种植小麦,单产320 kg/亩,棉花单产65 kg/亩;第三年种植小麦,单产320 kg/亩,棉花单产65 kg/亩;同时栽果树7 万株/500 亩,速生树22 万株/1 500 亩。连片生态林、防护林苗壮地生长在沉沙高地上,对防风固沙、改善生态环境的效果十分显著。为此,山东省林业厅和共青团山东省委在沉沙区召开全省造林现场会,推广造林经验。

典型七:以往废弃荒凉古河道,如今平坦高地肥沃田
——记梁山县陈垓灌区马营村沉沙池覆淤还耕工程

梁山县陈垓灌区马营村沉沙池位于灌区中南部,占地1 570 亩,原为古宋金河故道,地势低,涝碱灾害重,庄稼歉收,产量低而不稳。正常年景,粮食单产250 kg/亩,棉花单产27 kg/亩,人均收入1 000 余元,在县内属低收入村。1996 年春开辟为沉沙池,使用3 年,1999 年冬季开始覆淤还耕,灌区投资33 万元兴建了渠、沟、配套建筑物、道路、林网、方田,推行了地膜覆盖和秸秆还田等保墒、保水措施。还耕3 年来,当地的生产和生活条件发生了巨大变化,粮食单产达到510 kg/亩,棉花单产达到53 kg/亩,人均收入突破2 350

元,一举跃入全县中等水平村。

典型八:旧岁窑坑芦苇沼泽地,新时半坡荷花半坡粮
——记郓城县杨集灌区李集沉沙池和博兴县打渔张灌区张庄沉沙池还耕工程

郓城县杨集灌区李集沉沙池位于黄河大堤南侧低洼处,窑坑遍地,芦苇丛生,是有名的沼泽地,历年来粮食难见收成,农民吃粮食靠国家救济,生活条件极差。1994 年李集乡的四龙、曾庄、杨府、高楼、四杰等村开辟为沉沙池,累计占地 6 600 亩,沉沙 3 年于 1997 年开始分片治理覆淤还耕,在填方高地上种植粮食和棉花,在挖方洼地上植莲藕、水稻和养鱼,即谓之"上粮下藕""上粮下渔"和"上棉下藕"。如今的李集沉沙区是半坡荷花半坡粮,一半江南水乡,一半北国田园,一派丰收景象。1999 年、2000 年粮食单产 510 kg/亩和 530 kg/亩,棉花单产 80 kg/亩和 90 kg/亩,人均收入 1 850 元和 1 960 元,村民不但粮食自给有余,而且钱袋子也鼓起来了。

博兴县打渔张灌区张庄沉沙池占地 1 700 亩,1998 年开辟,未建沉沙池前也是地势低洼、芦苇丛生的沼泽地。1989 年粮食单产 240 kg/亩,棉花单产 45 kg/亩,人均年收入 450 元,沉沙池使用后于 1994 年陆续实施"挖一造二"台田造地工程,"上粮下渔"和"上棉下渔"1 000 亩,"上果下渔"200 亩,水面养殖 500 亩。1999 年粮食单产 530 kg/亩,棉花单产 75 kg/亩,人均收入2 140 元,经济和生态效益十分可观。

第十一章　沉沙池、渠覆淤还耕还林及相关配套技术效益分析

第一节　沉沙池、渠覆淤还耕还林、水产开发效益分析

一、山东引黄灌区沉沙池还耕经济效益分析

山东引黄灌区自1965年引黄复灌至2002年底,共开辟沉沙池1 121 274.2亩,已使用1 064 337.4亩,产生沙化面积1 064 337.4亩,未使用56 936.8亩。沙化面积1 064 337亩中,已覆淤还耕1 041 341.8亩,占沙化面积的97.8%,其中灌溉高产覆淤土层结构691 819.05亩,占总数的66.4%,灌溉低产覆淤土层结构349 522.75亩,占33.6%。

根据《水利经济计算规范》(SD 139—85),为简便起见,经济效益分析用静态法。一是沉沙池覆淤还耕的经济效益计算,以S_1G、S_2G、S_4G的作物平均产量作为灌溉高产覆淤土层结构产量,以S_3G的作物平均产量作为灌溉低产覆淤土层结构产量,以S_5Y的作物产量作为已还耕的无覆淤纯清淤土层结构的产量。通过灌溉高产覆淤土层结构产量与灌溉低产覆淤土层结构产量分别对雨养无覆淤纯清淤土层结构产量的投入产出关系分析,计算其经济效益。

(一)投入比较

1.覆淤土层构筑费分析

覆淤土层结构中,覆淤的沙壤土属清淤弃土的副产物,其成本已在灌溉效益计算中分摊,在覆淤还耕效益分析中不再参加费用分摊。覆淤的黏壤土需从沉沙池底下挖1 m取得,比正常清淤的沙壤土增加垂直下挖的运距和相应运费。每下挖1 m^3黏壤土,多消耗1 m × 1.7 t/m^3(密度)×1 m^3 = 1.7 $t·m$的功,按机械效率0.5计算,多耗电0.005 45 kWh。按农业用电价0.7元/kWh,多耗电费0.003 8元。

据此,灌溉高产覆淤土层结构(S_1G、S_2G、S_4G)平均每亩用壤土355.4 m^3,多耗电1.9 kWh,电费1.33元,按40年分摊,每年每亩多耗0.03元;灌溉低产覆淤土层结构(S_3G)平均每亩用壤土200 m^3,多耗电1.1 kWh,电费0.77元,按40年分摊,每年每亩多耗电费0.02元;雨养无覆淤纯清淤土层结构(S_5Y)每亩用壤土量、耗电和耗电费均为"零"。

2.水利工程配套建设费及灌溉水费分析

沉沙池覆淤土层的水利工程配套,一般是50~60亩地打一眼井,井深50~80 m,安装深井泵或潜水泵一台,安装地埋PVC塑料管输水,口径为110 mm,平均每亩用塑料管5~6 m,出水口配放水栓。沟、渠、路、林、桥全面配套,按此标准,每亩水利工程配套费为

300 元。按 20 年使用期,每年每亩分摊 15 元。

沉沙池覆淤土层的灌溉结构,一般年小麦灌水 4 次共 200 m³,玉米灌水 3 次共 120 m³,全年灌水 7 次共 320 m³,按水费 0.12 元/m³ 计,每亩全年灌溉需付水费 38.4 元。

据此,灌溉高产土层结构(S_1G、S_2G、S_4G)与灌溉低产土层结构(S_3G)每亩每年分摊水利工程配套建设费 15 元,灌水费 38.4 元,共 53.4 元。而雨养无覆淤纯清淤土层结构(S_5Y)则分摊费用为"零"。

3.种植、施肥、管理费用分析

沉沙池覆淤的 S_1、S_2、S_3、S_4、S_5 5 种土层结构的产量,是在种植、施肥、病虫害防治管理相同条件下获得的,5 种土层结构的该项费用相同,为简化计算,可都不参加费用分摊。

(二)产出比较

灌溉高产土层覆淤结构(S_1G、S_2G、S_4G)多年小麦、玉米的平均单产为 385.7 kg/亩,以小麦、玉米平均价 1.35 元/kg 计,年亩产值 1 041.4 元;灌溉低产覆淤土层结构(S_3G)多年小麦、玉米的平均单产为 294.4 kg/亩,年亩产值 794.9 元;雨养无覆淤纯清淤土层结构(S_5Y)多年小麦、玉米的平均单产为 123 kg/亩,年亩产值 332.1 元。

(三)各土层结构的投入产出比较

(1)灌溉高产覆淤土层结构(S_1G、S_2G、S_4G)年亩投入产出分析:

投入:多耗覆淤土层构筑费,年亩 0.03 元;

水利工程配套建设费,年亩 15 元;

灌水费,年亩 38.4 元;

合计 53.43 元。

产出:小麦、玉米年亩产值 1 041.4 元。

产出大于投入:年亩 987.97 元

(2)灌溉低产覆淤土层结构(S_3G)年亩投入产出分析:

投入:多耗覆淤土层构筑费,年亩 0.02 元;

水利工程配套建设费,年亩 15 元;

灌水费,年亩 38.4 元;

合计 53.42 元。

产出:小麦、玉米年亩产值 794.9 元。

产出大于投入:年亩 741.48 元。

(3)雨养无覆淤纯清淤土层结构(S_5Y)年亩投入产出分析:

投入:多耗覆淤土层构筑费、水利工程配套建设费和灌水费均为"零"。

产出:小麦、玉米年亩产值 319.8 元。

产出大于投入:年亩 319.8 元。

(4)灌溉高产覆淤土层结构(S_1G、S_2G、S_4G)较雨养无覆淤纯清淤土层结构(S_5Y)年亩综合投入产出分析,前者较后者年亩多产出 668.17 元。

(5)灌溉低产覆淤土层结构(S_3G)较雨养无覆淤纯清淤土层结构(S_5Y)年亩综合投

入产出分析,前者较后者年亩多产出421.68元。

山东引黄灌区沉沙池、渠至2002年底,共还耕1 041 342亩,其中,高产覆淤土层还耕面积691 819.05亩,年还耕经济效益46 225.27(668.17×691 819.05)万元;低产覆淤土层还耕面积349 522.75亩,年还耕经济效益14738.68(421.68×349522.75)万元。两项还耕经济效益61 933.61万元。

二、山东引黄灌区输沙渠、干渠两堤清淤占地还耕、还林经济效益分析

至2002年底全省引黄灌区输沙渠及干渠总长4 563.7 km,渠堤内占地127 856.8亩,渠两堤清淤弃土占地191 974.7亩,未治理前全部沙化。渠两堤清淤弃土沙化占地191 974.7亩中,已覆淤还林127 443.6亩,还耕面积27 593亩,共155 036.6亩,占清淤弃土沙化土地面积的80.8%。

覆淤还林面积127 443.6亩中,覆淤厚度50 cm以上的108 327.06亩,占总数的85%,覆淤厚度50 cm以下的19 116.54亩,占总数的15%。经济效益分析采用静态法。

(一)投入比较

1.覆淤土层构筑费分析

渠堤土层结构中,覆淤的沙壤土属清淤弃土的副产物,其成本已在灌溉效益计算中分摊,在覆淤还耕效益分析中不再参加费用分摊。覆淤的原状土需从堤外下挖取得,比正常清淤的沙壤土增加垂直下挖运距6 m和水平运距40 m,两项折合垂直下挖运距8 m。每下挖1 m³原状土,多消耗8 m×1.7 t/m³(密度)×1 m³ = 13.6 t·m的功,按机械效率0.5计算,多耗电0.266 7 kWh。按农业用电价0.7元/(kWh)计,多耗电费0.186 7元。

据此,高标准50 cm以上覆淤土层结构平均每亩用原状土355.4 m³,多耗电94.79 kWh,电费66.35元,按40年分摊,年亩多耗1.66元;一般标准50 cm以下覆淤土层结构平均每亩用原状土200 m³,多耗电53.34 kWh,电费37.34元,按40年分摊,年亩多耗电费0.93元;雨养无覆淤纯清淤土层结构(S_5Y)每亩用原状土、多耗电和多耗电费均为"零"。

2.水利工程配套建设费及灌溉水费分析

输沙渠及干渠两堤弃土区一般是50~60亩地临时安装潜水泵一台,用塑料软管"小白龙"输水,口径为110 mm,每台泵配塑料软管200 m。按此标准,每亩水利工程配套费为80元。按10年使用期,每年每亩分摊8元。

输沙渠及干渠两堤的林木一般年灌水2次共100 m³,按水费0.12元/m³计,每亩全年灌溉需付水费12.0元。

据此,高标准50 cm以上覆淤土层结构与一般标准50 cm覆淤土层结构每亩每年分摊水利工程配套建设费各8元,灌水费12.0元,共20.0元。而雨养无覆淤纯清淤土层结构(S_5Y)则分摊费用为"零"。

3.种植、施肥、管理费用分析

输沙渠与干渠两堤弃土区的各种覆淤土层结构的产量,是在种植、施肥、病虫害防治管理相同条件下获得的,各种土层结构的该项费用相同,为简化计算,可都不参加费用分摊。

（二）产出比较

高标准 50 cm 以上覆淤结构多年林木平均产材为 1.5 m³/亩,以材种平均价 600 元/m³计,年亩产值 900 元;一般标准 50 cm 以下覆淤土层结构多年林木平均产材 1.2 m³/亩,年亩产值 720 元;雨养无覆淤纯清淤土层结构多年林木的平均产材为 0.75 m³/亩,年亩产值 450 元。

（三）各覆淤土层结构的投入产出比较

（1）高标准 50 cm 以上覆淤土层结构年亩投入产出分析:

投入:多耗覆淤土层构筑费,年亩 1.66 元;

水利工程配套建设费,年亩 8 元;

灌水费,年亩 12.0 元;

合计 21.66 元。

产出:林木年亩产值 900 元。

产出大于投入:年亩 878.34 元。

（2）一般标准 50 cm 以下覆淤土层结构年亩投入产出分析:

投入:多耗覆淤土层构筑费,年亩 0.93 元;

水利工程配套建设费,年亩 8 元;

灌水费,年亩 12.0 元;

合计 20.93 元。

产出:林木年亩产值 720 元。

产出大于投入:年亩 699.07 元。

（3）雨养无覆淤纯清淤土层结构(S_5Y)年亩投入产出分析:

投入:多耗覆淤土层构筑费、水利工程配套建设费和灌水费均为"零"。

产出:林木年亩产值 450 元。

（4）高标准 50 cm 以上覆淤土层结构较雨养无覆淤纯清淤土层结构(S_5Y)年亩综合投入产出分析,前者较后者年亩多产出 428.34 元。

（5）一般标准 50 cm 以下覆淤土层结构(S_3G)较雨养无覆淤纯清淤土层结构(S_5Y)年亩综合投入产出分析,前者较后者年亩多产出 249.07 元。

山东引黄灌区输沙渠、干渠两侧清淤占地还林面积 127 443.6 亩,其中高标准 50 cm 以上覆淤还林 108 327.06 亩,年经济效益 4 640 万元;一般标准 50 cm 以下覆淤还林 19 116.54 亩,年经济效益 476.1 万元,两项效益 5 116.1 万元。

覆淤还耕面积 27 593 亩,皆为灌溉高产覆淤土层结构,按灌溉高产覆淤土层结构较雨养无覆淤纯清淤土层结构年亩多产出 668.17 元计,经济效益为 1 843.68 万元。

引黄灌区输沙渠、干渠两堤清淤占地还耕、还林年经济效益共 6 959.78 万元。

三、山东引黄灌区沉沙池、输沙渠两侧洼地水产养殖开发经济效益分析

自 1991 年以来,山东引黄灌区沉沙池区实施"上粮下渔""上棉下渔"工程改造,利用

输沙渠两侧的荒碱沼泽地进行洼地水产开发。多年共开发水产养殖面积4.48万亩。未开发前是荒碱洼地,野草丛生,无法种植作物,没有效益。开发后养殖鱼类,成效显著。多年水产投入产出分析如下。

(一)投入

(1)每亩鱼池土方开挖构筑费。

池挖深2 m,土方1 333 m³,土方单价1.5 元/m³,开挖构筑费2 000 元,按使用15 年计,年亩分摊费用133 元。

(2)鱼池养殖配套设备费。

按5 亩水面购置养殖设备1 套,价值2 000 元,使用年限按8 年计,年亩分摊养殖设备费50 元。

(3)鱼苗、养殖、供水、饵料、防病、管理费用80 元。

3 项合计年亩费用为263 元。

(二)产出

每亩鱼池年产鱼120 kg,每千克鱼按10 元计,年亩产值1 200 元。

(三)投入产出比较

年亩产出大于投入937 元。新开发养殖水面4.48 万亩,经济效益4 197.8 万元。

四、山东引黄灌区沉沙池、渠覆淤还耕、还林、水产开发经济效益

山东引黄灌区沉沙池覆淤还耕年经济效益60 963.95 万元,输沙渠、干渠两堤清淤占地还耕、还林年经济效益6 959.78 万元,沉沙池和输沙渠两侧洼地水产开发年经济效益4 197.8万元。三项年经济效益共72121.53 万元。

五、山东引黄灌区沉沙池渠还耕、还林、水产开发社会效益分析

(1)山东引黄灌区沉沙池覆淤还耕治理使百万余亩沙化高地改造后还耕于民,输沙渠、干渠整治又使近20 万亩沙质高地改造覆淤后还林、还耕于民,如位山、潘庄引黄渠首沉沙区2002 年较1991 年人均增加0.3 亩土地,全省引黄灌区沉沙池区水产开发又增加养殖面积4.48 万亩。沉沙池渠还耕、还林大大地解决了山东引黄灌区沉沙池区农民对土地的需求,减少了土地的承载负荷,增加了沉沙池区经济发展的实力和后劲。

(2)昔日的荒碱涝洼沙化地,沟壑纵横,水系被打乱,交通被割断,电信落后,今日的渠首沉沙地带被改造成一望无际的覆淤高地大平原,沟、渠、路、林、桥、电、井配套齐全,土地无沙化,空气无尘土,田间环境优美,生活环境舒适,极大地改善了引黄渠首沉沙地带的生态环境和渠首群众的生产、生活条件。

(3)引黄灌区沉沙池渠的覆淤还耕、还林,大大缩小了沉沙池区与整个灌区经济发展的差距,加快了山东省引黄灌区整体经济发展步伐。

(4)引黄灌区沉沙池渠的覆淤还耕、还林大大地融合了党政机关与渠首群众的关系,利于社会安定与和谐社会建设。

第二节　沉沙池、渠覆淤还耕相关配套技术效益分析

山东引黄灌区沉沙池渠覆淤还耕相关配套技术研究,包括沉沙池开辟、使用、覆淤还耕系统优化运用的研究,沉沙池覆淤还耕高地灌排工程优化模式研究,利用沉沙池淤沙资源开发加工建筑材料的研究,引黄灌区机械化清淤的推广应用及沉沙池机械清淤新技术的研究等相关配套技术。

一、相关配套技术经济效益分析

(一)山东引黄灌区沉沙高地清淤挖槽、弃土堆高相关配套技术经济效益分析

1. 基本情况

引黄灌区沉沙高地清淤挖槽、弃土堆高相关配套技术研究,包括沉沙池运用中围堤优化设置技术研究,沉沙池清淤挖槽、弃土堆高优化模式的研究及沉沙高地清淤挖槽、弃土堆高节能挖填法研究。该配套技术是 1993 年底研究完成的,1994 年开始在位山、潘庄两引黄灌区推广应用。位山引黄灌区 2002 年较 1991 年在引水、引沙量大大增加的条件下,减少沉沙占地 0.42 万亩;潘庄引黄灌区 2002 年较 1991 年亦在引水、引沙量基本相当的条件下,减少沉沙占地 0.535 万亩。两灌区共减少沉沙占地 0.955 万亩。该技术虽在全省其他大中型引黄灌区推广应用,但由于沉沙池从开辟到还耕运作周期较长,目前尚无定量效益分析,随着时间的增长,该项效益的增长是相当可观的。

2. 效益分析

沉沙池优化运用,减少沉沙占地经济效益计算,是以非池区一般年产量、产值减去作物种植成本计算的。

(1)投入。包括种植、种子、施肥、灌水、病虫害防治、收割等成本 200 元/亩。

(2)产出。以小麦、玉米的年亩总产 738 kg,平均单价 1.35 元/kg 计,年亩产值996.3元。

(3)产出大于投入 796.3 元/(年·亩)。

通过沉沙池的优化运用,位山、潘庄两灌区 2002 年较 1991 年减少沉沙占地 0.955 万亩,以年亩作物净效益 796.3 元计,年减少沉沙池占地经济效益 760.47 万元。

(二)山东引黄灌区沉沙池覆淤还耕高地灌排工程优化模式研究经济效益分析

1. 基本情况

山东引黄灌区沉沙池高地带有节水性质的灌排工程模式有五种。

经过优选,不论机井或泵站灌溉,其输水系统中的地埋管道与"小白龙"结合方案均优于混凝土衬砌明渠方案。在田间灌排工程占地、渠(管)系水利用系数、灌水定额、利于管理运用和工程综合投资等指标上,地埋管道方案全面优于混凝土衬砌明渠方案。因此,机井—地埋塑管与"小白龙"结合—畦灌和泵站—地埋管道与"小白龙"结合—畦灌两种灌排模式为优选模式。近年,在全省引黄灌区的沉沙池区得到大面积推广应用,至 2002 年底,已发展机井、泵站地埋管道与"小白龙"结合输水灌溉面积23.5 万亩。

根据机井—地埋塑管与"小白龙"结合—畦灌较机井—混凝土衬砌明渠—畦灌节地

0.023,泵站—地埋管道与"小白龙"结合—畦灌较泵站—混凝土衬砌明渠—畦灌节地
0.025,两项平均节地0.024,按全省引黄灌区沉沙池区发展机井、泵站地埋管道与"小白
龙"结合面积23.5万亩计,共节约土地5 640亩。

　　2.沉沙池覆淤还耕高地灌排工程模式优选推广应用经济效益计算

　　1)节地经济效益计算

　　(1)投入。包括种植、种子、施肥、灌水、病虫害防治、收割等成本200元/亩。

　　(2)产出。以小麦、玉米的年亩总产738 kg,平均单价1.35元/kg计,亩产值996.3元。

　　(3)产出大于投入796.3元/亩。

　　沉沙池高地灌排工程模式优选推广应用面积节约土地5 640亩,年经济效益449.1万元。

　　2)节约工程建设投资

　　以优化灌排工程模式较一般灌排工程模式每亩工程建设投资减少50元计,23.5万
亩共节约资金1 175万元。两项经济效益共1 624.1万元。

　　(三)引黄灌区沉沙池渠机械化清淤推广应用经济效益分析

　　1.基本情况

　　1987年11月水利部在江苏省海门县召开了全国农田水利施工机械会议,会议的
中心议题是研究水利施工机械化的起步问题。会议确定:山东、河南的引黄灌区,有着
清淤的特殊要求,列入水利部沿海沿江(河)七省市平原地区施工机械化优先起步的
范围。

　　山东引黄灌区1990年机械清淤量仅占总清淤量的27.1%,之后,机械清淤快速发
展,到1993年全省机械清淤量已占总清淤量的40%。1993年11月菏泽、德州等地,冬季
组织百万民工上阵清淤,施工中遇到半个世纪以来未遇的雨雪和寒流,民工被困在泥潭
中,不能施工,被迫大撤退,既向传统人力清淤提出挑战,又给全省机械化清淤创造了机
遇。到1994年,全省引黄灌区的机械化清淤量已大幅度提高到77.8%,实现了引黄灌区
清淤由"人工为主"到"机械为主"的战略转移。

　　从1994年山东引黄灌区机械化清淤全面实施起,到2002年机械清淤量为
38 077.35万m³,年均机械清淤量4 230.8万m³。

　　2.沉沙池渠机械清淤经济效益分析计算

　　至2002年,全省引黄灌区清淤机械发展类别及完成工程量见表5-11-1,1994年至
2002年各地市引黄灌区机械清淤量发展情况见表5-11-2,全省沉沙池渠机械清淤经济效
益见表5-11-3。

表5-11-1　2002年全省引黄灌区清淤机械发展类别及完成工程量表

机械类别	合计	水力挖塘机	铲运机	挖掘机	水力挖泥船
机械数量(台)	8 316	6 300	1 160	844	12
所占百分比(%)	100	75.8	13.9	10.2	0.1
年分摊清淤工程量(m³)	4 230.8	3 206.9	588.2	431.5	4.2

注:推土机1 764台不参加工程量分摊。

表 5-11-2　山东省 1994～2002 年各地市引黄灌区机械清淤量发展情况表（单位：m³）

年份	类别	地市名称								
		东营	滨州	德州	聊城	菏泽	济南	济宁	淄博	合计
1994	清淤量	563.55	412.09	1 170.82	935.99	489.31	346.2	31.81	120.6	4 070.37
	机械清淤量	502.65	167.35	1 170.82	855.84	139.2	280.45	21.31	28.35	3 165.97
	机械清淤量占总清淤量之比（%）	89	41	100	91	28	81	67	24	78
1995	清淤量	665.94	593.61	1 079.65	1 214.08	471.58	408	47.75	112.62	4 593.23
	机械清淤量	647.62	402.57	1 079.65	1 145.92	258.42	408	38.08	56	4 036.26
	机械清淤量占总清淤量之比（%）	97	68	100	94	55	100	80	50	88
1996	清淤量	667.5	669.56	750.01	911.14	496.66	314.27	44.64	153.6	4 007.38
	机械清淤量	667.5	567.47	750.01	869.6	377.46	311.14	43.04	153.6	3 805.85
	机械清淤量占总清淤量之比（%）	100	85	100	95	76	99	96	100	94
1997	清淤量	594.29	606.81	1 062.56	1 651.53	618.45	322.7	30.23	103.73	4 990.3
	机械清淤量	594.29	606.81	1 062.56	1 587.61	534.75	322.7	30.23	103.73	4 842.68
	机械清淤量占总清淤量之比（%）	100	100	100	96	86	100	100	100	97
1998	清淤量	680.45	717.94	1 107.09	859.23	660.95	329.44	37.14	82.28	4 474.52
	机械清淤量	680.45	717.94	1 107.09	815.1	579.65	329.26	37.14	82.28	4 348.91
	机械清淤量占总清淤量之比（%）	100	100	100	95	88	100	100	100	97
1999	清淤量	723.63	815.65	1 286.89	1 161.16	577.05	473.3	45.14	122.75	5 205.57
	机械清淤量	723.63	815.65	1 286.89	1 077.57	577.05	473.3	45.14	122.75	5 121.98
	机械清淤量占总清淤量之比（%）	100	100	100	93	100	100	100	100	98

续表 5-11-2

年份	类别	地市名称								
		东营	滨州	德州	聊城	菏泽	济南	济宁	淄博	合计
2000	清淤量	702.79	871.5	1 113.39	1 147.26	554.6	435.75	28.93	51.01	4 905.23
	机械清淤量	702.79	871.5	1 113.39	1 083.77	554.6	433.07	28.93	51.01	4 839.06
	机械清淤量占总清淤量之比(%)	100	100	100	94	100	99	100	100	99
2001	清淤量	521.14	677.17	604.3	700.31	649.88	364.46	33.24	65.56	3 616.06
	机械清淤量	521.14	677.17	604.3	662.78	649.88	362.6	33.24	65.56	3 576.67
	机械清淤量占总清淤量之比(%)	100	100	100	95	100	99	100	100	99
2002	清淤量	661.53	918.5	592	1 007.36	664.98	426	60.95	72.06	4 403.38
	机械清淤量	661.53	918.5	592	943.1	664.98	426	60.95	72.06	4 339.12
	机械清淤量占总清淤量之比(%)	100	100	100	94	100	100	100	100	99
1994~2002合计	清淤量									40 328.02
	机械清淤量									38 077.35
	机械清淤量占总清淤量之比(%)									94

表 5-11-3　全省引黄灌区 1994~2000 年机械清淤较人工清淤年均节约费用表

项目	清淤量（万 m³）	机械清淤价（元/m³）	人工清淤价（元/m³）	节约费用（万元）
合计	4 230.8	1.6~3.0	7~10	32 134.62
水力挖塘机	3 206.9	2	10	25 655.2
挖掘机	431.5	1.6	7	2 330.1
铲运机	588.2	3	10	4 117.4
水力挖泥船	4.2	2.4	10	31.92

（四）引黄灌区沉沙池渠利用淤沙开发建材产品经济效益分析

1. 基本情况

引黄灌区沉沙池、渠利用淤沙开发建材产品,主要有水泥土制品、灰沙砖制品和烧结砖制品。砖窑建于沉沙池、渠沿线地势较高处,利用引黄的淤沙烧砖,一般一个砖窑采用一个淤坑(个别为多淤坑),淤坑面积大致在 $0.67 \sim 2.67 \ hm^2$ 不等,淤坑形状为不规则形,视位置及地形而异。每个淤坑在池、渠上修建由灌区控制的闸门引进水沙,淤坑尾部修建简易退水建筑物。

利用黄河淤沙生产建材产品,好处很多,一个 21 门的窑场,年生产 800 万~1 000 万块烧结红砖,每年可利用黄河淤沙 13 500 t 以上,可以减少耕地毁坏 4.09 亩,达到化害为利、变废为宝的目的。据统计,至 2002 年底全省引黄灌区沉沙池区域内已建烧结砖厂 618 个,年产烧结砖 556 200 万块,年减少耕地开挖 2 528.1 亩。

2. 经济效益核算

每块烧结砖的生产成本为 0.135 元,售价 0.155 元,利润 0.02 元,年产烧结砖 556 200 万块,年经济效益 11 124 万元。

3. 减少开挖耕地效益

每块砖 1.5 kg,全省引黄灌区共生产烧结砖 556 200 万块,按毛密度 1.65 t/m³ 计,折合 505.64 万 m³,以每亩地开挖 3 m 深,可开挖土方 200 m³ 计,全年需开挖耕地 2 528.1 亩。按每亩地年经济效益 796.3 元计,节地效益 201.31 万元,两项经济效益共 11 325.31 万元。

(五)相关配套技术经济效益合计

山东引黄灌区沉沙池、渠开辟、运用、覆淤还耕系统优化设计运用经济效益 760.47 万元;沉沙高地灌排工程优化模式研究,经济效益 1 624.1 万元;沉沙池渠机械化清淤推广应用经济效益 32 134.62 万元;沉沙池渠淤沙发展建材产品经济效益 11 325.31 万元。上述四项相关配套技术经济效益 45 844.5 万元。

二、相关配套技术社会效益分析

(1)由于引黄灌区沉沙池渠开辟、使用、高地构筑与覆淤还耕系统优化运用,不但延长了沉沙池使用年限,还加快了覆淤还耕步伐,大大减少了沉沙池土地占压,减轻了沉沙对农民土地的压力。

(2)引黄灌区沉沙池高地灌排工程优化模式的推广应用,不但减少了工程占地,农民增加了作物种植面积,同时还减少了田间建筑物,净化美化了田间环境。

(3)沉沙池、渠淤沙建材业的发展,不但吃掉了大量泥沙,减少沙害,同时还减少了大量窑场开挖侵占耕地的危害。

(4)由于机械化清淤施工质量高,排距和排高大,能够构筑出大面积清淤弃土覆淤高地,从而为解决引黄灌区的渠首地带沙化,改善灌区生态环境,池区覆淤高产还耕,提供有力的技术支持与保障。

(5)由于机械化清淤效率高、工期短,冬季施工比人力清淤能提前工期 1~2 个月,从而赢得了每年冬季引黄放水的宝贵时间。

(6)基于机械化清淤和引黄淤沙建材队伍的发展,形成了池区机械清淤产业、淤沙建材产业,为池区农业劳力的转移和池区农民的致富创造了必要条件。

山东引黄灌区沉沙池渠覆淤还耕、还林、水产开发经济效益 72 121.53 万元,相关配套技术经济效益 45 844.5 万元,项目总经济效益 117 966.03 万元。

第六篇　黄河小浪底水库运用后对山东引黄供水的影响及对策研究

第一章　黄河小浪底水库调水调沙运行情况综述

第一节　小浪底水库运行对黄河山东段径流量与输沙量的影响

　　小浪底水库位于河南省洛阳市以北黄河中游最后一段峡谷的出口处,上距三门峡水库 130 km,下距郑州花园口 128 km,控制流域面积 69.42 万 km²,占黄河流域总面积的 92.3%,它处于承上启下控制下游水沙的关键部位,战略位置十分重要,见图 6-1-1。水库最高蓄水位 275 m,总库容 126.5 亿 m³,其中防凌和兴利库容 41 亿 m³,调沙库容 10 亿 m³,淤沙库容 75.5 亿 m³。水库运行前十年控制最高蓄水位不超过 265 m,10 年后最高蓄水位可达 275 m。该工程 1991 年 9 月 1 日正式开工,1997 年 10 月 28 日截流成功,1999 年 10 月初开始蓄水,2000 年初第一台机组发电,2001 年底主体工程全部竣工。

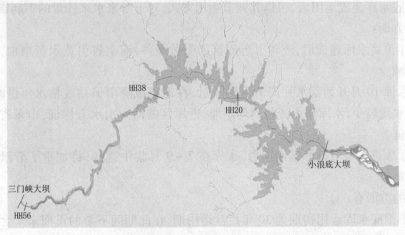

图 6-1-1　小浪底水库平面图

　　根据国务院授权,黄河水利委员会(以下简称黄委)于 1999 年 2 月筹建黄河水资源管理与调度局,1999 年 3 月 1 日开始对黄河水量进行统一调度,见图 6-1-2。当年调度从 3 月开始 7 月 15 日结束,泺口水文站其间仅断流 7 d,比前 4 年同期平均断流天数减少了 78 d,全年累计断流天数锐减为 42 d,比前 4 年平均断流天数减少了 114 d,初步体现了黄河水优化配置、统一调度的优越性。

图 6-1-2　小浪底水库泄流图

　　2000 年是新中国成立以来黄河第二个严重枯水年,汛期也未出现洪峰,利津站 1 月 1 日 8 时流量 220 m³/s,12 月 31 日 8 时流量 287 m³/s,全年未断流,同时还向天津送水 8.66 亿 m³。2001 年黄河流域春夏连旱,遇到了黄河第三个枯水年,特别是进入汛期后,全河来水量急剧减少,黄委为此提出了防汛防断流两手抓的思路,加强水库联合调度,将水量调度时段由非汛期 8 个月扩展为全年,将调度河段由原来的上下两段扩展到全河,并适时推出了"订单调水"的办法,从而保证了黄河常流水。这已是国家对黄河水量实行统一调度后,连续 2 年保证黄河下游不断流,初步扭转了 20 世纪 90 年代以来黄河连年断流的局面。

　　小浪底水库建成运用后,根据其调节运用方式,对下游来水来沙量的不利影响主要有以下几个方面:

　　(1)小浪底水库建成后,改善了近库区的引黄条件,河南省引黄水量增加,进入山东省的水量减少。

　　(2)水库 10 月开始蓄水并调节下泄流量,在遇流域降雨偏枯或枯水年份时,由于水库可调节水量较少,水库将小流量均匀下泄,近库区的河南引水有保证,山东省最下游引水难有保证。

　　(3)水库进入蓄清排浑运用期后,水库在 7 ～ 9 月集中排沙,将加重下游汛期引水的泥沙处理负担。

　　有利的方面有:

　　(1)小浪底水库运用初期为 30 年拦沙运用期,在此期间下游的汛期来水含沙量将减小,有利于下游汛期引水。

（2）小浪底水库10月开始蓄水,12月开始防凌运用,其间的水库蓄水可在春灌期下泄,下游3~6月来水量增加,引水保证率将有所提高,断流天数减少。

（3）通过行政干预向下游调水的可靠性增强。小浪底水库自1999年10月蓄水运用至2004年10月水库总淤积量为15.33亿 m^3（约20亿t）,到2009年5月,小浪底水库已淤积24.09亿 m^3,水库拦沙初期运用已基本结束。

从表6-1-1、表6-1-2可以看出,小浪底水库调水调沙运用以来,进入山东水量趋于稳定,但大量水量用于调沙,入海水量明显增大;同时,由于小浪底水库的拦沙作用,黄河水含沙量逐年降低,2008年高村站年均含沙量降到4.03 kg/ m^3,利津站降到5.25 kg/ m^3。

表6-1-1　小浪底水库蓄水以来黄河山东段径流量与输沙量变化情况

年份	高村站			利津站			入海水量（亿 m^3）
	年径流量（亿 m^3）	年输沙量（亿t）	平均含沙量（kg/ m^3）	年径流量（亿 m^3）	年输沙量（亿t）	平均含沙量（kg/ m^3）	
1987~1999	237.7	5.248	22.08	150.05	4.159	27.72	
1999							61.69
2000	136.9	1.16	8.47	48.59	0.222	4.57	41.74
2001	129.5	0.84	6.49	46.53	0.197	4.23	40.89
2002	157.66	1.23	7.80	41.9	0.543	12.96	34.62
2003	257.6	2.75	10.67	192.6	3.69	19.16	189.6
2004	231.6	2.36	10.19	198.8	2.58	12.98	196.18
2005	243.4	1.64	6.74	206.8	1.91	9.24	204.08
2006	265.9	1.44	5.42	191.7	1.49	7.77	186.7
2007	259.8	1.29	4.97	204	1.47	7.21	199.8
2008	219.9	0.886	4.03	146.9	0.771	5.25	142.6
2002~2008	233.69	1.66	7.10	168.96	1.78	10.54	164.8
2000~2008	211.36	1.51	7.14	141.98	1.43	10.07	137.36

表 6-1-2　小浪底水库历年淤积量表

时段(年-月)	时段冲淤量(亿 m³)	累积冲淤量(亿 m³)	备注
1997-10 ~ 2000-05	0.632	0.632	截流开始
2000-05 ~ 2000-11	3.558	4.19	
2000-11 ~ 2001-12	2.972	7.162	
2001-12 ~ 2002-10	2.11	9.272	
2002-10 ~ 2003-10	4.884	14.156	
2003-10 ~ 2004-10	1.174	15.33	
2004-10 ~ 2005-10	2.91	18.24	
2005-10 ~ 2006-10	3.445	21.685	
2006-10 ~ 2007-10	2.292	23.977	
2007-10 ~ 2008-10	0.24	24.217	

第二节　调水调沙概述

一、目的

黄河的主要症结在于泥沙,水少沙多,水沙不平衡。黄土高原严重的水土流失,造成大量泥沙在黄河下游强烈堆积,使河床以年平均 0.1 m 的速度淤积抬高,成为地上悬河,一般下游河床高出地面3~5 m,个别地段达到 10 m。在历史上,黄河下游决口频繁,造成严重灾害,与逐年抬高的"地上悬河"有很大关系。在今后相当长的时期内,黄河依然是一条多泥沙河流,同时由于上游水库汛期蓄水,上、中游工农业用水日益增长,黄河下游汛期水少沙多的矛盾更趋严重,黄河下游河床将继续淤积抬高,防洪形势更加严峻。因此,解决黄河下游泥沙淤积问题成为迫在眉睫的要害问题。

调水调沙是实现治黄手段转折的标志性工程,其目的是在水库实时调度中形成合理的水沙过程,有利于下游河道减淤甚至全线冲刷,并通过原型观测分析,检验调水调沙调控指标的合理性,及时总结提高,进一步优化水库调控指标,以利于长期开展以防洪减淤为中心的调水调沙运用。同时,利用小浪底水库调水调沙,减缓黄河下游河道淤积,逐步探讨四库联合调度的运用方式,能够在较长的时期内稳定黄河的现行河道,实现河床不抬高的目标。

二、原则

调水调沙的基本原则就是根据黄河下游河道的输沙能力,利用水库的调节库容,有计划地控制水库的蓄、泄水时间和数量,调整天然水沙过程,使不平衡的水沙过程尽可能协调。具体讲,就是在主汛期(7~9月),当来水流量小于 2 500 m³/s 时,将水位调整到低壅水的蓄水拦沙状态,避免长时期下泄清水,控制对下游河道产生不利影响的高含沙洪水,在保证发电、下游用水等基本下泄流量的同时,拦蓄一部分水沙在库中;当流量大于 2 500 m³/s 时,将水库调整到敞泄排沙状态,通过调水造峰、调沙淤滩、增加洪水冲刷河槽等措施,使水沙过程两极分化,改善河床形态,增大滩槽高差,增大河槽的排洪和输沙能力,起到减轻下游河道淤积的作用。在非汛期利用水库蓄水调节径流,满足供水和灌溉的要求,并增大发电量。

三、方案

调水调沙的主要方案有以下几种:

(1)人造洪峰。黄河下游河道水流的挟沙能力近似与流量的平方成正比,如果能通过水库调节天然径流,以较大的流量集中下泄,形成人造洪峰,即可加大对河床的冲刷能力。

(2)拦粗排细。黄河下游粒径小于 0.025 mm 的泥沙,一般都能输送入海,对河道淤积影响不大。如果能够通过水库的合理运用,只拦危害下游的粗泥沙(粒径大于 0.05 mm),则在同样拦沙条件下,黄河下游河道减淤效果可以增大50%以上。

(3)滞洪调沙。就是把非汛期的泥沙调整到汛期来排,把多沙不利年的泥沙调整到少沙有利年来排。

(4)蓄清排浑。即水库实行非汛期蓄水拦沙、汛期降低水位泄洪排沙的控制运用方式。

第三节　调水调沙运行情况

(1)第一次调水调沙试验于 2002 年 7 月 4 日至 7 月 15 日进行,历时 11 d,平均下泄流量 2 740 m³/s,下泄总水量26.1 亿 m³,平均出库含沙量 12.2 kg/m³,利津站 2 000 m³/s 以上流量持续 9.9 d,7 月 21 日调水调沙试验流量过程全部入海。调水调沙期间入海泥沙共计 0.664 亿 t,入海含沙量 25.4 kg/m³,黄河下游河道净冲刷量为 0.362 亿 t,其中小浪底至艾山河段冲刷量为 0.137 亿 t,艾山至河口河段冲刷量为 0.225 亿 t。

(2)第二次调水调沙试验于 2003 年 9 月 6 日至 9 月 18 日进行,历时 12.4 d,控制花园口站流量 2 400 m³/s,含沙量 30 kg/m³。本次调水调沙试验效果明显,孙口、艾山、泺口、利津各站同流量水位较试验前分别下降 0.2 m、0.45 m、0.4 m、0.4 m。

(3)第三次调水调沙试验于 2004 年 6 月 19 日至 7 月 13 日分两阶段进行。第一阶段为 6 月 19 日 9 时至 29 日 0 时,利用小浪底水库泄流辅以人工扰动提高下游河道主槽行洪能力;第二阶段为 7 月 2 日 12 时至 13 日 8 时,干流水库群联合调度辅以人工扰动调整小浪底库尾淤积形态,塑造人工异重流并实现排沙出库。总历时 19 d,控制花园口流量 2 600 m³/s,进入下游河道总水量 44.6 亿 m³,小浪底水库下泄沙量 0.044 亿 t,入海沙量 0.697 亿 t,小浪底至利津站河段冲刷 0.665 亿 t,冲刷效果明显,主槽过流能力达 3 000 m³/s。

(4)黄河第四次调水调沙生产运行分为两个阶段:第一阶段为预泄阶段,2005年6月9日小浪底水库开始预泄,流量由1 500 m³/s逐渐增大到2 500 m³/s;第二阶段为调水调沙阶段,16日9时调水调沙正式开始,下泄流量分别按2 800、3 000、3 300 m³/s控制,最大下泄流量3 550 m³/s。第四次调水调沙生产运行历时28 d,总计下泄水量52.7亿m³,入海泥沙0.599亿t,冲刷效果明显。山东河道3 000 m³/s同流量水位较2002年调水调沙前平均降低了0.86 m,最大高村断面降低了1.18 m。

(5)黄河第五次调水调沙从2006年6月15日9时正式开始,至7月3日8时黄河口利津水文站入海流量全面回落结束,历时19 d,小浪底水库最大下泄流量3 700 m³/s,为历次以来持续时间最长、流量最大的一次。初步测验结果表明,黄河下游河段得到全面冲刷,小浪底至利津河段冲刷泥沙6 001万t,下游主槽过流能力进一步提高,最小平滩流量由调水调沙前的3 300 m³/s增大到3 500 m³/s。与此同时,在万家寨水库可调水量较少、塑造异重流动力条件弱的情况,成功塑造了人工异重流,排沙841万t,实现了调整三门峡、小浪底库区淤积形态的既定目标。

(6)黄河第六次调水调沙小浪底水库自2007年6月19日起开始加大下泄流量,即6月19日按控制花园口流量为2 600 m³/s下泄,6月20日按控制花园口流量为3 300 m³/s下泄,6月21~22日按控制花园口流量为3 600 m³/s连续下泄2 d后,增加调控流量至3 800 m³/s连续泄放至6月24日,6月24日后仍按花园口流量为3 600 m³/s下泄,至7月7日正式结束,历时19 d。实时调度过程中,视下游河道洪水演进、河势变化、主槽水位高低及工程出险、引黄供水等情况适当加大或减小下泄流量,直至小浪底水库水位降至汛限水位。

(7)黄河第七次调水调沙安排在汛期,是将洪水调度与水沙调节相结合,充分利用中小洪水特性来塑造协调水沙关系的调水调沙,它不同于以往单纯利用水库蓄水开展的汛前调水调沙。汛期调水调沙自2007年7月29日开始,8月12日结束。其间,小浪底水库调水调沙运用总历时210 h,水库最低运用水位降至218.7 m,为水库排沙创造了极其有利的条件。截至8月12日8时调水调沙水量完全入海,小浪底水库排沙出库4 590万t,排沙洞最大出库含沙量226 kg/m³。花园口站输沙3 642万t,利津站输沙4 493万t,花园口以下河道冲刷效果明显。其中高村、孙口、艾山三断面冲刷最为明显,该段"卡脖子"河段主槽平滩流量达到3 720~3 740 m³/s,从而使黄河下游河道主槽过流能力得到整体提高。汛期调水调沙的成功实施,既确保了防洪安全,又实现了洪水资源化,同时进一步积累了利用调水调沙实现水库、河道减淤的经验。

(8)黄河第八次调水调沙自2008年6月19日9时开始,至7月3日18时水库调度结束,历时14 d。整个过程分三个阶段:第一阶段,小浪底水库下泄清水冲刷下游河道,最大泄流达4 280 m³/s;第二阶段,利用位于小浪底水库上游130 km处的三门峡水库下泄大流量过程冲刷小浪底库区淤积的泥沙,使之形成异重流,并往小浪底坝前推进;第三阶段,利用位于三门峡水库以上860 km处的万家寨水库下泄水流过程冲刷三门峡水库淤积泥沙并与前期小浪底库区形成的异重流相衔接,在其连续的后续动力作用下,使小浪底库区异重流不仅排沙出库,而且实现输沙入海。本次调水调沙,小浪底水库以下至入海口全程经过了4 000 m³/s以上的流量,为自"96·8"洪水连续12年以来黄河下游主河槽通过的历时最长,同时也是最大的一次流量过程。小浪底水库最大下泄流量4 280 m³/s,下游主河槽最小平滩流量由 2002 年首次调水调沙时的 1 800 m³/s 增大到 3 810 m³/s。调水调沙期间,下游河势规顺、平稳,无漫滩情况发生。

(9)第九次调水调沙于 2009 年 6 月 19 日开始,7 月 6 日结束,此次调水调沙总入海水量 34.88 亿 m³,下游河道冲刷泥沙 3 429 万 t,最小平滩流量增加到 3 880 m³/s。

九次调水调沙均实现了下游河道的全线冲刷,下游河道共冲刷泥沙 3.56 亿 t,河道主槽最小行洪能力由 2002 年的 1 800 m³/s 提高至 2009 年的 3 880 m³/s。据统计,九次调水调沙合计入海水量 331 亿 m³,合计入海沙量 5.75 亿 t。

通过调水调沙,大量水沙进入河口地区,为河口淡水湿地进行补水,并且兼顾了滨海生态用水需求。2008 年黄委首次结合调水调沙,有计划地向河口三角洲湿地实施了人工补水。监测资料表明,2008 年共向河口三角洲 15 万亩淡水湿地人工补水 1 356 万 m³,核心区湿地水深平均增加 0.3 m。2009 年生态调度于 6 月 24 日开始向河口 15 万亩淡水湿地补水,7 月 3 日结束,历时 10 d,合计补水量为 1 508 万 m³,较 2008 年增加 152 万 m³。根据 6 月 19 日与 7 月 4 日两次卫星遥感监测,湿地核心区水面面积增加 5.22 万亩,补水完成后,湿地平均水深增加了约 0.4 m。同时,由于近海口漫溢,增加河道水体面积 4.37 万亩。截至 7 月 5 日,15 万亩淡水湿地地下水位抬高了 0.15 m,生物多样性明显提高,取得了良好的生态和社会效益。

第四节　调水调沙运行效果

在黄河上进行的调水调沙试验,使下游主河槽过流能力得到了一定的恢复。黄河下游河道形成了适合中常洪水的河势流路,河道变得顺直,部分畸形河湾得到改善,河床整体下切,河势变化趋于稳定,正向有利的方向发展。目前山东省黄河河道已经形成了适合平滩流量的主河槽,河道整治工程使各个坝受溜均匀,没有出现单坝或少数坝挑溜的不利局面,特别是近几年调水调沙期间,河道流量逐级加大,使河道更加顺直,河势也没有出现大的变化,山东省仅有部分滩区局部出现了坍塌现象,没有出现大范围的滩岸坍塌。这对提高黄河下游主河槽的过流能力、减轻"二级悬河"加剧的趋势十分有利。通过调水调沙的运行,提高了黄河下游的防洪能力。历次调水调沙后主河槽最小平滩流量变化情况见表 6-1-3、图 6-1-3。

表 6-1-3　历次调水调沙后主河槽最小平滩流量变化　　　　　(单位:m³/s)

年份	2002	2003	2004	2005	2006	2007	2008	2009
流量	1 800	1 900	2 900	3 200	3 500	3 630	3 810	3 880

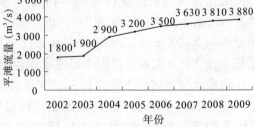

图 6-1-3　历次调水调沙后主河槽最小平滩流量变化过程线

由表 6-1-3 和图 6-1-3 可以看出,历次调水调沙试验和运行,下游河道主河槽不断刷深,使黄河下游主河槽最小平滩流量逐渐增大,提高了黄河下游的过流能力和防洪能力。同时还可以看出最小平滩流量增加、速度逐渐降低,可见,从 2002 年至 2006 年调水调沙冲刷效果较明显,而 2007 年后冲刷效果越来越小。表 6-1-4 列出了历年调水调沙后黄河下游分段冲淤量,图 6-1-4 表明了其冲淤变化趋势。可以看出,每次调水调沙后,基本上全河段冲刷,但力度减弱,并趋于稳定,年冲淤量从 −1.383 亿 m³ 减弱到 −0.251 亿 m³ 左右。

表 6-1-4　黄河下游分段冲淤量表　　　　　　单位:(亿 m³)

时段	小浪底—花园口	花园口—夹河滩	夹河滩—高村	高村—孙口	孙口—艾山	艾山—泺口	泺口—利津	合计	其中山东段
2000～2001	−0.551 8	−0.278 4	−0.080 4	0.061 6	−0.027 5	0.055 1	0.042	−0.779 2	0.131 2
2001～2002	−0.218	−0.297 4	−0.055 9	−0.390 5	−0.021 3	−0.046 3	−0.184 2	−1.214	−0.642 3
2002～2003	−1.344	−0.474	−0.411	−0.259	−0.145	−0.398	−0.581	−3.611	−1.383
2003～2004	−0.28	−0.426	−0.281	−0.05	−0.053	−0.112	−0.135	−1.337	−0.35
2004～2005	−0.239	−0.266	−0.289	−0.194	−0.115	−0.19	−0.135	−1.428	−0.634
2005～2006	−0.395	−0.634	−0.077	−0.214	−0.001	0.074	−0.038	−1.285	−0.179
2006～2007	−0.438	−0.443	−0.159	−0.252	−0.065	−0.131	−0.161	−1.649	−0.609
2007～2008	−0.278	−0.11	−0.098	−0.165	−0.039	0.012	−0.059	−0.737	−0.251

注:2007 年、2008 年为西霞院—花园口数据。

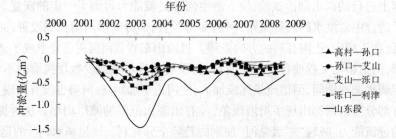

图 6-1-4　黄河下游山东段分段冲淤变化图

根据《黄河流域防洪规划》,小浪底水库投入运行后,水库初期拦沙和调水调沙运用,下游河道发生冲刷,为达到设计的冲刷减淤量,需要一定的入海水量;水库后期蓄清排浑、调水调沙运用,下游河道开始回淤,为减少下游河道淤积,仍需要一定的输沙水量。根据小浪底水利枢纽工程设计,采用的平均来沙量为 12 亿～14 亿 t,多年平均安排入海水量 200 亿 m³,其中汛期 150 亿 m³,则小浪底运行前期下游河道冲刷、后期回淤,在第 20 年左右达到冲淤平衡,下游河道不抬高;20 年后,若水沙调控体系没有重大变化,下游河道仍将继续淤积抬高,年均淤积量在 3 亿 t 左右。根据小浪底水库运行及调水调沙的运行情况和黄委相关预测成果,小浪底水库能够保证下游 15～20 年不冲不淤,达到冲淤平衡,即小浪底水库运行后的 15～20 年黄河小浪底下游河段河底高程达到 2000 年的水平。到 2009 年小浪底水库已运行了 10 年,也就是说,接下来的 10 年中,小浪底水库下游河段将逐渐回淤,10 年后,河底高程将回淤到 2000 年水平。

第二章　黄河下游调水调沙对山东省引黄供水的影响

黄河调水调沙试验主要是为了冲刷小浪底水库下游河段的泥沙淤积,提高大河排洪与输沙能力,但是由于河道的冲刷,大河河底高程下降,相应流量下的大河水位下降,对黄河山东段引黄闸引水造成显著影响。

第一节　黄河山东段主槽刷深,同比水位下降明显

通过对黄河山东段控制水文站 2002 年汛前和 2009 年汛前黄河主河槽河底高程变化情况分析,可以看出 2009 年汛前和 2002 年汛前相比,各水文站主槽冲刷深度为 0.73 ~ 1.65 m,平均刷深 1.18 m,详见表 6-2-1。

表 6-2-1　黄河山东段各水文站 2009 年汛前与 2002 年汛前主河槽河底高程比较表

(单位:m)

水文站	2002 年汛前主槽平均高程	2009 年汛前主槽平均高程	差值	差值平均
高村	62.27	61.54	−0.73	−1.18
孙口	47.13	45.48	−1.65	
艾山	39.41	38.1	−1.31	
泺口	27.97	27.02	−0.95	
利津	12.51	11.25	−1.26	

受 2002 年至 2008 年历次调水调沙的影响,黄河山东段高村、孙口、艾山、泺口、利津各控制断面,主河槽冲刷明显,逐渐刷深,边滩冲淤变化不大。

通过对黄河山东段各水文站 2009 年与 2002 年 200 m³/s 流量对应水位的对比分析可以看出,2009 年与 2002 年相比,在黄河 200 m³/s 流量情况下,各水文站水位下降 0.99 ~ 2.53 m,平均下降 1.87 m,详见表 6-2-2。

表 6-2-2　黄河山东段各水文站 2009 年与 2002 年 200 m³/s 流量对应水位对比表

(单位:m)

水文站	2002 年对应水位	2009 年对应水位	差值	差值平均
高村	62.03	59.50	−2.53	−1.87
孙口	46.88	45.00	−1.88	
艾山	39.22	37.15	−2.07	
泺口	28.13	26.24	−1.89	
利津	11.60	10.61	−0.99	

2002 年至 2008 年受黄河调水调沙的影响,黄河山东段高村、孙口、艾山、泺口、利津各控制断面水位、流量关系逐渐变化,各断面同水位流量逐渐增大,同流量水位逐渐降低。

图 6-2-1 反映了利津站在黄河 100 m³/s 流量时历年水位变化情况,水位由 2002 年的 10.25 m 下降到 2009 年的 8.84 m,下降了 1.41 m。

图 6-2-1　历年黄河利津站 100 m³/s 流量时断面水位过程线

第二节　引黄闸前引水条件变化,涵闸引水能力大幅降低

为摸清山东省各引黄闸调水调沙前后的引水条件的变化,对全省引黄闸进行了摸底调查。据调查,涵闸引水能力降低的主要因素有:闸前黄河水位的下降,黄河主流的偏移,闸前闸后的泥沙淤积,黄河开闸放水限量限时。从各调查的情况看,由于引水条件的变化,尽管部分涵闸的闸前水位仍高于设计值,但实际引水能力也大大降低,更不用说,闸前水位已低于设计引水水位的灌区。闸前最主要的两方面变化是:

(1)黄河主槽刷深,同样黄河来水流量闸前水位下降。

受调水调沙影响,黄河山东段主槽下切,使得山东段引黄闸同流量闸前水位降低,对引黄闸引水产生了一定影响,造成引黄闸引水困难。

据统计,自黄河调水调沙以来,主要涵闸闸前黄河主槽高程降低幅度在 0.9 ~ 3.4 m。引水水位的下降,是影响涵闸引水的最主要原因,主要涵闸闸前黄河主槽高程变化见表 6-2-3、图 6-2-2。据河务部门资料,黄河 200 m³/s 个流量时,2009 年与 2002 年典型涵闸闸前对应水位差平均为 1.83 m。

(2)大河流势发生变化,涵闸脱流,造成引水困难。

由于调水调沙引起黄河河势发生变化,黄河主流远离引水口门,使闸前引水渠长度增加,造成引水困难,增加了引沙处理负担。济宁市陈垓引黄闸调水调沙之前,闸前引水渠长度为 480 m,2005 年 4 月已经增加到 700 m,加大了引水的难度。滨州市簸箕李引黄闸闸前黄河主流已紧靠南岸,距引黄闸 500 m,2005 年春引黄闸闸前淤岗宽度 200 多 m。尽管进行了机械开沟清障,仍在主流与闸口之间损失 30 cm 水头。菏泽市刘庄引黄闸 2000 年前闸前引黄渠长仅有 300 m 左右,2009 年初引渠长度增加到 3 000 m,引水条件日趋恶化。

据各有关灌区提供资料统计,在上述两方面因素影响下,在设计涵闸引水流量对应大河流量条件下,调水调沙前几乎全部涵闸均能满足设计引水能力,而现在引水能力下降了 80% ~ 50%,一部分涵闸引水能力降为 0,平均下降 59.25%。各引黄闸调水调沙前后引水能力变化情况见表 6-2-4。仅有个别涵闸基本未受调水调沙影响,调水调沙前后与设计流

量相对应的黄河流量下涵闸引水流量变化情况见图6-2-3。

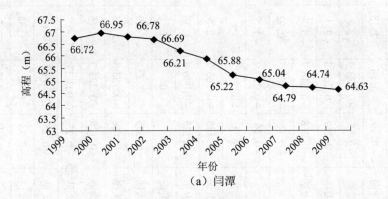

（a）闫潭

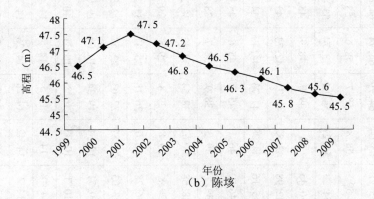

（b）陈垓

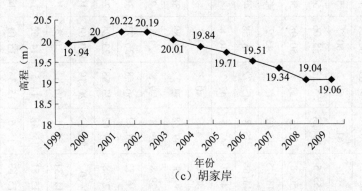

（c）胡家岸

图6-2-2　山东省部分引黄闸闸前黄河主槽河底高程变化情况

表 6-2-3　山东省部分引黄闸前黄河主槽河底高程变化情况统计分析表　　（单位：m）

灌区名称	1999年	2000年	2001年	2002年	2003年	2004年	2005年	2006年	2007年	2008年	2009年	高程类别	2002~2005年降幅	2006~2008年降幅	2001~2009年变幅	备注
闫潭	66.72	66.95	66.78	66.69	66.21	65.88	65.22	65.04	64.79	64.74	64.63	黄海	-0.39	-0.16	-2.15	
谢寨	60.9	61	61.2	60.7	60.2	59.5	59	58.8	58.7	58.6	58.4	黄海	-0.55	-0.133 3	-2.8	
苏泅庄	55.2	55.5	55.58	55.32	55.06	54.79	54.53	54.27	54.01	53.74	53.48	大沽	-0.262	-0.263 3	-2.1	
旧城	50.2	50.8	51.6	51.1	50.98	50.76	50.45	50	49.5	48.9	48.2	大沽	-0.288	-0.516 7	-3.4	
杨集	43.12	43.45	43.62	43.41	43.2	43.01	42.98	42.82	42.78	42.73	42.7		-0.16	-0.083 3	-0.92	
苏阁	45.49	45.68	45.8	45.72	45.58	45.37	45.16	44.98	44.73	44.49	44.3	大沽	-0.16	-0.223 3	-1.5	
陈垓	46.5	47.1	47.5	47.2	46.8	46.5	46.3	46.1	45.8	45.6	45.5	大沽	-0.3	-0.233 3	-2	
国那里	40	40.6	41	40.7	40.3	40	39.5	39.3	38.9	38.7	38.5	黄海	-0.375	-0.266 7	-2.5	
位山	39.23	39.56	39.58	39.22	38.89	38.81	38.68	38.62	38.54	38.42	38.20	大沽	-0.225	-0.086 7	-1.38	
田山	29.8	29.8	29.8	29.8	29.8	29.8	29.8	29.8	29.8	29.8	29.8	黄海	0	0	0	
郭口	36.56	36.72	36.42	36.68	36.73	36.16	36.28	36.6	36.18	35.47	35.23	大沽	-0.035	-0.27	-1.19	
陈孟圈	23.78	23.8	23.62	23.58	23.24	23.12	23.03	22.87	22.63	22.57	22.39	黄海	-0.148	-0.153 3	-1.23	
胡家岸	19.94	20	20.22	20.19	20.01	19.84	19.71	19.51	19.34	19.04	19.06	黄海	-0.128	-0.223 3	-1.16	
刘春子	11.32	11.31	11.3	10.31	10.3	10.32	10.3	10.33	10.3	10.31	10.3	大沽	-0.25	0.003 33	-1	
马扎子	15.5	15.51	15.48	14.5	14.52	14.51	14.48	14.5	14.5	14.5	14.48	大沽	-0.25	0.006 67	-1	
小开河	15.6	15.63	15.6	15.35	15.01	14.66	14.2	14.42	14.28	14.26	14.25	大沽	-0.35	0.02	-1.35	
大道王	13.1	14.5	14.8	12.15	12	12.3	12.1	12.2	11.8	11.7	11.6		-0.675	-0.133 3	-3.2	
道旭	10.26	10.35	10.4	10.75	10.25	10	9.9	9.6	9.2	8.9	8.65	黄海	-0.125	-0.333 3	-1.75	
韩墩	11.50	11.55	11.55	11.30	11.00	10.90	10.50	10.30	10.05	9.85	9.85	黄海	-0.263	-0.216 7	-1.7	

续表 6-2-3

灌区名称	1999年	2000年	2001年	2002年	2003年	2004年	2005年	2006年	2007年	2008年	2009年	高程类别	2002~2005年降幅	2006~2008年降幅	2001~2009年变幅	备注
打渔张	10.00	10.20	10.10	9.80	9.70	9.70	9.70	9.40	9.30	9.20	9.20	大沽	-0.1	-0.166 7	-0.9	
宫家	7.8	8.58	7.31	7.71	7.35	6.8	6.81	6.89	6.4				-0.125	-2.27	-0.91	到 2007 年
麻湾	8.2	8.98	7.71	8.11	7.75	7.2	7.21	7.29	6.8				-0.125		-0.91	到 2007 年
曹店	7.6	8.69	7.15	7.52	7.18	6.63	6.63	6.81	6.24				-0.13		-0.91	到 2007 年
胜利	6.7	7.79	6.25	6.62	6.29	5.75	5.73	5.93	5.35				-0.13		-0.9	到 2007 年
平均值															-1.60	

表 6-2-4　黄河下游调水调沙前后山东省部分引黄闸引水能力变化情况分析表　（单位：流量，m³/s；水位、高程，m）

编号	灌区(涵闸)名称	设计引水位 H ①	设计引水流量 Q ②	年份 ③	闸底板高程(现状闸) H ④	闸后设计水位 H ⑤	闸后渠底高程 H ⑥	与设计流量对应黄河流量 Q ⑦	与设计流量对应黄河流量下涵闸前水位 调沙前 Q ⑧	调沙前 H ⑨	调沙后 Q ⑩	调沙后 H ⑪	河底高程 调沙前 H ⑫	河底高程 调沙后 H ⑬	调沙前达到设计流量对应黄河流量水位 Q ⑭	H ⑮	现状达到设计流量对应黄河流量水位 Q ⑯	H ⑰	闸前引水渠长度 调沙前 ⑱	调沙后 ⑲	流量降低 (⑧-⑩)/⑧×100 (%)	水位下降 ⑨-⑪	河底与闸底板差 ⑬-④	调沙后与设计水位差 ⑪-①
1	闫潭	68.3	80	1989	65.3	68.1	65.1	500	35	67.93	12	66.02	66.82	64.61	593	68.3	2860	68.3	560	100	66	1.91	-0.69	-2.28
2	谢寨	63.6	80	1980	61.2	63.1	61.2	450	80	65.3	48	62.9	60.8	58.4	450	65.3	830	63.6	0	0	40	2.4	-2.8	-0.7
3	高村	59.42	15	1989	58.4	60.3	58.3	450	15	62.48	4.6	60	62.17	61.72	450	62	780	60.1			69.3	2.48	3.32	0.58
4	刘庄	57.5	80	1979	55.2	56.95	54.95	450	80	60.6	3	58							1000	3000	96	2.6		0.5
5	苏泗庄	56.63	50	1978	54.5	56.33	54.5	500	50	57.25	10	55.98	55.52	53.48	500	57.25	1000	56.38	0	135	80	1.27	-1.02	-0.65
6	旧城	53.34	50	1984	50	52.7	50	500	50	52.9	50	50	48	45.5	2200	53	2200	53	1450	2400	100	2.9	-4.5	-3.34
7	杨集	48.7	30	1994	45.9	48.296	45.9	500	30	49.94	15	48.94	43.6	42.7	500	49.94	668	49.94	99	400	50	1	-3.2	0.24
8	苏阁	50	50	1983	47.5	49.705	47.5	500	50	51.64	25	49.87	45.8	44.3	500	51.64	682	51.64	150	40	50	1.77	-3.2	-0.13
9	陈垓	46.3	30	1977	44.3	46.09	42.5	500	26	47	10	45.4	46.5	45	600	47.1	1000	45.9	500	700	62	1.6	0.7	-0.9
10	国那里	43.04	45	1975	37.29	42.33	39.83	386	45	43.04	14	40.8	40	38	386	43.04	800	42	40	25	69	2.24	0.71	-2.24
11	彭楼		50	1985	50.52	52.42	50.17	450	240	42.18	77	40.6	49.72	48.22	450		500		500	500	68	1.58	-2.3	0
12	位山	41.26	240	1982	38.5	40.76	38.5	380	50	41.41	20	39.58	39.58	38.2	380	42.18	910	41.26	297	300	68	1.77	-0.3	-0.66
13	陶城铺	41.41	50	1987	38.91	41.21	38.91	373	50	41.41	20	39.64	39.64		373	41.41	600	41.41	55	55	60	1.77	-0.3	-1.77
14	田山	33.2	24	1968	31	33.2	31	1020	6	38	6	37.7	29.8	29.8	1020	38	1020	37.7	0	0	0	0.3	-1.2	4.5

续表 6-2-4

编号	灌区(涵闸名称)	设计引水位 H ①	设计引水流量 Q ②	闸底板高程(现状闸)年份 ③	闸底板高程(现状闸) H ④	闸后设计水位 H ⑤	闸后渠底高程 H ⑥	与设计流量对应黄河流量 Q ⑦	河流量与设计流量下涵闸引水流量,闸前水位 调沙前 Q ⑧	调沙前 H ⑨	调沙后 Q ⑩	调沙后 H ⑪	河底高程 调沙前 H ⑫	河底高程 调沙后 H ⑬	调沙前达到设计流量对应黄河流量,水位 Q ⑭	H ⑮	现状达到设计流量对应黄河流量,水位 Q ⑯	H ⑰	闸前引水渠长度 调沙前 ⑱	调沙后 ⑲	流量降低 (⑧-⑩)/⑧×100 (%)	水位下降 ⑨-⑪	河底与闸底板差 ⑬-④	调沙后与设计水位差 ⑪-①
15	郭口	37.4	25.5	1984	35.3	37.04	35.24	340	25.5	38.51	15.3	37.38	36.57	35.23	340	38.51	550	37.4	0	0	40	1.13	-0.07	-0.02
16	潘庄	32.1	100	1971	30.05	31.2	30.05	300	100	35.98	100	34.25			300	34.95	300	33.15	0	0	0	1.73		2.15
17	李家岸	26.72	100	1986	24.5	26.5	24	217	100	26.72	0	25.03	26.72		217	26.72	340	26.72			100	1.69		-1.69
18	豆腐窝	29.7	15	1990	27.8	28.95	26.4	450	11	31.24	10	29.72			150	30.81	450	30.41			60	1.52		0.02
19	韩刘	31.62	15	1986	30.3	32.88	28.7	400	6.5	35.25	5.01	32.98			150	33.35	400	33.31			60	2.27		1.36
20	邢家渡	24.92	50	2000	26.01	26.24	23.01	400	35.5	26.5	25.8	25.2							260	260	27	1.3		0.28
21	胡家岸	22.47	20	1984	20.48	22.27	21.06	180	20	22.47	3	21.13	20.1	19.06	300	22.47	500	22.47	80	90	85	1.34	-1.42	-1.34
22	陈孟圈	25.32	15	1998	21.4	21.1	21.1	520	15	27.56	6	26.3	23.78	22.96	400	27.56	6		60	60	60	1.26	1.56	0.98
23	沟杨		15		19.8	23.25	19.75																	
24	葛店		15		17.6	21.5	17.6																	
25	张辛		15		16.9	20.15	16.9																	
26	簸箕李东	20.77	75	1976	18.6								18.3	17.1									-1.5	
27	簸箕李西	18.53	50	1989	16.5	18.53	16.31						18.12	17.15					30	30	100		0.65	
28	胡楼	19.79	35	1986	17.25	19.79	17.25		20	20.5	5.5	19.5	16.9	15.4	400	20.3	800	20.3	1000	1000	73	1	-1.85	-0.29

续表 6-2-4

编号	灌区（涵闸）名称	设计引水位 H ①	设计引水流量 Q ②	闸底板高程（现状闸）年份 ③	闸底板高程（现状闸）H ④	闸后设计水位 H ⑤	闸后渠底高程 H ⑥	与设计流量对应黄河流量 Q ⑦	调沙前 Q ⑧	调沙前 H ⑨	调沙后 Q ⑩	调沙后 H ⑪	河底高程 调沙前 H ⑫	河底高程 调沙后 H ⑬	调沙前 Q ⑭	调沙前 H ⑮	现状 Q ⑯	现状 H ⑰	闸前引水渠长度 调沙前 ⑱	闸前引水渠长度 调沙后 ⑲	流量降低 (⑧-⑩)/⑧×100 (%)	水位下降 ⑨-⑪	河底与闸底板差 ⑬-④	调沙后与设计水位差 ⑪-①
29	刘春家	15.8	37.5	1980	12.8	15.6	15.3	398	37.5	15.8	35	15	11.34	10.3	398	15.8	450	15.3	30	30	7	0.8	-2.5	-0.8
30	马扎子	18.4	27.8	1984	17	18.36	18	430	27.8	19.28	25.8	17.2	15.5	14.5	430	19.28	460	18.6	80	80	7	2.08	-2.5	-1.2
31	小开河	16.2	60	1994	14	16.2	14	218	60	16.7	15	15.82	15.6	14.25	218	16.7	500	16.7	30	100	75	0.88	0.25	-0.38
32	大道王	14.44	10		11.74	14.24	13.1		8		6	12.52	12.1	11.2					50	50	25		-0.54	
33	道旭	12.74	15	1989	9.1	12.69	9.8	240	10	13.4	5.5	11.95	10.4	8.7	300	14.4	500	14.3	20	20	45	1.45	-0.4	-0.79
34	韩墩	11.95	60	1984	9.51	11.78	9.74	300	40.5	12.96	14.8	11.56	11.55	9.85	309	13.01	473	12.01	100	100	63	1.4	0.34	-0.39
35	打渔张	12.5	120	1981	10.5	10.59	10.36	350	40	12.85	15	12.52	10	9.2	400	13.05	2 600	15.3	0	0	63	0.33	-1.3	0.02
36	宫家	10.41	30	1988	7.9	10.47	8.35	200	30	12.65	6	11.76	7.71	6.4	180	12.65	800	13	20	20	80	0.89	-1.5	1.35
37	麻湾	10.98	60	1989	8.12	10.68	8.77	110	60	11.3	20	10	9.2	8	110	10.98	300	11.3	30	80	67	1.3	-0.12	-0.98
38	王庄	8.87	80	1988	6.62	8.67	7	300	80	8.87	10	8.2	5.6	6.4	300	8.87	500	8.87	50	50	88	0.67	-0.22	-0.67
39	曹店	10.26	50	1984	7.92	9.89	7.79	80	40	10.2	6	9.2	6.7	7.5	80	10.26	300	10.4	60	200	85	1	-0.42	-1.06
40	双河	8.15	100	1985	5.6	7.76																		
41	路庄	9.4	30	1996	6.4	8.9	6.4	500	15	8.9	11	7.9	7	6	300	8.4	500	9.4	21		26.7	1	-0.4	-1.5
42	十八户	7.7	30	2000	4.5	6.5	4.5	400	3	5.82	2	5.61	4.47	4.27	2 600	7.7	2 000	7.5		20	33.3	0.21	-0.23	-2.09

续表 6-2-4

灌区（涵闸名称）	编号	设计引水位 H ①	设计引水流量 Q ②	闸底板高程（现状闸）年份 ③	闸底板高程（现状闸）H ④	闸后渠底设计水位 H ⑤	闸后渠底高程 H ⑥	与设计流量对应黄河流量 Q ⑦	与设计流量相对应黄河流量下涵闸引水流量、闸前水位 调沙前 Q ⑧	调沙前 H ⑨	调沙后 Q ⑩	调沙后 H ⑪	河底高程 调沙前 H ⑫	调沙后 H ⑬	调沙前达到设计流量对应黄河流量、水位 Q ⑭	H ⑮	现状达到设计流量对应黄河流量、水位 Q ⑯	H ⑰	闸前引水渠长度 调沙前 ⑱	调沙后 ⑲	流量降低 (⑧-⑩)/⑧×100 (%)	水位下降 ⑨-⑪	河底与闸底板差 ⑬-④	调沙后与设计水位水位差 ⑪-①
五七	43	7.5	30	2001	4	6	4	300	3	5.3	2	5.2	4.07	4	2 400	7.8	2 100	7.5	3	2	33.3	0.1	0	-2.3
胜利	44	10.74	40	1988	7.42	10.18	7.86	100	40	10.74	5	9	6.8	7.4	100	10.74	300	10.74	10	50	88	1.74	-0.02	-1.74
平均值																					59.25	1.41	-0.82	-0.498

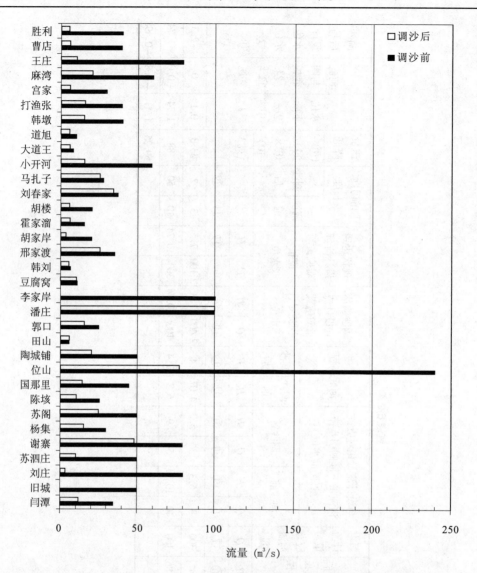

图 6-2-3　调水调沙前后与设计流量相对应的黄河流量下涵闸引水流量对比图

下面以聊城市位山引黄闸为例对调水调沙以来引水能力变化情况分析如下：位山灌区是黄河下游最大的引黄灌区，控制面积 5 734 . 3 km²，包括聊城市的东昌府、临清、茌平、高唐、东阿、冠县、阳谷、开发区等八县、市、区的全部或部分地区。渠首闸为位山引黄闸，设计引水能力 240 m³/s，设计灌溉面积 540 万亩。自 1970 年复灌以来，多年平均引黄水量为 10.1 亿 m³，实灌面积 460 万亩。受调水调沙影响，河道的冲刷对位山引黄闸引水造成了一定困难，影响正常的灌溉和供水。与调水调沙前的 2001 年相比，位山闸前黄河河底高程由原来的 38.95 m 降至 2009 年的 38.20 m，河底平均冲刷深度达到 0.75 m；2009 年 6 月 6 日，黄河孙口水文站流量为 380 m³/s，位山闸前水位 40.60 m，比设计状态黄河 380 m³/s 流量时的闸前水位 41.26 m 下降了 0.66 m。

位山闸调水调沙前后相同大河流量下的闸前水位与引水能力变化情况见图 6-2-4、

图6-2-5。可以看出,由于调水调沙后河床下切,同流量水位明显下降,调水调沙前,位山闸在黄河400 m³/s 流量时即可满足其引水能力要求,而调水调沙后,当黄河流量达到1 000 m³/s时才能满足其引水能力要求。

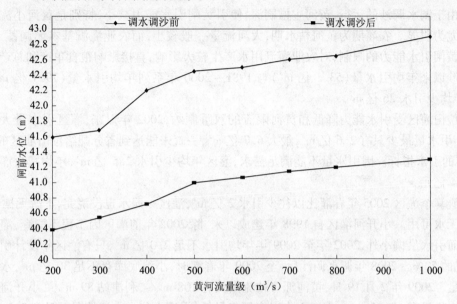

图6-2-4　位山闸调水调沙前后不同黄河来水流量下闸前水位图

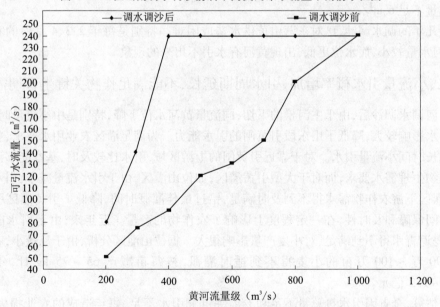

图6-2-5　位山闸调水调沙前后不同黄河来水流量下涵闸引水能力对比图

第三节　涵闸引水能力下降带来一系列负面影响

涵闸引水能力下降带来的影响,是多方面的、综合的,造成的损失和代价,显而易见,实实在在。下面分类分析如下。

一、引黄闸有水难引,引水量减少,无法保障作物灌溉用水

由于调水调沙的运行,黄河主槽刷深,使引黄闸引水能力减小,特别是黄河小流量时影响尤为明显。农灌期为黄河枯水期,大河流量一般较小,而农业灌溉基本无调蓄工程,受引黄闸引水能力的限制,对农业灌溉用水产生较大影响,直接影响粮食单产和总产。调水调沙以来年均引水量(53.1 亿 m³)与1981～2000 年系列年均引水量(79.1 亿 m³)比较,年均少引水 26 亿 m³。

位山灌区受引水能力降低和黄河限流的双重制约,2002 年以来,灌区引水量大幅减少,年引水量最少只有2.6 亿 m³,最大6.7 亿 m³,一直未能达到省分配给位山灌区的6.8 亿 m³ 的引水指标。因引水量不能满足需求,灌区年均少引水2.5 亿 m³,年均减少灌溉效益2.4 亿元。

簸箕李灌区 2005 年春灌比以往少引水 2 亿 m³,灌区一遍水也没浇完,下游无棣县 30 万亩无水可用。小开河灌区自 1998 年建成以来,除 2002 年前灌区因工程不配套,灌溉面积小而引水量偏小外,2002 年至 2009 年年均引水不足 2.0 亿 m³,只有灌区年设计引水量3.9亿的50%。2008 年调水调沙后,至 2009 年春灌时,小浪底库存不足 30 亿 m³,水量严重不足。2009 年 2 月 19 日,黄河泺口站流量只有 108 m³/s,利津站 89 m³/s,小开河灌区闸前水位只有 14.95 m,为灌区引水以来历年最低,渠道水位自由流情况下只有 0.9 m,可引水流量不足 6 m³/s。

近几年的调水调沙,已对东营引黄供水造成困难。特别是每年 2、3、4 月份的春灌时节,黄河水量较小,而水位更低,出现黄河有水引不出来的现象。

二、小流量引水概率增加,引水周期延长,不能满足作物关键生育期需水

黄河调水调沙后,由于主河槽的下切,同流量黄河水位下降,特别是中小流量时,对引黄闸引水影响较大,降低了山东段引黄闸的引水能力。为满足灌区农业用水要求,各引黄闸必须长时间小流量引水。对于靠近引黄闸的上游区域,引水比较及时,基本能够满足灌区农作物生理需水要求,而对于大型引黄灌区,如位山灌区,由于引水流量减小,引水时间延长,灌区下游农作物需水得不到及时满足,错过最佳灌溉时间,降低了引黄灌区引黄供水的时间保障和及时性,在一定程度上影响了农作物的产量。近年来,由于引水能力减低,小麦返青水得不到满足,对小麦产量影响很大。据位山灌区分析,由于流量小,春灌期间,有 90 万～100 万亩的小麦得不到适时灌溉,按每亩减产 65～75 kg 计,年损失1.0 亿～1.2 亿元。

据估算,全省因引水量总量不足和春灌关键期引水不足,每年造成的农业损失约 10 亿元。

三、闸前闸后淤积,致使引水困难,清淤投资加大

(一)闸前(引水渠)淤积

对大部分没有拦沙闸的涵闸,调水调沙期间黄河流量大、水位高、含沙量大,造成调水

调沙后引渠落淤严重。菏泽市大部分引黄闸闸前引渠的落淤基本能把引渠填平,不清淤就无法引水,造成引渠的清淤费用逐年增加。以刘庄引黄闸为例,2005 年以来年均清淤 3次,每次投资 27 万元,一年的清淤投资约为 80 万元,特别是 2009 年春节期间,共投资 290万元用于闸前引渠的清淤开挖,引渠清淤投资加大。

黄河调水调沙对陈垓引黄闸引水带来了严重影响,主要原因为黄河水位下降,闸前引渠加长,造成引渠淤积严重。灌区每次放水前均采用人工配合泥浆船和挖掘机的办法进行清淤,每次清淤需要投资 15 万元左右,每年平均需要清淤 3～5 次,年投资约 50 万元。

德州潘庄灌区每年清淤一次,年年清、年年淤,韩刘、豆腐窝两闸每隔三五年清淤一次,现在渠道淤积现象依然严重。分析其原因,大河同流量下,水头降低,流速减慢,水流挟沙能力降低,渠道淤积加重。由资料可知,尽管近期大河非汛期含沙量明显降低,但是由于清淤不及时,影响了供水能力。原来靠大流量引水冲刷渠道,现在由于限流引水、水位降低等因素,达不到以前的效果。加之调水调沙正值用水紧张时期,引水含沙量高,受限流影响,渠道淤积非常严重,以致影响到了各闸的引水能力。

(二)闸后渠道淤积

一是引水条件恶化加之黄河部门限量放水造成引黄流量减小,长时间小流量引水,水流速度明显减慢,闸后渠道淤积严重,形成了与小流量运行相适应的复式断面,累积形成淤积,抬高了渠底高程,使引水更加困难,形成恶性循环。二是调水调沙期间因大河流量加大,黄河含沙量增高,引水时引沙量增加,造成渠系淤积。如东营市王庄引黄灌区黄河调水调沙以来大部分时间引水流量偏小,造成渠道泥沙淤积较为严重,渠底普遍抬高0.5 m 左右。聊城市位山引黄闸由于长时间小流量引水,干渠泥沙淤积严重,加重了清淤负担,也抬高了闸后水位,进一步减小了引水能力。2008 年滨州小开河灌区秋灌引水时30 m³/s 流量的水位达到正常引水 60 m³/s 流量的水位。并且由于渠道淤积,杂草生长,根系发达,增加糙率,降低流速,形成新的淤积。因渠道淤积,灌区引水能力下降以及黄河来水量偏小,黄河部门按指标限制引水,阳信县支六支渠,虽然进行了混凝土板衬砌,但现在每年仍清淤两次以上。

经初步估算,由于调水调沙河势变化,闸前闸后淤积,山东省每年增加的清淤费用为1.6 亿元。

四、泥沙颗粒变粗,降低渠系挟沙能力,造成渠系淤积

小浪底水库建成运用后,非汛期和非调水调沙期间,大河含沙量较小,一般不足3 kg/m³,黄河主河道处于冲刷状态,泥沙级配发生了变化,河床泥沙被冲起,灌区引水时被引入渠道。特别在低水位条件下,引水闸前的拉沙作用更是使引沙颗粒变粗。据 2008 年 3～4 月春灌期共 12 个测次引水的悬移质中值粒径 d_{50} 的实测资料,除个别测次 d_{50} 达到 0.08 mm外,平均 d_{50} 达 0.032 mm,大于 0.05 mm 的泥沙占 34%～42%,粗颗粒泥沙含量增加明显,显然引沙中相当部分系黄河河床冲刷的河床质泥沙。2008 年 11 月 29 日至 12 月 15日,正值黄河干流流量小,干流水位低,引沙颗粒更为粗化,7 次颗粒分析,除有 1 次较小外,其他 6 次 d_{50} 多在 0.08～0.09 mm,最大达 0.115 mm。小开河灌区 d_{50} 由0.022 mm增加到 0.032 mm,挟沙能力大幅降低,原来挟沙能力是 3 kg/m³,现在只有 1.42 kg/m³。如

果 $d_{50} = 0.085$ mm,则挟沙能力降低更多。挟沙能力降低导致淤积急剧增加。

五、增加了灌区管理难度,加重了群众负担

大流量集中引水相对于小流量长时间引水,可大量减少引黄灌区渠道淤积量,减少引黄灌区管理难度和管理费用。近几年,由于春灌期黄河山东段下泄流量较小,河道不断下切,山东省大部分引黄闸灌溉季节长时间小流量引水,致使各种用水管理措施难以真正贯彻落实,灌溉面积萎缩,泥沙不能远送入田,加重了泥沙淤积处理负担,用水效率降低,灌水成本上升;实时水量锐减,在作物最需要水的时候得不到黄河水的充分灌溉,作物减产,灌区在群众中的威信降低,缴纳水费的积极性不如往年,影响了灌区效益的进一步发挥。

六、影响灌区已建节水改造工程效益的发挥

灌区节水改造时,渠道一般以设计流量为控制,按渠道不冲不淤流速进行设计,调水调沙前,经过改造的渠道,运行良好,实现了远距离输沙的目标,效果显著。调水调沙以来,由于黄河调水调沙引起河道的冲刷,造成拦沙闸闸前实际引水位降低,引水流量减小,远远达不到设计引水流量,长时期的小流量引水致使灌区渠道始终不能按照设计状态运行,淤积严重,使灌区已建节水技术改造工程不能充分发挥其工程效益。

七、对平原水库的运用带来影响

由于生活和工业供水保证率要求较高,需要调蓄工程,目前生活和工业用水基本由平原水库供给。平原水库可起到调蓄作用,可在调黄河大河流量情况下相机引水,受农灌期引水条件限制相对较小,但受黄河调水调沙影响,主河槽刷深,加上小流量引水带来的渠道淤积,增加了长时间小流量引水的运行,从而造成输水渠道末端的可用水量减少,相当于库容大幅缩小,导致充库成本明显上升。

如菏泽浮岗水库位于闫潭送水干线末端,闫潭送水干线是其主要的输水入库渠道。调水调沙前,水库有 50 d 充库时间,充库水量基本为 5 000 万 m³左右。调水调沙后,能够充库的时间减少至 20 d,充库水量逐渐减少至 3 500 万 m³。小开河灌区在 2003 年被迫调用公安维持治安,限制农业用水,全力保障群众生活用水。又如东营市王庄引黄灌区、聊城市位山灌区干渠泥沙淤积严重,加重了清淤负担,也抬高了闸后水位,进一步减少了引水能力。引黄闸清淤费用的加大导致引水成本的增加,继而转嫁到平原水库充库的成本增加,而水库的供水用户一般有政府承诺和用水合同的约束,如民生用水(包括城乡居民生活用水、工业用水等)的价格,一般由政府财政、物价等部门核定,水库充库成本增加,而供水价格不能或不及时调整,就会增大水库运行的成本,影响了水库工程效益的发挥。

调水调沙还带来工程投资的加大。如果要保证水库的各项设计指标的实现,就必须采取平原水库工程措施。如需增加平原水库,对原有平原水库进行改扩建(如增大泵站的提水能力、扩容、增加减少水库蒸发渗漏的工程措施、增加水库供水调度投入等),不仅加大了平原水库工程建设的规模、资金、土地等人力、物力等资源的投入,而且造成了资源的浪费,对生态的破坏。

第四节　减少了小浪底水库农灌期的下泄水量

黄河调水调沙期间,小浪底水库集中大流量下泄,对黄河下游河段进行冲刷。为了给调水调沙提供水量保障,小浪底水库及中上游水库在满足其运行调度要求的情况下,年内充分蓄水,在汛前集中大流量联合调度,统一下泄,调水调沙期间各引黄口门均不能引水,且此时也不是农灌期。而在需水较大的农灌期,小浪底水库需为调水调沙充分蓄水,控制下泄流量,使得近几年农灌期山东段黄河流量均较小,在水量上降低了山东引黄供水保证程度。例如,2005 年调水调沙预泄时间较长,自 6 月 9 日 8 时至 16 日 8 时小浪底水库预泄的水量达 13.0 亿 m^3,2 000 m^3/s 左右的水量较长时间内流入了大海。据统计,自调水调沙以来,山东年均引水量只占高村来水的 21.6%,与 1991~2002 年均值相比,少引水12.7%。按调水调沙以来年均引水量(53.1 亿 m^3)与 1981~2000 年系列年均引水量(79.1 亿 m^3)比较,年均少引水 26 亿 m^3。

综合以上分析,据不完全统计,由于调水调沙影响,山东省年均造成损失(含成本上升)约 12.2 亿元,其中农业损失 10 亿元,清淤费增加 1.6 亿元,提水费用增加 0.6 亿元(含渠首提水费用)。

第三章　保证引黄灌溉与供水应采取的对策与措施

由于黄河调水调沙引起黄河河槽刷深,黄河主槽河底高程平均下降 1.60 m,引黄闸前引水水位平均下降 1.41 m(按设计流量对应黄河来水时);根据河务部门提供的资料,黄河 200 m³/s 流量时,2009 年与 2002 年相比水位平均下降 1.84 m),加之引黄闸前引渠淤积,闸后输沙渠淤积,2003 ~ 2008 年各引黄灌区引水天数、引水流量、引水量均比调水调沙前三年(1999 ~ 2001 年)有明显减少,已经影响灌区的正常灌溉与供水,各地反映比较强烈。

据统计分析,现状涵闸引水能力在设计大河引水流量下,普遍下降 80% ~ 50%,仅个别涵闸受影响较少,平均下降 59.25%。若遇黄河来水偏枯,各涵闸引水能力下降更为明显,大部分将根本无法引水。即使与建闸时设计引水水位相比,现状引水水位下降超过 0.5 m 的涵闸数量达到 50%,这意味着有 50% 的涵闸引水能力已达不到原设计状况。

小浪底水库调水调沙运用是实现黄河下游防洪减淤的重大战略举措,还将长期进行下去,但受黄河水量限制,调水调沙流量一般在 3 000 m³/s 左右,黄河主槽将与之相适应,冲淤变化将逐渐趋于稳定。为保证山东省引黄供水,应积极采取工程、非工程及管理措施,尽量减少黄河调水调沙对山东省引黄供水的影响。积极呼吁国家有关部门平衡黄河防洪和引水灌溉两方面,从加强调度,改善引水条件入手,适当控制对河道的冲刷,着眼未来发展,积极应对这一新问题,实现黄河防洪、兴利、服务民生的多赢。

综合考虑河道冲刷深度、涵闸引水能力、河道冲刷趋势预测和黄河防洪规划,我们认为,现阶段,应当减轻调水调沙带来的影响和损失,可行且可能的方案是从实施严格水资源管理入手,科学安排调水调沙,采取综合措施,尽可能维持涵闸引水能力。

第一节　管理措施

一、加大黄河下游山东段引水期的下泄流量

调水调沙前,黄河 300 m³/s 流量甚至更低时,几乎全部涵闸都能达到其设计引水能力。而现在,黄河流量需要增加到原来的 1 ~ 3 倍,才能勉强维持正常的引水能力。如位山灌区,当孙口站流量为 400 m³/s 左右,即位山闸前流量达到设计标准 380 m³/s 时,位山灌区单独西渠自由引水最大流量只有 80 m³/s,仅占设计流量 160 m³/s 的 50%;当孙口站流量达到 700 m³/s 左右时,相应西渠最大引水能力增加到 120 m³/s,为设计流量的 75%,仍不能达到实际引水能力。因此,在不采取工程措施的情况下,若想达到受影响引黄闸的设计引水流量,就必须加大山东省引黄期小浪底水库的下泄流量,维持合理的黄河水位,以保证山东省的引黄供水和河口生态需水要求。按目前河槽冲刷情况,要求国家在小麦产量敏感期分配黄河进入山东省的流量高村站不低于 1 200 m³/s,利津站不低于

$500\ \mathrm{m^3/s}$,才能达到调水调沙以前的水平(引水水位)。

二、实施科学调度,完善水权制度

黄河水的调度,涉及整个流域,对进入山东段的黄河水的流量和过程进行科学合理的分配至关重要。最优计划调度方案涉及黄河来水情况,山东雨水、墒情、上下游、左右岸及各地市和各用水部门的需水要求,是一项复杂的系统工程。多年来,山东省通过探索,已成功摸索出了"高水位、大流量、速灌速停"的引水、调度方式。根据山东省各引黄闸目前运行情况,配水时应考虑主河槽刷深对各引黄闸引水能力的影响,应根据达到一定引水能力时对应的闸前水位进行水量调度,保证各引黄涵闸引水能力能够达到设计流量的60%以上,同时考虑灌区间、灌区内用水的时间要求,并尽量避免目前出现的小流量、低水位、长历时的引水方式。

山东省每年的黄河水调度方案建议由黄河水行政主管部门统一分配指标后,由山东省及各地市水行政主管部门进行取水与调度,以便于将黄河水纳入山东省及各地市水资源统一管理与调度中去。

三、科学合理调配小浪底水库灌溉期下泄水量和调水调沙水量

调水调沙使小浪底水库水量大量下泄,每年汛前有 30 亿~50 亿 $\mathrm{m^3}$ 调水调沙用的黄河水流入大海,而汛期近几年黄河上游又降雨偏少,造成下半年冬灌及次年春灌时水量严重不足,无法满足灌区的正常引水需求。如小开河灌区自 1998 年建成以来,除 2002 年前灌区因工程不配套,灌溉面积小而引水量偏小外,2002 年至 2009 年均引水不足 2.0 亿 $\mathrm{m^3}$,只有灌区年设计引水量 3.9 亿 $\mathrm{m^3}$ 的50%。2008 年调水调沙后,至 2009 年春灌时,小浪底库存不足 30 亿 $\mathrm{m^3}$,水量严重不足。2009 年 2 月 19 日,黄河泺口站流量只有 108 $\mathrm{m^3/s}$,利津站 89 $\mathrm{m^3/s}$,小开河灌区闸前水位只有 14.95 m,为灌区引水以来历年最低,渠道水位自由流情况下只有 0.9 m,可引水流量不足 6 $\mathrm{m^3/s}$。

为此,建议在基本满足黄河防洪安全的条件下,将保证黄河下游引黄供水,改善黄河下游引黄条件作为调水调沙的追求目标之一,适时适宜地进行调水调沙,力求在黄河防洪和供水两者之间找出最佳结合点,充分发挥两者的效益,以体现黄河的综合功能。调水调沙应按照"水多多调、水少少调、无水不调"的原则进行。

四、保证黄河充足的生态水量

黄河流域应实行最严格的水资源管理制度,优化调度,保证黄河输沙用水水量和生态水量。据《黄河流域防洪规划》,为了保证下游河道较大的输沙能力,不致发生严重淤积,最小年平均输沙入海水量应不少于 200 亿 $\mathrm{m^3}$。另据省水科院成果,黄河利津站最少生态年需水量为 72 亿 $\mathrm{m^3}$。

第二节　工程措施

一、建设适应黄河河床刷深、淤高全工况的提水泵站,改变引水方式

山东省大多数引黄闸是按照黄河河床逐年抬高进行设计的,经过近 20 多年的运用,

目前,引黄闸的闸底基本上与大河齐平或已高于大河河底。黄河主河槽降低后,最直接的影响是有水引不出,现在需要黄河来水量比调水调沙前增加 2~3 倍以上,才能达到调水调沙前的引水能力。鉴于目前多数灌区骨干渠系基本配套,加上黄河河槽变化不明朗,在黄河来水不足时,应急的方法是在引水闸前增建提水站,来保障引水流量。需要增建提水泵站的灌区,主要集中在山东省黄河下游地区,因为这些地方对黄河水的依赖程度特别大。对于受影响较大的引黄闸,可通过经济技术分析后,建设提水泵站,将自流引水方式改为提水方式,尽量减小调水调沙对引黄供水的影响。

需要说明的是,闸前建泵站也存在建设投资大、泵站无法紧靠主流、部分影响防洪、引水成本高、引沙量大、群众负担重等诸多负面因素。因此,在建设提水泵站前应充分做好前期调研、论证工作,并寻求一种科学合理的泵站设计及运行模式,如有可能,在引水闸口门前沿兴建低底板高程橡胶防沙潜坝,既能满足黄河低水位时的引水,又能防止过量的黄河底层粗沙由泵站提水进入灌区,是一种适应黄河河床刷深、淤高全工况的设计运行方案。

目前,除王庄灌区外,宫家灌区、胜利灌区也正在做增建泵站的前期工作。按多年黄河来水水平估算,全省因建泵站需增加投入 1 亿元,年增加运行费 1 000 万元。

二、及时清除闸前和闸后渠道泥沙淤积

黄河山东段上中游临背河高差较大,闸底板仍低于大河河底高程的引黄灌区,应以闸前引水渠清淤和闸后输沙渠、沉沙池和渠道清淤为主,尽力维持设计引水流量。

由于水头降低,引水时流速变慢,供水能力降低。加之,引水流速降低,水流挟沙能力降低,致使闸后渠首淤积,同时,由于渠道清淤不及时,原来靠大流量引水冲刷渠道达不到以前的效果。因而,在水位低、流量少的情况下,只能通过及时清除取水口门淤积、渠道淤积,保证过水断面,来适当改善引水能力。据东营市引黄能力分析报告,目前造成该市涵闸引水困难的主要原因还是闸前、洞身和闸后渠道的淤积。但这比以前,要多耗用投资和精力。如滨州市小开河引黄灌区,为保证引水,已 6 次对引黄闸前淤积的土石进行清淤,采取人工、船只、挖掘机等方式,后 3 次采用挖掘机趁黄河水位较低时,直接下到闸前清理,比较彻底,每次投资约 3 万元。但闸前清淤,在增加引水能力的同时,也增加了引底沙量,大量粗沙进入灌区,降低了渠道的挟沙能力。灌区还 4 次对干渠淤积土方扰动和清除,累计投资 40 余万元;2008 年输沙干渠淤积严重,组织挖掘机对上游 42 km 进行全面清淤,清淤土方 10 余万 m³。清除后,渠道引水能力增加明显,但代价显而易见,劳民伤财,耽误农事。

几乎 70% 的引黄涵闸都存在这种情况,及时清淤,仅能解决当时的灌溉放水,不能彻底解决引渠淤积问题。

三、采取工程措施稳定大河流势

山东引黄灌区属无坝引水,引水渠首的位置一般应选在河流的凹岸,这样离主流近,同时还可以利用弯道横向环流,以防止泥沙淤积渠口和防止底沙进入渠道。一般将渠首位置放在凹岸中点的偏下游处。为了保证主流稳定,引水量不应超过河流枯水流量的

30%。而目前,据统计有十多处涵闸不同程度脱流,造成引水困难,乃至无法引水。因此,必须通过做临时工程,调整流势,保持较短的闸前引水渠长度,从而减少闸前淤积,保持合理的引水流量。如簸箕李灌区要求,将引黄闸上游新9#坝适当北移,以减少因坝头挑流作用而引起的东引黄闸前黄河主流偏南的影响。小开河灌区反映,由于引黄闸西侧32#坝头位置突出,且紧靠小开河引黄闸,在闸前将黄河主流挑向外侧,造成引水困难。

对引水渠较长的涵闸,为减少引水渠淤积,应考虑增建防沙闸。

四、个别涵闸考虑改造,降低闸底板高程或选择有利引水位置新建引黄闸

为适应黄河主槽刷深的变化,可对受影响引黄闸进行改造,降低闸底板高程,达到原设计引水流量。但通过引黄闸的改造,降低闸底板高程,需考虑到闸后渠道的配套与适应情况,如果改造后闸后灌溉工程与改造后闸的运行指标不相适应,将会带来整个引黄灌区灌溉设施的整体改造,如闸后渠系比降的调整等。因此,是否对闸底板进行调整需统筹考虑整个灌区灌溉工程的运行情况,充分做好对引黄闸改造的前期论证工作,以免出现投资不合理情况。

为保障受影响较大的引黄闸的引水,在降低闸底板高程不能解决问题的情况下,在尽量利用现有灌溉工程的条件下,可以考虑选择合适的位置新建引黄闸。据了解,2000年前菏泽市刘庄闸闸前引黄渠长仅有300 m左右,2009年初引渠长度增加到3 000 m,引水条件日趋恶化,规划新建引黄闸,经初步估算,新建引黄闸需投资2 500万元。

按目前引水状况,需要改建引黄闸,降低闸底板高程的,约占引黄涵闸数的1/6,如苏泗庄、胡家岸等。需要改建拦沙闸的3处,胡楼、闫潭、韩墩。加上调整渠系比降及配套,中等引水规模的涵闸及灌区每处增加投资5 000万元,全省总计5亿元。

由于河势、溜态变化,需要重新选取合适的闸址的,约占引黄涵闸数的1/5,如刘庄、旧城等。以每一处投资3 000万元(含上游总干渠系调整及建筑物配套)估算,全省总计需投资3亿元。

五、加快灌区节水改造力度

对各级渠道进行节水改造。

(1)输沙干渠。通过渠道衬砌,减少渠道糙率,增强泥沙运送能力,首先保证输沙渠道不淤积。仍有可利用的高差时,要进一步保持干渠不淤积,将可利用的高差逐级向下游分配,直至田间。越向下游清淤越方便,对环境的影响越小,利用清淤弃土的途径越多。

(2)灌溉渠系的改造。几十年来采用的干、支、斗、农、毛灌溉工程模式,受经济条件等众多因素的限制,真正全面配套的面积很小,既不利于节水也不利于利用泥沙,很有必要彻底改造。对列入节水改造计划的灌区,应尽可能结合渠系衬砌及灌溉管道建设减少渠道级数,使灌溉过程简捷、节水、运转灵活,提高入田泥沙量。

据初步测算,仅完成沿黄灌区骨干工程改造任务需投资180亿元。

六、适当建设闸前拦沙设施

对引水含沙量明显大于闸前黄河断面含沙量,造成灌区泥沙负担过重、影响正常运

行、近期又不便于改建的引黄闸,可考虑增建防沙设施。曾采用过的几种防沙设施有拦沙潜堰、叠梁闸板、橡胶坝等。各类引水减沙设施都有一定效果及优缺点,需要增建防沙设施的引黄闸可根据具体情况、经济条件、管理水平等在科学论证的基础上选用并进行技术改造。

经初步估算,为减少引沙,建设拦沙设施(橡胶潜坝),如小开河、簸箕李等灌区,每处投资约 1 000 万元。

七、加快平原水库建设步伐

坚持依托全省水利工程网络框架,实施"上建下改,规模适中"的建设发展总体思路,以引黄工程和南水北调工程为主线,以大型水库为主要调蓄枢纽,以中小型水库为区域输配水中心,与渠系和管网等主要输水干线统筹规划,建成多库串联、库河串联、相机调配水、城乡统筹、配套完善,集蓄、引、调、供、节于一体的平原水库水源工程网。到 2020 年,继续因地制宜地新建部分平原水库,对原有部分平原水库进行除险加固和改扩建,加大调蓄水能力,坚持全面规划、统筹兼顾,坚持城乡统筹规划,农村供水协调发展,本着实事求是、因地制宜,基本建成以引黄河水为主,引南水北调长江水和拦蓄地表水为辅的水资源供给工程体系,较大程度改善水资源短缺,供水能力明显提高。

山东平原水库建设发展规划主要包括现有病险平原水库的除险加固及改扩建、规划新建平原水库等,共 63 座,增加水库库容 5.21 亿 m^3。其中除险加固、改扩建平原水库 22 座,总投资 5.11 亿元,新增库容 0.72 亿 m^3;规划新建平原水库工程 41 座,总库容 4.49 亿 m^3,总投资 52.05 亿元。

以上工程措施总投入约 241.05 亿元(未含清淤费),其中与缓解影响有关的直接投资 9 亿元,灌区节水改造 180 亿元,平原水库建设投资 52.05 亿元。

第三节 政策措施

一、减少或取消渠首工程水费,且渠首宜按农业供水进行收费

黄河是公益性河流,两岸群众为黄河防洪做出了巨大贡献和牺牲,沿黄群众享有引用黄河水的原始"权利"。目前引黄渠首农业水价为 1.2 分/m^3(4~6 月,其他月 1.0 分/m^3)(该标准在此前已经连续调高过),高于涵闸实际供水成本,但非农业供水水价不断调高,目前达到了 9.2 分/m^3(4~6 月,其他月 8.5 分/m^3)。按照国家惠农、支农政策,考虑到黄河调水调沙带来的负面影响,建议暂时取消渠首工程水费,切实降低群众和水管单位负担。对于生态用水,象征性收取部分管理费即可。另外,河务部门存在加大非农业用水比例的情况(如某灌区常年引水量在 2 亿~2.5 亿 m^3,分配的非农业用水量指标从 2005 年的 200 万 m^3 一直增加到目前的 1 400 万 m^3)。部分引黄地市要求对关系国计民生的人畜饮水和环境用水至少应执行农业用水价格。

比较折中的方案,宜按照渠首和灌区的资产(加上运行费)比例,按灌区实际水费收入提出渠首部分应分担的收入,交河务部门。

二、理顺灌区水价

引黄供水水价要考虑水资源费、工程费、排污费、环境影响、水权转让、水质状况、市场供求状况以及社会承受能力等多方面内容,而且引黄水价也可以由政府定价。综合利用这些内容让引黄供水水价不仅成为节约用水的经济杠杆,也成为水资源优化配置和全面保护的经济杠杆。

引黄灌区既需要建设大量灌排工程设施,又要有管理人员进行调度和管理,渠系也要进行维修,也就是说,用黄河水灌溉是有成本的。这和群众种粮要买化肥和种子一样,水费是生产成本的组成部分。所以,使用黄河水进行灌溉要缴纳一定数额的水费。为减少群众负担,规范水费收缴,政府推行了终端水价制度,限定了最高水费标准(每亩次不超过16元)。各级所收取的水费主要用于购买黄河原水(向引黄涵闸缴纳的渠首水费)、工程维修养护、管理人员工资等。但需要说明的是,目前灌区支渠以上收取的标准仅为成本的32%,应该说目前各地收取的水费是入不敷出。

三、出台有关扶持平原水库建设的政策

(1)出台针对平原水库建设用地的优惠政策。平原水库工程的特点之一就是占地较多,近年来,国家运用土地政策参与宏观调控,以土地供应引导需求,促进经济增长,调控效果较好,同时也制约了部分建设项目,如平原水库建设用地指标太少,无法满足平原水库建设发展的需求。为此,建议国家在土地年度计划指标内的建设用地方面,优先考虑用于解决民生饮水安全、为国家重点项目和基础设施供水、改善区域生态环境的平原水库建设项目用地,调增平原水库建设用地指标或采用土地转换方式。

(2)在建设资金等方面予以支持。各级政府要随着财政收入的增长,逐年增加财政性资金对平原水库建设开发的投入。在严格控制管理单位人员编制和科学制定维修养护定额标准的基础上,各级财政应及时足额到位属于财政负担的管理单位的人员机构经费和工程维修养护费。纯公益性平原水库开发建设项目及准公益性项目的公益性部分,其工程建设、改扩建、除险加固、管理及岁修经费等纳入基本建设投资计划。近期,可考虑将水库除险加固后的建设资金拿出一部分用于支持平原水库建设,建议中央支持50%,其余地方解决。

(3)理顺省、市、县平原水库管理机制。平原水库作为基础设施,关系到社会公共利益,为加强平原水库建设的统一管理,严格项目立项,制定水库建设、运营管理的管理办法和宏观政策,组建适合山东实际情况的省、市、县平原水库管理机制和体系。

第四章　结　论

综合以上研究,初步得出如下主要结论。

一、黄河水对山东省经济发展至关重要

黄河水是山东省重要的客水资源,全省年均引黄水量 70 亿 m³,控制灌溉面积近 3 000万亩,黄河水还是沿黄地区城市及生活用水主要来源,引黄供水对山东省经济社会的影响举足轻重,特别是对沿黄各市而言,科学引用黄河水影响现在,决定未来。

二、黄河调水调沙明显提高了山东段防洪安全

黄河调水调沙是通过水库联合调度、泥沙扰动和引水控制等手段,把进入黄河下游不平衡的水沙关系塑造成协调的水沙过程,以提高黄河下游防洪减淤能力的有效途径。在 2002～2009 年间,先后进行了三次调水调沙试验和六次生产运行,取得了丰硕的成果,同时深化了人们对黄河水沙规律的认识。据报道,九次调水调沙均实现了下游河道主槽的全线冲刷,下游河道共冲刷泥沙 3.56 亿 t,河道主槽最小过洪能力由 2002 年以前的 1 800 m³/s提高到 2009 年的 3 880 m³/s,明显提高了防洪安全。同时调整了小浪底库区淤积形态,为实现水库泥沙的多年调节、灵活调度积累了经验。由于调水调沙保障了黄河 3 800 m³/s 流量以下不漫滩,保护了滩地生产设施,保障了滩区群众生产生活。

据统计,2002～2009 年连续实施的九次调水调沙,合计入海水量为 331 亿 m³,合计入海沙量为 5.75 亿 t。通过调水调沙,大量水沙进入河口地区,为河口淡水湿地进行补水,并且兼顾了滨海生态用水需求。据统计,2008 年、2009 年两次向河口三角洲湿地实施了人工补水 2 864 万 m³,截至 2009 年 7 月 5 日,15 万亩淡水湿地地下水位抬高了 0.15 m,生物多样性明显提高,取得了良好的生态和社会效益。

三、调水调沙已强烈影响山东段涵闸引水能力

由于调水调沙黄河河槽刷深,黄河主槽河底高程平均下降 1.60 m,山东省引黄闸前引水位一般下降 1～2 m,平均下降 1.41 m。考虑到由于河势改变,部分引黄闸脱河,加上引黄闸前引渠淤积,闸后输沙渠淤积,初步分析已影响供水能力 60% 以上,已严重影响灌区的正常灌溉与供水,各地反映比较强烈。即使与建闸时设计引水水位相比,现状引水水位下降超过 0.5 m 的涵闸数量达到 50%,这意味着有 50% 的涵闸引水能力已达不到原设计状况。造成涵闸引水能力下降的另一个原因是有的涵闸已成为病险水闸,达不到设计引水能力。若黄河河槽再降低,或来水量不足,将对山东省的引黄灌溉与供水带来极大的影响,进而影响山东水资源调度和优化配置。

从统计资料分析,调水调沙以来,黄河进入山东径流量比之前多了近一倍,但实际引黄水量并没有任何增加。据统计,自调水调沙以来,山东年均引水量只占高村来水的

21.6%,与1991~2002年均值相比,少引水12.7%。

四、引水能力的降低给灌区带来明显负面影响

由于调水调沙的运行,近几年黄河主槽不断刷深,涵闸引水能力明显下降,已对山东省科学引用黄河水带来一系列负面影响:一是影响了引黄灌区农作物的最佳灌溉时机,降低了粮食产量,个别地区被迫改种非粮食作物;二是黄河山东段小流量引水的概率增加,引水周期延长,降低了黄河山东段的引黄保证程度,增加了灌溉成本;三是引黄闸前淤积加重,也加重了闸后渠道的淤积,增加了供水难度,加重了泥沙处理负担,影响了已建节水改造工程效益的发挥,使灌区管理成本增加,同时一定程度上也加重了引黄灌区农民的负担;四是增加了提水扬程,增加了能耗,相应增加了灌溉成本;五是影响了平原水库充库保证率,部分灌区出现群众饮水困难,影响社会安定。据不完全统计,调水调沙每年给山东省造成损失12.2亿元。

五、黄河山东段冲淤趋缓,调水调沙的代价增大

从历年山东段黄河河道主槽的高程变化和河道主槽的冲淤量变化,以及小浪底长期运用规划都可以看出,经过连续多年调水调沙运用,山东段总体上仍存在不断冲刷的过程,但程度越来越缓。另据有关统计资料,调水调沙初期,60 m³水可以冲刷1 t沙,近几年,需要100 m³水才可以冲刷1 t沙。而且,随着调水调沙的不断实施,下游河床逐渐泥沙粗化,调水调沙的效果愈来愈差。

根据小浪底水库运行及调水调沙的运行情况和黄委相关预测成果,小浪底水库能够保证下游15~20年不冲不淤,达到冲淤平衡,即小浪底运行后的15~20年黄河小浪底下游河段河底高程达到2000年的水平。到2009年小浪底水库已运行了10年,也就是说,接下来的10年中,小浪底水库下游河段将逐渐回淤,再过10年,河底高程将回淤到2000年水平。

六、着眼未来,立足现在,积极应对调水调沙的负面影响

小浪底水库调水调沙运用是实现黄河下游防洪减淤的重大战略举措,还将长期进行下去,黄河主槽将如何变化,目前尚无足够资料准确预测。而山东引黄对沿黄地区工农业生产的影响举足轻重,事关大局,应当正视黄河调水调沙给山东引黄灌溉与供水事业带来的负面影响,未雨绸缪,现阶段提出以下建议。

(一)建议黄河水行政主管部门适当控制调水调沙的冲刷深度

调水调沙应按照"水多多调、水少少调、无水不调"的原则进行。现在调水调沙已由试验阶段转入正常运行,每年都要进行,河槽如果继续刷深,对灌区的引水将更为不利,有的引黄闸将无法满足灌区用水需求或根本引不出水,甚至报废,将不利于社会安定,不利于国家的粮食安全和社会主义新农村建设。一方面,由于调水调沙两岸引水困难,损失严重;另一方面,每年汛前有30亿~50亿m³调水调沙用的黄河水流入大海,若遇黄河汛期干旱,必将严重影响山东省引黄供水区的农田灌溉和城市工业、生活用水。为此,建议在基本满足黄河防洪安全的条件下,将保证黄河下游引黄供水,改善黄河下游引黄条件作为调水调沙的追求目标之一,纳入调水调沙的调度计划,适时适宜地进行调水调沙,力求在黄河防洪和供水两者之间找出最佳结合点,充分发挥两者的效益,以体现黄河的综合功能。

（二）科学调度，合理分配涵闸流量

增加小浪底水库春灌期下泄流量，科学调度，使灌区尽可能按设计流量引水，并进而减少非灌溉季节黄河弃水。同时，加强黄河水的调度，维持涵闸的正常引水能力。多年来，山东省通过探索，已成功摸索出了"高水位、大流量、速灌速停"的引水、调度方式，建议不低于涵闸设计流量的60%进行配水，同时考虑灌区间、灌区内均衡用水。上级调度部门要充分吸纳灌区和基层群众的意见，彻底杜绝目前经常出现的小流量、低水位、长历时的引水方式。

（三）着眼未来，立足现状，积极慎重采取工程措施

（1）黄河山东段上中游临背河高差较大，闸底板仍低于大河河底高程的引黄灌区，如高村、国那里、陈孟圈、小开河等，应以闸前引水渠清淤和闸后输沙渠、沉沙池和渠道清淤为主，维持设计引水流量。

（2）下游和河口地区临背河高差较小，闸底板已经高于大河河底高程的引黄灌区，如旧城、杨集等，可采取改建引黄闸，降低闸底板高程的办法；以农业灌溉为主的应结合灌区改造，清淤挖深各级渠道，改地面灌溉为地下沟渠引水提灌。

（3）对引水渠较长的涵闸，如陈垓等，为减少引水渠淤积，应考虑增建防沙闸。

（4）对于渠系基本配套，兼有工业及生活供水任务的灌区，如宫家、胜利等，应考虑修建渠首提水泵站，自流提水并用。但改建渠首，调整渠系，将花费大量的工程投资，给灌区带来很大负担，并会造成灌溉成本的急剧上升，加重灌区农民的负担，应谨慎对待，充分做好前期调研、设计工作。

（5）对于主流偏移、引水条件恶化的涵闸，如刘庄闸等，应考虑另选址建闸。

（6）对鉴定为4类等级的病险涵闸，如潘庄闸、闫潭闸、打渔张闸等，要尽快拆除改建或重建，以确保工程防洪安全和引水安全。

据不完全统计，采取以上措施需增加投入9亿元，灌区节水改造需投资180亿元。

（四）兴建部分平原水库，建设一批河道拦蓄工程

在科学规划的基础上，建设一批具有相当规模且高标准的平原水库，提高对黄河水的调蓄能力。同时，充分利用内河河道，建设一批节制工程，增加对黄河水的调蓄能力。建议国家单列平原水库建设基金，用以扶持、引导平原水库建设向科学化、规范化、效益化方向发展。建议国家给予相应的土地政策、资金扶持等优惠政策，以保障平原水库建设的顺利实施。目前可考虑将平原水库纳入灌区续建配套与节水改造范围。据规划，平原水库建设需投资52.05亿元。

（五）确保春灌期进入山东的黄河流量

国家有关部门应当客观地评价黄河调水调沙的作用与影响，既确保黄河防汛安全，也要充分考虑黄河两岸工农业生产用水问题。按目前河槽冲刷情况，要求国家在小麦产量敏感期分配黄河进入山东省的流量高村站不低于1 200 m^3/s，利津站不低于500 m^3/s，才能达到调水调沙以前的引水水位。

（六）取消黄河渠首工程水费

将黄河部门吃渠首水费的单位（河务部门的调水局、闸管所等）列入公益性事业单位，由国家财政负担其工资，这样可以取消现阶段收取的黄河渠首工程水费。

（七）建立补偿机制

建议黄河水行政主管部门建立相应的水量或经济补偿机制，对受影响较大的引黄灌区给予相应补偿，弥补由于调水调沙给灌区和群众带来的额外负担和成本支出，切实减轻农民负担，提高农民农业生产的积极性，保障国家粮食安全。

第七篇　山东引黄灌区的总体灌排工程模式及田间节水灌溉工程建设不同方案对比研究

第一章　山东引黄灌区总体灌排工程模式研究

第一节　山东引黄灌区现有灌排工程模式研究

山东引黄灌溉初期修建了骨干输水工程,多数是通过河道、排水沟提水灌溉。经过多年的续建配套与改造,目前基本上形成了相对完善配套的工程体系。引黄灌区由于所处地理环境及社会经济条件不同,采用的灌溉模式也有所不同。目前全省引黄灌区采用的灌排工程模式有以下几种:

(1)自流灌区灌排分设模式。灌区内灌溉渠系干、支、斗、农渠均为地上渠,排水干、支、斗、农渠均为地下渠,典型灌区是打渔张灌区,其他灌区一般是上游为自流灌区,灌排分设。该模式的主要优点是节约能源,利于降低地下水位和改碱,缺点是投资太大。

(2)深沟深渠、分散提水、灌排合一模式:灌溉渠系干、支、斗渠为地下渠,排水系统干、支、斗沟为更深的地下沟,灌溉为分散提水灌溉,一般采用灌排合一。全省各引黄灌区的中游地带多采用此种模式。典型灌区为菏泽市东鱼河、万福河、洙赵新河两岸单县、成武、巨野县的引黄项目区。该模式的主要优点是采用深沟深渠,可以大大降低地下水位,改碱效果显著,缺点是分散提水浪费能源,浑水入河影响防洪除涝。

(3)渠系、河网、机井补源三结合模式。典型灌区为德州市潘庄引黄灌区,灌区的上游齐河县为渠系灌区,四级渠系为地上渠自流灌溉,排水系统干、支为地下沟,灌排分设;灌区中游禹城市、平原县为河网灌区,将水放入河沟,再从河沟提水入田间,河沟调蓄、提水灌溉、灌排合一;灌区下游陵县、武城县为井灌补源区,因引黄供水保证率不高,且地下水资源不足,有些灌区井灌、渠灌并存,黄河水、地下水并用,即"井渠结合,以井保丰",也有些灌区,以井为主,黄河水采用深沟远送补源,通过河沟调蓄补充地下水,改善井灌条件,即"机井灌溉、黄水补源"。

近年来,随着水资源的紧缺,国家用于引黄灌区续建配套与节水改造的投资增多,在引黄灌区节水技术改造和基本建设工程的规划设计中,对于引黄灌排工程模式的选用也发生了某些变化。如菏泽市刘庄引黄灌区,原规划的工程模式为上游为渠系灌区,中游为骨干河网灌区,下游为补源灌区。在 20 世纪 90 年代以来的灌区改建规划中,就将整个灌区的工程模式改变为灌排分设,使上、中、下游的灌水系统为渠系,排水系统为沟网。这种规划避免了浑水入河而造成的河道泥沙淤积,并节约了能自流而提水所造成的能源损失。

第二节　山东引黄灌区工程规划要点

引黄灌区的工程规划应充分体现规划的指导思想和原则。具体要求:一是以节水为中心;二是要与所在区域的国民经济发展规划、国土规划、土地利用规划、流域综合治理规划、农业区划和农业发展规划等规划相协调;三是要适应"优质高效生态安全农业"和现代农业发展对灌区的要求,注意采用先进实用的新技术、新材料及新方法,提高灌区的现代化水平。

引黄灌区节水灌溉规划,除按规划要求完成各项工作内容外,应重点突出以下几点:

(1)灌排工程规划。引黄灌区一般工程基础条件差、简陋。节水工程规划建设中,在自流灌区突出防渗渠建设,在提水灌区突出水源工程和管道建设。不应把大量资金用于挖沟修渠等土方工程建设上,对于深沟、宽排水沟桥涵配套建筑物,因工程造价较高,应优选型式结构,降低造价,合理布局,控制工程数量。避免工程竣工后,沟还是那条沟,路还是那条路,节水工程措施数量甚少,整个工程面貌改观不大。

(2)泥沙处理工程规划。黄河是高含沙河流,泥沙处理的好坏直接关系到灌区能否发挥设计效益,必须高度重视灌区泥沙处理问题。从灌区自然地理条件、社会经济状况出发,进行多方案分析论证,采取综合治理措施,提出灌区近、远期泥沙处理的工程总体布局和最优工程方案。

第三节　引黄(自流、提水、补源等)分区灌排工程优化模式研究

一、引黄自流灌区

(一)节水技术选择

自流灌区多数都采用灌溉和排水系统分设,水源多数经过沉沙池沉沙,也有部分灌区直接采用浑水入田,大多数含沙量较大,不宜采用管道、喷灌等节水技术,规划中应主要采用:

(1)田间节水沟、畦灌溉技术,坚决消灭大水漫灌,要注重土地平整,长畦改短畦,宽畦改窄畦,沟、畦要素按《节水灌溉技术规范》中的要求进行设计。

(2)各级输水渠道采用防渗措施。在渠道衬砌防渗中,要注意渠道断面形式的优化选择。在相同建筑材料的情况下,从节约工程材料和造价,增加输水能力的角度讲,U 形断面优于矩形断面,矩形断面优于梯形断面。

(3)优化末级渠道输水入田的放水口设计。将混凝土衬砌渠侧壁上开口矩形闸门改为渠侧壁中间放水锥,以增强衬砌渠整体强度,降低工程造价,利于运用和管理。但上述

两种结构都存在闸门和放水锥易丢失问题,最好是都不要。采用梁山县水利局闫豪凯高工研制的"便携式虹吸出水口"更为方便。

(4)各级衬砌渠都要配置量水设施,包括明渠量水建筑物、量水槽堰和明渠自记量水计等。

(5)提倡建设排、蓄、补功能合一的排水沟工程,其目的是:根据全省水资源紧缺的严峻形势,更加科学地配置地表水和地下水资源,减少降雨形成的地表径流,多做一些蓄水工程,以增加降雨形成的地表水的地下入渗和补源。具体设想是:对各类灌区的排水沟适当加宽、加深,沟内打半竹节土坝,形成的坝间容量以满足一定降雨标准增加的地表蓄水,用于地下补源;汛期超过一定排涝标准的排水由半竹节土坝以上过水断面完成,加宽加深的沟底仍可种植作物。

(二)引黄自流灌区灌溉排水优化工程模式

灌溉排水优化工程模式:输水渠优化断面衬砌 + 排、蓄、补合一的排水沟不需防渗 + 田间窄、短、平畦灌。

二、引黄提水区

(一)节水技术选择

由于经过长距离输水,泥沙已大量减少,结合提水,宜采用管道输水灌溉技术和田间畦灌节水技术。在今后的引黄灌溉提水区规划中,农村生产责任制的变化、农村产业结构的调整和灌溉技术的发展,对提水区的建设和管理提出了新的要求。

(1)引黄灌区的提水区要优先发展一定提水规模的固定泵站管道灌溉,泵站浑水提灌经过多年的运行,证明是十分成功的。因此,在今后的建设和续建中,应将一家一户分散、移动的小提水机群,结合农民用水者协会的建设,改建为相对集中的固定的提水泵站,以利于水量的计量和按方收费,降低灌溉成本和提高灌溉效率,并利于工程管理。

(2)在泵站输水系统硬化方案的选择上,特别是直接提水入农田的中小型泵站,对于明渠衬砌和地下管道两种输水硬化方案的比选,我们在规划中明确提倡泵站地下管道输水方案,坚决废除明渠衬砌输水方案,其理由是:①相同流量、相同材质条件下,明渠衬砌和地下管道每米造价基本相当。②明渠衬砌方案需有相应的桥、涵、闸建筑物配套,增加了附属工程建设费用,地下管道方案则无须上述附属工程相应的桥、涵、闸建筑物配套,综合造价前者高于后者。③明渠衬砌方案暴露于地面之上,受人为活动的损害和农业机械的损害大,年维修费用高。地下管道除放水栓半暴露外,其余深埋地下,基本不受上述人为和机械损害,管理维修费用前者高于后者。④地下管道比明渠衬砌节约土地,美化田间环境。有的项目管理人员认为:明渠衬砌摆在地面上,很壮观,能供领导群众参观,能表现出自己的业绩,而地下管道埋在地下,谁也看不见,埋没了自己的成绩,这是一种不正确的政绩观和审美观。

(3)泵站的输水管网,要在以往树状管网的基础上,在长、宽比大于 2 的地方,优先发展环状管网,包括单环和双环管网,以利降低灌溉工程投资,改善管道水流运行条件。

(4)泵站建设应配备管道量水设施。

(5)由于管网埋于地下,可以打破原来地面渠系布置的格局,实行以受益行政村、组边界为供水单元的管网布局原则,以便于工程建成后以村、组为单位建立经济自主灌排区农民用水者协会的计量供水、收费和管理。

(6)泵站及管道建设应配备防护设施,大力推广管道多功能水锤消除器以砍掉田间调压塔和排气竖管,改善管道水力运行条件,增大管道浑水输沙能力,降低工程造价,并美化田间环境。

(7)管网出水口与放水栓的布置和密度,要适应今后农业种植结构的调整,放水栓适当加密。在需要设计一、二级管网的泵站,若目前财力不足,可在一级管网下先留接头,以"小白龙"代替二级管网,待条件成熟后,再补二级固定管网。管道的放水栓也应当采用新技术、新材料,要推广以混凝土钢纤维和玻璃钢等无回收价值的材料替代原来的铸铁或塑料放水栓,以解决野外防盗难题,并降低工程造价。

(8)引黄提水区灌排合一的地下沟,因在排水时兼有补充地下水源功能,不需做防渗处理。

(二)引黄提水区灌溉排水优化工程模式

灌溉排水优化工程模式:灌、排、蓄、补合一地下沟不需防渗 + 固定、规模泵站管道输水 + 田间窄、短、平畦灌。

三、引黄补源区

(一)节水技术选择

引黄补源区多是原来的井灌区,由于地下水超采,水位下降,机井抽水困难,井灌区难以维持,采用了以黄河水补源的方式。这类灌区基本上仍然是以井灌为主。宜采用的节水技术是:

(1)补源区的机井工程与纯井灌区机井工程相同,且都要安装管道保护装置和量水设施。

(2)管道高低压输水技术。管道又分为低压和高压两种,低压管道一般采用低压PVC管,田间利用畦灌和沟灌,高压管道可以结合喷灌,一套管网,多种节水灌溉技术。

(3)喷灌技术,可根据财力情况分别采用固定式、半固定式、移动式、管道与移动式机组相结合等形式。

(4)经济作物、蔬菜、水果宜采用微灌、滴灌及大棚滴灌等。

(5)引黄补源区的地下沟,兼有灌、蓄、排、补功能,不需防渗。

(二)引黄补源区灌溉排水优化工程模式

灌溉排水优化工程模式:补源地下沟兼排、蓄、补功能不需防渗 + 无井房隐蔽或小井盖机井管道输水 + 田间窄、短、平畦灌。

第二章　引黄灌区田间节水灌溉工程
不同方案对比研究

第一节　引黄补源井灌区不同井首方案及输水方案对比研究

一、机井井首工程由粗放型向集约型发展

初期,工程模式以粗放型为主,工程要素配置不健全,功能不齐全。主要表现:①机房:有井房的,破败不堪,因水位下降,井房被拆,菏泽地区井房不得不改为凉亭;无井房的,露天开敞,人身安全受到威胁。②输水工程:大量的土渠,部分的混凝土板明渠和水泥沙土管;PVC 塑管推广难度大,部分地方干部担心 PVC 管被老鼠咬。③防护和附属设施:基本没有防护,即使是先进的机井灌区兖州市,水锤防护也是用田间林立的调压塔。

末期,工程模式已发展成集约型,工程要素配置健全,结构简单新颖,功能齐全。主要表现:井、泵、房、PVC 管、水锤消除器、量水设施、地埋线等七大工程要素配置齐全,又增加了运行管理机制的创新,达到了集约型的标准。

二、井首工程不同方案技术经济指标对比

井首工程分有井房、无井房地埋泵式及小井盖三种。现以基本技术经济指标进行对比。

(1)结构和造价。有井房的机房一般造价 3 000~8 000 元,占地至少 10 m²。在结构简单、造价低廉上都大大逊色于无井房地埋泵方案与小井盖设计方案。

(2)功能。三种方案的提水功能和对提水设施的保护功能都齐全。所不同的是,一种通过井房保护,另一种通过地埋保护。

(3)维护、管理及运行费用。有井房方案维护管理费用因多出个机房,高于无井房地埋泵式和小井盖方案。

(4)抵御自然破坏和人为破坏能力,即使用寿命的长短。有井房抵御自然破坏和人为破坏及盗窃能力较低,而无井房式将灌溉设施埋于地下,相对抵御自然灾害和人为破坏能力较强,因此使用寿命较长。

(5)对田园生态环境的影响。从审美观和设计理念上,无井房地埋泵方案将灌溉设施埋于地下,恢复了田间土地原貌,较有井房方案,更利于改善和恢复田间原生态环境。

根据上述 5 条技术经济指标对比,有 4 条指标无井房地埋泵方案和小井盖设计方案

优于有井房设计方案,有 1 条相当,故后面两者为优化设计方案。虽然有井房方案在技术经济指标上明显劣于后两种方案,但在社会治安环境较好、建设投资宽松和维修资金有保障、群众有传统的修井房观念及要求等三项条件具备的情况下,有井房方案也可作为一种选项。否则,不能选用。

三、章丘市井首工程不同方案对比

通过对章丘市井首工程方案技术经济指标对比,无井房地埋泵式工程比有井房工程具有明显的经济优势(见表 7-2-1)。在造价方面,单个无井房工程较有井房节约 7 278 元。在占地上,无井房占地节约 10 m²。在年运行管护费上,有井房比无井房增加 746 元。年经济费用指标,无井房比有井房年经济费用节约 1 018.6 元,无井房比有井房节约了71.5%;在技术指标上,有井房工程与无井房工程功能相当,但无井房对环境无影响,而井房对环境有影响。

表 7-2-1　机井井首工程方案技术经济指标对比

序号	项目	井首工程	
		有井房	无井房地埋泵式
1	结构(长、宽、高)(m)	3.8×3×2	无
2	造价(元)	7 300	22
3	占地面积(m²)	12	2
4	功能	保护机井	保护机井
5	年维护、管理与运行费用(元)	1 146	400
6	使用寿命(年)	30	30
7	对生态环境的影响(程度)	有影响	无影响
8	年经济费用指标(元)	1 425.33	406.73
9	技术指标	功能相当 对环境有影响	功能相当 对环境无影响

注:1. 地点:章丘市水寨镇。

　　2. 占地费 = 3 元/m²。

　　3. 年经济费用指标 = 年占地费(占地亩×3) + (造价/使用寿命) + 年运行管护费。

综合经济和技术两方面指标,无井房地埋泵式井首工程具有更大的使用和推广优势。

第二节　引黄自流灌区衬砌渠不同类型方案对比研究

一、断面形状优化

小型渠道矩形、梯形、U形断面比较,从水力条件、工程量、占地、造价、管理上综合分析,U形断面最好。

二、章丘市项目区衬砌渠断面优化对比

章丘市项目区做了很好的定量比选工作。在流量等于 0.16 m^3/s 和相同水深条件下,U形、矩形、梯形过水断面分别为 0.35 m^2、0.38 m^2 和 0.37 m^2,占地分别为 1.06 m^2/m、1.1 m^2/m 和 1.74 m^2/m,每米造价分别为 99.48 元、107.48 元和 133.46 元,见表 7-2-2。U形比矩形和梯形都经济,分别节省总投资 8% 和 33%。

表 7-2-2　章丘市项目区渠道断面优化设计对比

序号	项目	断面形状		
		矩形	梯形	U 形
1	规格(m)	0.8 × 0.58	(0.2 + 1.44) × 0.62 × 0.5	$D = 0.8$
2	过水断面面积(m^2)	0.38	0.37	0.35
3	混凝土工程量(m^3)	0.145	0.138	0.13
4	造价(元/m)	107.48	133.46	99.48
5	流量(m^3/s)	0.16	0.16	0.16
6	占地(m^2/m)	1.1	1.74	1.06

在田间 U 形混凝土板渠道防渗技术设计方面,通过比较,发现 U 形渠(见图 7-2-1)具有以下优点:

一是水力条件好。U 形渠由于底部为圆形,在相同流量时较其他型式的明渠断面水力半径小,过水面积也小,因而水力条件好。如在过水流量均为 0.16 m^3/s 时,U 形渠的过水断面面积为 0.35 m^2,而矩形渠为 0.38 m^2,梯形渠为 0.37 m^2。

图 7-2-1   U 形渠

二是整体性强。U 形渠底部为圆形,受力均匀,适应冻胀变形的能力强。又因其为异型板,除作输水渠外,无其他用途,所以也减少了人为破坏的概率。

三是节省土地。U 形渠上部基本为矩形,上口小,因而较梯形断面减少了占地面积。按过水流量 0.16 m³/s 计算,U 形渠占地面积每米为 1.06 m²,而梯形渠为 1.74 m²,U 形渠较梯形渠每米少占地 0.68 m²。项目区 2.7 万 m U 形渠道,共可少占地 27.54 亩,仅此一项可节省资金 77.85 万元。

四是造价低。在同样过水流量的情况下,U 形渠由于断面小、工程量少、占地少,因而造价低。按可比主要工程量(混凝土工程量 + 占地)计算,当过水流量为 0.16 m³/s 时,U 形渠每米混凝土量为 0.13 m³,造价为 96.98 元,梯形渠每米混凝土量 0.138 m³,造价 133.46元,U 形渠比梯形渠混凝土量少 5.7%,造价少 27.7%。

三、防渗渠设计系列化

U 形断面设计已成系列,章丘市完成了从 Ud30、Ud40、Ud60、Ud80、Ud100 到 Ud120、Ud200 等 7 种规格系列的优化设计。章丘市项目区 U 形渠设计指标见图 7-2-2、表 7-2-3。

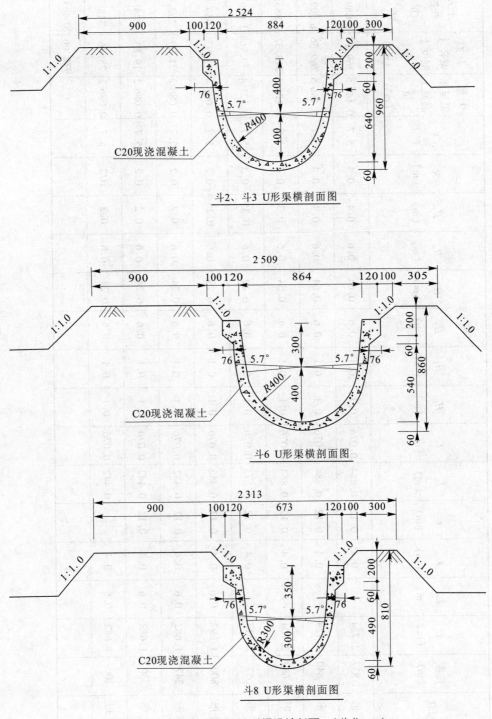

斗2、斗3 U形渠横剖面图

斗6 U形渠横剖面图

斗8 U形渠横剖面图

图7-2-2　章丘市项目区 U 形渠设计剖面　（单位:cm）

表7-2-3 章丘市项目区U形渠设计指标表

渠道名称	形状	长度(m)	L(m)	$L_左$(m)	$L_右$(m)	L_2(m)	L_3(m)	L_4(m)	H_0(m)	H_1(m)	H_2(m)	H_3(m)	H_4(m)	H_5(m)	R(m)	X(°)	U形渠延米混凝土量(m³)	U形渠合计混凝土量(m³)	土方开挖量(m³)
斗2	U形	1 837	2.724	1	0.4	0.12	0.884	0.076	0.1	0.1	0.6	0.64	0.6	0.4	0.4	5.7	0.146 5	269.12	6 089.3
斗3	U形	1 840	2.724	1	0.4	0.12	0.884	0.076	0.1	0.1	0.6	0.64	0.6	0.4	0.4	5.7	0.146 5	269.56	6 099.2
斗6	U形	1 689	2.704	1	0.4	0.12	0.864	0.076	0.1	0.1	0.6	0.54	0.6	0.3	0.4	5.7	0.126 3	213.32	4 853.3
斗8	U形	657	2.513	1	0.4	0.12	0.673	0.076	0.1	0.1	0.6	0.49	0.6	0.35	0.3	5.7	0.121 4	79.76	1 636.6
农1,2	U形	800	1.692	0.6	0.4	0.12	0.452	0.076	0.1	0.1	0.6	0.29	0.6	0.25	0.2	5.7	0.092 4	73.92	959.9
农3	U形	247	1.682	0.6	0.4	0.12	0.452	0.076	0.1	0.1	0.6	0.24	0.6	0.2	0.2	5.7	0.086 2	21.29	262.4
农4	U形	230	1.682	0.6	0.4	0.12	0.442	0.076	0.1	0.1	0.6	0.24	0.6	0.2	0.2	5.7	0.086 2	19.83	244.4
农5	U形	300	1.682	0.6	0.4	0.12	0.442	0.076	0.1	0.1	0.6	0.24	0.6	0.2	0.2	5.7	0.086 2	25.86	318.7
合计																		972.66	20 463.8

第三节　引黄泵站提水区不同输水方案对比研究

一、泵站工程优化模式

引黄提水灌区泵站及输水工程由临时型向固定化规模发展。引黄提水、输水工程的优化设计,在世行二、三期项目诸类灌区规划设计中,较之非引黄灌区,是大家公认的难点问题。引黄提水灌区由二期项目初一家一户的分散移动提水,发展到二期项目末建立固定规模泵站试点,再到三期项目大面积推广,在鲁西北地区是一次大的进展。在建立固定规模泵站的基础上,由过去的土渠、混凝土防渗渠输水发展到管道输水,世行二期项目郓城县项目区首次进行了泵站+混凝土管输水的工程试点,受益面积1 300亩。在当时是二期项目的商河县项目区建立了固定泵站+PVC 管网输水,面积450亩,很先进,很振奋人心。这是引黄提水输水工程的第二次大的进展。三期项目泵站输水管网大面积推广 PVC,PVC 口径从 φ110~φ315 到 φ400,越来越大,泵站设备及配套设施,包括管道水锤保护和量水设施,越来越规范化,运行管理机制在向规范化发展。

二、引黄提水区的泵站及输水工程方案优化

其优化环节包括泵站首部工程、输水工程、附属配套建设等三个环节。这里仅仅对泵站提水灌区输水工程优化设计方案进行评述。泵站输水工程必选防渗渠和管道输水两种方案,其基本技术经济指标如下:

(1)管、渠基本造价:在相同流量的条件下,两者基本相当。

(2)综合造价:防渗渠方案还要加上桥、涵、闸等田间建筑物,而管道方案则没有,综合造价前者高于后者。

(3)年维修费用:防渗渠高于管道。

(4)占地:防渗渠高于管道。

(5)使用年限:防渗渠低于管道。

(6)利于改善和恢复田间原生态环境:防渗渠劣于管道。

上述 6 项指标,有 1 项相当,5 项管道优于防渗渠,故泵站管道输水为优化设计方案。

三、商河引黄提水输水工程衬砌渠与管道对比

引黄提水灌区内,黄河水由济阳县邢家渡引黄闸引调,经一、二级池沉沙后,由输水渠送入境内各河道沟网,再由机电动力提水灌至田间。引徒灌区内,徒骇河水经营子涵引水至商东河。县域境内河道沟网由节制闸控制。

(一)引黄防渗渠模式

根据项目区耕地形状,在地块形状不规则,耕地面积小,地表水能够得到保证,水泵动

力选型困难的非宜井区,安排修建防渗渠,见图7-2-3。整个项目区共实施防渗渠26 km,控制面积0.5万亩。

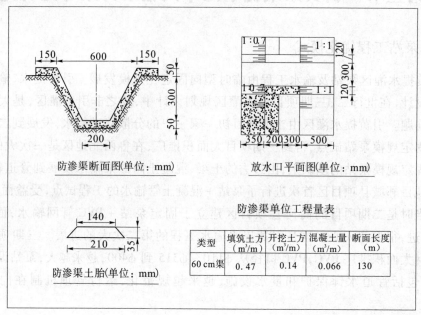

防渗渠断面图(单位: mm)　　　　放水口平面图(单位: mm)

防渗渠土胎(单位: mm)

防渗渠单位工程量表

类型	填筑土方 (m³/m)	开挖土方 (m³/m)	混凝土量 (m³/m)	断面长度 (m)
60 cm渠	0.47	0.14	0.066	130

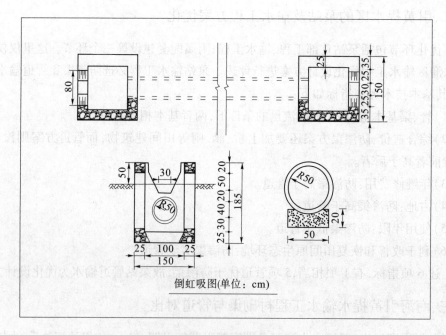

倒虹吸图(单位: cm)

图7-2-3　引黄防渗渠设计

(二)提水泵站低压管道模式

在地表水条件较好,水源能够得到保证,且地块成方连片,中间无道路、村庄相隔的地块,采用泵站低压管道灌溉,项目区内共建设泵站54个,控制面积2.7万亩。

对比发现(见表7-2-4),泵站低压管道亩投资比防渗渠减少了48元,占地减少了

15 m^2,灌溉水利用系数提高了 0.1,亩用水量减少了 47 m^3。按照占地费 3 元/m^2 和水费 0.5 元/m^3 计算,每亩低压管道比防渗渠减少了总投资 116.5 元。泵站低压管道比防渗渠具有明显优势。

表 7-2-4　泵站低压管道与渠道防渗对照

节水类型	亩投资（元）	亩占地（m^2）	灌溉水利用系数	每亩年用水量（m^3）	优缺点
泵站低压管灌	120	不占地	0.8	310	1. 投资少。 2. 不占耕地。 3. 管道隐蔽,不影响农业机械通行,不易被破坏。 4. 受地表水源限制
防渗渠	168	15	0.7	357	1. 投资较高。 2. 占用耕地。 3. 暴露地面,影响通行,易遭破坏。 4. 受地表水源限制

第八篇　黄河山东灌区机械清淤产品质量检测系统建设及机械清淤技术研究

第一章　山东引黄灌区沉沙池、渠机械化清淤及发展研究

第一节　沉沙池、渠机械化清淤的由来及省水利厅的倡导举措

山东引黄灌区从 1965 年开始复灌,由于当时农业生产水平低,经济条件差,劳动力资源丰富,灌区清淤靠的是人拉、肩扛、小车推的人海战术。进入 20 世纪 80 年代,随着国民经济和商品经济的发展,机械清淤开始起步。由于农村联产承包责任制的深入进行,农业种植结构不断调整,生产水平不断提高,灌区农业及城市需水量逐年增加,同时大量泥沙引入灌区,致使灌区骨干渠道淤积严重,清淤工程量大,弃土堆积增高,人工清淤难度逐年加大,即使人工清淤,也要由小型拖拉机牵引配合,出现了人机结合的清淤方式,这种方式只是减少了人工部分劳动强度,并没有减少出工人数、清淤投入。80 年代末期,随着经济改革的深入进行,农村经济迅速发展,农村部分劳动力已转移到二、三产业上来,农村劳动力产值的提升,使人工清淤成本逐年增加,再大规模动员和组织劳动力进行清淤更加困难,为此,水利部和省水利厅积极倡导在引黄灌区推行机械化清淤。

1984 年,我国政府和水利部邀请国际灌排委员会主席何更斯来华考察农田水利施工机械,1986 年何更斯第二次来华考察,在济南市的南郊馆作农田水利机械化施工讲演,本书作者有幸聆听了他的演说。他在演说中曾谈到这样的论点:"商品经济的发展,对机械施工有着促进作用,随着农村劳动力产值的升值,增值一旦使人工清淤超过机械清淤成本,用机械代替人工就会成为自觉的要求。"当时,他认真分析了中国的某些地方,机械土方成本已低于人工土方,他预言这些地方对机械施工会有强烈要求,将很快进入机械施工阶段,并建议政府指导、支持农田水利施工机械化的进程。

1987 年 11 月,水利部在江苏海门县召开了全国农田水利施工机械化会议,会议的中

心议题是研究水利施工机械化的起步问题。会议确定：

- 随着农村商品经济的发展，水利施工机械化已成为今后水利发展的方向。
- 山东、河南的引黄灌区，有着清淤的特殊要求，列入水利部沿海沿江（河）七省市平原地区施工机械化优先起步的范围。
- 要求参加起步的省市，从本省市实际出发，确定自己的工作重点地区及主攻方向，加强科学研究，搞好试点，做好技术指导和技术培训。
- 建议主管部门，作为用户的代表，今后在加强清淤机械性能检定和帮助生产厂家提高质量上做些工作。

水利部江苏海门会议后，按照全国农田水利施工机械化会议的精神和要求，山东省水利厅进行了认真贯彻和创造性的落实。主要举措有：

（1）确立山东引黄灌区机械化清淤的重点地区及主攻方向，安排机械施工试点。

1987年水利部江苏海门会议之后，确立了山东省引黄灌区机械化清淤的工作重点地区和主攻方向。从1987年开始，确定在东营市胜利灌区和打渔张五干灌区、聊城位山灌区、德州潘庄灌区、菏泽苏泗庄灌区等安排机械化清淤试点，从1987年始连续安排专项试点经费，对试点灌区在技术上给予指导，资金上给予倾斜。以此为骨架辐射、带动全省引黄灌区的机械化清淤。在机械化清淤示范推广中，确定以中小型清淤机械，特别是以水力挖塘机组和水力挖泥船为主攻方向。

（2）进行全省引黄灌区机械化清淤的专项调研。

1994年3月，以〔94〕鲁水例农字第22号函发至沿黄地市，对全省引黄灌区的机械化清淤进行全面调研，以〔94〕鲁水便农字第26号函发至全国40多个清淤机械生产厂家，对产品种类、性能进行全面了解，并写出了调研报告。2003年3月，以鲁水函字〔2003〕43号文发至沿黄地市，对全省引黄灌区的机械化清淤进行全面调研。

（3）建立了山东省水力清淤机械性能测试中心。

测试中心的主体是水力清淤机械性能测试平台及测试人员的配置。

该座测试平台是我国在多沙河流灌区内建立的首座水力清淤机械性能测试平台。

水力挖塘机组，在山东省社会保有量大，虽然生产量达到一定规模，但各生产厂和专业技术监督部门都没有该产品性能检测设施和手段，致使水利清淤机械的性能缺乏明确的、科学的标定，如有的厂家仅作了扬程、流量、功率等参数的范围说明，所有的厂家最多仅能提供清水性能曲线，没有浑水性能曲线，性能不清，优劣不分，给用户对产品合理选用和科学使用带来很大不便。经过几年的努力，山东省于1996年在省水利高级技工学校（现山东省水利技术学院）建成了"引黄灌区水力清淤测试台"，测试台应用微机自动采集泥浆泵性能数据，绘制曲线，是目前国内外灌区最先进的测试装置。测试台是测试4″～6″泥浆泵性能的专用设备，测试精度达到国家B级水平（目前国内测试装置的最高等级）。

1999年经山东省技术监督局同意,山东省水利厅正式批复成立"山东省水力清淤机械性能测试中心",见图8-1-1。

山东省水利厅

鲁水人函字[1999]24号

关于同意建立"山东省水力清淤机械性能测试中心"的批复

省水利技工学校:

你校《关于设立山东省引黄灌区清淤机械测试中心的申请报告》收悉。经征得省技术监督局同意,同意你校建立"山东省水力清淤机械性能测试中心",工作人员从学校现有人员中调剂。

此复。

一九九九年七月二十八日

图8-1-1　批复原文

1996年以来,利用测试台对山东省水力机械厂和河南巩义市两相流泵厂生产的泥浆泵机进行了高精度浑水性能测试。

(4)进行机械化清淤新技术的基础试验和专项攻关研究。包括:

①水力清淤机械持续高浓度造浆、供浆技术研究;

②引黄灌区沉沙池渠水力挖塘机远距离输沙技术研究;

③沉沙池水力挖泥船高效清淤技术研究。

以上研究涵盖了山东省引黄灌区机械化清淤示范、推广中亟待解决的基础试验和专项攻关技术研究的各个方面,大大提高了山东省机械化清淤的技术含量,加速了引黄灌区机械化清淤的进程。

(5)形成了政府、水行政主管部门、灌区管理部门相结合的机械化清淤运行管理机制。

全省的清淤队伍种类多,体制不统一,成分各异,但就运行管理体制来说,形成了政府、水行政主管部门和灌区管理部门相结合的运行管理体制。根据当年的工程量确定清淤任务,然后实行工程招标,分别与施工队签订合同,并负责组织协调、质量监督、工程验收、费用结算等。

(6)以行政手段强化机械化清淤的交流和推广工作。

在每年召开的全省引黄工作座谈会上,把机械化清淤作为一项重要内容进行座谈、交流和推广。

此外,1992年5月在禹城召开了全省引黄工作及学术交流会,会后出版了论文集,其中机械清淤方面有论文20余篇。1996年11月在东营市召开了全省引黄灌区机械化清淤技术经验交流及推广工作会议,对机械化清淤进行了专题研究、推广。会议收到沿黄地市水利局、引黄灌区清淤设备生产厂家等单位共20多份交流材料,内容涉及机械化清淤运行机制、经营管理、承包责任制等方面的经验。

第二节　沉沙池、渠机械化清淤发展阶段研究

山东省引黄灌区沉沙池、渠机械化清淤的发展大致可分为三个阶段:

(1)机械化清淤的初始试验阶段(1981～1991年);

(2)机械化清淤的示范推广阶段(1992～1993年);

(3)机械化清淤的全面实施阶段(1994年至今)。

一、引黄灌区沉沙池、渠机械化清淤的初始试验阶段(1981～1991年)

山东省水利厅在对引黄灌区机械化清淤进行调查研究的基础上,确定了统一规划、因地制宜分类试点、加速发展的指导方针。根据全省引黄灌区的不同情况,分别确定不同的主攻方向,在全省安排四类引黄灌区沉沙池、渠机械清淤试点,以此试点为骨架带动全省引黄灌区的机械化清淤。

(一)东营市胜利、曹店引黄灌区机械化清淤试点,主攻方向是小型水力挖塘机组,推广辐射东营、滨州、淄博三市

东营市引黄灌区机械清淤在省内国内起步早,和胜利油田、黄河三角洲的开发同时起步。省内首先开始使用水力挖塘机的是垦利县高盖乡富胜村,1981年通过在当地打工的江苏泰兴人了解了机械化清淤信息,在乡政府的扶持下,贷款5万元,购置5台水力挖塘机,先在高盖乡水库施工,效果较好,后又在胜利、双河干渠清淤中运用。该村到1991年

已购置水力挖塘机300台,几乎家家都有水力挖塘机,成为远近闻名的"水力挖塘机村"。由于使用成本低,并能在复杂的条件下作业,因此逐渐在当地推广。从此,水力挖塘机的星星之火,逐步燎原于齐鲁大地。

1987年,水利部江苏海门会议后,省水利厅加大了对该市机械清淤的扶持力度,并在该市安排了引黄灌区机械化清淤新技术试验研究项目,开展专项技术研究。到1991年,全市水力挖塘机组已发展到1 200台,其中个人拥有量占70%,县乡有关单位拥量占30%。有挖掘机70台,其中个人拥有70%,乡镇水利站拥有25%,县区拥有5%。东营市清淤由1983年的机械清淤占总清淤量的5%,1991年达到58%,到1994年达到89%,在全省机械清淤中指标是最高的,见表8-1-1。

表8-1-1　　东营市引黄灌区1983~2002年机械清淤统计表

阶段	年份	清淤量(万 m³)	机械清淤量(万 m³)	机械清淤占总清淤量(%)
机械化清淤的初始试验阶段	1983	516	25.8	5
	1984	520	41.6	8
	1985	480	57.6	12
	1986	528	110.8	21
	1987	786	251.5	32
	1988	870	365.4	42
	1989	910	455	50
	1990	511.8	309.58	60
	1991	561.9	326.22	58
机械化清淤的推广、实施阶段	1992	694.9	426.66	61
	1993	689	508.65	74
	1994	563	502.65	89
	1995	665.94	647.62	97
	1996	667.5	665.2	100
	1997	594.29	594.29	100
	1998	680.45	680.45	100
	1999	723.63	723.62	100
	2000	702.79	702.79	100
	2001	521.14	521.14	100
	2002	661.53	661.53	100

(二)德州市潘庄引黄灌区机械化清淤试点,主攻方向是水力挖泥船和水力挖塘机组,推广辐射德州、济南、泰安3市

(1)1983年山东省水利厅责成德州地区水利局等单位组成水力挖泥船清淤试验小组,进行水力挖泥船清淤试验。1984年购买了1条由中国船舶工业总公司第七研究院第七〇八所第三室设计、无锡船舶修造厂建造的 80 m³/h 液压冲吸式挖泥船,总装机 219 马力,泥浆泵型号 800 - 22。又购买了 1 条由青岛东风船厂设计建造的 80 m³/h 简易冲吸式挖泥船,装机 99.29 kW(135 马力),泥浆泵型号 10PNK - 20。两船都在第五条沉沙池进行清淤试验,试验工作于 1985 年 8 月 6 日开始至 9 月 3 日结束。历时 29 d,技术经济指标如下:

液压冲吸式挖泥船,工作 110 h,挖泥量 12 500 m³,平均泥浆浓度(体积比)14.6%,单产 113.8 m³/h,清淤成本 0.582 元/m³。

简易冲吸式挖泥船,工作 110 h,挖泥量 10 400 m³,平均泥浆浓度(体积比)13.33%,单产 94.5 m³/h,清淤成本 0.571 1 元/m³。

试验证明,冲吸式挖泥船应用于引黄灌区沉沙池清淤在技术上是可行的,效益是显著的。

(2)1987 年,水利部江苏海门县全国农田水利施工机械化会议后,灌区引进 6 套江苏省太兴渔业机械厂生产的小型水力挖塘机组进行灌区沉沙池、渠的清淤试验,获得成功。

(3)为了进一步测试冲吸式挖泥船在沉沙池清淤的适应性,更好地发挥机械化清淤的示范作用,全面掌握清淤机械的各种技术经济参数,提高机械化清淤的工作效率,挖泥船队于 1989 年 4 月至 1992 年 5 月结合挖泥船实际生产进行机械化清淤测试。这次试验主要完成挖泥船现场排距、排高的测量,并对挖泥船所抽泥沙进行物理性质的测定,完成了简易冲吸式挖泥船和液压冲吸式挖泥船的流速、流量、泥浆浓度、土方产量等项目的测试。

这次测试的简易船和液压船都在第五条沉沙池清淤回填前老一级池时进行。简易船实际排距 1 106 m,设计标准排距为 400 m,超设计排距 706 m,实际排高 2.7 m。测定日平均流量 432 m³/h,平均含沙量 190.4 kg/m³,平均单产 61 m³/h,油耗 0.294 kg/m³,台班产量 448 m³。液压船实际排距 756 m,设计标准排距为 400 m,超设计排距 356 m,实际排高 3.2 m,测定日平均流量 432 m³/h,平均含沙量 218.7 kg/m³,平均单产 70 m³/h,油耗 0.37 kg/m³,台班产量 514 m³/h。

(4)从 1985 年到 1991 年底灌区组织 6 条挖泥船(局清淤船队 4 条,齐河黄河段 2 条)和 6 台套水力挖塘机在潘庄引黄灌区一级沉沙池进行机械化清淤施工。7 年中一级沉沙池共整治 13 次,人工和机械化清淤土方 1 031 万 m³,其中机械化清淤完成土方 560.69 万 m³,占清淤量的 54.4%,具体见表 8-1-2。

表 8-1-2　潘庄灌区沉沙池、渠机械化清淤工程表

阶段	年份	清淤量（万 m³）		
		合计	人工	机械
机械化清淤初始试验阶段	1985	144	141.71	2.29
	1986	499	482.6	16.4
	1987	424	338	86
	1988	299	278	21
	1989	558	477	81
	1990	632	487.6	144.4
	1991	783	558	225
推广阶段	1992	751.2	518.3	232.9
	1993	1 023.3	665.1	358.2
机械化清淤全面实施阶段	1994	877.5		877.5
	1995	894		894
	1996	624		624
	1997	872		872
	1998	984		984
	1999	1 009.1		1 009.1
	2000	1 001		1 001
	2001	469		469
	2002	433		433
合计		12 277.1	3 946.31	8 330.79

（三）聊城市位山引黄灌区机械化清淤试点，主攻方向是水力挖塘机组和陆用土方施工机械，推广辐射聊城、济宁两市

1987～1991 年为位山灌区机械化清淤的初始试验阶段，先后采用不同的机械种类对清淤进行试验，以探索适应引黄灌区清淤的机械类型。聊城地区灌溉处在省水利厅的支持下，于 1987 年首先购买铲运机 2 部、水力挖塘机（4PN）2 组，在西沉沙池进行清淤试验，完成土方 5 500 m³。1988 年该处又购买铲运机 5 部、水力挖塘机 8 组，建立了位山灌区机械清淤队，完成土方 2 万 m³，机械清淤试验成功。1989 年在位山灌区冬季清淤施工中，高唐县水利局组织铲运机对现用沉沙池进行清淤作业，完成土方 16 万 m³。1991 年又引进挖泥船、挖掘机、铲运机进行清淤试验，完成土方 76.88 万 m³。上述各种机械的清淤试验完成土方 95.43 万 m³，占沉沙池、渠总清淤土方的 3.4%，拉开了位山灌区机械化清淤的序幕。

该灌区自 1987 年开始机械清淤试验，至 1991 年底机械清淤量达到 76.88 万 m³，为

当年沉沙池、渠总清淤量 904.68 万 m³ 的 8.5%，见表 8-1-3。

表 8-1-3 位山灌区沉沙池、渠及骨干工程历年机械清淤量表

阶段	年份	沉沙池、输沙渠清淤量（万 m³）			干渠清淤量（万 m³）		
		合计	人工	机械	合计	人工	机械
机械化清淤初始试验阶段	1987	436.57	436.02	0.55	—	—	
	1988	327.08	325.08	2	214.66	214.66	
	1989	650.03	634.03	16	262.88	262.88	
	1990	0	0	0	—	—	
	1991	632.57	555.69	76.88	272.11	272.11	
推广阶段	1992	803.65	435.65	368	33.72	33.72	
	1993	401.33	0	401.33	473.63	303.09	170.54
合计		3 251.23	2 386.47	864.76			
机械化清淤全面实施阶段	1994	539.43		539.43	240.46		240.46
	1995	827.0		827.0*	188.76		188.76
	1996	557.94		557.94	124.12		124.12
	1997	1 309.29		1 309.29	66.6		66.6
	1998	546.17*		546.17*	111.6		111.6
	1999	779.61		779.61	74.27		74.27
	2000	621.77		621.77	380.62	18.62	362.0
	2001	473.05		473.05	34.63		34.63
	2002	516.4		516.4	222.5		222.5
	合计	6 170.66		6 170.66	1 443.56	18.62	1 424.94

注：* 清淤量中含高地开发土方量。

（四）菏泽市鄄城县苏泗庄引黄灌区机械化清淤试点，主攻方向是小型水力挖塘机组和陆用土方施工机械，增强向菏泽市推广辐射的能力

1988 年省水利厅拨专项经费支持该灌区机械清淤，购买水力挖塘机组 5 台，进行机械清淤试验；1994 年灌区又配置了 22 kW 的水力挖塘机组 24 台套，15 kW 的水力挖塘机组 4 台套，CTY2.5 型号的铲运机 4 台，东方红 - 70 推土机 4 台，东方红 - 100 推土机 2 台；1998 年以股份制的形式，集资购置了 PC200 - 6 挖掘机 3 台，2001 年又增置了 SOLA - 250 挖掘机 1 台。

该灌区自 1988 年开始机械清淤试验，到 1991 年机械清淤量达 20.5 万 m³，占总清淤

量的 27.7% ,见表 8-1-4。

表 8-1-4　苏泗庄灌区历年清淤量与机械清淤量对比表

阶段	年份	人力和机械清淤量(万 m³)				备注
		合计	人力清淤	机械清淤	机械清淤量与总清淤量之比(%)	
机械清淤试验阶段	1988	75	55	20	26.7	
	1989	115	95.0	20	17.4	
	1990	104.41	84.41	20	19.2	
	1991	74.1	53.6	20.5	27.7	
机械清淤推广阶段	1992	79.7	59.7	20	25.1	
	1993	61.9	39.9	22	35.5	
	1994	110.1	60.1	50	45.4	
	1995	118.4	67.4	51	43.1	
	1996	88.2	38.2	50	56.7	
	1997	71.7	19.7	52	72.5	
	1998	144.2	81.3	62.9	43.6	
机械清淤全面实施阶段	1999	137.7		137.7	100	
	2000	157.6		157.6	100	
	2001	85		85	100	
	2002	143.1		143.1	100	
	合计	1 566.11	654.31	911.8		

二、引黄灌区机械化清淤示范推广阶段(1992~1993 年)

　　进入 20 世纪 90 年代,沿黄地市的国民经济和市场经济得到进一步发展,大量农村劳动力向非耕地经营转移,农民劳动力产值不断增值,增值使人工清淤土方成本大大超过了机械清淤土方成本,出现组织民工清淤难的问题,发展机械化施工的时机已经成熟。1993 年 11 月,菏泽、德州等地在冬季农田基本建设中组织百万民工上阵清淤,施工中遇到了半个世纪来未遇的雨雪和寒流,几十万民工被困在泥潭之中,不能施工,被迫风雪大撤退。大自然的惩罚,既向传统的人力清淤提出了挑战,又给机械化清淤创造了机遇,从此,各地市机械化清淤开始进入大规模发展时期。

　　自 1992~1993 年,就全省而言,已基本实现了由"人工清淤为主"向"机械清淤为主"的战略性转移。山东省部分地市引黄灌区机械化清淤发展情况见表 8-1-5。

表 8-1-5　部分地市机械化清淤发展情况表

地市	清淤量(万 m³)			机械清淤量(万 m³)			机械清淤量占百分数(%)		
	1985 年	1990 年	1993 年	1985 年	1990 年	1993 年	1985 年	1990 年	1993 年
东营	480	511.8	689	57.6	309.58	508.65	12	60	74
滨州	323.46	493.24	706.7	10.7	116.7	232.7	3.3	23.7	33
德州	818	758.21	1 262	21.0	187.2	466	2.6	24.7	37
聊城	550	97.6	1 144.46	0	48.8	660.67	0	50	57.7

1993 年,山东省水利厅对全省引黄灌区机械化清淤的主要设备(水力挖塘机组、挖泥船、铲运机、挖掘机、推土机)进行了调查。截至 1993 年底,用于引黄灌区清淤的机械数量达到 5 278 台套,其中:水力挖塘机组 3 239 台套,挖泥船 12 台,铲运机 788 部,挖掘机 238 台,推土机 1 001 部,分别占机械总数的 61.4%、0.2%、14.9%、4.5%、19.0%,见表8-1-6。从组织性质分类,水利部门所属施工机械数量 1 599 台,灌区所属机械数量 1 460 台,集体或个体 2 121 台,外省驻山东省施工队 98 台,分别占总数的 30.2%、27.7%、40.2%、1.9%,见表8-1-7。从各地市内部清淤机械构成分析,均以水力挖塘机组为主,其中东营市最高,占 87.5%,德州、聊城约占 59%。德州市推土机占 50.4%,水力挖塘机组占 33.4%。以灌区为单位分析,邢家渡、刘春家等灌区的泥浆泵占总数的 80% ~ 90%。从机械发展规模看,东营、聊城、德州的机械数量较多。

表 8-1-6　至 1993 年全省引黄灌区机械化清淤组织及装备一览表

市地	组织性质	成立年份	清淤机械机型及数量(台套)					
			合计	泥浆泵	挖泥船	铲运机	挖掘机	推土机
总计			5 278	3 239	12	788	238	1 001
东营市			1 381	1 209		81	28	63
	A2	1991	91	3B－57/87				70 马力/4
	A3	1985	4	3B－57/1			WY80/3	
	A3	1986	3	3B－57/1		70 马力/1		70 马力/1
	A3	1988	31	3B－57/24		70 马力/3		70 马力/5
	A3	1989	58	3B－57/44		70 马力/9		70 马力/5
	A3	1990	138	3B－57/120		70 马力/14	WY80/4	
	A3	1991	107	3B－57/95				70 马力/12
	B2	1985	10	3B－57/10				
	B3	1989	37	3B－57/33		70 马力/1	WY80/20	70 马力/12
	B3	1990	93	3B－57/83		70 马力/10		
	C	1986	17	3B－57/10		70 马力/2		70 马力/5
	C	1988	50	3B－57/42		70 马力/4		70 马力/4

续表 8-1-6

市地	组织性质	成立年份	清淤机械机型及数量(台套)					
			合计	泥浆泵	挖泥船	铲运机	挖掘机	推土机
东营市	C	1989	108	3B－57/92		70马力/14		70马力/3
	C	1990	338	3B－57/320		70马力/13		70马力/5
	C	1991	83	3B－57/73				70马力/10
	C	1992	99	3B－57/88			WY80/3	70马力/8
	C	1993	28	3B－57/12			WY80/4	70马力/12
	D	1992	86	3B－57/74			WY80/12	
滨州市			649	386	4	85	48	126
	A2	1989	10	4、6英寸/8 济南、泰安				PH50、70/2 洛阳
	A2	1990	32	4、6英寸/17 泰安、江苏				PH50、75、100/50 洛阳、苏联
	A2	1989	33			PH75/2 洛阳	日立200、300/8 日本	PH75 洛阳 D60/23 日本
	A2	1992	67	4PL－250/60 江苏4英寸	江苏/1		WJ－1001.2/2 江苏	湿地/2 东方红60/2
	A2	1991	50	泰兴4英寸/30		洛阳/8	洛阳/2	洛阳70/10
	A2	1990	30	6英寸/5 济南、泰安		PH75/13 洛阳	洛阳/2	PH50/10 洛阳
	A3	1989	112	6英寸/20 济南、泰安		PH50、75/43 洛阳	芦州/6	PH75/43 洛阳
	A3	1987	37	6英寸/21 济南、泰安	3		芦州/13	
	A3	1992	4				WJ－100/4 抚顺	
	A3	1991	21	4PL－250/18 江苏4英寸		75 东方红 洛阳 2 m³/2	0.8 m³/1 北京	75 东方红 洛阳 1.5 m³/1
	B1	1990	1				洛阳/1	

续表 8-1-6

市地	组织性质	成立年份	清淤机械机型及数量(台套)					
			合计	泥浆泵	挖泥船	铲运机	挖掘机	推土机
滨州市	B3	1990	8				履带式 0.4、1.0/8 抚顺、北京	
	C		95	4 英寸/61 济南、泰安		PH75/17 洛阳		PH75/17 洛阳
	C	1983~1993	78	卧式轴流 30 kW/79 泰安				
	C	1987~1993	53	3B－57/53 泰兴				
德州市			1 409	470	8	94	127	710
	A1	1984	38	4PG125、4PG250/16	全液压冲吸式 80 m³/h/6	CL－7/9	WYSD60/2	东方红 70、80/5
	A2	1990	228	4、6 英寸/17 泰安、江苏	全液压冲吸式 80 m³/h/1	CL－7/42	WYSD60/62	东方红 70、80/106
	A3		47	4PG125、4PG250/25	全液压冲吸式 80 m³/h/1	CL－7/3	WYSD60/7	东方红 70、80/11
	B2		3				WYSD60/3	
	B3		45	4PG125、4PG250/18		CL－7/3	WYSD60/2	东方红 70、80/22
	C		853	4PG125、4PG250/199		CL－7/37	WYSD60/51	东方红 70、80/566
	D		12	4PG125、4PG250/12				
聊城地区			1 188	704		459	22	3
	A1	1991	58	4PNL、6PNL/25		30	3	

续表 8-1-6

市地	组织性质	成立年份	清淤机械机型及数量(台套)					
			合计	泥浆泵	挖泥船	铲运机	挖掘机	推土机
聊城地区	A2	1989	42	4PNL、6PNL/29		8	2	3
	A3	1990	6	4PNL/6				
	B1	1988	37	4PNL、6PNL/27		10		
	B3	1991~1994	443	4PNL、6PNL/312		117	14	
	B3	1992	297	4PNL、6PNL/58		238	1	
	C	1992~1994	305	4PNL、6PNL/247		56	2	
菏泽地区			494	339		64	9	82
	A1		13			CTY－3T/6	PC200/1	802KT/6
	B1		4				GA325/2	D58/2
	菏泽市		11	NL10－16/5		CTY25JN/2	EX200－3/2	802KT/2
	鄄城县		59	NL100－15/43		CTY－3t/8		4125G/8
	定陶县		53	NL100－16/14		802TK/20	EX200－1/2	802KT/9 802 悬拖/8
	巨野县		48	NL125－18/40		CTY25JN/4		东方红 70/4
	曹县		98	NL100－16/45 3B－57/45				802KT/4 700/4
	成武县		38	CTY－3T/20		802TK/18		
	郓城县		119	100LWL－15/100		CTY－3T/4	0.5 m²/2	东方红 75/13
	单县		23	100LWL－15/12				802KT/5 东方红 75/6
	东明县		28	NL100－16/15		CTY－3T/2		4125G3/11

续表 8-1-6

市地	组织性质	成立年份	清淤机械机型及数量(台套)					
			合计	泥浆泵	挖泥船	铲运机	挖掘机	推土机
淄博市 (刘春家)			55	45			2	8
	A2		27	4PNL/23				东方红 75/4
	A3		14	4PNLN/13			0.5 m²/1	
	C		14	4PNLN/9			0.5 m²/1	东方红 75/4
济宁市 (陈垓)			20	10		5	2	3
	A2	1989	20	100 – 150/10		708/5	325/2	708/3
济南市 (邢家渡)		1987 ~ 1991	82	76				6
	A2		77	泰兴 4 寸/72				东方红 75/5
	B1		5	泰兴 4 寸/4				东方红 75/1

注:上表"组织性质"一栏中的符号含义如下:水利部门所属专业队(A):地市级(A1),县市级(A2),乡镇级(A3);灌区所属专业队(B):地市级(B1),县市级(B2),乡镇级(B3);集体或个体专业户(C);外省长期驻鲁专业清淤队(D)。

表 8-1-7　至 1993 年全省引黄灌区清淤机械组织与机构构成情况表

类别	总计	水利部门所属			灌区部门所属			集体或 个体	外省 队伍
		地市级	县市级	乡镇级	地市级	县市级	乡镇级		
机械数量(台)	5 278	109	860	630	47	933	480	2 121	98
所占百分比(%)	100	2.0	16.3	11.9	0.9	17.7	9.1	40.2	1.9

三、机械化清淤全面实施阶段(1994 ~ 2002 年)

(一)全省各地市机械化清淤全面实施概况分析

吸取 1993 年清淤的教训,地方各级政府充分认识到机械化清淤是必由之路。进入 1994 年后,引黄灌区的各级机械施工专业队伍已具备很大的规模,全面实现引黄灌区机械化清淤的条件已完全具备。因此,各地确定从 1994 年起,组织全区机械施工队伍,利用各类清淤机械,统一组织、统一领导,分期完成全年的清淤任务,改人力作业为机械施工,并根据灌区沉沙池、渠泥沙分布情况,分别采用不同机械作业,机械化施工全面代替了人力作业。至此,实现了人力作业向全面机械清淤的战略转移,各市地 2000 年引黄灌区清淤机械发展类别见表 8-1-8。据调查 2000 年全省引黄灌区已发展清淤机械 10 080 台套,其中,水力挖塘机组、推土机、铲运机、挖掘机、挖泥船分别占总数的 62.5%、17.5%、11.5%、8.4%、0.1%,另外还有大量的拖拉机、装运车辆等。1990 年后全省各地市引黄灌区机械化清淤量发展情况见表 8-1-9。

表 8-1-8　2000 年全省引黄灌区清淤机械发展类别表

机械类别	合计	水力挖塘机组	推土机	铲运机	挖掘机	水力挖泥船
机械数量(台)	10 080	6 300	1 764	1 160	844	12
所占百分比(%)	100	62.5	17.5	11.5	8.4	0.1

表 8-1-9　灌区 1990 年以来沉沙池、渠清淤量与机械清淤量对比表

（单位：万 m³）

灌区	年份	1990	1991	1992	1993	1994	1995	1996	1997	1998	1999	2000	2001	2002	合计
闫潭灌区	沉沙池、渠清淤量	106.8	140	72	88	80	65	194	184	138	198	300.7	180	129	1 875.5
	人力清淤量	106.8	140	72	58.5	30	29	81	64	0	0	0	0	0	581.3
	机械清淤量	0	0	0	29.5	50	36	113	120	138	198	300.7	180	129	1 294.2
谢寨灌区	沉沙池、渠清淤量	27.42	62.29	16.19	39.26	156.71	107.92	41.28	80.43	93.85	96.35	7	144.1	122.87	995.67
	人力清淤量	27.42	62.29	16.19	39.26	156.71	0	0	0	0	0	0	0	0	301.87
	机械清淤量	0	0	0	0	0	107.92	41.28	80.43	93.85	96.35	7	144.1	122.87	693.8
高村灌区	沉沙池、渠清淤量	16.5	25	16.5	18.7	14.7	12.3	20.4	18.5	28.8	24	6	47.2	25	273.6
	人力清淤量	16.5	25	16.5	18.7	14.7	10.8	0	0	0	0	0	0	0	102.2
	机械清淤量	0	0	0	0	0	1.5	20.4	18.5	28.8	24	6	47.2	25	171.4
刘庄灌区	沉沙池、渠清淤量	62.4	113.9	25.4	387.1	39.2	17	16	160.86	130.4	61.6	54.6	94.6	71.6	1 234.66
	人力清淤量	62.4	113.9	25.4	387.1	0	0	0	0	0	0	0	0	0	588.8
	机械清淤量	0	0	0	0	39.2	17	16	160.86	130.4	61.6	54.6	94.6	71.6	645.86
旧城灌区	沉沙池、渠清淤量	55	30.5	20.5	70.5	14.6	11.6	26.1	14.2	64.2	26.4	12.7	79.98	52.04	478.32
	人力清淤量	55	30.5	20.5	70.5	14.6	11.6	0	0	0	0	0	0	0	202.7
	机械清淤量	0	0	0	0	0	0	26.1	14.2	64.2	26.4	12.7	79.98	52.04	275.62

续表 8-1-9

年份		1990	1991	1992	1993	1994	1995	1996	1997	1998	1999	2000	2001	2002	合计
苏泗庄灌区	沉沙池、渠清淤量	104.41	74.1	79.7	61.9	110.1	118.4	88.2	71.7	144.2	137.7	157.6	85	143.1	1 376.11
	人力清淤量	84.41	53.6	59.7	39.9	60.1	67.4	38.2	19.7	81.3	0	0	0	0	504.31
	机械清淤量	20	20.5	20	22	50	51	50	52	62.9	137.7	157.6	85	143.1	871.8
杨集灌区	沉沙池、渠清淤量	0	0	0	0	0	45	59.05	30.36	18.24	0	16	19	27	214.65
	人力清淤量	0	0	0	0	0	0	0	0	0	0	0	0	0	0
	机械清淤量	0	0	0	0	0	45	59.05	30.36	18.24	0	16	19	27	214.65
苏阁灌区	沉沙池、渠清淤量	21.85	16.32	80.4	144	74	94.36	51.63	58.4	43.26	33	0	0	94.37	711.59
	人力清淤量	21.85	16.32	80.4	144	74	94.36	0	0	0	0	0	0	0	430.93
	机械清淤量	0	0	0	0	0	0	51.63	58.4	43.26	33	0	0	94.37	280.66
菏泽合计	沉沙池、渠清淤量	394.38	462.11	310.69	809.46	489.31	471.58	496.66	618.45	660.95	577.05	554.6	649.88	664.98	7 160.1
	人力清淤量	374.38	441.61	290.69	757.96	350.11	213.16	119.2	83.7	81.3	0	0	0	0	2 712.11
	机械清淤量	20	20.5	20	51.5	139.2	258.42	377.46	534.75	579.65	577.05	554.6	649.88	664.98	4 447.99
陶城铺灌区	沉沙池、渠清淤量	0	67	83.6	91.9	4.2	62	146	160.2	122.8	151.9	105	137.3	124.8	1 256.7
	人力清淤量	0	67	83.6	91.9	4.2	0	0	6.2	4.8	5.9	5	5.3	4.8	278.7
	机械清淤量	0	0	0	0	0	62	146	154	118	146	100	132	120	978

续表 8-1-9

年份		1990	1991	1992	1993	1994	1995	1996	1997	1998	1999	2000	2001	2002	合计
郭口灌区	沉沙池、渠清淤量	97.6	95.2	112.64	177.6	151.9	136.32	83.08	115.44	78.66	155.38	39.87	32.23	59.46	1 335.38
	人力清淤量	48.8	47.6	56.32	88.8	75.95	68.16	41.54	57.72	39.33	77.69	39.87	32.23	59.46	733.47
	机械清淤量	48.8	47.6	56.32	88.8	75.95	68.16	41.54	57.72	39.33	77.69	0	0	0	601.91
彭楼灌区	沉沙池、渠清淤量	0		0	0	0	0	0	0	0	0	0	23.1	84.2	107.3
	人力清淤量	0		0	0	0	0	0	0	0	0	0	0	0	0
	机械清淤量	0		0	0	0	0	0	0	0	0	0	23.1	84.2	107.3
位山灌区	沉沙池、渠清淤量	0	904.68	837.37	874.96	779.89	1 015.76	682.06	1 375.89	657.77	853.88	1 002.39	507.68	738.9	10 231.23
	人力清淤量	0	827.8	469.37	303.09	0	0	0	0	0	0	18.62	0	0	1 618.88
	机械清淤量	0	76.88	368	571.87	779.89	1 015.76	682.06	1 375.89	657.77	853.88	983.77	507.68	738.9	8 612.35
聊城合计	沉沙池、渠清淤量	97.6	1 066.88	1 033.61	1 144.46	935.99	1 214.08	911.14	1 651.53	859.23	1 161.16	1 147.26	700.31	1 007.36	12 930.61
	人力清淤量	48.8	942.4	609.29	483.79	80.15	68.16	41.54	63.92	44.13	83.59	63.49	37.53	64.26	2 631.05
	机械清淤量	48.8	124.48	424.32	660.67	855.84	1 145.92	869.6	1 587.61	815.1	1 077.57	1 083.77	662.78	943.1	10 299.56
陈垓灌区	沉沙池、渠清淤量	29.07	28.52	30.92	21.91	24.81	26.75	28.49	22.11	25.14	30.14	24.93	22.24	42.95	357.98
	人力清淤量	29.07	28.52	30.92	21.91	3.5	2.8	1.6	0	0	0	0	0	0	118.32
	机械清淤量	0	0	0	0	21.31	23.95	26.89	22.11	25.14	30.14	24.93	22.24	42.95	239.66

续表 8-1-9

年份		1990	1991	1992	1993	1994	1995	1996	1997	1998	1999	2000	2001	2002	合计
国那里灌区	沉沙池、渠清淤量	9.29	4.46	8	20	7	21	16.15	8.12	12	15	4	11	18	154.02
	人力清淤量	9.29	4.46	8	20	7	6.87	0	0	0	0	0	0	0	55.62
	机械清淤量	0	0	0	0	0	14.13	16.15	8.12	12	15	4	11	18	98.4
济宁合计	沉沙池、渠清淤量	38.36	32.98	38.92	41.91	31.81	47.75	44.64	30.23	37.14	45.14	28.93	33.24	60.95	512
	人力清淤量	38.36	32.98	38.92	41.91	10.5	9.67	1.6	0	0	0	0	0	0	173.94
	机械清淤量	0	0	0	0	21.31	38.08	43.04	30.23	37.14	45.14	28.93	33.24	60.95	338.06
丁庄灌区	沉沙池、渠清淤量	0.23	0.23	0.24	0.24	0.23	0.11	0.11	0	0.11	0.23	0.23	0.24	0.23	2.43
	人力清淤量	0.17	0.17	0.18	0.18	0.17	0.08	0.08	0	0.08	0.17	0.17	0.18	0.17	1.8
	机械清淤量	0.06	0.06	0.06	0.06	0.06	0.03	0.03	0	0.03	0.06	0.06	0.06	0.06	0.63
泰安合计	沉沙池、渠清淤量	0.23	0.23	0.24	0.24	0.23	0.11	0.11	0	0.11	0.23	0.23	0.24	0.23	2.43
	人力清淤量	0.17	0.17	0.18	0.18	0.17	0.08	0.08	0	0.08	0.17	0.17	0.18	0.17	1.8
	机械清淤量	0.06	0.06	0.06	0.06	0.06	0.03	0.03	0	0.03	0.06	0.06	0.06	0.06	0.63
潘庄灌区	沉沙池、渠清淤量	632	783	751.2	1 023.3	877.5	894	624	872	984	1 009.1	1 001	469	443	10 363.1
	人力清淤量	487.6	558	518.3	665.1	0	0	0	0	0	0	0	0	0	2 229
	机械清淤量	144.4	225	232.9	358.2	877.5	894	624	872	984	1 009.1	1 001	469	443	8 134.1

续表 8-1-9

灌区	年份	1990	1991	1992	1993	1994	1995	1996	1997	1998	1999	2000	2001	2002	合计
李家岸灌区	沉沙池、渠清淤量	109.6	101.5	242.7	201.3	267.5	158.3	106.5	161.3	97.5	250.1	88.9	114	113	2 012.2
	人力清淤量	66.8	53.8	116.5	92.6	0	0	0	0	0	0	0	0	0	329.7
	机械清淤量	42.8	47.7	126.2	108.7	267.5	158.3	106.5	161.3	97.5	250.1	88.9	114	113	1 682.5
韩刘灌区	沉沙池、渠清淤量	8.83	22.36	17.9	21.36	10.42	16.8	13.01	18.67	13.92	14.98	11.09	10.8	12.62	192.76
	人力清淤量	8.83	22.36	17.9	21.36	0	0	0	0	0	0	0	0	0	70.45
	机械清淤量	0	0	0	0	10.42	16.8	13.01	18.67	13.92	14.98	11.09	10.8	12.62	122.31
豆腐窝灌区	沉沙池、渠清淤量	7.78	12.32	15.44	16.4	15.4	10.55	6.5	10.59	11.67	12.71	12.4	10.5	23.87	166.13
	人力清淤量	7.78	12.32	15.44	16.4	0	0	0	0	0	0	0	0	0	51.94
	机械清淤量	0	0	0	0	15.4	10.55	6.5	10.59	11.67	12.71	12.4	10.5	23.87	114.19
德州合计	沉沙池、渠清淤量	758.21	919.18	1 027.24	1 262.36	1 170.82	1 079.65	750.01	1 062.56	1 107.09	1 286.89	1 113.39	604.3	592.49	12 734.19
	人力清淤量	571.01	646.48	668.14	795.46	0	0	0	0	0	0	0	0	0	2 681.09
	机械清淤量	187.2	272.7	359.1	466.9	1 170.82	1 079.65	750.01	1 062.56	1 107.09	1 286.89	1 113.39	604.3	592.49	10 053.1
邢家渡灌区	沉沙池、渠清淤量	200	174	190	181	174.6	183	179.7	174	165	192.5	165	164	179	2 321.8
	人力清淤量	157	0	0	0	0	0	0	0	0	0	0	0	0	157
	机械清淤量	43	174	190	181	174.6	183	179.7	174	165	192.5	165	164	179	2 164.8

续表 8-1-9

年份		1990	1991	1992	1993	1994	1995	1996	1997	1998	1999	2000	2001	2002	合计
田山灌区	沉沙池、渠清淤量	2.58	0.11	0	0	0	0	4.13	0	0.18	0	20.85	1.86	0	29.71
	人力清淤量	2.58	0.11	0	0	0	0	4.13	0	0.18	0	2.68	1.86	0	11.54
	机械清淤量	0	0	0	0	0	0	0	0	0	0	18.17	0	0	18.17
胡家岸灌区	沉沙池、渠清淤量	18	17	9.5	19.8	7.6	12	10.44	8.7	8.25	9.8	17.9	15.6	18	172.59
	人力清淤量	18	0	0	0	0	0	0	0	0	0	0	0	0	18
	机械清淤量	0	17	9.5	19.8	7.6	12	10.44	8.7	8.25	9.8	17.9	15.6	18	154.59
张辛灌区	沉沙池、渠清淤量	59.03	40	81	108	59	105	82	77	61	103	106	67	131	1 079.03
	人力清淤量	37.64	23.72	47.82	56.25	0	0	0	0	0	0	0	0	0	165.43
	机械清淤量	21.39	16.28	33.18	51.75	59	105	82	77	61	103	106	67	131	913.6
葛店灌区	沉沙池、渠清淤量	85	113	80	108	89	83	87	45	70.01	111	100	58	78	1 107.01
	人力清淤量	74.63	93.2	63.74	88	65.75	0	0	0	0	0	0	0	0	385.32
	机械清淤量	10.37	19.8	16.26	20	23.25	83	87	45	70.01	111	100	58	78	721.69
沟阳灌区	沉沙池、渠清淤量	22	27	25	23	16	25	11	18	25	57	26	58	20	353
	人力清淤量	19	22	20	17	0	0	0	0	0	0	0	0	0	78
	机械清淤量	3	5	5	6	16	25	11	18	25	57	26	58	20	275

续表 8-1-9

年份		1990	1991	1992	1993	1994	1995	1996	1997	1998	1999	2000	2001	2002	合计
济南合计	沉沙池、渠清淤量	386.61	371.11	385.5	439.8	346.2	408	374.27	322.7	329.44	473.3	435.75	364.46	426	5 063.14
	人力清淤量	308.85	139.03	131.56	161.25	65.75	0	4.13	0	0.18	0	2.68	1.86	0	815.29
	机械清淤量	77.76	232.08	253.94	278.55	280.45	408	370.14	322.7	329.26	473.3	433.07	362.6	426	4 247.85
胡楼灌区	沉沙池、渠清淤量	33	66.7	55.8	42	26.7	35.7	37	24	67	88	65	33	88.4	662.3
	人力清淤量	11	12	14	7	3	0	0	0	0	0	0	0	0	47
	机械清淤量	22	54.7	41.8	35	23.7	35.7	37	24	67	88	65	33	88.4	615.3
韩墩灌区	沉沙池、渠清淤量	98	73.5	152	98	78.16	94.81	107.4	148.8	173	148	260	250	258	1 939.67
	人力清淤量	86.2	31.6	53.5	27	12.06	9.91	0	0	0	0	0	0	0	220.27
	机械清淤量	11.8	41.9	98.5	71	66.1	84.9	107.4	148.8	173	148	260	250	258	1 719.4
簸箕李灌区	沉沙池、渠清淤量	117.64	292.5	201.9	178.94	126.77	161.64	209.66	151.61	140	147.64	126	130	135	2 119.3
	人力清淤量	117.64	292.5	201.9	178.94	126.77	61.64	50.33	0	0	0	0	0	0	1 029.72
	机械清淤量	0	0	0	0	0	100	159.33	151.61	140	147.64	126	130	135	1 089.58
张肖堂灌区	沉沙池、渠清淤量	19.4	54.2	28.4	26.8	28.2	92	34	37.9	28	91	38	52	35	564.9
	人力清淤量	19.4	54.2	28.4	26.8	28.2	40	5	0	0	0	0	0	0	202
	机械清淤量	0	0	0	0	0	52	29	37.9	28	91	38	52	35	362.9

续表 8-1-9

年份		1990	1991	1992	1993	1994	1995	1996	1997	1998	1999	2000	2001	2002	合计
小开河灌区	沉沙池、渠清淤量	0	0	0	0	0	0	0	0	0	0	80	62	62	204
	人力清淤量	0	0	0	0	0	0	0	0	0	0	0	0	0	0
	机械清淤量	0	0	0	0	0	0	0	0	0	0	80	62	62	204
白龙湾灌区	沉沙池、渠清淤量	37.45	20.46	34.8	40.23	23.8	41.1	19.6	38.09	19.74	41.01	21.2	23.11	46.9	407.49
	人力清淤量	37.45	20.46	34.8	40.23	14.3	17.5	12.4	0	0	0	0	0	0	177.14
	机械清淤量	0	0	0	0	9.5	23.6	7.2	38.09	19.74	41.01	21.2	23.11	46.9	230.35
大崔灌区	沉沙池、渠清淤量	12.15	8.2	29.4	13.1	19.5	22.7	11	9.2	14.7	8	8.2	5.4	8	169.55
	人力清淤量	12.15	8.2	29.4	13.1	2.4	3.9	3.8	0	0	0	0	0	0	72.95
	机械清淤量	0	0	0	0	17.1	18.8	7.2	9.2	14.7	8	8.2	5.4	8	96.6
大道王灌区	沉沙池、渠清淤量	0	0	18.8	21.7	0	0	0	91.1	0	0	20.3	0	11.4	163.3
	人力清淤量	0	0	18.8	21.7	0	0	0	0	0	0	0	0	0	40.5
	机械清淤量	0	0	0	0	0	0	0	91.1	0	0	20.3	0	11.4	122.8
兰家灌区	沉沙池、渠清淤量	69	9.1	57.8	55.1	65.8	69	68.8	47.2	66	100.2	64.5	29.9	68.3	770.7
	人力清淤量	69	9.1	57.8	55.1	40	35.56	0	0	0	0	0	0	0	266.56
	机械清淤量	0	0	0	0	25.8	33.44	68.8	47.2	66	100.2	64.5	29.9	68.3	504.14

续表8-1-9

年份		1990	1991	1992	1993	1994	1995	1996	1997	1998	1999	2000	2001	2002	合计
道旭灌区	沉沙池、渠清淤量	4.5	5.9	5.4	6.1	18.84	14	14.3	21.1	10.8	7.8	16.3	0	30	155.04
	人力清淤量	4.5	5.9	5.4	6.1	1.13	0	0	0	0	0	16.3	0	0	23.03
	机械清淤量	0	0	0	0	17.71	14	14.3	21.1	10.8	7.8	0	0	30	132.01
打渔张灌区	沉沙池、渠清淤量	102.1	122.5	66.8	224.7	24.32	62.66	167.8	37.81	198.7	184	172	91.76	175.5	1 630.65
	人力清淤量	19.2	52.53	35.62	98.01	16.88	22.53	21.56	0	0	0	0	0	0	266.33
	机械清淤量	82.9	69.97	31.18	126.69	7.44	40.13	146.24	37.81	198.7	184	172	91.76	175.5	1 364.32
滨州合计	沉沙池、渠清淤量	493.24	653.06	651.1	706.67	412.09	593.61	669.56	606.81	717.94	815.65	871.5	677.17	918.5	8 786.9
	人力清淤量	376.54	486.49	479.62	473.98	244.74	191.04	93.09	0	0	0	0	0	0	2 345.5
	机械清淤量	116.7	166.57	171.48	232.69	167.35	402.57	576.47	606.81	717.94	815.65	871.5	677.17	918.5	6 441.4
刘春家灌区	沉沙池、渠清淤量	63.22	61.14	68.66	434	31.66	24.29	30.36	17.48	31.56	26.48	24.79	22.26	36.06	871.96
	人力清淤量	63.22	61.14	68.66	434	31.66	0	0	0	0	0	0	0	0	658.68
	机械清淤量	0	0	0	0	0	24.29	30.36	17.48	31.56	26.48	24.79	22.26	36.06	213.28
马扎子灌区	沉沙池、渠清淤量	63.65	61.92	72.53	66.14	88.94	88.33	123.24	86.25	50.72	96.27	26.22	43.3	36	903.51
	人力清淤量	63.65	61.92	72.53	66.14	60.59	56.62	0	0	0	0	0	0	0	381.45
	机械清淤量	0	0	0	0	28.35	31.71	123.24	86.25	50.72	96.27	26.22	43.3	36	522.06

续表 8-1-9

年份		1990	1991	1992	1993	1994	1995	1996	1997	1998	1999	2000	2001	2002	合计
淄博合计	沉沙池、渠清淤量	126.87	123.06	141.19	500.14	120.6	112.62	153.6	103.73	82.28	122.75	51.01	65.56	72.06	1775.47
	人力清淤量	126.87	123.06	141.19	500.14	92.25	56.62	0	0	0	0	0	0	0	1040.13
	机械清淤量	0	0	0	0	28.35	56	153.6	103.73	82.28	122.75	51.01	65.56	72.06	735.34
麻湾灌区	沉沙池、渠清淤量	0	57.4	68	38.4	58	65	76	50	71	48	69	35	46	681.8
	人力清淤量	0	37	30	0	0	0	0	0	0	0	0	0	0	67
	机械清淤量	0	20.4	38	38.4	58	65	76	50	71	48	69	35	46	614.8
曹店灌区	沉沙池、渠清淤量	102	115	121	104	100	112	130	131	133	96	111	65	75	1395
	人力清淤量	30	35	32	0	0	0	0	0	0	0	0	0	0	97
	机械清淤量	72	80	89	104	100	112	130	131	133	96	111	65	75	1298
胜利灌区	沉沙池、渠清淤量	125.5	109.3	99.6	140	96	110	105	94	105	112	72	45	47	1260.4
	人力清淤量	0	0	0	0	0	0	0	0	0	0	0	0	0	0
	机械清淤量	125.5	109.3	99.6	140	96	110	105	94	105	112	72	45	47	1260.4
王庄灌区	沉沙池、渠清淤量	50	52	103	109	60	95.4	112	89	123	150	164	150.8	203	1461.2
	人力清淤量	50	52	103	50	0	0	0	0	0	0	0	0	0	255
	机械清淤量	0	0	0	59	60	95.4	112	89	123	150	164	150.8	203	1206.2

续表 8-1-9

灌区	年份	1990	1991	1992	1993	1994	1995	1996	1997	1998	1999	2000	2001	2002	合计
双河灌区	沉沙池、渠清淤量	79.87	84.48	87.55	41.47	82.26	78.36	74.52	55.3	89.1	101.4	91.38	59	74	998.69
	人力清淤量	0	0	0	0	0	0	0	0	0	0	0	0	0	0
	机械清淤量	79.87	84.48	87.55	41.47	82.26	78.36	74.52	55.3	89.1	101.4	91.38	59	74	998.69
红旗灌区	沉沙池、渠清淤量	31.36	26.88	28.67	30.46	31.36	32.26	27.77	30.46	32.26	30.46	32.26	25	26	385.2
	人力清淤量	31.36	26.88	28.67	30.46	0	0	0	0	0	0	0	0	0	117.37
	机械清淤量	0	0	0	0	31.36	32.26	27.77	30.46	32.26	30.46	32.26	25	26	267.83
路庄灌区	沉沙池、渠清淤量	0	0	0	0	0	0	27.9	29.14	29.68	28.14	30.68	31.8	30.65	207.99
	人力清淤量	0	0	0	0	0	0	0	0	0	0	0	0	0	0
	机械清淤量	0	0	0	0	0	0	27.9	29.14	29.68	28.14	30.68	31.8	30.65	207.99
一号灌区	沉沙池、渠清淤量	56.2	53.47	20	57.3	21	58.5	21	52.2	21	54.6	33.6	25	70.8	544.67
	人力清淤量	56.2	53.47	20	57.3	21	0	0	0	0	0	0	0	0	207.97
	机械清淤量	0	0	0	0	0	58.5	21	52.2	21	54.6	33.6	25	70.8	336.7
纪冯灌区	沉沙池、渠清淤量	9.79	9.79	4.32	2	0.8	2.72	2	2.31	2.31	2	3.08	2.8	2	45.92
	人力清淤量	9.79	9.79	4.32	2	0.8	2.72	2	0	0	0	0	0	0	31.42
	机械清淤量	0	0	0	0	0	0	0	2.31	2.31	2	3.08	2.8	2	14.5

续表 8-1-9

	年份	1990	1991	1992	1993	1994	1995	1996	1997	1998	1999	2000	2001	2002	合计
宫家灌区	沉沙池、渠清淤量	57.06	53.58	124.26	105.52	94.13	65	91.31	58.88	71.1	98.03	82.29	78.74	62.44	1 042.34
	人力清淤量	24.85	21.54	50.25	40.64	39.1	15.6	0	0	0	0	0	0	0	191.98
	机械清淤量	32.21	32.04	74.01	64.88	55.03	49.4	91.31	58.88	71.1	98.03	82.29	78.74	62.44	850.36
五七灌区	沉沙池、渠清淤量	0	0	38.5	60.9	20	46.7	0	2	3	3	13.5	3	24.64	215.24
	人力清淤量	0	0	0	0	0	0	0	0	0	0	0	0	0	0
	机械清淤量	0	0	38.5	60.9	20	46.7	0	2	3	3	13.5	3	24.64	215.24
东营合计	沉沙池、渠清淤量	511.78	561.9	694.9	689.05	563.55	665.94	667.5	594.29	680.45	723.63	702.79	521.14	661.53	8 238.45
	人力清淤量	202.2	235.68	268.24	180.4	60.9	18.32	2	0	0	0	0	0	0	967.74
	机械清淤量	309.58	326.22	426.66	508.65	502.65	647.62	665.5	594.29	680.45	723.63	702.79	521.14	661.53	7 270.71
山东省合计	沉沙池、渠清淤量	2 807.28	4 190.51	4 283.39	5 594.09	4 070.6	4 593.34	4 067.49	4 990.3	4 474.63	5 205.8	4 905.46	3 616.3	4 404.1	57 203.29
	人力清淤量	2 047.18	3 047.9	2 627.83	3 395.07	904.57	557.05	261.64	147.62	125.69	83.76	66.34	39.57	64.43	13 368.65
	机械清淤量	760.1	1 142.61	1 655.56	2 199.02	3 166.03	4 036.29	3 805.85	4 842.68	4 348.94	5 122.04	4 839.12	3 576.73	4 339.67	43 834.64

（二）典型灌区机械化清淤全面实施情况剖析

1. 聊城市位山灌区

该灌区 1994 年后,各级机械施工专业队伍已具备较大规模,共有各级专业队伍 16 个,其中地市级 3 个、县市级 7 个、乡镇级 6 个。拥有各类清淤机械 1 098 部,其中铲运机 451 台,挖掘机 20 台,推土机 26 台,水力挖塘机组 601 余台套,见表 8-1-10。全面实行机械化清淤的条件已经具备,因此灌区确定从 1994 年起,组织全区机械施工队伍,机械化施工全面代替了人力作业。到 1998 年市、县、乡各级专业队伍,拥有各类清淤机械 1 257 部,其中水力挖塘机组 616 台套,铲运机 479 台,挖掘机 114 台,推土机 48 台;到 2000 年,市、县、乡各专业队伍拥有各类清淤机械 1 707 部,其中水力挖塘机组 650 台套,铲运机 452 台,挖掘机 153 台,推土机 452 台,见表 8-1-11。

表 8-1-10　1994 年位山灌区机械化清淤组织及装备情况表

组织名称及性质	成立时间	清淤机械种类及数量						备注
		合计（台）	水力挖塘机组（台套）	挖泥船	铲运机（型号/台）	挖掘机（型号/台）	推土机（型号/台）	
市土方公司 A1	1991	58	10	0	2.5 m³/20	卡特、小松/8	75HP/20	
市灌溉处工程队 B1	1988	45	32	0	2.5 m³/5	日立、小松/3	75HP/5	
县施工队 B2	1991	110	61	0	2.5 m³/40	日立、小松/9		
乡集体或个体 C	1992	885	498	0	2.5 m³/386		75HP/1	
合计		1 098	601	0	451	20	26	

表 8-1-11　2000 年位山灌区机械化清淤组织及装备情况表

组织名称性质	成立时间	清淤机械种类及数量						备注
		合计（台）	水力挖塘机组（台套）	挖泥船	铲运机（型号/台）	挖掘机（型号/台）	推土机（型号/台）	
市土方公司 A1	1991	58	10	0	2.5 m³/20	卡特、小松/8	75HP/20	
市灌溉处工程队 B1	1988	45	32	0	2.5 m³/5	日立、小松/3	70HP/5	
县施工队 B2	1991	175	80	0	2.5 m³/40	日立、小松/15	75HP/40	
乡集体或个体 C	1992	1 429	528	0	2.5 m³/387	小松/127	75HP/387	
合计		1 707	650	0	452	153	452	

自 1994～2002 年,沉沙池、输沙渠机械清淤量 6 170.66 万 m³,占总清淤量的 100%,干渠的机械清淤量 1 424.94 万 m³,占总清淤量的 98.7%,见表 8-1-3。至此,位山灌区沉沙池、输沙渠和干渠全面实现了机械化清淤。

2. 德州市潘庄灌区

潘庄灌区 1994 年拥有各类清淤机械 1 266 台,见表 8-1-12,到 2000 年机械化清淤设备发展到 1 859 台,见表 8-1-13。

表 8-1-12　潘庄灌区 1994 年机械化清淤设备种类及数量

性质	水力挖塘机组（型号/台套）	水力挖泥船（型号/只）	铲运机（型号/台）	挖掘机（型号/台）	推土机（型号/台）	拖拉机（型号/台）	合计（台）
A1	4PN/40 6PN/40	全液冲吸 80 m³/h/4					44
A2	4PN/125						125
A3	6PN/250 4PN/250						250
C	4PN/360	全液冲吸 80 m³/h/2	CL－7/10	WYSD60/50	东方红 70、80/20	50 型/400	842
D	4PN/5						5
合计	780	6	10	50	20	400	1 266

表 8-1-13　潘庄灌区 2000 年机械化清淤设备种类及数量

性质	水力挖塘机组（型号/台套）	水力挖泥船（型号/只）	铲运机（型号/台）	挖掘机（型号/台）	推土机（型号/台）	拖拉机（型号/台）	合计（台）
A1	4PN/50、6PN/60	全液冲吸 80 m³/h/4	CL－7/10	WYSD60/3	东方红 70、80/5		132
A2	4PN/125、6PN/20						145
A3	6PN/250 4PN/250						500
B1							
C	4PN/360 6PN/100	全液冲吸 80 m³/h/2	CL－7/30	WYSD60/40	东方红 70、80/50	50 型/500	1 082
D							
合计	1 215	6	40	43	55	500	1 859

注：上表"组织性质"一栏中的符号含义如下：

水利部门所属专业队（A）、地市级（A1）、县市级（A2）、乡镇级（A3）；

灌区所属专业队（B）、地市级（B1）、县市级（B2）、乡镇级（B3）；

集体或个体专业户（C）；

外省长期驻鲁专业清淤队（D）。

潘庄灌区沉沙池、渠及内河自 1994～2002 年机械清淤量 5 760 万 m³，年均 64 万 m³，占总清淤量的 100%，见表 8-1-2，全面实现了机械化清淤。

（三）在机械化清淤全面实践阶段，重点解决了运行管理机制、制定鼓励政策、培训技术力量和机械化清淤技术研究及推广问题

1.建立了符合市场经济要求的经营管理运行机制

推行机械化清淤，是一项复杂的系统工程，在具体工程中，一开始就要积极培育和引导其走向市场。一是坚持了施工队伍实行企业化管理和市场经营的原则，使其自主经营、独立核算、自负盈亏,主管部门只负责宏观指导协调、财务审计、检查等,企业自身有人、财、物的自主权和经营权。二是根据市场需要逐步完善了规章制度、奖惩制度、成本核算制度、财务制度,实现了规范化、制度化、科学化管理。三是积极引导和支持发展集体和个体施工队伍。东营和滨州两地市个体拥有清淤机械数量分别占总数的70%、48%,可以看出机械化清淤对农民的吸引是很大的。四是水利部门积极参与市场竞争,充分发挥水利部门得天独厚的优势,组建自己的施工公司或施工队伍,凭借机械、技术、管理等方面的优势去占领这个市场,借机壮大自身势力,发展水利经济。

2. 制定鼓励政策

德州、聊城、菏泽等地市先后制定了一些鼓励和扶持机械化清淤的政策。1994 年 3 月,德州地区行署制定了关于水利工程推行机械化施工的意见,要求三年内全区主要工程实现机械化施工。聊城地委、行署提出要逐步实行"四改",即改人民战争为主为专业队施工为主,改人力作业为主为机械化作业为主,改大锅饭为专项工程招标承包,改季节性施工为常年施工。菏泽地区行署决定实行"以资代劳"的办法,全区每人 10 元,连续 6 年,每年积资 8 000 万元,由水利局统一组织实施机械化施工。其他各地市也制定了一些扶持政策,这些政策措施对于促进机械化清淤的健康发展,起到了积极的保证作用。

3. 加强机械施工队伍的培训

全省现有机械清淤人员 2 万余人,技术人员只占 10% 左右,具体操作人员大部分是从社会上招用的临时工,缺乏水利清淤施工的基础专业知识和实际操作经验。因此,为提高施工质量、效益,加强了机械化清淤队伍的培训工作,培训形式是委托学校办短期培训班,让有关专业技术人员进行现场培训。

4. 加强清淤机械新产品开发和机械化清淤技术的研究与推广

根据生产需要,进行了机械化清淤专项技术研究,如不同条件下最适宜的机械类型选择、双泵串联远距离输沙技术、高浓度造浆技术、清淤机械优化组合技术、施工规划与淤场布局、提高清淤效率的技术措施等,取得了一大批科研成果。

第二章　山东省水利厅创建"山东省水力清淤机械性能测试中心"的研究

第一节　创建"山东省水力清淤机械性能测试中心"的必要性和基本任务

一、创建"山东省水力清淤机械性能测试中心"的必要性

1987年11月,水利部在江苏省海门县召开了"农田水利施工机械化会议",会议确定:"随着农村商品经济的发展,水利施工机械化已成为今后水利发展的方向""山东、河南的引黄灌区,有着清淤的特殊要求,列入水利部沿海沿江(河)七省市平原地区施工机械化优先起步的范围""要求参加起步的省市,从本省市实际出发,确定自己的工作重点地区及主攻方向,加强科学研究,搞好试点,做好技术指导和技术培训""会议建议主管部门,作为用户的代表,今后在加强清淤机械性能检定和帮助生产厂家提高质量上做些工作"。

会后山东省认真落实会议精神,对有关问题进行了专题研究,认为对水力机械管理部门和用户来讲,在使用中首先遇到的问题是对清淤机械的性能不够明确。特别是水力挖塘机组,在山东省社会保有量大,但至今全国各生产厂家和专业技术监督部门都没有该产品性能检测的设施和手段,致使水力机械的性能缺乏明确的、科学的标定,如有的厂家仅作了扬程、流量、功率等参数的范围说明,而没有提供清、浑水性能曲线,性能不清、优劣不分,给用户对产品合理选用和科学使用带来很大不便。为此,自1988年开始至1996年止,历时8年由山东省水利厅引黄主管部门、引黄灌区和科研教学单位联合投资50余万元,研制了"引黄灌区水力清淤机械性能测试台"。这也是我国在多沙河流灌区内建立的首座水利清淤机械性能测试平台,测试台实现了微机自动采集泥浆泵性能数据,并直接绘制性能曲线。

该水力清淤机械性能测试台于1996年通过专家技术鉴定,专家鉴定意见如下:

清淤机械性能测试装置建设,是发展我国灌区机械清淤事业、科学运用清淤机械的一项重要基础设施。"引黄灌区水力清淤机械泥浆泵性能浑水测试装置"紧密服务于灌区的机械清淤,这在国内多沙河流渠系疏浚领域属于首创。研制的浑水测试台通过采用偏置射流拌浆装置,加大了泥浆拌和力度,整个制浆罐结构简单、操作方便;在泥浆泵测试装置中,采用了防干扰工业用微机,使泥浆泵测试全过程实现了自动化,并开发了相应的应用软件,使测试精度达到了国家规定B级标准。

利用水力清淤机械泥浆泵浑水性能测试台,对国内几种典型泥浆泵浑水性能进行测试,提供了各种泥浆密度条件下高精度的泥浆泵产品性能曲线,为泥浆泵产品性能评价、

质量改进、合理选型、操作运用提供了科学依据。

1999年7月山东省水利厅依据山东省水利技工学校(现山东省水利技术学院)"关于设立山东省引黄灌区清淤机械测试中心的申请报告",并征得山东省技术监督局同意,以鲁水人函字〔1999〕24号文批复,同意在山东省水利技工学院(淄博市)内建立"山东省水力清淤机械性能测试中心",为全省和全国的水力清淤机械的性能测试提供技术服务和监督。

二、测试中心的基本任务

(1)面向全国对省内外清淤机械产品性能进行测试,作出公正的、科学的、准确的评价,促进生产厂家产品质量的提高和新产品开发,并向用户如实通报产品性能和指导选型及运用。

(2)向各基层机械清淤单位和用户提供机械现场性能、工作效率测试,提供现场测试设备和技术服务,以降低成本,提高质量。

第二节　水力清淤机械浑水性能测试装置研制

一、水力清淤机械浑水性能测试台的基本技术参数

流量:0~300 m³/h;
扬程:0~70 m;
扭矩:500 N·m;
功率:0~50 kW;
转速:0~3 000 r/min;
泥浆密度:1.0~1.55 g/cm³;
泥浆罐体积:12 m³。

二、水力清淤机械浑水性能测试台的主要组成及工作系统框图

(一)主要组成
(1)造浆装置:蓄水池、造浆罐。
(2)输浆系统:管道、阀门。
(3)泥浆泵安装装置:泥浆泵、电机、可调节机座。
(4)仪器仪表:电磁流量计、微机型转速扭矩仪、压力表、真空表及变送器、隔离罐、同位素泥浆密度测试仪、测试仪器仪表控制柜。
(5)微机硬件:主机、显示器、A/D转换卡、平板绘图仪。
(6)配电柜:开关、接触器、电流表、电压表、功率因数表。
各组成部分详见结构布置图8-2-1。
(二)工作系统框图
工作系统框图见图8-2-2。

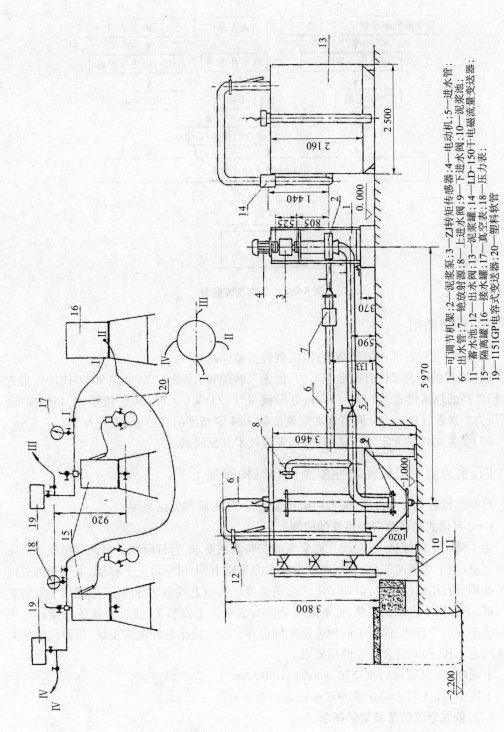

图8-2-1 水力清淤机械浑水性能测试台结构布置图 (单位:mm)

1—可调节机架;2—泥浆泵;3—Z型转矩传感器;4—电动机;5—进水管;6—出水管;7—铯放射源;8—上进水阀;9—下进水阀;10—泥浆流量变送器;11—蓄水池;12—出水阀;13—泥浆罐;14—LD-150干电磁流量变送器;15—隔离罐;16—接水罐;17—接电容式变送器;18—压力表;19—1151GP电容式变送器;20—塑料软管

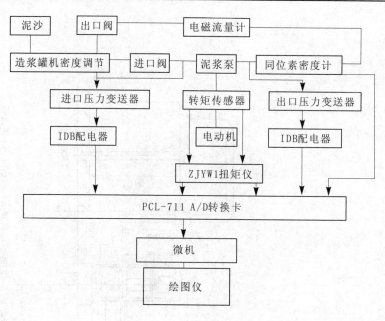

图 8-2-2　工作系统框图

三、研制原则

（1）坚持装置各部件的高精度，以实现装置整体高精度。

（2）装置的配套部件有标准产品的，优先采购配置，配备了 20 世纪 90 年代国内最先进、精度高的仪器仪表，如 LD－150F 电磁流量计，ZJYW1－500 转速扭矩仪，1151GP 真空、压力变送器，FH－1110 同位素泥浆密度计，0.4 级精度的真空表、压力表等。

（3）装置的部件无定型产品的，采用先进技术开发研制。

四、水力清淤机械浑水性能测试台结构研制

自制部件包括可调机座、偏置射流造浆装置、压力罐和管路系统。

（一）可调式泥浆泵安装机座的研制

为了满足不同规格、不同尺寸泥浆泵的安装测试要求，自行研制了可调节机座。机座分为上机座、下底座两部分，下底座固定在水泥基础上，上机座可上下移动，上下两部分框架高度调节孔用螺栓固定，以调节上机座的高度。其中上机座又分两层，上层用于安装立式电机，下层用于定位泥浆泵，上下两层之间有立板用于安装 ZJ 扭矩转速传感器。上机座和底座为一个整体，保证了同轴连接牢固可靠。电机输出轴和泥浆泵轴、扭矩仪轴的同心度均为 0.02 mm，符合安装使用要求。

上底座：长：970 mm；宽：570 mm；高：1 800 mm。

下底座：长：1 110 mm；宽：600 mm；高：1 500 mm。

（二）偏置射流造浆装置的研制

借鉴国内外资料，在转轮搅拌式和正冲流式造浆装置的基础上，进行了改革和创新，研制了偏置射流式造浆装置。

1. 工作原理和特点

该装置的造浆功能是靠水泵出水管从造浆罐顶偏心插入锥形部位,浆体流出出水管时产生偏旋水流拌和泥浆而实现的,故称为偏置式造浆装置。这种装置产生一种新的水流结构,即偏置旋流结构,较之转轮搅拌式和正冲流式造浆装置的水流结构,加大了泥浆拌和的力度。在调浆机构上也作了改进和创新:一是在罐内水泵吸水叉管的上进口和下出口均装上了调节阀,加大了浆体调节的力度;二是根据罐内泥浆浓度垂向上小下大的特点,在罐侧增加了竖管,竖管上设上、中、下三个阀门,用以排放罐内不同层次浓度的浆体,以调节浆体浓度,见图8-2-3。

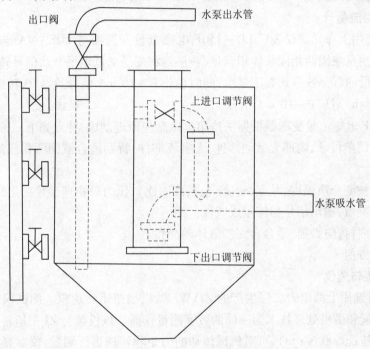

图8-2-3　偏置射流造浆装置

2. 结构尺寸

泥浆罐直径:2.5 m;高:3.5 m;壁厚:8 mm;容积:12 m³;进出水管 φ150 mm。

结构见立面布置图8-2-3。

(三)浑水压力测试隔离罐研制

为防止浑水泥沙进入测压仪表,特在进出口设立测压隔离罐。隔离罐内注满清水,以传递压力,隔离泥沙。本隔离罐采用承压能力强的液化气罐改制,能保证测压准确,见图8-2-1。

(四)管路系统

整个管路分为输入管路和输出管路。均为6″钢管,输入管路设有两个入口,位于造浆罐内。在输入管路上设有闸阀用于控制水泵吸程,输出管路上安装有电磁流量传感器和出口调节阀,通过出口阀开关可调节泵的出口流量。在泵的入口和出口管路的直管段上各设有一组测压点,每组测压点有两个出口便于均压,两组测压点分别通过软管与隔离罐相连,隔离罐分别通过软管与压力变送器和压力表、真空表相连,泥浆泵出口配置测压直管段,直管段内径与泵的出口口径相同。

五、仪器仪表的配置及参数

(一)压力变送器

采用西安仪表厂1151GP压力变送器分别测量泥浆泵的进口和出口压力。技术性能指标如下:

测量范围:正压:0~0.06 MPa;负压:±0.1 MPa。

指示精度2.5级。

(二)电磁流量计

本系统选用上海光华仪表厂LD-150F电磁流量变送器与LDE-4A电磁流量转换器,配套用于测量液固两相泥浆体积流量,转换器将变送的低电平毫伏信号转换成相应流量,以额定流量的百分数形式数字显示,同时输出0~10 mA信号给A/D转换卡,标定流量(0~300 m^2/h)对应0~10 mA信号。

LD-150F电磁流量变送器根据法拉第电磁感应原理制成,特点如下:

(1)结构简单可靠,内部无活动部件,无阻流部件,特别适合液固两相流量测量,无压力损失。

(2)不受被测介质温度、黏度、密度(包括液固比)、压力等物理参数变化的影响。

(3)反应灵敏,输出信号与流量成线性。

(4)管设内衬,防磨损,适合含泥沙液体的测量。

(5)安装方便。

(三)扭矩转速仪

功率测量选用上海电表二厂生产的ZJYW1微机型扭矩转速仪。测试仪是综合相位测量、频率测量和微机处理技术为一体的数字测量仪器。该仪器与ZJ扭矩转速传感器配套使用(本系统配500 N·m),可对机械传动的力矩和转速进行测量,仪器显示平均扭矩和平均传速,并经运算显示出机械功率。另外仪器有快速响应的电压模拟量输出(0~5 V),分别对应设定的额定扭矩和额定转速,信号送微机A/D转换卡,由微机经测试转换,测量相应功率。

1.ZJ型传感器

ZJ型传感器的基本原理是通过磁电交换,将被测扭矩及转速转换成具有相位差的两个电信号,相位差的变化量与被测扭矩大小成正比,将这两个信号送到ZJW1微机型扭矩转速仪经计算显示扭矩、转速和功率。

(1)型号:ZL-500 N·m;

(2)额定扭矩:500 N·m;

(3)额定转速:0~2 000 r/min。

2.ZJYW1微机型扭矩转速仪

(1)扭矩:显示0,输出0 V,显示额定扭矩,输出+5 V;

(2)转速:达到额定转速显示+5 V;

(3)线性度:±0.5%(满量程值计)。

(四)同位素泥浆密度计

同位素泥浆密度计是根据介质对射线吸收的原理来测量介质密度的,放射源采用铯源,半衰期为 33 年,γ 射线能量为 661 keV。铯源的 γ 射线穿过管道,管道密度的变化引起射线束强度的变化。铯源对面是闪烁探头,内部主要是光电倍增管及相应电路,将射线密度的变化转换成脉冲频率的变化,经信号处理转换为 0 ~ 5 V 电压信号,对应 1 ~ 1.8 g/cm³ 的密度。整个密度计主要由铯源罐、闪烁探头、FH - 1112A 型输入高压、FH - 1113A 型密度道、FH0001A 插件机箱、FH0002B 低压电源组成。其中,铯源罐和闪烁探头安装在出水段上,其余安装在仪表柜内。

主要技术性能:

(1)密度测量范围:1.0 ~ 1.8 g/cm³;

(2)液体密度:1.0 ~ 1.025 g/cm³;

(3)介质相对密度:1.2 ~ 3.0;

(4)时间常数分三档:2、10、60 s。

六、微机软件的开发

本系统选用 IPC - 386DX 工业控制机,配性能价格比高的 PCL - 711 A/D 转换卡及 ROLAND、ZXY1180I 平板绘图仪。采集的信号有:电磁流量转换器 LDZ - 4A 的信号 0 ~ 10 mA,进出口压力变送器经 IDB 配电器变送的 1 ~ 5 V 信号,ZJYW1 微机型扭矩转速仪 D/A 输出的扭矩信号 0 ~ 5 V,转速信号 0 ~ 5 V 及密度计输出的 0 ~ 5 V 信号。定点测量经微机处理最终给出流量—功率、流量—扬程、流量—效率曲线。

(一)微机采集处理框图

见图 8-2-4。

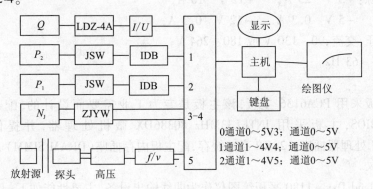

图 8-2-4 微机采集处理框图

(二)主要参数

(1)流量:0 ~ 300 m³/h;

电流信号:0 ~ 10 mA;

公式:$Q = 300 \times$ 电压信号/5。

(2)出口压力:0 ~ 0.6 MPa;

电压信号:0 ~ 5 V;

公式:$P_2 = -0.6 \times$ 电压信号/4。

(3)进口压力:± 0.1 MPa;

电压信号:1~5 V;

公式:$P_1 = -0.1 + 0.2 \times$ 电压信号/4。

(4)扭矩:0~500 N·m;

信号:0~5 V;

公式:$N_J = 500 \times$ 电压信号/5。

(5)转速:0~2 000 r/min;

信号:0~5 V;

公式:$Z_s = 2\,000 \times$ 电压信号/5。

(6)密度:1.0~1.8 g/cm³;

信号:0~5 V;

公式:$M_D = 1 + 0.8 \times$ 电压信号/5。

(三)系统特点

(1)采用软件数字滤波技术,很好地消除了电磁流量计的干扰信号。

(2)插补采用最小二乘法,性能曲线拟合好。

(四)硬件

1. 主机箱

为便于现场测量,主机箱选用 IPC-610 工业控制机机箱。

系统采用同位素密度计,用于连续测量泥浆密度。

最大连续输出功率:250 W;

输出电源:+5 V　25 A,　　+12 V　10 A,

　　　　　　+5 V　0.3 A,　　-12 V　0.3 A;

输入电压:交流,90~130 V 或 180~264 V;

频率:47~63 Hz。

2. 主板

主机主板采用 PCA6136 主板,该主板是专为工业需要而设计的,配兼容性好的 BIOS-AMIBIOS,主板采用 INTEL33MHz 80386DX 微机处理器,并提供 80387 或 WEITEK3167 处理器插座,128KB 高速缓存,配主板内存插座(DRAM SIMM)

3. 绘图仪

选用 Roland Dxy-1180 平板绘图仪作为曲线输出设备,主要性能如下:

最大绘图区域:432 mm×297 mm;

绘图笔数:8 笔;

最大绘图速度:60 mm/s;

软件分辨率:RD-GL Ⅱ,RD-GL Ⅰ,0.025 mm/步。

七、测试精度分析

(一)随机误差分析

对同一点连续(半小时)测量,结果表明同一点的重复测量值呈正态分布,设测得的一组值为 $X_1,X_2,X_3,\cdots,X_n$,则

平均值: $M = (X_1 + X_2 + X_3 + \cdots + X_n)/n$

标准偏差: $S_n = \left[\sum (X_1 - M)^2/n \right]^{1/2}$

95%置信概率的误差限为:平均真值 $\pm X \times S_n/\sqrt{n}$

测量组数 $>30,X = 1.96$

根据上面测量结果计算的各项随机误差如下:

流量的平均值 $=217.77$

流量的平均偏差 $=5.770\ 158$

95%置信概率的误差限为 $=217.77 \pm 0.577\ 9$

流量随机误差 $=0.529\ 356\%$

出口压力的平均值 $=0.126$

出口压力的平均偏差 $=0.002\ 001$

95%置信概率的误差限为 $=217.77 \pm 0.002$

出口压力随机误差 $=0.003\ 131\ 2\%$

进口压力的平均值 $= -0.005$

进口压力的平均偏差 $=0.000\ 761$

95%置信概率的误差限为 $=217.77 \pm 0.000\ 076\ 22$

进口压力随机误差 $=0.007\ 622\%$

扭矩的平均值 $=70.393$

扭矩的平均偏差 $=0.646\ 223$

95%置信概率的误差限为 $=70.393 \pm 0.129\ 440\ 17$

扭矩随机误差 $=0.367\ 089\%$

转速的平均值 $=1\ 473.35$

转速的平均偏差 $=0.017\ 086$

95%置信概率的误差限为 $=1\ 473.35 \pm 0.125\ 875\ 39$

转速随机误差 $=0.017\ 086\%$

密度的平均值 $=1.017$

密度的平均偏差 $=0.103\ 652$

95%置信概率的误差限为 $=1.017 \pm 0.010\ 380\ 88$

密度随机误差 = 0.103 766%

效率的平均值 = 72.965
效率的平均偏差 = 0.231 197 82
95% 置信概率的误差限为 = 72.965 ± 0.231 197 82
效率转速随机误差 = 0.631 764%

(二)仪器仪表的系统误差

系统误差主要是由于仪表固有的和结构的局限性及仪表校准的局限性和测量的不完善产生的,系统误差取仪表标定最大误差,结果如下:

流量系统误差 = 0.333%
出口压力系统误差 = 0.1%
进口压力系统误差 = 0.6%
扭矩系统误差 = 0.5%
转速系统误差 = 0.5%
密度系统误差 = 1.15%

(三)测试精度分析

1. 主要公式

1)浑水扬程

$$H = \left[(p_2 - p_1)/r - (v_2^2 - v_1^2) \right]/(2g) + \Delta z \quad (\text{m})$$

式中　p_2——出口压力;

　　　p_1——进口压力。

由于进出口管径相同,$(v_2^2 - v_1^2)/(2g) = 0$;由于进出口压力变送器的高度相同,$\Delta z = 0$。

最终扬程公式:　　　　　$H = (p_2 - p_1)/(rm) \times 102$

压力单位:MPa;

扬程单位:m。

2)输出功率

$$\text{输出功率} = rQH \times 1\ 000/3\ 600/102$$

式中　Q——测定流量,m^3/h;

　　　H——扬程,m。

$$\text{轴功率} = N_J \times Z_s/9\ 550$$

式中　N_J——扭矩,$\text{N} \cdot \text{m}$;

　　　Z_s——转速,r/min。

3)效率

$$\eta = N_o/N_i \times 100\%$$

综合误差分析:

通过上述公式可以看出测试总精度(即泵效率精度)与进口压力、出口压力、扭矩、转速、流量及密度有关。

(1)流量测试精度决定于标定的总精度(系统误差)和测量的随机误差:

流量误差 = (系统误差^2 + 随机误差^2)$^{1/2}$ = (0.333^2 + 0.539^2)$^{1/2}$ = 0.633

（2）本系统的扬程误差主要与进、出口压力及密度误差有关：

扬程系统误差 = (进口压力系统误差^2 + 出口压力系统误差^2 + 密度系统误差^2)$^{1/2}$

$$= (0.6^2 + 0.1^2 + 1.15^2)^{1/2} = 1.301$$

进口压力误差 = (系统误差^2 + 随机误差^2)$^{1/2}$

$$= (0.6^2 + 0.008^2)^{1/2} = 0.6$$

出口压力误差 = (系统误差^2 + 随机误差^2)$^{1/2}$

$$= (0.1^2 + 0.003^2)^{1/2} = 0.1$$

密度误差 = (系统误差^2 + 随机误差^2)$^{1/2}$

$$= (1.15^2 + 0.104^2)^{1/2} = 1.155$$

转速误差 = (系统误差^2 + 随机误差^2)$^{1/2}$

$$= (0.5^2 + 0.017\ 086^2)^{1/2} = 0.500$$

由于仪表线性误差为0.5%，转速的系统误差取0.5%。

4）扭矩测量精度

扭矩误差 = (系统误差^2 + 随机误差^2)$^{1/2}$

$$= (0.5^2 + 0.367^2)^{1/2} = 0.620$$

由于仪表线性误差为0.5%，扭矩的系统误差取0.5%。

2. 总误差

效率的总误差 = (效率随机误差^2 + 流量系统误差^2 + 扭矩系统误差^2 +

扬程系统误差^2 + 转速系统误差^2)$^{1/2}$

$$= (0.632^2 + 0.333^2 + 0.5^2 + 1.301^2 + 0.5^2)^{1/2} = 1.644$$

根据规范规定，本测试台测试精度达到B级。

第三章　山东引黄灌区沉沙池、渠对机械化清淤技术适应性研究

第一节　沉沙池、渠对机械清淤的特殊要求及清淤机械适应性研究

一、沉沙池、渠对机械清淤的特殊要求

(一)运距长

潘庄灌区一、二、三级沉沙池的现有条渠平均宽度均在 800 m 左右,最大宽度达到 1 200 多 m,清淤平运距一般在 500 ~ 1 800 m,更远的在 2 000 m 以上,输沙渠及干渠清淤运距一般在 300 ~ 500 m。位山灌区东西沉沙池现有条渠平均宽在 800 m 左右,清淤平运距 500 ~ 1 000 m,加上爬高折运距更远,东西输沙渠及二、三级干渠清淤运距在 200 ~ 500 m。

(二)爬高大

潘庄灌区沉沙池输沙渠,目前清淤爬高均在 5 m 以上;邢家渡灌区输沙渠清淤爬高在 9 m 以上;位山灌区东西输沙渠清淤爬高均在 10 m 以上,部分渠段达到 13 m。

(三)工程量大

潘庄灌区 1972 ~ 2002 年累计引进黄河泥沙 2.48 亿 m³,平均每年引进泥沙 800 多万 m³,三级沉沙池与总干累计清淤土方 11 541 万 m³,年均清淤 372 万 m³,最大清淤量为 1995 年的 894 万 m³。1995 年的清淤量全部为机械清淤量。位山灌区 1970 ~ 1999 年灌区累计引进黄河泥沙 2.78 亿 m³,90 年代以来,平均每年引进泥沙 1 100 多万 m³,近几年由于引水量增加,引沙量年均在 1 400 万 m³ 以上,最多年份 1997 年达到 2 489 万 m³,仅市组织的输沙渠、沉沙池、干渠骨干清淤工程,每年清淤量就在 1 000 万 m³ 左右。

(四)时间相对集中

灌区清淤时间由于受春灌、秋灌输水时间的限制,均集中在秋灌后的 11 ~ 12 月的 60 d 左右的时间里,造成清淤时间短而集中。

二、清淤机械对构筑输、沉沙高地的适应性研究

目前使用的清淤机械主要是小型水力挖塘机组、水力挖泥船、铲运机、推土机和挖掘机,不同清淤机械的适宜工况见表 8-3-1。

表 8-3-1　不同清淤机械适宜工况表

工况	铰吸式挖泥船	冲吸式挖泥船	水力挖塘机组	铲运机	推土机	挖掘机
水源	作业面水深>0.6 m	作业面水深>0.6 m	作业面无水,附近有水源	作业面无水	作业面无水	作业面无水
运(排)距	>500 m	>500 m	<600 m	50~300 m	0~50 m	0~5 m
土质	细颗粒泥沙、淤泥	细颗粒泥沙	粗、细颗粒泥沙	粗、细颗粒泥沙	粗、细颗粒泥沙	粗、细颗粒泥沙
施工作业面	作业面大	作业面大	无限制	无限制	无限制	无限制
施工工期	长期	长期	无限制	无限制	无限制	无限制
爬坡	无限制	无限制	无限制	爬坡<30°	爬坡<30°	爬坡<30°

(一)水力挖塘机组

代表型号有:100 NL-15 泥浆泵与 IS-50-200 清水泵组合(泥浆泵扬程 15 m,清水泵扬程 50 m),150 NL-15 泥浆泵与 IS-65-200 清水泵组合(泥浆泵扬程 15 m,清水泵扬程 50 m)。

水力挖塘机组的作业条件主要适宜于沙质土,不受含水量限制,但作业面上不能有明水,并要有充足的水源及弃土场地。工作扬程在 15 m 以下,要求水平排距在 600 m 以内。它能连续完成挖、装、运、卸、洇实、平整等六道工序,具有工效高、成本低、施工质量好、施工不受天气影响等优点,并能适应各种地形地貌作业。目前输沙渠已全部衬砌,坡度较陡,堤防高差较大,且有树木、作物等植被,其他机械不易操作、行走,而水力挖塘机组则能轻易地把泥浆输送到指定地点,特别适用于引黄灌区的输沙渠、沉沙池、干渠停水期间施工,对构筑的沉沙高地具有平整、洇实作用,并使形成的土地土壤结构孔隙度适宜,有利于农业增产。

(二)挖泥船

代表型号有:80 m³/h 液压冲吸式挖泥船,泥浆泵型号为 800-22;80 m³/h 简易冲吸式挖泥船,泥浆泵型号为 10 PNK-20。

挖泥船的工作特点为有水作业、清淤沙层厚、运距远、爬高能力强,并要求断面宽阔,有充足的作业场面。主要适用于沉沙池区的输水期间施工,对构筑形成的沉沙高地,与水力挖塘机组有相同的作用,但因船体大,不适宜输沙渠及干渠的清淤。

(三)铲运机与推土机

铲运机代表型号为 CL-7,作业条件要求清淤场地无积水,土方含水量较低,作业场面较大,运距为 50~300 m,坡度<30°,施工期至少在一个月以上。该机械在潘庄灌区主要适用于沉沙池高地平整造田。推土机代表型号为东方红 70、东方红 80,适用于含水量低、地面无积水、运距在 50 m 以内作业,坡度<30°,主要适用于打围堰、高地平整造田等。铲运机所造沉沙高地平整度高,宜于掌握,但所造高地土壤密实、板结,不利于农业生产。

(四)挖掘机

代表型号为 WYSD-60,主要适宜于口宽在 30 m 以内,挖深 3 m 以内的排水沟、干渠、分干、支渠等工程,还可与自卸汽车相配套,进行远距离调运。

第二节　水力清淤机械持续高浓度造浆、供浆技术研究

一、研究意义

水力机械清淤目前普遍存在着造浆、供浆浓度低而不稳的问题。浓度的高低对清淤产量的影响很大,同样的浆体流量下,若以质量浓度 S_m 为30%($S=370$ kg/m³)时清淤产量为100%计,则 S_m 为40%($S=535$ kg/m³)、S_m 为50%($S=725$ kg/m³)时其相应的清淤产量分别为基数的1.45倍、1.95倍。因此,如何提高造浆、供浆浓度是机械清淤高效经济运行的重要技术关键。

为实现持续高浓度造浆及供浆,我们在东营市胜利、曹店灌区和德州市潘庄灌区进行了相关技术试验研究,包括引黄灌区不同土质条件下适宜的水枪造浆压力研究,同土质及水枪出口压力条件下,适宜的水枪造浆距离及供浆距离的研究及引黄灌区提高造浆浓度操作技术的研究等。

小型水力挖塘机较水力挖泥船具有独特的造浆、供浆浓度高的潜力,只要进行合理的设备配置和优化操作技术措施,造浆、供浆质量浓度可以由以往的30%左右,提高并持续稳定在40%~50%运行,试验证明在这个区间运行为好。

二、水力清淤机械持续高浓度造浆技术研究

(一)引黄灌区不同土质适宜的水枪造浆压力的研究

1.引黄灌区清淤土样化验及分析

引黄灌区清淤土质可分为粉沙土、沙壤土、壤土(轻粉质壤土、粉质中重壤土)、粉质黏土等。根据土壤粉径划分,粒径 >0.05 mm 的为沙粒,粒径 0.05~0.005 mm 的为粉粒,< 0.005 mm 为黏粒。实测东营市胜利、曹店灌区干渠清淤土样沙、粉、黏粒含量见表8-3-2。

表 8-3-2　胜利、曹店引黄灌区清淤土样沙、粉、黏粒含量化验表

位置	土壤名称	沙粒含量 (>0.05 mm) (%)	粉粒含量 (0.05~0.005 mm) (%)	黏粒含量 <0.005 mm (%)	d_{50}
胜利灌区 引水口前	粉沙土	69.1	29.9	1	0.06
	沙壤土	41.5	56.9	1.6	0.04
上游闸下 100 m	壤土	12.3	67.5	20.2	0.017
中游 17 km	壤土	11.8	65.7	22.5	0.016
下游 29 km	黏土	2	43	55	0.004
渠尾水库	粉质黏土	20	45.5	34.5	0.020
曹店灌区 渠首	粉沙土	55.1	43.5	1.4	0.053
中游 23 km	沙壤土	43.9	54.7	1.4	0.017
下游 34 km	沙壤土	38.6	59.2	2.2	0.043

从表 8-3-2 看,胜利引黄灌区清淤土样中,粉沙土、沙壤土、壤土、黏土品种俱全,且沿干渠自上而下呈粉沙土→沙壤土→壤土→黏土规律性变化。曹店引黄灌区引沙较粗,主要有粉沙土、沙壤土等土种。

2. 水力挖塘机配用高压清水泵技术参数

见表 8-3-3。

表 8-3-3　水力挖塘机配用高压清水泵技术参数表

水泵型号	$Q(m^3/h)$	$H(m)$	$N(kW)$	$\eta(\%)$
3BP - 35	50	35	7.5	71
IS80 - 50 - 160	50	32	7.5	75 ~ 78
3B - 57	50	57	15	58
IS80 - 50 - 200	50	50	15	69
SI80 - 50 - 200B	60	50	15	72 ~ 74
IS100 - 65 - 200	100	50	17.9	76
3B - 75	45	75	18.5	59
IS80 - 50 - 250	50	80	22	64 ~ 66

3. 引黄灌区不同土质适宜的水枪造浆压力研究

由不同土质下的造浆压力和造浆浓度测试结果(见表 8-3-4)可看出,用 IS80 - 50 - 200 高压清水泵配水枪对粉沙土造浆,30.0 m 水头,即可达到 800 kg/m³ 的造浆浓度,也可配用 3BP - 35、IS80 - 50 - 160 型高压清水泵,单位流量的消耗功率最小,仅 0.15 kW/(m³·h);对沙壤土和壤土,50 m 水头,造浆浓度可达到 700 ~ 850 kg/m³,配用 3B - 57、IS80 - 50 - 200、IS80 - 50 - 200B、IS100 - 65 - 200 型高压水泵适宜,单位流量消耗功率约 0.3 kW/(m³·h);对黏土,50 m 水头时,不能达到高浓度造浆,泥浆浓度一般不超过 550 kg/m³。因此,要提高造浆浓度需要提高水枪水头到 70 ~ 80 m,配用 3B - 75、IS80 - 50 - 250 型高压水泵适宜,此种配置单位流量的消耗功率增加到 0.44 kW/(m³·h)。

表 8-3-4　不同土质下的造浆压力和造浆浓度测试

序号	土质	造浆距离(m)	水枪压力(MPa)	流量(m^3/h)	浓度(kg/m^3)	测试时间及地点
1	粉沙土	4.0	0.3	40	830.6	1996 年 10 月 28 日胜利干渠东王闸下
2	粉沙土	4.0	0.3	39	815.9	
3	粉沙土	4.0	0.3	38	801	
平均		4.0	0.3	39.5	815.6	
4	沙壤土	4.0	0.48	60.2	842.6	1996 年 10 月 28 日胜利干渠东王闸下
5	沙壤土	4.0	0.48	59.6	824.5	
6	沙壤土	4.0	0.48	58.9	835.2	
平均		4.0	0.48	59.6	834.1	
7	壤土	4.0	0.48	59.4	712.4	1996 年 10 月 29 日曹店干渠下游段
8	壤土	4.0	0.48	60.1	723.8	
9	壤土	4.0	0.48	58.2	719.2	
平均		4.0	0.48	59.2	718.5	
10	黏土	4.0	0.48	57.6	520.8	1996 年 10 月 30 日曹店干渠下游段
11	黏土	4.0	0.48	56.8	546.9	
12	黏土	4.0	0.48	57.2	540.3	
平均		4.0	0.48	57.2	536.0	

（二）同土质及水枪压力下，适宜的水枪造浆距离的研究

水枪造浆距离为水枪出口距土壤工作面间的距离。

1. 水枪造浆距离对压力、流速的影响

由表8-3-5 所示的3B-57 型高压泵水枪试验资料分析，造浆距离由 0 增加到 7.0 m，压力由 100% 降为 7%，流速由 100% 降为 28.3%，压力的变化大于流速的变化。

表8-3-5　3B-57 型高压泵水枪造浆距离与压力、流速关系表

水枪造浆距离(m)	0	0.5	0.8	1.0	2.0	3.0	4.0	7.0
造浆点压力（kg/cm^2）	5.7	4.7	4.2	3.8	2.5	1.5	0.9	0.4
造浆点压力与原压力之比(%)	100	82	74	67	44	26	16	7
造浆点流速(m/s)	31.1	28.2	26.7	25.4	20.6	16	12.4	8.8
造浆点流速与原流速之比(%)	100	90.7	85.9	81.7	66.2	51.4	39.9	28.3

2. 同土质及水枪压力下，不同的水枪造浆距离对造浆浓度的影响

选择的泵型为山东省水利清淤设备厂生产的 IS100-65-200 高压清水泵，测试地点为胜利干渠。同土质及水枪压力下，不同的水枪造浆距离与造浆浓度的关系见表8-3-6。

表8-3-6　同土质同水枪压力下不同水枪造浆距离对造浆浓度的影响

测试时间：1996 年 10 月 29 日　　　　　　　　　　　　　地点：胜利干渠东王闸下

序号	造浆距离(m)	水枪压力(MPa)	浓度（kg/m^3）	每次均值	土质
1	1.0	0.41	879.4		沙壤土
	1.0	0.41	873.2	876.1	沙壤土
	1.0	0.41	875.7		沙壤土
2	1.5	0.41	839.0		沙壤土
	1.5	0.41	849.1	845.7	沙壤土
	1.5	0.41	849.1		沙壤土
3	2.0	0.41	823.3		沙壤土
	2.0	0.41	828.9	825.0	沙壤土
	2.0	0.41	822.8		沙壤土
4	4.0	0.41	756.8		沙壤土
	4.0	0.41	778.4	766.5	沙壤土
	4.0	0.41	764.5		沙壤土
5	6.0	0.41	730.2		沙壤土
	6.0	0.41	726.1	727.5	沙壤土
	6.0	0.41	721.8		沙壤土
6	8.0	0.41	694.8		沙壤土
	8.0	0.41	692.3	692.9	沙壤土
	8.0	0.41	691.6		沙壤土

由表8-3-6看出,在土壤为沙壤土,地面坡降为1/100的条件下,在造浆距离1 m时,泥浆浓度最大为876.1 kg/m³,造浆距离8 m时降为692.9 kg/m³。要保持800 kg/m³以上的造浆浓度,造浆距离需保持在2.0 m以内。

(三)高压水枪持续高浓度造浆操作技术十字诀的研究

在东营市胜利、曹店灌区和德州市潘庄灌区机械清淤的实践中,研究出高压水枪持续高浓度造浆十字诀。

(1)冲削。对粉沙流沙、沙壤、壤土及流体淤泥,水枪手以高压水枪自上而下的分层冲削,使浆体流入泵口。

(2)搅拌。对不易分解的黏土、淤泥结块,水枪手居高临下,持高压水枪左右迂回搅动,增强水流与泥土拌和,加快结块分解。

(3)切割。对挖深较薄(1 m以内)的壤土、黏土、淤泥土层,水枪手以高压水枪将其纵向切割成薄片并破碎为泥浆。

(4)掏底。对挖深1 m以上的壤土、黏土淤泥土层,或上层密实下层松软的多层土,水枪手持高压水枪先淘刷底层,使上层土体自行滑坡,坍塌破碎。一则底层掏刷水枪水柱可平射,水流冲击力强,破土效率高;二则上层土自行滑坡坍塌到底层造成预破碎,利于提高水枪破土效率。

(5)推拥。土壤造浆后浆体中仍含有细小结块及小粒径碎砖石、贝壳等,因其比重较大,在输移过程中易沉降,应以水枪水柱再搅起推向泵口;或者虽未含上述细小结块等的泥浆,但由于泥浆输移距离过长沿途沉积,也应以水枪再搅起推拥向泵口。

根据不同条件,合理选择上述各种操作技术,并达到各种操作技术的优化组合,可大大提高水枪造浆浓度。一般情况下,持续造浆浓度由原来的一般500~550 kg/m³,提高到600~650 kg/m³,甚至以上,提高了18%~20%。

三、水力挖塘机持续高浓度供浆技术研究

(一)同土质、同水枪压力和造浆距离下不同供浆距离对浓度的影响

供浆距离为水枪造浆点至泥浆泵吸水口间的距离。

测试地点选择在胜利干渠的中游,土壤为沙壤土,泵型为150NL-15,配IS100-65-200高压泵,测试情况见表8-3-7。

在土质为沙壤土,地面比降为1/100的条件下,供浆距离由3 m增至30 m,泥浆浓度由843.6 kg/m³降为666.4 kg/m³,降低了177.2 kg/m³,降低21%。要保持800 kg/m³以上的高浓度,供浆距离应在12 m以内。

(二)水力挖塘机持续高浓度供浆技术措施研究

(1)根据测试结果,在1/100比降下,供浆距离由3 m增至30 m,泥浆浓度降低了21%。所以,根本措施是研制自动控制行走式的泥浆泵输送装置代替以往的人工搬运,随时减小供浆距离。目前的水力挖塘机的泥浆泵输浆系统由立式泥浆泵、浮桶、输泥管组成。该种装置存在的弊端是泥浆泵输浆系统的移动,只能以人力推动,费人费时,减少了

表8-3-7　同土质、同水枪压力和造浆距离下不同供浆距离对浓度的影响关系表

测试时间:1996 年 10 月 27 日　　　　　　　　　　　　　　　　　　　　　　地点:胜利干渠东王闸下

序号	供浆距离(m)	浓度(kg/m³)	水枪压力(MPa)	造浆距离(m)	土质	备注
1	3.0	843.6	0.41	4.0	沙壤土	
2	6.0	838.6	0.41	4.0	沙壤土	
3	9.0	832.8	0.41	4.0	沙壤土	
4	12.0	816.9	0.41	4.0	沙壤土	泥浆泵为
5	15.0	786.2	0.41	4.0	沙壤土	150NL – 15; 高压泵为
6	18.0	767.1	0.41	4.0	沙壤土	IS100 – 65 – 200; 水枪造浆点到
7	21.0	742.6	0.41	4.0	沙壤土	泥浆泵吸口间 比降为 1/100
8	24.0	728.4	0.41	4.0	沙壤土	
9	27.0	695.8	0.41	4.0	沙壤土	
10	30.0	666.4	0.41	4.0	沙壤土	

清淤产量。若长期不搬移,又势必延长高压水枪造浆点和泥浆泵吸浆点的供浆距离,大幅度降低了造供浆浓度,大大减少了清淤量。为解决上述技术难点需要研制自动控制行走式的泥浆泵装置,实现工作状态下的自动行走,从而缩小供浆距离,提高造浆、供浆浓度,增加清淤产量。

(2)适当加大供浆地面比降,减少沿程淤积,提高供浆浓度。根据溯源冲刷的输沙关系式

$$Q_S = \Phi \frac{Q^{1.6} J^{1.2}}{\beta^{0.6}} \tag{8-1}$$

横向冲蚀的输沙关系式　　　　　$Q_S = 2\beta Q^{1.6} J^{1.2}$ 　　　　　　　(8-2)

两式概化为　　　　　　　　　　　$Q_S = KJ^{1.2}$ 　　　　　　　　　　(8-3)

挟沙能力与地面比降的 1.2 次方($J^{1.2}$)成正比。

第三节　沉沙池、渠水力挖塘机远距离输沙技术研究

一、研究意义及内容

随着引黄灌溉的发展,引水数量和沉沙池规模越来越大,灌区沉沙池的连片清淤还耕由

原来的一千亩左右发展到几千亩,甚至万亩以上,机械清淤输沙距离需要由原来的一百多米,增加到几百米甚至上千米;灌区干渠两侧的泥沙堆积高度已达 3~8 m,清淤土方也需要向远处输送。目前,山东省引黄灌区大量使用的是水力挖塘机组,占总容量的 60% 以上。如何利用现有水力挖塘机组,实现泥沙远距离输送和经济合理输送,是当前引黄灌区机械清淤亟待解决的技术难题。为此,我们于 1995 年在淄博市"山东省水力清淤机械性能测试中心"和聊城市位山灌区现场进行了以下基础试验和攻关试验研究:

(1)水力清淤机械浑水性能测试台典型泥浆泵高精度浑水性能测试;

(2)典型泥浆输送管道沿程阻力系数的测试;

(3)典型泥浆泵单泵输沙性能现场测试;

(4)泥浆泵单泵最大经济输沙距离分析;

(5)泥浆泵双泵接力输送接力方式的研究;

(6)双泵接力泥浆输送中接力点的合理选定研究;

(7)双泵接力泥浆输送中不同接力点方案对土方产量的现场测试验证。

二、水力清淤机械浑水性能测试台高精度浑水性能测试

山东省水力清淤机械性能测试中心分别对典型泥浆泵——河南巩义市和山东水利清淤设备厂生产的泥浆泵进行了浑水性能测试,做法是分别对泥浆密度 γ_m 为 1.05、1.142、1.218、1.308、1.41、1.488 t/m^3 等 6 种情况下的泥浆泵浑水性能进行测试,每种浓度条件下测试 4~5 次,其结果详见图 8-3-1 ~ 图 8-3-4 和表 8-3-8。

这是依靠我国自己的科技力量自主研制的、具有完全知识产权的水力清淤机械性能测试平台,首次对国产典型泥浆泵进行的浑水全性能高精度标定。

表 8-3-8 典型泥浆泵效率测试对比

山东水利清淤设备厂 100NL-15 型泥浆泵	泥浆浓度(γ_m)(t/m^3)	1.05	1.142	1.218	1.308	1.41	1.488
	效率(%)	80.5	81.0	80.0	80.0	74.0	65.5
河南巩义市两相流泵厂 5/4L×LN-19 型泥浆泵	泥浆浓度(γ_m)(t/m^3)	1.094	1.20	1.282		1.40	1.513
	效率(%)	65.0	67.0	70.0		69.0	64.0
100NL-15 较 5/4L× LN-19 效率高(%)		15.5	14.0	10.0		5.0	1.5

一般泥浆泵在浆体密度 γ_m 为 1.2 t/m^3 左右运用。因此,可以认为 100NL-15 型泥浆泵较同类产品效率提高 10% ~ 12%。这一测试成果已于 1996 年 11 月在东营市召开的"全省引黄灌区机械化清淤技术现场经济交流及推广会"上,向全省引黄灌区及清淤队伍的负责人发布,近年在全省已推广高效泥浆泵 2 500 余台,经济效益显著。

由于测试出了典型泥浆泵的浑水全性能曲线这一基础性成果,为下一步的单泵最大远距输送技术研究和由单泵改为双泵接力输送技术的研究创造了条件。

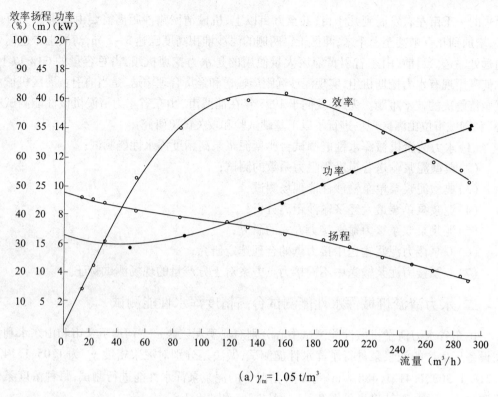

（a）$\gamma_m = 1.05\ t/m^3$

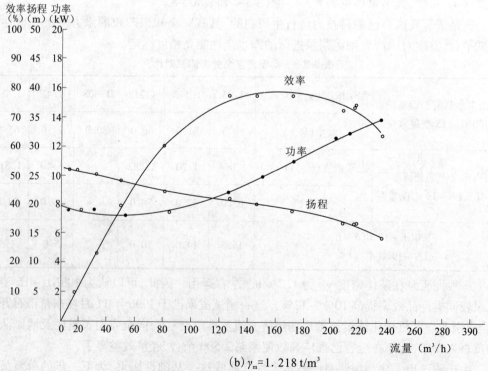

（b）$\gamma_m = 1.218\ t/m^3$

图 8-3-1　山东水利清淤设备厂 100NL－15 型泥浆泵 $\gamma_m = 1.05$、$1.218\ t/m^3$ 浑水性能曲线

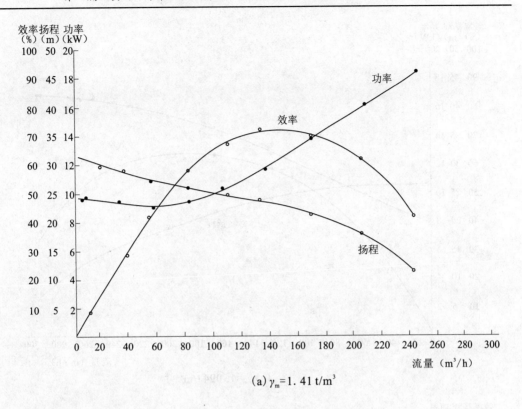

(a) $\gamma_m = 1.41$ t/m³

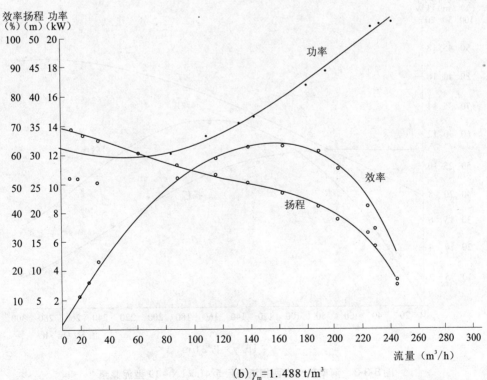

(b) $\gamma_m = 1.488$ t/m³

图 8-3-2 山东水利清淤设备厂 100NL – 15 型泥浆泵 $\gamma_m = 1.41$、1.488 t/m³ 浑水性能曲线

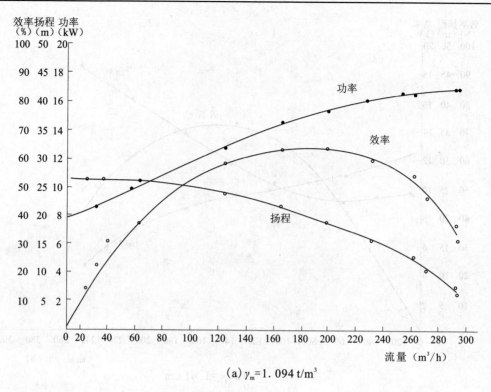

(a) $\gamma_m = 1.094 \text{ t/m}^3$

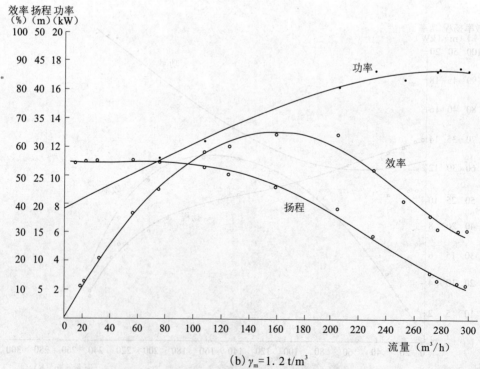

(b) $\gamma_m = 1.2 \text{ t/m}^3$

图 8-3-3 河南巩义市两相流泵厂 5/4L×LN-19 型泥浆泵
$\gamma_m = 1.094、1.2 \text{ t/m}^3$ 浑水性能曲线

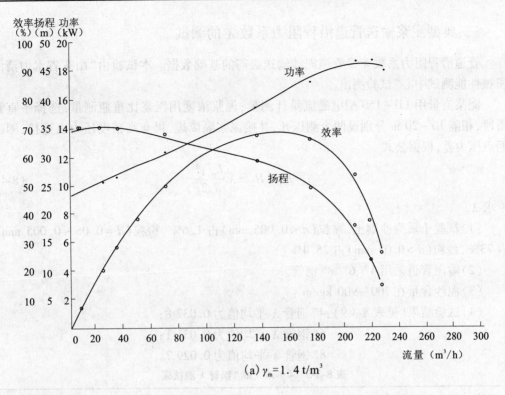

(a) $\gamma_m = 1.4 \, t/m^3$

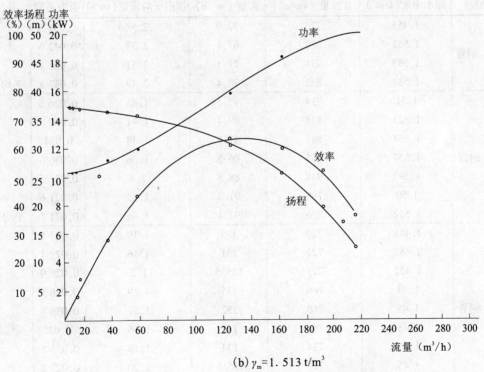

(b) $\gamma_m = 1.513 \, t/m^3$

图 8-3-4　河南巩义市两相流泵厂 5/4L × LN－19 型泥浆泵

$\gamma_m = 1.4 、1.513 \, t/m^3$ 浑水性能曲线

三、典型泥浆输送管道沿程阻力系数 λ 的测试

　　管道沿程阻力系数 λ 是管道泥沙输送必需的基础数据。本试验由"山东省水力清淤机械性能测试中心"试验测出。

　　泥浆流量用 LD – 150 型电磁流量计测量；泥浆浓度用泥浆比重瓶测量；选择平直管道段，相隔 10 ~ 20 m 分别设两个测压孔，并接泥浆隔离罐，再与高精度压力表连接，测出两点压力差，根据公式

$$i = H_1 - H_2 = \lambda \frac{L_p}{d} \frac{V^2}{2g} \tag{8-4}$$

推求 λ 。

　　（1）试验土质为沙壤土，黏粒（$d < 0.005$ mm）占 1.6% ，粉粒（$d = 0.05 \sim 0.005$ mm）占 73% ，沙粒（$d > 0.05$ mm）占 25.4% 。

　　（2）输泥管道采用 4"、6"、8" 钢管。

　　（3）泥沙含量在 700 ~ 900 kg/m^3 。

　　（4）试验结果（见表 8-3-9）：4" 钢管 λ 平均值为 0.037 8；

　　　　　　　　　　　　　　　6" 钢管 λ 平均值为 0.031 1；

　　　　　　　　　　　　　　　8" 钢管 λ 平均值为 0.029 7。

表 8-3-9　4 "、6 "、8 "钢管 λ 测试表

型号	浑水密度(t/m³)	含沙量（kg/m³）	流量（m³/h）	管内平均流速(m/s)	阻力系数	备注
4" 钢管	1.455	726	72.9	2.58	0.033 8	
	1.552	882	67.1	2.37	0.042 6	
	1.595	951	71.1	2.51	0.036 9	
	1.534	853	70.4	2.49	0.037 8	平均值
6" 钢管	1.51	814	92.5	1.45	0.026 6	
	1.525	838	89.4	1.41	0.030 3	
	1.554	885	87.5	1.38	0.034	
	1.554	885	86.5	1.36	0.036 6	
	1.593	948	88.8	1.4	0.037 5	
	1.50	798	91.3	1.43	0.021 6	
	1.522	836	93.1	1.46	0.031 1	平均值
8" 钢管	1.451	720	135	1.19	0.027 5	
	1.452	721	131	1.16	0.029 1	
	1.452	721	135.5	1.2	0.029 9	
	1.48	766	135	1.19	0.026 3	
	1.48	766	132	1.17	0.036 8	
	1.48	766	131	1.16	0.03	
	1.46	734	134	1.18	0.036 5	
	1.45	718	135.5	1.20	0.027 2	
	1.463	739	133.6	1.18	0.029 7	平均值

四、典型泥浆泵单泵输沙性能现场测试

现场测试于 1995 年 10 月在聊城市位山灌区沉沙池进行。

(1)100NL－15 泥浆泵配 IS80－50－200 高压清水泵 4" 钢管组合输沙性能测试。

测试结果见表 8-3-10。

表 8-3-10　100NL－15 泥浆泵、IS80－50－200 高压清水泵 4" 钢管输沙现场测试表

序号	压力(MPa)	流量(m³/h)	流速（m/s）	泥浆浓度（kg/m³）	产量（m³/h）	压力×产量
1	0.135	65.9	2.33	842.9	40.8	5.51
2	0.165	58.1	2.06	834.6	35.7	5.90
3	0.195	54.2	1.92	827.3	33.0	6.44
4	0.235	50.4	1.78	813.0	30.1	7.07
5	0.250	39.2	1.39	751.4	21.7	5.43
6	0.290	16.4	0.58	709.1	8.55	2.48

注:泥沙干密度取 1.36 t/m³。

由表 8-3-10 得知,4" 泥浆泵压力值范围不宜超过 0.235 MPa,相应土方产量为 30 m³/h,超过以上值,土方产量急剧下降。

(2)150NL－15 泥浆泵配 IS100－65－200 高压清水泵 6" 钢管组合输沙性能测试。

测试结果见表 8-3-11。

表 8-3-11　150NL－15 泥浆泵配 IS100－65－200 高压清水泵 6" 钢管输沙现场测试表

序号	压力(MPa)	流量(m³/h)	管道流速（m/s）	泥浆浓度（kg/m³）	产量（m³/h）	压力×产量
1	0.135	132.2	2.08	805.1	78.3	10.57
2	0.165	122.1	1.92	802.9	72.1	11.90
3	0.195	113.7	1.78	793.6	66.3	12.93
4	0.235	107.9	1.70	789.0	62.6	14.71
5	0.245	78.2	1.23	770.6	44.3	10.85
6	0.290	45.0	0.71	557.6	18.5	5.37

注:泥沙干密度取 1.36 t/m³。

由表 8-3-11 得知 6" 泥浆泵远距离使用范围不宜超过 0.235 MPa,相应土方量为 62.6 m³/h,压力值超过 0.235 MPa,土方产量急剧下降。

五、泥浆泵单泵最大经济输沙距离分析

(一)单泵最大经济输沙距离相应出口压力值分析

泥浆泵出口压力值高低,决定着泥浆泵远距离输沙性能。从上面泥浆泵的输沙测试资料得知,随着输沙距离的增加与相应出口压力值增加,土方产量下降,且超过一定的压力值时,土方产量急剧下降。如何合理确定单泵最大经济的压力值,是合理确定单泵最大适宜输沙距离的关键。本课题采用土方量(M)与出口压力乘积比较法的原理,取其最大值来确定泥浆泵最大经济压力值。

由表 8-3-10 知,100NL－15 配 IS80－50－200 高压清水泵 4" 钢管组合中,土方量与压力的乘积,按序号 1 ~ 6 排列分别为:5.51、5.90、6.44、7.07、5.43、2.48,其第 4 项乘积值

最高,超过第 4 项数值,第 5、第 6 项乘积值降低较显著,因此以第 4 项值作为最大经济压力值。此项值为 0.235 MPa。

由表 8-3-11 知,150NL－15 配 IS100－65－200 高压清水泵 6" 钢管组合中,土方量与压力乘积,按序号 1~6 排列分别为:10.57、11.90、12.93、14.71、10.85、5.37。第 4 项压力积值最高,超过此项,乘积值降低较快,因此以第 4 项乘值作为最大适宜值,此项值亦为 0.235 MPa。上述压力值的确定为研究最大适宜输沙距离创造了条件。

(二)单泵最大经济输沙距离分析

1. 管道消耗扬程 H 与管路排高($h_净$)和排距(L_p)的折算分析

对于清水

$$H = h_净 + h_s \tag{8-5}$$

式中　$h_净$——净排高;

　　h_s——压力损失之和,$h_s = h_y + h_j$。

对于浑水

$$H = \frac{\gamma_m}{\gamma_水} h_净 + h_s + \frac{\gamma_m - \gamma_0}{\gamma_水} h_0 \tag{8-6}$$

式中　h_0——吸水管入水垂直深度,可忽略不计;

　　$\gamma_水$——水密度,为 1。

$$H = \gamma_m h_净 + h_s \tag{8-7}$$

$$h_s = h_y + h_j \tag{8-8}$$

$$h_j = \sum \xi \gamma^2 / (2g) \tag{8-9}$$

式中　h_y——沿程损失;

　　h_j——局部损失。

因水力挖塘机管路一般只有 90° 和 45° 弯管各一个,$\sum \xi$ 极小,该项为 0.1~0.2 m,粗略计算时可忽略不计。

$$h_y = (\lambda L_p / d) V^2 / (2g) \tag{8-10}$$

式中　λ——沿程阻力系数;

　　L_p——管路长度,m;

　　d——管路直径,m。

2. 单泵各产量工况下,泥沙输送排高、排距及最大排距分析

1)对 100 NL－15 泥浆泵配 IS80－50－200 高压清水泵 4" 钢管组合分析

(1)当压力 = 0.135 MPa 时,$M = 40.8$ m³/h,λ 取 0.037 8,$V = 2.33$ m/s。

这样 1 m 管路 $h_j = (0.037\ 8 \times 1/0.1) \times \dfrac{2.33^2}{2 \times 9.8} = 0.105$(m)。

当 $h_净 = 5$ m 时,$\dfrac{\gamma_m}{\gamma_水} h_净 = \dfrac{1.5}{1} \times 5 = 7.5$(m)。

最大水平输沙距 $L_p = (13.5 - 7.5) \div 0.105 = 57.1$(m)。

(2)当压力 = 0.165 MPa 时,产量 M 为 35.7 m³/h,管内流速 $V = 2.06$ m/s。

1 m 管路 $h_j = (0.037\ 8 \times 1/0.1) \times \dfrac{2.06^2}{2 \times 9.8} = 0.081\ 8$(m)。

最大水平输送距离 $L_p = 16.5 \div 0.081\,8 = 201.7(\text{m})$。

当 $h_净 = 5$ m 时，$\dfrac{\gamma_m}{\gamma_水}h_净 = \dfrac{1.5}{1} \times 5 = 7.5(\text{m})$。

$L_p = (16.5 - 7.5) \div 0.083\,4 = 110.0(\text{m})$。

(3)当压力 $= 0.235$ MPa 时 $M = 30.1$ m³/h，$V = 1.78$ m/s。

1 m 管路 $h_j = (0.037\,8 \times 1/0.1) \times \dfrac{1.78^2}{2 \times 9.8} = 0.061\,1(\text{m})$。

最大水平输送距离 $L_p = 23.5 \div 0.061\,1 = 384.6(\text{m})$。

当 $h_净 = 5$ m 时，$L_p = 264.9$ m。

(4)当压力为 0.25 MPa 时，$M = 21.7$ m³/h，同样计算 1 m 管路 $h_j = 0.037$ m。

当 $h_净 = 0$ 时，$L_p = 675.7$ m。

当 $h_净 = 5$ m 时，$L_p = 473.0$ m。

2)对 150 NL－15 泥浆泵配 IS－65－200 高压泵 6″钢管组合分析

根据表 8-3-10 和表 8-3-11 的数据，依管路计算方式，分别对 4″、6″水力挖塘机输送运距进行计算，见表 8-3-12、表 8-3-13。

表 8-3-12　100NL－15 泥浆泵配 IS80－50－200 高压清水泵 4″钢管泥沙输送距离计算表

序号	出口压力（MPa）	产量（m³/h）	管内流速（m/s）	λ 值	1 m 管路 h_j	$h_净=0$ 时输送距离(m)	$h_净=5$ m 时输送距离(m)
1	0.135	40.8	2.33	0.037 8	0.102 0	132.4	58.8
2	0.165	35.7	2.33	0.037 8	0.083 4	197.8	107.9
3	0.235	30.1	1.78	0.037 8	0.060 4	389.0	264.9
4	0.250	21.7	1.39	0.037 8	0.037 0	675.7	473.0

表 8-3-13　150NL－15 泥浆泵配 IS－65－200 高压清水泵 6″钢管泥沙输送距离计算表

序号	出口压力（MPa）	产量（m³/h）	管内流速（m/s）	λ 值	1 m 管路 h_j	$h_净=0$ 时输送距离(m)	$h_净=5$ m 时输送距离(m)
1	0.135	78.3	2.08	0.032	0.047 1	286.6	127.4
2	0.165	72.1	1.92	0.032	0.040 1	411.5	224.4
3	0.235	62.6	1.70	0.032	0.031 4	748.4	509.6
4	0.250	44.3	1.23	0.032	0.016 5	1 515.2	1 060.6

3. 结论

(1)由前面单泵最大经济输沙距离相应的压力值得知，100NL－15 配 IS80－50－200 高压泵 4″管道组合，压力 $= 0.235$ MPa，$M = 30.1$ m³/h，根据管道实测 λ 系数，经压力值与排高、排距折算，最大经济排距为 389 m，当排高为 5 m 时，排距为 264.9 m。

(2)同理，150 NL－15 泥浆泵配 IS100－65－200 高压泵 6″钢管组合，压力 $= 0.235$ MPa，$M = 62.6$ m³/h 时，最大经济排距 748.4 m，当排高为 5 m 时，排距为 509.6 m。

(3)同样工况压力为 0.235 MPa 时，6″泵为 4″泵最大经济输沙距离的 1.92 倍，当排高为 5 m 时，也为 1.92 倍。

六、泥浆双泵接力输送泥浆接力方式的研究

接力方式有集浆池接力和管道串联接力两种方式。

（1）集浆池接力是两泵之间独立工作，实际上是两个独立的输沙系统。集浆池的存在，一是损失了一级泵的工作水头，增加了二级泵的吸口局部损失；二是造成了两级泵的分离，使上下级接力失去了彼此相互补偿和性能自动调节的功能；三是集浆池的调蓄作用造成了集浆池内部的淤积。所以，是应当淘汰的接力方式。

（2）两泵管道串联接力。

两泵的工作形式是既独立又统一，形成完整的输送系统。一是避免了因集浆池存在而产生的一、二级泵管路出口、入口产生的局部损失。二是形成两级泵性能相互补偿和自动调节的输沙统一整体。系统工作时，二级泵在吸口端造成的负压能使一级泵的扬程得到有效补偿，一级泵的扬程也可使二级泵的气蚀得到改善。系统运行中，两级输沙可根据工作条件的变化自动实现工作点的调整，使整个系统处于相对稳定状态。三是由于无集浆池也不存在泥沙淤积，因此两泵管道串联接力是一种较好的应予提倡的接力方式。

七、双泵接力泥浆输送中接力点合理选定的研究

（一）合理选定的意义

单泵输送泥沙一般超过单泵最大经济输送距离后，土方产量急剧下降。经过和双泵接力进行技术经济比较，单泵输送不够经济，因此应采用双泵接力方案进行更远距离的输送。在双泵接力方案中，如接力点选择不当，二级泵位置过近或过远都可能影响土方产量的提高，在总接力输送距离确定的条件下，合理选定接力点，是提高双泵接力输送土方产量的关键技术问题。

（二）双泵接力中接力点合理选定的约束条件

（1）在双泵接力输送中总输送距离是确定的。

（2）一般两接力泥浆泵的型号、性能是相同的。

（3）引黄灌区的一级泵是从渠沟或沉沙池内清淤，泥沙输送由排高和排距两种形式组成；二级泵一般在宽阔平坦地面上接力输送，排高甚小一般不作考虑，泥沙输送扬程主要由排距组成。遇有特殊情况排高较大时，再进行排高、排距的修正。

（三）接力点合理选定方法的原理

用一、二级泵扬程、流量等值法合理确定接力点的位置，以获得最高的土方产量 M，如图 8-3-5 所示。

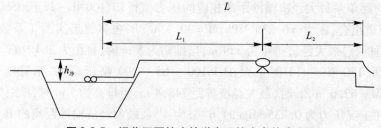

图 8-3-5　泥浆双泵接力输送合理接力点的选定图

1. 方法原理

在两泵性能相同的条件下,虽然两泵串联有一定的调节和互补性,但幅度是有一定限度的。若接力点选择偏后,会使一级泵的排高和排距过长,相应泵的扬程过大,则流量和土方产量过低,接力后,二级泵的扬程过小,流量潜力大,虽有可输送的流量和土方产量的潜力,但受一级泵产生的流量和土方产量限制,也不可能改变土方产量过低的状况;若接力点的选择偏前,接力后,二级泵的扬程过大,输送流量和土方产量能力不足,影响到一级泵接力流量输送,使土方产量降低。所以,接力点的选定,只有不前不后使一、二级泵的扬程相等,才能使流量相等,并同时获得最大的一、二级泵都能输送的流量,达到输送最高土方产量的目的。

公式:$H_1 = H_2$　　$Q_1 = Q_2$

约束条件:$H_1 + H_2 \geqslant H_总$　　(接力总输沙距离 $H_总$ 小于或等于 $H_1 + H_2$)

2. 合理确定接力点的方法

(1)利用单泵各典型工况下土方产量 M 与排高、排距关系(见表 8-3-14、表 8-3-15),将单泵工况 Ⅰ 的排高、排距作为一级泵的输送参数,将单泵工况 Ⅱ 中的排距作为二级泵的输送参数(因二级泵一般平地输送,排高甚小,不作考虑),上述配置,使一、二级泵的扬程相等,流量亦相等。

(2)双泵接力中,以单泵工况 Ⅰ 的排高作为一级泵的排高,其排距作为二级泵的接力点。双泵接力的总排距为单泵 Ⅱ 工况和单泵 Ⅰ 工况排距之和。

对两台 100NL-15,一台 IS80-50-200 高压泵 4" 钢管组合双泵接力方案的分析见表8-3-14。

对两台 150NL-15,一台 IS100-65-200 高压泵 6" 钢管组合接力方案的分析见表8-3-15。

表 8-3-14　100NL-15 泥浆泵配 IS80-50-200 高压泵 4" 钢管组合双泵接力输沙方案分析

压力 (MPa)	土方产量 (m³/h)	单泵工况 Ⅰ		单泵工况 Ⅱ		双泵接力			总排高、排距		说明
							一级	二级			
		排高 (m)	排距 (m)	排高 (m)	排距 (m)	排高 (m)	排距 (m)	排距 (m)	排高 (m)	排距 (m)	
0.135	40.8	5	58.8	0	132.4	5	58.8	132.4	5	191.2	接力点选在一级排距58.8 m处,占总排距的30.8%
0.165	35.7	5	107.9	0	197.8	5	107.9	197.8	5	305.7	接力点选在一级排距107.9 m处,占总排距的35.3%
0.235	30.1	5	264.9	0	389.0	5	264.9	389	5	653.9	接力点选在一级排距264.9 m处,占总排距的40.5%
0.25	21.7	5	473.0	0	675.7	5	473	675.7	5	1 148.7	接力点选在一级排距473 m处占总排距的41.2%

表8-3-15　150NL-15泥浆泵配IS100-65-200高压泵6″钢管组合双泵接力输沙方案分析

压力 （MPa）	土方产量 （m³/h）	单泵工况Ⅰ		单泵工况Ⅱ		双泵接力			总排高、排距		说明
						一级		二级			
		排高 （m）	排距 （m）	排高 （m）	排距 （m）	排高 （m）	排距 （m）	排距 （m）	排高 （m）	排距 （m）	
0.135	78.3	5	127.4	0	286.6	5	127.4	286.6	5	414	接力点选在一级排距127.4 m处，占总排距的30.8%
0.165	72.1	5	224.4	0	411.9	5	226.7	415.6	5	635.9	接力点选在一级排距226.7 m处，占总排距的35.3%
0.235	62.6	5	509.6	0	748.4	5	493.8	825.3	5	125.8	接力点选在一级排距493.8 m处，占总排距的40.5%
0.250	44.3	5	1 060.6	0	1 515.2	5	909	1 298	5	2 575.8	接力点选在一级排距909 m处，占总排距的41.2%

结论：

（1）两台100NL-15、一台IS80-50-200泵4″钢管组合接力输沙和两台150NL-15、一台IS100-65-200泵6″钢管组合接力方案，在一级泵正常排高5 m，二级泵无排高的情况下，压力值在0.13~0.25 MPa，其合理接力点在总排距的30%~40%，且总输送距离越长，其占百分比越大。当一级泵的排高超过5 m时，其合理接力点占总输沙距的百分比应适当降低。这一结论，为引黄灌区水力挖塘机组双泵接力正确合理选择接力点提供了经验数字。

（2）在同样的压力值条件下，上述6″泵比4″泵配合接力方案输送距离提高了一倍。所以，若需远距离输沙，应尽量选择6″泵方案。

八、双泵接力泥浆输送中不同接力点方案对土方产量影响的现场观测验证

本试验在聊城市位山灌区沉沙池进行。

两台150NL-15、一台IS100-65-200高压泵6″管路组合双泵接力分两个方案进行测试。

第一方案为一级泵排高7.94 m，水平排距420 m，二级泵排高0 m，水平排距580 m，总输沙距1 000 m。

第二方案为一级泵排高7.94 m，水平排距280 m，二级泵排高0 m，水平排距720 m，总输沙距1 000 m。

现场测试数据见表8-3-16，方案示意图见图8-3-6。

表 8-3-16 双泵不同接力点土方产量现场测试表

| 方案 | 一级泵 | | | 二级泵 | | | | 出口流量
（m³/h） | 出口含沙量
（kg/m³） | 土方产量
（m³/h） |
	排高 （m）	排距 （m）	压力 （MPa）	排高 （m）	排距 （m）	压力 （MPa） （压）	压力 （MPa） （空）			
第 一 方 案	7.94	420	0.25	0	580	0.145	0.024 5	75.8	831	46.3
	7.94	420	0.25	0	580	0.160	0.022 9	86.4	711.4	45.2
	7.94	420	0.25	0	580	0.130	0.034 4	82.0	722	43.5
	平均	420	0.25	0	580	0.145	0.027	81.4	754	45.0
第 二 方 案	7.94	280	0.23	0	720	0.173	0.020	94.8	680	47.4
	7.94	280	0.235	0	720	0.190	0.030	93.0	737	50.0
	7.94	280	0.23	0	720	0.175	0.010	90.6	842	56.0
	平均	280	0.232	0	720	0.179	0.02	92.8	753	51.0

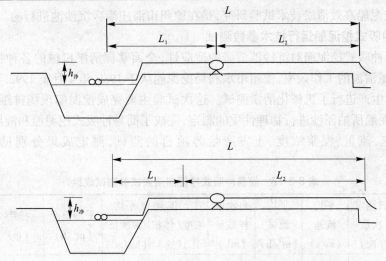

图 8-3-6 双泵接力不同接力点方案示意图

从表 8-3-16 分析：

（1）两方案一级泵的排高均为 7.94 m，总排距均为 1 000 m，所不同的是第一方案一级泵的排距（420 m）比第二方案排距（280 m）大 140 m。

（2）第一方案的两级泵压力值之差为 0.25 − (0.145 + 0.027) = 0.078；第二方案的两级泵压力值之差为 0.232 − (0.179 + 0.02) = 0.033。第二方案较第一方案两级泵的压力值更加接近和合理。

（3）两方案的出口含沙量基本相当，但第二方案较第一方案出口流量提高 11.4 m³/h，土方单产高 6.0 m³/h，提高了 13.6%。可见，合理选择双泵接力点的位置对提高土方产量起着举足轻重的作用。

第四节　沉沙池水力挖泥船高效清淤技术研究

一、水力挖泥船的组成

水力挖泥船主要由船体和泥浆泵输泥系统、造浆系统、配电和操作系统等组成。主要设备有：①船体；②泥浆泵、动力；③浮桶、输泥管和吸头；④清水泵、动力、冲头（或绞刀）；⑤柴油发电机组；⑥配电及液压操纵设备等。

二、水力挖泥船的工作原理

冲吸式挖泥船由水枪或冲头造浆，绞吸式挖泥船由绞刀造浆，再由泥浆泵的吸头将泥浆吸入，经浮桶支撑的输浆管排到目的地。

三、水力挖泥船高效清淤技术研究

水力挖泥船高效清淤技术试验研究，是在德州市潘庄灌区沉沙池进行的。

（一）冲吸式挖泥船运行技术参数测试

为了解冲吸式挖泥船对沉沙池清淤的适应性，全面掌握清淤机械的各种技术经济参数，提高机械清淤的工作效率，德州市水利局挖泥船队于 1989 年 4 月至 1992 年 5 月结合挖泥船实际生产进行了机械化清淤测试。这次试验主要完成挖泥船现场排距、排高的测量，并对挖泥船所抽泥沙进行物理性质的测定，完成了简易冲吸式挖泥船和液压冲吸式挖泥船的流速、流量、泥浆浓度、土方产量等项目的测试，测定成果分别见表 8-3-17、表8-3-18。

表 8-3-17　简易冲吸式挖泥船清淤试验测试成果

测定日期（月-日）	日测定次数（次）	平均流速（m/s）	平均流量（m³/h）	每次取样数量（mL）	平均泥浆浓度（体积比）（%）	平均含沙量（kg/m³）	平均单产（m³/h）	排距（m）	排高（m）
08-31	12	2.607	394.82	2 000	12.00	162.0	47.38	1 106	2.7
09-01	12	2.607	388.22	2 000	11.33	153.0	43.99	1 106	2.7
09-02	12	2.756	465.44	2 000	11.50	155.3	53.53	1 106	2.7
09-03	12	2.442	425.14	2 000	12.67	171.1	53.87	1 106	2.7
09-04	12	2.192	390.71	2 000	14.00	189.0	54.70	1 106	2.7
09-05	12	2.484	442.46	2 000	12.67	171.1	56.06	1 106	2.7
09-06	12	2.480	440.33	2 000	13.83	186.7	60.90	1 106	2.7
09-07	12	2.558	450.48	2 000	20.00	270.0	90.10	1 106	2.7
09-08	12	2.658	475.19	2 000	17.30	233.6	82.21	1 106	2.7
09-09	12	2.584	451.82	2 000	15.30	206.6	69.13	1 106	2.7
总平均	12	2.536	432.50	2 000	14.10	190.4	61.19	1 106	2.7

表8-3-18　液压冲吸式挖泥船清淤试验测试成果

测定日期（月-日）	日测定次数（次）	平均流速（m/s）	平均流量（m³/h）	每次取样数量（mL）	平均泥浆浓度（体积比）（%）	平均含沙量（kg/m³）	平均单产（m³/h）	排距（m）	排高（m）
05-29	20	2.528	391.92	2 000	14.00	189.0	54.87	756	3.2
05-30	20	2.537	393.11	2 000	13.50	182.3	53.07	756	3.2
05-31	20	2.663	451.40	2 000	13.00	175.5	58.68	756	3.2
06-01	20	2.569	413.04	2 000	14.00	189.0	57.83	756	3.2
06-02	20	2.514	390.13	2 000	15.30	206.6	59.69	756	3.2
06-03	20	2.681	453.26	2 000	13.50	182.3	61.19	756	3.2
06-04	20	2.594	426.56	2 000	16.00	216.0	68.25	756	3.2
06-05	20	2.756	461.64	2 000	23.15	312.5	106.87	756	3.2
06-06	20	2.693	456.43	2 000	21.00	283.5	95.85	756	3.2
06-07	20	2.672	541.82	2 000	18.50	249.8	83.59	756	3.2
总平均	20	2.621	432.04	2 000	16.20	218.7	69.99	756	3.2

　　这次测试的简易船和液压船都在第五条沉沙池清淤回填前老一级池时进行。简易船实际排距1 106 m，船的设计标准排距为400 m，超设计排距706 m，实际排高2.7 m。测定日平均流量432.5 m³/h，平均含沙量190.4 kg/m³，平均单产61.19 m³/h，油耗0.294 kg/m³，台班产量448 m³/h。液压船实际排距756 m，船的设计标准排距为400 m，超设计排距356 m，实际排高3.2 m，测定日平均流量432 m³/h，平均含沙量218.7 kg/m³，平均单产70 m³/h，油耗0.37 kg/m³，台班产量514 m³/h。

　　（二）掌握沉沙池落淤分布规律，正确选择挖泥船在沉沙池的作业地点，是提高机械清淤效率的关键

　　沉沙池是引黄灌区处理泥沙的主要措施，沉沙池应用水力挖泥船清淤，要正确认识沉沙池的泥沙运动规律，不断总结探索挖泥船的施工方法，提高生产效率。由于挖泥船的操作完全实现了机械化和自动化，要提高挖泥船的生产效率，首要的问题是需掌握沉沙池泥沙沉积规律，根据水流、落淤的变化及排淤场的位置，选择适宜的挖泥船作业地点是关键。

　　1.挖泥船在沉沙池的进口、出口连接段及拐弯处施工

　　沉沙池的进口、出口连接段及拐弯处，在主流的弯道凸岸落淤区内，这些区段水流由急变缓，落淤较粗，沉积厚度大且疏松，是挖泥船的理想作业区，只要能挖出较大的漏斗坑，河床泥沙在水流的作用下就能源源不断地输入坑内，挖泥船抽吸坑内的自然流沙，产量比较高。1989年局清淤船队3#船在入口处自然弯道的凸岸回流区内施工，主要依靠放水期间抽吸作业坑内的自然流沙，6～9月单产一般在75～100 m³/h。1992年4#船在沉沙池出口自然弯道的凸岸回流区内施工，尽管排距在1 400～1 800 m，年完成土方23.23万m³，平均单产达109.1 m³/h。

2.挖泥船在沉沙池的主流段施工

沉沙池的主流段,由于过水断面宽而浅,主流游移不定,沉沙很不规律,粗细厚薄不一。在此段内施工要根据水位、水流的变化确定船位,选择水流由急变缓的拐弯地段作业。挖一个或两个预沉坑抽吸自然流沙或者挖河心滩,其产量不稳定,而且调船频繁,稍不注意就造成浮桶和船只搁浅。但是有时由于受排淤场地和设备条件的限制,在池内直流段施工也是不可避免的。

1986年局清淤船队填筑的杨庄村台在沉沙池入口下游800~1 000 m右岸地段,正好在沉沙池内顺直地段上主流区,右岸冲刷,左岸淤积,池内水面宽150~200 m,水深1~1.5 m。由于受排淤场地的限制,水上排淤管道横跨主流,两条挖泥船船位定在左岸淤积带的边缘施工。大中流量放水期间,定点抽吸自然流沙,形成漏斗坑,但是水流变化大,作业地点不能较长时间固定,要随时根据水流、沉沙情况变换施工地点,否则造成浮桶和船只搁浅,生产效率较低,其平均单产一般在35~50 m³/h。

沉沙池小水期,黄河正处于枯水期,水少、沙也少,挖泥船主要挖主流线外露出水面的河心滩。这部分泥沙疏松,含水量处于饱和状态,只要打出作业坑,坑缘泥沙在挖泥船水枪水流的冲击下,很快坍塌粉化,变成流沙,被挖泥船抽走,每隔3~4 h移动一次船位,日产量一般在800~1 000 m³。

3.挖泥船在沉沙池停水期间施工

停水期间,沉沙池内的沙滩全部露出。这个时期挖泥船施工主要利用沉沙池的剩余水源挖滩,施工期一般在半月左右,也可提闸放水保证挖泥船施工。只要挖出作业坑,不断水源,提高造浆浓度,产量就比较高而且稳定。1986年船队两条挖泥船在8月停水期间,利用沉沙池的余水,1#船开机605 h左右,月清淤土方32 837 m³,平均单产达54.2 m³/h。2#船开机268 h,月清淤土方18 576 m³,平均单产达69.2 m³/h。

4.挖泥船在沉沙池汛期引水期间施工

沉沙池汛期引水,黄河水量大,含沙量高,淤黏土含量也高。在沉沙池入口、出口主流弯道凸岸侧回流区内施工的挖泥船正是作业的黄金季节。由于引水含沙量高,只要作业地点选择适宜,产量一般是比较高的,单产可达80~100 m³/h。但是,由于前期停水挖滩腾出了库容区(预沉坑),红淤和沙同时在此区内沉积形成亚沙土,离主流较远的地方成为落淤区,形成亚黏土,个别地段受水量和水位变化的影响,沉积形成一层沙、一层黏土,称为"千层饼"。由于疏浚土的类型改变,不再适宜冲吸式挖泥船施工,使用绞吸式挖泥船施工比较适宜。有时受排淤场和机械条件的限制,仍需在此区域施工,这时只有将船只移到主流外侧的预沉坑内抽吸自然流沙。由于靠近主流,沉沙浅,吸头运行时间短,生产受到一定的影响,平均单产一般在40~50 m³/h。

综上所述,沉沙池应用挖泥船施工,一要掌握池内的泥沙沉积规律,正确选择船位。船位选在水流弯道的凸岸,利于抽吸落淤泥沙。二是驾驶人员要有丰富的施工经验。三是积极采取措施为挖泥船施工创造条件,使挖泥船施工生产达到稳产高产。四是沉沙池内的沉沙受自然因素和人为因素的影响,沉积泥沙并不单一,今后应配备一定数量的绞吸式挖泥船和冲吸式挖泥船联合使用。五是进行冲吸式挖泥船施工的沉沙池,要有好的沉沙条件,沉沙厚度最低不得小于3 m。

第五节　沉沙池、渠清淤施工中机械合理配置研究

一、水力挖塘机组的机械配置分析

水力挖塘机组各种清淤工况的机械、人员构成见表8-3-19。

表8-3-19　各种清淤工况的机械、人员构成表

工况				发电机		泥浆泵		清水泵		人员（人）
序号	排距（m）	排高（m）	土类	型号	台数	型号	台数	型号	台数	
1	100	5	I	90 kW	1	NL100-15	3	IS80-50-200	3	23
2	300	3	I	90 kW	1	NL100-15	3	IS80-50-200	3	23
3	600	3	I	75 kW	1	NL100-15	2	IS80-50-200	1	13

潘庄灌区经过几年的试验分析,在不同工况下的单产、耗油量、单价分别为:工况1平均单产25.6 m³/h,单方耗油0.25 kg/m³,土方单价为1.18元/m³;工况2平均单产18.0 m³/h,单方耗油0.35 kg/m³,土方单价为1.65元/m³;工况3平均单产16.5 m³/h,单方耗油0.53 kg/m³,土方单价为2.57元/m³。

二、土方施工机械配置分析

根据位山灌区对池渠清淤机械配置分析,按清淤2万m³土方,一个月工期安排计算,需要的施工机械配置见表8-3-20。其中推土机运距最佳在50 m以内,大于50 m运距效率较低,不太经济,大于100 m运距不应再采用推土机,而采用铲运机;挖掘机适宜于较短运距开挖,效率较高,大于30 m运距,采用挖掘机相应效率较低,而应采用其他机械;在300～600 m的运距中,采用泥浆泵机械效率较高,相比造价较低,是比较理想的机械配置。

具体配置见表8-3-20。

表8-3-20　清淤2万m³工期一个月的土方施工机械配置表

工况			铲运机（台）	推土机（台）	挖掘机（台）	泥浆泵（台）
序号	运距(m)	坡度				
1	100	<30°	3	3	9	1
2	300	<30°	5		26	1
3	600	<30°	8		51	1

参考文献

[1]王金虎,张加强.调水调沙对黄河下游德州引黄供水的影响[J].山东水利,2008,(12):23.

[2]水利部黄河水利委员会.黄河流域防洪规划[M].郑州:黄河水利出版社,2008.

[3]水利部黄河水利委员会.黄河首次调水调沙试验[M].郑州:黄河水利出版社,2003.

[4]水利部黄河水利委员会.黄河第二次调水调沙试验[M].郑州:黄河水利出版社,2008.

[5]水利部黄河水利委员会.黄河第三次调水调沙试验[M].郑州:黄河水利出版社,2008.

[6]水利部黄河水利委员会.黄河调水调沙试验[M].郑州:黄河水利出版社,2008.

[7]21世纪初期山东省农村水利发展战略研究[M].济南:山东省地图出版社,2006.

[8]韩其为.小浪底水库初期运用及黄河调水调沙研究[J].泥沙研究,2008,6(3).

[9]徐国宾,张金良,练继建.黄河调水调沙对下游河道的影响分析[J].水科学进展,2005,16(4)

[10]万新宇,包为民,荆艳东.黄河水库调水调沙研究进展[J].泥沙研究,2008,4(2).

[11]刘洪才,火传斌,任汝信等.山东黄河5次调水调沙情况分析[J].中国农村水利水电,2008(9).

[12]韩其为.论黄河调水调沙[J].天津大学学报,2008,41(9).

[13]马骏,李晓,许珂艳.2008年黄河调水调沙效果分析[J].水资源与水工程学报,2008,19(5).

[14][美]莫塞·西雅斯.科罗拉多河帝国坝引水枢纽的防水排沙问题[J].刘文喜,译.新疆水利科技, 1982(3):1-12.

[15][印]高士.柯西堰引水枢纽及其东岸干渠的防沙排沙设施[J].孔繁祉,译.新疆水利科技,1982 (3):26-32.

[16][苏]莫克纳曼多夫,澳夫杜罗洛夫,铁米罗娃.费尔干式引水枢纽及其新一代枢纽的改进设施[J]. 刘文喜,译.新疆水利科技,1982(1):1-8.